Bitte streichen Sie
in unseren Büchern
nichts an.
Es stört spätere Benutzer
Ihre Universitätsbibliothek

Bei Überschreitung der Leihfrist
wird dieses Buch sofort gebühren**pflichtig**
angemahnt (ohne vorhergehendes
Erinnerungsschreiben).

Integrierte Schaltungen

Karl-Hermann Cordes
Andreas Waag
Nicolas Heuck

Integrierte Schaltungen

Grundlagen – Prozesse – Design – Layout

ein Imprint von Pearson Education
München • Boston • San Francisco • Harlow, England
Don Mills, Ontario • Sydney • Mexico City
Madrid • Amsterdam

Bibliografische Information Der Deutschen Nationalbibliothek

Die Deutsche Nationalbibliothek verzeichnet diese Publikation in der Deutschen National-
bibliografie; detaillierte bibliografische Daten sind im Internet über *http://dnb.d-nb.de* abrufbar.

Die Informationen in diesem Buch werden ohne Rücksicht auf einen
eventuellen Patentschutz veröffentlicht.
Warennamen werden ohne Gewährleistung der freien Verwendbarkeit benutzt.
Bei der Zusammenstellung von Texten und Abbildungen wurde mit größter
Sorgfalt vorgegangen. Trotzdem können Fehler nicht ausgeschlossen werden.
Verlag, Herausgeber und Autoren können für fehlerhafte Angaben
und deren Folgen weder eine juristische Verantwortung noch irgendeine Haftung übernehmen.
Für Verbesserungsvorschläge und Hinweise auf Fehler sind Verlag und Autoren dankbar.

Alle Rechte vorbehalten, auch die der fotomechanischen Wiedergabe und der Speicherung
in elektronischen Medien. Die gewerbliche Nutzung der in diesem Produkt gezeigten
Modelle und Arbeiten ist nicht zulässig.

Es konnten nicht alle Rechteinhaber von Abbildungen ermittelt werden. Sollte dem Verlag
gegenüber der Nachweis der Rechtsinhaberschaft geführt werden, wird das branchenübliche
Honorar nachträglich gezahlt.

Fast alle Produktbezeichnungen und weitere Stichworte und sonstige Angaben,
die in diesem Buch verwendet werden, sind als eingetragene Marken geschützt.
Da es nicht möglich ist, in allen Fällen zeitnah zu ermitteln, ob ein Markenschutz besteht,
wird das ® Symbol in diesem Buch nicht verwendet.

10 9 8 7 6 5 4 3 2 1

13 12 11

ISBN 978-3-86894-011-4

© 2011 Pearson Studium
ein Imprint der Pearson Education Deutschland GmbH,
Martin-Kollar-Straße 10-12, D-81829 München/Germany
Alle Rechte vorbehalten
www.pearson-studium.de
Lektorat: Birger Peil, bpeil@pearson.de
         Christian Schneider
         Alice Kachnij, akachnij@pearson.de
Korrektorat: Katharina Pieper, Berlin
Einbandgestaltung: Thomas Arlt, tarlt@adesso21.net
Herstellung: Philipp Burkart, pburkart@pearson.de
Satz: mediaService, Siegen (www.media-service.tv)
Druck und Verarbeitung: Bercker Graphischer Betrieb, Kevelaer

Printed in Germany

Inhaltsverzeichnis

Vorwort   15

Teil I   **Grundlagen integrierter Schaltungen**   19

Kapitel 1   **Technologien der Mikroelektronik**   21

1.1   Leiterplattentechnik 22
1.2   Hybridtechnik 23
1.3   Halbleitertechnik 24
     1.3.1   Integrierte Schaltungen 24
     1.3.2   Aufbau einer integrierten Schaltung 28
     1.3.3   Entwurfsprozess integrierter Schaltungen 30

Kapitel 2   **Physikalische Grundlagen der Halbleitertechnik**   35

2.1   Grundlagen der Halbleiterphysik 37
2.2   Vom einzelnen Quantentrog zur Bandstruktur von Halbleitern 38
     2.2.1   Der Formalismus der Quantenmechanik 38
     2.2.2   Bindungen und Austauschwechselwirkung 44
     2.2.3   Der Spin des Elektrons 51
     2.2.4   Die Entstehung von Bändern 53
2.3   Bandstruktur und Ladungsträgertransport 55
     2.3.1   Fermi-Energie und die Ladungsträgerkonzentration 58
     2.3.2   Akzeptoren und Donatoren 63
     2.3.3   Driftstrom und Diffusionsstrom 64
2.4   Eigenschaften von Silizium 65

Kapitel 3   **Integrierte Bauelemente**   69

3.1   Der PN-Übergang 70
     3.1.1   Aufbau und Funktionsweise 71
     3.1.2   Der PN-Übergang im stromlosen Zustand 73
     3.1.3   Der PN-Übergang mit äußerer Spannung 77
     3.1.4   Die Kapazität eines PN-Übergangs 84
     3.1.5   Durchbruchspannung einer Diode 89
     3.1.6   Einfluss der Rekombination 89
3.2   Der Bipolar-Transistor 90
     3.2.1   Funktionsweise des Bipolar-Transistors 91
     3.2.2   Beschaltung eines Bipolar-Transistors 96
     3.2.3   Kleinsignalgrößen 97
     3.2.4   Kleinsignal-Ersatzschaltbild 99
     3.2.5   Aufbau eines integrierten Bipolar-Transistors 100

	3.2.6	Temperaturabhängigkeiten von Transistorparametern	101
	3.2.7	Frequenzverhalten von Bipolar-Transistoren	103
	3.2.8	Transistorsymbole	104
	3.2.9	Ersatzschaltbild und SPICE-Parameter des Bipolar-Transistors	105
3.3	Der Junction-FET (JFET)		107
	3.3.1	Funktionsweise	107
	3.3.2	Kennliniengleichung	110
	3.3.3	Aufbau eines integrierten JFETs	113
	3.3.4	Kleinsignalgrößen	113
	3.3.5	Symbole des JFETs	114
	3.3.6	Frequenzverhalten	115
	3.3.7	Ersatzschaltbild und SPICE-Parameter des JFETs	115
3.4	Der MOSFET		117
	3.4.1	Aufbau und Funktionsweise	118
	3.4.2	Kennlinien eines MOSFETs	122
	3.4.3	Weitere MOSFET-Typen und ihre Schaltungssymbole	128
	3.4.4	CMOS-Transistorpaar	129
	3.4.5	Kleinsignalgrößen	130
	3.4.6	Temperaturverhalten	135
	3.4.7	Ersatzschaltbild und SPICE-Parameter des MOSFETs	135
3.5	Passive Bauelemente		140
	3.5.1	Widerstände	140
	3.5.2	Kondensatoren	143
3.6	Kurzkanaleffekte und Skalierung		144
3.7	Geschwindigkeit eines MOSETs: Optimierung der Taktfrequenzen . . .		147
3.8	MOS-Speicher		149
	3.8.1	Dynamic Random Access Memories (DRAM)	149
	3.8.2	Static Random Access Memories (SRAM)	151
	3.8.3	Floating-Gate-Speicher	152

Kapitel 4   Technologie integrierter Schaltungen   157

4.1	Wafer-Herstellung		159
	4.1.1	Klassische Silizium-Technologie	159
	4.1.2	SOI – Silicon On Insulator	163
4.2	Lithografie und Reinraumtechnik		166
	4.2.1	Fotoresist	167
	4.2.2	Maskentechnik und Belichtung	168
	4.2.3	Reinräume	173
4.3	Dotierung		174
	4.3.1	Ionenimplantation	174
	4.3.2	Diffusion	175

4.4	Schichttechnik		179
	4.4.1	Sputtern	179
	4.4.2	CVD-Verfahren	181
	4.4.3	Aufdampfverfahren	183
	4.4.4	Thermische Oxidation	185
	4.4.5	Silizierung	186
4.5	Ätztechnik		186
	4.5.1	Nassätzen	187
	4.5.2	Trockenätzen	188
4.6	Metallisierung, Planarisierung und Durchkontaktierung in integrierten Schaltungen		188
	4.6.1	Leiterbahnen	190
	4.6.2	Planarisierung	191
	4.6.3	Kontakte und Vias	193

Kapitel 5 Aufbau- und Verbindungstechnik integrierter Schaltungen 197

5.1	Vom Front-End zum Back-End		199
5.2	Kontaktierung und Befestigung integrierter Schaltungen		201
	5.2.1	Drahtbonden: Chip-and-Wire	201
	5.2.2	Flip-Chip-Kontaktierung	207
	5.2.3	Tape-Automated-Bonding	209
	5.2.4	Chipbefestigung	211
5.3	Single-Chip-Packaging		216
	5.3.1	Packages für die THT-Montage: DIP, SIP und PGA	216
	5.3.2	Packages für die SMT-Montage: SOP, QFP und BGA	217
	5.3.3	Eigenschaften von Vergussmasse und Lead-Frame in Kunststoffgehäusen	220
5.4	Direktmontage: Chip-On-Board		221
5.5	Multi-Chip-Packaging		221

Kapitel 6 Defektmechanismen und Teststrategien 227

6.1	Ausfallmechanismen und Defekte in integrierten Schaltungen		230
6.2	Teststrategien für integrierte Schaltungen		233
	6.2.1	Funktionaler Test	233
	6.2.2	Struktureller Test	234
	6.2.3	Testabläufe	234
6.3	Test digitaler Schaltungen		235
	6.3.1	Fehlermodelle und Testmustererzeugung	236
	6.3.2	Testfreundlicher Entwurf digitaler ICs	237
6.4	Test analoger Schaltungen		238
6.5	Test eines analogen ASICs		238
	6.5.1	Testaufbauten und Electrical Test Specification (ETS)	238
	6.5.2	Testprozedur	245

Teil II Prozesse und Layout integrierter Schaltungen 251

Kapitel 7 Standardprozesse der IC-Fertigung 253

- 7.1 Layer und Masken 255
- 7.2 Prozessanbieter und Prozesse – ein Überblick 256
- 7.3 Bipolar-Prozesse 257
    - 7.3.1 Standard-Bipolar-Prozess (C36)............................ 258
    - 7.3.2 Erweiterter Bipolar-Prozess (C14)) 263
    - 7.3.3 Widerstände in Bipolar-Prozessen 266
    - 7.3.4 Kondensatoren in Bipolar-Prozessen 269
- 7.4 CMOS-Prozesse 272
    - 7.4.1 CMOS-Standardprozess (CM5) 273
    - 7.4.2 Fortschrittliche CMOS-Prozesse 281
    - 7.4.3 Widerstände in CMOS-Prozessen 282
    - 7.4.4 Kondensatoren in CMOS-Prozessen 284
- 7.5 Bipolar-CMOS-Technologien 285

Kapitel 8 Grundregeln für den Entwurf integrierter Schaltungen 287

- 8.1 Kurze Einführung in die Schaltungsberechnung 292
    - 8.1.1 Aufgabenstellung (Spezifikation) 293
    - 8.1.2 Kurze Erklärung der Schaltung 294
    - 8.1.3 Lösung (Grobdimensionierung) 294
- 8.2 Hinweise zur Dimensionierung integrierter Schaltungen 309
    - 8.2.1 Geometrische Abmessungen Passiver Elemente 309
    - 8.2.2 Geometrische Abmessungen Aktiver Elemente 314
    - 8.2.3 Absichern der Spezifikation durch eine Monte-Carlo-Simulation 320
- 8.3 Design-Rules 327
    - 8.3.1 Abgeleitete Layer 328
    - 8.3.2 Abstände und Weiten eines Prozess-Layers 329
    - 8.3.3 Abstände zwischen verschiedenen Layern 332
    - 8.3.4 Vergrößern und Verringern von Design-Maßen 335
    - 8.3.5 Implementierung der Rules in das Layout-Programm 336
- 8.4 Layout-Synthese 342
    - 8.4.1 Beispiel 1: Bipolar-Transistor 343
    - 8.4.2 Beispiel 2: CMOS-Inverter 347
- 8.5 Richtlinien zur Layout-Erstellung 355
    - 8.5.1 Paarung von Bauelementen (Matching) 355
    - 8.5.2 Zusammenstellung wichtiger Layout-Regeln und Layout-Beispiele 360
    - 8.5.3 Hinweise für Zellen einer Bibliothek 382
    - 8.5.4 Spezielle Hinweise für CMOS-Zellen einer Bibliothek 384
    - 8.5.5 Verbindungsleitungen 386

8.6	Parasitäre Effekte		389
	8.6.1	Unerwünschte Kanalbildung, Vermeidung durch Channel-Stopper	390
	8.6.2	Latch-Up in integrierten Schaltungen	394
8.7	Layout-Verifikation		403
	8.7.1	Design-Rule-Check	404
	8.7.2	Layout-Versus-Schematic (LVS)	404

Teil III   Analoge integrierte Schaltungen: Design, Simulation und Layout — 421

Kapitel 9   Stromspiegelschaltungen — 425

9.1	Der einfache Stromspiegel		427
9.2	Die Widlar-Schaltung		436
9.3	Widerstandsbestimmter Stromteiler		438
9.4	Korrektur von Stromspiegelfehlern		440
	9.4.1	Korrektur des Basis-Strom-Einflusses	440
	9.4.2	Kompensation des Early-Effekt-Einflusses	441
	9.4.3	Korrektur von Offset-Fehlern	446
	9.4.4	Reduzieren der Sättigungsspannung	449
	9.4.5	Stromspiegel mit geregelter Kaskoden-Schaltung	454
9.5	Praktisches Beispiel		455
	9.5.1	Aufgabenstellung	455
	9.5.2	Lösung	456
	9.5.3	Überprüfung des Ergebnisses und erste Korrektur	458
	9.5.4	Zweite Korrektur	460
	9.5.5	Layout-Erstellung	461
9.6	Dynamisches Verhalten von Stromspiegelschaltungen		463
	9.6.1	Bipolare Stromspiegel	464
	9.6.2	MOS-Stromspiegel	467

Kapitel 10   Stromquellen — 471

10.1	Stromeinstellung über einen Widerstand		472
10.2	Stromquelle mit Vorwärtsregelung		473
10.3	Stromquelle mit einem JFET		475
10.4	Verwendung von U_{BE} als Referenzspannung		477
10.5	PTAT-Stromquellen		478
	10.5.1	Einfache PTAT-Stromquelle	478
	10.5.2	PTAT-Stromquelle mit Early-Effekt-Kompensation nach Wilson	481
	10.5.3	PTAT-Stromquelle mit Vorwärtsregelung	482
	10.5.4	PTAT-Stromquelle mit Vorwärtsregelung und Kaskode	483
	10.5.5	Erdi-Stromquelle	484

10.6 CMOS-Stromquellen 485
    10.6.1 Beta-Multiplier 486
    10.6.2 Praktisches Beispiel: Beta-Multiplier für kleine Ströme 487
    10.6.3 CMOS-Stromquelle ohne Verwendung von Widerständen ... 491
10.7 Eine fast genaue Stromquelle 492

Kapitel 11 Spannungsreferenzen 495

11.1 Z-Diode als Spannungsreferenz 496
11.2 PTAT-Spannungsreferenzen 497
    11.2.1 Einfache PTAT-Spannungsreferenz 498
    11.2.2 Verwendung einer unsymmetrischen Differenzstufe 499
11.3 Bandgap-Spannungsreferenzen 504
    11.3.1 Das Prinzip der Bandgap-Referenz 504
    11.3.2 Die einfache Widlar-Bandgap-Referenz 508
    11.3.3 Brokaw-Bandgap-Referenz 509
    11.3.4 Widlar-Bandgap-Referenz 513
    11.3.5 Beispiel: Design einer Widlar-Bandgap-Referenz 514
    11.3.6 Second-Order-Temperaturkompensation 518
    11.3.7 Zweipolige Vier-Transistor-Bandgap-Referenz 520
    11.3.8 Referenzspannungen kleiner als 1 V 522
    11.3.9 Bandgap-Referenzen in CMOS-Prozessen 527

Kapitel 12 Das Differenztransistorpaar 537

12.1 Das Emitter-gekoppelte Bipolar-Transistorpaar 538
    12.1.1 Linearisierung durch Stromgegenkopplung 540
12.2 Das Source-gekoppelte MOSFET-Transistorpaar 542

Kapitel 13 Operationsverstärker 545

13.1 Allgemeines 547
13.2 Differenzeingangsstufe 549
    13.2.1 Der Differenzverstärker 549
    13.2.2 Eingangsstufe mit Widerständen 554
    13.2.3 Differenzstufe mit Stromspiegelausgang 555
    13.2.4 Eingangsstufe für Gleichtaktanteile außerhalb
             der Versorgungsspannung 559
    13.2.5 PNP-Eingangsstufe 560
    13.2.6 Kaskoden-Eingangsstufe mit Super-B-Transistoren 563
    13.2.7 Kompensation des Eingangsstromes 564
    13.2.8 Präzisionseingangsschaltung 565
    13.2.9 Rail-to-Rail-Eingangsschaltung 566
13.3 Eingangs-Offset 571
    13.3.1 Bipolarer Eingang 571
    13.3.2 MOS-Eingang 573
    13.3.3 Offset-Trimmen 574

13.4	Ausgangsstufe	576
	13.4.1 Emitter- bzw. Source-Folger-Ausgang	576
	13.4.2 Komplementär-Ausgangsstufe im AB-Betrieb	577
	13.4.3 CMOS-Push-Pull-Ausgangsstufe mit Inverter-Ansteuerung	580
	13.4.4 Push-Pull-Ansteuerung über Fehlerverstärker	582
	13.4.5 Einfacher Buffer im Gegentakt-A-Betrieb	583
13.5	Dynamisches Verhalten und Stabilität von Operationsverstärkern	585
	13.5.1 Frequenzgang, Übertragungsfunktion	586
	13.5.2 Stabilität eines gegengekoppelten Systems	588
	13.5.3 Frequenzgangkorrektur	591
	13.5.4 Miller-Korrektur des Frequenzganges	596
	13.5.5 Slew-Rate	601
13.6	Design-Beispiele von Operationsverstärkern	605
	13.6.1 Einfacher Bipolar-Operationsverstärker mit PNP-Eingang	606
	13.6.2 Einfacher Operationsverstärker in CMOS	616
	13.6.3 Einfacher Transconductance-Verstärker (OTA) in CMOS	618
13.7	Operationsverstärker mit symmetrischem Ausgang	619
13.8	Komplettes Design eines CMOS-Operationsverstärkers: Berechnung, Simulation, Korrektur und Layout	625
	13.8.1 Zusammenstellung der Formeln	625
	13.8.2 Aufgabenstellung	631
	13.8.3 Berechnung der Schaltung	632
	13.8.4 Simulationsergebnisse	635
	13.8.5 Layout-Erstellung	639
	13.8.6 Layout-Verifikation	641

Kapitel 14 Einführung in GM-C-Schaltungen 647

14.1	Grundschaltungen	649
14.2	GM-C-Oszillator und GM-C-Filterschaltungen	651
	14.2.1 GM-C-Oszillator	651
	14.2.2 GM-C-Bandpass- und Tiefpass-Filter	655
14.3	Ausführung von GM-Zellen	659

Teil IV Digitale integrierte Schaltungen: Design, Simulation und Layout 667

Kapitel 15 Grundlagen digitaler integrierter Schaltungen 671

15.1	Grundbegriffe der digitalen Schaltungstechnik	672
15.2	Digitaltechnik	674
15.3	Digitale Schaltungsfamilien	678

Kapitel 16 Design und Layout digitaler Gatter in Emitter-gekoppelter Logik (ECL) — 683

- 16.1 Typisches NOR-OR-Gatter — 684
  - 16.1.1 Dimensionierung — 686
  - 16.1.2 Referenzspannung — 689
  - 16.1.3 Anschluss externer Geräte über Leitungen — 690
  - 16.1.4 Layout — 693
  - 16.1.5 Layout-Verifikation — 696
- 16.2 ECL-Gatter mit reduzierter Verlustleistung — 698
- 16.3 EECL-Gatter mit geringer Verlustleistung — 700
  - 16.3.1 Layout — 703
  - 16.3.2 Layout-Verifikation — 704
- 16.4 Andere ECL-Gatter — 705

Kapitel 17 Design und Layout digitaler Gatter in Transistor-Transistor-Logik (TTL) — 707

- 17.1 Die NAND-Funktion und der Multi-Emitter-Eingang — 708
- 17.2 Layout — 714
- 17.3 Weitere Vereinfachungen — 715
- 17.4 Verbesserung einiger Eigenschaften — 716

Kapitel 18 Design und Layout digitaler Gatter in CMOS — 721

- 18.1 Der CMOS-Inverter als grundlegendes Schaltungselement — 722
  - 18.1.1 Schaltpunkt — 723
  - 18.1.2 Statischer Querstrom — 724
  - 18.1.3 Transiente Verlustleistung — 725
  - 18.1.4 Dynamische Verlustleistung — 727
  - 18.1.5 Gesamte Verlustleistung — 728
  - 18.1.6 Zeitverhalten — 729
  - 18.1.7 Festlegung der geometrischen Abmessungen — 739
  - 18.1.8 Inverter-Layout — 740
  - 18.1.9 Inverter mit höherer Treiberfähigkeit — 741
  - 18.1.10 CMOS-Inverter mit kontrolliertem Querstrom — 748
- 18.2 CMOS-Schmitt-Trigger — 749
- 18.3 TTL-CMOS-Interface — 753
- 18.4 Transfer- oder Transmission-Gate — 755
- 18.5 Inverter mit Tri-State-Ausgang — 757
- 18.6 Das Exklusiv-ODER-Gatter (XOR) — 758
- 18.7 NAND- und NOR-Gatter — 760
  - 18.7.1 Layout — 764
  - 18.7.2 Zeitverhalten — 765

18.8	Verallgemeinerte CMOS-Gate-Strukturen	766
	18.8.1 Dimensionierung	768
	18.8.2 Layout der AOI-Schaltungen	771
	18.8.3 Abstrahieren des Schaltplanes durch Zweige anstelle der Transistoren	774
18.9	Pseudo-NMOS-Logik	776
18.10	Dynamische logische Schaltungen (C^2MOS)	777
18.11	Domino-CMOS-Logik	781
18.12	Latches und Flip-Flops	784
	18.12.1 Das einfache Latch und das RS-Flip-Flop	784
	18.12.2 Getaktetes RS-Flip-Flop	788
	18.12.3 Latch als Speicherzelle	789
	18.12.4 Einfaches Daten-Flip-Flop (D-Flip-Flop)	796
	18.12.5 Flanken-getriggertes D-Flip-Flop	798
	18.12.6 Flanken-getriggertes D-Flip-Flop mit Set- und Reset-Eingang	803

Kapitel 19 Neue Entwicklungen 811

19.1	„More than Moore"	812
19.2	Verspanntes Silizium	815
19.3	„Low-k"- und „High-k"-Oxide als Dielektrika	816
19.4	Silizium-Photonik	819
10.5	Nano-FETs	820
19.6	Tri-Gate-Transistoren	821
19.7	Speichertechnologien	822

Anhang A 827

A.1	Frequenzgang eines einstufigen Verstärkers	828
A.2	Simulation mit SPICE	832

Register 835

Vorwort

Die Mikroelektronik ist wohl die wichtigste Basistechnologie unserer modernen Welt. Computer, Mobiltelefone, Kameras, das Internet, aber auch Automobile, Eisenbahnen und Flugzeuge sind ohne den Einsatz mikroelektronischer Systeme nicht mehr denkbar. Die Mikroelektronik begründet das Informationszeitalter, die moderne medizinische Diagnostik und unser gesamtes elektronisches Kommunikationswesen.

Herzstück all dieser Anwendungen sind *integrierte Schaltungen*, bei denen aktive und passive elektronische Halbleiterbauelemente auf einem einkristallinen Silizium-Chip integriert werden. Besonderes Merkmal ist dabei die enorme Miniaturisierung, die mittlerweile zu lateralen Abmessungen von weniger als 50 nm geführt hat. Damit konnte die Bauelement-Dichte und im selben Zuge die Taktfrequenz und damit die Leistungsfähigkeit mikroelektronischer Schaltungen massiv erhöht werden.

Die zur Herstellung integrierter Schaltungen verwendeten Entwicklungs- und Fertigungsverfahren erfordern heutzutage ein enorm hohes Maß an technischem Know-how, verbunden mit erheblichen Investitionskosten. Die Weiterentwicklung integrierter Schaltungen vollzieht sich deshalb auf unterschiedlichen, hoch spezialisierten Ebenen getrennt voneinander und mit einem jeweils sehr hohen Abstraktionsgrad: Bauelement-Physik, Halbleitertechnologie, Entwurf, Simulation, Layout. Gleichzeitig konnte gerade der Entwurf, die Simulation und Verifikation digitaler Schaltungen teilweise automatisiert werden. Die entsprechenden Software-Werkzeuge bewegen sich auf Abstraktionsebenen jenseits der elektrotechnischen Vorgänge auf Bauelementebene.

In den Curricula der Elektrotechnik, Physik und Informatik driften diese verschiedenen Spezialisierungsebenen immer weiter auseinander. Ziel dieses Buches ist es, dem entgegenzuwirken, umfassende Grundlagen zu legen und alle wesentlichen Aspekte der Bauelement-Physik, des Entwurfs, der Simulation und der Layout-Erstellung integrierter Schaltungen einheitlich zu vermitteln. Der Leser soll in die Lage versetzt werden, integrierte Schaltungen ausgehend vom einfachen Transistor und digitalen Gatter bis hin zu aufwendigen analogen Operationsverstärkerschaltungen selbst zu entwerfen und zu simulieren.

Als CAD-Werkzeuge für die Schaltungssimulation und Layout-Erstellung wurden ganz bewusst Softwareprogramme ausgewählt, die auf einem normalen PC unter Windows eingesetzt werden können und *kostenfrei* zur Verfügung stehen. So wird für die Schaltungsentwicklung die Vollversion des leistungsfähigen Simulators „LT-SPICE" der Firma Linear Technology eingesetzt; für die Layout-Arbeiten stellt die Firma Tanner Research, Inc., Pasadena, CA, eine Studentenversion des hervorragenden und einfach zu bedienenden Werkzeuges „L-Edit" zur Verfügung.

Der erfolgreiche Einstieg in das komplexe Gebiet des Chip-Designs steht und fällt mit dem Erlangen eigener praktischer Erfahrungen. Mittlerweile bieten namhafte Halbleiterhersteller ihre Technologie auch außerhalb der eigenen Produktion an. Über Multiprojekt-Wafer-Runs haben neben mittelständischen und kleinen Industriebetrieben auch Hochschulen den Zugang zu moderner Prozesstechnologie. Das vorliegende Buch soll deshalb vor allem auch zu Projektarbeiten anregen mit dem Ziel, dass einfache Schaltungen wirklich in Silizium realisiert, anschließend vermessen und die Resultate mit den Simulationsergebnissen verglichen werden können.

Inhalt

Das Buch ist in vier Teile gegliedert.

Nach einer Einführung in den Themenbereich der integrierten Elektronik stehen im ersten Teil des Buches die Beschreibung der Halbleiterphysik, integrierte Bauelemente sowie die grundlegenden Technologien bei der Fertigung im Mittelpunkt.

Im Teil II werden anhand einfacher, industriell verfügbarer Prozesse die Grundlagen für einen prozessspezifischen Schaltungsentwurf und die zugehörige Layout-Erstellung praxisnah erläutert. Dabei wird sowohl auf die erforderlichen schaltungstechnischen Grundlagen als auch auf die gängigen Design-Methoden und Verifikationsverfahren (Simulation, Design-Rule-Check, Layout-Versus-Schematic) eingegangen.

Die vorgestellten Prozesse und Grundregeln finden dann in den Teilen III und IV konkrete Anwendung: Anhand ausgewählter analoger und digitaler Grundschaltungen werden Rechen- und Layout-Beispiele ausführlich erläutert.

Der Leser wird mit diesem Buch in die Lage versetzt, integrierte Schaltungen vom einfachen digitalen Gatter bis hin zu aufwendigen analogen Operationsverstärkerschaltungen selbst zu entwerfen und zu simulieren. Die zugehörige Simulations- und Design-Software (LT-SPICE, L-Edit) steht im Downloadbereich des Verlages zur Verfügung.

Zielgruppe

Das Buch richtet sich an Studierende der Elektrotechnik, Informatik oder Physik und kann während des Studiums angefangen bei den Grundlagen der Elektronik und Schaltungstechnik über die Halbleiter- und Prozesstechnologie bis hin zum Design integrierter Schaltungen vorlesungsbegleitend verwendet werden. Die ausführlichen Rechen- und Simulationsbeispiele sollen zudem ein Selbststudium für Quereinsteiger ermöglichen.

Danksagung

Unser Dank gilt allen, die uns beim Verfassen des Buches unterstützt und zur Seite gestanden haben.

Dabei sei zunächst der Firma *ASIC* aus Emmering gedankt, die uns während des ganzen Buchprojektes sowohl bei den Prozessbeschreibungen als auch bei der Entwicklung der Layouts beratend zur Seite gestanden hat. Der Firma *Tanner Research* möchten wir für die Bereitstellung der kostenlosen Version der Layout-Software L-Edit unseren Dank aussprechen. Herrn Mike Engelhardt von der Firma *Linear Technology* danken wir für die Umsetzung zahlreicher LT-SPICE-Erweiterungen, durch die der Einsatz des Simulators erheblich vereinfacht wurde.

Den Herren Reiner Kaminski und PD Dr. Hergo-Heinrich Wehmann sei für die Durchsicht des Manuskripts, Frau Katharina Heuck für das Erstellen der zahlreichen Abbildungen gedankt.

Teile des Buches begleiten die Lehrveranstaltungen *Integrierte Schaltungen* und *Grundlagen der Elektronik*, die an der *TU Braunschweig* im Studiengang Elektrotechnik abgehalten werden. Die Grundzüge dieser Vorlesungen wurden in hohem Maße durch Herrn Prof. Andreas Schlachetzki, dem ehemaligen Leiter des *Instituts für Halbleitertechnik*, geprägt. Für diese ausgesprochen hilfreichen Vorarbeiten sind wir sehr dankbar.

Darüber hinaus danken wir dem Pearson-Verlag und insbesondere Herrn Birger Peil für die geduldige Begleitung beim Verfassen des Manuskripts.

Ein besonderer Dank gilt unseren Familien, durch deren Verständnis und Geduld dieses Buch erst möglich gemacht wurde.

Webseite

Die Simulations- und Design-Software (LT-SPICE und L-Edit) kann aus dem Internet heruntergeladen werden. Sie wird dem Leser darüber hinaus aber auch im Downloadbereich des Verlages zur Verfügung gestellt. Die Webseite des Verlages steht unter http://www.pearson-studium.de. Am schnellsten gelangen Sie von dort zur Buchseite, wenn Sie in das Feld „Schnellsuche" die Buchnummer **4011** eingeben. In einer einzigen ZIP-Datei „IC.zip" sind alle Unterlagen, die Sie zum Studium des Buches benötigen, zusammengefasst. So finden Sie neben den Programmen (Ordner „Programme") auch die meisten Schaltungen und Layouts dieses Buches. Sie sind kapitelweise geordnet (Ordner „Kapitel 8" bis „Kapitel 14", „Kapitel 16" bis „Kapitel 18" sowie „Anhang"). Auch die Technologiedaten (Ordner „Technologie-Files") und die SPICE-Parameter für die verwendeten Bauelemente (Ordner „Spicelib") sind in der Datei IC.zip enthalten. Die Schaltungen sind mit dem Schematic-Editor von LT-SPICE erstellt worden (Dateiendung „asc") und können deshalb direkt, eventuell nach einer Anpassung der Dateipfade, simuliert werden. Die Layout-Dateien (Dateiendung „tdb") lassen sich mit L-Edit öffnen. Im Ordner „Skripten" sind kurze Einführungen in die Programme SPICE, LT-SPICE und L-Edit im PDF-Format enthalten.

TEIL I

Grundlagen integrierter Schaltungen

1 Technologien der Mikroelektronik 21

2 Physikalische Grundlagen der Halbleitertechnik 35

3 Integrierte Bauelemente 69

4 Technologie integrierter Schaltungen 157

5 Aufbau- und Verbindungstechnik integrierter
  Schaltungen 197

6 Defektmechanismen und Teststrategien 227

Teil I

Der erste Teil dieses Buches widmet sich den physikalischen, technologischen und fertigungsspezifischen Grundlagen integrierter Bauelemente und Schaltungen.

In **Kapitel 1** wird zunächst eine Unterscheidung der Technologien innerhalb der Mikroelektronik vorgenommen: Leiterplattentechnik – Hybridtechnik – Halbleitertechnik. Im Sinne einer Einführung in die Thematik wird in *Kapitel 1* der Begriff „Integrierte Schaltung" erklärt, der generelle Aufbau vorgestellt und der allgemeine Verlauf eines Entwurfsprozesses erläutert.

Kapitel 2 widmet sich den **physikalischen Grundlagen** der Halbleitertechnik. Um den Begriff „Bandstruktur von Halbleitern" zu erklären, erfolgt zunächst eine knappe Einführung in eine quantenmechanische Beschreibung der Energieniveaus in Halbleitern. Von dieser Bandstruktur ausgehend werden die elektronischen Eigenschaften von Halbleitern kurz besprochen und wichtige Begriffe wie Fermi-Energie, elektrische Leitfähigkeit und Dotierung diskutiert. Für ein Verständnis der quantenmechanischen Betrachtungen sind einige Grundkenntnisse der Vektoranalysis notwendig. Da diese z. B. an Fachhochschulen teilweise nicht gelehrt werden, sind die hier vorgestellten Zusammenhänge keine Voraussetzung für das Verständnis der weiteren Kapitel.

In **Kapitel 3** werden die wichtigsten **Bauelemente** in ihrer integrierten Form vorgestellt. Ausgehend von der Diode erfolgen die Beschreibung der wichtigsten Eigenschaften von Bipolar- und Feldeffekt-Transistoren sowie die Herleitung und Erläuterung der für eine Schaltungsberechnung wichtigen Kennliniengleichungen. Des Weiteren werden verschiedene Ausführungen integrierter Speicher und die Grundzüge passiver Bauelemente eingeführt. Die in *Kapitel 3* vorgestellten Bauelementbeschreibungen bilden die Basis für die Erläuterungen zur Schaltungsdimensionierung in den *Teilen III* und *IV*.

Kapitel 4 behandelt die **technologischen Grundlagen** der Herstellung integrierter Bauelemente in Silizium. Dabei werden die gängigen Prozeduren und Anlagen der IC-Fabrikation beschrieben; diese bilden wiederum die Basis für die in *Teil II* erläuterten Herstellungsabläufe bei den in diesem Buch verwendeten CMOS- und Bipolar-Prozessen.

Um eine in Silizium integrierte Schaltungsstruktur als elektronisches Bauelement nutzen zu können, müssen sowohl eine geeignete **Kontaktierung** als auch ein der Anwendung entsprechendes **Gehäuse** gewährleistet werden. Die dabei gängigen Verfahren zur Weiterverarbeitung und Kontaktierung des „reinen" Silizium-Chips sowie die unterschiedlichen Gehäuseausführungen werden in **Kapitel 5** vorgestellt.

In **Kapitel 6** werden mögliche **Defekte** in integrierten Schaltungen sowie allgemeine **Teststrategien** im Überblick eingeführt. Das Kapitel schließt mit der Beschreibung einer praxisnahen Testprozedur an einer analogen Schaltung.

Technologien der Mikroelektronik

1.1	**Leiterplattentechnik**	22
1.2	**Hybridtechnik**	23
1.3	**Halbleitertechnik**	24

ÜBERBLICK 1

1 Technologien der Mikroelektronik

Einleitung

>> Dieses Kapitel dient der Einführung des Lesers in den Themenbereich der integrierten Schaltungen. Dafür erfolgt zunächst eine kurze Beschreibung der gängigen Realisierungsmöglichkeiten für elektronische Schaltungen im Allgemeinen. Anschließend werden die Merkmale unterschiedlicher Typen von integrierten Schaltungen hinsichtlich der Anwendung und des Entwurfsprozesses kurz erläutert, um so eine erste Vorstellung für die Verfahrensabläufe beim Design und Layout kundenspezifischer Schaltungen (ASICs) zu vermitteln. <<

LERNZIELE

- Unterscheidung von Leiterplattentechnik, Hybridtechnik und Halbleitertechnik
- Was ist eine integrierte Schaltung?
- Aufbau von integrierten Schaltungen
- Entwurfsprozess integrierter Schaltungen

In der Mikroelektronik gibt es eine Vielzahl von Möglichkeiten, elektronische Schaltungen zu realisieren. Um den Anwendungsbereich und die charakteristischen Eigenschaften integrierter Schaltungen einordnen zu können, werden an dieser Stelle die gängigen Technologien der Mikroelektronik zusammenfassend beschrieben. Eine übliche Einteilung unterscheidet drei Hauptgruppen: die **Leiterplattentechnik**, die **Hybridtechnik** und die **Halbleitertechnik**.

1.1 Leiterplattentechnik

Die **Leiterplattentechnik** stellt das Standardaufbaukonzept elektronischer Baugruppen dar. Es gibt viele verschiedene Ausführungsmöglichkeiten elektronischer Leiterplattenschaltungen, die abhängig von Einsatzgebiet und Anforderungen anwendungsspezifisch genutzt werden. Generell unterscheidet man Leiterplattenbaugruppen mit steckbaren Bauteilen (**Through Hole Technology, THT**) von Aufbauten mit aufsetzbaren Bauelementen (**Surface Mount Technology, SMT**; das Bauteil wird als **Surface Mounted Device**, kurz **SMD** bezeichnet). Während sich die Durchsteckmontage durch eine sehr hohe Robustheit und flexible Anwendung auszeichnet, sind als Vorteile des SMT-Prozesses vor allem eine bessere Automatisierbarkeit, ein höherer Integrationsgrad durch den Wegfall der Bohrungen und in den meisten Fällen auch die niedrigeren Kosten zu nennen. Zusätzlich bietet die Oberflächenmontage die Möglichkeit, eine Leiterplatte von beiden Seiten zu kontaktieren. Dies ist bei der Durchsteckmontage prinzipiell zwar auch möglich, birgt verfahrenstechnisch aber zu viele Schwierigkeiten.

In vielen Anwendungen werden die beiden Montagetechniken SMT und THT auch kombiniert (**Mixed Print**), was immer dann nötig wird, wenn die elektrische Belastung aufsetzbarer Bauteile überschritten wird oder aber bestimmte Komponenten nur in einer Bauart zur Verfügung stehen [1].

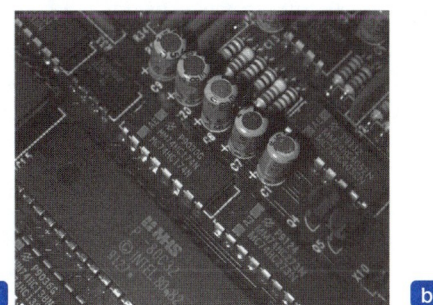 

Abbildung 1.1: (a) Through Hole Technology (THT) und (b) Surface Mount Technology (SMT).

Das Einsatzfeld der Leiterplattentechnik reicht von einfachen Anwendungen als Schaltungsträger für Schaltungen aus diskreten Einzelbauelementen bis hin zur Plattform für komplexe Flachbaugruppen; bei diesen werden komplexe integrierte Bauelemente in Form von **SCPs** (**Single-Chip-Packages**) zusammen mit äußeren Beschaltungen durch aktive und passive Bauelemente zu einer Einheit zusammengefasst. In diesem Fall kann man nicht mehr von einem Leiterplattenschaltungskonzept sprechen; vielmehr stellt die Leiterplatte eine Ebene des Packaging (siehe *Kapitel 5*) dar.

Sowohl bei der SMT- als auch bei der THT-Realisierung von Leiterplattenbaugruppen werden die Bauelemente über metallische Leiterbahnen – zumeist Kupfer – miteinander verschaltet. Grundmaterialien der Leiterplatten sind für Low-Cost-Anwendungen vor allem Phenolharze mit Papier, für anspruchsvollere Strukturen kommen glasfaserverstärkte Epoxidharze zum Einsatz. Für komplexere Leiterplattenaufbauten, wie beispielsweise in Handys oder Computern, werden als Metallisierungsebenen nicht nur die Ober- und Unterseite genutzt, sondern mehrlagige Leiterplatten verwendet.

Die Leiterplattentechnik ist im Allgemeinen vor allem für Strukturen mit einer begrenzten Anzahl von Bauelementen sowie als Grundlage von Anwendungen mit integrierten Schaltungen geeignet. Der Entwicklungsaufwand von Schaltungen mit Leiterplattentechnik ist dabei im Vergleich zu anderen Technologien der Mikroelektronik geringer, Schaltungen können schnell und flexibel realisiert werden.

1.2 Hybridtechnik

In der **Hybridtechnik** werden im Gegensatz zur normalen Leiterplattentechnik viele passive Bauelemente mit speziellen Schichttechniken direkt auf der Leiterplatte realisiert und anschließend mit diskreten Funktionselementen und integrierten Bausteinen auf dem Trägersubstrat kombiniert. Für die Herstellung der Leiterbahnen und Funktionselemente auf dem Schaltungsträger kommen im Wesentlichen zwei Technologietypen zum Einsatz. Man unterscheidet **Dünnschichttechnik** und **Dickschichttechnik**. Generell gilt, dass die Hybridtechnik – wie die Leiterplattentechnik – sowohl ein separates Schaltungskonzept als auch eine Schaltungsträgervariante für verschiedene ICs darstellen kann.

Bei der Dickschichttechnik werden die Leiterbahn-, Widerstands-, Dielektrikums- und Abdeckstrukturen über einen Siebdruckprozess hergestellt. Hierbei müssen die siebdruckfähigen Pasten durch eine strukturierte Druckform auf dem Substratmaterial aufgebracht und anschließend in einem Wärmeschritt eingebrannt werden. Vor allem Mehrlagenstrukturen in

Dickschichttechnik haben eine sehr hohe Verbreitung. Dazu zählen auch Kernbestandteile von Computeranlagen und Array-Anordnungen für die Montage von Chip-Carriern. In Abbildung 1.2 ist ein solches Dickschichtmodul dargestellt. Man beachte dabei die Pins an den Seiten der Schaltung, die eine Weiterverarbeitung als THT-Bauteil auf einer höheren Hierarchieebene ermöglichen.

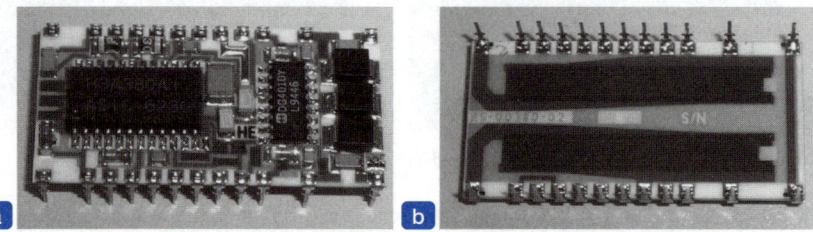

Abbildung 1.2: Vorder- und Rückseite eines Hybridträgers in Dickschichttechnik. Auf der Rückseite in (Teilbild b) sind zwei Widerstände zu erkennen, die getrimmt werden können (ASIC GmbH, D-83550 Emmering).

In der Dünnschichttechnik lassen sich zwei Grundprinzipien der Schichtabscheidung unterscheiden: das thermische Verdampfen eines Materials mittels Elektronenstrahl- oder Widerstandsverdampfung und das Sputtern (siehe *Abschnitt 4.4.1*). Die Strukturierung der Schichten erfolgt mithilfe fotolithografischer Techniken (siehe unten). Mit der Dünnschichttechnik lassen sich daher wesentlich kleinere Abmessungen realisieren als mit der Dickschichttechnik.

Als Substratmaterial werden für Hybridträger meist Keramiken wie z. B. Al_2O_3 oder AlN verwendet. In aufwendigeren Anordnungen kommen auch polymer- oder keramikbeschichtete Metallsubstrate zum Einsatz.

Der Anteil von Dickschichthybridanordnungen am gesamten Hybridträgermarkt liegt bei über 90 % [3]. Dies ist vor allem auf die niedrigeren Kosten, eine einfachere Prozessführung und die hohe Belastbarkeit von Dickschichtaufbauten zurückzuführen. Baugruppen in Schichttechnik können höher integriert werden als Standardmodule der Leiterplattentechnik, außerdem ist die thermische Belastbarkeit meist besser.

1.3 Halbleitertechnik

Unter dem Begriff der **Halbleitertechnik** fasst man allgemein die Realisierung von elektronischen Schaltungen oder optischen Bauelementen mithilfe von Halbleitermaterialien zusammen. Eine besondere Bedeutung kommt dabei den integrierten Schaltungen zu, die als Bauelemente der Halbleitertechnik die Kernbestandteile der modernen Elektronik darstellen.

1.3.1 Integrierte Schaltungen

Eine integrierte Schaltung stellt die Kombination von passiven und aktiven Bauelementen auf einem einzigen monolithischen Halbleiterkristall dar. Auf diesem Wege können sehr zuverlässige und energiesparende Schaltungen auf kleinster Fläche realisiert werden (Abbildung 1.3). Während die Entwicklung und das Design von ICs verhältnismäßig kostspielig sind, werden die Stückkosten bei einer Massenfertigung vergleichsweise niedrig. So stellen hochintegrierte Schaltungen auf Silizium-Basis die Kernbestandteile von Computern, Kameras und allen modernen Steuerungs- und Kontrolleinheiten dar. Zudem finden ICs aller Art in Kombination mit der Leiterplatten- und Hybridtechnik als Speicher, logische Gatter oder Verstärkerbauelement vielfach Verwendung. Allgemein können integrierte Schaltungen als die Schlüsselkomponenten der modernen Mikroelektronik betrachtet werden.

Abbildung 1.3: Intel Pentium IV Mikroprozessor (Foto: Intel Inc.).

Die Fertigung von modernen ICs stellt höchste Anforderungen an die Halbleitertechnologie. Die Verwendung immer neuer Materialien und besserer Verfahren der Fotolithografie und Dünnschichttechnik lässt Bauelementgrößen von unter 30 nm zu. Durch diese hohe Integration werden bezüglich Zuverlässigkeit, Komplexität, Preis pro Bauelement sowie Platz- und Energieverbrauch Werte erreicht, die mit anderen Verfahren der Mikroelektronik nicht annähernd realisiert werden können.

Im praktischen Einsatz benötigen integrierte Bauelemente immer einen Schaltungsträger und werden direkt (**Chip On Board**, siehe *Abschnitt 5.4*), einzeln verpackt (**Single-Chip-Package** (**SCP**), *Abschnitt 5.3*) oder in Form eines **Multi Chip Module** (**MCM**, siehe *Abschnitt 5.5*) auf einem Hybrid- oder Leiterplattenträger befestigt.

> **Hinweis**
>
> Dieses Buch behandelt im Schwerpunkt die Grundlagen, das Design, das Layout und die Technologie integrierter Bauelemente und Schaltungen. Die Leiterplatten- und Hybridtechnik finden nur in *Kapitel 5* im Rahmen der Aufbau- und Verbindungstechnik integrierter Schaltungen am Rande Erwähnung.

Die Herstellung integrierter Schaltungen basiert auf der **Fotolithografie**; hierbei erfolgt die Strukturierung der unterschiedlichen Bereiche auf dem Chip über eine Belichtung von vorstrukturierten Masken. Ein beispielhafter Schritt zur Strukturierung einer Leiterbahn ist in Abbildung 1.4 dargestellt. Zunächst wird in Abbildung 1.4a die durch eine Oxidschicht passivierte Struktur ganzflächig mit der gewünschten Metallisierung (z. B. AlSiTi) bedeckt. Anschließend erfolgt in Abbildung 1.4b der Auftrag mit **Fotoresist**. Dieser ändert bei Einstrahlung mit UV-Licht seine chemischen Eigenschaften. In dem hier vorgestellten Beispiel resultiert aus der Bestrahlung mit UV-Licht eine höhere Vernetzung von Kohlenwasserstoffmolekülen innerhalb des Fotoresists, wodurch eine hohe Beständigkeit gegen den **Entwickler** erreicht wird. Durch die sich anschließende Entwicklung lösen sich so nur die unbelichteten Bereiche des Fotoresists. Danach kann der eigentliche strukturgebende Prozessschritt erfolgen, im Beispiel aus Abbildung 1.4 ist dies das Ätzen der Metallisierungsschicht in Abbildung 1.4 e). Im letzten Schritt wird der ausgehärtete Fotoresist wieder entfernt; es bleibt eine strukturierte Leiterbahnebene zurück.

Das Grundprinzip, über die Belichtung von strukturgebenden Masken die einzelnen Ebenen für die Bauelemente auf dem Silizium-Substrat erzeugen zu können, bestimmt die Herstellung von integrierten Schaltungen. Die technologischen Grundlagen für die IC-Fertigung werden in *Kapitel 4* eingehender erläutert; die Beschreibung vollständiger Herstellungsprozesse für grundlegende integrierte Schaltungskonzepte erfolgt in *Kapitel 7*.

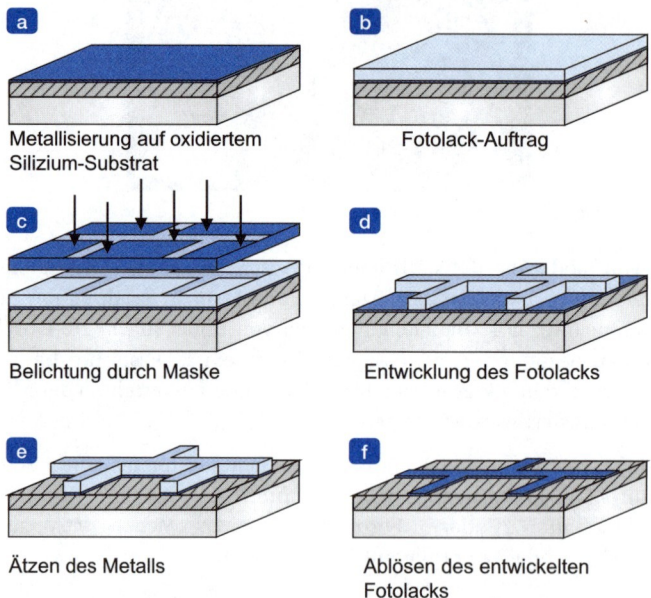

Abbildung 1.4: Herstellung einer Metallisierungsstruktur mittels Fotolithografie unter Verwendung von Negativ-Fotolack.

Die für den Herstellungsprozess notwendigen Masken werden aus dem **Layout** generiert; dieses besteht aus der grafisch darstellbaren Geometrie der für den Schaltungsdesigner relevanten Schaltungsstrukturen auf dem Chip. In Abbildung 1.5 ist das Layout einer einfachen Zwei-Transistor-Struktur (Inverter, siehe *Abschnitt 7.4* und *18.1*) mit dem zugehörigen Schaltplan dargestellt.

Aus Anwendersicht lassen sich vier Gruppen von integrierten Schaltungen unterscheiden. Der IC-Markt wird durch digitale Hochleistungsmikroprozessoren und kostengünstige programmierbare Mikrocontroller einerseits und ASICs sowie Standard-ICs andererseits bestimmt.

Die Grenzen zwischen Mikrocontrollern und Mikroprozessoren sind fließend; Unterschiede sind vor allem durch die Leistungsfähigkeit gegeben. Es besteht aber die Gemeinsamkeit, dass die konkrete Anwendung in gewissen Grenzen variabel ist und durch eine externe Programmierung vorgegeben wird.

1.3 Halbleitertechnik

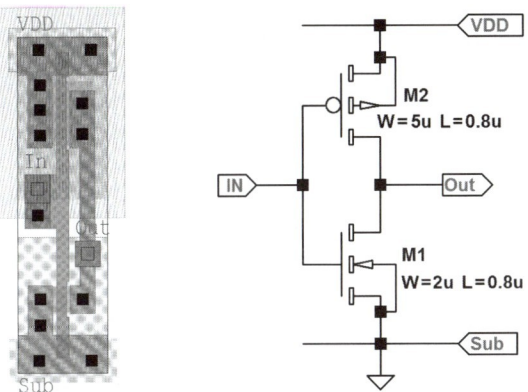

Abbildung 1.5: Layout und Schaltplan einer Inverter-Schaltung in CMOS-Technologie.

Standard-ICs werden als Grundbausteine für die Bestückung von Schaltungsträgern verkauft; die Funktionen sind vorher festgelegt. So können digitale Gatter oder Flip-Flops und analoge Verstärkerschaltungen erworben und auf einem Schaltungsträger mit Einzelbauelementen zu der gewünschten Schaltung zusammengefasst werden (z. B. auf einer Leiterplatte oder einem Hybridträger, siehe oben).

Bei den sogenannten ASICs (**Application Specific Integrated Circuit**) erfolgen der Entwurf und die Fertigung einer integrierter Schaltung nach den Erfordernissen eines konkreten Kundenwunsches (Abbildung 1.6). Auf diese Weise kann die Schaltung hinsichtlich der Performance, des Leistungsverbrauchs oder des Flächenbedarfs für die gewünschte Funktion optimiert werden.

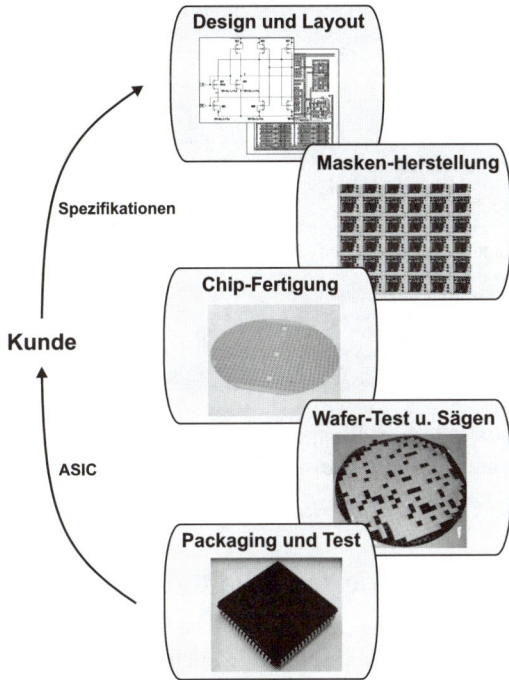

Abbildung 1.6: Der Weg vom Kundenwusch zur integrierten Schaltung.

Auf Anwenderseite war man in der Vergangenheit – speziell im Low-Cost-Sektor – oft bemüht, nach Möglichkeit auf die Entwicklungskosten produktspezifischer ASICs zu verzichten und stattdessen Lösungen durch Verschalten von Standard-ICs zu finden. Doch gegenwärtig zeichnet sich in vielen Unternehmen die Tendenz ab, Kernfunktionen auch ohne technische Notwendigkeit in ASICs zusammenzufassen, um dadurch einen möglichen „Technologieklau" zu erschweren. Im Zuge dessen gehen Firmen dazu über, für Design und Layout der benötigten ICs eigene Abteilungen aufzubauen. Das fertige Layout eines ASIC kann dann an eine Auftragsfabrik (**Foundry**) weitergegeben werden, die die eigentliche Fertigung übernimmt.

Mikroprozessoren, Standard-ICs und ASICs lassen sich in Abhängigkeit der Anforderungen und des Anwendungsgebietes durch unterschiedlich aufwendige Prozesstechnologien realisieren (siehe *Kapitel 4* und *Kapitel 7*). Ein wichtiges Merkmal für einen IC-Prozess ist der jeweilige **Integrationsgrad**. Durch immer weiter optimierte Lithografie- und Fertigungsverfahren, verbesserte Materialien und neue Technologiekonzepte sind die minimalen Bauteilabmessungen stetig verringert worden; die Anzahl der Schaltungskomponenten auf den Chips hat sich zeitgleich massiv erhöht. In Tabelle 1.1 sind die gängigen Integrationsstufen und das jeweilige Jahr der Entwicklung zusammenfassend dargestellt.

Es soll an dieser Stelle nicht unerwähnt bleiben, dass die sehr hohen Integrationsgrade hauptsächlich für digitale Mikroprozessoren von maßgebender Bedeutung sind. Für analoge integrierte Schaltungen sowie die meisten Standard-ICs und ASICs sind niedrigere Integrationsgrade meist technisch ausreichend und in der Herstellung wesentlich kostengünstiger.

Tabelle 1.1 Integrationsgrade integrierter Schaltungen [4].

Scale	Bedeutung	Transistoren/Chip	Jahr
SSI	Small Scale Integration	1–10	1964
MSI	Medium Scale Integration	10–100	1967
LSI	Large Scale Integration	100–1000	1972
VLSI	Very Large Scale Integration	10^3–10^4	1978
ULSI	Ultra Large Scale Integration	10^4–10^7	1989
GSI	Giant Scale Integration	$>10^7$	2000

Auf Basis der in *Kapitel 7* vorgestellten praxisrelevanten Prozesstechnologien beschäftigt sich dieses Buch in den *Kapiteln 8–18* vor allem mit dem Design und dem Layout von ASICs und Standardschaltungen.

1.3.2 Aufbau einer integrierten Schaltung

Aus Abbildung 1.7 geht hervor, wie eine integrierte Schaltung im Prinzip aufgebaut ist. Die Schaltungsteile, d. h. Standardzellen, spezielle Zellen, analoge Zellen usw. befinden sich im inneren Teil des Chips, dem sogenannten **Core**.

1.3 Halbleitertechnik

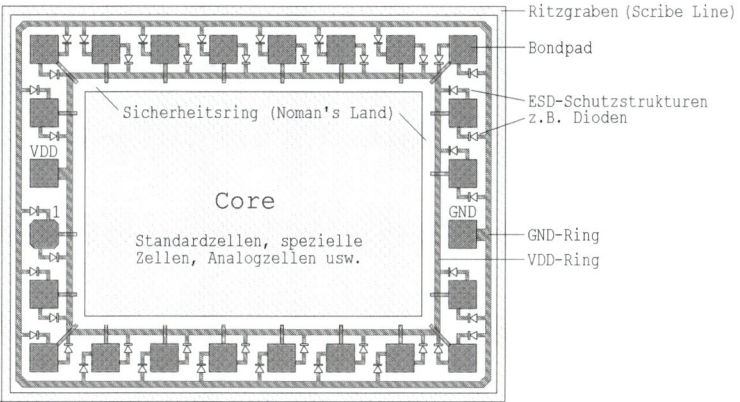

Abbildung 1.7: Prinzipieller Aufbau einer integrierten Schaltung.

Um den Chip-Core ist der **Pad-Ring** angeordnet. Über die Bondpads wird die Verbindung zur Außenwelt hergestellt. Die Pads sind in der Regel mit ESD-Schutzdioden (**Electro Static Discharge**) ausgestattet, damit von außen einwirkende elektrostatische Entladungen im Innern des Chips, d. h. im Core, keinen Schaden anrichten können [9]. Die Dioden sorgen dafür, dass Signale an den Bondpads die Potentiale der Versorgungsleitungen nicht um mehr als eine Diodenspannung über- bzw. unterschreiten können. Die Versorgungsleitungen (**Power-Rails**) VCC (bipolare Schaltungen) bzw. VDD (MOS-Schaltungen) und GND (Ground) werden meist ringförmig in die Chip-Peripherie gelegt. Bei einem Standard-Bipolar- oder einem CMOS-Prozess (siehe *Kapitel 7*) stellt GND als äußerster Ring die Verbindung zum Substrat her. Der innere Ring führt dagegen meist die positive Versorgungsspannung VCC bzw. VDD. Oft wird auch **innen ein zweiter GND-Ring** vorgesehen. Dieser ist in Abbildung 1.7 nicht dargestellt.

Zwischen dem Core und dem inneren Versorgungsring bleibt in der Regel ein **Sicherheitsring** (**Noman's Land**) frei von aktiven Elementen. Hier sind nur „Verdrahtungsleitungen" erlaubt.

Ganz außen wird der Chip durch den sogenannten **Ritzgraben** (**Scribe Line** oder **Scribe Street**) begrenzt. Wie der Name schon andeutet, ist dieser Platz für das Auftrennen des Wafers in die einzelnen Chips vorgesehen. In früheren Zeiten erfolgte das Trennen mittels eines „Ritzdiamanten", daher der Name Ritzgraben. Heute wird fast ausschließlich ein Trennschleifverfahren verwendet, siehe Abbildung 5.2.

Der gesamte Pad-Rahmen, einschließlich Bondpads mit ESD-Schutzstrukturen, Versorgungsringen und Ritzgraben wird in der Regel vom Halbleiterhersteller in Form einer Chip-Rahmenzelle zur Verfügung gestellt. Diese kann dann an den eigenen Chipentwurf angepasst werden. Eventuell müssen einige Standard-Pads durch spezielle, für andere Spannungswerte zugelassene Pads ausgetauscht werden.

Abbildung 1.8 zeigt ein Beispiel, das die Arbeiten von Studierenden der FH Hannover enthält. Es besteht aus zwei Teilen und wurde im Rahmen eines Multi-Projekt-Wafer-Runs im „CM5-Prozess" (siehe Prozessbeschreibungen in den *Kapiteln 7* und *8*) gefertigt. Die gesamte Fläche beträgt ungefähr 5 mm^2.

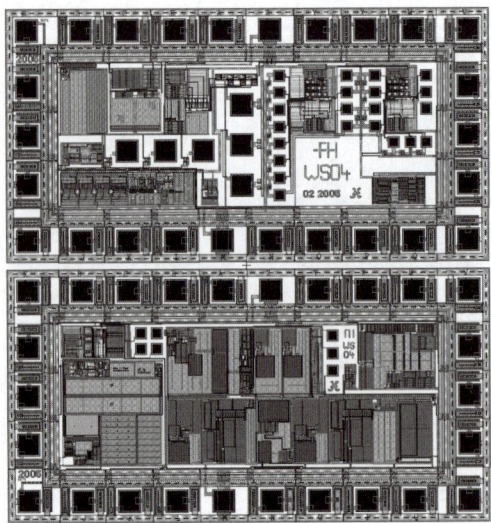

Abbildung 1.8: Beispiel eines Chip-Layouts mit einer Fläche von ca. 5 mm^2.

1.3.3 Entwurfsprozess integrierter Schaltungen

Es ist das Ziel eines jeden Schaltungsdesigners, anhand der Spezifikationen und gewünschten Funktionen eines geplanten ICs mit möglichst geringem Aufwand das Layout als Grundlage für die Chipfertigung erstellen zu können. Zusätzlich sollte dieser Chip idealerweise platzsparend, verlustarm, schnell und kostengünstig in der Herstellung sein. Dabei ist es wünschenswert, möglichst viele Prozessschritte beim Entwurf durch automatisierte Software-Prozeduren bearbeiten zu können. Speziell bei hochintegrierten digitalen Mikroprozessoren liegen „Welten" zwischen der abstrakten Beschreibung der Hardwarefunktionen, den elektrotechnischen Prinzipien der Schaltungstechnik und den physikalischen Abläufen auf Bauelementebene. Diese Unterschiede in den Zugängen zur Layout-Erstellung lassen sich am besten anhand von Abbildung 1.9 verdeutlichen: Ob über die direkte Ableitung aus dem Schaltplan oder über abstraktere Darstellung mittels Hardwarebeschreibungssprachen: Es bestehen in Abhängigkeit von der Schaltungsart und -anforderung prinzipiell mehrere Ansätze, um von einer Schaltungsspezifikation zu einem fertigen Layout zu gelangen.

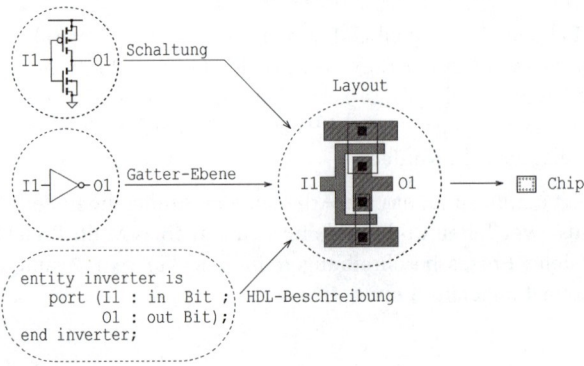

Abbildung 1.9: Der Weg zum Layout.

Dabei gibt es keine standardisierten Entwurfsabläufe, die für alle Arten von analogen und digitalen integrierten Schaltungen Gültigkeit haben. Allgemein ist aber die Einteilung aus Abbildung 1.10 für eine erste Betrachtung der unterschiedlichen Entwurfsebenen zweckmäßig.

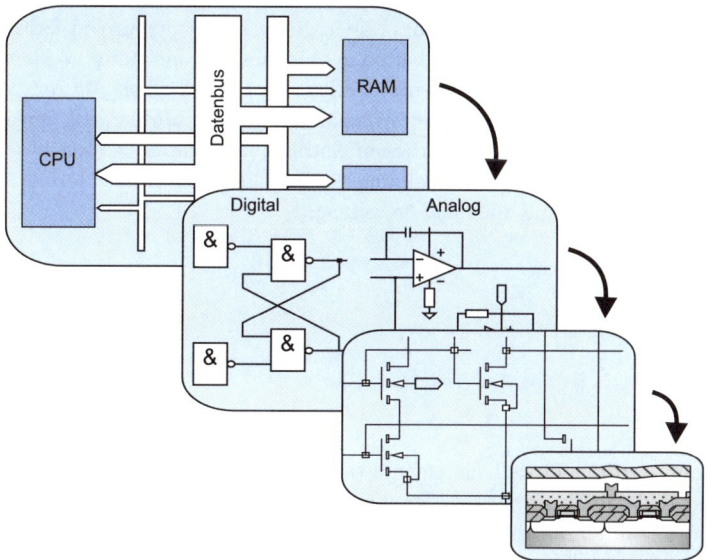

Abbildung 1.10: Schematische Darstellung der unterschiedlichen Ebenen des IC-Entwurfs: Ein Schaltkreis lässt sich entsprechend der Komplexität in eine unterschiedliche Anzahl von Blöcken unterteilen (die Darstellung oben links gilt nur für ein digitales System), diese wiederum können in Gatter- oder Baugruppenpläne zerlegt werden. In den darunterliegenden Betrachtungsebenen steht der Schaltplan der Untereinheiten bis hinab zum einzelnen Bauelement im Mittelpunkt.

Am Beginn des Schaltungsentwurfs steht der **Systementwurf**. Dabei werden die grundlegenden Merkmale der zu erstellenden Schaltung festgelegt. So ist neben der Bestimmung fundamentaler Rahmendaten wie Anforderungsprofil, genereller Abmessungen und Wahl der Prozesstechnologie eine erste Strukturierung in Funktionsgruppen vorzunehmen. In der Folge findet – abhängig von der Schaltungsart und -komplexität – eine Unterteilung in weitere Entwurfsebenen statt, wobei sich die klar unterscheidbaren Entwurfsprozeduren für digitale und analoge Schaltungen in vielerlei Hinsicht unterscheiden. Der Weg vom Entwurf einer funktionalen Struktur bis hin zum vollständigen Layout lässt sich für digitale Chips in wesentlich stärkerem Maße automatisieren; die einzelnen Bauelemente und deren Verhalten innerhalb der Schaltung treten für den Digital-Designer dabei zunächst in den Hintergrund.

So erfolgt für den Entwurf hochintegrierter digitaler Chips in der Literatur eine Unterteilung in den **Architektur-, Verhaltens-, Registertransfer-** und **Logikentwurf**, bei dem das System jeweils in feinere Abstraktionsebenen unterteilt wird. Der Schaltungsentwurf und die -simulation finden zumeist mithilfe von Hardwarebeschreibungssprachen wie Verilog oder VHDL statt, wodurch ohne Rücksichtnahme auf herstellungsspezifische Bauelementeigenschaften eine Schaltung ereignisgesteuert entworfen und simuliert werden kann, die eigentlichen elektrotechnischen Abläufe sind für den Digital-Designer zunächst nur von geringer Bedeutung. Trotzdem greifen auch hierbei die Entwurfsprogramme an verschiedenen Punkten der Simulation und Verifikation (siehe unten) in Form von Standardzellen auf die relevanten technischen Daten der einzelnen logischen Baugruppen zurück. Um ein hochkomplexes digitales System mit einer Hardwarebeschreibungssprache zuverlässig erstellen zu können, müssen die Eigenschaften der einzelnen digitalen Grundgatter daher zuvor auf Transistorebene ermittelt werden (siehe *Teil IV*).

Bei analogen Schaltungen ist die Beschreibung der Zustände einzelner Bauelemente wesentlich komplexer, sodass beim Schaltungsentwurf nach einer groben Einteilung in einzelne Funktionsblöcke in den meisten Fällen direkt die Simulation auf **Transistorebene** mit geeigneten Simulationsprogrammen wie z. B. SPICE erfolgt. Diese Programme erlauben eine Funktionsüberprüfung der Schaltung über die aus dem Schaltplan (**Schematic Entry**) generierte Netzliste, wobei die Eigenschaften der einzelnen Transistoren, Widerstände oder Kondensatoren anhand von Bauelementmodellen direkt einfließen. Als Beispiel sei hier eine SPICE-Circuit-Datei für die Inverter-Schaltung aus Abbildung 1.5 angegeben. Sie besteht aus einer **Titelzeile**, der eigentlichen **Netzliste**, die die Schaltung beschreibt, der **Modellanweisung** für die nähere Beschreibung der Bauelemente, einer externen **Beschaltung**, der **Simulationsanweisung** und einer **End-Anweisung**:

```
*CMOS-Inverter
M1 Out IN VDD VDD MP7 W=5u L=0.8u
M2 Out IN 0 0 MN7 W=2u L=0.8u
.lib D:\Spicelib\CM5\CM5-N.phy
VDD  VDD 0 1.5V
VIN IN 0 Pulse(0V 1.5 10ns 1ns 1ns 30ns 50ns)
.Tran 200ns
.end
```

Die Bezeichnungen der Einzelbauelemente (hier die Transistoren M1 und M2) stehen zu Beginn jeder Zeile, dahinter sind die Knoten zu finden, die den Einbau des Bauelementes in der Schaltung beschreiben (Knoten „IN", „OUT", „VDD" und „0"). Zusätzlich werden bei MOS-Transistoren die geometrischen Daten (Kanallänge und -weite) angegeben.

Die Modelle für Bauelemente oder ganze Gatter sind Teil einer Bauelement-Bibliothek, die zumeist vom Anbieter des Herstellungsprozesses zur Verfügung gestellt wird (siehe *Teil II*).

Bei der **Layout-Synthese** wird die Netzliste schließlich in das für die eigentliche Chipfertigung erforderliche Layout übertragen. Für hochintegrierte digitale Systeme ist dieser Prozess wiederum hochautomatisiert und wird in Partitionierung, Floorplanning, Platzierung, Verdrahtung und Kompaktierung unterteilt. Im analogen Schaltungsdesign werden die Maskenlayouts mit sogenannten Layout-Generatoren (z. B. Cadence, L-Edit) „per Hand" oder nur teilautomatisiert erzeugt. So ist es zwar möglich, sich das Maskenlayout von einzelnen elektrischen Bauelementen anhand der Modellparameter generieren zu lassen, doch sind eine Minimierung der genutzten Chipfläche und ein möglichst störungsfreier Entwurf nicht durch Computerprogramme systematisierbar. Um das Layout für die Herstellung einer integrierten Schaltung anfertigen zu können, muss zunächst die gewünschte Funktion und der Aufbau der Schaltung im Schaltplan (**Schematic**) bekannt sein. Der Übergang von einem für diskrete Bauelemente geplanten Schaltplan zu dem Layout einer ganzen integrierten Schaltung führt allerdings zu mehreren Problemstellungen, wie beispielsweise eng nebeneinanderliegende aktive Halbleiterbereiche, die unbeabsichtigt über parasitäre Bauelemente (wie z. B. Dioden oder Transistoren) miteinander verknüpft sein können – und so das eigentlich beabsichtigte Schaltungsverhalten verändern. Hier ist das Können des einzelnen Analog-Designers gefragt (*Kapitel 8–14*)!

Um die Richtigkeit des Maskendesigns überprüfen zu können, folgt dem Layout-Entwurf die **Layout-Verifikation**. Diese beginnt mit dem **DRC** (**Design-Rule-Check**), wodurch sichergestellt wird, dass alle technologisch bedingten Entwurfsregeln erfüllt sind. Die Design-Rules sind prozessabhängige Größen und ändern sich für jede neu eingeführte Technologieform (siehe *Abschnitt 8.3*). Der **LVS**-Test (**Layout Versus Schematic**) wird mithilfe des Layout-Programms durchgeführt. So lässt sich aus dem Maskendesign wiederum eine Netzliste erstellen, die genaue Informationen über Ort und Parameter der einzelnen Bauelemente liefert. Wenn man diese Netzliste mit derjenigen aus der Schaltungssimulation auf Transistorebene vergleicht, dürfen keine Widersprüche auftauchen (*Abschnitt 8.7*). Vor allem bei manuellen Entwürfen analoger Schaltungen sind nach einzelnen Syntheseschritten (Transistorebene ⇒ Layout-Synthese) immer wieder Soll-Ist-Kontrollen vorzunehmen, sodass kein geradliniger Ablauf entsteht, sondern manche Schritte mehrfach wiederholt werden müssen.

Sofern das entworfene Design alle Anforderungen erfüllt, folgt die für eine Produktion notwendige **Maskenherstellung**. Hierbei wird mithilfe eines Elektronenstrahlschreibers oder dem Pattern-Generator der eigentliche Maskensatz für die Fotolithografie hergestellt (*Abschnitt 4.2*).

Mit den Masken kann die parallele **Fertigung** einer großen Anzahl von Schaltungen auf einem Wafer vorgenommen werden (*Kapitel 4* und *7*).

Anschließend werden die ICs nach der mehrstufigen Fabrikation auf dem Wafer einem ersten elektrischen **Eignungstest** unterzogen (*Kapitel 6*).

Danach wird der IC mit einem anwendungsspezifischen Träger, Anschlüssen und einem Gehäuse versehen (**Packaging**, *Kapitel 5*).

Den Abschluss der Schaltungsherstellung bildet die **Endkontrolle** des fertigen Bauelements (*Kapitel 6*).

Zusammenfassung

Der inhaltliche Schwerpunkt dieses Buches liegt auf dem nicht automatisierten Design und Layout integrierter Schaltungen. Der Entwurf digitaler Systeme oberhalb der Bauelementebene wird in der Literatur vielfach behandelt und ist nicht Teil dieses Buches.

Literatur

[1] W. Scheel (Hrsg.): *Baugruppentechnologie der Elektronik – Montage*; Verlag Technik, Berlin, 2. Auflage, 1999.

[2] R. R. Tummala, E. J. Rymaszewski, A. G. Klopfenstein: *Microelectronics Packaging Handbook – Semiconductor Packaging*; Kluwer Academic Publ., 2. Auflage, 1997.

[3] H.-J. Hanke: *Baugruppentechnologie der Elektronik – Leiterplatten*; Verlag Technik, Berlin, 1994.

[4] S. Ramachandran: *Digital VLSI Systems Design*; Springer-Verlag, Dordrecht, 2007.

[5] J. Lienig: *Layoutsynthese elektronischer Schaltungen – Grundlegende Algorithmen für die Entwurfsautomatisierung*; Springer-Verlag, Berlin, Heidelberg, 2006.

[6] G. H. Schildt, D. Kahn, C. Kruegel, C. Moerz: *Einführung in die Technische Informatik*; Springer-Verlag, Wien, 2005.

[7] H.-J. Wunderlich: *Hochintegrierte Schaltungen: Prüfgerechter Entwurf und Test*; Springer-Verlag, Berlin, Heidelberg, 1991.

[8] J. P. Uyemura: *Physical Design of CMOS Integrated Circuits Using L-Edit*; PWS Publishing Company, Boston, 1995.

[9] A. Hastings: *The Art of Analog Layout*; Prentice Hall, 2001.

Physikalische Grundlagen der Halbleitertechnik

2.1 Grundlagen der Halbleiterphysik 37
2.2 Vom einzelnen Quantentrog zur Bandstruktur von Halbleitern 38
2.3 Bandstruktur und Ladungsträgertransport 55
2.4 Eigenschaften von Silizium 65

2 Physikalische Grundlagen der Halbleitertechnik

Einleitung

>> Im vorliegenden Kapitel werden die physikalischen Grundlagen moderner Halbleiterphysik kompakt dargestellt. Diese dienen als Grundlage für das Verständnis einer Bandstruktur in Halbleitern und damit der Funktionsweise von Halbleiterbauelementen.

Zur Bewertung neuer Technologien und Konzepte der Nanoelektronik – und es ist auch Ziel des vorliegenden Buches, diese Kompetenz zu vermitteln – muss notwendigerweise ein quantenmechanisches Grundverständnis vorhanden sein. Im Folgenden wird deshalb eine kompakte Einführung in den Formalismus der Quantenmechanik an den Anfang einer Beschreibung der Eigenschaften von Halbleitern gestellt.

Für das Verständnis der integrierten Schaltungstechnik selbst greift man später aber wieder auf eine parametrisierte Beschreibung des Verhaltens von Halbleiterbauelementen zurück. Die Kapitel zur integrierten Schaltungstechnik können deshalb auch ohne ein tieferes Eindringen in die physikalischen Grundlagen bearbeitet werden.

Die Eigenschaften von Halbleitern werden durch die atomaren Bindungen der Konstituenten im Halbleiterkristall bestimmt. Manche Halbleiter können Licht emittieren, andere sind gute elektrische Leiter. Wieder andere haben herausragende magnetische Eigenschaften, sind supraleitend oder können als Isolator verwendet werden. Nur eine quantenmechanische Beschreibung von Halbleitern kann derartige Unterschiede erklären.

In diesem Kapitel werden zunächst das Gedankengebäude sowie der Formalismus einer quantenmechanischen Beschreibung vorgestellt. Besonderes Augenmerk liegt auf einer knappen, prägnanten Darstellung, um möglichst zügig zu einer qualitativen Erklärung der Bandstruktur (das ist die Gesamtheit aller zur Verfügung stehenden Energieniveaus) in Halbleitern zu kommen. Dabei können viele Besonderheiten einer quantenmechanischen Beschreibung nicht ausreichend detailliert beschrieben werden. An diesen Stellen wird dann auf die weiterführende Literatur verwiesen.

Um Halbleiter in elektronischen Bauelementen zu verwenden, muss deren elektrische Leitfähigkeit kontrolliert eingestellt werden. Die Eigenschaften von Ladungsträgern wie Elektronen oder Löcher sowie deren Einfluss auf die Leitfähigkeit von Halbleitern werden vorgestellt.

Ströme können durch ein elektrisches Feld (Feldstrom) oder durch einen Konzentrationsgradienten (Diffusionsstrom) angetrieben werden. Beide Anteile sind für die Berechnung von Halbleiterbauelementen zu berücksichtigen. Neben der zugehörigen Driftdiffusionsgleichung müssen auch Kontinuitätsbedingungen erfüllt werden: Ladung kann im Laufe der Zeit nicht verloren gehen. Die Driftdiffusionsgleichung sowie die Kontinuitätsgleichung stellen die Grundlage für die Berechnung der Eigenschaften von Halbleiterbauelementen wie Dioden oder Transistoren dar. <<

LERNZIELE

- Quantenmechanische Grundlagen
- Entstehung von Bandstruktur
- Leitungs- und Valenzbänder
- Direkte und indirekte Halbleiter
- Dotierung von Halbleitern: Ladungsträgerstatistik
- Fermi-Dirac-Verteilung, Fermi-Energie
- Effektive Masse
- Driftdiffusionsgleichung, Kontinuitätsgleichung
- Eigenschaften von Silizium

2.1 Grundlagen der Halbleiterphysik

Der Begriff Halbleiter bezieht sich auf Materialien, deren Leitfähigkeit in weiten Grenzen verändert werden kann, von „isolierend" bis „metallisch". Es ist gerade diese Variabilität, die Halbleiter für elektronische Bauelemente interessant macht. In Silizium kann z. B. durch eine von außen angelegte Spannung ein elektrisches Feld im Inneren des Halbleiters erzeugt und damit die Elektronenkonzentration verändert werden. Dieser „Feldeffekt" schaltet einen Silizium-Kanal zwischen „isolierend„ und „leitfähig" hin und her. Elektronische Schalter sind die Grundlage integrierter digitaler Schaltungen ebenso wie für analoge integrierte Schaltungen wie z. B. Digital-Analog-Wandler oder Verstärker. Später werden wir diesen Feldeffekt und dessen physikalische Ursachen detailliert beschreiben.

Die elektronischen Eigenschaften von Halbleitern sind mit Methoden der klassischen Physik, d. h. im Rahmen der Mechanik und Elektrodynamik, grundsätzlich nicht umfassend zu verstehen. Es muss stattdessen eine quantenmechanische Beschreibungsweise gewählt werden. Dies liegt daran, dass Elektronen Wellencharakter haben und der quantenmechanischen Grundgleichung, der Schrödinger-Gleichung, gehorchen. Es sind Elektronenwellen, die sich durch den Atomverbund ausbreiten, den wir Kristallgitter nennen, und eben keine Punktladungen und schon gar keine kontinuierlichen Ströme. Erst die Lösung der Schrödinger-Gleichung liefert alle möglichen Energieniveaus, die die Elektronen in Halbleitern besetzen können. Diese Energieniveaus werden dann vom niedrigsten Energieniveau beginnend sukzessive von unten nach oben aufgefüllt. Manchmal wird dies verglichen mit dem Befüllen eines Eimers mit Wasser. Ganz analog können nämlich zwei Elektronen auch nicht in einem identischen Energieniveau sitzen. Die Gesamtheit aller Energieniveaus in Halbleitern wird Bandstruktur genannt. Die Bandstruktur ist die Grundlage für alle elektronischen, optischen und magnetischen Eigenschaften von Halbleitern.

Oft wird aus Gründen der Vereinfachung zur Beschreibung der elektronischen Eigenschaften von Halbleitern trotzdem ein klassischer Ansatz gewählt. Man betrachtet dann nicht mehr die Bewegung von Elektronenwellen, sondern beschreibt Ströme, die durch elektrische Felder (Feldstrom) oder Gradienten in der Ladungsträgerkonzentration (Diffusionsstrom) angetrieben werden. Hiermit kann die prinzipielle Funktionsweise von Dioden und Transistoren erstaunlich gut berechnet werden. Ein klassischer Ansatz zur Beschreibung von Halbleitereigenschaften ist einfacher und anschaulicher als ein quantenmechanischer. Hierzu müssen allerdings vereinfachende Modelle verwendet werden, die letztlich auch wieder in der richtigen, quantenmechanischen Beschreibung ihren Ursprung haben und durch diese begründet worden. Außerdem bleiben bei einer nur klassischen Beschreibung von Halbleitern viele grundlegende Aspekte zwangsläufig unverstanden. Elektronen sind eben doch Wellen, die sich durch ein periodisches Potential, den Halbleiterkristall, ausbreiten.

Eine vollständige quantenmechanische Beschreibung von Halbleitereigenschaften würde weit über die geplanten Inhalte dieses Buches hinausgehen. Trotzdem ist gerade für das Verständnis der neuesten Entwicklungen im Bereich der CMOS-Technologie und der Nanobauelemente quantenmechanisches Grundwissen wichtig, um zumindest gemeinsame Begriffe definieren zu können. Dieses Grundwissen kann aber insbesondere bei Studierenden der Elektrotechnik nicht von vornherein vorausgesetzt werden. Zunächst werden deshalb kurz die Grundlagen einer quantenmechanischen Beschreibung zusammengefasst, um zumindest im Prinzip und qualitativ im Rahmen des quantenmechanischen Formalismus die Entstehung von Bandstruktur und damit von Leitungs- und Valenzbändern nachvollziehen zu können. Erst wenn diese Grundlagen gelegt sind, werden wir Vereinfachungen treffen, um so die Eigenschaften von Halbleitern und die Arbeitsweise von realen elektronischen Bauelementen zu beschreiben.

Dabei bleibt die Natur von Elektronen aber immer wellenartig und letztlich ist es immer die Quantenmechanik, die die Arbeitsweise von elektronischen Bauelementen bestimmt. Wie stark elektronische Bauelemente heutzutage „quantisiert" sind, lässt sich z. B. schon an der Zahl der Elektronen in den kleinsten heute hergestellten Transistoren ablesen. Der aktive Teil eines Transistors besteht heute nur noch aus wenigen 1000 Elektronen. Ein weiterer Aspekt, der die Beschränktheit einer klassischen Beschreibung demonstriert, ist die Tatsache, dass Silizium kein Licht emittieren kann, während aus GaN und GaAs sehr effiziente Lichtemitter (LEDs und Laserdioden) hergestellt werden können. Die Ursache liegt in Details der Bandstruktur von Silizium. Darüber hinaus werden heutzutage „Einzelelektronentransistoren" erforscht, bei denen sich immer nur ein einziges Elektron im Transistor befindet. Einzelne Elektronen können wiederum einen quantenmechanischen Zustand repräsentieren, der dann die Grundlage für einen Quantencomputer sein kann. Auch dies ist Gegenstand aktueller Forschung.

Diese wenigen Beispiele sollen zeigen, dass zur Bewertung neuer Technologien und Konzepte – und es ist Ziel dieses Buches, gerade auch diese Kompetenz zu vermitteln – notwendigerweise ein quantenmechanisches Grundverständnis vorhanden sein muss. Im Folgenden wird deshalb der Formalismus der Quantenmechanik an den Anfang einer Beschreibung der Eigenschaften von Halbleitern gestellt.

2.2 Vom einzelnen Quantentrog zur Bandstruktur von Halbleitern

2.2.1 Der Formalismus der Quantenmechanik

Als Grundgleichung der Quantenmechanik betrachten wir zunächst die Schrödinger-Gleichung (genauer: die zeitunabhängige Schrödinger-Gleichung). Diese Gleichung erlaubt die Berechnung der möglichen quantisierten Gesamtenergien eines Systems.

$$H\Psi(\vec{r}) = E\Psi(\vec{r}) \tag{2.1}$$

H ist der Hamilton-Operator

$$H = -\frac{\hbar^2}{2m}\Delta + V(\vec{r}) \qquad (2.2)$$

Δ ist der Laplace-Operator

$$\Delta = \frac{\partial^2}{\partial x^2} + \frac{\partial^2}{\partial y^2} + \frac{\partial^2}{\partial z^2} \qquad (2.3)$$

und $V(\vec{r})$ die potentielle Energie als Funktion des Orts $\vec{r} = (x,y,z)$. $\hbar$ ist das Planck'sche Wirkungsquantum dividiert durch 2π, und m die Masse des Objektes, also z. B. die Masse eines Elektrons. E ist die Gesamtenergie des zu beschreibenden Systems.

Der Hamilton-Operator besteht aus einem Differentialoperator, dem Laplace-Operator und der potentiellen Energie $V(r)$. Es handelt sich bei der Schrödinger-Gleichung demnach um eine Eigenwertgleichung, deren Lösung aus einem Satz von Eigenfunktionen $\Psi_n(\vec{r})$ und Eigenwerten E_n besteht. Dabei bezeichnet der Index n einen Satz von Quantenzahlen. In einfachen Fällen läuft die Quantenzahl n als natürliche Zahl von 1 bis unendlich (wie z. B. bei Elektronen in eindimensionalen Potentialtöpfen, siehe später) und nummeriert damit die Lösungsfunktionen. Bei dreidimensionalen Problemen erhält man drei Quantenzahlen (das sind dann z. B. die Quantenzahlen n, l und m für ein Elektron, das an ein Proton gebunden ist, und die die Energieniveaus eines Wasserstoff-Atoms beschreiben). Wir werden auf den eindimensionalen Potentialtopf später noch genauer eingehen.

Die Lösungsfunktionen werden Wellenfunktionen genannt. Diese bestehen im Allgemeinen aus einem Real- und einem Imaginärteil. Das Betragsquadrat der Wellenfunktionen $\Psi_n(x)$ ergibt eine Wahrscheinlichkeitsdichte. Integriert über ein bestimmtes Volumen im Raum kann man daraus die Aufenthaltswahrscheinlichkeit berechnen, mit der man in genau diesem Volumen das Objekt (in diesem Fall ein Elektron) nachweisen kann. Die Integration über den gesamten Raum muss 1 ergeben.

> **Hinweis**
>
> Der Begriff „Aufenthaltswahrscheinlichkeit" ist leicht irreführend. Man könnte annehmen, dass sich ein Objekt (hier das Elektron) mal an diesem und mal an jenem Ort befindet, und sich dadurch eine gewisse „Aufenthaltswahrscheinlichkeit" ergibt. Diese Vorstellung ist vielfach verbreitet, aber grundsätzlich falsch. Das quantenmechanische Objekt (hier das Elektron) befindet sich nämlich an verschiedenen Orten gleichzeitig. Die „Aufenthaltswahrscheinlichkeit" gibt an, welcher „Prozentanteil" des Elektrons sich wo befindet. Diese Vorstellung eines im Raum verschmierten Elektrons kommt uns nur deshalb merkwürdig vor, weil wir das Elektron meist als Teilchen betrachten, was es aber nicht ist. Im Gegensatz dazu ist uns für ein Wellenobjekt die Tatsache, dass das Objekt an mehreren Orten gleichzeitig auftritt, sehr gut bekannt und dann auch völlig problemlos.

Allerdings darf man nun auch nicht annehmen, dass wir Bruchteile von Elektronen nachweisen könnten. Genau hier liegt die Eigenart einer quantenmechanischen Beschreibungsweise. Wollen wir das Elektron nachweisen, das über ein großes Volumen gleichzeitig verschmiert ist, so können wir nur zwei Ergebnisse erhalten: Entweder wir weisen ein (ganzes) Elektron nach oder eben kein Elektron. Hier macht sich die inhärente Quantisierung der Natur bemerkbar. Diese tritt übrigens auch bei elektromagnetischen Wellen auf. Auch dort kann man ein (ganzes) Photon, also ein „Lichtteilchen", entweder messen oder eben nicht.

Diese merkwürdige Mischung von teilchenartigen und wellenartigen Eigenschaften führt dazu, dass die uns in der Natur präsentierte Realität nicht durch eine nur wellenartige oder nur teilchenartige Beschreibung erfasst werden kann. Das gleichzeitige Auftreten von Wellen- und Teilcheneigenschaften wird oft als „Welle-Teilchen-Dualismus" bezeichnet, auch dies ist allerdings eine eher unglückliche, historisch gewachsene Bezeichnung. Ein Elektron tritt eben nicht manchmal als Welle und manchmal als Teilchen auf. Es ist ein quantenmechanisches Objekt mit genau einer wohlbekannten und in der Zeit konstant gültigen konsistenten Beschreibung.

Wenden wir uns wieder der Schrödinger-Gleichung zu. In der zeitunabhängigen Schrödinger-Gleichung kommt die Zeit offensichtlich nicht vor. Das bedeutet aber, dass durch diese Gleichung nur stationäre, also zeitunabhängige Situationen beschrieben werden können. Dynamische, also zeitabhängige Vorgänge werden damit grundsätzlich nicht erfasst. Hierzu müsste man dann die zeitabhängige Schrödinger-Gleichung bemühen, die wir allerdings an dieser Stelle nicht einführen wollen. Hierzu wird auf Bücher zur Einführung in die Quantenmechanik verwiesen (z.B. [7] und [8]). Dies stellt aber keine wesentliche Einschränkung dar, da zur Beschreibung quantenmechanischer Systeme meist die zeitunabhängige Schrödinger-Gleichung völlig ausreicht.

Zur Verdeutlichung des Formalismus wenden wir diesen nun auf ein einfaches, aber recht lehrreiches System an. Ein Elektron soll sich in einem rechteckigen Potentialtopf befinden. An diesem Beispiel kann man alle wesentlichen Aspekte des quantenmechanischen Formalismus verfolgen, und zwar gerade ohne eine komplexe mathematische Behandlung. Trotz der übersichtlichen Form der Schrödinger-Gleichung ist deren mathematische Behandlung nämlich meist kompliziert. Zur weiteren Vereinfachung berücksichtigen wir deshalb außerdem nur noch eine Koordinate x, statt der 3 Raumkoordinaten x, y und z, und nehmen darüber hinaus an, dass der Potentialtopf unendlich hohe Wände hat. Die Situation ist in Abbildung 2.1 skizziert.

Später werden wir dann diese Potentialtöpfe aneinanderreihen und dies als Modell für den atomaren Verbund von Atomen innerhalb eines Halbleiters diskutieren.

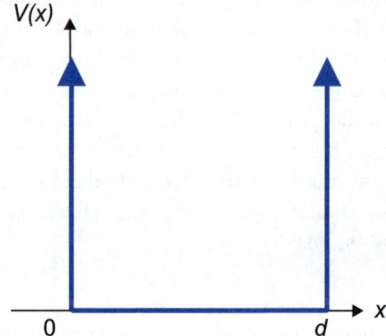

Abbildung 2.1: Potentialverlauf in einem rechteckigen Potentialtopf mit unendlich hohen Wänden.

2.2 Vom einzelnen Quantentrog zur Bandstruktur von Halbleitern

Innerhalb des Potentialtopfs sei die potentielle Energie $V(x) = 0$, außerhalb des Potentialtopfs sei die potentielle Energie der Einfachheit halber unendlich hoch. Damit erhält man die Schrödinger-Gleichung für ein Elektron, das sich innerhalb des Potentialtopfs befindet:

$$-\frac{\hbar^2}{2m}\frac{\partial^2}{\partial x^2}\Psi(x) = E\Psi(x) \qquad (2.4)$$

Da $V(x) = 0$ im Potentialtopf, fällt der Term der potentiellen Energie in der Schrödinger-Gleichung weg. Wir erhalten eine relativ übersichtliche Differentialgleichung zweiter Ordnung, deren Lösungen gut bekannt sind. Als Lösungsfunktionen ergeben sich Sinus- und Cosinusfunktionen:

$$\Psi(x) = A\sin(kx) + B\cos(kx) \qquad (2.5)$$

Die erste und zweite Ableitung ergibt sich zu

$$\Psi'(x) = k\left[A\cos(kx) - B\sin(kx)\right] \qquad (2.6)$$

$$\Psi''(x) = -k^2\left[A\sin(kx) + B\cos(kx)\right] = -k^2\Psi(x) \qquad (2.7)$$

Wir setzen diese 2. Ableitung in die Schrödinger-Gleichung ein und erhalten folgenden Zusammenhang:

$$E = \frac{\hbar^2 k^2}{2m} \qquad (2.8)$$

Der Parameter k hat die Bedeutung einer Wellenzahl, die über $k = 2\pi/\lambda$ in Wellenlänge umgerechnet werden kann. Es sei schon jetzt darauf hingewiesen, dass dies nicht als klassische kinetische Energie interpretiert werden darf, die eine Bewegung in einer Richtung anzeigt. Auf diese Problematik wird später noch genauer eingegangen.

Obwohl wir hiermit eine allgemeine Lösung der Differentialgleichung gefunden haben, ist unser Problem erst zur Hälfte gelöst. Bisher wurden in der Lösung nämlich die realen Eigenschaften des konkreten Potentialtopfes, wie Breite und Höhe, noch nicht berücksichtigt. Diese fließen erst jetzt, in einem zweiten Schritt, über die Randbedingungen in die Lösung der Schrödinger-Gleichung mit ein. Wir werden sehen, dass erst diese Randbedingungen – wie für Eigenwertprobleme üblich – zu einer Quantisierung der möglichen Energien von Elektronen im Potentialtopf führen.

Gerade beim unendlich hohen Potentialtopf ergeben sich recht einfache Randbedingungen (deshalb haben wir ihn auch unendlich hoch gewählt). Außerhalb des Potentialtopfs darf sich kein auch noch so kleiner Anteil des Elektrons aufhalten, da das Elektron ansonsten eine unendlich hohe Energie besitzen würde. Dies wäre unphysikalisch. Wir müssen deshalb folgende Randbedingungen an die Lösung der Schrödinger-Gleichung stellen:

$$\Psi(x = 0) = A\sin(k0) + B\cos(k0) = 0 \quad \Rightarrow \quad B = 0 \qquad (2.9)$$

$$\Psi(x = L) = A\sin(kL) + 0 \cdot \cos(kL) = A\sin(kL) = 0 \qquad (2.10)$$

Der Wert $sin(kL)$ muss also null sein und damit muss das Argument unter der Sinusfunktion ein ganzzahliges Vielfaches von π sein:

$$kL = n\pi \quad n = 1,2,3,...$$
$$k_n = n\frac{\pi}{L} \quad n = 1,2,3,... \tag{2.11}$$

n ist die Quantenzahl, die diejenigen Wellenzahlen k indiziert, die zu Lösungen führen, die mit den Randbedingungen verträglich sind. Die Quantisierung hat sich damit ganz automatisch aus dem Anlegen der Randbedingungen an die allgemeinen Lösungen der Schrödinger-Gleichung ergeben. Damit ist dann k quantisiert und am Ende auch die Energie E.

> **Hinweis**
>
> Die Quantisierung der möglichen Energiewerte ergibt sich nicht aus der Schrödinger-Gleichung direkt, sondern erst in Verbindung mit den Randbedingungen, die für die Lösungen der Schrödinger-Gleichung gefordert werden müssen. Das Auffinden passender Randbedingungen erfordert physikalisches „Fingerspitzengefühl".

$$E_n = \frac{\hbar^2 k_n^2}{2m} = \frac{\hbar^2 \pi^2}{2mL^2} n^2 \tag{2.12}$$

Mit der Quantisierung der k_n ergeben sich dann auch die zugehörigen Eigenfunktionen

$$\Psi_n(x) = A \sin(k_n x) \tag{2.13}$$

Damit das Quadrat der Wellenfunktionen tatsächlich als Wahrscheinlichkeitsdichte interpretiert werden kann, müssen diese noch normiert werden. Normierung bedeutet, dass das Integral der Wahrscheinlichkeitsdichte über den gesamten Raum 100 % ergeben muss. Damit wird dann der bis hierher noch nicht fixierte Vorfaktor A festgelegt. Das bedeutet, dass die Aufenthaltswahrscheinlichkeit des Objektes im gesamten Raum 100 % betragen muss. Anders ausgedrückt: Das Elektron muss sich auf jeden Fall innerhalb des Potentialtopfs befinden. Auf eine quantitative Darstellung des Normierungsfaktors wird hier aber verzichtet.

Damit haben wir nun das Problem „Elektron im eindimensionalen Potentialtopf" gelöst. Als Ergebnis erhielten wir demnach einen Satz von Energien (auch Eigenenergien genannt) sowie einen Satz von Wellenfunktionen (auch Eigenfunktionen genannt). Zur selben ganzzahligen Quantenzahl n gehört immer auch die entsprechende Wellenfunktion $\Psi_n(x)$. Die zugehörigen Quantenzahlen n laufen von eins bis unendlich, dementsprechend erhält man auch unendlich viele mögliche k_n. Die Wellenfunktionen können entweder mit der Quantenzahl n indiziert werden oder alternativ mit dem Wert k_n. Die Indizierung über den Wert k_n wird später noch bei der Beschreibung der Bandstruktur von Halbleitern wichtig.

Dieses Ergebnis reflektiert die Tatsache, dass ein Elektron in einem Potentialtopf nur ganz bestimmte, diskrete Energiewerte annehmen kann. Elektronenenergien, die gerade zwischen diesen erlaubten Energiewerten liegen, existieren als Lösung der Schrödinger-Gleichung (inklusive der Randbedingungen) *nicht*, und kommen in der Natur deshalb auch *nicht* vor. Zu jedem dieser Energieeigenwerte existiert eine wohldefinierte Wellenfunktion nach Gleichung 2.13. Da $|\Psi(x)|^2$ die Aufenthaltswahrscheinlichkeitsdichte angibt und diese über den ganzen Potentialtopf verteilt ist, verteilt sich offensichtlich auch ein Elektron, das sich in diesem Energiezustand befindet, über den ganzen Potentialtopf. Die Aufenthaltswahrscheinlichkeit ist mal höher, mal niedriger, verteilt sich aber wie gesagt über den ganzen Potentialtopf.

Bisher sind wir von einem rechteckigen Potentialtopf (d. h. einem Potential $V(x)$ mit rechteckiger Form) ausgegangen. Die erhaltenen Ergebnisse gelten aber zumindest qualitativ unabhängig von der Potentialform. Andere Potentialformen ergeben sich z. B., wenn man ein Elektron betrachtet, das an einen Atomkern gebunden ist. Das attraktive Potential der Coulomb-Wechselwirkung erzeugt dann eine Potentialform, bei der V proportional zu $1/r$ ist (r = Abstand Elektron-Kern). Durch die Lösung der Schrödinger-Gleichung werden sich aber wiederum ganz bestimmte Eigenenergien und Eigenwellenfunktionen ergeben, dann aber für andere Energiewerte und andere Formen der Wellenfunktionen.

Eine weitere, häufig auch in der Natur auftretende Potentialform ist V proportional zu x^2. Diese tritt bei allen Problemen auf, die mit Schwingungen zusammenhängen. Wenn die rücktreibende Kraft F proportional zur Auslenkung x ansteigt (Voraussetzung für einen „harmonischen Oszillator"), dann ändert sich die potentielle Energie quadratisch mit dem Abstand: $V \sim x^2$. Diese Situation trifft man nicht nur bei einer Masse an einem Federpendel an, sondern z. B. auch bei einem Atom, das in einem Molekül oder Atomverbund gebunden ist. Wenn man dieses Atom aus seiner eigentlichen Ruhelage auslenkt, dann wird eine rücktreibende Kraft auftreten, und auch hier wird $V \sim x^2$ gelten. Die potentielle Energie ist also quadratisch von der Auslenkung abhängig. Auch hierfür kann die Schrödinger-Gleichung gelöst werden. Es ergeben sich natürlich wieder bestimmte quantisierte Energieniveaus, die diesmal aber eine Besonderheit haben: Sie sind alle äquidistant. Äquidistante Energieniveaus sind damit ein Kennzeichen eines parabelförmigen Verlaufs der potentiellen Energie.

Die beiden besprochenen Potentialverläufe sind zusammen mit den Eigenenergien und Wellenfunktionen in Abbildung 2.2 dargestellt.

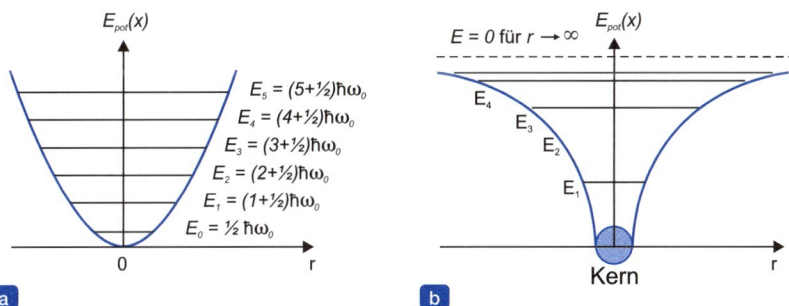

Abbildung 2.2: Potentialverläufe und Eigenenergien für ein Coulomb-Potential und ein parabolisches Potential. (a) Parabelförmiges Potential eines harmonischen Oszillators. (b) Potential eines Elektrons, das über die Coulomb-Anziehung an einen Atomkern gebunden ist (Energien nicht maßstabsgetreu eingezeichnet).

Die Eigenenergien hängen für beide Fälle wiederum von der Quantenzahl n ab. Die eigentliche Rechnung wird hier nicht nachvollzogen, diese führt aber zu folgendem Ergebnis:

$$E_n = Ry \cdot \frac{1}{n^2} = -13.6\ eV \cdot \frac{1}{n^2} \qquad \text{(Elektron im Coulomb-Potential)} \qquad (2.14)$$

$$E_n = \hbar\omega_0 \left(n + \frac{1}{2}\right) \qquad \text{(parabelförmiger Potentialtopf)} \qquad (2.15)$$

Ry ist dabei die berühmte Rydberg-Energie, die der Ionisationsenergie eines Wasserstoff-Atoms entspricht.

> **Hinweis**
>
> Eine charakteristische Eigenschaft tritt unabhängig von der Form des Potentials bei allen Potentialformen auf: Wenn die Breite des Potentialtopfs kleiner wird, so steigen unabhängig von der Form die Energiewerte generell an. Umgekehrt werden die Energiewerte generell abnehmen, wenn die Breite des Potentialtopfes größer wird.

Am Schluss dieses Abschnitts betrachten wir noch die Situation in einem sehr breiten Potentialtopf. Ein Elektron in einem Halbleiter kann – wie wir später sehen werden – oft als quasi-freies Elektron betrachtet werden, da es sich innerhalb des Festkörpers quasi frei bewegen kann, ohne Einschränkung durch die Atompotentiale (wir werden diese Vorstellung später noch präzisieren). Dies ist zunächst schwer einzusehen, ergibt sich aber aus einer quantenmechanischen Berechnung. Atome sind für die Elektronenwellen im Kristall quasi „durchsichtig". Betrachten wir dann ein solches quasi-freies Elektron in einem Kristall, so kann sich dieses Elektron frei bewegen, aber eben nur innerhalb des Kristalls. Kommt das Elektron an die Oberfläche des Kristalls, so kann es aus diesem nicht austreten, es spürt eine Potentialbarriere nach draußen. Das niedrigste Energieniveau, das außerhalb des Halbleiterkristalls zur Verfügung steht, wird Vakuum-Niveau genannt. Die Situation entspricht demnach einem sehr breiten Potentialtopf, in dem Abmessungen von der Größenordnung der Kristallausdehnung in die Gleichungen eingesetzt werden können. Wir ersehen aus Gleichung (2.14), dass die Energieniveaus selbst und auch deren Abstände mit zunehmender Breite des Potentialtopfs stark abnehmen. Wir erhalten zwar selbst in diesem riesigen Potentialtopf wiederum quantisierte Energieniveaus, diese Energieniveaus liegen nun aber extrem eng beieinander und bilden damit ein „Quasi-Kontinuum" an Energiezuständen. Die Quantisierung wird damit aufgrund der kleinen Energieabstände gar nicht mehr sichtbar, ist aber nach wie vor vorhanden. Dies kann man als klassischen Grenzfall ansehen.

2.2.2 Bindungen und Austauschwechselwirkung

Im Folgenden werden wir einen rechteckigen Potentialtopf als einfaches Modell für ein Atom betrachten. Während im Atom ein Elektron durch ein Coulomb-Potential gebunden ist, ist unser Potential rechteckig, was aber an den folgenden grundsätzlichen Aussagen nichts Wesentliches ändert. Man kann daraus trotz der Vereinfachungen einige wichtige Eigenschaften von Atombindungen und letztlich von Halbleiterbandstrukturen ableiten.

Wir fragen nun danach, was passiert, wenn sich zwei Atome nähern. Dies ist der erste Schritt hin zu einer Beschreibung eines Halbleiters, der allerdings dann nicht nur aus zwei, sondern aus vielen Atomen besteht (meist in der Größenordnung 10^{23} Atome pro cm^3). Wir betrachten zwei Potentialtöpfe, in jedem der beiden Potentialtöpfe soll jeweils ein Elektron in einem der Energieniveaus sitzen. Derartige Probleme nennt man Vielteilchenprobleme, da mehr als ein Elektron betrachtet werden muss. Im Folgenden soll gezeigt werden, wie mehrere Elektronen im quantenmechanischen Formalismus behandelt werden. Dies führt uns am Ende zum Begriff der Austauschwechselwirkung, die letztendlich für die Entstehung von Atombindungen und damit Bandstrukturen von Halbleitern verantwortlich ist.

Die zugehörige Schrödinger-Gleichung lautet für zwei Elektronen in zwei Potentialtöpfen

$$\left\{-\frac{\hbar^2}{2m}\frac{\partial^2}{\partial x_1^2} + V(x_1)\right\}\Psi_1(x_1)\Psi_2(x_2)$$
$$+\left\{-\frac{\hbar^2}{2m}\frac{\partial^2}{\partial x_2^2} + V(x_2)\right\}\Psi_1(x_1)\Psi_2(x_2) \qquad (2.16)$$
$$= (E_1 + E_2)\Psi_1(x_1)\Psi_2(x_2)$$

Der Index 1 bzw. 2 der Wellenfunktionen bezieht sich auf Potentialtopf 1 bzw. 2, der Index 1 bzw. 2 an der Ortsvariablen x bezieht auf das Elektron 1 oder Elektron 2. Eine Ableitung nach x_1 berührt demnach nicht die Wellenfunktion $\Psi(x_2)$, diese wird für die Differentiation nach x_1 als konstanter Faktor angesehen.

Hierbei wurde zunächst angenommen, dass sich die beiden Elektronen nicht beeinflussen, d. h. nichts voneinander spüren. Nur dann ist die potentielle Energie $V(x)$ gleich der Summe der einzelnen Potentiale V_1 und V_2. Wären die beiden Potentialtöpfe allerdings eng benachbart, so müsste man eine Wechselwirkung zwischen den beiden Elektronen mitberücksichtigen, die der Coulomb-Abstoßung entspricht ($V_{12} \sim 1/(x_1 - x_2)$). Dies werden wir allerdings erst in einem zweiten Schritt einbeziehen.

Wie wir aus Gleichung (2.16) ersehen, besteht die Gesamtwellenfunktion der beiden Elektronen aus dem Produkt der Wellenfunktionen der einzelnen Elektronen. Diese Produktwellenfunktion

$$\Psi(x_1, x_2) = \Psi_1(x_1)\Psi_2(x_2) \qquad (2.17)$$

ist offensichtlich Lösung der gemeinsamen Schrödinger-Gleichung, da sich die Differentialoperatoren immer nur auf die eine oder andere Variable (also x_1 oder x_2) beziehen. Dies kann man durch Einsetzen in die Schrödinger-Gleichung direkt verifizieren.

An die so gefundene Lösung der gemeinsamen Schrödinger-Gleichung für zwei Potentialtöpfe muss allerdings innerhalb des quantenmechanischen Formalismus noch eine weitere Bedingung gestellt werden. Die Lösungen müssen nämlich eine Symmetriebedingung bezüglich der Vertauschung von Teilchenkoordinaten x_1 und x_2 erfüllen. Dies beruht auf dem Grundsatz der Ununterscheidbarkeit von identischen quantenmechanischen Objekten (hier zwei Elektronen). Überlappen die Wellenfunktionen zweier Elektronen aufgrund der Nähe der Potentialtöpfe (das sind später die Atome), so durchdringen die Wellenfunktionen einander und wir können das eine Elektron prinzipiell nicht mehr vom anderen Elektron unterscheiden. Wenn wir dann mit irgendeiner Messung ein Elektron nachweisen, können wir eben nicht sagen, ob dies das Elektron 1 oder das Elektron 2 war. Die beiden Objekte sind nicht unterscheidbar.

Diese Symmetrieanforderung spiegelt sich in einer Anforderung an die mathematische Beschreibung der gemeinsamen Wellenfunktion bezüglich der Vertauschung von Objektkoordinaten wider.

$$|\Psi(x_1, x_2)|^2 = |\Psi(x_2, x_1)|^2 \qquad (2.18)$$

Die erste Koordinate zeigt an, welches Objekt in Potentialtopf 1 sitzt, die zweite entsprechend die Koordinate des Objekts in Potentialtopf 2. Diese Symmetrieforderung wird an das Quadrat der Wellenfunktion und nicht an die Wellenfunktion selbst gestellt, da nur diese messbar ist. Für die 2-Teilchen-Wellenfunktion selbst kommen damit zwei Möglichkeiten infrage:

$$\Psi(x_1, x_2) = +\Psi(x_2, x_1)$$
$$\Psi(x_1, x_2) = -\Psi(x_2, x_1)$$
(2.19)

Es ergeben sich also zwei Wellenfunktionen mit völlig unterschiedlichem Symmetrieverhalten gegenüber Vertauschung der Objektkoordinaten. Der eine Typ von Wellenfunktion ist symmetrisch gegenüber der Vertauschung der Objektkoordinaten, der andere antisymmetrisch. Diese Unterscheidung hat tief greifende Konsequenzen.

Welche der beiden Typen von Wellenfunktionen für Elektronen verwendet werden muss, entscheidet letztlich das Experiment. Es stellt sich heraus, dass die Wellenfunktionen für Objekte mit einem halbzahligen Eigendrehimpuls, auch Spin genannt, mit antisymmetrischen Wellenfunktionen beschrieben werden müssen. Zu dieser Familie von Objekten gehören auch Elektronen, die bekanntermaßen einen Spin $S = 1/2$ aufweisen (genauer: die Spin-Quantenzahl beträgt $S = 1/2$). Derartige Objekte bezeichnet man als Fermionen. Auf eine exaktere Einführung und Beschreibung der Eigenschaften des Eigendrehimpulses wird an dieser Stelle verzichtet. Hier kann nur auf die einschlägige Literatur zur Einführung in die Quantenmechanik verwiesen werden (z.B. [7] und [8]).

> **Hinweis**
>
> Elektronen sind Fermionen, die Gesamtwellenfunktionen für mehrere Elektronen müssen antisymmetrisch gegenüber Teilchenvertauschung sein. Elektronen werden durch die Spin-Quantenzahl $S = 1/2$ beschrieben.

> **Hinweis**
>
> Objekte mit ganzzahligem Spin nennt man Bosonen. Hierzu gehören z. B. Helium-Atome oder auch Photonen.

Durch die bisherigen Überlegungen erhielten wir als Lösung der Schrödinger-Gleichung für zwei Potentialtöpfe eine Produktwellenfunktion

$$\Psi_1(x_1, x_2) = \Psi_1(x_1)\Psi_2(x_2)$$
(2.20)

Diese erfüllt allerdings im Allgemeinen nicht die notwendigen Symmetrieanforderungen bezüglich Vertauschung der Objektkoordinaten. Zur Verdeutlichung dieses Sachverhaltes nehmen wir an, dass sich das Elektron 1 in Zustand 1 mit Energie E_1 und zugehörigem Wellenvektor k_1 befindet. Entsprechendes gilt für Elektron 2. Die sich ergebende Wellenfunktion wäre dann

$$\Psi(x_1, x_2) = A \sin(k_1 x_1)\sin(k_2 x_2)$$
(2.21)

und die Wellenfunktion mit vertauschten Objektkoordinaten ergibt sich zu

2.2 Vom einzelnen Quantentrog zur Bandstruktur von Halbleitern

$$\Psi(x_2, x_1) = A \sin(k_1 x_2)\sin(k_2 x_1) \tag{2.22}$$

Im Allgemeinen, d. h. für x_1 ungleich x_2, sind diese beiden Funktion aber nicht identisch und damit weder symmetrisch noch antisymmetrisch gegen Vertauschung der Objektkoordinaten. Wir können aber aus diesen beiden Wellenfunktionen eine neue Wellenfunktion als Linearkombination bilden, die dann doch noch den Symmetrieanforderungen gerecht wird.

$$\Psi_{a,s}(x_1, x_2) = A\{\Psi_1(x_1)\Psi_2(x_2) \pm \Psi_1(x_2)\Psi_2(x_1)\} \tag{2.23}$$

Ψ_a und Ψ_s stehen hierbei für symmetrische und antisymmetrische Wellenfunktionen. Es ist direkt durch Vertauschung der Koordinaten ersichtlich, warum diese Linearkombinationen die Symmetrieanforderungen gegen Vertauschung der Objektkoordinaten erfüllen. Weniger klar ist allerdings, warum diese Wellenfunktionen immer noch Lösungen der Schrödinger-Gleichung sind. Um dies zu beweisen, muss man die Gesamtwellenfunktion $\Psi_{a,s}$ in die Schrödinger-Gleichung einsetzen (siehe Beweis).

Beweis

Die (anti-)symmetrisierte Gesamtwellenfunktion ist Lösung der Schrödinger-Gleichung.

$$\Psi_{a,s} = \Psi_1(x_1)\Psi_2(x_2) \pm \Psi_1(x_2)\Psi_2(x_1)$$

$$H_1 = -\frac{\hbar^2}{2m}\frac{\partial^2}{\partial x_1^2} + V(x_1) \qquad H_2 = -\frac{\hbar^2}{2m}\frac{\partial^2}{\partial x_2^2} + V(x_2)$$

$$H_1\Psi_1(x_1) = E_1\Psi_1(x_1) \quad \text{und} \quad H_2\Psi_2(x_2) = E_2\Psi_2(x_2)$$

$$H_1\Psi_{a,s} = \left(-\frac{\hbar^2}{2m}\frac{\partial^2}{\partial x_1^2} + V(x_1)\right)\left(\Psi_1(x_1)\Psi_2(x_2) \pm \Psi_1(x_2)\Psi_2(x_1)\right)$$

$$= \Psi_2(x_2)E_1\Psi_1(x_1) \pm \Psi_1(x_2)E_2\Psi_2(x_1)$$

$$H_2\Psi_{a,s} = \left(-\frac{\hbar^2}{2m}\frac{\partial^2}{\partial x_2^2} + V(x_2)\right)\left(\Psi_1(x_1)\Psi_2(x_2) \pm \Psi_1(x_2)\Psi_2(x_1)\right)$$

$$= \Psi_1(x_1)E_2\Psi_2(x_2) \pm \Psi_2(x_1)E_1\Psi_1(x_2)$$

$$(H_1 + H_2)\Psi_{a,s} = (E_1 + E_2)\left(\Psi_1(x_1)\Psi_2(x_2) \pm \Psi_1(x_2)\Psi_2(x_1)\right) \quad \text{q.e.d.}$$

Terme mit vertauschten Koordinaten, in denen $\Psi_1(x_2)\cdot\Psi_2(x_1)$ vorkommt, fallen nach der Multiplikation mit dem durch einen Stern gekennzeichneten Konjugiert-Komplexen $(\Psi_2(x_2)\cdot\Psi_1(x_1))^*$ und Integration über den gesamten Raum grundsätzlich weg, während die Integration bei Termen ohne vertauschte Koordinaten grundsätzlich 1 ergibt. Diese Eigenschaft folgt aus der Orthonormierung der Wellenfunktionen (weitere Details siehe weiterführende Literatur).

Nun sind wir nicht mehr weit von der Erklärung der Austauschwechselwirkung entfernt, was ja erklärtes Ziel dieser kurzen Einführung war. Hierzu müssen wir jetzt „nur" noch die Wechselwirkung zwischen den beiden Elektronen berücksichtigen. Die beiden Elektronen 'spüren' aneinander, sie wechselwirken über ihre Coulomb-Abstoßung. Die zugehörige potenzielle Energie

$$V(x_1, x_2) = \frac{1}{4\pi\varepsilon_D}\frac{1}{|x_1 - x_2|} \tag{2.24}$$

muss zur Schrödinger-Gleichung addiert werden.

$$\left\{-\frac{\hbar^2}{2m}\frac{\partial^2}{\partial x_1^2}+V(x_1)\right\}\Psi(x_1,x_2)+\left\{-\frac{\hbar^2}{2m}\frac{\partial^2}{\partial x_2^2}+V(x_2)\right\}\Psi(x_1,x_2) \quad (2.25)$$
$$+V(x_1,x_2)\Psi(x_1,x_2)=E\Psi(x_1,x_2)$$

Der erste Term der Gleichung ergibt – wie aus dem vorher Gesagten ersichtlich – die Energie E_1, der zweite Term die Energie E_2. Damit können wir schreiben:

$$E_1\Psi(x_1,x_2)+E_2\Psi(x_1,x_2)+V(x_1,x_2)\Psi(x_1,x_2)=E\Psi(x_1,x_2) \quad (2.26)$$

Wir multiplizieren diese Gleichung von links mit dem Konjugiert-Komplexen von $\Psi_{1,2}$ und integrieren anschließend jeden Summanden über den ganzen Raum. Dabei nutzen wir aus, dass die Wellenfunktionen normiert sein sollen, ein Integral des Quadrats einer Wellenfunktion über den ganzen Raum ergibt demnach 1. Dies gilt zumindest für die beiden ersten Terme. Im dritten Term ist der Integrand allerdings durch das Wechselwirkungspotential $V(x)$ modifiziert, der Integrand ist deshalb nicht mehr orthonormiert. Dies führt zu folgender Form der Schrödinger-Gleichung:

$$E_1+E_2+\int_{-\infty}^{+\infty}\Psi(x_1,x_2)\cdot V(x_1,x_2)\cdot\Psi(x_1,x_2)dx_1dx_2=E \quad (2.27)$$
$$E=E_1+E_2+V_{12}$$

Zur Erinnerung: Wir betrachten zwei Elektronen in zwei Potentialtöpfen als einfaches Modell zweier Atome. In großer Entfernung ist die Gesamtenergie direkt die Summe der Einzelenergien für Elektron 1 und Elektron 2. Kommen sich die Atome jedoch näher, so spüren die Elektronen die Coulomb-Wechselwirkung. In der Schrödinger-Gleichung ergibt sich dadurch ein zusätzlicher Term $V_{1,2}$, der auch Wechselwirkungsterm genannt wird.

Diesen Wechselwirkungsterm müssen wir nun noch genauer untersuchen. Aus einer rein klassischen Sicht erwarten wir, dass dieser Term zu einer Energieanhebung des Gesamtsystems führt, die beiden Elektronen stoßen sich schließlich aufgrund ihrer beiderseitigen negativen Ladung ab. Dies würde aber dann bedeuten, dass zwei Atome, deren Wellenfunktionen überlappen, niemals eine anziehende Wechselwirkung eingehen können und damit auch niemals eine Molekülbindung realisieren könnten. Die Realität widerspricht offensichtlich dieser klassischen Erwartung.

Wir wollen deshalb den Wechselwirkungsterm $V_{1,2}$ genauer analysieren. Hierzu setzen wir in das Integral der Gleichung (2.27) die Wellenfunktionen ein. An dieser Stelle müssen wir uns aber daran erinnern, dass die richtigen Wellenfunktionen Symmetrieanforderungen zu erfüllen haben. Wir müssen hier also die Wellenfunktion von Gleichung (2.23) einsetzen. Dies ergibt einen zunächst einigermaßen unübersichtlichen Term für die Wechselwirkungsenergie:

$$V_{12}=\int_{-\infty}^{+\infty}\Psi(x_1,x_2)\cdot V(x_1,x_2)\cdot\Psi(x_1,x_2)dx_1dx_2$$
$$=\left\{\Psi_1(x_1)\Psi_2(x_2)\pm\Psi_1(x_2)\Psi_2(x_1)\right\}^* \quad (2.28)$$
$$V(x_1,x_2)\left\{\Psi_1(x_1)\Psi_2(x_2)\pm\Psi_1(x_2)\Psi_2(x_1)\right\}$$

deren Integrand nach dem Ausmultiplizieren aus den Termen (1–4) besteht:

$$(1) = \{\Psi_1(x_1)\Psi_2(x_2)\}^* V(x_1,x_2)\{\Psi_1(x_1)\Psi_2(x_2)\}$$
$$(2) = \{\Psi_1(x_2)\Psi_2(x_1)\}^* V(x_1,x_2)\{\Psi_1(x_2)\Psi_2(x_1)\}$$
$$(3) = \{\Psi_1(x_1)\Psi_2(x_2)\}^* V(x_1,x_2)\{\Psi_1(x_2)\Psi_2(x_1)\}$$
$$(4) = \{\Psi_1(x_1)\Psi_2(x_1)\}^* V(x_1,x_2)\{\Psi_1(x_1)\Psi_2(x_2)\}$$

Genauer betrachtet sind die beiden Terme (1) und (2) identisch, nur dass die Integrationsvariablen gerade vertauscht sind, was auf das Resultat nach der Integration aber keine Auswirkungen haben darf. Den Integranden können wir außerdem umsortieren:

$$(1) = (2) = \Psi_1^*(x_1)\Psi_1(x_1) \cdot V(x_1,x_2) \cdot \Psi_2^*(x_2)\Psi_2(x_2)$$

Diese ersten beiden Terme fassen wir zu einem einzigen zusammen, den wir Coulomb-Term C nennen

$$C = 2\int_{-\infty}^{+\infty} \Psi_1^*(x_1)\Psi_1(x_1) \cdot V(x_1,x_2) \cdot \Psi_2^*(x_2)\Psi_2(x_2) dx_1 dx_2 \qquad (2.29)$$

Wir erinnern uns wiederum daran, dass $\Psi^*\Psi$ das Quadrat der Wellenfunktion bedeutet und eine Wahrscheinlichkeitsdichte angibt. Diese Wahrscheinlichkeitsdichte ist aber einer Ladungsdichteverteilung proportional, da wir es hier ja mit Elektronen zu tun haben. Wir können deshalb schreiben:

$$C \sim \int_{-\infty}^{+\infty} n_1(x_1) \cdot V(x_1,x_2) \cdot n_2(x_2) dx_1 dx_2 \qquad (2.30)$$

wobei n_1 und n_2 die Ladungsdichteverteilung des Elektrons 1 und 2 bedeuten sollen. Hieraus wird auch gleichzeitig die Bedeutung des Coulomb-Integrals deutlich. Es gibt an, inwieweit die beiden Wellenfunktionen von Objekt 1 und Objekt 2 überlappen, was dann in einer Coulomb-Abstoßung resultiert. Dies entspricht qualitativ auch dem, was wir durch eine klassische Überlegung erwartet hatten. Dementsprechend ist das Vorzeichen des Coulomb-Terms auch immer positiv, erhöht also die Gesamtenergie.

Genauso analysieren wir nun die Terme (3) und (4) des Integranden in Gleichung (2.28). Wiederum setzen wir die Wellenfunktionen ein, die die Symmetriebedingungen erfüllen, und sehen uns das Resultat genauer an. Auch hier unterscheiden sich Term (3) und (4) nur in der Benennung der Integrationsvariablen x_1 und x_2. Diese können ebenso unter dem Integral vertauscht, d. h. umbenannt werden. Nach der Integration müssen beide Terme gleich sein. Wir nennen das erhaltene Integral Austauschintegral A.

$$A = \pm 2\int_{-\infty}^{+\infty} \Psi_1^*(x_1)\Psi_2^*(x_2) \cdot V(x_1,x_2) \cdot \Psi_1(x_2)\Psi_2(x_1) dx_1 dx_2 \qquad (2.31)$$

Dieses Austauschintegral kann nicht weiter vereinfacht und klassisch auch nicht interpretiert werden. Sein Auftauchen verdankt das Austauschintegral unserer strikten Anforderung an die Symmetrie der Wellenfunktionen gegenüber Vertauschung der Objektkoordinaten. Es hat damit keine klassische Entsprechung. Der Name resultiert daher, dass im hinteren Teil des Integranden die Integrationsvariablen gerade ausgetauscht sind. Eine weitere Vereinfachung wie im Falle des Coulomb-Integrals ist deshalb nicht möglich. Das Austauschintegral muss so stehen bleiben und muss im Bedarfsfall aus den Wellenfunktionen berechnet werden.

> **Hinweis**
>
> Die Tatsache, dass das Austauschintegral klassisch nicht erklärt werden kann, mutet zunächst eventuell merkwürdig an. An dieser Stelle sei deshalb daran erinnert, dass eine physikalische Theorie wie die Quantenmechanik sich nicht durch das Kriterium „Übersichtlichkeit" oder „Anschaulichkeit" als richtig erweist, sondern nur durch eine richtige Vorhersage aller in der Natur auftretenden Ereignisse. Genau dies leistet die Quantenmechanik, sofern der beschriebene Formalismus mit symmetrischen und antisymmetrischen Wellenfunktionen verwendet wird.

Trotz der etwas unübersichtlichen Rechnung ergibt sich ein recht anschauliches Endergebnis für die Gesamtenergie zweier Elektronen in getrennten Potentialtöpfen, die sich so nahe gekommen sind, dass deren Wellenfunktionen überlappen (zur Erinnerung: Dies ist unser einfaches Modell eines Moleküls aus zwei Atomen). Die Gesamtenergie beträgt

$$E = E_1 + E_2 + C \pm A \qquad (2.32)$$

Sie setzt sich zusammen aus den Einzelenergien der beiden Elektronen, deren Coulomb-Abstoßung sowie der Austauschenergie. Während die Coulomb-Energie die Gesamtenergie wegen der gemeinsamen Abstoßung beider Elektronen immer erhöht und damit auf ein eventuell entstehendes Molekül destabilisierend wirkt, kann die Austauschenergie positiv oder negativ sein. Dies hängt einerseits vom Vorzeichen des Integrals selbst ab und davon, ob man symmetrische (+) oder antisymmetrische (−) Wellenfunktionen eingesetzt hat. Dabei hängen sowohl die Coulomb-Energie als auch die Austauschenergie vom Abstand der Atome bzw. vom Abstand der Potentialtöpfe ab. Ist der Abstand sehr groß, so ergibt sich gar kein Überlapp der Wellenfunktionen, im Integranden ist deshalb immer eine der Wellenfunktionen gleich null. Damit verschwindet dann sowohl das Coulomb-Integral als auch das Austauschintegral, was im Übrigen auch der Erwartung entspricht. Elektronen an weit entfernten Atomen „wissen" schließlich nichts voneinander.

> **Hinweis**
>
> Die Austauschwechselwirkung entsteht, wenn die Wellenfunktionen von 2 (oder mehr) Elektronen überlappen. Für die Gesamtenergie ergibt sich dann
>
> $$E = E_1 + E_2 + C \pm A$$
>
> C = Coulomb-Energie
>
> A = Austauschenergie
>
> Durch den Überlapp der Wellenfunktionen entstehen zwei Energieniveaus, eines liegt energetisch ungünstiger, das andere energetisch günstiger als das Ausgangsniveau. Das Vorzeichen entspricht einer symmetrischen bzw. antisymmetrischen Gesamtwellenfunktion (gegen Vertauschung der Teilchenkoordinaten). Welches der beiden Vorzeichen in der Formel zu einer niedrigeren Gesamtenergie führt, hängt vom Vorzeichen des Austauschintegrals A ab. Das Austauschintegral kann positiv oder negativ sein.

2.2.3 Der Spin des Elektrons

Nun fehlt uns nur noch ein letzter Baustein zum grundlegenden Verständnis von atomaren Bindungen: die Berücksichtigung des Spins von Elektronen. Elektronen sind Elementar„teilchen", die neben der Eigenschaft „Ladung" auch noch einen Eigendrehimpuls besitzen. Die quantenmechanischen Regeln im Umgang mit Eigendrehimpulsen sind kompliziert und sollen hier nicht genauer hergeleitet, sondern nur angegeben werden. Es wird ansonsten auf die Literatur zur Einführung in die Quantenmechanik verwiesen.

Der Eigendrehimpuls des Elektrons wird auch „Spin" genannt. Mit diesem Spin ist ein magnetisches Moment der Größe μ_B verbunden. Ein magnetisches Moment der Größe μ_B wird als Bohr-Magneton bezeichnet. In diesem Sinne trägt das Elektron also sowohl die Elementarladung q (=1,6 10^{-19} C) als auch ein elementares magnetisches Moment von der Größe eines Bohr-Magnetons mit μ_B =9,27 10^{-24} J/T. Das magnetische Moment des Elektrons spielt für die konventionelle Elektronik keine Rolle, wird aber später bei der Beschreibung von magneto-elektronischen Halbleiterbauelementen wichtig.

Sowohl der Spin als auch das magnetische Moment sind vektorielle Größen. In der Quantenmechanik können dabei grundsätzlich nicht alle drei Komponenten dieser Vektoren gleichzeitig angegeben werden (eine Art Unschärferelation). Man gibt deshalb vom Spin des Elektrons nur seinen Betrag S und die zugehörige z-Komponente S_z an.

Sowohl der Betrag als auch die z-Komponente von Drehimpulsen gehorchen einer Richtungsquantisierung. Die Werte für ihren Betrag und den Betrag der z-Komponente werden von Quantenzahlen, die nur ganzzahlige oder halbzahlige Werte annehmen können, quantisiert.

Der Betrag des Spin-Elektrons ist

$$|S| = S(S+1)\hbar \qquad (2.33)$$

Dabei ist S die Spin-Quantenzahl, die für Elektronen $S = 1/2$ beträgt. Die z-Komponente S_z kann nach den Regeln der quantenmechanischen Richtungsquantisierung nur zwei Werte annehmen:

$$S_z = \pm \frac{1}{2}\hbar \qquad (2.34)$$

Das zugehörige magnetische Moment des Elektrons beträgt ein Bohr-Magneton:

$$\mu_B = \frac{q\hbar}{2m} \qquad (2.35)$$

Die weiter oben betrachteten Wellenfunktionen für Elektronen im Potentialtopf (als Modell für ein Elektron, das an ein Atom gebunden ist) waren deshalb noch nicht ganz vollständig. Diese hatten sich bisher nur auf den Ortsraum des Elektrons, also die Koordinaten x, y und z bezogen, nicht aber auf die weiteren „Freiheitsgrade" eines Elektrons, den Spin. Die bisherigen Ortswellenfunktionen $\Psi(x,y,z)$ müssen deshalb durch eine Spin-Wellenfunktion ergänzt werden.

$$\Psi(n,s) = \Psi_n(x,y,z)\Psi_s(s) \qquad (2.36)$$

Die Gesamtwellenfunktion $\Psi(n,s)$ ist gleich dem Produkt aus Ortswellenfunktion und Spin-Wellenfunktion. Die Differentialoperatoren innerhalb der Schrödinger-Gleichung aus Gleichung (2.25) wirken nur auf die Ortskoordinaten, die Spin-Wellenfunktion bleibt unberührt. Es gibt aber über die vorgestellten Beiträge zur Schrödinger-Gleichung hinaus Ergänzungen zur Schrödinger-Gleichung, die wir bisher noch nicht kennengelernt haben und die dann auch auf die Spin-Wellenfunktion wirken. Wir werden dieses Thema hier aber nicht weiter vertiefen.

Wir können nun ein Gesamtbild entwerfen, das das Auftreten von molekularen Bindungskräften plausibel macht. Wie oben erläutert muss die Wellenfunktion feste Symmetrieanforderungen bezüglich der Vertauschung von Teilchenkoordinaten erfüllen. Dies ist allerdings eine Anforderung an die Gesamtwellenfunktion und nicht nur an die Ortswellenfunktion. Elektronen werden durch antisymmetrische Gesamtwellenfunktionen beschrieben, da sie halbzahligen Spin haben und deshalb zur Klasse der Fermionen gehören.

Bei der Annäherung zweier Atome gibt es nun für jedes der beiden Elektronen zwei mögliche Spin-Orientierungen, die mit den zwei möglichen z-Komponenten des Spins und den zugehörigen Quantenzahlen $m_s = \pm 1/2$ einhergehen. Demnach können die beiden Spins der Elektronen entweder parallel oder antiparallel orientiert sein. Eine parallele Spin-Orientierung wird durch eine symmetrische Spin-Wellenfunktion wiedergegeben (was man auch mathematisch beweisen kann, siehe Literatur zur Einführung in die Quantenmechanik), die dann eine antisymmetrische Ortswellenfunktion nach sich ziehen muss. Nur so ergibt sich dann auch eine antisymmetrische Gesamtwellenfunktion. Umgekehrt folgt aus einer antisymmetrischen Spin-Wellenfunktion eine dann symmetrische Ortswellenfunktion. Der Symmetriecharakter der Ortswellenfunktion bestimmt aber, welches Vorzeichen der Term der Austauschwechselwirkung bekommt (siehe Gleichung (2.32)). Wir erhalten für eine symmetrische Ortswellenfunktion die Energie

$$E = E_1 + E_2 + C + A \qquad (2.37)$$

und für eine antisymmetrische Ortswellenfunktion die Energie

$$E = E_1 + E_2 + C - A \qquad (2.38)$$

wobei der Symmetriecharakter der Ortswellenfunktion von der Spin-Wellenfunktion „gesteuert" wird. Es ist gerade diese Absenkung der Energie, die zur Bindung zweier Atome führt. Der Überlapp der Wellenfunktionen der beiden Elektronen ist die Ursache für das Entstehen des Austauschterms und damit die Grundlage für atomare Bindung. Neben dem energetisch günstigeren Energieniveau entsteht auch ein zweites, energetisch höher liegendes Niveau. Ersteres wird häufig „bindendes Molekülorbital" genannt, Letzteres „antibindendes Molekülorbital".

Welche der beiden Konfigurationen – Spins parallel oder Spins antiparallel – die energetisch günstige darstellt, entscheidet das Vorzeichen des Austauschintegrals A. Dieses ist jedoch oft (aber nicht immer) positiv, sodass in der Tat meist die Konfiguration mit antiparallelen Spins die energetisch günstigere ist, die dann zur Atombindung führt. Diese Elektronenpaare werden in der Chemie oft mit einem einfachen Strich zwischen zwei Atomen veranschaulicht und bindendes Elektronenpaar genannt.

Wir haben nun qualitativ erläutert, warum es beim Überlapp zweier Wellenfunktionen zu einer Aufspaltung der beiden eigentlich gleichen Energieniveaus in ein antibindendes und ein bindendes Niveau kommt. Ursache ist die Austauschwechselwirkung, deren Vorzeichen durch die relative Orientierung der beiden Spins gesteuert wird.

2.2.4 Die Entstehung von Bändern

Im nächsten Schritt können wir nun – ebenfalls qualitativ – die Entstehung von Energiebändern in Festkörpern erläutern. In einem Festkörper überlappen nicht nur die Wellenfunktionen von zwei Elektronen, sondern die Wellenfunktionen von sehr vielen Elektronen, gebunden an sehr viele Atome. Zur Erinnerung: In einem cm^3 Festkörper findet man etwa 10^{23} Elektronen. Damit spalten die Energieniveaus nicht in zwei, sondern eben in 10^{23} Niveaus auf. Diese Energieniveaus liegen eng benachbart und bilden die sogenannten Energiebänder.

Darüber hinaus gibt es nicht nur ein Energieniveau pro Atom, sondern mehrere, entsprechend den existierenden Atomorbitalen (1s, 2s, 2p, 3s, 3p, 3d etc.). Diese Energieniveaus überlappen mit denen der benachbarten Atome, davon die äußeren Atomorbitale mehr als die inneren. Demnach werden die äußeren Atomorbitale stärker verbreitern als die inneren. Besteht kein Überlapp der Atomorbitale, so gibt es auch keine Austauschwechselwirkung und damit auch keine Aufspaltung in Bänder. Die Situation ist in Abbildung 2.3 illustriert.

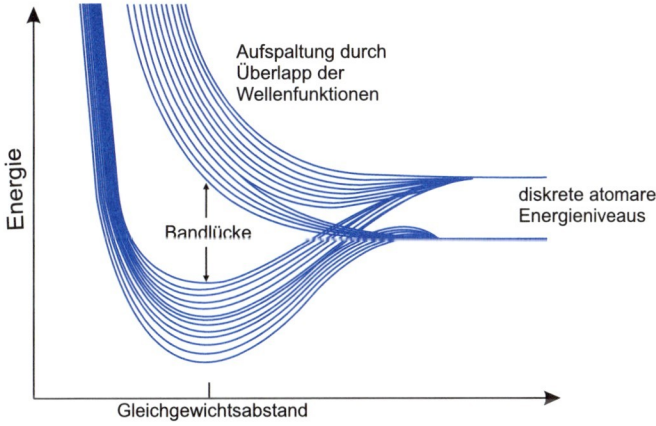

Abbildung 2.3: Entstehung von Bändern aus dem Überlapp von Elektronenwellenfunktionen in Halbleitern am Beispiel von Silizium. Die äußeren Zustände des Silizium-Atoms sind die 2s- und 2p-Zustände.

Will man die entstehenden Bänder quantitativ beschreiben, so muss man die Schrödinger-Gleichung lösen. Diese besteht aus den Energieniveaus aller Elektronen im Festköper, die über die Coulomb-Anziehung von allen Atomen angezogen werden und über die Coulomb-Abstoßung von allen Elektronen abgestoßen werden. Zusätzlich muss man noch die Austauschwechselwirkung aller Elektronen untereinander berücksichtigen. Damit ergibt sich die Schrödinger-Gleichung zu

$$\left[\sum_i -\frac{\hbar^2}{2m}\left(\frac{\partial^2}{\partial x_i^2}+\frac{\partial^2}{\partial y_i^2}+\frac{\partial^2}{\partial z_i^2}\right)+\sum_{i,j} V(R_j - r_i)+\sum_{\substack{i,j \\ i \neq j}} V(r_i - r_j)\right]\Psi = E\Psi \qquad (2.39)$$

R_j sind die Ortskoordinaten der Atome, r_i die Ortskoordinaten der Elektronen. Die erste Summe addiert alle kinetischen Energien aller Elektronen, die zweite Summe die potentiellen Energien der Elektronen im Coulomb-Potential der Atomkerne und die letzte Summe gibt alle Wechselwirkungen der Elektronen untereinander wieder.

Diese Gleichung lässt sich zwar einfach aufstellen, die Lösung ist allerdings sehr komplex und kann auch mit Hochleistungsrechnern nur näherungsweise durchgeführt werden. Grundsätzliches Ergebnis muss aber – wie bei jeder Lösung der Schrödinger-Gleichung – ein Satz von möglichen Energieniveaus sein, die durch mehrere Quantenzahlen indiziert werden. Die Auftragung dieser Energieniveaus nimmt man meist nicht als Funktion der Quantenzahl n vor (n müsste bis zu sehr hohen Zahlen laufen), sondern als Funktion der Quantenzahl k_n. Diese Auftragung wird Bandstruktur genannt.

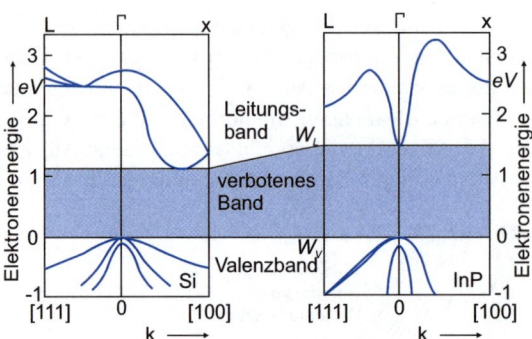

Abbildung 2.4: Bandstruktur von Silizium und Indiumphosphid (InP) in verschiedenen Kristallrichtungen [1].

Um einer verbreiteten Fehlinterpretation vorzubeugen wird noch einmal die Bedeutung von k hervorgehoben. k hat zwar die Dimension einer Wellenzahl, die hier aber nicht die Bedeutung eines Impulses entsprechend $p = \hbar \cdot k$ hat, sondern die Bedeutung einer Quantenzahl. Die zugehörigen Energieniveaus resultieren aus der Lösung der zeitunabhängigen Schrödinger-Gleichung. Ein Elektron im Zustand k_n bewegt sich also nicht mit dem Impuls $p = \hbar \cdot k$, sondern sitzt in einem zeitunabhängigen Zustand. $p = \hbar \cdot k$ wird deshalb auch als Quasi-Impuls bezeichnet. Will man Stromtransport berechnen, so muss man aus diesen zeitunabhängigen Zuständen Wellenpakete konstruieren, die sich dann mit einem bestimmten Impuls in eine bestimmte Richtung bewegen können. Die Wellenzahl k steht hier also für eine Quantenzahl, die bestimmte Energieniveaus indiziert.

Würde man alle Energieniveaus in den Bandstrukturgraphen eintragen, die sich aus den atomaren Energieniveaus der einzelnen Atome (1s, 2s, 2p, 3s, 3p, 3d etc.) ergeben, so wären dies sehr viele und der überstrichene Energiebereich wäre sehr groß. Für die Funktionalität von Halbleitern interessieren aber meist nur zwei dieser Bänder: das höchste noch mit Elektronen vollständig besetzte Band und das unterste schon vollständig unbesetzte Band. Das Auffüllen der Energieniveaus mit Elektronen, beginnend vom niedrigsten Energieniveau hin zu höheren Energien, ergibt sich aus dem Pauli-Verbot. Zwei Elektronen dürfen nicht in allen Quantenzahlen übereinstimmen. Deshalb passen in ein einzelnes Energieniveau nur zwei Elektronen, eines mit Spin-Up und eines mit Spin-Down. Will man demnach viele Elektronen, ca. 10^{23} pro cm^3 im Halbleiter, in die zur Verfügung stehenden Energieniveaus verteilen, so werden Elektronen diese Energieniveaus bis zu einer Maximalenergie besetzen.

Die beiden relevanten Bänder, das höchste besetzte und das niedrigste unbesetzte, bezeichnet man als Valenzband und Leitungsband, und normalerweise werden nur diese beiden in die Bandstruktur-Graphen eingetragen. Der interessierende Energiebereich liegt dann meist in der Größenordnung von 10 eV oder darunter.

In Abbildung 2.4 ist die Bandstruktur von Silizium und von Indiumphosphid aufgetragen. Die Wellenzahl k repräsentiert drei Quantenzahlen k_x, k_y und k_z, entsprechend der drei Raumrichtungen. Die zugehörigen Energiewerte müssten deshalb eigentlich 4-dimensional als Funktion von k_x, k_y und k_z aufgetragen werden, was natürlich nicht möglich ist. Deshalb wählt man bestimmte bevorzugte Richtungen im Raum, die einen Vektor (k_x, k_y, k_z) repräsentieren, und zeigt nur die Energiezustände als Funktion dieses k-Vektors in genau dieser Richtung. Es soll nochmals darauf hingewiesen werden, dass der Vektor k keine Bewegung in eine bestimmte Richtung anzeigt.

2.3 Bandstruktur und Ladungsträgertransport

Bisher wurde nur die zeitunabhängige Schrödinger-Gleichung analysiert. Das Phänomen **Strom** als zeitabhängiger Transport von Ladung kann demnach offensichtlich nicht durch die zeitunabhängige Schrödinger-Gleichung beschrieben werden. Eine zeitabhängige quantenmechanische Beschreibung ist möglich, aber auch kompliziert. Deshalb gehen wir nun – nachdem der Ursprung und die grundsätzliche Bedeutung einer Bandstruktur erläutert wurde – in ein klassisches Bild über. Eine quantenmechanische Betrachtung von Stromtransport würde weit über diese Einführung hinausgehen.

Das klassische Bild muss aber natürlich notwendigerweise inkonsistent bleiben. Wir betrachten Elektronen wieder als Teilchen, die einem elektrischen Feld folgen, das die Ursache für den Ladungstransport ist. Die Elektronen befinden sich aber innerhalb der Bandstruktur des Halbleiters Silizium und spüren dort den Einfluss aller auf sie wirkenden Kräfte und Einflüsse. Man sollte sich also nicht darüber wundern, dass diese vereinfachte Betrachtung regelmäßig an ihre Grenzen stößt und dass für eine Reihe von Eigenschaften von Halbleiterbauelementen doch wieder zu einer quantenmechanischen Betrachtung gewechselt werden muss.

Wir betrachten zunächst die „Bandstruktur" eines freien Elektrons ohne den Einfluss des periodischen Potentials eines Festkörpers. Die Energie der Elektronen und deren Wellenvektor k sind gegeben durch

$$E(k) = \frac{\hbar^2 k^2}{2m} \tag{2.40}$$

wobei m die Masse (genauer: Ruhemasse) des Elektrons darstellt. Es gibt für ein freies Elektron keine Energiequantisierung, keine Bänder und demnach auch keine Bandlücken. Die $E(k)$-Beziehung ist einfach parabelförmig und kontinuierlich.

Im Vergleich dazu ist die Bandstruktur eines realen Halbleiters wie Silizium nur parabelförmig in einem kleinen Bereich rund um $k = 0$. Beschränkt man sich auf diesen Bereich, so kann man den $E(k)$-Zusammenhang schreiben als

$$E(k) = \frac{\hbar^2 k^2}{2m^*} \tag{2.41}$$

wobei $\hbar^2 / m^*$ die zweifache Ableitung von $E(k)$ nach k und damit die Krümmung der $E(k)$-Kurve angibt. Die Krümmung im parabelförmigen Bereich bestimmt also den Parameter m^*, der auch als effektive Masse bezeichnet wird. Man kann deshalb die Bewegung eines Elektrons im Halbleiter so betrachten, als ob sich das Elektron als freies Teilchen bewegt, allerdings mit der effektiven Masse m^*. Dies ist eine erhebliche Vereinfachung im Vergleich zu einer Betrachtung der vollständigen Bandstruktur. Die komplizierten Eigenschaften der Bandstruktur spiegeln sich nun ausschließlich im Parameter m^*, der effektiven Masse, wider. Ansonsten betrachten wir das Elektron in der Bandstruktur einfach quasi als freies Teilchen. Dieser Sachverhalt wird durch den Begriff „quasi-freies Elektron" beschrieben. Klar ist aber schon hier, dass die Beschreibung mit einer effektiven Masse nicht mehr möglich ist, wenn die Bänder nicht parabolisch sind, sich die Krümmung der Bänder also abhängig von der Energie ändert. Man spricht dann von „energieabhängigen effektiven Massen".

Darüber hinaus sind derartige effektive Massen auch richtungsabhängig. Die Krümmung der Bänder ist abhängig von der Richtung im Kristall. Diese Richtung wird im kubischen Diamant-Gitter des Siliziums mit Kombinationen von Einheitsvektoren entlang der drei kubischen Symmetrierichtungen angegeben. So ist eine (100)-Richtung eine Richtung entlang einer Kante des Kubus, eine (111)-Richtung eine in Richtung der Raumdiagonalen des Kubus. Sind effektive Massen richtungsabhängig, so sind es auch die Ladungsträgerbeweglichkeiten, wie wir später sehen werden.

Das quasi-freie Elektron folgt nun einem von außen angelegten elektrischen Feld. Dadurch wird es beschleunigt, seine Geschwindigkeit nimmt mit konstanter Rate zu, so als ob es die Masse m^* hätte. Diese Geschwindigkeitszunahme kann nicht beliebig lange weitergehen. Nach einer gewissen Zeit wird die kinetische Energie des Elektrons so hoch, dass es seine zusätzliche Energie wieder abgeben wird, also abgebremst wird. Diesen Effekt bezeichnet man als Streuung oder Energie-Relaxation. Die zusätzliche Energie des Elektrons wird an andere Elektronen, Gitterschwingungen, Anregung von Atomen oder andere Freiheitsgrade des Festkörpers übertragen.

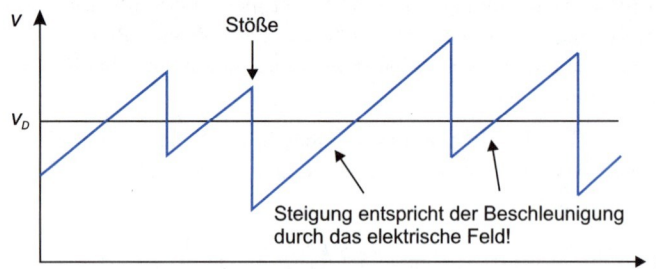

Abbildung 2.5: Beschleunigen und Abbremsen eines Elektrons in einem elektrischen Feld. Streuung führt zum Abbremsen und damit zu einer Reduktion der Energie (= Energie-Relaxation).

Wird diese statistische Bewegung des Beschleunigens und Abbremsens zeitlich gemittelt, so ergibt sich eine mittlere Geschwindigkeit für die Fortbewegung eines Elektrons in einem elektrischen Feld. Die mittlere Geschwindigkeit v_d wird als Driftgeschwindigkeit bezeichnet.

$$v_d = \mu \cdot E \qquad (2.42)$$

Der Parameter μ wird Ladungsträgerbeweglichkeit genannt, v_d ist die Driftgeschwindigkeit.

2.3 Bandstruktur und Ladungsträgertransport

> **Exkurs**
>
> Die Annahme eines linearen Zusammenhangs zwischen der Driftgeschwindigkeit v_d und dem elektrischen Feld E ist nicht unmittelbar klar, sie ergibt sich durch einen Vergleich mit dem Experiment und gilt eigentlich auch nur für einen begrenzten Bereich des elektrischen Feldes E. Diese lineare Abhängigkeit resultiert dann im wohlbekannten Ohm'schen Gesetz, wie wir gleich sehen werden. Insbesondere bei höheren Driftgeschwindigkeiten ergeben sich aber in jedem Material deutliche Abweichungen von diesem linearen Verhalten. Der Strom ist dann nicht mehr einfach nur proportional zur Spannung und damit zur elektrischen Feldstärke und die Beweglichkeit μ ist keine Konstante mehr, sondern hängt vom elektrischen Feld ab. Diese Situation findet man generell in Feldeffekt-Transistoren, wo in den sehr kurzen Kanälen sehr hohe elektrische Feldstärken auftreten. Auf diesen Sachverhalt werden wir später genauer eingehen.

Die Driftgeschwindigkeit kann in eine Stromdichte umgerechnet werden, sofern die Elektronendichte n bekannt ist.

$$J = q \cdot n \cdot v_d = \sigma \cdot E \qquad (2.43)$$

$$\sigma = q \cdot n \cdot \mu \qquad (2.44)$$

σ ist die Leitfähigkeit und n die Ladungsträgerkonzentration, E die elektrische Feldstärke. Die angegebenen Formeln sind nichts anderes als das Ohm'sche Gesetz. Sie geben an, dass der Strom proportional zur elektrischen Feldstärke ist, die ja wiederum mit der von außen angelegten Spannung skaliert.

> **Hinweis**
>
> **Zur Bestimmung des Stromes aus der Driftgeschwindigkeit v_d:**
>
> Alle der pro Zeit t durch eine Fläche A (am rechten Ende des Zylinders) hindurchtretenden Elektronen befinden sich in einem Zylinder mit dem Volumen $V = A v_d t$. Die Gesamtzahl der Elektronen beträgt $N = nV$, die Stromdichte $J = qN/At = qnv_d$.
>
>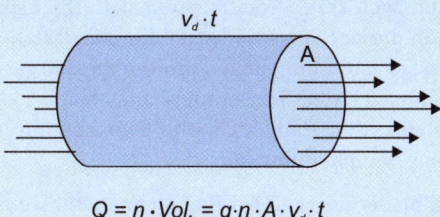
>
> $Q = n \cdot \text{Vol.} = q \cdot n \cdot A \cdot v_d \cdot t$
>
> $\dfrac{Q}{t} \cdot \dfrac{1}{A} = \boxed{J = q \cdot n \cdot v_d}$
>
> **Abbildung 2.6:** Zusammenhang von Stromdichte und Driftgeschwindigkeit.

Für die Leitfähigkeit und den Wiederstand ergeben sich

$$\sigma = \frac{1}{\rho} \tag{2.45}$$

$$R = \rho \cdot \frac{l}{A} \tag{2.46}$$

ρ ist der spezifische Widerstand, l die Länge des leitfähigen Bereichs und A dessen Querschnitt. Damit können wir schreiben:

$$J \cdot A = I = \frac{1}{\rho} \cdot U \cdot \frac{A}{l} \tag{2.47}$$

Dies kann in die bekannte Form des Ohm'schen Gesetzes gebracht werden.

$$U = \rho \cdot \frac{l}{A} \cdot I = R \cdot I \tag{2.48}$$

Den Strom, der durch ein elektrisches Feld angetrieben wird, nennt man Feldstrom. Neben dem Feld kann aber auch ein Diffusionsstrom auftreten, bei dem die Bewegung von Ladungsträgern nicht durch ein Feld, sondern durch einen Konzentrationsgradienten verursacht wird. Die Ladungsträger werden grundsätzlich von einem Gebiet höherer Konzentration zu einem Gebiet niedrigerer Konzentration diffundieren. Dieser Diffusionsstrom tritt auch ohne elektrisches Feld auf. Da in Halbleiterbauelementen oft sehr große Konzentrationsgradienten auftreten, ist der Diffusionsstrom genauso wichtig wie der Feldstrom. Das Zusammenwirken von Diffusion und elektrischem Feld ist die Grundlage für die Beschreibung von Halbleiterbauelementen wie Dioden und Transistoren.

2.3.1 Fermi-Energie und die Ladungsträgerkonzentration

Betrachtet man die Besetzung der Bänder mit Elektronen, so ist das Valenzband definitionsgemäß voll besetzt. Es ist eventuell überraschend, dass Elektronen in einem voll besetzten Valenzband nicht zum Stromtransport beitragen können. Der Grund besteht darin, dass in einem vollständig gefüllten Valenzband keine freien Zustände zur Verfügung stehen, alle Zustände sind ja voll besetzt. Ein Elektron, das einem elektrischen Feld folgt, muss aber zunächst Energie aufnehmen, es muss sich also in etwas höhere Energieniveaus hinein bewegen können. Stehen solche Zustände nicht zur Verfügung, so findet eben keine Beschleunigung und damit auch kein Stromtransport statt. Die Elektronen sind quasi „eingefroren". Uns begegnet an dieser Stelle wiederum die grundsätzlich quantenmechanische Natur der Dinge. Im Leitungsband findet man definitionsgemäß gar keine Elektronen, es ist völlig leer und damit unbesetzt. Auch im Leitungsband stehen so keine Ladungsträger für Stromtransport zur Verfügung. Ein Halbleiter wäre demnach ein Isolator. Diese Situation tritt aber nur bei sehr tiefen Temperaturen auf.

Betrachtet man einen Halbleiter dagegen bei Raumtemperatur, so ergibt sich eine Komplikation. Wir müssen nun die Besetzung der Bänder unter dem Einfluss der Temperatur betrachten. Die mittlere thermische Energie bei der Temperatur T beträgt ca. kT (k = Boltzmann-Konstante). Ein Energiebetrag von kT bei Raumtemperatur entspricht etwa 25 meV. Vergleicht man diesen Wert mit der Bandlücke, also dem minimalen Abstand zwischen Oberkante Valenzband und Unterkante Leitungsband (in Silizium 1,1 eV), so erkennt man, dass die mittlere thermische Energie von 25 meV bei Weitem nicht ausreicht, um Elektronen vom Valenzband ins Leitungsband anzuheben. Silizium müsste also auch bei Raumtemperatur ein idealer Isolator sein – was aber nicht der Fall ist.

Ein kleiner Anteil der Elektronen hat nämlich selbst bei Raumtemperatur schon genügend thermische Energie, um aus dem Valenzband in das Leitungsband angehoben zu werden. Dies liegt daran, dass die thermische Energie kT nur einen Mittelwert darstellt, die momentane Energie von Elektronen kann zum Teil wesentlich über (oder unter) diesem Wert liegen.

Unter Berufung auf die Thermodynamik, deren Grundlagen wir hier natürlich nicht entwickeln können, stellen wir fest, dass die Besetzungswahrscheinlichkeit von Energieniveaus durch die Fermi-Dirac-Wahrscheinlichkeitsverteilung gegeben ist.

$$f_{FD}(E) = \frac{1}{\exp\left(\dfrac{E-E_F}{kT}\right)+1} \tag{2.49}$$

Diese Funktion ist in Abbildung 2.7 dargestellt.

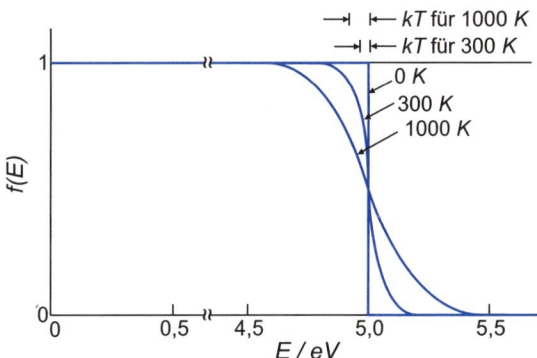

Abbildung 2.7: Fermi-Dirac-Verteilung: Besetzungswahrscheinlichkeit $f(E)$ als Funktion der Energie E, mit einer Fermi-Energie von $E_F = 5\ eV$.

Die Fermi-Dirac-Verteilung zeigt die Besetzungswahrscheinlichkeit als Funktion der Energie. Bei $T = 0\ K$ ist die Fermi-Dirac-Funktion eine Stufenfunktion. Alle Zustände unterhalb von E_F sind besetzt (Besetzungswahrscheinlichkeit $f(E) = 1$), alle darüber unbesetzt (Besetzungswahrscheinlichkeit $f(E) = 0$). Für höhere Temperaturen verschmiert die bei $T = 0\ K$ scharfe Stufe. Aus der Abbildung 2.7 ist ersichtlich, dass es dann doch einige Elektronen gibt – wenn auch nur anteilig sehr wenige –, die eine genügend hohe thermische Energie besitzen, um vom Valenzband in das Leitungsband angeregt zu werden. Erst hierdurch gelangen Elektronen ins Leitungsband, können einem elektrischen Feld folgen und damit Stromtransport übernehmen.

> **Hinweis**
>
> Der Parameter E_F in der Fermi-Dirac-Verteilungsfunktion wird Fermi-Energie genannt. Dieser Parameter spielt eine außerordentlich wichtige Rolle bei der späteren Beschreibung von Halbleiterbauelementen.

Existieren in einem Halbleiter ortsabhängig Unterschiede in der Lage der Fermi-Energie, so gibt es an einem Ort im Halbleiter Elektronen mit im Mittel höherer Energie, die in den Bereich mit niedriger Energie abfließen werden. Wir erkennen schon hier, dass ein Gradient in der Fermi-Energie zu einem Strom führen wird. Umgekehrt wird es keinen Gradienten der Fermi-Energie geben, wenn sich der Halbleiter im Gleichgewicht befindet, also stromlos ist. Dies ist eine der Grundüberlegungen zur späteren Beschreibung von Halbleiterbauelementen.

Die ins Leitungsband angeregten Elektronen fehlen im Valenzband, es ergeben sich im Valenzband nicht besetzte Zustände. Damit können auch einige Elektronen im Valenzband Stromtransport übernehmen, da deren Nachbarzustände unbesetzt sind und sie deshalb in einem elektrischen Feld Energie aufnehmen können. Zur Beschreibung dieser Leitfähigkeit im Valenzband hat sich das leistungsfähige Konzept des „fehlenden Elektrons" oder „Lochs" durchgesetzt. Der Stromtransport im Valenzband wird richtig beschrieben, indem jedem fehlenden Elektron (das als „Loch" bezeichnet wird) eine positive Ladung $+q$ zugeschrieben wird und dann die Bewegung dieser „positiven Ladung" als Funktion eines elektrischen Feldes betrachtet wird – ganz analog zur Bewegung von Elektronen im Leitungsband als Antwort auf ein elektrisches Feld.

Löcher sind positiv geladen und bewegen sich im Vergleich zu Elektronen bei gleicher elektrischer Feldstärke in die entgegengesetzte Richtung. Ein weiterer wichtiger Unterschied zwischen Löchern und Elektronen ist folgender: Elektronen wie auch Löcher begeben sich in der Bandstruktur grundsätzlich in Energieniveaus mit möglichst niedriger Energie. Dabei besetzen Elektronen Energieniveaus in der Bandstruktur, die in den üblichen Energiediagrammen möglichst weit „unten" sind. Auch Löcher begeben sich in Energieniveaus, die möglichst günstig sind. Diese befinden sich für Löcher allerdings „oben" in der Bandstruktur, da sie ja durch fehlende Elektronen entstehen, die weiter unten sitzen. Löcher benehmen sich so ähnlich wie Luftblasen in Wasser. Während das Wasser (Elektronen) nach unten fließt, begeben sich die Luftblasen (Löcher) nach oben. Es ist wichtig, diesen Unterschied zu verstehen.

Exkurs

Man könnte nun auf die Frage stoßen, warum sich nicht alle Elektronen gemeinsam im tiefsten Energieniveau aufhalten. Dies verbietet wie schon angesprochen eine Grundregel der Quantenmechanik, das Pauli-Verbot. Zwei Elektronen dürfen nie in allen Quantenzahlen übereinstimmen (= nie im gleichen Energiezustand sitzen). Dies ergibt sich ganz direkt aus der Tatsache, dass die Gesamtwellenfunktion von Elektronen antisymmetrisch gegen Teilchenvertauschung sein muss. Setzt man in einer antisymmetrische Gesamtwellenfunktion zwei Zustände gleich, so ergibt sich identisch null, die Wellenfunktion verschwindet, eine solche Situation kommt in der Natur nicht vor. Deshalb füllen die Elektronen die Bandstruktur von unten nach oben auf, wie Wasser, das in einen Eimer gefüllt wird. Auch die Wassertropfen in einem Eimer dürfen sich nicht alle im selben „Energieniveau" (gleicher Ort, gleiche Höhe) aufhalten.

Die durch die thermische Anregung entstehende Ladungsträgerkonzentration von Elektronen im Leitungsband und Löchern im Valenzband (beide sind gleich groß) nennt man intrinsische Ladungsträgerkonzentration. Diese hängt ab von der Bandlücke und der Temperatur. Je größer die Bandlücke, desto kleiner die intrinsische Ladungsträgerkonzentration bei Raumtemperatur (300 K).

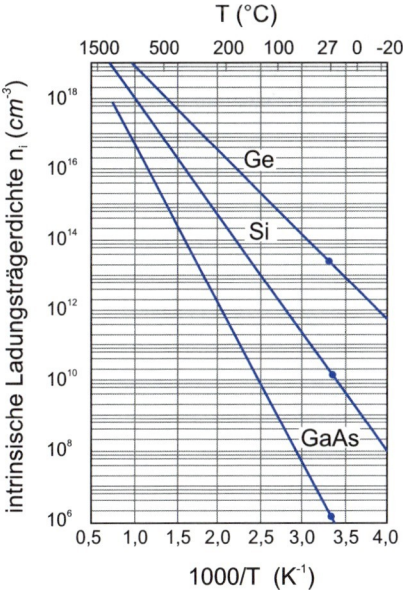

Abbildung 2.8: Intrinsische Ladungsträgerkonzentration n_i von Si, Ge und GaAs als Funktion der Temperatur [2].

Wir kommen nun zurück zur Diskussion der Bedeutung der Fermi-Energie.

Die Zahl der thermisch angeregten Elektronen im Leitungsband muss genauso groß sein wie die Zahl der Löcher im Valenzband, da ja jedes angeregte Elektron ein Loch hinterlässt. Zur Bestimmung der genauen Zahl der Elektronen im Leitungsband (bzw. analog der Zahl der Löcher im Valenzband) muss die Besetzungswahrscheinlichkeit noch mit der Zahl der besetzbaren Zustände multipliziert und danach über die Energie integriert werden. Die Zahl der besetzbaren Zustände pro Energieintervall wird als Zustandsdichte $D(E)$ bezeichnet. Sie hängt für quasi-freie Elektronen bzw. Löcher entsprechend Gleichung (2.50) von der Energie ab. Um die Energie E vom elektrischen Feld E unterscheiden zu können, wird in derartigen Rechnungen die Energie meist mit W beschrieben. Diese Nomenklatur wollen wir nun übernehmen.

$$D_L(W) = \frac{1}{(2\pi)^2} \cdot \frac{1}{\hbar^3} \cdot (2m_L)^{3/2} \sqrt{W - W_L}$$
$$D_V(W) = \frac{1}{(2\pi)^2} \cdot \frac{1}{\hbar^3} \cdot (2m_V)^{3/2} \sqrt{W_V - W}$$
(2.50)

Die Situation ist in Abbildung 2.9 veranschaulicht.

Die Herleitung der Zustandsdichte quasi-freier Elektronen soll hier nicht vorgestellt werden, sie kann entsprechenden Büchern zur Halbleiterphysik entnommen werden. Die Konzentration an Elektronen und Löchern muss aus dem Produkt aus Zustandsdichte und Besetzungswahrscheinlichkeit mit nachfolgender Integration berechnet werden:

$$n = 2 \int_{W_L}^{\infty} f(W) \cdot D(W) \, dW$$
(2.51)

Der Faktor 2 ergibt sich aus der Tatsache, dass sich zwei Elektronen mit entgegengesetztem Spin in einem Energiezustand aufhalten können. Jeder Zustand zählt deshalb doppelt. Eine entsprechende Gleichung gilt auch für Löcher, wobei allerdings die Wahrscheinlichkeit berücksichtigt werden muss, dass die Zustände unbesetzt sind:

$$p = 2 \int_{-\infty}^{W_V} \left[1 - f(W)\right] \cdot D(W)\, dW \tag{2.52}$$

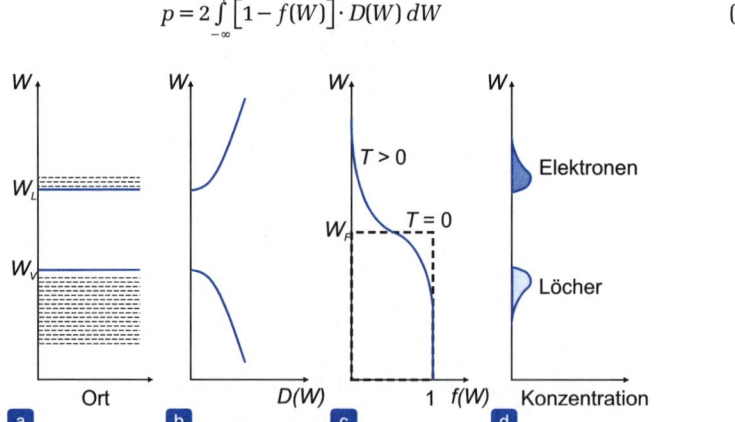

Abbildung 2.9: (a) Leitungs- und Valenzband. (b) Zustandsdichte $D(E) = D(W)$. (c) Fermi-Dirac-Verteilung $f(E) = f(W)$ und (d) Besetzung des Leitungs- und Valenzbandes.

> **Hinweis**
>
> Die Fermi-Energie eines undotierten Halbleiters liegt wegen der Forderung $n_i = p_i$ etwa in der Mitte der Bandlücke. Falls sich die Zustandsdichten von Elektronen und Löchern unterscheiden, so ist die Fermi-Energie leicht in Richtung niedrigere Zustandsdichte hin verschoben. Die Abweichung von der Mitte der Bandlücke ist allerdings normalerweise nicht sehr groß.

Wird die Fermi-Energie nach oben in Richtung Leitungsbandkante verschoben, so bedeutet dies eine Erhöhung der Zahl der Elektronen, während sich die Zahl der Löcher verringert. Umgekehrtes gilt für den Fall, dass die Fermi-Energie nach unten in Richtung Valenzbandkante verschoben wird.

Liegt die Fermi-Energie weit genug von beiden Bandkanten entfernt, so kann das Ergebnis des Integrals aus Gleichung (2.51) und (2.52) in vereinfachter Form angegeben werden. Für diesen Fall (d. h. für nicht zu hohe Elektronen- und Löcherkonzentrationen) ergibt sich für die Elektronen- und Löcherkonzentration:

$$n = N_L \exp\left\{\frac{W_F - W_L}{kT}\right\}$$
$$p = N_V \exp\left\{\frac{W_V - W_F}{kT}\right\} \tag{2.53}$$

N_L und N_V enthalten die Konstanten aus dem Integral der Gleichung (2.51) und (2.52).

2.3.2 Akzeptoren und Donatoren

Die Elektronen- oder Löcherkonzentration kann einseitig durch die Zugabe von Dotieratomen zum Halbleiter erhöht werden. Derartige Dotieratome besitzen ein Elektron mehr als Silizium (fünf Valenzelektronen, Donatoren) oder ein Elektron weniger als Silizium (drei Valenzelektronen, Akzeptoren), die diese als Valenzelektronen zur Verfügung stellen können. Wird die Elektronenkonzentration durch die Zugabe von Donatoren erhöht, so wandert die Fermi-Energie nach oben in Richtung Unterkante des Leitungsbandes. In gleichem Maße sinkt dann aber auch die Löcherkonzentration. Dabei bleibt das Produkt aus Elektronenkonzentration und Löcherkonzentration konstant. Der zugrunde liegende physikalische Mechanismus ist die zunehmende Rekombination von Elektron-Loch-Paaren, die durch eine erhöhte Elektronenkonzentration zu einer niedrigeren Löcherkonzentration führt.

$$n \cdot p = const = n_i^2 \tag{2.54}$$

Dieses auf den ersten Blick erstaunliche Gesetz entspringt den Eigenschaften der Fermi-Dirac-Verteilungsfunktion, die symmetrisch zur Fermi-Energie verläuft.

Donatoren und Akzeptoren geben als neutrale Atome ein Elektron oder Loch an die Bandstruktur des Halbleiters ab. Dadurch werden die Donatoren positiv und die Akzeptoren negativ geladen. Die resultierende Coulomb-Anziehung zwischen Elektron und Donatorrumpf sowie Loch und Akzeptorrumpf führt zu einem gebundenen Zustand. Elektronen werden demnach an den Donator und Löcher an den Akzeptor gebunden. Die Bindungsenergien in Silizium sind mit wenigen meV allerdings so niedrig, dass Elektronen und Löcher bei Raumtemperatur durch ihre thermische Energie praktisch vollständig von Donatoren bzw. Akzeptoren entfernt werden, diese werden vollständig ionisiert. Die eigentlich an die Donatoren bzw. Akzeptoren gebundenen Elektronen und Löcher befinden sich dann im Leitungs- und Valenzband und sind deshalb frei beweglich.

Bisher konnte die Verteilung von Ladungsträgern auf die Bänder mit nur einer einzigen Fermi-Energie beschrieben werden. Hierzu muss der Halbleiter allerdings im thermodynamischen Gleichgewicht sein. Dies ist Grundvoraussetzung für die Anwendung der Fermi-Dirac-Verteilungsfunktion. Halbleiter, durch die ein Strom fließt oder die Licht absorbieren, befinden sich aber nicht mehr im thermodynamischen Gleichgewicht. Bei einer Solarzelle wird z. B. durch die Absorption von Licht ja sowohl die Elektronenkonzentration als auch die Löcherkonzentration erhöht. Diese Situation kann nicht mehr durch eine einzige Fermi-Energie in einer einzigen Verteilungsfunktion beschrieben werden. Es sind dann zwei Verteilungsfunktionen notwendig, eine für Elektronen und die andere für Löcher, die beide separat die jeweiligen Trägerkonzentrationen angeben. In den beiden Verteilungsfunktionen für Elektronen und Löchern tauchen dann auch zwei unterschiedliche Fermi-Energien auf. Diese Fermi-Energien werden als Quasi-Fermi-Niveaus bezeichnet (im Englischen oft auch IMREFs genannt).

Hinweis

Befindet sich ein Halbleiter nicht im thermodynamischen Gleichgewicht, so kann die Elektronen- und Löcherkonzentration nicht mehr durch eine einzige Fermi-Energie W_F beschrieben werden. Man benötigt zwei Fermi-Energien, eine für Löcher, die andere für Elektronen. Diese werden Quasi-Fermi-Niveaus W_{Fn} und W_{Fp} genannt.

2.3.3 Driftstrom und Diffusionsstrom

Das elektrische Feld als eine der treibenden Kräfte für elektrischen Strom wurde schon diskutiert. Es ergibt sich bei konstantem elektrischen Feld eine konstante Driftgeschwindigkeit, die in Stromdichte umgerechnet werden kann, sofern die Ladungsträgerdichte bekannt ist. Diese Drift ist der statistischen, thermischen Bewegung der Ladungsträger überlagert und führt zu einem Nettostrom, dem Driftstrom

$$J = q \cdot n \cdot v_d = \sigma \cdot E \tag{2.55}$$

Eine zweite treibende „Kraft", die ebenso bei der Beschreibung von Halbleiterbauelementen unbedingt berücksichtigt werden muss, ist ein Gradient der Ladungsträgerkonzentration, der zur Diffusion führt. Teilchenkonzentrationen werden ausgeglichen, und dies führt zu einem Teilchentransport und damit Stromfluss

$$J = -q \cdot D \cdot \frac{\partial n}{\partial x} \tag{2.56}$$

q ist die Ladung der Teilchen, n die Teilchendichte, $grad(n)$ der Gradient (im Ort) der Teilchendichte, D der Diffusionskoeffizient und J die Stromdichte. Dieser Diffusionsstrom fließt in Richtung eines negativen Gradienten, d. h. in Richtung kleinerer Teilchendichten, was die Ursache für das Vorzeichen in Gleichung (2.56) ist.

Soll der Strom durch ein Halbleiterbauelement berechnet werden, so müssen der Diffusionsstrom und der Feldstrom addiert werden, und dies separat für Elektronen und Löcher.

$$\begin{aligned} J_{gesamt} &= J_n + J_p \\ J_n &= q \cdot n \cdot \mu_n \cdot E + q \cdot D_n \cdot \frac{\partial n}{\partial x} \\ J_p &= q \cdot n \cdot \mu_p \cdot E - q \cdot D_p \cdot \frac{\partial p}{\partial x} \end{aligned} \tag{2.57}$$

Die letzte wichtige Gleichung zur Beschreibung von Halbleiterbauelementen ist die Kontinuitätsgleichung. Diese besagt, dass eine Änderung der Ladungsträgerkonzentration an einem bestimmten Ort verursacht werden kann durch 1) Rekombination von Ladungsträgern, 2) Generation von Ladungsträgern und 3) einem Gradienten in der Stromdichte, sodass z. B. mehr Strom zugeführt als abgeführt wird (oder umgekehrt).

$$\begin{aligned} \frac{dn}{dt} &= G - R + \frac{1}{q \cdot A} \cdot \frac{\partial I_n}{\partial x} \\ \frac{dp}{dt} &= G - R - \frac{1}{q \cdot A} \cdot \frac{\partial I_p}{\partial x} \end{aligned} \tag{2.58}$$

Rekombination und Generation beschreiben Prozesse, bei denen Ladungsträger vernichtet bzw. erzeugt werden. Eine Vernichtung von Ladungsträgern findet statt, wenn Elektronen vom Leitungsband in freie Zustände des Valenzbandes zurückspringen (= rekombinieren). Dadurch gehen ein Elektron und ein Loch gleichzeitig verloren. Eine Generation von Ladungsträgern findet z. B. statt, wenn im Halbleiter ein Photon absorbiert wird und gleichzeitig ein Elektron vom Valenzband in das Leitungsband angehoben wird. Dadurch entstehen ein Elektron und ein Loch gleichzeitig.

> **Hinweis**
>
> Die Kontinuitätsgleichung ist eine direkte Konsequenz der Ladungserhaltung. Ladung kann insgesamt weder erzeugt noch vernichtet werden.

Die diskutierten Grundgleichungen werden im folgenden Kapitel 3 verwendet, um die Arbeitsweise von Halbleiterbauelementen quantitativ zu beschreiben.

2.4 Eigenschaften von Silizium

Integrierte Schaltungen werden heutzutage aus Silizium hergestellt. Silizium zeichnet sich durch seine hervorragende Bearbeitbarkeit aus. Mögliche Prozessierungsschritte wie z. B. das nasschemische Ätzen, Plasmaätzen, selektives Oxidieren oder Dotierung sind über viele Jahrzehnte entwickelt worden. Die Halbleiterprozesstechnik kann hier auf einen großen Erfahrungsschatz zurückgreifen. Andere Halbleiter wie z. B. GaAs wären für schnelle elektronische Schaltungen aufgrund ihrer höheren Ladungsträgerbeweglichkeit eigentlich besser geeignet. Die Prozessierung von Verbindungshalbleitern ist allerdings deutlich schwieriger als die von Silizium. Ein weiterer Vorzug von Silizium als Halbleitermaterial liegt in den Eigenschaften seines Oxids, dem SiO_2. Dieses Oxid ist ein guter Isolator und kann direkt in MOSFET-Transistoren als Gate-Oxid verwendet werden. Die Ladungsträger im Kanal direkt unter dem Gate-Oxid haben zwar eine etwas niedrigere Beweglichkeit als im reinen Silizium, die Reduktion der Beweglichkeit durch den Einfluss des Isolators ist aber wesentlich geringer als bei Verbindungshalbleitern.

Aus Abbildung 2.4 geht hervor, dass Silizium ein indirekter Halbleiter ist. Elektronen im Leitungsband befinden sich in einem energetischen Grundzustand bei endlichem k-Wert, während Löcher im Valenzband einen energetischen Grundzustand bei $k = 0$ einnehmen. Die Konsequenz ist, dass Elektronen und Löcher nur sehr ineffizient miteinander rekombinieren, die Rekombinationszeiten sind im Vergleich zu direkten Halbleitern wie z. B. GaAs und GaN sehr lang. Silizium ist deshalb für optoelektronische Anwendungen wie LEDs und Laserdioden nicht geeignet. Komponenten der Optoelektronik beruhen deshalb auf Verbindungshalbleitern wie GaAs oder GaN.

In Tabelle 2.1 werden einige wichtige Eigenschaften von Silizium und SiO_2 aufgeführt.

Tabelle 2.1 Eigenschaften von Silizium und SiO_2 nach [4].

Eigenschaft	Silizium	SiO_2
Atomgewicht	28,09	60,08
Atome pro Volumen (cm^{-3})	$5,0 \cdot 10^{22}$	$2,3 \cdot 10^{22}$
Dichte (g/cm^{-3})	2,33	2,27
Kristallstruktur	Diamant	Amorph

Eigenschaften von Silizium und SiO$_2$ nach [4]. *(Forts.)*

Gitterkonstante (nm)	0,543	–
Bandlücke (eV)	1,12 (indirekt)	8-9
Relative Dielektrizitätskonstante ε_r	11,7	3,9
Intrinsische Ladungsträgerdichte (cm^{-3})	$1,4 \cdot 10^{10}$	–
Ladungsträgerbeweglichkeit μ (cm^2/Vs)	1430 (Elektronen) 470 (Löcher)	–
Effektive Zustandsdichte (cm^{-3})	$3,2 \cdot 10^{19}$ (Leitungsband) $1,8 \cdot 10^{19}$ (Valenzband)	–
Durchbruchfeldstärke ($V/\mu m$)	30	$>10^3$
Schmelzpunkt (°C)	1415	1600-1700
Thermische Leitfähigkeit (W/cmK)	1,5	0,014
Spezifische Wärme (J/gK)	0,7	1,0
Thermischer Ausdehnungskoeffizient (K^{-1})	$2,5 \cdot 10^{-6}$	$0,5 \cdot 10^{-6}$
Effektive Masse für das Minimum in (100)-Richtung (m^*/m_0)	0,92 (longitudinal) 0,19 (transversal)	

Die Position der Fermi-Energie W_F ist abhängig von der Dotierung und der Temperatur. Für niedrige Dotierung und hohe Temperaturen wird die Fermi-Energie in der Nähe der Mitte der Bandlücke liegen. Für hohe Dotierung wird die Fermi-Energie näher am Leitungsband (für n-Dotierung) oder näher am Valenzband (für p-Dotierung) liegen. Die Verhältnisse sind in Abbildung 2.10 gezeigt.

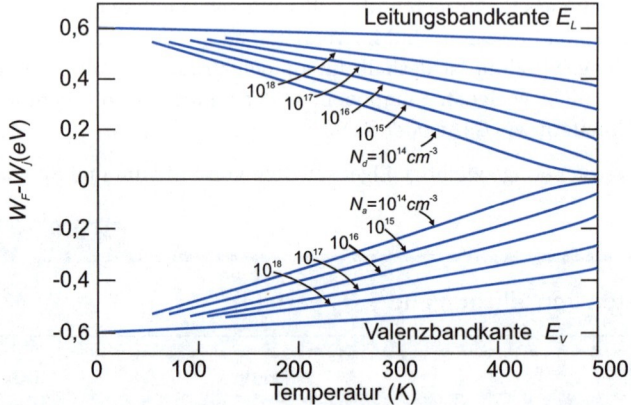

Abbildung 2.10: Die Position der Fermi-Energie W_F als Funktion der Dotierung und der absoluten Temperatur, nach [5].

Die Beweglichkeit der Ladungsträger in Silizium hängt von deren Streurate ab. Bei Raumtemperatur und nicht zu hoher Dotierung ist die Streurate dominiert durch Streuung an Gitterschwingungen, Phononen genannt. Bis zu einer Dotierung von ca. 10^{16} cm^{-3} ist die Beweglichkeit praktisch unabhängig von der Ladungsträgerkonzentration. Bei höheren Dotierungen wird die Streuung an ionisierten Störstellen (Donatoren und Akzeptoren) immer wichtiger, die Beweglichkeit nimmt deshalb ab. Da Beweglichkeit und Diffusionskoeffizient korreliert sind, nimmt auch dieser dann ab. Die Situation ist in Abbildung 2.11 gezeigt.

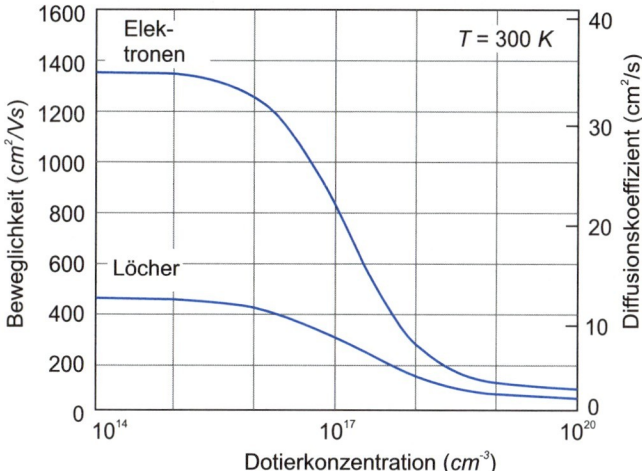

Abbildung 2.11: Beweglichkeit der Elektronen und Löcher als Funktion der Dotierung und bei einer Temperatur von 300 K (= Raumtemperatur) nach [4].

Beweglichkeit und Ladungsträgerkonzentration bestimmen den Widerstand. Es dominiert dabei die Abhängigkeit des spezifischen Widerstandes von der Ladungsträgerkonzentration, da sich diese im Gegensatz zur Beweglichkeit um viele Größenordnungen ändert. Die spezifischen Widerstände für Silizium bei Raumtemperatur sind in Abbildung 2.12 aufgetragen. Die intrinsische Ladungsträgerkonzentration bei Raumtemperatur beträgt ca. 10^{10} cm^{-3}, derart niedrige Dotierungskonzentrationen sind deshalb nicht mehr sinnvoll und technologisch auch nicht darstellbar.

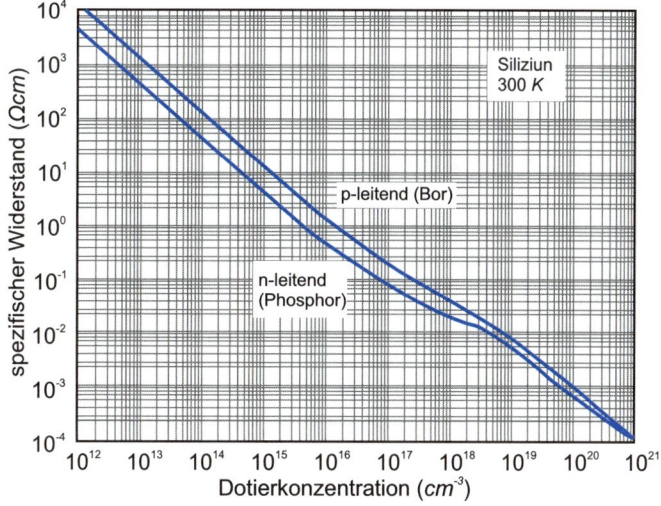

Abbildung 2.12: Spezifischer Widerstand von Silizium als Funktion der Dotierung bei Raumtemperatur, nach [6].

2 Physikalische Grundlagen der Halbleitertechnik

Zusammenfassung

In diesem Kapitel erfolgte mithilfe der Quantenmechanik eine Einführung in das Gebiet der Halbleiterphysik. Neben der Vorstellung des Bändermodells wurden der Ladungsträgertransport in Halbleitern, die Grundlagen der Dotierung und die Eigenschaften des Halbleitermaterials Silizium beschrieben.

Literatur

[1] J. R. Chelikowsky, M. L. Cohen, Phys. Rev. B14, 556, 1976.

[2] C. D. Thurmond: *The Standard Thermodynamic Function of the Formation of Electrons and Holes in Ge, Si, GaAs and GaP*; J. Electrochem. Society 122, S. 1133(1975).

[3] A. Schlachetzki: *Halbleiter-Elektronik*; Teubner Studienbücher, Stuttgart, 1990.

[4] Y. Taur, T. H. Ning: *Fundamentals of Modern VLSI Design*; Cambridge University Press, New York, 1998.

[5] A. S. Grove: *Physics and Technology of Semicondutor Devices*; Wiley, New York, 1967.

[6] S. M. Sze: *Physics of Semiconductor Devices*; Wiley, 1981, S. 32.

[7] M. Alonso, E. J. Finn.: *Quantenphysik und statistische Physik*; Oldenbourg Wissenschaftsverlag GmbH, München 2005.

[8] V. F. Müller: *Quantenmechanik*; Oldenbourg Wissenschaftsverlag GmbH, München 2000.

Integrierte Bauelemente

3.1 Der PN-Übergang 70
3.2 Der Bipolar-Transistor 90
3.3 Der Junction-FET (JFET) 107
3.4 Der MOSFET 117
3.5 Passive Bauelemente 140
3.6 Kurzkanaleffekte und Skalierung 144
3.7 Geschwindigkeit eines MOSETs:
    Optimierung der Taktfrequenzen 147
3.8 MOS-Speicher.................................... 149

3 Integrierte Bauelemente

Einleitung

>> Die herausragende Bedeutung der Halbleiterelektronik beruht auf der Integration von sehr vielen elektronischen Bauelementen auf einem einzigen Halbleiterchip. Im folgenden Kapitel wird der prinzipielle Aufbau und die Funktionsweise derartiger integrierter Bauelemente (wie z. B. Dioden, Bipolar-Transistoren und Feldeffekt-Transistoren) vorgestellt. Die Arbeitsweise von Transistoren kann an charakteristischen Kennlinien abgelesen werden, die Eingangs- und Ausgangsspannungen und -ströme miteinander in Verbindung setzen. Diese Kennlinien sind, anders als bei einfachen ohmschen Widerständen, immer nichtlinear.

Oft werden Bauelemente in einem festen Arbeitspunkt (d. h. fast konstante Ströme und Spannungen) betrieben, und die Ströme und Spannungen bewegen sich im Betrieb nur wenig von diesem Arbeitspunkt weg. In diesem Fall greift man häufig auf eine lineare Näherung zurück, die die Kennlinien in der Nähe des Arbeitspunktes gut wiedergibt. Die zugehörigen Größen wie Verstärkung, Eingangs- und Ausgangswiderstand etc. werden differentielle Größen oder auch Kleinsignalgrößen genannt. Ausgehend von der Beschreibung einer Diode werden die Kennlinien von Bipolar-Transistoren und Feldeffekt-Transistoren hergeleitet. Transistoren bilden die Basis jeder modernen elektronischen Schaltung. <<

LERNZIELE

- Anwendung der Grundgleichungen (Drift-Diffusions-Gleichung und Kontinuitätsgleichung) zur Berechnung der Kennlinien von Halbleiterbauelementen
- Aufbau und Funktionsweise einer Diode
- Aufbau und Funktionsweise eines Bipolar-Transistors
- Aufbau und Funktionsweise eines MOSFETs
- Kleinsignal- und Großsignalparameter
- Grundlegende Transistorschaltungen: Emitter-, Kollektor- und Basis-Schaltung
- Passive Bauelemente: integrierte Kondensatoren und Widerstände

3.1 Der PN-Übergang

Hinweis

PN-Übergänge kommen in allen integrierten Bauelementen und Schaltungen vor und sind auch ein Grundelement bei Bipolar-Transistoren und MOSFETs. Ein Grundverständnis der Arbeitsweise eines PN-Übergangs ist deshalb wichtiger Ausgangspunkt für die dann anschließende Diskussion von Transistoren.

In integrierten Schaltungen kommen im Allgemeinen sowohl n-dotierte als auch p-dotierte Bereiche vor. Grenzt in einer integrierten Schaltung ein n-dotiertes an ein p-dotiertes Gebiet, so hat der entstehende PN-Übergang die gleichrichtenden Eigenschaften einer Diode. Ein derartiger PN-Übergang kann entweder als passives Bauelement (Diode) in Schaltungen eingesetzt werden oder aber er dient als elektrische Isolation zwischen dem n- und dem p-Gebiet. Dann allerdings muss dafür gesorgt werden, dass die im Betrieb auftretenden Potentialdifferenzen immer in Sperrrichtung der Diode gepolt sind, sodass nur ein sehr kleiner und meist vernachlässigbarer Sperrstrom über einen solchen PN-Übergang fließt. Das Verständnis eines PN-Übergangs ist deshalb sehr wichtig für die Beschreibung der Arbeitsweise von Bauelementen in integrierten Schaltungen. Insbesondere werden die Erkenntnisse über Bandverbiegungen, Raumladungszonen und die damit verbundenen Kapazitäten für die Beschreibung von Metall-Oxid-Halbleiter-Feldeffekt-Transistoren (MOSFETs) benötigt.

Das Verständnis der Arbeitsweise einer einfachen Diode ist Voraussetzung und Ausgangspunkt für die Beschreibung von Standardbauelementen der Halbleitermikroelektronik, wie z. B. dem Bipolar-Transistor oder dem MOSFET. Es ist deshalb wichtig, eine gefestigte Vorstellung der physikalischen Abläufe in einer Diode zu haben. In diesem Kapitel werden deshalb die Eigenschaften einer PN-Diode detailliert beschrieben und weitestgehend hergeleitet.

3.1.1 Aufbau und Funktionsweise

Der Strom durch einen PN-Übergang ist nicht linear von der Spannung abhängig, obwohl auf beiden Seiten des PN-Übergangs ja leitfähige Halbleiterbereiche zur Verfügung stehen würden. An der Grenzfläche zwischen p- und n-dotiertem Bereich, dem metallurgischen PN-Übergang, entsteht eine Verarmungszone ohne freie Ladungsträger, die einem Stromtransport entgegensteht. Die Ausdehnung der Verarmungszone ist abhängig von der am PN-Übergang angelegten Potentialdifferenz und damit von der von außen angelegten Spannung. Wie später hergeleitet wird, führt dies dazu, dass der Strom durch die Diode exponentiell von der Spannung über dem PN-Übergang abhängt. Die $I(U)$-Kennlinie ist gegeben durch

$$\frac{I(U)}{A} = J(U) = J_S \cdot \exp\left\{\frac{q \cdot U}{k \cdot T} - 1\right\} \quad \text{mit} \quad J_S = \frac{q \cdot D_n}{L_n} \cdot n_0 + \frac{q \cdot D_p}{L_p} \cdot p_0 \tag{3.1}$$

J_S ist die Sättigungsstromdichte oder auch Sperrstromdichte, D_n und D_p die jeweiligen Diffusionskonstanten für Elektronen (n) und Löcher (p), und n_0 und p_0 sind die jeweiligen Minoritätsladungsträgerkonzentrationen im p-Bereich (n_0) und im n-Bereich (p_0). L_n und L_p sind die Diffusionslängen für Elektronen und Löcher. Auf die Herleitung dieser Gleichung und die Bedeutung dieser Größen wird später genauer eingegangen.

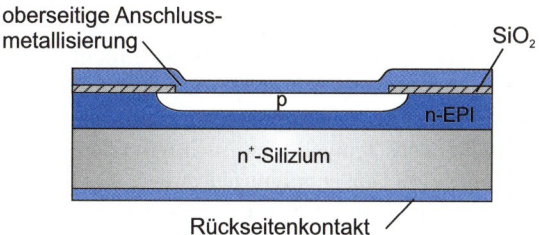

Abbildung 3.1: PN-Übergang in planarer Silizium-Technologie.

Gleichung (3.1) ist die berühmte Shockley-Gleichung. Wie an der Shockley-Gleichung abzulesen ist, überwiegt bei positiven Spannungen U der Exponentialterm in der Klammer, der Strom wird exponentiell mit der Spannung anwachsen. Diese Polarität wird als Durchlassrichtung bezeichnet. Ist die Spannung negativ, so wird der Exponentialterm sehr klein und der Strom ist gleich dem Sättigungsstrom. Diese Polarität wird als Sperrrichtung bezeichnet.

> **Hinweis**
>
> Positives Potential am p-dotierten Bereich und negatives Potential am n-dotierten Bereich bedeutet Durchlassrichtung. Bei zu hohen Spannungen in Sperrrichtung bricht die Diode durch.

Ein integrierter Aufbau einer PN-Diode ist in Abbildung 3.1 gezeigt, eine typische Strom-Spannungs-Kennlinie in Abbildung 3.2.

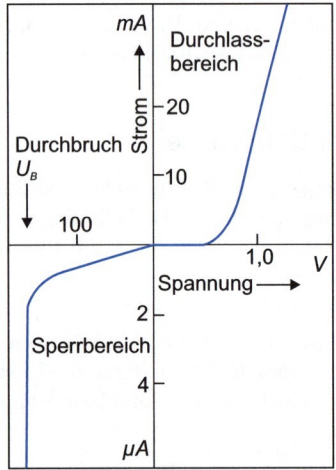

Abbildung 3.2: Typische Kennlinie einer PN-Diode, mit unterschiedlichen Maßstäben im Durchlass- und Sperrbereich. Bei hohen Spannungen in Sperrrichtung findet Lawinendurchbruch statt, nach [18].

Wird die exponentielle Abhängigkeit des Stroms von der Spannung in einem linearen Diagramm aufgetragen (rechter Bereich von Abbildung 3.2), so steigt der Strom ab einer bestimmten Spannung stark, nämlich exponentiell, an. Diese Spannung wird oft als Schwellspannung oder Knickspannung bezeichnet. Der offenbar relativ scharfe Knick in der Kurve hängt allerdings von der Skalierung der Stromachse ab. Streng genommen ist die Angabe einer Schwellenspannung physikalisch unsinnig, da der Anstieg des Stroms ja exponentiell erfolgt. Es existiert eben keine Schwelle, ab der der erst ein Strom fließt. Stromfluss existiert schon ab dem ersten Millivolt. Müssen in Schaltungen aber typische Stromwerte erreicht werden, z. B. 10 mA, so kann die Kenntnis des dazugehörigen Spannungsabfalls an der Diode für die Grobplanung einer Schaltung durchaus sinnvoll sein. Auch wenn der Strom durch eine Diode in einer Schaltung um ein oder zwei Größenordnungen variiert, so ist wegen der exponentiellen Spannungsabhängigkeit die Variation der Spannung wesentlich kleiner. Man kann deshalb unter Vernachlässigung der realen Verhältnisse für eine erste, grobe Abschätzung annehmen, dass an einer Diode immer gerade die Schwellspannung von ca. 0.7 V für Silizium-Dioden abfällt, sofern die Ströme nicht all zu sehr vom „normalen Bereich" abweichen.

Um ein qualitatives Verständnis der Arbeitsweise einer Diode zu erhalten, muss zunächst die Situation im stromlosen Fall, also ohne äußere Spannung, betrachtet werden.

Bringen wir nun zwei Gebiete mit n- und p-Dotierung in Kontakt. Beide Zonen sind zunächst elektrisch neutral, allerdings sind die beiden Fermi-Energien in der p-Zone und der n-Zone nicht identisch. Während die Fermi-Energie W_F im n-Bereich in der Nähe des Leitungsbandes liegt, befindet sich W_F im p-Bereich in der Nähe des Valenzbandes. Deshalb werden Elektronen aus dem n-Bereich in den p-Bereich abfließen, da sie dort energetisch günstigere Energieniveaus vorfinden, dort allerdings mit Löchern rekombinieren. Für Löcher im p-Bereich gilt das ebenso. Sie werden in den n-Bereich abfließen und dort mit Elektronen rekombinieren. Durch das Abfließen von Ladungsträgern ergeben sich in unmittelbarer Umgebung des metallurgischen PN-Überganges Raumladungszonen. Die Ladungen entstehen durch die von den Ladungsträgern zurückgelassenen, nun ionisierten Donatoren und Akzeptoren. Die Raumladungszonen sind demnach negativ (bzw. positiv) auf der p-Seite (bzw. n-Seite) des PN-Überganges und erzeugen natürlich wie jede Raumladung ein inneres elektrisches Feld und damit eine Potentialdifferenz. Dadurch werden die Energieniveaus der n-Seite des PN-Überganges relativ zur p-Seite abgesenkt. Der Transfer von Ladungsträgern kommt zum Stillstand, wenn auf beiden Seiten des PN-Überganges die Fermi-Energien ausgeglichen wurden.

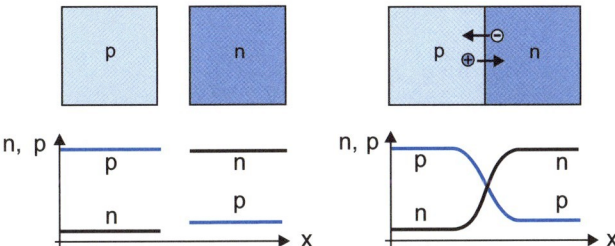

Abbildung 3.3: Ladungstransfer bei Kontakt eines n- und eines p-Gebietes. Die Ladungsträgerkonzentrationen werden dabei auf einer logarithmischen Skala aufgetragen, da die Minoritäts- und Majoritätsladungsträgerkonzentrationen sich um viele Größenordnungen unterscheiden.

Qualitativ wurde schon früher festgestellt, dass im thermodynamischen Gleichgewicht, d. h. ohne Stromtransport, die Fermi-Energie im gesamten Bauelement gleich sein muss, d. h. im Energiediagramm horizontal verläuft.

3.1.2 Der PN-Übergang im stromlosen Zustand

Die Situation kann man aber auch quantitativ betrachten. Der Gesamtstrom durch ein Bauelement setzt sich, wie in *Kapitel 2* beschrieben, zusammen aus dem Driftstrom und dem Diffusionsstrom. Dabei müssen sowohl die Elektronenströme als auch die Löcherströme berücksichtigt werden.

$$J_{gesamt} = J_n + J_p \qquad (3.2)$$

$$J_n = q \cdot n \cdot \mu_n \cdot E + q \cdot D_n \cdot \frac{\partial n}{\partial x} \qquad (3.3)$$

$$J_p = q \cdot p \cdot \mu_p \cdot E - q \cdot D_p \cdot \frac{\partial p}{\partial x} \qquad (3.4)$$

> **Hinweis**
>
> Da wir hier die Gleichungen nur in einer Dimension betrachten, kommt die Ableitung nur nach der Ortskoordinate x vor. Im allgemeinen Fall steht hierfür der Gradient von n, damit müssten dann alle Größen **vektoriell** geschrieben werden.

Der Diffusionskoeffizient D hängt mit der Beweglichkeit über die Einstein-Gleichung zusammen.

$$D_{n,p} = \frac{k \cdot T}{q} \cdot \mu_{n,p} \tag{3.5}$$

Sowohl der Elektronen- als auch der Löcherstrom müssen null sein, da an der Diode zunächst keine äußere Spannung anliegen soll.

$$\begin{aligned} J_n &= q \cdot n \cdot \mu_n \cdot E + q \cdot D_n \cdot \frac{\partial n}{\partial x} = 0 \\ J_n &= 0 = q \cdot \mu_n \cdot \left(n \cdot E + \frac{k \cdot T}{q} \cdot \frac{\partial n}{\partial x} \right) = 0 \end{aligned} \tag{3.6}$$

Für den nicht entarteten Fall konnte die Ladungsträgerkonzentration n aus der Position der Fermi-Energie W_F relativ zur Leitungsbandkante bestimmt werden (siehe Gleichung (2.53)). Hieraus kann $grad(n)$ berechnet werden.

$$n = N_L \cdot \exp\left\{ \frac{W_F - W_L}{k \cdot T} \right\} \tag{3.7}$$

N_L ist dabei die Zustandsdichte, die bei extrinsischer Dotierung durch die Donatorkonzentration N_D ersetzt werden muss. Daraus ergibt sich

$$grad(n) = \frac{\partial n}{\partial x} = \frac{n}{k \cdot T} \cdot \left(\frac{\partial W_F}{\partial x} - \frac{\partial W_L}{\partial x} \right) \tag{3.8}$$

Der Gradient des Leitungsbandes ist aber gerade das elektrische Feld

$$grad(W_L) = q \cdot E \tag{3.9}$$

Eingesetzt in Gleichung (3.6) ergibt sich daraus

$$J_n = 0 = n \cdot \mu_n \cdot \frac{\partial W_F}{\partial x} \tag{3.10}$$

Dies bedeutet, dass ein Gradient in der Fermi-Energie grundsätzlich einen Strom nach sich ziehen muss. Umgekehrt gilt, dass bei Stromfluss ein Gradient der Fermi-Energie vorhanden sein muss.

Ohne Stromfluss muss die Fermi-Energie unabhängig vom Ort demnach konstant sein. Gleichzeitig muss W_F aber im n-dotierten Bereich in der Nähe des Leitungsbandes liegen, während sie im p-dotierten Bereich in der Nähe des Valenzbandes liegt. Dies ergibt dann den Bandverlauf über den PN-Übergang hinweg, wie er in Abbildung 3.4 skizziert ist. Die Potentialdifferenz zwischen Leitungsband im n-Bereich und Leitungsband im p-Bereich wird Diffusionspotential oder -spannung U_D genannt.

Schon an dieser Stelle soll festgestellt werden, dass eine äußere Spannung, die zusätzlich über den PN-Übergang angelegt wird, zur Diffusionsspannung addiert werden muss. Die wirksame Potentialdifferenz ist dann ($U_D - U$). U ist positiv, sofern der p-Bereich positiv gegen den n-Bereich vorgespannt wird. Die Energieniveaus der p-Seite werden dann für Elektronen energetisch günstiger, d. h., Leitungs- und Valenzband werden dort in der Energie abgesenkt, also im Diagramm der Abbildung 3.4 nach unten verschoben. Leitungs- und Valenzband im n-Bereich dagegen werden energetisch ungünstiger und nach oben verschoben. Die Fermi-Niveaus im p- und n-Bereich unterscheiden sich dann ebenfalls durch die Potentialdifferenz U bzw. die Energiedifferenz $q \cdot U$.

Die Ladungsträgerkonzentrationen in dem Bereich, in dem W_F sowohl vom Leitungsband als auch vom Valenzband relativ weit entfernt ist, sind sehr klein gegenüber den jeweiligen Ladungsträgerkonzentrationen in den neutralen n- und p-Bereichen, da diese laut Gleichung (3. 7) exponentiell mit wachsendem Abstand ($W_F - W_{L/V}$) abnimmt.

$$n(x) = N_D \cdot \exp\left\{-\frac{W_L(x) - W_L(\infty)}{k \cdot T}\right\} \quad (3.11)$$

N_D ist dabei die Konzentration an Donatoren; die thermische Aktivierung von Ladungsträgern über die Bandlücke hinweg (intrinsische Ladungsträgerkonzentration) wird dabei vernachlässigt, da diese sehr klein im Vergleich zur extrinsischen Dotierung ist. Der Bereich, in dem das Leitungs- und das Valenzband variieren, ist demnach arm an Ladungsträgern, da gerade dort der Abstand zum Fermi-Niveau W_F groß ist. Dieser Bereich wird deshalb Verarmungszone genannt. In der Verarmungszone liegen noch die Donatoren und Akzeptoren, die positiv bzw. negativ geladen sind. Da die jeweils kompensierenden freien Ladungsträger hier größtenteils fehlen, treten innerhalb der Verarmungszone Raumladungen auf, die durch die (nicht mobilen) Ladungen der Donatoren und Akzeptoren verursacht werden. Die Verarmungszone wird deshalb auch **Raumladungszone** genannt.

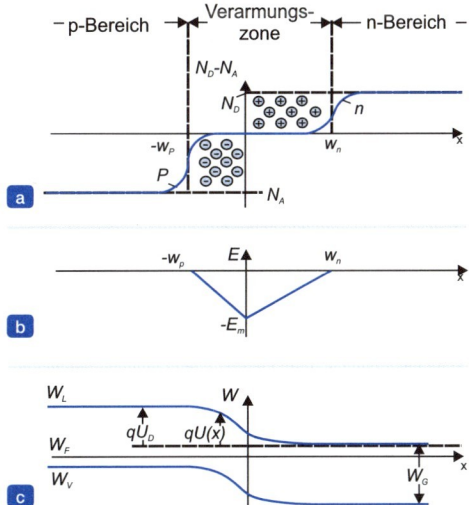

Abbildung 3.4: (a) Netto-Ladungsträgerkonzentrationen $N_D - N_A$ über die Raumladungszone hinweg. (b) Verlauf des elektrischen Feldes. (c) Verlauf des Leitungs- und des Valenzbandes. Die Bandverbiegung führt zur Diffusionsspannung U_D, nach [18].

Jedes Elektron, das die n-Seite verlässt, kompensiert auf der p-Seite ein Loch (und umgekehrt). Auf beiden Seiten des PN-Überganges müssen deshalb genau gleich viele Ladungen auftreten. Mit der Konzentration an Donatoren N_D und Akzeptoren N_A ergibt sich

$$N_A \cdot w_p = N_D \cdot w_n \quad (3.12)$$

w_p bzw. w_n ist die Ausdehnung der Raumladungszone ins p- bzw. n-Gebiet. Je höher die Dotierkonzentration, desto kleiner die Ausdehnung der Raumladungszone.

Innerhalb der Raumladungszone herrscht ein elektrisches Feld, das über die Poisson-Gleichung berechnet werden kann. Die Poisson-Gleichung für die n-Seite und die p-Seite des Überganges lautet:

$$\frac{\partial^2 \Phi}{\partial x^2} = \frac{\partial E}{\partial x} = \frac{q}{\varepsilon_S} \cdot N_D^+ \quad (3.13)$$

$$\frac{\partial^2 \Phi}{\partial x^2} = \frac{\partial E}{\partial x} = \frac{q}{\varepsilon_S} \cdot N_A^- \quad (3.14)$$

Hierin ist ε_S die gesamte Dielektrizitätskonstante im Halbleiter (einschließlich ε_0).

Im Prinzip hätte man auf der rechten Seite der Poisson-Gleichung noch die jeweils vorhandenen freien Ladungsträger für die Ladungsbilanz mitberücksichtigen müssen. Deren Konzentration ist aber innerhalb der Raumladungszone normalerweise so klein, dass diese vernachlässigt werden kann. Da auf der rechten Seite der Poisson-Gleichung eine konstante Größe steht, ergibt sich aus der direkten Integration damit ein linearer Verlauf des elektrischen Feldes und ein quadratischer Verlauf des elektrischen Potentials als Funktion des Orts x, siehe Abbildung 3.4.

Für das Feld $E(x)$ ergibt sich durch Integration der Gleichungen (3.13) und (3.14)

$$\begin{aligned} E(x) &= \frac{q}{\varepsilon_S} \cdot N_D^+ \cdot (x - w_n) \text{ für } 0 < x < w_n \\ E(x) &= \frac{q}{\varepsilon_S} \cdot N_A^- \cdot (x + w_p) \text{ für } -w_p < x < 0 \end{aligned} \quad (3.15)$$

Das maximale Feld E_m ergibt sich genau am metallurgischen PN-Übergang bei $x = 0$.

$$E_m = E(x=0) = \frac{q}{\varepsilon_S} \cdot N_A^- \cdot w_p = \frac{q}{\varepsilon_S} \cdot N_D^+ \cdot w_n \quad (3.16)$$

Außerhalb der Raumladungszone ist das elektrische Feld E gleich null. Wegen des linearen Zusammenhangs von $E(x)$ kann man (siehe Abbildung 3.4) direkt integrieren und es ergibt sich für die Diffusionsspannung U_D, d. h. die Bandverbiegung von Leitungs- und Valenzband über die Raumladungszone hinweg

$$U_D = \frac{1}{2} \cdot E_m \cdot (w_p + w_n); \quad w_p + w_n = w. \quad (3.17)$$

Zusammen mit Gleichung (3.16) kann man E_m eliminieren und erhält für die Ausdehnung der Raumladungszone

$$w = \sqrt{\frac{2 \cdot \varepsilon_S \cdot U_D}{q} \cdot \left(\frac{1}{N_D} + \frac{1}{N_A} \right)} \quad (3.18)$$

und für die beiden Abschnitte in den p- und n-Gebieten

$$w_n = \sqrt{\frac{2 \cdot \varepsilon_S \cdot U_D \cdot N_A}{q \cdot N_D (N_D + N_A)}}$$
$$w_p = \sqrt{\frac{2 \cdot \varepsilon_S \cdot U_D \cdot N_D}{q \cdot N_A \cdot (N_A + N_D)}}$$
(3.19)

Hinweis

Ausdehnung der Raumladungszone:

Aus den Gleichungen ist zu entnehmen, dass die Breite der Raumladungszone bei höherer Dotierung immer kleiner wird. Bei asymmetrisch dotierten PN-Übergängen wird sich der größte Teil der Raumladungszone im niedriger dotierten Bereich befinden.

Beispiel

$N_A = 10^{19} \, cm^{-3}$, $N_D = 10^{16} \, cm^{-3}$, $\varepsilon_S = 11{,}7 \cdot 8{,}854 \cdot 10^{-14} \, A \, s \, (V \, cm)^{-1}$, $U_D = 900 \, mV \rightarrow$ $w_n = 0{,}34 \, \mu m$; w_p ist entsprechend Gleichung (3.16) um drei Zehnerpotenzen kleiner.

Auch ein Metall-Halbleiter-Übergang, wie er für die Kontaktierung von Halbleiterbauelementen benötigt wird, erzeugt wie bei einer PN-Diode eine Bandverbiegung im Metall und im Halbleiter. Aufgrund der sehr viel höheren Elektronenkonzentration im Metall (ca. $10^{23} \, cm^{-3}$ gegenüber der Dotierung im Halbleiter ($10^{15} - 10^{17} \, cm^{-3}$)) ist die Ausdehnung der Raumladungszone im Metall aber praktisch gleich null.

Betrachten wir die Situation an einem stromlosen PN-Übergang noch etwas genauer. Aufgrund des Ladungstransfers ergeben sich wie beschrieben Raumladungen, die zu einem elektrischen Feld, einem damit verbundenen Potentialverlauf und damit zu einer Bandverbiegung führen. Elektronen aus dem n-Bereich werden aufgrund des Konzentrationsgradienten auch ohne äußere Spannung in Richtung gegenüberliegende p-Seite diffundieren. Diese Diffusion wird aber durch das Potentialgefälle (also die Diffusionsspannung U_D) kompensiert. Diffusionsstrom und Feldstrom sind im Gleichgewicht und heben sich gegenseitig auf, der Nettostrom ist gleich null. Der PN-Übergang ist damit insgesamt stromlos.

3.1.3 Der PN-Übergang mit äußerer Spannung

Die Situation gerät allerdings aus dem Gleichgewicht, wenn eine äußere Spannung angelegt wird. Diese reduziert (in Durchlassrichtung) oder vergrößert (in Sperrrichtung) die Potentialdifferenz und damit die Bandverbiegung, je nach Polarität. Dabei fällt die äußere Spannung U über dem gesamten Bauelement ab, also über dem n-Bereich, dem eigentlichen PN-Übergang und dem p-Bereich. Ist allerdings die Dotierung auf beiden Seiten des PN-Überganges ausreichend hoch und fließt kein zu hoher Strom durch diese Zuleitungen, so kann man die Spannungsabfälle in den n- und p-Bahngebieten vernachlässigen. Die gesamte äußere Potentialdifferenz liegt dann direkt über der Raumladungszone an. Statt der Potentialdifferenz U_D, der

Diffusionsspannung, muss in die Gleichungen eine durch die äußere Spannung U modifizierte Potentialdifferenz $(U_D - U)$ eingesetzt werden. Das Vorzeichen ergibt sich daraus, dass eine positive Spannung an der p-Seite relativ zur n-Seite die Potentialdifferenz erniedrigt. Diese Polarität wird als positive Spannung festgelegt.

In den bisher hergeleiteten Formeln muss damit U_D durch $(U_D - U)$ ersetzt werden. Es ergibt sich deshalb z. B. für die Breite der Raumladungszone:

$$w = \sqrt{\frac{2 \cdot \varepsilon_S \cdot (U_D - U)}{q} \cdot \left(\frac{1}{N_D} + \frac{1}{N_A}\right)} \tag{3.20}$$

Ist U positiv (d. h. p-Bereich positiv gegenüber n-Bereich), so reduziert sich die Potentialdifferenz und die Diode wird in Durchlassrichtung betrieben. Obwohl die Potentialdifferenz die Elektronen immer noch von der p-Seite zur n-Seite treibt, ist dieser Feldstrom nun reduziert und kann den Diffusionsstrom nicht mehr kompensieren. In Summe ergibt sich damit ein Elektronenstrom vom n-Bereich in den p-Bereich. Analoges gilt für Löcher, die jetzt vom p-Bereich in den n-Bereich fließen.

Aufgabe ist es nun, diesen Diffusionsstrom von Elektronen vom n-Bereich hinein in den p-Bereich zu berechnen (und analog für Löcher). Beide Stromanteile müssen dann zum Gesamtstrom durch den PN-Übergang addiert werden.

Durch die Spannung in Durchlassrichtung wird auch die Breite der Raumladungszone entsprechend Gleichung (3.20) reduziert. Damit fällt die Ladungsträgerkonzentration durch die Raumladungszone nicht mehr auf die Gleichgewichtswerte n_{p0} und p_{n0} ab (siehe Abbildung 3.5). Die am Rande der reduzierten Raumladungszone erhöhte Minoritätsladungsträgerkonzentration n_p ist Ursache für einen Diffusionsstrom von Elektronen in den p-Bereich hinein. Während dieser Diffusion werden Ladungsträger rekombinieren, da diese ja auf eine hohe Konzentration an entgegengesetzt geladenen Majoritätsladungsträgern, hier Löcher im p-Bereich, treffen. Die Konzentration an Minoritätsladungsträgern (hier Elektronen im p-Bereich) wird deshalb in den p-Bereich hinein abnehmen. Für Löcher kann analog argumentiert werden.

Wir nehmen für das Weitere an, dass sich der Elektronenstrom innerhalb der relativ dünnen Raumladungszone nicht ändert, Ladungsträgerrekombination in der Raumladungszone selbst wird also vernachlässigt. Dies scheint gerechtfertigt, da aufgrund des hohen Feldes in der Raumladungszone Elektronen und Löcher beschleunigt werden und diese schnell durchqueren. Rekombination in der Raumladungszone wird erst später wichtig, z. B. bei LEDs, wo gerade durch die Rekombination in der Raumladungszone Licht erzeugt werden soll. Der Elektronenstrom am „Eingang" der Raumladungszone (bei w_n) muss wegen der Vernachlässigung von Rekombination in der Raumladungszone damit gleich dem Elektronenstrom am „Ausgang" der Raumladungszone (bei $-w_p$) sein.

Daraus folgt, dass der Diffusionsstrom von Elektronen in den p-Bereich hinein durch einen Elektronenstrom im n-Bereich nachgeliefert werden muss. Dieser Strom durch die hoch n-dotierten Zuleitungen ist ein Feldstrom. Wegen $J = q \cdot n \cdot \mu \cdot E$ ist die notwendige Feldstärke aufgrund der hohen Elektronenkonzentration im n-Bereich allerdings sehr klein und kann praktisch vernachlässigt werden. Die aufgrund dieser Feldstärke vorhandene Verkippung der Bänder in den n-dotierten Zuleitungen ist in dem verwendeten Maßstab in Abbildung 3.5 normalerweise nicht sichtbar. Die Ausführungen entsprechen der Annahme, dass die gesamte Spannung am PN-Übergang selbst und nicht in den Zuleitungen abfällt, und gelten analog auch wieder für Löcher auf der p-Seite. Streng genommen muss natürlich eine (kleine) Spannung an den Zuleitungen abfallen, damit durch diese eine ausreichende

Stromdichte getrieben wird. Die Stromdichte durch die Zuleitungen muss genauso hoch sein wie die Stromdichte durch den eigentlichen PN-Übergang.

Im Folgenden wird die Situation nun quantitativ beschrieben. Stromfluss bedeutet grundsätzlich Nicht-Gleichgewicht. Zur Beschreibung der Konzentrationen an Elektronen und Löchern müssen daher die Quasi-Fermi-Niveaus herangezogen werden. Da wir Nicht-Entartung voraussetzen, die Ladungsträgerkonzentrationen also grundsätzlich nicht zu hoch sein sollen, können wir die Boltzmann-Näherung verwenden. Dies vereinfacht die Rechnung. Es gilt dann

$$n = n_i \cdot \exp\left\{\frac{W_{Fn} - W_i}{k \cdot T}\right\} \tag{3.21}$$

$$p = p_i \cdot \exp\left\{\frac{W_i - W_{Fp}}{k \cdot T}\right\} \tag{3.22}$$

Beide Gleichungen können als Definitionsgleichungen für die Quasi-Fermi-Energien angesehen werden. W_i ist die Position der Fermi-Energie im intrinsischen Fall, für den $n = p$ gilt. Für das Produkt $n \cdot p$ folgt daraus

$$n \cdot p = n_i^2 \cdot \exp\left\{\frac{W_{Fn} - W_{Fp}}{k \cdot T}\right\} \tag{3.23}$$

Die Differenz der Quasi-Fermi-Niveaus ist dabei gleich der außen angelegten Spannung U (Verlauf der Quasi-Fermi-Niveaus siehe Abbildung 3.5)

$$q \cdot U = W_{Fn} - W_{Fp} \tag{3.24}$$

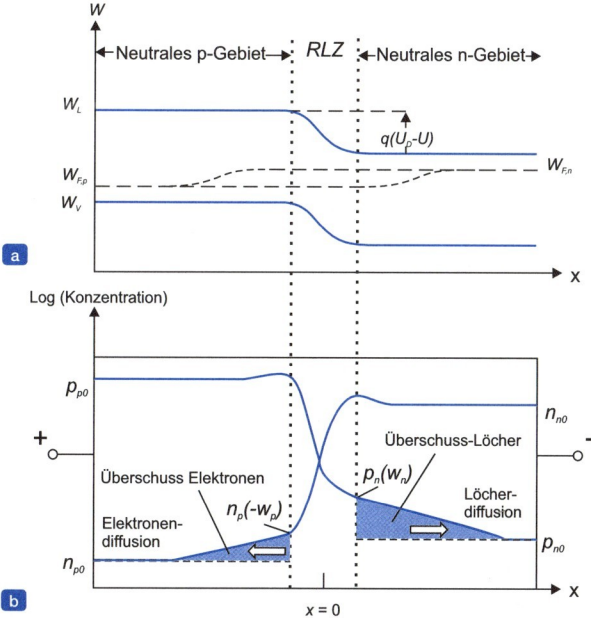

Abbildung 3.5: Verlauf der Quasi-Fermi-Niveaus (a) sowie der Elektronen- und Löcherkonzentrationen (b) an einem PN-Übergang mit angelegter äußerer Spannung U in Durchlassrichtung. Die Ladungsträgerkonzentrationen sind hier auf einer logarithmischen Skala gezeigt, der Anstieg der Majoritätsträgerkonzentrationen ist aus didaktischen Gründen übertrieben groß dargestellt.

Dies bedarf einer Begründung. Dazu betrachten wir den Elektronenstrom am „Eingang" und am „Ausgang" der Raumladungszone, der ja proportional zum Gradienten der Fermi-Energie ist.

$$J_n(w_n) = n \cdot \mu_n \left. \frac{\partial W_{Fn}}{\partial x} \right|_{w_n} = n \cdot \mu_n \left. \frac{\partial W_{Fn}}{\partial x} \right|_{-w_p} = J_n(-w_p) \quad (3.25)$$

Aus der Gleichung ist direkt ersichtlich, dass der Gradient der Fermi-Energie nur dort signifikant groß ist, wo die minimale Ladungsträgerkonzentration n vorliegt. Dies ist weder im n-Bereich noch in der Raumladungszone, sondern eben nur im p-Bereich der Fall. Nur dort sind Elektronen Minoritätsladungsträger. n nimmt kleinste Werte an und damit muss der Gradient der Fermi-Energie dort maximal sein. Die Quasi-Fermi-Energie ist deshalb im n-Bereich und durch die gesamte Raumladungszone hinweg konstant, da der Gradient hier vernachlässigbar ist. Analoge Überlegungen gelten für die Quasi-Fermi-Energien von Löchern. Daraus folgt der Verlauf der der Quasi-Fermi-Energien aus Abbildung 3.5 und damit auch Gleichung (3.24).

Eingesetzt in die Gleichung (3.23) ergibt

$$n_n \cdot p_n = n_i^2 \cdot \exp\left\{\frac{q \cdot U}{k \cdot T}\right\} \quad (3.26)$$

und

$$p_n(w_n) = \frac{n_i^2}{n_n} \cdot \exp\left\{\frac{q \cdot U}{k \cdot T}\right\} = p_{n0} \cdot \exp\left\{\frac{q \cdot U}{k \cdot T}\right\} \quad (3.27)$$

Die entsprechende Gleichung gilt auch am anderen Ende der Raumladungszone für die Elektronen:

$$n_p(-w_p) = n_{p0} \cdot \exp\left\{\frac{q \cdot U}{k \cdot T}\right\} \quad (3.28)$$

Damit ist nun die Konzentration an Minoritätsladungsträgern an den beiden Enden der Raumladungszone als Funktion der von außen angelegten Spannung bekannt. Die Differenz zur jeweiligen Gleichgewichtskonzentration ist die Ursache für den Diffusionsstrom. Dieser Diffusionsstrom zeigt in Richtung niedrigerer Konzentration, für Elektronen also in den p-Bereich hinein, für Löcher in den n-Bereich hinein.

Zur Berechnung dieses Diffusionsstromes gehen wir von den Kontinuitätsgleichungen aus:

$$\frac{dn}{dt} = \frac{1}{q} \cdot \frac{\partial J_n}{\partial x} - r_{net} = 0$$
$$\frac{dp}{dt} = -\frac{1}{q} \cdot \frac{\partial J_p}{\partial x} - r_{net} = 0 \quad (3.29)$$

Hinweis

Da wir hier die Gleichungen nur in einer Dimension betrachten, kommt die Ableitung nur nach der Ortskoordinate x vor. Im allgemeinen Fall steht hierfür die Divergenz des Stroms.

Die Stromdichten ergeben sich als Summe von Feld und Diffusionsstrom

$$J_n = q \cdot n \cdot \mu_n \cdot E + q \cdot D_n \cdot \frac{dn}{dx}$$
$$J_p = q \cdot p \cdot \mu_p \cdot E - q \cdot D_p \cdot \frac{dp}{dx}$$
(3.30)

und eingesetzt in die Kontinuitätsgleichungen ergibt sich damit:

$$\mu_n \cdot E \cdot \frac{dn}{dx} + n \cdot \mu_n \cdot \frac{dE}{dx} + D_n \cdot \frac{d^2 n}{dx^2} - r_{net} = 0$$
$$\mu_p \cdot E \cdot \frac{dp}{dx} + p \cdot \mu_p \cdot \frac{dE}{dx} + D_p \cdot \frac{d^2 p}{dx^2} - r_{net} = 0$$
(3.31)

Diese Differenzialgleichungen liefern als Ergebnis $n(x)$ im p-Bereich und $p(x)$ im n-Bereich, woraus sich dann die Stromdichten J_n und J_p ergeben. Zur Lösung muss allerdings zunächst die Rekombinationsrate r_{net} präzisiert werden.

Für die Rekombination von Ladungsträgern aufgrund der im Vergleich zum Gleichgewicht erhöhten Konzentration von Löchern und Elektronen wird hierzu ein einfacher, aber oft verwendeter Ansatz gemacht:

$$r_{net} = \frac{(p_n - p_{n0})}{\tau_p}$$
(3.32)

Dieser Ansatz für die Rekombinationsrate wird Relaxationszeitansatz genannt, eine analoge Gleichung gilt für Elektronen. Die Rekombinationsrate steigt proportional zur Abweichung der Ladungsträgerkonzentration von der Gleichgewichtskonzentration an. Nachdem die Störung wegfällt, findet das Ladungsträgersystem mit der Relaxationszeit τ wieder ins Gleichgewicht zurück.

Um die Differentialgleichung zu vereinfachen, müssen zunächst Gleichung (3.31) (erste Gleichung) mit $(p_n \cdot \mu_p)$ und die Gleichung (3.31) (zweite Gleichung) mit $(n_n \cdot \mu_n)$ multipliziert und dann beide Gleichungen addiert werden. Weiterhin nehmen wir Ladungsneutralität an. Dies bedeutet

$$(p_n - p_{n0}) = (n_n - n_{n0})$$
(3.33)

Die örtlichen Ableitungen von p_n und n_n stimmen deshalb überein. Im gesamten n-Bereich sind die Löcher Minoritätsladungsträger, damit gilt

$$p_n \ll n_n$$
(3.34)

Weiterhin können Terme mit dem elektrischen Feld als Faktor vernachlässigt werden, da das Feld aufgrund der Ladungsneutralität verschwindend klein ist. Daneben wird noch die Einstein-Gleichung (3.5) verwendet.

Mit den genannten Näherungen ergibt sich eine neue Form der obigen Differentialgleichung:

$$\frac{d^2 p_n}{dx^2} - \frac{p_n - p_{n0}}{D_p \cdot \tau_p} = 0$$
(3.35)

Die dazu gehörige Lösung lautet unter Berücksichtigung von Gleichung (3.27):

$$p_n(x) - p_{n0} = p_{n0} \cdot \left(\exp\left(\frac{q \cdot U}{k \cdot T} \right) - 1 \right) \cdot \exp\left\{ -\frac{x - w_n}{L_p} \right\}$$
(3.36)

Die Größe L_p wird Diffusionslänge genannt, in diesem Fall ist dies die Diffusionslänge von Löchern im n-Bereich:

$$L_p = \sqrt{D_p \cdot \tau_p} \qquad (3.37)$$

Geht man eine Diffusionslänge vom Rand der Raumladungszone bei w_n in den n-Bereich hinein, so ist die Löcherkonzentration auf $1/e$ der Ausgangskonzentration bei w_n durch Rekombination zurückgegangen. Daraus erschließt sich die Bedeutung des Begriffs Diffusionslänge.

Aus Gleichung (3.36) ergibt sich direkt die Diffusionsstromdichte von Löchern im n-Bereich am Ende der Raumladungszone bei w_n

$$J_p(w_n) = q \cdot p \cdot \mu_p \cdot E - q \cdot D_p \cdot \frac{\partial p}{\partial x} \approx \left[-q \cdot D_p \cdot \frac{\partial p}{\partial x} \right]_{w_n} \qquad (3.38)$$

$$= \frac{q \cdot D_p \cdot p_{n0}}{L_p} \cdot \left(\exp\left\{ \frac{q \cdot U}{k \cdot T} \right\} - 1 \right)$$

Dabei wurde die Feldstromdichte, die ja proportional zum elektrischen Feld ist, vernachlässigt. Das Feld im n-Bereich ist wie oben besprochen sehr klein und wird dann auch noch mit einer kleinen Minoritätsladungsträgerkonzentration p multipliziert. Eine analoge Gleichung gilt für Elektronen im p-Bereich:

$$J_n(-w_p) = \frac{q \cdot D_n \cdot n_{p0}}{L_n} \cdot \left(\exp\left\{ \frac{q \cdot U}{k \cdot T} \right\} - 1 \right) \qquad (3.39)$$

Die Gesamtstromdichte durch den PN-Übergang ergibt sich als Summe dieser beiden Anteile, da laut Voraussetzung keine Rekombination in der Raumladungszone stattfinden soll:

$$J = J_{Gesamt} = J_p(w_n) + J_n(-w_p) = J_S \cdot \left(\exp\left\{ \frac{q \cdot U}{k \cdot T} \right\} - 1 \right) \qquad (3.40)$$

mit der Sättigungsstromdichte J_S

$$J_S = \frac{q \cdot D_p \cdot p_{n0}}{L_p} + \frac{q \cdot D_n \cdot n_{p0}}{L_n} \qquad (3.41)$$

Dies ist die berühmte Shockley-Gleichung, die die Strom-Spannungs-Charakteristik eines PN-Übergangs beschreibt. Wesentliche Annahme war, dass keine Rekombination von Ladungsträgern in der Raumladungszone stattfindet und die äußere Spannung nur am PN-Übergang selbst und nicht an den Zuleitungsbereichen abfällt. Man bezeichnet dies oft als „ideale Diode". Positive Spannungen U zeigen die Durchlassrichtung an. Der p-Bereich ist dann positiv gegenüber dem n-Bereich vorgespannt und der Strom steigt exponentiell mit der äußeren Spannung U an.

Mit der Einstein-Beziehung (Gleichung (3.5)) kann die Sättigungsstromdichte J_S in folgende Form gebracht werden:

$$J_S = \frac{k \cdot T \cdot \mu_p \cdot n_i^2}{L_p} \cdot \frac{1}{N_D} + \frac{k \cdot T \cdot \mu_n \cdot n_i^2}{L_n} \cdot \frac{1}{N_A} \qquad (3.42)$$

In integrierten Schaltungen kommen oft asymmetrisch dotierte PN-Übergänge vor. Aus Gleichung (3.42) ergibt sich, dass in diesem Fall der Stromtransport vor allem von den Ladungsträgern des höher dotierten Bereichs getragen wird. In einem n⁺-p-Übergang fließt fast nur Elektronenstrom, der Löcherstrom ist meist vernachlässigbar. Beim Bipolar-Transistor hat er allerdings einen Einfluss auf die sogenannte Stromverstärkung.

Aus Gleichung (3.42) ergibt sich auch die Temperaturabhängigkeit des Sperrstroms. Mit

$$n_i^2 = N_L \cdot N_V \cdot \exp\left\{\frac{-W_G}{k \cdot T}\right\} \tag{3.43}$$

ergibt sich

$$J_s \sim T \cdot \exp\left\{\frac{-W_G}{k \cdot T}\right\} \tag{3.44}$$

Im Durchlassbereich kommt noch der exponentielle Anstieg des Stromes mit der Spannung dazu:

$$J \sim T \cdot \exp\left\{\frac{q \cdot U - W_G}{k \cdot T}\right\} \tag{3.45}$$

Da $q \cdot U$ normalerweise deutlich kleiner als W_G ist, folgt für den Durchlassbereich dieselbe Temperaturabhängigkeit wie für den Sperrbereich.

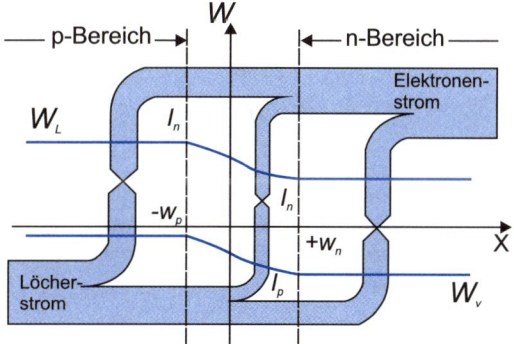

Abbildung 3.6: Zusammenfassung der Ergebnisse für den Stromtransport durch eine PN-Diode.

Zusammenfassend kann Folgendes festgehalten werden: Der Strom durch einen PN-Übergang wird im n-Gebiet ganz rechts in Abbildung 3.6 von Elektronen getragen. Es ist ein Feldstrom. Die hierfür notwendigen Felder sind aufgrund der hohen Majoritätskonzentrationen allerdings sehr klein. In diesem Bereich ist deshalb keine Verkippung der Bänder sichtbar. Im Übergangsbereich der n-Zuleitung (Diffusionszone) treffen Elektronen auf Löcher, die vom p-Bereich diffundieren. Dies führt zu einer zunehmenden Rekombination. Der Strom am „Elektronen-Eingang" des PN-Bereichs bei w_n besteht also aus einem Elektronen-Feldstrom und einem Löcher-Diffusionsstrom. Elektronen durchqueren dann die Raumladungszone, in der ein großes Feld vorhanden ist. Durch Rekombination (z. B. bei einer LED) oder Generation (z. B. bei einer Solarzelle) von Ladungsträgern in der Raumladungszone könnte ein zusätzlicher Stromanteil entstehen, der aber in den vorherigen Überlegungen vernachlässigt wurde. Da analoge Überlegungen für Löcher gelten, besteht der Strom bei $-w_p$ aus einem Elektronen-Diffusionsstrom und einem Löcher-Feldstrom.

3.1.4 Die Kapazität eines PN-Übergangs

Die Sperrschichtkapazität

> **Hinweis**
>
> Ein PN-Übergang hat auch kapazitive Eigenschaften. Kapazitäten müssen z. B. bei der Untersuchung der maximalen Schaltgeschwindigkeiten von Transistoren berücksichtigt werden, da PN-Übergänge und die damit verbundenen Raumladungszonen sowohl in Bipolar-Transistoren als auch in MOSFETs auftreten. Die Kapazität eines PN-Übergangs ist abhängig von der angelegten Spannung.

Ein PN-Übergang hat kapazitive Eigenschaften. Eine Kapazität ergibt sich, wenn sich bei einer Änderung der Spannung an einem Bauelement die Ladung ändert:

$$c' = \frac{\Delta Q}{\Delta U} \cdot \frac{1}{A} \tag{3.46}$$

A ist die Fläche des Bauelements, c' die differentielle Kapazität (deshalb kleiner Buchstabe) pro Fläche. Durch den hochgestellten Strich (') soll angedeutet werden, dass es sich um eine auf die Fläche bezogene Größe handelt.

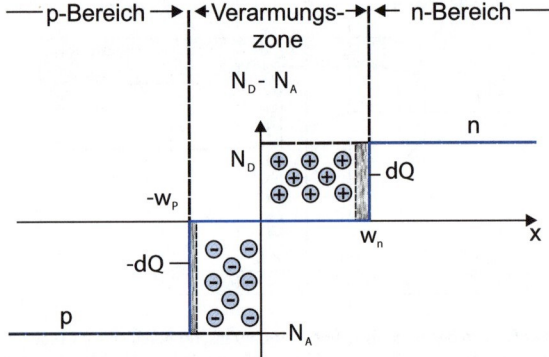

Abbildung 3.7: Raumladungszone an einer PN-Diode für zwei unterschiedliche Spannungen. Die Spannungsdifferenz zieht eine Umladung und damit eine Ladungsdifferenz nach sich.

Bei einer Änderung der Spannung an einem PN-Übergang ändert sich auch die Ausdehnung der Raumladungszone w (siehe Gleichung (3.20)):

$$w = \sqrt{\frac{2 \cdot \varepsilon_S \cdot (U_D - U)}{q} \cdot \left(\frac{1}{N_D} + \frac{1}{N_A}\right)} \tag{3.47}$$

In Abbildung 3.7 ist die Situation bei Verkleinerung der Ausdehnung der Raumladungszone skizziert. Vom p-Bereich müssen Löcher mit der Ladung dQ in die Raumladungszone fließen, vom n-Bereich aus Elektronen mit der Ladung $-dQ$. Beide Ladungen sind gleich groß. In der

Raumladungszone selbst befinden sich keine freien Ladungsträger. Die Anordnung kann deshalb als Kondensator betrachtet werden, bei dem sich zwei „Platten" im Abstand w gegenüberstehen. Die sich daraus ergebende Kapazität bezogen auf die Fläche ist

$$c'_S = \frac{\varepsilon_S \cdot A}{d} \cdot \frac{1}{A} = \frac{\varepsilon_S}{w} \quad (d = w) \tag{3.48}$$

(A = Fläche, $d = w$ = Plattenabstand). Dies ist die Sperrschichtkapazität eines PN-Überganges. Die relative Dielektrizitätskonstante liegt bei Halbleitern typischerweise zwischen 10 und 12. Wird Gleichung (3.47) in (3.48) eingesetzt, folgt:

$$c'_S = \sqrt{\frac{q \cdot \varepsilon_S^2}{2 \cdot \varepsilon_S \cdot (U_D - U) \cdot \left(\frac{1}{N_D} + \frac{1}{N_A}\right)}} = \sqrt{\frac{q \cdot \varepsilon_S}{2 \cdot U_D \cdot \left(\frac{1}{N_D} + \frac{1}{N_A}\right)}} \cdot \sqrt{\frac{1}{1 - \frac{U}{U_D}}} = \tag{3.48a}$$

$$c'_S = \frac{c'_S\big|_{U=0\,V}}{\left(1 - \frac{U}{U_D}\right)^{1/2}}$$

Die Kapazität einer Diode ist demnach spannungsabhängig. Wird diese Abhängigkeit in Schaltungen ausgenutzt, so wird die Diode als Varaktor bezeichnet. Ein Varaktor mit seiner spannungsabhängigen Kapazität dient zur Abstimmung von Schwingkreisen, zur parametrischen Verstärkung, als Mischer oder zur Erzeugung von höheren Harmonischen. Da immer nur Ladungen an der Grenze der Raumladungszone fließen, kann über das Dotierprofil die Charakteristik eines Varaktors, also die funktionelle Abhängigkeit $C(U)$, eingestellt werden.

Die Herleitung der Kapazitätsformel erfolgte unter der Annahme eines PN-Überganges mit steilen Dotierungsflanken (abrupter PN-Übergang). In der Realität verläuft der Übergang vom p- zum n-Gebiet jedoch etwas flacher. Deshalb wird in praktischen Anwendungen die Sperrschichtkapazität durch die folgende parametrisierte Formel angegeben:

$$c'_S = c'_j = \frac{c'_{jo}}{\left(1 - \frac{U}{V_j}\right)^{m_j}} \tag{3.48b}$$

Hierin ist U die Spannung an der Diode; sie ist normalerweise negativ (Sperrichtung), und V_j entspricht der intrinsischen Diffusionsspannung U_D. Die Parameter c'_{jo} und m_j sind vom verwendeten Prozess abhängig. Für den abrupten PN-Übergang ist $m_j = 0{,}5$, siehe Gleichung (3.48a). Für einen PN-Übergang mit linear verlaufendem Störstellen-Profil würde eine analytische Rechnung $m_j = 1/3$ ergeben, und bei einer durch Diffusion hergestellten Diode liegt der Exponent m_j zwischen 1/3 und 1/2.

Die Diffusionskapazität

Die Sperrschichtkapazität ist nur ein Beitrag zur Gesamtkapazität eines PN-Überganges. Sie dominiert bei niedrigen Strömen und insbesondere, wenn der PN-Übergang in Sperrichtung betrieben wird. Sie bestimmt dort das Wechselstromverhalten. In Durchlassrichtung muss man darüber hinaus die Diffusionskapazität c'_D berücksichtigen (durch den hochgestellten Strich (') soll angedeutet werden, dass es sich um eine auf die Fläche bezogene Größe handelt).

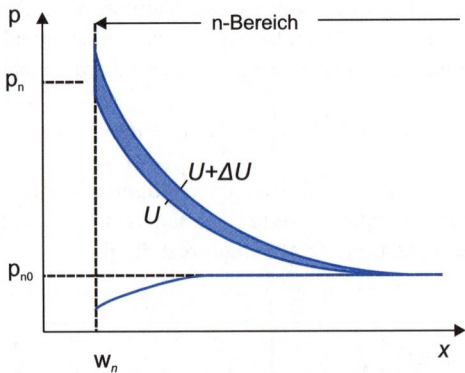

Abbildung 3.8: Löcherkonzentration am n-seitigen Ende der Raumladungszone. Wird die Durchlassspannung erhöht, so wächst die Ladung, die mit Minoritätsladungsträgern im Übergangsbereich verbunden ist, nach [18].

Bei Erhöhen der Durchlassspannung an einem PN-Übergang erhöht sich auch die Minoritätsladungsträgerkonzentration am Rand der Raumladungszone (siehe Abbildung 3.8 für den n-Bereich). Diese zusätzlichen Ladungsträger müssen bei Erhöhen der Spannung in den n-Bereich transportiert werden. Die damit verbundene Ladung dQ pro Fläche entspricht dem schraffierten Bereich in Abbildung 3.8. Dies entspricht einem kapazitiven Verhalten. Das Wechselstromverhalten eines PN-Überganges soll nun im Rahmen einer Kleinsignalnäherung genauer analysiert werden.

Am PN-Übergang liege eine Gleichspannung U_0 und zusätzlich ein kleiner Wechselspannungsanteil mit der Amplitude $\hat{u}$ an,

$$U(t) = U_0 + u_w(t) = U_0 + \hat{u} \cdot e^{i \cdot \omega \cdot t} \tag{3.49}$$

aus der eine Stromdichte $J(t)$ mit dem Wechselstromanteil $j(t)$ folgt:

$$J(t) = J_0 + j(t) = J_0 + \hat{j} \cdot e^{i \cdot \omega \cdot t} \tag{3.50}$$

Durch kleine Buchstaben soll angedeutet werden, dass es sich um Wechselgrößen geringer Amplitude handelt und das „Dach" kennzeichnet die Amplitude.

> **Hinweis**
>
> Die komplexe Zahl wird hier anders als sonst in der Elektrotechnik üblich mit dem Buchstaben i und nicht mit j bezeichnet, um eine Verwechslung mit der Stromdichte j zu vermeiden.

Die dazugehörige Änderung der Ladungsträgerkonzentration der Minoritäten an den Rändern der Raumladungszone (hier die Elektronenkonzentration im p-Bereich) ergibt sich zu

$$n_p(w_p) = n_{p0} \cdot \exp\left\{\frac{q \cdot U}{k \cdot T}\right\} = n_{p0} \cdot \exp\left\{\frac{q \cdot (U_0 + u(t))}{k \cdot T}\right\} \tag{3.51}$$

$$= n_{p0} \cdot \exp\left\{\frac{q \cdot U_0}{k \cdot T}\right\} \cdot \exp\left\{\frac{q \cdot \hat{u} \cdot e^{i \cdot \omega \cdot t}}{k \cdot T}\right\}$$

Für kleine Amplituden $\hat{u}$ kann der zweite Exponentialterm entwickelt werden. Bei Abbruch nach der ersten Ordnung folgt

$$n_p(w_p) \approx n_{p0} \cdot \exp\left\{\frac{q \cdot U_0}{k \cdot T}\right\} \cdot \left(1 + \frac{q \cdot \hat{u} \cdot e^{i \cdot \omega \cdot t}}{k \cdot T}\right) \tag{3.52}$$

$$= n_{p0} \cdot \exp\left\{\frac{q \cdot U_0}{k \cdot T}\right\} + n_{p0} \cdot \exp\left\{\frac{q \cdot U_0}{k \cdot T}\right\} \cdot \frac{q \cdot \hat{u}}{k \cdot T} \cdot e^{i \cdot \omega \cdot t}$$

$$= n_{p0} \cdot \exp\left\{\frac{q \cdot U_0}{k \cdot T}\right\} + \hat{n}_{p0} \cdot e^{i \cdot \omega \cdot t}$$

Der erste Term ist der Gleichstromwert der Ladungsträgerkonzentration (Minoritäten, hier Elektronen im p-Gebiet), der sich im Arbeitspunkt einstellt. Der zweite Term ist der zeitabhängige Anteil von $n_p(w_p)$ an der Stelle w_p mit der Amplitude $\hat{n}_{p0}$ und mit der Frequenz des Wechselspannungsanteils. Aus dieser periodischen Änderung der Minoritätsladungsträgerkonzentration ergibt sich eine periodische Umladung des PN-Überganges. Die mit dieser Umladung verbundene Kapazität wird Diffusionskapazität genannt.

Der Gleichstromanteil entspricht den Gleichungen (3.27) und (3.28). Aus diesem folgte mit der Kontinuitätsgleichung und dem Relaxationszeitansatz die Shockley-Gleichung, also die Strom-Spannungs-Kennlinie einer Diode im kontinuierlichen Betrieb. Zusätzlich berücksichtigen wir nun den Wechselstromanteil

$$n_p(t) = \hat{n}_{p0} \cdot e^{i \cdot \omega \cdot t} \tag{3.53}$$

Wir setzen diesen in die Kontinuitätsgleichung (3.29)

$$\frac{dn}{dt} = \frac{1}{q} \cdot \frac{\partial j_n}{\partial x} - r_{net} = 0 \tag{3.54}$$

ein. Der Feldstrom (Gleichung (3.30)) von Elektronen im p-Bereich kann aufgrund des kleinen elektrischen Feldes im p-Bereich wiederum vernachlässigt werden:

$$J_n = q \cdot n \cdot \mu_n \cdot E + q \cdot D_n \cdot \frac{\partial n}{\partial x} \approx q \cdot D_n \cdot \frac{\partial n}{\partial x} \tag{3.55}$$

Wieder benutzen wir den Relaxationszeitansatz für die Netto-Rekombination

$$r_{net} = \frac{n_p - n_{p0}}{\tau_n} \tag{3.56}$$

Daraus ergibt sich

$$(i \cdot \omega) \cdot \hat{n}_{p0} \cdot e^{i \cdot \omega \cdot t} = (i \cdot \omega) \cdot n_p(t) = D_n \cdot \frac{d^2 n_p(t)}{dx^2} - \frac{n_p(t)}{\tau_n} \tag{3.57}$$

oder

$$\frac{d^2 n_p(t)}{dx^2} - \frac{n_p(t)}{\tau_n \cdot D_n}(1 + i \cdot \omega \cdot \tau_n) = 0 \tag{3.58}$$

Dabei wurde berücksichtigt, dass r_{net} hier gerade die Abweichung vom Gleichstromwert ist, da die Gleichung ja nur für den Wechselstromanteil gelten soll. Diese Abweichung ist aber gerade $n_p(t)$. Die entsprechende Gleichung, die wir für den Gleichstromanteil erhalten hatten

$$\frac{d^2 n}{dx^2} - \frac{n_p - n_{p0}}{D_n \cdot \tau_n} = 0 \qquad (3.59)$$

hat demnach eine ganz ähnliche Form, nur mit folgender Ersetzung:

$$\frac{1}{\tau_n} \quad \xrightarrow{\text{wird ersetzt durch}} \quad \frac{1 + i \cdot \omega \cdot \tau_n}{\tau_n} \qquad (3.60)$$

Wir können deshalb die Ergebnisse der Rechnung für den Gleichstromanteil direkt übernehmen, im Ergebnis müssen nur die entsprechenden Ersetzungen erfolgen. Man erhält damit für die Summe der Wechselstromanteile im p- und n-Gebiet dieses Ergebnis:

$$J_{gesamt}(t) = J_p(w_n) + J_n(-w_p) = J_0 + J_{s,w} \cdot \frac{q \cdot \hat{u}}{k \cdot T} \cdot \exp\left\{\frac{q \cdot U_0}{k \cdot T}\right\} \cdot e^{i \cdot \omega \cdot t} \qquad (3.61)$$

mit der komplexen Sättigungsstromdichte $J_{s,w}$

$$J_{s,w} = \frac{q \cdot D_p \cdot p_{n0}}{L_p} \sqrt{1 + i \cdot \omega \cdot \tau_n} + \frac{q \cdot D_n \cdot n_{p0}}{L_n} \cdot \sqrt{1 + i \cdot \omega \cdot \tau_n} \qquad (3.62)$$

Dabei wurde

$$L_p = \sqrt{D_p \cdot \tau_p} \qquad (3.63)$$

verwendet. Aus dem Wechselstromanteil in Gleichung (3.61) ergibt sich ein komplexer Leitwert pro Flächeneinheit des PN-Übergangs:

$$y' = \frac{j(t)}{u(t)} = (1/r)' + i \cdot \omega \cdot c'_D \qquad (3.64)$$

Die beiden Komponenten $(1/r)'$ und c'_D können durch einen Koeffizientenvergleich ermittelt werden. $(1/r)'$ ist der differentielle Leitwert und c'_D die **differentielle Diffusionskapazität**. Beide Größen sind auf die Fläche des PN-Überganges bezogen.

Wir beschränken uns auf niedrige Frequenzen. Es soll gelten

$$\omega \cdot \tau_{n,p} \ll 1 \quad \text{und} \quad J_{s,w} \approx J_s \qquad (3.65)$$

Für den differentiellen Widerstand erhält man

$$(1/r)' = J_s \cdot \frac{q}{k \cdot T} \cdot \exp\left\{\frac{q \cdot U_0}{k \cdot T}\right\} \qquad (3.66)$$

Dieses Ergebnis hätte man auch direkt durch Differentiation aus der Gleichstromkennlinie $J(U)$ erhalten. Für die Diffusionskapazität erhält man nach Entwicklung der Wurzeln

$$c'_D = \frac{q}{2 \cdot k \cdot T} \cdot \exp\left\{\frac{q \cdot U_0}{k \cdot T}\right\} \cdot \left(q \cdot L_p \cdot p_{n0} + q \cdot L_n \cdot n_{p0}\right) \qquad (3.67)$$

Die Diffusionskapazität c'_D steigt mit wachsender Gleichspannung U_0 exponentiell an und wird sich deshalb besonders bei hohen Durchlassströmen bemerkbar machen. Für hohe Frequenzen wird c'_D wieder kleiner, was aus der Gleichung allerdings nicht zu erkennen ist, da diese nur für niedrige Frequenzen abgeleitet wurde.

Das Ersatzschaltbild einer Halbleiterdiode ergibt sich deshalb wie in Abbildung 3.9 gezeigt. Dort sind jedoch die bezogenen, durch den „Strich" gekennzeichneten Größen mit der Diodenfläche A multipliziert worden.

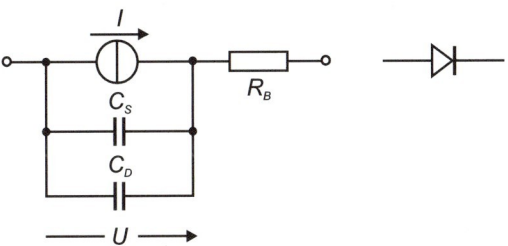

Abbildung 3.9: Ersatzschaltbild einer Diode mit Serienwiderstand, Sperrschichtkapazität und Diffusionskapazität.

Die Stromquelle I ergibt sich aus Gleichung (3.40) als Funktion der Spannung. Zusätzlich werden nun noch Bahnwiderstände der n- und p-Gebiete berücksichtigt, die sich durch R_B zusammenfassen lassen. $C_S = c'_S \cdot A$ ist die Sperrschichtkapazität, $C_D = c'_D \cdot A$ die Diffusionskapazität.

3.1.5 Durchbruchspannung einer Diode

Bei zu hohen Spannungen ergeben sich deutliche Abweichungen von der beschriebenen Strom-Spannungs-Charakteristik einer idealen Diode, die Diode bricht durch, d. h., der Strom steigt beim Überschreiten einer kritischen Spannung, der Durchbruchspannung, plötzlich sehr stark an. Aufgrund der hohen elektrischen Felder steigt der Strom lawinenartig an, da die stark beschleunigten Elektronen über Stoßionisation weitere freie Elektronen aus der Atombindung herausschlagen können. Ein zweiter Prozess, der zu einem Anstieg des Stromes führt, ist das quantenmechanische Tunneln vom Valenzband direkt in freie Zustände des Leitungsbandes. Dieser Prozess tritt ebenfalls nur bei starken Bandverbiegungen, also hohen Feldern auf. Der Durchbruch einer Diode ist ein selbstverstärkender Prozess, der zur Zerstörung der Diode führen kann. Wird jedoch ein begrenzter Strom in Rückwärtsrichtung in die Diode eingespeist, stellt sich eine relativ konstante Spannung über der Diode ein. Dieser Effekt kann zur Stabilisierung von Spannungen ausgenutzt werden. Man spricht von Z-Dioden.

3.1.6 Einfluss der Rekombination

Bisher hatten wir zur Beschreibung der Strom-Spannungs-Kennlinie einer Diode die Rekombination in der Raumladungszone vernachlässigt. Wird die Rekombination und die Generation von Ladungsträgern in der Raumladungszone mitberücksichtigt, so addiert sich zum bisherigen Strom noch ein weiterer Stromanteil, der Rekombinationsstrom. An dieser Stelle soll nur das Ergebnis einer längeren Betrachtung zum Rekombinationsstrom angegeben werden.

$$I_{RG} \sim \exp\left\{\frac{q \cdot U}{2 \cdot k \cdot T}\right\} \tag{3.68}$$

Der Rekombinationsstrom ist ebenfalls exponentiell von der angelegten Spannung abhängig, allerdings taucht im Exponenten im Vergleich zur idealen Shockley-Gleichung noch ein zusätzlicher Faktor 2 auf. Der Rekombinationsstrom muss zum Diffusionsstrom in

Durchlassrichtung addiert werden. Die angegebene Gleichung gilt nur für die Durchlassrichtung, da die 1 in der Gleichung schon gegenüber den in Durchlassrichtung großen Anteilen des Exponentialterms vernachlässigt wurde.

In realen Bauelementen müssen Diffusionsstrom und Rekombinationsstrom gleichzeitig berücksichtigt werden. Zur Vereinfachung wird zur Beschreibung einer $I(U)$-Kennlinie einer Diode hierbei oft pragmatisch eine einzige Exponentialfunktion verwendet.

$$I_{Diode} \sim \exp\left\{\frac{q \cdot U}{N \cdot k \cdot T}\right\} \tag{3.69}$$

Dabei wird der künstlich eingeführte Faktor N im Exponentialterm etwas irreführend **Idealitätsfaktor** genannt. Vielfach ist auch der Begriff **Emissionskoeffizient** gebräuchlich. Ist $N = 1$, so dominiert der Diffusionsstrom, ist $N = 2$, so dominiert der Rekombinationsstrom. Da sich Diffusionsstrom und Rekombinationsstrom immer addieren, kann eine $I(U)$-Kennlinie mit Gleichung (3.69) auch immer nur näherungsweise beschrieben werden. Abhängig von den relativen Beiträgen von Diffusions- und Rekombinationsstrom wird dabei der Emissionskoeffizient N zwischen dem Wert 1 und 2 liegen. Kommen noch weitere Nicht-Idealitäten hinzu, so kann der Idealitätsfaktor auch außerhalb dieses Bereichs liegen. Dies ist der Fall, wenn Zuleitungswiderstände nicht mehr vernachlässigbar sind oder wenn sich die Metallkontakte zum p- und n-Gebiet zusätzlich in der $I(U)$-Kennlinie bemerkbar machen.

3.2 Der Bipolar-Transistor

> **Hinweis**
>
> Bipolar-Transistoren werden wegen ihrer hohen Schaltgeschwindigkeiten und hervorragenden sonstigen Eigenschaften vor allem in analogen Schaltungen verwendet.

Während digitale mikroelektronische Schaltungen heutzutage praktisch ausschließlich in CMOS-Technologie realisiert werden, sind Bipolar-Transistoren wegen ihrer hohen Schaltgeschwindigkeiten und hervorragenden sonstigen Eigenschaften wesentliche Bestandteile von Schaltungen, in denen analoge Signale verarbeitet werden.

Zunächst soll der Begriff „bipolar" definiert werden. Als bipolares Bauelement bezeichnet man Halbleiterbauelemente, bei denen sowohl Löcher als auch Elektronen aktiv am Betrieb des Bauelements beteiligt sind. Eine Diode ist ein derartiges bipolares Bauelement. Dort wird der Strom sowohl von Elektronen (auf der n-Seite) als auch von Löchern (auf der p-Seite) getragen. Dagegen ist ein MOSFET ein unipolares Bauelement. Wie wir später sehen werden sind zum Aufbau eines integrierten MOSFETs zwar auch p- und n-dotierte Bereiche notwendig, die dazugehörigen PN-Übergänge dienen aber nur der Isolation. Der Stromtransport wird nur von jeweils einer Ladungsträgersorte getragen, entweder Elektronen (in einem N-Kanal-MOSFET) oder Löchern (in einem P-Kanal-MOSFET). Werden N-Kanal- und P-Kanal-Transistoren nebeneinander in einer Schaltung verwendet, so bezeichnet man die zugehörige Technologie als „Complementary MOS" = CMOS.

3.2.1 Funktionsweise des Bipolar-Transistors

Der prinzipielle Aufbau eines Bipolar-Transistors ist in Abbildung 3.10 gezeigt.

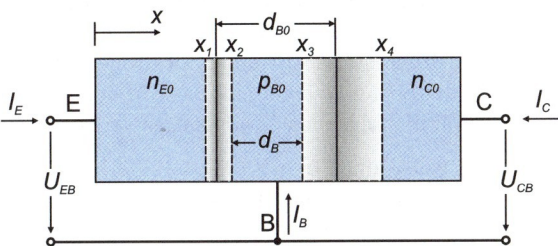

Abbildung 3.10: Prinzipieller Aufbau eines Bipolar-Transistors mit Definition der Ströme und Stromrichtungen. Normalerweise werden Ströme, die in das Bauelement hineinfließen, positiv gezählt. Der Emitter-Strom wird dann bei einem NPN-Transistor negativ. Typisch sind die hohe Dotierung im Emitter-Bereich, die dort zu einer kleinen Raumladungszone führt, sowie die niedrige Dotierung im Kollektor-Bereich mit der weit ausgedehnten Raumladungszone.

Der Bipolar-Transistor besteht aus einem Emitter-Bereich, einer sehr dünnen Basis-Zone und einem Kollektor-Bereich und kommt in einer NPN- als auch PNP-Version vor. In Abbildung 3.10 ist ein NPN-Transistor gezeigt und wird im Folgenden auch besprochen. Für den PNP-Transistor gelten die Gleichungen analog, es müssen nur die Vorzeichen der Ströme und der jeweiligen Potentialabfälle vertauscht werden.

Ein Bipolar-Transistor besteht demnach aus einer Serienschaltung zweier entgegengesetzt gepolter Dioden, die beide über einen gemeinsamen Basis-Anschluss verfügen. Wie schon bei der Diode nehmen wir an, dass alle Spannungen zwischen Basis und Emitter (U_{BE}), Kollektor und Basis (U_{CB}) und Kollektor und Emitter (U_{CE}) nur an den jeweiligen Raumladungszonen abfallen und nicht in den dotierten Zuleitungsbereichen. Dies ist bei nicht zu hohen Strömen auch gut erfüllt. Bis auf die Raumladungszonen ist der Transistor deshalb trotz von außen angelegter Spannungen quasi feldfrei. Natürlich ist der Strom durch den Emitter und durch den Kollektor ein Feldstrom der Majoritätsladungsträger. Dort ist allerdings aufgrund der hohen Ladungsträgerkonzentration das dazugehörige Feld sehr klein, der entsprechende Bandverlauf in Abbildung 3.11 ist daher in diesen Bereichen quasi horizontal.

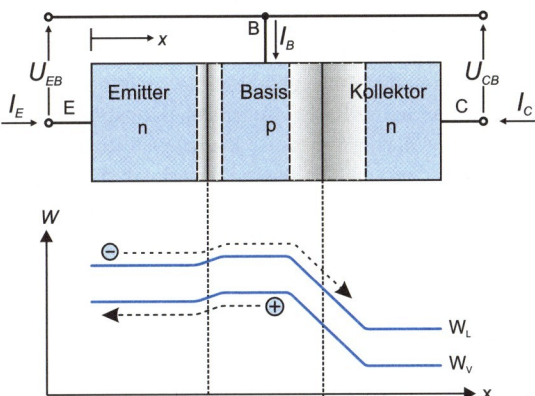

Abbildung 3.11: Bandverlauf eines NPN-Transistors mit Emitter-Basis-Diode in Durchlassrichtung und Basis-Kollektor-Diode in Sperrrichtung.

Zunächst stellen wir fest, dass beim Anlegen einer Spannung U_{CE} zwischen Kollektor und Emitter und offenem Basis-Anschluss B unabhängig von der Polarität von U_{CE} kein Strom durch den Transistors fließen kann, da immer eine der beiden Dioden gerade sperrt. Des Weiteren soll der Emitter-Bereich relativ zum Basis-Bereich sehr hoch dotiert sein, sodass entsprechend vorheriger Überlegungen der Strom durch die Emitter-Basis-Diode im Wesentlichen ein Elektronenstrom ist. Dabei werden Elektronen vom Emitter in die Basis injiziert, während die Zahl der Löcher, die von der Basis in den Emitter injiziert werden, sehr klein ist und zunächst für die folgenden Überlegungen vernachlässigt wird.

Entscheidend für die Arbeitsweise eines Transistors ist die geringe Ausdehnung der Basis-Zone in Stromrichtung und die separate Ansteuerung des Basis-Bereichs. Die Ausdehnung dieser Basis-Zone, d. h. der Abstand zwischen Emitter-Basis-Raumladungszone und Basis-Kollektor-Raumladungszone, muss bei einem Bipolar-Transistor deutlich geringer sein als die Diffusionslänge der Elektronen, die als Diffusionsstrom vom Emitter in die Basis injiziert werden. Den Grund dafür werden wir gleich diskutieren.

Zur Injektion eines Emitter-Stromes I_E muss die Basis-Emitter-Diode in Vorwärtsrichtung gepolt sein, die zugehörige Spannung ist die Basis-Emitter-Spannung U_{BE}. Bei offenem Kollektor-Anschluss würde nun dieser Strom durch den Basis-Anschluss zur externen Stromquelle fließen.

Die Kollektor-Basis-Diode wird aber nun in Sperrrichtung gepolt, d. h., der n-dotierte Kollektor erhält ein positives Potential gegenüber der p-dotierten Basis. Es ergibt sich deshalb am Basis-Kollektor-Übergang eine große Raumladungszone, mit dem in Abbildung 3.11 qualitativ gezeichneten Potentialverlauf.

Ist die Basis entsprechend dünn, so werden Elektronen aus dem Emitter durch die feldfreie Basis hindurch diffundieren und in den Einflussbereich der Kollektor-Basis-Raumladungszone gelangen. Dort werden die Elektronen aufgrund des hohen elektrischen Feldes effizient in Richtung Kollektor abgesaugt. Dies gilt, obwohl bzw. gerade weil die Kollektor-Basis-Diode in Sperrrichtung gepolt ist, da die vom Emitter injizierten Elektronen von der Basis aus in die Kollektor-Basis-Diode vordringen. Im Vergleich zur eigentlichen Durchlassrichtung der Kollektor-Basis-Diode ist dies gerade die entgegengesetzte Richtung.

Sofern alle Elektronen von der C-B-Raumladungszone abgesaugt werden, würde über den Basis-Anschluss B erstaunlicherweise kein Elektronenstrom abfließen, obwohl gerade die B-E-Diode in Vorwärtsrichtung gepolt ist. In der Realität wird aber je nach Bauart des Transistors ein kleiner Teil der Elektronen in der Basis rekombinieren, da dort ja eine hohe Löcherkonzentration herrscht und Elektronen in der Basis Minoritätsladungsträger sind. Die rekombinierten Löcher werden dann über den Basis-Anschluss B nachgefüllt. Hinzu addiert werden muss auch noch der Löcherstrom, der von der Basis über die Basis-Emitter-Diode zum Emitter fließt. Aufgrund der asymmetrischen Dotierung von Emitter und Basis ist dieser allerdings wesentlich kleiner als der Elektronenstrom. Insgesamt ergibt sich deshalb aber doch ein Basis-Strom I_B, der jedoch wesentlich kleiner ist als der Strom zwischen Emitter und Kollektor.

Zusammenfassend kann die Funktion eines NPN-Bipolar-Transistors damit folgendermaßen beschrieben werden: Die Basis-Emitter-Spannung U_{BE} steuert die B-E-Diode in Vorwärtsrichtung an, wobei der Emitter-Strom I_E entsprechend der bekannten Strom-Spannungs-Charakteristik einer Diode exponentiell mit der Spannung U_{BE} ansteigen wird. Der damit einhergehende, in die Basis injizierte Elektronenstrom fließt aber nicht an den Basis-Anschluss weiter, sondern wird an die Basis-Kollektor-Diode weitergereicht und findet sich fast vollständig als Kollektor-Strom I_C wieder. Nur ein Bruchteil der Ladungsträger rekombiniert in der Basis auf dem Weg zum Kollektor und verursacht einen kleinen Basis-Strom I_B, zu dem auch noch ein kleiner Löcherstrom beiträgt, der von der Basis in den Emitter injiziert wird.

Der Bipolar-Transistor wird deshalb häufig auch als **stromgesteuerter** Transistor bezeichnet. Ein kleiner Basis-Strom I_B wird eingeprägt und hat einen großen Kollektor-Strom I_C zur Folge. Dies ist allerdings streng genommen nicht korrekt. Physikalisch gesehen wird der Transistor durch die Basis-Emitter-Spannung U_{BE} angesteuert. Die angelegte Steuerspannung U_{BE} resultiert dann in einem Strom durch den gesamten Transistor vom Emitter zum Kollektor, der über die $I_E(U_{BE})$-Diodenkennlinie der Basis-Emitter-Diode festgelegt wird. Trotzdem ist die Sichtweise eines stromgesteuerten Bauelementes oft sinnvoller; auf diese Problematik wird weiter unten noch genauer eingegangen.

Die Schaltungssymbole für einen NPN- und einen PNP-Transistor sind in Abbildung 3.12 zu sehen.

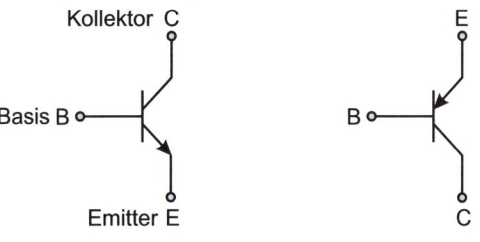

Abbildung 3.12: Schaltungssymbole für einen NPN- und PNP-Transistor.

> **Hinweis**
>
> Beim PNP-Transistor wurde der Emitter absichtlich oben gezeichnet. Dies hat folgenden Grund: Positive Potentiale sollten bei einem Bauelement in einer Schaltung grundsätzlich oben stehen. Dies fördert die Übersichtlichkeit der Schaltung erheblich.

Aus dem qualitativen Verständnis der Funktionsweise eines NPN-Transistors heraus können wir schon einige wichtige Gleichungen zur Beschreibung eines Bipolar-Transistors aufstellen.

Grundsätzlich wird sich der Emitter-Strom I_E in einen kleinen Basis-Strom I_B und einen viel größeren Kollektor-Strom I_C aufteilen. Nach Kirchhoff gilt:

$$-I_E = I_C + I_B \tag{3.70}$$

> **Hinweis**
>
> **Stromrichtungen:**
> Ströme, die in die Anschlüsse hineinfließen, werden positiv gezählt. Da der Emitter-Strom des NPN-Transistors durch **Elektronen** getragen wird, ist er **negativ**. Der Kollektor-Strom fließt aus dem Bauelement heraus, ist aber ein Elektronenstrom, und damit positiv.

Der Basis-Strom I_B wird sehr viel kleiner sein als der Kollektor- und der Emitter-Strom.

$$I_B = -I_E - I_C \ll I_C \tag{3.71}$$

Das Verhältnis von Kollektor-Strom und Basis-Strom nennt man die Stromverstärkung B des Transistors

$$I_C / I_B = B \gg 1 \tag{3.72}$$

Der Emitter-Strom wird durch die Basis-Emitter-Spannung eingeprägt und ist durch die $I(U)$-Kennlinie dieser Diode gegeben.

$$-I_E \approx I_S \cdot e^{\frac{U_{BE}}{N \cdot V_T}} \quad \text{für } U_{BE} > 200 \; mV \tag{3.73}$$

Dabei haben wir die Strom-Spannungs-Kennlinie einer Diode verwendet, die weiter oben hergeleitet worden war (siehe Gleichungen (3.40) und (3,69)). Die „1" in der Gleichung (3.40) wurde gegenüber dem exponentiell wachsenden Anteil vernachlässigt, da die Diode im Allgemeinen in Durchlassrichtung betrieben wird. V_T wird manchmal Temperaturspannung genannt, ist aber nur eine Zusammenfassung der Konstanten $k \cdot T/q$ im Exponentialterm. I_S ist der Sättigungsstrom und N der Idealitätsfaktor, auch oft Emissionskoeffizient genannt.

$$V_T = k \cdot T / q \quad = \quad \text{„Temperaturspannung"} \quad (V_T = 25{,}85 \; mV \text{ bei } T = 300 \; K) \tag{3.74}$$

I_S = „Sättigungsstrom"

N = „Emissionskoeffizient" (Beispiel: $N = 1{,}01 \approx 1$)

Die Einschränkung für Spannungen U_{BE} oberhalb von ca. 200 meV ist notwendig, damit die „1" in der Diodenkennlinie tatsächlich vernachlässigt werden kann.

Die dazugehörige Kennlinie kann aus Abbildung 3.13 abgelesen werden.

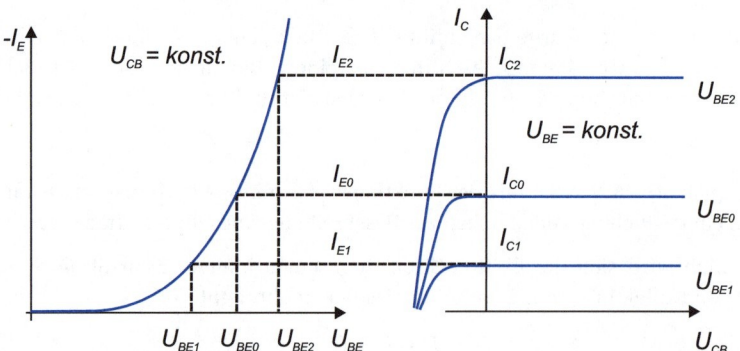

Abbildung 3.13: Kennlinien eines NPN-Bipolar-Transistors, ohne den Effekt der Basisweitenmodulation (siehe unten).

$-I_E(U_{BE})$ ist die Kennlinie der Basis-Emitter-Diode. Die zu einem U_{BE}-Wert gehörigen Werte für den Kollektor-Strom I_C sind nach Gleichung (3.71) etwas kleiner als $-I_E$. In einer ersten Näherung ist der Kollektor-Strom I_C zunächst unabhängig von der positiven Spannung U_{CB}. In diesem Bereich wird nur die Ausdehnung der in Sperrrichtung geschalteten Kollektor-Basis-Diode verändert, was eventuell die Sammelwirkung für Ladungsträger aus dem Emitter beeinflusst, aber eben nicht den Strom durch die Emitter-Basis-Diode selbst. $-I_E$ ist deshalb praktisch nur abhängig von U_{BE}. Für negative Werte von U_{CB} reduziert sich allerdings die Sammelwirkung dieser Raumladungszone für Elektronen, da diese dann zunehmend in Durchlassrichtung gepolt wird. Dies ist für Elektronen ungünstig, die vom Emitter kommen. Bei höheren negativen Spannungen U_{CB} dreht sich die Stromrichtung aufgrund der dann in Durchlass gepolten Kollektor-Basis-Diode um und steigt exponentiell an. Das Verhalten im Bereich für $U_{CB} > 0$ wird als Stromsättigung bezeichnet.

In realen Transistoren ist der Kollektor-Strom allerdings doch leicht von der Sperrspannung an der Kollektor-Basis-Diode U_{CB} abhängig. I_C steigt für $U_{CB} > 0$ mehr oder weniger stark an, siehe Abbildung 3.14.

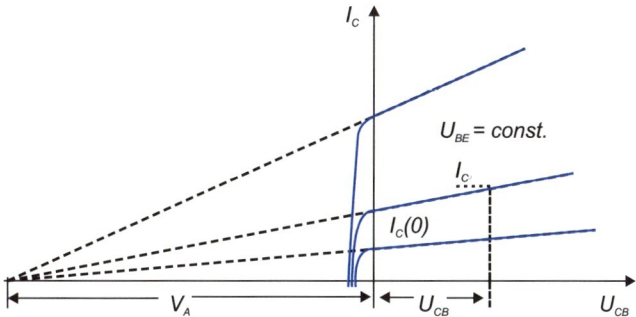

Abbildung 3.14: Der Effekt der Basisweitenmodulation: Anstieg von I_C als Funktion von U_{CB}.

Rein phänomenologisch erkennt man, dass die Steigung der $I_C(U_{BE})$-Kurven ungefähr mit $I_C(U_{BE} = 0)$ skaliert. Grafisch bedeutet das, dass die virtuelle Verlängerung der Kurven aus dem Sättigungsbereich auf $I_C = 0$ sich alle in einem Punkt bei $U_{CB} = -V_A$ schneiden. Folgende Gleichung berücksichtigt genau dieses Verhalten, wobei die Gleichung allerdings nur für $U_{CB} > 0$, also den Sperrbereich der Kollektor-Basis-Diode, gilt.

$$I_C \approx I_S \cdot e^{\frac{U_{BE}}{N \cdot V_T}} \cdot \left(1 + \frac{U_{CB}}{V_A}\right), \text{ gültig nur für } U_{CB} \geq 0! \tag{3.75}$$

Der Anstieg des Kollektor-Stroms als Funktion der Kollektor-Basis-Spannung U_{CB} ist auf eine Verbreiterung der Raumladungszone der Kollektor-Basis-Diode mit steigendem U_{CB} zurückzuführen. Dadurch reduziert sich die effektive Kanallänge in der Basis und damit erhöht sich auch der Diffusionsstrom von Elektronen aus dem Emitter in die Basis. Der Effekt wird Kanallängenmodulation, Basisweitenmodulation oder auch Early-Effekt benannt. James M. Early hatte ihn 1952 als Mitarbeiter bei den Bell-Laboratorien in New Jersey entdeckt.

Es ist leicht einsichtig, dass der Early-Effekt bei großen Basis-Längen weniger ausgeprägt ist als bei kleinen Basis-Längen. Eine große Basis-Länge würde allerdings neben einer Reduktion des Early-Effekts (d. h. große Early-Spannungen) auch zu einer Reduktion der Gleichstromverstärkung $B = I_C/I_B$ führen.

> **Hinweis**
>
> Eine kleine Basis-Weite resultiert in einer großen Stromverstärkung und einem ausgeprägten Early-Effekt, also einer kleinen Early-Spannung; eine größere Basis-Weite bedeutet eine kleinere Stromverstärkung, aber einen geringeren Early-Effekt.

Allerdings kann man noch eine weitere Maßnahme ergreifen, um den Early-Effekt zu reduzieren. Wird die Dotierung im Kollektor-Bereich viel kleiner als die Dotierung in der Basis gewählt, so wird sich entsprechend der Überlegungen zur Diode eine Änderung der Ausdehnung der Raumladungszone vor allem im niedrig dotierten Kollektor-Bereich abspielen. Ein geringer Einfluss auf die Ausdehnung der Basis ist die Folge. Gleichzeitig darf der Kollektor-Bereich allerdings auch nicht zu niedrig dotiert sein, da bei normalen Betriebsströmen die Spannungsabfälle am Bahngebiet des Kollektors selbst immer noch klein sein sollen.

3.2.2 Beschaltung eines Bipolar-Transistors

Da ein Bipolar-Transistor **drei** Anschlüsse hat (Kollektor, Basis, Emitter), aber **zwei** Potentialdifferenzen (Eingangsspannung und Ausgangsspannung) anliegen, muss einer der drei Anschlüsse jeweils auf einem Bezugspotential, z. B. Masse, liegen. Dies kann jeder der drei Anschlüsse sein; man spricht dann von Basis-, Emitter- oder Kollektor-Schaltung, siehe Abbildung 3.15. Alle drei Möglichkeiten der Beschaltung kommen in der Praxis vor; die häufigste ist allerdings die Emitter-Schaltung.

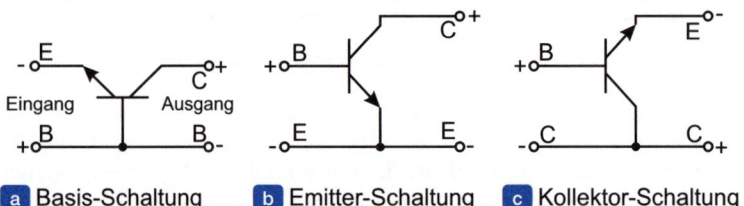

a Basis-Schaltung **b** Emitter-Schaltung **c** Kollektor-Schaltung

Abbildung 3.15: Elementare Beschaltungsmöglichkeiten eines Bipolar-Transistors: Basis-Schaltung, Emitter-Schaltung und Kollektor-Schaltung.

In der Emitter-Schaltung gilt

$$U_{CB} + U_{BE} = U_{CE} \qquad (3.76)$$

Das Eingangskennlinienfeld ist das der Basis-Emitter-Diode, während man das Ausgangskennlinienfeld $I_C = f(U_{CE})$ aus der Kennlinie $I_C(U_{CB})$ durch Verschiebung um die jeweilige Basis-Emitter-Spannung U_{BE} nach Gleichung (3.76) erhält. Die Kurven können als Dioden-Charakteristik aufgefasst werden, mit einem zusätzlichen Strombeitrag vom Emitter. Dieser zusätzliche Beitrag steigt mit der Spannung U_{BE} an, U_{BE} steht deshalb als Parameter an den Kurven im $I_C(U_{CE})$-Diagramm.

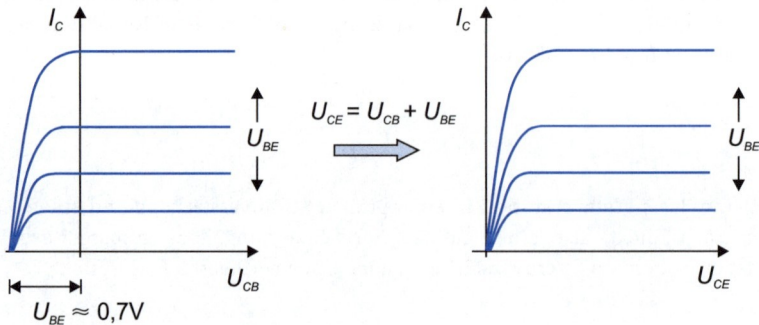

Abbildung 3.16: Zusammenhang zwischen den Transferkennlinien $I_C(U_{CB})$ und $I_C(U_{CE})$.

Die Ausgangskennlinie erhält man aus $I_C(U_{CB})$, siehe Gleichung (3.75):

$$I_C \approx I_S \cdot e^{\frac{U_{BE}}{N \cdot V_T}} \cdot \left(1 + \frac{U_{CE} - U_{BE}}{V_A}\right) \approx I_S \cdot e^{\frac{U_{BE}}{N \cdot V_T}} \cdot \left(1 + \frac{U_{CE}}{V_A}\right) \quad (3.77)$$

Sie ist gültig für $U_{CB} \geq 0$.

Da U_{BE} aufgrund des exponentiellen Anstiegs des Stroms ca. 0,7 V beträgt, ist demnach die $I_C(U_{CE})$-Kennlinie gegenüber der $I_C(U_{CB})$-Kennlinie um ca. 0,7 V nach rechts verschoben. Um trotzdem eine einfache Beschreibung zu ermöglichen, wird oft in Gleichung (3.77) innerhalb der Klammer U_{BE} weggelassen. Der zugehörige Fehler ist abhängig vom Verhältnis U_{BE}/V_A (V_A = Early-Spannung). Early-Spannungen liegen bei ca. 100 V, während U_{BE} ca. 0,7 V beträgt. Der Fehler ist also oft kleiner als 1 %.

Während sich U_{BE} aufgrund der exponentiellen Abhängigkeit auch für unterschiedliche Ströme I_C nicht sehr weit von der Knickspannung 0,7 V weg bewegt, kann der zugehörige Basis-Strom I_B in weiten Grenzen eingestellt werden. Es ist deshalb oft sinnvoller, nicht U_{BE}, sondern den Basis-Strom I_B als Eingangsgröße zu betrachten. Der Zusammenhang zwischen Eingangsgröße I_B und Ausgangsgröße I_C ist in weiten Bereichen linear, der Stromverstärkungsfaktor B konstant.

$$I_C = B \cdot I_B \quad (3.78)$$

Die Kennlinienfelder eines Transistors in Emitter-Schaltung mit dem Basis-Strom als Steuergröße sind in Abbildung 3.17 gezeigt. Deutlich ist der lineare Zusammenhang zwischen dem Basis-Strom und dem Kollektor-Strom zu erkennen. Gerade diese Eigenschaft ist für das Design von analogen Schaltungen wichtig. Die Basislängenmodulation macht sich wiederum darin bemerkbar, dass die Kurven $I_C(I_B)$ von U_{CE} und damit von der Potentialdifferenz zwischen Basis und Kollektor abhängen.

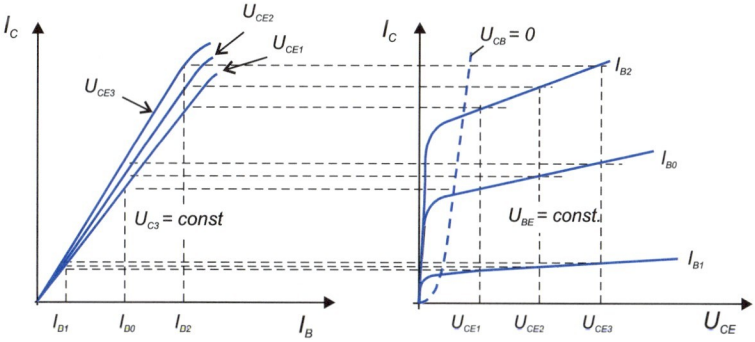

Abbildung 3.17: Kennlinienfelder eines Transistors in Emitter-Schaltung mit dem Basis-Strom als Steuergröße.

3.2.3 Kleinsignalgrößen

Die Zusammenhänge zwischen den verschiedenen Eingangsgrößen und Ausgangsgrößen sind bei Transistoren durch die meist exponentiellen Kennlinien nichtlinear und teilweise koppeln Ausgangsgrößen auch zu den Eingangsgrößen zurück. Das Verhalten ist damit recht kompliziert. Für einen einfacheren Umgang mit Transistorschaltungen betrachtet man deshalb zunächst die Schaltung bei konstanten Verhältnissen bezüglich Strömen und Spannungen. Die Ströme und Potentialdifferenzen werden zunächst alle intern durch eine

„eigene Spannungsversorgung" voreingestellt. Diese Situation bezeichnet man dann als Arbeitspunkt. Erst im zweiten Schritt gibt man nun ein zusätzliches Eingangssignal auf die Schaltung. Als Reaktion auf ein zeitlich variables Eingangssignal sollen sich alle Größen dann nur wenig um die Einstellung im Arbeitspunkt herum verändern. Dieses Vorgehen erlaubt es, alle Abhängigkeiten zu linearisieren. Statt einer Exponentialfunktion wird nun die Ableitung der Exponentialfunktion an einer bestimmten Stelle verwendet, die vom Arbeitspunkt voreingestellt ist. Die linearen Koeffizienten erhält man deshalb generell aus den zugehörigen partiellen Ableitungen der zugehörigen Funktionen. Diese **linearisierten** Parameter nennt man **Kleinsignalgrößen**. Einige der wichtigsten Kleinsignalgrößen sollen im Folgenden vorgestellt werden. Um die Kleinsignalgrößen als differentielle Größen von den tatsächlichen Größen zu unterscheiden, werden diese meist mit kleinen Buchstaben gekennzeichnet (z. B. R = Großsignalwiderstand, r = differentieller Widerstand).

Steilheit oder Transconductance

Die Steilheit g_m (**Transconductance**) ist ein Maß für die Ansteuerbarkeit des Transistors, nämlich der Änderung des Kollektor-Stroms als Funktion der Eingangsgröße U_{BE}. Sie ist gegeben durch

$$S = g_m = \left.\frac{\partial I_C}{\partial U_{BE}}\right|_{U_{CE}=konst.} = I_S \cdot e^{\frac{U_{BE}}{N \cdot V_T}} \cdot \left(1 + \frac{U_{CE}}{V_A}\right) \cdot \frac{1}{N \cdot V_T} = \frac{I_C}{N \cdot V_T} \approx \frac{I_C}{V_T} \quad (3.79)$$

und damit proportional zum Kollektor-Strom. Der Emissionskoeffizient N liegt bei Transistoren nahe bei eins (N = 1,01) und kann deshalb meist vernachlässigt werden. Die Steilheit ist über V_T von der Temperatur abhängig, sie nimmt mit steigender Temperatur ab.

Eingangswiderstand

Ein weiterer wichtiger Kleinsignalparameter ist der Eingangswiderstand r_{BE} der Basis-Emitter-Strecke. Ohne Berücksichtigung der Bahnwiderstände ergibt sich:

$$r_{BE} = \left.\frac{\partial U_{BE}}{\partial I_B}\right|_{U_{CE}=konst.} = \left.\left(\frac{\partial U_{BE}}{\partial I_C} \cdot \frac{\partial I_C}{\partial I_B}\right)\right|_{U_{CE}=konst.} \quad \text{(ohne Bahnwiderstände)} \quad (3.80)$$

$$r_{BE} = \left.\frac{\partial U_{BE}}{\partial I_B}\right|_{U_{CE}=konst.} = \frac{1}{g_m} \cdot B = \frac{N \cdot V_T}{I_C} \cdot B \quad \text{(ohne Bahnwiderstände)} \quad (3.81)$$

V_T nimmt mit der Temperatur zu, der Eingangswiderstand hat deshalb einen positiven Temperaturkoeffizienten.

Ausgangsleitwert

Den Ausgangsleitwert $1/r_{CE}$ erhält man aus $I_C(U_{CE})$ bei konstanter Basis-Emitter-Spannung U_{BE}. Wiederum ohne Berücksichtigung der Bahnwiderstände erhält man

$$\frac{1}{r_{CE}} = \left.\frac{\partial I_C}{\partial U_{CE}}\right|_{U_{BE}=konst.} \quad \text{(ohne Bahnwiderstände)} \quad (3.82)$$

Mit der Kennliniengleichung

$$I_C \approx I_S \cdot e^{\frac{U_{BE}}{N \cdot V_T}} \cdot \left(1 + \frac{U_{CE} - U_{BE}}{V_A}\right) \approx I_S \cdot e^{\frac{U_{BE}}{N \cdot V_T}} \cdot \left(1 + \frac{U_{CE}}{V_A}\right) \quad (3.83)$$

ergibt sich dann:

$$\frac{1}{r_{CE}} = \left.\frac{\partial I_C}{\partial U_{CE}}\right|_{U_{BE}=konst.} = I_S \cdot e^{\frac{U_{BE}}{N \cdot V_T}} \cdot \frac{1}{V_A} \quad \text{(ohne Bahnwiderstände)} \quad (3.84)$$

Darin kann entsprechend der Kennlinie die Exponentialfunktion durch I_C ersetzt werden; man erhält

$$\frac{1}{r_{CE}} = \frac{I_C}{U_{CE} + V_A} \approx \frac{I_C}{V_A} \quad \text{(ohne Bahnwiderstände)} \quad (3.85)$$

Die Näherung gilt, sofern die Early-Spannung V_A wesentlich größer als U_{CE} ist, was typischerweise auch der Fall ist ($V_A \approx 100$ V).

Rückwirkungsleitwert

Schließlich soll noch der Rückwirkungsleitwert g_r eingeführt werden.

$$g_r = S_r = \left.\frac{\partial I_B}{\partial U_{CE}}\right|_{U_{BE}=konst.} = \left.\left(\frac{\partial I_B}{\partial I_C} \cdot \frac{\partial I_C}{\partial U_{CE}}\right)\right|_{U_{BE}=konst.} \approx \frac{1}{B \cdot r_{CE}} \approx \frac{I_C}{B \cdot V_A} \quad (3.86)$$

Er beschreibt die Rückwirkung der Kollektor-Emitter-Spannung U_{CE} auf den Basis-Strom bei konstanter Basis-Emitter-Spannung U_{BE}. Diese Rückwirkung resultiert aus der Kanallängenmodulation, die durch die Early-Spannung ausgedrückt werden kann.

Die beschriebenen Kleinsignalgrößen werden später bei dem Schaltungsentwurf analoger Schaltungen benötigt.

3.2.4 Kleinsignal-Ersatzschaltbild

Zusammenfassend kann man nun die Funktion eines Transistors in Emitter-Schaltung mit **vier** Größen beschreiben: Basis-Strom I_B, Kollektor-Strom I_C, Basis-Emitter-Spannung U_{BE} und Kollektor-Emitter-Spannung U_{CE}.

$$I_B = I_B(U_{BE}, U_{CE}) \quad \text{„Eingangsstrom-Kennlinie"} \quad (3.87)$$

$$I_C = I_C(U_{BE}, U_{CE}) \quad \text{„Ausgangsstrom-Kennlinie"} \quad (3.88)$$

Zur Linearisierung bildet man die beiden totalen Differentiale

$$dI_B = \left(\left.\frac{\partial I_B}{\partial U_{BE}}\right|_{U_{CE}=konst.}\right) \cdot dU_{BE} + \left(\left.\frac{\partial I_B}{\partial U_{CE}}\right|_{U_{BE}=konst.}\right) \cdot dU_{CE} \quad (3.89)$$

$$dI_C = \left(\left.\frac{\partial I_C}{\partial U_{BE}}\right|_{U_{CE}=konst.}\right) \cdot dU_{BE} + \left(\left.\frac{\partial I_C}{\partial U_{CE}}\right|_{U_{BE}=konst.}\right) \cdot dU_{CE} \quad (3.90)$$

Die auftretenden partiellen Ableitungen wurden schon vorgestellt, es handelt sich um die Steilheit g_m, den Eingangswiderstand r_{BE}, den Ausgangsleitwert $1/r_{CE}$ und den Rückwirkungsleitwert g_r. Das Gleichungssystem kann deshalb in dieser Form geschrieben werden:

$$dI_B = \frac{1}{r_{BE}} \cdot dU_{BE} + g_r \cdot dU_{CE} \approx \frac{1}{r_{BE}} \cdot dU_{BE} \qquad (3.91)$$

$$dI_C = g_m \cdot dU_{BE} + \frac{1}{r_{CE}} \cdot dU_{CE} \qquad (3.92)$$

Die Kleinsignalgrößen sind natürlich vom Arbeitspunkt abhängig und müssen deshalb jeweils passend zum Arbeitspunkt bestimmt werden. Diese vier Kleinsignalparameter werden als **Leitwertparameter** bezeichnet. Der Transistor kann damit als linearer Vierpol beschrieben werden. Betrachtet man nur die Kleinsignalantwort, so ergibt sich ein Kleinsignal-Ersatzschaltbild (die Rückwirkung über g_r kann vernachlässigt werden):

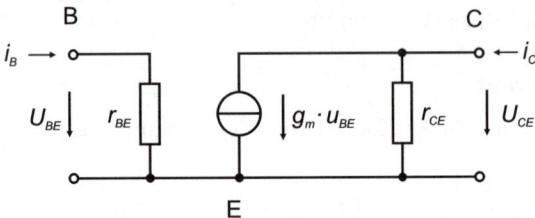

Abbildung 3.18: Kleinsignal-Ersatzschaltbild eines Transistors in Emitter-Schaltung.

Die gesteuerte Stromquelle prägt einen Strom der Größe $g_m \cdot u_{BE}$ ein. Die Kleinsignalgrößen werden oft mit kleinen Buchstaben gekennzeichnet, das Gleichungssystem nimmt dann folgende Form an:

$$i_B = \frac{1}{r_{BE}} \cdot u_{BE} + g_r \cdot u_{CE} \approx \frac{1}{r_{BE}} \cdot u_{BE} \qquad (3.93)$$

$$i_C = g_m \cdot u_{BE} + \frac{1}{r_{CE}} \cdot u_{CE} \qquad (3.94)$$

3.2.5 Aufbau eines integrierten Bipolar-Transistors

Abbildung 3.19 zeigt den prinzipiellen Aufbau eines integrierten Bipolar-Transistors in der NPN- (links) und PNP-Variante (rechts). Die zur Herstellung dieser schon recht komplexen dreidimensionalen Struktur notwendigen Prozessschritte werden in späteren Kapiteln genauer beschrieben. Alle drei Anschlüsse befinden sich auf der Oberseite des Silizium-Substrates. Der NPN- und der PNP-Transistor unterscheiden sich im Aufbau erstaunlicherweise recht deutlich. Der Grund hierfür ist, dass man beide mit einer gemeinsamen Prozessabfolge herstellen möchte, da sich ansonsten der technologische Aufwand erheblich erhöhen würde. Deshalb sind beide Varianten in eine einzige epitaktische, n-dotierte Schicht hineingebaut, die auf einem p-dotierten Substrat aufgebracht wurde. An dieser Stelle zeigt sich, wie wichtig eine clevere Prozessführung für die Komplexität und damit die Kosten einer integrierten Schaltung ist. Hierauf wird ausführlich in *Kapitel 7* eingegangen.

3.2 Der Bipolar-Transistor

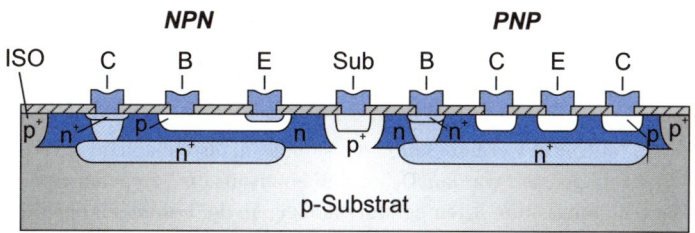

Abbildung 3.19: Integrierte Bipolar-Transistoren (links: vertikaler NPN, rechts: lateraler PNP).

Der NPN-Transistor ist deshalb vertikal aufgebaut, d. h., der Elektronenstrom fließt von oben (Emitter) nach unten (Kollektor). Die technische Stromrichtung ist aufgrund der negativen Ladung der Elektronen gerade umgekehrt. Der Kollektor, der ja zur Reduktion des Early-Effekts niedrig dotiert sein soll, wird dann über eine hoch dotierte Zuleitung (Buried-Layer = vergrabene Schicht) nach oben geführt, um Zuleitungswiderstände zu reduzieren. Die Transistorzone ist zum Substrat hin durch einen PN-Übergang getrennt. Die im Betrieb auftretenden Potentialdifferenzen dürfen diese Diode deshalb nicht in Durchlassrichtung ansteuern, ansonsten geht der Isolationseffekt verloren.

Der PNP-Transistor sitzt ebenfalls in einer n-dotierten Schicht oder Wanne und muss deshalb **horizontal** aufgebaut werden. Das Kollektor-Gebiet umgibt den Emitter und ist von diesem durch die dünne Basis getrennt. Kollektor und Emitter können direkt von oben kontaktiert werden, während der Basis-Anschluss seitlich und dann nach oben heraus geführt werden muss. Wiederum ermöglicht der Buried Layer eine niederohmige Zuleitung zur Basis. Darüber hinaus soll der Buried-Layer das Substrat von der Transistorzone isolieren, um die Wirkung des parasitären vertikalen PNP-Transistors (p-Emitter / n-Epi-Gebiet / p-Substrat) zu reduzieren.

Anders als beim vertikalen Aufbau kann bei der horizontalen PNP-Struktur nicht die ganze Fläche des Transistors für den Stromtransport genutzt werden. Die möglichen Kollektor-Ströme sind deshalb grundsätzlich kleiner. Auch der Early-Effekt ist ausgeprägter, d. h., die Early-Spannungen sind kleiner, ca. 30 V, da die relativ niedrige Basis-Dotierung durch den NPN-Prozess vorgegeben ist und bezüglich einer Kanallängenmodulation nicht optimal gewählt werden kann.

Der **integrierte** Bipolar-Transistor hat stets einen vierten Anschluss, der bisher noch nicht berücksichtigt wurde – den Substratanschluss. Dies führt dazu, dass unter gewissen Umständen noch ein parasitärer Substrattransistor berücksichtigt werden muss. Hierauf wird dann eingegangen, wenn in konkreten Anwendungen die Wirkung des parasitären Transistors nicht vernachlässigt werden kann, siehe z. B. *Abschnitt 8.6* „Parasitäre Effekte", Abbildungen 8.91, 9.4 oder 17.2. Vergleiche aber auch Abbildung 3.23.

Die Basis-Emitter-Diode kann auch in Sperrrichtung als Z-Diode betrieben werden und zeigt dann einen Durchbruch bei ca. 7 V, was unter anderem zur Stabilisierung von Spannungen genutzt werden kann, siehe z. B. *Abschnitt 11.1* im *Teil III*.

3.2.6 Temperaturabhängigkeiten von Transistorparametern

Der Transistor ist ein Halbleiterbauelement und Halbleiter zeigen bekanntlich starke Temperaturabhängigkeiten. In vielen Gleichungen steht die Temperatur sogar im Exponenten einer e-Funktion. Im Folgenden soll deshalb auf die Temperaturabhängigkeit einer besonders wichtigen Größe, nämlich die der Basis-Emitter-Spannung, eingegangen werden.

Ausgangspunkt ist die vereinfachte Kennliniengleichung des Transistors:

$$I_C = I_S(T) \cdot \exp\left(\frac{U_{BE}}{N \cdot V_T}\right) \quad \rightarrow \quad U_{BE} = N \cdot V_T \cdot \ln\left(\frac{I_C}{I_S}\right) \approx V_T \cdot \ln\left(\frac{I_C}{I_S}\right) \tag{3.95}$$

Sie kann nach U_{BE} aufgelöst werden. Soll I_C konstant sein, also unabhängig von der Temperatur, so muss U_{BE} nachkorrigiert werden. Dabei sind einerseits die Temperaturspannung V_T und andererseits der Sättigungsstrom I_S temperaturabhängig. In der Formel für den Sättigungsstrom kommt die Diffusionskonstante und damit die Ladungsträgerbeweglichkeit vor: Beide sind stark temperaturabhängig, siehe Gleichung (3.42). Detaillierte Überlegungen zu den physikalischen Ursachen dieser Temperaturabhängigkeiten führen zu einer Parametrisierung der beteiligten Größen. Im Ergebnis kann die für I_C = konst. notwendige Basis-Emitter-Spannung U_{BE} durch den folgenden Ansatz ausgedrückt werden:

$$U_{BE} = U_{BE0} + \alpha \cdot \Delta T \tag{3.96a}$$

Der Temperaturkoeffizient α ist ein Parameter, der durch temperaturabhängige Messungen vorab für den verwendeten Transistortyp bestimmt werden kann. Prinzipiell ist dies wieder eine Linearisierung eines komplexen Zusammenhangs.

Eine genauere Betrachtung ergibt für die Temperaturabhängigkeit der Basis-Emitter-Spannung U_{BE} mit Verwendung der Gleichung (3.42) und für konstanten Kollektor-Strom I_C:

$$U_{BE} = V_T \cdot \ln\left(\frac{I_C}{I^*} \cdot \left(\frac{T}{T_0}\right)^{-\kappa} \cdot \exp\left(\frac{V_G}{V_T}\right)\right) \tag{3.96b}$$

Hierin ist κ = 2...4 und I^* eine temperaturunabhängige Konstante. $V_G = W_G/q$ ist der Bandabstand des Halbleiters in *Volt* und T_0 eine Bezugstemperatur, z.B. T_0 = 300 K.

Die exponentielle Abhängigkeit dieses Ausdrucks dominiert die Temperaturabhängigkeit; man kann deshalb vereinfachend schreiben:

$$U_{BE} \approx V_T \ln\left(\frac{I_C}{I^*} \cdot \exp\left(\frac{V_G}{V_T}\right)\right) \approx V_T \left(\ln\frac{I_C}{I^*} + \frac{V_G}{V_T}\right) \approx V_G - V_T \cdot \ln\left(\frac{I^*}{I_C}\right) \tag{3.96c}$$

Es handelt sich um eine Geradengleichung; für T = 0 ergibt sich $U_{BE} = V_G$. Dies ist ein wichtiges Ergebnis. Der Temperaturkoeffizient ergibt sich zu

$$\alpha(T = T_0) = \frac{\Delta U_{BE}}{\Delta T} = \frac{U_{BE0} - V_G}{T_0 - 0\,K} \tag{3.96d}$$

Will man die Temperaturabhängigkeit genauer analysieren, so muss auf die Näherung in Gleichung (3.96b) verzichtet werden. Dann ergibt sich der in Abbildung 3.20 skizzierte Verlauf mit einem leichten Bogen. In der Praxis kann dieser für den **interessierenden Temperaturbereich** doch wieder durch eine Gerade angenähert werden. Den Temperaturkoeffizienten α erhält man aus der Ableitung von Gleichung (3.96b) nach der Temperatur. Als Ergebnis erhält man

$$\alpha(T = T_0) = \frac{U_{BE0} - (V_G + \kappa \cdot V_{T0})}{T_0} \tag{3.96e}$$

dessen Zähler sich von dem des Näherungsausdrucks (3.96d) nur um κV_{T0} unterscheidet. Der Abszissenpunkt für $T \to 0$ hat jetzt den Wert $V_G + \kappa V_{T0}$, siehe Abbildung 3.20. Dieser Wert kann als **Fixpunkt** angesehen werden. Ist die Spannung $U_{BE} = U_{BE0}$ für eine gegebene Bezugstemperatur T_0 und einen zugehörigen Kollektor-Strom I_C bekannt, z. B. durch eine Messung, kann durch die beiden Punkte eine Gerade gelegt werden. Diese ermöglicht dann die Bestimmung der Basis-Emitter-Spannung als Funktion der Temperatur oder auch umgekehrt.

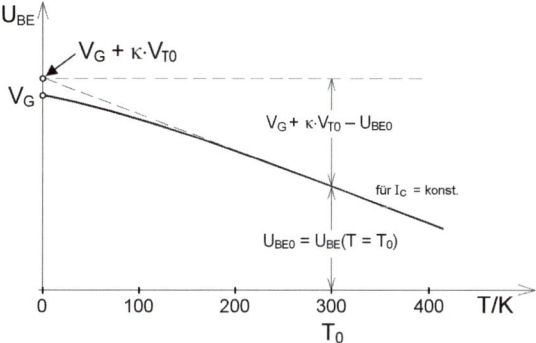

Abbildung 3.20: Temperaturabhängigkeit der Basis-Emitter-Spannung mit Berücksichtigung des Terms $(T/T_0)^3$ in Gleichung (3.96b). Die Kurve zeigt eine leichte Krümmung („Spannungsbogen"), kann aber durch eine Gerade angenähert werden, die bei $T \to 0$ durch $V_G + \kappa \cdot V_{T0}$ geht. Bei Silizium ist $V_G + \kappa \cdot V_{T0}$ etwa $1,24\ V$ bis $1,28\ V$.

Transistoren können demnach aufgrund der Temperaturabhängigkeit der Basis-Emitter-Spannung vorteilhaft als Temperatursensoren eingesetzt werden. Zwei Möglichkeiten der Beschaltung zeigt Abbildung 3.21.

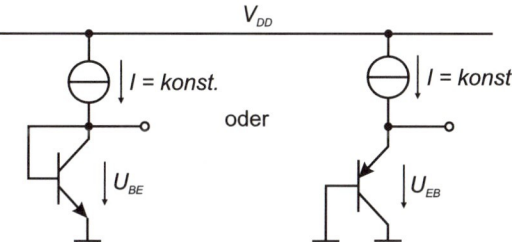

Abbildung 3.21: Beschaltung von Transistoren als Temperaturfühler auf dem Chip.

Die Transistoren werden dafür von einer Konstantstromquelle betrieben. Die jeweiligen Ausgangsgrößen U_{BE} oder U_{EB} bzw. die Abweichung von einem Referenzwert sind damit ein Maß für die Temperatur des Transistors. Werden derartige Transistoren als Messfühler auf dem Chip verteilt, so können diese zur Überwachung der Chiptemperatur, z. B. Prozessortemperatur, dienen. Das Design einer Konstantstromquelle wird z. B. in *Kapitel 10* detailliert beschrieben.

3.2.7 Frequenzverhalten von Bipolar-Transistoren

Transistorschaltungen werden häufig zur Verstärkung von Wechselspannungssignalen eingesetzt. Dabei machen sich die mit den Dioden einhergehenden Kapazitäten bemerkbar. Die Basis-Emitter-Diode wird in Durchlass betrieben. Somit muss hier sowohl die Sperrschichtkapazität als auch die Diffusionskapazität berücksichtigt werden. Die Basis-Kollektor-Diode wird in Sperrrichtung betrieben. Hier tritt dann nur die Sperrschichtkapazität auf. Diese Kapazitäten sind im Ersatzschaltbild in Abbildung 3.22 eingetragen.

3 Integrierte Bauelemente

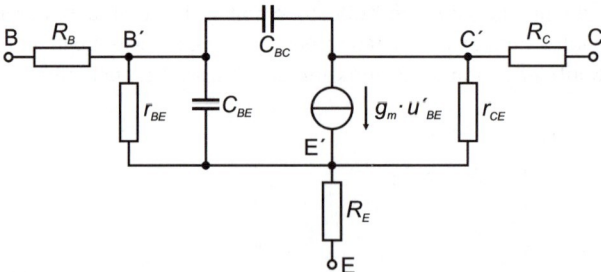

Abbildung 3.22: Kleinsignal-Ersatzschaltbild eines Transistors in Emitter-Schaltung inklusive Zuleitungswiderständen und relevanter Kapazitäten.

Die Basis-Kollektor-Kapazität C_{BC} sorgt im Wechselstromfall für eine Rückwirkung vom Kollektor auf die Basis, also vom Ausgang auf den Eingang, während im Gleichstromfall eine solche Rückwirkung vernachlässigt werden kann. Dieser Effekt wird als Miller-Effekt bezeichnet. Der Effekt ist meist unerwünscht, da der Wechselstromwiderstand bei hohen Frequenzen niederohmig wird und die Schaltung dann nicht mehr betrieben werden kann. Durch eine Kaskoden-Schaltung kann die Auswirkung deutlich gemindert werden. Andererseits wird der Miller-Effekt aber zur Frequenzgangkorrektur in gegengekoppelten Verstärkern gezielt ausgenutzt. Hierüber wird im *Abschnitt 13.5* berichtet.

3.2.8 Transistorsymbole

Der Bipolar-Transistor hat normalerweise die drei Anschlüsse „Kollektor", „Basis" und „Emitter". In integrierten Schaltungen ist jedoch das n-dotierte Epi-Gebiet (Kollektor des NPN-Transistors bzw. Basis des PNP-Transistors) durch einen PN-Übergang vom Substrat isoliert, siehe Abbildung 3.19. Ein integrierter Transistor hat somit einen **vierten** Anschluss: den **Substrat-** oder **Bulk-Anschluss**. Trotzdem wird der Einfachheit halber oft das in Abbildung 3.12 dargestellte dreipolige Symbol verwendet, wenn Substrateffekte in Anwendungen vernachlässigt werden können. Müssen diese jedoch berücksichtigt werden, ist stets das vierpolige Schaltzeichen einzusetzen. Abbildung 3.23 zeigt die in diesem Buch verwendeten Symbole.

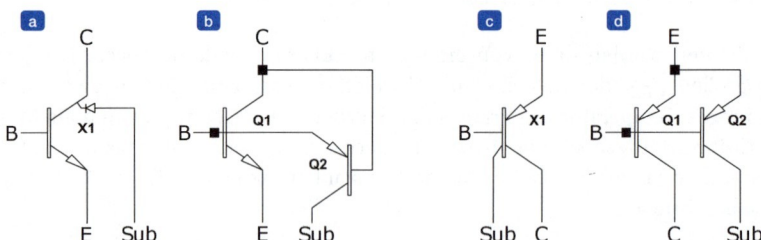

Abbildung 3.23: Vierpolige Transistorsymbole: (a) NPN-Transistor; (b) Ersatzschaltbild des NPN-Transistors; (c) PNP-Transistor; (d) Ersatzschaltbild des PNP-Transistors.

Bipolar-Transistoren werden normalerweise mit „Q" bezeichnet. Werden die vierpoligen Symbole verwendet und bei einer Simulation mit SPICE Substrateffekte berücksichtigt, müssen auch die entsprechenden Modelle verwendet werden. Solche enthalten neben dem eigentlichen Transistor zusätzlich **parasitäre** Elemente. Der Transistor wird dann nicht mehr mit „Q", sondern mit „X" bezeichnet (Teilschaltung oder Subcircuit).

3.2.9 Ersatzschaltbild und SPICE-Parameter des Bipolar-Transistors

Für den rechnergestützten Schaltungsentwurf mit CAD-Programmen wie SPICE wird ein Modell benötigt, das möglichst alle Effekte berücksichtigt, für alle Betriebsarten gilt und auch das dynamische Verhalten richtig wiedergibt. Ausgangspunkt ist das Ebers-Moll-Modell. Es baut auf dem Dioden-Ersatzschaltbild auf und enthält zwei gesteuerte Stromquellen. Zwei deshalb, weil der Transistor im Prinzip auch invers betrieben werden kann (Kollektor und Emitter vertauscht). Davon abgeleitet wurde das Gummel-Poon-Modell, das weitere nichtlineare Effekte berücksichtigt, die im Ebers-Moll-Modell noch nicht enthalten sind. Das Gummel-Poon-Modell Abbildung 3.24 ist deshalb die Grundlage für das Simulationsprogramm SPICE. Zur Modellierung des dynamischen Verhaltens sind in Abbildung 3.24 Kondensatoren eingezeichnet. Im Gummel-Poon-Modell werden stattdessen aber **normierte Ladungen** verwendet. Auf eine detaillierte Beschreibung soll hier aber verzichtet werden. Als weiterführende Literaturstellen seien genannt: [2], [6] bis [11].

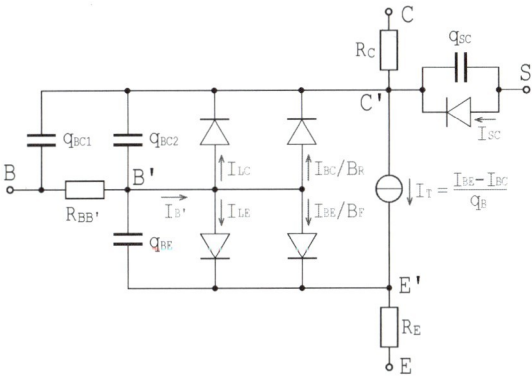

Abbildung 3.24: Ersatzschaltung eines integrierten NPN-Transistors nach Gummel-Poon. Der Anschluss „S" kennzeichnet das Substrat, siehe Abbildung 3.19 und Abbildung 3.23; die eingezeichneten Stromrichtungen und Dioden gelten für einen NPN-Transistor.

In SPICE kann der Transistor durch einen sehr umfangreichen Parametersatz beschrieben werden. Die Zahl der tatsächlich verwendeten Parameter ist jedoch abhängig von den Anforderungen, die an die Genauigkeit der Simulationsergebnisse gestellt werden. Die Parameter für den Normalbetrieb (Vorwärtsrichtung) erhalten die Zusatzkennung „F" (**Forward**), die für den Rückwärtsbetrieb entsprechend „R" (**Reverse**). Beispiel: Stromverstärkung B: B_F bzw. B_R. Eine Liste der wichtigsten Parameter und ihre Bedeutung ist in der Tabelle 3.1 zu sehen.

Tabelle 3.1

SPICE-Parameter des Bipolar-Transistors und ihre Bedeutung

Parameter	Bedeutung	Einheit	Default
IS	Transport-Sättigungsstrom I_S	A	$1E-16$
BF	Ideale (maximale) Stromverstärkung für Vorwärtsrichtung B		100
NF	Emissionskoeffizient für Vorwärtsrichtung N		1

SPICE-Parameter des Bipolar-Transistors und ihre Bedeutung *(Forts.)*

VAF	Early-Spannung für Vorwärtsrichtung V_A	V	∞
IKF	Kniestrom der Stromverstärkung für Vorwärtsrichtung	A	∞
NK	Exponent für den Hochstromübergang der Stromverstärkung		0.5
ISE	Basis-Emitter-Lecksättigungsstrom	A	0
NE	Basis-Emitter-Leckemissionskoeffizient		1.5
BR	Ideale (maximale) Stromverstärkung für Rückwärtsrichtung		1
NR	Emissionskoeffizient für Rückwärtsrichtung		1
VAR	Early-Spannung für Rückwärtsrichtung	V	∞
IKR	Kniestrom der Stromverstärkung für Rückwärtsrichtung	A	∞
ISC	Basis-Kollektor-Lecksättigungsstrom	A	0
NC	Basis-Kollektor-Leckemissionskoeffizient		2
RC	Kollektor-Bahnwiderstand R_C	Ω	0
RB	Basis-Bahnwiderstand R_B bei $U_{BE} = 0\ V$	Ω	0
RBM	Minimaler Basis-Bahnwiderstand bei hohem Strom	Ω	RB
IRB	Kniestrom für Basis-Bahnwiderstand	A	∞
RE	Emitter-Bahnwiderstand R_E	Ω	0
CJC	Sperrschichtkapazität C_{JC} der Basis-Kollektor-Diode bei $U_{BC} = 0\ V$	F	0
VJC	Diffusionsspannung der Basis-Kollektor-Diode	V	0.75
MJC	Exponent der Basis-Kollektor-Sperrschichtkapazität		0.33
XCJC	Anteil von CJC, der mit dem inneren Basisknoten verbunden ist		1
CJE	Sperrschichtkapazität C_{JE} der Basis-Emitter-Diode bei $U_{BE} = 0\ V$	F	0
VJE	Diffusionsspannung der Basis-Emitter-Diode	V	0.75
MJE	Exponent der Basis-Emitter-Sperrschichtkapazität		0.33
ISS	Substrat-Sperrschicht-Sättigungsstrom	A	0
CJS	Substrat-Kollektor-Kapazität C_{JS} bei $U_{SC} = 0\ V$	F	0
VJS	Diffusionsspannung der Substrat-Kollektor-Diode	V	0.75
MJS	Exponent der Substrat-Kollektor-Sperrschichtkapazität		0
FC	Koeffizient für Sperrschichtkapazitäten in Durchlassrichtung		0.5
TF	Ideale Transitzeit für Vorwärtsrichtung	s	0
XTF	Vorspannungskoeffizient für TF		0
VTF	Basis-Kollektor-Spannungskoeffizient für TF	V	∞

SPICE-Parameter des Bipolar-Transistors und ihre Bedeutung *(Forts.)*			
ITF	Kollektor-Stromkoeffizient für TF	A	0
PTF	Zusatzphase bei $1/(2 \cdot \pi \cdot TF)$	$Grad$	0
TR	Ideale Transit-Time für Rückwärtsrichtung	s	0
EG	Bandabstand des Halbleiters W_G	eV	1.11
XTB	Temperaturkoeffizient der Stromverstärkungen BF und BR		0
XTI	Temperaturexponent von IS		3
KF	Flicker-Rauschkoeffizient		0
AF	Flicker-Rauschexponent		1
TNOM	Temperatur, bei der die Parameter bestimmt wurden	$°C$	27

SPICE unterscheidet nicht zwischen Groß- und Kleinschreibung. Auch die Reihenfolge, in der die Parameter in einer Modellanweisung der Form

```
.Model <Transistor-Name> NPN (IS=<value> BF=<value> …)
.Model <Transistor-Name> PNP (IS=<value> BF=<value> …)
```

aufgelistet werden, spielt keine Rolle. Sind Parameter nicht bekannt, werden automatisch Defaultwerte angenommen. Sämtliche Parameter des Bipolar-Transistors sind in SPICE **positive Zahlen**, auch die des PNP-Transistors. T_{NOM} ist die Temperatur, bei der die Parameter bestimmt wurden, und sollte unbedingt angegeben werden, wenn die Nenntemperatur von $T_{NOM} = 27\,°C$ (300 K) abweicht.

3.3 Der Junction-FET (JFET)

Raumladungszonen an PN-Übergängen können durch äußere Spannungen in Sperrrichtung vergrößert werden, ohne dass es gleichzeitig zu einem Stromfluss über die Diode hinweg kommt. Dieser geometrische Effekt wird als Feldeffekt bezeichnet, denn es wirkt nur das elektrische Feld und nicht ein elektrischer Strom. Die Raumladungszone kann dabei entweder durch einen PN-Übergang erzeugt werden oder alternativ durch einen Metall-Halbleiter- oder Metall-Isolator-Halbleiter-Übergang. Der Feldeffekt kann dazu benutzt werden, die Leitfähigkeit von Halbleiterschichten zu steuern und eine Schaltfunktion zu realisieren. Derartige Bauelemente werden Feldeffekt-Transistoren (FETs) genannt. Beruht die Raumladungszone auf einem PN-Übergang oder einem Schottky-Kontakt, so hat man es mit einem Junction-FET (JFET) zu tun. Wir gehen zunächst auf die Funktionsweise eines FETs ein, der über einen PN-Übergang angesteuert wird (Junction-FET oder JFET).

3.3.1 Funktionsweise

In Abbildung 3.25 ist gezeigt, wie der geometrische Effekt einer gesteuerten Raumladungszone eine leitende Schicht, die als leitender Kanal wirkt, abschnüren kann und so eine Schaltfunktion realisiert wird.

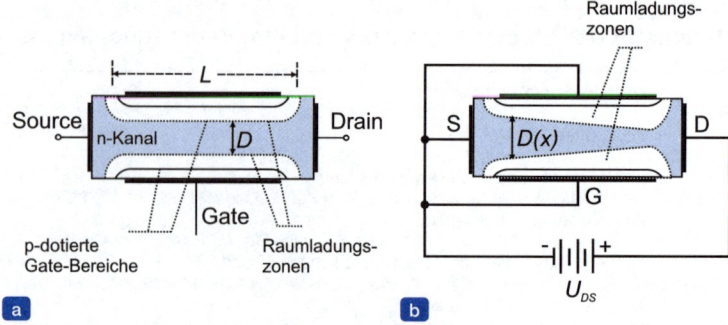

Abbildung 3.25: Prinzip des Feldeffekt-Transistors. Eine Potentialdifferenz zwischen dem Gate-Anschluss und dem Kanal führt zu einer Verbreiterung der Raumladungszone und zu einer Reduktion der Kanaldicke D.

Bei Feldeffekt-Transistoren werden die entsprechenden Anschlüsse Source, Drain und Gate genannt. Ist das Substrat nicht semi-isolierend, so tritt noch ein vierter Substrat- oder Bulk-Kontakt auf, der in Abbildung 3.25 zunächst weggelassen ist. In der Prinzipskizze von Abbildung 3.25 gehen wir von einem n-dotierten Kanal aus, in dem der Elektronenstromtransport zwischen Source und Drain stattfindet. Die Zone des Gates muss dann p-dotiert sein, damit es zur Ausbildung einer entsprechenden Raumladungszone kommt. Alternativ kann auch ein Metall-Halbleiter-Kontakt (Schottky-Kontakt) verwendet werden.

Das Gate soll zunächst nicht separat angesteuert werden und zusammen mit dem Source-Anschluss auf Referenzpotential (GND oder $0V$) liegen, ebenso wie der Source-Anschluss. Wird nun der Drain-Anschluss positiv gegenüber dem Source gepolt, so fließt ein **Elektronenstrom** vom Source zum Drain durch den Kanal bzw. in **technischer** Stromrichtung ein **positiver** Strom vom Drain- zum Source-Anschluss. Der Widerstand dieser Drain-Source-Strecke ergibt sich aus dessen geometrischen Abmessungen und der Leitfähigkeit des Siliziums, die vor allem von der Dotierung abhängt.

$$R_{DS} = \rho \cdot \frac{L}{A} = \rho \cdot \frac{L}{W \cdot D} \quad \text{mit} \quad \sigma = \frac{1}{\rho} = q \cdot n \cdot \mu \approx q \cdot \mu \cdot N_D \quad (3.97)$$

und

$$I_D = (R_{DS})^{-1} \cdot U_{DS} = q \cdot n \cdot \mu \cdot \frac{W \cdot D}{L} \cdot U_{DS} = A \cdot \sigma \cdot E \quad (3.98)$$

wobei E die elektrische Feldstärke und A die Querschnittsfläche des Kanals in Stromrichtung ist.

Dieser Zusammenhang gilt allerdings nur für kleine Spannungen U_{DS}. Wird U_{DS} immer positiver gegen Source und damit auch gegenüber dem Gate-Anschluss, entspricht dies der Sperrrichtung der Gate-Diode und die Raumladungszone am Drain-seitigen Ende des Kanals wird immer größer. Die Ausdehnung der Raumladungszone ist nun in y-Richtung nicht mehr konstant groß, sondern ortsabhängig.

Zur Begründung der ortsabhängigen Breite der Raumladungszone betrachten wir die Potentiale innerhalb des Gates und innerhalb des Kanals, denn gerade die Potentialdifferenz zwischen Gate und Kanal bestimmt die Ausdehnung der Raumladungszone. Während das Gate-Potential über die Länge des Kanals konstant ist (im gewählten Beispiel ist dies das Referenzpotential), wird das Potential im Kanal selbst vom Source zum Drain immer positiver. Am Source-seitigen Ende des Kanals ist die Potentialdifferenz zwischen Gate und Kanal gleich null, während am Drain-seitigen Ende des Kanals die Potentialdifferenz gleich der gesamten Drain-Source-Spannung U_{DS} ist. Da U_{DS} in unserem Beispiel positiv gegenüber Gate und Source ist, wird die Raumladungszone am Drain-seitigen Ende viel größer sein als am Source-seitigen Ende (siehe Abbildung 3.25). Wird U_{DS} weiter erhöht, so wird die Raumladungszone so groß, dass diese den gesamten ursprünglich vorhandenen leitfähigen Kanal abschnürt. Die für die Abschnürung des Kanals notwendige Spannung nennt man auch „Pinch-Off-Spannung" oder „Threshold-Spannung" V_{Th}. Die Threshold-Spannung ist dabei als Transistorparameter vorgegeben und ist gleich der Pinch-Off-Spannung für $U_{GS} = 0$. Die für die Abschnürung (**Pinch-Off**) notwendige Spannung U_{DS} hängt allerdings noch von der Spannung U_{GS} ab. Die Threshold-Spannung V_{Th} bezeichnet die Potentialdifferenz zwischen Gate und Kanal, ab der die Abschnürung auftritt.

Ist der Kanal abgeschnürt, so besteht er in Stromrichtung aus zwei Bereichen. Der in Abbildung 3.25 linke Bereich ist noch leitfähig, während der rechte Bereich schon abgeschnürt ist (dies ist in Abbildung 3.25 jedoch nicht dargestellt, siehe aber Abbildung 3.26). Dort befinden sich keine Ladungsträger mehr, dieser Bereich ist nun sehr hochohmig. Jeder über die Pinch-Off-Spannung hinausgehende Spannungsanteil wird nun nur noch an diesem hochohmigen, abgeschnürten Teil abfallen und nicht mehr entlang des leitfähigen Teils des Kanals, da hier eine Serienschaltung dieser beiden Bereiche vorliegt. Der über V_{Th} hinausgehende Spannungsanteil wird deshalb nicht zu einer weiteren Stromerhöhung im linken, leitfähigen Teil führen, sondern den abgeschnürten Bereich nur noch weiter vergrößern.

Es ist zunächst durchaus überraschend, dass durch den Kanal ein Strom fließen kann, während das eine Ende des Kanals schon abgeschnürt ist. Warum sinkt der Strom dann nicht wieder? Der Grund liegt in der Potentialverteilung entlang des Kanals. Im linken, leitfähigen Bereich des Kanals fällt das Potential kontinuierlich (das entspricht einem konstanten elektrischen Feld), um dann am rechten, abgeschnürten Ende des Kanals sehr schnell auf das Potential des Drain-Anschlusses abzufallen. Diese große Potentialdifferenz über dem abgeschnürten Bereich führt dazu, dass jedes Elektron, das in den abgeschnürten Bereich injiziert wird, auch schnell zum Drain-Anschluss abgeführt wird, obwohl dieser Bereich durch die Raumladungszone frei von Ladungsträgern ist.

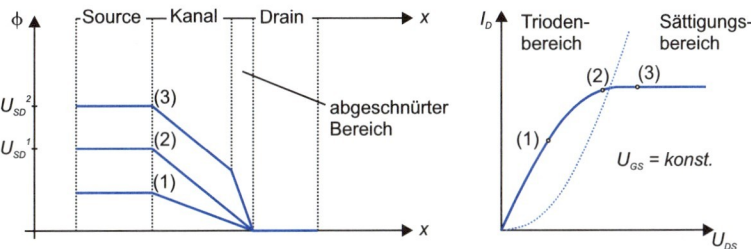

Abbildung 3.26: Potentialverteilung entlang des Kanals in Stromrichtung für einen Kanal im linearen Bereich (1), kurz vor der Abschnürung (2) und in Sättigung jenseits der Abschnürung (3). Das elektrische Feld im verbleibenden Kanal (3) bleibt trotz Erhöhung der Spannung gleich, der Strom konstant. Daher die Bezeichnung „Sättigungsbereich".

Aus diesen Überlegungen ergibt sich schon qualitativ die Strom-Spannungs-Kennlinie eines Feldeffekt-Transistors. Für kleine Drain-Source-Spannungen U_{DS} wird der Strom I_D zunächst annähernd linear mit der Spannung steigen, während er nach Erreichen der Abschnürung idealerweise unabhängig von U_{DS} konstant bleibt. In diesem Sättigungsbereich steigt der Strom real allerdings trotzdem leicht an, da sich aufgrund des sich weiter vergrößernden abgeschnürten Bereichs auch die Kanallänge reduziert. Dies führt zu einem geringeren Widerstand und damit zu einem höheren Strom. Die entsprechenden Kennlinien sind (ohne Steigung im Sättigungsbereich) in Abbildung 3.27 gezeigt. Ist die Gate-Source-Spannung nicht null, sondern negativ, so ergibt sich die Abschnürung schon bei niedrigeren Drain-Source-Spannungen U_{DS} (gestrichelte Kurve in Abbildung 3.27). Ist die Gate-Source-Spannung U_{GS} groß genug, so reicht sie alleine aus, um die Abschnürung des Kanals zu gewährleisten, unabhängig von U_{DS} fließt dann kein Strom durch den Kanal.

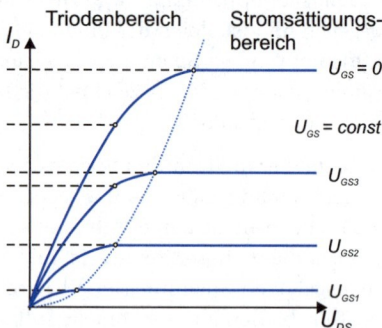

Abbildung 3.27: $I_D(U_{DS})$-Kennlinie eines Sperrschicht-FETs (Junction FET = JFET).

3.3.2 Kennliniengleichung

Im Prinzip ist die Kennlinie des JFETs relativ einfach zu berechnen. Zur Berechnung muss die ortsabhängige Kanaldicke $D(y)$ berücksichtigt werden, die sich aus der ortsabhängigen Raumladungszone ergibt. An einem infinitesimalen Längenelement an der Stelle y im Kanal fließt demnach der Strom

$$I_D = q \cdot n \cdot \mu \cdot W \cdot (D_0 - w(y)) \cdot \frac{dU_{DS}}{dy} \tag{3.99}$$

sofern dU_{DS} die an diesem Längenelement dy abfallende Spannung ist. Der Strom I_D muss durch jedes infinitesimale Kanallängenelement aufgrund deren Serienschaltung gleich dem Gesamtstrom I_D sein. D_0 ist dabei die ursprüngliche geometrische Dicke des Kanals. $w(y)$ hängt, wie wir aus der Beschreibung der Raumladungszone einer Diode wissen, von der Wurzel aus der Potentialdifferenz zwischen beiden Seiten des PN-Übergangs ab, siehe Gleichung (3.20).

$$w(y=0) = \sqrt{\frac{2 \cdot \varepsilon_S}{q} \cdot \left(\frac{1}{N_D} + \frac{1}{N_A}\right) \cdot (U_D - U_{GS})} \tag{3.100}$$

$$w(y=L) = \sqrt{\frac{2 \cdot \varepsilon_S}{q} \cdot \left(\frac{1}{N_D} + \frac{1}{N_A}\right) \cdot (U_D - U_{GS} + U_{DS})}$$

Für einen N-Kanal-FET ist die Dotierung N_A sehr hoch, der entsprechende Anteil in der Formel für $w(y)$ kann deshalb oft vernachlässigt werden. Der Kanal wird abgeschnürt, wenn $(U_{DS} - U_{GS})$ so weit angewachsen ist, dass für $U_{GS} = 0$ gerade $w(y = L) = D_0$ wird. Die zugehörige Threshold-Spannung ergibt sich aus Gleichung (3.100) zu

$$U_{DS} = V_{Th} = \frac{q \cdot N_D \cdot D_0^2}{2\varepsilon_S} - U_D \tag{3.101}$$

U_D ist dabei die von der Diode her bekannte Diffusionsspannung.

Damit ergibt sich

$$I_D = q \cdot n \cdot \mu \cdot W \cdot D_0 \cdot \left(1 - \frac{w(y)}{D_0}\right) \cdot \frac{dU}{dy} = \qquad (3.102)$$

$$= q \cdot n \cdot \mu \cdot W \cdot D_0 \cdot \left(1 - \sqrt{\frac{U_D - U_{GS} + U(y)}{V_{Th} + U_D}}\right) \cdot \frac{dU}{dy}$$

Nach Trennung der Variablen kann Gleichung 3.102 direkt integriert werden. Die Integration nach dy läuft von $y = 0$ bis $y = L$, die zugehörigen Integrationsgrenzen bezüglich der Integration über dU laufen von $U = 0$ bei $y = 0$ bis $U = U_{DS}$ bei $y = L$. An dieser Stelle soll allerdings diese Rechnung nicht explizit durchgeführt werden, da sie aufgrund der Wurzelausdrücke relativ unübersichtlich ist und zu keinen neuen grundlegenden Erkenntnissen führt. Stattdessen soll eine einfachere, parametrisierte Beschreibung der Kennlinie angegeben werden, die in dieser oder ähnlicher Form häufig zu einer vereinfachten Beschreibung der Funktion von JFETs und MOSFETs verwendet wird. Sie wurde von Shichman und Hodges 1968 [12] vorgeschlagen und wird in SPICE-Simulatoren als Level-1-Modell verwendet, also die einfachste Annäherung an die realen Kennlinien eines JFETs. In dieser Näherung ergibt sich für die Charakteristik eines JFETs:

$$I_D \approx 2 \cdot \beta \cdot \left(U_{GS} - V_{Th} - \frac{1}{2} \cdot U_{DS}\right) \cdot U_{DS} \cdot (1 + \lambda \cdot U_{DS}) \qquad (3.103)$$

für $U_{DS} < U_{GS} - V_{Th}$

Gleichung (3.103) enthält zwei wichtige Aussagen:

1. Der Drain-Strom I_D steigt **linear** mit der Gate-Source-Spannung an. Deshalb wird der Bereich bis zur Grenze $U_{DS} = U_{GS} - V_{Th}$ als **linearer Bereich** bezeichnet. Vielfach ist auch die Bezeichnung **Triodenbereich** in Anlehnung eine „Triodenkennlinie" gebräuchlich (dreipolige Elektronenröhre).

2. Gleichung (3.103) ist eine nach unten geöffnete Parabel, also eine **quadratische** Funktion von U_{DS}. Der Strom I_D steigt bis zu einem Maximum bei $U_{DS} = U_{GS} - V_{Th}$ an und würde nach dieser Gleichung danach wieder sinken. Dies ist jedoch in der Realität nicht der Fall, der Strom bleibt oberhalb der Pinch-Off-Spannung konstant. Die Gleichung gilt deshalb nur für Drain-Source-Spannungen **unterhalb des Pinch-Off** (Abschnürung), also im linearen oder sogenannten Triodenbereich (siehe Abbildung 3.27).

Ist der Pinch-Off erreicht, so kann die bisher angewandte Näherung, dass die Drain-Source-Spannung U_{DS} linear längs des Kanals abfällt, nicht mehr aufrechterhalten werden. Jeder über die Pinch-Off-Spannung hinausgehende Spannungsanteil fällt nun nur noch am hinteren, abgeschnürten Ende des Kanals ab. Trotz ansteigender Spannung U_{DS} ändert sich der Strom durch den Kanal I_D dann eigentlich nicht mehr. Ein kleiner Einfluss von U_{DS} auf den Strom ergibt sich allerdings doch durch die Kanallängenmodulation.

Ist die Pinch-Off-Spannung für die jeweilige Gate-Source Spannung U_{GS} erreicht, so ist der Strom maximal. Ableiten nach U_{DS} und Nullsetzen von Gleichung (3.103) ergibt die Spannung für den Pinch-Off

$$U_{DS, pinchoff} = U_{GS} - V_{Th} \qquad (3.104)$$

Diese kann nun in die Gleichung für I_D eingesetzt werden. Man erhält den Sättigungsstrom

$$I_D \approx \beta \cdot (U_{GS} - V_{Th})^2 \cdot (1 + \lambda \cdot U_{DS}) \quad \text{für} \quad U_{DS} \geq U_{GS-V_{Th}} \tag{3.105}$$

$$\beta = \frac{W}{2L} \cdot K_p \quad \text{mit} \quad K_p \sim \mu_n \sim \left(\frac{T}{T_0}\right)^{-\nu} \tag{3.106}$$

Gleichung (3.105) gilt nur für U_{DS}-Werte **oberhalb** der Grenze $U_{DS} = U_{GS} - V_{Th}$, also im Sättigungsbereich. Der Faktor $(1 + \lambda \cdot U_{DS})$ reflektiert die Kanallängenmodulation, also den Early-Effekt. Mit steigendem U_{DS} wird die effektive Kanallänge kürzer; der eigentlich von U_{DS} unabhängige Strom steigt dann doch linear leicht an. Dieses Verhalten ist deutlich im Sättigungsbereich oberhalb der Threshold-Spannung zu beobachten. Der Parameter λ entspricht dem Reziproken der Early-Spannung, die wir beim Bipolar-Transistor kennengelernt hatten (siehe Abbildung 3.14). Damit kann das Kennlinienfeld aus Abbildung 3.28 zumindest für eine erste Analyse gut reproduziert werden und wird später zur Schaltungsanalyse verwendet. Modernen Simulatoren liegen allerdings viel komplexere Beschreibungen der Funktionsweise von JFETs zugrunde, auf die hier nicht genauer eingegangen werden soll.

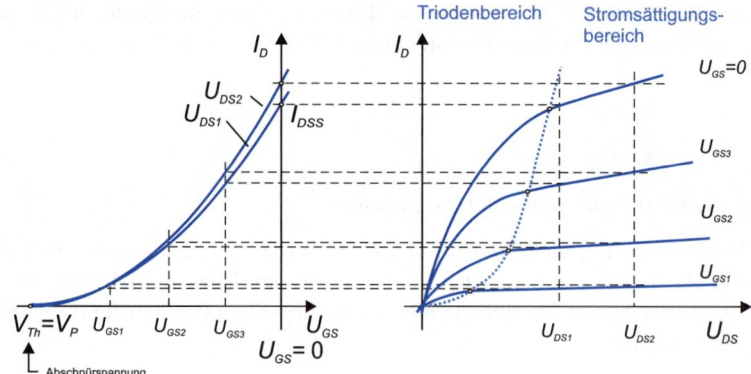

Abbildung 3.28: Eingangs- und Ausgangskennlinien des JFETs.

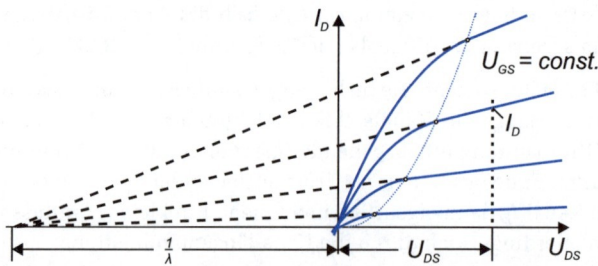

Abbildung 3.29: Erklärung des Parameters der Kanallängenmodulation λ, der dem Kehrwert der Early-Spannung des Bipolar-Transistors entspricht.

3.3 Der Junction-FET (JFET)

3.3.3 Aufbau eines integrierten JFETs

Bisher wurde der JFET als Bauelement mit einem n-leitenden Kanal vorgestellt. Er kann aber genauso mit einem p-dotierten Kanal ausgeführt werden, und dieser lässt sich mit nur wenigen zusätzlichen Prozessschritten in einem normalen Bipolar-Prozess herstellen. Eine mögliche integrierte Variante eines P-Kanal-JFETs ist in Abbildung 3.30 gezeigt. Leicht zu erkennen ist der P-Kanal zwischen dem Source- und dem Drain-Anschluss. Das Gate umschließt den Kanal von beiden Seiten. Das p-dotierte Kanalgebiet ist vergleichbar mit der Basis-Diffusion eines integrierten NPN-Transistors, nur mit deutlich geringerer Akzeptorenkonzentration. Dies ist notwendig, damit die Sperrschichtausdehnung mit moderaten Spannungen zum Pinch-Off-Zustand führen kann.

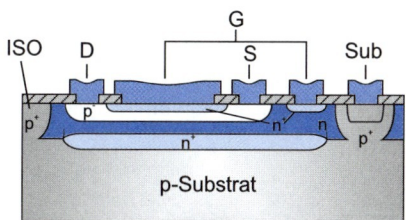

Abbildung 3.30: Eine mögliche Variante eines integrierten P-Kanal-JFETs.

3.3.4 Kleinsignalgrößen

Aus den Gleichungen (3.103) und (3.105) können, ähnlich wie beim Bipolar-Transistor, vier Kleinsignalgrößen für eine lineare Kleinsignalanalyse berechnet werden. Dabei müssen der Sättigungsbereich und der Triodenbereich separat behandelt werden.

Steilheit

Stromsättigungsbereich

$$S = g_m = \left.\frac{\partial I_D}{\partial U_{GS}}\right|_{U_{DS}=konst.} \approx 2\cdot \beta \cdot (U_{GS}-V_{Th})\cdot (1+\lambda\cdot U_{DS})$$
$$= \sqrt{4\cdot \beta \cdot (1+\lambda\cdot U_{DS})}\cdot \sqrt{I_D} \approx \sqrt{4\cdot \beta}\cdot \sqrt{I_D} \quad \text{für } U_{DS}\geq U_{GS}-V_{Th} \quad (3.107)$$

Triodenbereich

$$S = g_m = \left.\frac{\partial I_D}{\partial U_{GS}}\right|_{U_{DS}=konst.} \approx 2\cdot \beta \cdot U_{DS}\cdot (1+\lambda\cdot U_{DS}) \quad U_{DS}<U_{GS}-V_{Th} \quad (3.108)$$

Eingangswiderstand

Der Eingangswiderstand eines Feldeffekt-Transistors ist sehr hoch, da über die Diode in Sperrrichtung praktisch kein Strom fließt.

Ausgangsleitwert

Sättigungsbereich

$$\frac{1}{r_{DS}} = \left.\frac{\partial I_D}{\partial U_{DS}}\right|_{U_{GS}=konst} = g_{DS} \approx \beta \cdot (U_{GS}-V_{Th})^2 \cdot \lambda \quad U_{DS}\geq U_{GS}-V_{Th} \quad (3.109)$$

Triodenbereich

$$\frac{1}{r_{DS}} = \left.\frac{\partial I_D}{\partial U_{DS}}\right|_{U_{GS}=konst} = g_{DS} \approx 2 \cdot \beta \cdot \left(U_{GS} - V_{Th} - U_{DS}\right) \quad U_{DS} < U_{GS} - V_{Th} \qquad (3.110)$$

Rückwirkungsleitwert

$$g_r = \left(\left.\frac{\partial I_G}{\partial U_{DS}}\right|_{U_{GS}=konst.}\right) \qquad (3.111)$$

Der Rückwirkungsleitwert beschreibt die Rückwirkung der Ausgangsspannung U_{DS} auf den Eingangsstrom I_G. Der Gate-Strom I_G ist allerdings bei Sperrschicht-FETs verschwindend klein, sodass auch der Rückwirkungsleitwert zumindest bei niedrigen Frequenzen vernachlässigt werden kann. Bei hohen Frequenzen muss allerdings die Gate-Kapazität berücksichtigt werden. Deren Umladung erzeugt mit steigender Frequenz auch zunehmend Verluste.

3.3.5 Symbole des JFETs

Die bisherige Diskussion des JFETs verwendete einen n-dotierten Kanal, ist aber, wie oben schon erwähnt wurde, genauso natürlich auch für einen p-dotierten Kanal möglich. Es müssen dann nur die Dotierungen und die Polaritäten der Spannungen vertauscht werden und die Ströme haben andere Richtungen. Der diskutierte JFET hatte darüber hinaus auch schon **ohne** Gate-Source-Spannung einen leitfähigen Kanal, der dann erst nach Anlegen der Gate-Spannung abgeschnürt werden konnte. Einen derartigen JFET nennt man **selbstleitend**. In dem üblichen Schaltungssymbol wird deshalb der Kanal durch eine durchgezogene Linie angedeutet, siehe Abbildung 3.31. Der Gate-Anschluss erhält einen Pfeil. Dadurch soll die Gate-Kanal-Diode symbolisiert werden. Beim N-Kanal-FET ist das Gate p-dotiert; der Pfeil zeigt also vom Gate-Anschluss zum Kanal. Somit wird sofort sichtbar, wie das Gate gegenüber dem Kanal gepolt werden muss, damit dieser PN-Übergang gesperrt ist. Beim P-Kanal-Transistor ist die Pfeilrichtung entsprechend umgekehrt.

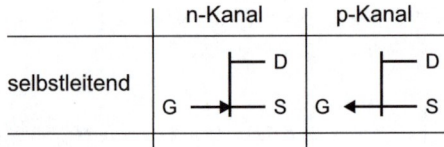

Abbildung 3.31: Schaltungssymbole für JFETs.

Die Vorteile von Feldeffekt-Transistoren bestehen in der kompakten Bauform, der guten Miniaturisierbarkeit sowie der zumindest im statischen Betrieb fast leistungslosen Ansteuerung. Außerdem sind komplementäre Bauformen – also n-Typ und p-Typ – gemeinsam auf einem Chip realisierbar, was beim Aufbau von analogen und digitalen Schaltungen erhebliche Vorteile mit sich bringt. Dies wird später bei der Beschreibung der komplementären MOS-Technologie (CMOS) ersichtlich.

3.3.6 Frequenzverhalten

Auch ein JFET kann nicht bis zu unendlich hohen Frequenzen betrieben werden, ohne dass sich sein Verhalten ändert. Verändert sich das Potential des Gates, so ändert sich die Raumladungszone; diese muss zumindest teilweise umgeladen werden. Dies erfordert Zeit. Geschieht die Umladung zu schnell, so kann der Transistor nicht mehr folgen; seine Steuerwirkung lässt nach.

Als ein Maß für die Grenzfrequenz, mit der ein Transistor betrieben werden kann, wird häufig die Transitfrequenz f_T verwendet. Ein Eingangssignal der Frequenz f_T wird definitionsgemäß nur noch mit dem Wechselstrom-Verstärkungsfaktor 1 an den Ausgang weitergereicht.

Eine Änderung der Gate-Spannung U_{GS} bewirkt eine Änderung der Ladung im Kanal

$$\Delta Q_K = C_{GS} \cdot \Delta U_{GS} \tag{3.112}$$

und damit eine Änderung des Drain-Stroms

$$\Delta I_D = \frac{\Delta Q_K}{\tau_K} = \frac{C_{GS} \cdot \Delta U_{GS}}{\tau_K} \tag{3.113}$$

wobei τ_K die typische Transferzeit darstellt, die die Ladungsträger durch den Kanal benötigen. Bei einer Kanallänge von $L = 1\ \mu m$ und einer Sättigungsgeschwindigkeit von $v_{sat} = 10^5\ m/s$ ergibt sich eine Transferzeit von

$$\tau_K = \frac{L}{v_{sat}} = \frac{1\ \mu m}{10^5\ \frac{m}{s}} = 10\ ps = 10^{-11} s \tag{3.114}$$

die die Ladungsträger benötigen, um vom Source zum Drain zu gelangen. Gleichzeitig gilt: Die durch die Änderung der Gate-Spannung U_{GS} verursachte Änderung im Drain-Strom I_D ergibt sich mit der Steilheit g_m zu

$$\Delta I_D = g_m \cdot \Delta U_{GS} \tag{3.115}$$

Setzt man beide Gleichungen ineinander ein und berücksichtigt noch den Zusammenhang zwischen Frequenz und kritischer Zeitkonstante, so erhält man

$$f_T = \frac{1}{2 \cdot \pi \cdot \tau_K} = \frac{g_m}{2 \cdot \pi \cdot C_{GS}} \tag{3.116}$$

Die zugehörige Transitfrequenz im obigen Beispiel ergibt sich zu ca. 16 *GHz*. Diese ist auch deshalb so hoch, weil im Gegensatz zum Bipolar-Transistor keine Minoritätsladungsträger rekombinieren müssen. In der Realität spielen allerdings meist andere *RC*-Zeiten, z. B. die der Zuleitungen, eine dominierende Rolle und begrenzen die möglichen Schaltgeschwindigkeiten.

3.3.7 Ersatzschaltbild und SPICE-Parameter des JFETs

Das Ersatzschaltbild eines JFETs ist in Abbildung 3.32 gezeigt. Das Großsignalverhalten wird durch den Hauptstrom, d. h. den Drain-Strom, in Form einer gesteuerten Stromquelle I_D gemäß den Kennliniengleichungen modelliert. Zusätzlich ist die Sperrschicht zwischen Gate und Kanal in zwei Dioden aufgeteilt: eine zwischen Gate und Drain und eine zwischen Gate und Source. Die zugehörigen Sperrschichtkapazitäten sind parallel dazu dargestellt. Im praktischen Betrieb müssen die Dioden in Sperrrichtung gepolt sein; die eingezeichneten Stromrichtungen der Ströme I_{GD} und I_{GS} gelten jedoch für die Durchlassrichtung. R_D und R_S sind Zuleitungswiderstände.

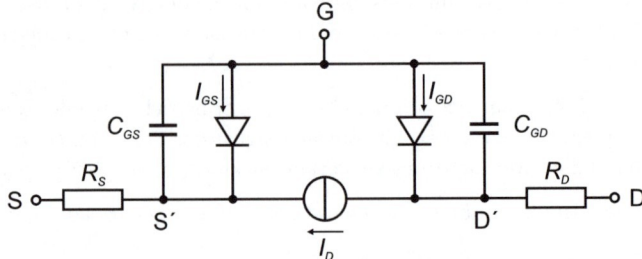

Abbildung 3.32: Ersatzschaltbild eines JFETs; die eingezeichneten Stromrichtungen und Dioden gelten für einen N-Kanaltyp.

Für den rechnergestützten Schaltungsentwurf mit CAD-Programmen wie SPICE wird ein Modell benötigt, das möglichst alle Effekte berücksichtigt, für alle Betriebsarten gilt und auch das dynamische Verhalten richtig wiedergibt. Das in Abbildung 3.32 gezeigte Ersatzschaltbild ist die Basis für die Beschreibung des JFETs in SPICE. Die eingezeichneten Kondensatoren zur Modellierung des dynamischen Verhaltens sind im Modell jedoch in Form **normierter Ladungen** angegeben. Auf eine detaillierte Beschreibung soll hier verzichtet werden. Nähere Informationen sind in [6] und [12] zu finden.

In SPICE kann der JFET durch einen sehr umfangreichen Parametersatz modelliert werden. Die Zahl der tatsächlich verwendeten Parameter ist jedoch abhängig von den Anforderungen, die an die Genauigkeit der Simulationsergebnisse gestellt werden. Eine Liste der wichtigsten Parameter und ihre Bedeutung ist in der Tabelle 3.2 wiedergegeben.

Tabelle 3.2

SPICE-Parameter des JFETs und ihre Bedeutung

Parameter	Bedeutung	Einheit	Default
VTO	Threshold-Spannung V_{Th} (VTO, nicht VT0)	V	-2
VTOTC	VTO-Temperaturkoeffizient	$V/°C$	0
BETA	Steilheitskoeffizient β	A/V^2	$1E-4$
BETATCE	Exponentieller TK von BETA	$\%/°C$	0
LAMBDA	Kanallängen-Modulationsparameter λ	V^{-1}	0
IS	Gate-Sperrsättigungsstrom	A	$1E-14$
N	Gate-Emissionskoeffizient		1
XTI	Temperaturkoeffizient für IS		3
ISR	Gate-Rekombinationsstrom-Parameter	A	0
NR	Emissionskoeffizient für ISR		2
RD	Drain-Bahnwiderstand	Ω	0

SPICE-Parameter des JFETs und ihre Bedeutung *(Forts.)*			
RS	Source-Bahnwiderstand	Ω	0
CGD	Gate-Drain-Kapazität bei $U_{GD} = 0\ V$	F	0
CGS	Gate-Source-Kapazität bei $U_{GS} = 0\ V$	F	0
PB	Gate-Diffusionsspannung	V	1.0
M	Exponent der Gate-Kanal-Sperrschichtkapazität		0.5
FC	Koeffizient für die Kapazität im Durchlassbereich		0.5
VK	Ionisations-Kniespannung	V	0
ALPHA	Ionisationskoeffizient α	V^{-1}	0
KF	Flicker-Rauschkoeffizient		0
AF	Flicker-Rauschexponent		1
B	Dotierungsparameter		1
TNOM	Temperatur, bei der die Parameter bestimmt wurden	°C	27

SPICE unterscheidet nicht zwischen Groß- und Kleinschreibung. Auch die Reihenfolge, in der die Parameter in einer Modellanweisung der Form

```
.Model <Transistor-Name> NJF (VTO=<value> BETA=<value> ...)
```
```
.Model <Transistor-Name> PJF (VTO=<value> BETA=<value> ...)
```

aufgelistet werden, spielt keine Rolle. Sind Parameter nicht bekannt, werden automatisch Defaultwerte angenommen. Sämtliche Parameter des JFETs sind in SPICE **positive Zahlen**, auch die des P-Kanal-Transistors, jedoch mit einer Ausnahme: Der Parameter der Threshold-Spannung **VTO ist beim JFET stets negativ** und dies bei beiden Transistortypen. Bei analytischen Berechnungen ist dagegen das Vorzeichen wichtig! Beim N-Kanal-JFET ist $V_{Th} = +\text{VTO}$, die Threshold-Spannung also negativ, und beim P-Kanaltyp ist $V_{Th} = -\text{VTO}$, die Threshold-Spannung damit positiv, wie man dies auch physikalisch erwartet. T_{NOM} ist die Temperatur, bei der die Parameter bestimmt wurden, und sollte unbedingt angegeben werden, wenn die Nenntemperatur von $T_{NOM} = 27\ °C$ (300 K) abweicht.

3.4 Der MOSFET

Der Metall-Oxid-Halbleiter-Feldeffekt-Transistor (**Metal-Oxide-Semiconductor-Feldeffekt-Transistor**, MOSFET) ist heutzutage ein ganz besonders wichtiges Bauelement der Halbleiterschaltungstechnik. Erstmals 1960 realisiert, kommt er inzwischen milliardenfach in vielen digitalen Schaltungen vor. Mittlerweile werden mehr als 1 Milliarde Transistoren in einem modernen Prozessor verbaut. MOSFET-Prinzipien werden auch für Speicher wie DRAM, SRAM oder Flash genutzt. Mit komplementären MOSFETs, d. h. N-Kanal- und P-Kanal-Transistoren, werden logische Gatter realisiert, die dann als Ausgangspunkt für digitale Funktionen aller Art dienen (**Complimentary MOS = CMOS**).

3.4.1 Aufbau und Funktionsweise

Der Aufbau eines MOSFET-Transistors ist in Abbildung 3.33 gezeigt. Er hat **vier** (!) Anschlüsse, obwohl gerade in einführenden Lehrbüchern oft nur drei Anschlüsse (Drain, Gate, Source) benannt werden. Der Substratanschluss (Bulk = p-Wanne in Abbildung 3.33) kann aber ebenso zur Ansteuerung eines MOSFETs verwendet werden und beeinflusst dessen Eigenschaften. Er wird deshalb oft auch als **Back-Gate** bezeichnet. Oft werden der Bulk- und der Source-Anschluss aber auf gleiches Potential gelegt, was wir für die folgende Diskussion zunächst auch voraussetzen wollen. Der Gate-Anschluss ist über eine dünne Oxidschicht, anders als beim JFET, unabhängig von der Polarität des Gate-Potentials immer vom Rest des MOSFETs elektrisch isoliert.

Source und Drain sind im MOSFET aus Abbildung 3.33 zunächst nicht elektrisch leitend verbunden. Dies liegt daran, dass vom Source-Anschluss (kurz: Source) ausgehend eine NPN-Konfiguration auf dem Weg zum Drain-Anschluss vorliegt. Unabhängig von der Polarität kann deshalb kein Strom fließen; eine der beiden Dioden (Bulk/Source oder Bulk/Drain) ist auf jeden Fall in Sperrrichtung gepolt. Der MOSFET isoliert, er ist im OFF-Zustand. Es fließt ein sehr kleiner Sperrstrom, der normalerweise vernachlässigt werden kann.

Im Folgenden wird ein N-Kanal-MOSFET diskutiert. Alle Vorzeichen von Spannungen und Potentialen sind auf einen N-Kanal-MOSFET bezogen. Die Funktionsweise eines P-Kanal-MOSFETs ist analog, nur müssen Bandverläufe und Vorzeichen der Spannungen, Potentiale und Ströme entsprechend angepasst werden.

Der Source-Anschluss wird im Allgemeinen zusammen mit dem Bulk-Anschluss auf Referenzpotential (Nullpotential) gelegt. Im N-Kanal-MOSFET ergibt sich daraus eine harte Anforderung an das Vorzeichen der Drain-Spannung. Wird eine Drain-Spannung angelegt, so muss diese auf jeden Fall positiv sein (für den N-Kanal). Nur dann ist die Drain-Bulk-Diode in Sperrrichtung gepolt. Wäre das Drain-Potential negativ, so wäre die Drain-Bulk-Diode in Durchlass gepolt, es würde ein ungewollter, relativ hoher Strom von Drain zu Bulk fließen. Durch die Beschaltung von MOSFETs in einer integrierten Schaltung muss sichergestellt sein, dass dieser Betriebszustand nie auftreten kann.

Für die Gate-Spannung U_{GS} gibt es keine derartige Einschränkung. Diese kann im Prinzip sowohl positiv als auch negativ sein, da es in keinem dieser Fälle zu einem Stromfluss über den Isolator kommt. Nur der Betrag der Gate-Spannung darf wegen des dünnen Gate-Oxids nicht zu hoch werden.

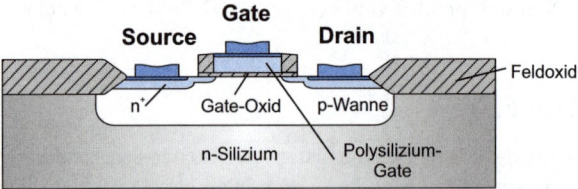

Abbildung 3.33: Prinzipieller Aufbau eines integrierten MOSFETs.

Mit einer Spannung am Gate-Anschluss U_{GS} kann nun der MOSFET angesteuert werden. Bei Spannungsangaben ist es allgemein üblich, den Source-Kontakt als Referenzpotential zu verwenden. Das Gate ist nicht – wie beim JFET – direkt mit dem Halbleiter verbunden, sondern durch eine dünne, aber effektive Isolatorschicht, meist aus Silizium-Oxid (SiO_2), von diesem elektrisch isoliert. Nach Anlegen der Spannung U_{GS} wird deshalb, unabhängig von der Polarität, kein Strom über den Gate-Anschluss fließen, sondern nur ein elektrisches Feld eingeprägt.

3.4 Der MOSFET

Das Gate-Material sollte entsprechend der Bezeichnung Metall-Oxid-Halbleiter-FET ja eigentlich aus Metall bestehen. In der Tat wurde hierfür während der ersten Zeit der Mikroelektronikentwicklung Aluminium verwendet. Für die Prozessführung während der Herstellung der MOSFETs war es später aber notwendig, dass das Gate ebenso wie Source und Drain hohe Prozesstemperaturen unbeschadet übersteht. Deshalb wurde das Metall-Gate schon bald durch ein Gate aus polykristallinem Silizium (Polysilizium) ersetzt. Das Silizium ist an dieser Stelle polykristallin, weil es auf ein glasartiges, amorphes Dielektrikum, nämlich den SiO_2-Isolator, aufgewachsen wird. Hoch dotiertes polykristallines Silizium übernimmt seither die Funktion des „Metall-Gates" in einem MOSFET. Der Hauptvorteil der Silizium-Gate-Technologie ist jedoch die Möglichkeit, eine **selbstjustierende** Platzierung des Gates zu bieten. Bei der Metall-Gate-Technologie werden zunächst die Drain- und Source-Gebiete durch einen Maskenschritt definiert. Anschließend muss das Gate derart justiert werden, dass es den Kanal vollständig vom Drain- bis zum Source-Ende überdeckt. Wegen der einzuhaltenden Toleranzen entstehen somit Überlappungskapazitäten zwischen Drain und Gate sowie zwischen Source und Gate. Die Drain-Gate-Überlappung führt zum Miller-Effekt und damit zur Begrenzung der oberen Grenzfrequenz. Die Silizium-Gate-Technologie vermeidet diese Überlappung weitgehend, siehe *Kapitel 7*. Die Bezeichnung MOSFET wurde deshalb aber nicht geändert. Durch die zunehmende Miniaturisierung der Bauelemente ist man mittlerweile gezwungen, sogar wieder Metall-Gates einzusetzen, die nun allerdings aus Kupfer bestehen. Diese und weitere neue Entwicklungen werden im *Kapitel 19* beschrieben.

Die Wirkung eines elektrischen Feldes auf den Bandverlauf am Metalloxid-Halbleiter-Übergang (MOS-Übergang) ist in Abbildung 3.34 skizziert.

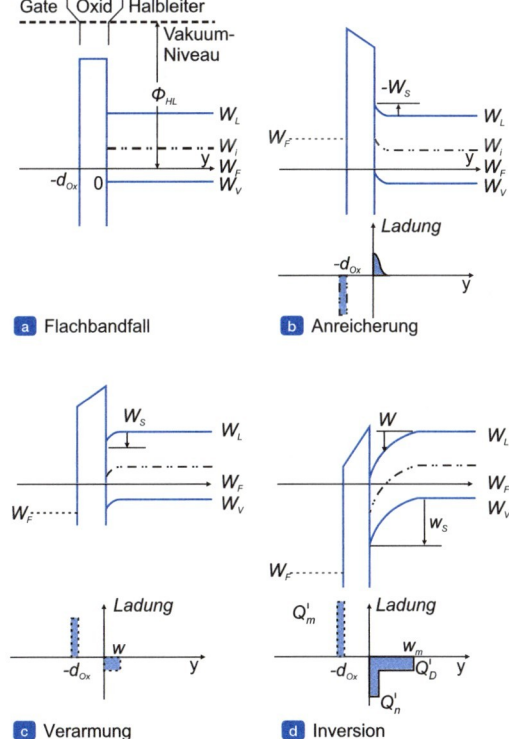

Abbildung 3.34: Bandverbiegung an einer MOS-Anordnung für unterschiedliche Potentialdifferenzen U_{GS}, nach [18].

Flachbandfall

In Abbildung 3.34a ist ohne Beschränkung der Allgemeinheit angenommen, dass sich zunächst ein Flachbandfall einstellt. Der Flachbandfall spielt im Betrieb keine besondere Rolle, er dient nur als übersichtlicher Ausgangspunkt der Diskussion. Die Fermi-Energie im Halbleiter befindet sich in der Nähe des Valenzbandes, es handelt sich demnach offensichtlich um einen p-dotierten Halbleiter. Da die Fermi-Energie im Metall bei der gleichen Energie liegt – es wurde ja der Flachbandfall angenommen – ergibt sich auch zunächst keine Bandverbiegung und damit existieren auch keine elektrischen Felder. Alle Bänder verlaufen horizontal. Ob sich der Flachbandfall ohne äußere Spannung U_{GS} oder erst nach Anlegen einer Spannung einstellt, ist hier nicht grundsätzlich von Belang. Wir behandeln den Flachbandfall nur als Ausgangspunkt der folgenden Überlegungen, obwohl sich normalerweise auch schon ohne äußere Spannung eine Bandverbiegung im Halbleiter ergibt.

Neben dem Fermi-Niveau W_F ist auch das intrinsische Fermi-Niveau W_i eingezeichnet. Zur Erinnerung: Liegt das Fermi-Niveau unterhalb von W_i, dann liegt Löcherleitung vor (mehr Löcher als Elektronen), im anderen Fall Elektronenleitung (mehr Elektronen als Löcher). Ist $W_F = W_i$, so gilt $n = p$.

Anreicherung

Ausgehend vom Flachbandfall soll nun eine negative Spannung U_{GS} über dem Isolator angelegt werden, d. h., das Metallpotential wird negativ gegenüber dem Halbleiter. Dies entspricht bezüglich des Metall-Halbleiter-Übergangs der Polung in Durchlassrichtung. Die daraus folgende Bandverbiegung ist in Abbildung 3.34b skizziert. Positive Ladungsträger werden an die Halbleiter-Isolator-Grenzfläche gezogen, die Ladungsträgerkonzentration (Löcher) wird dort größer. Diese Situation bezeichnet man als **Anreicherung**. Die resultierenden zusätzlichen Ladungen sind in Abbildung 3.34 ebenfalls skizziert. Auf der anderen Seite des Kondensators im Gate-Metall bildet sich eine gleich große Flächenladung mit entgegengesetztem Vorzeichen aus. Ähnlich wie bei der Raumladungszone von Dioden ist die Ausdehnung der zusätzlichen Ladungsverteilung in den Halbleiter hinein von der Dotierkonzentration abhängig. Je höher die Dotierkonzentration, desto weniger weit reicht die Raumladungszone in das Halbleitergebiet hinein. Die dazu gehörige Bandverbiegung führt dazu, dass die Valenzbandkante näher an die Fermi-Energie W_F heran geführt wird, was konsistent ist mit einer höheren Löcherkonzentration.

Verarmung

Wird eine positive Spannung über dem Isolator angelegt, so reagieren die Bänder ebenfalls mit einer Bandverbiegung, diesmal aber gerade in die andere Richtung. Positive Ladungen werden von der Halbleiter-Isolator-Grenzfläche abgestoßen, die Ladungsträgerkonzentration wird reduziert, siehe Abbildung 3.34c, das Valenzband biegt sich weg von der Fermi-Energie, was wiederum konsistent ist mit einer Reduktion der Löcherkonzentration. Es verbleiben negativ geladene Akzeptorrümpfe in der Nähe der Grenzfläche; diese sind ebenfalls in der Abbildung 3.34 dargestellt. Wiederum bildet sich auf der anderen Seite des Kondensators im Gate-Metall eine gleich große Flächenladung, diesmal allerdings mit positivem Vorzeichen.

An dieser Stelle soll nochmals darauf hingewiesen werden, dass in beiden Fällen die Fermi-Energie W_F selbst immer noch horizontal verläuft, da sich die MOS-Anordnung im thermodynamischen Gleichgewicht befindet und kein Strom fließt.

Inversion

Wird die Spannung weiter erhöht und damit zunächst die Verarmung weiter verstärkt, so wird die Leitungsbandkante an der SiO$_2$-Grenzfläche sogar so weit nach unten gezogen, dass die intrinsische Fermi-Energie W_i (meist in der Bandmitte) unterhalb der Fermi-Energie W_F zu liegen kommt. Damit ist W_F näher am Leitungsband als am Valenzband und die zugehörige Ladungsträgerkonzentration an Elektronen übersteigt diejenige von Löchern. Aus der Löcherleitung ist im Bereich unter dem Gate Elektronenleitung geworden. Diese Situation bezeichnet man als **Inversion**. Ursprünglich standen Löcher als Ladungsträger zur Verfügung, im Kanal liegen jetzt aber Elektronen vor, daher die Bezeichnung „Inversion". Es hat sich ein n-leitender Inversionskanal unter dem Gate gebildet.

Kehren wir nun zur Beschreibung der Funktionsweise eines MOSFETs zurück, siehe dafür Abbildung 3.35. Ohne Ansteuerung des Gates ist Stromfluss aufgrund der lateralen NPN-Konfiguration nicht möglich (Abbildung 3.35a). Dies ändert sich allerdings, wenn die MOS-Anordnung in die Inversion getrieben wird (Abbildung 3.35b). Dann befindet sich direkt unterhalb des Gate-Bereiches an der Grenzfläche zwischen Halbleiter und Substrat ein n-leitender Kanal, der die n-dotierten Source- und Drain-Anschlüsse miteinander verbindet. Entscheidend ist, dass der Kanal sowohl den Source- als auch den Drain-Bereich berührt. Es muss also einen Überlapp von Gate-Anschluss und den Source- und Drain-Bereichen geben. Dies muss bei der Herstellung des MOSFETs unbedingt berücksichtigt werden.

Liegt Inversion vor, so ist der MOSFET jetzt im ON-Zustand, Source und Drain sind über den Kanal leitend miteinander verbunden. Der zugehörige Widerstand des Kanals $R_{DS,on}$ hängt von der Elektronenkonzentration im Kanal und von dessen geometrischen Abmessungen, insbesondere dessen Weite W ab. Der Elektronenkanal ist über die entsprechende Raumladungszone zum p-Substrat hin elektrisch isoliert.

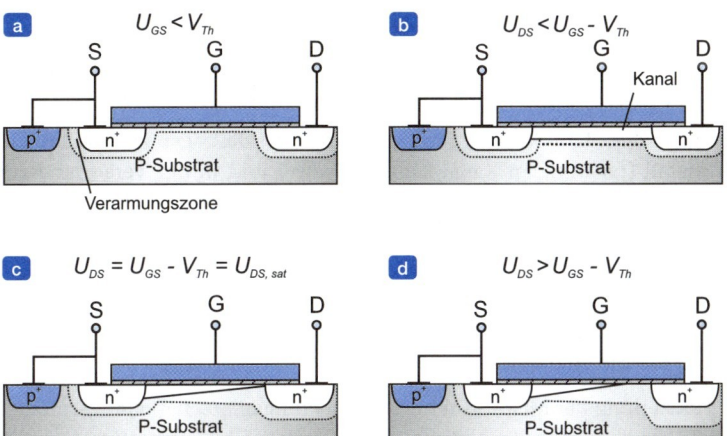

Abbildung 3.35: Arbeitsmodi eines MOSFETs.

Linearer Bereich

Die Inversion kann erst erreicht werden, wenn die Gate-Source-Spannung U_{GS} einen kritischen Grenzwert, die Threshold-Spannung V_{Th}, überschreitet. Erst dann bildet sich der n-leitende Kanal aus. Sind Source und Drain-Anschluss auf gleichem Potential, so bildet sich der Kanal homogen unter dem gesamten Gate. Legt man nun eine Source-Drain-Spannung an, so fließt ein Drain-Strom I_D, ganz analog zum Verhalten eines JFETs. U_{DS} muss wie besprochen positiv sein, d. h., der Drain-Anschluss wird relativ zum Referenzpotential am Source positiv. I_D wird für kleine Spannungen U_{DS} proportional mit U_{DS} anwachsen, der Kanal verhält sich zunächst wie ein ohmscher Widerstand. Fließt ein Strom, so resultiert daraus ein Potentialabfall vom Drain (positiv) zum Source (Nullpotential). Damit ändert sich aber auch die Potentialdifferenz zwischen Gate und Kanal, diese wird ortsabhängig. Der Kanal ist dann nicht mehr überall unter dem Gate gleichmäßig stark in Inversion.

Abschnürung (Pinch-Off) und Sättigung

U_{DS} kann deshalb nicht beliebig erhöht werden. Analog zum JFET kommt es nämlich ab einer bestimmten Potentialdifferenz U_{DS} zu einer Abschnürung des Kanals. Wird das Drain-Potential nämlich immer positiver, so sinkt die Drain-seitige Potentialdifferenz zwischen Kanal und Gate, da das Gate-Potential ja ebenfalls positiv ist. Zunächst nimmt dadurch die Inversion ab, und zwar besonders am Drain-seitigen Ende des Kanals. Unterschreitet die Potentialdifferenz allerdings den kritischen Wert V_{Th}, so bricht die Inversion an dieser Stelle zusammen, der Kanal ist abgeschnürt, siehe Abbildung 3.34d und Abbildung 3.35c. Dies findet statt, wenn die Spannung U_{DS} den Wert

$$U_{DS} = U_{GS} - V_{Th} \tag{3.117}$$

erreicht bzw. überschreitet. Wird die Spannung U_{DS} weiter erhöht, so fällt die zusätzliche Spannung nur noch über dem abgeschnürten, hochohmigen Bereich ab, ähnlich wie bei der Sättigung des JFETs. Die Funktionsweise des MOSFETs ist damit ganz ähnlich zu der eines JFETs; ein MOSFET kann deshalb mit einem ganz ähnlichen Satz von Kennliniengleichungen beschrieben werden. Sie sollen aber dennoch hergeleitet werden.

3.4.2 Kennlinien eines MOSFETs

Zur Herleitung der Kennlinien eines MOSFETs betrachten wir zunächst noch einmal die Flächenladungen an der MOS-Struktur. Die Überlegungen werden wieder für einen N-Kanal-MOSFET durchgeführt, gelten aber analog natürlich auch für einen P-Typ.

Die Ladungen an der MOS-Struktur setzen sich aus drei Beiträgen zusammen: die Flächenladung im Metall (positiv), im Kanal selbst (negativ) und in der Verarmungszone in den Halbleiter hinein, die sich aus den negativen Akzeptorrümpfen zusammensetzt. Wir definieren folgende Größen:

Flächenladungsdichte im Kanal $\qquad\qquad\qquad Q'_n$

Ladungsdichte in der Verarmungszone $\qquad\qquad Q_D = q \cdot N_{A^-} = -q \cdot N_A$

Flächenladungsdichte an der Metall-Isolator-Grenze $\qquad Q'_M$

Da bei der Herstellung der MOS-Struktur keine Ladungen erzeugt oder vernichtet, sondern nur umverteilt wurden, muss Ladungsneutralität gelten. Die Flächenladung auf der Metallunterseite muss – wie bei jedem Kondensator – der Ladung der Gegenelektrode mit anderem Vorzeichen sein, hier also gleich der Summe der Flächenladungen im Kanal und der Verarmungszone im Halbleiter.

$$Q'_M = -Q'_S = -(Q'_n + Q'_D) \tag{3.118}$$

Solange kein Kanal vorhanden ist, kann der Term Q'_n vernachlässigt werden:

$$Q'_M = -Q'_S \approx -Q'_D \qquad (3.118a)$$

Durch den hochgestellten Strich (') wird eine Flächenladungsdichte gekennzeichnet, also Ladung pro Fläche. Zur Umrechnung einer **drei**dimensionalen Ladung **pro Volumen** auf eine **zwei**dimensionale Ladung **pro Fläche** gilt z. B. für die Ladungen in der Verarmungszone:

$$Q'_D = -q \cdot N_A \cdot w_D \qquad (3.119)$$

Hierin ist w_D die Ausdehnung der Raumladungszone in z-Richtung, also senkrecht zur Ebene des Kanals, in der ja alle Akzeptoren ionisiert sind und damit zur Flächenladung beitragen. Die Akzeptoren sind ionisiert und damit negativ geladen.

Eine MOS-Struktur ist deshalb eine Kapazität, bei der zwei anteilige Kapazitäten in Serie geschaltet sind: die Kapazität des Oxid-Kondensators selbst sowie die Kapazität der Raumladungszone im Halbleiter (solange noch kein Kanal vorhanden ist). Aufgrund der Serienschaltung berechnet sich die Gesamtkapazität pro Fläche demnach aus der Summe der reziproken Einzelkapazitäten.

$$C'_{MOS} = \left(\frac{1}{C'_{Ox}} + \frac{1}{C'_D}\right)^{-1} \qquad (3.120)$$

Setzt man noch die Kondensatorformel für die beiden Beiträge ein, so erhält man die Kapazität bezogen auf die Fläche

$$C'_{MOS} = \left(\frac{d_{Ox}}{\varepsilon_{Ox}} + \frac{w_D}{\varepsilon_S}\right)^{-1} \qquad (3.121)$$

Es bedeuten: d_{Ox} = Dicke des Gate-Oxids, ε_{Ox} = gesamte Dielektrizitätskonstante des Oxids, w_D = Ausdehnung der Raumladung in z-Richtung, ε_S = gesamte Dielektrizitätskonstante der Verarmungszone.

Genau genommen gilt Gleichung (3.121) nur, wenn kein Kanal vorhanden ist. Mit Kanal kann eine Spannung U_{GS} direkt unter dem Gate angreifen, d. h., der gesamte Kanal liegt auf Source-Potential, die Kapazität ist dann wieder nur durch den Oxid-Kondensator gegeben. Die Raumladungszone spielt dann keine Rolle mehr. Die Abhängigkeit der Gesamtkapazität der MOS-Struktur als Funktion des anliegenden Gate-Potentials V_G ist in Abbildung 3.36 gezeigt ($V_G = U_{GS}$, für die folgende Betrachtung ist es sinnvoller, die Spannung U_{GS} durch das Potential V_G zu ersetzen).

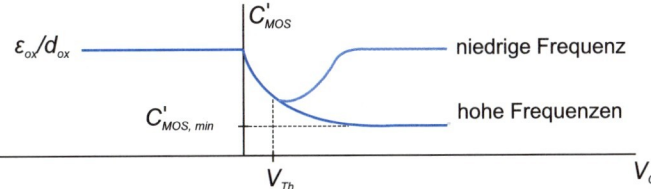

Abbildung 3.36: Abhängigkeit der Gesamtkapazität einer MOS-Anordnung vom Betriebszustand und damit vom angelegten Gate-Potential $V_G = U_{GS}$.

Für negative Potentiale V_G befindet man sich in der Akkumulation, d. h., es werden Löcher aus dem p-Halbleiter an die Oxid-Halbleiter-Grenzfläche gezogen. Die Gesamtkapazität besteht ausschließlich aus dem Beitrag des Oxids. Im Bereich der Verarmung, für positive Spannungen V_G, erhöht sich die Dicke des isolierenden Bereichs um die Breite der Raumladungszone w_D, die mit steigender Spannung in Sperrichtung zunimmt. Dies gilt allerdings nur bis zur Threshold-Spannung V_{Th}, da sich dann ein leitfähiger Kanal (N-Kanal, Elektronen) direkt an der Grenzfläche zum Oxid bildet. Eine weitere Zunahme der Spannung V_G fällt dann nur noch direkt über dem Oxid ab. Die MOS-Kapazität steigt wieder auf die Oxid-Kapazität an.

Dies ist das Verhalten der MOS-Kapazität als Funktion des Potentials V_G bei relativ niedrigen Frequenzen. Wird die Kapazität allerdings bei sehr hohen Frequenzen gemessen, so kann sich der Kanal nicht mehr vollständig ausbilden, Elektron-Loch-Paare werden nicht mehr schnell genug gebildet. Die Ladungsträgerkonzentration im Kanal bildet sich nicht vollständig aus, bevor die MOS-Kapazität schon wieder umgeladen wird. Hochfrequenzmessungen ergeben deshalb Kapazitätswerte, die weiterhin aus der Oxid-Kapazität **und** der Sperrschichtkapazität resultieren (siehe Abbildung 3.36).

Die Potentialdifferenz in vertikaler z-Richtung über der MOS-Struktur setzt sich aus der Potentialdifferenz V_{Ox} über dem Isolator (dem SiO_2) und der Potentialdifferenz über der Raumladungszone Φ_S im Halbleiter zusammen:

$$V = V_{Ox} + \Phi_S \qquad (3.122)$$

Ist E das elektrische Feld im Isolator und d_{Ox} die Dicke des Isolators, so gilt mit Verwendung von Gleichung (3.118) und Anwenden des Gauß'schen Satzes auf Flächenladungsdichten:

$$V_{Ox} = -E \cdot d_{Ox} = +\frac{Q'_M}{\varepsilon_{Ox}} \cdot d_{Ox} = -\frac{Q'_S}{\varepsilon_{Ox}} \cdot d_{Ox} = -\frac{Q'_S}{C'_{Ox}} \qquad (3.123)$$

Hierin ist C'_{Ox} die Oxid-Kapazität pro Fläche. Die gesamte Oxid-Kapazität ergibt sich dann durch Multiplikation mit der Fläche:

$$C_{Ox} = C'_{Ox} \cdot A \qquad (3.124)$$

Die Flächenladungsdichte im N-Kanal ergibt sich aus der Potentialdifferenz über dem Isolator und der dazugehörigen Kapazität zu

$$Q'_n = -\frac{\varepsilon_{Ox}}{d_{Ox}} \cdot \left(V_G - V_{Th} - V(x)\right) = -\frac{\varepsilon_{Ox}}{d_{Ox}} \cdot \left(U_{GS} - V_{Th} - V(x)\right) \qquad (3.125)$$

$V(x)$ ist die Potentialdifferenz zwischen dem Kanal an der Stelle x und dem Source-Kontakt. Der Term in Klammern muss größer null sein, damit Inversion vorliegt.

Den Strom durch einen Kanal mit der dreidimensionalen Ladungsträgerkonzentration n sowie der Driftgeschwindigkeit v_D hatten wir schon in *Kapitel 2* besprochen:

$$I_D = -q \cdot n \cdot v_D(x) \cdot h(x) \cdot W \qquad (3.126)$$

wobei W die Breite oder Weite des Kanals und $h(x)$ dessen Ausdehnung in z-Richtung ist.

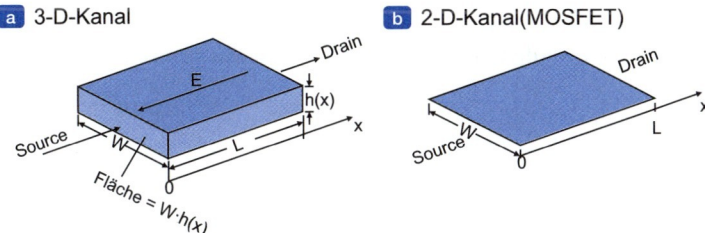

Abbildung 3.37: Ladungsträgerkonzentration in einem drei- und einem zweidimensionalen Kanal. Die Situation in einem zweidimensionalen Kanal entspricht dem MOSFET.

Übertragen auf den MOSFET und mit der zweidimensionalen Ladungsdichte ergibt sich

$$I_D = Q'_n(x) \cdot v_D(x) \cdot W = Q'_n(x) \cdot (-\mu_n \cdot E(x)) \cdot W \quad (3.127)$$
$$= -\mu_n \cdot Q'_n(x) \cdot \frac{dV(x)}{dx} \cdot W$$

Mit der Ladung $Q'_n(x)$ aus Gleichung (3.125) ergibt sich

$$I_D = +\frac{\varepsilon_{Ox}}{d_{Ox}} \cdot W \cdot \mu_n \cdot (U_{GS} - V_{Th} - V(x)) \cdot \frac{dV(x)}{dx} \quad (3.128)$$

Zur Integration können die Variablen separiert werden. I_D hat dabei entlang des Kanals unabhängig von dessen Ausdehnung immer denselben Wert, da es sich ja quasi um eine Reihenschaltung der Längselemente des Kanals handelt.

$$I_D \cdot \int_0^L dx = I_D \cdot L = \frac{\varepsilon_{Ox} \cdot \mu_n \cdot W}{d_{Ox}} \cdot \int_0^{U_{DS}} (U_{GS} - V_{Th} - V(x)) \cdot dV \quad (3.129)$$
$$I_D = \frac{\varepsilon_{Ox} \cdot \mu_n \cdot W}{d_{Ox} \cdot L} \cdot \left[(U_{GS} - V_{Th}) \cdot U_{DS} - \frac{1}{2} \cdot U_{DS}^2\right]$$

Dies ist das Ergebnis für den Strom durch einen MOSFET als Funktion der Spannungen U_{GS} und U_{DS}. Der erste Teil der Gleichung in eckigen Klammern steigt sowohl mit U_{DS} als auch mit U_{GS} linear an, während der zweite Teil quadratisch mit U_{DS} ansteigt, aber mit einem negativen Vorzeichen versehen ist. Wir haben hiermit genau die Gleichung gefunden, die wir im Abschnitt über JFETs noch als parametrische Beschreibung eingeführt hatten. Ausgehend von dieser idealisierten Beschreibung wird nun nur noch die Modulation der Kanallänge mit der Drain-Source-Spannung berücksichtigt. Dies bringt uns zusammenfassend zu den folgenden Gleichungen für den Strom durch den MOSFET-Kanal:

Linearer Bereich (Triodenbereich)

$$I_D \approx 2 \cdot \beta \cdot \left(U_{GS} - V_{Th} - \frac{1}{2} \cdot U_{DS}\right) \cdot U_{DS} \cdot (1 + \lambda \cdot U_{DS}) \quad \text{für} \quad U_{DS} < U_{GS} - V_{Th} \quad (3.130)$$

Stromsättigungsbereich

$$I_D \approx \beta \cdot (U_{GS} - V_{Th})^2 \cdot (1 + \lambda \cdot U_{DS}) \quad \text{für} \quad U_{DS} \geq U_{GS} - V_{Th} \quad (3.131)$$

3 Integrierte Bauelemente

Abkürzungen

In beiden Gleichungen werden die folgenden Abkürzungen verwendet:

$$\beta = \frac{W}{2 \cdot L} \cdot K_P; \quad K_P = \frac{\varepsilon_{Ox}}{d_{Ox}} \cdot \mu_n \tag{3.132}$$

W ist die Weite, L die Länge des Kanals. $1/\lambda$ entspricht wiederum der Early-Spannung. Das grundsätzliche Kennlinienfeld des MOSFETs ist in Abbildung 3.38 gezeigt.

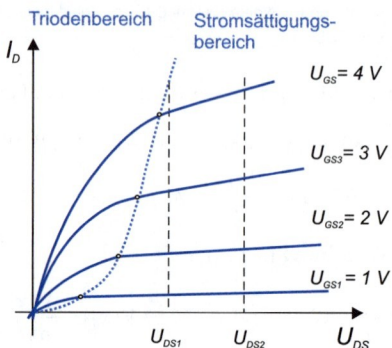

Abbildung 3.38: Kennlinienfeld eines MOSFETs mit linearem Anlaufbereich und Sättigungsbereich.

Ähnlich wie beim JFET existiert für kleine Drain-Source-Spannungen U_{DS} ein annähernd linearer Zusammenhang zwischen Strom I_D und U_{DS}. Für größere Werte U_{DS} nimmt die Steigung der Kennlinie $I_D(U_{DS})$ ab; allerdings steigt der Drain-Strom bis zur Grenze $U_{DS} = U_{GS} - V_{Th}$ **linear** mit der Gate-Source-Spannung an (**linearer Bereich**).

Ab der Grenze $U_{DS} = U_{GS} - V_{Th}$ sättigt der Drain-Strom aus den vorher diskutierten Gründen. Für große Gate-Source-Spannungen wird die Sättigung, d. h. das Abschnüren des Kanals, erst bei höheren U_{DS}-Werten erreicht. Die kleine Steigung im Sättigungsbereich ist wiederum auf eine Kanallängenmodulation zurückzuführen.

Grundsätzlich muss für den Betrieb des MOSFETs darauf geachtet werden, dass die Diode zwischen Source und Bulk, Drain und Bulk sowie dem Kanal und Bulk immer in Sperrrichtung gepolt ist. Sind, wie im oben diskutierten Beispiel, Source und Bulk auf dem gleichen Referenzpotential (Nullpotential), so muss Drain relativ dazu immer positiv gepolt sein. Diese Vorzeichen gelten für einen N-Kanal-MOSFET.

Die Ladungsträger im Kanal befinden sich in unmittelbarer Nähe zu der Grenzfläche zwischen Halbleiter und Oxid. Man könnte nun erwarten, dass das Oxid als „verrostetes Silizium" eine sehr raue, undefinierte Grenzfläche erzeugt und deshalb die elektrischen Eigenschaften des darunterliegenden Kanals völlig zerstört. Dies ist allerdings nicht der Fall. Die Präzision, mit der eine glatte, wohldefinierte SiO_2/Si-Grenzfläche hergestellt werden kann, ist einer der Hauptgründe, warum ausgerechnet Silizium als Halbleiter eine so große Rolle in der Mikroelektronik spielt. Trotz dieser hervorragenden Eigenschaften spüren die Ladungsträger im Kanal allerdings die Grenzfläche zum Dielektrikum. Dies äußert sich z. B. darin, dass die Beweglichkeit der Ladungsträger im Kanal nur etwa halb so groß ist wie in vergleichbarem Volumenmaterial.

Bisher wurde ausschließlich ein MOSFET mit einem n-leitenden Kanal diskutiert, dessen Substrat oder Bulk p-dotiert ist. Im Gegensatz dazu muss ein komplementärer P-Kanal-MOSFET in einem n-dotierten Bereich untergebracht werden. Bei einem P-Kanal-FET müssen alle Dotierungen und Spannungen mit dem entgegengesetzten Vorzeichen versehen werden. Die prinzipielle Funktionsweise der komplementären Transistoren (P-Kanal und N-Kanal) ist identisch. Aufgrund der um einen Faktor zwei bis drei kleineren Beweglichkeit von Löchern im Vergleich zu Elektronen sind die entsprechenden Widerstände allerdings auch doppelt bis dreimal so groß. Sollen die beiden komplementären Transistoren in einer integrierten Schaltung gleiche ON-Widerstände besitzen, so muss der P-Kanal-Transistor im Vergleich zum N-Kanaltyp ungefähr mit doppelter bis dreifacher Kanalweite W ausgeführt werden.

Bulk-Anschluss

Liegt zwischen Source und Bulk eine zusätzliche Sperrspannung, so wird die Inversion im Kanal später erreicht: Die zugehörige Threshold-Spannung V_{Th} steigt an. V_{Th} wird damit von U_{BS} abhängig. Dieser Einfluss des Substrates (= Bulk) wird vielfach als **Body-** oder **Bulk-Effekt** bezeichnet. Eine Parametrisierung zeigt folgenden Zusammenhang für die Abhängigkeit der Threshold-Spannung:

NMOS-Transistor:

$$V_{Th} = V_{TO} + \gamma \cdot \left(\sqrt{-2 \cdot \Phi_P - U_{BS}} - \sqrt{-2 \cdot \Phi_P} \right) \tag{3.133a}$$

$$\gamma = \frac{1}{C'_{Ox}} \cdot \sqrt{2 \cdot q \cdot \varepsilon_S \cdot N_A}; \quad \Phi_P = -\frac{k \cdot T}{q} \cdot \ln\left(\frac{N_A}{n_i}\right) < 0$$

PMOS-Transistor:

$$V_{Th} = V_{TO} - \gamma \cdot \left(\sqrt{2 \cdot \Phi_N + U_{BS}} - \sqrt{2 \cdot \Phi_N} \right) \tag{3.133b}$$

$$\gamma = \frac{1}{C'_{Ox}} \cdot \sqrt{2 \cdot q \cdot \varepsilon_S \cdot N_D}; \quad \Phi_N = \frac{k \cdot T}{q} \cdot \ln\left(\frac{N_D}{n_i}\right) > 0$$

Die Parameter γ und Φ_P bzw. Φ_N werden Body-Faktor und Kontaktpotential genannt. V_{TO} ist die Threshold-Spannung **ohne** den Einfluss einer Bulk-Source-Spannung. Der Index ist „TO" und nicht „$T0$"! Häufig wird der Parameter Φ_P in der folgenden Weise angegeben: $-2 \cdot \Phi_P = PHI > 0$ für den NMOS-Transistor bzw. $2 \cdot \Phi_N = PHI > 0$ für den PMOS-Transistor.

Im Prinzip ist dieser **parasitäre** Effekt in Schaltungen unerwünscht. Er kann jedoch bei analogen Schaltungen auch gezielt ausgenutzt werden, da über den Bulk-Anschluss die MOSFET-Eigenschaften beeinflusst werden können. Im *Kapitel 13* wird z. B. eine Operationsverstärkerschaltung besprochen, in der dieser Effekt für den Aufbau einer einfachen Rail-to-Rail-Eingangsstufe genutzt wird.

3.4.3 Weitere MOSFET-Typen und ihre Schaltungssymbole

Die bisherige Bauform eines MOSFETs hatte ohne Gate-Spannung keinen Kanal und war deshalb in diesem Zustand hochohmig. Derartige MOSFETs werden **selbstsperrend** genannt. Der Kanal in einem MOSFET kann aber auch schon bei der Herstellung entsprechend dotiert werden, sodass dieser auch ohne Gate-Spannung leitfähig ist. Durch Anlegen einer Gate-Spannung kann dieser dann verarmt bzw. ganz abgeschnürt werden. Diese Bauform nennt man **selbstleitend**.

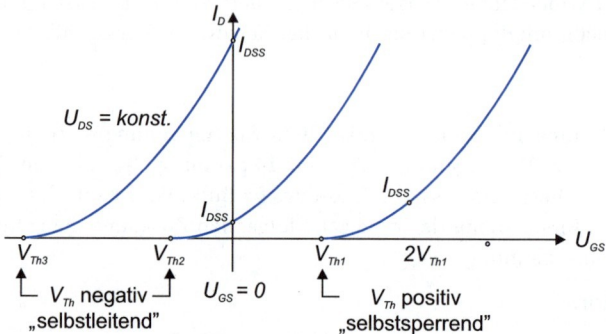

Abbildung 3.39: $I_D(U_{GS})$-Kennlinien für selbstleitende und selbstsperrende N-Kanal-MOSFETs.

Abbildung 3.39 zeigt Transferkennlinien $I_D(U_{GS})$ für selbstleitende und selbstsperrende N-Kanal-MOSFETs. Bei selbstsperrenden NMOS-Transistoren ist die Threshold-Spannung V_{Th} positiv, während sie bei selbstleitenden MOSFETs negativ ist. Die Threshold-Spannung kann durch die Dotierung im Kanal eingestellt werden.

In den Schaltbildern werden die verschiedenen Transistortypen durch geeignete Schaltungssymbole dargestellt. Der Kanal der **selbstsperrenden** Transistoren wird **unterbrochen** angedeutet. In den Symbolen der **selbstleitenden** Typen wird der Kanal **durchgezogen**. Abbildung 3.40 zeigt die verschiedenen Symbole. Wie bei den JFETs wird auch bei den MOS-Transistoren die Substrat-Kanal-Diode durch einen **Diodenpfeil** gekennzeichnet. Damit wird sofort ersichtlich, welches Potential das Bulk-Gebiet gegenüber dem Kanal annehmen muss, um in Sperrrichtung gepolt zu sein.

In vielen Anwendungen ist der MOSFET symmetrisch aufgebaut. Zwischen Drain und Source muss dann nicht unterschieden werden. Dann können auch die symmetrischen Symbole aus Abbildung 3.40a–d verwendet werden. Das bietet einen wichtigen Vorteil: In umfangreichen Schaltungen, in denen die Symbole so klein werden, dass die Pfeilrichtungen schlecht zu erkennen sind, können PMOS- und NMOS-Transistoren durch den **Kreis am PMOS-Gate** erheblich sicherer unterschieden werden. Diese Symbole werden deshalb in den Schaltbildern dieses Buches bevorzugt verwendet.

Ein spezieller MOSFET mit hoher Spannungsfestigkeit ist der **doppeldiffundierte MOSFET** (**DMOSFET**). Der DMOSFET wird durch eine vertikale Transistorstruktur realisiert, wobei nicht die Abmessungen des Gates die Kanallänge bestimmen, sondern der Abstand zwischen den Eindringtiefen einer p- und n-Diffusion. Dies kann mit Abbildung 3.41 verdeutlicht werden: Die effektive Kanallänge in den beiden p-Gebieten wird durch die Source-Diffusion einerseits und durch den PN-Übergang an der niedrig n-dotierten Schicht andererseits bestimmt. Der Elektronenfluss ist durch einen gestrichelten Pfeil markiert. DMOS-Feldeffekt-Transistoren zeichnen sich aufgrund der weit ausgedehnten und niedrig dotierten Drain-

Strecke durch eine hohe Spannungsfestigkeit aus. Sie werden vor allem bei einer Kombination von Steuerungslogik mit großen Schaltleistungen eingesetzt. Dies wird in *Abschnitt 7.5* im Rahmen der BCD-Technologie noch einmal kurz behandelt.

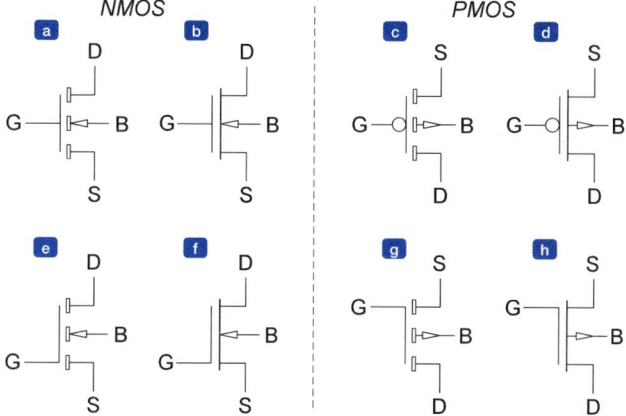

Abbildung 3.40: MOSFET-Symbole: (a) und (e) Selbstsperrende NMOSFETs; (b) und (f) Selbstleitende NMOSFETs; (c) und (g) Selbstsperrende PMOSFETs; (d) und (h) Selbstleitende PMOSFETs. In diesem Buch werden die Symbole (a) bis (d) bevorzugt.

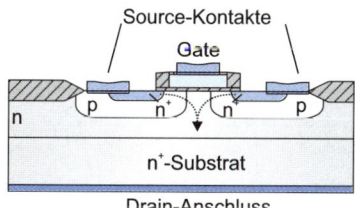

Abbildung 3.41: DMOS-Grundstruktur.

3.4.4 CMOS-Transistorpaar

Einen Querschnitt durch ein integriertes, **komplementäres** MOSFET-Paar (links: N-Kanal, rechts: P-Kanal) ist in Abbildung 3.42 gezeigt; auf den Herstellungsprozess wird in den *Kapiteln 4* und *7* detailliert eingegangen. Die Kombination komplementärer MOSFET-Bauelemente in einer integrierten Schaltung wird als CMOS-Technologie bezeichnet (**Complementary Metal Oxide Semiconductor Technology**).

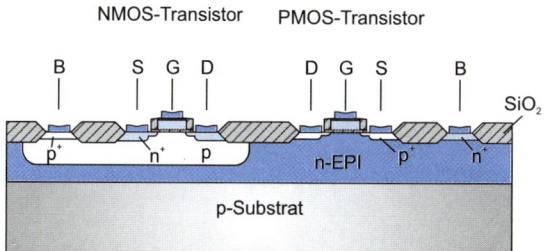

Abbildung 3.42: Querschnitt durch ein komplementäres N-Kanal/P-Kanal-MOSFET-Paar als Ausgangsbasis für z. B. einen CMOS-Inverter.

3.4.5 Kleinsignalgrößen

Die linearisierten Kleinsignalparameter ergeben sich wie üblich aus den Kennliniengleichungen, wiederum getrennt für Anlauf- und Sättigungsbereich.

Steilheit

Sättigungsbereich

$$S = g_m = \left.\frac{\partial I_D}{\partial U_{GS}}\right|_{U_{DS}=konst.} = 2 \cdot \beta \cdot (U_{GS} - V_{Th}) \cdot (1 + \lambda \cdot U_{DS}) = \quad (3.134)$$

$$= \sqrt{4 \cdot \beta \cdot (1 + \lambda \cdot U_{DS})} \cdot \sqrt{I_D} \qquad U_{DS} \geq U_{GS} - V_{Th}$$

und unter Vernachlässigung der Kanallängenmodulation

$$S = g_m \approx 2 \cdot \beta \cdot (U_{GS} - V_{Th}) = \sqrt{4 \cdot \beta \cdot I_D} \qquad U_{DS} \geq U_{GS} - V_{Th} \quad (3.135)$$

Der Bulk-Anschluss kann als Back-Gate dienen, die zugehörige Steilheit ist

$$g_B = \left.\frac{\partial I_D}{\partial U_{BS}}\right|_{U_{DS}=konst.} = \frac{\partial I_D}{\partial V_{Th}} \cdot \frac{\partial V_{Th}}{\partial U_{BS}} \quad (3.136)$$

$$= -2 \cdot \beta \cdot (U_{GS} - V_{Th}) \cdot (1 + \lambda \cdot U_{DS}) \cdot \frac{\partial V_{Th}}{\partial U_{BS}}$$

Mit den Gleichungen (3.133a) und (3.135) sowie mit $\lambda \cdot U_{DS} \ll 1$ gilt dann

$$g_B \approx \frac{\gamma \cdot g_m}{2 \cdot \sqrt{-2 \cdot \Phi_p - U_{BS}}} \approx \frac{\gamma \cdot \sqrt{\beta \cdot I_D}}{\sqrt{-2 \cdot \Phi_p - U_{BS}}} \sim g_m \quad (3.137)$$

Die Näherung gilt für

$$\lambda \cdot U_{DS} \ll 1 \quad \text{und} \quad \beta = \frac{1}{2} K_p \cdot \frac{W}{L} \quad (3.138)$$

Linearer Bereich (Triodenbereich)

$$S = g_m = \left.\frac{\partial I_D}{\partial U_{GS}}\right|_{U_{DS}=konst.} = 2 \cdot \beta \cdot U_{DS} \cdot (1 + \lambda \cdot U_{DS}) = \frac{W}{L} K_p \cdot U_{DS} \quad (3.139)$$

Steilheit des Back-Gates:

$$g_B = \left.\frac{\partial I_D}{\partial U_{BS}}\right|_{U_{DS}=konst.} = \frac{\partial I_D}{\partial V_{Th}} \cdot \frac{\partial V_{Th}}{\partial U_{BS}} = -2 \cdot \beta \cdot U_{DS} \cdot (1 + \lambda \cdot U_{DS}) \cdot \frac{\partial V_{Th}}{\partial U_{BS}} \quad (3.140)$$

und mit

$$\frac{\partial V_{Th}}{\partial U_{BS}} = \frac{-\gamma}{2 \cdot \sqrt{-2 \cdot \Phi_p - U_{BS}}} \quad (3.141)$$

ergibt sich

$$g_B = \left.\frac{\partial I_D}{\partial U_{BS}}\right|_{U_{DS}=konst.} = \frac{\gamma \cdot g_m}{2 \cdot \sqrt{-2\Phi_p - U_{BS}}} \approx \frac{\gamma \cdot \beta \cdot U_{DS}}{\sqrt{-2\Phi_p - U_{BS}}} \quad (3.142)$$

Die Näherung gilt wiederum für

$$\lambda \cdot U_{DS} \ll 1 \quad \text{und} \quad \beta = \frac{1}{2} K_p \cdot \frac{W}{L} \tag{3.143}$$

Eingangswiderstand

Der Eingangswiderstand des MOSFETs ist aufgrund des Isolators sehr hoch und wird im Allgemeinen deshalb vernachlässigt. Für Wechselspannungssignale muss allerdings die Eingangskapazität mitberücksichtigt werden. Diese besteht im Wesentlichen aus der Gate-Kapazität, die allerdings, wie schon beschrieben, abhängig ist vom Betriebszustand des MOSFETs.

Ausgangsleitwert

Für den Ausgangswiderstand $1/r_{DS}$ ergeben sich aus den Kennliniengleichungen dieselben Gleichungen wie für den JFET:

Triodenbereich

$$\frac{1}{r_{DS}} = \left.\frac{\partial I_D}{\partial U_{DS}}\right|_{U_{GS}=const} = g_{DS} \approx 2 \cdot \beta \cdot \left(U_{GS} - V_{Th} - U_{DS}\right) \quad U_{DS} < U_{GS} - V_{Th} \tag{3.144}$$

Stromsättigungsbereich

$$\frac{1}{r_{DS}} = \left.\frac{\partial I_D}{\partial U_{DS}}\right|_{U_{GS}=const} = g_{DS} \approx \beta \cdot \left(U_{GS} - V_{Th}\right)^2 \cdot \lambda \quad U_{DS} \geq U_{GS} - V_{Th} \tag{3.145}$$

In vielen Anwendungen ist die Early-Spannung deutlich größer als die Drain-Source-Spannung. Dann kann Gleichung (3.145) noch weiter vereinfacht werden:

$$\frac{1}{r_{DS}} = g_{DS} \approx \lambda \cdot I_D; \quad r_{DS} \approx \frac{1}{\lambda \cdot I_D} \quad U_{DS} \geq U_{GS} - V_{Th} \tag{3.145a}$$

Rückwirkungsleitwert

Der Rückwirkungsleiwert

$$g_r = \left(\left.\frac{\partial I_G}{\partial U_{DS}}\right|_{U_{GS}=konst.}\right) \tag{3.146}$$

ist vernachlässigbar, da es aufgrund des Isolators zumindest im Gleichstromfall keine Rückwirkung des Ausgangs auf den Eingang gibt. Wiederum müssen allerdings bei Wechselspannungen Kapazitäten mitberücksichtigt werden, in diesem Fall die Drain-Gate-Kapazität.

Die Kapazitäten des MOSFETs

Die wichtigste Kapazität eines MOSFETs ist die Gate-Kapazität. Sie ist nach der Kondensatorformel

$$C_G = \frac{\varepsilon_{Ox} \cdot A}{d_{Ox}} \tag{3.147}$$

von der Dicke d_{Ox} des Oxids, dessen Dielektrizitätskonstante ε_{Ox} sowie der Fläche A des Gates abhängig. Sie entscheidet darüber, wie schnell das Gate aufgeladen werden kann, und ist zusammen mit den Zuleitungswiderständen meist der limitierende Faktor für die maximalen Schaltgeschwindigkeiten. Die Gate-Kapazität kann in **drei** Beiträge (Gate-Bulk, Gate-Source und Gate-Drain-Kapazität) zerlegt werden, deren relative Bedeutung vom Betriebszustand des MOSFETs abhängt. In Abbildung 3.43 sind die drei Betriebszustände angedeutet.

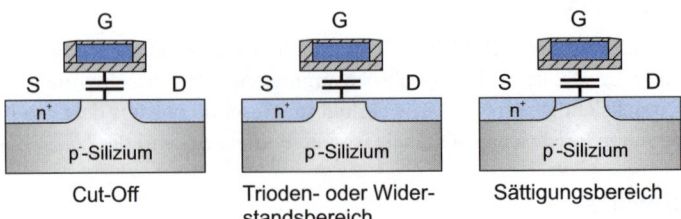

Abbildung 3.43: Unterschiedliche Betriebszustände eines MOSFETs mit den zugehörigen Kapazitätsbeiträgen.

Im OFF-Zustand (auch Cut-Off genannt) existiert kein leifähiger Kanal. Der kleine geometrische Überlapp der Source- und Drain-Gebiete mit dem Gate ergibt eine nur sehr kleine Fläche, sodass die damit verbundene Gate-Source- und ebenso die Gate-Drain-Kapazität vernachlässigt werden kann. Es muss nur die Gate-Bulk-Kapazität berücksichtigt werden, die sich aus der Oxid-Kapazität und der Kapazität der Raumladungszone zusammensetzt. Im Triodenbereich ist der Kanal vollständig über der ganzen Länge des Gates vorhanden; es kommt noch nicht zu einer Abschnürung. Dadurch hat sich zwischen Bulk und Isolator eine n-leitende Raumladungszone ausgebildet. Der Kanal liegt auf Source-Potential, C_{GB} ist gegenüber der Oxid-Kapazität deshalb jetzt vernachlässigbar. Source und Drain sind über den Kanal elektrisch verbunden, die Gesamtkapazität kann deshalb zu gleichen Teilen in einen Beitrag zwischen Gate und Source sowie zwischen Gate und Drain aufgespalten werden ($C_{GS} = C_{GD}$). Im Sättigungsbereich schnürt der Kanal am Drain-seitigen Ende ab und isoliert den Drain-Anschluss vom Gate-Anschluss. In einem typischen Betriebszustand trägt damit nur noch etwa 2/3 der Gesamtfläche zur Gate-Source-Kapazität bei, der Drain-Anschluss ist nun vom Bereich unter dem Gate isoliert. Das Ergebnis dieser Überlegungen ist in Tabelle 3.3 zusammengefasst.

Tabelle 3.3

Genäherte Beiträge zur Gate-Kapazität als Funktion des MOSFET-Betriebszustandes. C'_{Ox} ist die auf die Fläche bezogene Kapazität der MOS-Anordnung, L_{eff} ist die effektive Kanallänge, W dessen Weite.

Arbeitsbereich	C_{GB}	C_{GS}	C_{GD}
Cut-Off-Spannung	$C'_{Ox} \cdot W \cdot L_{eff}$	0	0
Triodenbereich	0	$C'_{Ox} \cdot W \cdot L_{eff}/2$	$C'_{Ox} \cdot W \cdot L_{eff}/2$
Sättigung	0	$(2/3) \cdot C'_{Ox} \cdot W \cdot L_{eff}$	0

3.4 Der MOSFET

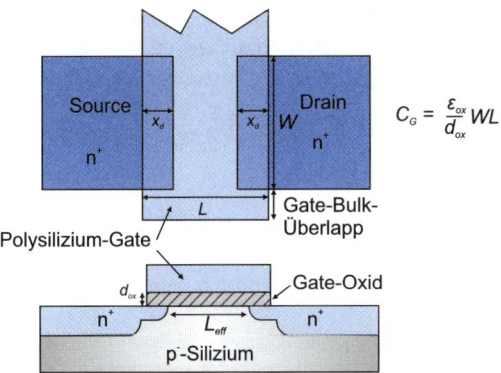

Abbildung 3.44: Veranschaulichung des Überlapps zwischen der Source/Drain- und der Gate-Zone. Die effektive Kanallänge L_{eff} ist nicht gleich der geometrischen Gate-Länge, sondern durch die Eindiffusion der Source- und Drain-Dotierung leicht reduziert. Ohne einen derartiger Überlapp würde ein MOSFET nicht funktionieren, da Source und Drain dann nicht leitfähig verbunden wären. Allerdings ist die Überlappung in der modernen selbstjustierenden Silizium-Gate-Technologie sehr gering.

> **Hinweis**
>
> Es ist üblich, in Simulatoren wie SPICE die **Design-Maße W und L** und nicht die effektiven Werte anzugeben. Die Korrekturwerte sind Teil des Modells; d. h., die **effektiven** Abmessungen werden vom Simulator automatisch richtig berechnet. Bei Berechnungen mit dem Taschenrechner müsste dagegen mit den effektiven Werten gerechnet werden. Da dabei aber sowieso keine genauen Ergebnisse erwartet werden, wird auch hier in der Regel auf eine Korrektur verzichtet. Eventuell notwendig werdende Änderungen der Design-Maße werden durch Verwenden des Simulators sehr viel einfacher gefunden.

Weitere kapazitive Beiträge von der Raumladungszone zwischen Source und Bulk sowie Drain und Bulk müssen in einem verfeinerten Ersatzschaltbild ebenfalls berücksichtigt werden. Abbildung 3.45 zeigt z. B. die Fläche der Diode zwischen Source und Bulk, die einerseits von den lateralen geometrischen Abmessungen, andererseits von der Diffusionstiefe der Source-Dotierung abhängt. Die damit einhergehende Sperrschichtkapazität wird oft auch Diffusionskapazität genannt, da sie durch die Eindiffusion der Source-Dotierung entsteht. Dieser Begriff darf aber nicht mit der Diffusionskapazität einer Diode in Durchlassrichtung verwechselt werden!

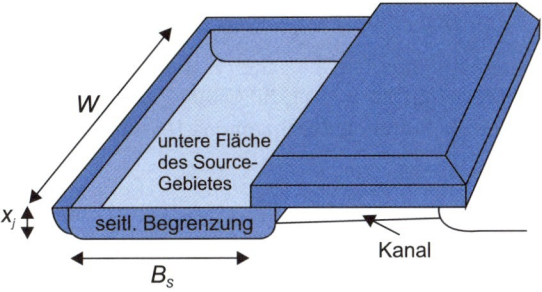

Abbildung 3.45: Relevante Größen für die Source-Bulk-Kapazität.

Die bodenseitige Kapazität pro Fläche c'_j sowie die Kapazität der Seitenflächen c'_{jSW}, (bezogen auf die Länge der Seitenbereiche) müssen mit der entsprechenden Fläche bzw. der Randlänge multipliziert werden und ergeben so die gesamte Kapazität des Source-Bereiches:

$$C_{S,gesamt} = C_{S,Boden} + C_{S,Seitenfläche} = c'_j \cdot A_{Source} + c'_{jsw} \cdot P_{Source} = c'_j \cdot A_S + c'_{jsw} \cdot P_S \quad (3.148)$$

mit $A_S = W \cdot B_S$ und $P_S = 2 \cdot (W + B_S)$

Hierin ist $A_{Source} = A_S$ die Fläche und $P_{Source} = P_S$ die Randlänge (Perimeter) des Source-Bereiches. Eine entsprechende Beziehung gilt entsprechend auch für den Drain-Bereich (Index „D"). Die Größen A_S, P_S, A_D und P_D können dem Layout entnommen werden.

Tabelle 3.4

Beiträge zu den unterschiedlichen Kapazitäten für einen 0,25-µm-CMOS-Prozess. C'_{Ox} = Oxid-Kapazität pro Fläche; c'_{jo} bzw. c'_{jsw} = auf die Fläche bzw. Randlänge bezogene Sperrschichtkapazitäten bei 0 V, nach [19]

Größe → Einheit →	C'_{Ox} fF/µm²	C'_{GSO} fF/µm	c'_{jo} fF/µm²	m_j	P_b V	c'_{jsw} fF/µm	m_{jsw}	ϕ_{bsw} V
NMOS	6	0,31	2	0,5	0,9	0,28	0,44	0,9
PMOS	6	0,27	1,9	0,48	0,9	0,22	0,32	0,9
	Oxid	**Overlap**	**Junction**			**Sidewall**		

Die Junction-Kapazität c'_j (und auch c'_{jsw}) ist dabei als Sperrschichtkapazität (siehe Abschnitt 3.1.4) von der Spannung U_{BS} über der Diode abhängig (hier zwischen Bulk und Source) und wird häufig parametrisiert. Für einen N-Kanal-MOSFET gilt in Anlehnung an Gleichung (3.48b):

$$c'_j = \frac{c'_{jo}}{\left(1 - \frac{U_{BS}}{P_b}\right)^{m_j}} \quad (3.149)$$

Die Bulk-Source-Spannung U_{BS} der Diode ist normalerweise negativ (Sperrrichtung), und $P_b = \Phi_b$ entspricht der intrinsischen Diffusionsspannung U_D (siehe Abschnitt 3.1). Die Parameter c'_{jo} und m_j (und c'_{jsw}) sind vom verwendeten Prozess abhängig. In der Tabelle 3.4 sind z. B. Werte für einen 0,25-µm-CMOS-Prozess angegeben.

Allgemein gilt für einen abrupten PN-Übergang $m_j = 0,5$ und für einen PN-Übergang mit einem linearen Dotierungsprofil $m_j = 0,33$. In Abbildung 3.46 ist zur Veranschaulichung die Sperrschichtkapazität als Funktion der Spannung U_{BS} für beide Fälle dargestellt.

3.4 Der MOSFET

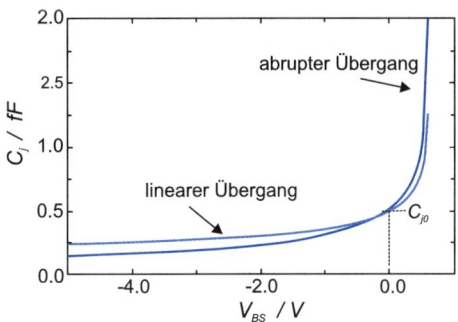

Abbildung 3.46: Junction-Kapazität als Funktion der Spannungsdifferenz über dem Bulk-Source-PN-Übergang eines N-Kanal-MOSFETs, nach [19].

Zur Beschreibung des dynamischen Verhaltens eines MOSFETs müssen daher folgende Kapazitäten in dem Ersatzschaltbild (Abbildung 3.47) berücksichtigt werden:

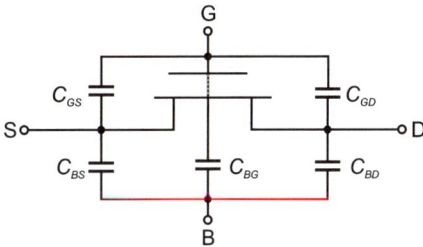

Abbildung 3.47: Kapazitive Beiträge eines MOSFETs.

3.4.6 Temperaturverhalten

Das Temperaturverhalten eines MOSFETs wird durch zwei gegenläufige Effekte verursacht. Die näherungsweise lineare Temperaturabhängigkeit der Threshold-Spannung ist negativ und überwiegt bei kleinen Drain-Strömen. Wenn dieser Effekt überwiegt, wird der Drain-Strom mit zunehmender Temperatur größer. Bei größeren Drain-Strömen überwiegt die Abnahme der Ladungsträgerbeweglichkeit mit höherer Temperatur, die auf zunehmende Streuung an Gitterschwingungen zurückzuführen ist. Durch die unterschiedlichen Vorzeichen der beiden Effekte gibt es einen Arbeitspunkt, bei dem sich beide Effekte kompensieren.

3.4.7 Ersatzschaltbild und SPICE-Parameter des MOSFETs

Das Gesamtverhalten des MOSFETs kann durch das Ersatzschaltbild Abbildung 3.48 beschrieben werden. Es enthält zunächst einmal die in Abbildung 3.47 eingetragenen kapazitiven Beiträge. Von besonderer Bedeutung sind die Kapazitäten zwischen Drain und Gate sowie zwischen Source und Gate. Sie sind durch die Kondensatoren C_{GD} und C_{GS} dargestellt. Dies sind, anders als beim JFET, keine Sperrschichtkapazitäten, sondern MOS-Kondensatoren. Sie sind spannungs- und frequenzabhängig. Das Großsignalverhalten wird durch den

Hauptstrom, d. h. den Drain-Strom, in Form einer gesteuerten Stromquelle I_D modelliert. Zusätzlich sind, wie beim JFET, zwei Dioden und die zugehörigen Sperrschichtkondensatoren zwischen Kanal und Substrat (Bulk) vorgesehen. Für alle vier Anschlüsse sind Bahnwiderstände eingezeichnet und parallel zum Kanal sorgt ein Widerstand R_{DS} für eine gewisse Grundleitfähigkeit. Der Defaultwert für R_{DS} ist jedoch unendlich.

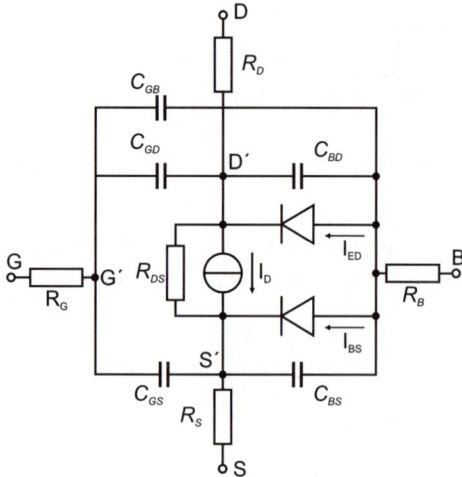

Abbildung 3.48: Ersatzschaltbild eines MOSFETs; die eingezeichneten Stromrichtungen und Dioden gelten für einen N-Kanaltyp.

Zur Simulation mit SPICE wird im einfachsten Fall das Shichman-Hodges-Modell [12] (1968) verwendet, das den Drain-Strom I_D durch die uns bereits bekannten beiden Gleichungen (3.130) und (3.132) angibt. Dieses Modell wird als „Level-1-Modell" bezeichnet. Wegen der großen Bedeutung des MOSFETs ist das Modell aber ständig weiter verfeinert worden. So haben Vladimirescu und Lui [13] im Jahre 1980 ein Modell vorgestellt, das Kurzkanaleffekte auf der Grundlage einer physikalischen Modellierung mitberücksichtigt. Dieses Modell trägt die Bezeichnung „Level 2". Heute wird allerdings für genauere Rechnungen fast ausschließlich das sogenannte BSIM-Modell [14], genauer gesagt das BSIM3-Modell [15], verwendet. BSIM steht für **Berkeley Short-Channel IGFET Model** [14]. Während die Parameter des BSIM-Modells aus Prozessparametern gewonnen werden und unverändert und vollständig zu verwenden sind (es gibt deshalb auch keine Defaultwerte), haben die Parameter des BSIM3-Modells [15] einen stärkeren physikalischen Bezug. Sie werden heute meist mit automatischen Parametertestern aus geeigneten Teststrukturen auf dem Wafer ermittelt. Der Level des BSIM3-Modells ist „7" oder „8". Das BSIM3-Modell ist besonders für eine genauere Simulation analoger Schaltungen geeignet. Auf eine detaillierte Beschreibung soll hier jedoch verzichtet werden. Sehr wertvolle Hinweise dazu sind außer in der Originalarbeit [15] in den Büchern [2], [17] und besonders in [16] zu finden.

Das in Abbildung 3.48 dargestellte Ersatzschaltbild ist die Grundlage für die Simulation mit SPICE, unabhängig vom verwendeten Modell-Level. Allerdings werden anstelle der in Abbildung 3.48 eingezeichneten Kondensatoren im Modell **normierte Ladungen** verwendet. Von besonderer Bedeutung sind die Kapazitäten zwischen Drain und Gate sowie zwischen Source und Gate. Sie werden durch die normierten Ladungen q_{GD} (C_{GD}) und q_{GS} (C_{GD}) modelliert.

3.4 Der MOSFET

In SPICE kann der MOS-Transistor durch einen sehr umfangreichen Parametersatz beschrieben werden. Die Zahl der tatsächlich verwendeten Parameter ist jedoch abhängig von den Anforderungen, die an die Genauigkeit der Simulationsergebnisse gestellt werden.

SPICE unterscheidet nicht zwischen Groß- und Kleinschreibung. Auch die Reihenfolge, in der die Parameter in einer Modellanweisung der Form

```
.Model <Transistor-Name> NMOS (VTO=<value> KP=<value> …)
.Model <Transistor-Name> PMOS (VTO=<value> KP=<value> …)
```

aufgelistet werden, spielt keine Rolle. Sind Parameter nicht bekannt, werden automatisch Defaultwerte angenommen (Ausnahme: BSIM-Modell, Level 4). Die Tabelle 3.5 zeigt eine Liste der üblichen Parameter der Modelle „Level 1" und „Level 2" und die zugehörigen Defaultwerte[1]. Sämtliche Parameter werden in SPICE als positive Zahlen angegeben, auch für den PMOS-Transistor, jedoch mit einer Ausnahme: **Die Threshold-Spannung VTO ist beim MOSFET entsprechend des physikalischen Vorzeichens einzusetzen, und zwar bei beiden Transistortypen.** Beim N-Kanal-MOSFET vom Anreicherungstyp (dies ist der Normalfall) ist VTO positiv und beim P-Kanaltyp ist VTO negativ. Beim Depletion-Typ (beim selbstleitenden MOSFET) sind die Vorzeichen genau umgekehrt, wie man es auch physikalisch erwartet.

Daten

In den Kennliniengleichungen wird der Drain-Strom durch die Parameter V_{Th}, K_P und $\lambda = LAMBDA$ beschrieben und der Einfluss der Bulk-Source-Spannung U_{BS} auf die Threshold-Spannung V_{Th} durch die Parameter *PHI* und *GAMMA*. Diese Parameter werden vom Simulator berechnet, wenn Prozessparameter ($T_{Ox} = d_{Ox}$, N_{Sub}, …) gegeben sind. Diese genannten Parameter können aber auch direkt angegeben werden. Dann werden die aus den Prozessparametern berechneten Werte durch die direkt spezifizierten überschrieben.

Die geometrischen Abmessungen W = Kanalweite und L = Kanallänge werden vom Simulator in sogenannte **effektive** Größen umgerechnet, die wegen der lateralen Diffusion und Sperrschichtausdehnung etwas kleiner sind. Die Design-Maße W und L sind stets Attribute des Bauteils und werden nicht ins Modell geschrieben, auch wenn dies für die Level-1- und Level-2-Modelle zulässig wäre.

A_D und A_S sind die diffundierten Drain- bzw. Source-Flächen. Auch sie sind Attribute des Bauteils. Das Gleiche gilt für die Randlängen P_D und P_S (**Perimeter**) von Drain und Source, siehe Abbildung 3.45. Diese Größen werden gebraucht, um die entsprechenden PN-Übergänge zum Bulk (Substrat) zu modellieren: Der gesamte Drain-Bulk-Sättigungsstrom (genauso der Source-Bulk-Sättigungsstrom) setzt sich aus einem Flächenanteil und einem Randanteil zusammen, analog zu Gleichung (3.148). Der Flächenanteil wird berechnet durch Multiplikation des Parameters J_S mit A_D (bzw. A_S). Der Randanteil ergibt sich aus dem Parameter J_{SSW} und den Randlängen P_D (bzw. P_S). Oder man kann auch **einen** absoluten Wert I_S angeben. Das Gleiche gilt für die Sperrschichtkapazität. Hier wird der Flächenanteil durch Multiplikation des Parameters C_J mit A_D (bzw. A_S) gebildet und der Randanteil entsprechend durch Multiplizieren von C_{JSW} mit P_D (bzw. P_S), siehe Gleichung (3.148). Alternativ kann man auch hier **zwei** absolute Größen C_{BD} und C_{BS} angeben.

Ein Parameter, der ebenfalls als Bauteilattribut dient, ist der Multiplikator M. Mit ihm kann einfach die Parallelschaltung gleicher MOSFETs angegeben werden.

T_{NOM} sollte unbedingt angegeben werden, wenn die Nenntemperatur von $T_{NOM} = 27\,°C$ (300 K) abweicht.

---

1   BSIM3-Parameter siehe \Spicelib\CM5\BSIM3.3_Parameter.pdf (IC.zip)

Tabelle 3.5

SPICE-Parameter des MOS-Transistors und ihre Bedeutungen (Level 1 und 2)

Parameter	Bedeutung	Einheit	Default
W	Kanalweite	m	**)
L	Kanallänge	m	**)
TPG	Gate-Dotierung: +1 entgegengesetzt zum Bulk (Normalfall) −1 gleiche Dotierung wie Bulk 0 Aluminium-Gate		+1
Level	Modell-Level ($Level = 1$ bzw. $Level = 2$)		1
VTO	Threshold-Spannung V_{Th}	V	0
DELTA	Kanalweiteneinfluss auf die Threshold-Spannung		0
GAMMA	Body-Faktor	$V^{1/2}$	0
PHI	Kontakt- oder Oberflächenpotential des Substrates (Bulks)	V	0.6
KP	Steilheitskoeffizient ($\beta = \frac{1}{2} \cdot K_P \cdot W/L$)	A/V^2	$2E-5$
TOX	Oxiddicke	m	$1E-7$
UO	Beweglichkeit der Ladungsträger an der Oberfläche	cm^2/Vs	600
UCRIT	Kritische Feldstärke für die Reduktion der Beweglichkeit	V/cm	$1E4$
UEXP	Degenerationskoeffizient für die Beweglichkeit		0
UTRA	Einfluss des transversalen Feldes auf die Beweglichkeit		0
VMAX	Maximale Driftgeschwindigkeit der Ladungsträger	m/s	0
WD	Laterale Diffusion (Weite)	m	0
LD	Laterale Diffusion (Länge)	m	0
XJ	Metallurgische Sperrschichttiefe	m	0
LAMBDA	Kanallängen-Modulationsparameter λ	V^{-1}	0
IS	Bulk-PN-Sperrsättigungsstrom (absoluter Wert)	A	$1E-14$
JS	Bulk-PN-Sperrsättigungsstromdichte (pro Fläche) *)	A/m^2	0
JSSW	Bulk-PN-Sperrsättigungsstrom (pro Randlänge) *)	A/m	0
N	Bulk-PN-Emissionskoeffizient		1
PB	Bulk-PN-Diffusionsspannung	V	0.8
MJ	Exponent der Bulk-PN-Sperrschichtkapazität (Fläche) *)		0.5
MJSW	Exponent der Bulk-PN-Sperrschichtkapazität (Rand) *)		0.33
RD	Drain-Bahnwiderstand	Ω	0
RS	Source-Bahnwiderstand	Ω	0

SPICE-Parameter des MOS-Transistors und ihre Bedeutungen (Level 1 und 2) *(Forts.)*

RSH	Drain- und Source-Schichtwiderstand	Ω/sq	
RG	Gate-Bahnwiderstand	Ω	0
RB	Bulk-Bahnwiderstand	Ω	0
CGDO	Gate-Drain-Überlappungskapazität pro Kanalweite	F/m	0
CGSO	Gate-Source-Überlappungskapazität pro Kanalweite	F/m	0
CGBO	Gate-Bulk-Überlappungskapazität pro Kanallänge	F/m	0
CBD	Bulk-Drain-Kapazität bei $U_{BD} = 0\ V$	F	0
CBS	Bulk-Source-Kapazität bei $U_{BS} = 0\ V$	F	0
CJ	Kapazität des Bulk-PN-Überganges (pro Fläche) *)	F/m^2	0
CJSW	Kapazität des Bulk-PN-Überganges (pro Randlänge) *)	F/m	0
FC	Koeffizient für die Bulk-Kapazität im Durchlassbereich		0.5
NEFF	Totaler Ladungskoeffizient (ortsfeste und bewegliche Ladungen)		1
XQC	Anteil der Kanalladungen, die dem Drain zugeschrieben werden		1
NSS	Oberflächenzustandsdichte	cm^{-2}	0
NFS	Rasch veränderliche Oberflächenzustandsdichte	cm^{-2}	0
NSUB	Substrat- oder Bulk-Dotierung	cm^{-3}	0
KF	Flicker-Rauschkoeffizient		0
AF	Flicker-Rauschexponent		1
TNOM	Temperatur, bei der die Parameter bestimmt wurden	$°C$	27

*) Diese Parameter werden erst wirksam, wenn die Flächenparameter A_D und A_S bzw. die Randlängenparameter P_D und P_S angegeben sind.

**) Die geometrischen Größen W und L dürfen nicht fehlen. Sie werden als Bauteilattribute angegeben. Nur bei Verwendung der Level-1- und Level-2-Modelle dürfen die Parameter W und L auch direkt im Modell stehen.

MOSFET-Modelle

Im Rahmen dieses Buches werden für die Berechnungen mit dem Taschenrechner nur die Level-1-Parameter benötigt. Für die Simulation mit SPICE werden dagegen stets die BSIM3-Modelle eingesetzt. Nur damit wird sichergestellt, dass **Kurzkanaleffekte** und das Betreiben der Transistoren in der **schwachen Inversion** einigermaßen genau bei der Simulation berücksichtigt werden.

3.5 Passive Bauelemente

In integrierten Schaltungen werden neben den aktiven Elementen, den Transistoren, auch sogenannte passive Elemente wie Widerstände und Kondensatoren benötigt. Im Folgenden werden die Grundzüge dieser Bauelemente in knapper Form vorgestellt, ausführliche Erläuterungen sind in Teil II im Rahmen der Prozess- und Layout-Beschreibungen zu finden.

3.5.1 Widerstände

Für die Bereitstellung von Widerständen in integrierten Schaltungen gibt es mehrere Möglichkeiten. In einem CMOS-Prozess kann beispielsweise ein MOS-Transistor im Triodenbereich betrieben werden. Je größer die Länge L im Verhältnis zur Kanalweite W gewählt wird, desto hochohmiger wird der Widerstandswert. Das hat z. B. den Vorteil, dass keine separaten Technologieschritte bei der Prozessierung des Wafers notwendig werden. Nachteilig ist jedoch die Abhängigkeit des Widerstandswertes von der Spannung zwischen den Anschlüssen: Der Widerstand ist nichtlinear. Außerdem hat die Gate-Source-Spannung einen erheblichen Einfluss auf den Widerstandwert. Trotzdem wird von dieser Art Widerstand Gebrauch gemacht, wenn die genannten Nachteile nicht stören. So können z. B. durch sehr schmale und langgestreckte Kanalgebiete hochohmige Widerstände im Meg-Ohm-Bereich realisiert werden.

In CMOS-Prozessen steht außerdem die Polysilizium-Schicht, die zur Herstellung der Gate-Elektroden der MOSFETs benötigt wird, als widerstandsbehaftete Schicht zur Verfügung. Diese wird normalerweise stark dotiert und hat somit eine relativ gute Leitfähigkeit. Wenn jedoch daraus eine schmale und lange Struktur gebildet wird, sind durchaus Widerstandswerte im Kilo-Ohm-Bereich herstellbar. Abhängig vom gewünschten Widerstandswert geht dies allerdings teilweise mit einem erheblichen Platzbedarf einher. Oft werden dann Mäanderstrukturen eingesetzt, um eine große Länge kompakt auf dem Chip zu integrieren, siehe Abbildung 3.49.

Durch zusätzliche Prozessschritte können Bereiche der Polysilizium-Schicht speziell dotiert werden, sodass sie eine deutlich geringere Leitfähigkeit aufweisen. Mit solchen Schichten lassen sich dann auch platzsparend hochohmige Widerstände integrieren.

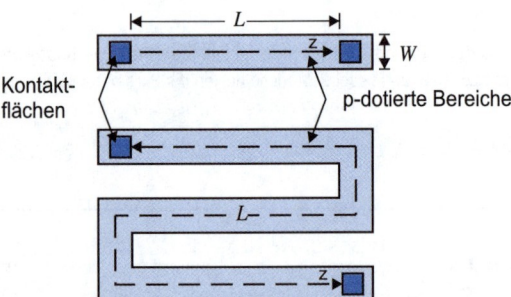

Abbildung 3.49: Einfache und mäanderförmige Struktur mit kleiner bzw. großer effektiver Länge L zur Realisierung von integrierten Widerständen.

Für Präzisionsanwendungen können auch metallische Dünnfilmwiderstände verwendet werden. Dünne Schichten aus SiCr oder NiCr werden auf den Wafer aufgebracht und strukturiert. Solche Widerstände lassen sich mit relativ geringen Toleranzen herstellen und zeichnen sich vor allem durch eine geringe Temperaturabhängigkeit und eine ausgezeichnete Linearität (Unabhängigkeit von der angelegten Spannung) aus. Diese zusätzlichen technologischen Schritte werden sowohl in CMOS- wie auch in Bipolar-Prozessen eingesetzt, wenn eine Applikation dies erforderlich macht. Nachteilig ist allerdings die geringe Strombelastbarkeit solcher Dünnfilmwiderstände, weil die Schichten sehr dünn sind.

In vielen Anwendungen werden auch Schichten verwendet, die durch Diffusion oder Ionenimplantation in das Halbleitermaterial erzeugt werden, einen PN-Übergang bilden und durch eine geeignete Vorspannung des Substrates von diesem isoliert sind. Solche Widerstandschichten sind naturgemäß nicht homogen dotiert. Die Ladungsträgerkonzentration ist vielmehr von der Tiefe abhängig. In einem einfachen Bipolar-Prozess steht die für die Herstellung der Basis des NPN-Transistors benötigte p-dotierte Schicht zur Verfügung, siehe Abbildung 3.49, vergleiche auch *Kapitel 7*.

Die Berechnung eines Widerstandes soll durch einen allgemeinen Ansatz vorgenommen werden, der die inhomogene Dotierung einer durch Diffusion erzeugten Schicht beinhaltet. Dazu wird angenommen, dass abhängig von der Tiefe jede infinitesimal dünne Schicht einen Beitrag zur Leitfähigkeit liefert. Alle diese Schichten sind parallel geschaltet und ergeben den gesamten Leitwert. Der Widerstand ist dann der Kehrwert:

$$R = \rho \cdot \frac{L}{A} = \frac{L}{\left(W \cdot \int_0^d \sigma(z) \cdot dz\right)} \tag{3.150}$$

L ist die Gesamtlänge des integrierten Widerstandes, W dessen Breite und $\sigma(z)$ dessen Leitfähigkeit als Funktion des Abstands z von der Oberfläche. Integriert wird von der Oberfläche $z = 0$ bis zur Dicke d der Widerstandschicht. Im Fall einer diffundierten oder ionenimplantierten Schicht entspricht d praktisch der Tiefe des PN-Überganges.

Aufgrund der komplexen Dotierprofile, die die Leitfähigkeitsprofile bestimmen, ist es schwierig, einen analytischen Zusammenhang anzugeben. Als sinnvoll hat sich in diesem Zusammenhang die Angabe eines **Schichtwiderstandes** als „Square-Resistance" erwiesen. Man geht hierzu von einem Quadrat der Kantenlänge a (in Draufsicht!) aus. Ist dieses Quadrat Teil eines integrierten Widerstandes, so hat es die Länge $L = a$ und auch die Breite $W = a$ und damit den **Schichtwiderstand**

$$R_{SH} = \rho \cdot \frac{L}{A} = \frac{a}{\left(a \cdot \int_0^d \sigma(z) \cdot dz\right)} = \frac{1}{\left(\int_0^d \sigma(z) \cdot dz\right)} \tag{3.151}$$

Der Schichtwiderstand R_{SH} des Quadrats (in Draufsicht) ist damit überraschenderweise unabhängig von dessen Abmessungen, und nur abhängig vom Dotierprofil. Unabhängig von der Größe des Quadrats erhält man für ein und dieselbe Schicht immer auch den gleichen „Quadrat-Widerstand". Der so definierte Schichtwiderstand hat die Einheit „Ω". Um ihn aber vom eigentlichen Widerstand der gesamten Leiterbahn zu unterscheiden, bekommt er die spezielle Bezeichnung „$\Omega/Square$", „Ω/sq" oder „$\Omega/\square$". Damit kann ein Widerstand mit den Abmessungen L und W wie folgt angegeben werden:

$$R = R_{SH} \cdot \frac{L}{W} \tag{3.152}$$

Die Zahl L/W der in Reihe geschalteten Quadrate, multipliziert mit dem Schichtwiderstand R_{SH}, ergibt den Widerstandswert R der Leiterbahn. Dies sei an einem Beispiel erläutert. Eine eindiffundierte Schicht habe einen Schichtwiderstand von $R_{SH} = 50\ \Omega/sq$. Für einen Widerstand von $R = 200\ \Omega$ sind bei einer Leiterbahnbreite von $W = 20\ \mu m$ dann $R/R_{SH} = L/W = 4$ Quadrate mit je $20\ \mu m \times 20\ \mu m$ in Reihe zu schalten. Insgesamt ist dann eine $L = 80\ \mu m$ lange Leiterbahn notwendig.

Der durch Gleichung (3.151) definierte Schichtwiderstand R_{SH} gilt natürlich nicht nur für diffundierte oder ionenimplantierte Widerstände, sondern ganz allgemein. Die Werte für R_{SH} werden durch Messungen an einfachen Widerstandstypologien ermittelt und werden von den Halbleiterherstellern dem Schaltungsdesigner zur Verfügung gestellt. Einige Anhaltswerte sind in der Tabelle 3.6 enthalten. Zu beachten ist stets, dass integrierte Widerstände nur mit erheblichen Toleranzen hergestellt werden können. Die Streuung der absoluten Werte kann durchaus ± 20 % bis ± 30 % betragen. Dieser Umstand ist beim Schaltungsdesign zu beachten. Im *Kapitel 8* und auch in den *Kapiteln 9* bis *14* wird hierauf gezielt eingegangen.

Tabelle 3.6

Beispiele von Schichtwiderständen. Detaillierte Werte sind den Prozessunterlagen der Halbleiterhersteller zu entnehmen.

Widerstandsart	R_{SH} in Ω/sq
Diffundierter Basis-Widerstand im Bipolar-Prozess	180
Ionenimplantierter Widerstand im Bipolar-Prozess	1500
Well-Widerstand im CMOS-Prozess (siehe *Abschnitt 7.4*)	1200
Polysilizium-Widerstandsbahn der Gate-Bereiche im CMOS-Prozess	30
Hochohmige Polysilizium-Bahn im CMOS-Prozess	1200
Dünnfilmwiderstände SiCr	1500

Bei integrierten Widerständen kommen zu dem durch Gleichung (3.152) definierten Wert noch zwei Kontaktwiderstände hinzu. Für den Widerstandswert gilt dann:

$$R = R_{SH} \cdot \frac{L}{W} + 2 \cdot R_K \tag{3.153}$$

R_K ist im Wesentlichen der Übergangswiderstand von der Widerstandsbahn, z. B. vom Halbleiter, zur metallischen Leiterbahn. In einigen Fällen kommt noch der Beitrag eines speziell ausgebildeten Widerstandkopfes hinzu.

Integrierte Widerstände hängen zudem auch von der Richtung relativ zu den Kristallachsen ab, da die effektive Masse der Ladungsträger und damit die Beweglichkeit μ von den Richtungen im Kristall abhängt. Die Widerstände eines Spannungsteilers sollten deshalb alle die gleiche Orientierung auf dem Chip haben. Hierauf wird im *Abschnitt 8.5* ausführlich eingegangen. Außerdem zeigen Halbleiterwiderstände stets eine deutliche Temperaturabhängigkeit. Diese ist zudem in der Regel nichtlinear und wird häufig durch einen quadratischen Ansatz parametrisiert:

$$R = R_0 \cdot \left(1 + T_{C1} \cdot (T - T_0) + T_{C2} \cdot (T - T_0)^2\right) \tag{3.154}$$

Hierin ist R_0 der Widerstandswert für eine Bezugstemperatur T_0 und T die tatsächliche Temperatur. Durch die Parameter T_{C1} und T_{C2} wird die Temperaturabhängigkeit beschrieben. Diese Werte werden, wie die Schichtwiderstände, vom Halbleiterhersteller zur Verfügung gestellt.

3.5.2 Kondensatoren

Als Kondensatoren können sperrende Dioden, MOS- bzw. MOM-Strukturen (Metall-Oxid-Halbleiter bzw. Metall-Oxid-Metall) eingesetzt werden. Werden zwei Metalle als Elektroden verwendet, so ist die Kapazität aufgrund der sehr kleinen Raumladungszone im Metall praktisch unabhängig von der Spannung und nur durch die Dicke d und die Dielektrizitätskonstante ε des Oxids sowie die Fläche A definiert:

$$C = \frac{\varepsilon \cdot A}{d} \qquad (3.155)$$

Als Dielektrikum wird nicht nur SiO_2 eingesetzt. Gebräuchlich ist z. B. Si_3N_4 wegen der etwa um den Faktor zwei höheren Dielektrizitätskonstanten. Auch Kondensatoren, deren Elektroden aus stark dotierten Halbleitern bestehen, verhalten sich fast ideal. Die Isolierschichtdicken zwischen den beiden Kondensatorelektroden sind in der Regel relativ gering (12 nm bis 200 nm, abhängig vom Prozess). Trotzdem sind die pro Fläche erzielbaren Kapazitätswerte nur verhältnismäßig klein. Der Wertevorrat integrierter Kondensatoren ist somit nach oben hin mehr oder weniger eingeschränkt. Beispiel: Bei einem Wert von $C` = 0{,}86$ $fF/\mu m^2$ (z. B. POLY-POLY-Kondensator in einem 0,8-μm-CMOS-Prozess) beansprucht ein Kondensator mit einer Kapazität von 12 pF eine Fläche von etwa 120 μm × 120 μm. Das ist der Platzbedarf, den 75 CMOS-Inverter in der genannten Technologie beanspruchen.

Ein CMOS-Prozess bietet die Möglichkeit, einen MOSFET als Kondensator zu verwenden. Dabei bildet die Drain-Source-Strecke, also der Kanal, die eine Elektrode und das Gate die Gegenelektrode. Der Kanal muss sich jedoch durch eine hinreichend hohe Gate-Kanal-Spannung in der starken Inversion befinden. Anderenfalls würde der Kanalwiderstand zu einem zu hohen Serienwiderstand und einer Abhängigkeit der Kapazität von der Spannung führen. Wegen des dünnen Gate-Oxides ($d_{Ox} = t_{Ox} = 17$ nm) ist in dem oben genannten CMOS-Prozess der Kapazitätsbelag mit etwa $C` = 2$ $fF/\mu m^2$ mehr als doppelt so groß wie der des POLY-POLY-Kondensators.

Kondensatoren können auch durch eine Diode, d. h. durch eine Raumladungszone realisiert werden. Dann ist die Kapazität allerdings stark von der angelegten Spannung abhängig. Die Kapazität einer PN-Diode kann entsprechend Gleichung (3.48a) berechnet werden. Auf die Realisierung wird in den *Kapitel 7* und *8* genauer eingegangen. Der Vorteil eines PN-Überganges ist die hohe Kapazität pro Fläche, da bei starker Dotierung die Sperrschichtausdehnung relativ gering ist. In Schaltungen, in denen die starke Spannungsabhängigkeit nicht stört, wird deshalb vorteilhaft ein PN-Übergang als Kondensator verwendet, z. B. zur Frequenzgang-Kompensation von rückgekoppelten Verstärkern.

3.6 Kurzkanaleffekte und Skalierung

Die immer weiter fortschreitende Reduktion der Abmessungen von Halbleiterbauelementen hat mittlerweile dazu geführt, dass die Gate-Längen von MOSFETs moderner Prozessoren unter 50 nm liegen. Dies entspricht immer noch ca. 100–500 Atomlagen, sodass man noch von der Ausbildung einer normalen Bandstruktur im Kanal des MOSFETs ausgehen kann. Aufgrund der kurzen Kanallängen kommt es allerdings zu zusätzlichen Effekten, die in den bisher beschriebenen MOSFETs mit „langen" Kanälen nicht auftreten. Derartige Effekte werden unter dem Begriff „Kurzkanaleffekte" (**Short Channel Effects**) zusammengefasst. Die wichtigsten Kurzkanaleffekte sollen im Folgenden besprochen werden.

Werden die Länge und die Weite des Kanals um einen Faktor α reduziert, so ergeben sich daraus Skalierungsanforderungen an die anderen Parameter des MOSFETs. Diese Anforderungen sind in Tabelle 3.7 für die beiden Fälle „Spannung bleibt konstant" und „elektrisches Feld bleibt konstant" zusammengefasst.

Tabelle 3.7

Skalierung unterschiedlicher Parameter eines MOSFETs für Skalierung mit konstanter Spannung und Skalierung mit konstanter Feldstärke

Parameter	Symbol	Skalierungsfaktor für konstantes Feld	Skalierungsfaktor für konstante Spannung
Gate-Länge	L	$1/\alpha$	$1/\alpha$
Gate-Breite	W	$1/\alpha$	$1/\alpha$
Feld	ε	1	α
Oxiddicke	t_{Ox}	$1/\alpha$	$1/\alpha$
Substratdotierung	N_a	α^2	α^2
Gate-Kapazität	C_G	$1/\alpha$	$1/\alpha$
Oxid-Kapazität	C_{Ox}	α	α
Transitzeit	t_r	$1/\alpha^2$	$1/\alpha^2$
Transitfrequenz	f_T	α	α^2
Spannung	V	$1/\alpha$	1
Strom	I	$1/\alpha$	α
Leistung	P	$1/\alpha^2$	α
Power-Delay-Produkt	$P\,t$	$1/\alpha^2$	$1/\alpha$

Sollen die physikalischen Bedingungen in einem MOSFET konstant gehalten werden, dann sollten eigentlich die elektrischen Felder bei der Skalierung konstant bleiben. Hierzu müssten alle Spannungen mitskaliert werden. Allerdings können die in derartigen höchstintegrierten Schaltungen verwendeten Spannungen meist nicht in gleichem Maße mit reduziert werden. Da bei Raumtemperatur thermische Fluktuationen der Energie von Elektronen ca. 25 meV betragen, müssen notwendigerweise die Spannungen deutlich (mindestens einen Faktor zehn) über dieser „thermischen Spannung" V_T liegen. Ansonsten würde man Gefahr laufen, dass sich eingeprägte Potentialverläufe durch die thermischen Fluktuationen verändern und die Funktionsweise einer integrierten Schaltung damit beeinträchtigt ist. Heutzutage liegen die verwendeten Arbeitsspannungen im Bereich zwischen 0,5 V und 1,0 V. Die Betriebsspannungen bestimmen außerdem den maximalen Strom durch einen Transistor, was wiederum die Lade- und Entladezeiten von Gate-Kapazitäten und damit die maximal möglichen Taktfrequenzen festlegt. Auch aus diesem Grund sind kleinere Spannungen nicht unbedingt wünschenswert. Außerdem muss die Gate-Source-Spannung deutlich größer sein als die Threshold-Spannung V_{Th}.

Wenn Spannungen und damit die Potentialdifferenzen konstant bleiben, die Ausdehnung des MOSFETs aber stark reduziert wird, so müssen die elektrischen Felder im Kanal notwendigerweise dementsprechend ansteigen. Legt man eine Drain-Source-Spannung U_{DS} von 1 V über einer Kanallänge von 100 nm an, so erhält man eine Feldstärke von 10^7 V/m. Diese extrem hohen Feldstärken führen dazu, dass Ladungsträger stark beschleunigt werden und dadurch bis zum nächsten „Abbremsen" durch Streuung eine hohe kinetische Energie aufnehmen können. Durch die hohe kinetische Energie können nun aber im Vergleich zum „normalen" Stromtransport ganz andere Streumechanismen relevant werden. An dieser Stelle sei an die Diskussion des Drude-Transports in *Kapitel 2* erinnert. Im Falle von Silizium werden bei hohen Energien zunehmend Gitterschwingungen (longitudinal-optische Phononen) angeregt. Die dazu gehörigen Streuzeiten bestimmen die Beweglichkeit der Ladungsträger. Ändern sich nun die Streumechanismen und damit die Streuzeiten aufgrund des hohen elektrischen Feldes, so wird die Beweglichkeit $\mu(E)$ feldabhängig.

$$\mu(E) = \frac{q \cdot \tau(E)}{m} \quad (3.156)$$

Damit sind dann aber die Driftgeschwindigkeit v_d und die Stromdichte j nicht mehr proportional zum elektrischen Feld.

$$v_d = \mu(E) \cdot E \quad (3.157)$$

$$j = \sigma(E) \cdot E = q \cdot n \cdot \mu(E) \cdot E = q \cdot n \cdot v_d(E) \quad (3.158)$$

Die zusätzlichen Streumechanismen, die bei hohen kinetischen Energien möglich werden, führen meist dazu, dass die Driftgeschwindigkeit nicht mehr mit der Feldstärke ansteigt. Es kommt zur Sättigung der Driftgeschwindigkeit und bei noch höheren Feldstärken sogar zu einer Abnahme der Driftgeschwindigkeit als Funktion der Feldstärke. Der genaue Verlauf der $v_d(E)$-Kurven hängt vom Halbleitermaterial ab und unterscheidet sich deutlich für Silizium, GaAs oder GaN, siehe Abbildung 3.50. Eine Sättigung der Driftgeschwindigkeit bedeutet, dass bei noch höheren Feldstärken (also Spannungen) kein Anstieg des Stromes mehr zu verzeichnen ist.

3 Integrierte Bauelemente

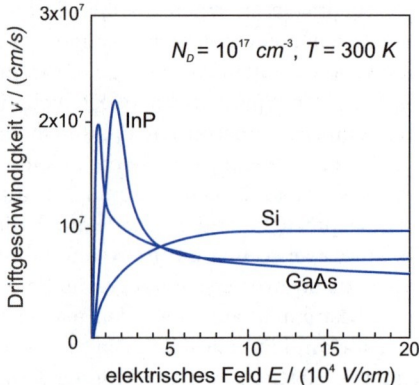

Abbildung 3.50: Driftgeschwindigkeiten in Si, InP und GaAs als Funktion der Feldstärke. Bei Feldstärken oberhalb von ca. 1.5 $V/\mu m$, die in modernen MOSFETs praktisch immer erreicht werden, zeigt sich eine Sättigung der Driftgeschwindigkeit, nach [18].

Wird die Sättigung der Driftgeschwindigkeit wegen der sehr hohen elektrischen Felder schon vor der Sättigung im Kanal durch Abschnürung des Drain-seitigen Endes erreicht, so ändern sich die Eigenschaften des MOSFETs deutlich. Der qualitative Verlauf der Kennlinien bleibt zwar erhalten – es kommt ja wiederum zur Sättigung des Stromes –, es ergeben sich aber deutliche **quantitative** Unterschiede.

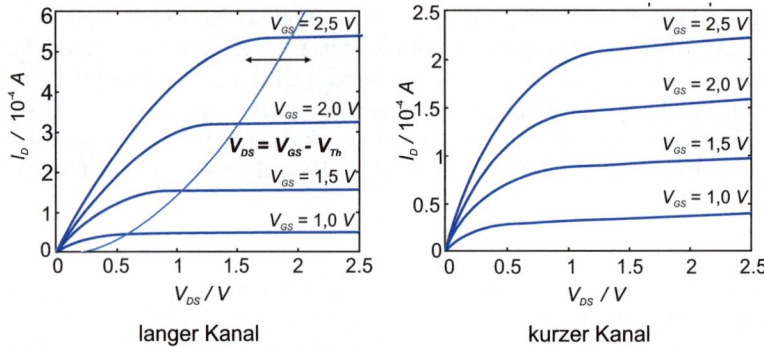

langer Kanal   kurzer Kanal

Abbildung 3.51: Unterschied im Verlauf der Kennlinien für einen normalen MOSFET sowie einen miniaturisierten Kurzkanal-MOSFET, bei dem die Sättigung des Drain-Stromes durch die Sättigung des Driftstromes bedingt ist. Man beachte den anderen Maßstab des rechten Bildes!

Aus dem Vergleich der Kennlinien aus Abbildung 3.51 ist deutlich ist zu erkennen, dass die Sättigung des Drain-Stroms bei Kurzkanal-MOSFETs insgesamt früher, d. h. bei kleineren Drain-Source-Spannungen U_{DS} erreicht wird und nicht mehr so stark von der Gate-Source-Spannung abhängt.

Derartige NanoFETs (auch Kurzkanal-FETs genannt) weisen noch weitere Unterschiede zum Verhalten eines MOSFETs mit großen Abmessungen auf. Eine mittlere Driftgeschwindigkeit der Ladungsträger stellt sich nur ein, wenn die Transitzeit durch den Kanal länger ist als die Streuzeit der Ladungsträger. Erst viele Streuprozesse führen zu einer mittleren Geschwindigkeit. In modernen Transistoren ist die Kanallänge aber mittlerweile so klein, dass diese Voraussetzung nicht mehr erfüllt ist; der Kanal ist zu kurz, es finden während des Transits der Ladungsträger durch den Kanal praktisch keine Streuprozesse mehr statt. Die Ladungsträger werden in einem hohen elektrischen Feld beschleunigt, aber gar nicht mehr unbedingt im Kanal abgebremst. Man spricht deshalb von ballistischem Transport. Damit steigt die Geschwindigkeit der Ladungsträger im Kanal in Richtung Drain stetig an. Zur Simulation derartiger ballistischer NanoFETs müssen komplizierte numerische Simulatoren verwendet werden, die die Streuung hochenergetischer Ladungsträger quantenmechanisch berücksichtigen. Abbildung 3.52 zeigt zur Verdeutlichung das Ergebnis einer Monte-Carlo-Simulation eines NanoFETs, mit der Verteilung der Elektronen im Leitungsband sowie die Geschwindigkeit als Funktion des Ortes im Kanal.

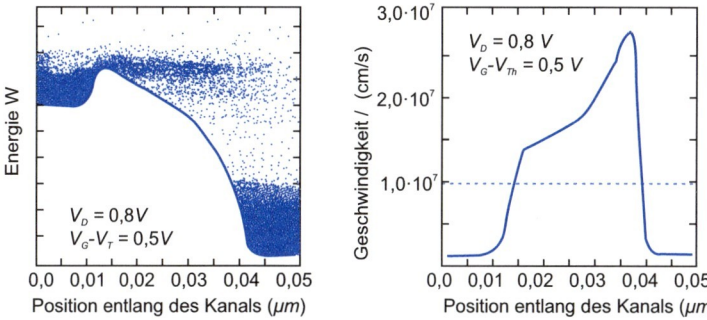

Abbildung 3.52: Ergebnis einer numerischen Simulation des Verhaltens eines Kurzkanal-MOSFETs nach [20].

Befindet sich ein Bauelement im Regime des ballistischen Transports, so kann nicht mehr davon ausgegangen werden, dass sich die Ladungsträger immer im thermodynamischen Gleichgewicht befinden. Die Verteilung der Ladungsträger auf die zur Verfügung stehenden Energieniveaus ist dann nicht mehr durch die Fermi-Dirac-Verteilungsfunktion gewährleistet, die Angabe einer Fermi-Energie ist damit hinfällig. Die Verteilung muss numerisch mittels Monte-Carlo-Verfahren simuliert werden. Hierzu müssen die Streuprozesse und deren Energieabhängigkeit mitberücksichtigt werden. Bei derart hohen kinetischen Energien muss auch noch die Näherung eines parabolischen Leitungs- und Valenzbandes aufgegeben werden, die ja zur sinnvollen Definition einer effektiven Masse notwendig ist. Zur Simulation muss deshalb die tatsächliche, vollständige Bandstruktur des Halbleiters berücksichtigt werden, da nur diese die möglichen Energieniveaus insbesondere bei hohen Energien richtig wiedergibt.

Aufgabe eines modernen Bauelementsimulators ist es, derartige Nicht-Gleichgewichtseffekte zu simulieren und die berechneten Kennlinien zu parametrisieren, damit diese dann in einen Schaltungssimulator eingespeist werden können.

3.7 Geschwindigkeit eines MOSETs: Optimierung der Taktfrequenzen

Die Geschwindigkeit einer integrierten Schaltung bzw. eines einzelnen MOSFETs hängt stark von Architektur und Design der Transistoren ab. Je kleiner der MOSFET, desto schneller lässt er sich schalten. Zusätzlich verursachen die Verbindungsleitungen zwischen Bauelementen und Modulen aufgrund ihrer Widerstände und Kapazitäten eine Verzögerung beim Laden und Entladen der Gate-Kapazitäten. Die zugehörigen typischen Zeitkonstanten haben die Größenordnung $\tau = R \cdot C$ (Widerstand × Kapazität). Die Geschwindigkeit, mit der ein Bauelement in den jeweils anderen Zustand versetzt werden kann, hängt von zwei Größen ab: Erstens der Ladungsmenge, die bewegt werden muss, um das Bauelement zu laden oder zu entladen, und zweitens dem maximalen Sättigungsstrom I_D, mit dem das Aufladen oder Entladen durchgeführt werden kann. Um einen Transistor mit möglichst schneller Taktfrequenz betreiben zu können, muss also der Sättigungsstrom I_D maximiert und die Kapazität des Bauelementes und der Zuleitungen sowie der Widerstand der beteiligten Verbindungsleitungen minimiert werden. Der Sättigungsstrom ist gegeben durch (siehe Gleichungen (3.131) und (3.132)):

$$I_D = K_P \cdot \frac{W}{L} \cdot \frac{(U_{GS} - V_{Th})^2}{2} \qquad (3.159)$$

mit

$$K_P = \frac{\varepsilon_{ins} \cdot \varepsilon_0 \cdot \mu}{t_{Ox}} = \mu \cdot C'_{Ox} \qquad (3.160)$$

C'_{Ox} ist die Gate-Kapazität, bezogen auf die Fläche des Gates.

Damit kann der Sättigungsstrom durch folgende Maßnahmen erhöht werden:

1. Reduktion der Kanallänge L
2. Reduktion der Threshold-Spannung V_{Th}
3. Vergrößern der Kanalweite W
4. Vergrößern der relativen Dielektrizitätskonstante des Oxids ε_{ins}
5. Reduktion der Dicke des Gate-Oxids t_{Ox} (= d_{Ox})
6. Vergrößern der Betriebsspannung und damit auch der Gate-Spannung U_{GS}

Die Reduktion der Kanallänge L wird zu einer Erhöhung des Leckstromes zwischen Source und Drain im OFF-Zustand führen. Es kommt zum „Punch-Through". Dies ist erreicht, wenn die Verarmungszonen von Source und Drain überlappen. Der Drain-Strom steigt dann mit zunehmender Spannung U_{DS} stark an, was die maximale Spannung limitiert. Die Dotierung des Substrats muss deshalb bei Verringerung der Kanallänge angepasst, also erhöht werden, damit die entsprechenden Raumladungszonen kleiner werden.

Ein weiteres Problem kleiner Kanallängen ist die Erhöhung des elektrischen Feldes zwischen Drain und Source, was zu „heißen", also hochenergetischen Elektronen führt. Erhalten die Elektronen genügend Energie auf dem Weg durch den Kanal, so können diese in den Isolator injiziert werden und dort lokalisierte, geladene Störstellen verursachen. Mit der Betriebsdauer verschiebt sich dadurch die Schwellspannung V_{Th} des Transistors, der dann in einer integrierten Schaltung eventuell nicht mehr richtig arbeitet. Dieses Problem wird durch niedrig dotierte Zonen im Kanal – insbesondere in der Nähe des Drain-Anschlusses – reduziert, da dort die höchsten elektrischen Felder auftreten (**Lightly Doped Drain** = **LDD**).

Zur Reduzierung der Ladung, die beim Schalten bewegt wird, kann man auch eine isolierende SiO_2-Trennschicht zwischen dem Transistor und dem Substrat anbringen (**Silicon-On-Insulator**, SOI, siehe auch *Abschnitt 4.1.2*). Der FET ist dann elektrisch vom Substrat isoliert, Substrateffekte sind unterdrückt und die Kapazitäten reduziert, was zu höheren Schaltgeschwindigkeiten führt. Leckströme über das Substrat werden minimiert. Die Herstellung von kristallinen Silizium-Schichten auf einer SiO_2-Unterlage ist allerdings technologisch aufwendig und deshalb teuer.

3.8 MOS-Speicher

Auch die anderen Maßnahmen zur Optimierung der Taktfrequenz haben meist unerwünschte Nebeneffekte. So wird bei einer Reduktion des Gate-Oxids der Tunnelstrom durch das Gate zunehmen, was wiederum zu einer erhöhten Verlustleistung führt. Eine Vergrößerung der Betriebsspannung führt aufgrund der damit verbundenen Erhöhung der Ladung auf den FET-Kapazitäten ebenfalls zu einer Erhöhung der Verlustleistung.

Ziel einer Weiterentwicklung von FETs ist es, die teilweise diametralen Anforderungen derart zu optimieren, dass die beste Performance bezüglich Geschwindigkeit, Leistungsverbrauch, Integrationsdichte, aber auch Kosten erreicht wird. *Im Kapitel 19 „Neue Entwicklungen in der CMOS-Technologie"* wird darauf eingegangen, welche Maßnahmen diesbezüglich bei führenden Herstellern ergriffen werden.

3.8 MOS-Speicher

Neben Massenspeichermedien wie Festplatten und DVDs kommen in Computern vor allem schnelle elektronische Speicher zum Einsatz, die zumindest zurzeit ebenfalls im Wesentlichen auf CMOS-Technologie beruhen: **Dynamic Random Access Memory** (DRAM), **Static Random Access Memory** (SRAM), Flash-Speicher und andere. Die fortschreitende Miniaturisierung in der CMOS-Technologie resultiert bei den elektronischen Speichern in einer immer höheren Speicherdichte, eine der wesentlichen Voraussetzungen für die Steigerung der Leistungsfähigkeit von Computersystemen. Schnelle Prozessoren ohne die entsprechend erhöhte Speicherkapazität wären weitgehend nutzlos.

Im Folgenden werden die Grundkonzepte für DRAMs, SRAMs und Flash-Speicher dargestellt.

3.8.1 Dynamic Random Access Memories (DRAM)

Eine DRAM-Zelle besteht im Grunde aus einem einzigen Transistor sowie einem zusätzlichen Kondensator. Derartige Zellen werden als 1-Transistor-Zellen oder einfach 1T-Zellen bezeichnet. Geladen / ungeladen bedeutet digital 0/1 für positive Logik und digital 1/0 für negative Logik. Wir nehmen für das Weitere eine positive Logik an. Der prinzipielle Aufbau ist in Abbildung 3.53 gezeigt.

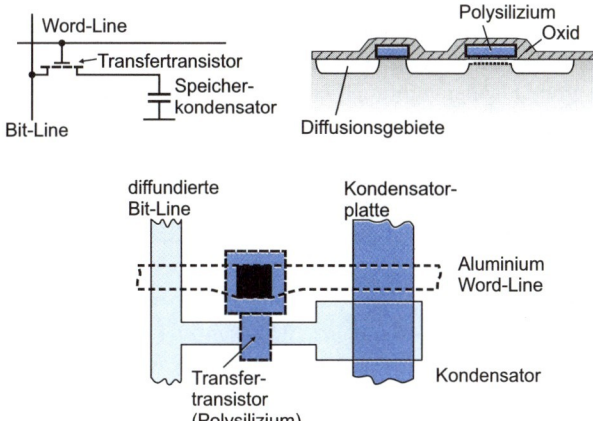

Abbildung 3.53: DRAM-1-Transistor-Zelle, nach [21].

Durch eine Word-Line wird ein bestimmtes Gate ausgewählt und an positives Potential gelegt; der Kanal unter diesem Gate wird dadurch leitfähig. Der Speicherkondensator wird damit über den Transfertransistor mit der Bitleitung verbunden. Die Information der Bit-Line wird auf den Speicherkondensator geschrieben. Für Bit-Line **Low** (0 V) wird der Speicherkondensator mit Elektronen geladen, bei Bit-Line **High** (+3 V) wird die Speicherkapazität entladen. Die Speicherkapazität besteht z. B. aus einer Kondensatorplatte aus Polysilizium auf der einen und einem Inversionskanal im Silizium auf der anderen Seite, getrennt durch den Isolator SiO_2. Der Speicherkondensator ist damit eigentlich ein großer MOSFET, bei dem die MOS-Kapazität als Speicherkondensator benutzt wird und dessen Fläche den Notwendigkeiten bezüglich der Größe der Kapazität angepasst ist. Beschaltung, Querschnitt und Draufsicht dieser Anordnung sind in Abbildung 3.53 gezeigt. Typischerweise wird die Polysilizium-Platte auf +3 V gelegt. Liegt die Bit-Line auf 0 V, so ergibt sich ein Inversionskanal unter dem Polysilizium-Bereich, es fließen Elektronen vom Source in den Kanal, der Kondensator wird geladen. Falls die Bit-Line auf +3 V liegt und gleichzeitig die Word-Line diesen Kondensator auswählt, so wird die Inversion zerstört, Elektronen fließen ab und es stellt sich eine Verarmungszone ein. Die Fläche des Überlapps zwischen der Polysilizium-Platte und dem diffundierten Bereich bestimmt die Größe des Kondensators.

Der Kondensator ist nach Abschalten des Transfertransistors zwar gut isoliert, verändert allerdings mit der Zeit doch seinen Ladungszustand. Zum Beispiel werden im Zustand der Verarmung Elektron-Loch-Paare durch thermische Generation in der Verarmungszone erzeugt. Diese folgen dem elektrischen Feld und führen letztlich zum langsamen Aufbau einer Inversion. Derartige DRAM-Speicher müssen deshalb immer wieder aufgefrischt werden. Die Refresh-Zykluszeiten bewegen sich im Bereich von 100 Millisekunden. Diese „Dynamik" hat diesem Typ von Speicherzelle auch ihren Namen gegeben. Trotz der Refresh-Zyklen steht der Speicher ca. 98 % der Zeit zur Verfügung, nur 2 % entfallen auf Refresh-Zyklen.

Beim Auslesen wird der Transfertransistor wiederum ausgewählt. Abhängig vom Ladungszustand des Kondensators wird entweder Ladung oder keine Ladung auf die Bit-Line abfließen, d. h., die Kapazität der Bit-Line selbst wird aufgeladen. Dieser Ladungspuls wird in einem ladungsempfindlichen Verstärker am Ende der Bit-Line detektiert.

Typische Kapazitätswerte für Speicherzellen betragen 30 fF (femto-Farad). Eine größere Speicherkapazität ist dabei günstig, da Refresh-Zyklen verlängert werden und das Signal beim Lesen der Zelle größer wird. Ein großer Kondensator verbraucht allerdings auch viel Fläche. Kleinere Kondensatoren benötigen zwar weniger Fläche, stellen aber aufgrund der niedrigeren abgespeicherten Ladung erhöhte Anforderungen an die Detektion beim Auslesen. Der relativ große Flächenverbrauch ist der wesentliche Nachteil dieses Designs von DRAM-Speichern.

Für DRAM-Speicher werden praktisch ausschließlich N-Kanal-Transistoren verwendet, da diese im Vergleich zu P-Kanal-Transistoren bei gleicher Größe höhere Beweglichkeit, höhere Ströme und damit höhere Schaltgeschwindigkeiten zulassen.

Trench-Kapazitäten

Der Flächenverbrauch der Speicherkondensatoren kann deutlich reduziert werden, wenn diese **vertikal** und nicht horizontal aufgebaut werden. In Abbildung 3.54 ist ein Trench-Kondensator (**trench** bedeutet „Graben") im Querschnitt gezeigt. Die eine Kondensatorplatte wird aus einem Graben gebildet, der vollständig mit Polysilizium gefüllt ist. Das Polysilizium ist vom Silizium-Substrat durch einen SiO$_2$-Isolator getrennt. Es ergibt sich dieselbe Situation und Funktionsweise wie aus Abbildung 3.53, nur dass der Kondensator jetzt senkrecht steht.

Die Fläche des Speicherkondensators und damit dessen Kapazität ist gegeben durch die Außenflächen des Grabens und damit durch die Ätztiefe. Typische Ätztiefen liegen bei ca. 4 µm. Bei lateralen Abmessungen von 0,4 µm entspricht dies einem Aspektverhältnis von ca. 10 (Aspektverhältnis = Tiefe / Breite). Trench-Kondensatoren beruhen auf der technologischen Fähigkeit, Silizium sehr stark anisotrop zu ätzen (d. h. hohe vertikale Ätzraten, niedrige horizontale Ätzraten). Hier kommt ein speziell entwickelter Plasmaätzprozess zum Einsatz, der im *Kapitel 4 „Technologische Grundagen"* genauer beschrieben wird.

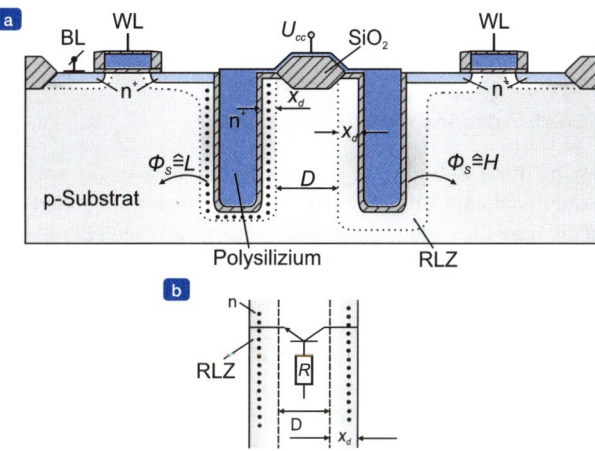

Abbildung 3.54: Aufbau einer Trench-Speicherzelle, nach [21].

Der Bereich zwischen zwei benachbarten Zellen kann wie ein NPN-Transistor betrachtet werden (siehe Abbildung 3.54b), sofern sich beide Zellen in der Inversion befinden. Wird dieser Bereich z. B. durch kosmische Strahlung leitend, so wird Ladung abfließen, was störend ist. Auch sollte ein Überlapp der Raumladungszonen beider Zellen vermieden werden.

Von der beschriebenen DRAM-Zelle mit Trench-Kondensator existieren viele Variationen, die die Eigenschaften der Zelle Schritt für Schritt verbessern. An dieser Stelle sollen aber weitere Ausführungsformen nicht vorgestellt werden.

Aufgrund der beschriebenen Arbeitsweise ist ein DRAM-Speicher flüchtig, d. h., er verliert seine abgespeicherte Information, sobald keine Spannungsversorgung mehr zur Verfügung steht.

3.8.2 Static Random Access Memories (SRAM)

Statische Speicherzellen müssen nicht in einem Refresh-Zyklus wieder aufgeladen werden, ihr Speicherinhalt wird aktiv, d. h. durch eine äußere Spannungsversorgung auf **High** oder **Low** geschaltet. In Abbildung 3.55 ist ersichtlich, dass ein SRAM aus zwei Invertern aufgebaut ist, die über Kreuz zu verschalten sind. Zusätzlich zu diesen vier Transistoren gibt es noch zwei Auswahltransistoren, die von der gleichen Word-Line angesteuert werden. Ein Auswahltransistor schaltet die Bit-Line zu, der andere den Gegenwert der Bit-Line (siehe Abbildung 3.55). Eine Speicherzelle besteht damit aus sechs Transistoren.

3 Integrierte Bauelemente

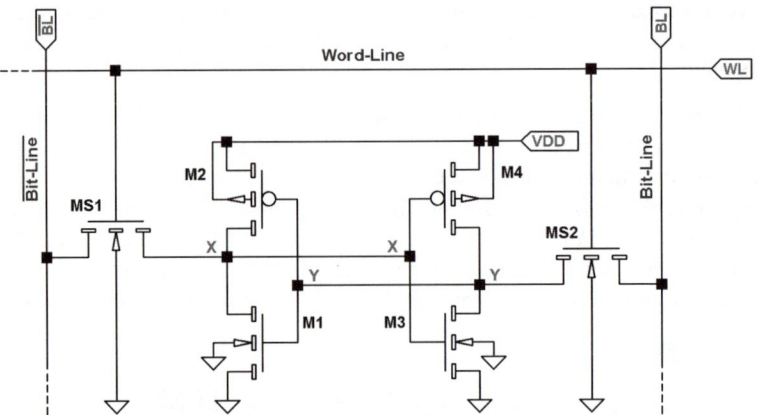

Abbildung 3.55: Prinzipieller Aufbau einer SRAM-Speicherzelle.

Beim Schreiben wird diese Zelle durch die Word-Line ausgewählt und die Bit-Line wird, ebenso wie die komplementäre Bit-Line, aktiv auf dem zu schreibenden Wert gehalten. Wir nehmen zunächst an, dass BL = **High** und BL-quer = **Low** ist. Wegen BL = High ist der Eingang „Y" des linken Inverters M1, M2 auf High und damit dessen Ausgang „X" auf Low. Wegen X = Low am Eingang des rechten Inverters M3, M4 erscheint High-Potential an dessen Ausgang „Y", was konsistent ist mit BL = High und BL-quer = Low. Die Schaltung befindet sich in einem stabilen Zustand. Verliert einer der MOSFET-Kondensatoren Ladung, so wird diese sofort über die Spannungsversorgung nachgeliefert. Der gesamte Zustand der Speicherzelle ist statisch, also zeitlich stabil, solange die externe Spannungsversorgung aufrechterhalten wird. Auch nachdem diese Speicherzelle nicht mehr ausgewählt wird, wird der Speicherzustand aktiv gehalten. Ein dynamisches Refresh ist nicht notwendig. Daher die Bezeichnung SRAM.

Beim Lesen wird wiederum die Speicherzelle zunächst über die Word-Line ausgewählt. Dadurch werden die Ausgänge „Y" und „X" der beiden Inverter mit der Bit-Line BL und BL-quer verbunden, beide werden von der Speicherzelle selbst aktiv auf Y- und X-Potential geschaltet. Diese Pegel können dann weiterverarbeitet werden. Durch das Auslesen wird der Zustand des SRAM nicht verändert

Die vorgestellte SRAM-Zelle ist eine 6T-Zelle, enthält also 6 Transistoren. Auch hier gibt es viele Modifikationen zur Verbesserung der Eigenschaften und Optimierung des Platzverbrauchs, auf die an dieser Stelle aber nicht genauer eingegangen wird.

Die Funktionsweise einer SRAM-Zelle wird in *Abschnitt 18.10* anhand einer SPICE-Simulation näher erläutert.

3.8.3 Floating-Gate-Speicher

Sowohl SRAM als auch DRAM-Speicherzellen sind flüchtige Speicher. Fällt die Stromversorgung aus, so geht in beiden Fällen die gespeicherte Information verloren. Dies ist in vielen Fällen aber nicht erwünscht, insbesondere nicht bei mobilen Anwendungen. Die Grundlage für nicht flüchtige Speicher sind MOSFET-Strukturen mit einem Floating-Gate. Ein Floating-Gate ist ein zusätzliches Gate unter dem eigentlichen Gate, das selbst allerdings keinen elektrischen Anschluss hat. Es verschiebt sein Potential entsprechend der Potentiale in seiner Umgebung, daher der Name.

3.8 MOS-Speicher

Der prinzipielle Aufbau eines Floating-Gates ist in Abbildung 3.56 gezeigt. Das Floating-Gate ist sowohl vom eigentlichen Gate, dem sogenannten Kontroll-Gate, als auch vom Substrat durch eine dünne Isolatorschicht getrennt. Wird das Kontroll-Gate auf ein hohes Potential gelegt, so sorgt die hohe Feldstärke dafür, dass Ladungen durch das Oxid tunneln und das Floating-Gate aufladen. Im normalen Betrieb reichen die Spannungen dagegen nicht aus, um ein derartiges Aufladen oder Entladen zu erzeugen. Durch das Aufladen ändert sich für den MOSFET die Threshold-Spannung V_{Th}. Den Ladungszustand kann man deshalb im Normalbetrieb einfach auslesen, man muss nur die Leitfähigkeit des MOSFETs überprüfen.

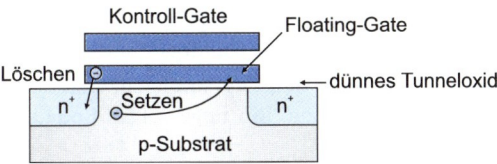

Abbildung 3.56: Prinzipieller Aufbau einer Floating-Gate-Speicherzelle.

Die Ladung auf dem Floating-Gate kann über viele Jahre gespeichert werden, da die entsprechenden Isolatorschichten im Normalbetrieb dick genug sind, deshalb können Leckströme vernachlässigt werden. Der Speicher ist nicht flüchtig.

Eine der Design-Möglichkeiten ist die FLOTOX-Zelle (**Floating Gate Tunnel Oxide**). Bei FLOTOX-Zellen überlappen die Gates und der Drain-Bereich. Im überlappenden Bereich ist das Oxid dünner, sodass an dieser Stelle verstärkt das Tunneln von Ladungsträgern stattfindet, siehe Abbildung 3.57.

Abbildung 3.57: FLOTOX-Zelle, links: Schreiben; rechts: Löschen. FN = **Fowler-Nordheim**-Tunneln.

Die Speicherung digitaler Information ist bei FLOTOX-Zellen auf ca. zehn Jahre ohne Spannungsversorgung und unter normalen Betriebsbedingungen begrenzt. Die Umladezyklen sind auf ca. 10^6 begrenzt, da sich durch das Einfangen von Ladungsträgern in Traps im Oxid die Threshold-Spannungen schleichend verändern.

Derartige Floating-Gate-Transistoren könnten nun in einer Matrix arrangiert werden und als Basis für einen Flash-Speicher dienen.

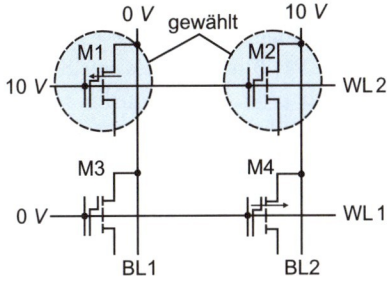

Abbildung 3.58: NOR-Matrix von Floating-Gates: unerwünschte Entladungen (Pfeile).

Durch eine Word-Line und eine Bit-Line sollte eigentlich genau ein Transistor anwählbar sein (siehe Abbildung 3.58). Dies ist für Transistor M1 aus Abbildung 3.58 auch der Fall. Allerdings würde in diesem Fall entlang der Bit-Line BL2 an allen Transistoren entlang BL2 eine Spannungsdifferenz mit umgekehrtem Vorzeichen anliegen, die eine Entladung nach sich ziehen kann. Eine derartige einfache Verschaltung ist deshalb nicht brauchbar.

Ein weiteres Problem ergibt sich, wenn jeweils beim Laden und Entladen unterschiedliche Ladungsmengen geschrieben und wieder gelöscht werden. Das Floating-Gate lädt sich dann sukzessive auf, was die Funktionalität stark beeinträchtigen kann.

Um derartige unerwünschten Effekte zu vermeiden, gibt es mehrere Möglichkeiten: 2-Transistor-Zellen, Double-Gate-Zellen oder Flash-Architekturen. Bei Flash-Architekturen wird hierbei gleich eine ganze Gruppe von Transistoren gleichzeitig über einen Tunnelprozess gelöscht und danach wieder beschrieben. Ein ungewolltes Entladen spielt deshalb keine Rolle mehr.

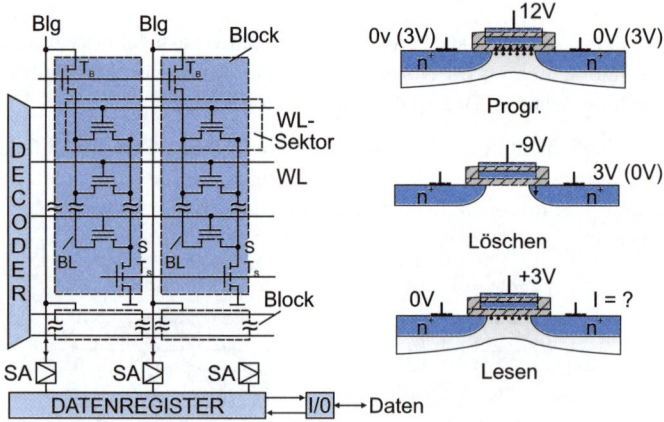

Abbildung 3.59: NOR-Architektur eines Flash-Speichers, nach [21].

Eine derartige NOR-Architektur ist in Abbildung 3.59 gezeigt. Der Speicher wird blockweise gelöscht und beschrieben. Liegen an Source (S) und Bitleitung 0 V an, so wird die jeweilige Zelle geladen, wenn an der zugehörigen Wortleitung z. B. 12 V anliegen. Für das Löschen müssen $-9\,V$ an der Wortleitung anliegen und entweder 0 V oder 3 V an der Bitleitung. Bei BL = 3 V setzt der Tunnelmechanismus ein, der zum Löschen der Zelle führt, während bei BL = 0 V dieser unterdrückt wird.

Das Löschen geschieht über das Tunneln von Elektronen vom Floating-Gate zum Source-Anschluss. Das Programmieren geschieht dagegen über die Injektion von Ladungsträgern am Drain-seitigen Ende des Kanals. Der Tunnelprozess am Source-seitigen Ende des Kanals macht sich nicht störend bemerkbar, da das Laden des Floating-Gates über die Injektion heißer Ladungsträger sehr viel schneller vonstattengeht als das Entladen über Tunneln. Ist eine Speicherzelle nicht mehr über die Word-Line ausgewählt, so kann sich das Floating-Gate auch nicht mehr über Tunneln der Elektronen entladen. Zunächst werden alle Speicherzellen eines Blocks gelöscht (Select-Line SL = 10 V) und danach Zeile für Zeile programmiert (SL = 0 V).

Literatur

[1] H.-G. Unger, W. Schultz, G. Weinhausen: *Elektronische Bauelemente und Netztwerke I*; Vieweg & Sohn, Braunschweig 1971.

[2] M. Reisch: *Elektronische Bauelemente*; Springer-Verlag, 1998, ISBN 3-540-60991-1.

[3] S. Dimitrijev: *Understanding Semiconductor Devices*; Oxford University Press, 2000, ISBN 0-19-513186-X.

[4] D. J. Roulston: *An Introduction to the Physics of Semiconductor Devices*; Oxford University Press, 1999, ISBN 0-19-511477-9.

[5] U. Tietze, Ch. Schenk: *Halbleiter-Schaltungstechnik*; Springer-Verlag, 1999, ISBN 3-540-64192-0.

[6] P. Antognetti, G. Massobrio: *Semiconductor Device Modeling with SPICE*; McGraw-Hill, 1988.

[7] I. Getreu: *Modelling the bipolar transistor*; Tektronix Inc., Beaverton, Oregon 1976.

[8] F. Sischka: *Eine Methode zur Bestimmung der SPICE-Parameter für bipolare Transistoren*; AEÜ, 1985, Band 39, Heft 4, 225–232.

[9] B. Schwaderer: *Bestimmung der Parameter zur Modellierung bipolarer Mikrowellentransistoren mit dem Analyseprogramm SPICE 2*; AEÜ, 1982, Band 36, Heft 7/8, 279–384.

[10] W. M. C. Sansen, R. G. Meyer: *Characterization and measurement of the base and emitter resistance of bipolar transistors*; IEEE J. Solid State Circuits 7, 1972, 492–498.

[11] G. M. Kull, L. W. Nagel, S. W. Lee, P. Lloyd, E. J. Prendergast, H. K. Dirks: *An Unified Circuit Model for Bipolar Transistors Including Quasi-Saturation Effects*; IEEE Transaction on Electron Devices, ED-32, 1103–1113, 1985.

[12] H. Shichman, D. A. Hodges: *Modelling and Simulation of Insulated-Gate Field-Effect Transistor Switching Circuits*; IEEE J. Solid-State Circuits, 3, 1968, 285–289.

[13] A. Vladimirescu, S. Lui: *The Simulation of MOS Integrated Circuits Using SPICE2*; Memorandum No. UCB/ERL M80/7, Februar 1980.

[14] B. J. Sheu, D. LK. Scharfetter, P.-K. Ko, M.-C. Jeng: *BSIM: Berkeley Short-Channel IGFET Model for MOS Transistors*; IEEE J. Solid State Circuits, SC-22, 1987, 558–566.

[15] J. H. Huang, Z. H. Liu, M. C. Jeng, K. Hui, M. Chan, P. K. Ko, C. Hu: *BSIM3 Manual*; Department of Electrical Engineering and Computer Science, University of California, Berkeley, CA 94720.

[16] R. J. Baker, H. W. Li, D. E. Boyce: *CMOS Circuit Design, Layout, and Simulation*; IEEE Press, 1998, ISBN 0-7803-3416-7.

[17] P. E. Allen, D. R. Holberg: *CMOS Analog Circuit Design*; Oxford, 2002, ISBN 0-19-511644-5.

[18] A. Schlachetzki: *Halbleiter-Elektronik*; Teubner Studienbücher, Stuttgart, 1990, ISBN 3-519-03070-5.

[19] Jan M. Rabaey: *Digital Integrated Circuits: A Design Perspective* Prentice Hall; Auflage: 2nd international ed., 2003.

[20] D. J. Frank, S. E. Laux, M.V.Fischetti: *Monte-Carlo Simulation of a 30 nm dual-gate MOSFET*; IEDM Tech. Dig., S. 553, 1992.

[21] K. Hoffmann: *Systemintegration: Vom Transistor zur großintegrierten Schaltung*; Oldenburg Verlag, 2006.

Technologie integrierter Schaltungen

4.1	Wafer-Herstellung	159
4.2	Lithografie und Reinraumtechnik	166
4.3	Dotierung	174
4.4	Schichttechnik	179
4.5	Ätztechnik	186
4.6	Metallisierung, Planarisierung und Durchkontaktierung in integrierten Schaltungen	188

ÜBERBLICK

4

4 Technologie integrierter Schaltungen

Einleitung

>> Die Prinzipien und Verfahren der Halbleitertechnologie sind die Grundlage für jede IC-Fertigung. Auf Basis der in diesem Kapitel beschriebenen Abläufe und Technologien erfolgt in *Kapitel 7* die Darstellung einiger ausgewählter Bipolar- und CMOS-Fertigungsprozesse, die wiederum wichtig für das Verständnis der Design- und Layout-Prinzipien in den *Kapiteln 8–18* sind. Diese später vorgestellten Prozesse sind vor allem für normale Industrie-Anwendungen konzipiert und erreichen nicht den Integrationsgrad und die Komplexität von aktuellen Mikroprozessor-Prozesstechnologien. Trotzdem werden in diesem Kapitel der Vollständigkeit halber auch die wichtigsten technologischen Erweiterungen für die Prozessierung höchstintegrierter ICs beschrieben. <<

LERNZIELE

- Wafer-Herstellung
- Silicon-On-Insulator-Technologie
- Grundlagen der Lithografie
- Dotierung
- Schichttechnik
- Ätzen
- Planarisierung
- Kontakte und Metallisierungen

Das Gebiet der Halbleitertechnologie ist sehr vielseitig und erfordert oft ein großes physikalisches Detailwissen. Die Fortschritte in Bezug auf Integrationsgrad oder Leistungsdichte bei der Entwicklung integrierter Schaltungen gingen in der Vergangenheit zumeist auf die Optimierung von Prozesstechnologien zurück. Um das Layout einer integrierten Schaltung erstellen zu können, müssen dem Schaltungsdesigner die prozesstechnischen Möglichkeiten und Grenzen bekannt sein. Abhängig vom Integrationsgrad, den zur Verfügung stehenden Technologien und den gewünschten Eigenschaften der Schaltung variieren auch die Rahmendaten für das Layout. Diese stehen dem Designer als sogenannte **Design-Rules** zur Verfügung (siehe *Kapitel 1* und *Kapitel 8*).

Die Herstellung einer integrierten Schaltung setzt sich aus mehreren Beschichtungs-, Dotierungs- und Strukturierungsschritten zusammen. Die reproduzierbare Strukturgebung der einzelnen Schichten erfolgt dabei über Lithografieverfahren, bei denen ein Fotoresist (Fotolack) nach selektiver Belichtung und Entwicklung als Maskierungsschicht für den eigentlichen Prozessschritt dient. Das wichtigste Lithografiekonzept ist die **Fotolithografie**; die Bestrahlung des Fotolacks erfolgt dabei über UV-Strahlung durch eine Strukturmaske. Da sich das Grundprinzip der Fotolithografie am einfachsten anhand eines Prozessabschnitts erläutern lässt, ist in Abbildung 4.1 solch ein grundlegender Prozessablauf (Maskenschritt) schematisch dargestellt. Ziel des skizzierten Arbeitsganges ist die präzise Erzeugung einer p-dotierten Diffusionswanne, welche z. B. einen integrierten Widerstand darstellen könnte.

Auf dem Silizium-Wafer wird zunächst eine Oxidschicht aufgebracht (Abbildung 4.1b). Nach Auftrag und Trocknung eines Positiv-Fotolackes wird die Struktur über eine Maske mit UV-Licht bestrahlt. Der Positiv-Fotolack hat dabei die charakteristische Eigenschaft, nach der Trocknung durch UV-Licht zersetzt zu werden (im Gegensatz zu negativem Fotolack, dieser vernetzt bei Bestrahlung!). Daher lassen sich die bestrahlten Abschnitte nach der Belichtung beim Entwickeln leicht entfernen. Als Resultat liegt eine strukturierte Lackschicht auf dem SiO_2 vor (Abbildung 4.1e). Nun wird ein Ätzmittel gewählt, das nur die Oxidschicht, nicht aber den Fotolack angreift. In den vom Fotoresist befreiten Bereichen lässt sich nun auch das SiO_2 entfernen (Abbildung 4.1f). Da die Oxidschicht selektiv abgeätzt wurde, kann der Fotolack auf dem verbliebenen SiO_2 wieder abgelöst werden (Abbildung 4.1g). Nach diesen Strukturierungsmaßnahmen erfolgt der eigentliche Prozessschritt, die Dotierung, z. B. durch Diffusion. Dabei wird aus einer flüssigen, festen oder gasförmigen Quelle unter den notwendigen Temperaturen Bor in die freigelegten Bereiche eindiffundiert (Abbildung 4.1h). Im SiO_2 läuft die Diffusion des Bors nur sehr langsam ab, es schützt die nicht zu dotierenden Bereiche. Als Resultat liegt eine p-Wanne vor, deren Tiefe und Ladungsträgerkonzentration von der gewählten Diffusionsquelle, der Temperatur und der Diffusionsdauer abhängig sind.

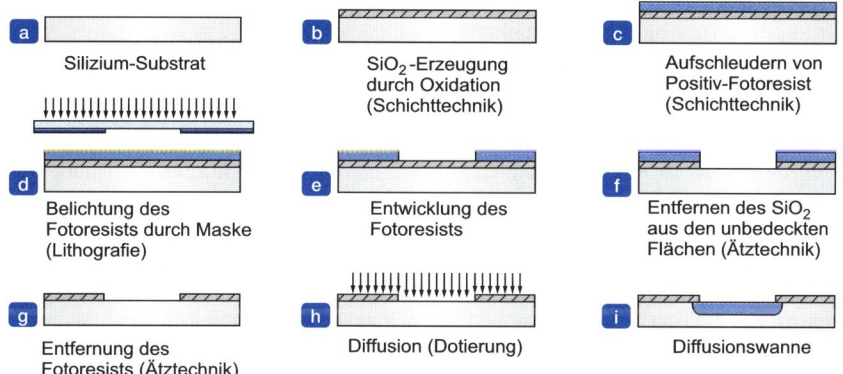

Abbildung 4.1: Erzeugung einer Diffusionswanne als Beispiel für die Prozessfolge bei der Fertigung von integrierten Strukturen.

4.1 Wafer-Herstellung

Für mehr als 95 % der weltweit verkauften integrierten Schaltungen wird Silizium (Si) als Basis-Material verwendet. Der größte Vorteil von Silizium gegenüber anderen Halbleitermaterialien ist – neben einer guten Verfügbarkeit in Form von Quarzsand (SiO_2) – vor allem die Eigenschaft, ein stabiles Eigenoxid zu bilden. Dadurch kann mit niedrigem prozesstechnischen Aufwand eine Maskierungsschicht für die Lithografie erzeugt werden. Im Folgenden werden sowohl die Herstellung klassischer Silizium-Wafer als auch die Grundlagen für moderne **Silicon-On-Insulator**-Substrate vorgestellt.

4.1.1 Klassische Silizium-Technologie

Um die für eine Produktion erforderlichen hochreinen und einkristallinen Wafer zu erhalten, sind eine Vielzahl von Fertigungs- und Reinigungsschritten erforderlich. In Abbildung 4.2 ist eine Übersicht über die einzelnen Prozessabschnitte bei der Si-Wafer-Herstellung dargestellt.

Im ersten Schritt wird der Quarzsand in einem Lichtbogenofen über eine Reduktion mit Kohlenstoff zu Silizium prozessiert. Dieser Vorgang lässt sich durch folgende Reaktionsgleichung beschreiben:

$$SiO_2 + 2C \rightarrow Si + 2CO \qquad (4.1)$$

Der Prozess erfolgt bei Temperaturen über dem Schmelzpunkt von Silizium (1413 °C). Die Reinheit des Siliziums beträgt im Anschluss ca. 96 %–99,9 %; für eine Verwendung als Ausgangsmaterial für monokristalline Wafer ist dies nicht ausreichend. Daher wird das Silizium-Rohmaterial in einem zweiten Schritt mit Chlorwasserstoff versetzt, wodurch sich bei Temperaturen um 300 °C flüssiges Trichlorsilan ausbildet:

$$Si + 3HCl \rightarrow SiHCl_3 + H_2 \qquad (4.2)$$

Aufgrund unterschiedlicher Siedetemperaturen der Verunreinigungen lassen sich diese über einen speziellen Kondensations- und Heizaufbau nahezu vollständig vom $SiHCl_3$ trennen.

In einem sich anschließenden **CVD**-Schritt (**Chemical Vapour Deposition**, siehe *Abschnitt 4.4.2*) wird das hochreine Trichlorsilan über eine Reaktion mit zugeführtem Wasserstoff bei über 1000 °C aus dem gasförmigen Zustand in polykristallines Silizium umgewandelt. Die chemische Reaktion entspricht dabei Gleichung (4.2) in umgekehrter Richtung. Das Silizium weist nun einen Verunreinigungsgrad $<10^{-9}$ auf und kann für die meisten Anwendungen der Mikroelektronik direkt zum Einkristall weiterverarbeitet werden.

Für Silizium-Bauelemente mit höheren Reinheitsanforderungen (z. B. Speicherbausteine) ist allerdings ein weiterer Reinigungsschritt notwendig, die sogenannte **Zonenreinigung**. Hierbei wird über eine bewegliche Heizung nur ein schmaler Bereich des zu reinigenden Silizium-Stabes aufgeschmolzen, während der Rest im festen Zustand verbleibt. Diese Schmelzzone bewegt sich während des Prozessverlaufs einmal vollständig durch den gesamten Silizium-Stab. Die Verunreinigungen im Silizium bleiben aufgrund einer besseren Löslichkeit zum Großteil in der Schmelze, sodass sie nach Ablauf des Vorgangs hauptsächlich am Ende des Silizium-Blocks zu finden sind. Dieser Prozess kann mehrfach wiederholt werden, wodurch Silizium mit einem Verunreinigungsgrad von $< 5 \cdot 10^{-10}$ erzeugt werden kann.

Die technische Herstellung eines Silizium-Einkristalls erfolgt mit dem **Czochralski-Verfahren**. Hierbei wird das polykristalline Silizium in einem Quarztiegel aufgeschmolzen und bei Temperaturen knapp über dem Schmelzpunkt aus der Schmelze gezogen. Die Orientierung des Kristalls (siehe *Kapitel 3*) wird dabei durch den Impfkristall vorgegeben, der sich direkt an der Halterung des Zugstabs befindet. Kristall und Schmelze rotieren in entgegengesetzter Richtung. Über eine exakte Kontrolle der Temperatur und Prozessparameter kristallisiert das Silizium aus der Schmelze an dem Impfkristall; dieser wächst während der gleichzeitigen Zugbewegung weiter an.

Eine Alternative zum Czochralski-Verfahren ist das tiegelfreie **Zonenschmelzen** (**Float-Zone-Verfahren**). Hierbei wird das polykristalline Silizium auf einem rotierenden Zugstab befestigt und am oberen Ende mit einem einkristallinen Impfkristall zusammengebracht. Der Aufbau befindet sich in Schutzgasatmosphäre und lässt – vergleichbar mit der Zonenreinigung – das Aufheizen einer nur wenige Millimeter schmalen Zone zu. Zu Beginn wird der Übergangsbereich zwischen Polysilizium und Impfkristall über die Schmelztemperatur des Siliziums aufgeheizt, wobei das aufgeschmolzene Silizium beim Abkühlen am Keim rekristallisiert und dessen Kristallorientierung annimmt. Durch die Bewegung des Zugstabs „nach oben" wird stets der Bereich unter dem bereits einkristallinen Silizium aufgeschmolzen, um sich wiederum beim Abkühlen an der darüberliegenden Kristallstruktur anzulagern. Mithilfe des Zonenschmelzens lässt sich einkristallines Silizium höchster Reinheit erzeugen. Allerdings lässt dieses Verfahren wegen der Schwerkraft nur die Herstellung von monokristallinen Stäben mit relativ geringen Durchmessern zu (200 mm).

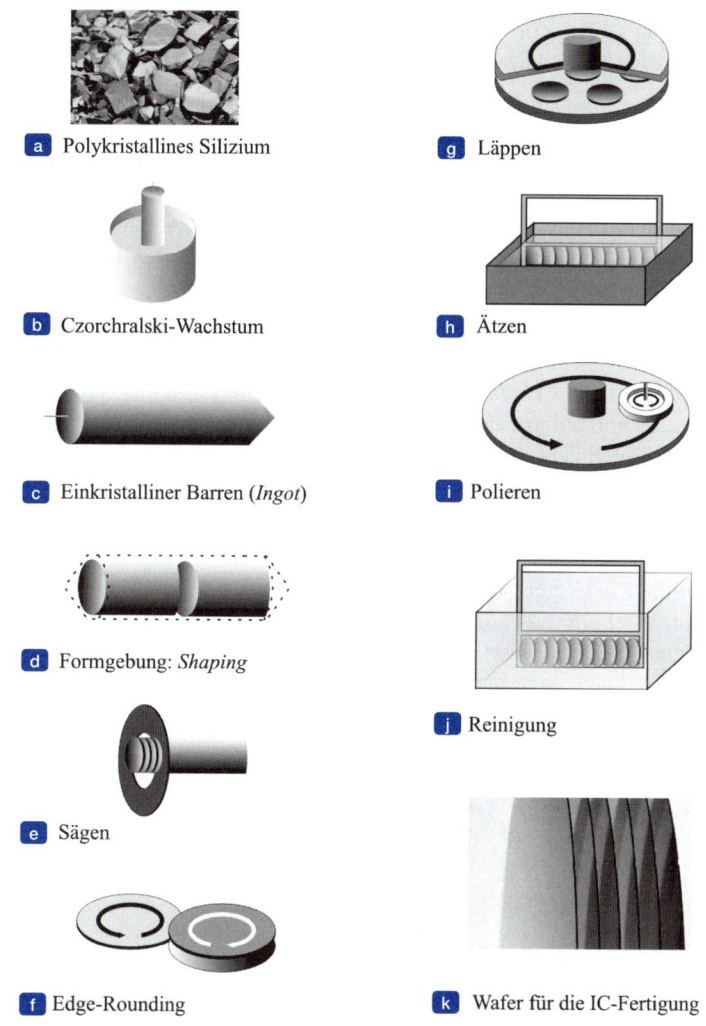

Abbildung 4.2: Prozessablauf der Wafer-Fabrikation nach der Reinigung des Silizium-Ausgangsmaterials. Nähere Erläuterungen im Text (Fotos: Wacker Chemie AG, München, und Siltronic AG, München).

Nach dem Czochralski-Prozess oder dem Zonenschmelzen liegt das Silizium als einkristalliner und zylinderförmiger Barren, der sogenannte **Ingot**, vor. Dieser muss nun auf einen geeigneten Durchmesser abgeschliffen und in die einzelnen Wafer zersägt werden. Das Sägen erfolgt entweder mit einer Innenlochsäge (Abbildung 4.2e) oder über spezielle Drahtsägen, bei denen durch den parallelen Einsatz mehrerer Drähte eine Vielzahl von Wafern gleichzeitig abgetrennt werden kann.

Nach dem Abrunden der Wafer-Kanten mit einer Diamantfräse erfolgt die Glättung der durch das Sägen beschädigten Wafer-Oberflächen. Der erste Schritt ist hierbei das **Läppen** (Abbildung 4.2g). Die Wafer werden zwischen zwei rotierenden Platten eingespannt und mithilfe von Läppmitteln mechanisch geglättet. Die im Läppmittel eingesetzten Pulvermaterialien sind zumeist Al_2O_3 oder SiC; der Durchmesser orientiert sich an dem gewünschten Abtrag und wird während des Läppprozesses zu kleineren Körnungen hin verändert, sodass die Oberflächenrauheit anschließend ca. ±2 μm beträgt. Während des gesamten Läppschrittes werden etwa 50 μm Silizium abgetragen [2].

Im Anschluss erfolgt ein nasschemischer Ätzschritt (siehe *Abschnitt 4.5.1*), um die Rauigkeiten aus dem Läppprozess zu entfernen. Dafür wird ein Gemisch aus Salpetersäure (HNO_3), Flusssäure (HF) und Essigsäure ($C_2H_4O_2$) verwendet. Der eigentliche Ätzvorgang läuft nach folgendem Muster ab: Das Silizium wird zunächst über die Salpetersäure oxidiert und liegt auf dem Wafer als SiO_2 vor; dieses wird anschließend von der Flusssäure entfernt. Die Essigsäure dient zur Verdünnung und Einstellung der Ätzrate. Beim Ätzen werden 40 μm – 50 μm Silizium vom Wafer abgetragen [2].

Mit dem Chemisch-Mechanischen Polieren (**Chemical-Mechanical Polishing, CMP**) der oberen Wafer-Seite erfolgt der letzte Schritt zur Gewährleistung einer hochwertigen Silizium-Oberfläche. Dabei werden die Wafer unter Beigabe eines Gemisches aus $NaOH$ und feinen SiO_2-Partikeln (ca. 10 nm) poliert. Durch die beim Polieren entstehende Wärme bilden sich OH^--Ionen, die die Oberfläche des Wafers oxidieren. Durch die SiO_2-Nanopartikel wird diese Oxidschicht mechanisch wieder entfernt. Im Resultat ergibt sich eine spiegelnde und defektfreie Oberfläche.

Den Abschluss bilden die Reinigung und Endkontrolle; der fertige Wafer lässt sich nun als Basis-Material für die IC-Fertigung einsetzen. Durch Dotierung-, Beschichtungs- und Ätzprozessschritte (siehe *Abschnitt 4.2–4.6*) können dabei eine große Zahl identischer integrierter Schaltungen auf dem Wafer realisiert werden. Die meisten Arbeitsgänge erfolgen parallel für alle Chipstrukturen auf dem gesamten Wafer, wodurch die Prozesskosten für den einzelnen Chip mit größerem Wafer-Durchmesser sinken. In Abbildung 4.3 ist ein 300 mm Wafer nach der Chipprozessierung dargestellt.

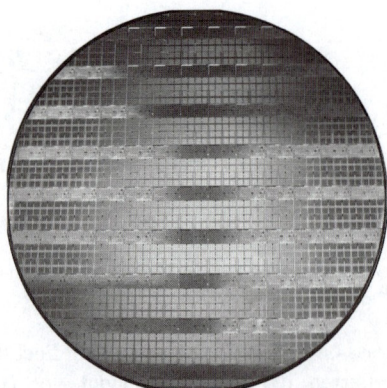

Abbildung 4.3: 300 mm Wafer mit 45 nm Chipstrukturen der Firma INTEL (Foto: INTEL, Inc.).

Wafer mit 300 mm Durchmesser und einer Dicke von 775 µm sind heutzutage der Standard für große Stückzahlen. Durch das Bestreben, die Kosten pro Chip zu senken, geht der Trend inzwischen jedoch zu noch größeren Durchmessern; die großen Chiphersteller Intel, Samsung und TSMC haben sich zum Ziel gesetzt, ab dem Jahre 2012 die Fertigung auf Wafer mit 450 mm Durchmesser umzustellen [8]. In Tabelle 4.1 sind einige Richtwerte für aktuell in der Produktion eingesetzte Wafer zusammengestellt [4].

Tabelle 4.1

Eigenschaften von Silizium-Wafern nach [4]

Wafer-Typ (mm)	100	125	150	200	300
Abweichung Durchmesser(mm)	±0,5	±0,5	±0,3	±0,2	±0,2
Dicke (µm)	525±25	625±25	675±25	725±25	775±25
Durchbiegung (µm)	15	20	25	30	50
Fehlorientierung (°)	±2	±2	±2	±2	±1

4.1.2 SOI – Silicon On Insulator

Bei integrierten Schaltungen wird normalerweise nur eine dünne Schicht des Silizium-Wafers genutzt, die durch einen PN-Übergang vom Halbleiterkristall isoliert ist. Deshalb entstand schon sehr früh der Wunsch, die aktive Halbleiterschicht durch eine echte Isolation vom Trägersubstrat zu trennen. Bei der **Silicon-On-Insulator-Technologie (SOI)** wird für die Integration der Bauelemente nur eine dünne monokristalline Silizium-Schicht verwendet. Die Schichtdicke kann dabei in weiten Grenzen von 10 nm bis hin zu einigen Mikrometern eingestellt werden. Unterhalb dieser Schicht liegen eine isolierende Ebene – zumeist SiO_2 mit Dicken von 50 nm – 1 µm – und das tragende Substrat. Die einzelnen Transistoren sind somit in vertikaler Richtung durch die Oxidschicht begrenzt, in lateraler Richtung erfolgt oft eine Beschränkung durch ein dickes Feldoxid. Die Bauelemente sind damit im Idealfall vollständig von einem isolierenden Bereich eingefasst (Abbildung 4.4). Der Einsatz der SOI-Technik bietet viele Vorteile in Hinsicht auf die Performance von integrierten Schaltungen. Im Gegensatz zur klassischen Bulk-Technologie grenzen die tieferen Diffusionsgebiete direkt an die vergrabene Isolationsschicht, wodurch ein PN-Übergang und damit die Leckströme zum Substrat entfallen. Durch die vollständige Isolation von Bauelementen kann das Auftreten von Latch-Up-Effekten (siehe *Abschnitt 8.6.2*) nahezu ausgeschlossen werden; zudem lassen sich parasitäre Größen wie z. B. Substratkapazitäten oder vertikale Dioden- und Transistorstrukturen deutlich verringern. Damit sind SOI-Schaltungen vor allem bei höheren Temperaturen und Frequenzen gewöhnlichen Silizium-basierten ICs überlegen. Während die Temperaturobergrenze für die Bulk-Silizium-Technologie unter 200 °C liegt, können SOI-Bauelemente bei Temperaturen von bis zu 300 °C verwendet werden.

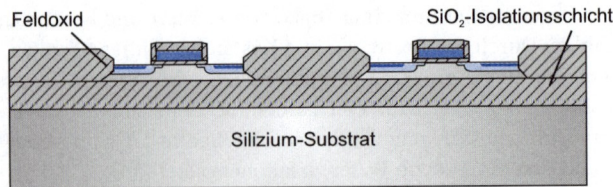

Abbildung 4.4: Silicon On Insulator.

Um die SOI-Technologie breit einsetzen zu können, ist die Verfügbarkeit von erschwinglichen Substraten erforderlich. Im Folgenden sollen die wichtigsten Herstellungsverfahren von SOI-Substraten erläutert werden.

Beim **Bond-and-Etchback-SOI**-Verfahren (**BESOI**) werden zwei oxidierte Silizium-Wafer an den Oxidschichten bei erhöhten Temperaturen aufeinander gepresst (Abbildung 4.5), wobei es durch auf atomarer Ebene wirkende Van-der-Waals-Kräfte zu einer Verbindung kommt (Wafer-Bonding). Der obere Wafer wird nun durch mechanisches Abtragen wie Läppen und Polieren auf eine Dicke von ca. 3 μm (für Bipolar-Schaltungen auch bis zu 10 μm) reduziert. Über einen kontrollierten Ätzschritt kann die Silizium-Schicht nun auf Dicken zwischen 50 nm und 1 μm eingestellt werden. Die Dicke der isolierenden SiO_2-Schicht wiederum kann durch eine kontrollierte Oxidation der Ausgangswafer innerhalb gewisser Grenzen eingestellt werden, minimale Oxiddicken liegen bei ca. 1 μm.

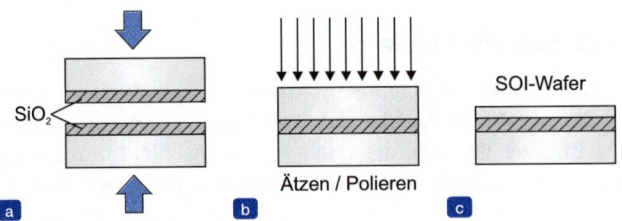

Abbildung 4.5: Bond-and-Etchback-SOI-Verfahren (BESOI).

Das **Separation-by-Implantation-of-Oxygen**-Verfahren (**SIMOX**) beruht auf der Ionenimplantation von Sauerstoff in einen Silizium-Wafer (mehr zur Ionenimplantation in *Abschnitt 4.3.1*). Die Ionen werden in eine Tiefe von 0,1–1 μm implantiert, wodurch sich eine vergrabene SiO_2-Schicht ausbildet. Anschließend müssen die zerstörten Gitterstrukturen des Siliziums über der SiO_2-Ebene durch einen Temperschritt ausgeheilt werden. Optional erfolgt danach ein Ätzprozess, um Schichtdicken unter 100 nm zu erreichen (Abbildung 4.6).

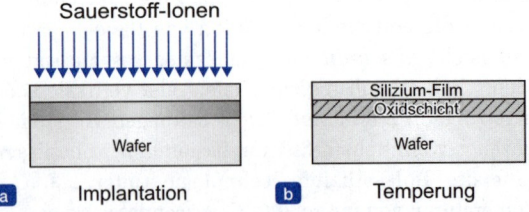

Abbildung 4.6: Das Separation-by-Implantation-of-Oxygen-Verfahren (SIMOX).

Der **Smart-Cut**-Prozess kann als Weiterentwicklung des BESOI-Verfahrens betrachtet werden. Ausgangsmaterialien sind wieder zwei oxidierte Silizium-Wafer (Abbildung 4.7). In einen der beiden Wafer – dem sogenannten Seed-Wafer – werden Wasserstoff-Ionen in eine vorgegebene Tiefe implantiert. Anschließend erfolgt wie beim BESOI-Prozess die Verbindung der beiden Wafer über einen Wafer-Bondschritt. Durch eine sich anschließende Temperung bei ca. 500 °C platzt das Silizium an der mit Wasserstoff-Ionen angereicherten Schicht ab. Über eine zweite Temperung werden die Kristallschäden ausgeheilt. Im Gegensatz zum BESOI-Prozess werden nicht für jeden SOI-Wafer zwei Silizium-Wafer benötigt, da der Seed-Wafer noch einmal aufbereitet und für einen weiteren Smart-Cut-Prozess eingesetzt werden kann.

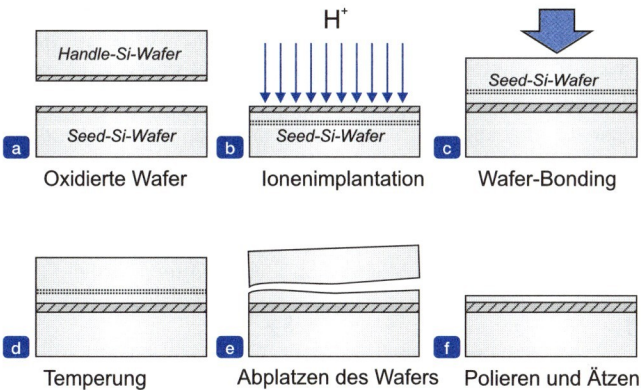

Abbildung 4.7: Der Smart-Cut-Prozess.

Eine weitere Variante der SOI-Substratherstellung auf Basis des Wafer-Bondings ist das **Eltran-Verfahren** (Epitaxial layer transfer), bei dem der Seed-Wafer mit einer mehrlagigen Schicht aus porösem Silizium und nachfolgender Silizium- und SiO$_2$-Schicht versehen ist. Nach dem Wafer-Bonden entstehen mechanische Spannungen in der Struktur, sodass der Seed-Wafer mit einem Hochdruckwasserstrahl an der porösen Schicht abgetrennt werden kann (Abbildung 4.8).

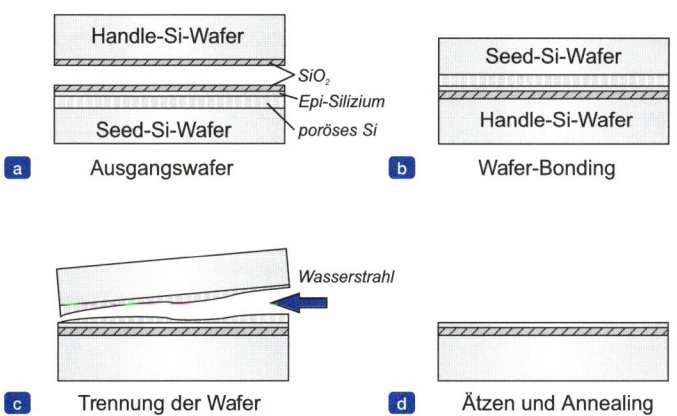

Abbildung 4.8: Eltran-Verfahren.

Neben den oben vorgestellten Verfahren gibt es noch diverse andere Möglichkeit, SOI-Schichten zu erzeugen; viele Verfahren haben aber zurzeit nur Laborreife oder werden für Nischenlösungen eingesetzt. Sehr vielversprechend sind **Rekristallisationsverfahren**, bei denen eine polykristalline Silizium-Schicht auf einem Isolator aufgebracht und anschließend über gezielte Wärmezufuhr, z. B. mit einem Laserstrahl, rekristallisiert wird.

4.2 Lithografie und Reinraumtechnik

Bei der Herstellung integrierter Schaltungen erfolgt, wie oben bereits erwähnt, eine Vielzahl von Dotierungs-, Beschichtungs- und Ätzschritten; für die Strukturierung kommen lithografische Verfahren mithilfe der aus dem Schaltungslayout generierten Masken zum Einsatz. Das Grundprinzip wurde bereits am Kapitelanfang anhand von Abbildung 4.1 kurz beschrieben. In Abbildung 4.9 ist ein weiterer fotolithografischer Verfahrensablauf – hier zur Strukturierung einer Leiterbahnebene – schematisch dargestellt. Ausgangspunkt ist der vollständig metallisierte Wafer. Die Strukturierung erfolgt mithilfe eines Fotoresists, der über die Maske belichtet wird. Die belichteten Bereiche vernetzen durch die Einwirkung der UV-Bestrahlung (hier Negativlack, siehe *Abschnitt 4.2.1*). Bei der **Entwicklung** wird der Fotolack in den unbelichteten Bereichen wieder abgelöst, sodass über den sich anschließenden Ätzschritt die Metallisierung unterhalb der freigelegten Gebiete entfernt werden kann. Als Resultat ergibt sich nach Ablösung des ausgehärteten Fotolacks die gewünschte Leiterbahnstruktur.

Im Folgenden sollen die grundlegenden Prinzipien der Lithografie und der dabei zum Einsatz kommenden Vorrichtungen und Materialien kurz erläutert werden.

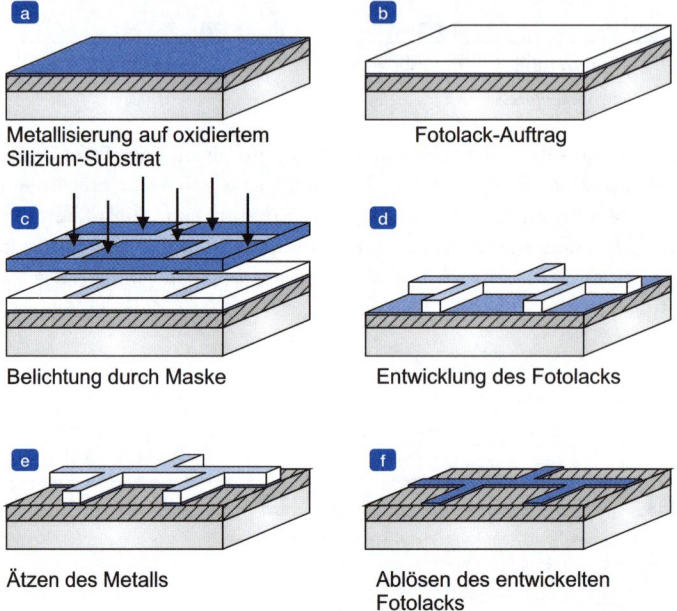

Abbildung 4.9: Erzeugung einer Leiterbahnstruktur mittels Fotolithografie unter Verwendung von Negativ-Fotolack.

4.2 Lithografie und Reinraumtechnik

> **Hinweis**
>
> Es sei an dieser Stelle betont, dass die weiter unten beschriebenen Methoden und Entwicklungen für die Realisierung kleinstmöglicher integrierter Strukturen von unter 100 nm nur für einen Teil der industriellen Fertigung integrierter Schaltungen von Bedeutung sind. Dabei handelt es sich hauptsächlich um digitale Mikroprozessoren mit höchsten Ansprüchen an die Performance. Für die Realisierung der meisten integrierten Schaltungsfunktionen – vor allem bei ASICs und analogen Schaltungen – sind Prozesse mit Bauteilabmessungen zwischen 350 nm und 2 μm völlig ausreichend. Manchmal sind zudem Schaltungen für höhere Versorgungsspannungen gewünscht; dadurch sind auch in aktuellen Technologiekonzepten 3-μm-Prozesse nicht ungewöhnlich.
>
> In *Kapitel 8* werden vier einfache Prozesse vorgestellt, die später als Grundlage für die Layout-Beschreibungen und Design-Beispiele dienen; diese Prozesse kommen durchweg mit weniger als 13 Maskenschritten und einer begrenzten Anzahl von Beschichtungs- und Strukturierungsarbeitsgängen aus, sind aber trotzdem in nahezu identischer Form im industriellen Einsatz.

4.2.1 Fotoresist

Eine wichtige Komponente der fotolithografischen Strukturierung ist der **Fotoresist** bzw. **Fotolack**. Fotolacke sind aus Materialien aufgebaut, deren chemische Eigenschaften durch eine Belichtung geändert werden. Der nach einer Belichtung und Entwicklung verbleibende und strukturbestimmende Anteil des Fotoresists muss gegen nachfolgende Arbeitsgänge wie z. B. das Ätzen darunterliegender Schichten oder eine Ionenimplantation stabil bleiben. Die Wahl der Wellenlänge der Beleuchtungsquelle und der Empfindlichkeitsbereich des Fotolacks müssen aufeinander abgestimmt sein, wobei die Wellenlänge der entscheidende Faktor für die minimal auflösbare Strukturgröße ist (siehe *Abschnitt 4.2.2*).

Generell unterscheidet man Positiv- und Negativ-Fotolack. Bei Negativ-Fotolack werden durch eine Bestrahlung Bindungen aufgebrochen, die sich anschließend in einer chemisch stabileren Form neu strukturieren. Ein auf den jeweiligen Fotolack abgestimmter **Entwickler** entfernt die nicht belichteten Bereiche, während der chemisch veränderte Fotoresist auf dem Schaltungsaufbau erhalten bleibt; anschließend können die weiteren Strukturierungsmaßnahmen erfolgen.

Bei Positiv-Fotolack verhält es sich genau umgekehrt: Die belichteten Bereiche können anschließend leicht entfernt werden und die unbelichteten Bereiche bleiben erhalten. In der kommerziellen IC-Fertigung werden zumeist Positiv-Fotolacke eingesetzt, da diese herstellungsbedingt eine höhere Auflösung gewährleisten können.

Fotolacke basieren im Allgemeinen auf Kohlenwasserstoffverbindungen und bestehen neben dem Lösungsmittel aus einem oder mehreren Matrixmaterialien und lichtempfindlichen Anteilen.

Der Auftrag des Fotoresists erfolgt gewöhnlich in flüssiger Form mithilfe einer Schleuderbeschichtung. Dabei wird der Fotoresist zunächst in der Mitte des Wafers aufgeträufelt; durch eine anschließende schnelle Rotation (ca. 5000 min^{-1}) des Wafers ergibt sich die gleichmäßige Verteilung. Beim Aufschleudern dampft ein Großteil des Lösungsmittels ab, die Dicke der Lackschicht beträgt ca. 0,5 – 1,5 μm. Um alle Lösungsmittel-Rückstände vollständig zu entfernen, erfolgt im Anschluss an das Aufschleudern ein Wärmeschritt (**Prebake**). Nach der Belichtung (siehe *Abschnitt 4.2.2*) und der Entwicklung schließt sich für die meisten Fotolacke ein zweiter Wärmeschritt an (**Postbake**), wodurch die verbleibende Lackstruktur weiter verfestigt wird und so als Maske für sich anschließende Prozesse wie Ätzen oder eine Ionenimplantation genutzt werden kann.

Bei anspruchsvollen Prozessen wird vor dem Auftrag des eigentlichen Fotoresists noch ein dünner Haftvermittler aufgetragen. Dies geschieht entweder ebenfalls über eine Schleuderbeschichtung oder mittels CVD; der Haftvermittler ist idealerweise nur wenige Atomlagen dick. Vor dem Auftrag wird der Silizium-Wafer getempert, um an der Oberfläche gebundene Wassermoleküle zu entfernen (**Dehydration Bake**).

Um den verfestigten Fotolack nach dem eigentlichen Arbeitsschritt ebenfalls wieder zu entfernen (**Strippen**), kommen – je nach Art und Beanspruchung des Lackes – einfache Lösungsmittel (z. B. Aceton), Nassätzverfahren oder Trockenätzprozeduren (**RIE**, siehe *Abschnitt 4.5.2*) zum Einsatz.

4.2.2 Maskentechnik und Belichtung

In Abbildung 4.10 ist eine Übersicht über die verschiedenen fotolithografischen Verfahren dargestellt. Der Weg vom Layout einer integrierten Schaltung bis hin zu der eigentlichen Belichtung des Fotolacks auf der IC-Struktur lässt sich auf unterschiedliche Art und Weise realisieren.

Herstellung der Masken

Der klassische Ablauf sieht zunächst den Transfer der einzelnen Entwurfsebenen auf einen Zwischenträger vor, dem sogenannten **Retikel**. Die durch das Schaltungslayout bestimmte geometrische Struktur wird dabei auf einen mit Chrom beschichteten Träger aus Quarzglas übertragen. Dabei wird die Chrom-Schicht auf dem Quarzträger ganzflächig mit Fotolack bedeckt; anschließend erfolgt die Belichtung der gewünschten Bereiche über eine Anordnung aus rechnergesteuerten Blenden mit einem sogenannten Muster-Generator (**Pattern-Generator**) oder mittels eines Elektronenstrahls. Beim Einsatz eines Elektronenstrahls ist die Verwendung eines entsprechend angepassten Fotolacks notwendig. Nach der Belichtung erfolgen die Entwicklung des Fotolacks und der Ätzschritt zum Entfernen des Chroms in den freigelegten Bereichen. Im Resultat liegen die geometrischen Muster auf dem Retikel in einem Größenverhältnis von 4:1, 5:1 oder 10:1 im Vergleich zu der gewünschten Strukturgröße vor.

Für die Herstellung der eigentlichen Masken wird die Retikel-Struktur mithilfe des **Step-and-Repeat**-Verfahrens mehrfach auf einen weiteren chrombeschichteten Quarzträger übertragen. Dabei erfolgt über mehrere nacheinander ausgeführte Belichtungsschritte die Abbildung der Retikel-Geometrie auf den mit Fotolack beschichteten Maskenträger. Nach jedem Belichtungsschritt wird die spätere Maske derart in x- und y-Richtung verschoben, dass nach der Entwicklung und dem sich anschließenden Ätzschritt eine Vielzahl gleicher Strukturen symmetrisch auf der Maske vorliegt. In Abbildung 4.11a wird ein Ausschnitt aus einer Leiterbahnmaske für eine einfache digitale Schaltung gezeigt.

4.2 Lithografie und Reinraumtechnik

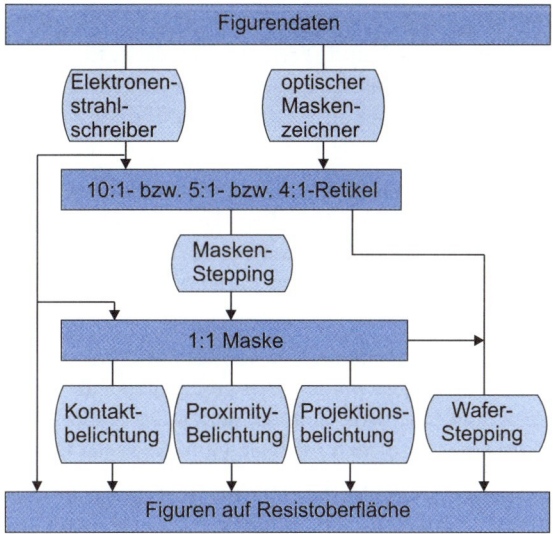

Abbildung 4.10: Verschiedene Verfahren der Fotolithografie.

Neben dem Einsatz eines Step-and-Repeat-Generators besteht auch die Möglichkeit, die Maske direkt mit einem Elektronenstrahl zu strukturieren und nicht den Umweg über das Retikel und den Masken-Stepper zu gehen.

Abbildung 4.11: Metallisierungsmaske (a) und die zugehörige Chipstruktur (b) einer einfachen Inverter-Frequenzteiler-Schaltung. Durch die Vervielfältigung der einzelnen Chipstrukturen auf einer Maske lassen sich viele Chips gleichzeitig nebeneinander prozessieren (Fotos: TU Braunschweig, Institut für Halbleitertechnik).

Belichtung

Man unterscheidet in der praktischen IC-Fertigung im Wesentlichen drei Belichtungsverfahren, um die Strukturen der in den vorangegangenen Arbeitsschritten gefertigten Maske auf den mit Fotolack bedeckten Wafer zu übertragen (Abbildung 4.12).

Bei der **Kontaktbelichtung** wird die Maske in direkten Kontakt mit dem Silizium-Chip gebracht und anschließend belichtet. Die Maskenstruktur lässt sich so unmittelbar im Verhältnis 1:1 auf den Fotolack übertragen, allerdings kann sich durch Verunreinigungen oder nicht ideale Prozessführung leicht eine Beschädigung der Maske bzw. der Lackschicht auf dem Silizium ergeben. Daher kommt dieses Verfahren in der IC-Fertigung mit großen Durchsätzen nur selten zum Einsatz.

Durch die Gewährleistung eines Abstandes von wenigen Mikrometern zwischen Maske und Chip kann dieser Nachteil umgangen werden. Dies geschieht bei der **Abstands-** oder **Proximity-Belichtung**. Allerdings nimmt man dabei eine Reduktion des Auflösungsvermögens in Kauf, wodurch dieses Verfahren nur für Strukturen über 3 µm eingesetzt werden kann.

Mithilfe eines Linsensystems erlaubt die **Projektionsbelichtung** trotz einer vollständigen Trennung von Maske und Chip eine 1:1-Abbildung der Maskenstrukturen auf die belackte Chipoberfläche. In der Praxis kann als Alternative zur separaten Maskenfertigung direkt das Retikel als Prozessmaske genutzt werden; die Retikelabmessungen werden durch das Linsensystem verkleinert auf dem Wafer abgebildet. Dabei wird also nicht eine großflächige Maske mit vielen identischen Strukturen verwendet, sondern es erfolgt analog zum Step-and-Repeat-Prozess bei der Maskenfertigung eine sukzessive Belichtung der einzelnen Chipstrukturen auf dem Wafer hintereinander (**Wafer-Stepping**).

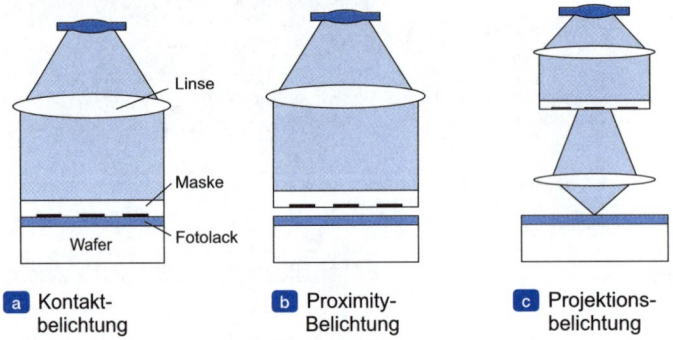

Abbildung 4.12: Möglichkeiten der Belichtung bei der Fotolithografie.

Aufgrund von Beugung ist die minimal auflösbare Strukturbreite b_{min} bei der Belichtung durch die Wellenlänge der Lichtquelle begrenzt. Für die Projektionsbelichtung lässt sich b_{min} angeben zu

$$b_{min} = k \frac{\lambda}{(NA)} \qquad (4.3)$$

Der Vorfaktor k beinhaltet verschiedene prozessbedingte Faktoren wie die Auflösungseigenschaften des Fotoresists oder den Kohärenzgrad des Lichts. Typische Werte für k liegen zwischen 0,6 und 0,8. Neben der Wellenlänge ist die **numerische Apertur NA** für das Auflösungsvermögen entscheidend. Diese ergibt sich aus den geometrischen Abmessungen des Belichtungsaufbaus zu

$$NA = n \cdot \sin \alpha \qquad (4.4)$$

wobei α der Hälfte des objektseitigen Öffnungswinkels entspricht (Abbildung 4.13). Für den Brechungsindex n gilt für Luft in herkömmlichen Belichtungssystemen $n = 1$. In der Praxis liegen die Werte für die numerische Apertur um 0,6.

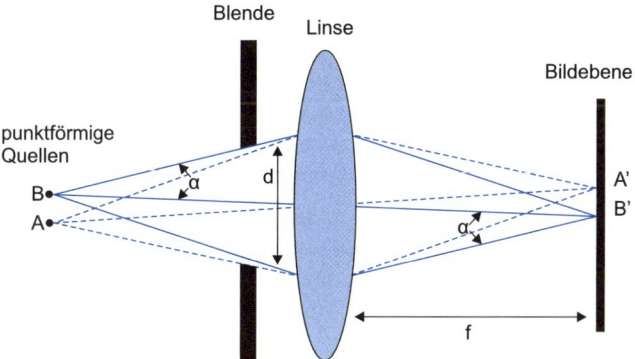

Abbildung 4.13: Geometrische Anordnung bei der Projektionsbelichtung.

Ein weiteres wichtiges Merkmal der Belichtungsprozedur ist die Tiefenschärfe (**Depth of Focus, DOF**), die notwendigerweise höher als die Dicke des Fotolacks sein muss. Die Tiefenschärfe lässt sich durch folgenden Ausdruck bestimmen:

$$DOF = \pm k_2 \frac{\lambda}{(NA)^2} \qquad (4.5)$$

Für die meisten Prozesse gilt dabei $k_2 \approx 0{,}5$. Die industriell hauptsächlich eingesetzten UV-Belichtungsquellen sind Quecksilberdampflampen mit 436 nm bzw. 365 nm Wellenlänge oder Excimer-Laser mit 248 nm (KrF) bzw. 193 nm (ArF). Für die Fertigung hochintegrierter Mikroprozessoren sind Strukturgrößen von 32 nm unter Verwendung von 193 nm Belichtungswellenlänge industrieller Standard [10]; durch eine weitere gezielte Optimierung des Belichtungsaufbaus und der Masken lassen sich auch Strukturen unter 30 nm realisieren.

Es gibt eine Vielzahl von Methoden, die Auflösung kleinster Strukturen bei der Verwendung einer Belichtungswellenlänge von 193 nm zu erreichen. So können mithilfe der sogenannten **Schrägbeleuchtung**, bei der die Lichtquelle nicht punktförmig, sondern beispielsweise als Ring oder Quadrupol ausgebildet wird, höhere Beugungsordnungen in die zu belichtenden Bereiche gelangen und es ergibt sich eine höhere Lichtintensität in den Randgebieten. Bei **phasenschiebende Masken** wird die Auflösung über eine gezielte destruktive Interferenz zwischen zwei nebeneinanderliegenden zu belichtenden Strukturen erhöht. Eine verbreitete Realisierungsform ist die **Attenuated**-Phasenmaske; hierbei wird die Chrom-Struktur zwischen zwei lichtdurchlässigen Bereichen auf der Maske durch eine Beschichtung ersetzt, die teilweise Licht durchlässt und gleichzeitig eine Phasenverschiebung um 180° gewährleistet. Dadurch kommt es zu einer destruktiven Interferenz zwischen dem gedrehten Licht aus dem teildurchlässigen Bereich und den unerwünschten Einstrahlungen aus den für eine Belichtung vorgesehenen Zwischenräumen. Auf diese Weise kann der Unterschied der Lichtintensität zwischen zu belichtenden und idealerweise belichtungsfreien Abschnitten und damit die Auflösung des gesamten Belichtungsprozesses erhöht werden. Eine weitere Reduktion der minimal auflösbaren Strukturbreite lässt sich durch die Erhöhung der numerischen Apertur erreichen. Mit Luft als Medium zwischen dem Silizium-Substrat und der Projektionslinse gilt stets $NA \leq 1$; durch den Einsatz von Flüssigkeiten mit einem höheren Brechungsindex (z. B. Wasser mit $n = 1{,}44$) lassen sich auch höhere Werte erreichen. Für die Zukunft setzen die führenden Chiphersteller auf den Einsatz von Flüssigkeiten mit Brechungsindices über 2, um kleinere Strukturgrößen möglich zu machen (**Immersionsbelichtung**).

Neben dem Einsatz von Elektronenstrahlen für die Strukturierung von Retikel- und Maskensätzen besteht auch die Möglichkeit einer direkten und maskenfreien Lithografie der Einzelchips, wodurch Strukturgrößen unter 25 nm aufgelöst werden können. Für eine Massenfertigung ist die direkte Elektronenstrahl-Lithografie aufgrund der zeitintensiven Prozedur nicht geeignet, für die Herstellung von Prototypen oder Kleinstserien kann sich hierdurch aber eine Kostenersparnis ergeben, da die teure Herstellung der Masken entfällt.

Für eine weitere Reduktion der Wellenlänge wird für die Zukunft ein breiter Einsatz von Röntgenstrahlung in Betracht gezogen. Allerdings stehen dabei dem Vorteil von Wellenlängen unter 50 nm (idealerweise 0,1–1 nm) massive verfahrenstechnische Probleme gegenüber: Bei der Bereitstellung von Maskenbeschichtungen kann nicht auf die klassische Chrom-Beschichtung zurückgegriffen werden, Standardverfahren wie die Verwendung von Projektionsgeräten lassen sich nicht von der UV-Belichtung auf Röntgenstrahlen übertragen. Wie bei der Elektronenstrahl-Lithografie sind zudem spezielle Fotolacke erforderlich. Röntgenlithografie wird von großen Herstellern intensiv vorangetrieben und wird voraussichtlich in den nächsten Jahren zum Einsatz kommen.

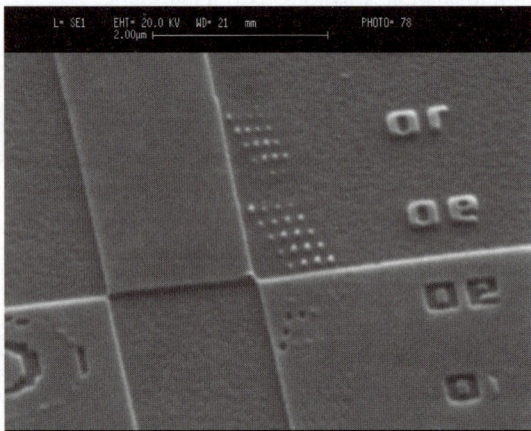

Abbildung 4.14: Mittels Nano-Imprint-Lithografie strukturierter Fotolack auf Silizium. Für die Aufnahme mittels Rasterelektronenmikroskopie wurde der Fotolack mit einer 20 nm Goldschicht bedeckt (Foto: TU Braunschweig, Institut für Halbleitertechnik).

Eine gänzlich andere Methode zur Strukturierung von Silizium-Bauelementen ist die **Nano-Imprint-Lithografie** (**NIL**), mit der auch unter Verwendung von Quecksilberlampen Strukturen von wenigen Nanometern realisiert werden können. Hierbei wird ein vorstrukturierter und transparenter Stempel in einen flüssigen Negativ-Fotoresist gedrückt; anschließend erfolgt die Belichtung der gesamten Schicht, wodurch sich eine ausgehärtete Stufenstruktur im Fotolack ergibt (Abbildung 4.14). Über einen nachfolgenden isotropen Ätzschritt wird der Fotolack aus den tiefer gelegenen Bereichen vollständig entfernt, während die dickeren Lackschichten nur in der Höhe reduziert werden. Im Anschluss können weitere Arbeitsgänge wie Ätz- oder Implantationsschritte in den freigelegten Gebieten erfolgen. Die minimalen Strukturabmessungen sind dabei nur durch den Stempel begrenzt. Um kleinste Abmessungen realisieren zu können, kommen bei der Stempelerstellung völlig neue Methoden zum Einsatz. Ein Beispiel für die Herstellung feinster Linienstrukturen mit einem Abstand von 5 nm beruht auf einem Mehrschichtsystem aus zwei unterschiedlichen Materialien. Die Mehrlagenstruktur wird gespalten, die seitliche Oberfläche der Spaltkante kann über einen Nassätzprozess mit unterschiedlichen Ätzraten an den verwendeten Schichtmaterialien strukturiert werden [9]. Ein industrieller Einsatz dieser Technik in der IC-Fertigung ist derzeit allerdings noch nicht absehbar.

4.2.3 Reinräume

Um Verunreinigungen bei der Fertigung von ICs oder der Herstellung der Wafer zu vermeiden, erfolgt die gesamte Prozesstechnik in besonders klassifizierten Reinräumen. In Abhängigkeit von der Empfindlichkeit des jeweiligen Prozessschrittes sind unterschiedliche Reinheitsgrade in den Prozessstätten notwendig. Die Klassifizierung der Reinräume entspricht genormten Standards; die zurzeit gebräuchlichste, aber seit 2001 ungültige US-Einteilung (US FED STD 209E) unterscheidet Reinräume der Klasse 10, Klasse 100 oder Klasse 10.000, wobei sich die Klassennummer auf die Anzahl von Partikeln > 0,5 μm je Kubikfuß (ft^3) bezieht; jede Klasse beinhaltet darüber hinaus vorgeschriebene maximale Partikelzahlen für andere Teilchengrößen. Die neue internationale Norm DIN EN ISO 14644-1 bezieht sich auf eine Volumeneinheit von 1 m^3 und erfasst zusätzliche Reinheitsklassen. Für Reinräume der Stufe ISO 1 finden sich in einem Kubikmeter Luft maximal 10 Teilchen > 0,5 μm. Ein Reinraum der neuen Klasse ISO 3 entspricht der Klasse 1 des alten US-Standards.

Neben den für die Fertigung notwendigen Maschinen und Ausgangsmaterialien sind die arbeitenden Menschen in den Laborräumen selber eine nicht zu vernachlässigende Quelle für Partikelverschmutzungen. Dabei variiert die Höhe der Partikelabgabe in weiten Grenzen zwischen weniger als $1 \cdot 10^6$ Partikeln pro Minute bei einer sitzenden Beschäftigung bis hin zu über $1 \cdot 10^7$ Teilchen pro Minute bei schwerer körperlicher Belastung [2]. Beschäftigte in Reinräumen tragen spezielle Kleidung, um die Abgabe von Verschmutzungen zu reduzieren; bei vielen Schritten des Wafer-Handlings wird zudem versucht, durch den Einsatz von Robotern Verschmutzungen zu vermeiden.

Neben der ständigen Luftfilterung in Reinräumen werden noch andere bauliche Maßnahmen unternommen, um die erforderliche Reinheit der Prozessumgebung zu gewährleisten. Pumpenstände der Vakuumanlagen werden außerhalb der Reinräume betrieben; Prozessgase, deionisiertes Wasser und Druckluft werden extern bereitgestellt und über Zuleitungen in den Reinraum eingebracht. Beschäftigte können die Laborräume nur über Personalschleusen betreten; Materialien und Chemikalien werden dem Fertigungsbereich über kleine Versorgungsschleusen zugeführt.

Lithografieprozesse können nicht bei Tageslicht durchgeführt werden, da eine gewisse Empfindlichkeit der eingesetzten Fotolacke auch für die niedrigen Wellenlängen des sichtbaren Spektrums gegeben ist. Daher erfolgen lithografische Arbeitsgänge in speziellen Gelblichträumen, wodurch eine unerwünschte Belichtung des Fotolacks vermieden werden kann.

Da die Zähigkeit von Fotolacken empfindlich von der Luftfeuchtigkeit und Temperatur abhängt, müssen in Reinräumen diese beiden Parameter ebenfalls äußerst konstant gehalten werden.

4.3 Dotierung

Wie in *Kapitel 3* deutlich gemacht wurde, sind unterschiedlich dotierte Halbleitergebiete die Grundlage für alle Halbleiterbauelemente. Bei der Dotierung von Silizium kommen heutzutage vor allem die Elemente Phosphor, Arsen und Antimon (Donatoren für die n-Dotierung) sowie Bor (Akzeptoren für die p-Dotierung) zum Einsatz.

Man unterscheidet im Wesentlichen zwei Verfahren, die **Ionenimplantation** und die **thermische Diffusion**. Im Folgenden werden die beiden Verfahren kurz erläutert.

4.3.1 Ionenimplantation

Bei der Ionenimplantation werden die durch ein Plasma ionisierten gasförmigen Dotierstoffe über ein elektrisches Feld zum Wafer hin beschleunigt, sodass sie die Silizium-Oberfläche durchschlagen und in das Substrat eindringen. Die Beschleunigungsspannungen liegen dabei im Allgemeinen zwischen ca. 10 kV und 700 kV. In Abbildung 4.15 ist der Aufbau einer Ionenimplantationsanlage skizziert. Neben der Beschleunigungsstrecke und den über E- und B-Felder wirkenden Linsen und Ablenkungseinheiten ist vor allem der bogenförmige Massenseparator von Bedeutung. Mit diesem werden unerwünschte Verunreinigungen oder Spaltprodukte über die Masse und die Ladung von den eigentlichen Dotierstoffen getrennt.

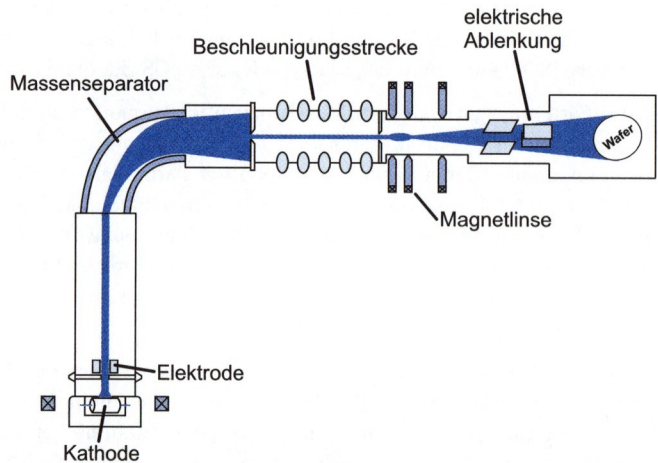

Abbildung 4.15: Prinzipskizze einer Ionenimplantationsvorrichtung.

Die Ionenimplantation ermöglicht sehr genau einstellbare und gleichmäßig dotierte Gebiete. Im Gegensatz zur Diffusion ist es möglich, die maximale Konzentration von Dotierstoffen nicht an der Oberfläche des Siliziums, sondern in einem wählbaren Abstand im Inneren des Substrats zu erzeugen. Die Verteilung des implantierten Dotierstoffs im Substrat lässt sich durch eine Gauß-Verteilung beschreiben (siehe nächster *Abschnitt 4.3.2* zur Diffusion), wobei das Verteilungsmaximum durch die kinetische Energie der Dotierstoffe eingestellt werden kann. Nach dem eigentlichen Implantationsschritt folgt stets ein Wärmeschritt bei 500 °C – 1000 °C, um das durch den Ionenbeschuss beschädigte Kristallgitter wiederherzustellen (**Ausheilen**). Für die Realisierung von dotierten Wannen wird die einfache Implantation mit einer anschließenden Diffusion (**Drive-In**, siehe unten) kombiniert.

Vor einer Ionenimplantation in Silizium wird stets ein dünnes **Streuoxid** aufgewachsen. Dadurch lässt sich das sogenannte **Channeling** verhindern, bei dem die implantierten Ionen durch die Freiräume im atomaren Gitter sehr tief in das Substrat eindringen (abhängig von der Kristallorientierung des Siliziums).

Bei hohen Integrationsgraden und komplexen Prozesstechnologien hat sich die Ionenimplantation aufgrund der höheren Präzision und der variablen Möglichkeiten zur Einstellung von Dotierstoffprofilen zum Standardverfahren der Dotierung entwickelt. Allerdings sind auch die Kosten für Implantationsprozesse relativ hoch, sodass – wenn technisch möglich – bei der Schaltungsproduktion noch oft auf reine Diffusionsprozesse zurückgegriffen wird.

4.3.2 Diffusion

In der Halbleitertechnologie können über eine Eindiffusion von Dotierstoffen aus festen, flüssigen oder gasförmigen Quellen gezielt dotierte Bereiche erstellt werden, d. h., die Diffusion ist ein eigenständiger Prozessschritt bei der IC-Fertigung. Zusätzlich gelten die Gesetzmäßigkeiten der Diffusion ebenso für alle thermisch belasteten dotierten Gebiete, die mittels Ionenimplantation erzeugt werden, wodurch den Diffusionsmechanismen an sich in allen Arten von dotierten Gebieten eine entscheidende Bedeutung zukommt.

Der Begriff Diffusion ist allgemein als ein Überbegriff für Platzwechselvorgänge von Atomen zu verstehen. Es gibt eine Vielzahl von unterschiedlichen Diffusionsmechanismen, wobei in der Halbleitertechnologie die **Leerstellen**- und die **Zwischengitterdiffusion** von Bedeutung sind. Bei der Leerstellendiffusion bewegen sich Fremdstoffe oder Gitteratome über Fehlstellen im Kristallgitter, während bei der Zwischengitterdiffusion kleinere Atome durch die regulären Zwischenräume des intakten Gitters hindurchdriften.

Allgemein lassen sich Diffusionsvorgänge durch das **1. Fick'sche** Gesetz beschreiben:

$$J_z = -D \frac{dc}{dz} \tag{4.6}$$

Hierbei ist J_z mit $[J_z] = m^{-2}s^{-1}$ der Materiefluss entlang einer Wegkoordinate z. Das Formelsymbol c steht für die Konzentration ($[c] = Atome/m^3$). Allgemein beschreibt das 1. Fick'sche Gesetz den Teilchenstrom eines Materials entlang einer vorgegebenen Richtung in Abhängigkeit von einem Konzentrationsgefälle. Der Proportionalitätskoeffizient D mit der Einheit m^2/s heißt **Diffusionskoeffizient** und ist ein Maß für die Geschwindigkeit, mit der sich ein Stoff A in einem Stoff B fortbewegt. Diffusionskoeffizienten sind stark von der Temperatur abhängig, üblicherweise werden sie daher in folgender Form als Teil einer **Arrhenius-Gleichung** angegeben:

$$D = D_0 \cdot e^{\frac{-W}{kT}} \tag{4.7}$$

Hierbei ist D_0 eine Stoffkonstante und W die Bewegungsaktivierungsenergie eines nulldimensionalen Fehlers innerhalb eines Atomgitters (z. B. eine Gitterleerstelle oder ein interstitiell eingelagertes Atom). In Abbildung 4.16 ist das Arrhenius-Diagramm verschiedener Diffusionskoeffizienten in Silizium zu sehen. Wenn man Gleichung (4.6) mit folgendem Ausdruck – der Kontinuitätsgleichung – kombiniert:

$$\frac{\partial c}{\partial t} = -\frac{dJ_z}{dz} \tag{4.8}$$

bei dem die zeitliche Änderung eines Konzentrationsprofils über die räumliche Änderung des Materieflusses beschrieben wird, so erhält man das **2. Fick'sche Gesetz**:

$$\frac{\partial c}{\partial t} = \frac{d}{dz}\left(D\frac{dc}{dz}\right) = D\frac{d^2c}{dz^2} \tag{4.9}$$

Diese Gleichung ist der Standardansatz für die Berechnung vieler Diffusionsprofile, sowohl bei Diffusionsproblemen in der Legierungs- oder Konstruktionswerkstofftechnik als auch bei der Berechnung von Diffusionsprofilen dotierter Bereiche in der Halbleitertechnologie. Die für die Halbleitertechnik am häufigsten verwendeten Lösungsansätze sind:

$$c = A + B \int_0^{\frac{z}{2\sqrt{Dt}}} e^{-\xi} d\xi \tag{4.10}$$

$$c = \frac{A}{\sqrt{t}} e^{\frac{-z^2}{4Dt}} \tag{4.11}$$

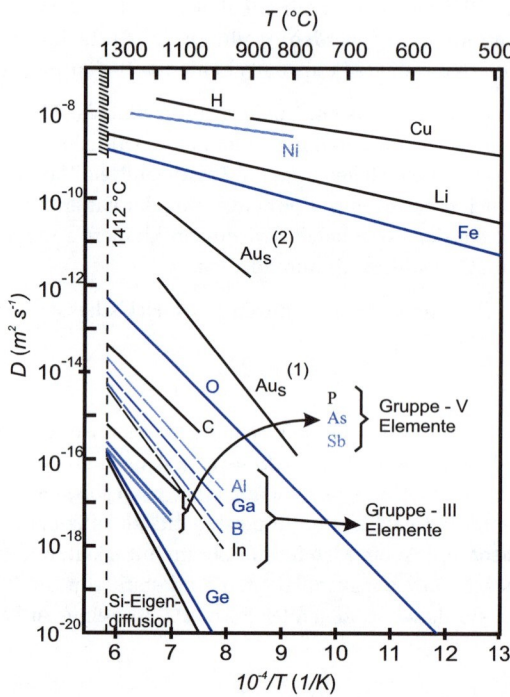

Abbildung 4.16: Diffusionskonstanten einiger Elemente in Silizium.

Als Beispiel für die Berechnung eines Diffusionsprofils soll hier ein praxisrelevantes Modell dienen: die Diffusion in einen Halbleiterkristall aus einer unerschöpflichen Quelle. An der Oberfläche des zu dotierenden Gebietes steht damit in festem, flüssigem oder gasförmigem Zustand eine nicht begrenzte Menge eines Dotierstoffes zur Verfügung.

4.3 Dotierung

Die Randbedingungen sind damit direkt nachvollziehbar:

$$c(z > 0, t = 0) = 0$$
$$c(z \to \infty, t) = 0 \tag{4.12}$$
$$\text{sowie } c(z = 0, t) = c_0$$

c_0 ist dabei die Konzentration an der Silizium-Oberfläche. Sie ist abhängig von der Löslichkeit des Dotierstoffes im Silizium. Da die Löslichkeit von der Prozesstemperatur abhängt, gelingt in einem gewissen Bereich die Einstellung der Oberflächenkonzentration.

Die Bedingungen aus (4.12) werden durch Gleichung (4.10) erfüllt. Nach Einsetzen der Randbedingungen ergibt sich:

$$c(z,t) = c_0 \left[1 - \frac{2}{\sqrt{\pi}} \int_0^{\frac{z}{2\sqrt{Dt}}} e^{-\xi} d\xi \right] \tag{4.13}$$

wobei dieser Ausdruck durch Verwendung der **Fehlerfunktion**

$$erf\left(\frac{z}{2\sqrt{Dt}}\right) = \frac{2}{\sqrt{\pi}} \int_0^{\frac{z}{2\sqrt{Dt}}} e^{-\xi} d\xi \tag{4.14}$$

und der **komplementären Fehlerfunktion**

$$erfc\left(\frac{z}{2\sqrt{Dt}}\right) = 1 - erf\left(\frac{z}{2\sqrt{Dt}}\right) \tag{4.15}$$

vereinfacht werden kann in

$$c(z,t) = c_0 \left[1 - \frac{2}{\sqrt{\pi}} \int_0^{\frac{z}{2\sqrt{Dt}}} e^{-\xi} d\xi \right] = c_0 \, erfc\left(\frac{z}{2\sqrt{Dt}}\right) \tag{4.16}$$

Der Ausdruck

$$s = 2\sqrt{Dt} \tag{4.17}$$

wird als Diffusionslänge bezeichnet; bei diesem Abstandswert beträgt die Dotierstoffkonzentration noch ein Zehntel des ursprünglichen Wertes c_0.

In Abbildung 4.17a ist die Entwicklung der Dotierstoffkonzentration über dem Oberflächenabstand für diesen Diffusionsfall dargestellt. Mit der Diffusionslänge und mit der Diffusionsdauer und -temperatur erhöht sich die Eindringtiefe der Dotierstoffe.

Ein weiterer häufig genutzter Prozess zur Erstellung definierter dotierter Bereiche erfolgt über die Diffusion aus einer begrenzten Quelle. Dabei wird in einem ersten Diffusionsschritt die **Vorbelegung** der Silizium-Oberfläche aus einer unbegrenzten (z. B. gasförmigen) Quelle oder durch Ionenimplantation vorgenommen. Anschließend wird das Diffusionsfenster durch eine Oxidation wieder verschlossen. Im Anschluss daran erfolgt der sogenannte **Drive-In**, bei dem sich aus der gegebenen Menge an Dotierstoff Q das eigentliche Dotierungsprofil ergibt. Für eine einfache Vorbelegung mittels Diffusion aus einer unbegrenzten festen, flüssigen oder gasförmigen Quelle ist der Ansatz (4.11) eine geeignete Lösung für Gleichung (4.9) (Gauß-Verteilung).

Mit den Randbedingungen

$$c(z > 0, t = 0) = 0$$
$$c(z \to \pm\infty, t > 0) = 0 \qquad (4.18)$$
$$\text{sowie } Q = \text{const.}$$

ergibt sich

$$c(z,t) = \frac{Q}{2\sqrt{\pi D t}} e^{\frac{-z^2}{4Dt}} \qquad (4.19)$$

Im Falle einer Vorbelegung mittels Ionenimplantation liegt das Maximum der Konzentration – wie oben bereits beschrieben – nicht mehr an der Oberfläche. Ein Diffusions-Temperschritt verändert das ursprünglich ebenfalls gaußförmige Verteilungsprofil aus der Ionenimplantation entsprechend Abbildung 4.17b. Wie erwartet werden kann, verbreitert sich das Profil mit steigender Diffusionsdauer und -temperatur.

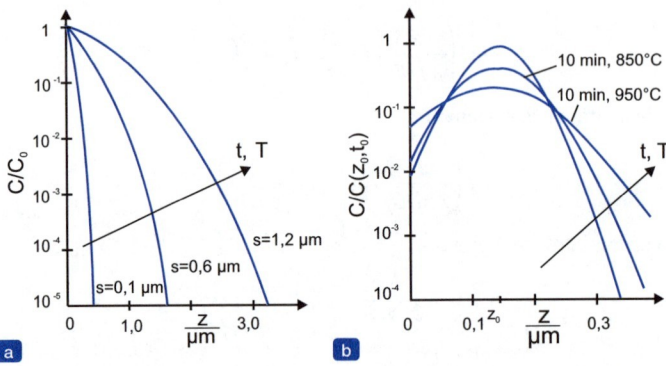

Abbildung 4.17: (a) Diffusionsprofil bei einseitiger Diffusion aus einer unerschöpflichen Quelle; mit steigender Diffusionszeit und höherer Temperatur dringen die Dotierstoffe tiefer ein. (b) Diffusionsprofil nach einer Ionenimplantation. Das Maximum befindet sich unter der Oberfläche; im sich anschließenden Ausheilprozess findet eine Diffusion aus einer begrenzten Quelle in zwei Richtungen statt.

Unmittelbar einsichtig ist in diesem Zusammenhang die Problematik der Unterdiffusion. Soll durch ein definiertes Oxid-Fenster eine beliebig dotierte Wanne erzeugt werden, so kommt es nicht nur zu einer Diffusion in vertikaler Richtung, sondern auch zu einer lateralen Ausdehnung des dotierten Bereiches unter die maskierende Struktur. Dies muss beim Layout einer integrierten Schaltung berücksichtigt und mithilfe der **Design-Rules** erfasst werden, siehe *Abschnitt 8.3*.

Die gewählten Prozesstemperaturen bei der Diffusion sind abhängig von der jeweiligen Dotierstoffquelle, der gewünschten Konzentration, Diffusionstiefe sowie Prozessdauer und liegen bei $800\,°C - 1200\,°C$. Der Diffusionsprozess selber erfolgt in speziellen Diffusionsöfen. Diese ähneln im Aufbau dem weiter unten in Abbildung 4.22 dargestellten Oxidationsofen. Im Falle von gasförmigen Dotierstoffen werden anstelle von Stickstoff und Sauerstoff z. B. PH_3 für eine n- und B_2H_6 für eine p- Dotierung über die Zuleitungen in den Reaktor eingelassen. (Anmerkung: Die Gase Phosphin und Diboran sind außerordentlich giftig und erfordern besonders hohe Sicherheitsstandards.) Bei einer Dotierung mithilfe von flüssigen Ausgangsstoffen wird Stickstoff als Trägergas durch eine beheizbare BBr_3- oder $POCl_3$-Flüssigkeit geführt (im sogenannten **Bubbler**, siehe *Abschnitt 4.4.4*), sodass in Abhängigkeit von Stickstofffluss und Temperatur der Dotierstoffflüssigkeit die Menge der für den Diffusionsprozess zur Verfügung stehenden Dotierstoffe gesteuert werden kann. Zusätzlich ist ein geringer Sauerstoff-Bypass notwendig, der die Si-Oberfläche durch die Bildung einer dünnen Oxidschicht vor dem Angriff der Halogene Br bzw. Cl schützt. Bei einer Diffusion aus festen Dotierstoffquellen wird das Dotiermaterial in fester Form in die Nähe der Wafer in den Reaktor gebracht, sodass es bei erhöhten Temperaturen zu einem Verdampfen des Dotierstoffes kommt, der wiederum an der Wafer-Oberfläche für den Diffusionsprozess zur Verfügung steht. Ein alternatives Verfahren ist das Aufschleudern einer Dotierstoffflüssigkeit, die danach in einem separaten Temperschritt auf dem Wafer ausgehärtet wird. Im Anschluss daran kann der eigentliche Diffusionsprozess im Diffusionsofen erfolgen.

Die reine Diffusion als Konzept zur Erstellung von dotierten Gebieten ist im Vergleich zur Ionenimplantation kostengünstiger und verursacht keine Kristallschäden. Allerdings ist die Realisierung flacher Tiefenprofile nur schwer steuerbar, wodurch beispielsweise Toleranzen für integrierte Widerstände größer werden. Durch Unterdiffusion sind hochintegrierte Strukturen oft nicht realisierbar. Konzentrationsmaxima unterhalb der Wafer-Oberfläche sind ebenfalls nicht möglich, wodurch das Ausdiffundieren von Dotierstoffen in Folgeprozessen begünstigt wird. Trotzdem haben reine Diffusionsprozesse für ASICs und Low-Cost-Anwendungen noch immer eine große Bedeutung, da hier nicht der Integrationsgrad, sondern eine möglichst kostengünstige Prozesstechnik im Vordergrund steht.

4.4 Schichttechnik

Die Fertigung integrierter Schaltungen erfordert neben unterschiedlich dotierten Halbleiterbereichen eine Vielzahl verschiedener Metallisierungs-, Passivierungs- und Isolationsschichten. Für die Realisierung derartiger Schichten stehen verschiedene verfahrenstechnische Möglichkeiten zur Verfügung; die wichtigsten werden im Folgenden kurz vorgestellt.

Die drei bedeutenden Prozessgruppen zur Schichterzeugung sind die **Physical Vapor Deposition** (**PVD**), die **Chemical Vapor Deposition** (**CVD**) und thermisch aktivierte Prozesse wie die Oxidation von Silizium oder die Silizierung von Metallen. Während bei der PVD das Beschichtungsmaterial aus der Dampfphase auf dem Substrat kondensiert, erfolgt bei der CVD die Schichtbildung unter der Reaktion von Prozessgasen auf der beheizten Substratoberfläche. Thermisch aktivierte Prozesse erreichen durch Wärmezufuhr eine gezielte Reaktion von vorhandenen Materialien zu einer neuen Verbindung.

4.4.1 Sputtern

Das Sputterverfahren basiert auf dem Prinzip der Kathodenzerstäubung und gehört zur Gruppe der PVD-Verfahren. Im einfachsten Fall wird bei einem Druck um ca. 2 Pa in einer Vakuumkammer über ein Sputtergas, meist Argon, durch eine Gleichspannung zwischen zwei Elektroden ein Plasma gezündet. Die positiv geladenen Argon-Ionen werden in Richtung der Kathode beschleunigt, an der das Rohmaterial zur Schichterzeugung befestigt ist, das sogenannte **Target**. Die Argon-Ionen schlagen in dem Target ein und geben ihren Impuls an Atome des Targetmaterials weiter. Diese lösen eine sogenannte Stoßkaskade aus, d. h., der Impuls der ursprünglich auftreffenden Argon-Ionen wird über mehrere Atome weitergegeben, bis Teilchen aus dem Targetmaterial ausgestoßen werden. Diese scheiden sich auf den Substraten über der Anode ab. Um die durch den Aufschlag der Ar^+-Ionen entstehende

Wärme abzuführen, wird die Kathode mit Wasser gekühlt. Für Mehrschichtsysteme sind in den Sputteranlagen zumeist mehrere Targets verbaut. Um das Substrat gegen unerwünschte Beschichtungen zu schützen, kann es durch eine Blende, dem sogenannten **Shutter**, verdeckt werden. Je nach Ausführung des Sputtersystems dient der Shutter auch zum Schutz vor einer unerwünschten Verunreinigung der anderen Targets. In Abbildung 4.18 ist eine Sputteranlage schematisch dargestellt.

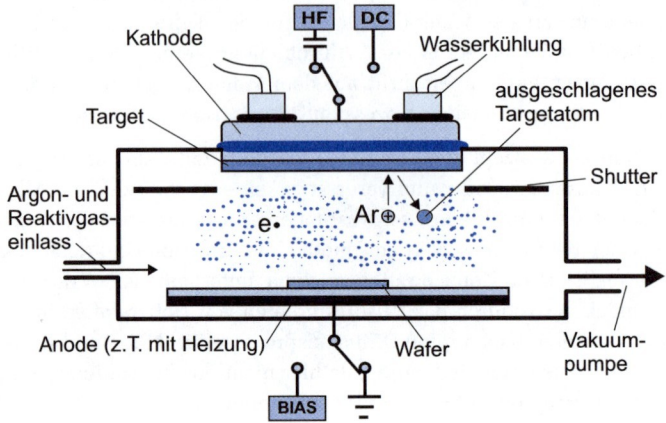

Abbildung 4.18: Prinzipskizze einer Sputteranlage.

Die Kathodenzerstäubung mithilfe einer Gleichspannung lässt sich nur für leitfähige Targetmaterialien einsetzen. Wollte man ein isolierendes Material mithilfe einer Gleichspannung sputtern, käme es an der Kathode zu einer Entladung durch die Argon-Ionen, woraus eine Feldschwächung und letztlich der Zusammenbruch des Plasmas resultieren würde. Abhilfe verschafft das **HF-Sputtern**, bei dem das Plasma durch eine hochfrequente Wechselspannung erzeugt wird. Die Ausrichtung des elektrischen Feldes ändert sich somit während jeder Periode einmal, was zur Folge hat, dass während einer Halbwelle die Ar^+-Ionen auf das Target hin, bei der folgenden Halbwelle vom Target weg beschleunigt werden. Um trotzdem einen Abtrag des Targetmaterials zu erreichen, müssen zwei Voraussetzungen erfüllt sein: Zum einen muss die Frequenz der Wechselspannung so hoch gewählt werden, dass die beweglicheren Elektronen dem Feld folgen können, nicht aber die Ar-Ionen. Wenn nun gleichzeitig das Target über einen Kondensator gleichstrommäßig abgekoppelt wird, ergibt sich im Mittel eine negative Aufladung am Target – wodurch ein sich der Wechselspannung überlagerndes Feld entsteht, das zu einer kontinuierlichen Beschleunigung der Argon-Ionen auf das Target führt. In der Praxis wird zumeist eine Frequenz von 13,56 *MHz* gewählt.

Für Schichten hoher Qualität kommt das sogenannte **Bias-Sputtern** zum Einsatz. Hierbei wird das Substrat nicht auf Masse, sondern auf ein negatives Potential gelegt. Auf diese Weise ergibt sich zusätzlich ein Ionenbeschuss der aufwachsenden Schicht auf dem Substrat. Dadurch werden lose und schlecht haftende Teilchen von der Schichtoberfläche wieder entfernt. Für die Reinigung der Substrate oder das Entfernen von unerwünschten Oxidschichten kann vor dem eigentlichen Beschichtungsprozess das **Rücksputtern** gezielt eingesetzt werden. Dabei werden die auf negativem Potential liegenden Substrate mit Argon-Ionen beschossen, ohne dass gleichzeitig ein Abtrag am Target erfolgt.

Um die Abscheiderate während des Sputterprozesses zu erhöhen, werden über dem Target spezielle Magnete (Magnetrons) eingesetzt. Durch die Überlagerung von elektrischem und magnetischem Feld werden die Sekundärelektronen direkt unterhalb des Targets über die Lorentz-Kraft auf eine zykloidische Bahn gezwungen. Damit erhöht sich die Elektronendichte aufgrund der längeren Wegstrecke in diesem Bereich, woraus wiederum eine erhöhte Ionisation von Argon-Atomen und damit eine größere Sputterrate resultieren. Diese Erweiterung des Sputterprozesses wird als Magnetron-Sputtern bezeichnet und lässt sich mit allen Formen des Gleich- und Wechselspannungssputterns kombinieren. Da die Sputterrate durch die Verwendung eines Magnetrons ca. um den Faktor zehn erhöht werden kann, ist es für kommerzielle Beschichtungssysteme von großer Bedeutung. Allerdings erfolgt der Abtrag des Targets nicht gleichmäßig, sondern vor allem in den Bereichen der höchsten Elektronendichte, d. h. im Bereich horizontal verlaufender Magnetfeldlinien. Für runde Kathoden- und Targetstrukturen ergeben sich ringförmige Gräben im Targetmaterial.

Neben dem Sputtern reiner Elemente lassen sich auch Schichten aus mehreren Elementen realisieren. Dies kann über das **Co-Sputtern** zweier Targets oder mithilfe zusammengesetzter Targets erfolgen. Beim Co-Sputtern erfolgt der Sputterabtrag an zwei Targets gleichzeitig; die Substrate werden abwechselnd unter beiden Targets durchgeführt. Durch eine getrennte Kontrolle der Sputterrate für beide Materialien lässt sich die Stöchiometrie der resultierenden Schicht einstellen. Für Nitrid- oder Oxidschichten hoher Qualität kann auf **reaktive** Sputtertechniken zurückgegriffen werden. Dabei wird über zusätzliche Gaseinlässe für z. B. N_2 oder O_2 neben Argon ein weiteres Gas in die Sputterkammer geführt. Während des Sputterprozesses entstehen anteilig auch Ionen des Reaktivgases, die mit den ausgeschlagenen Atomen des Targetmaterials reagieren. So kann beispielsweise mit einem Titan-Target und der gezielten Beimischung von Stickstoff in das Argongas eine TiN-Schicht auf dem Substrat erzeugt werden. Die N^+-Ionen im Plasma reagieren dabei mit den ausgeschlagenen Ti-Atomen zu TiN. Für einen derartigen Prozess müssen Sputterrate und Stickstofffluss allerdings gut aufeinander abgestimmt sein, um einerseits Einlagerungen von reinem Titan in der TiN-Schicht und andererseits eine Nitrierung des Titan-Targets zu verhindern.

Aufgrund der breiten Möglichkeiten und der vielseitigen Verwendbarkeit des Sputterprozesses ist dieser industriell von höherer Bedeutung als das Elektronenstrahlverdampfen (*Abschnitt 4.4.3*). In integrierten Schaltungen werden vor allem Silizid-Schichten, Via-Durchkontaktierungen und metallische Leiterbahnen mit Sputterprozessen hergestellt (siehe *Kapitel 7*).

4.4.2 CVD-Verfahren

Die **Chemical Vapor Deposition**, kurz **CVD** oder schlicht Gasphasenabscheidung, ist sowohl für die Abscheidung von Halbleiter-, Isolations- und Phosphor-Glasschichten als auch für die Erzeugung von Metallisierungen ein breit einsetzbares Beschichtungsverfahren der Halbleitertechnologie.

Das Basisprinzip aller CVD-Prozesse ist eine Reaktion von prozessspezifischen Gasen (**Precursor**) an der Oberfläche eines geheizten Substrats, die als Reaktionsprodukt eine Abscheidung der gewünschten Schichtstruktur zur Folge hat. Die Restprodukte der Reaktionsgase werden zusammen mit einem Trägergas aus dem Reaktor abgeführt. Mit der CVD lässt sich durch gezielte Einstellung der Prozessparameter neben amorphen Schichten auch eine monokristalline Abscheidung erreichen.

Über den Prozessdruck, die Temperatur oder eine alternative Anregung der Reaktionsabläufe lässt sich eine Vielzahl von CVD-Verfahren unterscheiden. Während bei der **APCVD** (**Atmospheric Pressure Chemical Vapor Deposition**) die Reaktionen bei Atmosphärendruck ablaufen, werden beim **LPCVD**-Verfahren (**Low Pressure CVD**) geringere Kammerdrücke gewählt, wodurch in vielen Fällen unerwünschte Reaktionen in der Gasphase vermieden und eine bessere Uniformität der Schicht erreicht werden können. Ein wichtiges Beispiel für einen LPCVD-Prozess ist das **TEOS**-Verfahren zur Herstellung von Oxidschichten. Der Begriff TEOS leitet sich aus der Bezeichnung des Precursors Si(OC_2H_5) (**Tetra-ethyl-ortho-silicate**) ab. Bei Temperaturen um 700 °C und Drücken um 50 Pa findet folgende Reaktion statt:

$$Si(OC_2H_5)_4 \longrightarrow SiO_2 + \text{Restgase} \qquad (4.20)$$

Ein weiteres wichtiges Beispiel für CVD-Prozesse in der IC-Fertigung ist die Erzeugung von Si_3N_4-Schichten als Dielektrikums-, Isolations- oder Passivierungsschichten. Unter Drücken um 30 Pa und bei Temperaturen um 800 °C ergibt sich

$$3SiH_2Cl_2 + 4NH_3 \longrightarrow Si_3N_4 + \text{Restgase} \qquad (4.21)$$

Eine andere Variante des Standard-CVD-Verfahrens ist die **PECVD** (**Plasma Enhanced Chemical Vapour Deposition**). Während im einfachen CVD-Prozess die für eine Reaktion notwendige Energie ausschließlich über eine erhöhte Temperatur am Substrat zur Verfügung gestellt wird, erfolgt die energetische Anregung beim PECVD-Verfahren zusätzlich über ein Plasma. Dadurch können wesentlich niedrigere Prozesstemperaturen genutzt werden. Die Erzeugung einer SiO_2-Schicht lässt sich mit Silan (SiH_4) und Lachgas (N_2O) als Precursor bei Temperaturen um 350 °C erreichen, wodurch eine CVD-Abscheidung von SiO_2-Isolationsschichten für Schaltungen mit Aluminium-Leiterbahnen (Schmelzpunkt ca. 660 °C) möglich wird [1].

Der **MOCVD**-Prozess (**Metalorganic Chemical Vapor Deposition**) ist durch die Verwendung metallorganischer Ausgangsstoffe charakterisiert, d. h. Molekülen, die aus einem Metallatom mit organischen Liganden bestehen. Während des Prozesses wird der metallische Anteil abgeschieden und die organischen Komponenten abgeführt. Auf diese Weise lassen sich vor allem Oxid- und Nitrid-Strukturen wie beispielsweise TiN-Schichten mit sehr guter Kantenabdeckung erstellen.

Abbildung 4.19: MOCVD-Anlage der Firma Thomas Swan mit vertikalem Shower-Head. Die Wafer werden auf dem Probenteller in (b) fixiert, der Shower-Head wird dabei für den Beschichtungsprozess heruntergeklappt (Foto: TU Braunschweig, Institut für Halbleitertechnik).

Neben der Abscheidung amorpher Schichten lassen sich mit dem CVD-Prozess auch monokristalline Strukturen erzeugen. Dabei bezeichnet man das Aufwachsen einer monokristallinen Schicht auf einem ebenfalls monokristallinen Substrat als **Epitaxie**, wobei die Kristallorientierung der aufwachsenden Schicht dabei derjenigen des Substrats entspricht. Epitaxieverfahren haben eine hohe Bedeutung in der IC-Fertigung; die Schichtherstellung von Silizium-Schichten unterschiedlicher Dotierung oder Dotierungskonzentration bildet die Grundlage für die Herstellung vieler Bauelemente. Als Beispiel sei die als Kollektor genutzte Epi-Schicht in integrierten Bipolar-Transistoren genannt.

Ein typischer Prozess für die Erzeugung einer Silizium-Epi-Schicht mit $SiCl_4$ im H_2-Fluss läuft bei Temperaturen von 1150 °C auf dem Substrat nach folgendem Reaktionsmuster ab:

$$SiCl_4 + H_2 \rightarrow SiCl_2 + 2HCl \tag{4.22}$$

$$SiCl_2 + H_2 \rightarrow Si + 2HCl \tag{4.23}$$

Das gasförmige Restprodukt HCl wird zusammen mit dem unverbrauchten H_2 aus dem Reaktor abgeführt.

Für die Herstellung integrierter Schaltungen ist die Möglichkeit, über den Prozessdruck die Kantenabdeckung variieren zu können, von großer Bedeutung. Auf diese Weise lassen sich in gewissem Umfang Gräben auffüllen und dünne Leiterbahnstrukturen an Kanten verhindern, ohne zusätzliche Prozessschritte für eine Planarisierung durchführen zu müssen (siehe *Abschnitt 4.6.2*).

4.4.3 Aufdampfverfahren

Ein alternatives PVD-Verfahren zur Erzeugung von Metallisierungsschichten ist das Hochvakuumaufdampfen. Das aufzutragende Metall wird dabei in einem Tiegel durch einen Elektronenstrahl (in älteren Anlagen auch durch Widerstands- oder induktive Erwärmung) im Hochvakuum so stark erhitzt, dass sich ein für die Beschichtung notwendiger Dampfdruck ausbildet. Das Verdampfungsmaterial im Tiegel kann auf diese Weise Temperaturen bis zu 2000 °C erreichen. Der Tiegel, in dem sich das zu verdampfende Material befindet, wird mit Wasser gekühlt. Dadurch können Kontaminationen durch das Tiegelmaterial vermieden werden. Dies ist ein ganz bedeutender Vorteil der Elektronenstrahlverdampfung gegenüber der einfachen Widerstandsheizung.

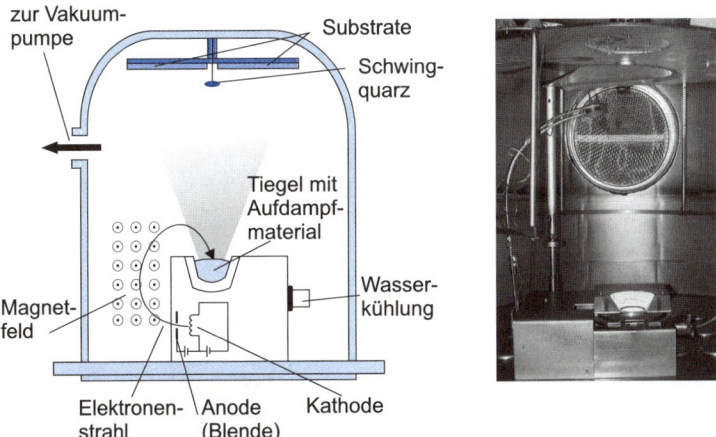

Abbildung 4.20: Prinzipskizze und Foto einer Elektronenstrahl-Aufdampfanlage (Foto: TU Braunschweig, Institut für Halbleitertechnik). Für eine bessere Übersichtlichkeit wurde auf die Darstellung des Shutters vor den Substraten in der Skizze verzichtet.

In Abbildung 4.20 ist ein Elektronenstrahlverdampfer schematisch und als Fotografie dargestellt. Um das Verschmutzen der Elektronenstrahlquelle zu verhindern, liegt diese in einer Ebene mit dem Tiegel. Über ein Magnetfeld wird der Strahl auf eine Kreisbahn gezwungen, sodass er möglichst zentriert auf das Metall im Tiegel trifft. Für die Erstellung von Mehrschichtsystemen kann der Tiegelhalter mit mehreren unterschiedlich befüllten Tiegeln bestückt werden, die sich über einen Antrieb in den Fokus des Elektronenstahls bewegen lassen. Das Substrat befindet sich oben in der Aufdampfanlage. Während sich die Metalle in den Tiegeln erwärmen, kann es zu Spritzvorgängen kommen, die die Qualität der Schichten erheblich herabsetzen. Daher ist für einen gut kontrollierbaren Aufdampfprozess das Substrat so lange durch den Shutter geschützt, bis eine gleichmäßige Beschichtung gewährleistet ist.

Die Dicke der Metallisierung während des Aufdampfens wird über einen Schwingquarz als Schichtdickenmesser kontrolliert: Der Quarz wird zusammen mit der Probe bedampft und ändert somit seine Masse, wodurch sich die Eigenfrequenz der Schwingung ändert. Als Teil eines elektrischen Schwingkreises kann die Änderung der Resonanzfrequenz des Quarzes somit direkt messtechnisch erfasst werden. Diese Größe lässt sich dann auf die Massenänderung und damit auf die Schichtdicke zurückrechnen.

Das Aufdampfen ist ein einfaches und für kleine Stückzahlen kostengünstiges Verfahren, das vor allem für Metalle wie Gold, Aluminium oder Titan sehr gute und gleichmäßige Schichten ergibt. Für Gemische wie Aluminium-Silizium-Legierungen, Diffusionsbarrieren wie TiN oder TaN sowie sehr hochschmelzende Elemente wie Wolfram ist eine reproduzierbare Schichterzeugung über Elektronenstrahlverdampfung nicht oder nur mit großem Aufwand möglich. Daher findet das Vakuumverdampfen für die industrielle IC-Fertigung nur noch in Einzelfällen Anwendung und ist hauptsächlich durch die Kathodenzerstäubung (**Sputtern**) ersetzt worden.

Als eine spezielle Form des Aufdampfens ist die **Molekularstrahlepitaxie** (**Molecular Beam Epitaxy, MBE**) von zunehmender Bedeutung. Mit diesem Epitaxieverfahren können kristalline atomare Monolagen auf einem Substrat aufgebracht werden, es lassen sich daher äußerst feine Strukturen erzeugen. In speziellen geheizten Quellen wird das Schichtmaterial im Ultrahochvakuum ($\sim 10^{-8}$ Pa) erhitzt, sodass sich ein strahlenförmiger Gasfluss ausbildet, der sich kontrolliert auf dem beheizten Substrat niederschlägt. Der Wachstumsvorgang wird über die Reflexionsmuster von auf die Substratoberfläche geschossenen Elektronen kontrolliert (**RHEED**, **Reflection High Energy Electron Diffraction**). Zurzeit sind MBE-Prozesse noch sehr aufwendig und kostspielig, aufgrund der hohen Präzision könnte dieses Verfahren aber in Zukunft an Bedeutung gewinnen.

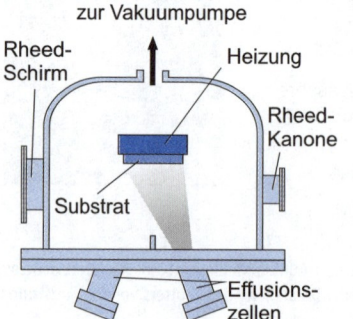 

Abbildung 4.21: Prinzipskizze und Foto einer MBE-Anlage (Foto: TU Braunschweig, Institut für Halbleitertechnik).

4.4.4 Thermische Oxidation

Die kontrollierte Herstellung von reproduzierbaren SiO_2-Schichten für Gate-, Isolations- oder Passivierungsstrukturen ist ein Kernprozess in der Fertigung moderner ICs. Neben einer Abscheidung über CVD-Prozesse ist die thermische Oxidation von Silizium die bedeutendste Methode zur SiO_2-Erzeugung. Die Dicke der Oxidschichten kann dabei durch die Oxidationsparameter recht gut kontrolliert werden. In Abbildung 4.22 ist die Prinzipskizze eines Oxidationsofens abgebildet. In klassischen Prozessen unterscheidet man **trockene** und **nasse** Oxidation. Bei der trockenen Oxidation werden die Silizium-Substrate auf 1000 °C bis 1200 °C erhitzt. Die Reaktion

$$Si + O_2 \rightarrow SiO_2 \tag{4.25}$$

wird durch die Zufuhr von Sauerstoff unterstützt. Die Wachstumsgeschwindigkeit der Oxidschicht lässt sich durch die Menge an zugeführtem Sauerstoff in gewissen Grenzen regeln. Die Reaktion läuft sehr langsam und damit gut kontrollierbar ab. Es ergeben sich sehr gleichmäßige SiO_2-Schichten.

Bei der nassen Oxidation wird der zugeführte Sauerstoff durch einen Wassertank (**Bubbler**) geleitet. Die Temperatur des Wassers liegt dabei in der Nähe des Siedepunktes, sodass der Sauerstoffstrom hinter dem Wassertank mit Wasserdampf gesättigt ist. Dadurch läuft folgende Reaktion ab:

$$Si + 2H_2O \rightarrow SiO_2 + 2H_2 \tag{4.26}$$

Auch hier kann die Bildung der Oxidschicht über den Sauerstoffstrom gesteuert werden. Die nasse Oxidation liefert in der gleichen Zeit wesentlich dickere Schichten als die trockene Oxidation, allerdings lässt sich der Prozess für dünne Schichten weniger exakt kontrollieren.

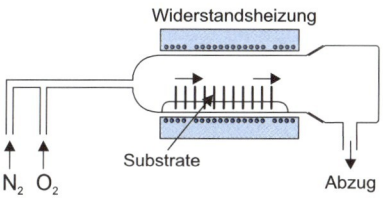 

Abbildung 4.22: Prinzipskizze und Foto eines einfachen Oxidationsofens (Foto: TU Braunschweig, Institut für Halbleitertechnik).

In modernen Prozessen besteht oft die Notwendigkeit, lokal sehr dicke Feldoxidschichten zu erzeugen (Abbildung 4.23 oder *Abschnitt 5.4*). Dies erfolgt häufig mit der sogenannten **LOCOS**-Technologie (LOCal Oxidation of Silicon). Dabei werden nicht zu oxidierende Bereiche durch eine Si_3N_4-Schicht vor dem Sauerstoff geschützt, eine Oxidation läuft nur auf den freigelegten Bereichen ab. Da es bei den hohen Prozesstemperaturen zu mechanischen Verspannungen zwischen dem Silizium-Substrat und der Si_3N_4-Schicht kommen kann, wird eine dünne SiO_2-Schicht (**Stress-Relief-Oxid** oder **Padoxid**) als Puffer zwischen dem Nitrid und dem Silizium eingesetzt. Diese Maßnahme führt allerdings wiederum zu einer verstärkten Oxidation an den Randgebieten unter den Nitrid-Abdeckungen; Folge sind die charakteristischen „Schnäbel", die spitz zulaufenden Randstrukturen des LOCOS-Dickoxids (Abbildung 4.23). Diese Schnäbel können für hochintegrierte Strukturen durch die Verwendung einer weiteren Pufferschicht aus Polysilizium verkürzt werden. Auf diese Weise wird während des Prozesses eher das zwischen dem Padoxid und dem Si_3N_4 befindliche Polysilizium oxidiert als das Silizium-Substrat, wodurch die laterale Ausdehnung des Feldoxids unter das Nitrid reduziert wird.

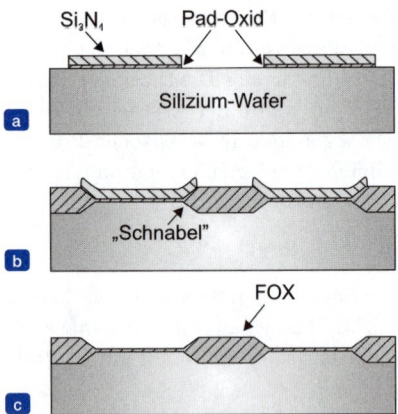

Abbildung 4.23: Erzeugung des Feldoxids (FOX) auf einem Silizium-Wafer mithilfe der LOCOS-Technik.

4.4.5 Silizierung

Durch die gezielte Temperung eines Metall-Silizium-Übergangs können Silizid-Schichten erstellt werden, ohne auf CVD- oder Co-Sputterprozesse zurückgreifen zu müssen. Bei der IC-Fertigung ist dies vor allem bei der Erzeugung ohmscher Kontakte auf Silizium eine vielfach genutzte Vorgehensweise. So ergibt die Temperung von aufgesputtertem Titan bei ca. 800 °C einen zuverlässigen ohmschen $TiSi_2$-Kontakt. Dabei ist von Vorteil, dass die Silizierung nur auf reinem Silizium abläuft – eine Reaktion zwischen Titan und passivierenden SiO_2-Strukturen ist vernachlässigbar. Dies hat allerdings auch prozesstechnische Konsequenzen. Direkt vor dem eigentlichen Sputterauftrag des Titans muss für die Silizierung das natürliche Oxid auf den Kontaktgebieten im Vakuum mittels Rücksputtern vollständig entfernt werden.

4.5 Ätztechnik

Zur Strukturierung aufgetragener Schichtsysteme und zur Entfernung großflächiger Strukturen werden verschiedene Ätzverfahren eingesetzt. Für die Beschreibung der unterschiedlichen Methoden wurden die Parameter **Ätzrate** r, **Anisotropiefaktor** f und **Selektivität** S definiert.

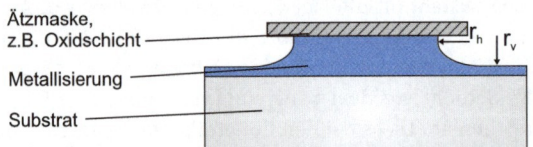

Abbildung 4.24: Schematisches Ätzprofil zur Definition des Anisotropiefaktors f und der Selektivität S.

Die Ätzrate stellt das Verhältnis von Ätzabtrag z zur Ätzzeit t dar:

$$r = \frac{\Delta z}{\Delta t} \tag{4.27}$$

Die Bedeutung des Anisotropiefaktors f wird durch die Darstellung des schematischen Ätzprofils in Abbildung 4.24 deutlich. Bei manchen Ätzverfahren ist die Ätzrate richtungsabhängig; zudem lässt sich Silizium in unterschiedlichen Kristallrichtungen unterschiedlich gut ätzen. Mit den in Abbildung 4.24 dargestellten Größen r_h und r_v ergibt sich:

$$f = \frac{r_v - r_h}{r_v} \qquad (4.28)$$

Bei einem vollständig anisotropen Ätzprozess ist $f = 1$, d. h., in horizontaler Richtung findet kein Abtrag statt. Dies ist bei vielen Anwendungen wünschenswert, z. B. bei der Herstellung von Vias zwischen unterschiedlichen Metallisierungsebenen.

Die **Selektivität** S ist ein Maß für unterschiedliche Ätzraten eines Prozesses in unterschiedlichen Materialien. So muss beispielsweise bei der Öffnung von Diffusionsfenstern in Oxidmasken (siehe Abbildung 4.1f) das Ätzverfahren eine erheblich höhere Ätzrate am Oxid als am Fotolack haben! Die Selektivität zweier Materialien mit den Ätzraten r_1 und r_2 ergibt sich zu:

$$S_{12} = \frac{r_1}{r_2} \qquad (4.29)$$

Für integrierte Schaltungen werden zumeist Ätzverfahren gewählt, die sich idealerweise durch hohe Ätzraten, einen Anisotropiefaktor nahe 1 und eine möglichst große Selektivität auszeichnen. Generell unterscheidet man zwei Verfahren: das Nassätzen und das Trockenätzen.

4.5.1 Nassätzen

Beim Nassätzen werden die zu entfernenden Materialkomponenten in einer chemischen Ätzflüssigkeit gelöst. Diese Methode ist relativ kostengünstig, gut reproduzierbar, ermöglicht eine gut einstellbare Ätzrate und zeichnet sich durch eine hohe Selektivität aus. Allerdings sind nasschemische Verfahren oft sehr isotrop, wodurch Masken leicht „unterätzt" werden. Dadurch lassen sich keine hochintegrierten Strukturen realisieren. Nassätzen wird somit vor allem zum Entfernen ganzer Schichten oder in Low-Cost-Prozessen verwendet. In Tabelle 4.2 ist eine Auswahl von Ätzmitteln wiedergegeben, die bei der Fertigung integrierter Schaltungen zum Einsatz kommen.

Tabelle 4.2

Eine Auswahl üblicher Ätzlösungen in der Halbleitertechnologie

Zu ätzendes Material	Ätzmittel
SiO_2	HF (10 %.....49 %)
Polysilizium	$HNO_3:H_2O:HF$ (50:20:1)
Silizium	$HNO_3:H_2O:HF$ (50:20:1)
Aluminium	$H_3PO_4:H_2O:HNO_3:CH_3COOH$
Titan	$NH_4OH:H_2O_2:H_2O$ (1:1:5)
TiN	$NH_4OH:H_2O_2:H_2O$ (1:1:5)
$TiSi_2$	$NH_4F:HF$ (6:1)
Si_3N_4	$H_3PO_4:H_2O$ (kochend), (HF)

4.5.2 Trockenätzen

Bei Trockenätzprozessen erfolgt der Abtrag entweder über einen Beschuss mit Ionen, Elektronen oder Photonen oder über eine physikalische Reaktion mit zugeführten Prozessgasen. Man unterscheidet das **physikalische**, **chemische** und **chemisch-physikalische** Trockenätzen.

Der **physikalische Trockenätzprozess** ist durch ein „Bombardement" mit nichtreaktiven Teilchen wie beispielsweise Ar-Ionen charakterisiert. Das zu ätzende Material wird dabei aus dem Substrat herausgeschlagen. Man spricht – in Abhängigkeit von der Teilchenquelle – von Ionenätzen, Elektronenstrahl- oder Laserverdampfen. Das Verfahren zeichnet sich durch eine relativ hohe Anisotropie aus; allerdings stehen dieser positiven Eigenschaft sehr niedrige Ätzraten und eine geringe Selektivität gegenüber.

Beim **chemischen Trockenätzen** reagiert ein zugeführtes Gas mit der Oberfläche des zu strukturierenden Substrats und bildet mit den abgelösten Teilchen ein flüchtiges Reaktionsprodukt. Wie beim Nassätzen wirkt diese Methode sehr isotrop und hat somit ein Unterätzen der Masken zur Folge. Feine hochintegrierte Anordnungen lassen sich mit diesem Verfahren ebenfalls nicht strukturieren.

Das **chemisch-physikalische Trockenätzen** kombiniert den Teilchenbeschuss des reinen physikalischen Trockenätzens mit chemischen Reaktionen an der Oberfläche. Mit diesem Verfahren lassen sich sowohl Ätzrate als auch Selektivität in weiten Grenzen einstellen, gleichzeitig zeichnet sich der Prozess durch eine hohe Anisotropie aus. Daher können auch äußerst feine Strukturen realisiert werden. Bei der Fertigung hochintegrierter Schaltungen ist das chemisch-physikalische Trockenätzen somit das bevorzugte Ätzverfahren. Man unterscheidet mehrere chemisch-physikalische Trockenätzverfahren, die oft nur in einigen prozessspezifischen Details voneinander abweichen. Ein wichtiges Verfahren für die klassische IC-Fertigung ist das **Reactive Ion Etching (RIE)**, das neben der Strukturierung von Metall- oder Silizium-Strukturen oft für den ganzflächigen Abtrag von ausgehärtetem Fotolack eingesetzt wird.

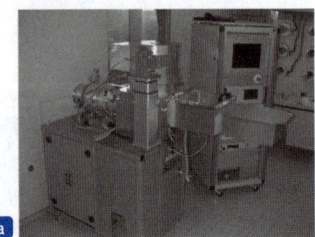 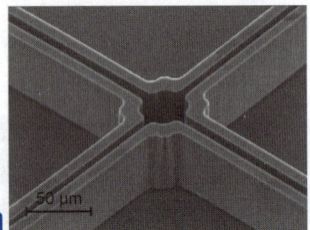

Abbildung 4.25: (a) Anlage der Firma Sentech zur Durchführung von Trockenätzprozessen. (b) Ätzprofil in Silizium, erzeugt durch chemisch-physikalisches Trockenätzen (Fotos: TU Braunschweig, Institut für Halbleitertechnik).

4.6 Metallisierung, Planarisierung und Durchkontaktierung in integrierten Schaltungen

Die Herstellung der unterschiedlichen Metallisierungsebenen, die Realisierung von Kontaktierungen zwischen den Leiterbahnebenen und die Erzeugung zuverlässiger niederohmiger Kontakte sind Kernthemen bei der Fertigung integrierter Schaltungen. Mit der steigenden Integrationsdichte haben sich die Konzepte und Materialien der IC-Technologie geändert. Je nach Anforderung an die Schaltungskomplexität, die Performance und die Kosten werden unterschiedliche Technologiekonzepte umgesetzt.

4.6 Metallisierung, Planarisierung und Durchkontaktierung in integrierten Schaltungen

In Abbildung 4.26 ist im Querschnitt beispielhaft eine einfache IC-Struktur mit zwei Metallisierungsebenen dargestellt. Dabei erfolgt der Auftrag der Metallisierungs- und Isolationsebenen ohne eine Planarisierung der Schichtstruktur. Derartige Schaltungen lassen sich nur für Kontaktöffnungen mit einem Durchmesser von mehr als ungefähr 0,8 µm einsetzen und sind in der Regel auf zwei (Aluminium-basierte) Metallisierungsebenen beschränkt. Obwohl integrierte Schaltungen dieser Bauart oft als „veraltet" bezeichnet werden, sind für Low-Cost-Anwendungen oder für Schaltungen mit geringen Ansprüchen an eine optimale Chipflächennutzung aufwendigere Prozessmethoden oft technisch nicht notwendig und damit nicht zweckmäßig.

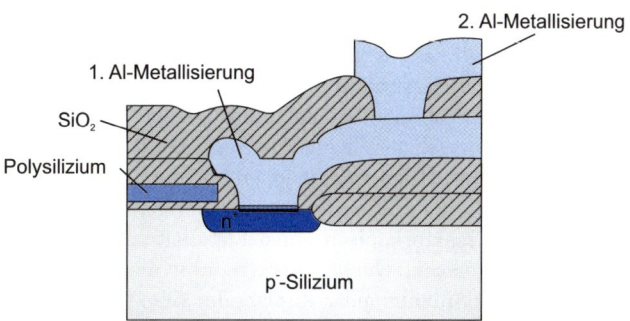

Abbildung 4.26: Einfache Metallisierungsstruktur für integrierte Schaltungen mit zwei Metallisierungsebenen.

Sobald höhere Integrationsgrade oder zusätzliche Metallisierungsebenen unverzichtbar werden, ist eine Planarisierung der Strukturen erforderlich (siehe *Abschnitt 4.6.2*). Auf diese Weise lassen sich viele Leiterbahnebenen erzeugen, ohne dass es durch mangelnde Kantenabdeckung der Metallisierungen zu zuverlässigkeitsreduzierenden dünnen Leiterbahnquerschnitten kommt. Die Durchkontaktierung zwischen den unterschiedlichen Leiterbahnebenen erfolgt in zusätzlichen Prozessschritten. Die Metallisierungsebenen werden dabei zumeist weiterhin auf der Grundlage von Aluminium oder Aluminium-Legierungen hergestellt, die Auffüllung der Kontaktlöcher erfolgt im Regelfall mit Wolfram (Abbildung 4.27). Für höchste Anforderungen in integrierten Mikroprozessoren kommt Kupfer als Leiterbahnmaterial zum Einsatz, das aufgrund eines hohen Diffusionskoeffizienten in SiO_2 und Silizium, einem sehr schädigenden Einfluss auf die elektrischen Bauelementeigenschaften sowie der Neigung zur vollständigen Oxidation nur unter prozesstechnisch aufwendigen Vorkehrungen eingesetzt werden kann.

Im Folgenden werden die wichtigsten Grundlagen der Metallisierung, Durchkontaktierung und Planarisierung für die unterschiedlichen Technologiekonzepte erläutert.

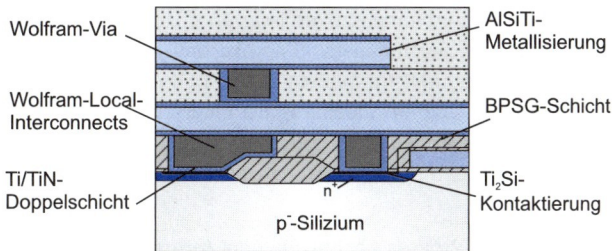

Abbildung 4.27: Erweiterte Metallisierungsstruktur integrierter Schaltungen mit planarisierenden Zwischenschritten und dem Einsatz von Wolfram-Vias.

4.6.1 Leiterbahnen

Wie eingangs bereits erwähnt, wird als Basis-Material für die Metallverdrahtungen in den meisten integrierten Schaltungen Aluminium verwendet, für hochintegrierte High-Performance-Schaltungen kommt Kupfer zum Einsatz.

Aluminium-Leiterbahnen

Aluminium bildet sowohl auf p- als auch auf stark n-dotiertem Silizium ohmsche Kontakte aus, weshalb es für sehr kostengünstige ICs mit einer Metallisierungsebene seit Langem eingesetzt wird. Zusätzlich haftet es sehr gut auf SiO_2 und Passivierungsschichten wie Bor-Phosphor-Gläsern (siehe *Abschnitt 4.6.2*). Als oberste Leiterbahnebene verwendet, bietet Aluminium zudem den Vorteil, dass es direkt über Gold- oder Aluminium-Bonddrähte mit einem Träger oder einer Anschlussstruktur verbunden werden kann. Demgegenüber steht eine relativ geringe Temperaturstabilität (Schmelzpunkt bei 660 °C) und eine geringe mechanische Festigkeit gepaart mit begrenzter chemischer Stabilität. Der größte Nachteil ist jedoch die Neigung zur **Elektromigration**. Dabei werden Ionen im Aluminium – ausgelöst durch den Zusammenstoß mit Elektronen beim Stromfluss – zu einer gerichteten Diffusion innerhalb der Leiterbahn bewegt, was makroskopisch einen Materialtransport und damit mögliche Risse in den Leiterbahnen verursacht. Um die Auswirkungen dieser nachteiligen Eigenschaften zu reduzieren, wird neben Silizium meist Kupfer oder Titan im niedrigen Prozentbereich beigemischt (AlSiCu, AlSiTi). Dadurch erhöhen sich die mechanische Stabilität und die Beständigkeit gegen Elektromigration. Das Standardverfahren zur Herstellung von Aluminium-Metallisierungen ist das Sputtern von einem Mischtarget.

Kupferleiterbahnen

Für moderne hochintegrierte Mikroprozessoren wird aufgrund der höheren elektrischen Leitfähigkeit Kupfer als Metallisierung verwendet, wodurch sich parasitäre Kapazitäten verringern und höhere Schaltgeschwindigkeiten erzielen lassen. Alternative Metalle mit einer ähnlich guten Leitfähigkeit, wie beispielsweise Silber oder Gold, scheiden aus Kostengründen für einen breiten Einsatz aus. Um die Vorteile des Kupfers nutzen zu können, müssen mehrere grundlegende materialbedingte Nachteile bei der Fertigung berücksichtigt werden. Kupfer galt lange Zeit in der Silizium-Technologie als nicht verwendbares Material, da es einerseits sehr schnell durch SiO_2 und Silizium diffundiert und andererseits im Substrat als Rekombinationszentrum wirkt, was letztlich zu einer Fehlfunktion des ICs führen kann. Wie Aluminium bildet auch Kupfer ein Oxid; dieses beschränkt sich aber – im Gegensatz zu Aluminium – nicht auf die Oberfläche; Kupferoxid ist auch bei relativ niedrigen Temperaturen für Sauerstoff wesentlich durchlässiger als beispielsweise Al_2O_3, wodurch sich eine der Umgebungsluft ausgesetzte Kupferleiterbahn nach kurzer Zeit vollständig in Kupferoxid umwandeln kann. Daher müssen Kupferleiterbahnen zuverlässig über Diffusionsbarrieren sowohl gegen umgebende Schichten als auch gegen Sauerstoff abgekapselt werden. Hierbei kommen neben TiN vor allem Tantal und Tantal-Nitrid-Schichten in Kombination mit Si_3N_4 zum Einsatz. Weiter unten ist in Abbildung 4.32 ein schematischer Querschnitt durch eine moderne integrierte Struktur mit Kupferleiterbahnen dargestellt.

Polysilizium

Für jede MOS-Struktur sind Prozessschritte für den Auftrag und die Strukturierung der Polysilizium-Gate-Ebene vorgesehen. Neben einem Einsatz als Gate-Elektroden können dotierte Polysilizium-Strukturen aber auch als Leiterbahnen eingesetzt werden. Allerdings lässt sich dieser „Trick" aufgrund des im Vergleich zu Metallen höheren elektrischen Widerstandes nur für kleine Signalströme anwenden. Aber gerade für einfache Schaltungen mit nur einer oder zwei Metallisierungsebenen kann ein Teil der Verdrahtung durch Polystrukturen realisiert werden, wodurch sich der Wechsel zu einem kostspieligeren Prozess mit zusätzlichen Metallisierungslagen vermeiden lässt.

4.6.2 Planarisierung

Da die Schichtdicken von Polysilizium- und Metallisierungsstrukturen auf ICs bis zu einem Mikrometer betragen können, reicht es oftmals nicht aus, unterschiedliche Metallisierungsebenen wie in Abbildung 4.26 nur elektrisch über SiO_2 zu isolieren und die geometrischen Bedingungen zu vernachlässigen. So ist die Dicke von gesputterten Metallisierungen an Kanten stark verringert, wodurch es an diesen Stellen aufgrund höherer Stromdichten leichter zu Ausfällen durch Elektromigration kommen kann. Dies ist in Abbildung 4.28 schematisch dargestellt. Je nach Integrationsgrad und Anforderungsprofil gibt es unterschiedliche Verfahren, um eine Glättung von IC-Strukturen zu erreichen, sodass nachfolgende Prozessschritte auf einer ebenen Fläche erfolgen können.

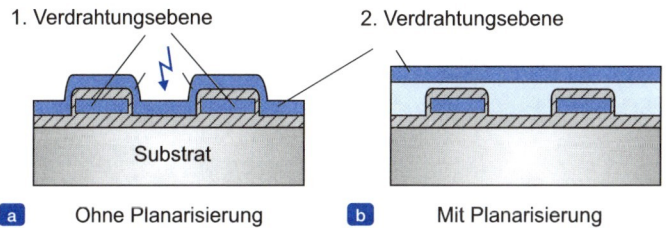

Abbildung 4.28: Ohne Planarisierung (a) können sich aufgrund einer geringeren Kantenabdeckung beim Beschichtungsprozess dünnere Leiterbahnquerschnitte ergeben, die in höheren Stromdichten und damit in erhöhter Ausfallwahrscheinlichkeit resultieren. Abhilfe schafft die Einebnung der Strukturen (b).

Planarisierende Metallabscheidung

Eine einfache Glättungsmethode für eine Aluminium-Metallisierung ist das sogenannte **Hot-Al-Verfahren**, bei dem das Substrat während der Sputterbeschichtung auf 550 °C aufgeheizt wird. Dadurch fließt das Aluminium in die Kontaktlöcher, ohne dass dünne Kanten an den Übergängen entstehen. Aufgrund der hohen Prozesstemperaturen sind zuverlässige Diffusionsbarrieren zwischen dem Silizium und der nachfolgenden Aluminium-Metallisierung notwendig [1].

BPSG-Reflow

Für die Planarisierung einer IC-Struktur unterhalb der ersten Metallisierungsebene werden in höher integrierten Schaltungen meistens Phosphor-Silikat-Gläser (PSG) eingesetzt. Dabei handelt es sich um SiO_2-Schichten mit einer Anreicherung von etwa 8 % Phosphor. Das Silikat-Glas wird dabei zumeist über einen CVD-Schritt auf der Schaltungsstruktur aufgebracht und anschließend auf Temperaturen um 1000 °C erwärmt. Dadurch beginnt das PSG zu zerfließen; Unebenheiten werden so ausgeglichen. Alternativ kann für eine Verringerung der Prozesstemperatur auch der Druck erhöht werden (z. B. 850 °C bei einem Druck von 20 bar, [1]). Durch eine Zugabe von Bor lässt sich die Fließtemperatur des Silikat-Glases weiter herabsetzen, man spricht von Bor-Phosphor-Silikat-Gläsern (BPSG).

Neben der Planarisierung hat die Verwendung von BPSG-Schichten auch einen positiven Einfluss auf die Zuverlässigkeit der Schaltung, da durch die Phosphor-Beimischung schädliche Verunreinigungen wie Alkali oder Schwermetalle gebunden werden (**Gettering**).

Chemisch-Mechanisches Polieren

Für die gleichmäßige Planarisierung einer ganzen Oberfläche kommt für Technologien mit Abmessungen unter 0,5 μm das Chemisch-Mechanische Polieren (**Chemical-Mechanical Polishing, CMP**) zum Einsatz. Dabei werden chemische Ätzvorgänge mit einem mechanischen Abtrag kombiniert. Der Aufbau ähnelt einer klassischen Polieranordnung; die Wafer werden unter Zuführung des Poliermittels in einer rotierenden Fassung auf einen sich gegenläufig drehenden Poliertisch gepresst. Das Poliermittel besteht sowohl aus Körnern für den mechanischen Abtrag als auch aus Chemikalien für die Umwandlung oder den Abtrag der Oberfläche.

Resist/SiO$_2$-Rückätzen und Spin-On-Glas-Technik

Eine relativ einfache Methode zur Glättung einer Metallisierungsstruktur ist das Rückätzen einer Doppelschicht aus SiO$_2$ und einer Polyimid- oder Lackschicht. Die Leiterbahnebene wird mit einem CVD-Prozess zunächst gleichmäßig mit SiO$_2$ bedeckt, anschließend folgt der Auftrag der organischen Schicht. Nach einem Temperschritt zur Verflüssigung des Lackes (**Reflow**) erfolgt mit einem Trockenätzverfahren der gleichmäßige Abtrag des Fotolackes und Teilen der Oxidschicht. Als Resultat ergibt sich eine eingeebnete Oxidschicht über der Leiterbahnebene.

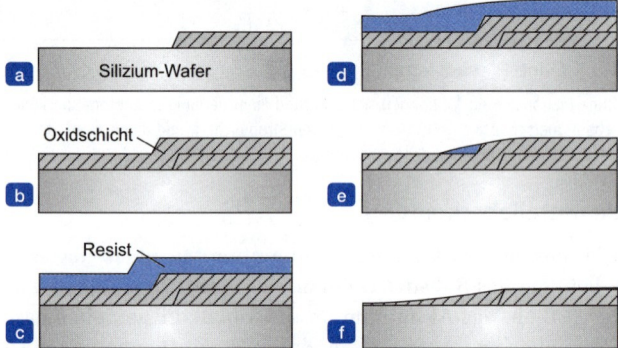

Abbildung 4.29: Prozessablauf beim Resist/SiO$_2$-Rückätzen zum Glätten einer Oxid-Kante. Nach der sukzessiven Abscheidung von SiO$_2$ (z. B. mittels CVD) und Fotoresist (b, c) folgen der Reflow-Schritt zur Einebnung des Fotolacks (d) und das Rückätzen der Fotoresist/SiO$_2$-Doppelschicht (e), bis eine planarisierte Struktur vorliegt (f).

Mit einem ähnlichen Verfahrensablauf lässt sich die Kantenglättung bei der Spin-On-Glas-Technik erreichen. Dabei wird die Leiterbahnstruktur zunächst gleichmäßig mit SiO$_2$ beschichtet, anschließend erfolgt der Schleuderauftrag eines flüssigen Spin-On-Glases (SOG). Dieses wird durch einen Temperschritt ausgehärtet; daraufhin kann nach einem gleichmäßigen Rückätzen der flächige Auftrag von SiO$_2$ stattfinden. Die Optimierung der Eigenschaften von Spin-On-Materialien ist ein Gebiet mit reger Forschungsaktivität. Um Kapazitäten zwischen Leiterbahnebenen zu reduzieren, werden zunehmend Materialien mit Dielektrizitätskonstanten unterhalb derjenigen von SiO$_2$ verwendet. Man spricht dabei von **Low-k-Materialien** (siehe *Kapitel 19*). Sowohl klassische Spin-On-Gläser als auch neuartige Spin-On-Dielektrika weisen eine relativ niedrige thermische Stabilität auf, wodurch sich im Betrieb durch Rissbildung oder Veränderung der elektrischen Eigenschaften Probleme in Bezug auf die Zuverlässigkeit dieser Schichtstrukturen ergeben können.

4.6.3 Kontakte und Vias

Kontakte zwischen unterschiedlichen Metallisierungs- und Strukturebenen lassen sich entsprechend der verbundenen Materialklassen in drei Gruppen unterteilen: Silizium-Silizium-, Silizium-Metall- und Metall-Metall-Kontakte.

Silizium-Silizium-Verbindungen kommen in der Praxis bei der Verwendung von zwei Poly-Layern zum Einsatz; eine Polyebene wird dabei als Gate-Struktur verwendet, die andere kann beispielsweise für die Realisierung von Widerstands- und Transistorstrukturen genutzt werden. Zwecks Platzersparnis auf dem Chip lassen sich für kleine Stromstärken beide Polyebenen zusätzlich als Leiterbahnebene verwenden, siehe *Kapitel 8*.

Kontakte zwischen Metall und Silizium kommen beim Anschluss der ersten Metallisierungsebene an dotierte Halbleitergebiete wie Drain und Source bzw. Emitter, Kollektor und Basis sowie an polykristalline Gate-Strukturen zum Einsatz.

Metall-Metall-Kontakte – sogenannte Vias – verbinden die verschiedenen Metallisierungsebenen, was vor allem bei hochintegrierten Mikroprozessoren mit bis zu sieben Metall-Layern eine ausgereifte Prozesstechnik erfordert.

Generell lässt sich die Erzeugung von Kontakten in zwei Kernschritte aufteilen: das Ätzen der Kontaktöffnung und das Auffüllen dieser Öffnung mit dem Ergebnis eines möglichst zuverlässigen Anschlusses für die darüberliegende Metallisierungsebene. Bei Kontaktöffnungen über 0,5 μm kann auf einen separaten Prozessschritt zur Auffüllung der Kontaktöffnung oft verzichtet werden; bei kleineren Strukturen sind zusätzliche Arbeitsgänge für die Auffüllung von Via- und Kontaktöffnungen notwendig.

Metall-Halbleiter-Kontakte

Die ohmschen Kontakte auf Silizium werden in den meisten Fällen durch Metallsilizide (meist $TiSi_2$, siehe *Abschnitt 4.4.1*) realisiert, für Low-Cost-Anwendungen kommen auch direkt Aluminium-basierte Legierungen zum Einsatz.

Mit Aluminium lassen sich sowohl auf p- als auch auf stark n-dotiertem Silizium ohmsche Kontakte erzeugen. Reines Aluminium neigt beim Tempern zur ungleichmäßigen und geometrieabhängigen Ausbildung von **Spikes** im Silizium, was zum vollständigen Ausfall einer Schaltung führen kann. Ursache dafür ist die Eindiffusion von Silizium aus dem Substrat in die Al-Metallisierung; durch Beimischung von Silizium in das Aluminium über der Löslichkeitsgrenze kann die Spike-Bildung stark reduziert werden.

Die am weitesten verbreitete Form der Kontaktierung stellt der Einsatz von Silizid-Kontakten mit nachfolgender Diffusionsbarriere dar. Die Silizid-Kontakte werden dabei durch Auftrag einer dünnen Metallschicht (etwa 20–50 nm) mittels Sputtern oder Aufdampfen und anschließender Temperung erzeugt (siehe *Abschnitt 4.4.5*). Während sich an den Kontaktöffnungen zum Silizium das gewünschte Silizid ausbildet, erfolgt auf der als Maskierung dienenden Oxidschicht keine Reaktion. Das Metall kann nach der Temperung über einen selektiven Ätzschritt wieder entfernt werden, während die Silizid-Kontakte erhalten bleiben. Um die Stabilität der Kontaktwiderstände an den Metall-Halbleiter-Übergängen zu gewährleisten, folgt nach der Kontaktschicht eine Diffusionsbarriere. Diese schützt vor der Eindiffusion von Atomen aus nachfolgenden Schichtsystemen und zeichnet sich zweckmäßigerweise durch eine gute Leit- und Barrierenfähigkeit aus. In der Praxis wird zumeist TiN und seltener TiW eingesetzt, für spezielle Prozesse kommen auch Tantal-Silizide und -Nitride zum Einsatz. Für eine vollständige Kontaktierungsstruktur ergibt sich so z. B. $TiSi_2$/Ti/TiN, wobei Titan als Haftvermittler für die TiN-Schicht auf dem Silizid dient. Typische Dicken sind 20 nm Titan und 100 nm Titan-Nitrid. Die Ti/TiN-Doppelschicht kann über Sputtern oder CVD erstellt werden.

Auffüllen der Kontaktöffnungen

Als Füllmaterial für Vias und Durchkontaktierungen zu den Metall-Halbleiter-Übergängen wird für kleine Kontaktflächen und Aluminium-basierte Leiterbahnen fast ausschließlich Wolfram verwendet. Eine gängige Prozessführung folgt dabei der sogenannten Damascene-Technik (Abbildung 4.30). Im Anschluss an das Freiätzen der Kontaktöffnungen in den jeweiligen Isolations- und Planarisierungsschichten (Abbildung 4.30a) und nach dem Auftrag der Haft- und Barrierenschicht wie z. B. Ti/TiN (Abbildung 4.30b, siehe vorheriger Abschnitt) erfolgt die Abscheidung von Wolfram mittels CVD (Abbildung 4.30c). Anschließend wird in Abbildung 4.30d die Oberfläche für den Auftrag der nächsten Metallisierungsebene ganzflächig rückgeätzt (z. B. mit CMP).

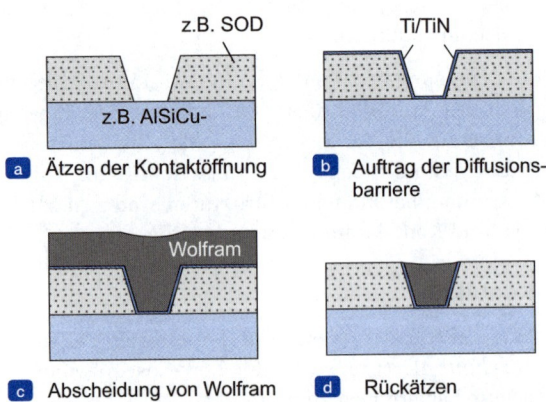

Abbildung 4.30: Auffüllen von Kontaktöffnungen durch Wolfram-Plugs mittels Damascene-Technologie.

Für hochintegrierte Schaltungen mit Kupferleiterbahnen kommt die Dual-Damascene-Technik zum Einsatz, bei der Vias und Leiterbahnstrukturen gleichzeitig erzeugt werden (Abbildung 4.31). In der Praxis ist dies ein relativ aufwendiger Prozess, da sowohl am Rande der Vias als auch um die Leiterbahnen eine vollständige Kapselung gewährleistet sein muss.

In Abbildung 4.32 ist der Querschnitt durch eine moderne IC-Struktur mit fünf Kupfer-Metallisierungsebenen dargestellt. Die Vias sind durch die Dual-Damascene-Technik erstellt, die unterste Ebene der Verdrahtung wird durch Wolfram-Local-Interconnects realisiert.

In Abbildung 4.33 ist ein vergleichbarer Chip in 90 nm Technologie der Firma IBM zu sehen.

4.6 Metallisierung, Planarisierung und Durchkontaktierung in integrierten Schaltungen

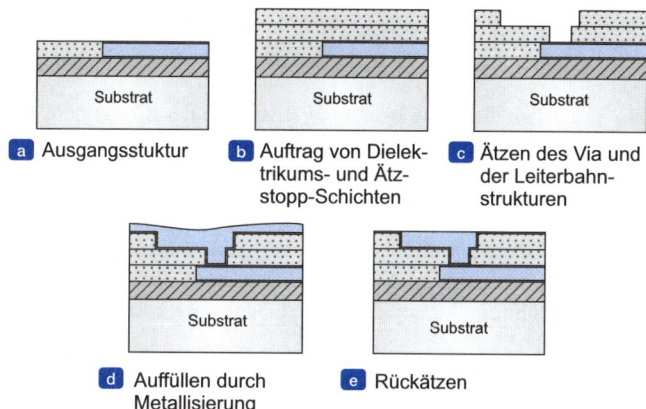

Abbildung 4.31: Dual-Damascene-Technik zur Erzeugung von Leiterbahnstrukturen und Via-Auffüllung.

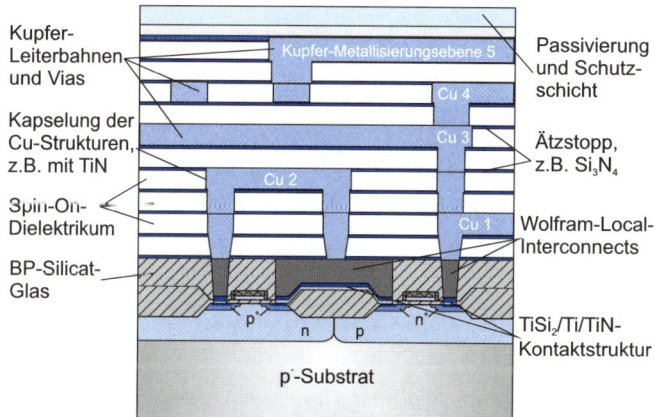

Abbildung 4.32: Querschnitt durch eine moderne IC-Struktur mit Wolfram-Local-Interconnects, Kupferleiterbahnen und Vias sowie BPSG-Gläsern und Spin-On-Dielektrika zur Planarisierung.

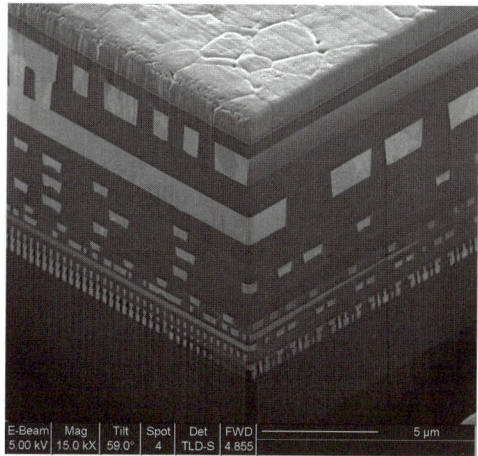

Abbildung 4.33: Querschnitt durch einen 64-Bit High-Performance-Mikroprozessor Chip der Firma IBM (Foto: IBM, Inc.).

Zusammenfassung

In diesem Kapitel wurden die grundlegenden Prozeduren der IC-Fertigung zusammenfassend beschrieben. Abhängig von der angestrebten Performance und dem Integrationsgrad der integrierten Schaltung können unterschiedliche Konzepte angewandt werden.

Für möglichst einfache Chipstrukturen mit wenigen Metallisierungslagen sind Aluminium-basierte Metallisierungen ohne separate Via-Auffüllung, ein überschaubarer Prozessaufwand bei der Planarisierung und eine Belichtungsprozedur ohne zusätzliche Vorkehrungen zur Erhöhung des Auflösungsvermögens die kostengünstigste Lösung.

Bei High-Performance-Mikroprozessoren wird auf Wolfram-Local-Interconnects als unterste Ebene der Verdrahtung, gekapselte Kupferleiterbahnen und BPS-Gläser sowie chemisch-mechanische Polierprozeduren für die Planarisierung zurückgegriffen. Für die Lithografie kommen phasenschiebende Masken zum Einsatz; die maximale Auflösung bei der Belichtung wird zudem durch Schrägbeleuchtung und die Verwendung von Immersionsflüssigkeiten erhöht.

Literatur

[1] D. Widmann, H. Mader, H. Friedrich: *Technologie hochintegrierter Schaltungen*; Springer-Verlag, Berlin, Heidelberg, 2. Auflage, 1996.

[2] J. D. Plummer, M. D. Deal, P. B. Griffin: *Silicon VLSI Technology*; Prentice Hall, Upper Saddle River, 2000.

[3] T. Yonehara, K. Sakaguchi: *ELTRAN; Novel SOI Wafer Technology*; JSAP International, No. 4, 2001.

[4] U. Hilleringmann: *Silizium-Halbleitertechnologie*; Vieweg+Teubner, Wiesbaden, 2008.

[5] C. S. Yoo: *Semiconductor manufacturing technology*; World Scientific Publishing, Singapur, 2008.

[6] R. Doering, Y. Nishi: *Handbook of Semiconductor Manufacturing Technology*; CRC Press, Boca Raton, 2008.

[7] M. Alexe, U. Göesele: *Wafer Bonding*; Springer-Verlag, Berlin, Heidelberg, 2004.

[8] Intel News Release: *Intel, Samsung Electronics, TSMC Reach Agreement for 450mm Wafer Manufacturing Transition*; http://www.intel.com/pressroom/archive/releases/20080505corp.htm, zuletzt aufgerufen am 01.02.2009.

[9] M. D. Austin, H. Ge, W. Wu, M. Li, Z. Yu, D. Wasserman, S. A. Lyon, S. Y. Chou: *Fabrication of 5 nm linewidth and 14 nm pitch features by nanoimprint lithography*; Applied Physics Letters Vol. 84, 2004.

[10] Intel News Release: *Moore's Law Marches on at Intel*; http://www.intel.com/pressroom/archive/releases/2009/20090922corp_a.htm, zuletzt aufgerufen am 15.01.2010.

[11] Klaus Schade: *Halbleitertechnologie*; Band 2, VEB Verlag Technik, Berlin, 1983.

Aufbau- und Verbindungstechnik integrierter Schaltungen

5.1 Vom Front-End zum Back-End 199
5.2 Kontaktierung und Befestigung integrierter
    Schaltungen 219
5.3 Single-Chip-Packaging 216
5.4 Direktmontage: Chip-On-Board 221
5.5 Multi-Chip-Packaging 221

5 Aufbau- und Verbindungstechnik integrierter Schaltungen

Einleitung

» Um integrierte Schaltungen als Teil von elektronischen Baugruppen einsetzen zu können, sind geeignete Methoden der Anschlusskontaktierung und Kapselung notwendig. Mit dem Terminus Aufbau- und Verbindungstechnik (AVT) wird die Gesamtheit aus Kontaktierung, Befestigung, Montage und Gehäusetechnik integrierter Schaltungen bezeichnet. Gerade bei modernen ICs kommt der AVT (im Englischen zumeist schlicht unter dem Begriff Packaging zusammengefasst) eine entscheidende Bedeutung zu. So bestimmt die Wahl der Materialien und Methoden beim Anschluss der ICs an eine übergeordnete Verdrahtungsebene maßgeblich die Leistungsfähigkeit und Zuverlässigkeit der fertigen Baugruppe. Speziell bei erhöhten Temperaturen oder problematischen Umgebungseinflüssen muss die AVT eine akzeptable Lebensdauer und Verlässlichkeit gewährleisten.

Kerninhalt dieses Kapitels ist eine Einführung in die gängigen Kontaktierungsverfahren und Packaging-Konzepte für integrierte Schaltungen.

LERNZIELE

- Übergang vom Front-End zum Back-End
- Kontaktierung: Drahtbonden, Flip-Chip und Tape-Automated-Bonding
- Chip-Substrat-Verbindungen: Löten, Kleben und Legieren
- Aufbaukonzepte: Single-Chip-Packages, Chip-On-Board und Multi-Chip-Packages

Die unterschiedlichen Konzepte beim Packaging von integrierten Schaltungen lassen sich anschaulich durch eine hierarchische Darstellung der Verdrahtungsebenen verdeutlichen. Eine grobe Einteilung des generellen Aufbaus einer elektronischen Baugruppe mit ICs ist in Abbildung 5.1 zu finden. Hierbei werden drei Ebenen unterschieden [1], [2].

Die **erste Ebene** (1st Level) beschreibt die direkte Weiterverarbeitung des fertig prozessierten und metallisierten Chips. Der gängige Ablauf besteht darin, die integrierten Schaltungen einzeln in Gehäuse zu verpacken und dem Kunden als Surface-Mount-Device (SMD) oder Bauelement für die Durchsteckmontage (THT) zur Verfügung zu stellen (**Single-Chip-Packaging**, siehe *Abschnitt 1.1*). Andererseits können die Chips ohne Verkapselung direkt über einen **Chip-and-Wire**-Prozess, das **Tape-Automated-Bonding** oder das **Flip-Chip**-Verfahren auf einem Substrat aufgesetzt werden (**Chip-On-Board, COB**). Zusätzlich sind vor allem für anspruchsvolle Anwendungen sogenannte **Multi-Chip-Module** (**MCM**) verfügbar, bei denen mehrere Chips auf einem Träger zu einer neuen Einheit zusammengefasst werden.

Die **zweite Ebene** (2nd Level) stellt die Zusammenfassung mehrerer verschiedener elektronischer Komponenten und Chips zu sogenannten Flachbaugruppen dar. Die Chips oder Chipeinheiten werden hierbei z. B. mit diskreten Bauelementen und einer Leiterbahnstruktur auf einer Leiterplatte gruppiert (siehe *Kapitel 1*).

5.1 Vom Front-End zum Back-End

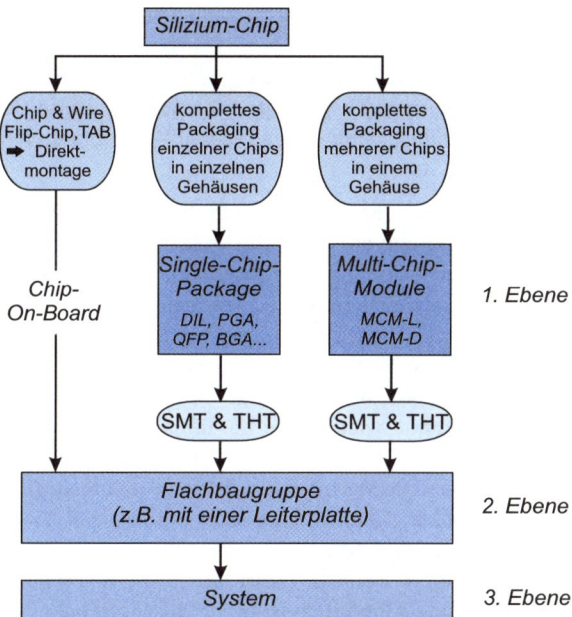

Abbildung 5.1: Aufbau elektronischer Baugruppen im Überblick, Abkürzungen sind im Text erklärt.

In der **dritten Ebene** (3rd Level) lässt sich eine größere Anzahl von Flachbaugruppen zu neuen Einheiten zusammenfassen. Mehrere Substrat- oder Flachbaugruppen können z. B. über Kabelstränge oder entsprechende Busleiterplatten (**Backplanes**) verbunden werden, um die letztendlich geforderten Systeme zu erstellen.

Der Vollständigkeit halber sei an dieser Stelle erwähnt, dass diese Drei-Ebenen-Einteilung in der Literatur manchmal um eine **nullte Ebene** – dem Chip – ergänzt wird.

Im Folgenden werden die wichtigsten Aufbaukonzepte sowie die grundlegenden zum Einsatz kommenden Verbindungstechniken für ein First-Level-Packaging näher erläutert.

5.1 Vom Front-End zum Back-End

Die Beschreibungen der IC-Fertigung in den *Kapiteln 4* und *7* beschränken sich auf die Arbeitsgänge zur Herstellung der integrierten Strukturen auf Wafer-Ebene. Dieser Abschnitt der Fertigungsfolge vom polierten Ausgangswafer bis hin zur vollständig prozessierten integrierten Schaltung wird als das **Front-End** der IC-Fabrikation bezeichnet. Als Resultat liegen viele gleichartige integrierte Strukturen nebeneinander auf dem Wafer vor. Den Abschluss des Front-Ends bildet der Wafer-Test, bei dem jeder IC mit einem speziellen Wafer-Prober auf Fehler untersucht wird (siehe *Kapitel 6*). Dementsprechend umfasst das **Back-End** alle weiteren Verfahrensschritte des Packaging, bei denen der „nackte" Chip z. B. über Drahtbonds oder Flip-Chip-Bumps kontaktiert und anschließend mit einem anwendungsspezifischen Gehäuse versehen wird. Zum Abschluss des Packaging wird eine erneute Testprozedur durchgeführt.

Um während des Betriebs eine Kühlung der aktiven Bereiche an der Chipoberseite zu erleichtern, wird als Zwischenschritt zwischen Front-End und Back-End zunächst die Dicke der Wafer reduziert. Über einen Läppschritt (**Backlapping**) wird die Dicke des Wafers unter Verwendung einer feinkörnigen Läppsuspension auf typischerweise 50 μm – 200 μm reduziert. Für Spezialanwendungen sind bei geringeren Wafer-Durchmessern auch Dicken von 10 μm realisierbar [16].

In Abhängigkeit von der für den Chip vorgesehenen Packaging-Methode wird nach einem Reinigungsschritt die Metallisierung der Wafer-Rückseite vorgenommen. Die Metallisierung soll sowohl eine gute thermische Ankopplung als auch eine geeignete Temperaturstabilität aufweisen. Obwohl die Substratkontaktierung in den meisten integrierten Schaltungen von oben gewährleistet wird, ist zumeist auch ein guter ohmscher Rückseitenkontakt von Vorteil. Zudem muss der Metallisierungsabschluss für die gewählte Befestigungsmethode oder den Anschluss an einen Kühlkörper geeignet sein. Zu guter Letzt ist es für dünne Chips und den Einsatz bei erhöhten Temperaturen wichtig, die Eindiffusion von Verunreinigungen in den Chip wirkungsvoll zu verhindern. Für den Metall-Halbleiter-Kontakt kommen meist Aluminium oder Titan zum Einsatz, den Metallisierungsabschluss bilden Silber oder Gold. Als Zwischenschicht kann – in Abhängigkeit von der Anwendung – z. B. TiN eingesetzt werden. Neben dem Einsatz von mehrschichtigen Systemen ist es auch üblich, einlagige Goldbasierte Legierungskontakte zu verwenden. Dabei erfolgt die Befestigung des Chips, ohne dass eine separate Metallisierung erforderlich ist (siehe *Abschnitt 5.2.4*).

Abbildung 5.2: Vereinzeln der Chips mit einer Wafer-Säge.

Im Anschluss an die Rückseitenmetallisierung muss der Wafer in die einzelnen Chips zerteilt werden. Der Wafer wird dafür auf einer selbstklebenden Folie befestigt; die Trennung der Chips erfolgt entlang des sogenannten Ritzrahmens. Dabei handelt es sich um Bereiche, die während der Produktion gezielt ausgespart bleiben, um so eine Trennung ohne Beschädigungen der aktiven Bereiche zu ermöglichen. Der eigentliche Trennvorgang erfolgt heutzutage zumeist mit speziellen Wafer-Sägen (bzw. Trennschleifern), die den Wafer entlang der Chipkanten zerteilen (Abbildung 5.2). Das Sägen ist ein kritischer Arbeitsgang hinsichtlich der Chipausbeute pro Wafer, da eine unsachgemäße Prozessführung leicht zu Rissen oder Brüchen in den einzelnen Chips führen kann.

Im Anschluss daran können die Chips mit einer der Anwendung entsprechenden Packaging-Methode weiterverarbeitet werden.

5.2 Kontaktierung und Befestigung integrierter Schaltungen

In diesem Abschnitt werden die wichtigsten Techniken zur Kontaktierung und Befestigung von integrierten Schaltungen beschrieben. Die vorgestellten Prinzipien sind die Grundlage für alle Packaging-Methoden der *Unterkapitel 5.3–5.5*. Die bedeutendsten Verfahren zur Kontaktierung sind das Drahtbonden, der Tape-Automated-Bonding-Prozess und das Flip-Chip-Verfahren (*Abschnitt 5.2.1–5.2.3*). Für alle Drahtbondprozesse sowie die meisten TAB-Anwendungen ist ein zusätzlicher Arbeitsgang für die Befestigung des Chips am Schaltungsträger notwendig; die dabei üblichen Prozesse und Materialien werden in *Abschnitt 5.2.4* erläutert.

5.2.1 Drahtbonden: Chip-and-Wire

Beim Chip-and-Wire-Verfahren wird der zu kontaktierende Chip mittels eines Löt-, Klebe- oder Legierungsverfahrens auf dem Trägersubstrat befestigt und anschließend mithilfe dünner Drähtchen (**Bonds**) sukzessive kontaktiert.

Das Drahtbonden ist die älteste und am weitesten verbreitete Variante der Chipkontaktierung und hat in allen Packaging-Ausführungen eine herausragende Bedeutung. Dabei werden die Bonddrähte von den Bondpads auf die Anschluss-Leads des sogenannten **Lead-Frames** geführt; die Leads stellen wiederum die Anschlüsse für die nächste Verdrahtungsebene dar (Abbildung 5.3).

Abbildung 5.3: Bondverbindungen zwischen Lead-Frame (außen) und Chip am Beispiel eines Quad Flat Package (QFP, siehe *Abschnitt 5.3.2*).

Die Vorteile des Drahtbondens liegen vor allem in der hohen Flexibilität gegenüber variierenden Substratformen und -materialien sowie in einer sehr gut kontrollierbaren und weit entwickelten Prozessführung. Nachteilig sind die begrenzte Möglichkeit einer weiteren Reduktion der Anschlussflächen (minimale Kantenlänge bei Standardbondverfahren ist ca. 25 μm) sowie die Tatsache, dass im Gegensatz zum Flip-Chip-Verfahren nicht die ganze Chipfläche als möglicher Bondpad-Bereich zur Verfügung steht. Zudem sind die Bonddrähte verhältnismäßig anfällig gegen mechanische Kräfte, was erhöhte Ansprüche an weitere Prozessschritte wie z. B. das Vergießen stellt. Hinzu kommt, dass sich beim Drahtbonden nur eine Verbindung nach der anderen erstellen lässt, eine Parallelkontaktierung ist nicht möglich.

Anhand der beim Verbindungsprozess zugeführten Energie lassen sich drei Arten des Drahtbondens unterscheiden. Das **Thermokompressionsbonden** erreicht eine Verbindungsbildung zwischen Bonddraht und Substrat über Druck und erhöhte Temperaturen; beim **Ultraschallbonden** erfolgt die Kontaktierung mithilfe von Druck und Reibung. Im **Thermosonic**-Bondverfahren werden sowohl Temperatur und Druck als auch Ultraschallanregungen miteinander kombiniert. Eine weitere generelle Unterteilung von Bondstrukturen wird durch die Form der Bondfüße bestimmt; man unterscheidet zwischen Keil- und Kugelbond (**Wedge-/Ball-Bonding**).

Im Folgenden werden die gängigen Bondverfahren näher erläutert.

Ultraschallbonden

Das Ultraschallbonden (US-Bonden, **Ultrasonic Bonding**) ist ein reines Reibschweißverfahren und nicht auf äußere Temperaturzufuhr angewiesen. Die für den Bondprozess notwendige Energie wird über eine Schwingungsanregung von ca. 60 kHz – 100 kHz zugeführt.

Der eigentliche Bondvorgang kann generell in drei Phasen unterteilt werden [5]. In der ersten Phase gilt es, Verunreinigungen oder Oxidschichten abzulösen, um eine Verbindungsbildung möglich zu machen (**Bildung des physikalischen Kontakts**). Beim US-Bonden erfolgt dies durch die Reibung des schwingenden Drahts auf dem Substrat. Die verunreinigten Oberflächen reißen durch die Reibung zwischen den Verbindungspartnern auf und werden gleichzeitig geglättet, sodass Draht und Bondpad auf Gitterabstand angenähert werden können; erste Mikroverschweißungen bilden sich aus. Das sich anschließende Stadium (**Aktivierung der Kontaktfläche**) ist durch eine Verformung des Bonddrahts charakterisiert. Die US-Energie sorgt einerseits für eine Erhöhung der Temperatur an der Verbindungsstelle, andererseits werden die Oberflächen von Bonddraht und -pad weiter geglättet und dichter aneinander gebracht. Es entstehen erste Verschweißungen; Gitter-Fehlstellen diffundieren beschleunigt über die Grenzflächen und unterstützen die Ausbildung von Mikroverbindungen. Die eigentliche Verbindung erfolgt in der letzten Phase (**Fortschreiten der Wechselwirkung im Volumen**). Die von der US-Anregung erzeugte Energie führt zu Volumen- und Grenzflächendiffusionsprozessen an den Kontaktflächen, sodass eine großflächige Verschweißung der Verbindungspartner erfolgt.

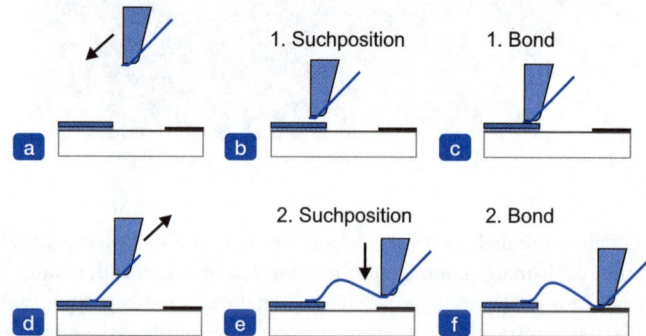

Abbildung 5.4: Wedge-Wedge-Drahtbondverfahren.

5.2 Kontaktierung und Befestigung integrierter Schaltungen

In Abbildung 5.4 ist der technische Ablauf eines Keil-Keil-Bondprozesses (**Wedge-Wedge-Bonding**) anschaulich dargestellt. Zunächst fährt der Bondkeil aus großer Höhe auf die Suchposition (Abbildung 5.4b). Nach dem US-Bondprozess (Abbildung 5.4c) wird der Bondkeil erst steil und dann unter einem flacheren Winkel zur zweiten Bondposition bewegt (Abbildung 5.4d, e). Im Anschluss folgen der zweite Bond und das Abtrennen des Drahtes. Dies wird zumeist über eine externe Klammerkonstruktion realisiert. Bei Dickdrahtbondern (>100 μm) sind auch unterschiedliche Führungen für den ersten und zweiten Bond üblich, wobei am hinteren Ende der Bondkerbe des zweiten Bonds eine Schneide angebracht ist, die den überschüssigen Draht beim Bondvorgang abtrennt. In Abbildung 5.5 ist ein typischer Keilbond aus einem Standard-Wedge-Wedge-Bondprozess der Mikroelektronik zu sehen.

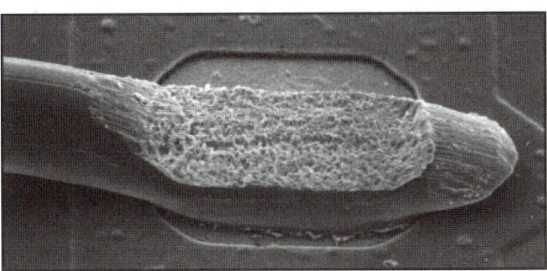

Abbildung 5.5: Keilbond (Foto: Gaiser Tool Company).

Das Ultraschall-Keilbonden zeichnet sich durch eine hohe Zuverlässigkeit und Reproduzierbarkeit aus; es sind keine erhöhten Temperaturen notwendig, wodurch die Prozessführung vereinfacht wird. Hinzu kommt, dass durch die US-Anregung auch stärker verunreinigte Oberflächen „geöffnet" werden können und somit niedrigere Anforderungen an die Sauberkeit der Bindungspartner gestellt werden. Nachteilig ist die Beschränkung auf *eine* Führungsrichtung des Drahtes nach dem ersten Bond; dies erhöht den Prozessaufwand bei industriellen Verfahren und macht den Ablauf verhältnismäßig langsam. Ein weiterer Nachteil ist das sogenannte **Cratering**, die Beschädigung des Halbleitersubstrats unter der Metallisierung durch die Druck-Ultraschall-Kombination.

Thermokompressionsbonden

Das ursprüngliche Thermokompressionsbonden (**Thermocompression Bonding, TC**) beruht auf dem Aufeinanderpressen von Draht und Substrat bei erhöhten Temperaturen (>300 °C). Dabei kommt es am Übergang zwischen Bonddraht und -pad zu einem Verschweißen der Grenzflächen. Im Gegensatz zum US-Bonden können Verschmutzungen während der ersten Verbindungsphase nicht abgerieben werden, daher ist ein reines TC-Bonden nur auf oxidfreien Oberflächen möglich (Gold). Die Annäherungs- und Diffusionsprozesse im Verlaufe des Bondvorgangs werden ausschließlich durch Druck und Temperatur angeregt. In Abbildung 5.6 ist das Grundmuster eines TC-Bondschrittes skizziert. Der Bonddraht wird durch die sogenannte Bondkapillare geführt und an der Spitze über eine Hochspannungsentladung zu einer Kugel geschmolzen. Diese wird auf den passenden Bondpad gedrückt, wodurch der Bondfuß die charakteristische „Kugelform" bekommt. Diese Struktur hat den Vorteil, dass der zweite Bond in jede beliebige Richtung weitergeführt werden kann, während bei einem keilförmigen Bondfuß die Richtung des zweiten Bondes mit dem ersten vorgegeben ist. Der zweite Bond wird in Richtung der ersten Bondstelle zumeist über die Kapillare abgeklemmt, wodurch ein keilförmiger zweiter Bond entsteht (Kugel-Keil-Bond, siehe Thermosonic-Bonden).

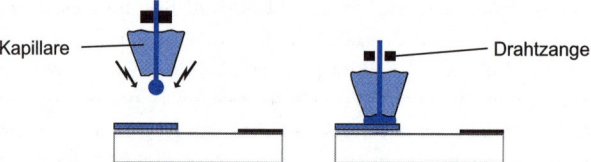

Abbildung 5.6: Thermokompressionsbonden.

Das Thermokompressionsbonden ist mit Gold-Gold-Übergängen sehr zuverlässig und verursacht wenig Schaden am Chip. Allerdings ist dieses Verfahren auch sehr anfällig gegen Verunreinigungen und benötigt Prozesstemperaturen über 300 °C. In der Produktion integrierter Schaltungen wird dieses Verfahren kaum noch eingesetzt und kommt nur noch bei speziellen Anwendungen zur Verwendung.

Thermosonic-Bonden

Das Thermosonic-Bonden (**TS**) ist eine Kombination des US- und TC-Bondens. Die für den Verbindungsprozess notwendige Energiezufuhr erfolgt sowohl durch eine Ultraschallanregung als auch über erhöhte Temperaturen. Der Thermosonic-Prozess ist heute das Standardverfahren für das weitverbreitete Kugel-Keil-Bonden (**Ball-Wedge-Bonding**). Der Prozessablauf ist in Abbildung 5.7 zu sehen.

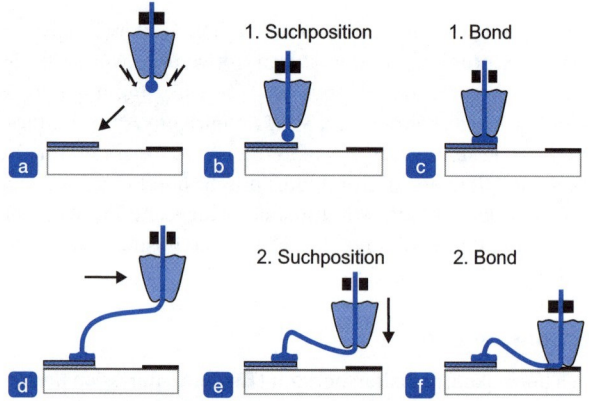

Abbildung 5.7: Ablauf eines Kugel-Keil-Bondprozesses.

Wie beim reinen Thermokompressionsbonden erfolgt zunächst das Aufschmelzen der Bonddrahtspitze z. B. über eine Hochspannungsentladung. Der Verbindungsprozess wird allerdings beim sich nun anschließenden Bondvorgang noch zusätzlich durch einen Ultraschallimpuls unterstützt. Dasselbe geschieht bei der zweiten Bondstelle: Über die Kapillare wird der zweite Bond mit Unterstützung eines US-Impulses als Keilbond realisiert. In Abbildung 5.8 sind typische Ausführungen der zugehörigen Bondfüße für einen TS-Bondprozess zu sehen. Für den Keilbond ist wichtig, dass sich einerseits keine erkennbaren Lücken an dem Bond/Metallisierung-Übergang ausbilden und andererseits keine ungleichmäßige Verformung des Keils oder der umliegenden Metallisierung auftritt.

5.2 Kontaktierung und Befestigung integrierter Schaltungen

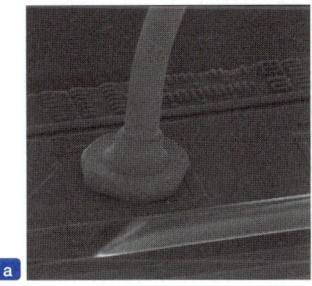
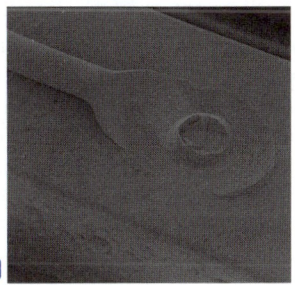

Abbildung 5.8: Kugel-Keil-Bondfüße. (a) Chipseitiger Kugel-Bondfuß eines 30 μm-Gold-Bonddrahtes. (b) Keil-Bondfuß eines 30-μm-Gold-Bonddrahtes. (c) Kugel-Keil-Bondanschluss eines Chips an den Anschluss-Lead-Frame.

Materialauswahl und Prozessgrößen beim Drahtbonden

Um Bondprozesse, -materialien und -zuverlässigkeit beurteilen zu können, müssen einige Bewertungsgrundlagen vorgestellt werden. Entscheidend für die Wahl eines Bonddrahtes sind sowohl die elektrischen und mechanischen Eigenschaften als auch die chemische Beständigkeit gegen äußere Einflüsse und der Aufwand bei der Reinigung. Zusätzlich müssen Metallisierung des Bondpads und Material des Bonddrahtes aufeinander abgestimmt sein, andernfalls kann es während des Betriebs zur Bildung unerwünschter spröder intermetallischer Phasen kommen, die die Zuverlässigkeit einer Bondverbindung stark reduzieren.

Eine wichtige Größe für die Beurteilung von Bondmaterialien ist die Stromtragfähigkeit. Sie beschreibt den maximalen Strom, den ein Bonddraht für eine vorgegebene Zeit tragen kann, ohne durchzubrennen. Die Stromtragfähigkeit ist sowohl vom Durchmesser als auch vom Material, der Länge und dem Herstellungsprozess eines Bonddrahtes abhängig. Die mechanischen Eigenschaften sollen sich idealerweise über die Spanne der vorgesehenen Einsatztemperaturen nicht verändern; wichtige Größen sind die Zugfestigkeit der Bonddrähte (**tensile strength**), die Reißkraft (**breaking load,** in N oder cN) und der Elastizitätsmodul (**Young Modulus**, in N/mm^2). In Abhängigkeit von der Anwendung können eine gute Elastizität oder eine hohe Festigkeit von Bedeutung sein, was wiederum Art und Material des Bonddrahtes bestimmt [6].

Die wichtigsten reinen Bondmaterialien und ihre charakteristischen Eigenschaften sind in Tabelle 5.1 aufgeführt. Dabei kommen vor allem Gold und Aluminium eine herausragende Bedeutung zu; Gold ist rein oder als Legierung für die hochintegrierte Elektronik das am häufigsten eingesetzte Bondmaterial, Aluminium und aluminiumreiche Bonddrähte bestechen durch niedrige Kosten und sind so bei der Herstellung von Low-Cost-Elektronik oder bei den

Dickdraht erfordernden Schaltungen der Leistungselektronik vielfach genutzt. Für sehr kleine Drahtdurchmesser kann Aluminium jedoch aufgrund der geringen mechanischen Festigkeit nicht eingesetzt werden. Kupfer wird erst seit relativ kurzer Zeit als Alternative für Golddrähte in Erwägung gezogen, da die Neigung zur Oxidation und Kontamination gerade für die **fine pitch**-Anwendungen große Probleme bereitet. Doch wegen der hohen Leitfähigkeit (ca. 25 % höher als bei Gold) und einer höheren mechanischen Stabilität, gepaart mit niedrigen Materialkosten, wird Kupfer als Bondmaterial auf Kupfermetallisierungen als vielversprechende Alternative betrachtet. Die Verwendung von Materialien wie Platin oder Silber sind Nischenlösungen für Hochtemperaturanwendungen [7].

Tabelle 5.1

Eigenschaften gängiger reiner Bonddrahtmaterialien [1], [2], [6]

Eigenschaften	Au	Al	Cu	Ag	Pt
Schmelztemp. (°C)	1063	658	1083	961	1770
Dichte (g/cm^2)	19,3	2,7	8,9	10,5	21,4
Therm. Leitfähigkeit ($Cal/cm \cdot sec \cdot C$)	0,744	0,215	0,941	1	0,174
Therm. Ausdehnung ($10^{-6}/K$)	14,2	23,6	16,5	19,1	9,1
Spezifischer Wid. ($\Omega \cdot mm^2/m$)	0,022	0,027	0,018	0,016	0,107
Elastizitätsmodul (N/mm^2)	79000	70500	123000	82500	123600
Zugfestigkeit (N/mm^2)	135	100-200	210-370	138	130

Durch die Mischung verschiedener Elemente können die Eigenschaften eines Bonddrahtes gezielt eingestellt werden. So erhöht die Beimischung von Palladium oder Beryllium in Gold die mechanische Festigkeit der Bonddrähte, während die elektrische Leitfähigkeit nur unwesentlich reduziert wird. Eine weitere Methode, die mechanischen Eigenschaften von Bonddrähten zu variieren, liegt in der Wahl der **Korngrößen** innerhalb des Bonddrahtes. Als **Korn** bezeichnet man die einzelnen kristallinen Bereiche in dem natürlicherweise polykristallinen Metall oder der Legierung. Die Korngröße lässt sich durch eine Temperung (**annealing**) des aus der gereinigten Schmelze extrudierten Drahtes einstellen. Generell lässt sich feststellen, dass die Härte eines Bonddrahtes mit der Korngröße zunimmt.

Ein entscheidender Aspekt für die Zuverlässigkeit und Lebensdauer eines Bondkontaktes ist die Wahl der Chipmetallisierung. Bonddraht und Metallisierung müssen aufeinander abgestimmt sein, da es ansonsten zur Bildung von spröden und zuverlässigkeitsmindernden intermetallischen Phasen kommen kann. Am zuverlässigsten sind Monometallverbindungen, z. B. Gold-Bonddraht auf einer Gold-Metallisierung. Bei mehrschichtigen Metallisierungen sind kritische Metallkombinationen durch Diffusionsbarrieren zu trennen. Bei der weitverbreiteten Kombination von Aluminium-Pad und Gold-Bond sind derartige intermetallische Phasen am Grenzgebiet einerseits wichtig für die Verbindungsbildung; im weiteren Betrieb kann es aber ab Temperaturen von 125 °C – 150 °C zur Ausbildung großer

Al$_2$Au-Bereiche kommen, die sich durch eine sehr hohe Sprödigkeit auszeichnen und leicht zur Ablösung des Bonddrahtes führen können. Aufgrund der purpurnen Farbe des Al$_2$Au spricht man hierbei von der sogenannten **Purpurpest**. Die Materialkombination Al-Au ist somit für einen Hochtemperatureinsatz ungeeignet.

5.2.2 Flip-Chip-Kontaktierung

Bei dem in den 1960er Jahren bei IBM entwickelten Flip-Chip-Verfahren stellen die Chip-Substrat-Verbindung und die IC-Kontaktierung einen einzigen Prozessschritt dar. Der Chip wird dabei gedreht (**to flip**) und an den zu kontaktierenden Anschlüssen über kleine Lotkügelchen (Durchmesser ca. 25 µm – 300 µm) mit dem Anschlussmuster des Substrats verbunden. Dies ist in Abbildung 5.9 veranschaulicht.

Neben dem Wegfall eines separaten Die-Attachments weist der Flip-Chip-Prozess weitere Vorteile auf. So ist der Platzbedarf auf dem Substrat sehr gering, da letztlich auf dem Träger nur die eigentliche Chipgröße benötigt wird; alle Anschlusspads können auf dem gesamten Chip verteilt kontaktiert werden und sind nicht – wie beim Drahtbonden – auf den Rand des Chips festgelegt. Hinzu kommt, dass im Gegensatz zum Drahtbonden der Anschlussprozess für alle Kontakte gleichzeitig erfolgt (Simultanverfahren), der Verbindungsprozess benötigt also unabhängig von der Anschlusszahl immer die gleiche Prozesszeit pro Chip. Nachteilig ist der relativ große Prozessaufwand des Verfahrens, sodass es vor allem dann zum Einsatz kommt, wenn große Stückzahlen mit einer hohen Anschlusszahl kontaktiert werden müssen. Neben einer aufwendigen Prozessführung ist die Wärmeabfuhr des Chips über die Lot-Bumps und das Underfill oft nicht ausreichend, sodass eine oberseitige Kühlung erforderlich wird. Ein weiteres Problem ist die mechanische Belastung von Flip-Chip-Kontakten bei Temperaturwechseln während des Betriebs. Aufgrund von unterschiedlichen thermischen Ausdehnungskoeffizienten von Chip und Substrat werden vor allem die Bumps am Rand des Chips auf diese Weise stark beansprucht.

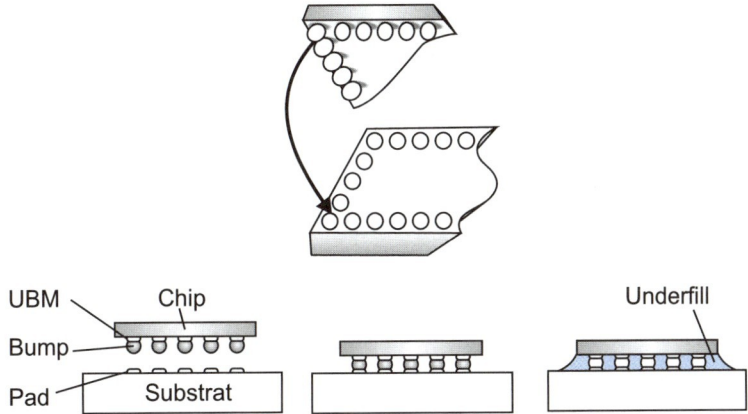

Abbildung 5.9: Flip-Chip-Prozess.

Bumping

Um den Flip-Chip-Prozess durchführen zu können, muss der IC zunächst auf den sich anschließenden Verbindungsprozess vorbereitet werden (**Wafer Level Packaging**). Dafür erfolgt zunächst eine Passivierung aller nicht zu verbindenden Bereiche, d. h., alles außer den

Aluminium-Anschlusspads wird z. B. mit einer Glasummantelung bedeckt. Anschließend können die freien Aluminium-Pads mit einer lötbaren Metallisierung beschichtet werden (z. B. Cr/Cu/Au). Man spricht dabei von sogenannter **Under Bump Metallization** oder kurz **UBM**.

Es gibt eine Vielzahl von Möglichkeiten, die sogenannten Flip-Chip-**Bumps** zu erstellen. Beim **klassischen IBM-Prozess** werden über einen sehr präzisen Lötprozess auf der Metallisierung kleine Ni/Au-beschichtete Kupferkügelchen aufgebracht und anschließend getempert. Danach kann der Chip über einen zweiten Lötprozess umgedreht auf dem Substrat befestigt werden.

In modernen Verfahren werden meist direkt Lotkugeln anstelle der Kupfer-Bumps verwendet. Dabei gibt es eine Vielzahl von unterschiedlichen Methoden, die Bondkügelchen auf den metallisierten Chip zu bringen. Bei der ebenfalls von IBM entwickelten **C4-Methode** (**C**ontrolled **C**ollapse **C**hip **C**onnection) wird das PbSn-Lot nach der Metallisierung sukzessive über einen Aufdampfprozess aufgetragen und anschließend oberhalb der Schmelztemperatur getempert. Durch die Oberflächenspannungen bildet sich so um das von Glas umschlossene Aluminium-Pad der angestrebte Lothöcker aus [2]. Bei den ebenfalls bedeutenden Bump-Technologien des **Electroplated Bumping** (elektrochemische Plattierung) werden die Höcker sowie die Lotstrukturen nach einer Fotolithografie-Strukturierung durch einen galvanischen Auftrag hergestellt.

Eine weiterer Bumping-Prozess der Firma IBM (**C4NP**) beruht auf dem Transfer des aufgeschmolzenen Lotes von einem vorstrukturierten Träger auf die Under Bump Metallization des Chips. Dem Anschlussmuster des Chips entsprechend ist der Träger mit kleinen Aushöhlungen für die Lot-Bumps versehen. Um diese mit den entsprechenden Anschlussstellen zu verbinden, werden der Chip und der mit geschmolzenem Lot gefüllte Träger aufeinandergepresst. Das C4NP-Verfahren gilt als sehr günstig und flexibel.

Ein aufwendiges Verfahren für sehr feine Bump-Strukturen ist das **Jet-Printing**. Das Prinzip ähnelt entfernt dem Ionenimplantationsverfahren aus *Abschnitt 4.3*. Kleine aufgeschmolzene Lottröpfchen werden aus einer Düse herausgespritzt und elektrostatisch geladen. An einer sich anschließenden hochspannungsgesteuerten Plattenkondensator-Anordnung erfolgt die erwünschte Ablenkung der Lot-Bumps, die auf dem dahinter platzierten Substrat an den Anschlussstellen auftreffen. Mit dieser Methode lassen sich 25 µm kleine Lot-Bumps gezielt an den metallisierten Kontaktflächen aufbringen.

Abgesehen von dem oben beschriebenen klassischen Flip-Chip-Prozess wurden bisher ausschließlich Bump-Prozesse auf Basis von Lotlegierungen beschrieben. In der Praxis werden für die meisten Anwendungen tatsächlich vor allem Lote verwendet. Für Spezialanwendungen kommen zusätzlich Kupfer- oder Gold-Bumps zum Einsatz. Für spezielle Nischenmärkte wurden in jüngerer Vergangenheit außerdem Bumps auf Basis von leitfähigen Kunstoffen bzw. Kunststoffgemischen entwickelt. Neben der Reduktion von Materialkosten besteht der Vorteil, dass derartige Bumps auch dann eingesetzt werden können, wenn keine lötbaren Oberflächen verfügbar sind.

Verfahrensablauf des Flip-Chip-Prozesses

Nachdem der Bumping-Vorgang abgeschlossen ist, erfolgt der eigentliche Flip-Chip-Prozess. Dies entspricht bei den klassischen Lot-Bumps in etwa dem in *Abschnitt 5.2.4* beschriebenen Ablauf eines Lötvorgangs. Dabei werden die Substratoberfläche und der mit Flip-Chip-Bumps versehene Chip zunächst mit einem Flussmittel gereinigt. Anschließend erfolgen die Platzierung und der Lot-Temperschritt. Den Abschluss macht das sogenannte

Underfill, bei dem zur Erhöhung der Stabilität und der Zuverlässigkeit ein elektrisch isolierender und thermisch möglichst hochleitender Klebstoff zwischen die Verbindungstellen gespritzt wird. Eigenschaften und Merkmale derartiger Klebstoffe werden in *Abschnitt 5.2.4* noch einmal kurz erläutert.

In Tabelle 5.2 sind übliche Lotmaterialien und die zugehörigen Under-Bump-Metallisierungen aufgelistet. Wie schon beim Drahtbonden erläutert, können für eine erhöhte Zuverlässigkeit oder Temperaturstabilität auch hier Diffusionsbarrieren zum Einsatz kommen, wodurch eine Interdiffusion zwischen der obersten Metallisierungsebene und den darunterliegenden Schichten und somit die Bildung zuverlässigkeitsmindernder Phasen verhindert werden kann. Bei der Wahl der Bump-Materialien ist man aufgrund von Umweltschutz-Richtlinien bemüht, die Verwendung von Blei nach Möglichkeit zu vermeiden

Hinweis

Das Flip-Chip-Verfahren löst das Drahtbonden mehr und mehr ab. Vor allem für hochintegrierte Schaltungen und bei hohen Stückzahlen kommen die Vorteile zur Geltung, die durch Anschlusspads auf der gesamten Chipfläche oder eine Simultankontaktierung entstehen.

Tabelle 5.2

Padstrukturen und zugehörige Bump-Materialien [1]

Padstruktur / UBM	Bump-Material
Al-Cu-Cr-Cu-Au	Pb95Sn5, Pb97Sn3
...Cr-Ni-Au	Pb95Sn5
...Ti-Pt-Au	In, Sn52In48
AlCu-TiW-Cu	Allg. SnPb
Al	Allg. SnAg

5.2.3 Tape-Automated-Bonding

Das **Tape-Automated-Bonding** (**TAB**) wurde zu Beginn der 70er Jahre von der Firma General Electric eingeführt. Bei dem Verfahren handelt es sich letztlich um eine Erweiterung der klassischen Kontaktierung mit steifen **Lead-Frames**, bei der alle Anschlüsse eines Chips über Bonddrähte mit einer Anschlussstruktur auf einem tragenden Rahmen verbunden werden (siehe Abbildung 5.8c und Abbildung 5.3). Beim TAB-Verfahren liegen die feinen Kontaktierungsstrukturen auf einem flexiblen Polymerband. Die Leitungen verlaufen von den Kontaktpads am Rande des Chips (**Inner Lead**) zu den für einen äußeren Anschluss vorgesehenen Bereichen (**Outer Lead**) auf dem Schaltungsträger.

Wie beim Flip-Chip-Verfahren sind für die Ausbildung einer Verbindung zwischen Rahmen und Chip auch beim TAB geeignete Anschlusshöcker notwendig. Für die Inner Leads bestehen diese TAB-Bumps zumeist aus elektrolytisch abgeschiedenem Gold, seltener auch aus Lotlegierungen. Die Leads selbst sind aus Kupfer, das mit einer bondfähigen Nickel/Gold-Metallisierung bedeckt ist. In manchen Verfahren können die Bumps anschließend auch direkt auf dem TAB-Rahmen und nicht auf dem Chip aufgebracht werden. Typische Bump-Größen beim TAB liegen zwischen 15 µm und 120 µm, für die Dicke der Zuleitungen auf dem Rahmen sind Werte zwischen 18 µm und 70 µm üblich. Der mit dem TAB-Verfahren erreichbare Pitch liegt für die Inner Leads zwischen 30 µm und 100 µm.

Das eigentliche TAB-Verfahren gleicht den klassischen Bondprozessen. Der mit den Bumps versehene Chip wird über ein Die-Attachment auf dem Träger befestigt (siehe *Abschnitt 5.2.4*). Anschließend erfolgt die passgenaue Positionierung des TAB-Rahmens über dem Chip. Nun schließt sich die eigentliche Verbindungsbildung an, die fast immer auf den oben beschriebenen Bondtechniken (Thermokompressions-, Ultraschall- und Thermosonic-Bonden) beruht. Im Falle von Lot-Bumps wird die Verbindung naheliegenderweise durch einen Lötprozess erzeugt.

Neben diesem „klassischen" **Face-up Mount** TAB-Aufbau sind noch weitere Montagemöglichkeiten bekannt. Diese sind in Abbildung 5.10 zusammengestellt. Das **Flip-TAB Mount** benötigt weniger Platz auf dem Chip, hat aber wie das Flip-Chip-Verfahren das Problem einer schlechteren Wärmeabfuhr. Ein **Recessed Mount**-Aufbau löst dieses Problem, verursacht aber auch höhere Kosten.

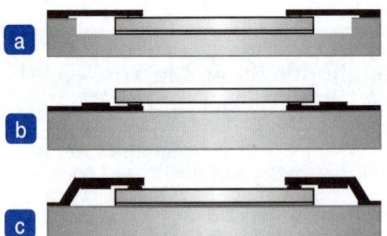

Abbildung 5.10: Möglichkeiten der TAB-Kontaktierung: (a) Recessed Mount; (b)Flip-Tab Mount; (c) Face-up Mount, nach [3].

Wie beim Drahtbonden und Flip-Chip-Verfahren ist auch beim TAB der Übergang zwischen Metallisierung und Verbindungsanschluss ein zuverlässigkeitsbestimmender Aspekt. Interdiffusion zwischen dem TAB-Rahmen und der Kontaktschicht sowie die Bildung spröder Verbindungen müssen durch geeignete Materialkompositionen oder durch Diffusionsbarrieren verhindert werden. Beim Verbindungsprozess an sich sind Brüche des Rahmens oder brüchige Bondverbindungen durch die richtige Wahl der Bondparameter und des Härtegrades der beteiligten Komponenten zu vermeiden.

Ein großer Vorteil des Tape-Automatic-Bonding ist die prinzipiell mögliche hohe Automatisierbarkeit des Verfahrens: Alle Verbindungen können mit einem geeigneten Stempel für die Innen- und Außenkontaktierung gleichzeitig hergestellt werden, das Verfahren ist für große Stückzahlen daher attraktiv. Allerdings sind die Kosten zu Beginn recht hoch, da für jeden Chip ein neues Tape entwickelt werden muss. Wie beim Drahtbonden können nur Kontaktpads am Rande des Chips kontaktiert werden.

Für hochintegrierte Massen-ICs ist somit das Flip-Chip-Verfahren technisch sinnvoller, bei kleineren Produktreihen ist das Chip-and-Wire-Prinzip die zuverlässigere und kostengünstigere Kontaktierungsmethode.

5.2.4 Chipbefestigung

Sowohl für eine Chip-and-Wire-Kontaktierung als auch für einen Teil der TAB-Verfahren ist ein zusätzlicher Verbindungsprozess zwischen Substrat und Chip notwendig (**Die Attach**). Diese Verbindung muss sowohl eine ausreichende mechanische Stabilität als auch gute thermische Leitfähigkeit aufweisen; bei den meisten Anwendungen ist für ein definiertes Potential an der Chiprückseite oder sogar für Ein- und Ausgangsanschlüsse zudem ein stabiler ohmscher Kontakt zwischen Substrat und Bauteil notwendig. Die wichtigen Die-Attach-Verfahren sind Kleben und Löten; ältere Prozesse wie das Legieren werden nur noch selten eingesetzt. In der Mikroelektronik wird in den allermeisten Fällen geklebt, während Lötprozesse eher bei Anwendungen der Leistungselektronik zum Einsatz kommen.

Kleben

Neben einem geringen Prozessaufwand und überschaubaren Kosten sind auch die niedrigeren Prozesstemperaturen häufig ein Vorteil des Klebens. Klebeverbindungen benötigen bei der Verbindungsbildung selten Temperaturen über $150\,°C$ – meistens niedriger – während Lötprozesse Temperaturen zwischen $180\,°C$ und $300\,°C$, Legierungsverbindungen sogar über $370\,°C$ erfordern. Eine Klebung lässt sich durch folgendes Ablaufmuster zusammenfassend beschreiben:

Substratreinigung → Auftrag des Klebers → Chipbestückung → Aushärten

Die meisten in der Elektronik verwendeten Klebstoffe sind aus Mono- oder Polymeren aufgebaute organische Substanzen, die über eine chemische Reaktion oder durch Energiezufuhr derart aktiviert werden, dass Fügeteile aus gleichem oder ungleichem Material miteinander verbunden werden können [2].

Grundbestandteile eines unverarbeiteten organischen Klebers sind die **Monomere**. Unter diesem Begriff versteht man reaktive Moleküle, die sich unter physikalischer oder chemischer Anregung zu langen Ketten zusammensetzen (**Polymere**). Dieser Vorgang der Polymerisation geht mit einer Änderung der mechanischen Eigenschaften einher und stellt die Grundlage für die Verbindungsbildung durch Klebstoffe dar. Über die Art und Weise der Polymerisationsbildung können die unterschiedlichen Klebstoffarten eingeteilt werden. Man spricht von **Polymerisations-**, **Polykondensations-** und **Polyadditionsklebstoffen**.

Der **Polymerisationsmechanismus** beruht auf dem Aufbrechen von C=C-Doppelbindungen, wodurch sich weitere Monomere an die freigewordenen Bindungsstellen anlagern können. Dabei entstehen lange Ketten mit wenigen Verzweigungen, was eine recht gute Beweglichkeit der einzelnen Ketten zur Folge hat und mit Erhöhung der Temperatur über eine bessere Formbarkeit bis hin zu einem flüssigen Zustand führt (**Thermoplast**). Das Aufbrechen der Bindungen kann dabei chemisch durch Zugabe von Radikalen oder physikalisch durch Strahlungshärtung erfolgen. Die für die Elektronik wichtigen Klebstoffe auf Basis des Polymerisationsmechanismus sind die Acrylatklebstoffe. Sie zeichnen sich durch hohe Festigkeiten und kurze Aushärtungszeiten aus.

Bei der **Polykondensation** erfolgt die Bildung der Kettenmoleküle unter Abspaltung eines polaren Moleküls wie Wasser oder Ammoniak (NH_3). Diese Restprodukte müssen bei der Trocknung des Klebers zumeist abgeführt werden. Die Polykondensation ist der Basismechanismus bei der Herstellung der in der Elektronik vielfach eingesetzten Silikon- und Polyimid-Klebstoffe. Die anorganischen Silikonkleber kommen bei elastischen Klebungen zum Einsatz oder werden aufgrund der temperaturunabhängigen elektrischen Eigenschaften als Abdeckung und Vergussmasse von Chipstrukturen eingesetzt. Polyimide zeichnen sich durch eine hohe Temperaturfestigkeit aus (300 °C Dauerbetrieb möglich); allerdings sind Lagerung und Verarbeitung recht aufwendig und damit teuer.

Der bedeutendste Mechanismus für die Herstellung von Klebern ist die **Polyaddition**, bei der sich Monomere mit einem beweglichen Wasserstoff-Atom ähnlich wie bei der Polykondensation an reaktive Monomere anlagern, wobei es nicht zu einer Abspaltung von Nebenprodukten kommt. Die durch eine Polyaddition erzeugten Epoxidharzklebstoffe sind die am weitesten verbreiteten Kleber in der Elektronik. Die Initialisierung der Additionsreaktion kann durch Erwärmung und/oder chemische Reaktion erreicht werden; es lassen sich kalt- und warmhärtende **Ein-** oder **Zweikomponentenkleber** realisieren (1K/2K, siehe unten). Epoxidharze werden bei Temperaturen zwischen 60 °C und 180 °C gehärtet; sie sind spröde, von hoher Festigkeit und alterungsbeständig. Die mechanischen Eigenschaften können durch Beigabe anderer Verbindungen in weiten Grenzen eingestellt werden.

Um die elektrische und/oder thermische Leitfähigkeit von Klebungen zu verbessern, werden die Kleber mit Füllstoffen versetzt (**Leitkleber**). So kann durch die Zugabe von feinkörnigem Silberpulver eine gute elektrische und thermische Ankopplung des Chips an das Substrat erreicht werden. Der Volumenanteil des Füllstoffs liegt bei derartigen Klebern meist über 25 %. Generell muss der Kleber thermisch und elektrisch der jeweiligen Verwendung angepasst sein. Als Underfill-Material von Flip-Chip-Verbindungen darf der Kleber nicht elektrisch leiten, da sonst Kurzschlüsse zwischen den einzelnen Bumps entstehen würden; andererseits ist eine hohe thermische Leitfähigkeit gefordert, um die Wärme des Chips abführen zu können. Für ein reines Die-Attach sind wiederum zumeist elektrische und thermische Leitfähigkeit gefordert. Daher ist auch hierbei die genaue Anwendung vorher klar zu definieren, um vom Hersteller den für den Einsatz am besten geeigneten Kleber erwerben zu können.

In Tabelle 5.3 sind für die hier erläuterten Klebertypen einige kommerziell verfügbare Kleber beispielhaft aufgelistet.

Tabelle 5.3

Beispiele von Klebern in der Mikroelektronik

Typ	Produkt-bezeichnung	Prozesstemp. (u. Prozessdauer)	Max. Dauertemp. (°C)	Therm. Leitf. (W/mK)	Spez. Wid. (Ωcm)
1K Film-Epoxidkleber, Ag-gefüllt	ME8650-RC (AI Technology)	125 °C – 175 °C (30 min … 8 min)	150	>7.9	$<3 \cdot 10^{-4}$
2K Epoxidkleber, Ag-gefüllt	EPO-TEK H20E	80 °C – 175 °C (3 h … 45 s)	200	29	$<4 \cdot 10^{-4}$
Cyanacrylat	MB302 (Master Bond)	RT (5 min)	125	k.A.	Isolierend
Silikon-Klebstoff	MasterSil 711 (Master Bond)	RT (6 h)	200	2,16	Isolierend, $\sim 1 \cdot 10^{14}$

Die für den Auftrag des Klebers in der Praxis üblicherweise eingesetzten Verfahren sind der **Siebdruck**, das **Dispensen** und der **Pin-Transfer**.

Beim Siebdruck erfolgt der Klebstoffauftrag durch eine feine Gewebeschablone aus Nylon, Kunststoff oder Edelstahl. Dabei wird der Klebstoff mit einer Rakel durch die Öffnungen in der Schablone gepresst, wodurch eine klare Strukturierung des Auftrags möglich ist. Die auf diesem Wege auflösbare minimale Strukturgröße beträgt ca. 100 μm.

Beim Dispenser-Auftrag werden über eine Druckluftvorrichtung und eine Nadel sukzessive feine Klebstoffpunkte gesetzt. Der Kleber wird mit kurzen Druckimpulsen durch die feine Nadelöffnung gepresst. Diese Technik wird neben dem Die-Attach vor allem für eine Befestigung von SMD-Bauteilen auf Leiterplatten verwendet.

Der Pin-Transfer beruht auf dem Eintauchen eines unter dem Verbindungspartner vorstrukturierten Pin-Gitters in einen Kleber. Auf diese Weise findet die eigentliche Verbindungsbildung nur unterhalb der Pins statt.

Nach dem Klebstoffauftrag und der Bestückung des Trägersubstrats mit dem Chip erfolgt das Aushärten des Klebstoffes. Dies geschieht – abhängig von der Art des Klebers – über eine Aktivierung der notwendigen Startreaktionen mittels Wärmezufuhr, Bestrahlung oder Beigabe eines Härters. Im letzten Fall spricht man von **Zweikomponentenklebstoffen** (2K); Monomer (auch Harz oder Binder genannt) und Härter werden getrennt gelagert und kurz vor Gebrauch gemischt. Durch die getrennte Aufbewahrung sind längere Lagerzeiten möglich. Der eigentliche Aushärtungsprozess ist für alle Arten von Klebern vor allem von der Temperatur und der Härtungszeit abhängig. Allgemein gilt: Je höher die Temperatur, desto kürzer ist die Härtungsdauer. Ziel ist es, dass möglichst alle Einzelmoleküle innerhalb des Klebers in Polymerketten gebunden werden. Bei den meisten eingesetzten Prozessen sind während der Aushärtung Temperdauern von 3 *min* bis 10 *min* bei Temperaturen von 20 °C bis 200 °C üblich. In industriellen Prozessen liegen die Temperaturen dabei meist im Bereich von 120 °C – 150 °C, sodass kurze Prozesszeiten möglich sind. Spezielle Klebeverbindungen können anschließend kurzzeitig bis zu 400 °C erwärmt werden (z. B. zum Bonden), ohne dass sich die Klebeverbindung löst. Moderne Kleber für die Chipmontage können Einsatztemperaturen von über 200 °C dauerhaft standhalten. Ein genereller Vergleich der Festigkeiten verschiedener Kleber ist nicht ohne Weiteres aussagekräftig. Bei Lotverbindungen kann von lötbaren Oberflächen und ähnlichen Rahmenbedingungen für Festigkeitsuntersuchungen ausgegangen werden; dies ist bei Klebungen, die schließlich für nahezu alle Substrat- und Chipmaterialien bzw. Metallisierungen einsetzbar sein sollten, nicht der Fall. Die Adhäsionskräfte zwischen Kleber und Oberfläche sind stark von Art und Beschaffenheit der Oberfläche und der Metallisierung abhängig. Ein oft angegebener Wert ist die Zugscherfestigkeit eines Klebers zwischen zwei Aluminium-Oberflächen; dieser ist als Orientierung oft nützlich und liegt zwischen 1 N/mm^2 bis über 50 N/mm^2. Allerdings gibt es Kleber, die für eine derartige Verbindung zwar sehr niedrige Werte aufweisen, aber für andere Oberflächen scheinbar festere Kleber bei Weitem übertreffen. Sofern die Festigkeit einer Klebung ein entscheidender Aspekt bei der Klebstoffauswahl ist, müssen zusätzlich Anforderungen wie Temperatur- oder Lastwechselfestigkeit geprüft werden.

Die Vorteile des Klebens sind die im Vergleich zum Löten niedrige Prozesstemperatur, eine hohe Elastizität und die Möglichkeit, nahezu alle Materialien miteinander zu verbinden. Nachteilig sind vor allem niedrigere Festigkeiten und eine schnellere Alterung bei Lastwechseln und höheren Temperaturen.

Anlegieren (Eutektisches Löten)

Silizium und Gold weisen – genau wie viele der weiter unten beschriebenen Lotverbindungen – ein **Eutektikum** auf, d. h., oberhalb einer bestimmten Temperatur (hier ca. 370 °C) liegt für ein bestimmtes Massenverhältnis der Legierungselemente ein flüssiges Gemisch vor, während unterhalb des eutektischen Punktes alle Anteile des Gemisches fest sind. Einer eutektischen Legierung kann somit ein klar bestimmbarer Schmelzpunkt zugeordnet werden. In der Praxis erfolgt das Anlegieren zumeist unter Verwendung einer (z.T. für eine ohmsche Kontaktierung mit Antimon versetzten) Goldfolie, die zwischen Chip und Substrat platziert wird. Durch eine Temperatur > 370 °C, leichten Druck und zusätzlich oft unter Einwirkung einer Ultraschallanregung bildet sich an der Grenzfläche zwischen Silizium und Gold eine dünne Schmelze, die nach der Abkühlung zu einer festen Verbindungsschicht erstarrt. Eutektische Gold/Silizium-Verbindungsschichten zeichnen sich durch eine hohe Festigkeit und gute thermische Leitfähigkeit aus. Allerdings ist diese Art der Chipbefestigung nur für keramische Schaltungsträger geeignet, da die starre eutektische Verbindungschicht bei zu großen Unterschieden der thermischen Ausdehnungskoeffizienten von Chip (thermische Ausdehnung $\alpha = 2{,}6 \; ppm/K$) und Substrat (Keramik: 2–7 ppm/K, Kupfer: 16,5 ppm/K) zu thermomechanischen Verspannungen führt, die wiederum in Rissen im Aufbau resultieren können. Ein weiterer Nachteil des Anlegierens sind die hohen Prozesstemperaturen, die eine große Belastung für die oberseitigen Metallisierungsstrukturen der integrierten Schaltung darstellen.

Löten

Lötprozesse sind für das Chip-Attachment in der Mikroelektronik heutzutage zu großen Teilen durch Klebeverbindungen ersetzt worden. Doch sowohl für ein Die-Attach in der Leistungselektronik als auch bei der SMD- und THT-Bestückung von Flachbaugruppen und bei Flip-Chip- und TAB-Verfahren kommt dem Löten eine große Bedeutung zu.

Der Lötprozess beruht auf der stoffschlüssigen Verbindung zweier metallisierter Verbindungspartner mittels einer niedrigschmelzenden Legierung [1]. Die Prozesstemperatur liegt dabei zwischen der Liquidustemperatur des Lotwerkstoffs und der Schmelztemperatur der Fügepartner. Je nach Temperaturbereich unterscheidet man Weichlöten ($T < 450 \;°C$), Hartlöten ($T > 450 \;°C$) und Hochtemperaturlöten ($T > 900 \;°C$). Für die Elektronik ist fast ausschließlich das Weichlöten von Bedeutung. Die eigentliche Verbindungbildung erfolgt über die Bildung von Legierungsschichten durch Diffusion von Atomen der festen Materialien in das flüssige Lot. Zwischen der Lotfuge und den Verbindungspartnern sind im festen Zustand somit dünne Mischkristallzonen oder intermetallische Phasen vorzufinden, deren Dicke und Eigenschaften über die Prozessparameter und Materialwahl in gewissen Grenzen gesteuert werden können. Dicke intermetallische Bereiche können – wie oben bereits erwähnt – zu einer Versprödung der Verbindung führen, daher muss hierbei eine ausreichende Dicke der elastischen Lotfuge gewährleistet sein. In Tabelle 5.4 sind einige der in der Mikroelektronik eingesetzten Lote und deren Eigenschaften aufgelistet.

Tabelle 5.4

Eigenschaften gängiger Lotmaterialien (u. a. [1], [11])

Legierung	Liquidus-temp. (°C)	Solidus-temp. (°C)	Therm. Leitf. (W/mK)	Therm. Exp. (µm/mK)	Spez. Wid. ($10^{-5}\,\Omega cm$)	Zugfestigk. (MPa)
Sn63Pb37	183	183	50	25	1,5	51,7
Pb97,5Ag1,5Sn1	309	309	23	30	2,9	30,5
Sn50Pb50	183	212	47	23,6	1,6	41,4
Sn95Sb5	240	235	28	31	1,4	40,7
In97Ag3	143	143	73	22	3,8	5,52
Sn77,2In20Ag2,8	175	187	54	28	1,8	46,9
Sn70Pb18In12	167	154	45	24	1,4	36,7
Au80Sn20	280	280	57	16	k.A.	275,8

Für einen Lotprozess ist eine oxid- und sulfidfreie saubere metallische Oberfläche notwendig. Da viele Metalle bei normalen Umgebungsbedingungen zur Oxidation neigen, muss die Oberfläche der Fügepartner vor und während des Lotprozesses von Verunreinigungen befreit werden. Dies erfolgt mithilfe des **Flussmittels**. Das flüssige, feste oder gasförmige Flussmittel wird entweder in einem separaten Arbeitsgang, z. B. durch einen Sprühauftrag, mit den Fügeteilen in Kontakt gebracht oder der Auftrag erfolgt quasi gleichzeitig mit dem Flussmittel als Bestandteil des Lotmaterials. Gängige Flussmittel sind aus Metall- und Ammoniumchloriden, aus natürlichen Harzen oder organischen Halogenverbindungen aufgebaut.

Die in der Elektronik üblichen Lötverfahren sind das **Bad-**, **Wellen-** und das **Reflowlöten**. Beim Badlöten werden die Bauteile in ein Lotbad getaucht und anschließend an der geforderten Position aufgesetzt. Das Flussmittel ist dabei oft vorher auf den Anschlussbereichen aufgebracht. Das Wellenlöten ist eine Weiterentwicklung des Badlötens, wobei aus dem Becken mit Weichlot an bestimmten Stellen genau definierte Wellen auftreten, die auf einem Substrat alle jeweils vorbestimmten Stellen mit Lot benetzen. Beim Reflowlöten werden die Bauelemente auf dem Substrat mit einer leicht klebenden Lotpaste befestigt, wobei das Lot zuvor über einen Dispenserauftrag oder eine Siebdruck-Strukturierung aufgetragen wurde. Das Aufschmelzen des Lotes erfolgt im Anschluss daran über Wärmezufuhr, Infrarotstrahlung, heißen Dampf (Kondensationslöten) oder einen Laserstrahl.

5.3 Single-Chip-Packaging

Die klassische Methode für ein Packaging integrierter Schaltungen ist das **Single-Chip-Packaging (SCP)**, bei dem die einzelnen ICs in separaten Gehäusen derart verpackt werden, dass sie anschließend als SMD- oder THT-Bauteil verkauft werden können. Der spätere Einsatz der Schaltung auf einer Flachbaugruppe wird dann durch den Anwender bestimmt. Es gibt eine Vielzahl unterschiedlicher Bauformen und Ausführungen von Single-Chip-Packaging-Konzepten, deren Bezeichnungen manchmal bei sehr ähnlichem Aufbau herstellerabhängig verschieden sind. An dieser Stelle sollen daher nur die gebräuchlichsten Varianten erläutert werden. Für weitere Informationen seien hier [2], [3] und [4] sowie die Packaging-Erläuterungen einiger namhafter Chiphersteller wie beispielsweise [12] und [13] empfohlen.

Generelle Anforderungen an eine Gehäuse- und Anschlussstruktur sind neben einer für die jeweiligen Anwendungen ausreichenden mechanischen, thermischen und elektrischen Stabilität vor allem niedrige Abmaße und geringe Herstellungskosten. Das Packaging sollte nach Möglichkeit nicht der limitierende Faktor der Bauelementeigenschaften sein.

5.3.1 Packages für die THT-Montage: DIP, SIP und PGA

Das **Dual-Inline-Package** ist die älteste Ausführung einer Gehäuseform für die Durchsteckmontage (Through-Hole-Technology, THT). Das gehäuste Bauteil wird durch zwei Reihen von Anschlüssen mit dem Schaltungsträger verbunden. Die Anschlussbeinchen sind dabei in einem 2,54 mm (1,78 mm für **Shrink-DIP, SDIP**) Raster angeordnet. In Abbildung 5.11 ist ein DIP-Gehäuse mit Skizze dargestellt. Als Gehäusematerial wurde ursprünglich Keramik verwendet, heutzutage sind aber mehr als 95 % der DIP-Bauteile mit Kunststoff ummantelt. Das Grundgerüst derartiger Kunststoffgehäuse ist das metallische Lead-Frame, das sowohl als Befestigungsgrundfläche für den Chip als auch für die Führung der Anschlussbeinchen (**Leads**) verwendet wird. Der Chip wird auf den Lead-Frame geklebt, die Kontaktierung des Chips erfolgt über Bondverbindungen zwischen den Leads und den Bondpads (prinzipielle Darstellung der Bondverbindungen zwischen Lead-Frame und Chip in Abbildung 5.3). Anschließend wird der gebondete Chip mit einer Pressmasse vergossen. Den Abschluss bilden das Freistanzen, die Formgebung, die Reinigung und die Oberflächenveredelung der Anschlussbeinchen. Keramische Bauformen sind wesentlich teurer und damit für den Massenmarkt nicht die erste Wahl. Für Nischenanwendungen bei erhöhten Temperaturbelastungen oder hohen Betriebsfrequenzen sind Keramikgehäuse jedoch die bevorzugte Ausführung. Gleiches gilt für sehr kleine Stückzahlen, da für einfache Package-Strukturen die Verwendung von Keramikgehäusen oft flexibler und einfacher ist.

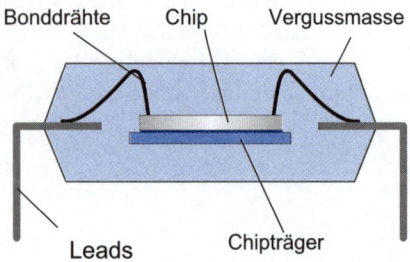

Abbildung 5.11: Dual-Inline-Package.

5.3 Single-Chip-Packaging

Neben dem Dual-Inline-Package ist auch ein **Single-Inline-Package** (**SIP**) üblich. Hierbei erfolgt die Bauteilkontaktierung nur über eine Reihe von Anschlussbeinchen. Im Falle eines erhöhten Kühlbedarfs für das integrierte Bauteil kann der Chip durch eine aus dem Gehäuse herausgeführte Kupferplatte mit einem externen Kühlkörper verbunden werden.

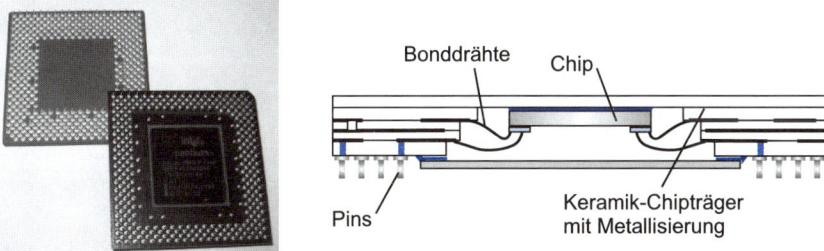

Abbildung 5.12: Staggered Pin Grid Array: auf dem Foto Ausführung aus Keramik (hinten, AMD) und Plastik (vorne, Intel). Rechts prinzipieller Aufbau eines CPGA.

Das **Pin Grid Array** (**PGA**) kann als eine Erweiterung der DIP-Gehäuseform betrachtet werden und ist ebenfalls eine reine THT-Technologie. Die Anschlussbeinchen liegen bei PGAs allerdings nicht ausschließlich in zwei Reihen am Rand, sondern sind großflächig unter dem Gehäuse angebracht. Der Abstand zwischen den Pins beträgt innerhalb des Rasters in der ursprünglichen Ausführung 2,54 mm (1/10 Inch) in jeder Richtung, kann aber für spezielle Anwendungen durch zusätzliche Pins in den Rasterzwischenräumen noch verringert werden. In diesem Fall spricht man von einem **Staggered Pin Grid Array** (**SPGA**).

Klassische Gehäuse von PGAs werden zumeist aus Keramik gefertigt (**Ceramic Pin Grid Array**, **CPGA**), der Chip wird in das Gehäuse eingeklebt. Der Anschluss des Chips erfolgt über Bonddrähte auf die lammellenartig ausgeführte Metallisierungsstruktur im Gehäuse; von dort werden die Signale an die Pins weitergeführt (siehe Abbildung 5.12). Neuere, von der Firma Intel entwickelte Ausführungen verwenden Kunststoffgehäuse (**Plastic Pin Grid Array**, **PPGA**), die sich vor allem durch niedrigere Kosten und bessere thermische Ankopplung an einen Kühlkörper auszeichnen. Zusätzlich kann die innere Kontaktierung zwischen Gehäuse und Chip anstatt durch Bonddrähte mit einem Flip-Chip-Übergang realisiert werden. Diese Technologie bezeichnet man als **Flip-Chip Pin Grid Array** (**FCPGA**).

PGAs werden vor allem für komplexe integrierte Schaltungen mit einer hohen Zahl von Ein- und Ausgängen sowie für Mikroprozessoren verwendet.

5.3.2 Packages für die SMT-Montage: SOP, QFP und BGA

Die einfachsten Ausführungen von SMT-geeigneten Gehäusen sind die **Small-Outline**-Bauformen. Sie entsprechen hinsichtlich des Aufbaus und der bei der Herstellung ablaufenden Prozessabläufe – mit Ausnahme der hier seitlich herausgeführten Leads – den DIP-Gehäusen. Die klassische Form der Beinchen wird als **gull-wing**-Form bezeichnet. Es lässt sich eine Vielzahl von unterschiedlichen Small-Outline-Gehäusetypen unterscheiden, die für spezielle Einsatzgebiete in Bezug auf jeweils notwendige Eigenschaften wie geringe Fläche oder niedrige Höhe optimiert wurden. Das **Shrink Small Outline Package** (**SSOP**) zeichnet sich durch eine kompaktere Bauform und kleinere Abstände zwischen den Anschlussbeinchen aus. Dünne SSOP-Erweiterungen sind das **Thin Small Outline Package** (**TSOP**) und **Thin Shrink Small Outline Package** (**TSSOP**), die vor allem in mobilen Elektronikanwendungen wie Notebooks eingesetzt werden. Die Lead-Abstände liegen hierbei zwischen 0,5 mm und 1,27 mm. Für eine weitere Platzersparnis auf der Flachbaugruppe können die Anschlussbeinchen auch unter den Chip geführt werden. Man spricht dabei von sogenannten **J-Leaded Small Outline Packages** (**SOJ,** Raster 0,8 mm und 1,27 mm).

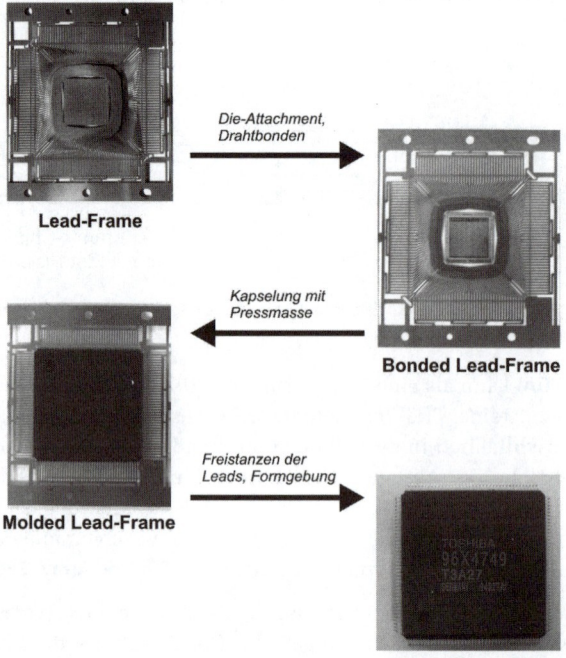

Abbildung 5.13: Packaging-Prozess eines QFP der Firma Toshiba.

Das **Quad Flat Package** (**QFP**) ist ein Package mit rechteckigen Abmessungen und Anschlussbeinchen an allen vier Seiten des Gehäuses. Dieses kann sowohl aus Keramik als auch aus Kunststoff gefertigt werden; in der Praxis kommen für SMT-Anwendungen aber fast ausschließlich Kunststoffausführungen zum Einsatz (**Plastic Quad Flat Package**, **PQFP**). Die Abstände der Anschlüsse liegen zwischen 0,5 mm und 1 mm. Auch bei den QFPs können die Leads unter die Baugruppe gebogen werden, man spricht in diesem Fall von **Quad Flat J-Lead** (**QFJ**).

Wie bei den SO-Bauformen haben sich in der QFP-Familie Bauelemente mit niedriger Dicke oder erhöhten Anschlusszahlen entwickelt, als Beispiele sind hier das **Thin Quad Flat Package** (**TQFP**), das **Ultra Thin Quad Flat Package** (**UTQFP**) und das **Fine Pitch Quad Flat Pack** (**FQFP**) zu nennen. Es lassen sich so Bauelementdicken von 0,7 mm erreichen, die feinsten Raster lassen einen Anschlussabstand von 0,3 mm zu. In Abbildung 5.13 ist die Prozessfolge beim Packaging eines QFPs der Firma Toshiba mit 160 Anschlüssen zu sehen.

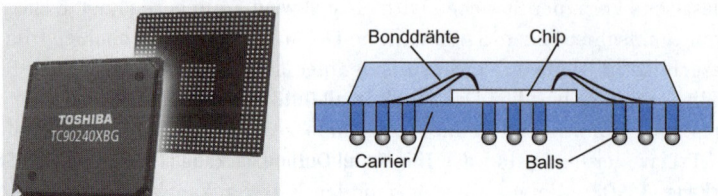

Abbildung 5.14: Ball Grid Array.

5.3 Single-Chip-Packaging

Eine reine SMT-Technologie, welche großflächig die Unterseite von Chipgehäusen für Kontaktanschlüsse nutzt, ist das **Ball Grid Array** (**BGA**). Es ist eine Weiterentwicklung der in THT-Anwendungen eingesetzten PGAs, wobei die Pins durch SMD-kompatible Lot-Bumps ersetzt werden (Abbildung 5.14). BGAs finden vor allem bei hochintegrierten Mikroprozessoren mit einer großen Zahl von Ein- und Ausgängen Anwendung. In der einfachsten Ausführung ist die Kontaktierung an den Chip durch Drahtbonds realisiert, der Träger ist nicht wie beim QFP oder einfachen zweireihigen SMD-Bauformen aus Metall, sondern aus organischen Materialien gefertigt. Die Kontaktierung zwischen den Anschlusspads des Chips und den Anschlüssen am Gehäuse kann wie beim PGA auf mehrere Arten durch Flip-Chip oder Drahtbondverfahren erreicht werden, der Chip kann auf oder unter dem Träger befestigt werden. Typische Ballraster sind z. B. 1 mm oder 1,27 mm (=1/20 Inch), bei Ballabständen unter 1 mm spricht man vom **Fine Pitch Ball Grid Array** (**FPBGA**). Anhand der Kontaktierung zwischen Gehäuse und Chip sowie den unterschiedlichen Möglichkeiten für die Wahl des Gehäusematerials lassen sich verschiedene BGA-Bauformen unterscheiden. Sehr bedeutsam ist das **Tape Ball Grid Array** (**TBGA**). Hierbei wird eine mit Leiterbahnen- und Kontaktstrukturen versehene Polyimid-Folie als Träger verwendet, die Kontaktierung zwischen Tape und Chip erfolgt mithilfe einer Flip-Chip-Kontaktierung.

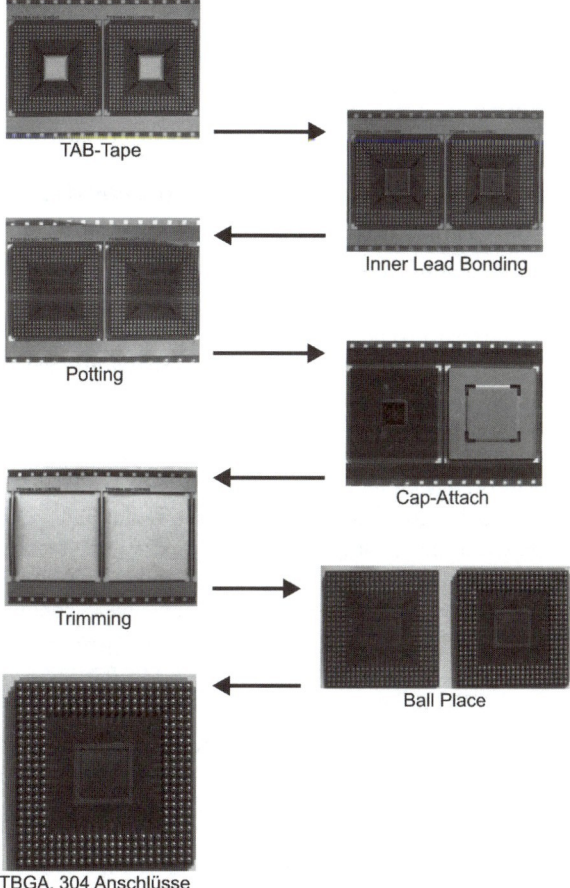

Abbildung 5.15: Packaging eines Tape Ball Grid Arrays (TBGA) der Firma Toshiba.

In Abbildung 5.15 ist der Prozessablauf beim Package eines TBGA anhand von Fotos dargestellt. Zunächst wird der Chip auf dem TAB-Tape aufgebracht, anschließend erfolgt der Auftrag einer Epoxid-Vergussmasse zum Schutz des Chips (**Potting**). Nach der Verkapselung und dem Herauslösen der gehäusten Bauelemente aus dem Tape (**Trimming**) werden die BGA-Lot-Bumps aufgesetzt. Im Anschluss an eine abschließende Reinigung kann das fertig eingehäuste Bauelement getestet werden.

Eine spezielle Form des BGA ist das **Chip Scale Package** (**CSP**). Hierbei darf die Grundfläche des Bauelements nach dem Packaging nur um den Faktor 1,2 größer sein als die Grundfläche des ungehäusten Chips. Eine der zahlreichen Ausführungsformen besteht dabei in einem Flip-Chip-Verbindungsschritt direkt auf dem durchkontaktierten organischen Träger (Abbildung 5.16). Dieser Aufbau wird von vielen Chipherstellern genutzt und – mit fertigungstechnischen Unterschieden – unter verschiedenen Bezeichnungen vertrieben; eine bekannte Ausführung ist der **Slightly larger than an IC Carrier** (**SLICC**, Motorola).

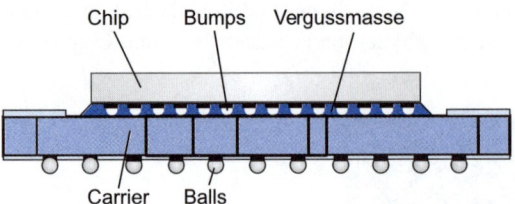

Abbildung 5.16: Mögliche Ausführung eines Chip Scale Package nach [13].

5.3.3 Eigenschaften von Vergussmasse und Lead-Frame in Kunststoffgehäusen

Die Vergussmasse von Schaltungen für ein Kunststoffgehäuse muss neben mechanischer Stabilität und dem Schutz gegen Umwelteinflüsse wie Feuchtigkeit auch geeignete elektrische und thermomechanische Eigenschaften aufweisen. So sind im Bereich der Einsatztemperatur ein an die Schaltungskomponenten angepasster thermischer Ausdehnungskoeffizient und gute elektrische Isolationseigenschaften gewünscht. In den meisten Fällen bestehen die Vergussmassen aus Epoxidharzen oder seltener Silikonen (siehe *Abschnitt 5.2.4 Abschnitt Kleben*) mit verschiedenen Füllstoffen. Für niedrige Temperaturen und hohe Umgebungsfeuchtigkeit werden auch Polyimide oder Polyurethane verwendet [4]. Als Füllstoffe kommen – abhängig vom geplanten Einsatzgebiet und den damit notwenigen Eigenschaften – vor allem Silizium- und Metalloxide sowie reine Metalle wie Silber oder Aluminium zum Einsatz [4], [12]. Die Prozessführung beim Vergießen der Schaltungen ist sehr bedeutend in Hinsicht auf die Lebensdauer der Bauelemente. Lufteinschlüsse, Verunreinigungen, inhomogen verteilte Füllstoffe oder falsche Temperaturprofile beim Aushärten können schnell zur Rissbildung im Gehäuse und zu eindringender Feuchtigkeit führen. Dies wiederum erhöht die Wahrscheinlichkeit eines frühzeitigen Ausfalls des ICs.

Durch das Lead-Frame werden sowohl die Chipfassung und eine Grundstruktur für die Anschluss-Leads bereitgestellt als auch die Möglichkeit zur Wärmeabfuhr gegeben. Als Grundmaterial werden u.a. Nickel-Eisen- und Kupferlegierungen sowie mit Kupfer beschichtete Edelstahlstrukturen eingesetzt. Kupfer wird vor allem aufgrund der guten Wärmeleitfähigkeit verwendet, zur Verbesserung der mechanischen Festigkeit kann beispielsweise Eisen oder Zink beigemischt werden [4].

5.4 Direktmontage: Chip-On-Board

Beim **Chip-On-Board**-Verfahren (**COB**) werden die ICs ohne Gehäuse direkt auf dem Chipträger befestigt. Ein Beispiel dafür ist in Abbildung 5.17 anhand einer Flachbaugruppe aus dem Bereich der Automobilelektronik zu sehen. Dabei wird die Platzersparnis deutlich, die durch Verwendung der COB-Technologie im Vergleich zu einer gleichartigen Schaltung mit einzeln gehäusten Chips erreicht werden kann.

Abbildung 5.17: Vergleich von Single-Chip-Package (a) und Chip-On-Board-Technologie (b) auf einer Flachbaugruppe.

Wie oben bereits erwähnt, sind sowohl für das Packaging von Multi- und Einzel-Chip-Strukturen (Multi-/Single-Chip-Packaging) als auch für COB-Aufbauten drei Methoden der Kontaktierung am weitesten verbreitet: **Chip-and-Wire**, **Tape-Automated-Bonding (TAB)** und die **Flip-Chip**-Technologie. In Abbildung 5.18 sind diese drei Kontaktierungsverfahren für eine COB-Anwendung schematisch veranschaulicht.

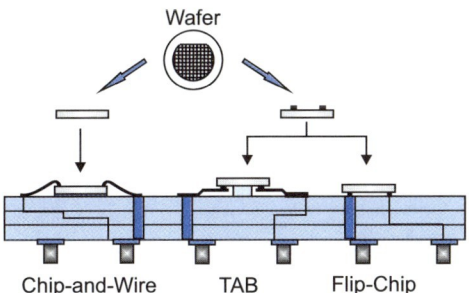

Abbildung 5.18: Direktmontage, nach [3].

5.5 Multi-Chip-Packaging

Unter Multi-Chip-Modulen (MCM) versteht man die Zusammenführung verschiedener ICs auf einem Schaltungsträger in einem Gehäuse. Auf diese Weise lassen sich Gewicht und Abmessungen von Schaltungseinheiten deutlich reduzieren, zusätzlich lassen sich durch kürzere und besser optimierbare Verdrahtungen zwischen den einzelnen Chips die elektrischen Eigenschaften verbessern und Verluste verringern. Integrierte Schaltungen unterschiedlicher Technologiemerkmale (z. B. HF-GaAs-Schaltungen und hochintegrierte Si-Chips) können genauso in einem Gehäuse miteinander kombiniert werden wie digitale und analoge ICs. Nachteilig ist neben einer anspruchsvollen Auslegung eines MCM in Hinsicht auf Wärmeabfuhr und elektromagnetische Verträglichkeit die erhöhte Ausfallwahrscheinlichkeit eines gesamten MCM durch den Ausfall eines einzelnen Chips. Werden in einer Produktionsreihe für ein Multi-Chip-Modul beispielsweise fünf Chips in einem Gehäuse verbaut, so beträgt bei einer Ausbeute von 97,5 % je verbautem IC-Typ die Gesamtausbeute für das Modul nur 88 %.

Abbildung 5.19: Planares Multi-Chip-Modul.

Allgemein kann ein Multi-Chip-Modul als ein hochwertiger und komplexer Hybridbaustein betrachtet werden (siehe *Kapitel 1*). Der Übergang von hybrider Schaltung zu Multi-Chip-Modul ist somit fließend. Je nach Prozess- und Substrattechnologie unterscheidet man dabei drei Arten von Multi-Chip-Modulen: **MCM-L**, **MCM-C** und **MCM-D** [15]. In Abbildung 5.20 sind die unterschiedlichen Varianten der MCM-Träger veranschaulicht.

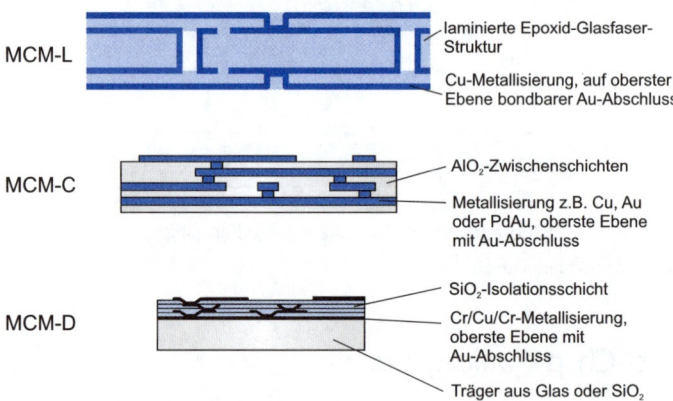

Abbildung 5.20: Einteilung planarer Multi-Chip-Module.

Die MCM-L Technologie stellt die kostengünstigste Ausführung dar und basiert auf klassischen mehrlagigen (**laminated**) Leiterplattentechnologien, bei denen die Metallisierungen mit Kupferfolien zwischen dem Trägermaterial realisiert werden. Durch Verwendung herkömmlicher organischer Substratmaterialien ergeben sich aber Probleme in Hinsicht auf Unterschiede in den thermischen Ausdehnungskoeffizienten zwischen Chip und Schaltungsträger, zusätzlich sind die thermische Wärmeleitfähigkeit und die dielektrischen Eigenschaften des Substrats relativ schlecht.

5.5 Multi-Chip-Packaging

Bei MCM-C Ausführungen sind die Chipträger durch mehrschichtige Substrate auf Al$_2$O$_3$- oder AlN-Basis realisiert. Die Substratherstellung erfolgt dabei mithilfe von Multilayer-Dickschichttechnologien (siehe *Kapitel 1*) oder **Cofired-Ceramic**-Prozessen. Durch Verwendung von derartigen Substratausführungen kann die Packungsdichte des Moduls gesteigert werden, zusätzlich wird der „mismatch" zwischen den thermischen Ausdehnungskoeffizienten von Substrat und Chip verringert und es erhöht sich die Robustheit des ganzen Moduls.

Die hochwertigste und teuerste Ausführung von Multi-Chip-Modulen besteht in der MCM-D Realisierung. Die Metallisierungen und Passivierungsschichten werden hierbei mithilfe von Dünnschichtprozessen wie beispielsweise Sputterverfahren (siehe *Kapitel 4*) auf oxidierten Silizium-Substraten oder Keramiken abgeschieden. Auf diese Weise können Leiterbreiten von 15 µm bei einem Leiterbahnabstand von 25 µm realisiert werden [1].

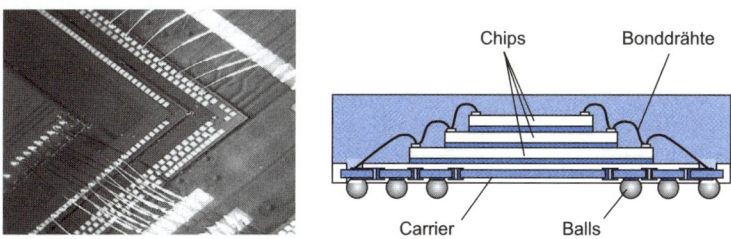

Abbildung 5.21: Stacked-Die-Multi-Chip-Package (Foto: Fujitsu Inc., Prinzipskizze nach [13]).

Neben der Multi-Chip-Realisierung auf einem Schaltungsträger in zwei Dimensionen gewinnt zunehmend das sogenannte **3-D-Packaging** an Bedeutung. Die integrierten Schaltkreise werden hierbei nicht mehr ausschließlich nebeneinander, sondern auch übereinander in einem Gehäuse miteinander verschaltet. Zudem gibt es erste Ausführungen, in denen die Chips an unterschiedlichen Flächen eines Gehäuses angebracht sind.

Es gibt heute eine Vielzahl unterschiedlicher Ausführungsformen von Multi-Chip-Packages, bei denen nahezu alle Möglichkeiten des Verschaltens von neben- und übereinander angeordneten Chips genutzt werden. Am weitesten verbreitet sind die Ausführungen mit direkt gestapelten Chips (**Stacked-Die Package**) in einem Gehäuse. In Abbildung 5.21 ist ein derartiges dreifach gestapeltes und über Drahtbondverbindungen kontaktiertes Stacked-Die-MCP zu sehen.

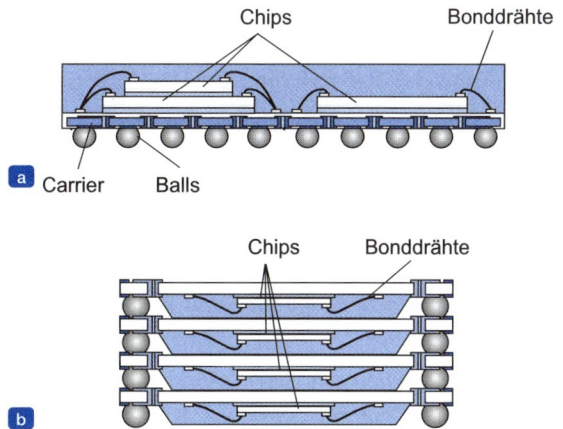

Abbildung 5.22: Ausführungen von Stacked-Multi-Chip-Packages (nach [13]).

Eine andere Variante ist das **Package-on-Package Stacking**, bei dem mehrere ICs mit Gehäuse gestapelt und verschaltet werden (Abbildung 5.22b, nach [2] und [13]). Eine weitere Möglichkeit ist die Kombination von neben- und übereinander angeordneten Chipstrukturen in einem Gehäuse (Abbildung 5.22, [13]).

In den vergangenen Jahren ist der Bereich des 3-D-Packaging verstärkt in den Fokus von breiten Forschungsaktivitäten getreten, da durch die Steigerung der Packungsdichte in allen drei Dimensionen weitere Fortschritte in Hinsicht auf Platzersparnis und verbesserte elektrische Eigenschaften erwartet werden.

Zusammenfassung

Der Großteil der gefertigten integrierten Schaltungen wird als Single-Chip-Package für eine weitere Verwendung als SMD- oder THT-Bauteil für die Platinenbestückung verwendet. Daneben erlangen Konzepte, bei denen die Chips direkt auf dem Schaltungsträger aufgesetzt werden (Chip-On-Board) oder eine Zusammenfassung mehrerer ICs in einem Gehäuse erfolgt (Multi-Chip-Module), zunehmend an Bedeutung.

Für die Kontaktierung von integrierten Schaltungen sind das Drahtbonden und die Flip-Chip-Technologie am weitesten verbreitet, wobei der Chip im Falle einer Bondkontaktierung meistens auf den Schaltungsträger geklebt wird.

Literatur

[1] W. Scheel (Hrsg.): *Baugruppentechnologie der Elektronik – Montage*; Verlag Technik, Berlin, 2. Auflage, 1999.

[2] W. J. Greig: *Integrated Circuit Packaging, Assembly and Interconnections*; Springer-Verlag, New York, 2007.

[3] M. Pecht: *Integrated Circuit, Hybrid and Multichip Module Package Design Guidelines*; John Wiley & Sons, 1994.

[4] R. R. Tummala, E. J. Rymaszewski, A. G. Klopfenstein: *Microelectronics Packaging Handbook – Semiconductor Packaging*; Kluwer Academic Publ., 2. Auflage, 1997.

[5] E. Zschech: *Bondkontakte*; Akademie-Verlag, Berlin, 1990.

[6] S. K. Prasad: *Advanced Wirebond Interconnection Technology*; Springer-Verlag Netherlands, 2004.

[7] R. W. Johnson et al.: *Packaging Materials and Approaches for High Temperature SiC Power Devices*; Advancing Microelectronics, 2004.

[8] D. D. Evans: *Geometry and Bond Improvements for Wire Ball Bonding and Ball Bumping*; IMAPS 2006.

[9] A. Mistry et al.: *Performance of Evaporated and Plated Bumps on Organic Substrates*, IEEE/CPMT 1998.

[10] G. Habenicht: *Kleben – Grundlagen, Technologien, Anwendungen*; Springer-Verlag, Berlin, Heidelberg, 6. Auflage, 2009.

[11] H. J. Fahrenwaldt, V. Schuler: *Praxiswissen Schweißtechnik*; Friedr. Vieweg & Sohn, 2. Auflage, 2006.

[12] Intel Inc.: *Intel Packaging Information*; Packaging Databook, 1999.

[13] Fujitsu Inc.: *ASIC Packaging*, Packaging Databook, 2002.

[14] J. Müller: *Integrationspotential durch den Einsatz von Chip Scale Packages*; IMAPS 2000, München.

[15] N. A. Blum, H. K. Charles, A. S. Francomacaro: *Multichip Module Substrates*; Johns Hopkins Apl. Technical Digest, Vol. 20, No. 1, 1999.

[16] T. A. Hazeldine: *Back-Lapping Semiconductor Wafers*; ULTRA TEC Manufacturing, Inc. Application Note, 2001.

Defektmechanismen und Teststrategien

6.1 Ausfallmechanismen und Defekte in integrierten Schaltungen 230

6.2 Teststrategien für integrierte Schaltungen 233

6.3 Test digitaler Schaltungen 235

6.4 Test analoger Schaltungen 238

6.5 Test eines analogen ASICs 238

6 Defektmechanismen und Teststrategien

Einleitung

>> Für die wirtschaftliche Herstellung von integrierten Schaltungen und für einen zuverlässigen Betrieb der Bauteile sind geeignete Testabläufe und eine möglichst effiziente Qualitätskontrolle unverzichtbar. Daher sollen die Grundprinzipien der Testprozesse für analoge und digitale integrierte Schaltungen in diesem Kapitel kurz betrachtet werden. Dafür werden im Folgenden nach einer allgemeinen Einführung zunächst die häufigsten Defektmechanismen in integrierten Schaltungen erläutert. Der sich anschließenden Vorstellung einiger allgemeiner Grundzüge von Teststrategien folgt ein Überblick über Fehlermodelle und Testmustererzeugung für den Test digitaler integrierter Schaltungen. Das Kapitel schließt mit einer ausführlichen und praxisnahen Darstellung einer Testprozedur für einen analogen ASIC anhand einer einfachen Verstärkerschaltung. <<

LERNZIELE

- Defektmechanismen in integrierten Schaltungen
- Grundlagen des Tests integrierter Schaltungen
- Testabläufe in digitalen Schaltungen
- Testabläufe für analoge Schaltungen
- Electrical Test Specification

In der Literatur werden der Erörterung von Begriffen wie Qualität, Defekt und Fehler auch jenseits der in Normen festgehaltenen Definitionen sehr umfangreiche Beschreibungen zuteil. Um Missverständnisse zu vermeiden, werden im Folgenden unter **Defekten** die physikalischen Quellen von Funktionsstörungen in integrierten Schaltungen verstanden; ein **Fehler** ist die aus einem Defekt oder mehreren Defekten resultierende messbare Fehlfunktion der Schaltung. Der Begriff **Qualität** ist am besten als Maß für die „exakte Erfüllung der Anforderungen" eines integrierten Bausteines [2] beschreibbar.

Für integrierte Schaltungen kann der Qualitätsbegriff nach [1] zweckmäßig in vier Bereiche unterteilt werden: Entwurfsqualität, Fertigungsqualität, Auslieferungsqualität und Betriebsqualität. Durch diese Einteilung ist eine Beurteilung der Güte in den Kernbereichen Entwurf, Herstellung, Test und Betrieb möglich.

Die **Entwurfsqualität** ist dabei als Maß für die Tauglichkeit des Designs der Schaltung zu verstehen. Dabei finden sowohl der für die jeweilige Anwendung gewählte Prozess als auch schaltungsspezifische Besonderheiten Berücksichtigung. Fehler im Design sind vor allem in komplexen Schaltungen bei fortgeschrittenem Entwicklungsstadium nur mit sehr hohem Kostenaufwand zu beheben.

Die **Fertigungsqualität** beschreibt die Güte der technologischen Abläufe bei der Herstellung der integrierten Bauteile. Alle fertigungsbedingten Fehler oder Defekte in den Ausgangsmaterialien reduzieren die zu erwartende Qualität des Endprodukts. Die Fertigungsqualität wird auch durch den Technologieprozess und die damit verbundenen Design-Rules bestimmt, an dieser Stelle sind Fertigungs- und Entwurfsqualität miteinander verknüpft.

Eine hohe **Auslieferungsqualität** ist ein Maß für die gute Wirksamkeit von Testmechanismen während und nach der Produktion. Ziel ist es, alle fehlerhaften Bauteile vor der Auslieferung zu erkennen. Dabei sollen nach Möglichkeit auch alle Schaltungen aussortiert werden, die trotz Erfüllung der Grundfunktionen nach kurzer Betriebsdauer im Einsatz ausfallen. Für diesen Zweck sind zweckmäßige testbare Schaltungsdesigns gepaart mit geeigneten Test- und Fehlermodellen notwendig.

Die **Betriebsqualität** beschreibt die Widerstandsfähigkeit von integrierten Bausteinen gegen Betriebsfehler. Dabei sind das jeweilige Einsatzgebiet und die im Design vorgesehenen Toleranzen für die Betriebsgrößen entscheidend.

Sofern ein Design getestet und erprobt worden ist, entstehen die qualitätsmindernden Defekte fast durchweg aus Fehlern in der Produktion. Ohne auf konkrete Fehlermodelle oder Defektmechanismen einzugehen, soll an dieser Stelle ein verbreitetes Modell zur Ausfallrate von Bauelementen der Mikroelektronik als Maß für die Fertigungsqualität kurz umrissen werden. Fast jeder charakteristische Fehlerfall wie der Ausfall einer Metallisierung oder Isolationsschicht, verursacht durch Elektromigration oder Diffusion, kann über eine Modellbildung durch Verteilungsfunktionen beschrieben werden. Die bedeutendsten Funktionen sind die Weibull-Funktion sowie Normal- und Exponentialverteilung. Eine wichtige Größe für die Beschreibung von Ausfallmechanismen in elektronischen Systemen ist dabei die mittlere Ausfallrate λ, welche den relativen Anteil von fehlerbehafteten Bauteilen pro Zeiteinheit (z. B. %/h) beschreibt. Für die in der Praxis häufig verwendete Weibull-Verteilung ergibt sich die Ausfallrate zu:

$$\lambda(t) = \frac{a}{\eta^a} t^{a-1}, t \geq 0 \tag{6.1}$$

Dieser Ausdruck ist mit t zeitabhängig und kann über die Parameter η und a an die Rahmenbedingungen angepasst werden [12]. Auf diese Weise kann der Zusammenhang zwischen Einsatzdauer und Ausfallrate sehr anschaulich mit der sogenannten Badewannenkurve in Abbildung 6.1 beschrieben werden. Dabei werden drei Bereiche in der Kurve unterschieden. Der erste Abschnitt beschreibt die Ausfallrate der Bauelemente direkt nach der Herstellung. Ziel jeder Qualitätskontrolle muss es sein, möglichst alle derartigen **Frühausfälle** zu identifizieren und so entfernen zu können. Im zweiten Bereich ist die Ausfallrate über einen relativ langen Zeitraum auf recht niedrigem Niveau nahezu konstant; sie steigt erst wieder, wenn alterungsbedingte Ausfallmechanismen wie Korrosion oder Elektromigration zu wirken beginnen. Dies ist im dritten Bereich der Kurve dargestellt. Durch Erhöhung der Belastung (thermisch, mechanisch, elektrisch) wird die Ausfallrate ebenfalls erhöht, dies ist in Abbildung 6.1 durch die gestrichelte Linie veranschaulicht.

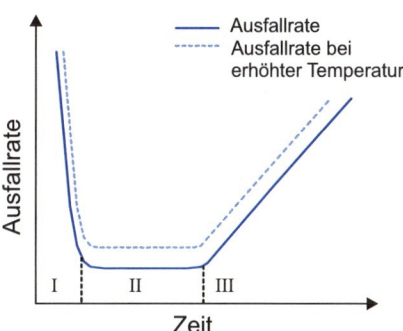

Abbildung 6.1: Badewannenkurve.

6.1 Ausfallmechanismen und Defekte in integrierten Schaltungen

Bei der Herstellung integrierter Bauteile kommt es unweigerlich zu Defekten, die wiederum zu Fehlern oder dem Ausfall einer Baugruppe führen können. Neben Herstellungsdefekten auf dem Chip selber beruht ein Großteil der Ausfälle auf dem Versagen der Verbindungstechnik. Die möglichen Ursachen für den Ausfall von z. B. Bonddrähten (schwache Bonds, Bildung intermetallischer Phasen) oder Verspannungen innerhalb von Baugruppen sind in *Kapitel 5* bereits erläutert worden und finden daher an dieser Stelle keine weitere Beachtung. Das Hauptaugenmerk liegt auf Defektmechanismen während der Herstellung der eigentlichen Chipstruktur.

Abbildung 6.2: Kurzschluss durch unvollständiges Ätzen.

Allgemein unterscheidet man zwischen **punktuellen** (**lokalen**) und **globalen Defekten**. Bei globalen Defekten handelt es sich um großflächige Störungen wie Kratzer auf dem Chip, Substratdefekte, falsch justierte Masken oder ganzflächig falsch gewählte Prozessparameter (Dicke von Metallisierungen etc.). Derartige Defekte können zumeist verhältnismäßig leicht über elektrische Tests oder eine optische Analyse identifiziert werden.

Punktuelle Defekte betreffen nur kleine Strukturen und Bereiche von einzelnen oder wenigen Bauelementen. Als Resultat ergibt sich immer auf kleinster Fläche ein Überschuss oder Mangel eines Materials, wodurch entweder Kurzschlüsse oder offene Verbindungen entstehen.

Ein klassischer Ausfallmechanismus ist somit der **Kurzschluss** (**Short**) zwischen zwei Leiterstrukturen. Generell kann dieser durch überschüssiges leitfähiges Material oder aber durch fehlende Isolation entstehen. Als Ursache kommen mehrere Technologieschritte infrage [4]. Der einfachste Defekt ist dabei ein leitendes **Partikel** über zwei oder mehr Leiterbahnen. Durch nachfolgende Prozessschritte kann es zu einer Fixierung des vorher losen Teilchens und damit zu einem dauerhaften Kurzschluss kommen. Ein anderer Defektmechanismus ist **fehlerhaftes Ätzen**. So kann es bei der Strukturierung einer Metallisierungsstruktur zum unvollständigen Abtrag des Metalls kommen, wodurch wiederum ein Kurzschluss entsteht (Abbildung 6.2). Durch feine Löcher im Gate-Oxid oder in SiO_2-Isolationsschichten, sogenannten **Pinholes**, ist ebenfalls eine Kurzschlussausbildung möglich. Der eigentliche Fehler tritt dabei allerdings oft erst als Frühausfall im Betrieb auf. Wenn z. B. eine Aluminium-Leiterbahn durch ein fehlerhaftes Oxid mit dem Silizium-Substrat in Kontakt kommt, wirkt dieser Aufbau zunächst als Schottky-Kontakt, der – in Sperrrichtung betrieben – nicht detektiert wird. Durch Erwärmung bildet sich allerdings ein klassischer ohmscher Kontakt aus, der letztlich zu einem fatalen Kurzschluss führt. Durch geeignete Testverfahren müssen derartig defektbehaftete Bauteile vor der Auslieferung erkannt werden.

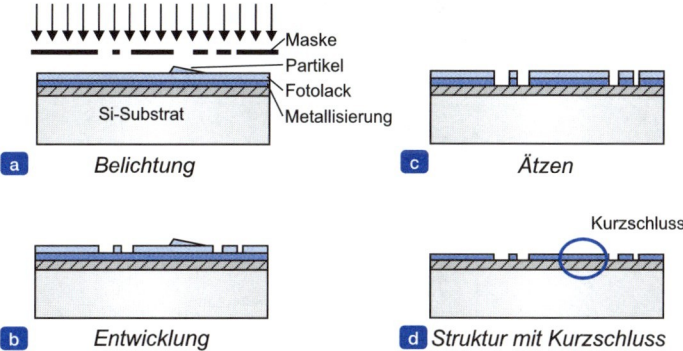

Abbildung 6.3: Lithografiefehler.

Direkt einsichtig ist die Gefahr eines Kurzschlusses durch einen **Riss im Isolationsmaterial**, wodurch aktive Bereiche nicht mehr elektrisch voneinander getrennt sind. Durch Verunreinigungen oder falsche Maskenjustierung kann es zu **Lithografiefehlern** kommen. So ist es möglich, dass bei einem Lithografieschritt der positive Fotoresist durch eine Verunreinigung nicht belichtet und somit vor dem Ätzen nicht entwickelt und abgelöst wird. Dadurch bleiben ungewunschte Bereiche metallisiert (Abbildung 6.3).

Abbildung 6.4: Offene Verbindungen durch Ätzfehler.

Eine andere Gruppe von klassischen Ausfallmechanismen sind **offene Verbindungen** (**opens**), d. h. Bereiche, in denen leitende Strukturen unterbrochen sind. Einige Defektmechanismen entsprechen den bereits beim Kurzschluss erwähnten Vorgängen. So kann der **Einbau eines isolierenden Partikels** in eine leitende Struktur zur Leitungsunterbrechung führen; **Lithografiefehler** durch Verunreinigungen können invers zum Ablauf in Abbildung 6.3 ein fehlerhaftes Entfernen einer Metallisierung zur Folge haben.

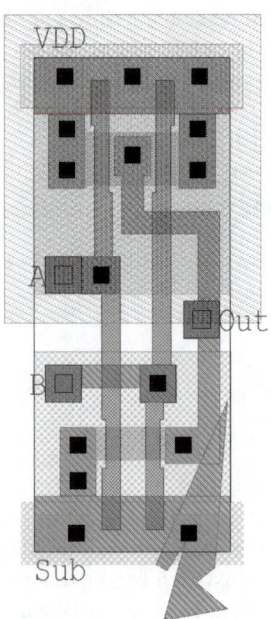

Abbildung 6.5: Darstellung eines Kurzschlusses im Design.

Auch **Ätzfehler** führen bei unvollständiger Entfernung von Isolationsschichten oder bei zu großem Abtrag von Leiterstrukturen zu leerlaufenden Leiterbahnen (Abbildung 6.4). Aufgrund von **Elektromigration** können nach längerem Betrieb Risse in Leiterbahnen entstehen: In Abhängigkeit der vorherrschenden Strom- und Feldstärken, der Temperatur und den Diffusionskoeffizienten bzw. Aktivierungsenergien der verwendeten Metalle kann es zur Materialwanderung innerhalb einer Leiterbahn kommen, wodurch an einzelnen Stellen die leitende Verbindung unzulässig stark verdünnt wird (siehe *Kapitel 4*). Bei der Verbindung zweier Metallebenen über Vias kann es zu ungenügender Auffüllung kommen, wodurch die Durchkontaktierung unterbrochen ist. Zusätzlich besteht die Möglichkeit, dass Kontaktöffnungen vor dem Metallauftrag nicht ausreichend freigeätzt werden, sodass auch nach dem Metallauftrag die Vias durch isolierendes Material verstopft sind. Man spricht im Allgemeinen von **Kontaktausfällen**.

In Abbildung 6.5 ist ein Kurzschluss als Fehler im Layout verdeutlicht. Jeder der oben erläuterten Defekte lässt sich als unbeabsichtigte Veränderung des Layouts beschreiben [8], wodurch sich eine andere zugehörige Netzliste der Schaltung ergibt. So lässt sich veranschaulichen, wie durch Simulation der wahrscheinlichen Kurzschlussvarianten prinzipiell ein später verwertbares Fehlerprofil erstellt werden kann, das im Test einen Rückschluss auf den Fehlerfall erlaubt (siehe *Abschnitt 6.3*).

Neben den „klassischen" Defekten, die sich durch Kurzschlüsse oder Unterbrechungen äußern, sind aufgrund der fortschreitenden Integration (**Scaling**) zusätzliche Probleme aufgetreten. Bei Kanallängen unter 100 *nm* bekommen die Nicht-Idealitäten der Elektronik einen größeren Einfluss, wodurch die Designer vor neue Herausforderungen gestellt werden. Auch ohne fatalen Defektmechanismus, der konkrete Fehlfunktionen zur Folge hat, kommt es durch Abweichungen der Schaltung vom Idealverhalten letztlich zu einem unerwünschten

Gesamtverhalten. Man spricht dann von parametrischen Fehlern (**parametric failures**). Diese können von einer Verlangsamung der Schaltung und höherem Rauschen bis hin zum Ausfall des Chips in einem breiten Band von Fehlfunktionen resultieren. Parametrische Fehler unterteilt man in **intrinsische** und **extrinsische** Fehler [3].

Extrinsischen parametrischen Fehlern liegen scheinbar unbedeutende Fehlfunktionen zugrunde, die zwar nicht den Ausfall eines Bauelementes zur Folge haben, aber doch die Eigenschaften ändern. Ein Beispiel ist ein durch qualitativ schlechte Schichtstrukturen ausgelöster zu hoher Widerstand an Vias oder an Übergängen zwischen verschiedenen Metallisierungsschichten. Zudem können die Schichten zu hohe temperaturabhängige Schwankungen im Widerstand aufweisen, wodurch sich letztlich Chipeigenschaften wie die Geschwindigkeit unzulässig mit der Temperatur verändern.

Intrinsische parametrische Fehler lassen sich auf eine „unglückliche" Verknüpfung mehrerer statistisch möglicher Abweichungen von den jeweiligen Idealparametern der Schaltungskomponenten zurückführen. Ursachen können eine kleine Veränderung der effektiven Kanallänge von sehr feinen Transistorstrukturen, eine Variation der Threshold-Spannung V_{Th} durch inhomogen dotierte Bereiche, Schwankungen in der Versorgungsspannung oder die kapazitive Beeinflussung zwischen einzelnen Leiterbahnen (**Cross-Talk**) sein. Dabei liegen die Abweichungen prinzipiell im erlaubten Toleranzbereich der Herstellungs- und Design-Richtlinien, ergeben aber in Kombination unerwünschte Zustände. Dies bedeutet, dass eine prinzipiell defektfreie Schaltung fehlerhaft funktionieren kann. Die Identifikation derartiger Mechanismen ist sehr problematisch und zeigt deutlich, dass eine fortschreitende Integration enorme Anforderungen an neue Testmechanismen stellt; die klassischen Vorstellungen von Fehlfunktionen verlieren zum Teil ihre Gültigkeit.

6.2 Teststrategien für integrierte Schaltungen

Die Ermittlung einer geeigneten Prüf- und Teststrategie für die Qualitätskontrolle der zu fertigenden Bauelemente ist ein wesentlicher Bestandteil der IC-Entwicklung. Generell lassen sich zwei Hauptgruppen von Testverfahren unterscheiden, und es muss von Fall zu Fall entschieden werden, welches Verfahren für die jeweilige Anwendung am besten geeignet ist bzw. ob eine Kombination der Verfahren sinnvoll ist. Es wird zwischen dem **funktionalen** und dem **strukturellen** Test unterschieden.

6.2.1 Funktionaler Test

Beim funktionalen Test wird als Vergleich die funktionale Spezifikation zugrunde gelegt. Der Schaltkreis ist in Ordnung, wenn alle Funktionen der Spezifikation entsprechend ausgeführt werden. Bei sehr komplexen Schaltungen, aber überschaubaren Funktionen (z. B. bei hochgenauen Verstärkern oder Analog-Digital-Wandlern) werden oft funktionale Tests angewendet. Damit der Schaltkreis möglichst unter den Bedingungen der späteren Anwendung getestet werden kann, wird als Testbeschaltung in der Regel ein entsprechender Aufbau gewählt.

Da der Chip beim Funktionaltest für alle vorgesehenen Zustände getestet wird, ist der Testaufwand für umfangreiche hochintegrierte digitale Bauelemente sehr aufwendig. So kann eine Schaltung mit n Eingängen 2^n Zustände annehmen – was nur für sehr übersichtliche Strukturen im Verhältnis zu den Kosten steht.

6.2.2 Struktureller Test

Der Strukturtest beschränkt sich im Gegensatz zum umfassenden funktionalen Test auf speziell ausgewählte Testvektoren und -eingangsgrößen, die mit einer hohen Wahrscheinlichkeit bestimmte Fehlergruppen erkennbar machen sollen. Grundlage für die Auswertung derartiger Tests und die Erstellung der Testvektoren sind geeignete Fehlermodelle. Dabei sind vor allem bei digitalen Schaltungen weniger die oben beschriebenen Defekte und Defektmodelle von Bedeutung, als vielmehr die Modellierung der Fehler auf logischer Ebene oder anderen Abstraktionsniveaus des Layouts digitaler Schaltungen.

In den meisten Fällen sind strukturelle Tests für die Praxis vollkommen ausreichend bzw. aufgrund der Komplexität der Schaltung die einzige Möglichkeit eines ökonomisch vertretbaren Testverfahrens. Für analoge integrierte Schaltungen reichen im einfachsten Fall schon reine DC-Tests aus, welche jeweils Zeiten im Millisekundenbereich erfordern. Auch die Testaufbauten können mit sehr viel weniger externer Beschaltung ausgeführt werden als die Aufbauten bei funktionalen Tests.

Eine wichtige Voraussetzung für die Anwendung dieser Testmethode ist jedoch, dass das **Design** selbst während der Qualifikationsphase sorgfältig auf die Einhaltung der geforderten Funktionen überprüft wurde. Dazu werden IC-Prototypen einem ausführlichen Test unterzogen. Sofern alle Anforderungen erfüllt sind, kann für die Produktion der strukturelle Test angewendet werden (siehe *Abschnitt 6.2.3*).

6.2.3 Testabläufe

Das Design und der Test integrierter Schaltungen sind bei modernen Schaltungsstrukturen fest miteinander verknüpft. Für die jeweiligen Arbeitsgänge und Prozessabschnitte beim Design und der Produktion unterscheidet man unterschiedliche Testmechanismen [9].

Während des Design-Prozesses dient die **Simulation** der Schaltung bzw. der aus dem Layout generierten Schaltungsdaten der Verifikation des erstellten Designs (siehe *Kapitel 8–18*).

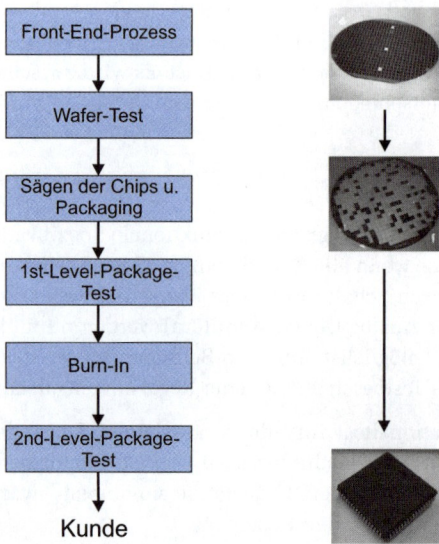

Abbildung 6.6: Prinzipieller Ablauf eines Produktionstests (nach [9]).

Bevor die eigentliche Produktion einer Schaltung beginnt, werden zunächst einige Prototypen und kostengünstige Testmuster gefertigt. Diese werden einerseits auf die jeweiligen **Grundfunktionen** getestet, andererseits auch ausführlichen **Parametertests** unterzogen. Die Testresultate werden anschließend mit den Simulationsergebnissen verglichen; gegebenenfalls können nun noch Änderungen am Design vorgenommen werden.

Der **Produktionstest** dient zur Überprüfung jeder einzelnen Chipstruktur nach der Fabrikation. Mit unterschiedlichen, möglichst zeitsparenden und kostengünstigen Methoden müssen alle fehlerhaften Chips identifiziert und ausgesondert werden. In Abbildung 6.6 ist ein vereinfachtes Flussdiagramm zum Ablauf des Produktionstests dargestellt. Die Wafer-Level-Tests sind sehr vielseitig. Zum einen werden auf jedem Wafer spezielle Teststrukturen erstellt, mit denen sich die Eigenschaften der erzeugten Schichten direkt messen lassen (spezifischer Widerstand, Stromverstärkung der Transistoren etc.). Zum anderen können – abhängig von Art und Komplexität des Bauelements – Parameter-, Funktional- und Strukturtests für die gesamte Schaltung oder ausgewählte Strukturen erfolgen. Alle Chips, die diese Testreihen bestehen, werden kontaktiert und den Anforderungen entsprechend z. B. als Single-Chip-Package mit einem Gehäuse versehen. Diese fertigen Bauelemente werden nach dem Packaging wiederum kontrolliert. Bei Kundenwunsch oder höheren Anforderungen folgt anschließend das **Burn-in**, bei dem der IC für mehrere Stunden an Temperaturen nahe der Toleranzgrenze ausgetestet wird (z. B. 24 Stunden bei 125 °C, [9]). Dadurch sollen Ausfallmechanismen beschleunigt werden, um so Frühausfälle während des Betriebs zu vermeiden (siehe Badewannenkurve in Abbildung 6.1). Den Abschluss bildet eine weitere Endkontrolle des einsatzbereiten Bauelementes. Sofern eine Schaltung den Produktionstest nicht besteht, wird eine Fehleranalyse durchgeführt. Dabei gibt das Testresultat selber oft bereits Auskunft über den Fehlerfall.

6.3 Test digitaler Schaltungen

Um eine digitale Schaltung beim Produktionstest erfolgreich testen und analysieren zu können, müssen einige Problemstellungen vorab berücksichtigt werden. Wie oben bereits erläutert, stellt ein funktionaler Test bei komplexen integrierten Schaltungen mit vielen Ein- und Ausgängen ein extrem aufwendiges und zeitraubendes Unterfangen dar. Deshalb erfolgt der Test der meisten digitalen ICs über strukturelle Testverfahren. Dabei sollen spezielle modellierbare Fehlergruppen in der Schaltung über angepasste Eingangsgrößen möglichst effizient ermittelt werden. Die Suche nach dem am besten geeigneten Testmuster sowie dem Entwurf von möglichst einfach zu testenden Schaltungen ist hierbei die große Herausforderung für Testingenieure und Schaltungsdesigner. Vor allem bei hochintegrierten Bauelementen wird ein Strukturtest dadurch erschwert, dass mehreren Millionen Bauelementen einigen Hundert Anschlusspads gegenüberstehen.

Die eigentliche Testprozedur erfolgt mithilfe von Testautomaten (**ATE, Automatic Test Equipment,** siehe auch *Abschnitt 6.5.1*) über Nadelkarten (für den Wafer-Test) und vorgefertigte Anschlussaufbauten (für den Final- oder Package-Test, siehe *Abschnitt 6.5.1*). In Abbildung 6.7 ist das vereinfachte Schema eines derartigen Testaufbaus für digitale ICs skizziert. Die Anregung besteht dabei aus einem Satz von binären Werten (**Testvektor**), der zusammen mit den zu erwartenden Ausgangswerten das **Testmuster** (**test pattern**) ergibt. Um einen Strukturtest durchführen zu können, müssen Fehlermodelle aufgestellt werden, auf deren Basis geeignete Testmuster ermittelt werden können.

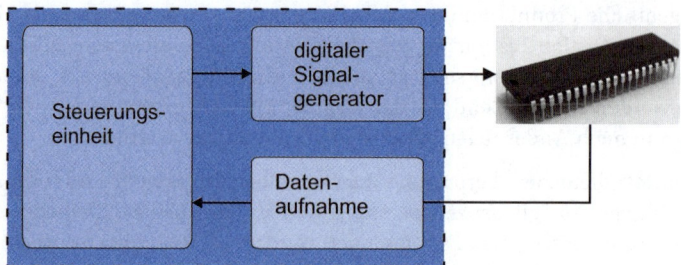

Abbildung 6.7: Prinzipieller Testaufbau für digitale Schaltungen (nach [9]).

In *Abschnitt 6.4* werden vergleichbare Aufbauten für den Test analoger Schaltungen noch einmal detailliert beschrieben.

6.3.1 Fehlermodelle und Testmustererzeugung

Fehler in integrierten Schaltkreisen lassen sich auf mehreren Ebenen des Schaltungsdesigns beschreiben, sowohl auf der Layout- als auch auf der Transistor- oder der logischen Ebene. Die eigentliche Ursache für die Abweichung vom Sollwert ist aber natürlich, unabhängig von der Betrachtungsweise, in allen Fällen der jeweilige physikalische Defekt.

Auf der logischen Ebene sind der **Stuck-At-Fault**, der **Bridging-Fault** und der **Delay-Fault** häufig verwendete Fehlermodelle [9]. Beim Stuck-At-Fault (**SAF, Haftfehler**) ändert sich, unabhängig vom Steuerungssignal, der logische Zustand eines Knotens in der Schaltung nicht, sondern haftet fehlerhaft an einem Wert. Man unterscheidet nach den beiden möglichen Zuständen **stuck-at-logic-0** und **stuck-at-logic-1**. Das Modell ist dabei von der eingesetzten Technologie und Schaltungsfamilie abhängig und kann für Bipolar- und CMOS-Realisierungen unterschiedlich sein [14]. Als Ursache sind sowohl Kurzschlüsse als auch Leitungsunterbrechungen möglich. Beim Bridging-Fault sind mindestens zwei Knoten miteinander kurzgeschlossen (siehe Abbildung 6.5). Der Delay-Fault verursacht keinen logischen Fehler, sondern eine zeitliche Verzögerung des Ausgangssignals. Dies kann z. B. durch zu hohe Widerstandswerte von Leiterbahnen und Vias oder fehlerhaften Ausdehnungen dotierter Silizium-Bereiche verursacht werden.

Ein spezieller Fehlertyp ist der **Stuck-Open**, bei dem durch einen fehlerhaften Transistor oder eine fehlerhafte Zuleitung ein Transistorschalter nicht mehr öffnet bzw. schließt. Dabei kann ein Schaltnetz das Verhalten eines Schaltwerkes annehmen, das Haftfehlermodell lässt sich nicht mehr direkt anwenden.

Die Identifikation des I_{DDQ}-**Fehlers** erfolgt durch Überprüfung der Stromversorgung des Chips (Ruhestromtest) als Parametertest. Starke Schwankungen des Versorgungsstromes I_{DDQ} während des Betriebes der Schaltung weisen auf Defekte in der Schaltung hin. Obwohl dieser Test derzeit ein Standardtestverfahren in der IC-Fertigung ist, nimmt die Zuverlässigkeit dieses Tests für sehr hochintegrierte Schaltungen ab, wodurch in Zukunft Erweiterungen erforderlich werden [10].

Ein Strukturtest für Schaltnetze besteht im Allgemeinen aus einem möglichst effizienten Vergleich von Soll- und Istwerten, wobei die Anzahl der im Produktionstest verwendeten Testvektoren deutlich kleiner sein sollte als die Summe aller möglichen Eingangszustände. Die Generierung des für einen derartigen Vergleich benötigten Testmusters (sogenannte **Test Pattern Generation**, **TPG**) ist ein wichtiger Schritt beim Test digitaler ICs, da Anzahl und Eignung der

Testvektoren die Dauer und den Erfolg einer Testprozedur bestimmen. Es ist das Ziel, mit möglichst wenigen Testeingängen eine möglichst große Zahl von Fehlern zu erkennen. Das Verhältnis aus erkannten Fehlern zu vorhandenen Fehlern wird **Fehlerabdeckung** bzw. **Fault Coverage** genannt und ist ein Maß für die Güte eines Testmusters. Die Wahl der dabei eingesetzten Testvektoren kann in Abhängigkeit von der Schaltung und dem vertretbaren Aufwand unterschiedlich erfolgen. Einerseits können alle möglichen Eingangsvektoren für eine TPG ausgetestet werden (**exhaustive**), dies ist aber nur für Schaltungen mit einer begrenzten Zahl von möglichen Eingangszuständen praktikabel. Eine andere Möglichkeit stellt die Suche geeigneter Testvektoren durch spezielle Pseudozufallsgeneratoren dar (**pseudo-random**). Ein weiterer Ansatz besteht darin, die Testvektoren über spezielle, auf den Fehlermodellen basierende Algorithmen zu ermitteln (**algorithmic**, eingehende Erläuterungen dazu z. B. in [6] und [14]). Um die Eignung der jeweiligen Testvektoren zu überprüfen, erfolgt nach [9] folgende Prozedur:

1. Erzeugung des Schaltungsmodells in einem geeigneten Format (z. B. VHDL oder Verilog etc.).
2. Basierend auf der Netzliste und den Fehlermodellen erfolgt die Generierung einer Fehlerliste aller zu erwartenden Fehler.
3. Anschließend läuft folgende Prozedur ab:
   a. Auswählen eines Fehlers aus der Fehlerliste.
   b. Nach Einfügen des Fehlers in die Schaltung (Fehlersimulation) folgt das Anlegen eines Testvektors an die Schaltung. Anschließend kann überprüft werden, ob der angelegte Eingangszustand den Fehler sichtbar macht. Dieser Vorgang wird für alle potenziellen Testvektoren wiederholt.
   c. Anschließend wird der Fehler aus der Schaltung wieder entfernt und die Fehlerabdeckung berechnet.
   d. Der betrachtete Fehler wird von der Fehlerliste entfernt.
   e. Die Vorgänge a–d werden wiederholt, bis alle Fehler auf der Fehlerliste in die Schaltung eingefügt wurden oder mit den gewählten Testvektoren eine ausreichende Fehlerabdeckung gewährleistet wird (z. B. 95 %).

Der Ablauf ist zumeist vollautomatisiert, wobei für das System neben dem Schaltungsmodell alle Informationen zu Fehlermodellen, dem fehlerfreien Verhalten der Einzelkomponenten und der notwendigen Fehlerabdeckung bereitgestellt werden müssen. Die Überprüfung von logischen Schaltwerken ist aufgrund der speichernden Funktionen erheblich aufwendiger als der Test reiner Schaltnetze.

6.3.2 Testfreundlicher Entwurf digitaler ICs

Für moderne hochintegrierte Schaltungen kommen **DfT**- (**Design for Testability**) und die damit verknüpften **BIST**-Prinzipien (**Built-In-Self-Test**) zum Tragen. Beim DfT-Prinzip ist das Ziel, den Entwurf und die Fertigung eines Chips enger mit den notwendigen Tests zu verknüpfen. Dabei werden unter anderem schlecht testbare Strukturen von Anfang an vermieden; zusätzlich wird die Schaltung beim Design in einzelne Blöcke zerlegt, die separat getestet werden können.

Beim BIST wird zusätzlich auf der Schaltung das Testsignal erzeugt und ausgewertet, d. h., die externe Teststruktur aus Abbildung 6.7 ist damit auf dem Chip integriert. So kann für den ganzen Chip oder nur für schwer überprüfbare Teile der Schaltung ein externer Testablauf ergänzt oder nahezu vollständig ersetzt werden.

6.4 Test analoger Schaltungen

Das strukturelle Testen von analogen integrierten Schaltungen lässt sich – wie der Entwurf – im Vergleich zu digitalen Strukturen wesentlich weniger systematisieren und ist somit auch nicht im gleichen Maße durch Softwarelösungen zu erreichen. Das Verständnis der Schaltung und der elektrotechnischen Vorgänge sind Grundlage für einen erfolgreichen Test. Im Gegensatz zu dem Test digitaler Schaltungen wird bei analogen Schaltkreisen meist ein Funktionaltest durchgeführt und nicht auf optimierte Strukturtests zurückgegriffen [9]. Man unterscheidet generell katastrophale Fehler (**hard faults**) und nicht katastrophale Fehler (Abweichungsfehler, **soft faults**), abhängig von der Abweichung der Schaltungsparameter von den Sollwerten (siehe Abbildung 6.8). Die verschiedenen möglichen Zustände der zeitkontinuierlichen analogen Signale sind im Vergleich zur binären Logik von digitalen Systemen weniger strukturierbar durch Testvektoren zu analysieren. So sind allgemeine Muster für analoge Strukturtests noch immer Gegenstand der Forschung und beziehen sich zurzeit meist nur auf katastrophale Ausfälle [4].

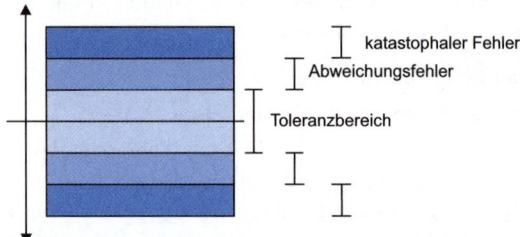

Abbildung 6.8: Toleranzen in analogen integrierten Schaltungen.

> **Hinweis**
>
> Im Folgenden werden für das bessere Verständnis von analogen Testprozeduren die notwendigen Geräte, ein Beispiel mit möglichen Testspezifikationen und ein möglicher Ablauf für den Test eines analogen ASICs erläutert. Dabei steht nicht die Erzeugung des Testmusters und der elektrischen Testparameter im Vordergrund, sondern die praktische Durchführung der Testprozedur.

6.5 Test eines analogen ASICs

Für die praxisnahe Beschreibung der Testprozedur an einem analogen ASIC erfolgt nun zunächst die Erläuterung der erforderlichen Geräte und eine Einführung in den allgemeinen Aufbau von Testspezifikationen (**Electrical Test Specification**, **ETS**). Im Anschluss daran wird anhand der ETS einer einfachen Verstärkerschaltung (Abbildung 6.13) eine gängige Testprozedur für analoge ASICs beispielhaft beschrieben.

6.5.1 Testaufbauten und Electrical Test Specification (ETS)

Die Kernkomponenten eines einfachen IC-Tests, mit denen die Testprozedur anhand der anwendungs- und kundenwunschspezifischen Testspezifikation durchgeführt werden kann, sind der **Testautomat**, die **Probecard** mit der zugehörigen Schaltung und der **Production-Handler**.

6.5 Test eines analogen ASICs

Der Testautomat

Für den Test werden üblicherweise computerkontrollierte Testautomaten eingesetzt. Sie enthalten mehrere programmierbare Spannungs- bzw. Stromquellen und verschiedene Messgeräte, die an den Prüfling (**DUT** = **Device Under Test**) angeschlossen werden können. Abbildung 6.9 zeigt den prinzipiellen Aufbau eines solchen Testsystems. Als Interface zwischen DUT und Testautomat wird eine für das spezielle Design gefertigte **Probecard** (**Test Fixture**) eingesetzt (siehe später). Sie wird unmittelbar über sehr kurze Leitungen „Z" und „P", oft über einen Stecksockel direkt am Tester, mit der Testerschnittstelle (Crosspoint-Matrix) verbunden. Dabei sind mit „P" die Leitungen gemeint, die direkt zu den Pins oder Bondpads des Prüflings führen. Über diese Pin-Leitungen („P") kann auch der Production-Handler mittels eines mehradrigen abgeschirmten Kabels angeschlossen werden. Die Z-Leitungen versorgen dagegen nur die Probecard.

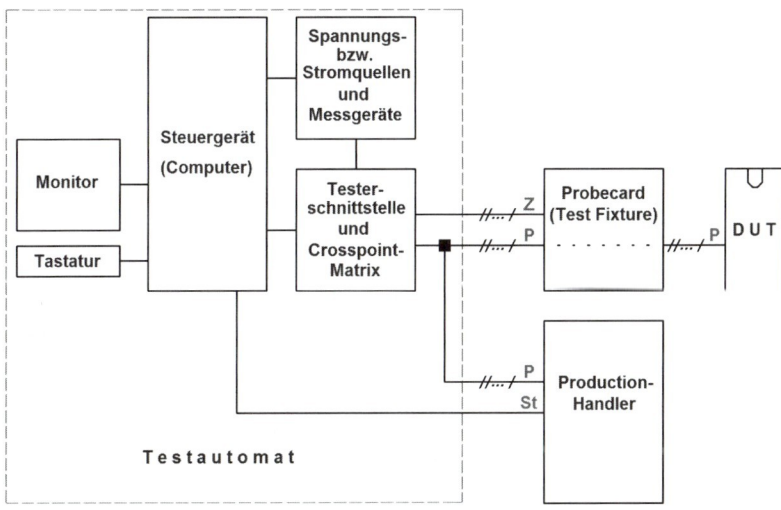

Abbildung 6.9: Prinzipieller Aufbau eines Testsystems.

Wie im Prinzip die Spannungs- bzw. Stromquellen und die Messgeräte an den Prüfling angeschlossen werden können, ist in Abbildung 6.10 etwas detaillierter angedeutet. Dort sind die Leitungen „Z" und „P" weiter aufgeteilt in Leitungen „X" und „Y".

Als zentrale Einheit enthält die Testerschnittstelle eine sogenannte Crosspoint-Matrix. Sie kann über Reed-Relais die X-Leitungen, die zur Probecard führen, mit den Quellen und Messgeräten verbinden. Durch den Buchstaben „X" wird symbolisch die mögliche Crosspoint-Verbindung zum Ausdruck gebracht. Die Y-Leitungen führen direkt zur Probecard und nicht über die Crosspoint-Matrix. Die X-Leitungen sind deshalb nicht notwendig identisch mit den P-Leitungen in Abbildung 6.9. Mit „P" sind, wie oben schon gesagt, nur die Leitungen gemeint, die direkt zu den Pins oder Bondpads des Prüflings führen. In manchen Fällen werden aber alle Pin-Leitungen „P" mit der Crosspoint-Matrix verbunden, selbst die GND- und Versorgungsleitungen.

S1 ... S8 sowie S12 ... S14 sind programmierbare Strom- bzw. Spannungsquellen. Als Stromquellen geschaltet, gestatten sie direkt die Messung der Knotenspannung, und als Spannungsquellen können sie den Strom messen (die Spannung kann auch 0 V sein). Weitere Messgeräte können z. B. über die Leitungen „Line5" und „Line6" zugeschaltet werden. Der GND-Anschluss des Prüflings (DUT) wird oft direkt (**hard-wired**) verbunden; er kann aber auch über die Crosspoint-Matrix geführt werden (Line7). Ähnliches gilt auch für die Versorgungsspannungen (Power-Rails). In Abbildung 6.10 ist beispielsweise eine Versorgungsspannung direkt über die Leitung Y7 angeschlossen.

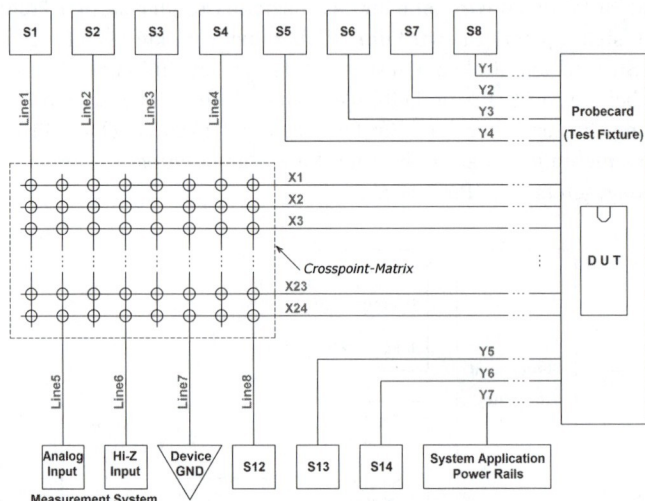

Abbildung 6.10: Anschluss der Spannungs- bzw. Stromquellen und Messgeräte an die Probecard über eine Crosspoint-Matrix mit 8 × 24 Schaltpunkten. Einige Quellen und die Stromversorgung können auch direkt (**hard-wired**) verbunden werden (hier über die Leitungen Y1 ... Y7).

Einige Testsysteme bieten zusätzlich die Möglichkeit, Lasertrimmprozeduren durchzuführen. Damit lassen sich z. B. Dünnfilmwiderstände (Ni-Cr oder Si-Cr) trimmen, um beispielsweise einen Stromwert, die Offset-Spannung eines Operationsverstärkers oder den Spannungswert einer Bandgap-Referenz abzugleichen. Solche Prozeduren erfolgen in der Regel während des Wafer-Tests. Die meisten solchen Systeme verwenden dazu einen Festkörperlaser, z. B. CW Nd : YAG (Dauerstrich Neodym : Yttrium-Aluminium-Granat). Leistungen bis zu 5 W sind üblich; in vielen Fällen reichen aber geringere Leistungen bereits aus. Der nominelle Strahldurchmesser beträgt z. B. etwa 2,5 μm. In neuerer Zeit kann der Strahl auf einen kleineren Durchmesser fokussiert werden, sodass man mit noch geringeren Leistungen trimmen kann.

Die Probecard (Test Fixture)

Als Verbindungsglied (Interface) zwischen Prüfling (DUT) und Testautomat dient eine sogenannte Probecard (**Test Fixture**), siehe Abbildung 6.11. Sie enthält einen Nadelsatz, der für den Wafer-Test die Verbindung eines einzelnen Chips auf dem Wafer mit dem Tester ermöglicht. Parallel zu den Nadeln ist ein Testsockel (hier z.B. für ICs im Dual-Inline-Gehäuse) vorgesehen. Er erlaubt das Testen einzelner fertig verpackter ICs. Die Leitungen, die von den Nadeln zum Testsockel und zur Testerschnittstelle führen, sind in Abbildung 6.9 mit „P" bezeichnet. Sie werden auch zum Production-Handler weitergeführt. Mit „Z" sind in Abbildung 6.9 alle übrigen, mit der Testerschnittstelle verbundenen Leitungen zusammengefasst. Sie werden nicht zum Production-Handler geschleift.

6.5 Test eines analogen ASICs

Der Anschluss an den Tester erfolgt, wie schon angedeutet, auf möglichst kurzem Wege, oft direkt über einen Stecksockel, in dem die Leitungen „P" und „Z" zusammengefasst sind.

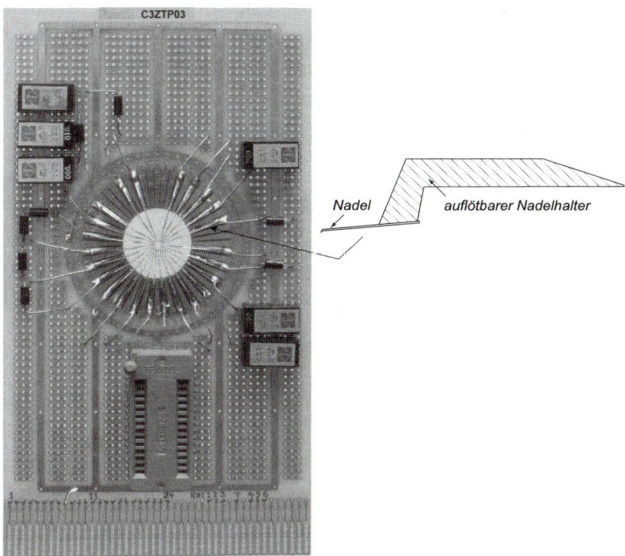

Abbildung 6.11: Beispiel einer Probecard für Wafer- und Finaltest und eine einzelne Nadel. Die Nadelhalter mit den Nadeln werden aufgelötet und dem Bondrahmen angepasst. Dabei werden die Nadelspitzen in der Höhe auf Abweichungen ≤10 μm justiert.

Schaltung der Probecard (Test Fixture Schematic)

Die Probecard (Abbildung 6.11) enthält oft einige weitere Bauteile für die externe Beschaltung des Prüflings und ist damit fest dem entsprechenden Schaltkreis zugeordnet; sie erhält deshalb auch den Namen des betreffenden ICs. Die Schaltung dazu muss der IC-Designer erstellen; sie wird für das Anfertigen der Probecard benötigt. Dargestellt werden das Gehäuse des Schaltkreises mit den Pin-Bezeichnungen sowie die externe Beschaltung. Außerdem muss aus ihr klar hervorgehen, welche Leitungen zum Testautomaten führen. Einen Ausschnitt dieser Schaltung (**Test Fixture Schematic**) zu der in Abbildung 6.11 dargestellten Probecard zeigt Abbildung 6.12.

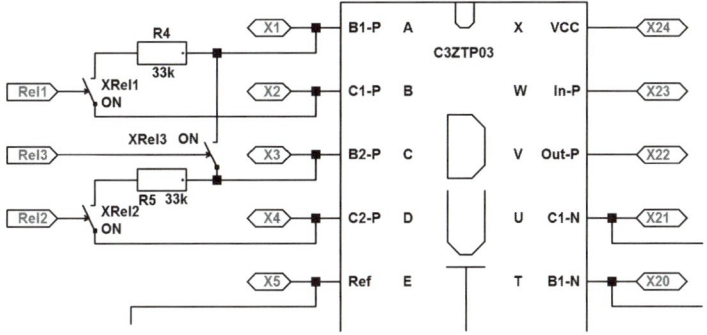

Abbildung 6.12: Schaltung zur Probecard-Abbildung 6.11 (dargestellt ist nur ein Ausschnitt).

Production-Handler

Für den Final- oder Serientest werden die zu testenden Teile über einen Production-Handler dem Testsystem zugeführt, angeschlossen, getestet und sortiert. Prüflinge, die den Test nicht bestehen, werden als Bin-0-Teile ausgesondert. Die „guten" ICs, Bin 1, werden z. B. in Stangen gesammelt und können an den Kunden ausgeliefert werden. In manchen Fällen werden die „guten" Bauelemente zusätzlich nach speziellen Eigenschaften sortiert und mit Bin 1, Bin 2 usw. in gesonderten Stangen aufgefangen.

Der Handler wird über ein vieladrig abgeschirmtes Kabel an die Testerschnittstelle angeschlossen. Dies sind die Leitungen „P" in Abbildung 6.9, die direkt mit den Anschlüssen des Prüflings verbunden sind und weiter zur Probecard führen. Über zusätzliche Steuerleitungen „St" (siehe Abbildung 6.9) wird das mechanische Handling bewirkt und über sie gelangen auch Stoppsignale zum Steuergerät zurück, wenn es Probleme geben sollte.

Electrical Test Specification (ETS)

Die einzelnen Anschlüsse (Pins) eines Schaltkreises werden während der Testprozedur der Reihe nach mit Spannungen bzw. Strömen angeregt und die Auswirkung wird durch eine Messung abgefragt. Die erzielten Ergebnisse müssen dabei die in der Spezifikation vorgesehenen Limits einhalten. Damit der Testingenieur den Testautomaten ordnungsgemäß programmieren kann, benötigt er eine genaue Beschreibung der durchzuführenden Tests. Diese hat der IC-Designer zusammen mit dem Anwender (Kunden) des ICs auszuarbeiten. Dabei ist die Mithilfe des Anwenders insofern besonders wichtig, als er oft als Einziger die Applikation, in der der Schaltkreis später eingesetzt werden soll, wirklich genau kennt.

Die einzelnen Tests werden als Electrical Test Specification (ETS) in Form einer Tabelle niedergeschrieben. Grundlage dafür ist in der Regel das Datenblatt des Schaltkreises, das die einzuhaltenden Betriebspatamer (Min/Max-Limits) enthält. Die Formblätter zum Erstellen einer ETS stellt der Halbleiterhersteller zur Verfügung, siehe z. B. Abbildung 6.14. Solch eine Tabelle enthält etwa folgende Informationen:

- **Testnummer:** Die Tests werden durchnummeriert (1, 2, 3, …), damit gemessene Werte, die z. B. gespeichert werden, später eindeutig zuzuordnen sind.
- **Testname:** Eine kurze, aber eindeutige Bezeichnung für den Test.
- **Test-Limits:** Einzuhaltende Min/Max-Limits und deren Einheiten (Units).
- **Test Xpt:** Crosspoint-Pad, an dem gemessen wird.
- **Notes:** Angaben für den Testingenieur. In der betreffenden Spalte wird nur ein Hinweis in Form eines Zeichens gegeben. Die Notes selbst werden am Ende der ETS oder auf einem Zusatzblatt zusammengestellt.
- **Nummerierung aller Pins:** Die Pins, die bei assemblierten Teilen nach außen geführt sind, erhalten die entsprechenden Pin-Nummern des Gehäuses (1, 2, 3, …). Zusätzlich werden auch die Bondpad-Bezeichnungen angegeben (A, B, C, …), damit bei Teilen, die in Chipform (z. B. für die Hybridmontage) ausgeliefert werden, Bondfehler vermieden werden. Die Pins oder Pads, die zur Crosspoint-Matrix geführt werden (X-Pads), werden durch ein vorangestelltes „X" gekennzeichnet. Darüber hinaus erhält jeder Pin noch einen kurzen Funktionsnamen. Dieser muss identisch sein mit der entsprechenden Bezeichnung im Datenblatt.
- **Fußbereich:** Die ETS erhält den Namen des Schaltkreises. Außerdem werden ein Revisionsbuchstabe – mit „A" beginnend – und das zugehörige Datum sowie ein Kurzzeichen des verantwortlichen Ingenieurs angegeben. Dann die Angabe, wofür die ETS

6.5 Test eines analogen ASICs

gilt: Wafer- oder Finaltest. Da einige ICs bei hohen bzw. tiefen Temperaturen getestet werden müssen, darf die Angabe der Testtemperatur nicht fehlen.

Eine ETS muss alle Angaben enthalten, die für das eindeutige und unmissverständliche Erstellen des Testprogramms erforderlich sind. Wegen des geringen Platzes auf dem Formblatt werden abkürzende **Symbole** verwendet. In Tabelle 6.1 sind die wichtigsten Symbole zusammengestellt und kurz erklärt. Die Tabelle ist nicht vollständig!

Tabelle 6.1

ETS-Symbole

Symbol	Note	Name	Erklärung
		Blank	Leeres Feld: Es wird **nichts** angeschlossen.
0V		Set to GND	Der Pin wird mit Masse (GND) verbunden; entweder über die Crosspoint-Matrix (X-Pad) oder direkt (**hard-wired**).
5V		Set Voltage	An den Pin ist eine Spannung von $5\ V$ anzulegen (der angegebene Wert ist nur ein Beispiel).
100µA		Set Current	In den Pin ist ein Strom von $100\ \mu A$ einzuspeisen (der angegebene Wert ist nur ein Beispiel).
-100µA		Set Current	Strom von $-100\ \mu A$ einspeisen bzw. $+100\ \mu A$ herausziehen ($100\ \mu A$ ist nur ein Beispiel).
•		Measure	Messung durchführen. Die Einheit in der Spalte „Limits" bestimmt die Art: Spannung oder Strom.
•	W	Wait and Measure	Vor der Messung eine in der Note „W" spezifizierte Pause (Wartezeit) einlegen, um z. B. zu warten, bis Einschwingvorgänge abgeklungen sind.
•	S S1 S2	Measure and Store Value	Der gemessene Wert soll gespeichert werden. In die Spalte „Note" wird der Buchstabe „S" gesetzt. Wenn mehr als ein Messwert gespeichert werden muss, wird dies durch entsprechende Indizes gekennzeichnet: S1, S2, S3, …
•S •D		Sample and Difference	S = erster Messwert, D = zweiter Messwert; Ergebnis = (S – D). Dieses Symbol wird verwendet, wenn die Spannungsdifferenz zwischen zwei Pins zu messen ist. An einem Pin steht dann „•S" und an dem anderen „•D".
⊓	(1)	Positive-going Pulse	Zahl der Pulse und Charakter werden in Form einer Note angegeben; siehe z. B. Note (1).
⊔	(2)	Negative-going Pulse	Zahl der Pulse und Charakter werden in Form einer Note angegeben; siehe z. B. Note (2).
⌐	(3)	Step Function Hi to Lo	Nähere Angaben in Form einer Note; siehe z. B. Note (3).
⌡	(4)	Step Function Lo to Hi	Nähere Angaben in Form einer Note; siehe z. B. Note (4).
↘	(5)	Ramp Down	(Spannung oder Strom); siehe z. B. Note (5).

ETS-Symbole *(Forts.)*

↗	(6)	Ramp Up	(Spannung oder Strom); siehe z. B. Note (6).
↘ ⦾	(7) (8)	Ramp Down and Check for indicated Change	Die Spannung bzw. der Strom wird an einem Pin langsam abgesenkt und gleichzeitig **gemessen** (Symbol: **Punkt** neben dem Pfeil). Dabei wird **beobachtet** (Symbol: **Punkt mit Kreis**), bei welchem Wert an einem anderen Pin ein Ereignis, z. B. ein Hi-Lo-Wechsel, erfolgt. Siehe auch Note (7). Der Wert am erstgenannten Pin, der zum Auslösen des Ereignisses am zweiten Pin führt, muss dann innerhalb des in der Spalte „Limits" angegebenen Bereiches liegen. Eine Anwendung ist z. B. das Testen der Schaltschwelle eines Komparators **mit Hysterese**. Diese Symbolik ist allerdings sehr allgemein anwendbar. Ein weiteres Beispiel wird durch die Note (8) näher beschrieben.
• ⦾ SAR 1,5V	(9)	Blank	Die Spannung an einem Pin (z. B. Pin 1) soll durch Anwenden einer sukzessiven Approximationsroutine (SAR) so eingestellt werden, dass an einem anderen Pin (z. B. Pin 3) ein bestimmter Wert (z. B. 1,5 V) erreicht wird. Gemessen wird am zuerst genannten Pin (Pin 1). Siehe auch Note (9). Der Wert muss dann innerhalb des in der Spalte „Limits" angegebenen Bereiches liegen. Die SAR-Methode ist erheblich schneller als die Rampentechnik. Sie wird z. B. vorteilhaft zum Testen der Schaltschwelle eines Komparators **ohne Hysterese** eingesetzt. Sie versagt aber, wenn der Komparator eine Hysterese hat.

Tabelle 6.2

Ergänzungen zur ETS

- **Notes:**
- W Wait 2 ms before measure.
  (1) Use one Pulse, Duration = 1 μs, Lo = 1,2 V, Hi = 3,4 V.
  (2) Use 128 Pulses, Duration = 1 μs, Hi = 3,4 V, Lo = 1,2 V.
  (3) Hi = 3,4 V, Lo = 1,2 V.
  (4) Lo = 1,2 V, Hi = 3,4 V.
  (5) Ramp down Voltage from 5 V to 2 V.
  (6) Ramp up Current from 10 μA to 100 μA.
  (7) Ramp Voltage down at Pin 1 and look for Hi-Lo-Change at Pin 3. – Start with 5 V and do not go below 0 V!
  (8) Ramp Voltage down at Pin 1, until Current into Pin 3 drops down to 50 μA. – Start with 1,5 V and do not go below 0 V!
  (9) Adjust Voltage V1 using Successive Approximation Routine until Voltage V3 = 1,5 V ±50 mV.

6.5 Test eines analogen ASICs

> **Hinweis**
>
> **Einige ergänzende Erläuterungen zur Rampenfunktion**
>
> Obwohl die Rampe symbolisch als **geradliniger** Pfeil dargestellt wird, handelt es sich in der Realität um eine **Treppenfunktion** mit inkrementellen Stufen. Die Schrittweite der einzelnen Stufen muss der geforderten Auflösung des Messergebnisses angepasst werden. Ist sie zu grob, wird das Ergebnis zu ungenau; wird hingegen eine zu feine Schrittweite gewählt, führt dies zu einer sehr hohen Stufenzahl, wodurch der Test unter Umständen unnötig verlängert wird. Als Kompromiss wird deshalb der Rampenbereich so weit eingegrenzt, dass das zu erwartende Ereignis gerade noch mit Sicherheit eintreten kann. An dieser Stelle haben der Design- und der Testingenieur oft erhebliche Optimierungsarbeit zu leisten. Das Ermitteln von Schaltpunkten mit Hysterese erfordert sowieso schon ein gehöriges Maß an Fingerspitzengefühl. Auch der Aufbau der Probecard erfordert sehr große Sorgfalt, damit nicht durch Störspannungen aus der Umgebung ein ungewolltes Schalten ausgelöst und dadurch das Testergebnis verfälscht wird.

6.5.2 Testprozedur

Anhand der Verstärkerschaltung in Abbildung 6.13 sollen an dieser Stelle übliche Testverfahren erläutert werden. Die ETS für diese einfache Beispielschaltung ist in Abbildung 6.14 zu finden.

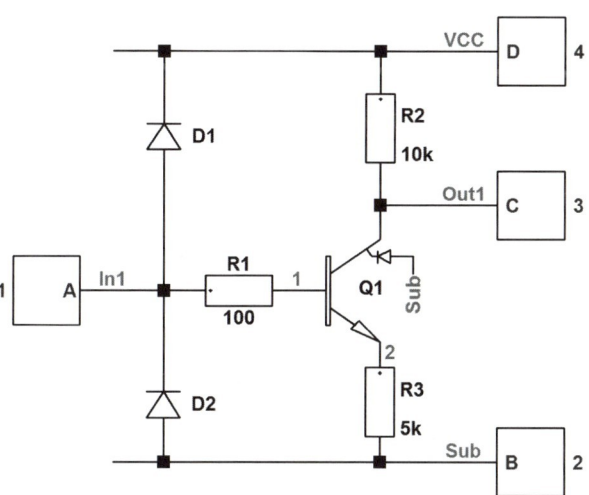

Abbildung 6.13: Schaltung eines einfachen ICs (DUT); Typ: Verstärker.

Der gesamte Test besteht aus zwei Teilen. Zunächst muss sichergestellt werden, dass die Verbindung jedes einzelnen Bondpads des zu testenden Schaltkreises zum Testautomaten hergestellt ist. Dieser sogenannte **Continuity**- oder Verbindungstest ist vor allem beim Wafer-Test wichtig. Hier wird der kompletter Nadelsatz der Probecard (siehe Abbildung 6.11) mit dem zu testenden Chip in Verbindung gebracht, und es kann vorkommen, dass an einer Stelle keine Kontaktierung erfolgt ist. Dann muss der unter dem Nadelsatz befindliche Wafer noch einmal abgesenkt und der Kontakt erneut hergestellt werden. Erst wenn alle Anschlüsse Kontakt zum Testautomaten haben, beginnt der eigentliche Parametertest. Der Continuity-Test erfordert nur wenig Zeit und wird auch deshalb stets zuerst durchgeführt. Wenn nämlich aufgrund eines Fehlers tatsächlich eine Verbindung fehlen oder sogar ein Kurzschluss vorliegen sollte, wird der Prüfling bereits ausgesondert. Die übrigen Tests können dann entfallen und somit kann Testzeit gespart werden.

Continuity-Test

Normalerweise – aber nicht immer – hat jeder Bondpad je eine Diode zu den beiden Power-Rails, z. B. eine zum Substrat und eine zur positiven Versorgungsspannung (ESD-Schutzbeschaltung). Der Substratanschluss und der Pad oder Pin für die positive Versorgungsspannung werden mit Masse verbunden (0 V). Durch einen Strom, der dann in den zu prüfenden Pin eingespeist wird, kann eine dieser beiden Dioden in Durchlassrichtung gepolt werden. Das Potential am zu überprüfenden Pin sollte sich dann auf etwa plus **oder** minus 600 mV einstellen, je nach Stromrichtung. Dies wird beim Testen abgefragt. Werden die Limits so gewählt, dass die gemessene Spannung sich nur um etwa ±200 mV von dem erwarteten Wert (z. B. 600 mV) unterscheidet, können offene Verbindungen und Kurzschlüsse erkannt werden.

Electrical Test Specification (ETS)

						Pin ⇨	1	2	3	4			
	ASIC					Pad ⇨	A	B	C	D			
						Xpt ⇨	X1	X2	X3	X4			
Test N°	Test Name	Limit min	Limit max	Unit	Test Xpt	Func ⇨ Notes ⇩	In1	SUB GND	Out1	VCC EPI			
	Continuity Tests:												
1	Con1	-0,9	-0,5	V	X1	C	-100µA ●	0V		0V			
2	Con2	0,5	0,9	V	X1	C	100µA ●	0V		0V			
3	Con3	-0,9	-0,5	V	X3	C		0V	-100µA ●	0V			
	Parameter Tests:												
4	ICC_1	-10	100	nA	X4		0V	0V		5V ●			
5	VOut_1	4,9	5,05	V	X3		0V	0V	●	5V			
6	R2	-630	-400	µA	X3		0V	0V	0V ●	5V			
7	VOut_2	3,4	3,6	V	X3	S1	1,5V	0V	●	5V			
8	VOut_3	2,4	2,6	V	X3	S2	2V	0V	●	5V			
9	AV1	-1,95	-2,05			A							
10	VOut_4	1,6	1,9	V	X3		2,4V	0V	●	5V			
11	ICC_2	250	430	µA	X4		2,4V	0V		5V ●			
12	I_In	0,3	2,5	µA	X1		1,5V ●	0V		5V			

Notes:
S1, S2: Store measured result
A: Calculate: result = (S2 – S1)/500mV
C: Limit Current source to ±5,5 V

● S   ● D   Sample and Difference: S = first value, D = second value; calculate: result = (S - D)

Wafertest 25 °C
Finaltest 25 °C
Revision printed: 26.10.08   12.10. 08 Co
Page: 1 of 1
Type: Verstärker

ASIC GmbH Am Pfarrbach 16 D-83550 Emmering Tel.: +49 (0)8039 902299 0 Fax: +49 (0)8039 902299 25 www.asic-gmbh.de

Abbildung 6.14: Electrical Test Specification (ETS) für den einfachen Schaltkreis (Typ: Verstärker) nach Abbildung 6.13.

In der hier betrachteten Schaltung aus Abbildung 6.13 sind es die beiden Anschlüsse Sub (Pin2, Pad B) und VCC (Pin 4, Pad D), die über die Crosspoint-Matrix auf Masse gelegt werden. Im ETS-Formblatt wird dies entsprechend eingetragen, siehe Abbildung 6.14: $0\ V$ an X2 und X4.

Für den ersten Test (Test 1; Con1) wird aus dem zu prüfenden Pad X1 über die Crosspoint-Matrix ein Strom von $-100\ \mu A$ eingespeist (negativ: aus dem Pin heraus) und damit die Diode D2 in Durchlassrichtung betrieben. Dass an diesem Pin gemessen werden soll, wird durch den Punkt symbolisch angedeutet und die **Einheit der Limits** weist auf die **Art der Messung** hin. Hier ist eine **Spannungsmessung** durchzuführen. Liegt das Ergebnis innerhalb der Limits, ist der Test bestanden. Der zweite Test, Con2, könnte fehlen; durch ihn wird aber geprüft, ob die Diode D1 vorhanden ist. Test 3, Con3: Der Out-Anschluss (Pin 3, Pad C) hat keine ESD-Schutzbeschaltung. Der Kollektor von Q1 hat aber eine parasitäre Diode zum Substrat, die über einen negativen Strom an Pin 3 in Durchlassrichtung gepolt wird. So muss man Pin für Pin durchgehen und überlegen, wie der Verbindungstest gestaltet werden kann. Nach bestandenem Continuity-Test beginnt dann der eigentliche Parametertest.

Parametertest

Der Parametertest wird im Prinzip ähnlich organisiert wie der Verbindungstest. Auch hierbei werden die einzelnen Pins der Reihe nach angesteuert, die Auswirkung wird aber nicht nur an demselben, sondern auch an anderen Pins abgefragt. Außerdem werden auch Signale in Form von Pulsen, Rampen usw. zum Ansteuern eingesetzt. In einigen Fällen sind nach einer Messung sogar Berechnungen vorzunehmen. Dazu müssen vorher die Ergebnisse spezieller Tests gespeichert werden. Der Design-Ingenieur muss sich also sorgfältig überlegen, wie die Signale zu gestalten sind, damit der Schaltkreis wirklich umfassend auf seine Funktion und die Einhaltung der geforderten Daten getestet werden kann. Dem IC-Designer wird deshalb eine erhebliche Verantwortung abverlangt. Einerseits sollte nur das getestet werden, was wirklich verlangt wird, denn die Testzeiten summieren sich beim Serientest, auch wenn ein einzelner Test nur einige Millisekunden dauert. Andererseits muss aber möglichst alles durch geeignete Tests abgedeckt werden, damit es später nicht zu Feldausfällen kommt und eventuell ein Re-Design erforderlich wird. Die gesamte Testroutine ist so aufgebaut, dass ein Teil ausgesondert wird, sobald ein Test nicht bestanden wird. Aus diesem Grunde werden Tests, die wenig Zeit beanspruchen, möglichst an den Anfang gestellt (Continuity-Test, Stromaufnahme usw.) und zeitintensive Tests erst zum Schluss durchgeführt.

Der Testbeschreibung möge wieder die einfache Beispielschaltung Abbildung 6.13 zugrunde liegen. Für alle folgenden Tests wird der Substratanschluss (Pin 2, Pad B) über die Crosspoint-Matrix geerdet ($0\ V$ an X2). Die Parametertests werden nun der Reihe nach kurz erläutert, siehe hierzu die Schaltung in Abbildung 6.13 und die ETS in Abbildung 6.14.

- Test 4, Strombedarf bei gesperrtem Transistor Q1: ICC_1

    Zuerst wird der Strombedarf der Schaltung überprüft. Dabei soll auffallen, ob eventuell ein innerer Kurzschluss oder eine Leiterbahnunterbrechung vorliegt. Dieser Test erfordert wenig Zeit und hat in Bezug auf die Fehlererkennungsquote einen nicht unerheblichen Stellenwert. Im genannten Beispiel wird der Eingangspin (Pin 1, Pad A, X1) über die Crosspoint-Matrix auf $0\ V$ gesetzt und an den VCC-Anschluss (Pin 4, Pad D) die Betriebsspannung von $5\ V$ angelegt. Gemessen wird am Pin 4, wieder symbolisch angedeutet durch den Punkt. Da der Transistor Q1 gesperrt ist, darf höchstens der Sperrstrom fließen. Er sollte aufgrund der Prozessspezifikation bei einer Temperatur von 25 °C einen Wert von 100 nA nicht überschreiten. Da die Einheit nA ist, wird am Pin 4 ein **Strom** gemessen. Der Strom ist normalerweise sehr viel kleiner als 100 nA. Als Min-Limit sollte nicht 0 nA, sondern z. B. -10 nA angegeben werden, damit nicht durch eventuelle Störungen ein **scheinbarer** Fehler angezeigt wird.

- Test 5, Ausgangsspannung bei gesperrtem Transistor Q1: VOut_1

  Bei gesperrtem Transistor Q1 sollte am Ausgang Out1 (Pin 3, Pad C) die Versorgungsspannung erscheinen. Als Limit wird der Bereich 4,9 V bis 5,1 V vorgeschlagen (z. B. vom IC-Designer).

- Test 6, Überprüfung des Widerstandes R2

  Der Widerstandswert kann prozessbedingt um ±25 % schwanken. Um dies zu prüfen, wird der Ausgangspin auf 0 V gesetzt und der Strom gemessen. Mit den Limits -630 μA bis -400 μA (der Strom fließt aus dem Pin heraus) kann die oben angegebene Streubreite hinreichend abgedeckt werden.

- Test 7, Ausgangsspannung bei 1,5 V Eingangsspannung: VOut_2

  Bei 1,5 V Eingangsspannung möge z. B. laut Datenblatt eine Ausgangsspannung von 3,5 V ±100 mV verlangt werden. Entsprechend dieser Forderung wird der Eintrag in der ETS vorgenommen. Da dieser Wert auch für die Bestimmung der Spannungsverstärkung herangezogen werden soll, muss das Testergebnis gespeichert werden. Dieses wird in der Spalte „Notes" durch das Symbol „S1" angegeben.

- Test 8, Ausgangsspannung bei 2 V Eingangsspannung: VOut_3

  Laut Datenblatt möge eine Spannungsverstärkung von $A_{V1} = 2$ ±2,5 % gefordert werden (bei offenem Ausgang). Aus diesem Grund wird die Ausgangsspannung bei einem anderen Wert der Eingangsspannung, z. B. bei 2 V, noch einmal gemessen. Am Ausgang wird dann ein um etwa 1 V niedrigerer Wert erwartet als bei Test 7. Auch dieses Ergebnis ist zu speichern: Note S2.

- Test 9, Spannungsverstärkung: AV1

  In diesem Test wird nicht gemessen, sondern aus den gespeicherten Werten der Tests 7 und 8 ein Wert berechnet: Note A. Der Nennwert sollte 2 sein. Die Limits werden so gewählt, dass auf jeden Fall die geforderte Spezifikation von beispielsweise ±2,5 % erfüllt werden kann.

- Test 10, Ausgangsspannung bei 2,4 V Eingangsspannung: VOut_4

  Bei 2,4 V sollte der Transistor Q1 vollkommen leitend sein. Laut Spezifikation möge es ausreichen, wenn für diesen Fall am Ausgang eine Spannung zwischen 1,6 V und 1,9 V erscheint.

- Test 11, Strombedarf bei durchgeschaltetem Transistor Q1: ICC_2

  Der Strombedarf wird für den Fall des leitenden Transistors noch einmal gemessen. Als Nennwert wird erwartet: 5 V/15 $k\Omega$ = 330 μA. Dieser Test könnte auch gleich nach Test 4 erfolgen oder sogar ganz entfallen.

- Test 12, Eingangsstrom: I_In

  Der Eingangsstrom, der bei einer Eingangsspannung von 1,5 V in den Pin hineinfließt, solle laut Spezifikation 2,5 μA nicht überschreiten. Bei einer minimalen Stromverstärkung $B = 80$ ist diese Forderung leicht zu erfüllen. Da $B \leq 400$ ist, werden die Limits mit 0,3 μA bis 2,5 μA angegeben.

> **Zusammenfassung**
>
> In dem Kapitel *Defektmechanismen und Teststrategien* wurden die häufigsten Ausfall- und Fehlerursachen sowie die Hauptelemente des Produktionstests für integrierte Schaltungen beschrieben. Anhand einer einfachen Verstärkerschaltung erfolgte zudem die detaillierte Erläuterung einer beispielhaften Testprozedur für einen analogen ASIC.

Literatur

[1] M. Gerner: *Methodik zum Testarchitekturentwurf bei VLSI-Bausteinen*; Dissertation, Univ. Linz, 1988.

[2] M. Bidjan-Irani: *Qualität und Testbarkeit hochintegrierter Schaltungen*; Springer-Verlag, Berlin, Heidelberg, 1989.

[3] Dimitris Gizopoulos: *Advances in Electronic Testing*; Springer-Verlag, Dordrecht, 2006.

[4] M. Fischell: *Entwicklung, Untersuchung und Vergleich von Selbsttestverfahren für integrierte Sensoren in der Betriebsphase*; Dissertation, Bremen, 2003.

[5] R. R. Tummalla, S. Chapman: *Fundamentals of Microsystem Packaging*; McGraw-Hill Professional, 2001

[6] H.-J. Wunderlich: *Hochintegrierte Schaltungen: Prüfgerechter Entwurf und Test*; Springer-Verlag, Berlin, Heidelberg, 1991.

[7] A. Schlachetzki, W. v. Münch: *Integrierte Schaltungen*, Teubner, Stuttgart, 1978.

[8] A. P. Ströle: *Entwurf selbsttestbarer Schaltungen*; Teubner, Stuttgart, 1998.

[9] I. A. Grout: *Integrated Circuit Test Engineering*; Springer-Verlag, London, 2006.

[10] P. Kabisatpathy, A. Barua, S. Sinha: *Fault Diagnosis of Analog Integrated Circuits*; Springer-Verlag Netherlands, 2005.

[11] G. Herrmann, D. Müller: *ASIC – Entwurf und Test*; Fachbuchverlag Leipzig, 2004.

[12] P. Kabisatpathy, A. Barua: *Fault Diagnosis of Analog Integrated Circuits*; Springer-Verlag, Dordrecht, 2005.

[13] H. Eigler: *Die Zuverlässigkeit von Elektronik- und Mikrosystemen*; Expert-Verlag, 2003.

[14] W. Daehn: *Testverfahren in der Mikroelektronik*; Springer-Verlag, Berlin, Heidelberg, 1997.

TEIL II

Prozesse und Layout integrierter Schaltungen

7   Standardprozesse der IC-Fertigung 253

8   Grundregeln für den Entwurf integrierter Schaltungen 287

Ein **Prozess** ist die Gesamtheit aller Arbeitsgänge zur Herstellung einer integrierten Schaltung auf einem Silizium-Wafer. Allgemeine Rahmendaten wie beispielsweise die Art der Metallisierung, das Dotierungsverfahren, die Anzahl an Maskenschritten, minimalen Strukturgrößen sowie die sich aus den physikalischen Zwängen ergebenden Layout-Regeln (**Design-Rules**) sind Teil der Prozessdaten. Im umgangssprachlichen Gebrauch umfasst der Begriff zudem die **prozessspezifischen Bauelementeigenschaften**, die dem Schaltungsdesigner vorgeben, welche Richtwerte für Spannungs- und Temperaturfestigkeiten, Schichtwiderstände und Kapazitätsbeläge einer Schaltungssimulation zugrunde gelegt werden müssen. Daher umfassen die Prozessdaten in der Regel auch die SPICE-Modelle der prozessspezifischen Bauelemente, sodass die Simulation der Schaltung eine möglichst präzise Voraussage der letztlich gefertigten Chipstruktur ermöglichen kann.

In den folgenden beiden Kapiteln werden die Grundlagen für das Design und die Layout-Erstellung integrierter Schaltungen anhand einfacher, trotzdem jedoch industriell verfügbarer Prozesse praxisnah erläutert.

Nach einer Beschreibung der generellen Abläufe beim Übergang vom Schaltungslayout hin zur eigentlichen IC-Fertigung werden in **Kapitel 7** die Fertigungsfolgen für ausgewählte Prozesse detailliert erläutert; der Schwerpunkt liegt dabei auf einem Bipolar- und einem CMOS-Prozess. Darüber hinaus werden die prozessspezifischen Ausführungsformen passiver Bauelemente vorgestellt. Für die wichtigsten Bauelemente werden neben prinzipiellen Erläuterungen zudem die Layouts gezeigt.

Auf Basis der in **Kapitel 7** vorgestellten Prozesse werden in **Kapitel 8** die Grundregeln für die Schaltungsdimensionierung und die Layout-Erstellung vermittelt. Um einerseits in die Berechnungspraxis einzuführen, andererseits aber auch den Umgang mit dem Simulator SPICE zu demonstrieren, erfolgt zunächst ein Dimensionierungsbeispiel. In der Folge schließen sich ausführliche Erläuterungen und praxisnahe Hinweise zur Schaltungsdimensionierung, Layout-Erstellung und Layout-Verifikation an; für die prozessspezifischen Transistorstrukturen aus **Kapitel 7** wird Schritt für Schritt die Erzeugung des Layouts dargestellt.

Die in den **Kapiteln 7** und **8** vorgestellten Prozesse und Grundregeln finden dann in den *Teilen III* und *IV* konkrete Anwendung bei der Beschreibung von Design und Layout analoger und digitaler Schaltungen.

Standardprozesse der IC-Fertigung

7.1 **Layer und Masken** 255
7.2 **Prozessanbieter und Prozesse – ein Überblick** 256
7.3 **Bipolar-Prozesse** 257
7.4 **CMOS-Prozesse** 272
7.5 **Bipolar-CMOS-Technologien** 285

7 ...dprozesse der IC-Fertigung

Einleitung

》》 Auf Basis der in *Kapitel 4* beschriebenen Technologiekonzepte werden in diesem Abschnitt die Grundprinzipien der IC-Fertigung vorgestellt. Der Schwerpunkt liegt dabei auf Prozessen, die in den folgenden Kapiteln als Basis für die Erläuterungen zum Layout und Design integrierter Schaltungen verwendet werden. Die größte Bedeutung kommt dabei einem einfachen Standard-Bipolar- und einem 0,8-μm-CMOS-Prozess zu. Zu jedem der vorgestellten Prozesstechnologien werden außerdem die gängigen Ausführungsformen passiver Bauelemente vorgestellt.

Um das Studium der Layouts in den nachfolgenden Kapiteln zu erleichtern, ist nach der detaillierten Erläuterung der Prozesse eine Zusammenfassung der benötigten Prozess-Layer in tabellarischer Form angehängt. 《《

LERNZIELE

- Zusammenhang zwischen Layout, Maskenfertigung, Prozessen und Fertigungsmöglichkeiten
- Standard-Bipolar-Prozess C36 mit neun Masken-Layern
- Erweiterter Bipolar-Prozess C14 mit zwölf Masken-Layern
- Prozesskompatible passive Bauelemente für Bipolar-Prozesse
- CMOS-Prozess CM5 mit 13 Masken-Layern
- Prozesskompatible passive Bauelemente für CMOS-Prozesse
- Bipolar-CMOS-Technologie

Im Folgenden werden die Herstellungsabläufe einiger ausgewählter Prozesse anhand der einzelnen Maskenschritte detailliert erläutert. Die Prozesse C36 (36-V-Standard-Bipolar-Prozess mit neun Layern), C14 (14-V-Bipolar-Prozess mit zwölf Layern) und CM5 (5-V-0,8-μm-CMOS-Prozess mit 13 Layern) kommen in nahezu identischer Prozessführung auch für aktuelle kommerzielle Anwendungen zum Einsatz. Wie schon durch die Layer-Anzahl und den Integrationsgrad deutlich wird, handelt es sich nicht um Prozesstechnologien für die hochintegrierte Mikroprozessorfertigung, sondern um kostengünstige und relativ einfache Realisierungsmöglichkeiten für kundenspezifische analoge und digitale Schaltungen. Im Vordergrund steht die Absicht, mit der Einführung möglichst einfacher, aber trotzdem industriell einsetzbarer Prozesstechnologien den Brückenschlag zwischen Theorie und Praxis in der deutschsprachigen Literatur zu integrierten Schaltungen zu schaffen. Anhand des C36-, C14- und CM5-Prozesses werden in den *Kapiteln 8–18* die wichtigsten Grundlagen für ein nicht automatisiertes Layout und Design von digitalen und vor allem analogen integrierten Schaltungen erarbeitet. Um analoge und digitale Schaltungen möglichst kostengünstig fertigen zu können, werden die notwendigen passiven Bauelemente wie Widerstände und Kondensatoren nach Möglichkeit ohne zusätzliche Maskenschritte gleichzeitig mit den für die Transistorstrukturen ohnehin notwendigen Arbeitsgängen hergestellt (prozesskompatible Bauelemente). Um dem Leser die Möglichkeit zu geben, die Beispiel-

Layouts in den späteren Kapiteln leichter analysieren zu können, werden neben den jeweils prozesskompatiblen aktiven Bauelementen auch die später verwendeten Kondensator- und Widerstandsausführungen vorgestellt. Alle hier vorgestellten Standardzellen sowie die später erläuterten Schaltungen sind in der Datei IC.zip enthalten und können mit der Studentenversion von L-Edit für eigene Layouts verwendet werden.

7.1 Layer und Masken

Wie in *Kapitel 4* bereits ausführlich besprochen worden ist, erfolgt bei der Fertigung die Strukturierung jeder Materialschicht von integrierten Schaltungen über einen lithografischen Maskenschritt. Die Geometrie der Maske bestimmt die Struktur der Schicht auf dem Substrat. Die Masken wiederum werden aus dem Layout generiert, das der Design-Ingenieur entwirft. Dabei besteht das Layout aus der Gesamtheit der einzelnen Layer, deren Struktur durch den Designer vorgegeben ist, wohingegen die technologischen Eigenschaften durch die eingesetzte Prozesstechnologie bestimmt werden. Die Entwurfsregeln (**Design-Rules**), Anzahl von Implantationsschritten und Metallisierungsebenen sowie die Verfügbarkeit von zusätzlichen Dünnschichtprozessen für Widerstands- oder Kondensatorstrukturen sind Teil der Prozessinformationen, die das Design und Layout bestimmen. Das Layout entspricht dabei der Struktur „auf dem Chip"; das heißt, technologiebedingte Abweichungen zwischen den Masken und den gewünschten Abmessungen auf dem Chip sind im Layout nicht berücksichtigt. Notwendige Korrekturfaktoren z. B. beim Ätzen müssen bei der Herstellung der Masken im Maskenhaus eingerechnet werden. Zudem können aus der Kombination mehrerer Layer zusätzliche für die Fertigung notwendige Masken generiert werden, ohne dass diese separat vom Schaltungsdesigner entworfen werden müssten. In den Prozessbeschreibungen weiter unten stimmt daher die Anzahl von Layern nicht zwangsläufig mit der Anzahl der verwendeten Masken überein.

Für die in diesem Abschnitt vorgestellten Prozesse werden die Maskenschritte der Übersichtlichkeit halber nummeriert und in Klammern die entsprechenden Layer-Bezeichnungen angegeben. Diese Bezeichnungen werden in den *Kapiteln 8–18* bei der Beschreibung von Design und Layout integrierter Schaltungen wieder aufgegriffen. Man unterscheidet die eigentlichen Masken-Layer von Hilfs-Layern, die für die Verifikation des Layouts mittels Werkzeugen wie dem **Design-Rule-Check** (**DRC**) oder der **Layout-Versus-Schematic**-Prozedur (**LVS**) erforderlich sind (dazu mehr in *Kapitel 8*). Gängige Layer-Bezeichnungen sind z. B. MET1, MET2 etc. für die Metallisierungsebenen oder POLY und POLY2 für die Strukturierung von Polysilizium-Schichten. Die für den Prozess relevanten Masken-Layer werden dabei vollständig in Großbuchstaben bezeichnet.

Die Entscheidung für einen Prozess erfolgt nach mehreren Gesichtspunkten. Dabei ergeben sich aus den grundlegenden Rahmenbedingungen wie der Schaltungsart (analog oder digital), „low-cost" oder „high-performance" sowie generellen technischen Anforderungen wie Betriebsspannung, Betriebsfrequenz, notwendiger Robustheit und Einsatzgebiet die Kriterien für die Prozesswahl. Heutzutage sind sowohl für analoge als auch digitale Schaltungen Prozesse auf Basis der CMOS-Technologie am weitesten verbreitet (siehe *Kapitel 18*); Bipolar-Technologien werden vor allem bei analogen oder hochfrequenten ICs eingesetzt, die BiCMOS-Technologie kombiniert die Vorteile von CMOS- und Bipolar-Technologien.

7.2 Prozessanbieter und Prozesse – ein Überblick

Während bei großen Chipherstellern wie beispielsweise Intel, AMD oder Texas Instruments sowohl die Prozessentwicklung als auch die Fertigung und das Design intern erfolgen, bedienen sich kleine und mittelständische Betriebe sogenannter Foundries; diese Unternehmen verfügen über die notwendige Technologie und Prozesstechnik und übernehmen die Herstellung der ICs als Auftragsarbeit. Der Endkunde gibt den gewünschten Spezial-IC bei einer Chip-Design-Firma in Auftrag, die Design, Simulation, Layout und Verifikation übernimmt. Anschließend können derartige Ingenieurbüros oder kleine Unternehmen – ohne die sehr kostspielige technologische Grundausstattung für die Fertigung bereitstellen zu müssen – die Chipherstellung als Dienstleistung an eine Foundry weitergeben. Im Ausnahmefall kann der Designer für einfachste Technologien mit wenigen Maskenschritten einen Prozess mit der Foundry entwickeln und die Design-Rules und Layer für das Layout dementsprechend in Absprache selber festlegen. Im Regelfall stellt die Foundry für einen Fertigungsauftrag eigene oder in Lizenz erworbene Technologieprozesse zur Verfügung; die zum Erstellen des Layouts notwendigen Design-Rules und das Design-Kit mit den Modellbibliotheken erhält der Designer zumeist nach Unterzeichnung einer Vertraulichkeitsvereinbarung (Non-Disclosure Agreement, NDA). Im Einzelfall besteht auch die Möglichkeit, sich im Falle eines umfangreichen Auftrags direkt an eine große IC-Firma zu wenden um über die Bedingungen für eine Technologienutzung zu verhandeln.

Es ist aber zu betonen, dass der Designer im Regelfall nur die für das Erstellen des Schaltungsdesigns und des Layouts notwendigen Informationen erhält. Oft werden Masken für mehrere Prozessschritte verwendet, die für den Layouter keine Relevanz haben, aber für die Zuverlässigkeit und Performance des ICs von großer Bedeutung sind (z. B. Diffusionsbarrieren an Via-Öffnungen). Auch die oben erwähnte Tatsache, dass aus einem Layout für die Fertigung häufiger zusätzliche Masken generiert werden, ist dem Schaltungsdesigner nicht zwangsläufig bekannt. Während die durch die Technologie bestimmten und für das Design und Layout bedeutenden Eigenschaften wie flächenbezogene Widerstands- oder Kapazitätswerte Teil der Prozessbeschreibung sind, werden Prozessdetails wie z. B. Art und Beschaffenheit von Zwischenschichten sowie Prozessparameter beim Ätzen, Dotieren und bei der Schichttechnik nicht weitergegeben.

Für Universitäten, staatliche Forschungseinrichtungen sowie kleine und mittelständische Unternehmen steht in Europa das Programm EUROPRACTICE zur Verfügung. Hier können zu sehr günstigen Preisen Chips in Kleinstserien gefertigt werden; zusätzlich besteht für die teilnehmenden Institutionen die Möglichkeit, Zugang zu vielen verbreiteten Prozesstechnologien verschiedener Firmen (u. a. AMIS, austrianmicrosystems, IHP, TSMC, ...) und entsprechender Design-Software zu erhalten. Dabei erhält man für die gewählte Technologie die Design-Kits, Bauelementbibliotheken und die notwendigen Prozessinformationen. Die Fertigung erfolgt über IMEC in Belgien und Fraunhofer IIS in Deutschland; sie umfasst neben der Herstellung des Chips auch das Packaging und bei Bedarf Testprozeduren. Neben EUROPRACTICE steht in den USA ein ähnlicher Service der University of Southern California mit Namen MOSIS (MOS Implementation Service) zur Verfügung.

7.3 Bipolar-Prozesse

Der Schwerpunkt bei den im Folgenden beschriebenen Bipolar-Prozessen liegt auf dem einfachen 36-V-Standard-Bipolar-Prozess C36. Der für kleinere und schnellere Schaltungen geeignete 14-V-Bipolar-Prozess C14 wird später nur für wenige Schaltungen verwendet, daher erfolgt auch bei den Prozessbeschreibungen nur eine zusammenfassende Darstellung der Erweiterungen im Vergleich zum C36-Prozess. Zusätzlich soll an dieser Stelle kurz ein moderner Bipolar-Prozess für Hochfrequenzanwendungen vorgestellt werden.

Die Darstellungen der Prozessschritte im Querschnitt sind qualitativ und nicht maßstabsgetreu, genauere Angaben zu den Abmessungen werden im Text angegeben. Zudem handelt es sich mit dem Ziele eines einfacheren Verständnisses um idealisierte Darstellungen; manche prozessbedingte und für die Funktion des Bauelementes nebensächliche Änderungen in den geometrischen Verhältnissen der integrierten Schaltung bleiben in den Abbildungen unberücksichtigt. So wird bei der Herstellung von Oxidationsschichten stets anteilig Silizium verbraucht, das bei einem möglichen Abätzen der SiO_2-Schicht ebenfalls entfernt wird. Durch unterschiedlich dicke Oxidschichten auf einem Substrat oder durch selektives Ätzen und nachfolgender Oxidation entstehen daher Stufen in dem integrierten Aufbau; auch tiefer gelegene Strukturen wie der vergrabene Kollektor lassen sich anhand dieser Stufen unter einem Lichtmikroskop identifizieren. Die Stufenbildung wird in Abbildung 7.1 beispielhaft anhand einer beliebigen Dotierungswanne verdeutlicht.

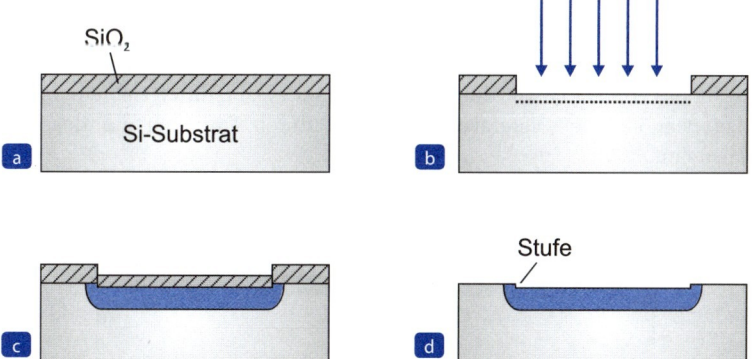

Abbildung 7.1: Stufenbildung bei der Herstellung integrierter Schaltungen: Nach dem Öffnen der Oxidschicht erfolgt in (a) die Ionenimplantation (oder Vorbelegung für Diffusionsschritt); anschließend findet der Drive-In statt, bei dem sich erneut ein Oxid bildet (b). Dieses wächst in den geöffneten Bereichen schneller als auf dicken SiO_2-Bereichen (c). Nach dem Abätzen des Oxids ergibt sich eine Stufe im Silizium-Substrat (d). Das Streuoxid bei der Ionenimplantation ist nicht dargestellt.

Diese Stufenausbildung wird weder bei den bipolaren Schaltungen noch in den später folgenden Prozessbeschreibungen von CMOS-Schaltungen berücksichtigt.

Die grundlegenden Abläufe der Fotolithografie sind in *Kapitel 4* bereits beschrieben worden. Daher erfolgt bei der Darstellung der Prozessabläufe nicht mehr der Hinweis auf „Auftrag von Fotolack", „Entwicklung und Belichtung" sowie „Ablösen des Fotolacks", sondern es wird generell über eine Lithografie mit der jeweiligen Maske gesprochen. Auch auf eine detaillierte Beschreibung jedes einzelnen Arbeitsganges in der Produktion wird verzichtet, da sich daraus nur eingeschränkt ein Erkenntnisgewinn erzielen lässt. In der industriellen Fertigung werden nahezu nach jedem wichtigen Prozessschritt eine Reinigung (zumindest durch Spülen und Trocknen) sowie eine visuelle Inspektion der Zwischenresultate vorgenommen. Dabei erfolgen ständige Messungen und Charakterisierungen der erstellten Strukturen und ein Abgleich mit den Sollwerten. Diese Abläufe sind für die Praxis zwar wichtig, würden aber von den Kerninhalten ablenken.

7.3.1 Standard-Bipolar-Prozess (C36)

Layout

In diesem Abschnitt wird der prinzipielle Herstellungsablauf eines einfachen Bipolar-Prozesses anhand einer NPN-Transistorstruktur erläutert. Obwohl bei diesem Prozess insgesamt nur neun Maskenschritte mit einer Metallisierungsebene zur Verfügung stehen, findet der Prozess in der Praxis durchaus Anwendung und wird von einer deutschen IC-Design-Firma im Zusammenspiel mit einer kalifornischen Foundry für Low-Cost-Schaltungen auch heute für höhere Versorgungsspannungen bis 36 V genutzt. In *Abschnitt 8.4.1* wird das Layout der hier vorgestellten Anordnung im Detail erläutert. Es wird empfohlen, neben dem Studium der folgenden Ausführungen das Layout des Transistors C3ZN01 zu öffnen (Pfad: \Technologie-Files\Bipolar\C36\C36.tdb) um die einzelnen Prozessschritte Layer für Layer verfolgen zu können (siehe auch Abbildung 7.12).

Ausgangsmaterial ist ein oxidierter Silizium-Wafer; im ersten Schritt wird der vergrabene Kollektor (**Buried-Layer**) erstellt. Dabei wird über einen Fotolithografieschritt (**Maske 1**, Layer-Name BL) mit anschließendem Ätzen ein Implantationsfenster in einer SiO_2-Schicht geöffnet. Nach der Erzeugung des dünnen Streuoxids erfolgt im Anschluss die Ionenimplantation mit Arsen. Dabei wird das Arsen zunächst unter die Oberfläche implantiert; danach folgen das Ausheilen der durch die Implantation zerstörten Gebiete und ein kurzer **Drive-In**, bei dem sich der vergrabene Kollektor durch Diffusion auf die angestrebten Abmaße ausdehnt.

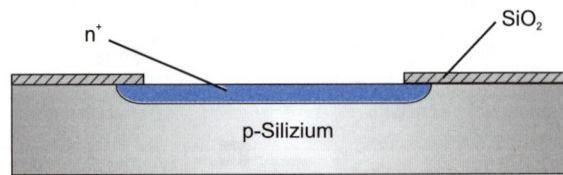

Abbildung 7.2: Ionenimplantation des vergrabenen Kollektors nach Lithografie mit Maske 1 (BL).

Obwohl bei kostengünstigen Prozessen zumeist auf eine Ionenimplantation verzichtet wird und daher oft ein reiner Diffusionsprozess zum Einsatz kommt, gilt dies für die Herstellung des vergrabenen Kollektors nicht. Während bei der Diffusion aus einer unbegrenzten Quelle die Dotierungskonzentration an der Oberfläche am höchsten ist, liegt bei der Implantation das Maximum unterhalb der Oberfläche. Dadurch ergeben sich beim Nachtempern weniger Schwierigkeiten durch ein Ausdiffundieren der Dotierstoffe.

Im nächsten Schritt wird der vom Oxid befreite Aufbau aus Abbildung 7.2 mit einer 12 μm dicken, n-dotierten Epitaxieschicht versehen (Abbildung 7.3). In diesem Bereich wird später der Kollektor realisiert. Allgemein ist die Dicke des Kollektors (im Zusammenhang mit der Dotierung) ein Maß für die Spannungsfestigkeit der Schaltung und liegt in Bipolar-Prozessen zwischen 1 μm und 14 μm. Bei der sich später anschließenden Eindiffusion der Isoliergebiete dehnt sich der vergrabene Kollektor im Mittel auf 7,5 μm in der Höhe aus.

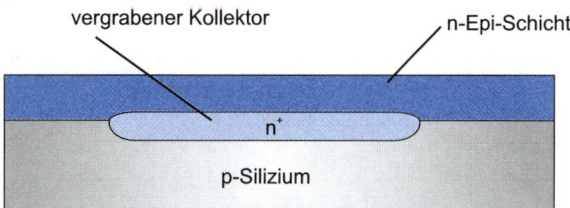

Abbildung 7.3: Aufwachsen der n-dotierten Epi-Schicht.

Am Rande erwähnt sei hier das Phänomen des sogenannten **Epi-Shift**. Wie oben beschrieben, lässt sich der vergrabene Kollektor auch nach dem Wachstum der Epi-Schicht anhand einer Stufenbildung beim Blick durch ein Mikroskop identifizieren. Dabei ist es wichtig zu wissen, dass die sichtbaren Kanten an der Oberfläche nicht exakt dem Abbild der vergrabenen Struktur entsprechen, sondern – in Abhängigkeit der Wachstumsparameter – entlang der Kristallachse (ca. 45°) verschoben werden.

Über **Maske 2** (ISO) werden die eigentlichen Abmessungen der Transistoren bzw. des Kollektors durch die Isolationsgebiete definiert. Durch die in ein neu gewachsenes Oxid geätzten Öffnungen kommt es zu einer Bor-Dotierung mittels Ionenimplantation (Abbildung 7.4).

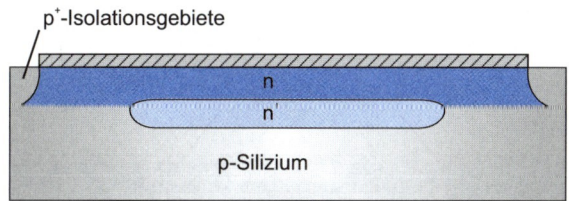

Abbildung 7.4: Erzeugung der Isolationsringe nach Lithografie mit Maske 2 (ISO).

Für einen niederohmigen Kollektor-Anschluss folgt anschließend der sogenannte **Sinker** (Strukturierung mit **Maske 3**, DN+). Dieser wird über eine zweischrittige Diffusion (Vorbelegung, Drive-In) realisiert (Abbildung 7.5). Die Tiefe des Sinkers liegt im Mittel bei 7 μm.

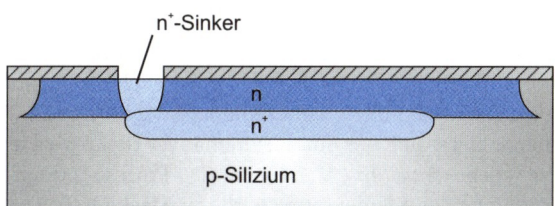

Abbildung 7.5: Diffusion des Sinkers nach Lithografie mit Maske 3 (DN+).

Das Feldoxid wird mittels einer nassen Oxidation (siehe *Abschnitt 4.4.4*) mit einer Dicke von etwa 0,8 μm erstellt. Anschließend kommt wieder die Fotolithografie zum Einsatz, bei der mit **Maske 4** (BASE) das Fenster für die Basis-Dotierung erzeugt wird. Über Diffusion mit Bor wird die Basis-Wanne definiert (Abbildung 7.6). Die Tiefe der Basis-Diffusion von der Oberfläche bis zum Basis-Kollektor-Übergang beträgt ca. 3 μm.

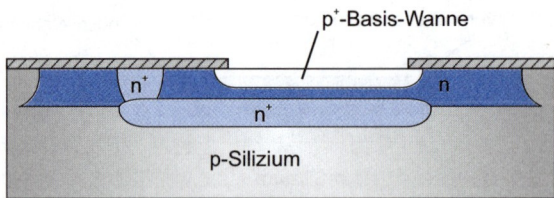

Abbildung 7.6: Diffusion der Basis-Wanne nach Lithografie mit Maske 4 (BASE)

Die Herstellung der Emitter-Gebiete und des hoch dotierten Kontaktgebietes am Kollektor-Anschluss zur Reduzierung des Kontaktwiderstandes erfolgt gleichzeitig. Wie in Abbildung 7.7 dargestellt, werden hierfür durch Lithografie mit **Maske 5** (EMITTER) und eine sich anschließende Eindiffusion von Phosphor n^+-Diffusionsgebiete erzeugt. Der Abstand vom Emitter-Basis-Übergang zur Oberfläche beträgt 2 µm.

Es sei an dieser Stelle noch einmal darauf hingewiesen, dass ein Layer und die zugehörige Maske, die zunächst nur für die herzustellenden Kernbauelemente (z. B. NPN-Bipolar-Transistor im C36-Prozess) eine bestimmte Funktion erfüllen (z. B. Öffnung der Gebiete für die Emitter-Diffusion), oft auch für andersartige Bauelemente auf dem Chip genutzt werden. So dienen beispielsweise Emitter-diffundierte Gebiete zusätzlich auch als unterer Anschluss des Standardkondensators im C36-Prozess oder kommen als niederohmige Widerstände zum Einsatz (siehe unten).

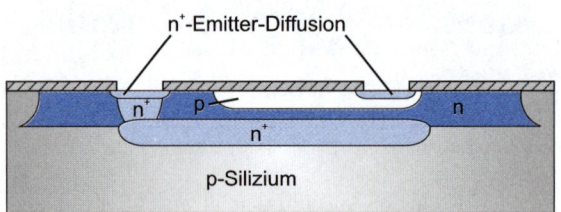

Abbildung 7.7: Diffusion der Emitter-Gebiete nach Lithografie mit Maske 5 (EMITTER).

In diesem Zusammenhang steht auch der nächste Maskenschritt, für den einige Erläuterungen vonnöten sind. Integrierte Kondensatoren können durch Sperrschichten zwischen unterschiedlich dotierten Gebieten realisiert werden; zudem gibt es die Möglichkeit, zwischen den hoch dotierten Emitter-diffundierten Bereichen und einer nachfolgenden Metallisierung eine dünne Oxidschicht als Dielektrikum für einen Kondensator zu nutzen. Für Kondensatoren mit höheren Kapazitäten bietet sich der Einsatz alternativer Dielektrika mit höheren Dielektrizitätskonstanten an (siehe *Abschnitt 7.3.4*); im C36-Prozess kommt dabei Si_3N_4 zum Einsatz. Für die Herstellung des Kondensators wird mit **Maske 6** (CAP) in den für den Kondensator vorgesehenen Bereichen das Oxid vollständig entfernt, anschließend erfolgt die CVD-Abscheidung des Si_3N_4. Dabei wird über die CAP-Maske nicht nur das Kondensatorgebiet, sondern auch alle Anschlussstellen für Emitter-, Kollektor- und Basis-Gebiet geöffnet und anschließend mit Si_3N_4 bedeckt (Abbildung 7.8).

7.3 Bipolar-Prozesse

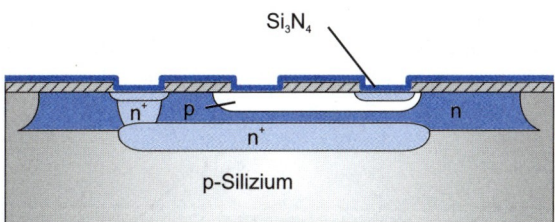

Abbildung 7.8: CVD-Auftrag einer Silizium-Nitrid-Schicht als Kondensator-Dielektrikum.

Die Ursache dafür ist ein zuverlässiger Ätzprozess beim Öffnen der Kontaktfenster. Durch vorhergehende Lithografieschritte ist das SiO_2 über den Anschlussgebieten unterschiedlich dick, sodass es beim (kostengünstigen) Nassätzen mit HF-basierter Säure zu unterschiedlich starken Unterätzungen der Oxidschichten kommen kann. Durch eine Nitrid-Schicht von einheitlicher Dicke wird dies verhindert, ohne dass ein zusätzlicher Prozessschritt notwendig wird. Über eine Lithografie mit **Maske 7** (CONTACT) werden die Kontaktöffnungen mit $6 \times 6 \; \mu m^2$ Durchmesser erstellt (Abbildung 7.9).

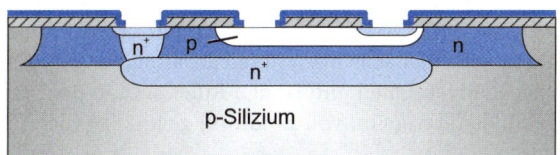

Abbildung 7.9: Öffnung der Kontaktfenster und Strukturierung des Aluminiums mit Maske 7 (CONTACT).

Nach der Kontaktfensteröffnung müssen im weiteren Verlauf die Kontakte, die Metallisierung und die Bondpads erstellt werden. Dies erfolgt über eine Sputterbeschichtung mit $1 \; \mu m$ Aluminium (99 % Al, 1 % Si). Anschließend folgt die Strukturierung der Metallisierungsebene mit **Maske 8** (METAL). Zur Verbesserung des ohmschen Kontakts wird die Struktur über einen kurzen Temperschritt bei $400\;°C$ erwärmt. Als Kontaktwiderstände zum Silizium ergeben sich ca. $0{,}7 \; \Omega$ für einen Standardkontakt ($6 \times 6 \; \mu m^2$) zu Emitter- und Kollektor-Gebieten sowie etwa $1 \; \Omega$ für einen Metall-Basis-Übergang.

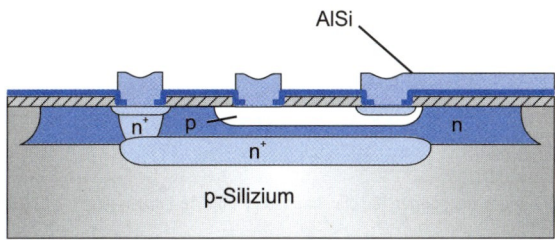

Abbildung 7.10: Metallisierung mit AlSi, Strukturierung über Maske 8 (METAL).

Der letzte Schritt besteht in der Passivierung der integrierten Schaltung. Dies geschieht im Falle des C36-Prozesses mit Si_3N_4. Daraufhin werden für einen äußeren Anschluss die Bondpads über eine Lithografie mit **Maske 9** (PAD) und einem sich anschließenden Nassätzschritt freigelegt.

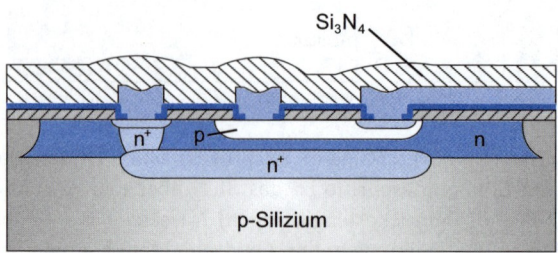

Abbildung 7.11: Passivierung der integrierten Schaltung mit Silizium-Nitrid.

In Abbildung 7.12 wird das den Querschnittsdarstellungen entsprechende Layout eines NPN-Transistors des C36-Prozesses gezeigt (mit Ausnahme der in Abbildung 7.10 und Abbildung 7.11 angedeuteten Leiterbahn). Nähere Erläuterungen dazu finden sich in *Abschnitt 8.4.1*. In den *Kapiteln 8–18* wird mehrfach auf diesen Prozess für die Layout- und Design-Vorstellung verschiedener integrierter Schaltungen zurückgegriffen; alle Layout-Zellen und die zugehörigen Daten und Design-Rules sind in der Datei IC.zip enthalten und können mit der Studentenversion von L-Edit [9] genutzt werden (Pfad:\Technologie-Files\Bipolar\...).

Layout

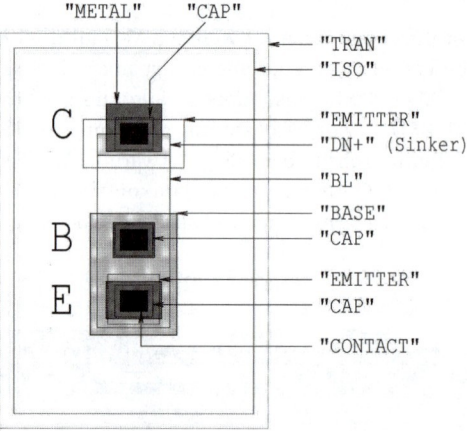

Abbildung 7.12: Layout eines integrierten Bipolar-Transistors im C36-Prozess (Zelle „C3ZN01"; Pfad: \Technologie-Files\Bipolar\C36\C36_Cells.tdb).

Um die Layouts später erläuterter Schaltungen leichter nachvollziehen zu können, sind die wichtigen Prozessschritte in der folgenden Aufzählung noch einmal zusammengefasst.

> **Zusammenfassung der Layer-Folge des C36-Prozesses**
>
> BL: Definition des vergrabenen Kollektors
>
> ISO: Definition der Isolationsgebiete
>
> DN+: Definition des Sinkers
>
> BASE: Definition der Basis-Gebiete
>
> EMITTER: Definition der Emitter-Gebiete
>
> CAP: Freilegen der Kondensatorflächen und Anschlussgebiete
>
> CONTACT: Kontaktöffnungen zwischen Sililzium-Gebieten und Metallisierung
>
> METAL: Strukturierung der Metallisierung
>
> PAD: Öffnung der Bondpads in der Passivierung

7.3.2 Erweiterter Bipolar-Prozess (C14))

Neben dem C36-Prozess wird später im Buch auch ein höher integrierter Bipolar-Prozess für 14 V Versorgungsspannung verwendet. Dieser C14-Prozess ähnelt in der Grundstruktur dem zuvor vorgestellten Herstellungsablauf, wird mit zwölf Layern gefertigt und ist mit 2,5 GHz für höhere Frequenzen als der C36-Prozess (500 MHz) ausgelegt.

Da die Leiterbahnen nicht beliebig dicht nebeneinanderliegen können (vorgegeben durch die prozessabhängigen Design-Rules, siehe *Abschnitt 8.3*), ist bei einer einzigen Metallisierungsebene die Verdrahtung oft der limitierende Faktor für die Chipabmessungen, durch Verwendung weiterer METAL-Ebenen lässt sich eine aufwendigere Verschaltung auf kleinerer Fläche realisieren. Daher wird im C14-Prozess eine weitere Metallisierungslage (statt METAL nun MET1 mit **Maske 9** und MET2 mit **Maske 11**) eingeführt; mit der **Maske 10** für die Durchkontaktierungen (VIA) zwischen den Verdrahtungsebenen werden dabei zwei zusätzliche Lithografiearbeitsgänge notwendig.

Der Prozess erfordert keine Planarisierung, da sich bei Via-Durchmessern von 5 μm und Metallisierungsdicken von 1 μm (MET1) bzw. 2 μm (MET2) sowie einer Oxiddicke von 1,4 μm zwischen MET1 und MET2 keine unzulässig hohen Stromdichten an den Kanten ergeben. Die Kontaktwiderstände liegen zwischen 0,5 Ω und 1 Ω für den Anschluss an Silizium-Gebiete (bei einer Kontaktfläche von 4 × 6 μm^2), der Via-Kontakt beträgt etwa 0,05 Ω (5 × 5 μm^2). Die Metallisierung an sich weicht vom C36-Prozess ab; zur Erhöhung der Zuverlässigkeit setzt sich MET1 aus 0,2 μm diffusionshemmenden TiW und 0,8 μm AlCu (2 % Cu) zusammen. MET2 besteht einheitlich aus AlCu.

Eine Reduktion der Abmessungen von den Isolationsringen um die Bauelemente lässt sich durch die Einführung der **Up-** und **Down-Isolation** erreichen (**Maske 2** (UISO) und **Maske 3** (DISO)). Anstatt eines einzigen Maskenschritts zur Definition der Isolationsbereiche wird durch die Implantation (Up) bzw. Diffusion (Down) eines p-Gebietes vor und nach der Epitaxie des n-dotierten Bereiches und einer nachfolgenden Temperung ein Isolationsring „von zwei Seiten" geschlossen. Dadurch lassen sich lateral kleinere Ausdehnungen erzielen.

7 Standardprozesse der IC-Fertigung

Für die Emitter-Kontaktierung kommt die sogenannte **Washed-Emitter-Technik** zum Einsatz. Diese beruht auf der Tatsache, dass das Oxid über den Emitter-Gebieten sehr viel dünner ist als alle anderen Oxidschichten (Emitter-Diffusion letzter Hochtemperaturschritt in der Prozessfolge). Mit der **Maske 8** (CONTACT) werden nur die Kontaktöffnungen für die Basis-Anschlüsse definiert; über einen nachfolgenden Ätzschritt ohne jede Lackmaske wird das dünne Oxid über den Emitter-Gebieten „abgewaschen". Auf diese Weise kann die Emitter-Fläche auf die Größe einer Kontaktöffnung reduziert werden (kleistmögliche geometrische Fläche im Prozess): Bei Verwendung eines zweischrittigen Verfahrens mit den Layern EMITTER und CONTACT erzwingen die Design-Rules logischerweise eine größere Emitter-Fläche.

Die Abmessungen der Strukturen sind beim C14-Prozess kleiner als bei C36-basierten Schaltungen. Die Dicke der Epi-Schicht liegt bei 3,8 μm, die Tiefe von Basis- und Emitter-Diffusionsgebieten beträgt 0,7 μm bzw. 0,5 μm.

Layout

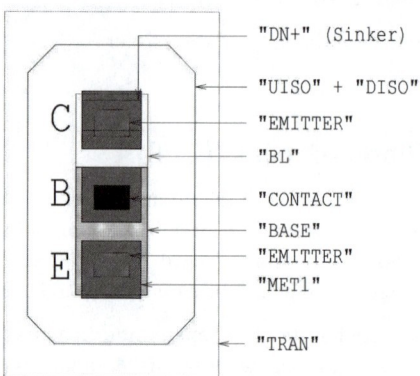

Abbildung 7.13: Layout eines integrierten Bipolar-Transistors im C14-Prozes (Zelle „C1ZNMIN"; Pfad: \Technologie-Files\Bipolar\C14\C14_Cells.tdbs; TRAN ist der Definitions-Layer für NPN- oder PNP-Transistoren, siehe *Kapitel 8*).

Für aufwendigere Schaltungen können – wie in *Kapitel 4* allgemein erläutert – die oben beschriebenen Prozesse um mehrere Metallisierungs- und Passivierungsebenen erweitert werden, wodurch sich neben einer optimierten Verdrahtung auch zusätzliche Widerstands- und Kondensatoranordnungen realisieren ließen. Für spezielle Bipolar-Transistoren kann die für den C36- und C14-Prozess beschriebene Prozesstechnik z.T. erheblich abweichen. So werden beispielsweise für Hochfrequenzanwendungen die Basis und der Emitter sehr schmal. Dies erfordert eine aufwendige Prozessführung bei der Dotierung und Kontaktierung. Allgemein sind viele Eigenschaften wie z. B. die Durchbruchspannung zwischen Kollektor und Substrat oder Kollektor und Basis von der Dotierungskonzentration und der Dicke des Kollektors abhängig. So kann die Kollektor-Basis-Durchbruchspannung U_{CB} einerseits für hoch dotierte Hochfrequenz-Bipolar-Transistoren bei nur wenigen Volt liegen und andererseits in Schaltungen mit einer 36-V-Versorgungsspannung mehr als 70 V betragen.

7.3 Bipolar-Prozesse

Zusammenfassung der Layer-Folge des C14-Prozesses

BL:	Definition des vergrabenen Kollektors
UISO:	Definition der unteren Isolationsgebiete
DISO:	Definition der oberen Isolationsgebiete
DN+:	Definition des Sinkers
BASE:	Definition der Basis-Gebiete
CAP:	Freilegen der Kondensator-Flächen
EMITTER:	Definition der Emitter-Gebiete
CONTACT:	Kontaktöffnungen zwischen Basis-Gebieten und Metallisierung
MET1:	Strukturierung der 1. Metallisierungsebene
VIA:	Strukturierung der Kontaktöffnungen zwischen MET1 und MET2
MET2:	Strukturierung der 2. Metallisierungsebene
PAD:	Öffnung der Bondpads in der Passivierung

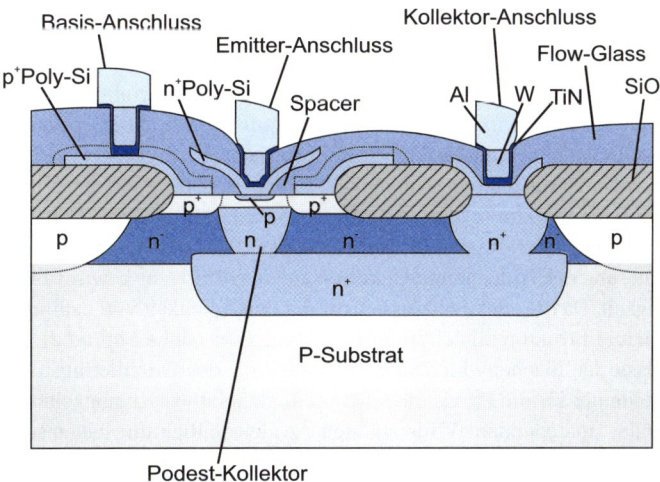

Abbildung 7.14: Schematische Darstellung eines Hochfrequenz-Bipolar-Transistors (nach [1]).

7.3.3 Widerstände in Bipolar-Prozessen

Es bestehen mehrere Möglichkeiten, integrierte Widerstände mit den oben beschriebenen Bipolar-Prozessen C36 und C14 zu realisieren. Je nach Anforderungsprofil ist dabei die am besten geeignete Ausführung in Bezug auf den gewünschten Widerstandswert, Flächenbedarf auf dem Chip, Genauigkeit, Spannungs- und Temperaturabhängigkeit zu wählen.

Eine wichtige Größe zur Charakterisierung von Halbleiterstrukturen ist der **Flächen-** oder **Schichtwiderstand**, der den Widerstand einer beliebig großen quadratischen Schicht bezeichnet. Der mathematische Ausdruck lässt sich aus der Gleichung für einen senkrecht zum Querschnitt stromdurchflossenen Leiter der Länge l, dem spezifischen Widerstand ρ sowie dem Querschnitt A bzw. der Breite b und der Dicke d herleiten:

$$R = \rho \frac{l}{A} = \frac{\rho \cdot l}{d \cdot b} \text{ mit } l = b \Rightarrow \text{Flächenwiderstand } R_{SH} = \frac{\rho}{d} \qquad (7.1)$$

Die Einheit des Flächenwiderstandes ist somit Ω, um Verwechslungen mit dem einfachen elektrischen Widerstand zu vermeiden, wird für den Flächenwiderstand in der Literatur zumeist die Einheit Ω/sq verwendet. Da die Dicke d von diffundierten, implantierten oder in Schichttechnik hergestellten Bereichen durch den Prozess vorgegeben sind, lassen sich mithilfe des Flächenwiderstandes die verschiedenen Typen von integrierten Widerständen gut vergleichen.

Basis-diffundierter Widerstand

Mit der Basis-Diffusion erzeugte Widerstandsstrukturen sind vergleichsweise hochohmig (ca. 150 Ω/sq – 210 Ω/sq für C 36, 300 Ω/sq – 400 Ω/sq für C14) und lassen sich mit einer – auf den ersten Blick sehr schlechten – absoluten Genauigkeit von ±25 % des Sollwerts einstellen. In der Praxis ist es aber zumeist bedeutend, dass nicht die absoluten Werte exakt einstellbar sind, sondern dass Widerstandsstrukturen relativ zueinanderpassen. Man spricht von **Matching** (siehe *Kapitel 8*). Dabei gilt es, einige Grundregeln zu beachten: Je größer die Fläche von Widerständen, desto größer ist die relative Genauigkeit. Bei Basis-Widerständen lassen sich beispielsweise für sehr breite Strukturen (20 µm) Werte von ±0,5 % relativer Genauigkeit erzielen, schmalere Widerstandsabmessungen (6 µm) erreichen ±2 % relative Genauigkeit. Zudem hat auch die Orientierung der Widerstandsstrukturen auf dem Chip eine gewisse Bedeutung für die relative Genauigkeit. Da die effektive Masse bzw. die Beweglichkeit von Ladungsträgern in einkristallinen Silizium-Strukturen leicht richtungsabhängig ist (siehe *Kapitel 2*), bleibt allgemein festzuhalten, dass der Flächenwiderstand ebenfalls von der Orientierung des Stromflusses abhängt. Dies bedeutet für die Praxis, dass für optimale relative Genauigkeiten die Stromrichtung in zueinander „matchenden" Widerständen die gleiche Richtung haben sollte.

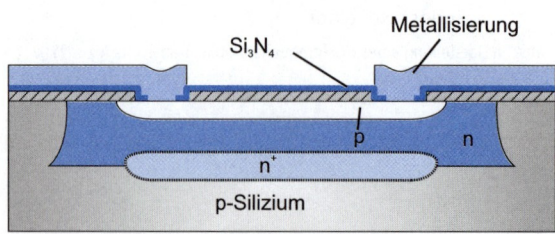

Abbildung 7.15: Basis-diffundierter Widerstand mit Anschlussmetallisierung.

Neben der Genauigkeit sind auch Spannungs- und Temperaturabhängigkeit wichtige Kriterien zur Beurteilung von integrierten Widerständen. So sind diffundierte Widerstände stets von einem entgegengesetzt dotierten Gebiet umgeben. Die sich ergebende PN-Struktur wird im Betrieb naheliegenderweise in Sperrrichtung betrieben, wodurch sich eine Verarmungszone mit spannungsabhängiger Dicke ausbildet. Mit einer Erhöhung der von außen an den Widerstand angelegten Spannung erhöht sich auch die Sperrspannung am PN-Übergang, wodurch sich die Verarmungszone vergrößert. Dadurch verringert sich wiederum der Durchmesser der Widerstandsstruktur, woraus ein höherer Widerstandswert resultiert. Im Falle des Basis-Widerstands liegt die Widerstandserhöhung bei ca. 200 ppm/V. Für ein optimales Matching von Basis-Widerständen ist somit auch ein möglichst identischer DC-Level wichtig [4]. Die Zunahme des Widerstandswertes für höhere Temperaturen ergibt sich beim Basis-Widerstand durch die Temperaturabhängigkeit der Ladungsträgerbeweglichkeit (siehe *Kapitel 2*) und liegt bei 500 ppm/K – 2000 ppm/K.

Emitter-diffundierter Widerstand

Emitter-diffundierte Widerstände können für sehr niederohmige Strukturen eingesetzt werden (4 Ω/sq – 6 Ω/sq für C36, 13 Ω/sq – 23 Ω/sq für C14). Die absolute Genauigkeit liegt wie beim Basis-Widerstand bei ±25 %, als relative Genauigkeit können Werte um ±2 % erreicht werden. Während die Spannungsabhängigkeit des Emitter-Widerstands wegen der hohen Dotierung und der damit sehr schmalen Sperrschicht äußerst gering ist, beträgt die Temperaturabhängigkeit ähnlich wie beim Basis-Widerstand ca. 500 ppm/K – 1500 ppm/K.

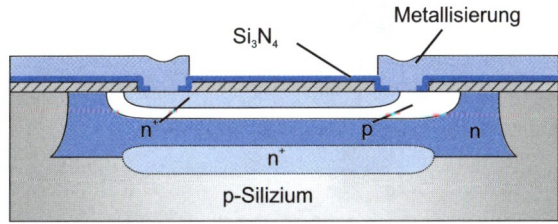

Abbildung 7.16: Emitter-diffundierter Widerstand mit Metallisierung.

Haupteinsatzgebiet von Emitter-diffundierten Strukturen ist allerdings nicht die Verwendung als ohmscher Widerstand, sondern der Einsatz als sogenannter **Cross-under**. Gerade in einfachen analogen Schaltungen beschränkt man sich aus Kostengründen wie im oben gezeigten Beispiel oft auf eine einzige Metallisierungslage [4]. Wenn sich nun aber dennoch Leiterbahnen zwingend kreuzen müssen, kann für kurze Strecken ein hoch dotiertes Emitter-diffundiertes Gebiet unterhalb der Metallisierungsebene genutzt werden, das als „Ersatzleiterbahn" vor und nach dem Kreuzungspunkt kontaktiert wird. Der dadurch erhöhte Widerstandswert ist für diese kurzen Strecken tolerierbar.

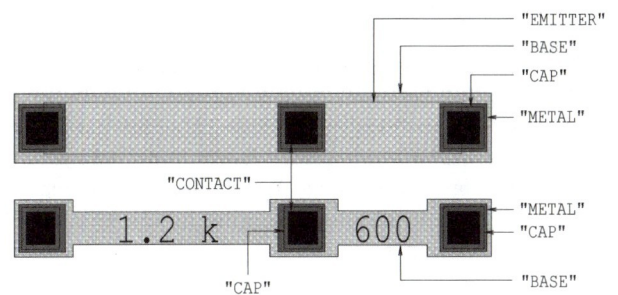

Layout

Abbildung 7.17: Layout des Emitter-diffundierten Widerstands (oben) und des Basis-diffundierten Widerstandes (unten) im C36 Prozess (Zelle „R_Cells"; Pfad: \Technologie-Files\Bipolar\C36\C36_Cells.tdb).

Base-Pinch-Widerstand

Die Grundstruktur eines Base-Pinch-Widerstandes ist in Abbildung 7.18 dargestellt. Es handelt sich dabei um einen Basis-diffundierten Widerstand, der durch ein nachfolgendes Emitter-diffundiertes Gebiet abgeschnürt wird. Dadurch erhält man einen sehr hochohmigen Widerstand (für den C36-Prozess ca. 2 $k\Omega/sq$ – 8 $k\Omega/sq$).

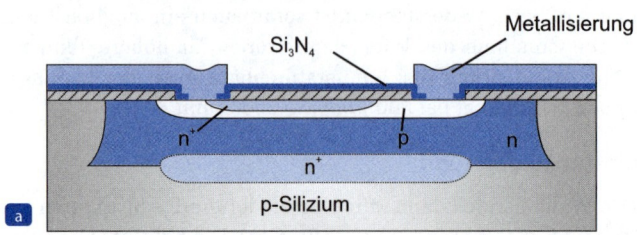

Layout

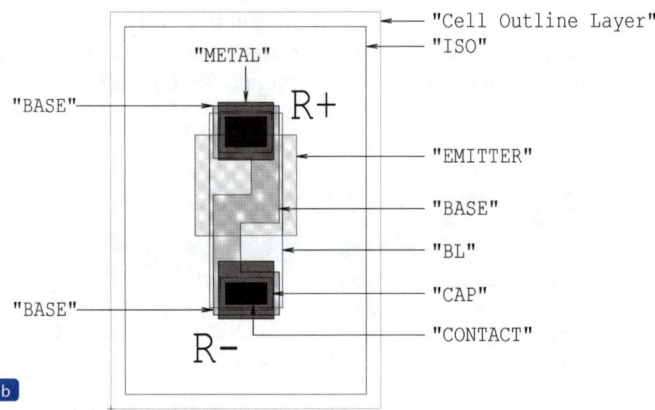

Abbildung 7.18: Querschnittsdarstellung (a) und Layout (b) eines Base-Pich-Widerstands im C36-Prozess (Zelle „C3ZRP30k"; Pfad: \Technologie-Files\Bipolar\C36\C36_Cells.tdb).

Durch einen zusätzlichen Anschluss am Emitter-Gebiet kann beim Anlegen einer Sperrspannung zwischen dem Basis- und Emitter-diffundierten Bereich der Widerstandskanal weiter abgeschnürt werden, wodurch sich der elektrische Widerstand weiter erhöht. Aufbau und Wirkungsweise ähneln dabei einem JFET im Triodenbereich.

Durch die Verarmungszonen an beiden PN-Übergängen ist die Spannungsabhängigkeit des Base-Pinch-Widerstandes mit ca. 2 %/V – 5 %/V recht hoch; Gleiches gilt für den Temperaturkoeffizienten (0,5 %/K). Die Genauigkeit bei der Fertigung ist durch zwei Diffusionsprozessschritte sehr gering und liegt bei ±100 % (absolut) bzw. ±5 % (relativ). Zudem beträgt die Durchbruchspannung nur etwa 7 V; dies ist vergleichbar mit der Durchbruchspannung der Basis-Emitter-Diode eines NPN-Transistors. Trotzdem findet der Base-Pinch-Widerstand immer dann Anwendung, wenn hochohmige Widerstände auf kleiner Fläche realisiert werden sollen und keine zusätzlichen Maskenschritte für die Herstellung von weiteren Dünnschichtstrukturen zur Verfügung stehen.

Epi-Widerstand

Durch Kontaktierung der bei der Kollektor-Epitaxie erzeugten, niedrig dotierten Schicht sind allgemein – in Abhängigkeit von der Dotierungskonzentration – sehr hochohmige Widerstandsstrukturen möglich (allgemein in Bipolar-Prozessen etwa 2 $k\Omega/sq$ – 10 $k\Omega/sq$). Im Vergleich mit Base-Pinch-Widerständen ist die Temperatur- und Spannungsabhängigkeit sehr niedrig; zudem sind sowohl die absolute (±50 %) als auch die relative Genauigkeit (±3 %) höher.

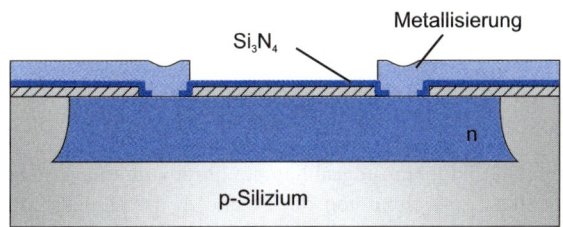

Abbildung 7.19: Epi-Widerstand mit Metallisierung.

Hochohmige Widerstände mit zusätzlichem Maskenschritt

Bisher wurden ausschließlich Widerstandsstrukturen beschrieben, die gemeinsam mit den für eine Bipolar-Transistorschaltung notwendigen Masken- und Arbeitsschritten gefertigt werden können. In vielen komplexeren Bipolar-Prozessen sind für spezielle Widerstandsstrukturen zusätzliche Masken-Layer und Beschichtungsschritte vorgesehen, sodass der Aufbau und das Material des Widerstands nach den jeweiligen Anforderungen gewählt werden können.

Durch eine zusätzliche **Ionenimplantation** mit Bor können flache dotierte Gebiete erstellt werden, die in der Struktur vergleichbar mit Emitter-Widerständen aus Abbildung 7.16 sind, aber durch eine niedrigere Dotierung einen höheren Flächenwiderstand aufweisen. Typische Widerstandswerte sind dabei 500 Ω/sq – 2000 Ω/sq bei einer absoluten Genauigkeit von etwa ±15 %. Vorteile sind eine etwas niedrigere Temperaturabhängigkeit und gute relative Genauigkeiten (±1 % für 5 μm Breite, ±0,15 % für 50 μm), negativ ist eine höhere Spannungsabhängigkeit.

Häufig verwendet werden hochohmige Dünnfilmwiderstände, die sich sowohl durch keinerlei Spannungsabhängigkeit als auch sehr niedrige Temperaturkoeffizienten (±100 ppm/K) auszeichnen. Da für hohe Widerstandswerte sehr dünne Filmdicken erforderlich sind, ist die Stromtragfähigkeit entsprechend niedrig. Gängige Materialien für Dünnfilmwiderstände sind z. B. SiCr, NiCr und Wolfram-Silizide.

7.3.4 Kondensatoren in Bipolar-Prozessen

Generell unterscheidet man in integrierten Schaltungen zwei Typen von Kondensatoren. Zum einen wird die Verarmungszone eines in Sperrrichtung gepolten PN-Übergangs genutzt (**Sperrschichtkondensatoren**), zum anderen finden Anordnungen mit einer Isolierschicht (**sperrschichtfreie Kondensatoren**) Anwendung. Im Folgenden werden die üblichen Ausführungen beschrieben, die in einem einfachen Standard-Bipolar-Prozess ohne zusätzliche Maskenschritte realisiert werden können.

Sperrschichtkondensatoren

Prozessbedingt stehen drei mögliche PN-Übergänge zur Verfügung. Neben dem Basis-Kollektor- und dem Basis-Emitter-Übergang kann noch die Sperrschicht zwischen den Isolationsgebieten und dem hoch dotierten vergrabenen Kollektor genutzt werden.

Die Kapazität einer Sperrschicht kann allgemein durch folgenden Ausdruck beschrieben werden:

$$C_j = C_{jo} \cdot \left(1 + U/U_0\right)^{-m} \tag{7.2}$$

$$\text{mit } C_{jo} = C_j(U=0) = A \cdot \sqrt{\frac{\varepsilon_0 \varepsilon_r q N_A N_D}{2(N_A + N_D)}} \cdot \frac{1}{\sqrt{U_0}} \tag{7.3}$$

Die Sperrschichtkapazität ist spannungsabhängig; ohne von außen angelegte Spannung U ergibt sich die Kapazität C_{jo}, welche von der Fläche A, der Dielektrizitätskonstante ε_r (in Silizium ca. 11,7), den Akzeptor- bzw. Donatorkonzentrationen N_A und N_D sowie der Diffusionsspannung U_0 (bei Silizium ca. 0,9 V) bestimmt wird. Der allgemeine Ausdruck für C_j aus Gleichung 7.2 kann über den Exponenten m an die technologiebedingt unterschiedlichen Formen von PN-Übergängen angepasst werden:

- $m = 0{,}5$ gilt für den idealen Fall des abrupten PN-Übergangs, was annähernd für eine Ionenimplantation erfüllt ist.
- $m \approx 0{,}45$ kann als Näherung für einen durch Diffusion erzeugten PN-Übergang angesetzt werden.

In Abbildung 7.20 ist der Verlauf der Sperrschichtkapazität über der angelegten Sperrspannung bei typischen Dotierungskonzentrationen für beide Herstellungsmethoden skizziert.

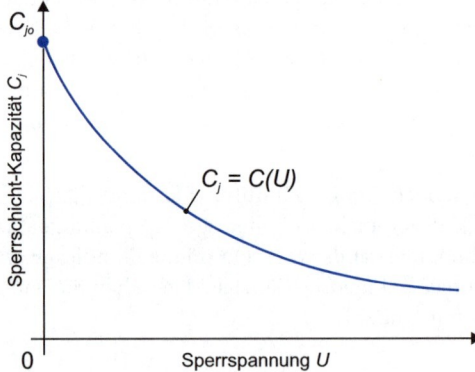

Abbildung 7.20: Spannungsabhängigkeit von Sperrschichtkapazitäten.

In Abbildung 7.21 sind die beiden mit dem Standard-Bipolar-Prozess üblichen Ausführungsformen von integrierten Sperrschichtkondensatoren als prinzipielle Querschnittsskizze dargestellt. Neben der gewünschten Kapazität des Kondensators bilden sich zusätzliche parasitäre Kapazitäten aus; die entsprechenden Werte für die jeweiligen Kapazitätsbeläge sind in den Abbildungen angegeben.

7.3 Bipolar-Prozesse

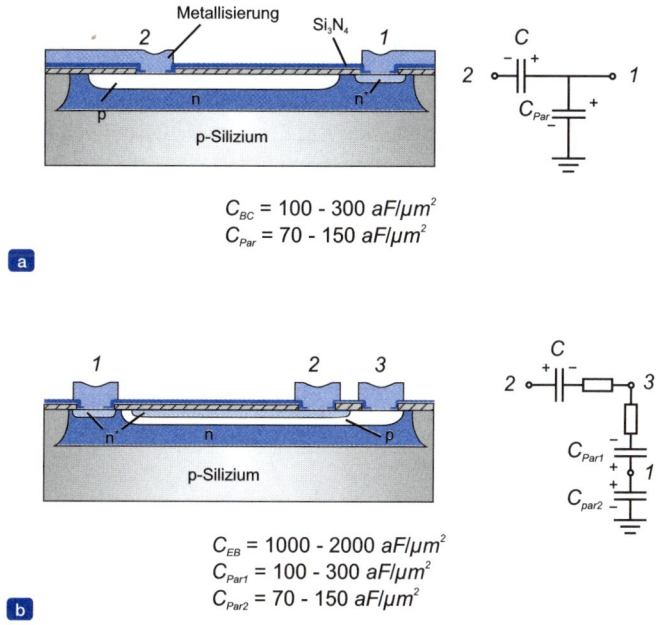

Abbildung 7.21: Sperrschichtkondensatoren. (a) Basis-Kollektor-Sperrschichtkondensator (für einen niederohmigen Epi-Anschluss wird der Widerstand teilweise auch mit Sinker und und vergrabenem Kollektor ausgeführt). (b) Basis-Emitter-Sperrschichtkondensator.

Sperrschichtfreie Kondensatoren

In sperrschichtfreien Kondensatoren werden flächige Isolierschichten als Dielektrikum genutzt. Für möglichst große Kapazitäten muss nach der hier zweckmäßigen Plattenkondensator-Gleichung

$$C = \varepsilon_0 \cdot \varepsilon_r \cdot \frac{A}{d} \tag{7.4}$$

die Dicke des Dielektrikums möglichst gering sein. Daher sind Feldoxidstrukturen nicht geeignet. Besteht nicht die Möglichkeit des Auftrags eines separaten Dielektrikums, muss ein dünnes, im Prozess vorgesehenes Oxid verwendet werden (z. B. Emitter-Oxid mit ca. 0,2 μm in Standardprozessen). Eine so erzeugte Kondensatoranordnung ist in Abbildung 7.22 zu sehen. Um die parasitäre Kapazität zum Substrat möglichst gering zu halten, wird auf den vergrabenen Kollektor verzichtet. Typische Kapazitätswerte dieser Struktur liegen bei 180 $aF/\mu m^2$, die parasitäre Kapazität zwischen n-dotiertem Emitter und dem p-dotierten Substrat ist mit etwa 100 $aF/\mu m^2$ recht hoch und muss beim Schaltungsdesign berücksichtigt werden.

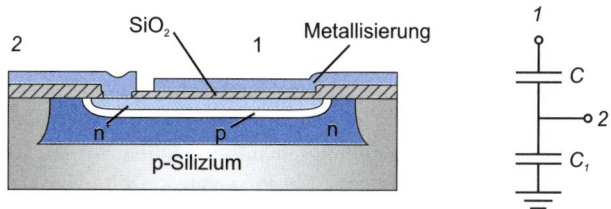

Abbildung 7.22: Allgemeine Darstellung eines integrierten Kondensators mit Dielektrikum.

In den hier vorgestellten Bipolar-Prozessen C36 und C14 stehen zusätzliche Kondensator-Maskenschritte zur Verfügung, wodurch sich bessere Kondensatorstrukturen realisieren lassen. Für den zusätzlichen CAP-Layer wird das Oxid über dem Emitter-Gebiet abgeätzt und durch eine dünne neue Schicht ersetzt. Für höhere Kapazitätsbeläge können anstatt SiO_2 Materialien mit höheren ε_r eingesetzt werden. Auf diese Weise wird durch die übliche Si_3N_4-Schicht ein Kapazitätsbelag von 450 $aF/\mu m^2$ erreicht ($\varepsilon_r(SiO_2) \approx 3{,}9$, $\varepsilon_r(Si_3N_4) \approx 7{,}5$); bei der Verwendung von SiO_2 sind die Werte entsprechend geringer.

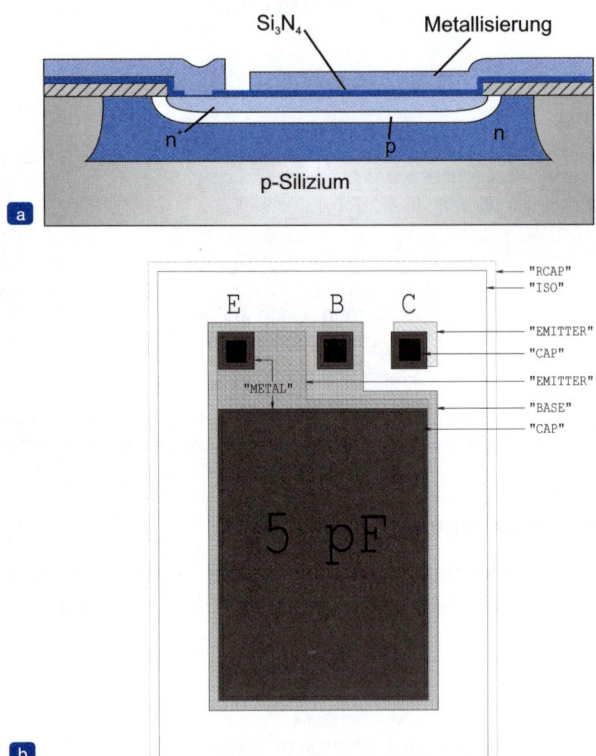

Layout

Abbildung 7.23: Sperrschichtfreie Kondensatorausführung mit Si_3N_4-Dielektrikum. (a) Querschnitt (nicht maßstäblich). (b) Layout-Beispiel im C36-Prozess (Zelle „C3ZC00"; Pfad: \Technologie-Files\Bipolar\C36\C36_Cells.tdb).

7.4 CMOS-Prozesse

Aufgrund sehr niedriger Verlustleistungen und einer verhältnismäßig einfachen Prozesstechnik ist die **CMOS**-Technologie (**Complementary Metal Oxide Semiconductor**) zurzeit die am weitesten verbreitete Realisierungsform integrierter Schaltungen. Bei digitalen CMOS-Schaltungen werden NMOS- und PMOS-Feldeffekt-Transistoren zusammen auf einem Substrat derart miteinander verschaltet, dass im Ruhezustand äußerst niedrige Verluste auftreten. Eine Erläuterung der schaltungstechnischen Grundlagen erfolgt in *Kapitel 18*, an dieser Stelle soll nur ein Verständnis des Herstellungsablaufs ermöglicht werden. Die Beschreibung zur Layout-Erstellung bei Verwendung des CM5-Prozesses mithilfe von L-Edit erfolgt dann im Detail in *Abschnitt 8.4.2*.

7.4.1 CMOS-Standardprozess (CM5)

Das Ausgangssubstrat besteht aus schwach dotiertem p-Silizium. Im ersten Schritt wird in Vorbereitung eines später folgenden LOCOS-Prozesses das Substrat ganzflächig mit SiO$_2$ (etwa 50 nm) und Si$_3$N$_4$ (150 nm) belegt (Abbildung 7.24). Es wird empfohlen, neben dem Studium der folgenden Ausführungen das Layout des Inverters INV2B zu öffnen (Pfad: \Technologie-Files\MOS\CM5\CM5_Cells.tdb) um die einzelnen Prozessschritte Layer für Layer verfolgen zu können.

Layout

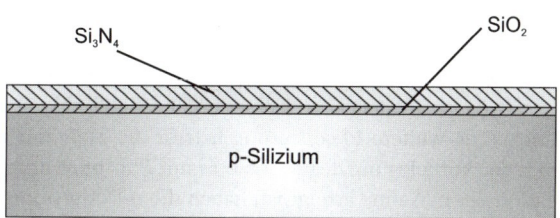

Abbildung 7.24: P-dotierter Silizium-Ausgangswafer nach Abscheidung einer SiO$_2$-/ Si$_3$N$_4$ -Doppelschicht.

An die Beschichtung schließt sich der erste fotolithografische Schritt mit **Maske 1** (Layer-Name: NWELL) zur Erzeugung der n-dotierten Wannen für die P-Kanal-Transistoren an. Dafür wird die Struktur aus Abbildung 7.24 ganzflächig mit Fotolack bedeckt und durch die Maske belichtet. Nach der Entwicklung des Fotoresists in den belichteten Bereichen (Positivlack) kann das Si$_3$N$_4$ abgeätzt werden. Über einen Implantationsschritt mit Phosphor wird unter dem freigelegten Gebiet die Vorbelegung für eine später folgende Drive-In-Diffusion erzeugt. Die sich ergebene Struktur ist in Abbildung 7.25 dargestellt. Anschließend wird der Fotoresist in den nicht zu implantierenden Bereichen wieder entfernt. Die Tiefe der n-Wanne beträgt am Prozessende etwa 4 µm.

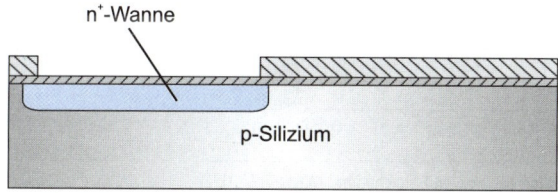

Abbildung 7.25: Erzeugung der n-dotierten Wannen mittels Ionenimplantation für die P-Kanal-Transistoren mit Maske 1 (NWELL).

Im nächsten Schritt soll die Dotierungskonzentration im p-Gebiet für die N-Kanal-MOSFETs eingestellt werden, ohne dafür einen zusätzlichen Maskenschritt zu benötigen (**Self-Aligned**-Prozess). Nach dem Entfernen des Fotolacks mittels RIE werden die Implantationsöffnungen im Si$_3$N$_4$ oberhalb der n-Wannen über den LOCOS-Prozess (siehe *Abschnitt 4.4.4*) mit einem dicken Oxid bedeckt. Anschließend folgt die Entfernung der Si$_3$N$_4$/SiO$_2$-Doppelschicht in allen anderen Bereichen. Das dicke Oxid schützt die n-Wanne vor der danach ablaufenden Vorbelegung des p-Gebietes durch eine Ionenimplantation mit Bor (Abbildung 7.26). Im Anschluss erfolgt über eine Temperung bei 1100 °C der Drive-In für die Dotierstoffe in der n- und p-Wanne. Danach wird die gesamte Oxidschicht wieder entfernt.

Der hier vorgestellte CM5-Prozess ist an sich ein Dual-Well-Prozess mit separaten p- und n-Wannen. Da aber nur für die n-Wanne ein separater Maskenschritt erforderlich ist, muss der Layouter lediglich die Geometrie für den NWELL-Layer erstellen.

7 Standardprozesse der IC-Fertigung

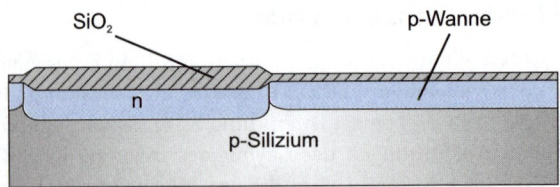

Abbildung 7.26: Selbstjustierender Prozess zur Erzeugung der p-Wannen durch eine Ionenimplantation mit Bor.

Es sei an dieser Stelle noch einmal angemerkt, dass aufgrund der bisherigen Prozessführung unterschiedlich dicke Oxidschichten über den n- und p-Well-Gebieten erzeugt worden sind. Nach der SiO_2-Entfernung verbleibt daher eine deutliche Stufe auf der Silizium-Oberfläche. In den Abbildungen wurde zugunsten einer besseren Übersichtlichkeit auf die Darstellung dieser Stufe verzichtet. Eine weitere Idealisierung betrifft die Tiefe der n- und p-dotierten Wannen. Da zwischen der Vorbelegung des n-Gebietes mit Phosphor und des p-Gebietes mit Bor die lokale Oxidation der n-Wanne erfolgt ist, haben die n-Dotierstoffe quasi eine Temperung „Vorsprung" vor den Bor-Atomen im p-Bereich – mit den dabei ablaufenden Diffusionsprozessen. Dieser Tiefenunterschied ist in Abbildung 7.26 berücksichtigt. In den folgenden Prozessschritten kommt es jedoch zu weiteren Temperschritten, wodurch diese Unterschiede in der Diffusionstiefe in den Hintergrund treten und somit nicht mehr dargestellt werden.

Im nächsten Schritt sollen die eigentlichen Bauelementgebiete, die sogenannten **Active Areas**, definiert werden. Dazu wird der Wafer wieder mit einer dünnen Oxid/Nitrid-Doppelschicht bedeckt (siehe Abbildung 7.24). Nach einer Fotolithografie mit **Maske 2** (AA) und zwei Ätzschritten zur Strukturierung der Si_3N_4-Schicht sowie der Entfernung des Fotolacks ergibt sich als Resultat die Anordnung aus Abbildung 7.27.

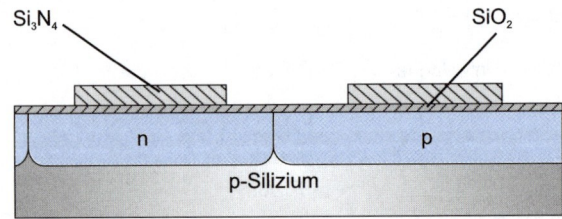

Abbildung 7.27: Definition der aktiven Bereiche über Maske 2 (AA).

Um die Ausbildung von parasitären Kanälen unterhalb von Feldoxid Strukturen durch darüberliegende Verbindungsleitungen zu verhindern (siehe *Abschnitt 8.6.1*), werden mit zwei Implantationsschritten gemäß Abbildung 7.28 die sogenannten **Channel-Stopper** erzeugt (**Feldimplantation**). Dies erfolgt analog zu vorigen Implantationsprozessgängen über eine Lithografie mit der **Maske 3** (FIMP) und einer sich anschließenden Bor-Implantation im p-Gebiet und einer Phosphor-Implantation im n-Gebiet. Dabei wird einmal Positiv- und einmal Negativ-Fotolack verwendet (siehe *Kapitel 4*). Im Regelfall wird die Geometrie dieser Maske nicht vom Layouter erstellt, sondern im Maskenhaus direkt aus dem Layout für die n-Wanne generiert. Nur wenn bestimmte Bereiche unterhalb eines Feldoxids gezielt nicht dotiert werden sollen, ist das vom Standard abweichende Layout separat zu erstellen. Die Dotierung der Channel-Stopper ist nicht besonders hoch, sodass die p- und n-Bereiche einander berühren dürfen.

7.4 CMOS-Prozesse

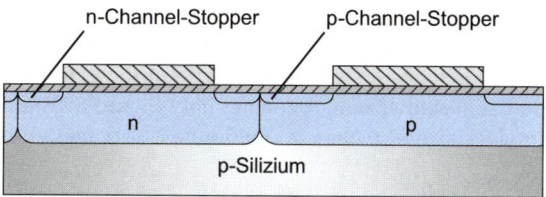

Abbildung 7.28: Feldimplantation nach zweifacher Nutzung der Maske 3 (FIMP).

Über eine lokale Oxidation wird nun das 400 nm dicke Feldoxid gewachsen (Abbildung 7.29). Die Feldimplantationsgebiete werden der Übersichtlichkeit halber in den folgenden Abbildungen nicht dargestellt.

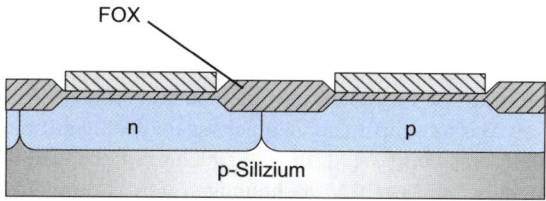

Abbildung 7.29: Erzeugung des Feldoxids mit der LOCOS-Technologie.

Im Anschluss werden das Si_3N_4 und das dünne SiO_2 im Active-Area-Bereich wieder vollständig entfernt. Nach einer erneuten Oxidation zur Erzeugung des Streuoxids erfolgt ein Implantationsschritt mit Bor, um die Kanaldotierung für die N-Kanal-MOSFETs im p-Gebiet zu definieren und somit die Einsatzspannung der Transistoren festzulegen. Über einen Maskenschritt mit **Maske 8** (PPLUS, siehe später) werden die p-dotierten Gebiete danach durch ausgehärteten Fotolack vor der Ionenimplantation mit Arsen zur Kanaldotierung der P-Kanal-MOSFETS in den n-Gebieten geschützt. In Abbildung 7.30 ist der sich ergebene Fertigungsstand dargestellt, die implantierten Gebiete sind durch die farblich nicht abgehobenen Wannen gekennzeichnet. Maske 8 wird später noch einmal benutzt.

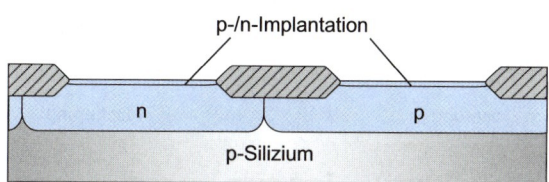

Abbildung 7.30: Einstellung der Einsatzspannungen der N- und P-Kanal-Transistoren.

Nach Entfernung des Fotolacks und Streuoxids kann nun das Gate-Oxid aufgebracht werden. Dies geschieht mit einer sehr genau kontrollierten trockenen Oxidation. Die Gate-Dicke beträgt bei dem hier vorgestellten CM5-Prozess 17 nm.

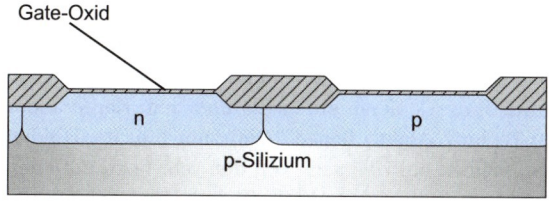

Abbildung 7.31: Erzeugung des Gate-Oxids.

Im Anschluss folgt der Auftrag einer 300 *nm* dicken Polysilizium-Schicht für die Gate-Bereiche. Zur Verringerung des elektrischen Widerstandes wird das Polysilizium über eine Ionenimplantation mit Phosphor hoch dotiert. Die fotolithografische Strukturierung mit **Maske 4** (POLY1) und das anschließende Ätzen des Poly-Si und SiO_2 unter dem belichteten und entwickelten Fotolack führen zu dem in Abbildung 7.32 dargestellten Fertigungsstand.

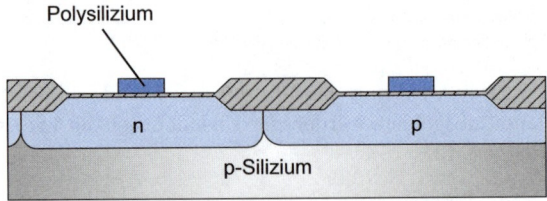

Abbildung 7.32: Abscheidung der unteren Polyebene (Maske 4, POLY1), die als Gate-Elektrode, Widerstandsstruktur, Teil eines Poly-Poly-Kondensators oder zusätzliche Verdrahtungsebene eingesetzt werden kann.

Der POLY1-Layer kann für die Realisierung von einstellbaren hochohmigen Widerständen in einem zusätzlichen Maskenschritt auch zunächst ganzflächig mit niedrigerer Dotierung realisiert werden (siehe *Abschnitt 7.4.3*). Bei der sich anschließenden hohen Dotierung für die übrigen Polybereiche müssen die hochohmigen Strukturen durch einen Lithografieschritt mit der optionalen zusätzlichen **Maske 5** (HRES) mit Fotolack geschützt werden. Die HRES-Maske kommt im Bedarfsfall daher **vor** der POLY1-Strukturierung zum Einsatz!

Für die Herstellung von integrierten Poly-Poly-Kondensatorstrukturen (siehe *Abschnitt 7.4.4*) kann nach der ganzflächigen Abscheidung und Dotierung des Polysiliziums ein dünnes Oxid als Dielektrikum aufgewachsen werden, anschließend folgt als zweite Elektrode eine weitere dotierte Polyebene. Die Strukturierung der zweiten Polysilizium-Schicht mit **Maske 6** (POLY2) findet ebenfalls **vor** der Lithografie und dem Ätzprozess der darunterliegenden POLY1-Schicht statt; diese Arbeitsgänge erfolgen dann direkt im Anschluss. Sofern die gewünschte Schaltung sowohl hochohmige Widerstände als auch Kondensatoren beinhalten soll, gilt für die Maskenfolge abweichend von der Bezifferung somit: zunächst Lithografie mit Maske 5 zur Dotierung der hochohmigen Bereiche, dann Lithografie mit Maske 6 zur Strukturierung der POLY2-Ebene und zuletzt die Lithografie mit Maske 4 für das nachfolgende Ätzen der unten liegenden POLY1-Gebiete.

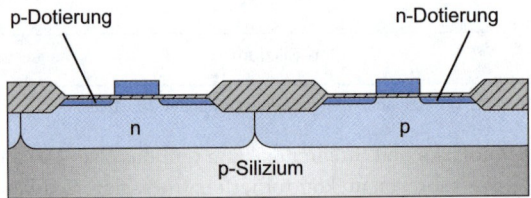

Abbildung 7.33: Erste von zwei Ionenimplantationen für die Realisierung von Source- und Drain-Gebieten mithilfe der LDD-Technologie.

Nach der Erzeugung der Polysilizium-Strukturen werden in den nächsten Schritten die Source- und Drain-Gebiete erzeugt. Um Feldstärkespitzen am Übergang zwischen den hoch dotierten Source- und Drain-Gebieten einerseits und dem Kanal andererseits zu reduzieren, kommt die **LDD**-Technik (**Lightly Doped Drain**) zum Einsatz. Hierbei wird durch einen zweifachen Dotierungsschritt ein Übergang von den sehr hoch dotierten Gebieten hin zum niedrig dotierten Kanal erreicht (siehe *Abschnitt 3.7*). Zunächst werden nach einer Lithografie mit **Maske 7** (NPLUS) und der Streuoxid-Erzeugung mittels Phosphor-Ionenimplantation niedrig dotierte und flache n-Gebiete in der p-Wanne realisiert. Anschließend erfolgt analog mit **Maske 8** (PPLUS) die Dotierung von Drain und Source für den P-Kanal-Transistor über eine Bor-Implantation (siehe Abbildung 7.33).

Im Anschluss erfolgt die Herstellung von seitlichen SiO_2-Kapselungen an den polykristallinen Gate-Elektroden, den sogenannten **Side-Wall-Spacern**. Dafür wird eine konforme SiO_2-Schicht abgeschieden und anisotrop geätzt. An den Seiten der polykristallinen Gate-Elektroden bleibt so eine dünne Oxidschicht vorhanden (Abbildung 7.34).

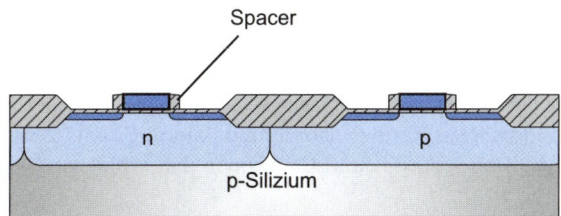

Abbildung 7.34: Nach der Abscheidung von SiO_2 und anschließendem Rückätzen ergeben sich die Side-Wall-Spacer an den Gate-Elektroden. Eine Maske ist hierzu nicht erforderlich.

Die beiden vorangegangenen Lithografieschritte mit den **Masken 7** und **8** werden nun noch einmal durchgeführt; im Anschluss an den jeweiligen Maskenprozess erfolgt eine erneute Ionenimplantation in den Source- und Drain-Bereichen. Dabei werden die jetzt offen liegenden Drain- und Source-Gebiete mit Arsen bzw. Bor nochmals mit erhöhter Konzentration dotiert, sodass den bisher flachen und niedrig dotierten n- bzw. p-Gebieten eine tiefere und hochkonzentrierte Dotierung hinzugefügt wird (Abbildung 7.35). Durch einen sich anschließenden RTA-Schnellheizprozess bei 1050 °C (1 min) werden die Implantationsschäden ausgeheilt, die Dotierstoffe aktiviert und die aktiven Gebiete auf die vorgesehenen Abmaße ausgedehnt.

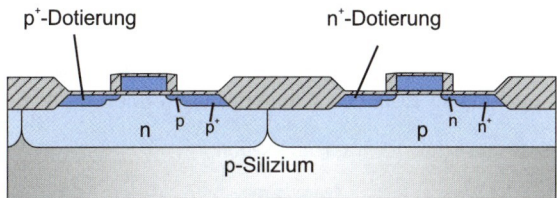

Abbildung 7.35: Ionenimplantation für die Realisierung von Source- und Drain-Gebieten mithilfe der LDD-Technologie. (Eine Maske ist hierzu nicht erforderlich)

Im darauffolgenden Arbeitsgang erfolgt für eine temperaturstabile niederohmige Kontaktierung die Herstellung von Salicide-Schichtstrukturen auf den Drain- und Source-Gebieten. Dafür wird nach der Entfernung aller Oxidschichten über den zu kontaktierenden Bereichen eine Sputterabscheidung von Titan vorgenommen. Nach einer Temperung bildet sich $TiSi_2$ aus (siehe *Abschnitt 4.4.1* und *4.4.5*), das als ohmsches Kontaktmaterial zu Source und Drain verwendet wird. Das Titan auf dem Oxid um die Kontaktgebiete wird anschließend wieder abgeätzt, sodass sich der Zwischenstand aus Abbildung 7.36 ergibt. Eine Maske ist hierzu nicht erforderlich.

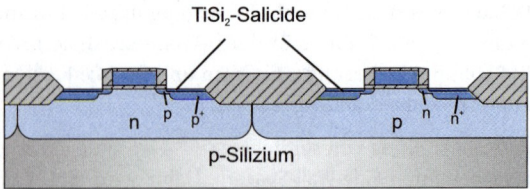

Abbildung 7.36: Ti$_2$Si-Kontaktierung von dotierten Silizium-Gebieten.

Die grundlegende Struktur der CMOS-Zelle ist nach der Silizid-Bildung abgeschlossen. Nun gilt es, die Metallisierung und Passivierung zu erzeugen. Dafür wird zunächst eine BPSG-Schicht abgeschieden und anschließend in einem Wärmeschritt geglättet (siehe *Abschnitt 4.6.2*). Die Dicke dieser BPSG-Schicht über der POLY1-Ebene beträgt dabei 550 nm. Nach einer Fotolithografie mit **Maske 9** (CONT) folgt über einen Trockenätzprozess die Öffnung der Kontaktlöcher für die spätere Kontaktierung der ein- und polykristallinen Silizium-Bereiche wie Drain, Source und Gate sowie den Widerstands- und Kondensatorstrukturen (Abbildung 7.37).

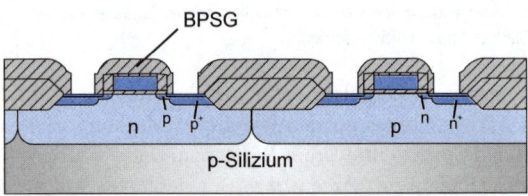

Abbildung 7.37: BPSG-Auftrag und Ätzen der Kontaktöffnungen nach Lithografie mit Maske 9 (CONT).

Im Anschluss wird über einen Sputterprozess eine Titan-Titan-Nitrid-Doppelschicht als Barrierenebene und dann direkt die AlSiTi-Leiterbahnmetallisierung abgeschieden. Da die Fläche der Kontaktöffnungen mit $0{,}9 \times 0{,}9\ \mu m^2$ relativ groß ist, kann auf eine separate Auffüllung der Kontaktöffnungen und eine zusätzliche Planarisierung verzichtet werden. Mit **Maske 10** (MET1) und einem nachfolgenden Ätzschritt wird die 600 nm dicke Leiterbahnmetallisierung strukturiert, sodass sich der Schaltungsquerschnitt aus Abbildung 7.38 ergibt. Die Kontaktwiderstände betragen für einen Standard-Contact etwa 5 Ω bei einem Anschluss an n-Gebiete und 15 Ω für die Kontaktierung p-dotierter Bereiche.

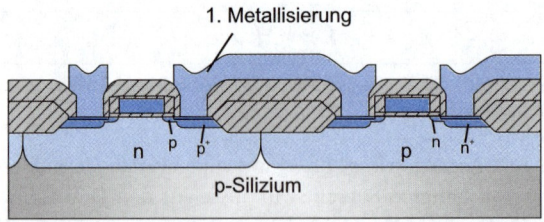

Abbildung 7.38: Sputterabscheidung der 1. Metallisierungsebene und nachfolgende Strukturierung mit Maske 10 (MET1).

Nach dem Aufschleudern und Aushärten eines Spin-On-Dielektrikums wird mit den **Masken 11** (VIA) und **12** (MET2) eine zweite Leiterbahnenebene erstellt. Die Arbeitsgänge sind dabei identisch mit denjenigen der **Masken 9** und **10** (Abbildung 7.39 und Abbildung 7.40).

Die Via-Durchmesser betragen $1\ \mu m \times 1\ \mu m$, die zweite Metallisierung weist eine Dicke von 1,05 μm auf. Die Dicke der Isolationsschicht zwischen der ersten und zweiten Leiterbahnebene beträgt etwa 650 nm.

7.4 CMOS-Prozesse

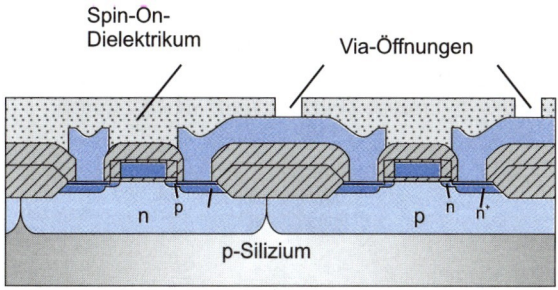

Abbildung 7.39: Auftrag des Spin-On-Dielektriums und Ätzen der Via-Öffnungen nach einer Lithografie mit Maske 11 (VIA).

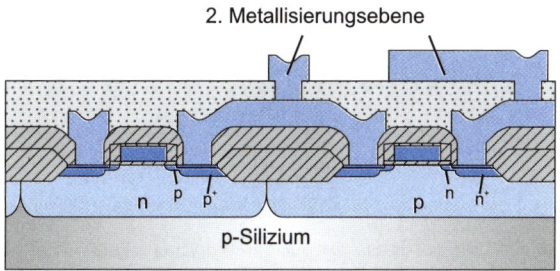

Abbildung 7.40: Auftrag und Strukturierung der 2. Metallisierungsebene (Maske 12, CONT).

Anschließend erfolgt die Beschichtung des ganzen ICs mit einer Passivierungs- und Schutzschicht. Die Materialwahl ist dabei kundenspezifisch; es kommen sowohl Si_3N_4 als auch verschiedene organische Materialien in Kombination mit weiteren Oxidschichten zum Einsatz. Durch eine Lithografie mit **Maske 13** (PAD) werden die Kontaktpads für einen Bondanschluss des Chips definiert und freigeätzt (zum Bonden mehr in *Abschnitt 5.2*). Die entsprechenden Bereiche sind in Abbildung 7.41 außerhalb des dargestellten Querschnitts.

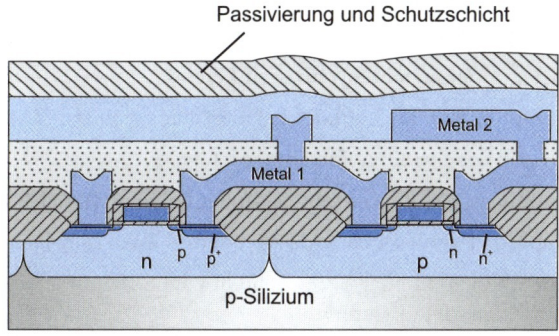

Abbildung 7.41: Passivierung der integrierten Schaltung.

Für die Optimierung der elektrischen Eigenschaften erfolgt zum Abschluss der Fertigung ein letzter Wärmeschritt. Der Chip kann anschließend zur Weiterverarbeitung mit einem Gehäuse versehen (*Kapitel 5*) und getestet werden (*Kapitel 6*).

In Abbildung 7.42 ist das zum CM5 zugehörige Layout einer Inverter-Schaltung zu sehen. Neben den oben beschriebenen Transistorstrukturen sind das Anschlussgebiet für die Versorgungsspannung an der n-Wanne und der Substratanschluss ebenfalls dargestellt. Zur Verbesserung der Kontakteigenschaften ist für den Anschluss von VDD an die n-Wanne auch ein hoch dotierter Bereich mit dem NPLUS-Layer vorgesehen. Umgekehrt wird der Ground-Kontakt an das p-Substrat über eine p-Implantation verbessert (PPLUS). Eine detaillierte Beschreibung der Layout-Prozedur für den CM5-Prozess ist in *Abschnitt 8.4.2* zu finden.

Layout

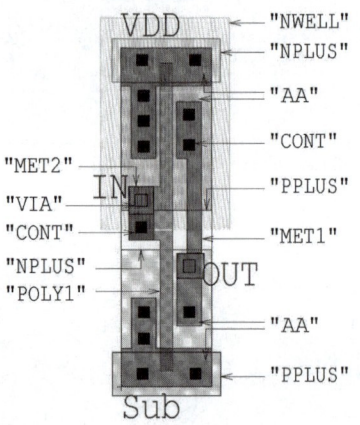

Abbildung 7.42: Layout einer Inverter-Schaltung mit Substrat- und Versorgungsspannungsanschluss im 0,8-μm-CM5 CMOS-Prozess (Zelle „INV2B", Pfad: \Technologie-Files\MOS\CM5\CM5_Cells.tdb).

Wie bei den beiden bipolaren Prozessen wird auch für den CM5-Prozess an dieser Stelle die Bedeutung der einzelnen Masken-Layer tabellarisch zusammengestellt.

Zusammenfassung der Layer-Folge des CM5-Prozesses

NWELL:	Definition der n-dotierten Wannen
AA:	Definition der Active-Area-Bereiche
FIMP:	Feldimplantation
POLY1:	Struktur der ersten Polysilizium-Ebene
HRES:	Definition von hochohmigen Widerstandsgeometrien
POLY2:	Struktur der zweiten Polysilizium-Ebene
NPLUS:	Definition von Source und Drain der N-Kanal-Transistoren
PPLUS:	Definition von Source und Drain der P-Kanal-Transistoren
CONT:	Kontaktlöcher in der BPSG-Schicht vom Silizium oder Polysilizium zur ersten Metallisierung
MET1:	Strukturierung der 1. Metallisierungsebene
VIA:	Öffnungen in der Isolationsschicht zwischen 1. und 2. Metallisierung
MET2:	Strukturierung der 2. Metallisierungsebene
PAD:	Öffnung der Bondpads in der Passivierung

7.4.2 Fortschrittliche CMOS-Prozesse

Der beschriebene 0,8-μm-CMOS-Prozess ist für viele ASIC-Anforderungen eine technisch ausreichende und gleichzeitig relativ kostengünstige Lösung bei kleinen und mittleren Stückzahlen und auch für Analoganwendung geeignet. Trotzdem gehen die Prozessanbieter und Foundries derzeit zu höher integrierten Prozesstechnologien über (0,35 μm oder 0,4 μm), wodurch einige grundsätzliche Erweiterungen der Fertigungsprozeduren notwendig werden. In *Kapitel 4.6* wurden bereits verschiedene Möglichkeiten zur Realisierung höherer Integrationsgrade beschrieben.

So sind als Fortschritte bei der „Verdrahtung" die Einführung von Local Interconnects aus Wolfram, eine Planarisierung der IC-Struktur vor der Abscheidung nachfolgender Metallisierungsebenen sowie die separate Auffüllung von Contact- und Via-Öffnungen (Damascene-Technik) zu nennen. Für Hochleistungsmikroprozessoren sind aufgrund der besseren Leitfähigkeit Aluminium-basierte Metallisierungen durch Kupferleiterbahnen abgelöst worden; dieser Fortschritt wird mit zusätzlichen Maßnahmen der Kapselung des zu schneller Diffusion und Oxidation neigenden Metalls erkauft.

Die Isolierung auf Bauelementebene lässt sich durch alternative Prozessführungen ebenfalls optimieren. Der „Schnabel" von LOCOS-Feldoxiden kann durch die Verwendung einer Polysilizium-Pufferschicht zwischen SiO_2 und Si_3N_4 verkürzt werden; für spezielle Prozesse kann der Einsatz von **Graben-Isolationen** zur elektrischen Trennung von aktiven Bereichen erfolgen. Hierbei werden über einen anisotropen Trockenätzprozess Gräben mit <500 nm Durchmesser erzeugt und anschließend durch eine konforme CVD-Abscheidung mit SiO_2 aufgefüllt. Den Abschluss macht das Rückätzen des Oxids von der Wafer-Oberfläche mittels CMP.

Zur Reduktion von Leckströmen und Schaltzeiten geht man bei der Fertigung moderner High-Performance-Chips trotz der wesentlich höheren Kosten von klassischen Silizium-Bulk-Substraten zu Silicon-On-Insulator-Wafern über (siehe *Abschnitt 4.1.2*).

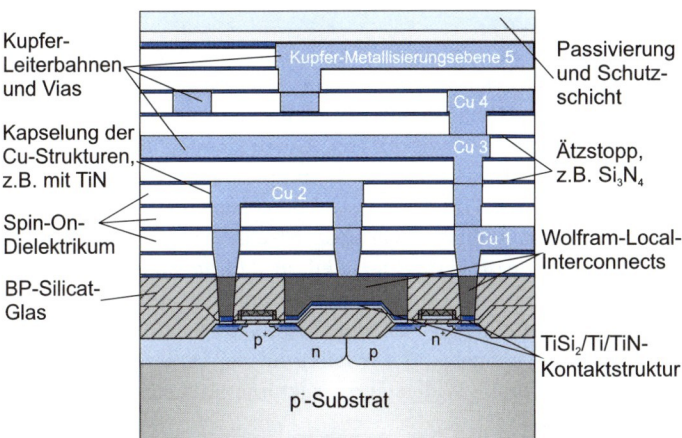

Abbildung 7.43: Querschnitt durch eine IC-Struktur mit Wolfram-Local-Interconnects sowie Leiterbahnen und Vias aus Kupfer.

7.4.3 Widerstände in CMOS-Prozessen

Analog zum Standard-Bipolar-Prozess lassen sich auch mit der CMOS-Technologie Widerstände ohne zusätzliche Maskenschritte realisieren. Für analoge Schaltungen stehen z. B. zur Realisierung spezieller Polywiderstände zusätzliche Layer zur Verfügung. Die gängigen Ausführungen werden im Folgenden näher erläutert.

Source/Drain-Widerstand

Widerstandsstrukturen, die gleichzeitig mit der Dotierung der Source- und Drain-Gebiete erzeugt werden (Abbildung 7.44), lassen sich im Aufbau mit den Basis- und Emitter-Widerständen des Standard-Bipolar-Prozesses vergleichen. Dabei unterscheiden sich – wie bereits beim Bipolar-Prozess erwähnt – die Widerstandswerte für eine Dotierung über Diffusion oder durch Ionenimplantation. Während bei diffundierten Widerstandsgebieten der Flächenwiderstand etwa 10–100 Ω/sq beträgt, sind über eine gezielte Implantation Werte von 500 Ω/sq bis 2000 Ω/sq erreichbar. Die Temperatur- und Spannungsabhängigkeiten sowie die erreichbare Fertigungsgenauigkeit liegen für Source/Drain-Widerstände in der gleichen Größenordnung wie für den Basis-Widerstand.

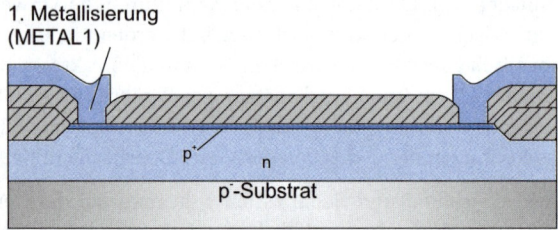

Abbildung 7.44: Prinzipieller Aufbau eines Source/Drain-Widerstands.

Polywiderstand

Bei Polywiderständen wird eine normal dotierte (ohne zusätzliche Maske) oder eine speziell dotierte (zusätzliche Maske erforderlich) Struktur aus Polysilizium als Widerstand eingesetzt (Abbildung 7.45). Diese Widerstände zeichnen sich generell durch geringe Parasitäten und nahezu keine Spannungsabhängigkeit aus. Aus prozesstechnischer Sicht können zwei Realisierungsformen unterschieden werden. Zum einen kann der Gate-Poly-Layer zusätzlich direkt als niederohmige Widerstandsstruktur verwendet werden (Herstellung mit Maske POLY), zum anderen stellen – wie oben beschrieben – viele anspruchsvolle (vor allem analoge) CMOS-Prozesse für Widerstandsstrukturen einen eigenen Masken- und Implantationsschritt bereit (HRES). Durch die Ionenimplantation lässt sich im CM5-Prozess der Widerstandswert von 30 Ω/sq über ca. 150 Ω/sq bis hin zu 2000 Ω/sq in weiten Grenzen einstellen. Die Spannungsabhängigkeit schwankt mit der Dotierung zwischen 300 ppm/V und 800 ppm/V. Für 5 μm breite Widerstandsstrukturen lässt sich die relative Genauigkeit zu etwa 1 % angeben.

7.4 CMOS-Prozesse

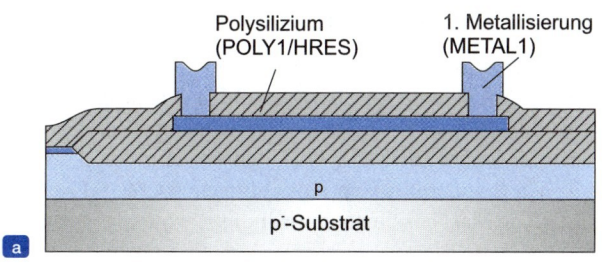

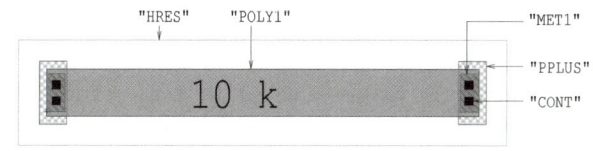

Abbildung 7.45: Querschnitt (a) und CM5-Layout (b) eines Polywiderstands (Zelle „RPOLYH10K", Pfad: \Technologie-Files\MOS\CM5\CM5_Cells.tdb).

P- und N-Well-Widerstand

Für hochohmige Widerstände bis ca. 1500 Ω/sq können im CM5-Prozess ohne zusätzlichen Maskenschritt die n-Wannen genutzt werden. Bei relativ hohen Temperatur- und Spannungskoeffizienten von 4000–7500 ppm/K bzw. ca. 6000 ppm/V lassen sich Matching-Genauigkeiten von 1 % erreichen.

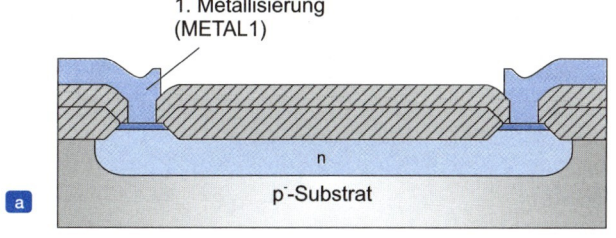

Abbildung 7.46: Querschnitt (a) und das entsprechende CM5-Layout (b) eines N-Well-Widerstands (Zelle „RNWELL10K", Pfad: \Technologie-Files\MOS\CM5\CM5_Cells.tdb).

7.4.4 Kondensatoren in CMOS-Prozessen

Die wichtigsten CMOS-Kondensatorstrukturen beruhen entweder auf der direkten Verwendung einer dünnen Gate-Oxidschicht als Dielektrikum, auf dem Einsatz einer kapazitiven Anordnung aus zwei Polysilizium-Schichten oder auf einem Kondesatoraufbau mithilfe von zwei Metallisierungsebenen. Die MOS- und Polykondensatoren können in der Regel nicht gleichzeitig mit den Standardmasken eines einfachen CMOS-Prozesses erzeugt werden; dies macht zusätzliche Maskenschritte notwendig.

MOS-Kondensator

Eine prinzipielle Skizze dieses Kondensatortyps ist Abbildung 7.47 zu entnehmen. Die Elektroden werden einerseits durch einen hoch dotierten Kanal im Silizium und andererseits durch eine Polysilizium-Ebene gebildet. Als Dielektrikum dient SiO_2, das zusammen mit dem Gate-Oxid erstellt wird. Da die Leitfähigkeit der Kanalelektrode möglichst hoch sein muss, ist auch eine sehr hohe Dotierung erforderlich. Dies kann über einen zusätzlichen Implantationsschritt mit einer weiteren Maske (ähnlich wie eine selbstleitende bzw. Normally-On-MOSFET-Struktur) oder durch Anlegen einer ausreichenden Vorspannung erfolgen. Typische Kapazitätsbeläge für Poly-Oxid-Kondensatoren betragen etwa 2 $fF/\mu m^2$, die relative Genauigkeit liegt bei 0,05 %. Die Spannungsabhängigkeit ist mit etwa 50 ppm/V angegeben, der Temperaturkoeffizient mit etwa 50 $ppm/°C$ [3].

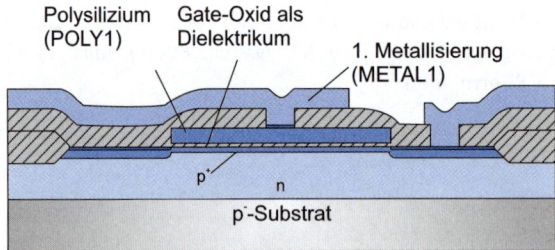

Abbildung 7.47: Einfacher MOS-Kondensator mit Gate-Oxid-Dielektrikum.

Poly-Poly-Kondensator

Neben dem für die Gate-Anschlüsse eingesetzten Layer POLY1 steht für Kondensator- und Widerstandsstrukturen oft ein zweiter Polyprozessschritt (POLY2) zur Verfügung (siehe CM5-Prozessbeschreibung). Auf diese Weise können Poly-Poly-Kondensatoren mit ähnlichen Werten wie die des MOS-Kondensators gefertigt werden (Querschnitt in Abbildung 7.48), wobei im Allgemeinen die Parasitäten niedriger sind. Der Kapazitätsbelag ist mit etwa 1,0 $fF/\mu m^2$ allerdings ebenfalls etwas geringer (CM5-Prozess: 0,86 $fF/\mu m^2$).

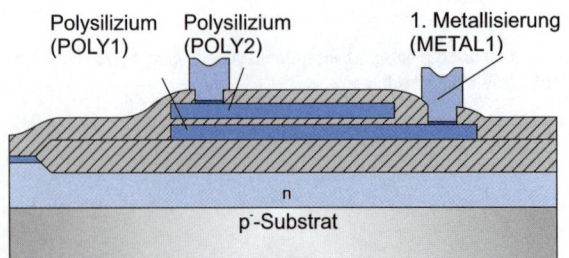

Abbildung 7.48: Poly-Poly-Kondensator mit SiO_2-Dielektrikum.

Metal-Metal-Kondensator

Bei manchen Prozessen für digitale Anwendungen sind keine zusätzlichen Layer für die Erzeugung von Kondensatoren mit hohen Kapazitätsbelegen vorgesehen, sodass im Bedarfsfall auf die Metallisierungslayer (MET1, MET2, MET3, ...) zurückgegriffen wird. Mögliche Ausführen können sowohl durch eine vertikale Anordnung von zwei metallisierten Bereichen unterschiedlicher MET-Layer (z. B. MET1 – MET2) erfolgen als auch durch eine horizontale Struktur innerhalb einer Metallisierungsebene realisiert werden (parallele Leiterbahnen). Die Kapazitätsbelege derartiger Strukturen sind niedrig (vertikal: ca. 0,05 $fF/\mu m^2$), zudem ergeben sich durch unvorteilhaftes Design leicht parasitäre Kapazitäten mit anderen Bereichen der Metallisierung.

7.5 Bipolar-CMOS-Technologien

In den letzten Jahren hat die Bipolar-CMOS-Technologie (BiCMOS) stark an Bedeutung gewonnen. Diese prozesstechnisch vergleichsweise aufwendige Technologie kombiniert die Vorteile der CMOS- und der Bipolar-Technologie. So lassen sich die verlustarmen CMOS-Elemente bei Bedarf mit schnellen und rauscharmen Bipolar-Transistoren zu qualitativ hochwertigen Operationsverstärkern mit relativ niedrigem Stromverbrauch integrieren.

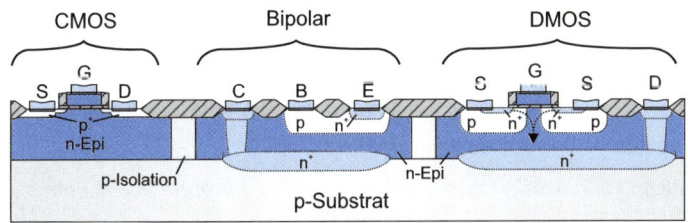

Abbildung 7.49: Schematische Darstellung der BCD-Technologie.

Eine Erweiterung der BiCMOS-Technologie sind die sogenannten BCD-Schaltungen, bei denen Bipolar-, CMOS- und DMOS-Elemente miteinander kombiniert werden. Auf diese Weise können auf einem Substrat Schaltungsgruppen unterschiedlicher Spannungs- und Leistungsanforderungen integriert werden. Beispielsweise kann eine CMOS-Schaltungsgruppe für niedrige Spannung (z. B. U_{DS} = 5 V), eine mit bipolaren Elementen für mittlere Spannungen (z. B. U_{CE} = 40 V) und DMOS-Leistungsschaltungen bis 100 V, in speziellen Fällen sogar bis 600 V, verschaltet werden. Ein entsprechender Aufbau ist in Abbildung 7.49 schematisch dargestellt. Diese Schaltungsform hat speziell für die Leistungselektronik eine große Bedeutung.

7 Standardprozesse der IC-Fertigung

Zusammenfassung

In diesem Kapitel sind die Herstellungsabläufe für ausgewählte Bipolar- und CMOS-Prozesse erläutert worden. Der Schwerpunkt lag dabei auf den Bipolar-Prozessen C36 und C14 sowie dem CMOS-Prozess CM5; diese Prozesse dienen als Grundlage für die späteren Ausführungen zum Layout und Schaltungsdesign. Zusätzlich erfolgte eine Einführung der bedeutenden passiven Bauelemente für integrierte Schaltungen.

Neben den reinen Prozessbeschreibungen wurden die entsprechen Layout-Darstellungen der wichtigsten aktiven und passiven Bauelemente vorgestellt.

Literatur

[1] D. Widmann, H. Mader, H. Friedrich: *Technologie hochintegrierter Schaltungen*; Springer-Verlag, Berlin, Heidelberg, 2. Auflage, 1996.

[2] J. P. Uyemura: *Physical Design of CMOS Integrated Circuits Using L-Edit*; PWS Publishing Company, Boston, 1995.

[3] D. E. Allen, D. R. Holberg: *CMOS Analog Circuit Design*; Oxford University Press, New York, 2002.

[4] H. Camenzind: *Designing Analog Chips*; Booksurge Publishing, 2005.

[5] D. Ehrhardt: *Integrierte Analoge Schaltungstechnik*; Friedr. Vieweg & Sohn Verlagsgesellschaft mbH, Braunschweig, 2000.

[6] EUROPRACTICE ASIC Service, URL: *http://www.europractice-ic.com*.

[7] H. Camenzind: *Designing Analog Chips*; Virtualbookworm Com Pub, 2005.

[8] K. Hoffmann: *Systemintegration*; Oldenbourg Wissenschaftsverlag GmbH, München, 2006.

[9] K.-H. Cordes: *Kurze Einführung in das Layout-Programm L-Edit*; IC.zip, Skripten\ L-Edit.pdf.

Grundregeln für den Entwurf integrierter Schaltungen

8.1 Kurze Einführung in die Schaltungsberechnung .. 292
8.2 Hinweise zur Dimensionierung integrierter Schaltungen 309
8.3 Design-Rules 327
8.4 Layout-Synthese 342
8.5 Richtlinien zur Layout-Erstellung 355
8.6 Parasitäre Effekte 389
8.7 Layout-Verifikation 403

8 Grundregeln für den Entwurf integrierter Schaltungen

Einleitung

>> Die Entwicklung einer integrierten Schaltung startet mit der Spezifikation. Es ist zu klären, welche Funktionen auf einem Chip zusammengefasst werden sollen und welche elektrischen Eigenschaften erfüllt werden müssen. Als Nächstes steht die Suche nach geeigneten Schaltungsvarianten auf dem Plan. Hat man etwas Passendes gefunden, kann eine geeignete Technologie ausgewählt werden. Dies ist auch der späteste Zeitpunkt, zu dem ein IC-Designer Kontakt mit dem Halbleiterhersteller oder der Foundry aufnehmen sollte. Danach beginnt die eigentliche Design-Arbeit. Die Schaltung ist zu entwickeln, und das „physikalische Layout" ist zu erstellen. Obwohl diese beiden Tätigkeiten in größeren Firmen oft in getrennten Abteilungen stattfinden, ist für ein gutes Gelingen der ständige Austausch zwischen beiden Arbeitsgruppen von größter Wichtigkeit. In kleineren Betrieben liegen Schaltungsdesign und Layout-Arbeit deshalb eher in einer Hand. Worauf es beim Entwurf einer integrierten Schaltung ankommt, soll in den folgenden sieben Hauptabschnitten dieses Kapitels erörtert werden:

- 8.1 Kurze Einführung in die Schaltungsberechnung
- 8.2 Hinweise zur Dimensionierung integrierter Schaltungen
- 8.3 Design-Rules und Implementierung der Rules in das Layout-Programm
- 8.4 Layout-Synthese
- 8.5 Richtlinien zur Layout-Erstellung
- 8.6 Parasitäre Effekte
- 8.7 Layout-Verifikation

Daten

Der erste *Hauptabschnitt 8.1* soll in die Dimensionierung einer Schaltung einführen. Am Beispiel eines einstufigen Verstärkers, der prinzipiell auch mit diskreten Elementen realisierbar ist, wird die Vorgehensweise im Detail erläutert und auch ein kurzer Überblick in den Umgang mit dem Simulator „SPICE" gegeben. Verwendet wird der Simulator LT-SPICE. Zwei Skripten im PDF-Format, die das Einarbeiten in das Simulationsprogramm erleichtern sollen, sind auf der das Buch ergänzenden ZIP-Datei „IC.zip" zu finden.

Im *Abschnitt 8.2* geht es eher um die Dimensionierung integrierter Schaltungen. Anders als beim Umgang mit diskreten Elementen stehen bei integrierten Schaltungen neben den eigentlichen Bauteilwerten die geometrischen Abmessungen im Vordergrund. Sie beeinflussen die **statistischen Streuungen** der Bauteilwerte in besonderem Maße. Drei wesentliche Abschnitte sind dieser Problematik gewidmet:

- 8.2.1 Geometrische Abmessungen Passiver Elemente
- 8.2.2 Geometrische Abmessungen Aktiver Elemente
- 8.2.3 Absichern der Spezifikation durch eine Monte-Carlo-Simulation

In den beiden ersten *Teilabschnitten 8.2.1* und *8.2.2* wird gezeigt, welchen Einfluss die geometrischen Abmessungen der Widerstände, Kondensatoren und Transistoren auf die statistischen Streuungen ihrer Eigenschaften haben und wie dies bei der Schaltungsauslegung berücksichtigt werden kann. Der dritte Teilabschnitt befasst sich mit dem Einbau der statistischen Streuungen in die Modellparameter, die für die Simulation mit SPICE verwendet werden. Ziel dabei ist, mit einfachen Mitteln eine **Monte-Carlo-Simulation** durchführen zu können.

Der dritte *Hauptabschnitt 8.3* gilt den Design-Rules für die spätere Layout-Erstellung. Es wird erläutert, was Design-Rules sind, wovon sie abhängen und wie sie mithilfe verschiedener Layer (Prozess- und abgeleitete Layer) formuliert werden können. Wie die Rules in ein Layout-Werkzeug implementiert werden, wird im *Abschnitt 8.3.5* erörtert. Es wird gezeigt, wie die Regeln durch verschiedene Rule-Typen wie z. B. „Width", „Spacing", „Overlap" usw. ausgedrückt werden können, die dann **maschinenverständlich** sind. An einigen Beispielen wird dies verdeutlicht.

Im *Abschnitt 8.4* wird schließlich die Layout-Synthese selbst beschrieben. Sie wird an zwei einfachen Beispielen Schritt für Schritt erläutert und kann mit dem Layout-Programm L-Edit nachvollzogen werden. Das Programm steht frei zur Verfügung (IC.zip) und ist relativ leicht zu bedienen. Eine kurze Anleitung im PDF-Format ist ebenfalls vorhanden.

Daten

Ein besonderes Gewicht ist dem *Abschnitt 8.5* gewidmet. Dort sind wichtige Layout-Regeln für integrierte Bauelemente zusammengestellt. Sie sollen dazu dienen, Designfehler möglichst schon im Vorfeld zu vermeiden. Es wird erläutert, wie Matching-Fehler gepaarter Bauteile reduziert werden können und was bei der Konstruktion von Widerständen, Kondensatoren, Dioden und Transistoren zu beachten ist. Außerdem wird an einem Beispiel gezeigt, wie digitale Grundschaltungen (Gatter) konstruiert werden können, um eine zügige Verlegung der Verbindungsleitungen zu ermöglichen.

Im *Abschnitt 8.6* werden zwei wichtige parasitäre Effekte aufgezeigt: die unerwünschte Channel-Bildung und der gefürchtete Latch-Up-Effekt in integrierten Schaltungen. Es werden Tipps zur Reduzierung beider Nebenwirkungen gegeben.

Der *Abschnitt 8.7* ist einem wichtigen, abschließenden Arbeitsschritt, der Layout-Verifikation, gewidmet. Besprochen werden der **Design-Rule-Check** (DRC) und die Rückgewinnung einer SPICE-Netzliste aus dem Layout, und es wird erklärt, wie das für die Erkennung der Bauelemente erforderliche Extrakt-File erstellt werden kann. Die aus dem Layout gewonnene Netzliste ist schließlich die Basis für einen Vergleich mit der Netzliste der Schaltung: LVS (**Layout-Versus-Schematic**).

In allen Abschnitten sind Beispiele enthalten, die leicht mit den zur Anwendung kommenden Werkzeugen LT-SPICE bzw. L-Edit nachvollzogen werden können. Einige in den Text eingestreute Aufgaben sollen zum Nachdenken anregen und es wird empfohlen, sich die Zeit dafür auch wirklich zu nehmen.

LERNZIELE

- Allgemeine Vorgehensweise bei der Dimensionierung einer integrierten Schaltung und Einsatz des Simulators SPICE
- Bestimmung der geometrischen Bauteilabmessungen – Einfluss der Bauteilabmessungen auf die statistischen Streuungen der Bauteilparameter
- Einbau der statistischen Streuparameter in die SPICE-Modelle und einfach durchzuführende Monte-Carlo-Simulation
- Design-Rules für die Layout-Synthese: Formulierung der Rules – abgeleitete Layer – Einbau der Rules in ein Layout-Werkzeug
- Layout-Synthese – Wichtige Richtlinien für die Layout-Erstellung – Leitungsführung
- Parasitäre Effekte wie Channel-Bildung und Latch-Up
- Layout-Verifikation: Design-Rule-Check – Netzlistenextraktion aus dem Layout – elektrische Verifikation des Layouts

Hinweise für das Arbeiten mit den folgenden Kapiteln

Daten

Ein wichtiger Schwerpunkt dieses Buches ist die Beschreibung der kompletten Entwicklung einer integrierten Schaltung, von der Schaltungsdimensionierung einschließlich der Simulation mit SPICE bis hin zum fertigen Layout für die Maskenfertigung und der Layout-Verifikation. Aus diesem Grunde werden alle wichtigen Design-Files und Programme in Softwareform zur Verfügung gestellt (IC.zip). Zugrunde gelegt werden zwei Bipolar-Prozesse (C36 und C14) und ein CMOS-Prozess (CM5). Die Auswahl ist für das Verständnis belanglos; sie erfolgte deshalb anhand der Verfügbarkeit der notwendigen Bauelementparameter für die Simulation mit SPICE und der Technologie-Files für die Layout-Arbeit.

Die Design-Files sind im Technologie-Ordner zu finden, getrennt für Bipolar- und CMOS-Prozesse. Die Files mit den Bezeichnungen „..._Design.pdf" enthalten wichtige Informationen und Design-Rules zu den entsprechenden Prozessen. Im Ordner „Spicelib" sind die SPICE-Parameter, getrennt für die verschiedenen Prozesse, zusammengestellt.

Daten

Als Simulator wird SPICE eingesetzt. Für den PC sind mehrere kommerzielle und auch nichtkommerzielle SPICE-Implementierungen verfügbar. Besonders verbreitet ist z. B. PSPICE. Seit einigen Jahren erfreut sich aber ein von der Firma Linear Technology, Milpitas, CA USA, kostenfrei zum Herunterladen aus dem Internet angebotener Simulator namens LT-SPICE (früher „Switcher Cad") immer größerer Beliebtheit. Da es sich um eine Vollversion handelt, die keinen lästigen Beschränkungen unterliegt, wird LT-SPICE im Rahmen dieses Buches favorisiert. Für eine Einarbeitung in das Simulationsprogramm SPICE und speziell LT-SPICE stehen im Ordner „Skripten" (IC.zip) zwei PDF-Dateien zur Verfügung: **Einführung in das Simulationsprogramm SPICE (SPICE.pdf)** und **Kurze Anleitung für das Simulationsprogramm LT-SPICE (LT-SPICE.pdf)**.

Die Schaltpläne in diesem Buch sind im Wesentlichen mit dem **Schematic-Entry-Werkzeug** von LT-SPICE gezeichnet worden. Das hat einen einfachen Grund: Jeder soll dazu ermuntert werden, möglichst alles, was im Text erläutert wird, durch eine Simulation selbst noch einmal nachzuvollziehen. Auch das Bearbeiten in den Text eingestreuter kleiner Aufgaben wird dringend angeraten. Das vertieft nicht nur den Umgang mit dem Simulator SPICE (hier speziell LT-SPICE), sondern ermöglicht auf fast spielerische Weise ein sehr viel besseres Verständnis einer Schaltung. Wer die Möglichkeit hat, kann darüber hinaus die Schaltungen auch hardwaremäßig aufbauen (Breadboard [34]) und die Messungen mit den Simulationsergebnissen vergleichen.

Daten

Die meisten Schaltbilder stehen als simulierfähige ASC-Dateien („asc" ist die Dateiendung) in einem Unterordner „Schematic_8" des Ordners „Kapitel 8" zur Verfügung (IC.zip). Sie können im Prinzip sofort – eventuell nach einer Anpassung der Dateipfade – mit LT-SPICE simuliert werden. Die Bezeichnung der Datei zu einer Schaltung wird in der Bildunterschrift in Klammern angegeben. Nachdem eine Simulation abgeschlossen ist, wird eine zugehörige Plot-Datei mit der Dateiendung „plt" aktiviert. Ergebnisse werden also sofort dargestellt. Es ist natürlich nicht notwendig, diese Plot-Einstellungen beizubehalten. Ein Experimentieren mit anderen Einstellungen ist zu empfehlen und vertieft den Umgang mit dem Simulator!

Hinweise für das Arbeiten mit den folgenden Kapiteln

In den Schaltbildern sind zum Teil eigene Symbole für die Bauelemente verwendet worden. So wird z. B. der Widerstand durch das in Europa übliche Schaltzeichen dargestellt. Diese Symbole mit der Endung „asy" sind im Ordner „LT-SPICE" (IC.zip) und dort im Unterordner „sym_neu" des Ordners „Neue Symbole" zu finden. Der komplette **Inhalt** des Ordners „sym_neu", nicht der Ordner selbst, wird einfach in den LT-SPICE-Ordner „sym" kopiert. Zielpfad:

Daten

```
C:\Programme\LTC\LTspiceIV\lib\sym
```

Die dort vorhandenen Symbole werden dabei überschrieben. Da diese Prozedur nach jedem Programm-Update von LT-SPICE erforderlich wird, kann die kleine Batch-Datei „Symbole.bat" – zu finden ebenfalls im Ordner „Neue Symbole" – die Arbeit erleichtern. Sie braucht nur durch einen Doppelklick gestartet zu werden. Dazu ist es allerdings erforderlich, vorher den **Ordner** "sym_neu" (mit Inhalt) in den Ordner "lib" zu kopieren.

Selbstverständlich können auch andere Simulatoren mit SPICE-Kern eingesetzt werden. Nur müssen dann die Bilder mit den entsprechenden Werkzeugen noch einmal selbst gezeichnet werden, was aber auch eine gute Übung darstellen würde.

Am einfachsten ist es, auf dem eigenen Arbeitsrechner einen Ordner „Schematic" anzulegen. In diesen kann dann der komplette Schaltbildordner „Schematic_8" (IC.zip) kopiert werden.

Daten

Kurz noch einige Worte zu den SPICE-Parametern: Für die Berechnungen mit dem Taschenrechner werden nur wenige Konstanten benötigt. Dies sind beim Bipolar-Transistor im Wesentlichen die drei DC-Werte „IS", „BF" und „VAF" und eventuell einige Kapazitätswerte, die direkt dem zugehörigen SPICE-Modell entnommen werden können. Beim MOSFET reichen die schlichten Level-1-Parameter aus. Für die Simulation sind dagegen stets die besten zur Verfügung stehenden Modelle (bei MOSFETs z. B. BSIM 3 oder BSIM 4) einzusetzen. Im Rahmen dieses Buches kommen, wie oben schon erwähnt, für die Schaltungsberechnung die folgenden Prozesse zur Anwendung:

1. **C36**: 36-V-Bipolar-Prozess (für einfache industrielle Anwendungen)
2. **C14**: 14-V-Bipolar-Prozess (für höhere Frequenzen, bis 2,5 GHz)
3. **CM5**: 5-V-0,8-µm-CMOS-Prozess (N-Well, zwei POLY-, zwei Metallebenen)

Die zugehörigen Modellparameter sind im Ordner „Spicelib" und dort in den jeweiligen Unterordnern zu finden.

Für den CMOS-Prozess CM5 werden in der Bibliothek CM5-N.phy zwei verschiedene Parametersätze angegeben:

- **a** MN1 bzw. MP1: einfaches Modell, Level 1, nur für die „Grobdimensionierung" mit dem Taschenrechner;
- **b** MN7 bzw. MP7: BSIM 3 Modell, Level 7 (oder Level 8); für die Simulation.

Beide Parametersätze gelten für ein und denselben Transistor!

Es wird empfohlen, den kompletten Ordner „Spicelib" (IC.zip) auf den eigenen Arbeitsrechner zu kopieren. Wird dabei als Ziel das Laufwerk D: verwendet, können die Pfadangaben in den Schaltbilddateien beibehalten werden. Anderenfalls sind die Angaben in den Bibliotheksanweisungen entsprechend anzupassen.

Daten

8 Grundregeln für den Entwurf integrierter Schaltungen

Daten

Auch für die Layout-Arbeit wird ein kostenfreies Softwarepaket eingesetzt. Die Firma Tanner Research, Pasadena, CA USA, stellt eine Studentenversion des vorzüglichen und einfach zu bedienenden Layout-Editors L-Edit zur Verfügung. Obwohl diese Version bezüglich des Datenumfangs eingeschränkt ist, reicht sie selbst für ein relativ komplexes Design, wie z. B. einen Präzisionsoperationsverstärker, vollkommen aus. Für eine Einarbeitung in das Layout-Programm L-Edit steht im Ordner „Skripten" (IC.zip) eine PDF-Datei zur Verfügung: **Kurze Einführung in das Layout-Programm L-Edit** (L-Edit.pdf).

Es wird empfohlen, für die Layout-Arbeiten auf dem eigenen Arbeitsrechner einen Ordner „Design" anzulegen. In diesen kann dann der komplette Ordner „Technologie-Files" kopiert werden.

8.1 Kurze Einführung in die Schaltungsberechnung

Die genaue Berechnung einer Schaltung ist wegen der vielen Freiheitsgrade ein ziemlich kompliziertes Unterfangen; es gibt nämlich keine eindeutige Lösung für alle Bauelementwerte. So sind dann auch wissenschaftliche Bücher, die sich mit dem Thema „Dimensionierung" befassen, oft angefüllt mit komplizierten mathematischen Berechnungen. Es ist wohl wichtig, die Grundlagen zu verstehen und konkrete Dimensionierungen vorzunehmen, es ist aber oft vertane Zeit, eine Schaltung bis ins letzte Detail berechnen zu wollen. Eine **Grobdimensionierung** mit möglichst **einfachen** Gleichungen, in deren Mittelpunkt meist die Kennliniengleichungen der Bauelemente stehen, reicht in aller Regel aus. Effekte, die die Berechnung erschweren, bleiben zunächst unberücksichtigt. Und noch etwas: Bei den Berechnungen ist es durchaus erlaubt – entgegen der üblichen Schulmeinung – Zwischenergebnisse zahlenmäßig anzugeben. Dadurch gewinnt der Anfänger im Laufe der Zeit gewisse Erfahrungen über den Einfluss einzelner Terme und kann leichter entscheiden, ob die Rechnung eventuell noch weiter vereinfacht werden darf oder nicht. Das Ergebnis ist schließlich eine Schaltung mit **Werten** für die Bauelemente, die anschließend einem Simulator, z. B. SPICE, übergeben werden kann. Eine Analyse zeigt in Sekunden, wie eine Schaltung wirkt, wo eventuell Schwachpunkte sind und wie die Dimensionierung noch zu optimieren ist.

Obwohl dieses Buch der Entwicklung **integrierter** Schaltungen gewidmet ist, soll zur Einführung in die Schaltungsberechnung ein einfaches Beispiel betrachtet werden, das im Prinzip auch mit diskreten Elementen realisiert werden könnte. Dieses Beispiel wird aus zwei wichtigen Gründen an den Anfang gestellt: Zum einen soll gezeigt werden, wie in der **Praxis** mit den gegebenen Angaben der Spezifikation, d. h. der Aufgabenstellung, und einigen wenigen zusätzlichen Annahmen relativ rasch die Bauteilwerte ermittelt werden können. Zum anderen möge dieser Abschnitt kurz in die Anwendung des Simulators LT-SPICE einführen, und es wird gezeigt, wie einfach es ist, mittels SPICE die zuvor durchgeführte **Grobdimensionierung** zu verbessern. Gewählt wird ein einfacher Verstärker mit nur einem Transistor. Dies reicht aus, um den grundsätzlichen Entwurfsmechanismus kennenzulernen und elementare Grundlagen kurz zu wiederholen.

8.1.1 Aufgabenstellung (Spezifikation)

Ein einstufiger Verstärker mit einem Transistor des Standard-Bipolar-Prozesses C36 soll entworfen werden. Abbildung 8.1 zeigt die Schaltung.

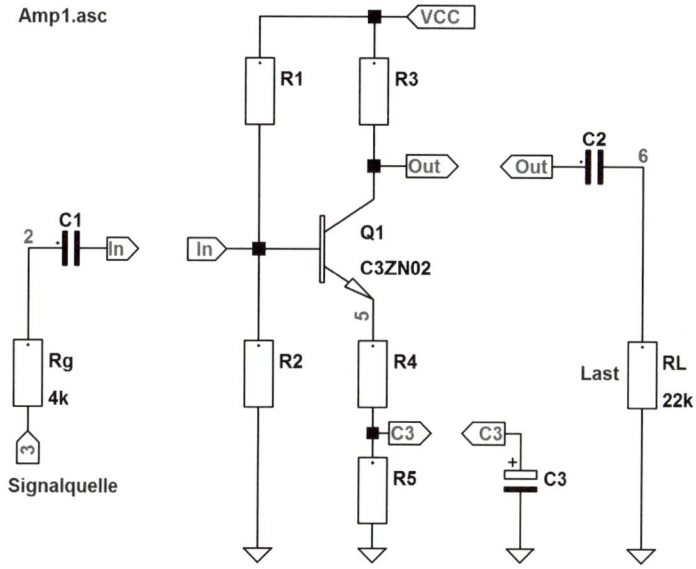

Abbildung 8.1: Schaltung eines einstufigen Verstärkers mit einem Bipolar-Transistor.

Spezifikation:

- Verwendeter Transistor: C3ZN02 (Standard-Bipolar-Prozess C36)
- Innenwiderstand der Eingangsquelle: $R_g \approx 4\ k\Omega$
- Lastwiderstand: $R_L = 22\ k\Omega$
- Gesamte Verstärkung: $V(6)/V(3) \approx 10$ (entsprechend 20 dB)
- Versorgungsspannung: $V_{CC} = 12\ V$
- Untere Grenzfrequenz ($-3\ dB$): $f_u \approx 30\ Hz$
- Nichtlineare Verzerrungen (Klirrfaktor) bei einer **effektiven** Ausgangsspannung von 1 V und $f = 10\ kHz$: $k < 1\ \%$
- Temperaturbereich: $T_C = 0\ °C$ bis $100\ °C$

Transistorparameter:

Für den zur Anwendung kommenden Transistortyp C3ZN02 können dem zugehörigen SPICE-Modell (Pfad: \Spicelib\C36\C3Z-N-phy) folgende Parameter entnommen werden:

$I_S = 1{,}1 \cdot 10^{-16}\ A,\quad B_F = B = 190,\quad N_F = N = 1{,}01 \approx 1,\quad V_{AF} = V_A = 105\ V.$

Daten

Dies sind die Parameter für den normalen Betrieb des Transistors in Vorwärtsrichtung. Sie reichen für die Berechnung vollkommen aus. Der entsprechende Zusatzindex „F" wird deshalb zur Vereinfachung der Schreibweise in Zukunft weggelassen. Da der Emissionskoeffizient N nur geringfügig vom Idealwert „1" abweicht, kann er für die praktische Berechnung gleich „1" gesetzt werden und taucht dann in den Gleichungen gar nicht mehr auf.

8.1.2 Kurze Erklärung der Schaltung

Die Funktionsweise der Schaltung wird in vielen Grundlagenbüchern im Detail beschrieben, siehe z. B. [1] und [2], und dürfte allgemein bekannt sein. Sie soll hier aber dennoch ganz kurz erläutert werden.

Es handelt sich um einen einfachen einstufigen Verstärker (z. B. für Audioanwendungen). Der Transistor wird im Prinzip in **Emitter-Schaltung** betrieben (siehe *Abschnitt 3.2*), enthält allerdings zur Einstellung der Verstärkung und zur Reduzierung nichtlinearer Verzerrungen (Klirrfaktor) einen Gegenkopplungswiderstand R4. Im Emitter-Kreis liegt zusätzlich der Widerstand R5. Er ist jedoch für Wechselspannungen durch den Kondensator C3 überbrückt und hat die Aufgabe, die Stromgegenkopplung für den Gleichstromfall zu erhöhen, um die Temperaturabhängigkeit des Kollektor-Stromes in praktischen Grenzen zu halten (dies wird später genauer erklärt). Im Kollektor-Kreis ist der Arbeitswiderstand R3 vorgesehen. Er muss in geeigneter Weise an den Lastwiderstand RL angepasst werden. Im Basis-Kreis dient der Spannungsteiler R1, R2 zur Eistellung des DC-Potentials an der Basis und damit zur Festlegung des Transistorarbeitspunktes.

Sowohl die Eingangsquelle als auch der Lastwiderstand RL sind über Koppelkondensatoren (C1 bzw. C2) an die eigentliche Verstärkerschaltung angeschlossen. Sie wirken für hohe Frequenzen praktisch wie Kurzschlüsse; ihre Impedanzen nehmen aber zu tieferen Frequenzen hin immer mehr zu. Sie zeigen somit Hochpass-Verhalten. Auch der Kondensator C3, der den Widerstand R5 überbrückt, verleiht der Schaltung einen zusätzlichen Hochpass.

8.1.3 Lösung (Grobdimensionierung)

Der Lösungsweg soll im Folgenden relativ ausführlich beschrieben werden. Die Gleichungen werden zunächst allgemein geschrieben und anschließend, wenn möglich, vereinfacht. Vielfach werden Zwischenergebnisse zahlenmäßig ausgerechnet und es wird auf eine umfassende, allgemein durchgeführte Rechnung bis zum Endergebnis verzichtet. Dies ist in der Praxis meist (nicht immer) günstiger und vermittelt dem Anfänger gewisse Erfahrungen über Größenordnungen einzelner Ausdrücke. Es wird sich zeigen, dass zur Dimensionierung nur wenige grundlegende Kenntnisse erforderlich sind, für die praktische Durchführung aber doch eine gewisse Übung unumgänglich ist. Deshalb der Rat: „Vollziehen Sie bitte alle Schritte nach!"

Potential am Knoten „5", Temperaturabhängigkeit des Kollektor-Stromes

Als Erstes ist zu überlegen, wie groß der Spannungsabfall $V(5)$ an dem gesamten Gegenkopplungswiderstand (R4 und R5) im Emitter-Kreis gewählt werden muss, damit der Kollektor-Strom $I_C \approx I_E$ nicht zu stark von der Temperatur abhängig wird. Die Situation ist in Abbildung 8.2 noch einmal gesondert für den Gleichstromfall dargestellt.

8.1 Kurze Einführung in die Schaltungsberechnung

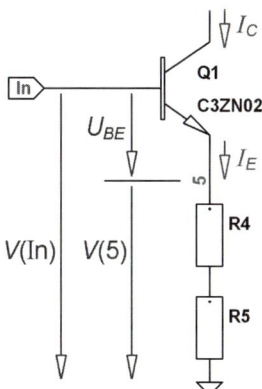

Abbildung 8.2: DC-Gegenkopplungskreis zur Stabilisierung des Arbeitspunktes.

Unter der Annahme, dass der Emitter-Strom I_E nur unwesentlich größer ist als der Kollektor-Strom I_C, gilt:

$$V(In) = U_{BE} + V(5) = U_{BE} + (R_4 + R_5) \cdot I_E \approx U_{BE} + (R_4 + R_5) \cdot I_C \tag{8.1}$$

Die Änderung des Potentials $V(In)$ infolge einer Temperaturvariation kann mithilfe der Gleichung (8.1) wie folgt ausgedrückt werden:

$$\Delta V(In) = \frac{dV(In)}{dT} \cdot \Delta T \approx \frac{dU_{BE}}{dT} \cdot \Delta T + (R_4 + R_5) \cdot \frac{dI_C}{dT} \cdot \Delta T \tag{8.2}$$

Unter der Annahme, dass das Potential am Knoten „In" durch den Spannungsteiler R1, R2 konstant gehalten wird, gilt einfach:

$$\Delta V(In) = 0 \approx \frac{dU_{BE}}{dT} \cdot \Delta T + (R_4 + R_5) \cdot \frac{dI_C}{dT} \cdot \Delta T \quad \rightarrow \quad \frac{dU_{BE}}{dT} \approx -(R_4 + R_5) \cdot \frac{dI_C}{dT} \tag{8.3}$$

Für die Temperaturabhängigkeit der Basis-Emitter-Spannung kann entsprechend *Abschnitt 3.2* näherungsweise ein linearer Ansatz gemacht werden, siehe Gleichung (3.96a). Mit dem Richtwert

$$\frac{dU_{BE}}{dT} = \alpha \approx -2 \, \frac{mV}{K} \quad \text{(Richtwert)} \tag{8.4}$$

und Multiplikation der rechten Seite der Gleichung (8.3) im Zähler und im Nenner mit dem Kollektor-Strom I_C, folgt mit:

$$(R_4 + R_5) \cdot I_C \approx (R_4 + R_5) \cdot I_E = V(5): \tag{8.5}$$

$$\frac{dU_{BE}}{dT} = \alpha \approx -V(5) \cdot \frac{dI_C}{I_C \cdot dT} \quad \rightarrow \quad \boxed{V(5) \approx -\alpha \cdot \frac{1}{\frac{\Delta I_C}{I_C}} \cdot \Delta T} \tag{8.6}$$

Die am Knoten „5" einzustellende Spannung wird demnach direkt durch die zulässige **relative** Kollektor-Stromänderung $\Delta I_C/I_C$ im Temperaturbereich ΔT bestimmt. In den meisten Anwendungen kann ein Wert von $\Delta I_C/I_C = 0{,}1 \ldots 0{,}2$ (10 % ... 20 %) toleriert werden. Mit $\alpha \approx -2\ mV/K$ und dem in der Spezifikation geforderten Temperaturbereich von $\Delta T = 100\ °C$ folgt mit $\Delta I_C/I_C = 0{,}1$:

$$V(5) \approx 2\ V \tag{8.7}$$

> **Hinweis**
>
> **Richtwert für den Gleichspannungsabfall am Emitter-Widerstand:**
> - Als Gleichspannungsabfall am Emitter-Widerstand reichen oft $2\ V$ aus.

Kollektor-Widerstand R3 und Transistorarbeitspunkt

Als Nächstes ist zu überlegen, wie der Kollektor-Widerstand R3 an den Lastwiderstand angepasst werden kann. Mit dem gewählten Wert gelingt dann relativ unkompliziert die Festlegung des Transistorarbeitspunktes.

Da der Transistor sich selbst wie eine von der Basis-Emitter-Spannung U_{BE} gesteuerte **Stromquelle** verhält, ist seine Ausgangsimpedanz in etwa gleich dem differentiellen Widerstand r_{CE} des Transistors (siehe Gleichung (3.85) bzw. (8.8)):

$$\frac{1}{r_{CE}} \approx \frac{I_C}{V_A} \quad \rightarrow \quad r_{CE} \approx \frac{V_A}{I_C} \tag{3.85) (8.8}$$

Die Versorgungsspannung ist zeitlich konstant. Der Versorgungsknoten „VCC" ist deshalb **wechselspannungsmäßig** mit Masse verbunden! Dies hat zur Folge, dass sich der am Ausgangsknoten „Out" wirksame Widerstand **bei nicht angeschlossenem Lastwiderstand** aus dem Widerstandswert r_{CE} und dem dazu parallel liegenden Widerstand R3 zusammensetzt. Die Early-Spannung (Early-Effekt: Abhängigkeit des Kollektor-Stromes von der Kollektor-Emitter-Spannung, siehe *Abschnitt 3.2*) ist mit $V_A = 105\ V$ relativ groß. Auch wenn der Kollektor-Strom I_C noch nicht bekannt ist, kann schon jetzt vermutet werden, dass r_{CE} deutlich größer sein wird als R_3. Folglich kann der differentielle Ausgangswiderstand r_{Out} des Verstärkers ungefähr gleich dem Wert des Widerstandes R3 gesetzt werden:

$$r_{Out} = \frac{r_{CE} \cdot R_3}{r_{CE} + R_3} \approx R_3 \text{ für } r_{CE} \gg R_3 \tag{8.9}$$

Leistungsanpassung liegt bekanntlich vor, wenn der Lastwiderstand R_L gleich dem Innenwiderstand der treibenden Quelle gesetzt wird. Das bedeutet hier $r_{Out} \approx R_3 \approx R_L$. Dies wäre ein möglicher Dimensionierungsansatz für den Widerstand R_3. Wird R_3 geringer gewählt, liegt zwar keine Leistungsanpassung mehr vor, aber die erzielbare Ausgangsamplitude am Lastwiderstand wird größer, weil die relative Belastung durch RL geringer wird. Zu stark sollte allerdings der Wert des Widerstandes R3 nicht abgesenkt werden. Der Strombedarf der Schaltung würde ansteigen. In der Praxis wird deshalb häufig gewählt:

> **Hinweis**
>
> **Wahl des Kollektor-Widerstandes:**
>
> $$R_3 = \frac{1}{4} R_L \ldots 2 \cdot R_L \quad \text{(häufig verwendete Dimensionierungsregel)} \tag{8.10}$$

Als Kompromiss wird für dieses Beispiel gewählt:

$$R_3 \approx 0{,}5 \cdot R_L \approx 10 \ k\Omega \quad \text{(Normwert aus der E12-Reihe)} \tag{8.11}$$

Nun kann der Arbeitspunkt des Transistors festgelegt werden. Die Versorgungsspannung ist mit $V_{CC} = 12\ V$ vorgegeben und das Emitter-Potential sollte zur Stabilisierung des Kollektor-Stromes bei $V(5) \approx 2\ V$ liegen (siehe Gleichung (8.7)). Für die Reihenschaltung des Widerstandes R3 mit der Kollektor-Emitter-Strecke des Transistors stehen somit 10 V zur Verfügung. Eine sinnvolle Aufteilung ist eine Halbierung dieses Wertes. Damit verbleiben am Widerstand R3 etwa 5 V. Durch die Wahl $R_3 = 10\ k\Omega$ ist somit auch der Kollektor-Strom bekannt:

$$I_C \approx 500\ \mu A \tag{8.12}$$

Da der Emitter-Strom nur unwesentlich größer ist, kann wegen $V(5) = 2\ V$ auch die Widerstandssumme $R_4 + R_5$ angegeben werden:

$$R_4 + R_5 = \frac{V(5)}{I_E} \approx \frac{V(5)}{I_C} = \frac{2\ V}{500\ \mu A} = 4\ k\Omega \tag{8.13}$$

Spannungsteiler am Eingang

Der Spannungsteiler R1, R2 am Eingang soll den DC-Arbeitspunkt des Knotens „In" vorgeben. Dieses Potential muss um U_{BE} höher sein als $V(5)$. Die Basis-Emitter-Spannung kann entweder mit ca. 700 mV angenommen oder aus der Kennliniengleichung (3.77) bzw. (8.14)

$$I_C \approx I_S \cdot e^{\frac{U_{BE}}{V_T}}; \quad \text{für} \quad N \approx 1,\ V_A \gg U_{CE} \tag{3.77}\ (8.14)$$

berechnet werden:

$$U_{BE} \approx V_T \cdot \ln\left(\frac{I_C}{I_S}\right) \approx 25{,}25\ mV \cdot \ln\left(\frac{500\ \mu A}{1{,}1 \cdot 10^{-16}\ A}\right) = 736\ mV \tag{8.15}$$

Zusammen mit (8.7) muss das Potential demnach einen Wert annehmen von etwa

$$V(In) = V(5) + U_{BE} \approx 2\ V + 736\ mV \approx 2{,}74\ V \tag{8.16}$$

Damit dieses Potential nicht allzu sehr vom Basis-Strom des Transistors abhängt, sollte der Strom durch den Teiler nicht zu klein sein. Andererseits würde ein Spannungsteiler mit zu niederohmigen Widerständen den resultierenden Eingangswiderstand unnütz herabsetzen. In der Praxis ist deshalb folgender Kompromiss üblich:

Grundregeln für den Entwurf integrierter Schaltungen

> **Hinweis**
>
> **Dimensionierungsregel für den Eingangsspannungsteiler:**
>
> $$I(R1) \approx I(R2) \approx (5 \ldots 20) \cdot I_B = (5 \ldots 20) \cdot \frac{I_C}{B} \qquad (8.17)$$

Mit $I_B = I_C/B = 2{,}63\ \mu A$ und $V(In) = 2{,}74\ V$ folgt, wenn der Teilerstrom entsprechend der Dimensionierungsregel (8.17) etwa neunmal so groß gewählt wird wie der Basis-Strom:

$$R_2 \approx \frac{V(In)}{9 \cdot I_C / B} = \frac{2{,}74\ V}{23{,}7\ \mu A} = 116\ k\Omega \quad \rightarrow \quad R_2 = 120\ k\Omega \quad \text{(Normwert, E12)} \qquad (8.18)$$

Den restlichen Spannungsabfall muss der Widerstand R1 aufnehmen:

$$R_1 \approx \frac{V_{CC} - V(In)}{I_B + I(R_2)} = \frac{9{,}26\ V}{2{,}63\ \mu A + \dfrac{2{,}74\ V}{120\ k\Omega}} = 364\ k\Omega \quad \rightarrow \quad R_1 = 330\ k\Omega,\ (390\ k\Omega) \qquad (8.19)$$

Gegenkopplungswiderstand und Spannungsverstärkung

Durch den Gegenkopplungswiderstand R4 kann die Verstärkung eingestellt werden. Ziel wird deshalb sein, einen Ausdruck für die Spannungsverstärkung herzuleiten, der den Widerstand R4 enthält. Benötigt werden die Kleinsignalgrößen des Transistors, siehe *Abschnitt 3.2.3*. Sie sollen deshalb vorab für den gewählten Arbeitspunkt berechnet werden. Der Kollektor-Strom bestimmt entsprechend Gleichung (3.79) die Steilheit oder Transconductance des Transistors,

$$S = g_m \approx \frac{I_C}{V_T} \approx \frac{500\ \mu A}{25\ mV} = 20\ \frac{mA}{V} \qquad (8.20)$$

und mit Gleichung (3.81) folgt daraus der differentielle Widerstand der Basis-Emitter-Strecke:

$$r_{BE} \approx \frac{B}{g_m} \approx \frac{190}{20\ mA/V} = 9{,}5\ k\Omega \qquad (8.21)$$

Für die Berechnung der AC-Kleinsignalverstärkung des Transistors werden nur die relevanten Elemente des Verstärkers noch einmal in Abbildung 8.3 dargestellt. Der durch C3 überbrückte Widerstand ist gar nicht mehr eingezeichnet. Da die Versorgungsspannung zeitlich konstant ist, ist der Knoten „VCC" für die Betrachtung der Kleinsignalaussteuerung AC-mäßig mit Masse verbunden. Somit sind die beiden Widerstände R3 und RL parallel geschaltet. Die Spannungen und Ströme werden wegen der Kleinsignalaussteuerung durch **kleine Buchstaben** angegeben.

8.1 Kurze Einführung in die Schaltungsberechnung

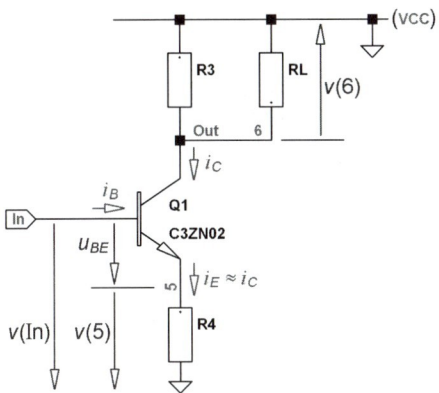

Abbildung 8.3: Zur Berechnung der AC-Kleinsignalverstärkung. Die Kondensatoren stellen für Wechselspannungen Kurzschlüsse dar und sind deshalb hier nicht dargestellt. Der Versorgungsknoten „VCC" liegt wechselspannungsmäßig an Masse!

Aus Abbildung 8.3 kann abgelesen werden:

$$v(In) = u_{BE} + v(5) = u_{BE} + R_4 \cdot i_E \approx u_{BE} + R_4 \cdot i_C = \frac{i_C}{g_m} + R_4 \cdot i_C = \quad (8.22)$$

$$= u_{BE} + R_4 \cdot g_m \cdot u_{BE} = u_{BE} \cdot (1 + R_4 \cdot g_m) = i_C \cdot \left(\frac{1}{g_m} + R_4\right)$$

Die Ausgangsspannung am Knoten „Out" bzw. „6" ergibt sich durch Multiplikation des resultierenden Widerstandes mit dem Kleinsignal-Kollektor-Strom i_C:

$$v(Out) = v(6) \approx -i_C \cdot \frac{R_3 \cdot R_L}{R_3 + R_L} \quad \text{für} \quad \frac{R_3 \cdot R_L}{R_3 + R_L} \ll r_{CE} \quad (8.23)$$

Der Widerstand r_{CE} der Kollektor-Emitter-Strecke liegt im allgemeinen Fall auch noch parallel zu den beiden Elementen R3 und RL, kann aber oft, wie auch hier, vernachlässigt werden. Aus dem Minuszeichen kann geschlossen werden, dass die Ausgangsspannung gegenüber dem Eingangssignal um 180° in der Phase verschoben ist. Dies ist auch verständlich: Wenn der Kollektor-Strom zunimmt, sinkt das Potential am Ausgangsknoten. Aus den beiden Gleichungen (8.22) und (8.23) kann nun die Kleinsignal-Spannungsverstärkung A_{V1} bestimmt werden:

$$A_{V1} = \frac{v(Out)}{v(In)} \approx \frac{-\cancel{i_C} \cdot \frac{R_3 \cdot R_L}{R_3 + R_L}}{\cancel{i_C} \cdot \left(\frac{1}{g_m} + R_4\right)} = -\frac{\frac{R_3 \cdot R_L}{R_3 + R_L}}{\frac{1}{g_m} + R_4} \quad \text{für} \quad \frac{R_3 \cdot R_L}{R_3 + R_L} \ll r_{CE} \quad (8.24)$$

Dies ist die Spannungsverstärkung, die sich auf den Eingangsknoten „In" bezieht. In dieser Gleichung sind bis auf den Wert des Widerstandes R4 bereits alle Größen bekannt. In vielen praktischen Anwendungen mit Bipolar-Transistoren ist der Kehrwert der Steilheit deutlich kleiner als der Gegenkopplungswiderstand. Dann kann die Beziehung noch etwas vereinfacht werden:

$$A_{V1} = \frac{v(Out)}{v(In)} \approx -\frac{\frac{R_3 \cdot R_L}{R_3 + R_L}}{R_4} \quad \text{für} \quad \frac{R_3 \cdot R_L}{R_3 + R_L} \ll r_{CE} \quad \text{und} \quad \frac{1}{g_m} \ll R_4 \quad (8.25)$$

Hinweis

Näherungsformel zur Berechnung der Spannungsverstärkung:

$$A_{V1} = \frac{v(Out)}{v(In)} \approx -\frac{\text{resultierender Kollektor-Widerstand}}{\text{Gegenkopplungswiderstand } R_4} \quad \text{für} \quad \frac{1}{g_m} \ll R_4 \qquad (8.26)$$

Eingangswiderstand, Generatorwiderstand

In der Aufgabenstellung ist gefordert, dass der Generatorwiderstand Rg der Signalquelle mit einbezogen wird. Wegen des am Eingang wirkenden Widerstandes $r_{In,eff}$ tritt am Knoten „2" bzw. „In" eine Spannungsteilung auf. Der wirksame Widerstand $r_{In,eff}$ setzt sich aus dem Eingangswiderstand $r_{In,Q}$ des Transistors und dem Ersatzwiderstand R_T des Spannungsteilers zusammen, wobei die beiden Widerstände R1 und R2 AC-mäßig parallel geschaltet sind. Es gilt:

$$r_{In,eff} = \frac{r_{In,Q} \cdot R_T}{r_{In,Q} + R_T} \quad \text{mit} \quad R_T = \frac{R_1 \cdot R_2}{R_1 + R_2} \qquad (8.27)$$

Der Eingangswiderstand $r_{In,Q}$ des Transistors ist gleich der Änderung der Spannung am Knoten „Jn", dividiert durch die Basis-Stromänderung und kann wie folgt durch Kleinsignalgrößen (siehe Abbildung 8.3) ausgedrückt werden:

$$r_{In,Q} = \frac{v(In)}{i_B} \qquad (8.28)$$

Für $v(In)$ kann der Ausdruck (8.22) verwendet werden und mit $i_B = i_C/B$ folgt dann:

$$r_{In,Q} = \frac{v(In)}{i_B} = \frac{i_C \cdot \left(\frac{1}{g_m} + R_4\right)}{i_C} \cdot B = B \cdot \left(\frac{1}{g_m} + R_4\right) = r_{BE} + B \cdot R_4 \qquad (8.29)$$

$$r_{In,Q} \approx B \cdot R_4 \quad \text{für} \quad \frac{1}{g_m} \ll R_4$$

Hinweis

Näherungsformel zur Berechnung des Eingangswiderstandes:

- Der an der Basis des Transistors wirksame Eingangswiderstand ist: **Wirksamer Gegenkopplungswiderstand im Emitter multipliziert mit der Stromverstärkung.**

Nun kann die Abschwächung, die durch den Generatorwiderstand Rg der Quelle verursacht wird, angegeben werden:

$$A_{In} = \frac{v(In)}{v(3)} = \frac{r_{In,eff}}{R_g + r_{In,eff}} \qquad (8.30)$$

Die Gesamtverstärkung ist dann das Produkt der Ausdrücke (8.30) und (8.25):

$$A_{ges} = A_{V1} \cdot A_{In} = \frac{v(In)}{v(3)} \cdot \frac{v(Out)}{v(In)} \approx -\frac{r_{In,eff}}{R_g + r_{In,eff}} \cdot \frac{\frac{R_3 \cdot R_L}{R_3 + R_L}}{R_4} \qquad (8.31)$$

Hier könnte nun der Ausdruck (8.27) und anschließend (8.29) eingesetzt und das Ergebnis nach der unbekannten Größe R_4 aufgelöst werden. Die resultierende Gleichung bleibt in diesem Fall noch einigermaßen überschaubar. Trotzdem wird darauf aber verzichtet und stattdessen der **praktischere** Weg vorgezogen: Gleichung (8.25) liefert sofort einen Näherungswert für R_4, wenn für die Verstärkung A_{V1} ein **Schätzwert** eingesetzt wird, z. B. 10 % mehr, also 11 statt 10. Damit könnten dann der resultierende Eingangswiderstand $r_{In,eff}$ und die Abschwächung A_{In} berechnet werden. Eine nachfolgende Korrektur liefert schließlich einen genaueren Wert usw. In der Praxis geht man aber meist noch einen Schritt weiter und setzt bereits nach dem ersten Näherungswert den Simulator ein. So soll auch hier verfahren werden. Näherungswert für den Widerstand R4 entsprechend Gleichung (8.25) mit dem Schätzwert $A_{V1} = 11$:

$$R_4 \approx \frac{\frac{R_3 \cdot R_L}{R_3 + R_L}}{|A_{V1}|} \approx \frac{\frac{10\,k\Omega \cdot 22\,k\Omega}{10\,k\Omega + 22\,k\Omega}}{11} = 625\,\Omega \rightarrow 560\,\Omega \text{ (Normwert, E12)} \qquad (8.32)$$

Zusammen mit Gleichung (8.13) ist nun auch der Wert für R5 bestimmbar:

$$R_5 = 4\,k\Omega - R_4 = 3{,}44\,k\Omega \rightarrow 3{,}3\,k\Omega \text{ (Normwert, E12)} \qquad (8.33)$$

Überprüfung der bisherigen Ergebnisse mit SPICE

Damit liegen für alle Widerstände erste Werte vor. Mit ihnen kann nun eine erste Simulation durchgeführt werden, um den Arbeitspunkt und die geforderte Verstärkung zu überprüfen und das Ergebnis gegebenenfalls zu optimieren. Die Kondensatorwerte werden später ermittelt. Für sie werden zunächst nur sehr grobe Schätzwerte eingesetzt, z. B. $C_1 = C_2 = 1\,\mu F$ und $C_3 = 100\,\mu F$.

Als Simulator wird hier LT-SPICE verwendet. Die mit dem „eingebauten" Schaltplan-Editor gezeichnete Simulationsschaltung ist in Abbildung 8.4a wiedergegeben. Sie steht als simulierbare Schaltung zur Verfügung (IC.zip). Pfad:

`\Kapitel 8\Schematic_8\Amp2.asc`

Wenn Sie die Datei verwenden möchten, sollten Sie vorher die SPICE-Parameter auf Ihren Arbeitsrechner kopiert und den Bibliothekspfad in der Schaltung überprüft und gegebenenfalls angepasst haben; siehe auch **Hinweise für das Arbeiten mit den folgenden Kapiteln** am Kapitelanfang.

8 Grundregeln für den Entwurf integrierter Schaltungen

Simulation

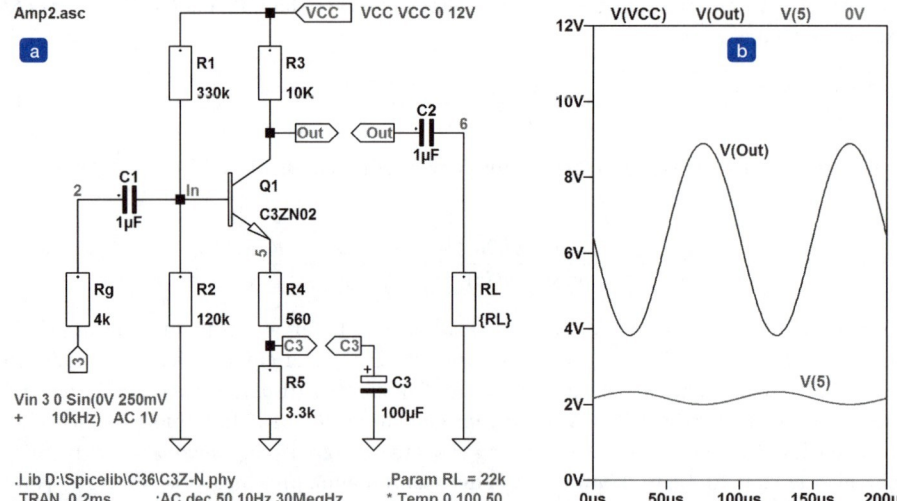

Abbildung 8.4: (Amp2.asc) (a) Zur Simulation mit LT-SPICE vorbereitete Schaltung; die Spannungsquellen VCC und Vin sind als Netzlistenzeilen eingetragen und der Lastwiderstand RL wird als Parameter in geschweiften Klammern angegeben. Durch die Zeile .Param RL=22k wird der Wert festgelegt und könnte durch eine Step-Anweisung in einfacher Weise variiert werden. (b) Simulationsergebnis.

In LT-SPICE können SPICE-Kommandos direkt in den Schaltplan geschrieben werden. So sind z. B. in Abbildung 8.4a die Versorgungsspannung VCC und die Signalquelle Vin nicht als Schaltungssymbole, sondern als Netzlistenzeilen eingetragen:

```
VCC  VCC 0  12V
Vin  3   0  Sin(0V 250mV 10kHz) AC 1V
```

Die Signalquelle ist hier so gestaltet, dass sie eine sinusförmige Wechselspannung mit einem DC-Anteil von 0 V, einer Amplitude von 250 mV und einer Frequenz von 10 kHz liefert. Für eine später durchzuführende AC-Analyse ist zusätzlich die Angabe AC 1V in die Definition der Signalquelle mit aufgenommen. Der Wert „1 V" für die AC-Eingangsspannung ist ganz bewusst gewählt worden. Das Simulationsergebnis der AC-Analyse kann dann nämlich gleich als Übertragungsfunktion $F(Ausgang)/F(Eingang)$ gedeutet werden, da durch 1 V dividiert wird. Wenn für eine Zeile der Platz nicht ausreicht, kann in einer weiteren Zeile fortgesetzt werden. Dann muss allerdings ein **Fortsetzungszeichen** (+) am neuen Zeilenanfang stehen, gefolgt von mindestens einem Leerzeichen. Von dieser Möglichkeit ist bei der Angabe der Signalquelle Vin in Abbildung 8.4a Gebrauch gemacht worden.

Auch die Anweisung für den Speicherort der Modellparameter der verwendeten Bauteile – hier für den Transistor Q1, Typ C3ZN02 – steht direkt im Schaltplan:

```
.Lib D:\Spicelib\C36\C3Z-N.phy
```

Zur Überprüfung des Transistorarbeitspunktes bietet es sich an, eine Untersuchung des Zeitverhaltens der Schaltung vorzunehmen. Das gelingt mit einer Transientenanalyse. In LT-SPICE reicht es oft schon aus, nur die Zeit, für die eine Analyse durchgeführt werden soll, anzugeben. Hier beträgt die Frequenz 10 kHz. Die Anweisung für z. B. **zwei Perioden** lautet dann:

```
.TRAN 0.2ms
```

Auch sie wird direkt in den Schaltplan geschrieben.

8.1 Kurze Einführung in die Schaltungsberechnung

Das Simulationsergebnis ist in Abbildung 8.4b wiedergegeben. Dargestellt ist das Potential des Kollektor-Knotens „Out". Zur Orientierung sind zusätzlich die Versorgungsspannung V_{CC} und das Potential am Emitter-Knoten „5" und die GND-Linie (0 V) abgebildet. Wie zu erkennen ist, liefert die erste Dimensionierung bereits ein brauchbares Ergebnis. Das mittlere Potential des Ausgangsknotens „Out" könnte vielleicht etwas angehoben werden. Um dies zu erreichen, müsste der Kollektor-Strom geringfügig herabgesetzt werden, z. B. durch Erhöhen des Widerstandswertes R_1 auf 390 $k\Omega$. Auch eine Reduzierung des Widerstandswertes R_2 oder eine Vergrößerung des Wertes von R5 könnten in diese Richtung wirken.

Zur Überprüfung der gesamten Spannungsverstärkung wird am besten eine AC-Analyse durchgeführt. Die Anweisung könnte lauten:

`.AC dec 50 10Hz 30MegHz`

Dies bedeutet eine dekadische Steigerung der Frequenz (dec) von 10 Hz bis 30 MHz mit 50 Schritten pro Dekade. Beide Anweisungen, die Transienten- und die AC-Anweisung, können im Schaltplan angegeben werden. Beim Starten des Simulators wird gefragt, welche Simulation ausgeführt werden soll. Durch die Auswahl wird die nichtgewünschte Befehlszeile dann automatisch inaktiviert (Semikolon statt Punkt vor der Anweisung).

Das Ergebnis der AC-Analyse ist in Abbildung 8.5 wiedergegeben. Durch Einblenden eines Cursors ist eine recht präzise „Messung" möglich. Angezeigt werden die Amplitude in dB (linke Ordinatenachse) und die Phase in Grad (rechts). Wie zu erkennen ist, wird die geforderte Verstärkung durch die gewählte Dimensionierung recht gut erfüllt. Korrekturen könnten durch eine Variation des Widerstandswertes R_4 vorgenommen werden.

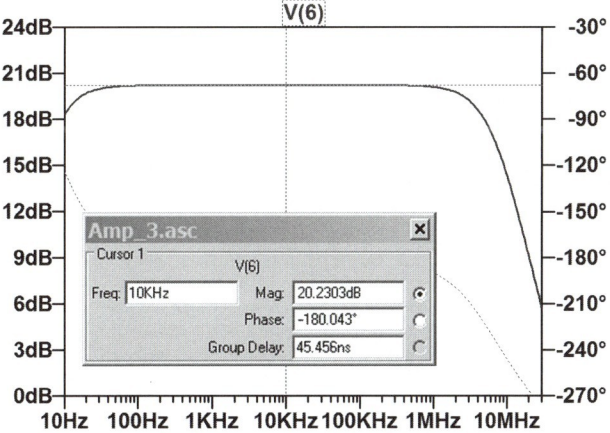

Simulation

Abbildung 8.5: (Amp3.asc) Ergebnis einer AC-Analyse zur Schaltung Abbildung 8.4; auf der linken Ordinatenachse ist die Verstärkung in dB aufgetragen und rechts die Phase. Der eingeblendete Cursor gestattet eine genaue Ausmessung.

Bevor die Kondensatoren berechnet werden, soll eine Überprüfung des Verzerrungsgrades (Klirrfaktor) erfolgen. Dies gelingt mit einer Fourier-Analyse. Dazu muss wieder die Transientenanalyse aktiviert (Semikolon durch Punkt ersetzen) und zusätzlich zur Berechnung der Fourier-Koeffizienten das Kommando

`.Four 10kHz V(6)`

eingefügt werden.

SPICE berechnet defaultmäßig die ersten neun Harmonischen (Vielfache der Grundfrequenz) der Spannungen für alle in der Fourier-Anweisung angegebenen Knoten, bezogen auf die spezifizierte Frequenz f_1 der Grundschwingung. Aus einem periodischen Signal wird **rechtsbündig genau die letzte Periode** (Kehrwert der Grundfrequenz f_1) herausgeschnitten [31], [32]. In diesem Beispiel wird die Frequenz des Eingangssignals, also $f_1 = 10\ kHz$, als Grundfrequenz angegeben und es interessiert nur die Spannung am Lastwiderstand RL, d. h. am Knoten „6".

Um die Genauigkeit zu erhöhen, darf die maximale Zeitschrittweite dT_{max} nicht zu groß sein. Sie wird deshalb vorgegeben: $dT_{max} = 0.5\ \mu s$. Damit Einschwingvorgänge den DC-Wert nicht verfälschen, wird der Analysezeitraum auf $T_{stop} = 100\ ms$ ausgedehnt. Die Transientenanweisung muss deshalb **vollständig** angegeben werden [31], [32]. Sie erhält die Form:

```
.Tran 0ms 100ms 0ms 0.5us
```

Außerdem ist zu beachten, dass LT-SPICE für die Speicherung des Ergebnisfiles (RAW-Datei) eine beträchtliche Datenkompression vornimmt. Diese kann aber durch eine Optionsanweisung ausgeschaltet werden:

```
.Options Plotwinsize = 0
```

Eine weitere Maßnahme zur Verbesserung der Genauigkeit kann durch eine zusätzliche Optionsanweisung erreicht werden. Oft reicht es bereits aus, nur den relativen Fehler zu verringern. Dazu wird die folgende Zeile eingefügt:

```
.Options reltol = 1e-6
```

Da laut Aufgabenstellung der sogenannte Klirrfaktor bei einer effektiven Ausgangsspannung von 1 V (Amplitude ca. 1,5 V) einen Wert von 1 % nicht überschreiten soll, wird die Amplitude des Eingangssignals auf 150 mV reduziert. Mit diesen Änderungen bzw. Ergänzungen im Schaltplan wird dann der Simulator gestartet. Das Ergebnis der Fourier-Analyse steht anschließend in der **Error-Log-Datei**. Diese kann einfach über „View → SPICE Error Log" geöffnet werden, siehe hierzu Abbildung 8.6.

Simulation

```
SPICE Error Log: D:\Schematic\Verstärker\Amp4.log
Circuit: * D:\Schematic\Verstärker\Amp4.asc

Direct Newton iteration for .op point succeeded.
Fourier components of V(6)
DC component:-0.00270328

Harmonic   Frequency    Fourier      Normalized   Phase      Normalized
Number     [Hz]         Component    Component    [degree]   Phase [deg]
   1       1.000e+04    1.535e+00    1.000e+00    179.96°      0.00°
   2       2.000e+04    1.138e-02    7.415e-03     88.97°    -90.99°
   3       3.000e+04    1.522e-03    9.918e-04   -178.93°   -358.88°
   4       4.000e+04    2.019e-04    1.315e-04    -91.43°   -271.39°
   5       5.000e+04    2.816e-05    1.835e-05      1.93°   -178.03°
   6       6.000e+04    4.041e-06    2.633e-06     86.29°    -93.67°
   7       7.000e+04    5.114e-07    3.332e-07    172.16°     -7.79°
   8       8.000e+04    2.255e-08    1.469e-08     45.81°   -134.14°
   9       9.000e+04    9.475e-08    6.173e-08     80.89°    -99.07°
Total Harmonic Distortion: 0.748228%
```

Abbildung 8.6: (Amp4.asc) Ergebnis der Fourier-Analyse.

Das Ergebnis ist mit $k \approx 0{,}75\ \%$ zufriedenstellend, soll aber auch für die Temperaturen $0\ °C$, $50\ °C$ und $100\ °C$ überprüft werden. Dies gelingt z. B. mithilfe der Step-Anweisung für die Temperatur in Listenform:

`.Step Temp List 0 50 100`

Im Anschluss daran wird der Wert des Widerstandes R1 erhöht, um das Kollektor-Potential $V(Out)$ etwas weiter in die Mitte zwischen $V_{CC} = 12\ V$ und $V(5) \approx 2\ V$ zu verschieben, und die Simulation wiederholt. Die Ergebnisse sind in Tabelle 8.1 wiedergegeben. Daraus geht hervor, dass mit $R_1 = 330\ k\Omega$ etwas geringere Verzerrungen zu erwarten sind als mit $R_1 = 390\ k\Omega$.

Tabelle 8.1

Klirrfaktor in Abhängigkeit von der Temperatur bei zwei verschiedenen Widerstandswerten R_1

Temperatur °C	$R_1 = 330\ k\Omega$ Klirrfaktor k	$R_1 = 390\ k\Omega$ Klirrfaktor k
0	0,73 %	1,07 %
50	0,76 %	1,09 %
100	0,79 %	1,10 %

Berechnung der Kondensatorwerte

Nachdem die DC-Dimensionierung abgeschlossen ist und der Arbeitspunkt bezüglich der nichtlinearen Verzerrungen akzeptabel ist, müssen noch die Werte der drei Kondensatoren ermittelt werden. Wie eingangs schon erwähnt, verleihen sie dem Verstärker Hochpass-Verhalten. Gefordert ist eine untere Grenzfrequenz von $f_u \approx 30\ Hz$ bei einem Abfall von 3 dB.

Auch diese Dimensionierung soll überschlägig erfolgen. Mit guter Näherung kann angenommen werden, dass die drei Hochpässe durch den Transistor voneinander entkoppelt sind. Dadurch wird die Berechnung übersichtlich: Der gesamte Amplitudenabfall von 3 dB kann gleichmäßig auf die drei Hochpässe verteilt werden. Bei der Grenzfrequenz f_u darf demnach jeder einzelne Hochpass nur einen Abfall von 1 dB aufweisen.

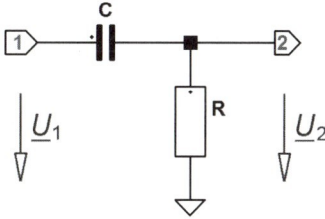

Abbildung 8.7: Hochpass.

Ein Hochpass hat die komplexe Übertragungsfunktion

$$\underline{F} = \frac{\underline{U}_2}{\underline{U}_1} = \frac{R}{R + \frac{1}{j\omega \cdot C}} = \frac{1}{1 + \frac{1}{j\omega \cdot R \cdot C}} = \frac{1}{1 - j\frac{1}{\omega \cdot R \cdot C}} = \frac{1}{1 - j\frac{1}{2\pi f \cdot R \cdot C}} \quad (8.34)$$

Bei der Grenzfrequenz $f_u = 30\ Hz$ darf der Betrag der Übertragungsfunktion F um 1 dB abgefallen sein ($A_{HP} = -1\ dB$):

$$\frac{A_{HP}}{dB} = 20 \cdot \lg|\underline{F}| = 20 \cdot \lg\frac{1}{\sqrt{1 + \frac{1}{\omega_u^2 \cdot R^2 \cdot C^2}}} = -1 \;\rightarrow\; \sqrt{1 + \frac{1}{\omega_u^2 \cdot R^2 \cdot C^2}} = 10^{\frac{1}{20}} \;\rightarrow\; \quad (8.35)$$

$$1 + \frac{1}{\omega_u^2 \cdot R^2 \cdot C^2} = 10^{0,1} = 1{,}259 \;\rightarrow\; \frac{1}{\omega_u^2 \cdot R^2 \cdot C^2} = 0{,}259 \;\rightarrow\;$$

$$\frac{1}{\omega_u \cdot R \cdot C} = 0{,}509 \;\rightarrow\; \boxed{C \approx 2 \cdot \frac{1}{\omega_u \cdot R} = \frac{1}{\pi \cdot f_u \cdot R}}$$

> **Hinweis**
>
> **Kapazitätswerte bei drei *entkoppelten* Hochpässen**
>
> ■ Bei drei entkoppelt wirkenden Hochpässen muss die Kapazität des Kondensators C gegenüber der eines einfachen Hochpasses etwa verdoppelt werden, um bei der geforderten unteren Grenzfrequenz einen Abfall von 3 *dB* zu erreichen.

Dieses Ergebnis ist nun die Basis für die Dimensionierung der drei Kondensatoren des Verstärkers. R ist in Gleichung (8.35) der **relevante** Widerstandswert des R-C-Gliedes. Er muss für die drei Hochpässe aus der Schaltung ermittelt werden.

Eingangskreis Im Eingangskreis sind die beiden Widerstände R1 und R2 des Spannungsteilers AC-mäßig parallel geschaltet. Dazu liegt noch der Widerstand rIn,Q des Transistors parallel, siehe Abbildung 8.8. Entsprechend Gleichung (8.29) wird $r_{In,Q} \approx 106\ k\Omega$. Als **relevanter** Widerstand R ist bekanntlich der gesamte Widerstand anzusehen, der vom **Ladungsspeicher** C1 aus zu sehen ist. Das ist hier die Reihenschaltung von Rg mit den drei parallel geschalteten Widerständen R1, R2, rIn, Q.

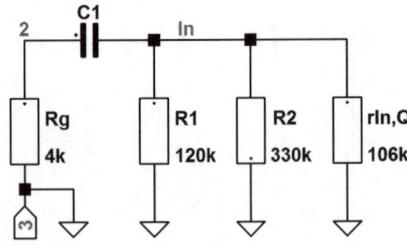

Abbildung 8.8: Eingangskreis.

8.1 Kurze Einführung in die Schaltungsberechnung

Mit den in Abbildung 8.8 angegebenen Werten wird somit

$$R = R_g + R_1 // R_2 // r_{in,Q} \approx 4\,k\Omega + 48\,k\Omega = 52\,k\Omega \qquad (8.36)$$

Aus Gleichung (8.35) folgt dann:

$$C_1 \approx \frac{1}{\pi \cdot f_u \cdot R} = \frac{1}{\pi \cdot 30\,s^{-1} \cdot 52\,k\Omega} = 204\,nF \;\rightarrow\; C_1 = 220\,nF \quad \text{(Normwert, E12)} \qquad (8.37)$$

Ausgangskreis Im Ausgangskreis ist die Situation einfacher. Dort sind vom Kondensator C2 aus gesehen die beiden Widerstände R3 und RL in Reihe geschaltet. Folglich wird

$$C_2 \approx \frac{1}{\pi \cdot f_u \cdot R} = \frac{1}{\pi \cdot 30\,s^{-1} \cdot 32\,k\Omega} = 332\,nF \;\rightarrow\; C_2 = 330\,nF \quad \text{(Normwert, E12)} \qquad (8.38)$$

Emitter-Kreis Die Situation des Emitter-Kreises ist in Abbildung 8.9 dargestellt. Unter der Annahme, dass das Basis-Potential des Transistors AC-mäßig mit Masse verbunden ist, kann der Ausgangswiderstand des Emitters durch $1/g_m$ angenähert werden. Diese Näherung ist wegen des Innenwiderstandes R_g der Signalquelle etwas grob, wird aber in der Praxis trotzdem verwendet, um rasch zu einem Ergebnis zu kommen.

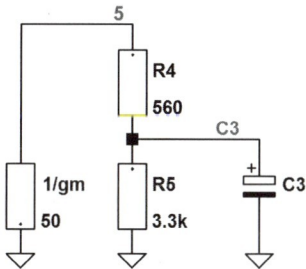

Abbildung 8.9: Emitter-Kreis.

Entsprechend Abbildung 8.9 liegt parallel zum Widerstand R5 die Reihenschaltung des Widerstandes R4 mit dem Ausgangswiderstand des Transistors. Folglich wird

$$R \approx \frac{(1/g_m + R4) \cdot R_5}{(1/g_m + R4) + R_5} = \frac{(50\,\Omega + 560\,\Omega) \cdot 3{,}3\,k\Omega}{(50\,\Omega + 560\,\Omega) + 3{,}3\,k\Omega} = 515\,\Omega \qquad (8.39)$$

$$C_3 \approx \frac{1}{\pi \cdot f_u \cdot R} = \frac{1}{\pi \cdot 30\,s^{-1} \cdot 515\,\Omega} = 20{,}6\,\mu F \;\rightarrow\; C_3 = 22\,\mu F \quad \text{(Normwert, E12)} \qquad (8.40)$$

Abschließende AC-Simulation

Damit sind alle Bauelemente bestimmt. Eine abschließende AC-Simulation soll noch zeigen, dass die untere Grenzfrequenz die Spezifikation erfüllt, siehe Abbildung 8.10. Durch Verwenden eines zweiten Cursors kann bequem die Grenzfrequenz ermittelt werden: Der erste Cursor wird etwa in der Mitte des Frequenzbereiches platziert (z. B. bei 10 kHz) und der zweite Cursor wird derart verschoben, dass im Differenzfeld (unten) bei „Mag" ein Wert von etwa $-3\,dB$ erscheint. Für dieses Beispiel kann das folgende Wertepaar abgelesen werden: $-2{,}975\,dB$, $29{,}87\,Hz$.

8 Grundregeln für den Entwurf integrierter Schaltungen

Simulation

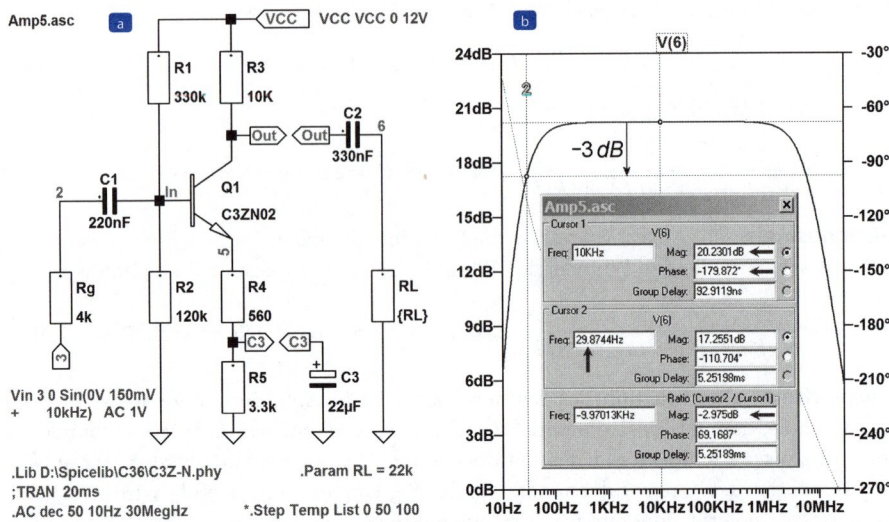

Abbildung 8.10: (Amp5.asc) (a) Endgültige Dimensionierung. (b) Simulationsergebnis; ein zweiter Cursor ist eingeblendet (gelb ausgefüllte „2").

Aufgaben

1. Experimentieren Sie mit den Simulationsschaltungen und sammeln Sie dadurch eigene Erfahrungen.

2. Führen Sie in der Simulationsschaltung Amp5.asc, siehe Abbildung 8.10, folgende Änderungen durch: 1) Aktivieren der Transientenanalyse, 2) Aktivieren der Step-Anweisung für die Temperatur, 3) Ändern der Amplitude der Signalquelle auf einen sehr kleinen Wert, z. B. 150 nV. Dazu braucht in der Anweisung nur das „m" durch ein „n" ersetzt zu werden. Speichern Sie die Simulationsschaltung, z. B. mit dem Namen Amp6.asc.

   Starten Sie dann den Simulator und „messen" Sie den Kollektor-Strom IC(Q1), indem Sie den Maus-Cursor zum Kollektor-Anschluss verschieben, bis er sich in eine „Stromzange" verwandelt. Durch einen Linksklick wird dann das Plotten des Kollektor-Stromes ausgelöst.

   Lesen Sie im Plot-Fenster für die Temperatuten 0 °C, 50 °C und 100 °C die Kollektor-Ströme ab und ermitteln Sie die **relative** Stromänderung $\Delta I_C/I_C$ für $\Delta T = 100$ °C.

3. „Messen" Sie mit den Einstellungen der vorherigen Aufgabe (gespeicherte Datei Amp6.asc) den Kollektor- und den Basis-Strom und bilden Sie das Verhältnis $I_C/I_B = B$ (Stromverstärkung) für die drei Temperaturen. Merken Sie sich die Tendenz.

4. Ersetzen Sie in der Datei Amp6.asc die Step-Anweisung für die Temperatur durch eine DC-Anweisung für die Temperatur: .DC Temp 0 100 5. Starten Sie den Simulator und wählen die DC-Analyse aus. Die x-Variable ist jetzt die Temperatur Temp. Speichern Sie die Simulationsdatei mit dem Namen Amp7.asc.

„Messen" Sie den Kollektor-Strom IC(Q1). Ändern Sie im Plot-Fenster die y-Variable, indem Sie durch einen Rechtsklick auf den Ausdruck „IC(Q1)" den „Expression Editor" öffnen und den Ausdruck IC(Q1)/IB(Q1) für das Plotten der Stromverstärkung eintragen.

5. Aktivieren Sie in der Datei Amp7.asc die AC-Analyse wieder und starten Sie den Simulator. Speichern Sie die Simulationsdatei mit dem Namen Amp8.asc.

Plotten Sie zunächst das Potential V(In). Durch Linksklick auf die y-Skalierung kann ein Dialogfenster geöffnet werden, in welchem Sie die Repräsentation von „Bode" auf „Linear" ändern sollten. Ändern Sie anschließend die y-Variable ab in einen Ausdruck für den Eingangswiderstand des Transistors: „V(In)/IB(Q1)". Vergleichen Sie das Ergebnis für etwa 10 *kHz* mit dem berechneten Wert, siehe Gleichung (8.29).

Machen Sie sich Gedanken über den Impedanzverlauf a) bei tiefen Frequenzen, b) bei hohen Frequenzen.

8.2 Hinweise zur Dimensionierung integrierter Schaltungen

Während der vorangegangene Abschnitt den prinzipiellen Berechnungsgang einer Schaltung aufgezeigt hat, steht hier nun die Bestimmung der **geometrischen Abmessungen** der Bauelemente im Vordergrund. Diese spielen bei **integrierten** Schaltungen eine besondere Rolle. Wie diese ohne allzu großen Aufwand ermittelt werden können, soll Gegenstand der folgenden Abschnitte sein. Dieses betrifft zwar in erster Linie die Dimensionierung analoger Schaltungen, doch werden auch digitale Gatter mit den Mitteln der analogen Schaltungstechnik entworfen.

8.2.1 Geometrische Abmessungen Passiver Elemente

Wegen der vielen Freiheitsgrade, die bei der Schaltungsberechnung bestehen, sind stets gewisse Annahmen zu treffen. Dies betrifft oft die Wahl der Arbeitspunkte. Damit ergeben sich die Werte der Widerstände meist direkt aus den Spannungen zwischen den Widerstandsanschlüssen und den jeweiligen Strömen. Die Kondensatorwerte sind vom geforderten Frequenzverhalten abhängig. Auf allgemeingültige Rezepte soll an dieser Stelle verzichtet werden; in diversen Beispielen der *Teile III* und *IV* wird die Vorgehensweise dann detaillierter besprochen.

Ein anderer Aspekt ist aber von besonderer Bedeutung. Bei integrierten Schaltungen reicht die Angabe der Widerstands- und Kondensatorwerte allein nicht aus; sie müssen auch nach **Form** und **geometrischer Größe** gestaltet werden.

Aus den *Abschnitten 3.5* sowie *7.3.3* und *7.4.3* ist bekannt, dass sich der Widerstandswert aus dem Schichtwiderstand R_{SH}, der Länge L und der Breite $B = W$, sowie dem Kopfwiderstand (einschließlich Kontaktwiderstand) R_{Kopf} ergibt:

$$R = R_{SH} \cdot \frac{L}{W} + 2 \cdot R_{Kopf} \tag{8.41}$$

Der Wert eines Kondensators setzt sich aus zwei Anteilen zusammen, nämlich dem der aktiven Fläche $W \cdot L$ (Area) und dem der Randlänge $2 \cdot (W + L)$ (Perimeter):

$$C = C_A \cdot W \cdot L + C_P \cdot 2 \cdot (W + L) \tag{8.42}$$

Die Parameter R_{SH}, C_A und C_P sind starken prozessbedingten Schwankungen unterworfen. Beim Design ist deshalb unbedingt darauf zu achten, dass die Schaltungseigenschaften nicht durch die **absoluten** Widerstands- bzw. Kondensatorwerte bestimmt werden. Die **relativen** Abweichungen sind sehr viel geringer oder mit anderen Worten: Die **Verhältnisse** von Bauteilwerten sind deutlich genauer. Dies wird bereits bei der Auswahl der Schaltungskonzepte eine ganz wichtige Rolle zu spielen haben und kennzeichnet eigentlich den wesentlichen Unterschied zwischen integrierten und diskret aufgebauten Schaltungen.

Aber auch bei den Verhältnissen spielen die statistischen Streuungen eine wichtige Rolle. Sie sind bereits bei der Dimensionierung zu berücksichtigen. Es soll kurz einmal angedeutet werden, wie die Bauteilabmessungen eines dotierten Halbleiterwiderstandes die zufälligen Fehler beeinflussen: Die Zahl der Silizium-Atome pro Volumen beträgt $(N_L / M_{Si}) \cdot \rho_{Si} \approx 5 \cdot 10^{22}\ cm^{-3}$. Hierin ist $N_L = 6{,}022 \cdot 10^{23}\ mol^{-1}$ die Avogadro- oder Loschmidt-Konstante, $M_{Si} = 28{,}06\ g/mol$ die relative Atommasse und $\rho_{Si} \approx 2{,}33\ g/cm^3$ die Dichte des Halbleiters. Nur ein kleiner Bruchteil der Si-Atome ist durch Dotieratome ersetzt. In sehr kleinen Volumina wird deshalb die Angabe der Zahl der dort anzutreffenden Dotieratome umso ungenauer, je kleiner das betreffende Volumen wird. Da der Widerstand von der Zahl der Ladungsträger abhängt, wird die Streuung umso größer ausfallen, je geringer die Dotierung ist und je kleiner die Widerstandsabmessungen W (Weite oder Breite) und L (Länge) werden. Hierzu ein Beispiel: Ein Widerstandselement habe die geometrischen Abmessungen $L = 20\ \mu m$, $W = 5\ \mu m$ und eine Dicke von $d = 1\ \mu m$. Die Akzeptorendichte betrage $N_A = 10^{16}\ cm^{-3}$ (spezifischer Widerstand etwa 1,3 Ωcm). In dem betrachteten Widerstandsvolumen sind dann nur $W \cdot L \cdot d \cdot N_A = 10^6$ aktive Ladungsträger anzutreffen, also eine verhältnismäßig geringe Zahl, und es leuchtet ein, dass diese örtlich schwanken kann. Außerdem haben Ungenauigkeiten der fotolithografischen Prozesse bei kleineren Strukturen einen stärkeren Einfluss. In den folgenden Abschnitten soll gezeigt werden, wie die geometrischen Abmessungen bei der Auslegung einer Schaltung berücksichtigt werden können.

Widerstände

Bei nicht zu schmaler Widerstandsbahn und Vernachlässigung der Randstreuungen kann der durch Messungen bestätigte Ansatz gemacht werden, dass das Quadrat der Standardabweichung vom Widerstandswert zum Kehrwert der Bauteilfläche $W \cdot L$ proportional ist:

$$\frac{\sigma_{\Delta R}}{R} \approx \frac{A_R}{\sqrt{W \cdot L}}; \quad [A_R] = \% \cdot \mu m = 0{,}01 \cdot \mu m \tag{8.43a}$$

Hierin ist $\sigma_{\Delta R}/R$ die **relative** Standardabweichung des Widerstandswertes von seinem Nennwert und wird meist in der Einheit % angegeben. Auch *Kapitel 7* enthält zur Orientierung einige Genauigkeitsangaben, die in Prozent angegeben sind, die sich aber eher auf die 3σ-Grenze beziehen.

Hinweis

Standardabweichung σ und 3σ-Grenze:

Wird eine Schwankung der Bauteilwerte um ihren Nennwert in der Größe der Standardabweichung σ zugelassen, bedeutet dies, dass nur 68,34 % der Werte einen Fehler kleiner als $\pm \sigma$ haben. Der Rest ist Ausschuss! In der Praxis wird deshalb mindestens die 3σ-Grenze gefordert. Dann weisen 99,74 % der Bauteile einen Fehler kleiner als $\pm 3\sigma$ auf.

A_R mit der Einheit %·µm ist eine vom verwendeten Prozess und natürlich auch von der Widerstandsart abhängige Streukonstante. Sie muss durch Experimente ermittelt werden und wird normalerweise vom Halbleiterhersteller mitgeteilt. So wird beispielsweise für den Standard-Bipolar-Prozess C36 mit Basis-dotierten Widerständen (Schichtwiderstand R_{SH} = 180 Ω/sq) ein Wert von $A_R \approx$ 4,8 % · µm angegeben. Bei CMOS-Prozessen haben oft Well-Widerstände (N-Well bzw. P-Well) die kleinsten Werte. Sie liegen meist knapp unter 1 % · µm. Für dotierte POLY-Widerstände werden dagegen Werte im Bereich von $A_R \approx$ (1,4 ... 3) % · µm genannt; je hochohmiger der Schichtwiderstand R_{SH} und je dünner die Widerstandsschicht ist, desto größer wird der Streuparameter A_R. Bei einem Vergleich p- und n-dotierter Widerstände, die den gleichen Schichtwiderstand R_{SH} haben, zeigen die p-dotierten meist eine geringere Streuung. Dies könnte vielleicht damit erklärt werden, dass wegen der geringeren Beweglichkeit der Löcher eine höhere Dotierung erforderlich ist und somit pro Volumen bzw. pro Fläche mehr Ladungsträger anzutreffen sind (siehe oben), doch ist dieser Unterschied noch nicht restlos geklärt und es gibt auch Ausnahmen.

Zu der Streuung entsprechend Gleichung (8.43a) kommt allerdings noch die Variation s_{RK} des Kontaktwiderstandes (vom Halbleiter zum Metall, siehe *Abschnitt 4.6.3* und *Kapitel 7*) hinzu. Da ein Widerstand normalerweise zwei Kontakte hat, gilt:

$$\frac{\sigma_{\Delta R}}{R} \approx \frac{A_R}{\sqrt{W \cdot L}} + 2 \cdot \frac{s_{RK}}{R} \qquad (8.43b)$$

Die Schwankung des Kontaktwiderstandes kann, je nach Güte des Kontaktes, zwischen s_{RK} = (1 ... 10) Ω/pro Kontakt betragen. Für den Standard-Bipolar-Prozess C36 mit Basis-dotierten Widerständen (Schichtwiderstand R_{SH} = 180 Ω/sq) und einer Kontaktöffnung von 6 × 6 µm^2 wird z. B. ein Wert von s_{RK} = 1.7 Ω/pro Kontakt angegeben. Ähnliche Werte gelten auch für CMOS-POLY-Widerstände, siehe auch *Kapitel 7*.

Mit Gleichung (8.41) steht bereits **eine** Beziehung für die Widerstandsberechnung zur Verfügung. Sie enthält die Abmessungen L und W in Form des Verhältnisses. Die Gleichungen (8.43a) und (8.43b) enthalten dagegen das Produkt $W \cdot L$. Bleibt zur Vereinfachung des Problems die Streuung des Kontaktwiderstandes unberücksichtigt – Gleichung (8.43a) –, dann können zusammen mit dieser **zweiten** Gleichung die geometrischen Maße des Widerstandes einzeln berechnet werden. Auflösen nach $W \cdot L$:

$$W \cdot L \geq \frac{A_R^2}{\left(\sigma_{\Delta R}/R\right)^2}; \quad \text{für } 2 \cdot \frac{s_{RK}}{R} \ll \frac{\sigma_{\Delta R}}{R} \qquad (8.44a)$$

Für die Berechnung der geometrischen Abmessungen ist es zulässig, in Gleichung (8.41) den Kopfanteil wegzulassen, nach L aufzulösen und dies in (8.44a) einzusetzen:

$$W \geq \frac{A_R \cdot \sqrt{R_{SH}}}{\sqrt{R} \cdot \left(\sigma_{\Delta R}/R\right)} \qquad (8.44\text{b})$$

Diese Dimensionierungsvorschrift für die Breite W der Widerstandsbahn zeigt ein überraschendes Ergebnis: W ist direkt zum Kehrwert des geforderten relativen Fehlers proportional.

Hinweis

Da bei einer Schwankung der Bauteilwerte um ihren Nennwert mit Größe der Standardabweichung σ nur 68,34 % der Werte einen Fehler kleiner als $\pm\sigma$ haben, der Rest also Ausschuss ist, wird in der Praxis in der Regel mindestens die 3σ-Grenze gefordert. Dann weisen 99,74 % der Bauteile einen Fehler kleiner als $\pm3\sigma$ auf. Um dies zu erreichen, muss für eine geforderte Widerstandsstreuung ΔR die Standardabweichung σ mindestens um den **Faktor drei** kleiner sein als ΔR. In manchen Fällen werden 4σ oder sogar 6σ gefordert. Allgemein bedeutet dies für eine $n\sigma$-Grenze:

$$\sigma_{\Delta R} \leq \Delta R/n; \quad n \geq 3 \qquad (8.45\text{a})$$

Die Standardabweichung $\sigma_{\Delta R}$ beschreibt die Fluktuation eines **einzelnen** Widerstandes. In der Praxis verursachen aber meist mehrere Bauteile – nicht nur Widerstände – eine unerwünschte Schwankung der Daten der gesamten Schaltung. Dann muss der zulässige Fehler für die einzelnen Bauelemente noch weiter verringert werden. Wie weit, ist manchmal nicht ganz einfach zu bestimmen. An dieser Stelle soll auf eine allgemeine Ermittlung der zulässigen Einzelstreuungen verzichtet werden. Dies wird besser an konkreten Beispielen in späteren Abschnitten gezeigt. Werden aber z. B. nur **zwei gleiche** Widerstände betrachtet, gilt wegen $\sigma_{ges}^2 = \sigma_1^2 + \sigma_2^2$ und $\sigma_1 = \sigma_2$:

$$\sigma_{\Delta R} \leq \frac{\Delta R}{n \cdot \sqrt{2}}; \quad n \geq 3 \qquad (8.45\text{b})$$

In den Gleichungen (8.45a) und (8.45b) sind die Streuungen der Kontaktwiderstände entsprechend Gleichung (8.43b) nicht berücksichtigt. Bei großen Widerstandswerten ist dieser Einfluss auch nur gering. Bei kleineren Werten unter 1 $k\Omega$ können diese allerdings dominant werden! Dann muss der zur Berechnung der Bauteilabmessungen zugrunde gelegte Wert $\sigma_{\Delta R}$ noch weiter reduziert werden.

Es ist allgemein bekannt, dass noch zwei weitere Größen von Bedeutung sind, nämlich die Eigenerwärmung, hervorgerufen durch die im Widerstand in Wärme umgesetzte Verlustleistung, und Nichtlinearitäten infolge zu großer Feldstärke. Für beide sollte abgeklärt werden, ob deren Grenzwerte nicht überschritten werden. So ist also zunächst zu prüfen, ob bei einem Dünnfilm- oder POLY-Widerstand (Schichtwiderstand R_{SH}), der auf einem isolierenden Oxid-Layer der Dicke d_{Ox} deponiert ist, die Temperatur nicht unzulässig stark ansteigt.

> **Hinweis**
>
> **Temperaturerhöhung eines Widerstandes auf einer Oxidschicht:**
>
> Die Temperaturerhöhung ergibt sich aus dem Produkt „Wärmewiderstand der Oxidschicht" mal „Verlustleistung". Näherungsweise gilt:
>
> $$\Delta T = R_{th} \cdot \frac{U^2}{R} \approx \frac{d_{Ox}}{\lambda_{Ox} \cdot L \cdot W} \cdot \frac{U^2 \cdot W}{R_{SH} \cdot L} \approx \frac{d_{Ox}}{\lambda_{Ox} \cdot R_{SH}} \cdot \left(\frac{U}{L}\right)^2,$$
>
> $$\Delta T = R_{th} \cdot I^2 \cdot R \approx \frac{d_{Ox} \cdot R_{SH}}{\lambda_{Ox}} \cdot \left(\frac{I}{W}\right)^2; \qquad (8.46)$$
>
> spez. Wärmeleitfähigkeit $\quad \lambda_{Ox} = \lambda_{SiO2} = 1{,}34 \cdot 10^{-6} \dfrac{VA}{\mu m\, K}$

Die am Widerstand anliegende Spannung U und die Widerstandslänge L bzw. der Strom I durch den Widerstand und die Widerstandsbreite W gehen dabei quadratisch ein. U bzw. I sind Effektivwerte.

Bei einer Temperaturerhöhung um ca. $\Delta T = 1\,K$ kann der Einfluss meist vernachlässigt werden. Höhere Werte verändern aber den Wert eines POLY-Widerstandes entsprechend seines Temperaturkoeffizienten. Dünnfilmwiderstände haben meist einen kleineren TK. Für sie dürfen deshalb etwas größere Beträge zugelassen werden; sie sollten aber $10\,K$ auf keinen Fall überschreiten. Oft werden aber für das betreffende Widerstandsmaterial bereits maximal zulässige Stromdichten (meist in der Form I/W mit der Einheit $[I/W] = mA/\mu m$) angegeben. Dann legen diese die Grenze fest.

Weiterhin ist zu prüfen, ob die maximal zulässige elektrische Feldstärke nicht überschritten wird. Die Widerstandslänge L sollte also eine gewisse Mindestlänge L_{min} nicht unterschreiten. L_{min} ist abhängig von der am Widerstand auftretenden maximalen Spannung U_{max} [11]:

$$\begin{aligned} L \geq L_{\min} &= (6{,}7\,\mu m/V) \cdot U_{\max}; \quad \text{n-Silizium}, \\ L \geq L_{\min} &= (3{,}3\,\mu m/V) \cdot U_{\max}; \quad \text{p-Silizium} \end{aligned} \qquad (8.47)$$

Wird die Länge kleiner als L_{min}, muss wegen der Abnahme der Ladungsträgerbeweglichkeit infolge zu hoher Feldstärke mit spürbaren Nichtlinearitäten gerechnet werden.

Kondensatoren

Für integrierte Kondensatoren kann die **relative** Standardabweichung $\sigma_{\Delta C}/C$ des Kapazitätswertes von seinem Nennwert analog wie bei Widerständen angesetzt werden:

$$\frac{\sigma_{\Delta C}}{C} = \frac{A_C}{\sqrt{W \cdot L}}; \quad [A_C] = \% \cdot \mu m = 0{,}01 \cdot \mu m \qquad (8.48)$$

Der Parameter A_C mit der Einheit $\% \cdot \mu m$ ist eine vom verwendeten Prozess und natürlich auch von der Kondensatorart abhängige Konstante. POLY-POLY-Kondensatoren haben in analogen Schaltungen eine besondere Bedeutung. Der Streuparameter kann, wenn vom Halbleiterhersteller keine Angaben vorliegen, mit $A_C \approx (0{,}5 \ldots 1{,}5)\,\% \cdot \mu m$ angenommen werden.

In manchen Schaltungskonzepten, z. B. in SC-Schaltungen (**S**witched **C**apacitor), werden mehrere Kondensatorgruppen benötigt, die aus **Einheitskondensatoren** gebildet werden. Dann ergeben sich für die Kapazitäts**verhältnisse** die geringsten Fehler. Um eine hohe Signalgeschwindigkeit sicherzustellen, sollte für den Einheitskondensator ein möglichst kleiner Kapazitätswert gewählt werden. Die Formel (8.48) legt damit den kleinsten Wert fest, da die Kapazität im Wesentlichen zur Fläche $W \cdot L$ proportional ist:

$$W \cdot L \geq \frac{A_C^2}{\left(\sigma_{\Delta C}/C\right)^2} \tag{8.49}$$

$$C_{min} \approx C_A \cdot W \cdot L \geq C_A \cdot \frac{A_C^2}{\left(\sigma_{\Delta C}/C\right)^2} \tag{8.50}$$

> **Hinweis**
>
> Auch bei Kondensatoren ist – wie bei Widerständen – die 3σ- bzw. die allgemeine $n\sigma$-Grenze zu beachten und die Fluktuationen der anderen Bauteile mit zu berücksichtigen.

8.2.2 Geometrische Abmessungen Aktiver Elemente

Bipolar-Transistoren

Das Verhalten eines Bipolar-Transistors wird durch seine **exponentielle** Kennliniengleichung beschrieben. Die verstärkungsbestimmende Steilheit g_m ist demzufolge ausschließlich vom Kollektor-Strom und der Temperaturspannung V_T abhängig und praktisch nicht von weiteren Transistorparametern. Weil die Baugröße deshalb nur eine untergeordnete Rolle spielt (die Transistoren müssen nur groß genug sein, die Ströme „tragen" zu können), wird in integrierten Schaltungen aus Platzgründen oft ein Standardtransistor mit möglichst geringen Abmessungen eingesetzt. In Differenzverstärkern und genauen Stromspiegelschaltungen spielen dagegen statistische Schwankungen eine wesentliche Rolle. Für solche Anwendungen werden daher oft spezielle Transistorstrukturen entworfen. Auf eine detaillierte Berechnung soll hier verzichtet werden. In *Teil III* werden anhand einiger Beispiele dann aber Simulationsergebnisse vorgestellt, die Aufschluss über statistische Schwankungen geben.

MOS-Transistoren

Während in bipolaren integrierten Schaltungen oft Standardtransistoren eingesetzt werden, hängen bei einem MOS-Design die Schaltungseigenschaften entscheidend von den geometrischen Abmessungen der Transistoren ab. Das gibt dem Entwickler sehr viel mehr Flexibilität. Allerdings kommt dadurch die Problematik hinzu, diese Bauteilgrößen zu bestimmen. Es stellt sich deshalb die Frage, wie die geometrischen Größen W und L von MOSFETs ermittelt werden können.

8.2 Hinweise zur Dimensionierung integrierter Schaltungen

Drain-Strom, minimale Drain-Source-Spannung, Steilheit Meist kann der Drain-Strom I_D als gegeben vorausgesetzt und die minimale Drain-Source-Spannung U_{DSmin} in gewissen Bereichen frei gewählt werden. Dann kann aus der Forderung, dass der Transistor stets im Stromsättigungsbereich betrieben werden soll, das Verhältnis W/L (abgekürzt: w) ermittelt werden. Dazu wird die Kennliniengleichung, siehe Gleichung (3.131), (3.132),

$$I_D = \beta \cdot (U_{GS} - V_{Th})^2 = \beta \cdot U_S^2; \quad \beta = \frac{K_P}{2} \cdot \frac{W}{L}, \quad U_{GS} - V_{Th} = U_S, \quad U_{DS} \geq U_S \quad (8.51)$$

nach W/L aufgelöst und für $U_{GS} - V_{Th} = U_S$ einfach die Gültigkeitsgrenze $U_{DSmin} \geq U_S$ eingesetzt:

$$\frac{W}{L} =_{Def} w = \frac{2 \cdot I_D}{K_P \cdot (U_{GS} - V_{Th})^2} = \frac{2 \cdot I_D}{K_P \cdot U_S^2} \geq \frac{2 \cdot I_D}{K_P \cdot U_{DSmin}^2} \quad (8.52)$$

Bei der Berechnung von Verstärkerschaltungen spielt die Steilheit oder Transconductance g_m eine wichtige Rolle. Ist z. B. eine bestimmte Steilheit gefordert, kann auch aus der Gleichung für g_m eine Dimensionierungsvorschrift für W/L abgeleitet werden, siehe Gleichung (3.135):

$$g_m = 2 \cdot \beta \cdot U_S = K_P \cdot \frac{W}{L} \cdot U_S = 2 \cdot \frac{I_D}{U_S} \quad \rightarrow \quad (8.53)$$

$$\frac{W}{L} =_{Def} w \geq \frac{g_m}{K_P \cdot U_S} = \frac{g_m^2}{2 \cdot K_P \cdot I_D} \quad (8.54)$$

Damit existiert bereits **eine** Bestimmungsgleichung in Form des Verhältnisses für die zwei unbekannten Größen W und L. Wie werden nun W und L einzeln ermittelt?

Annahme eines Wertes für die Kanallänge L Für digitale Gatter wird meist, von Ausnahmen einmal abgesehen, der für den Prozess angegebene kleinste zulässige Wert $L = L_{min}$ verwendet. In analogen Schaltungen sollte dagegen ein um den Faktor 2 ... 5 größerer Wert angesetzt werden. Häufig empfehlen aber die Halbleiterhersteller oder Foundries ein kleinstes L. Dieser Wert dient dann oft als Startwert. Eine Optimierung hinsichtlich des Early-Effekt-Einflusses (Abhängigkeit des Drain-Stromes von der Drain-Source-Spannung, siehe *Kapitel 3*) erfolgt anschließend ohnehin mit dem Simulator.

Gate-Fläche W × L und statistische, relative Drain-Strom-Schwankung Immer dann, wenn das Zusammenspiel oder „Matching" zweier oder auch mehrerer Transistoren (siehe *Abschnitt 8.6*) die Schaltungseigenschaften bestimmt, z. B. in Stromspiegeln (siehe *Kapitel 9*) oder in einer Differenzeingangsstufe eines Operationsverstärkers (siehe *Kapitel 12* und *13*), spielen **statistische** Bauteilschwankungen eine wichtige Rolle. Es soll nun gezeigt werden, wie diese in die Dimensionierung einbezogen werden können. Voraussetzungen: **starke Inversion** und Betrieb der MOS-Transistoren im Stromsättigungsbereich, siehe *Abschnitt 3.4*. Dann kann Gleichung (8.51) verwendet und für den Fall konstanter Gate-Source-Spannung U_{GS} für die Änderung des Drain-Stromes die „Fehlerformel" angesetzt werden:

$$\Delta I_D = \frac{\partial I_D}{\partial \beta} \cdot \Delta \beta + \frac{\partial I_D}{\partial V_{Th}} \cdot \Delta V_{Th} = (U_{GS} - V_{Th})^2 \cdot \Delta \beta - 2 \cdot \beta \cdot (U_{GS} - V_{Th}) \cdot \Delta V_{Th} \quad (8.55a)$$

$$\frac{\Delta I_D}{I_D} = \frac{\Delta \beta}{\beta} - 2 \cdot \frac{\Delta V_{Th}}{(U_{GS} - V_{Th})} = \frac{\Delta \beta}{\beta} - 2 \cdot \frac{\Delta V_{Th}}{U_S} \quad (8.55b)$$

Die statistischen Bauteilstreuungen können auf die Schwankungen der Parameter β und V_{Th} konzentriert werden. Eventuelle Abweichungen von W und L sollen in β mit enthalten sein. Dieses ist natürlich nur zulässig, solange W und L **einzeln** nicht zu klein sind. Wird nun in Gleichung (8.55b) $\Delta\beta$ und ΔV_{Th} durch die entsprechenden Standardabweichungen $\sigma_{\Delta\beta}$ und $\sigma_{\Delta VT}$ ersetzt, so kann das Quadrat der zu erwartenden Drain-Stromstreuung in der folgenden Form ausdrückt werden:

$$\frac{\sigma_{\Delta ID}^2}{I_D^2} = \frac{\sigma_{\Delta\beta}^2}{\beta^2} + 4 \cdot \frac{\sigma_{\Delta VT}^2}{U_S^2} - 2 \cdot \frac{\sigma_{\Delta\beta}}{\beta} \cdot 2 \cdot \frac{\sigma_{\Delta VT}}{U_S^2} \cdot r \qquad (8.56a)$$

Hierin beschreibt die Korrelation zwischen den Größen β und V_{Th}. Obwohl zwischen beiden eine gewisse Abhängigkeit besteht, haben sowohl theoretische wie auch experimentelle Untersuchungen gezeigt [6], dass diese sehr gering ist und in der Praxis vernachlässigt werden darf. Die statistischen Streuungen von β und V_{Th} können somit als **unabhängig** voneinander angesehen werden. Damit vereinfacht sich (8.56a):

$$\frac{\sigma_{\Delta ID}^2}{I_D^2} \approx \frac{\sigma_{\Delta\beta}^2}{\beta^2} + 4 \cdot \frac{\sigma_{\Delta VT}^2}{U_S^2} \qquad (8.56b)$$

Die zufälligen Abweichungen von β und V_{Th} stehen, ähnlich wie bei den passiven Bauelementen, in engem Zusammenhang mit der geometrischen Bauteilgröße. Das ist hier die Gate-Fläche $W \cdot L$ [7], [6]: Je kleiner diese ausführt wird, desto größer sind die zu erwartenden Unsicherheiten! Für eng benachbarte und gleich gestaltete Transistoren kann für die beiden Standardabweichungen angesetzt werden:

$$\frac{\sigma_{\Delta\beta}}{\beta} = \frac{A_\beta}{\sqrt{W \cdot L}}; \quad [A_\beta] = \% \cdot \mu m = 0.01 \cdot \mu m \qquad (8.57)$$

$$\sigma_{\Delta VT} = \frac{A_{VT}}{\sqrt{W \cdot L}}; \quad [A_{VT}] = mV \cdot \mu m \qquad (8.58)$$

Die beiden Streuparameter A_β und A_{VT} sind prozessabhängig. Pelgrom und andere [7], [8] haben Messungen an unterschiedlichen Prozessen durchgeführt und dabei herausgefunden, dass A_β zwischen $1\% \cdot \mu m$ und $3\% \cdot \mu m$ liegt (Mittelwert für NMOS und PMOS: etwa $2\% \cdot \mu m$) und A_{VT} im Prinzip proportional mit der Dicke d_{OX} oder T_{OX} des Gate-Oxides zunimmt. Dies gilt sogar fast unabhängig vom Halbleiterhersteller. In Abbildung 8.11 sind die Parameter A_{VT} und A_β in Abhängigkeit von der Gate-Oxiddicke dargestellt [9]. Für einen 0,8-µm-CMOS-Prozess gilt danach: $A_{VT} \approx (10 \dots 17)\ mV \cdot \mu m$. Die angegebenen Werte können für die überschlägige Berechnung der statistischen Streuungen angenommen werden, wenn vom Halbleiterhersteller keine detaillierten Angaben vorliegen.

8.2 Hinweise zur Dimensionierung integrierter Schaltungen

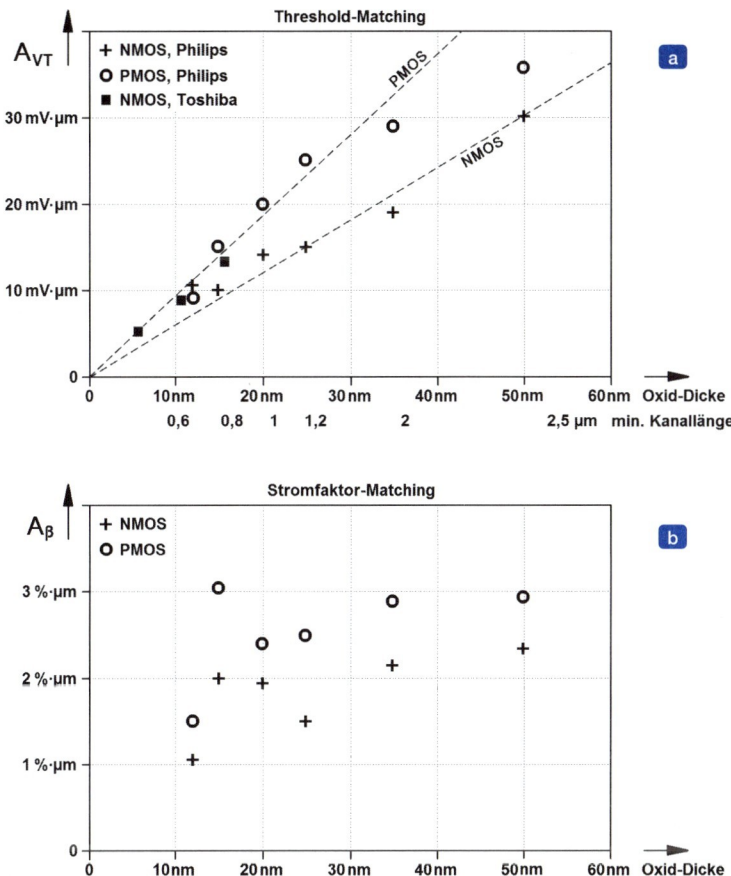

Abbildung 8.11: Richtwerte für die Streuparameter von MOSFETs für verschiedene CMOS-Prozesse [9]. (a) Streuparameter A_{VT} der Threshold-Spannung V_{Th}. (b) Streuparameter A_β des Stromfaktors $\beta = \frac{1}{2} \cdot K_P \cdot W/L$.

Durch Einsetzen der beiden Gleichungen (8.57) und (8.58) in (8.56b) ergibt sich:

$$\frac{\sigma_{\Delta ID}^2}{I_D^2} \approx \frac{\sigma_{\Delta \beta}^2}{\beta^2} + 4 \cdot \frac{\sigma_{\Delta VT}^2}{U_S^2} = \frac{A_\beta^2}{W \cdot L} + 4 \cdot \frac{A_{VT}^2}{W \cdot L \cdot U_S^2} = \frac{1}{W \cdot L}\left(A_\beta^2 + 4 \cdot \frac{A_{VT}^2}{U_S^2}\right) \quad (8.59)$$

- Diese Beziehung enthält neben der Abhängigkeit von der Gate-Fläche noch eine weitere interessante Aussage: Je kleiner die „Steuerspannung" U_S gewählt wird, desto größer sind die zu erwartenden statistischen Drain-Stromschwankungen. Dies ist für den Aufbau von Stromspiegeln (siehe *Kapitel 9*) von großer Bedeutung. U_S sollte deshalb möglichst **groß** gewählt werden, um den Einfluss der Fluktuation der Threshold-Spannung zu minimieren, siehe Abbildung 8.12a.

- Für $U_S = 0$ liefert Gleichung (8.59) eine unendlich große Fluktuation des Drain-Stromes. Hier gilt aber die einfache Kennliniengleichung (8.51) nicht mehr! In Wahrheit arbeitet bei $U_S = 0$ der Transistor in der **schwachen** Inversion, sodass dadurch der Fehler doch endlich bleibt.

- Aus Gleichung (8.59) lässt sich ermitteln, wie groß U_S werden muss, damit beide Anteile den gleichen Beitrag liefern:

$$U_S = 2 \cdot \frac{A_{VT}}{A_\beta} \qquad (8.60)$$

Mit den Werten $A_{VT} = 15\ mV \cdot \mu m$ und $A_\beta = 2\ \% \cdot \mu m$ ergibt sich: $U_S = 1{,}5\ V$. Dieser Wert ist **un**abhängig von der Transistorgröße!

Die Gleichung (8.59) wird nach der Gate-Fläche $W \cdot L$ aufgelöst. Damit steht, wenn für den Drain-Strom eine maximale **relative** Unsicherheit $\sigma_{\Delta ID}/I_D$ gegeben ist, eine **zweite** Gleichung zur Dimensionierung der Transistorabmessungen zur Verfügung:

$$W \cdot L \geq \frac{1}{\sigma_{\Delta ID}^2 / I_D^2} \cdot \left(A_\beta^2 + 4 \cdot \frac{A_{VT}^2}{U_S^2} \right) \qquad (8.61)$$

Hinweis

Wie schon bei der Dimensionierung der passiven Elemente erwähnt, reicht in der Praxis die 1σ-Grenze nicht aus! Deshalb muss die erforderliche Standardabweichung wieder verkleinert werden, wenn eine maximale Stromschwankung ΔI_D zu erfüllen ist. Für eine allgemeine $n\sigma$-Grenze gilt deshalb:

$$\sigma_{\Delta ID} \leq \frac{\Delta I_D}{n}; \quad n \geq 3 \qquad (8.62a)$$

Die Standardabweichung $\sigma_{\Delta ID}$ beschreibt die Fluktuation eines **einzelnen** Transistors. Wenn mehrere Bauteile einen Beitrag zur Stromschwankung ΔI_D liefern, setzt sich die gesamte Standardabweichung σ_{ges}^2 aus den einzelnen Komponenten wie folgt zusammen: $\sigma_{ges}^2 = \sigma_1^2 + \sigma_2^2 + \ldots \sigma_v^2 \ldots + \sigma_N^2$ (N = Zahl der relevanten Bauteile, die einen merklichen Beitrag zur Gesamtschwankung liefern). Dann muss der zulässige Fehler für die einzelnen Bauelemente noch weiter verringert werden. Wie weit, ist manchmal nicht ganz einfach zu bestimmen. An dieser Stelle soll auf eine allgemeine Ermittlung der zulässigen Einzelstreuungen verzichtet werden. Dies wird besser an konkreten Beispielen in späteren Abschnitten gezeigt. Oft ist es aber zulässig, für eine erste Berechnung alle Streuungen gleich anzusetzen. Dann folgt mit Gleichung (8.62a):

$$\sigma_{\Delta ID} \leq \frac{\Delta I_D}{n \cdot \sqrt{N}}; \quad n \geq 3 \qquad (8.62b)$$

8.2 Hinweise zur Dimensionierung integrierter Schaltungen

Gate-Fläche $W \times L$ und statistische Schwankung der Gate-Source-Spannung In manchen Anwendungen, beispielsweise in einer Differenzeingangsstufe, siehe *Kapitel 12* und *13*, wird für die **Offset-Spannung** ein Maximalwert gefordert, der nicht überschritten werden darf. Die Abweichung des Drain-Stromes soll deshalb in eine äquivalente Gate-Source-Spannungsänderung ΔU_{GS} umgerechnet werden. Bekanntlich kann ΔI_D durch das Produkt von ΔU_{GS} und Steilheit g_m ausgedrückt werden. Mithilfe von Gleichung (8.53) wird dann

$$\Delta U_{GS} = \frac{\Delta I_D}{g_m} = \frac{\Delta I_D}{2 \cdot I_D} \cdot U_S \qquad (8.63)$$

und das Streuungsquadrat $\sigma_{\Delta UGS}^2$ ergibt sich daraus unter Verwendung von (8.59) zu:

$$\sigma_{\Delta UGS}^2 = \frac{\sigma_{\Delta ID}^2}{I_D^2} \cdot \frac{U_S^2}{4} = \frac{1}{W \cdot L}\left(A_\beta^2 + 4 \cdot \frac{A_{VT}^2}{U_S^2}\right) \cdot \frac{U_S^2}{4} = \frac{1}{W \cdot L}\left(A_\beta^2 \cdot \frac{U_S^2}{4} + A_{VT}^2\right) \qquad (8.64)$$

- Auch diese Beziehung enthält eine Aussage über den Einfluss der „Steuerspannung" U_S: Bei der Wahl eines **kleinen** Wertes für U_S wird die Fluktuation der Threshold-Spannung dominant und der Term mit A_β tritt in den Hintergrund, siehe Abbildung 8.12b.

Wird diese Gleichung (8.64) nach der Gate-Fläche aufgelöst, ergibt sich:

$$W \cdot L \geq \frac{1}{\sigma_{\Delta UGS}^2}\left(A_\beta^2 \cdot \frac{U_S^2}{4} + A_{VT}^2\right) \qquad (8.65)$$

Hier steht $\sigma_{\Delta UGS}$ wieder für die Standardabweichung eines **einzelnen** Transistors. Wird die gesamte Offset-Streuung mit U_{Off} bezeichnet, eine allgemeine $n\sigma$-Grenze zugrunde gelegt und außerdem noch berücksichtigt, dass insgesamt N Bauelemente einen etwa gleich großen Beitrag zur Offset-Spannung beisteuern, dann gilt:

$$\sigma_{\Delta UGS} \leq \frac{U_{Off}}{n \cdot \sqrt{N}}; \quad n \geq 3 \qquad (8.66)$$

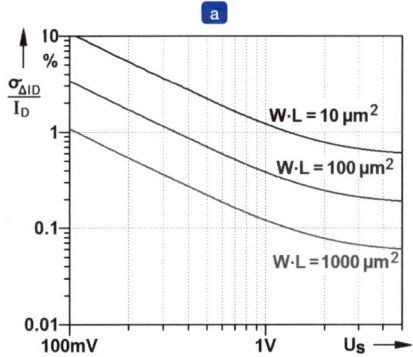
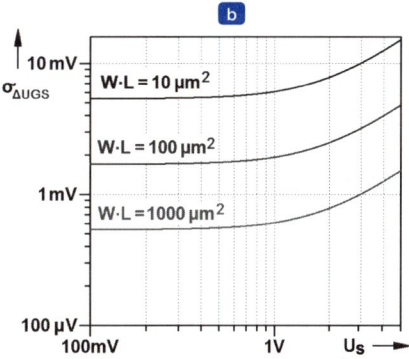

Simulation

Abbildung 8.12: (a) Drain-Strom-Matching nach Gleichung (8.59). (b) Gate-Source-Spannungs-Matching nach Gleichung (8.64), beides in Abhängigkeit von der Steuerspannung $U_S = U_{GS} - V_{Th}$ und drei verschiedenen Gate-Flächen $W \cdot L$. Berechnet mit den Werten $A_{VT} = 17~mV \cdot \mu m$ und $A_\beta = 1{,}8~\% \cdot \mu m$ (Parameter des Prozesses CM5). Datei zum Berechnen der Kurven: MOSMatch.asc.

> **Hinweis**
>
> **Zwei Dimensionierungsregeln:**
>
> **1.** In Stromspiegelschaltungen sollte die Steuerspannung $U_S = U_{GS} - V_{Th}$ möglichst **groß** gewählt werden, damit der Einfluss der Threshold-Streuung in den Hintergrund tritt, siehe Gleichung (8.59) und Abbildung 8.12a.
>
> **2.** In Differenzeingangsstufen führt eine **geringe** Steuerspannung $U_S = U_{GS} - V_{Th}$ zu kleineren Offset-Fehlern, weil dann die Streuung des Stromfaktors β in den Hintergrund tritt, siehe Gleichung (8.64) und Abbildung 8.12b.

Damit sind die Grundlagen zur Bestimmung der Bauelementabmessungen geschaffen. Die Streuparameter A_β und A_{VT} stellt normalerweise der Halbleiterhersteller zur Verfügung. Wenn nicht, können auch mit den in Abbildung 8.11 angegebenen Daten brauchbare Ergebnisse erzielt werden.

> **Hinweis**
>
> **Gesamter Flächenbedarf**
>
> Abschließend noch ein kurzer Hinweis: Bei der endgültigen Festlegung der Abmessungen sollte stets der gesamte Flächenbedarf im Auge behalten werden; denn nur die Einhaltung aller elektrischen Anforderungen **und** minimale Chipfläche kennzeichnen ein gutes Design.

8.2.3 Absichern der Spezifikation durch eine Monte-Carlo-Simulation

Wie oben bereits beschrieben wird nach der „Grobdimensionierung" zum Optimieren der Bauteilwerte und zum Absichern der Schaltungseigenschaften ein Simulator, z. B. SPICE, eingesetzt. Nach Möglichkeit sollte die Schaltung dabei nicht nur mit dem normalen (typischen) Parametersatz, sondern darüber hinaus auch mit Worst-Case-Daten untersucht werden. Noch besser ist es jedoch, zusätzlich eine **Monte-Carlo-Analyse** durchführen. Eine echte Monte-Carlo-Simulation verändert die Bauteilparameter mithilfe von Zufallszahlen derart, dass alle möglichen Kombinationen von Variationen erfasst werden. Dieses erfordert in der Regel zwei verschiedene Eingaben, eine für die **absoluten** Prozessschwankungen, die von Los zu Los auftreten, und eine für die **Streuungen auf ein und demselben Chip**. Doch leider stehen oft die hierfür erforderlichen Parameter gar nicht zur Verfügung oder wenn Angaben vorhanden sind, müssen sie für den zum Einsatz kommenden Simulator erst mühsam implementiert werden. Wie man in solchen Fällen mit relativ geringem Aufwand doch zu einem einigermaßen aussagekräftigen Ergebnis kommen kann, soll im Folgenden beschrieben werden.

In der Praxis ist es nämlich gar nicht notwendig, alle Parameter zu variieren, und meistens reicht es auch aus, nur die Auswirkung der **relativen** Parameterfluktuation, die auf **ein und demselben Chip** auftritt, durch eine Monte-Carlo-Analyse zu überprüfen. Die von Los zu Los zu erwartenden Unterschiede werden besser dadurch erfasst, dass die Prozedur anschlie-

8.2 Hinweise zur Dimensionierung integrierter Schaltungen

ßend für die „Eckparameter" wiederholt wird. Hierdurch lässt sich die gesamte Simulationszeit, die ja bekanntlich wegen der vielen Durchläufe recht lang ausfallen kann, erheblich abkürzen. Darüber hinaus ist es dann auch nicht mehr notwendig, zwischen korrelierten und nicht korrelierten Parametern zu unterscheiden.

Zunächst müssen die zu erwartenden Werteschwankungen für die einzelnen Bauteile ermittelt werden. Die Grundlagen dafür sind in den vorigen beiden Abschnitten bereits geschaffen worden. Danach gilt es dann, die Parameter in die Simulationsschaltung einzubauen. Prinzipiell ist dies für jeden SPICE-Simulator ähnlich. Hier soll die Beschreibung jedoch exemplarisch auf die Verwendung des Simulators LT-SPICE abgestimmt werden.

Monte-Carlo-Ansatz für Widerstände und Kondensatoren

Für Widerstände und Kondensatoren werden aus den für das betreffende Bauelement berechneten Abmessungen die „Streubreiten" der Einzelelemente nach den Formeln (8.43a), (8.67) bzw. (8.48), (8.68) ermittelt:

$$\frac{\sigma_{\Delta R}}{R} = \frac{A_R}{\sqrt{W \cdot L}} = a_r \qquad (8.67)$$

$$\frac{\sigma_{\Delta C}}{C} = \frac{A_C}{\sqrt{W \cdot L}} = a_c \qquad (8.68)$$

In der Regel kann für die Streuung „Gauß-Verteilung" (siehe z. B. Bronstein, Taschenbuch der Mathematik, oder auch *Abschnitt 4.3.2*) angenommen werden. LT-SPICE bietet eine Funktion „gauss(σ)", die mittels Zufallszahlen aus der Standardabweichung „σ" gaußverteilte Streuungen bildet. Besonders hervorzuheben ist, dass diese nicht korreliert sind. Bei korrelierter Fluktuation würden die Werte zwar streuen, aber für alle Bauelemente um den gleichen Betrag. In diese Funktion können dann die Werte $\sigma_{\Delta R} = R \cdot a_r$ bzw. $\sigma_{\Delta C} = C \cdot a_c$ als Argument eingesetzt werden. Es ist nur noch zu überlegen, wie dieses dem Simulator mitgeteilt werden kann. Das wird am besten an einem einfachen Beispiel deutlich. Abbildung 8.13 zeigt die Simulationsschaltung:

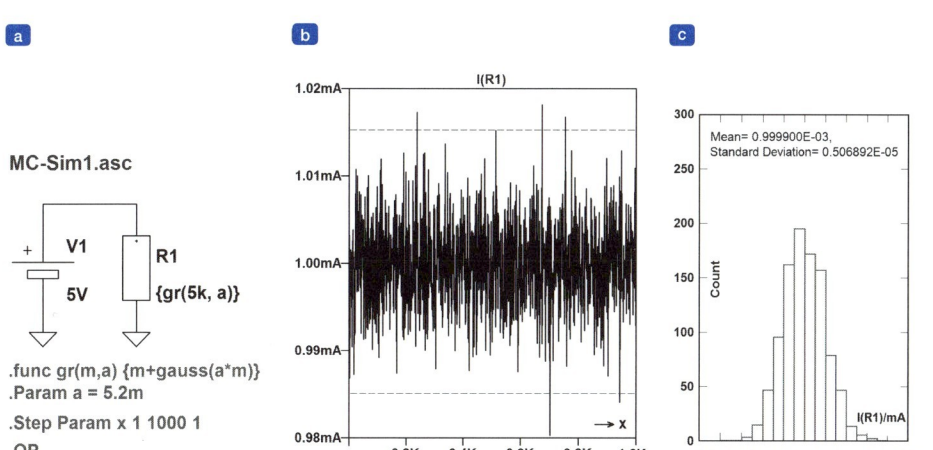

Simulation

Abbildung 8.13: (a) Monte-Carlo-Simulation des Stromes durch den Widerstand R1. Berechnet wird hier nur der „Arbeitspunkt" mittels der Anweisung „.OP". Die Variable „x" läuft von 1 bis 1000. Somit werden 1000 Werte berechnet. (b) Simulationsergebnis, die 3 σ-Grenze ist gestrichelt eingezeichnet. (c) Histogramm. Die Schaltung ist als LT-SPICE-Datei MC-Sim1.asc im Ordner „Schematic_8" (Kapitel 8) zu finden.

An einer Spannungsquelle V1 mit dem Wert $V_1 = 5$ V liege ein Widerstand mit dem Nennwert $R_1 = 5$ $k\Omega$ und die Formel (8.67) liefere eine Toleranzbreite von $a_r = 0{,}52$ %. Eine Möglichkeit der Wertezuweisung besteht darin, den Nennwert, einschließlich der gaußverteilten Schwankung, in geschweiften Klammern anzugeben: {5k+$gauss$(0.0052∗5k)}. Durch den additiven Zusatz „$gauss$(0.0052∗5k)" zum Nennwert oder schon ausgerechnet und damit etwas kürzer: „$gauss$(26)" wird die Streuung beschrieben. Selbstverständlich kann auch die Parameterform gewählt werden. Noch eleganter ist es, eine Funktion zu **definieren**, die den resultierenden Widerstandswert aus dem Nennwert und der prozentualen Abweichung bildet, z. B.:

.func gr(m,a) {m+gauss(a*m)} (8.69)

Allgemeine Syntax:

.func <name>([args]) {<expression>} (8.70)

Damit lässt sich der Widerstandswert mit seiner **relativen** Streuung a um den Mittelwert m dann noch etwas kürzer ausdrücken: {gr(5k, 0.0052)} oder {gr(5k, 5.2m)} oder parametrisch: {gr(5k, a)}.

In dem obigen Beispiel wird der Strom simuliert, der bei konstanter Spannung V_1 durch den Widerstand R1 fließt und bei den gegebenen Werten um den Mittelwert „1 mA" schwankt. Dies kommt bei der gewählten Darstellung sehr schön zum Ausdruck. Die 3σ-Grenze von 1,56 % wird nur selten überschritten. Etwas genauer und eindrucksvoller ist es, das Ergebnis als Histogramm darzustellen. Dazu werden die simulierten Werte erst in eine Textdatei **exportiert**. Mit einem geeigneten Programm (z. B. DPlot95 [10]) können dann die Daten weiterverarbeitet werden. Das Programm DPlot95 liefert eine Standardabweichung von etwa 5,07 μA. Dieser Wert (0,507 %) weicht nur unwesentlich von dem eingesetzten Wert $a_r = 0{,}52$ % ab.

Daten

Verwendung des Programms „DPlot95":

Es soll kurz erklärt werden, wie das Histogramm in Abbildung 8.13c mithilfe des Programms „DPlot95" erzeugt wurde. „DPlot95" ist ein universelles X-Y-Plot-Programm, das Daten grafisch darstellen kann und Hardcopys in verschiedenen Formaten produziert. Es kann kostenlos aus dem Internet heruntergeladen werden [10] (siehe auch IC.zip: \Programme\dplot\dplot95_1_30.zip). Nun die einzelnen Schritte:

a Die in Abbildung 8.13b von LT-SPICE erzeugte „RAW"-Datei mittels **File – Export – I(R1) – OK** als Textdatei abspeichern.

b Das Programm „DPlot95" starten.

c **File – Open – File Type: D Multiple columns – OK**

d Die vorher unter a. erzeugte Textdatei suchen und dann öffnen.

e **Generate – Histogram – Enter histogram interval: 2.5E-6** (gewählt wird hier eine Schrittweite von 2,5 μA).

8.2 Hinweise zur Dimensionierung integrierter Schaltungen

> Danach erscheint sofort das Histogramm mit Angabe des Mittelwertes und der Standardabweichung. Das Programm bietet viele Gestaltungsmöglichkeiten. Um z. B. für die X-Achse nicht die Einheit „μA", sondern „mA" zu erhalten, wird eine Multiplikation mit „1000" vorgenommen:
>
> **f** Im Plot-Fenster die rechte Maustaste drücken.
>
> **g** Multiply X – Multiply by 1000
>
> **h** Skalieren der X-Achse: rechte Maustaste im Bereich der Skalierung drücken: Manual Scaling – X(Low)= 0.975, X(High)= 1.025 – OK
>
> Auf die Beschreibung weiterer Einzelheiten wird verzichtet. Es bleibt aber festzuhalten, dass der Umgang mit dem Programm sehr einfach ist und mit wenig Aufwand das Ergebnis anschaulich dargestellt werden kann. Die Files hierzu stehen zur Verfügung (IC.zip); Pfad: \Kapitel 8\Schematic_8\MC-Sim1.txt und \MC-Sim1.grf.

Monte-Carlo-Ansatz für Bipolar-Transistoren

Wenn für Bipolar-Transistoren kein komplettes Monte-Carlo-Modell zur Verfügung steht, reicht es in vielen Fällen aus, nur die Schwankungen des Kollektor- und des Basis-Stromes sowie die der Basis-Emitter-Spannung in die Betrachtung einzubeziehen. Wie wird das erreicht? In der vereinfachten Kennliniengleichung

$$I_C = I_S \cdot e^{\frac{U_{BE}}{V_T}} \cdot \left(1 + \frac{U_{CE}}{V_{AF}}\right) \tag{8.71}$$

kommen nur die zwei Parameter I_S und V_{AF} vor. Die Simulation des Basis-Stromes wird durch die Stromverstärkung B_F berücksichtigt. Eine Beschränkung auf diese drei Variablen sollte ausreichen. Die Fluktuation der Basis-Emitter-Spannung ergibt sich dann automatisch. Zeitkritische Untersuchungen erfordern darüber hinaus noch das Einbeziehen der Kapazitäten C_{JC} und C_{JE} sowie der Transit-Time T_F.

Um zu zeigen, wie eine Schaltung mit Bipolar-Transistoren für die Monte-Carlo-Analyse vorbereitet wird, wird ein einfaches Beispiel entsprechend Abbildung 8.14 gewählt. Zunächst ist es wichtig, dass der Transistor als **Subcircuit**-Element eingefügt wird. Eine **Subcircuit**-Definition bietet gegenüber einer normalen Modellanweisung den Vorteil, dass sehr bequem individuelle Bauteilparameter – über alle Hierarchie Ebenen hinweg – übergeben werden können. Bevor nämlich der Simulator startet, wird die Hierarchie der Netzliste komplett aufgehoben. Für jedes Schaltungselement werden die individuellen Werte eingesetzt. Dies hat für die Monte-Carlo-Analyse eine wichtige Konsequenz: Eine Korrelation der statistischen Schwankungen für Bauelemente desselben Typs wird ohne großen Aufwand vermieden.

Für den Transistor C3ZN02 des Prozesses C36 werden folgende **relative** Schwankungen angegeben:

Sättigungsstromdichte I_S: $\quad \Delta I_S / I_S = a = 0{,}9~\%$,

Stromverstärkung B_F: $\quad \Delta B_F / B_F = b = 1{,}1~\%$,

Early-Spannung V_{AF}: $\quad \Delta V_{AF} / V_{AF} = c = 1{,}7~\%$.

Diese Werte können als **relative** Standardabweichungen für **Schwankungen auf einem Chip** angesehen werden.

Simulation

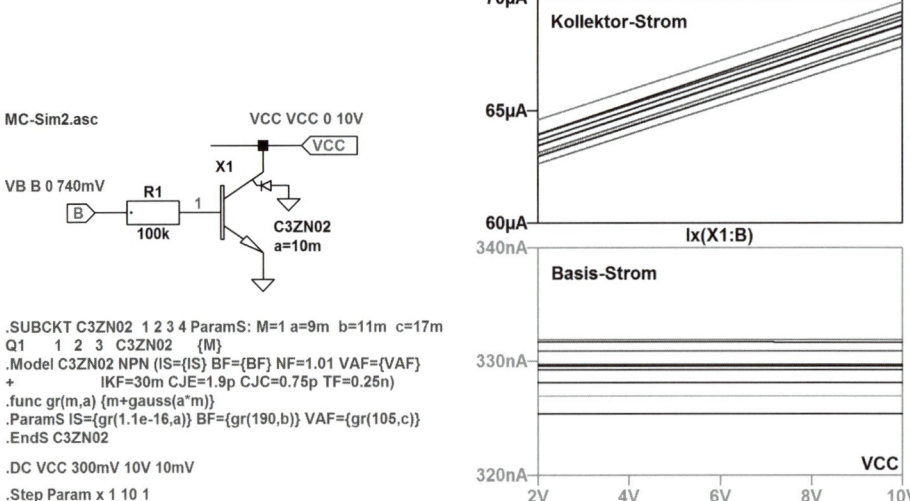

Abbildung 8.14: Monte-Carlo-Simulation am Bipolar-Transistor. Variiert wird die Spannung V_{CC}. Der Transistor wird als Subcircuit-Element in die Schaltung eingebaut. Er heißt deshalb „X1" und nicht „Q1". Dateiname: MC-Sim2.asc.

Wie werden nun die Streuparameter in das **Subcircuit**-Modell eingebaut? Damit das besser zu verfolgen ist, ist das Modell in Abbildung 8.14 im Schaltplan integriert, und es sind dort nur die für die Erklärung erforderlichen Parameter eingetragen. So sind auch die parasitären Elemente komplett weggelassen worden. Besonders hervorzuheben ist, dass das Modell des Transistors Q1 mit in der **Subcircuit**-Definition steht. Damit wird es möglich, die zu variierenden Werte **parametrisch** einzubauen. So ersetzt man z. B. den Zahlenwert für den Sättigungsstrom durch einen **Parameter** in geschweiften Klammern und schreibt: „IS={IS}". Dann kann dieser, einschließlich seiner **relativen** Streuung, mit der Zeile „.ParamS IS={gr(1.1e-16,a)}" angewiesen werden. Die Funktion „gr(1.1e-16,a)" dient dazu – genau wie im vorigen Abschnitt – die **gaußverteilte** Streuung von I_S um den Mittelwert $1{,}1 \cdot 10^{-16}$ zu bilden, siehe Gleichung (8.69). Die Defaultwerte für a, b und c werden direkt in die erste Zeile der Subcircuit-Definition geschrieben. Damit besteht die Möglichkeit, diese Werte im Schaltbild neu festzulegen. In obigem Beispiel ist „$a = 10m$" als neues Attribut für den Transistor X1 eingetragen. Damit wird der Defaultwert „$a = 9m$" des Modells an dieser Stelle überschrieben.

Daten

In der Praxis wird das Transistormodell nur für Testzwecke direkt in den Schaltplan geschrieben. Es ist sehr viel eleganter, auf die Bibliothek, in der die Daten gespeichert sind, zu verweisen: „.Lib D:\Spicelib\C36\C3Z_MC-N.phy". So enthält beispielsweise die Bibliothek C3Z_MC-N.phy (siehe Unterordner „C36" im Ordner „Spicelib" (IC.zip)) eine Sammlung der Modellparameter des Prozesses C36 für die Monte-Carlo-Simulation. Dort ist neben dem normalen Modell für den Transistor C3ZN02 auch dessen komplette Subcircuit-Definition zu finden.

8.2 Hinweise zur Dimensionierung integrierter Schaltungen

Hinweis: Mittels [AKO: <reference model name>] (AKO: **A Kind Of**) erlaubt SPICE, nur einige wenige Parameter eines bestehenden Modells zu modifizieren. Alle übrigen Parameter des Referenzmodells bleiben erhalten. Um diese Option für die Variation der relevanten Parameter anwenden zu können, wird im Subcircuit-Modell ein anderer Transistorname eingetragen, z. B. C3ZN02a, und auf das komplette Referenzmodell mittels der obigen Definition verwiesen. Damit reicht es aus, nur die zu verändernden Parameter anzugeben:

.Model C3ZN02a AKO: C3ZN02 NPN (IS={IS} BF={BF} ...)

Das Subcircuit-Modell kann damit sehr viel kürzer geschrieben werden.

Monte-Carlo-Ansatz für MOSFETs

In MOSFET-Modellen können die Streuwerte prinzipiell genauso eingebaut werden wie in solchen für Bipolar-Transistoren. Auch hier wird, wenn eine detaillierte Bibliothek zur Monte-Carlo-Simulation nicht zur Verfügung steht, die Betrachtung auf die wesentlichen Parameter beschränkt. Meist reichen zwei Parameter aus. Für den hier verwendeten Prozess CM5 liegen Messungen vor, die eine recht zuverlässige Bestimmung der Streuparameter für die Threshold-Spannung und den Drain-Strom zulassen. Ausgewählt werden deshalb die Threshold-Spannung, die im BSIM-3-Modell „VTH0" heißt, und ein Parameter für die Steilheitsgröße β. Für die Simulation der β-Schwankung wird nur die Fluktuation die Dicke des Gate-Oxides „TOX" gewählt, obwohl β auch von der Beweglichkeit abhängt. Durch dieses Vorgehen wird die gesamte β-Streuung ganz auf den Parameter „TOX" projiziert. Da auch die Gate-Kanal-Kapazität von „TOX" abhängt, wird deren Fluktuation etwas zu groß ausfallen. Eine Simulation im Zeitbereich erfordert darüber hinaus noch die Berücksichtigung der Schwankungen einiger weiterer Kapazitätswerte.

Es soll wieder ein einfaches Beispiel betrachtet werden, siehe Abbildung 8.15. Die Transistoren müssen auch hier als **Subcircuit**-Elemente in die Schaltung eingebaut werden.

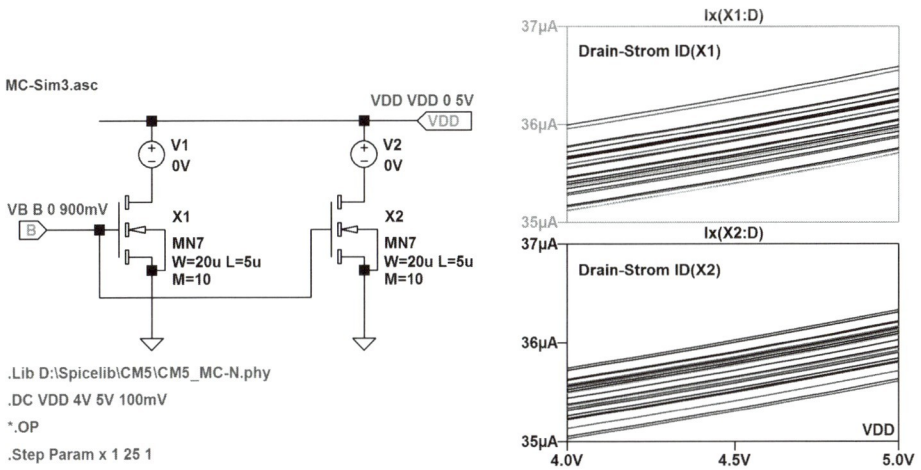

Simulation

Abbildung 8.15: (MC-Sim3.asc) Monte-Carlo-Simulation an MOSFETs. Die Transistoren werden als Subcircuit-Elemente in die Schaltung eingebaut. Sie heißen deshalb „X1" und „X2" und nicht „M1" und „M2". Die beiden Spannungsquellen V1 und V2 mit den Werten „0V" sind überflüssig; sie können aber als „Strommesser" dienen.

Für den N-Kanal-Transistortyp „MN7" des Prozesses CM5 werden folgende Schwankungsparameter angegeben (Fluktuationen auf **einem** Chip):

Threshold-Spannung V_{TH0} (siehe Gleichung (8.58)): $\quad A_{VT} = 17\ mV \cdot \mu m$

Leitfähigkeit über T_{Ox} (siehe Gleichung (8.57)): $\quad A_\beta = 1{,}8\ \% \cdot \mu m$

Kapazität der Gate-Überlappung (Drain und Source) $C_{gdo} = C_{gso}$: $\quad A_{ds} = 8\ \% \cdot \mu m^{1/2}$

Kapazität der Gate-Überlappung zum Substrat C_{gbo}: $\quad A_{gb} = 13\ \% \cdot \mu m^{1/2}$

Sperrschichtkapazität pro Fläche (Drain und Source) C_j: $\quad A_j = 12\ \% \cdot \mu$

Sperrschichtkapazität pro Randlänge (Drain und Source) C_{jsw}: $\quad A_{jw} = 15\ \% \cdot \mu m^{1/2}$

Da für die Simulation das BSIM-3-Modell verwendet werden soll und dieses wegen der vielen Parameter sehr „lang" ist, wird im Schaltplan die Bibliotheksanweisung verwendet: „`.Model D:\Spicelib\CM5\CM5_MC-N.phy`". Der folgende Ausschnitt möge die wichtigsten Einträge in der **Subcircuit**-Definition verdeutlichen:

Daten

```
.SUBCKT MN7 D G S B ParamS:   W = 10u     L = 10u    M = 1
+                             AVT = 17n   Abeta = 18n
+                             Ads = 80u   Agb = 130u
+                             Aj = 120n   Ajw = 150u
*
M1  D G S B CM5MN7a W = {W}   L = {L}    M = {M}
+ AD ={2.1u*W} AS ={2.1u*W} PD={4.2u+2*W} PS={4.2u+2*W}
+ NRD={1.3u/W} NRS={1.3u/W}
*
.MODEL    CM5MN7a   AKO: CM5MN7   NMOS (         LEVEL=7
+ VTH0 = {VTH0}      TOX  = {TOX}
+ CGDO = {CGDO}      CGSO = {CGSO}      CGBO = {CGBO}
+ CJ   = {CJ}        CJSW = {CJSW}                      )
*
.ParamS VTH0 = {768m+gauss(AVT/sqrt(M*W*L))}
+       TOX  = {gr(17n,Abeta/sqrt(M*W*L))}
+       CGDO = {gr(340p,Ads/sqrt(M*W))}
+       CGSO = {gr(340p,Ads/sqrt(M*W))}
+       CGBO = {gr(140p,Agb/sqrt(M*L))}
+       CJ   = {gr(450u,Aj/sqrt(M*W*2.1u))}
+       CJSW = {gr(550p,Ajw/sqrt(M*(4.2u+2*W)))}
.func gr(m,a) {m+gauss(a*m)}
.EndS MN7
```

In der ersten Zeile stehen nach dem Aufruf „`ParamS:`" die geometrischen Parameter W, L und M. Sie werden im Schaltplan individuell verändert. In die **Verlängerung** der ersten Zeile (neue Zeile, mit + am Anfang) stehen die prozessspezifischen Streuparameter. Dann wird der Transistor „M1" aufgerufen und die „Berechnung" der Werte für AD, AS, … aus den Design-Maßen definiert; siehe Gleichung (3.148). Schließlich wird das Transistormodell (hier BSIM-3) in der **verkürzten Darstellung** mittels der Option „`AKO:`" und dem Verweis auf das „Referenzmodell" eingebaut (ähnlich wie beim Bipolar-Transistor). Die variablen Werte sind darin **parametrisch in geschweiften Klammern** angegeben. Ihre Zahlenwerte werden durch die Anweisung „`.ParamS VTH0 = {...}`" berechnet. Dabei ist wichtig, dass der Multiplier „M" nicht vergessen wird! Das Statement „`.EndS MN7`" schließt das Subcircuit-Modell ab. Das komplette Listing ist in der Bibliothek CM5_MC-N.phy (siehe Unterordner „CM5" im Ordner „Spicelib" (IC.zip)) zu finden. Die „normale" Bibliothek CM5-N.phy enthält die Parameter noch einmal, jedoch ohne die Streuparameter.

Ausführlichere Beispiele sind in den *Teilen III* und *IV* enthalten.

Aufgaben

1. Bauen Sie die Simulationsdatei MC-Sim3.asc derart um, dass statt der DC-Analyse nur der Bias-Punkt berechnet wird (nur Anweisung „.OP") und planen Sie $x = 1000$ Simulationsläufe. Stellen Sie dann das **Verhältnis** der beiden Drain-Ströme dar, z. B. durch den Aufruf „I(V1)/I(V2)", und ermitteln die Standardabweichung der Streuung (Datei MC-Sim3a.asc).

2. In der Simulationsdatei MC-Sim4a.asc (im Ordner „Schematic_8", Hauptordner „Kapitel 8" (IC.zip)) ist die Schaltung der vorigen Aufgabe um einen Transistor X3 ergänzt worden, um über die Stromquelle I1 die Gate-Spannung aller Transistoren vorzugeben (Stromspiegelschaltung). Wiederholen Sie die Untersuchungen der vorigen Aufgabe.

3. Ändern Sie in der Simulationsdatei MC-Sim4a.asc die Transistorabmessungen derart, dass die Gate-Flächen erhalten bleiben, aber die Kanallängen größer als die Weiten werden (z. B. $W = 5\ \mu m$ und $L = 20\ \mu m$) (MC-Sim4b.asc). Wiederholen Sie dann die Untersuchungen der vorigen Aufgabe und vergleichen Sie die Ergebnisse. Wie sind die Unterschiede zu erklären?

8.3 Design-Rules

Nachdem die Schaltung des zu realisierenden Projektes feststeht und die Entscheidung für eine geeignete Technologie (Fertigungsprozess) gefallen ist, kann die Layout-Arbeit vorbereitet werden. Ein wichtiger Schritt dazu ist das gründliche Studium der Layout- oder Design-Regeln (Design-Rules).

Design- oder Layout-Rules dienen dazu, die wirtschaftliche Machbarkeit einer integrierten Schaltung sicherzustellen. Gemeint sind damit Strukturbreiten und Abstände der Komponenten eines einzelnen Prozess-Layers, siehe *Kapitel 7*. Sie dürfen gewisse Mindestmaße nicht unterschreiten. Aber auch Abstände, Ausdehnungen und Überlappungen zwischen verschiedenen Layern unterliegen bestimmten Regeln. Alle diese Regeln werden in einem sogenannten „Design-Rule-Set" zusammengefasst und werden in aller Regel von den Halbleiterherstellern oder Foundries zur Verfügung gestellt.

Jede einzelne Regel erhält eine eindeutige Bezeichnung. Diese dient dazu, nach einem **Design-Rule-Check** (DRC) einen gefundenen Fehler schnell zuordnen und beheben zu können. In den meisten Layout-Systemen ist heute der DRC ein fester Bestandteil des Programmpaketes und steht für die ständige Kontrolle während der Layout-Arbeit zur Verfügung.

Damit man ein Gefühl dafür bekommt, welche Bedeutung die einzelnen Design-Regeln haben und wovon ihre Werte abhängen, sollen einige von ihnen kurz erläutert werden. Die Erklärung möge an einem 0,8-μm-CMOS-Prozess erfolgen, der für viele Schaltungen des vorliegenden Buches verwendet wird. Die Daten und Design-Rules des Prozesses mit der Bezeichnung CM5 sind in der Datei CM5_Design.pdf zusammengestellt (IC.zip). Pfad: \Technologie-Files\MOS\CM5\CM5_Design.pdf. Es wird empfohlen, diese Datei neben

Daten

dem Studium der folgenden Abschnitte geöffnet zu haben; siehe auch *Abschnitt 7.4.1*. Zunächst soll aber noch ein Begriff erläutert werden, der beim Formulieren der Design-Rules eine besonders wichtige Rolle spielt.

8.3.1 Abgeleitete Layer

Die Masken- oder Prozess-Layer bilden die Grundlage für die Herstellung der Fertigungswerkzeuge, der Masken, siehe *Abschnitt 7.1*. Wie oben schon angedeutet, schreiben die Design-Rules bestimmte Abstände und Maße für diese Layer vor. Für das Beschreiben oder Formulieren der Design-Rules reichen diese Layer allein aber nicht aus. Hierzu ein einfaches Beispiel, siehe Abbildung 8.16:

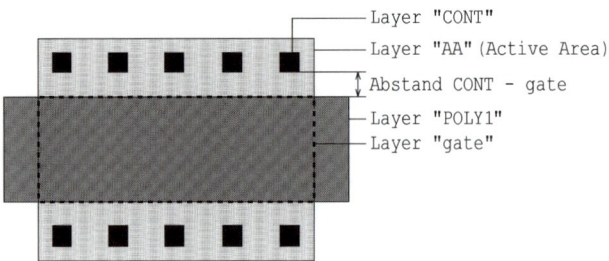

Abbildung 8.16: Zur Bildung des abgeleiteten (derived) Layers gate.

Wird z. B. gefordert, dass die Source- und Drain-Kontakte (Layer CONT) einen Mindestabstand von einem POLY1-Gate-Bereich nicht unterschreiten dürfen, muss genau dieses durch den DRC (Design-Rule-Check) überprüft werden. Eine allgemeine Regel, den Abstand zwischen den beiden Layern CONT und POLY1 vorzuschreiben, würde eine zu starke Einschränkung bedeuten. Dies wird deutlich, wenn z. B. für eine einfache POLY1-Leitung ein geringerer Abstand zum Kontakt zulässig wäre. Also wird man zur Formulierung der obigen Design-Regel einen neuen Layer gate bilden, der nur den Gate-Bereich umfasst. Diese Fläche ist in Abbildung 8.16 **gestrichelt** umrandet. Es ist gerade der Teil des Layers POLY1, der über dem Active-Area-Gebiet liegt (Layer AA, der im Prozess CM5 den Namen AA hat). Durch eine **boolesche** AND-Verknüpfung kann dies zum Ausdruck gebracht werden:

$$AA \wedge POLY1 = gate \qquad (8.72)$$

Dieser **neue** Layer wird nicht für die Maskenherstellung benötigt und braucht auch nicht „gezeichnet" zu werden. Er wird aber aus Prozess-Layern gebildet. Dazu werden die normalen **booleschen Operatoren** „AND", „OR" und „NOT" sowie die **geometrischen Funktionen** „GROW" bzw. „SHRINK" verwendet. Solche Layer werden als **abgeleitete Layer** (**derived layer**) bezeichnet und spielen bei der Formulierung der Design-Regeln eine ganz wichtige Rolle.

Obwohl bei den modernen Design-Werkzeugen nicht mehr zwischen Groß- und Kleinschreibung unterschieden werden muss, wird in dem vorliegenden Text konsequent an dieser Übereinkunft festgehalten. Nun aber zu den Design-Rules selbst.

Hinweis

Verabredung:

1. **Prozess- oder Masken-Layer** sollen hier entsprechend des GDSII-Standards mit **großen Buchstaben** geschrieben werden. Dies gilt auch für eventuell zusätzlich erforderliche **Hilfs-Layer**, obwohl diese nicht direkt für die Maskenherstellung benötigt werden.

2. **Abgeleitete Layer (derived layer)** werden zur Unterscheidung von Masken-Layern mit **kleinen Buchstaben** geschrieben.

3. Es kommt noch eine dritte Schreibweise hinzu: Für die Rückerkennung der Schaltung aus dem Layout, genauer gesagt die Gewinnung einer SPICE-Netzliste, werden sogenannte **Erkennungs-Layer (Recognition Layer** oder kurz: „R-Layer") für die **Bauelemente** benötigt, siehe später (*Abschnitt 8.7.2*). Auch dies sind größtenteils abgeleitete Layer. Sie sollen zur Kennzeichnung nur **einen großen Anfangsbuchstaben** erhalten. Der Rest wird kleingeschrieben.

8.3.2 Abstände und Weiten eines Prozess-Layers

Dass minimale Abstände und Weiten eines Prozess-Layers einzuhalten sind, ist sicherlich leicht einzusehen. So dürfen z. B. zwei benachbarte Metallleitungen nicht zu dicht zusammenkommen; es könnte sonst zu einem Fein- oder gar zu einem Kurzschluss kommen. Auch die Leiterbahnbreite oder -weite darf nicht zu gering sein, um eine Unterbrechung zu vermeiden. Bereits ein einziger Fehler kann zu einem Totalausfall des fertigen Schaltkreises führen.

Die einzuhaltenden Minimalwerte sind abhängig von der eingesetzten Fotolithografie. Diese erlaubt nämlich nur die Auflösung von Details bestimmter minimaler Größe. Aber auch andere Einflüsse, wie z. B. die Oberflächenbeschaffenheit der Wafer und Masken, begrenzen die Feinheit der Strukturgrößen. Umfangreiche Experimente führen schließlich zu den Rules, die eine zuverlässige Produktion garantieren, aber auch nicht unnötig viel Chipfläche beanspruchen. Für den Prozess CM5 werden z. B. für den Layer MET1 die in Abbildung 8.17 angegebenen Werte vorgeschrieben. Sie dürfen an keiner Stelle unterschritten werden.

■ Die nachfolgenden Bilder sind mit dem Layout-Werkzeug L-Edit gezeichnet.

Abbildung 8.17: Rule für minimale MET1-Weite und –Abstand.

Größere Metallflächen zeigen die Tendenz, nach dem Ätzschritt etwas größer auszufallen als im Layout gezeichnet. Dieser Effekt ist bei schmalen Leitungen geringer. Läuft also eine Leitung parallel zu einer „großen" Metallfläche (Layer wide_metal1, Abmessung größer als

10 μm), reicht der angegebene Minimalabstand von 1 μm nicht aus. Deshalb gibt es eine zusätzliche Regel, um Kurzschlüsse zuverlässig zu vermeiden:

```
4.9.3 Min. MET1 Spacing to wide_met1 s = 2.0 µm                    (8.73)
```

Der Layer `wide_metal1` ist ein abgeleiteter Layer. Wie er gebildet wird und wie die Regel (8.73) in das DRC-Programm eingebaut werden kann, wird später erklärt.

Wird eine Design-Regel verletzt, wird dies beim Design-Rule-Check erkannt und vom verwendeten Layout-Werkzeug an der betreffenden Stelle unter dem entsprechenden Namen des Fehlers ausgewiesen (z. B. „4.9.2 Spacing MET1 1.0 µm" oder „4.9.3 Min. MET1 Spacing to wide_met1 2.0 µm"). Das setzt natürlich voraus, dass die Design-Rules im Layout-System richtig implementiert sind. Für das Werkzeug L-Edit der Firma Tanner wird dies in dem Skript L-Edit.pdf (im Ordner „Skripten" (IC.zip)) am Beispiel eines einfachen Prozesses („NMOS5") genauer erläutert. Prinzipiell erfolgt der „Einbau" der Design-Regeln in anderen Layout-Programmen in ähnlicher Weise. Dies ist sehr mühsam und muss mit äußerster Sorgfalt erfolgen. Deshalb wird das komplette Prozess-Setup, wie oben schon angedeutet, vom Halbleiterhersteller mitunter auch bereitgestellt und braucht nur noch „geladen" zu werden.

Neben der technologischen Auflösung können auch andere physikalische Gesichtspunkte eine wesentliche Rolle spielen und die Design-Regeln beeinflussen. So wird z. B. ein Bereich, der durch ein Fenster im Oxid dotiert wird, durch die **laterale** Diffusion in der wirksamen Fläche vergrößert, siehe *Kapitel 4.3*. Abbildung 8.18 zeigt dies für den Fall einer Ionenimplantation mit nachfolgender Diffusion durch eine Hochtemperaturbehandlung.

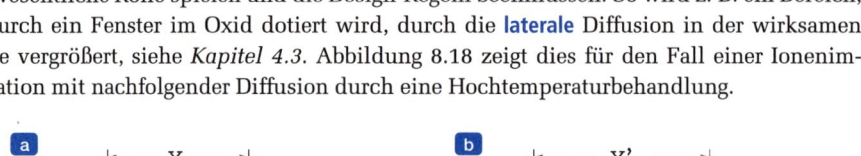

Abbildung 8.18: Veränderung der wirksamen Fläche durch laterale Diffusion. (a) Maskendefinition und nach der Ionenimplantation; (b) nach erfolgter Diffusion.

Entsteht durch die Dotierung ein PN-Übergang und wird dieser in Sperrrichtung vorgespannt, muss zusätzlich noch die **Sperrschichtausdehnung** berücksichtigt werden. Zwei n^+-dotierte Bereiche in einem p-dotierten Substrat (Akzeptorenkonzentration N_A) dürfen dann nicht zu dicht zusammenkommen. Entsprechend Abbildung 8.19 gilt für den im Layout **gezeichneten** Mindestabstand s zwischen den beiden Oxid-Kanten

$$s > 2 \cdot x_d + 2 \cdot x_p, \qquad (8.74)$$

denn eine Berührung der beiden Raumladungszonen muss vermieden werden.

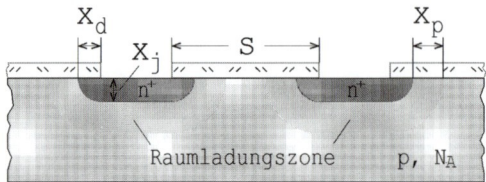

Abbildung 8.19: Laterale Diffusion und Raumladungszone bestimmen den Abstand s zweier n^+-dotierter Bereiche (Layer `ndiff`, siehe später).

Das Maß der lateralen Diffusion x_d ist abhängig von der Sperrschichttiefe x_j. Erfolgt die Dotierung durch eine normale Diffusion, dann gilt näherungsweise:

$$x_d \approx 0{,}8 \cdot x_j \tag{8.75}$$

Bei einem modernen CMOS-Prozess wird die Sperrschichttiefe überwiegend durch die Ionenimplantation bestimmt. Dann ist der laterale Wert etwas geringer als durch Gleichung (8.75) berechenbar. Trotzdem soll Gleichung (8.75) als Näherungsbeziehung herangezogen werden.

Für die Sperrschichtausdehnung x_p ins P-Gebiet soll die Gleichung (8.76) für den abrupten PN-Übergang angesetzt werden (siehe hierzu *Abschnitt 3.1*):

$$\left.\begin{aligned}
&x_p = \frac{N_D}{N_A + N_D} \cdot x_0 \cdot \sqrt{1 + \frac{U_R}{V_D}}, \quad x_n = \frac{N_A}{N_A + N_D} \cdot x_0 \cdot \sqrt{1 + \frac{U_R}{V_D}}, \\
&x_0 = \sqrt{\frac{2 \cdot \varepsilon_{Si} \cdot \varepsilon_0 \cdot V_D}{q} \cdot \left(\frac{1}{N_A} + \frac{1}{N_D}\right)}; \quad V_D = \frac{k \cdot T}{q} \cdot \ln\left(\frac{N_A \cdot N_D}{n_i^2}\right), \\
&\varepsilon_{Si} = 11{,}8; \quad \varepsilon_0 = 8{,}854 \cdot 10^{-14} As/(Vcm); \quad q = 1{,}602 \cdot 10^{-19} As; \\
&\frac{k \cdot T}{q} = 25{,}85\ mV \text{ und } n_i^2 \approx 1{,}04 \cdot 10^{20} cm^{-6}, \text{ beides für } T = 300\ K
\end{aligned}\right\} \tag{8.76}$$

Beispiel Mindestabstand *s* zwischen zwei n⁺-dotierten Bereichen

Der Mindestabstand *s* zwischen zwei n⁺-dotierten Bereichen soll für den CM5-Prozess einmal ausgerechnet werden. Mit einer Substratkonzentration $N_A = 75 \cdot 10^{15}\ cm^{-3}$ und einer effektiven Donatorendichte $N_D = 8 \cdot 10^{18}\ cm^{-3}$ ergibt sich eine Diffusionsspannung von $V_D = 938\ mV$. Die gesamte Sperrschichtausdehnung ohne Spannung errechnet sich dann zu $x_0 \approx 0{,}128\ \mu m$. Da an beiden n⁺-dotierten Gebieten im Worst-Case-Fall eine Sperrspannung von $U_R = 7\ V$ auftreten kann (die Nennspannung beträgt 5 V), ist mit einer Sperrschichtausdehnung ins P-Substrat von $x_p \approx 0{,}37\ \mu m$ zu rechnen. Die n⁺-Sperrschichttiefe für den CM5-Prozess wird mit $x_j = 0{,}3\ \mu m$ angegeben. Entsprechend Gleichung (8.75) ergibt sich dann für die laterale Diffusion ein Maß von $x_d \approx 0{,}24\ \mu m$. Nach Gleichung (8.74) wird somit ein Mindestabstand von $s > 1{,}22\ \mu m$ verlangt. Werden nun noch Masken- und Ätztoleranzen von insgesamt zweimal 0,08 μm berücksichtigt sowie ein kleiner Sicherheitszuschlag, so sollte der Abstand zwischen zwei benachbarten n⁺-dotierten Gebieten einen Wert von 1,4 μm nicht unterschreiten.

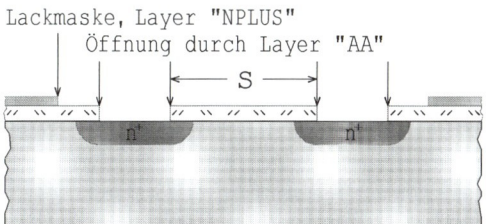

Abbildung 8.20: Zur Erzeugung der n⁺-dotierten Bereiche.

Die Herstellung der n⁺-dotierten Bereiche erfordert beim CM5-Prozess **zwei** Maskenschritte: Der Bereich **Active Area** wird mittels der Maske AA definiert, und später, nach weiteren Prozessschritten, erfolgt eine Ionenimplantation durch eine Lackmaske hindurch (Masken-Layer NPLUS). Abbildung 8.20 soll dies verdeutlichen. Da das relativ dicke Feldoxid während der Ionenimplantation maskierend wirkt, könnte man denken, die Lackmaske NPLUS wäre nicht erforderlich. Es müssen aber außer den n⁺- auch p⁺-dotierte Bereiche erzeugt werden (z. B. zum Anschluss des P-Substrates). Der Layer NPLUS hat deshalb nur dort Öffnungen, wo wirklich n⁺-Gebiete entstehen sollen. Zwischen den beiden **Active-Area** Gebieten in Abbildung 8.20 braucht die Maske NPLUS nichts abzudecken. Eine Dotierung erfolgt dann genau dort, wo sowohl ein Fenster im Oxid (Layer AA) als auch eine Öffnung in der Lackmaske (Layer NPLUS) vorhanden ist. Die n⁺-Gebiete werden deshalb durch einen abgeleiteten Layer ndiff definiert:

AA ∧ NPLUS = ndiff (8.77)

Die Design-Regel könnte dann wie folgt angegeben werden:

4.3.3a Min. Spacing of ndiff s = 1.4 µm (8.78a)

Eine ähnliche Regel gibt es auch für den Abstand der p⁺-Bereiche, wobei der Layer pdiff analog zu Gleichung (8.77), jedoch mit dem Layer PPLUS gebildet wird. Die entsprechende Regel erhält dann die Form:

4.3.3b Min. Spacing of pdiff s = 1.4 µm (8.78b)

Da im CM5-Prozess beide Abstände den gleichen Wert von $s = 1.4\ \mu m$ nicht unterschreiten dürfen, können die beiden Regeln (8.78a) und (8.78b) auch zu einer einfacheren, gemeinsamen Regel zusammengefasst werden:

4.3.3 Min. Spacing of AA s = 1.4 µm (8.78)

Wären dagegen für die Diffusionsgebiete ndiff und pdiff unterschiedliche Abstände gefordert, müsste es bei den zwei getrennten Design-Regeln bleiben.

8.3.3 Abstände zwischen verschiedenen Layern

Auch zwischen **verschiedenen** Layern müssen Mindestabstände eingehalten werden. Da stets eine Folgemaske an einer vorherigen ausgerichtet werden muss, sind zusätzlich noch Justiertoleranzen (Registration-Toleranzen) der einzelnen Masken untereinander zu berücksichtigen. Dies soll am Beispiel der Kontaktmaske näher erläutert werden.

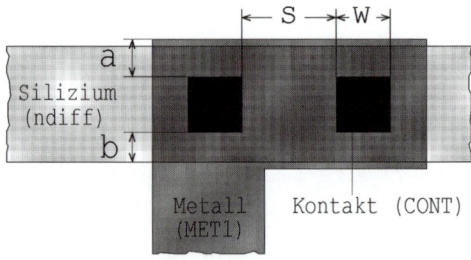

Abbildung 8.21: Kontakt (Layer CONT) zur Verbindung zwischen Silizium und Metall (Layer ndiff und MET1).

8.3 Design-Rules

Die Kontakte vermitteln die leitfähige Verbindung zwischen dem Halbleiter und dem Metall. Somit sind insgesamt drei Layer beteiligt. Bei der Formulierung der Design-Rules für die Kontakte sind deshalb neben der Öffnung oder Weite w des Oxidfensters und dem Abstand s der Kontakte untereinander auch noch die Materialien, die die Kontakte umgeben, von Bedeutung. Abbildung 8.21 soll dies verdeutlichen.

Die minimale Kontaktöffnung ist verständlicherweise durch die Auflösung der verwendeten Technologie begrenzt. Auf jeden Fall ist es aber notwendig, dass es im Prozessablauf tatsächlich zu der vorgesehenen Durchätzung der Oxidschicht und damit zur Kontaktierung der tiefer liegenden Schicht kommt. Auch aus diesem Grunde darf das Kontaktfenster nicht zu klein sein, und eine kleine Fläche bedeutet naturgemäß einen höheren Übergangswiderstand. Eine zu üppige Kontaktöffnung ist dagegen auch nicht sinnvoll, weil dann die Flächen der zu verbindenden Layer mehr Platz erfordern würden. Die parasitären Drain- und Source-Dioden würden z. B. unnütz große Werte annehmen. Aus diesem Grunde werden häufig für die Kontakte Maße angegeben, die nahe am Minimalwert liegen und **exakt** eingehalten werden müssen. Der nötige kleine Übergangswiderstand wird dann durch möglichst viele Kontakte realisiert. Für den CM5-Prozess lauten die entsprechenden Regeln:

```
4.8.1 Min. Width of CONT w = 0.8 µm                              (8.79a)
4.8.3 Recommended CONT size: 0.9 µm X 0.9 µm (exact)             (8.79b)
4.8.4 Min. Space of CONT s = 0.8 µm                              (8.79c)
```

Jedes Kontaktloch muss von den beiden Layern, die verbunden werden sollen, stets vollständig umgeben sein. Dies gilt ganz besonders für den Metall-Layer. Er muss die Kontaktöffnung sicher verschließen, damit keine Verunreinigungen in den Halbleiter eindringen können.

Bei der Wahl der Minimalmaße a und b in Abbildung 8.21 spielt auch die Justiergenauigkeit, der sogenannte **Registration-Fehler**, eine wichtige Rolle. In Abbildung 8.22 ist z. B. angedeutet, was passiert, wenn das Kontaktfenster gegenüber dem dotierten n^+-Gebiet zu stark verschoben ist: Es kann zum Kurzschluss zwischen dem n^+-Gebiet und dem Substrat kommen. Aus diesem Grunde darf das Maß b in Abbildung 8.21 nicht zu klein sein. Für den CM5-Prozess werden folgende Regeln genannt:

```
4.8.5  Min. MET1 Surrounding CONT a = 0.5 µm                     (8.80a)
4.8.7  CONT without MET1 is not allowed                          (8.80b)
4.8.8  Min. AA Surrounding CONT b = 0.3 µm                       (8.80c)
4.8.11 Min. POLY1 Surrounding CONT b = 0.5 µm                    (8.80d)
4.8.13 Min. POLY2 Surrounding CONT b = 0.6 µm                    (8.80e)
4.8.15 CONT without AA or POLY1 or POLY2 is not allowed          (8.80f)
```

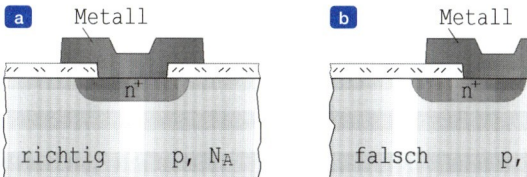

Abbildung 8.22: Kontaktloch relativ zu einem dotierten n^+-Gebiet: (a) richtig justiert; (b) Kurzschluss zwischen n^+-Schicht und Metall infolge eines Registration-Fehlers.

In Bereichen, in denen mehr Platz zur Verfügung steht, z. B. in der Umgebung der Bondpads, dürfen auch größere Kontaktlöcher verwendet werden. Diese erfordern dann aber auch eine größere Fläche der umrandenden Layer. Für den CM5-Prozess wird eine **maximale** Kontaktöffnung von 2 µm × 2 µm angegeben (siehe Regel 4.8.2 sowie die zugehörigen Rules 4.8.6, 4.8.9, 4.8.12 und 4.8.14).

Weitere wichtige Design-Regeln sind beim Entwurf eines MOSFETs zu beachten, siehe Abbildung 8.23. Das Gate, Layer POLY1, muss über den Active-Area-Bereich, Layer AA, um das Maß c hinausragen (Extension), damit nach einem Justierfehler (Registration) Drain und Source nicht ungewollt überbrückt werden:

4.5.5 Min. POLY1 Extension channel c = 0.8 µm   (8.81)

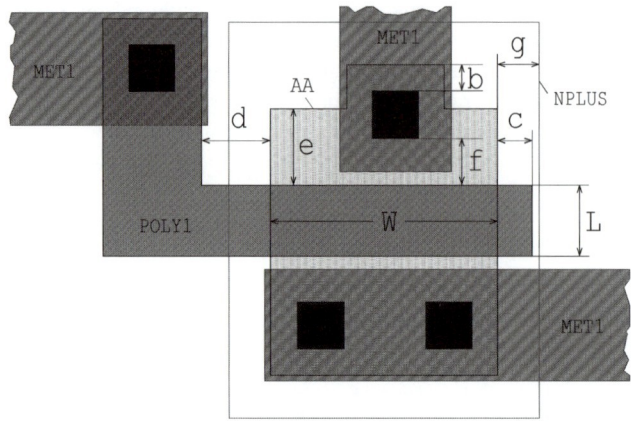

Abbildung 8.23: Zu Design-Regeln für den Entwurf eines MOSFETs.

Außerdem darf der Layer POLY1 nicht zu dicht an die Activ-Area-Kante heranreichen. Bei ungünstiger Justierung könnte nämlich die Kanalweite W etwas verringert werden:

4.5.4 Min. POLY1 Spacing to AA d = 0.3 µm   (8.82)

Wenn die Fläche eines Drain- bzw. Source-Gebietes aus irgendeinem Grund reduziert werden muss und dazu Kontakte fortgelassen werden, darf das Maß e des betreffenden Bereiches (siehe Abbildung 8.23) nicht zu klein ausfallen. Für den CM5-Prozess lautet die entsprechende Design-Regel:

4.5.6 Min. AA Extension POLY1 e = 1.0 µm   (8.83)

Die Drain- bzw. Source-Kontakte (abgeleiteter Layer diffcon) dürfen nicht zu dicht an das Gate (Layer POLY1) heranreichen:

4.8.16 Min. diffcon Spacing POLY1 f = 0.8 µm   (8.84)

Der abgeleitete Layer diffcon wird gebildet aus den beiden Layern CONT und AA:

CONT ∧ AA = diffcon   (8.85)

Der Layer AA muss in n^+-Bereichen, wie oben schon einmal erwähnt, von dem Layer NPLUS umgeben sein und in p^+-Bereichen in entsprechender Weise von dem Layer PPLUS. In beiden Fällen wird ein entsprechender Sicherheitsabstand gefordert:

4.4.5 Min. NPLUS Extension of ndiff g = 0.7 µm   (8.86a)
4.4.6 Min. PPLUS Extension of pdiff g = 0.7 µm   (8.86b)

Die beiden Layer `ndiff` und `pdiff` werden analog zu Gleichung (8.77) gebildet.

Es gibt eine Menge weiterer Regeln, auf die hier nicht näher eingegangen werden soll. Dazu sei nochmals auf das File CM5_Design.pdf verwiesen (IC.zip) (Pfad: \Technologie-Files\MOS\CM5\CM5_Design.pdf). Für die Bondpads und den Chiprand gibt es ebenfalls Design-Rules. Der Halbleiterhersteller empfiehlt, vordefinierte Zellen einzusetzen. Die Rules sind deshalb im File CM5_Design.pdf nicht enthalten und werden auch hier nicht näher erläutert.

8.3.4 Vergrößern und Verringern von Design-Maßen

Sowohl bei der Maskenherstellung als auch bei jedem Ätzschritt weichen die End- oder Fertigmaße etwas von den Zielwerten ab. Da diese Differenzen durch Messungen ermittelt werden können und somit bekannt sind, müssen sie beim Maskenentwurf berücksichtigt werden. In der Anfangszeit der IC-Herstellung war es Aufgabe des IC-Designers, das Layout entsprechend anzupassen, damit später auf dem Silizium die Strukturen die gewünschten Abmessungen erhielten. Dies hat häufig zu Verwirrung und damit auch zu Fehlern geführt. Deshalb wird heute **genau** das Maß „gezeichnet", das man später auf dem Wafer erwartet. Die notwendigen Korrekturen werden dann während der Aufbereitung der Steuerdaten für die Maskenherstellung durch Verringern (**shrinking**) bzw. Ausdehnen (**over sizing**) der „gezeichneten" Strukturen eingearbeitet. Ergebnis:

> **Hinweis**
>
> **Layout- und Chipabmessungen**
>
> Die Abmessungen auf dem Chip stimmen mit den im Layout gezeichneten geometrischen Strukturen überein.

Hingewiesen werden soll jedoch auf einen wichtigen Punkt, der auch heute manchmal noch für Verwirrung sorgt. Die beiden geometrischen Maße W und L der MOSFETs werden bekanntlich durch die Active-Area-Öffnung (Layer `AA` im CM5-Prozess) und die Breite des Polysiliziums-Gates (Layer `POLY1`) bestimmt (Abbildung 8.24).

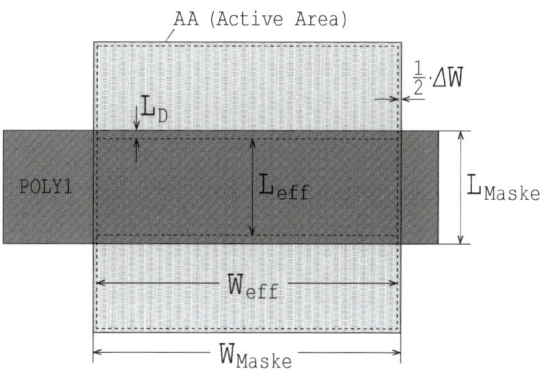

Abbildung 8.24: Verringerung der geometrischen Maße $W \rightarrow W_{eff}$ und $L \rightarrow L_{eff}$.

Wegen der lateralen Ausbreitung des Feldoxides um das Maß ½ · ΔW fällt die wirkliche Fläche des Active-Area-Bereiches etwas **kleiner** aus als durch die Maske definiert. Die **effektive** Kanalweite wird dadurch reduziert: $W_{eff} = W_{Maske} - \Delta W$. Ähnliches gilt für die Kanallänge. Die laterale Diffusion um den Betrag L_D verkürzt die effektive Länge: $L_{eff} = L_{Maske} - 2 \cdot L_D$.

Der Drain-Strom des MOSFETs ist selbstverständlich von den **effektiven** Werten abhängig. Die Frage ist nun: Welche Werte sind bei der Simulation mit SPICE relevant? Die Antwort ist zum Glück nicht schwer: Werden im Modellsatz des Transistors Parameter für die beiden Effekte angegeben (z. B. L_D und W_D = ½ · ΔW für die Level-1- bis Level-3-Modelle), gilt einfach $W = W_{Maske}$ und entsprechend $L = L_{Maske}$. Im BSIM-3-Modell können die Korrekturen aus anderen Prozessdaten berechnet werden. Für moderne Prozesse stellen die Halbleiterhersteller bzw. Foundries im Allgemeinen **vollständige** Parametersätze zur Verfügung, sodass für W und L die Design-Maße einzusetzen sind und SPICE die effektiven Werte automatisch berechnet. Man braucht sich also um die oben geschilderten Effekte nicht zu kümmern! Bei der Schaltungsberechnung werden üblicherweise die Level-1-Modelle verwendet. Dann müssten eigentlich die effektiven Maße eingesetzt werden. Aus praktischer Sicht kann aber der „Verringerungseffekt" unberücksichtigt bleiben, da die Abmessungen hinterher ohnehin mittels SPICE und Verwendung vollständiger Parametersätze, z. B. BSIM 3, optimiert werden.

8.3.5 Implementierung der Rules in das Layout-Programm

Die Design-Rules werden heutzutage oft von den Halbleiterherstellern als komplette Design- und Setup-Files angeboten, die direkt in das Design-Werkzeug eingespielt werden können. Für einige Prozesse existieren die Design-Rules jedoch nur in gedruckter Form. Dann müssen sie manuell in das Layout-Programm implementiert werden. Wie dies prinzipiell geschehen kann, soll in den folgenden Abschnitten erörtert werden.

Rule-Typen

Bei der Beschreibung der Design-Rules sind Begriffe wie z. B. „Minimum Width", „Spacing", „Surround" (oder „Enclosure") und „Extension" aufgetreten. Diese sogenannten **Rule-Typen** werden zum Formulieren der Design-Rules verwendet und sollen im folgenden Abschnitt zunächst noch etwas näher erläutert werden. Danach wird an einigen Beispielen das Gestalten der Design-Rules mithilfe der Rule-Typen erläutert. Diese bilden schließlich die Grundlage für den Einbau der Design-Rules in das Layout-System über Dialogfelder des DRC-Set-Up-Fensters.

Zu den oben genannten Rule-Typen kommen noch drei weitere hinzu: „Overlap", „Exact Width" und „Not Exist". Alle zusammen, mit Ausnahme von „Exact Width" und „Not Exist", sind in Abbildung 8.25 grafisch dargestellt.

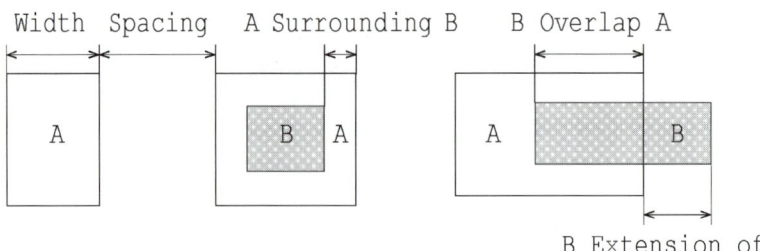

Abbildung 8.25: Zur Erklärung der Rule-Typen, die für die Formulierung der Design-Regeln verwendet werden. A und B seien die Layer-Namen.

8.3 Design-Rules

Die meisten Design-Regeln können mit diesen **Rule-Typen** formuliert werden. Wie dies geschehen kann, wird nach einer näheren Beschreibung der genannten **Typen** an einzelnen Beispielen erklärt. Da im Rahmen dieses Buches das Design-Werkzeug L-Edit der Firma Tanner verwendet wird, erfolgt die Darstellung anhand der im L-Edit-Manual angegebenen Definitionen. Prinzipiell werden aber in anderen Layout-Programmen ähnliche Definitionen verwendet.

Mit den Rule-Typen allein gestaltet sich das Formulieren der Design-Regeln als sehr schwierig. Deshalb sind sogenannte „Ignore-Schalter" vorgesehen, die ein sehr viel feineres Spezifizieren der beiden Rule-Typen „Spacing" und „Enclosure" („Surround") erlauben. L-Edit bietet insgesamt fünf solcher Schalter:

> **Hinweis**
>
> **Ignore-Schalter:**
>
> - **„C":** Coincidences
>   Wenn die Kanten zweier Layer A und B **genau** zusammenfallen und dies keine Design-Rule-Verletzung bedeuten soll, kann der Schalter „C" gesetzt werden.
> - **„I":** Intersection
>   Wenn die Überschneidung zweier Layer A und B zulässig ist, ist der Schalter „I" zu setzen.
> - **„E":** If Layer A completely **E**ncloses Layer B
>   Wenn Objekte des Layers B komplett vom Layer A umschlossen sind und dies O.K. sein soll, wird der Schalter „E" gesetzt. O.K. gilt dann auch für den Fall, dass Kanten der beiden Layer **genau** zusammenfallen.
> - **„O":** If Layer B completely **O**utside Layer A
>   Wenn sich Objekte des Layers B komplett außerhalb des Layers A befinden dürfen, ist der Schalter „O" zu setzen. O.K. gilt dann auch für den Fall, dass Kanten der beiden Layer **genau** zusammenfallen.
> - **„A":** Acute Angle
>
>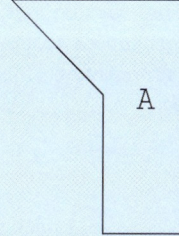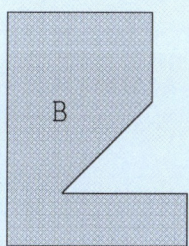
>
> **Abbildung 8.26:** Winkelfehler (Acute Angle).
>
> Wenn zwei aneinandergrenzende Seiten eines Polygons einen Winkel kleiner als 90° bilden, läuft deren Abstand gegen null, siehe Abbildung 8.26. Dies führt per Definition zu einem Weitenfehler des Layers A oder zu einem Abstandsfehler des Layers B. Durch Setzen des Schalters „A" können diese Fehler ignoriert werden.

Toleranzbereich Auf eine weitere Verfeinerung soll noch hingewiesen werden. Die meisten DRC-Programme lassen für die angegebenen Minimalmaße einen gewissen Toleranzbereich zu, den man für jede einzelne Design-Rule angeben kann. Der Defaultwert ist null. Wenn aber beispielsweise beim Generieren abgeleiteter Layer für den DRC oder beim Import von Layout-Daten Rundungsfehler entstehen, kann das Zulassen einer Toleranz sehr hilfreich sein.

Nun aber zu den einzelnen Rule-Typen.

Minimum Width Das für einen Layer in Abbildung 8.25 angegebene Maß „Width" ist ein geforderter Minimalwert. Er darf an keiner Stelle im Layout unterschritten werden.

Enthält ein Layer Objekte mit 45-Grad-Strukturen, wie z. B. der Layer A in Abbildung 8.26, entsteht definitionsgemäß ein Weitenfehler. Dieser kann durch Setzen des Ignore-Schalters „A" (**Acute Angle**) unterdrückt werden.

Exact Width Soll eine Struktur ein Maß **genau** einhalten, kann der Rule-Typ „Exact Width" verwendet werden. Dadurch wird die Weite (**Width**) einer quadratischen Struktur spezifiziert, wie dies in Abbildung 8.27 angedeutet ist. Die Angabe gilt dann für **alle** Objekte des betreffenden Layers. Besonders bei Kontakten hat dies eine große Bedeutung, wenn diese möglichst klein sein sollen und alle die gleiche Größe erhalten. Selbst Gate-Kontakte und Kontakte an Diffusionsgebiete werden oft gleich groß gezeichnet, auch wenn sie später etwas unterschiedliche Öffnungen haben müssen. Dies wird dann bei der Maskenherstellung korrigiert.

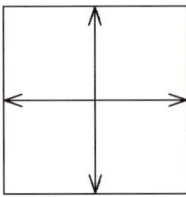

Abbildung 8.27: Exact Width.

Spacing Durch den Typ „Spacing" wird der minimale Abstand zwischen zwei benachbarten Objekten eines einzigen Layers bzw. zwischen zwei verschiedenen Layern spezifiziert, siehe Abbildung 8.25.

Um eine verfeinerte Spezifizierung des Typs „Spacing" für den Fall zweier verschiedener Layer A und B zu ermöglichen, sind drei der oben genannten Ignore-Schalter vorgesehen, nämlich „C", „I" oder „E". Damit wird es möglich, für besondere Bedingungen eine Rule-Verletzung (**violation**) auszuschalten (Abbildung 8.28):

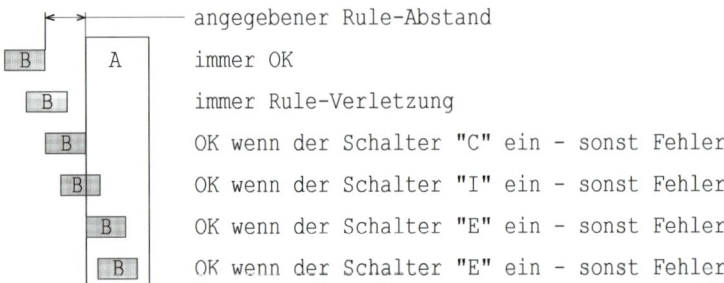

Abbildung 8.28: Spacing mit verfeinerter Spezifizierung durch Ignore-Schalter.

Enthält ein Layer, wie z. B. der Layer B in Abbildung 8.26, Objekte mit 45-Grad-Winkeln, entsteht definitionsgemäß ein Abstandsfehler. Dieser kann durch Setzen des Ignore-Schalters „A" unterdrückt werden.

Surround oder Enclosure   Der Typ „Surround" oder „Enclosure" verlangt, wie dies in Abbildung 8.25 angedeutet ist, dass der eine Layer B vollständig von einem anderen A umgeben oder umschlossen sein muss. Beispiel: `Minimum Layer A Surrounding Layer B 0.7µm`.

Auch hier ist entsprechend Abbildung 8.29 eine feinere Spezifizierung durch Setzen der Ignore-Schalter „C", „I" oder „O" möglich.

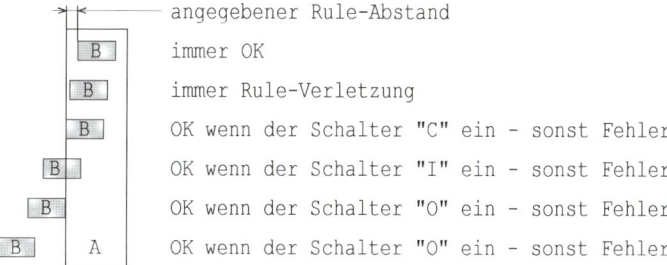

Abbildung 8.29: Surround oder Enclosure mit verfeinerter Spezifizierung.

Overlap   Overlap-Rules spezifizieren, wie in Abbildung 8.25 angedeutet, das minimale Maß, das ein Objekt des einen Layers B einen Teil eines anderen A überlappen muss, wenn überhaupt eine solche Überlappung gezeichnet ist. Objekte, die mehr als das spezifizierte Maß überlappen oder deren Kanten zusammenfallen, werden beim Rule-Typ „Overlap" nicht berücksichtigt und führen **nicht** zu einer Rule-Verletzung. Dies ist in Abbildung 8.30 noch einmal genauer dargestellt. Ein Ignore-Schalter ist nicht vorgesehen.

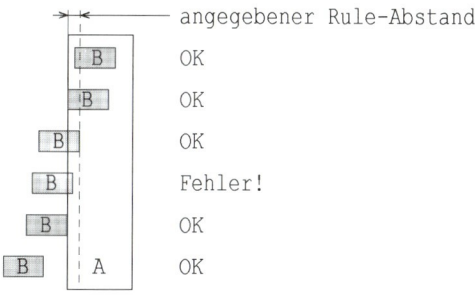

Abbildung 8.30: Überlappung: „Overlap of Layer B into Layer A".

Extension   Extension-Rules spezifizieren, wie in Abbildung 8.25 angedeutet, das minimale Maß, das ein Objekt des einen Layers B über einen Teil eines anderen A hinausragen muss. Objekte, die mehr als das spezifizierte Maß hinausragen oder deren Kanten **außen** zusammenfallen oder vollständig (mit Rand) von dem anderen Layer umschlossen sind, werden beim Rule-Typ „Extension" nicht berücksichtigt und führen **nicht** zu einer Rule-Verletzung. Dies ist in Abbildung 8.31 noch einmal genauer dargestellt. Ein Ignore-Schalter ist nicht vorgesehen.

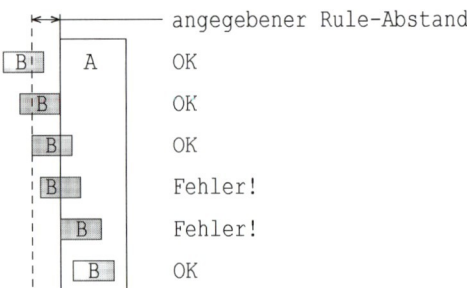

Abbildung 8.31: Hinausragen: „Extension of Layer B out of Layer A".

Not Exist Der „Not-Exist"-Typ bedeutet, dass wirklich keine Objekte des bezeichneten Layers existieren dürfen.

> Beispiele

An Beispielen soll nun gezeigt werden, wie das Gestalten der Design-Rules mithilfe der Rule-Typen gelingen kann. Dazu werden nur einzelne charakteristische Rules des schon genannten CM5-Prozesses ausgewählt und auch nicht auf eine bestimmte Reihenfolge geachtet. Es wird zuerst die Design-Regel entsprechend der Datei CM5_Design.pdf genannt und anschließend deren Realisierung erklärt. Es wird empfohlen, die genannte Datei geöffnet zu haben.

Beispiel 1

4.4.10 Overlap of NPLUS and PPLUS is not allowed (8.87)

Der CM5-Prozess verlangt, dass eine Überlappung der Layer NPLUS und PPLUS unzulässig ist. Wird der abgeleitete (**derived**) Layer

NPLUS ∧ PPLUS = nplusandpplus (8.88)

gebildet, reicht es bereits aus, auf den Layer nplusandpplus den Rule-Typ „Not Exist" anzuwenden.

Beispiel 2

4.4.11 AA without NPLUS or PPLUS is not allowed (8.89)

Der Active-Area-Bereich, Layer AA, muss entweder mit dem Layer NPLUS **oder** dem Layer PPLUS umgeben sein. Die Prüfung gelingt mit dem abgeleiteten Layer

AA ∧ Not(NPLUS) ∧ Not(PPLUS) = baddiff (8.90)

der nicht auftreten darf, also wird der Rule-Typ „Not Exist" verwendet.

Beispiel 3

4.5.9 Minimum gate Spacing to NWELL 2.3u (8.91)

Das Gate eines NMOS-Transistors darf nicht zu dicht an ein N-Well-Gebiet (Layer NWELL) heranreichen. Es wird ein Mindestabstand von 2,3 μm gefordert. Mit dem Layer NWELL sowie dem abgeleiteten Layer

AA ∧ POLY1 = gate (8.92)

und dem Rule-Typ „Spacing" könnte die Design-Regel für einen NMOS-Transistor bereits formuliert werden. Damit es aber bei einem PMOS-Transistor, der ja im Falle eines N-Well-

Prozesses in einer N-Well-Wanne (Layer NWELL) untergebracht ist, die den Layer gate umschließt, nicht zu einer Fehlermeldung kommt, muss der Ignore-Schalter „E" (If Layer NWELL completely encloses Layer gate) gesetzt werden.

Beispiel 4

4.9.3 Minimum MET1 spacing to wide_met1 2.0 µm   (8.93)

Normalerweise dürfen Metallleitungen, Layer MET1, einen Abstand von 1,0 µm (Mindestmaß, Regel „4.9.2") voneinander haben. Verlaufen solche Leitungen aber parallel zu einer „größeren" Metallfläche mit einer Ausdehnung von >10 µm (Layer wide_met1), so müssen diese einen Sicherheitsabstand von mindestens 2 µm haben. Für den Layer MET1 ist also neben der Regel „4.9.2 Spacing of MET1 1u" eine weitere Rule zu formulieren, um den Abstand zum Layer wide_met1 überprüfen zu können. Die Frage ist nun: Wie kann man eine „schmale" Leitung von einer „weiten" unterscheiden? Das Problem kann wie folgt gelöst werden: Es wird zunächst ein **abgeleiteter** Layer met1-5u gebildet, indem die Abmessungen aller Objekte des Layers MET1 um 5 µm verringert werden. Hierzu steht in den meisten Layout-Programmen eine Dehn- bzw. Shrink-Funktion zur Verfügung. In L-Edit: „(Grow Wert)Layer". Der Layer met1-5u kann dann einfach wie folgt formuliert werden:

(Grow -5u)MET1 = met1-5u   (8.94)

Alle MET1-Objekte, die Ausdehnungen von 10 µm und weniger haben, verschwinden bei dieser Prozedur, d. h., der Layer met1-5u enthält nur Objekte mit **großen** Abmessungen. Wenn anschließend dieser Layer wieder um 5 µm vergrößert wird und einen neuen Layer wide_met1 bildet,

(Grow +5u)met1-5u = wide_met1   (8.95)

kann mittels des Rule-Typs „Spacing" der Abstand zwischen den Layern MET1 und wide_met1 überprüft werden, siehe Gleichung (8.93).

Diese vier Beispiele mögen genügen, um das Formulieren der Design-Rules verstehen zu können. Trotzdem wird dem interessierten Leser aber empfohlen, anhand der Datei CM5_Design.pdf auch andere Design-Regeln nachzuvollziehen. Eines wird sicherlich deutlich: Je mehr Maskenschritte ein Prozess erfordert, desto mehr **abgeleitete** Layer werden für den Design-Rule-Check benötigt und desto mühsamer wird auch das Gestalten der einzelnen Rules. Nach der Implementierung der vom Halbleiterhersteller mitgeteilten Design-Regeln in das Layout-Programm sollte auf jeden Fall eine sorgfältige Erprobung erfolgen, um sicherzustellen, dass beim DRC (Design-Rule-Check) alles erfasst worden ist.

Das Implementieren der Design-Rules in das Layout-Werkzeug kann mithilfe eines **Kommando-Files im Textformat** erfolgen. Es enthält dann beispielsweise Kommandozeilen analog zu Gleichung (8.93) bzw. (8.94). Dabei ist allerdings die entsprechende Syntax einzuhalten, auf die hier aber nicht näher eingegangen werden soll. Hierzu sei auf die entsprechenden Manuals verwiesen. So können z. B. die beiden Design-Rule-Formate **Mentor Graphics** „Calibre" und **Cadence** „Dracula" auch in L-Edit eingelesen werden. In der Studentenversion ist dies leider nicht möglich. Zum Erstellen des Tanner-Design-Rule-Setups für L-Edit verwendet man am besten das darin enthaltene **grafische Interface**, das selbstverständlich auch in der Studentenversion verfügbar ist. Das gilt natürlich auch für das Übernehmen kompletter Design-Rule-Setups im „Tanner-Format". Das komplette Einrichten eines Design-Files für das Layout-Programm L-Edit der Firma Tanner wird im Skript **Kurze Einführung in das Layout-Programm L-Edit** näher erklärt (siehe L-Edit.pdf im Ordner „Skripten" (IC.zip)).

Daten

8.4 Layout-Synthese

Im *Kapitel 7* wurde anhand der Prozesse C36 und CM5 bereits gezeigt, wie der Fertigungsgang eines Bipolar-Transistors sowie eines CMOS Inverters abläuft. Hier geht es jetzt um die detaillierte Erarbeitung des physikalischen Layouts: Unter Layout-Synthese wird die Übersetzung einer zu integrierenden Schaltung in physikalische Strukturen in Form von Prozess-Layern verstanden. Für den Weg dorthin gibt es zunächst einmal zwei grundverschiedene Betrachtungsweisen: Ein IC-Schaltungsentwickler, speziell ein Analog-Designer, sieht einen Chip bereits als die dreidimensionale Realisierung der von ihm entworfenen Schaltung. Ein Logik- oder Digital-Entwickler denkt dagegen eher in Form einer Funktionsbeschreibung, spezifiziert durch Logikdiagramme, Funktionstabellen oder gar Hardwarebeschreibungssprachen wie z. B. „VHDL" (siehe *Abschnitt 1.3.3*). Abbildung 8.32 (siehe Abbildung 1.9) illustriert, wie unterschiedliche Designer ein und dasselbe Objekt, z. B. einen Inverter, sehen können. Auf jeden Fall ist, unabhängig von der Sichtweise, eine integrierte Schaltung stets ein ausgeklügeltes physikalisches Objekt, das sehr sorgfältig entworfen und hergestellt werden muss.

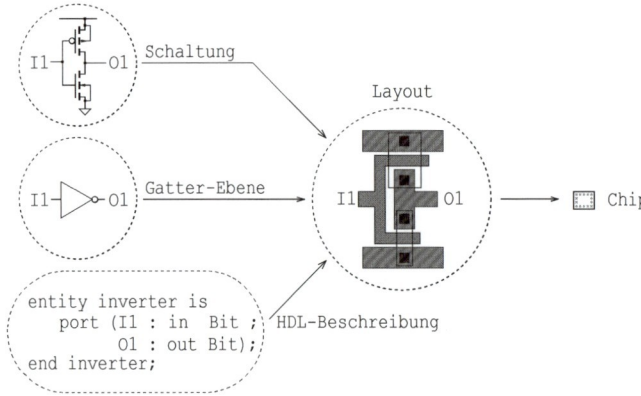

Abbildung 8.32: Verschiedene Beschreibungen führen zum Layout und dann zum Chip.

Wegen der hohen Komplexität auf der einen Seite und den meist sehr regelmäßigen Strukturen andererseits wird das Layout einer *digitalen* integrierten Schaltung heute mithilfe geeigneter Design-Werkzeuge weitgehend automatisch erzeugt. *Analoge* Schaltungen werden dagegen eher vom Transistor-Level aus betrachtet, obwohl es auch hier schon Ansätze einer computerunterstützten Layout-Generierung gibt, und die geometrischen Strukturen der Bauelemente können schon seit längerer Zeit von den meisten Layout-Programmen durch die Angabe der wichtigsten Abmessungen automatisch erzeugt werden. Die Programmierung der Strukturerzeugung soll aber nicht Gegenstand dieses Buches sein. Hier steht vielmehr das grundsätzliche Entstehen eines Layouts im Vordergrund.

Dies bedeutet im Falle einer manuellen Layout-Erstellung, die Schaltung Schritt für Schritt in physikalische Strukturen in Form von Prozess-Layern zu übersetzen. Das fertige Layout enthält schließlich in grafischer Form die Informationen, die für die Maskenherstellung erforderlich sind.

Die Anordnung der einzelnen Bauelemente, deren Ausführung und nicht zuletzt die Leiterführung, haben einen beträchtlichen Einfluss auf die Eigenschaften des fertigen Schaltkreises. Deshalb ist die Layout-Gestaltung ein ganz wesentlicher Bestandteil der gesamten IC-Entwicklung und erfordert viel Einfühlungsvermögen und Erfahrung. Da aber jeder erst einmal Erfahrung erwerben muss, soll hier an zwei besonders einfachen Beispielen schrittweise gezeigt werden, wie ein Layout prinzipiell entsteht. So wird zunächst ein bipolarer Transistor mit minimalen Abmessungen entworfen und anschließend das Layout eines CMOS-Inverters beschrieben. Ausgeführte Beispiele für komplexere Schaltungen sind dann in den *Kapiteln 9* bis *18* zu finden.

Als Layout-Werkzeug wird im Rahmen des vorliegenden Buches die Studentenversion des Programms L-Edit (Tanner Research, Inc.) verwendet. Das Programm steht im Ordner „Programme" zur Verfügung (IC.zip) und kann ohne Probleme installiert werden. Eine kurze Anleitung ist im Skript L-Edit.pdf enthalten. Dem Leser wird empfohlen, das Programm L-Edit zu installieren und sich mit dem Umgang vertraut zu machen. Dann können die im Folgenden beschriebenen Schritte besser verfolgt und durch eigenes Üben nachvollzogen werden.

Daten

8.4.1 Beispiel 1: Bipolar-Transistor

Der Entwurf eines Bipolar-Transistors mit **minimalen** Abmessungen bietet einen guten Einstieg, den Umgang mit dem Layout-Werkzeug (hier L-Edit) und den Design-Rules kennenzulernen. Als Technologie wird der in *Abschnitt 7.3.1* vorgestellte Standard-Bipolar-Prozess C36 verwendet. Für diesen steht ein komplettes Tanner-Design-File mit dem Namen C36.tdb zur Verfügung. Die Design-Rules sind zusätzlich im Textformat in der PDF-Datei C36_Design.pdf zu finden. Beide Dateien sind im Ordner „C36 enthalten (IC.zip). Pfad: \Technologie-Files\Bipolar\C36\. Es wird empfohlen, die PDF-Datei geöffnet neben den folgenden Arbeitsschritten bereitzuhalten.

Daten

Zunächst wird das Programm L-Edit gestartet und dann das Design-File des zur Anwendung kommenden Prozesses aufgerufen. Es hat hier den Namen C36.tdb und enthält bereits alle wichtigen Einstellungen, Layer und Design-Rules. Dieses File wird unter dem Namen des zu erstellenden Projektes abgespeichert, um die schreibgeschützte Originaldatei nicht zu verändern. Es soll hier für die folgende Arbeit den Namen C3ZNMIN.tdb erhalten. Sie speichern Ihre Datei am besten in dem zu Beginn vorbereiteten Ordner „Design" ab, siehe **Hinweise für das Arbeiten mit den folgenden Kapiteln**. (Vergleichsdatei (IC.zip): \Kapitel 8\Layout_8\C3ZNMIN_V.tdb)

Womit man zu „zeichnen" beginnt, ist im Prinzip gleichgültig. Hier soll mit dem kleinsten Element, dem Kontakt, begonnen werden. Für den Anfang ist das der beste Einstieg, weil dann das Layout von innen nach außen wächst und man die wichtigsten Design-Rules gut kennenlernen kann. Wer über mehr Erfahrung verfügt und die Design-Rules schon besser kennt, kann auch ganz anders beginnen, z. B. durch Verwenden bereits fertiger Zellen und deren Abwandlung. Hier sollen nun die einzelnen Schritte für das obige Beispiel der Reihe nach beschrieben werden und es wird empfohlen, alles selbst auszuführen!

Grundregeln für den Entwurf integrierter Schaltungen

> **Beispiel** Entstehung des Layouts eines NPN-Transistors
>
> ■ L-Edit starten [33], Design-File C36.tdb laden, unter C3ZNMIN.tdb speichern.
>
> **1.** Vorbereiten der Zelle „C3ZNMIN":
>
> Es wird eine Zelle mit dem Namen „C3ZNMIN" angelegt. In L-Edit gelingt dies mit dem Shortcut „N" (Cell – New). Zellnamen sollten, wie Masken-Layer-Namen, entsprechend des GDSII-Standards möglichst mit großen Buchstaben geschrieben werden und auf keinen Fall Sonderzeichen erhalten. Die meisten modernen Design-Werkzeuge akzeptieren aber auch kleine Buchstaben; diese werden später bei der Übersetzung vom Systemformat in das Standardmaskenformat „GDSII" automatisch in große umgewandelt.
>
> **2.** Kontakt:
>
> Laut Design-Rule „3.7.1" dürfen Kontakte ein Maß von 6 μm nicht unterschreiten. Gewählt wird deshalb eine Größe von $6 \times 6~\mu m^2$. Das Maus-Grid wird für die folgenden Arbeitsschritte auf 0,5 μm eingestellt. Aus der Layer-Palette wird der Layer CONTACT ausgewählt und das Werkzeug „Box" (Rechteck) angeklickt. Dann kann das Quadrat mit der Kantenlänge 6 μm so gezeichnet werden, dass die untere linke Ecke (**lower left**) genau in den Nullpunkt (**Origin**) fällt, siehe Abbildung 8.33, Schritt 2. Diese Ausrichtung ist zwar nicht zwingend notwendig, aber zunächst sinnvoll.
>
> **3.** Layer CAP
>
> Der Prozess C36 verlangt, dass jeder Kontakt in einem CAP-Bereich liegen, also von diesem Layer umgeben sein muss. Laut Regel „3.11.3" wird ein Maß von mindestens 1,5 μm vorgeschrieben. Folglich wird mit dem Layer CAP ein Rechteck um den Kontakt gezeichnet, wobei der vorgeschriebene Abstand gerade eingehalten wird, siehe Abbildung 8.33, Schritt 3.
>
>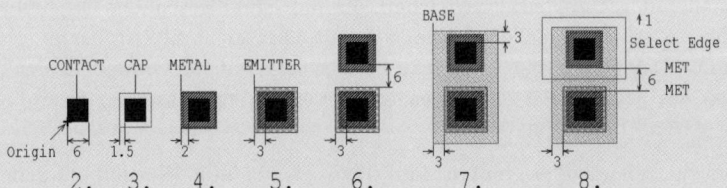
>
> **Abbildung 8.33:** NPN-Transistor-Layout, Schritte 2. bis 8.
>
> **4.** Layer METAL
>
> Entsprechend der Rule „3.7.7" muss jeder Kontakt von dem Layer METAL umschlossen sein. Als Minimalmaß sind 2 μm angegeben.
>
> **5.** Layer EMITTER
>
> Der Emitter-Kontakt bestimmt die Größe der kleinstmöglichen Emitter-Fläche. Laut Regel „3.7.5" muss der Layer EMITTER den Kontakt mit einem Mindestabstand von 3 μm umgeben. Somit ergibt sich eine Emitter-Fläche von $12 \times 12~\mu m^2$.

6. Basis-Kontakt

Bevor die Basis gezeichnet wird, wird am besten erst der Basis-Kontakt platziert. Der Layer CONTACT muss laut Regel „3.6.3" mindestens 6 µm entfernt vom Layer EMITTER angeordnet werden. Am einfachsten ist es, den kompletten Emitter-Kontakt einschließlich der beiden Layer CAP und METAL zu kopieren. Siehe Abbildung 8.33, Schritt 6.

7. Layer BASE

Nun kann die Basis gezeichnet werden. Entsprechend Rule „3.6.2" muss der Emitter mit einem Abstand von 3 µm vom Layer BASE umgeben sein. Für den Basis-Kontakt gilt laut Regel „3.7.4" der gleiche Wert.

8. An dieser Stelle ist ein Design-Rule-Check angebracht, um die bisherige Arbeit zu überprüfen. Dabei werden vier Fehlermeldungen mit etwa gleichem Inhalt sichtbar:

```
3.8.2 METAL Min. Space = 6 [5.000 < 6 Microns]
```

Der Metallabstand ist also zu gering. Dieser Mehrfachfehler ist leicht zu beheben: Der gesamte Basis-Kontakt, einschließlich des Layers BASE, wird mit dem Befehl „Select Edge" selektiert und dann um 1 µm nach oben verschoben. Dies kann mithilfe der Maus oder auch mittels des Befehls „Move By" erfolgen.

9. Vergrößern des Basis-Kontaktes

Um den Basis-Bahnwiderstand möglichst gering zu halten, kann der Basis-Kontakt links und rechts vergrößert werden, siehe Abbildung 8.34, Schritt 9.

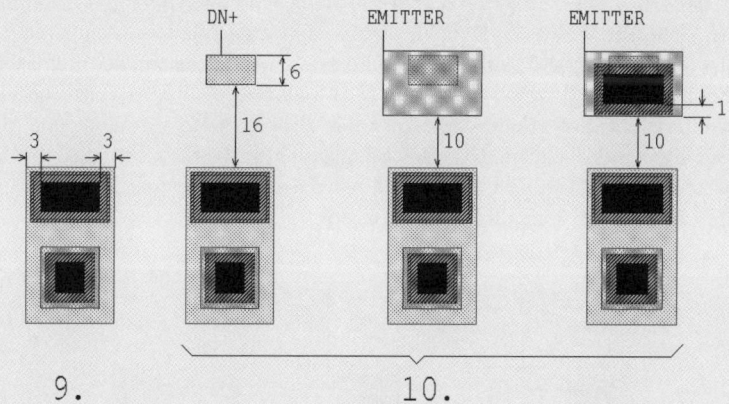

Abbildung 8.34: NPN-Transistor-Layout, Schritte 9. und 10.

10. Kollektor-Anschluss

Der Kollektor-Anschluss erfordert zunächst eine tiefe n^+-Diffusion im Epi-Bereich, die bis herab zum Buried-Layer reicht. Hierzu ist der Layer DN+ (Sinker- oder Kollektor-Tief-Diffusion) vorgesehen, siehe Abbildung 8.34, erstes Bild von Schritt 10. Laut Rule „3.3.2" darf ein Abstand von der Basis von 16 µm nicht unterschritten werden und die Ausdehnung muss entsprechend „3.3.1" mindestens 6 µm betragen. Das Maß in x-Richtung wird später festgelegt.

Zusätzlich ist ein n^+-Gebiet mithilfe des Layers EMITTER notwendig, in das anschließend der Kollektor-Kontakt gelegt werden kann. Die Regel „3.4.3" schreibt einen Abstand von der Basis von mindestens 10 μm vor. Die übrigen Abmessungen werden später festgelegt.

Der Kollektor-Kontakt kann nun in dieses Gebiet hineingelegt werden. Hierzu wird einfach der komplette Basis-Kontakt, einschließlich der Layer CAP und METAL kopiert. Eine genaue Lage ist nicht vorgesehen. Der Kontakt selbst (Layer CONTACT) muss nur laut Regel „3.7.6" 1 μm innerhalb des Layers EMITTER bleiben.

11. Isolierdiffusion, Layer ISO

Der Layer ISO erfordert eine kurze Erläuterung. Er soll als Rechteck „gezeichnet" und Teil der Transistorzelle werden. Der Innenbereich des Rechtecks bleibt bei der Isolierdiffusion von Oxid bedeckt und wird **nicht** dotiert. Das Oxid ist nur **zwischen** den ISO-Rechtecken der einzelnen Zellen geöffnet, siehe z. B. Abbildung 8.61. Nur hier erfolgt die Isolierdiffusion. Aus diesem Grund wird der Layer ISO, anders als alle anderen Layer, **invers** dargestellt.

Das ISO-Rechteck wird also um die bislang bestehende Figur herum gezeichnet, siehe Abbildung 8.35, Schritt 11. Entsprechend Regel „3.2.3" muss der Layer ISO den Layer BASE mit einem Abstand von mindestens 22 μm umgeben, und vom Layer DN+ sind sogar 24 μm Zwischenraum gefordert, siehe Rule „3.2.2". Diese relativ großen Werte sind erforderlich, da sowohl die Isolier- als auch die Sinker-Diffusion sehr tief reichen müssen (durch das Epi-Gebiet hindurch) und deshalb eine entsprechend große **laterale Ausdehnung** erfolgt. Hinzu kommt noch die Sperrschichtausdehnung.

Für den Layer EMITTER wird im **Kollektor-Bereich** nur ein Abstand von 20 μm gefordert, siehe Regel „3.2.5". Er kann also weiter ausgedehnt werden. Eine wesentliche Verringerung des Kollektor-Anschlusswiderstandes kann dadurch aber nicht erreicht werden, da die vorhandene Sinker-Diffusion, die bis zum Buried-Layer herunterreicht, den größeren Einfluss hat. Deshalb wird von einer übermäßigen Ausdehnung des Layers EMITTER oft abgesehen. Wenn allerdings die Sinker-Maske (Layer DN+) gespart werden soll, wird die Kollektor-Anschlussdiffusion mit dem Layer EMITTER möglichst groß ausgeführt.

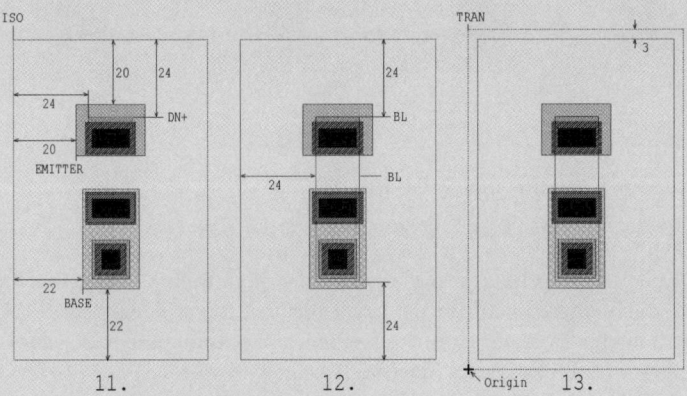

Abbildung 8.35: NPN-Transistor-Layout, Schritte 11. bis 13.

12. Buried-Layer BL

Der Layer BL erfordert wegen der sogenannten „Epi-Shift" einen relativ großen Abstand von der Isolierdiffusion. Laut Rule „3.1.2" wird ein Abstand von 24 μm gefordert. Damit ist der Transistor fast fertig, siehe Abbildung 8.35, Schritt 12.

13. Zellumrandung mit dem Layer TRAN

Damit bei der Netzlistenextraktion aus dem Layout (siehe später) der NPN-Transistor widerspruchsfrei erkannt werden kann, wird ein zusätzlicher „Erkennungs-Layer" mit dem Namen TRAN erforderlich. Dies ist **kein** Prozess- oder Masken-Layer, und er hat damit auch keine technologische Funktion! Er wird einfach um die gesamte Struktur herum gezeichnet. Am besten ist es, ihn gleichzeitig als „Zellumrandung" einzusetzen, und zwar so, dass er den Layer ISO gerade mit dem halben minimalen Wert der ISO-Öffnung umschließt, siehe Abbildung 8.35, Schritt 13. Entsprechend Regel „3.2.1" wird ein Wert von 6 μm / 2 = 3 μm gewählt.

Zum Abschluss wird der fertige Transistor noch verschoben, damit die linke untere Ecke (**lower left**) der Zellumrandung (Layer TRAN) genau in den Nullpunkt (**Origin**) fällt. Dann kann die Zelle C3ZNMIN im Prinzip für bipolare Schaltungen verwendet werden.

Der in Abbildung 8.35 (Schritt 12.) dargestellte NPN-Transistor ist nur ein einfaches Beispiel und nicht unbedingt geeignet, in eine Zellbibliothek aufgenommen zu werden. Dieses Beispiel möge aber dazu dienen, dem Anfänger die prinzipielle Vorgehensweise bei der Layout-Erstellung aufzuzeigen. Für Zellen einer Bibliothek ist das Einhalten eines festen Schemas von großer Bedeutung. In einem Unterabschnitt „Hinweise für Zellen einer Bibliothek" im *Abschnitt 8.5* werden dazu weitere Anregungen gegeben. So kann z. B. die Festlegung eines geeigneten Grids für die Verlegung der Metallleitungen und die Anpassung der Abmessungen einer Zelle an dieses Grid die gesamte Layout-Arbeit erheblich beschleunigen. Ein Auszug aus einer solchen Bibliothek ist in der L-Edit-Datei C36_Cells.tdb im Technologie-Ordner zu finden (IC.zip); Pfad: \Technologie-Files\Bipolar\C36\.

Daten

8.4.2 Beispiel 2: CMOS-Inverter

Als zweites Beispiel soll die Entstehung des Layouts eines CMOS-Inverters beschrieben werden. Die Schaltung, einschließlich der Transistorabmessungen sowie die zugehörige SPICE-Circuit-Datei, sind in Abbildung 8.36 dargestellt. Wie die einzelnen Größen berechnet werden, wird im *Kapitel 18* erklärt.

Als Technologie wird hier der 0,8-μm-CMOS-Prozess CM5 verwendet, siehe *Abschnitt 7.4.1*. Für diesen steht ein komplettes Design-File mit dem Namen CM5.tdb zur Verfügung. Die Design-Rules sind zusätzlich im Textformat in der PDF-Datei CM5_Design.pdf zu finden. Beide Dateien befinden sich im Technologie-Ordner (IC.zip); Pfad: \Technologie-Files\MOS\CM5\. Es wird empfohlen, die PDF-Datei geöffnet neben den folgenden Arbeitsschritten bereitzuhalten.

Daten

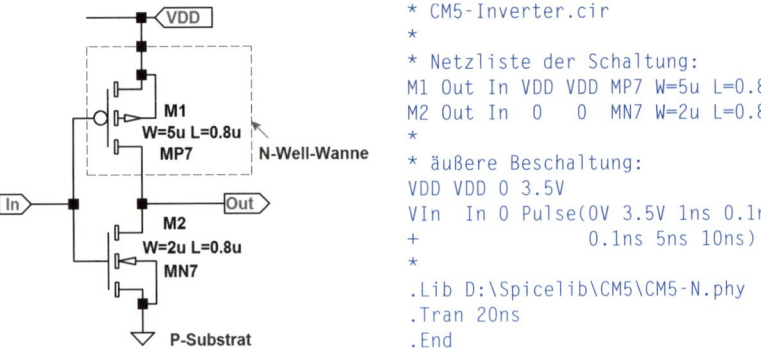

```
* CM5-Inverter.cir
*
* Netzliste der Schaltung:
M1 Out In VDD VDD MP7 W=5u L=0.8u
M2 Out In  0   0   MN7 W=2u L=0.8u
*
* äußere Beschaltung:
VDD VDD 0 3.5V
VIn  In 0 Pulse(0V 3.5V 1ns 0.1ns
+              0.1ns 5ns 10ns)
*
.Lib D:\Spicelib\CM5\CM5-N.phy
.Tran 20ns
.End
```

Abbildung 8.36: CMOS-Inverter.

Zunächst wird wieder das Programm L-Edit gestartet und das Design-File des zur Anwendung kommenden Prozesses aufgerufen. Es hat hier den Namen CM5.tdb und enthält bereits alle wichtigen Einstellungen, Layer und Design-Rules. Dieses File wird dann unter dem Namen des zu erstellenden Projektes abgespeichert, um die schreibgeschützte Originaldatei nicht zu verändern. Es soll hier den Namen CM5-Inverter.tdb erhalten. Sie speichern Ihre Datei am besten in dem zu Beginn vorbereiteten Ordner „Design" ab, siehe **Hinweise für das Arbeiten mit den folgenden Kapiteln**. (Vergleichsdatei (IC.zip): \Kapitel 8\Layout_8\CM5-Inverter_V.tdb)

Womit man dann zu „zeichnen" beginnt, ist auch hier gleichgültig. Es soll wieder mit dem kleinsten Element, dem Kontakt, begonnen werden, weil dann das Layout von innen nach außen wächst und man die wichtigsten Design-Rules am besten kennenlernen kann. Wer über mehr Erfahrung verfügt und die Design-Rules schon besser kennt, kann selbstverständlich ganz anders beginnen, z. B. durch Verwenden bereits fertiger Zellen und deren Abwandlung. Die einzelnen Schritte werden nun für das obige Beispiel der Reihe nach beschrieben, und es wird empfohlen, alles selbst auszuführen!

Beispiel Entstehung des Layouts eines CMOS-Inverters

- L-Edit starten [33], Design-File CM5.tdb laden, unter „CM5-Inverter.tdb" speichern.

1. Kontakt

Laut Design-Rule „4.8.3" sollen alle Kontakte **dieselbe Größe** von $0{,}9 \times 0{,}9\ \mu m^2$ erhalten. Damit der Kontakt nicht immer neu gezeichnet werden muss, wird eine Zelle mit dem willkürlichen, aber sinnvollen Namen „KONT" angelegt. In L-Edit gelingt dies mit dem Shortcut „N" (Cell – New). Wie im vorigen Beispiel werden auch hier Zellnamen mit großen Buchstaben geschrieben.

Nun aber zum Erzeugen der Zelle „KONT": Das Maus-Grid wird für die folgenden Arbeitsschritte auf $0{,}1\ \mu m$ eingestellt. Aus der Layer-Palette wird der Layer CONT ausgewählt und das Werkzeug „Box" (Rechteck) angeklickt. Dann kann das Quadrat mit der Kantenlänge $0{,}9\ \mu m$ so gezeichnet werden, dass die untere linke Ecke (**lower left**) genau in den Nullpunkt (**Origin**) fällt, siehe Abbildung 8.37, Schritt 1. Diese Ausrichtung ist zwar nicht zwingend notwendig aber sinnvoll! Damit ist die Zelle „KONT" bereits fertig und wird wieder geschlossen.

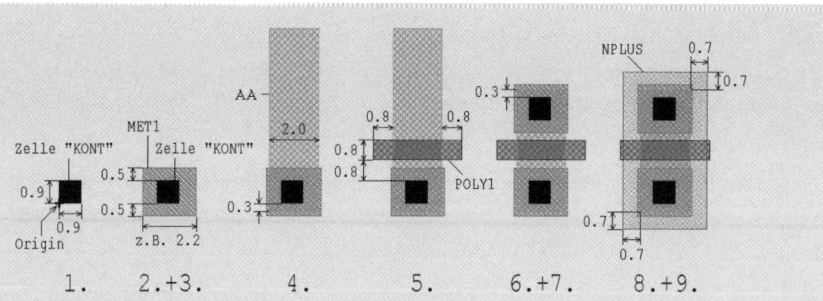

Abbildung 8.37: Inverter-Layout, Schritte 1. bis 9.

2. Vorbereiten der Zelle „CM5-INVERTER"

Als Nächstes wird der NMOS-Transistor M2 mit den Maßen $W = 2~\mu m$, $L = 0{,}8~\mu m$ gezeichnet. Man könnte auch hierfür eine Zelle anlegen. Das lohnt sich aber nicht. Deshalb wird über den Shortcut „N" (Cell – New) gleich eine Zelle mit dem Namen „CM5-INVERTER" vorbereitet.

3. Erstes Metall, Layer MET1, für den Transistor M2

Mit dem Shortcut „I" (Cell – Instance) wird die oben erzeugte Kontaktzelle „KONT" ausgewählt und platziert. Der Kontakt muss entsprechend der Rule „4.8.5" von dem Layer MET1 umschlossen sein; das Minimalmaß ist $0{,}5~\mu m$. Folglich wird mit dem Layer MET1 ein Rechteck um den Kontakt herum gezeichnet, das in y-Richtung so klein wie möglich gehalten wird, also gerade $1{,}9~\mu m$ misst, siehe Abbildung 8.37, Schritt 3. In x-Richtung kann ein größerer Wert gewählt werden, z. B. $2{,}2~\mu m$.

4. Layer AA

Die Kanalweite des Transistors M2 soll $W = 2~\mu m$ betragen; sie wird durch die Breite des Active-Area-Bereiches, Layer AA, definiert. Mit diesem Layer wird also ein Rechteck der Breite $2~\mu m$ gezeichnet. Die Rule „4.8.8" schreibt ein Umschließen des Kontaktes von mindestens $0{,}3~\mu m$ vor. Im unteren Bereich wird das Rechteck mit dem Layer AA so ausgerichtet, dass der Abstand zum Kontakt gerade $0{,}3~\mu m$ beträgt, siehe Abbildung 8.37, Schritt 4. Nach oben hin wird zunächst kein Maß festgelegt; ein Zurechtschneiden erfolgt später.

5. Layer POLY1

Das Gate soll eine Länge von $L = 0{,}8~\mu m$ erhalten. Mit dem Layer POLY1 wird ein Rechteck gezeichnet, das in y-Richtung genau dieses Maß bekommt und entsprechend der Design-Regel „4.8.16" $0{,}8~\mu m$ vom Kontakt entfernt platziert wird, siehe Abbildung 8.37, Schritt 5. Für die Ausdehnung in x-Richtung ist die Regel „4.5.5" zu beachten: Das Gate muss um $0{,}8~\mu m$ über das Active-Area-Gebiet, Layer AA, hinausragen.

6. Kopieren des Kontaktes einschließlich Metall für den Drain-Anschluss

Begonnen wurde mit dem unteren Kontakt für den Anschluss „Source". Dieser wird für den Drain-Anschluss einfach noch einmal, einschließlich Metall, kopiert, siehe Abbildung 8.37, Schritt 6.

7. Zurechtschneiden des Layers AA

Der Layer AA wird so weit zurückgeschnitten, dass er den Drain-Kontakt gerade mit 0,3 µm umgibt, siehe Abbildung 8.37, Schritt 7.

8. Layer NPLUS

Damit die jetzt vorliegende Struktur ein NMOS-Transistor wird, muss das AA-Gebiet entsprechend der Rule „4.4.5" mit 0,7 µm Abstand von dem Layer NPLUS umschlossen werden, siehe Abbildung 8.37, Schritt 8.

9. Erster Design-Rule-Check (DRC)

Die bisherige Arbeit wird jetzt überprüft. Dies ist wichtig, damit Fehler möglichst frühzeitig erkannt und behoben werden können.

10. Substratanschluss

Um den Anschluss an das p-leitende Substrat herstellen zu können, wird der Layer AA in Verbindung mit PPLUS benötigt. Einfacher Weg: den bisher „gezeichneten" Transistor komplett kopieren und derart anordnen, dass die beiden NPLUS-Kanten einander gerade berühren, siehe Abbildung 8.38, Schritt 10. Anschließend wird das gelöscht, was nicht gebraucht wird, der Layer NPLUS in PPLUS umgewandelt und AA zusammen mit PPLUS so weit in y-Richtung reduziert, dass AA den Kontakt gerade mit 0,3 µm Abstand umschließt. Dies geschieht am besten mithilfe der Befehle „Select Edge" und „Move By".

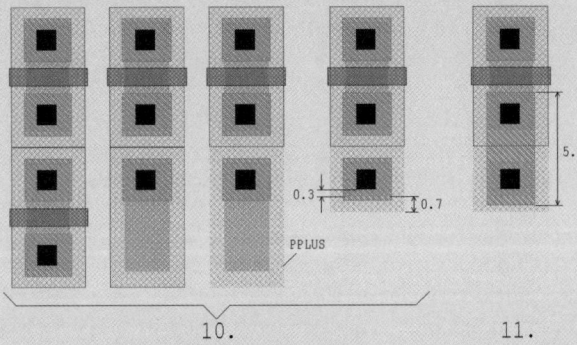

Abbildung 8.38: Inverter-Layout, Schritte 10. und 11.

11. Source mit Substrat verbinden

Da Source entsprechend der Schaltung mit dem Substrat bzw. mit Masse (GND) zu verbinden ist, werden die beiden Metallflächen zusammengezogen und somit auf 5 µm verbreitert, siehe Abbildung 8.38, Schritt 11. Ein Metallstück kann gelöscht werden.

12. PMOS-Transistor M1

Der PMOS-Transistor wird durch Kopieren, Abändern und Ergänzen des NMOS-Transistors gebildet, siehe Abbildung 8.39, Schritte 12.a bis 12.h.

  a. Kopieren und zunächst irgendwo oberhalb von M1 anordnen.

  b. Umwandeln des Layers NPLUS in PPLUS im Gate-Bereich und PPLUS in NPLUS für den Anschluss an die später zu platzierende N-Well-Wanne.

c. Vergrößern der Strukturen in x-Richtung, um dem PMOS-Transistor eine Kanalweite von $W = 5\ \mu m$ zu verleihen.

d. Die drei Kontakte gleichzeitig kopieren und noch einmal platzieren.

e. Die gesamte PMOS-Struktur vertikal kippen.

f. Ergänzen der Struktur durch den Layer NWELL, da ein PMOS-Transistor ein n-leitendes Substrat (N-Well) erfordert. NWELL muss über den abgeleiteten Layer ndiff (siehe Gleichung (8.77)) um 0,7 μm hinausragen (siehe Regel „4.2.8") und über den Layer pdiff um 2,3 μm (siehe Regel „4.2.7"). Für den Gate-Bereich, Layer gate, gilt entsprechend Regel „4.5.10" der gleiche Wert von 2,3 μm.

g. Zwischendurch immer wieder einen Design-Rule-Check machen.

h. An das Metall des N-Well-Anschlusses (NWELL) wird entsprechend der Schaltung später VDD angeschlossen. Dies ist nur ein Hinweis!

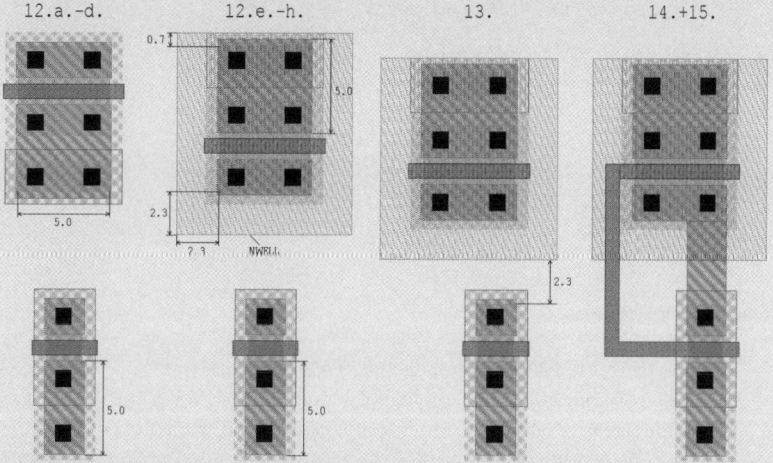

Abbildung 8.39: Inverter-Layout, Schritte 12. bis 15.

13. Abstand zwischen NMOS und PMOS

Entsprechend Rule „4.2.6" muss der Abstand zwischen dem Layer ndiff des NMOS-Transistors und dem N-Well-Gebiet, Layer NWELL, mindestens 2,3 μm betragen. Dieser Abstand wird nun durch Verschieben des gesamten PMOS-Transistors hergestellt. In x-Richtung wird er außerdem noch derart ausgerichtet, dass alle Metallkanten rechtsbündig werden, siehe Abbildung 8.39, Schritt 13.

14. Ausgangsknoten „Out"

Die beiden Drain-Anschlüsse, die entsprechend der Schaltung den Ausgang bilden, werden verbunden. Dazu wird einfach das Drain-Metall des NMOS-Transistors bis zum PMOS-Transistor hochgeführt, siehe Abbildung 8.39, Schritt 14.

15. Eingangsknoten „In"

Die beiden Gates werden mittels einer POLY1-Leitung der Weite 0,8 μm miteinander verbunden, siehe Abbildung 8.39, Schritt 15. Im NMOS-Bereich kann diese Leitung bis zur rechten Gate-Kante geführt werden, sodass das vorher „gezeichnete" POLY1-Stück entfallen kann.

16. Drei Zellen für den Übergang von POLY1 zur **zweiten** Metallebene

Um die Knoten „Out" und „In" mit der zweiten Metallebene verbinden zu können, werden drei Zellen vorbereitet, die auch in zukünftigen Arbeiten häufiger gebraucht werden. Die Verbindung von POLY1 zu MET1 wird einfach über einen Kontakt vermittelt. POLY1 kann aber nicht direkt mit MET2 verbunden werden. Hierzu ist erst der Übergang von MET2 zu MET1 über den Layer VIA herzustellen. Insgesamt werden drei Zellen gebildet:

a. Zelle „VIA_M12" als Kontakt zwischen MET1 und MET2: Die Regel „4.10.3" schreibt, ähnlich wie beim normalen Kontakt, eine **exakte Weite** für den Layer VIA vor: Als Maß wird **genau** 1,0 μm gefordert. Die Bildung dieser Zelle mit dem obigen Namen erfolgt analog zu Schritt 1, nur dass statt CONT der Layer VIA verwendet wird und das Quadrat eine Seitenlänge von **genau** 1,0 μm bekommt, siehe Abbildung 8.40, Schritt 16a. Auch hier wird die untere linke Ecke in den Nullpunkt (**Origin**) gelegt.

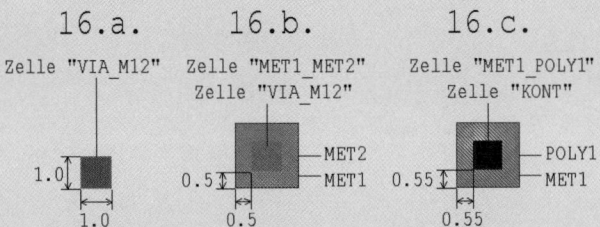

Abbildung 8.40: Inverter-Layout, Schritt 16.

b. Zelle „MET1_MET2" zur einfacheren Verbindung zwischen MET1- und MET2-Leitungen: Damit man sich nicht bei jeder solchen Verbindung um die Umschließungsregeln „4.10.5" und „4.10.8" kümmern muss, wird die oben genannte Zelle gebildet, siehe Abbildung 8.40, Schritt 16b. Der Kontakt, hier Layer VIA, muss entsprechend beider Regeln mit 0,5 μm Abstand sowohl von MET1 als auch von MET2 umgeben sein. Die Zelle „MET1_MET2" wird deshalb aus Quadraten der Layer MET1, VIA und MET2 gebildet. Die linken unteren Ecken der Layer MET1 und MET2 werden in den Nullpunkt (**Origin**) gelegt und VIA zentriert.

c. Zelle „MET1_POLY1" zur Vereinfachung der Verbindung zwischen POLY1- und MET1-Leitungen: Diese Zelle wird analog zur vorgenannten gebildet, siehe Abbildung 8.40, Schritt 16c. Der Kontakt, hier Layer CONT, muss entsprechend der beiden Umschließungsregeln „4.8.5" und „4.8.11" mit mindestens 0,5 μm sowohl von POLY1 als auch von MET1 umgeben sein. Am einfachsten ist es, in die zu bildende neue Zelle die schon vorhandene Zelle „MET1_MET2" hineinzukopieren. Sie wird dann so ausgerichtet, dass die untere linke Ecke in den Nullpunkt (**Origin**) fällt, und die Hierarchie wird aufgehoben (Shortcut: [Strg] [U]). Danach wird der Layer MET2 in POLY1 umgewandelt und der Layer VIA entfernt. Stattdessen wird die Zelle „KONT" hineinkopiert und mittig ausgerichtet. Dazu ist das Maus-Grid vorübergehend auf 0,05 μm einzustellen. Nach Fertigstellung wird das Grid wieder zurückgestellt auf 0,1 μm.

Beispiel – Entstehung des Layouts eines CMOS-Inverters

17. Ausgangsknoten „Out"

Die Zelle „MET1_MET2" wird platziert, siehe Abbildung 8.41, Schritt 17.

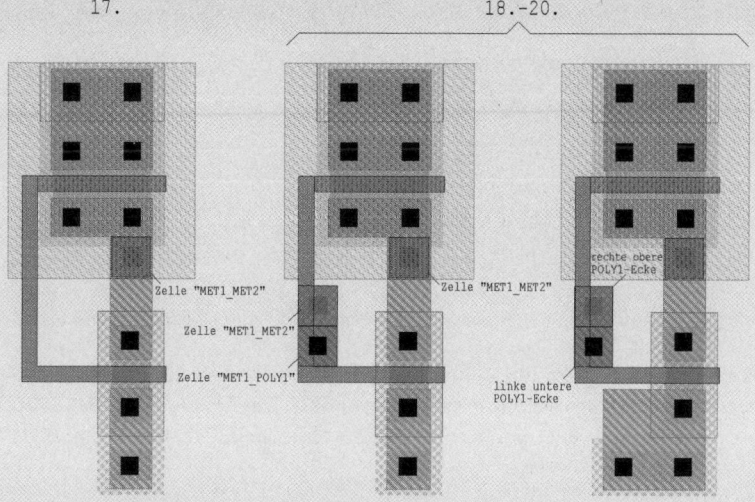

Abbildung 8.41: Inverter-Layout, Schritte 17. bis 20.

18. Eingangsknoten „In"

Die beiden Zellen „MET1_POLY1" und „MET1_MET2" für den Übergang von POLY1 zu MET2 werden platziert, siehe Abbildung 8.41, Schritt 18.

19. Ein Design-Rule-Check würde jetzt zwei Fehler anzeigen:

```
4.10.13 VIA Spacing to POLY1: 0.5u [Intersection, 0.5 Microns]
4.10.14 POLY1 Surround VIA: 0.3u [Intersection, 0.3 Microns]
```

Diese Fehler können durch ein zusätzliches Rechteck mit dem Layer POLY1 behoben werden, wenn dies von der linken unteren Ecke der Zelle „MET1_POLY1" bis zur rechten oberen Ecke der Zelle „MET1_MET2" reicht.

20. Verlängern der Substratleitung

Die untere Substratleitung wird auf das Maß der VDD-Leitung gebracht. Auch das AA-Gebiet für den Substratanschluss wird noch etwas weiter nach links ausgedehnt und ein weiterer Substratkontakt platziert. Dabei ist zu beachten, dass der Layer PPLUS den Layer AA stets mit 0,7 µm Abstand umschließt.

21. Knotennamen

Die Inverter-Zelle ist damit praktisch fertiggestellt. Für den späteren Einsatz ist es jedoch sehr sinnvoll, zusätzlich Bezeichnungen für die Anschlussknoten einzutragen. Hierfür sind gewisse Regeln zu beachten. Diese Bezeichnungen sollen bei der Layout-Extraktion, d. h. der Rückerkennung der Bauelemente und der elektrischen Verbindungen, als Knotennamen erscheinen. Deshalb muss die „Beschriftung" (Label) unbedingt mit dem Layer erfolgen, mit dem das Leitungsstück „gezeichnet" wurde, an das der Knotenname geheftet wird.

Beispiel: Wird ein Knotenname an eine MET1-Leitung angebracht, muss der Layer MET1 verwendet werden! Des Weiteren muss die „Heftstelle", meist ein kleines Rechteck, Punkt oder Fadenkreuz, von dem Leiterstück **vollständig umschlossen** sein. Eine Berührung der Kanten ist bereits ausreichend, siehe Abbildung 8.42.

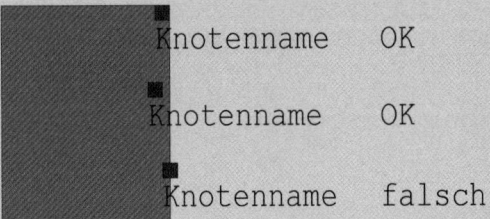

Abbildung 8.42: Anbringen von Knotennamen (der Knotenname ist fest mit der zugehörigen Markierung verbunden!).

Zum Abschluss wird die Zelle derart verschoben, dass die untere linke Metallecke **(lower left)** in den Nullpunkt **(Origin)** fällt. Die fertige Zelle CM5-INVERTER ist in Abbildung 8.43 dargestellt. Ein abschließender Design-Rule-Check sollte nicht vergessen werden.

Abbildung 8.43: Fertiges Inverter-Layout (Knotennamen siehe Abbildung 8.42).

Das in Abbildung 8.43 dargestellte Inverter-Layout ist nur ein Beispiel. Es ist hier nicht als Teil einer Zellbibliothek entworfen worden. Es möge aber wie das Beispiel 1 dazu dienen, dem Anfänger die prinzipielle Vorgehensweise bei der Layout-Erstellung aufzuzeigen. Für Zellen einer Bibliothek digitaler Gatter ist das Einhalten eines festen Schemas von großer Bedeutung. So sind z. B. eine gleiche Höhe aller Zellen und gleichbreite Versorgungsleitungen zwingende Voraussetzungen für das platzsparende Zusammenschalten der Zellen in einer Reihe nebeneinander. Hierzu werden im Unterabschnitt „Spezielle Hinweise für CMOS-Zellen einer Bibliothek" des folgenden *Abschnittes 8.5* nähere Hinweise gegeben. Ein Auszug aus einer solchen Bibliothek ist in der Datei CM5_DIG.tdb im Technologie-Ordner zu finden (IC.zip), Pfad: \Technologie-Files\MOS\CM5\CM5_DIG.tdb. Die einzelnen Zellen wurden zum Teil als Semesterarbeiten im Rahmen einer Wahlpflicht-Vorlesung von Studenten entworfen und haben für den Aufbau digitaler CMOS-Schaltungen bereits gute Dienste geleistet.

Layout

8.5 Richtlinien zur Layout-Erstellung

Bei der Erstellung des physikalischen Layouts für eine integrierte Schaltung sind prinzipiell zwei Aspekte von Bedeutung: Erstens muss das Layout die Schaltung richtig wiedergeben, wobei die Anordnung der einzelnen Bauelemente einen erheblichen Einfluss auf die Qualität der elektrischen Eigenschaften haben kann. Dies gilt besonders für analoge Schaltungen. Zweitens müssen die Bauelemente sinnvoll platziert werden, um einerseits die Chipfläche und damit die Kosten gering zu halten, andererseits muss aber genügend Platz vorhanden sein, um eine vernünftige Leitungsverlegung zu ermöglichen. Im Folgenden sollen einige wichtige Hinweise gegeben werden, die bei der Layout-Arbeit zu beachten sind.

8.5.1 Paarung von Bauelementen (Matching)

Wie im *Kapitel 7* und *Abschnitt 8.2* bereits erwähnt wurde, kommt es – besonders bei analogen Schaltungen – sehr oft auf eine möglichst geringe Paarungstoleranz zweier Bauteile zueinander an. So müssen z. B. die beiden Eingangstransistoren einer Differenzverstärkerstufe gleiche Eigenschaften aufweisen, da schon geringe Unterschiede den Eingangs-Offset-Fehler erheblich vergrößern können. Ähnliches gilt auch für Widerstände. Wie dies durch geeignete Formgebung und Anordnung im Layout erreicht werden kann, soll am Beispiel eines Widerstandspaares erläutert werden.

Zwei Widerstände mögen je einen Wert von 120 $k\Omega$ haben und als Material werde Polysilizium mit einem Schichtwiderstand von R_{SH} = 1,2 $k\Omega/sq$ angenommen. Dann müssen für jeden Widerstand 100 Quadrate in Reihe geschaltet werden. Den geringsten Platzbedarf hätte ein mäanderförmig ausgeführtes Widerstands-Layout, wie es in Abbildung 8.44a dargestellt ist.

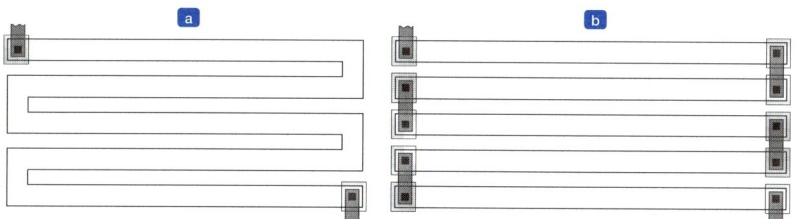

Abbildung 8.44: Hochohmiger Widerstand. (a) Mäanderform (b) aus Modulwiderständen zusammengesetzt.

Der Gesamtwiderstand kann auch durch in Reihe geschaltete **Modul**widerstände gebildet werden, siehe Abbildung 8.44b. Wegen der Kontakte erfordert ein solches Design zwar etwas mehr Platz, doch lässt sich der Widerstandswert etwas präziser einstellen. Modulwiderstände bieten allerdings einen weiteren, noch wichtigeren Vorteil: Für ein **Widerstandspaar** besteht in einfacher Weise die Möglichkeit, die Widerstände ineinander zu verschachteln (interdigitale Methode), wie es in Abbildung 8.45 angedeutet ist. Fertigungsbedingte

Schwankungen auf dem Chip verteilen sich somit weitgehend gleichmäßig auf beide Widerstände. Dies gilt selbstverständlich auch für andere Bauelemente wie z. B. Kondensatoren oder Transistoren.

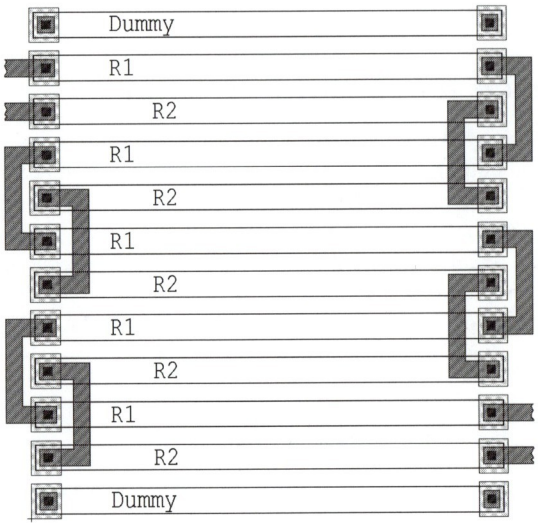

Abbildung 8.45: Paarung zweier Widerstände nach der interdigitalen Methode und Verwendung von Dummy-Elementen. Diese Methode ist nicht auf Widerstände beschränkt!

Durch zusätzliche **Dummy-Elemente**, die elektrisch keine weitere Bedeutung haben, kann die Paarungsgenauigkeit (Matching) noch weiter verbessert werden. Dann hat jedes einzelne Widerstandselement zu **beiden** Seiten je einen Nachbarn. Randelemente weisen nämlich in der Regel, bedingt z. B. durch die Fotolithografie, eine etwas veränderte Breite auf. Die Dummy-Elemente müssen nicht notwendig die gleiche Breite erhalten wie die Modulwiderstände, doch der Abstand aller Widerstände untereinander sollte exakt gleich sein. Ein diffundierter Dummy-Widerstand braucht nirgendwo angeschlossen zu werden. Durch den PN-Übergang, den er mit der Wanne bildet, in der er untergebracht ist, können elektrostatische Ladungen abfließen. Dies ist bei POLY-Widerständen anders. Sie sind durch das Oxid so gut isoliert, dass eventuell aufgenommene Ladungen sich sehr lange halten können. Das elektrische Feld könnte Nachbarelemente beeinflussen und damit Drifterscheinungen hervorrufen. Deshalb gilt die wichtige Design-Regel:

> **Hinweis**
>
> **Anschluss von Dummy-Elementen:**
>
> Alle durch Oxid isolierten Dummy-Elemente sind mindestens einpolig an einen Knoten mit definiertem Potential anzuschließen. Dies kann eine in der Nähe vorbeiführende Masse- oder Versorgungsleitung sein. Diese Regel gilt nicht nur für Widerstände, sondern ganz allgemein, z. B. auch für Metall- oder Leitungselemente!

8.5 Richtlinien zur Layout-Erstellung

Oft zeigen die Bauteilparameter, z. B. der Schichtwiderstand R_{SH} der Widerstände oder die Threshold-Spannung V_{Th} von MOSFETs oder die Basis-Emitter-Spannung U_{BE} bipolarer Transistoren, auf dem Chip eine Ortsabhängigkeit, einen gewissen Gradienten. Dann bleibt bei der einfachen interdigitalen Methode ein kleiner Restfehler übrig. Dieser kann weiter reduziert werden, wenn die **Modul**elemente symmetrisch zu einem Mittelpunkt angeordnet werden (Common-Centroid-Methode). Abbildung 8.46 zeigt ein Beispiel für lang gestreckte Bauelemente, wie z. B. Widerstände oder MOSFETs. Das dargestellte Bauelement-Array besitzt **eine gemeinsame** vertikale **Symmetrieachse**.

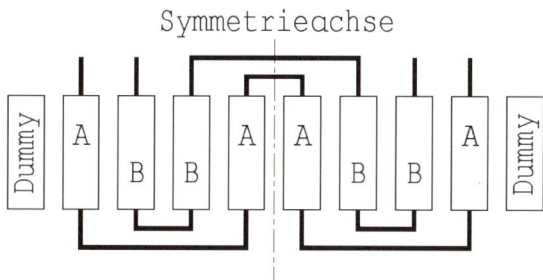

Abbildung 8.46: Paarung zweier Bauelemente (nicht nur Widerstände) durch Anordnung um eine Symmetrieachse herum und Verwendung von Dummy-Elementen.

Die Anordnung entsprechend Abbildung 8.46 ist natürlich nicht nur auf zwei gepaarte Bauelemente beschränkt und auch nicht auf Verhältnisse 1:1. Durch Abbildung 8.47 werden symbolisch weitere Beispiele angedeutet. Es existiert stets **eine** vertikale **Symmetrieachse**. Denkt man z. B. wieder an Widerstände, wird anhand der Beispiele in Abbildung 8.47 deutlich, wie Spannungsteiler mit unterschiedlichem Teilerverhältnis durch Reihen- bzw. Parallelschaltung der Modulwiderstände realisiert werden können.

A	AA	AAA	AAAA
	ABBA		ABABBABA
	ABCCBA		ABCABCCBACBA
	ABCDDCBA		ABCDDCBAABCDDCBA
ABA	ABAABA	ABAABAABA	ABAABAABAABA
ABABA	ABABAABABA	ABABAABABAABABA	ABABAABABAABABAABABA
	AABAABAA		AABAABAAAABAABAA
AABAA	AABAAAABAA	AABAAAABAAAABAA	AABAAAABAAAABAAAABAA

Abbildung 8.47: Beispiele für zu einander matchende Bauelemente A, B, C und D. Es besteht eine gemeinsame vertikale Symmetrieachse [11].

Noch wirkungsvoller wird diese Methode, wenn das Bauelement-Array nicht nur eine, sondern **zwei Symmetrieachsen** besitzt, also wirklich ein **zentraler Symmetriepunkt** existiert (Common-Centroid-Methode). Ein typischer Vertreter dieser Methode ist die weitverbreitete Kreuzkopplung, siehe Abbildung 8.48a. Sie ist häufig bei bipolaren Differenzverstärkern anzutreffen, wenn möglichst geringe Offset-Fehler gefordert werden.

8 Grundregeln für den Entwurf integrierter Schaltungen

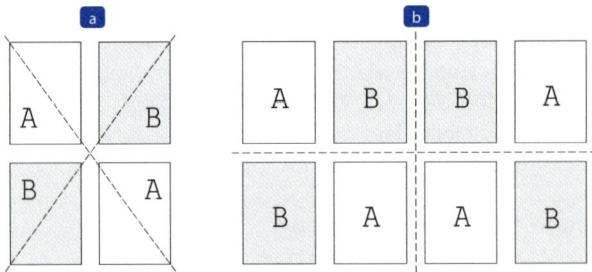

Abbildung 8.48: Zweidimensionale Symmetriemethode (Common-Centroid-Methode). (a) Zwei Zeilen und zwei Spalten: sogenannte Kreuzkopplung. (b) Zwei Zeilen und vier Spalten.

Je weiter die Aufteilung getrieben werden kann, desto geringere Matching-Fehler sind zu erwarten. Abbildung 8.48b zeigt ein Beispiel mit zwei Zeilen und vier Spalten, und in Abbildung 8.49 sind weitere Beispiele angedeutet, die zum Teil ein drittes Element „C" mit einschließen.

ABBA BAAB	ABBAABBA BAABBAAB	ABBAABBA BAABBAAB ABBAABBA	ABBAABBA BAABBAAB BAABBAAB ABBAABBA
ABA BAB	ABAABA BABBAB	ABAABA BABBAB ABAABA	ABAABAABA BABBABBAB BABBABBAB ABAABAABA
ABCCBA CBAABC	ABCCBAABC CBAABCCBA	ABCCBAABC CBAABCCBA ABCCBAABC	ABCCBAABC CBAABCCBA CBAABCCBA ABCCBAABC
AAB BAA	AABBAA BAAAAB	AABBAA BAAAAB AABBAA	AABBAA BAAAAB BAAAAB AABBAA

Abbildung 8.49: Beispiele für zu einander matchende Bauelemente A, B und C mit zweidimensionaler Symmetrie [11].

Die bisherigen Ausführungen haben gezeigt, dass die Performance einer Schaltung entscheidend durch eine sinnvolle Anordnung der Bauelemente beeinflusst werden kann. Aber auch die Gestaltung der Elemente selbst erfordert Beachtung. Bei der Dimensionierung einer integrierten Schaltung geht es im Wesentlichen um die Bestimmung der Bauelementabmessungen; bei der **Layout-Arbeit** kommt nun die **Formgebung** hinzu. Dies soll noch an einem Beispiel für gepaarte Kondensatoren gezeigt werden. Für zwei Kondensatoren mit gleichen Kapazitätswerten werden am besten zwei identische Strukturen „gezeichnet". Wie ist aber vorzugehen, wenn nur ein kleiner Unterschied zwischen beiden Werten gefordert wird, das Verhältnis also nahe bei 1:1 liegen soll, z. B. bei 1:1,2, und die unvermeidbaren Randeffekte das Verhältnis möglichst wenig beeinflussen dürfen? Betrachten Sie hierzu Abbildung 8.50.

8.5 Richtlinien zur Layout-Erstellung

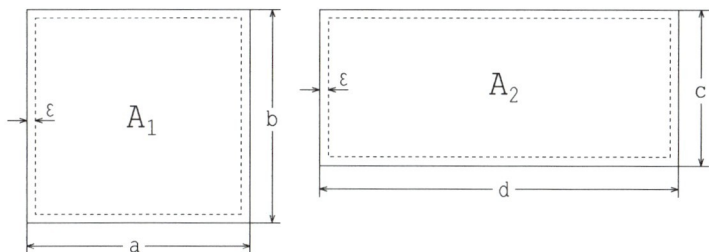

Abbildung 8.50: Kondensatoren mit einem Kapazitätsverhältnis nahe 1:1.

Flächenfehler infolge der Randeffekte (Ätz- oder Maskenfehler, laterale Diffusion) können durch das Maß ε und die Randlänge, also den Umfang (**P**erimeter) P, ausgedrückt werden:

$$\Delta A_1 = P_1 \cdot \varepsilon; \quad \Delta A_2 = P_2 \cdot \varepsilon \tag{8.96}$$

Mit den Abweichungen ΔA_1 und ΔA_2 erhält man die korrigierten Flächen A^*_1 und A^*_2:

$$A^*_1 = A_1 \pm \Delta A_1; \quad A^*_2 = A_2 \pm \Delta A_2 \tag{8.97}$$

Für kleine relative Fehler $\Delta A/A$ kann das Verhältnis wie folgt ausgedrückt werden:

$$\frac{A^*_2}{A^*_1} = \frac{A_2 \pm \Delta A_2}{A_1 \pm \Delta A_1} = \frac{A_2}{A_1} \cdot \frac{1 \pm \Delta A_2 / A_2}{1 \pm \Delta A_1 / A_1} \approx \frac{A_2}{A_1} \cdot \left(\left(1 \pm \frac{\Delta A_2}{A_2}\right) \cdot \left(1 \mp \frac{\Delta A_1}{A_1}\right)\right) \approx \frac{A_2}{A_1} \cdot \left(1 \pm \frac{\Delta A_2}{A_2} \mp \frac{\Delta A_1}{A_1}\right)$$

$$\rightarrow \frac{A^*_2}{A^*_1} \approx \frac{A_2}{A_1}, \quad \text{wenn} \quad \frac{\Delta A_2}{A_2} = \frac{\Delta A_1}{A_1} \quad \text{oder} \quad \frac{P_2}{A_2} = \frac{P_1}{A_1} \tag{8.98}$$

Hinweis

Reduktion des Randeffekteinflusses auf Kapazitätsverhältnisse:

Wenn das Verhältnis „Umfang zu Fläche" für beide Flächen gleich gewählt wird, haben die Randeffekte nur einen geringen Einfluss auf das Flächenverhältnis.

Hierzu ein Beispiel: Der Kondensator mit der Fläche A_1 werde z. B. quadratisch ausgeführt, Kantenlänge a, siehe Abbildung 8.50, und der zweite Kondensator soll um den Faktor α größer sein:

$$A_2 = \alpha \cdot A_1 \tag{8.99}$$

$$A_1 = a^2, \quad P_1 = 4 \cdot a; \quad A_2 = c \cdot d, \quad P_2 = 2 \cdot (c+d) \tag{8.100}$$

Wird Gleichung (8.100) in die beiden Beziehungen (8.99) und (8.98) eingesetzt, erhält man zwei Gleichungen für die beiden unbekannten Seiten c und d:

$$\begin{aligned} A_2 = \alpha \cdot A_1 &\rightarrow c \cdot d = \alpha \cdot a^2, \\ \frac{P_2}{A_2} = \frac{P_1}{A_1} &\rightarrow \frac{2 \cdot (c+d)}{c \cdot d} = \frac{4 \cdot a}{a^2} = \frac{4}{a} \end{aligned} \tag{8.101}$$

Durch Multiplikation der beiden Gleichungen miteinander und anschließender Multiplikation mit d erhält man das Gleichungssystem:

$$c \cdot d = \alpha \cdot a^2,$$
$$c \cdot d + d^2 = 2 \cdot \alpha \cdot a \cdot d \tag{8.102}$$

Hieraus folgt zunächst eine quadratische Gleichung für d:

$$d^2 - 2 \cdot \alpha \cdot a \cdot d + \alpha \cdot a^2 = 0 \tag{8.103}$$

deren Lösung d dann in die erste Gleichung eingesetzt werden kann und c liefert:

$$d = \alpha \cdot a \cdot \left(1 + \sqrt{1 - \frac{1}{\alpha}}\right), \quad c = \alpha \cdot a \cdot \left(1 - \sqrt{1 - \frac{1}{\alpha}}\right) \tag{8.104}$$

> **Beispiel**
>
> $a = 5;\ \alpha = 1{,}2 \rightarrow d = 8{,}45;\ c = 3{,}55$
>
> Ein Kondensator, dessen Kapazität um etwa 20 % größer sein soll als die eines solchen mit quadratischem Layout, erfordert ein rechteckförmiges Layout mit einem Seitenverhältnis von $d/c = 2{,}38$! Dann ist aber mit einer weitgehenden Unabhängigkeit des Kapazitätsverhältnisses von Randeffekten zu rechnen.

8.5.2 Zusammenstellung wichtiger Layout-Regeln und Layout-Beispiele

Layout

Die wichtigsten Layout-Regeln sollen noch einmal, getrennt für die verschiedenen Bauelementtypen **Widerstand**, **Kondensator**, **Transistor** zusammengestellt werden. Die Übersicht möge dazu beitragen, Layout-Fehler möglichst zu vermeiden und die Design-Sicherheit zu erhöhen. Außerdem werden Layout-Beispiele vorgestellt und erläutert. Einige der Beispiele werden konkret für die beiden Technologien C36 bzw. CM5 angegeben und können mit L-Edit genauer angesehen werden (Dateinamen: C36_Cells.tdb bzw. CM5_Cells.tdb, zu finden in den entsprechenden Technologie-Ordnern oder auch im Layout-Ordner des Kapitels 8 (IC.zip)). In den Bildunterschriften bzw. im Text werden die entsprechenden Zellnamen in Klammern angegeben. Darüber hinaus sind in den beiden Dateien weitere Design-Beispiele enthalten. Es sei an dieser Stelle auch auf das sehr gute und weiterführende Buch von Alan Hastings [11] verwiesen.

Design-Regeln für Widerstände:

1. In Spannungsteilern dürfen nur Widerstände der gleichen Art verwendet werden; also niemals Materialien mit **unterschiedlichen** Schichtwiderständen paaren.
2. Gleiche Weite W für alle Widerstände, besonders in Spannungsteilern.
3. Je größer die Weite W gewählt wird, desto geringer wird die Toleranz, siehe Gleichungen (8.44a) und (8.44b).

4. Zu kurze Widerstände vermeiden, weil dann die Kontaktanteile dominant werden könnten, siehe Gleichung (8.41).

5. Überprüfen, ob die Mindestlänge entsprechend Gleichung (8.47) eingehalten wird, damit die elektrische Feldstärke nicht zu hoch wird.

6. Temperaturerhöhung entsprechend Gleichung (8.46) überprüfen. Außerdem: Die Belastung sollte einen Wert von 1,5 $\mu W/\mu m^2$ nicht überschreiten [11].

7. Bei hohen Schichtwiderstandswerten R_{SH} muss im Kontaktbereich stets stärker dotiert werden, siehe z. B. Abbildung 8.51, Layer `PPLUS` im CM5-Prozess.

8. Hochohmige POLY-Widerstände erfordern in der Regel einen zusätzlichen Implantierschritt, um den höheren Schichtwiderstand gezielt einstellen zu können. Der zugehörige Masken-Layer (z. B. `HRES` im CM5-Prozess) wird am besten um das gesamte Widerstandsgebiet entsprechend der Design-Regel (Abstand „a" in Abbildung 8.51) herum gezeichnet. Dabei ist für einen hinreichenden Sicherheitsabstand von Nachbarelementen zu sorgen; Abstand „b" in Abbildung 8.51. Dies wird normalerweise durch eine Design-Regel vorgeschrieben.

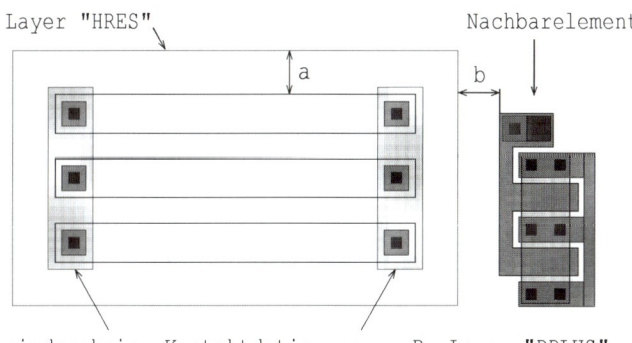

Abbildung 8.51: Niederohmige Dotierung im Kontaktbereich (Layer `PPLUS`) und zusätzlicher Layer `HRES` zur Definition hochohmiger POLY-Widerstände.

9. Möglichst Modulwiderstände verwenden. Dies gilt besonders für den Aufbau genauer Spannungsteiler, da nur dann die Kontaktanteile bei der Spannungsteilung herausfallen, siehe Gleichung (8.41). Das Teilerverhältnis kann durch Reihen- und Parallelschaltung einzelner Modulwiderstände eingestellt werden. Beispiel: Spannungsteiler 10:1 mit 10 $k\Omega$ Gesamtwiderstand → $R_1 = 9$ $k\Omega$, $R_2 = 1$ $k\Omega$. Als Wert für den Modulwiderstand wird am besten das geometrische Mittel gewählt, also $R_M = (R_1 \cdot R_2)^{1/2} = 3$ $k\Omega$. Für R_1 sind somit drei Modulwiderstände in Reihe zu schalten und für R_2 entsprechend drei parallel.

10. Modulwiderstände sollten als Standardzellen gespeichert werden. Dabei ist es sinnvoll, einen **einheitlichen** Nullpunkt (**Origin**) festzulegen. Dies kann beispielsweise die untere linke Ecke des Widerstandskörpers, eine Metallecke oder die Mitte eines Kontaktes sein, siehe Abbildung 8.52. Eine Möglichkeit, einen „Widerstandsbaukasten" zu erstellen, geht aus Abbildung 8.79 hervor.

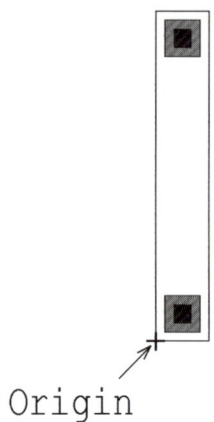

Abbildung 8.52: Nullpunkt für eine Standardzelle festlegen.

11. Bei gepaarten Widerständen müssen alle Teilwiderstände (Modulwiderstände) stets die gleiche Orientierung haben.

12. Gepaarte Widerstände möglichst symmetrisch zu einer Achse anordnen. Noch besser sind zwei Achsen (Common-Centroid-Methode).

13. Dummy-Elemente an den Enden der Widerstands-Arrays verwenden.

14. Wenn möglich, die Verbindung der Modulwlemente so vornehmen, dass sich **Thermospannungen** weitgehend aufheben, siehe Abbildung 8.53b.

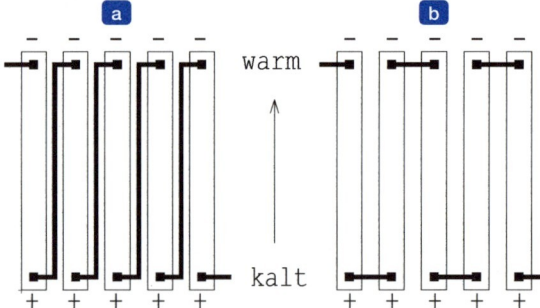

Abbildung 8.53: Thermospannungen an den Widerstandskontakten. (a) Ungünstige Verbindung: Thermospannungen addieren sich. (b) Besser: Thermospannungen heben sich weitgehend auf.

15. Bei ICs für höhere Leistungen den Abstand zwischen Widerstands-Arrays und Bereichen höherer Verlustleistung möglichst groß halten und wenn möglich die empfindlichen Teile symmetrisch auf einer Isothermen anordnen.

16. Daran denken, dass diffundierte Widerstände, die in einer Epi-Wanne untergebracht sind, oder Well-Widerstände eines CMOS-Prozesses eine Spannungsabhängigkeit zeigen. Ursache ist die Sperrschichtausdehnung. Diese wächst mit zunehmender Spannung. Folge: Der Widerstand wird **nichtlinear**. Dies führt einerseits zu Paarungsfehlern, wenn beide Widerstände an unterschiedlichen Spannungen liegen, und andererseits können nichtlineare Verzerrungen auftreten (**Klirrfaktor**). Je höher der Schichtwiderstand R_{SH}, desto ausgeprägter ist der Effekt. POLY- und Dünnfilmwiderstände zeigen diesen Effekt praktisch nicht. Sie besitzen keine Sperrschicht.

17. POLY- und Dünnfilmwiderstände auf dem dicken Feldoxid anordnen.

18. Gepaarte diffundierte Widerstände in einer Epi-Wanne dürfen den „Buried-Layer-Schatten" nicht überschneiden, siehe Abbildung 8.54. Die Verschiebung der BL-Kante infolge der sogenannten „Epi-Shift" kann in der Größenordnung der Epi-Schichtdicke liegen, siehe auch *Abschnitt 7.3.1*.

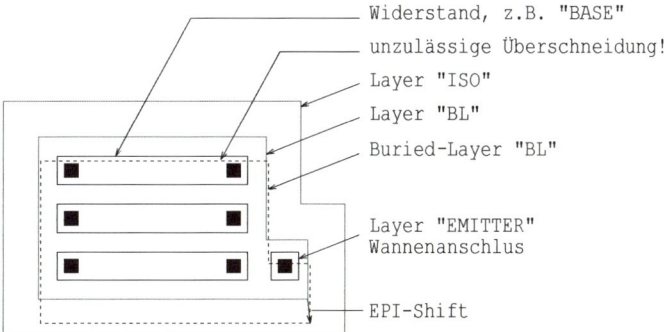

Abbildung 8.54: Infolge der sogenannten „Epi-Shift" überschneidet der Buried-Layer-Schatten den oberen Widerstand. Dies sollte vermieden werden!

19. POLY- und Dünnfilmwiderstände nicht über Oxid-Kanten legen, sondern stets auf wirklich ebenen Bereichen anordnen. Dies gilt z. B. auch, wenn eine Epi-Wanne einen Buried-Layer enthält, siehe Abbildung 8.54.

20. Wenn Leitungen über Widerstände verlegt werden, sollten **alle** Modulwiderstände **flächen- und formgleich** mit dem Leitungsmaterial überdeckt werden (Ausnahme: Dummy-Elemente). Grund: Durch unterschiedliche Materialien, z. B. Metallleitungen über Silizium-Widerständen, entstehen mechanische Spannungen, die örtlich den Schichtwiderstand beeinflussen. Bei diffundierten Widerständen kommt zusätzlich, wie beim MOSFET, der Einfluss des elektrischen Feldes hinzu: Die Ladungsträgerkonzentrationen des Widerstandsmaterials und des Substrats werden an der Oberfläche verändert. In Abbildung 8.55 ist die Leitung einfach etwas verlängert worden.

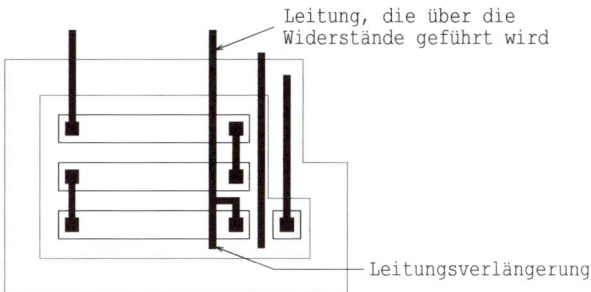

Abbildung 8.55: Durch Leitungsverlängerung für gleiche Überdeckung sorgen.

21. Diffundierte Widerstände in einer N-Epi-Wanne sollten möglichst nicht von Leitungen überquert werden, die stark **negativer** sind als das Epi-Potential. Es könnte zu einer unerwünschten P-Kanalbildung kommen, siehe hierzu „Parasitäre Effekte" im *Abschnitt 8.6*. Unter Umständen kann bereits eine GND-Leitung kritisch sein. Bei Spannungsbeträgen < 18 V besteht normalerweise keine Gefahr.

22. Bei manchen Prozessen dürfen hochohmige Dünnfilmwiderstände (z. B. Silizium-Chrom oder Nickel-Chrom) gar nicht mit Metall überdeckt werden. Dies ist zwar Teil der Design-Rules und wird normalerweise durch den DRC erfasst, doch sollte dies bereits im Vorfeld bedacht werden. Es könnte sonst später „Verdrahtungsprobleme" geben, wenn solche Widerstände nicht von Leitungen überquert werden dürfen.

23. Um Signalkopplungen (**Cross-Talk**) zwischen Widerständen und über sie geführten Leitungen zu minimieren, sollten die Leitungen möglichst in der Nähe geringster Signalamplitude geführt werden (am sogenannten **kalten** Ende). Dies ist nicht immer möglich. Dann hilft eine **symmetrische Anordnung**, siehe hierzu z. B. Abbildung 8.56. Bei einem Widerstandspaar werden die Störungen dann auf beide Widerstände gleichmäßig verteilt und können bei der Differenzbildung in ihrer Auswirkung weitgehend herausfallen.

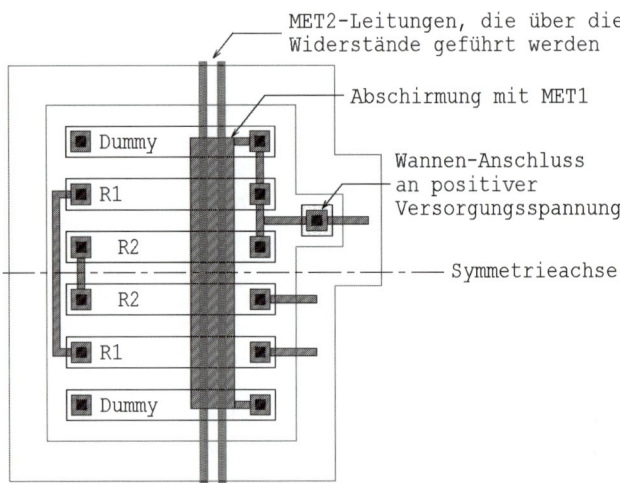

Abbildung 8.56: Abschirmung durch die unterste Metallebene (z. B. MET1). Darüber können Leitungen mit der nächsten Metallebene (z. B. MET2) geführt werden.

24. Wesentlich wirkungsvoller ist eine **Abschirmung** entsprechend Abbildung 8.56. Die unterste Metallebene (z. B. MET1) dient als Abschirmung und wird mit der Versorgungsspannung oder Masse (GND) verbunden. Darüber können Leitungen gelegt werden, ausgeführt mit einer höheren Metallebene (z. B. MET2).

25. Wenn eine Abschirmung nicht möglich ist, weil z. B. nur **eine** Metallebene zur Verfügung steht, können hochohmige Modulwiderstände auch derart ausgeführt werden, dass die niederohmige Kontaktdotierung weiter ausgedehnt wird. Dann können Leitungen über diesen Bereich geführt werden, siehe Abbildung 8.57. Nachteil: Nur die Beeinflussung des Widerstandswertes wird reduziert; das Übersprechen (**Cross-Talk**) wird nicht verringert. Außerdem wird der Platzbedarf erhöht und damit die parasitäre Kapazität vergrößert.

8.5 Richtlinien zur Layout-Erstellung

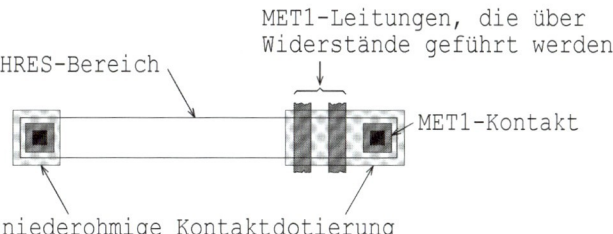

Abbildung 8.57: Modulwiderstand mit rechts ausgedehnter Kontaktdotierung.

26. In kritischen Fällen kann ein zusätzlich um das Widerstands-Array herum gelegter „Guard-Ring" den **Untergrund beruhigen**. Ein P-Substrat-Guard-Ring sollte auf kurzem Weg mit der negativen Versorgungsspannung oder dem Knoten „0" (Masse) verbunden werden bzw. eine N-Epi- oder N-Well-Wanne mit der positiven Versorgungsspannung. Wichtig ist ein möglichst **niederohmiger Ring**.

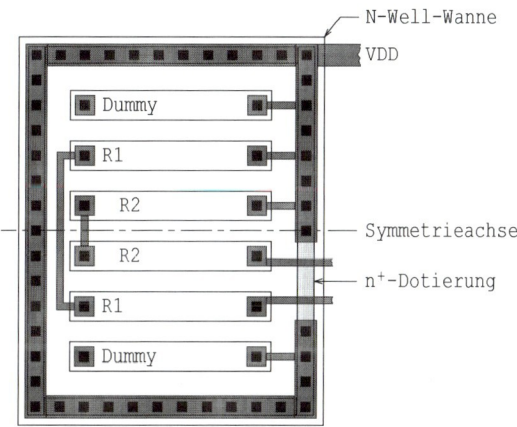

Abbildung 8.58: Guard-Ring am Beispiel einer N-Well-Wanne.

In Abbildung 8.58 sind z. B. POLY-Widerstände auf dem Feldoxid einer N-Well-Wanne untergebracht. Die Wanne erhält ringsherum eine n^+-Dotierung. Sie wird über viele Kontakte mit dem Metallring und dann mit VDD verbunden.

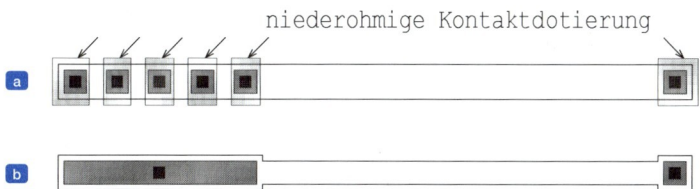

Abbildung 8.59: Korrigieren eines Widerstandswertes (a) durch Anzapfungen: Änderung der Metallmaske; (b) Verschieben eines Kontaktes: Korrektur der Kontaktmaske.

27. Wenn ein Widerstand eventuell geringfügig geändert werden soll, können entweder mehrere „Anzapfungen" vorgesehen werden oder ein verlängerter Widerstandskopf die Verschiebemöglichkeit des Kontaktes erlauben, siehe Abbildung 8.59. Im ersten Fall beschränkt sich später die Korrektur auf den Metall-Layer. Im zweiten Fall braucht dagegen nur die Kontaktmaske geändert zu werden. Durch Verschieben des Kontaktes wird dann ein sehr feines Einstellen des Widerstandswertes möglich. Allerdings ist diese Methode bei hochohmigen Widerständen, die eine spezielle niederohmige Kontaktdotierung erfordern, ungeeignet. Prinzipiell könnte wohl die Kontaktdotierungsmaske korrigiert werden, doch wird diese Maske etwa in der Mitte der Prozessabfolge verwendet. Wafer werden oft fast bis zum Ende vorgefertigt und „**Vor Kontakt**" oder „**Vor Metall**" angehalten, mit Fotolack versehen und gelagert. Deshalb sollten möglichst nur die „letzten" Masken geändert werden.

28. Werden niederohmige Widerstände mit dem Layer EMITTER benötigt, z. B. als Leitungstunnel oder Cross-under, siehe *Abschnitt 7.3.3* und Abbildung 8.60, erfordern diese entweder eine eigene Epi-Wanne oder erhalten als Unterlage den Layer BASE.

Layout

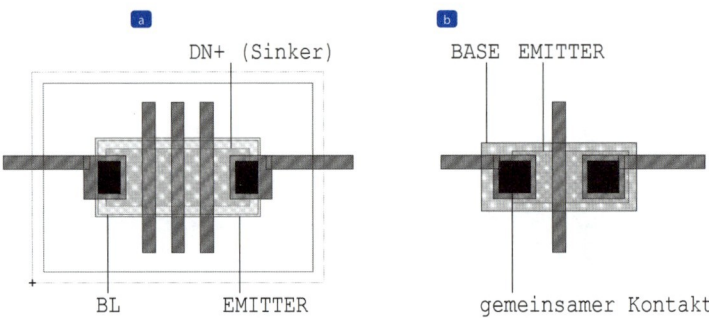

Abbildung 8.60: Leitungstunnel oder Cross-under. (a) Zelle mit eigener Epi-Wanne und Platz für drei kreuzende Leitungen (Beispielzelle: C3ZRT1). (b) Emitter-Widerstand mit dem Layer BASE als Unterlage und Platz für eine kreuzende Leitung.

Wenn es nur darauf ankommt, einen möglichst geringen Widerstandswert zu realisieren, kann im Fall Abbildung 8.60a zusätzlich der Layer DN+ (Sinker) vorgesehen werden. Dann ist aber zu überlegen, ob der Layer EMITTER besser auf die Kontaktumgebung beschränkt wird, damit in dem Bereich, in dem Leitungen den Tunnel überqueren, diese nicht über das dünne Emitter-Oxid verlaufen.

Im zweiten Fall, Abbildung 8.60b, darf nicht versäumt werden, den Unter-Layer BASE mindestens an einer Seite mit anzuschließen. Diese Anordnung kann zusammen mit anderen Basis-dotierten Widerständen in einer gemeinsamen Epi-Wanne untergebracht werden (Beispiel: C3ZR in C36_Cells.tdb).

29. Leitungstunnel mit dem Layer EMITTER, die zum Substrat führen, können direkt ins Gebiet der Isolierdiffusion gelegt werden. Der Layer BASE als Unterlage kann entfallen. Die geringe Durchbruchspannung zwischen dem stark dotierten Isolierbereich und der Emitter-Diffusion von wenigen Volt und einem eventuellen Leckstrom stört nicht, wenn die Spannung nahe am Substratpotential liegt. Der Vorteil dieser Anordnung ist der geringe Platzbedarf.

8.5 Richtlinien zur Layout-Erstellung

Wenn nur kleine Ströme im µA-Bereich über einen Leitungstunnel zum Substratanschluss zu führen sind, kann auch direkt das Gebiet der Isolierdiffusion als Tunnel-Material genutzt werden. Unter den Kontakten muss dann unbedingt der Layer BASE liegen, da das Oxid im Isolierbereich sehr dick ist und die Ätzzeit für die Kontakte sich nach dem dünneren Basis-Oxid richtet.

Design-Regeln für Kondensatoren:

1. Wenn eine Kondensatorelektrode einen hohen Schichtwiderstand R_{SH} hat, müssen hinreichend viele Kontakte oder Kontaktreihen vorgesehen werden, damit der parasitäre Serienwiderstand nicht zu groß wird. Ausnahme: Kondensatoren für die Frequenzgangkompensation erfordern oft einen zusätzlichen Serienwiderstand. Dann kann der parasitäre Kondensatorwiderstand Teil des insgesamt erforderlichen Widerstandes sein und miteingerechnet werden.

2. Die obere Elektrode mit dem Knoten der höheren Impedanz verbinden. Grund: Die parasitäre Kapazität der oberen Elektrode ist geringer als die der unteren.

3. Daran denken, dass Sperrschichtkondensatoren stark spannungsabhängig sind. Die Kapazität nimmt mit zunehmender Sperrspannung ab.

4. Sperrschichtkondensatoren **richtig gepolt** anschließen: N-Gebiet an Plus und P-Gebiet an Minus! Es muss überprüft werden, ob diese Bedingung in jedem Betriebsfall erfüllt bleibt.

5. Daran denken, dass die Basis-Emitter-Diode, die oft als Kondensator für die Frequenzgangkorrektur eingesetzt wird, ein verringertes Sperrverhalten zeigt, z. B. $V_{EBO} = (6 \ldots 7)$ V.

6. Sperrschichtkondensatoren sind wegen ihrer Spannungsabhängigkeit für gepaarte Kondensatoren ungeeignet.

7. POLY1-POLY2-Kondensatoren auf dem dicken Feldoxid unterbringen.

8. Kondensatoren nicht in Reihe schalten. Wegen der parasitären Kapazitäten würden zu große Fehler auftreten.

9. Für gepaarte Kondensatoren die gleiche Geometrie wählen.

10. Wenn möglich, für gepaarte Kondensatoren eine quadratische Geometrie wählen. Für moderate Anforderungen ist Rechteckform mit einem Seitenverhältnis von 2:1 bis 3:1 noch vertretbar. Bei Kondensatoren für die Frequenzgangkompensation spielt die Form normalerweise keine Rolle.

11. Damit **Randeffekte** das Kapazitäts**verhältnis** zweier Kondensatoren nicht beeinflussen, muss das Verhältnis von Randlänge (Umfang, oder Perimeter) zu Fläche für beide Kondensatoren gleich sein, siehe Gleichung (8.98). Von dieser Möglichkeit wird besonders bei Kapazitätsverhältnissen nahe 1:1 Gebrauch gemacht.

12. Gepaarte Kondensatoren aufteilen (Modulkondensatoren) und Kreuzkopplung bzw. Common-Centroid-Methode anwenden.

13. Die Modulkondensatoren als Standardzellen abspeichern. Dabei ist es sinnvoll, einen **einheitlichen** Nullpunkt (**Origin**) festzulegen. Dies kann beispielsweise die untere linke Ecke des Kondensatorkörpers sein, siehe z. B. Abbildung 8.52.

14. Teilkapazitäten nicht zu klein wählen, Gleichungen (8.49) bzw. (8.50) beachten.

15. Bei gepaarten Kondensatoren an den Array-Rändern Dummy-Elemente vorsehen und diese nicht unangeschlossen lassen. Anschluss z. B. an eine der Versorgungsspannungen. Wichtig ist, dass die Abstände zwischen den Kondensatorelementen und den Dummy-Strukturen untereinander gleich gestaltet werden.

16. Möglichst keine Leitungen über gepaarte Kondensatoren führen, da leicht die Gefahr der Einkopplung von Störungen besteht (**Cross-Talk**).

17. Wenn Leitungen über gepaarten Kondensatoren nicht zu vermeiden sind, ist auf gleiche Flächenüberdeckung und Form zu achten, siehe hierzu Abbildung 8.55.

18. Um Signaleinkopplungen (**Cross-Talk**) zwischen Kondensatoren und über sie geführten Leitungen zu minimisieren, sollten die Leitungen abgeschirmt werden, siehe hierzu Abbildung 8.56.

19. In kritischen Fällen kann ein zusätzlich um das Kondensator-Array herum gelegter Guard-Ring den **Untergrund beruhigen**. Ein P-Substrat-Guard-Ring sollte auf kurzem Weg mit der negativen Versorgungsspannung, z. B. dem Knoten „0" (Masse), verbunden werden bzw. eine N-Epi- oder N-Well-Wanne mit der positiven Versorgungsspannung. Wichtig ist ein **niederohmiger Ring**, siehe hierzu Abbildung 8.58.

Design-Regeln für NPN-Transistoren:

1. Wenn möglich, bereits charakterisierte Standardzellen verwenden oder Strukturen, deren Basis-Emitter-Komplex bereits erprobt und charakterisiert ist.

2. Richtwert für die Dimensionierung der zu **zeichnenden** Emitter-Fläche: Emitter-Stromdichte ca. 5 $\mu A/\mu m^2$ bis maximal 20 $\mu A/\mu m^2$. Die Werte sind sehr stark vom verwendeten Prozess abhängig. Ausführliche Hinweise findet man in [11] und [12].

Layout

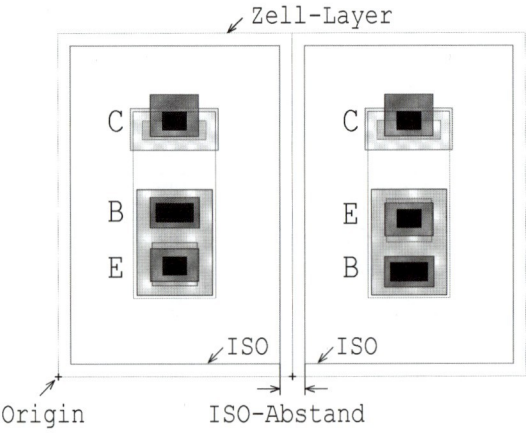

Abbildung 8.61: Zwei Transistorzellen mit unterschiedlicher Anschlussfolge (Beispielzellen: C3ZN01 und C3ZN01A).

3. Der Basis-Emitter-Komplex darf um 180° gedreht werden, um die Anschlussfolge „Kollektor, Basis, Emitter" in „Kollektor, Emitter, Basis" zu ändern, siehe Abbildung 8.61. Dies kann die Leitungsverlegung erleichtern. Zu bedenken ist jedoch, dass dies einen Einfluss auf den wirksamen Kollektor-Widerstand hat. Er ist niedriger, wenn der Emitter näher am Kollektor liegt. Bei gepaarten Transistoren sollten allerdings nur identische Strukturen eingesetzt werden.

4. Daran denken, dass der Layer ISO **invers** dargestellt wird. Das „gezeichnete" Rechteck mit dem Layer ISO ist Teil der Zelle. Dieser Bereich bleibt bei der Isolierdiffusion von Oxid bedeckt und wird **nicht** dotiert. Das Oxid ist nur **zwischen** den ISO-Rechtecken der Zellen geöffnet, siehe z. B. Abbildung 8.61.

5. Einen **einheitlichen** Nullpunkt (**Origin**) der Transistorzelle festlegen. Am besten ist es, die Zelle so auszurichten, dass die linke untere Ecke des Zell-Layers in den Nullpunkt fällt. Der Zell-Layer sollte den Layer ISO mit dem halben ISO-Abstand umgeben, siehe Abbildung 8.61. Als Zell-Layer kann z. B. der Erkennungs-Layer TRAN verwendet werden, siehe hierzu Abbildung 8.35, Schritt 13.

6. Möglichst für alle Transistoren eine identische Emitter-Geometrie verwenden und im Schaltbild gegebenenfalls den Vervielfachungsfaktor „M" vorsehen.

7. Für rauscharme Transistoren den Basis-Kontakt möglichst groß ausführen, damit der Basis-Bahnwiderstand klein wird. Dieser hat einen Einfluss auf das Rauschen.

8. Transistoren für höhere Frequenzen sollten einen möglichst schmalen Emitter-Streifen erhalten und links und rechts davon je einen Basis-Kontaktstreifen. Dadurch wird der Basis-Bahnwiderstand deutlich reduziert [12], [19], [20].

9. Bei gepaarten Transistoren das Verhältnis von Emitter-Fläche zu -Randlänge möglichst groß wählen. Obwohl die beste Emitter-Geometrie die **runde Form** ist, werden in der Praxis eher **regelmäßige Achtecke** oder auch **Quadrate** verwendet.

10. Gepaarte Transistoren aufteilen und unbedingt Kreuzkopplung oder die Common-Centroid-Methode anwenden, siehe Abbildung 8.48 und Abbildung 8.49.

11. Bei gepaarten Transistoren darf kein Emitter den Buried-Layer-Schatten überschneiden, siehe Abbildung 8.54. Die Verschiebung der BL-Kante infolge der sogenannten „Epi-Shift" kann in der Größenordnung der Epi-Schichtdicke liegen. Bei normalen Anwendungen ist diese Regel unkritisch, da der Effekt nur relativ gering ist.

12. Bei ICs für höhere Leistungen den Abstand zwischen gepaarten Transistoren und Bereichen höherer Verlustleistung möglichst groß halten und wenn möglich die empfindlichen Teile symmetrisch auf einer Isothermen anordnen.

13. Daran denken, dass die Basis-Emitter-Diode eines normalen NPN-Transistors eine begrenzte Durchbruchspannung von $V_{EBO} = (6 \ldots 7)\ V$ hat. Gegebenenfalls Schutzdioden vorsehen.

14. Gepaarte Transistoren im **Stromverstärkungs-Plateau** betreiben, d. h. in dem Bereich, in dem sich die Stromverstärkung in Abhängigkeit vom Kollektor-Strom möglichst wenig ändert.

15. Daran denken, dass durch Emitter-Widerstände das Matching verbessert werden kann. Ein Spannungsabfall von $(50 \ldots 200)\ mV$ an den Emitter-Widerständen reicht normalerweise aus. Statistische Matching-Fehler sollten durch eine Monte-Carlo-Simulation abgeklärt werden.

16. Transistoren für größere Ströme sollten unterteilte Emitter erhalten, die parallel geschaltet werden, siehe z. B. Abbildung 8.62a. Die Emitter-Finger sollten wegen des in Längsrichtung auftretenden Spannungsabfalls nicht zu lang ausgeführt werden. Als Richtwert kann ein Verhältnis von $L/W \leq 5$ angegeben werden. Die Emitter-Kontakte werden am besten so schmal wie möglich ausgeführt, um jedem Einzelemitter einen kleinen Ballastwiderstand zu verleihen.

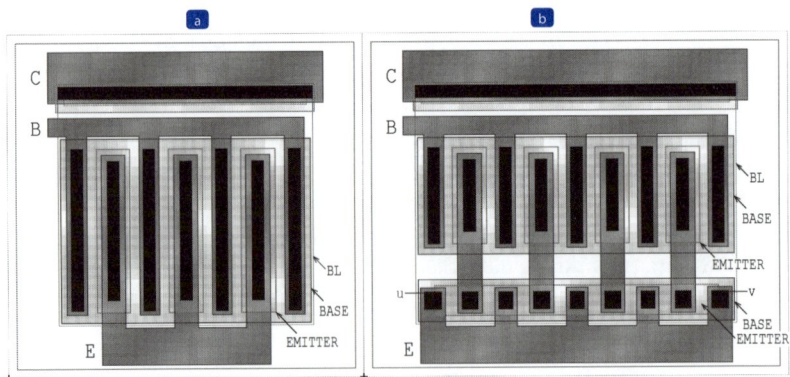

Abbildung 8.62: Aufteilung des Emitters und interdigitale Verschachtelung mit den Basis-Kontakten. (a) Einfache Parallelschaltung (C3ZN41). (b) Mit Emitter-Widerständen (C3ZN33).

Dieser Effekt kann durch Emitter-Finger mit einer größeren Weite W noch unterstützt werden, siehe Abbildung 8.63 sowie Abbildung 8.65a und [13], [14]. Im Hochstromfall fließt der Strom im Wesentlichen an der Emitter-Peripherie. Die Weite W wird so gewählt, dass der Layer EMITTER den Kontakt ringsherum mit etwa 15 µm bis 30 µm Abstand umschließt. Solche Transistoren schalten zwar nicht ganz so schnell wie Transistoren mit schmalen Emitter-Fingern, sind dafür aber besonders robust.

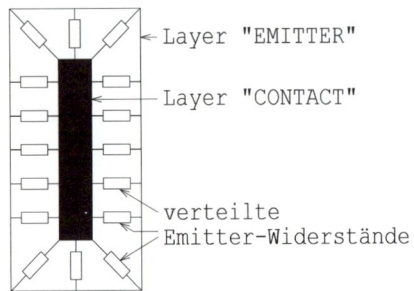

Abbildung 8.63: Verteilte Emitter-Widerstände bei Verwendung eines verbreiterten Emitter-Fingers und eines schmalen Kontaktstreifens [13].

Da die Basis-Emitter-Spannung einen negativen Temperaturkoeffizienten aufweist, kann es dennoch leicht zu ungleicher Lastverteilung der einzelnen Emitter-Finger oder sogar zur Bildung von „Hotspots" kommen. Durch **zusätzliche** Ballast-Emitter-Widerstände ist eine weitere Harmonisierung der Lastverteilung möglich. Ein Spannungsabfall an den Ballastwiderständen von (100 ... 300) mV reicht im Allgemeinen aus.

Diese Widerstände können direkt, wie in Abbildung 8.62b gezeigt, in der gleichen Epi-Wanne wie der Transistor selbst untergebracht werden. Als Widerstandsmaterial bietet sich der niederohmige EMITTER-Layer an. Er wird zur Isolation gegen den Kollektor in ein Bor-dotiertes Gebiet (Layer BASE) gelegt. Die beiden äußeren Kontakte „u" und „v" verbinden die Gebiete BASE und EMITTER elektrisch.

Eine etwas geringere Kollektor-Substrat-Kapazität ergibt sich, wenn die Ballastwiderstände eine eigene Epi-Wanne erhalten. Dann kann der Layer BASE entfallen. Diese Konstruktion erfordert allerdings etwas mehr Platz.

17. Der Kollektor-Widerstand kann deutlich reduziert werden, wenn mehrere Kollektor-Kontaktstreifen vorgesehen werden, siehe Abbildung 8.64. Ein umlaufender Guard-Ring mit tief reichender Diffusion, eine sogenannte **Sinker-Diffusion** (z. B. Layer DN+ im C36-Prozess) kann zusätzlich dazu dienen, dass im Betriebszustand der Sättigung der überflüssige Basis-Strom auf kurzem Wege zum Substrat abfließen kann und die Minoritätsladungsträger, in diesem Falle die „Löcher", die von der Basis ins Epi-Gebiet injiziert werden, nicht allzu weit umhervagabundieren. In Abbildung 8.64 ist der Guard-Ring im unteren Bereich allerdings nicht geschlossen. Dieser Transistor eignet sich für die Platzierung in Nähe einer Chipkante, wobei die „offene" Seite dem Chiprand zugewandt wird. Dann können die von der Basis emittierten „Löcher" dort rekombinieren.

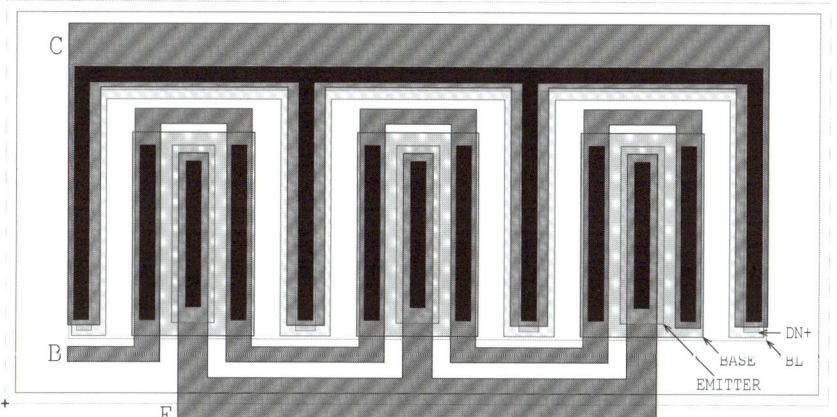

Abbildung 8.64: Verringerung des Kollektor-Widerstandes durch mehrere Kollektor-Kontaktstreifen (Beispielzelle: C3ZN35). Zusätzlich können jedoch, wie in Abbildung 8.62b gezeigt, Emitter-Ballastwiderstände vorgesehen werden, die hier nicht noch einmal dargestellt sind.

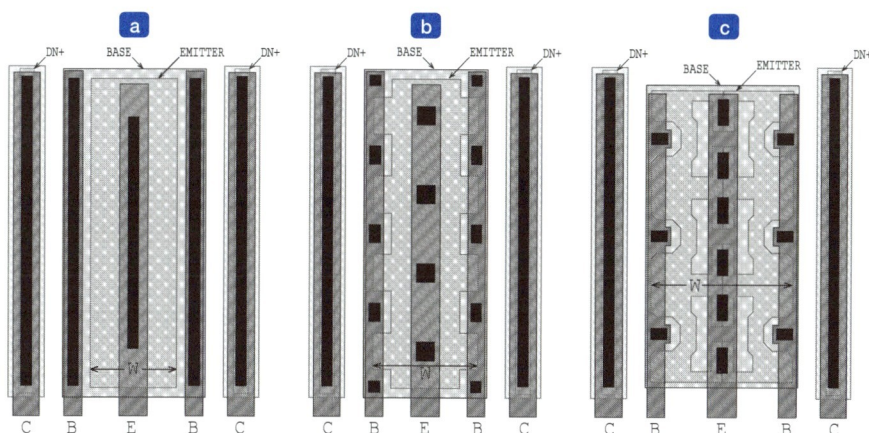

Abbildung 8.65: (a) Emitter-Finger mit vergrößerter Weite W und schmalem Kontaktstreifen. (b) Kreuzförmiger Emitter mit Einzelkontakten. (c) H-Emitter (C3ZN50).

18. Wenn ein schnelles Schalten des Transistors nicht im Vordergrund steht, können die Emitter-Ballastwiderstände auch durch besondere Formgebung des Emitters erreicht werden. Eine solche Form ist der sogenannte **kreuzförmige** Emitter, der statt eines durchgehenden Kontaktstreifens Einzelkontakte erhält. Dies ist in Abbildung 8.65b dargestellt. Im Vergleich zu einem Emitter mit einer vergrößerten Weite W und schmalem Kontaktstreifen, siehe Abbildung 8.65a, sind bei gleicher Emitter-Fläche beider Strukturen die Ballastwiderstände des kreuzförmigen Emitters deutlich größer. Außerdem kann die Basis-Fläche etwa um 15 % reduziert werden. Die kreuzförmige Emitter-Struktur ist somit etwas kompakter. Sie kann aber auch noch weiter ausgedehnt werden. Weiten W der Kreuzarme von etwa (50 ... 130) μm sind durchaus üblich. Solche Strukturen werden oft in linearen Spannungsreglern und Leistungsverstärkern angewendet. Als Nachteil sollten aber die großen Stromdichten im Bereich der Emitter-Kontakte und die damit verbundene Gefahr der Elektromigration nicht verschwiegen werden.

19. Eine weitere Vergrößerung der Ballastwiderstände kann durch Aussparungen im Emitter erzielt werden. Abbildung 8.65c zeigt z. B. den sogenannten „H-Emitter" [15], [16]. Durch die **H-förmigen Ausschnitte** im Layer EMITTER wird der Widerstand vom Emitter-Kontakt zur Peripherie des Emitters vergrößert. Ein Transistor mit **einem** H-Element der Weite $W = 130$ μm hat bei einem Strom von 120 mA noch eine erträglich hohe Stromverstärkung, d. h., zur Realisierung eines Transistors mit z. B. 3,6 A sind insgesamt dreißig solche Strukturen erforderlich [15]. Die Beispielzelle C3ZN50 ist etwas kleiner – Weite $W = 94$ μm – und ist mit zweiundzwanzig **H-Strukturen** für einen Strom von ca. 1 A ausgelegt. Solche Anordnungen sind für reine lineare Anwendungen sehr gut geeignet, zeigen aber Probleme, wenn z. B. große Ströme durch induktive Lasten rasch abgeschaltet werden müssen.

Simulation

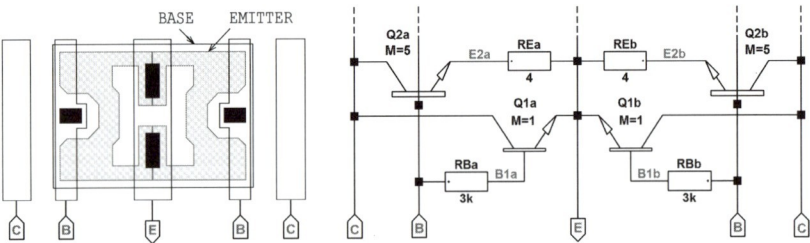

Abbildung 8.66: Vereinfachte Ersatzschaltung eines einzelnen H-Emitter-Elementes (BJT4c.asc).

Um dies verständlich zu machen, wird zunächst die vereinfachte Ersatzschaltung eines einzelnen H-Emitter-Elementes betrachtet, siehe Abbildung 8.66. Eine Hälfte eines solchen Elementes kann näherungsweise durch zwei Transistoren mit unterschiedlichen Emitter-Flächen dargestellt werden: Q1a repräsentiert den Transistor, dessen Emitter direkt die beiden Emitter-Kontakte umgibt. Er habe eine Emitter-Fläche, die durch $M = 1$ angegeben werden soll. Dieser Emitter liegt direkt am Knoten „E". Der Weg zum Basis-Anschluss ist relativ weit. Der Basis-Strom muss zum Teil durch das hochohmige Gebiet unter der Emitter-Fläche fließen. Deshalb ist zwischen der Basis des Transistors Q1a – Knoten „B1a" – und dem Basis-Anschluss „B" der Widerstand RBa wirksam und hat einen Wert von etwa 3 $k\Omega$.

Die restliche Emitter-Fläche ist ungefähr fünfmal größer. Sie bildet den Emitter des Transistors Q2a. Der Vervielfachungsfaktor wird deshalb mit $M = 5$ angegeben. Der

8.5 Richtlinien zur Layout-Erstellung

Emitter-Strom muss wegen des H-Ausschnittes durch die beiden schmalen Emitter-Bereiche fließen. Diese Bereiche bilden zusammen den Emitter-Widerstand REa mit einem geschätzten Wert von $R_{Ea} = 4\,\Omega$. Da der Basis-Knoten „B" nicht weit entfernt ist, wird die Basis des Transistors Q2a zur Vereinfachung direkt mit dem Knoten „B" verbunden. Alle Transistorteile haben einen gemeinsamen Kollektor-Knoten „C".

Die Wirkung der H-Struktur ist nun relativ leicht nachzuvollziehen: Liegt an der Anordnung zwischen „B" und „E" eine Basis-Emitter-Spannung U_{BE} an, fließt durch den größeren Transistor Q2a ein Strom, der am Emitter-Widerstand REa einen Spannungsabfall U_{REa} hervorruft. Gleichzeitig fließt durch den Transistor Q1a ein etwa um den Faktor fünf kleinerer Strom und der Basis-Strom führt an RBa zu einem Spannungsabfall U_{RBa}. Bei sorgfältiger Auslegung der geometrischen Abmessungen kann erreicht werden, dass in einem weiten Strombereich $U_{Rea} = U_{RBa}$ wird. Dann bleiben auch die Basis-Emitter-Spannungen der Teiltransistoren gleich, woraus eine ausgeglichene Stromverteilung resultiert. Dies ist der wesentliche Vorteil des H-Emitters.

Nun aber zu dem Problem beim Ausschalten großer Ströme: Wird zum Abschalten die Basis-Emitter-Spannung schlagartig auf null gesetzt, so folgt der Kollektor-Strom nicht sofort, vor allem nicht bei induktiven Lasten. Der Strom des größeren Teiltransistors Q2a klingt aber wegen des direkten Basis-Anschlusses relativ schnell ab, sodass sich der Strom auf die kleinere Emitter-Fläche von Q1a zurückzieht. Dadurch kann die Stromdichte dort sehr große Werte annehmen. Mit sinkendem Strom schnellt aber die Kollektor-Emitter-Spannung in kurzer Zeit in die Höhe. Da die Verlustleistung dann auf eingeengtem Raum kritische Werte erreichen kann, besteht die Gefahr, dass der gefürchtete „zweite Durchbruch" (**second break down**) eingeleitet wird.

Design-Regeln für laterale PNP-Transistoren:

1. Möglichst bereits charakterisierte Standardzellen verwenden.
2. Daran denken, dass der Layer ISO **invers** dargestellt wird. Das „gezeichnete" Rechteck mit dem Layer ISO ist Teil der Zelle. Dieser Bereich bleibt bei der Isolierdiffusion von Oxid bedeckt und wird **nicht** dotiert. Das Oxid ist – wie beim NPN-Transistor – nur **zwischen** den ISO-Rechtecken der Zellen geöffnet, siehe z. B. Abbildung 8.61.
3. Einen **einheitlichen** Nullpunkt (**Origin**) der Transistorzelle festlegen. Am besten ist es, die Zelle so auszurichten, dass die linke untere Ecke des Zell-Layers in den Nullpunkt fällt. Der Zell-Layer sollte den Layer ISO mit dem halben ISO-Abstand umgeben, siehe Abbildung 8.61.
4. Möglichst für alle Transistoren eine identische Emitter- und Kollektor-Geometrie verwenden. Dies ist für gepaarte Transistoren unerlässlich!
5. Richtwert für die Dimensionierung der Emitter-**Randlänge**: Relative maximale Emitter-Stromdichte ca. 10 $\mu A/\mu m$. Das Stromverstärkungsmaximum wird allerdings schon bei ungefähr 1,5 $\mu A/\mu m$ erreicht. Diese Werte gelten für eine Diffusionstiefe von etwa 3 μm und müssen für geringere Tiefen entsprechend reduziert werden.
6. Daran denken, dass die Stromverstärkung stark abhängig ist vom Kollektor-Abstand zum Emitter und es gilt, dass das Produkt von Stromverstärkung mal Early-Spannung annähernd konstant ist. Hier ist meist ein Kompromiss zu suchen.
7. Für gepaarte laterale PNP-Transistoren eine möglichst **kleine** Emitter-Fläche wählen und für größere Ströme dann mehrere parallel schalten. Common-Centroid-Methode

anwenden. Bei einer kleinen Emitter-Fläche ist die Stromverstärkung etwas höher, da im Wesentlichen der Injektionsstrom des Emitter-**Randes** zum Kollektor-Strom beiträgt.

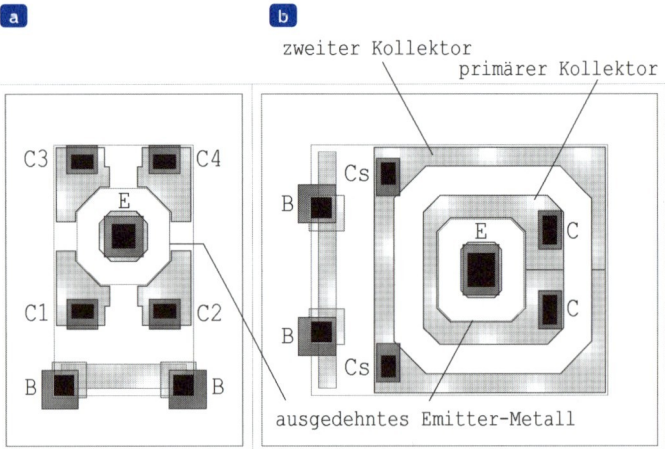

Abbildung 8.67: Laterale PNP-Transistoren (a) mit vier Kollektor-Segmenten „C1" bis „C4" (C3ZP03); (b) mit zweitem Kollektor „Cs" zum Detektieren des Sättigungszustandes (C3ZPS1). Das ausgedehnte Emitter-Metall (Feldplatte) ist nur angedeutet.

8. Das Emitter-Metall muss den lateralen Basis-Bereich bis zum Kollektor-Rand überdecken (sogenannte „Feldplatte"), siehe Abbildung 8.67. Da der Emitter ein um etwa 650 mV höheres Potential hat als die Basis, werden die vom Emitter injizierten Löcher von der Oberfläche in tiefere Bereiche gelenkt. Dadurch wird die Oberflächen-Rekombination reduziert.

Bei manchen BiCMOS-Prozessen wird eine Channel-Stopper-Implantation vorgenommen. Dann kann die oben erwähnte „Feldplatte" entfallen.

9. Bei lateralen PNP-Transistoren kann der Kollektor segmentiert werden, siehe Abbildung 8.67a.

10. Zum Detektieren des Sättigungszustandes eines lateralen PNP-Transistors kann der Kollektor-Bereich mit einem zweiten Kollektor (Layer BASE) umgeben werden, siehe Abbildung 8.67b. Solange der primäre Kollektor „C" noch nicht in der Sättigung betrieben wird, fängt er fast alle vom Emitter ausgesandten Ladungsträger (**Löcher**) ein, und nur wenige gelangen zum zweiten Kollektor „Cs". Gerät jedoch der primäre Kollektor in die Sättigung, fließen mehr Ladungsträger zum zweiten Kollektor. Der Strom kann entweder zum Substrat (oder nach Masse) abgeleitet werden oder als Kriterium für den Sättigungszustand schaltungstechnisch ausgewertet werden. Er kann aber auch direkt zum Reduzieren der Sättigung genutzt werden, indem der zweite Kollektor „Cs" mit der Basis „B" verbunden wird und beim Erreichen der Sättigung den Basis-Strom verringert. Die resultierende Stromverstärkung fällt dann beim Erreichen der Sättigung besonders rasch ab.

11. In Schaltungen, in denen zwei gepaarte Transistoren mit stark unterschiedlichen Stromdichten betrieben werden, sind laterale PNP-Transistoren nicht geeignet. Ihre Stromverstärkung in Abhängigkeit vom Kollektor-Strom hat meist ein ausgeprägtes Maximum, sodass das Matching gefährdet ist.

8.5 Richtlinien zur Layout-Erstellung

12. Laterale PNP-Transistoren sollten in der Umgebung ihres Stromverstärkungsmaximums betrieben werden.

13. Bei ICs für höhere Leistungen den Abstand zwischen gepaarten Transistoren und Bereichen höherer Verlustleistung möglichst groß halten und wenn möglich, die empfindlichen Teile symmetrisch auf einer Isothermen anordnen.

14. Daran denken, dass durch Emitter-Widerstände das Matching verbessert werden kann. Ein Spannungsabfall von (50 ... 200) mV an den Emitter-Widerständen reicht normalerweise aus. Zum Optimieren der statistischen Matching-Fehler sollte eine Monte-Carlo-Simulation durchgeführt werden.

15. Laterale PNP-Transistoren für größere Ströme sollten mehrere Emitter und diese umgebende Kollektoren erhalten, siehe z. B. Abbildung 8.68. Solche Strukturen beanspruchen zwar viel Fläche, sind andererseits aber relativ robust. Die Verlustleistung verteilt sich auf einer größeren Fläche.

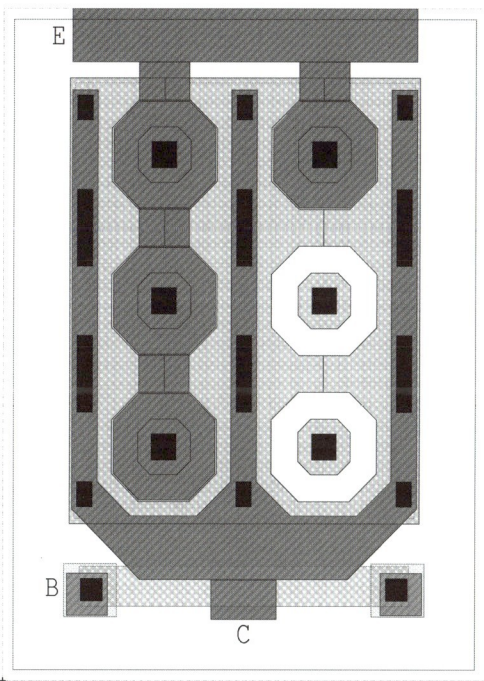

Abbildung 8.68: Lateraler PNP-Transistor mit sechs Emittern (C3ZP07). Das Emitter-Metall muss bis zum Kollektor-Rand reichen. Es wurde hier aber bei zwei Emittern weggelassen.

Design-Regeln für Dioden:

1. Niemals einen einfachen PN-Übergang als Diode verwenden. Es werden Minoritätsladungsträger injiziert, die auf dem gesamten Chip umhervagabundieren.

2. Als Dioden können normale Bipolar-Transistoren verwendet werden, deren Kollektor stets mit der Basis zu verbinden ist. NPN-Transistoren haben nur eine relativ geringe Durchbruchspannung von V_{EBO} = (6 ... 7) V. Dies ist die Sperrspannung der Basis-

Emitter-Diode. PNP-Transistoren sperren dagegen praktisch bis zur vollen Prozessspannung, erfordern aber leider sehr viel mehr Platz für den gleichen Durchlassstrom.

3. Um Platz zu sparen, kann die Epi-Anschlussdiffusion (Layer EMITTER) den Layer BASE überlappen. Ein gemeinsamer Kontakt verbindet dann den Kollektor mit der Basis. Dies ist in Abbildung 8.69 am Beispiel der Basis-Emitter-Diode eines NPN-Transistors dargestellt. Eine Diode mit einem PNP-Transistor kann in ähnlicher Weise konstruiert werden. Wichtig ist, dass der gemeinsame Kontakt in beiden Layern eine ausreichende Öffnung erhält.

Layout

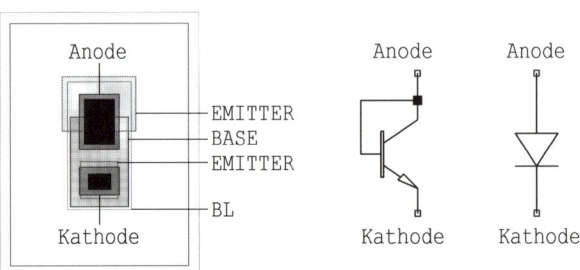

Abbildung 8.69: Einfache Basis-Emitter-Diode; Kollektor und Basis erhalten einen gemeinsamen Kontakt (C3ZD01).

4. Als Z-Diode wird normalerweise die Basis-Emitter-Diode eines NPN-Transistors verwendet, bei dem der Kollektor mit dem Emitter verbunden wird. Die Durchbruchspannung beträgt etwa $V_{EBO} = (6 \ldots 7)$ V. Werden höhere Ansprüche an die Konstanz der Spannung gestellt, sollte der Emitter achteckig oder sogar rund bzw. oval ausgeführt werden, um die Randfeldstärke zu reduzieren.

Layout

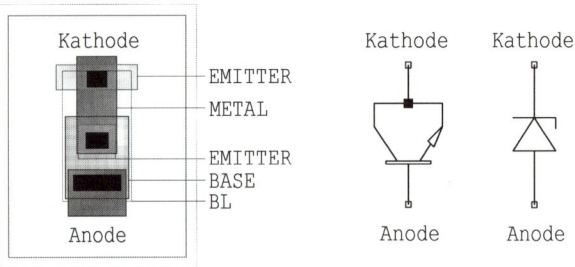

Abbildung 8.70: Zener-Zap-Trimmdiode (C3ZDZ1): Kollektor und Emitter werden miteinander verbunden und bilden die Kathode, die Basis stellt die Anode dar.

5. Eine Z-Diode zum Trimmen von Widerständen (Zener-Zap-Methode) wird auch aus einem NPN-Transistor gebildet, siehe Abbildung 8.70.

Wichtig ist hierbei allerdings, dass der Basis-Kontakt möglichst groß ausgeführt und so dicht, wie die Design-Rules es zulassen, an den Emitter herangeführt wird, um den Serienwiderstand einigermaßen gering zu halten. Die Anschlussleitungen sollten eine Weite von $W = 15$ μm nicht unterschreiten.

Design-Regeln für MOSFETs:

1. In analogen Schaltungen erfordern MOS-Transistoren oft ein Verhältnis $W/L \gg 1$. Dann wird der Transistor, d. h. die Kanalweite W, in einzelne Abschnitte oder „Finger" aufgeteilt und im Schaltbild der **Vervielfachungsfaktor** M verwendet. Vielfach ist es sinnvoll, bereits ab einer Größe von $W/L > 5$ eine Aufteilung vorzunehmen. Die einzelnen Transistorfinger müssen die gleiche Geometrie erhalten. Beispiel: Ist die gesamte Weite $W = 60\ \mu m$ und wird der Transistor in vier Gate-Segmente aufgeteilt, ergibt sich $M = 4$ und $W = 15\ \mu m$, siehe Abbildung 8.71.

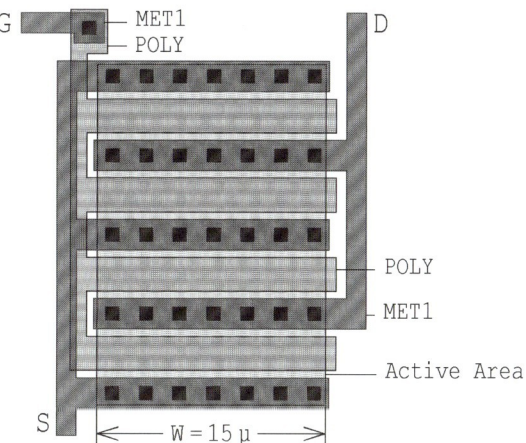

Layout

Abbildung 8.71: MOSFET mit vier Gate-Fingern, Vervielfachungsfaktor $M = 4$ (Layout-Beispiel: „CM5N60/2").

Obwohl im Prinzip Drain und Source vertauscht werden dürfen, wird man möglichst dem Drain-Anschluss die kleinere Fläche geben, damit dessen parasitäre Kapazität kleiner ausfällt. Der Source-Knoten hat meist die geringere Impedanz und kann eine etwas höhere Kapazität eher verkraften.

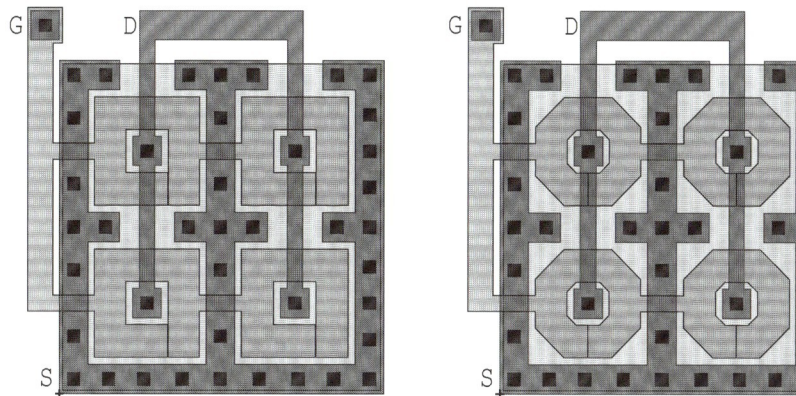

Layout

Abbildung 8.72: MOSFETs mit besonders kleiner Drain-Fläche und $M = 4$ („CM5N64/2A" und „CM5N64/2B").

2. Eine noch kleinere Drain-Anschlussfläche kann erreicht werden, wenn Gate und Source den Drain-Anschluss komplett umschließen, siehe Abbildung 8.72. Hier sind vier einzelne Transistoren parallel geschaltet; es ist also $M = 4$. Die Weite W eines Einzelelementes ist näherungsweise gleich dem mittleren Gate-Umfang. Dabei sind Randeffekte vernachlässigt worden.

3. Beim Anschluss des Gates über POLY-Leitungen dürfen diese wegen des „Antenneneffektes" nicht zu lang ausgeführt werden. Das Verhältnis von gesamter zusammenhängender POLY-Fläche zur aktiven Gate-Fläche sollte einen Wert von 100 nicht überschreiten, also $A_{POLY}/A_{Gate} \leq 100$. Durch eine Unterbrechung mittels eines kurzen **Metall-Jumpers** ist diese Forderung leicht zu erfüllen, vergleiche Abbildung 8.73.

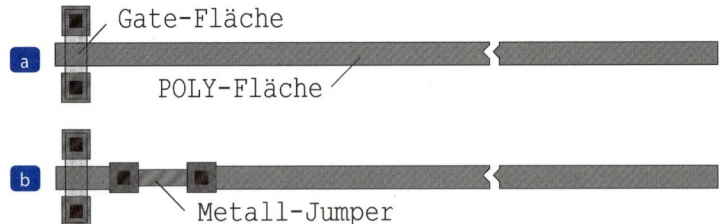

Abbildung 8.73: (a) Der „Antenneneffekt" kann zu einer Gate-Beschädigung führen. (b) Durch einen Metall-Jumper wird die zusammenhängende POLY-Fläche unterbrochen.

4. Gepaarte Transistoren dürfen nur identische Finger mit gleichem W und gleichem L enthalten. Dies gilt auch für unterschiedliche Stromübersetzungsverhältnisse, z. B. in Stromspiegelschaltungen. Grund: Die Korrekturwerte ΔW und $\Delta L = L_D$ würden anderenfalls die **effektiven** Design-Maße W_{eff} und L_{eff} unterschiedlich beeinflussen.

5. Gepaarte Transistoren müssen stets die gleiche Orientierung haben.

6. Wird ein gutes **Strom-Matching** gefordert, wird eine möglichst **große Steuerspannung** $U_S = U_{GS} - V_{Th}$ gewählt, siehe Gleichungen (8.61) und (8.62a), (8.62b) sowie Abbildung 8.12a. Dann wird die Streuung der Ströme im Wesentlichen von der statistischen Streuung des Parameters A_β bestimmt und der Einfluss der Threshold-Streuung A_{VT} gelangt in den Hintergrund. Dies ist z. B. bei Stromspiegelschaltungen von großer Bedeutung. U_S sollte nicht kleiner als 300 mV gewählt werden. Ein Wert von 500 mV und größer wäre besser, doch muss bedacht werden, dass dadurch der Spannungshub reduziert wird. Bei gegebenem Strom wird die Steuerspannung U_S durch ein **kleines Verhältnis** W/L eingestellt.

7. Wird ein gutes **Spannungs-Matching** gefordert, ist eine möglichst **kleine Steuerspannung** $U_S = U_{GS} - V_{Th}$ günstiger, siehe Gleichungen (8.65) und (8.66) sowie Abbildung 8.12b. Dann wird die Offset-Spannung praktisch nur von der statistischen Streuung der Threshold-Spannung bestimmt. Der Einfluss des Streuparameters A_β tritt in den Hintergrund. Dies gilt z. B. für die beiden Eingangstransistoren eines Operationsverstärkers. Ein Wert von $U_S = 100$ mV ist noch akzeptabel; kleinere Werte bringen keine weiteren Vorteile mehr, da die Transistoren dann in der „schwachen Inversion" betrieben werden. Bei gegebenem Strom wird die Steuerspannung U_S durch ein **großes Verhältnis** W/L eingestellt.

8.5 Richtlinien zur Layout-Erstellung

8. Die statistischen Streuungen gepaarter Transistoren werden kleiner, wenn die Gate-Fläche $W \cdot L$ möglichst groß ausgeführt wird.

9. Gepaarte Transistoren möglichst kompakt ausführen.

10. Gepaarte Transistoren möglichst um eine Symmetrieachse herum gruppieren. Noch besser sind zwei Symmetrieachsen (Common-Centroid-Methode), siehe z. B. Abbildung 8.74.

11. Wenn möglich, an den Enden der Transistor-Arrays Dummy-Elemente (Dummy-Gates) vorsehen. Diese Elemente müssen nicht die gleiche Ausdehnung wie die **aktiven** Gates erhalten, aber alle Gates, aktive und inaktive, müssen gleiche Abstände untereinander haben, siehe z. B. Abbildung 8.74. Anderenfalls muss wegen der Masken- und Ätzfehler mit unterschiedlichen Gate-Längen gerechnet werden. Es wird empfohlen, die Zelle CM5P2X60/2 (Datei CM5_Cells) mit L-Edit zu öffnen. Details sind dann besser zu erkennen.

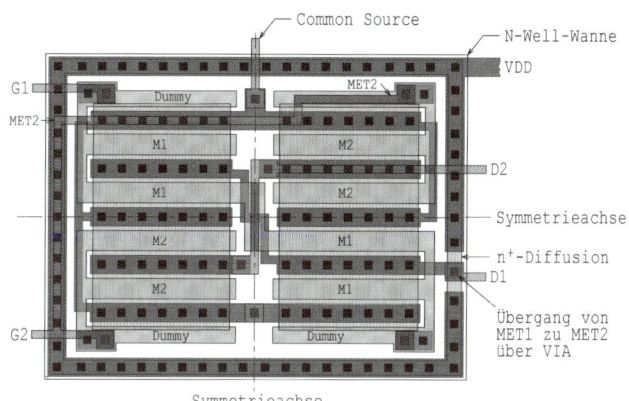

Layout

Abbildung 8.74: Kreuzgekoppeltes, kompaktes PMOS-Transistorpaar in einer N-Well-Wanne mit Dummy-Gates und Guard-Ring („CM5P2X60/2"). Die Gates von M1 (G1) sind in der Mitte über POLY1 verbunden und die Gates von M2 (G2) über eine außen herumgeführte MET2-Leitung. Drain D1 kann in der Mitte über MET1 verbunden werden, Drain D2 erfordert dagegen die zweite Metallebene MET2. Alle Anschlüsse werden über MET2 herausgeführt. Während der Übergang von POLY1 zu MET1 über einen normalen Kontakt erfolgt, stellt ein VIA-Kontakt die Verbindung zwischen MET1 und MET2 her.

12. Die Dummy-Gates dürfen auf keinen Fall „offen" bleiben. Eventuelle Ladungen würden nur sehr langsam abfließen und könnten dabei Drifterscheinungen hervorrufen. Die Dummy-Gates werden am besten an das Substrat, an Masse oder an VDD angeschlossen. Eine Verbindung mit dem aktiven Gate ist zulässig, wenn die Gate-Kapazität nicht kritisch ist. Dann können die Dummys, wie dies aus Abbildung 8.74 hervorgeht, vorteilhaft als Anschlussflächen dienen.

13. Ein Teil der Dummy-Fläche muss auf dem gleichen Höhenniveau liegen wie die normalen Gates. Dies ist in Abbildung 8.75 noch einmal hervorgehoben.

14. Obwohl in dem Beispiel Abbildung 8.74 die Dummy-Elemente nicht zwingend notwendig sind (Masken- und Ätzfehler wirken sich hier auf die beiden Transistoren M1 und M2 ungefähr in gleicher Weise aus), sollten sie, wenn der Platz es erlaubt, doch besser vorgesehen werden.

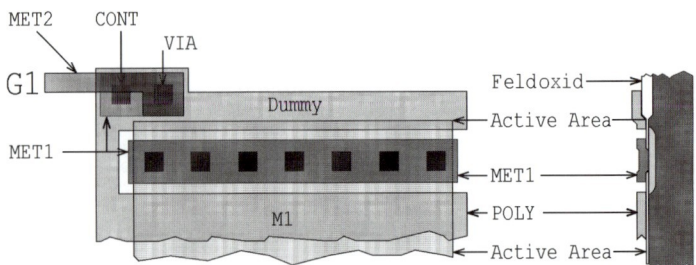

Abbildung 8.75: Ein Teil der Dummy-Fläche muss auf dem Active-Area-Bereich liegen.

15. Normalerweise werden die Gates über Metallleitungen angeschlossen. Da im DC-Fall praktisch kein Gate-Strom fließt, dürfen auch POLY-Leitungen verwendet werden. Deren Widerstand sollte aber berücksichtigt werden. Überqueren POLY-Leitungen einen Guard-Ring, muss dort unbedingt der Bereich „Active Area" unterbrochen werden, damit kein parasitärer MOSFET entsteht.

16. Kontakte im **aktiven** Gate-Bereich vermeiden. Sollte der Prozess solche Kontakte zulassen, müssen **alle** Gate-Segmente die gleiche Kontaktgeometrie, d. h. die gleiche Anzahl von Kontakten erhalten.

17. Metallleitungen über aktiven Gate-Bereichen möglichst vermeiden.

18. Wenn Leitungen über aktive Gate-Bereiche verlegt werden, sollten **alle** Gate-Segmente **flächen- und formgleich** mit dem Leitungsmaterial überdeckt werden (Ausnahme: Dummy-Elemente). Grund: Durch unterschiedliche Materialien, z. B. Metallleitungen über Silizium-Gates, entstehen mechanische Spannungen, die örtlich die Threshold-Spannung beeinflussen. Vergleiche hierzu Abbildung 8.55 für Widerstände. Dort ist eine Leitung einfach etwas verlängert worden.

19. Um Signalkopplungen (**Cross-Talk**) zwischen Gates und über sie verlegte Leitungen zu minimieren, sollten die Leitungen möglichst **symmetrisch** ausgeführt werden. Dies ist in Abbildung 8.56 für Widerstände gezeigt, gilt aber ebenso für Transistoren. Bei einem Transistorpaar werden die Störungen dann auf beide Gates gleichmäßig verteilt und können bei der Differenzbildung weitgehend herausfallen. Noch wirkungsvoller ist Abschirmung, siehe ebenfalls Abbildung 8.56. Die unterste Metallebene (z. B. MET1) dient als Abschirmung und wird mit der Versorgungsspannung oder Masse (GND) verbunden. Darüber können Leitungen geführt werden, ausgeführt mit einer höheren Metallebene (z. B. MET2).

20. In kritischen Fällen kann ein zusätzlich um das Transistor-Array herum gelegter Guard-Ring den **Untergrund beruhigen**. Ein P-Substrat-Guard-Ring sollte auf kurzem Weg mit der negativen Versorgungsspannung oder dem Knoten „0" (Masse) verbunden werden bzw. eine N-Well-Wanne mit der positiven Versorgungsspannung. Wichtig ist ein möglichst **niederohmiger Ring**. Abbildung 8.74 zeigt dies für zwei PMOS-Transistoren, die in einer N-Well-Wanne untergebracht sind. Die Wanne erhält ringsherum eine n^+-Diffusion. Sie wird über viele Kontakte mit dem Metallring und dann mit VDD verbunden. Entsprechend erhält ein Array mit NMOS-Transistoren einen p^+-dotierten Guard-Ring, der niederohmig mit Masse verbunden wird.

8.5 Richtlinien zur Layout-Erstellung

21. Bei MOS-Transistoren für größere Ströme spielen die Metallisierungswiderstände eine Rolle. Sie beeinflussen den R_{DSon}-Widerstand.

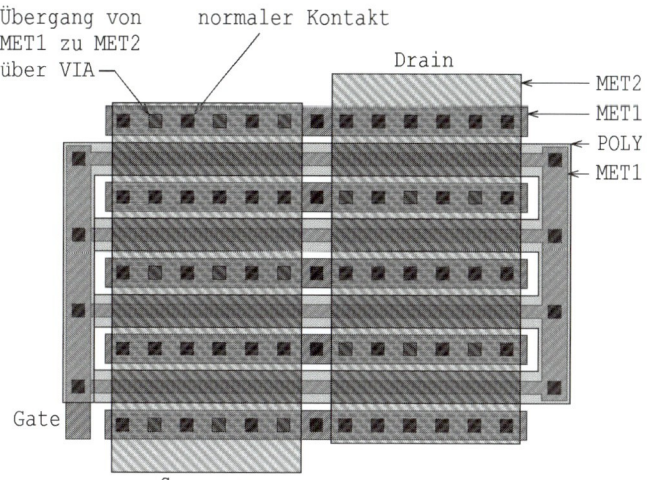

Layout

Abbildung 8.76: MOS-Schalttransistor mit geringem R_{DSon}-Widerstand. Es sind nur die für das Verständnis erforderlichen Layer dargestellt (Beispiel: „CM5N600/1").

Steht eine zweite Metallebene, z. B. Layer MET2, zur Verfügung, werden die Drain- und Source-Anschlüsse am besten mit diesem Layer ausgeführt und auf kurzem Weg direkt über die aktiven Gate-Bereiche gelegt, siehe Abbildung 8.76. Die Beeinflussung der Threshold-Spannung wird hier zugunsten niederohmiger Leitungsführung in Kauf genommen. Die Verbindung zum darunterliegenden Layer MET1 erfolgt über VIA-Kontakte. Möglichst viele Kontakte und VIAs helfen, den R_{DSon}-Widerstand zu reduzieren.

Die Gate-Kapazitäten wachsen mit zunehmender Transistorgröße. Um ein schnelles Schalten nicht zu gefährden, ist es ratsam, die Gates an **beiden** Enden mit Metall anzuschließen. Wenn der Platz es erlaubt, kann auch, wie in Abbildung 8.76 gezeigt, über jedes einzelne Gate eine Metallleitung verlegt und diese links und rechts mit dem Layer POLY verbunden werden.

22. In Ausgangsschaltungen können sehr steile Schaltflanken Störungen hervorrufen und eventuell Eigenresonanzen angeschlossener Lasten „anstoßen". In solchen Fällen ist es oft sinnvoller, die einzelnen Gates eines Schalttransistors nicht, wie in Abbildung 8.76 bzw. Abbildung 8.77a dargestellt, parallel zu schalten, sondern in Serie, siehe Abbildung 8.77b. Infolge des widerstandsbehafteten Gate-Layers und der verteilten Gate-Kapazitäten schalten die einzelnen Transistorelemente nicht gleichzeitig. Die geringe Verzögerung reicht oft schon aus, dämpfend auf die angeschossene Last zu wirken. Diese einfache Maßnahme erfordert keine zusätzliche Chipfläche.

Sollte der Widerstandbelag des Gate-Layers nicht ausreichen (z. B. bei NMOS-Transistoren), können an den Verbindungsstellen die Weiten reduziert oder zusätzliche Widerstände vorgesehen werden. Dies wird am besten durch eine Simulation abgeklärt. Dazu werden die Drain- und Source-Anschlüsse der einzelnen Transistoren jeweils parallel und die Gates über Widerstände in Reihe geschaltet.

Layout

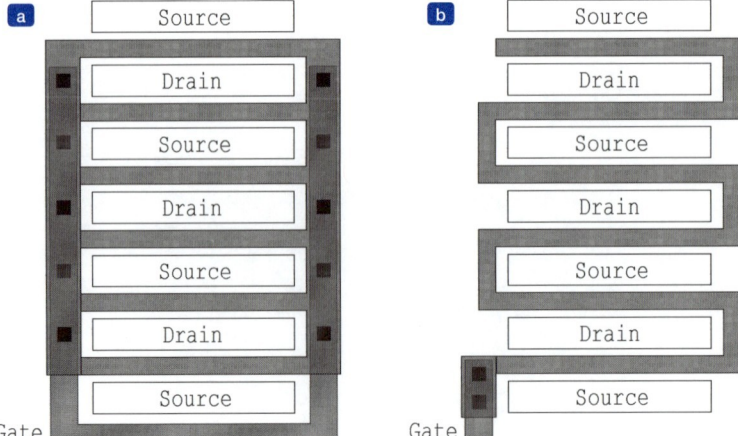

Abbildung 8.77: Gate-Zusammenfassung bei Ausgangstransistoren. (a) Normaler Transistor mit parallel geschalteten Gate-Elementen. (b) OEC-Transistor (**O**utput **E**dge **C**ontrol) mit in Reihe geschalteten Gates [17]; siehe auch Datei MOS6_N.asc.

23. Ballastwiderstände sind, anders als bei bipolaren Transistoren, bei MOSFETs nicht erforderlich. Mit zunehmender Temperatur wird zwar die Threshold-Spannung geringer, doch der Einfluss des anwachsenden Kanalwiderstandes mit der Temperatur überwiegt und verhindert die Bildung von „Hotspots".

8.5.3 Hinweise für Zellen einer Bibliothek

In einer Zellbibliothek werden in der Regel gut charakterisierte Bauelemente abgespeichert. Sie stehen dann als Zellen für viele verschiedene Designs zur Verfügung. Um die Layout-Arbeit – die Platzierung der Elemente und die Leitungsführung – möglichst einfach zu gestalten, sollten einige Regeln beim Entwurf solcher Standardzellen beachtet werden.

Für viele Prozesse kann ein sogenanntes „Metal-Pitch" definiert werden. Es handelt sich um ein Maß, das durch die Summe von minimalem Leitungsabstand und der Breite für Standardleitungen gebildet wird. Wird das Maus-Grid hierauf eingestellt, kann die „Verdrahtung" sehr viel leichter vorgenommen werden: **Sie erfolgt auf dem Grid**. Standardleitungen erhalten damit automatisch die richtigen Abstände untereinander. Probleme entstehen erst, wenn eine Leitung den Kontakt eines Bauelementes oder einer Zelle treffen soll oder an einem solchen Kontakt ohne Design-Rule-Verletzung vorbeigeführt werden muss. Die gesamte Metallüberdeckung eines Kontaktes hat nämlich eine größere Ausdehnung als eine normale Leitung. Die Anordnung der Kontakte auf einer Standardzelle muss deshalb gut überlegt sein.

Als Lösung bietet sich an, die Lage der Kontakte, einschließlich des abdeckenden Metalls, an das oben schon erwähnte Grid anzupassen, wobei dessen Abstand genau gleich dem Metal-Pitch gewählt wird. In Abbildung 8.78 wird dies verdeutlicht. Das Kontaktmetall muss einerseits den Kontakt entsprechend der Design-Rules mit einem Mindestmaß vollständig umgeben; anderseits wird es aber so weit **ausgedehnt**, dass eine auf dem Grid verlegte Leitung das Kontaktmetall seitlich gerade **ohne Stufe** trifft (glatter Übergang). Abbildung 8.79 zeigt drei weitere Zellbeispiele: einen NPN-Transistor, eine Widerstandszelle mit zugehörigen Kopfelementen und ein Widerstands-Array.

8.5 Richtlinien zur Layout-Erstellung

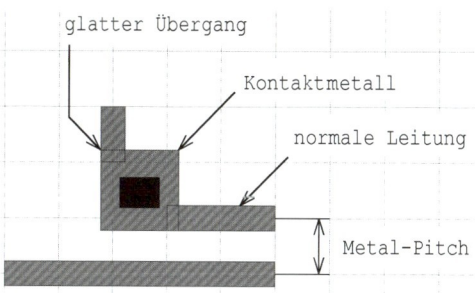

Abbildung 8.78: Am Grid (Metal-Pitch) ausgerichtetes Kontaktmetall mit Kontakt.

In der Praxis wird das Maus-Grid für die Verlegung von Leitungen dennoch oft auf den **halben Wert**, mitunter sogar auf **ein Viertel** Metal-Pitch eingestellt. Das vergrößert die Flexibilität, in weniger engen Bereichen die Leitungsabstände gleichmäßiger zu gestalten. Zu eng verlegte Leitungen fallen auch dann hinreichend gut auf.

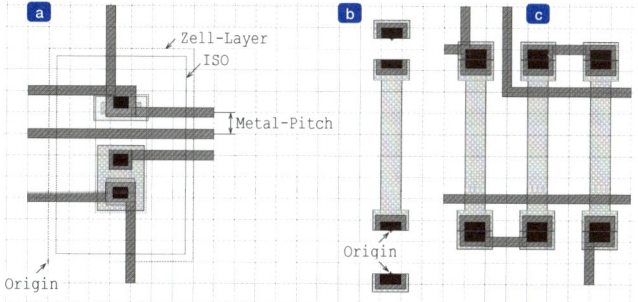

Abbildung 8.79: Zellbeispiele, deren Abmessungen und deren Kontakte einschließlich des Kontaktmetalls am Grid ausgerichtet sind: (a) NPN-Transistor; (b) Widerstandszelle und zwei Kopfzellen; (c) drei zusammengesetzte Widerstände bilden ein Array.

Auch die Größe der Zellen wird sowohl in x- als auch in y-Richtung an das Grid angepasst. Das genannte Grid ist damit zugleich **Zell-Grid**. Wird für beide Achsen ein **ganzes Vielfaches des Zell-Grids** gewählt, können die Zellen ohne Probleme platziert werden, ohne dass Design-Rule-Verletzungen zu befürchten sind, und die „Verdrahtung" gestaltet sich besonders einfach. Die Transistorzelle in Abbildung 8.79a hat eine Ausdehnung von 7×10 **Grid-Punkten** mit dem Nullpunkt an der unteren linken Ecke des Zell-Layers. Die Widerstandszellen in Abbildung 8.79b und Abbildung 8.79c sind so angelegt, dass der Widerstandskörper mit je einem Kopf abgeschlossen werden kann oder auch weitere Widerstandskörper zwischengeschaltet werden können. Hier liegt der Nullpunkt für beide Zellen jeweils auf dem **halben Grid**. Ein Zell-Layer ist bei den Widerständen nicht vorgesehen. Werden Widerstandskörper mit verschiedenen Längen gespeichert, die die obigen Regeln erfüllen, entsteht eine Art „Baukasten", durch den das Entwerfen und das Platzieren von Widerständen erheblich erleichtert werden kann.

Bei bipolaren Schaltungen führt das „Baukastenprinzip" zu einer besonderen Beschleunigung der Layout-Arbeit. Es ist sinnvoll, für die wichtigsten Bauelemente, die NPN- und PNP-Transistoren und die Widerstände, wie oben erklärt, Standardzellen zu entwerfen. Wegen der exponentiellen Kennliniengleichung bipolarer Transistoren spielt die Transistorgröße nur eine untergeordnete Rolle. Für viele Anwendungen kommt man deshalb mit wenigen verschiedenen Standardzellen aus.

8.5.4 Spezielle Hinweise für CMOS-Zellen einer Bibliothek

Bei MOS-Designs ist dies grundsätzlich anders. Hier wird das Verhältnis *W/L* als wichtiger Design-Parameter verwendet. Einzelne Transistoren werden deshalb selten als Standardzellen entworfen. Vielmehr wird eine **Grundzelle mit Einheitsabmessungen** und allen erforderlichen Layern verwendet, die durch Verändern der Geometrie an die Anwendung angepasst wird. Die modernen Design-Werkzeuge enthalten dafür spezielle Programmroutinen. Es brauchen nur die Maße W und L sowie der Vervielfachungsfaktor M eingegeben zu werden, und das Programm erzeugt aus der Einheitszelle automatisch den gewünschten Transistor. Leider ist dieses Werkzeug in der Studentenversion von L-Edit nicht enthalten. Man kann aber trotzdem Einheitszellen verwenden und diese **von Hand** durch entsprechendes Auseinanderziehen (Stretching) bzw. Stauchen sowie Vervielfältigen an die gewünschten Abmessungen anpassen. Hierzu werden vorteilhaft die Befehle „Select Edge", „Move By" und „Copy" verwendet.

Für **Schaltungsblöcke**, wie z. B. digitale Gatter, die in einer Bibliothek gespeichert werden sollen, sind dagegen unbedingt bestimmte Design-Regeln zu beachten. Solche Zellen sollen universell verwendbar sein. Die Bauelemente und Leitungen einer Zelle werden „im Innern" möglichst eng gepackt, um Chipfläche zu sparen. Um aber eine rasche Platzierung der Zellen zu ermöglichen und die Verbindungsleitungen mühelos frei von Design-Rule-Verletzungen verlegen zu können, wird, ähnlich wie bei den bipolaren Bauelementzellen, ein sogenanntes **Zell-Grid** festgelegt. Dieses orientiert sich wieder an den Weiten der normalen Leitungen und deren Abständen untereinander, und zwar an denen mit dem größten Platzbedarf.

Hierzu ein Beispiel: Bei dem im Rahmen des vorliegenden Buches verwendeten CM5-Prozess bestimmt die **zweite** Metallebene das Zell-Grid. Der Layer MET2 erfordert mehr Platz als die Layer MET1 und POLY1 bzw. POLY2. Entsprechend den Design-Rules „4.11.1" (minimale Breite = 1,2 μm) und „4.11.2" (minimaler Abstand = 1,1 μm) ergibt sich als Metal-Pitch die Summe beider Maße, also 2,3 μm. Als Zell-Grid wird hier aus Sicherheitsgründen ein etwas größerer Wert, also 2,4 μm, vorgesehen. In digitalen Designs verlaufen die Leitungen oft dicht gepackt nebeneinander und über weite Strecken. Mit dem gewählten Wert von 2,4 μm ergibt sich eine etwas höhere Sicherheit, ohne allzu viel Chipfläche zu opfern. In vielen Fällen wird das Grid sogar auf ein Viertel dieses Wertes, also auf 0.6 μm, eingestellt und lange Leitungen mit einer größeren Weite, z. B. 1,6 μm, ausgeführt. Dies wird später an einem Beispiel-Layout gezeigt, siehe Abbildung 8.84.

Als weitere wichtige Größen für Zellen einer Bibliothek werden die Zellhöhe und die Breiten der Versorgungsleitungen (z. B. VDD und GND) festgelegt. Mit der Höhe ist der Abstand der oberen Metallkante von der unteren gemeint. Dies ist für **digitale Gatter** ganz besonders wichtig. Nur dann wird es möglich sein, diese direkt aneinandergereiht zu platzieren. Die Zellbreite wird dann vom Schaltungsaufwand abhängig, sollte aber möglichst ganze Vielfache des **halben Zell-Grids** (d. h. 1,2 μm beim CM5-Prozess) betragen, um ein einfaches Platzieren zu gewährleisten.

Die Zellenden sind so zu gestalten, dass es nicht zu Design-Rule-Verletzungen kommt, wenn beliebige, aber gleich hohe Zellen einer Bibliothek direkt aneinandergereiht werden. Beim Entwurf einer Zelle sollte dies zum Abschluss stets durch einen Design-Rule-Check (DRC) überprüft werden. Zu diesem Zweck werden an beiden Seiten der zu prüfenden Zelle bereits vorhandene Bibliothekszellen platziert, der DRC durchgeführt und die Elemente wieder gelöscht. Abbildung 8.80 zeigt als Beispiel die Aneinanderreihung von drei unterschiedlichen digitalen Gattern. Zu bemerken ist, dass die Versorgungsleitungen VDD und GND (Sub) dabei automatisch durchverbunden werden.

8.5 Richtlinien zur Layout-Erstellung

Layout

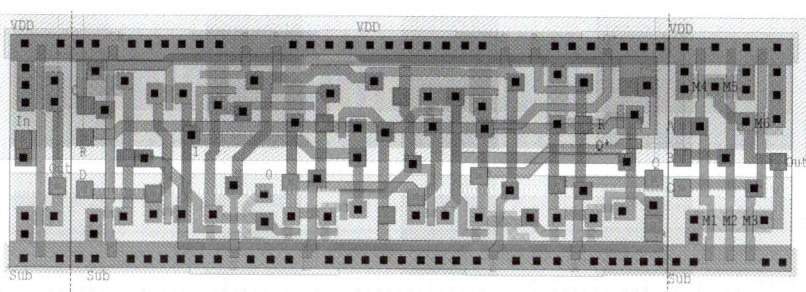

Abbildung 8.80: Ein Inverter, ein flankengesteuertes Flip-Flop und ein 3-Input-NAND-Gatter sind direkt aneinandergereiht. Die Verbindungen sind noch nicht ausgeführt. Die einzelnen Zell-Layouts und weitere sind in der Bibliothek CM5_DIG.tdb im Technologie-Ordner zu finden (IC.zip). Es wird empfohlen, sie mit L-Edit zu öffnen, damit Einzelheiten besser zu erkennen sind.

Alle Anschlusspunkte eines Schaltungsblocks oder Gatters müssen ohne Probleme durch Leitungen, die auf dem **halben** Zell-Grid verlegt werden, erreichbar sein. Da die Zellen **innen** oft sehr dicht gepackt sind, siehe z. B. Abbildung 8.80, wird die Forderung, dass die Leitungen einen Anschlussknoten **ohne Stufe** treffen müssen, fallen gelassen.

Abbildung 8.81 zeigt als Beispiel eine Standardzelle aus der CM5-Digital-Bibliothek CM5_DIG.tdb. Die Zellhöhe ist auf $h = 26{,}4$ μm festgelegt (ganze Vielfache des **halben** Zell-Grids von 1,2 μm) und die Versorgungs-Rails haben eine definierte Breite von 3 μm. Zur „Verdrahtung" stehen die beiden Metallebenen MET1 und MET2 sowie der Layer POLY1 zur Verfügung. In der in Abbildung 8.81 dargestellten Inverter-Zelle kann der Eingang „In" über alle drei Layer (MET1, MET2 und POLY1) direkt von **vorne** erreicht werden. Das Gate ist, anders als in Abbildung 8.43, senkrecht angeordnet. Es besteht damit die Möglichkeit, den Eingang auch mittels einer POLY1-Leitung **vertikal** im Bereich der beiden Versorgungsleitungen anzuschließen. Sehr lange POLY1-Leitungen sollten aber wegen des „Antenneneffektes" vermieden oder durch MET1-Jumper unterbrochen werden, siehe Abbildung 8.73. Der Ausgang ist normal über MET2 zugänglich.

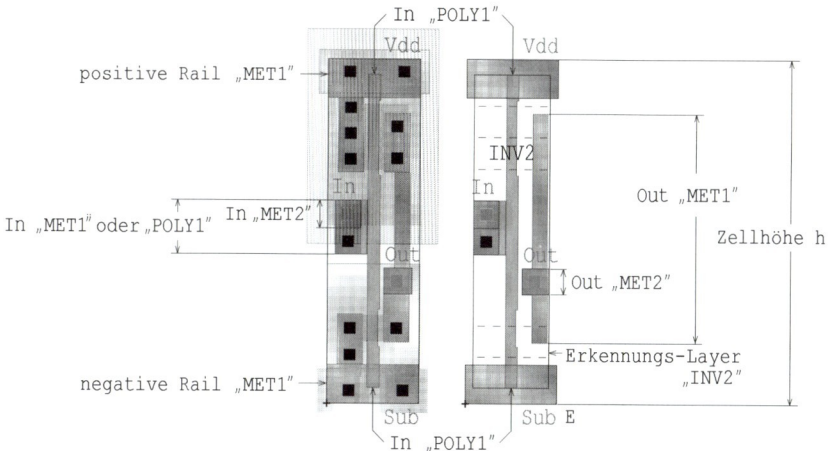

Abbildung 8.81: Digitales Gatter (Inverter) als Standardzelle, die Layer-Namen sind in „Anführungsstriche" gesetzt. Links: komplettes Layout, rechts: vereinfachte Darstellung. Durch gestrichelte Linien (- - -) ist angedeutet, wo MET2-Leitungen durch die Zelle hindurch zulässig sind. MET1- und POLY1-Leitungen dürfen nicht quer durch die Zelle gelegt werden.

In komplexen digitalen Designs mit vielen Gattern wird der „innere" Zellaufbau meist unterdrückt. Es werden vielmehr vereinfachte Ansichten der Zellen gewählt, um die Verbindungsleitungen besser verfolgen zu können und den Design-Rule-Check zu beschleunigen. Das rechte Teilbild von Abbildung 8.81 zeigt dies für einen Inverter. Es sind nur die für die Anschlüsse wichtigen Elemente dargestellt. Oft werden sogar noch stärker reduzierte Darstellungen verwendet. Quer durch die Zelle hindurch sind in Ausnahmefällen MET2-Leitungen zulässig. Dies ist durch gestrichelte Linien (- - -) angedeutet. MET1- und POLY1-Leitungen dürfen **nicht durch** die Zelle geführt werden!

Muss senkrecht durch einen Zellverband hindurch eine MET2-Leitung gelegt werden, kann dazu eine spezielle „Feedthrough-Zelle" zwischengeschaltet werden.

8.5.5 Verbindungsleitungen

Im *Kapitel 1* ist der prinzipielle Aufbau einer integrierten Schaltung dargestellt, siehe z. B. Abbildung 1.7. Dort wird auch erläutert, wie der gesamte Chip aufgeteilt ist: außen der Pad-Rahmen mit den Versorgungsleitungen und den ESD-Schutzbeschaltungen (**Electro Static Discharge**) und innen der Bereich für die eigentliche integrierte Schaltung (**Core**). Obwohl hier nicht die gesamte Architektur eines Chips, auch **Floor Planning** genannt, im Mittelpunkt steht und auch nicht Gegenstand des vorliegenden Buches ist, soll hier aber anhand einer einfachen Schaltung eine Platzierungsmethode für digitale Gatter und deren „Verdrahtung" gezeigt werden.

Es wurde schon einige Male darauf hingewiesen, dass bei digitalen Schaltungen die einzelnen Gatter meist direkt aneinandergereiht werden. Wie können dann aber die oft vielen Querverbindungen auf dem Chip einigermaßen übersichtlich hergestellt werden?

Um zu zeigen, wie die „Verdrahtung" eines digitalen Designs erfolgen kann, soll als Beispiel ein Teil des Layouts eines Sieben-Segment-Code-Umsetzers gewählt werden. Die Ziffern 0, 1, 2, bis 9 – z. B. entsprechend des Aiken-Codes [18] verschlüsselt – sollen so codiert werden, dass die sieben Leuchtbalken *a*, *b* bis *g* angesteuert werden können. Das zugehörige Blockschaltbild ist in Abbildung 8.82 dargestellt.

Beispiel Sieben-Segment-Code-Umsetzer (verwendeter Prozess: CM5)

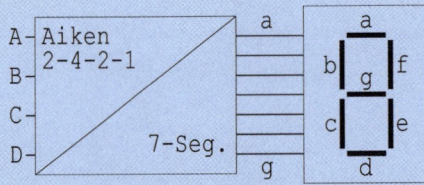

Abbildung 8.82: Code-Umsetzer: Aiken- auf 7-Segment-Code.

A, *B*, *C* und *D* seien die vier Eingangsbits, die zur Darstellung der zehn Ziffern ausreichen. Sollen z. B. die Ausgangssignale für die beiden unteren horizontalen Segmente *d* und *g* einer Ziffer durch Verwenden von NAND-Gattern dargestellt werden und werden sie mit S_d und S_g bezeichnet, so können diese durch die folgenden, bereits vereinfachten Gleichungen ausgedrückt werden:

$$S_d = \overline{\left(\overline{(B \wedge \overline{D})} \wedge \overline{(\overline{D} \wedge A)} \wedge \overline{(C \wedge \overline{B})}\right)} \quad (8.105)$$

$$S_g = \overline{\left(\overline{C} \wedge \overline{(B \wedge \overline{D})}\right)} \quad (8.106)$$

Da auch die invertierten Eingangssignale benötigt werden, sind zunächst vier Inverter erforderlich. Dann können die einzelnen Terme mittels NAND-Gatter gebildet werden. Abbildung 8.83 zeigt die zugehörige Schaltung.

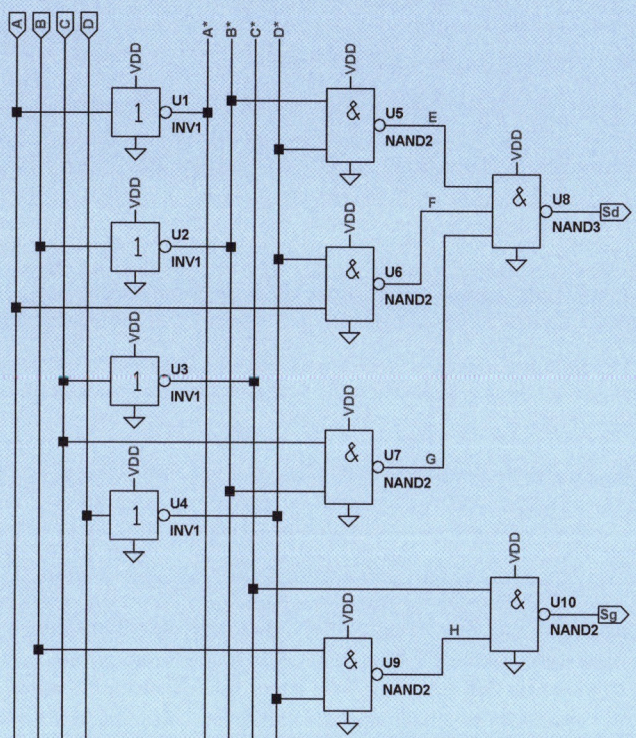

Abbildung 8.83: Code-Umsetzer. Die invertierten Eingangssignale sind im Schaltplan durch einen Stern * gekennzeichnet, z. B. A*.

Im Layout werden alle Gatter, die Inverter und die NAND-Gates, aneinandergereiht, siehe Abbildung 8.84. Die Signalleitungen A, B, C und D sowie A^*, B^*, C^* und D^* werden im Schaltplan mehrfach angezapft. Im Layout werden sie deshalb am besten **horizontal** mit dem Layer MET1 ausgeführt und parallel zu den Versorgungsleitungen VDD und GND geführt. Da sie oft sehr lang ausfallen, wird deren Weite nicht auf den minimalen Wert, sondern etwas größer, einheitlich auf 1,6 μm eingestellt. Durch **vertikale Leitungen** mittels der Layer MET2 und POLY1 werden die Verbindungen hergestellt. Hierfür wird für MET2 eine Weite von 1,2 μm und für POLY1 eine solche von 1,0 μm gewählt. Die POLY1-Leitungen bleiben relativ kurz; der sogenannte „Antenneneffekt" ist somit nicht zu befürchten.

Das Maus-Grid wird für die Verlegung der Leitungen auf 0,6 μm eingestellt. Das ist ein Viertel des Zell-Grids. Dann können die Verbindungspunkte problemlos **mittig** auf die horizontalen Leitungen gelegt werden, und Abstandsfehler sind normalerweise nicht zu erwarten oder sind leicht zu erkennen.

Layout

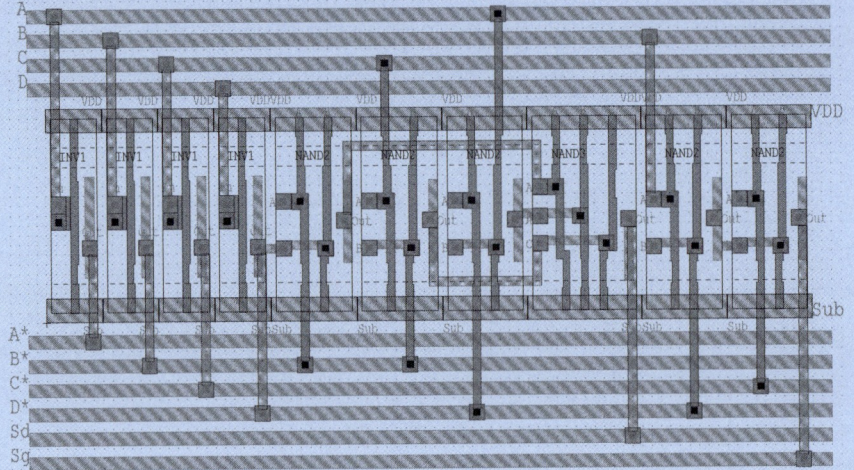

Abbildung 8.84: Layout zur Schaltung nach Abbildung 8.83 mit Zellen aus der Bibliothek CM5_DIG. Die Gatter sind vereinfacht dargestellt. Es wird empfohlen, die Dateien Code_a.tdb bzw. Code_b.tdb zusätzlich zu öffnen. Details sind dann besser zu erkennen.

Wie aus Abbildung 8.84 deutlich hervorgeht, können die „Verdrahtungsleitungen" die gesamte Chipfläche wesentlich beeinflussen. Um Platz zu sparen, wird deshalb nach einem ersten Layout-Entwurf die Leitungsverlegung oft noch optimiert.

Durch Abbildung 8.85 wird angedeutet, wie die aneinandergereihten Zellen auf dem Chip sinnvoll angeordnet werden können: Eine Reihe Zellen, ein Raum für die Leitungen (**Routing Channel**), dann wieder eine Zellreihe usw. Wie zuvor schon erwähnt, werden die horizontalen Leitungen am besten mit der ersten und die vertikalen Leitungen mit der zweiten Metallebene ausgeführt. Wenn eine Leitung in vertikaler Richtung eine Zellreihe überqueren muss, wird einfach eine vorgefertigte **Feedthrough-Zelle** in den Zellenverband geschaltet. Damit steht dann der erforderliche Platz für eine vertikal kreuzende MET2-Leitung zur Verfügung.

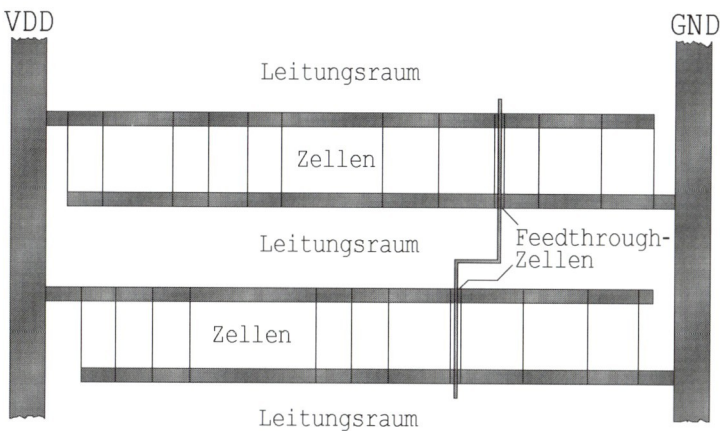

Abbildung 8.85: Beispiel für die Anordnung der Zellen auf dem Chip und den Anschluss der Versorgungsleitungen.

Bei der geschilderten Konstruktion können die Versorgungsleitungen „VDD" und „GND" an den Enden leicht an die Zellreihen herangeführt werden. Mitunter werden Funktionseinheiten gebildet und diese dann getrennt an die Versorgungspins angeschlossen. Damit können z. B. unerwünschte Kopplungen über sogenannte „Erdschleifen" vermieden werden. Dies ist besonders wichtig, wenn digitale und analoge Komponenten auf einem Chip zusammengefasst werden. In kritischen Fällen werden sogar die GND-Leitungen an getrennte Bondpads geführt und außerhalb des Chips sternförmig mit einem zentralen Massepunkt verbunden. Diese Maßnahmen können auch auf die Zuführung der Versorgungsspannungen, z. B. V_{DD}, ausgedehnt werden.

Bei analogen Schaltungen ist meist die Zahl der Verbindungsleitungen sehr viel begrenzter. Dafür kommt es dann sehr auf möglichst kurze Verbindungswege und geringe kapazitive und induktive Verkopplungen an.

Um unerwünschte Kopplungen möglichst gering zu halten, sollten kritische Leitungen nicht über eine längere Distanz parallel und auch nicht zu dicht zueinander verlaufen. Hilfreich kann schon sein, zwischen zwei solchen Leitungen eine mit „Masse" verbundene **abschirmende** Leitung anzuordnen. Wenn **zwei Metallebenen** zur Verfügung stehen, kann die obere Metalllage (z. B. MET2 im CM5-Prozess) zur Abschirmung dienen. Dazu wird der abschirmende Layer einfach über die zu schützende Leitung gelegt und mit GND (Masse) verbunden. In CMOS-Prozessen kann auch der Polysilizium-Layer für kürzere Verbindungen verwendet werden. Dann kann eine Abschirmung mit der ersten Metallebene (z. B. MET1 im CM5-Prozess) erfolgen.

8.6 Parasitäre Effekte

Sowohl durch die Anordnung der Bauelemente auf dem Chip wie auch durch die Lage der Verbindungsleitungen können **parasitäre** Elemente entstehen, die man auf den ersten Blick vielleicht nicht immer erkennt. Ihre Auswirkungen können aber die Funktionsweise eines Schaltkreises unter Umständen stark beeinträchtigen. Sie müssen deshalb bei der Layout-Arbeit unbedingt Beachtung finden. So kann z. B. eine ungünstige Platzierung der Bauteile zu dem gefürchteten **Latch-Up-Effekt** führen und einen Kurzschluss verursachen. Im schlimmsten Fall kann dies sogar zu einer Zerstörung des Schaltkreises führen. Auch eine gedankenlose Leitungsführung kann Probleme bewirken und unerwünschte leitfähige Verbindungen hervorrufen. Wie diese beiden parasitären Effekte entstehen und wie sie weitgehend vermieden werden können, soll in den beiden folgenden Abschnitten erörtert werden.

8.6.1 Unerwünschte Kanalbildung, Vermeidung durch Channel-Stopper

Jede Leitung, ob aus Metall oder Polysilizium, die über eine Halbleiteroberfläche geführt wird, kann dort die wirksame Ladungsträgerkonzentration an der Oberfläche verändern. Es kann sogar zur **Inversion** und damit zur Ausbildung eines mehr oder weniger leitfähigen Kanals kommen. Man spricht von **Kanal- oder Channel-Bildung**. Der Effekt ist identisch mit der Funktionsweise eines normalen MOSFETs. Wenn z. B. eine Leitung mit hohem positivem Potential über ein an „Masse" liegendes p-leitendes Halbleitersubstrat verläuft, kann sich darunter ein n-leitender Kanal ausbilden (**parasitärer NMOS-Transistor**, siehe auch *Abschnitt 7.4*). In Abbildung 8.86 wird dies an zwei Beispielen gezeigt. In Abbildung 8.86a können zwei N-Well-Gebiete, z. B. in einem normalen CMOS-Prozess, durch solch einen Kanal miteinander verbunden werden. Auch wenn der Widerstand dieses Kanals meist sehr hochohmig bleibt, kann er unter Umständen zu störenden Querströmen führen. Abbildung 8.86b zeigt eine ähnliche Situation für einen Bipolar-Prozess. Hier kann es zwischen den beiden Epi-Gebieten, also zwischen den beiden Kollektoren, zu unerwünschten Strömen kommen.

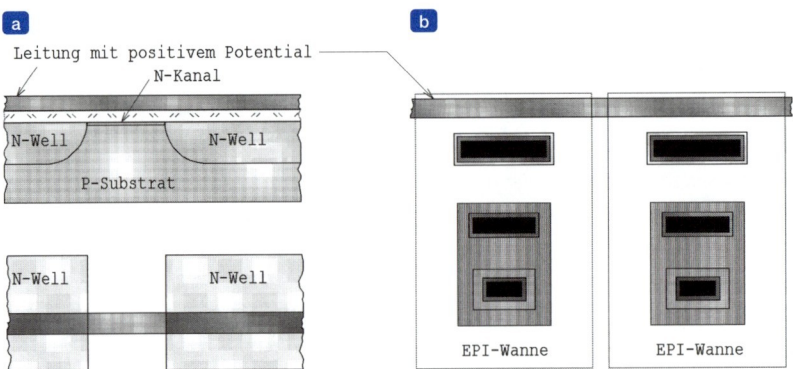

Abbildung 8.86: Entstehung eines parasitären N-Kanals. (a) Eine Leitung mit positivem Potential läuft über zwei benachbarte N-Well-Gebiete. (b) Eine Leitung mit positivem Potential überquert zwei benachbarte Epi-Wannen (z. B. zwei NPN-Transistoren).

Aber auch ein **parasitärer PMOSFET** kann entstehen. In Abbildung 8.87 verläuft z. B. eine Leitung mit negativem Potential über diffundierte Widerstände, die in einer N-Epi-Wanne untergebracht sind. Die Epi-Wanne liegt normalerweise an der positiven Versorgungsspannung V_{CC}. Deshalb kann sich unter der Leitung ein P-Kanal bilden, der die Widerstände überbrückt und sie obendrein noch mit dem P-Substrat verbindet.

Wie kann nun eine Kanalbildung vermieden werden? Die Threshold-Spannung, die den Einsatz der parasitären Kanalbildung bestimmt, ist wie beim MOSFET abhängig von der Oxiddicke und der Oberflächenkonzentration des Halbleiters. Je geringer beide Werte sind, desto kleinere Spannungen reichen aus, den Kanal zu bilden. Im Feldbereich wird deshalb ein möglichst dickes Oxid verwendet. Der Designer hat hierauf jedoch keinen Einfluss; dieser Wert ist durch den Prozess festgelegt. Es gibt aber die Möglichkeit, in kritischen Fällen sogenannte **Channel-Stopper** einzusetzen. Hierzu werde zunächst der parasitäre PMOS-Transistor eines normalen Bipolar-Prozesses betrachtet, siehe Abbildung 8.87.

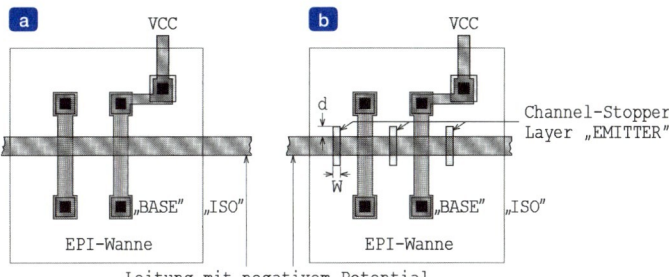

Abbildung 8.87: (a) Entstehung eines parasitären P-Kanals zwischen diffundierten Widerständen und der Isolierdiffusion. (b) Unterbrechung der leitfähigen Verbindungen durch Einbringen von Channel-Stoppern mittels des Layers EMITTER.

Wird an den Stellen das Epi-Gebiet stark n-dotiert, an denen Leitungen mit hohem negativen Potential gegenüber Epi über p-dotierte Gebiete verlaufen müssen, so wird dort der Betrag der Threshold-Spannung deutlich erhöht. Ein kleines Rechteck mit dem Layer EMITTER übernimmt diese Aufgabe, siehe Abbildung 8.87b. Als Weite W für diese **Channel-Stopper** reicht normalerweise der Minimalwert aus (z. B. $W = 6$ μm für den C36-Prozess). Der Überstand d zu beiden Seiten der Leitung sollte nicht zu klein gewählt werden. Er richtet sich nach der lateralen Ausbreitung des elektrischen Feldes. Als Richtwert kann etwa der doppelte bis dreifache Wert der Oxiddicke angesetzt werden. Hinzu kommt noch die Maskenjustiertoleranz (Registration-Fehler). In der Regel genügt ein Überstand von $d = 3$ μm bis 5 μm.

Die Abstände der Channel-Stopper müssen die normalen Design-Rules erfüllen. Sie erfordern deshalb zusätzlichen Platz und werden nur verwendet, wenn die parasitären MOSFETs wirklich stören. Der Betrag deren Threshold-Spannung kann allerdings unter Umständen deutlich kleiner als die zulässige Prozessspannung werden. So wird z. B. für den C36-Prozess ein typischer Wert von $-V_{Th} = 26$ V und ein Minimalwert von $-V_{Th} \geq 18$ V angegeben (die Threshold-Spannung ist negativ, da es sich um einen PMOS-Transistor handelt). Solange die Spannungsdifferenz zwischen der Epi-Wanne und einer z. B. über Widerstände verlaufenden Leitung den Betrag der Threshold-Spannung nicht überschreitet, sind Channel-Stopper nicht erforderlich. Problematisch kann es aber werden, wenn Schaltungen für **kleine Ströme** und **hohe Betriebsspannungen** ausgelegt werden müssen. Dann sollten Leitungen mit niedrigem Potential möglichst nicht über diffundierte Widerstände gelegt werden. Lässt sich dies aber nicht vermeiden, ist es ratsam, den Sachverhalt durch eine Simulation abklären. Dazu werden im Schaltplan an kritischen Stellen **parasitäre PMOSFETs** vorgesehen. Man erhält dann mit einfachen Mitteln eine recht gute Information darüber, ob Channel-Stopper vorzusehen sind oder ob auf sie verzichtet werden kann.

8 Grundregeln für den Entwurf integrierter Schaltungen

> **Hinweis**
>
> **Praktische Aussage zu Channel-Stoppern:**
>
> - Channel-Stopper sind in bipolaren Schaltungen mit geringeren Betriebsspannungen von z. B. $V_{CC} \leq 18\ V$ in der Regel **nicht** erforderlich!
> - Bei Prozessen für höhere Spannungen wird üblicherweise im Epi-Bereich geringer dotiert. Der Betrag der Threshold-Spannung fällt deshalb oft niedriger aus als 18 V. Eine Kanalbildung ist also schon bei entsprechend geringeren Spannungen zu erwarten. Die Verwendung von Channel-Stoppern muss somit sehr sorgfältig überlegt und deren Notwendigkeit gegebenenfalls durch eine Simulation überprüft werden!

> **Beispiel** Simulationsbeispiel zur Kanalbildung:
>
> Abbildung 8.88 zeigt den Ausschnitt aus einem Layout. Zwei diffundierte Widerstände seien in einer mit der positiven Versorgungsspannung VCC verbundenen Epi-Wanne untergebracht und eine Leitung mit Massepotential überquere nur die rechte Widerstandsbahn. Dadurch können zwei leitfähige Kanäle von diesem Punkt aus zum Substrat entstehen. Der gesamte Sachverhalt soll als eine Widerstandsbrücke, bestehend aus den vier Elementen R1 bis R4, aufgefasst werden. Abbildung 8.89a zeigt die Ersatzschaltung dazu.
>
>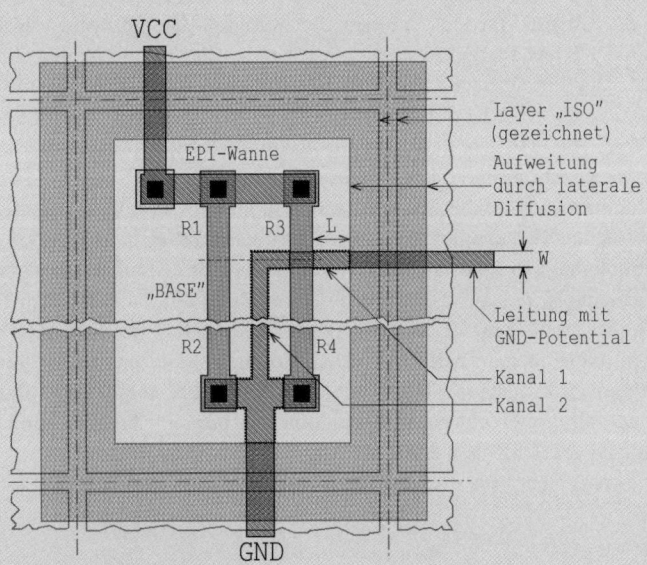
>
> **Abbildung 8.88:** Beispiel zur Kanalbildung.

Beispiel – Simulationsbeispiel zur Kanalbildung

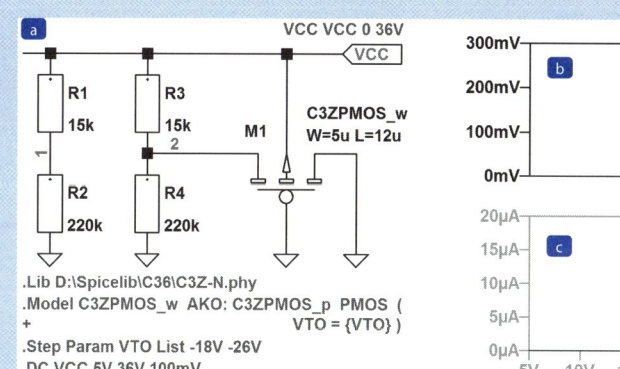

Simulation

Abbildung 8.89: Zur Simulation der Kanalbildung (Datei: Channel3.asc) (a) Simulationsschaltung. (b) Spannungsdifferenz zwischen den Knoten „1" und „2". (c) Channel-Strom Is(M1).

Von den beiden leitfähigen Kanälen soll nur der kürzere im Schaltplan durch den PMOS-Transistor M1 nachgebildet werden. Der andere liegt parallel dazu, hat aber einen etwas geringeren Einfluss und soll hier deshalb unberücksichtigt bleiben. Bei einer Leiterbahnbreite von $W = 5~\mu m$ und einem Abstand der Widerstandsbahn vom ISO-Rand von etwa $L = 12~\mu m$ ergeben sich die für den Transistor M1 eingetragenen Werte.

Durch die Bibliotheksanweisung

```
.Lib D:\Spicelib\C36\C3Z-N.phy
```

wird angegeben, wo SPICE das Modell des **parasitären** Transistors C3ZPMOS_p findet. Dort ist der **normale** Wert der Threshold-Spannung von $V_{Th} = V_{TO} = -26~V$ eingetragen. Mittels [AKO: <reference model name>] (AKO: **A K**ind **O**f) erlaubt SPICE, nur einige wenige Parameter eines bestehenden Modells zu modifizieren. Alle übrigen Parameter des **Referenzmodells** bleiben erhalten. Um diese Option für die Variation der Threshold-Spannung anwenden zu können, wird in der Simulationsschaltung ein anderer Transistorname eingetragen, z. B. C3ZPMOS_w, und auf das zugehörige Modell mittels der SPICE-Zeile

```
.Model C3ZPMOS_w AKO: C3ZPMOS_p PMOS (VTO={VTO})
```

verwiesen. Hierin wird die Threshold-Spannung als Parameter {VTO} angegeben. Mittels der Step-Anweisung

```
.Step Param VTO List -18V -26V
```

kann dann die Simulation für die angegebenen Parameterwerte erfolgen.

Die Simulationsergebnisse in Abbildung 8.89b und Abbildung 8.89c zeigen deutlich, dass in diesem speziellen Beispiel selbst im ungünstigsten Fall, $V_{TO} = -18~V$, erst ab etwa $V_{CC} > 24~V$ mit einem störenden Kanal gerechnet werden muss. Es wird aber auch deutlich, dass bei höheren Spannungen wirklich Vorsicht geboten ist.

> **Aufgabe**
>
> Wiederholen Sie die Simulation noch einmal für eine breitere Metallleiterbahn mit einer Weite von $W = 10\ \mu m$ und einer Threshold-Spannung von $V_{TO} = -20\ V$ (Simulationsdatei Channel3a.asc).

Ähnliche Überlegungen gelten auch für parasitäre N-Kanal-FETs in Abbildung 8.86. Bei normalen CMOS-Prozessen, in denen im Prinzip entsprechend Abbildung 8.86a ein parasitärer NMOS-Transistor auftreten kann, wird der gesamte Feldbereich im Substrat- und auch im Well-Gebiet stärker dotiert. Hierzu wird standardmäßig eine Feldimplantation (**Field Implantation**) durchgeführt. Die Betriebsspannungen sind meist relativ gering, z. B. $V_{DD} = 5\ V$, und selten größer als 18 V. Zusätzliche Channel-Stopper sind deshalb in der Regel nicht erforderlich. Bei Prozessen für höhere Spannungen ist es dagegen ratsam, zwischen den N-Well-Bereichen einen stark p-dotierten Streifen vorzusehen oder die einzelnen Well-Gebiete sogar komplett mit solchen **Guard-Ringen** zu umgeben.

Beim normalen Bipolar-Prozess (z. B. beim C36-Prozess) stellt die in Abbildung 8.86b dargestellte Situation kein Problem dar. Der Bereich der Isolierdiffusion ist stark genug dotiert, um eine Kanalbildung zu vermeiden. In Prozessen für höhere Spannungen wird allerdings der Isoliergraben oft zusätzlich während der Basis-Diffusion mit Bor dotiert, um die Oberflächenkonzentration weiter zu steigern. Man spricht von **BASE over ISO**. Obwohl dann das Oxid in diesem Bereich wieder etwas dünner wird, erreicht man dennoch eine höhere Threshold-Spannung und damit eine Verringerung der Neigung zur Kanalbildung.

8.6.2 Latch-Up in integrierten Schaltungen

Immer, wenn in einer integrierten Schaltung die Dotierungsfolge „P-N-P-N" bzw. „N-P-N-P" auftritt, besteht die Gefahr, dass eine solche „Vierschicht-Struktur" einen parasitären Thyristor bildet, der auch **zünden** und dann unter Umständen Schaden anrichten kann. Besonders kritisch sind solche parasitären Thyristoren zwischen den Versorgungs-Rails, z. B. zwischen der positiven Versorgungsspannung und Masse. Es können beträchtliche Ströme fließen, und der Stromfluss durch einen gezündeten Thyristor wird bekanntlich erst wieder unterbrochen, wenn der **Haltestrom** unterschritten wird. Man spricht von **Latch-Up**.

Abbildung 8.90a zeigt ein vereinfachtes Ersatzschaltbild für die Schichtenfolge P-N-P-N. Sobald durch einen der beiden Transistoren ein geringer Strom fließt, wird dieser durch den anderen verstärkt zurückgekoppelt und es kommt zum „Zünden". In der Realität sind die Basis-Emitter-Strecken beider Transistoren meist durch Widerstände überbrückt, siehe Abbildung 8.90b. Diese Schaltung möge als Grundlage dienen, eine grundlegende Latch-Up-Bedingung näherungsweise quantitativ zu formulieren. In Wahrheit handelt es sich um ein dynamisches Problem. Trotzdem soll zur Vereinfachung eine statische Beschreibung erfolgen. Dazu wird angenommen, dass bereits Ströme fließen. Die beiden Teilströme I_1 und I_2 können dann als **zurückgekoppelte** Ströme aufgefasst werden. Sind sie **negativ**, wird der dynamische Gesamtstrom verringert und es kommt **nicht** zum Latch-Up.

8.6 Parasitäre Effekte

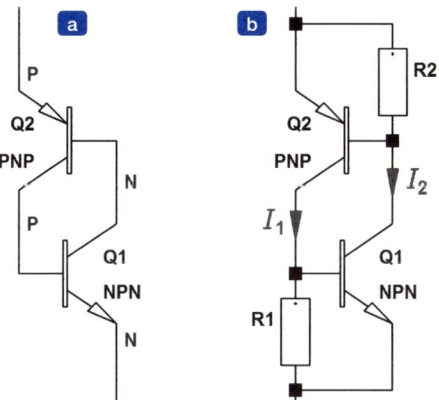

Abbildung 8.90: (a) Vereinfachtes Ersatzschaltbild einer P-N-P-N-Struktur. (b) Mit Widerständen zwischen Emitter und Basis.

Werden sämtliche Zeiteffekte vernachlässigt, können aus der Schaltung die folgenden statischen Gleichungen abgeleitet werden:

$$I_1 = \frac{U_{BE1}}{R_1} + I_{B1} = \frac{U_{BE1}}{R_1} + \frac{I_2}{B_{Q1}}; \quad I_2 = \frac{U_{EB2}}{R_2} - I_{B2} = \frac{U_{EB2}}{R_2} + \frac{I_1}{B_{Q2}}, \quad (8.107)$$

$$I_1 = \frac{U_{BE1}}{R_1} + \frac{U_{EB2}}{R_2 \cdot B_{Q1}} + \frac{I_1}{B_{Q2} \cdot B_{Q1}} \quad \rightarrow \quad I_1 \cdot \left(1 - \frac{1}{B_{Q2} \cdot B_{Q1}}\right) = \frac{U_{BE1}}{R_1} + \frac{U_{EB2}}{R_2 \cdot B_{Q1}} \quad \rightarrow$$

$$I_1 = \frac{B_{Q1} \cdot B_{Q2}}{B_{Q1} \cdot B_{Q2} - 1} \cdot \left(\frac{U_{BE1}}{R_1} + \frac{U_{EB2}}{R_2 \cdot B_{Q1}}\right) \quad (8.108)$$

In Gleichung (8.108) kann das Produkt der Stromverstärkungen als **Schleifenverstärkung** der Transistoren gedeutet werden. Solange dieses Produkt kleiner als 1 bleibt, ist der zurückgekoppelte Strom I_1 negativ. Ist er dagegen größer als 1, steigt der Gesamtstrom immer weiter an: Es kommt zum Latch-Up. Wünschenswert wäre also:

$$B_{Q1} \cdot B_{Q2} < 1 \quad (8.109)$$

Dann wird ein Latch-Up – unabhängig vom Strom – immer vermieden.

Zum Erreichen kleiner Stromverstärkungen der parasitären Transistoren sind normalerweise **große Basis-Weiten** erforderlich. Dies ist bei den modernen Schaltkreisen mit eng gepackten Bauelementen oft schwierig oder gar nicht zu erfüllen. Um trotzdem Latch-Up zu vermeiden, müssen die Basis-Emitter-Spannungen der parasitären Transistoren so gering bleiben, dass praktisch keine Kollektor-Ströme fließen können. Dies ist über möglichst niederohmige Widerstände R1 und R2 zu erreichen. Hierauf muss bei der Layout-Arbeit sehr sorgfältig geachtet werden. Im Folgenden werden nun einige kritische Beispiele zum Latch-Up-Problem beschrieben und Lösungsmöglichkeiten aufgezeigt.

8 Grundregeln für den Entwurf integrierter Schaltungen

Latch-Up in Bipolar-Schaltungen In einer bipolaren integrierten Schaltung enthält bereits der gewöhnliche NPN-Transistor die oben erwähnte Vierschicht-Struktur: N-Emitter – P-Basis – N-Kollektor – P-Substrat. Bei normaler Verwendung des Transistors besteht keine Gefahr. Wenn aber der Emitter ein Potential erhält, das negativer wird als das Substrat, kann die Schaltung **latchen**. Deshalb gilt die ganz wichtige Regel:

> **Hinweis**
>
> **Wichtige Layout-Regel:**
>
> Der Emitter eines NPN-Transistors (im Standard-Bipolar-Prozess) darf gegenüber dem Substrat nicht zu stark negativ werden! Bereits eine Dioden-Durchlassspannung kann unter Umständen schon kritisch sein.

Dies soll für eine simple Verstärkerschaltung einmal durch eine Simulation veranschaulicht werden.

Simulation

> **Beispiel** Simulationsbeispiel zum Latch-Up:
>
> In Abbildung 8.91a ist ein Verstärker in Emitter-Grund-Schaltung dargestellt. Dessen Emitter kann hier durch die vorgesehene Quelle V1 negativ werden. Die Spannung ist sinusförmig.
>
>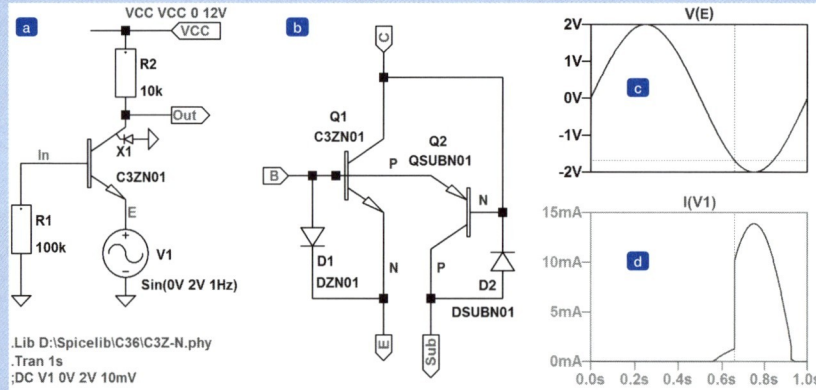
>
> **Abbildung 8.91:** Ein NPN-Transistor in einer Verstärkerschaltung kann latchen, wenn das Emitter-Potential negativ wird. (a) Simulationsschaltung. (b) Subcircuit-Modell des Transistors. (c) Spannung am Emitter. (d) Strom vom Emitter durch die Quelle V1 nach Masse (Simulationsdatei: Latch2.asc).

8.6 Parasitäre Effekte

> Damit das Problem mit SPICE simuliert werden kann, wird der Transistor als Subcircuit-Element eingebaut. Er heißt dann nicht Q1, sondern X1. Das Modell enthält neben dem Haupttransistor Q1 den parasitären PNP-Transistor Q2, dessen Emitter durch die Basis des NPN-Transistors gebildet wird und deshalb mit dieser verbunden ist, siehe Abbildung 8.91b. Durch dieses Modell werden Substratströme einigermaßen realistisch erfasst. Es ist prinzipiell auch mit der Schaltung in Abbildung 8.90 vergleichbar, nur dass der parasitäre PNP-Transistor Q2 invers betrieben wird. Das Simulationsergebnis ist in Abbildung 8.90d dargestellt. Obwohl das verwendete Transistormodell für dieses Problem nicht optimiert wurde, zeigt es ganz deutlich den plötzlichen Stromanstieg, wenn der Emitter die $-1{,}6\text{-}V$-Grenze unterschreitet. Bei Breadboard-Messungen [34] latcht es bereits bei $-1{,}4\,V$. Wesentlich kritischer wird es bei höheren Temperaturen. Dann reichen noch geringere Spannungen aus, den Latch-Up einzuleiten.

Aufgabe

Wiederholen Sie die obige Simulation noch einmal für eine Temperatur von $100\,°C$ und diskutieren Sie das Ergebnis (Abbildung 8.91, Simulationsdatei: Latch2.asc).

In der Praxis kann etwas Ähnliches auch passieren, wenn z. B. infolge von parasitären Strömen in das Substrat dessen Potential ins Positive angehoben wird, während der Emitter selbst auf „Masse" bleibt, siehe Abbildung 8.92. Das Substrat ist meist relativ gering dotiert (spezifischer Widerstand z. B. $10\,\Omega\,cm$), und auf den Kontakt der Chiprückseite mit Masse sollte man sich nicht verlassen. Substratwiderstände im Bereich von etwa $100\,\Omega$ bis $1\,k\Omega$ sind keine Seltenheit. Deshalb können in ungünstigen Situationen bereits Substratströme im Milliamperebereich das Substratpotential so stark verzerren, dass es örtlich hinreichend positiver wird als ein „geerdeter" Emitter, um einen Latch-Up einzuleiten.

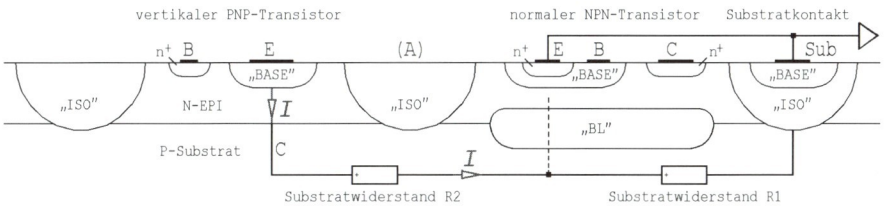

Abbildung 8.92: Verzerrung des Substratpotentials durch parasitäre Substratströme.

Besonders vertikale PNP-Transistoren können in dieser Beziehung leicht zu Problemen führen. In der in Abbildung 8.92 dargestellten Anordnung wäre es sehr viel sinnvoller, in unmittelbarer Umgebung des vertikalen PNP-Transistors, z. B. am Ort (A), einen zusätzlichen Substratkontakt vorzusehen und diesen direkt mit „Masse" zu verbinden. Dann würde sich am Widerstand R1 ein sehr viel geringerer Spannungsabfall ausbilden.

Damit in der Praxis solche Latch-Probleme vermieden werden können, gilt für die Layout-Erstellung folgende wichtige Regel:

> **Hinweis**
>
> **Wichtige Layout-Regel:**
>
> Im Layout möglichst viele Substratkontakte vorsehen und das Substrat niederohmig mit Masse verbinden, damit dessen Potential bei unvermeidbaren Substratströmen an keiner Stelle zu stark ins Positive angehoben werden kann. Dies ist ganz besonders wichtig, wenn ein vertikaler PNP-Transistor über seinen Kollektor (= Substrat) einen größeren Strom zum Substrat führt.

Auch die Anordnung der Bauelemente muss sorgfältig überlegt werden. Ist in einer Schaltung der Emitter eines lateralen PNP-Transistors direkt mit der positiven Versorgungsspannung verbunden und ist im Layout in unmittelbarer Nachbarschaft ein N-Epi-Gebiet an GND (Masse) gelegt (z. B. die Basis eines weiteren PNP-Transistors), kann ebenfalls erhöhte Latch-Gefahr bestehen. Verdeutlicht wird dieser Sachverhalt durch Abbildung 8.93. Q1 ist ein **parasitärer** lateraler NPN-Transistor: Die „geerdete" Epi-Wanne wirkt hier als Emitter, die Basis des lateralen PNP-Transistors als Kollektor und das Substrat als Basis. Die Basis-Emitter-Strecke ist durch den Substratwiderstand R1 überbrückt. Auch der parasitäre PNP-Transistor Q2 wirkt lateral: Emitter und Basis des normalen PNP-Transistors sind gleichzeitig Emitter und Basis des parasitären Transistors, und das Substrat bildet den Kollektor.

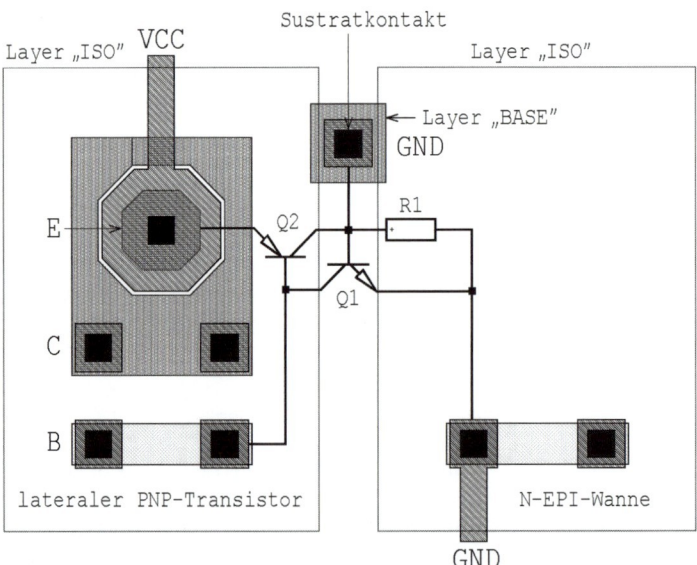

Abbildung 8.93: Latch-Gefahr besteht, wenn in der Nähe eines lateralen PNP-Transistors eine Epi-Wanne mit GND verbunden wird. Die wichtigsten parasitären Elemente, die für den Latch-Up verantwortlich sind, sind eingezeichnet.

Diese Anordnung **verhält sich ruhig**, solange der Spannungsabfall am Widerstand R1 gering genug bleibt, den Transistor Q1 zu sperren. Sobald aber z. B. Q1 nur kurzzeitig leitend wird, zündet sie und stellt praktisch einen Kurzschluss zwischen der Versorgungsspannung und dem GND-Anschluss dar. Zum Auslösen reicht oft schon das Schalten einer induktiven Last durch einen in der Nachbarschaft des PNP-Transistors platzierten NPN-Transistors. Sobald nämlich dessen Kollektor-Substrat-Diode durch „Unterschwingen" in Durchlassrichtung gepolt wird, werden Elektronen vom Kollektor ins Substrat emittiert, die von der Basis des PNP-Transistors (N-Epi-Gebiet) eingefangen werden. Deshalb gilt auch hier wieder die wichtige Layout-Regel:

> **Hinweis**
>
> **Wichtige Layout-Regel:**
>
> Im Layout möglichst viele Substratkontakte vorsehen und das Substrat niederohmig mit Masse verbinden, um den Substratwiderstand zwischen einer geerdeten Epi-Wanne und dem Substrat gering zu halten, siehe R1 in Abbildung 8.93.

Eine ähnliche Situation, wie sie in Abbildung 8.93 dargestellt ist, kann auch entstehen, wenn die N-Wanne in Abbildung 8.93 den Kollektor eines NPN-Transistors bildet und dieser in die Spannungssättigung geschaltet wird.

Mit Abbildung 8.93 vergleichbar sind noch weitere Arrangements von Bauelementen. So kann z. B. ein diffundierter Widerstand die Rolle des PNP-**Emitters** übernehmen, wenn ein Ende direkt mit der positiven Versorgungsspannung verbunden ist, der Wannenanschluss, der die Basis bildet, aber weit entfernt angeordnet ist. Die Emitter-Basis-Strecke ist dann zwar durch einen Widerstand überbrückt, doch eine Latch-Gefahr ist nicht ausgeschlossen. Hieraus kann eine weitere Layout-Regel abgeleitet werden:

> **Hinweis**
>
> **Wichtige Layout-Regel:**
>
> Wird ein Ende eines diffundierten Widerstandes mit der positiven Versorgungsspannung verbunden, sollte der Epi-Wannenanschluss möglichst dicht an dieser Stelle erfolgen. Der Buried-Layer sollte nicht fehlen.

Eine weitere, eher allgemeingültige Regel kann wie folgt formuliert werden:

> **Hinweis**
>
> **Allgemeine Layout-Regel:**
>
> Beim Platzieren der Bauelemente sollte darauf geachtet werden, dass p-Gebiete, die mit der positiven Versorgungsspannung verbunden sind, einen möglichst großen Abstand von n-dotierten Bereichen haben, die direkt am GND-Potential liegen!

In besonders kritischen Situationen, z. B. in Projekten, die induktive Lasten schalten, reichen die bisher besprochenen Maßnahmen oft nicht aus. Dann müssen durch sogenannte Guard-Ringe die injizierten Minoritätsträger eingefangen werden, **bevor** sie in anderen Elementen Ströme hervorrufen. Solche Abschirmungen sind besonders wirkungsvoll, wenn sie die Störquelle in möglichst geringem Abstand komplett umschließen. Abbildung 8.94 zeigt ein Beispiel. Hier ist der Transistor, der z. B. beim Schalten induktiver Lasten Elektronen ins Substrat injiziert, in einer **Chipecke** platziert. Etwa die Hälfte der emittierten Elektronen fließt dann zum Chiprand und rekombiniert bereits dort. Außerdem muss der Guard-Ring dann nicht komplett geschlossen sein. Dadurch kann Chipfläche gespart werden. Der Abschirmring sollte nach Möglichkeit den Buried-Layer BL und den Sinker DN+ enthalten, auch wenn dadurch die erforderliche Chipfläche etwas größer wird. Je ausgedehnter und je tiefer der Schutzring ausgelegt wird, desto wirkungsvoller kann er Elektronen einfangen.

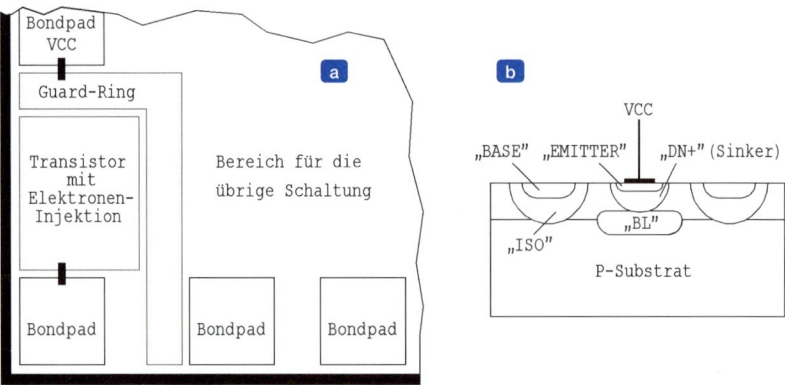

Abbildung 8.94: Einfang von Minoritätsladungsträgern durch einen Guard-Ring, der mit der positiven Versorgungsspannung verbunden ist. (a) In einer Chipecke muss der Abschirmring nicht notwendig geschlossen sein. (b) Querschnitt durch den Guard-Ring.

Die Injektion von Elektronen ins p-leitende Substrat durch ein Epi-Gebiet, dessen Potential negativer wird als das des Substrats, kann nicht nur einen Latch-Vorgang auslösen. Auch andere Schaltungsteile auf dem Chip können empfindlich **gestört** werden. Die in Abbildung 8.94 skizzierte Guard-Ring-Methode kann diese Probleme zwar nicht komplett lösen, sie aber erheblich entschärfen. Etwa 90 % bis 99 % der emittierten Ladungsträger können eingefangen und zur positiven Versorgungsspannung abgeleitet werden. Um Störungen durch Minoritätsladungsträger noch weiter zu reduzieren, werden empfindliche Schaltungsteile oft zusätzlich von einem Guard-Ring umschlossen.

Latch-Up in CMOS-Schaltungen In CMOS-Designs ist der Latch-Mechanismus grundsätzlich vergleichbar mit dem für bipolare Schaltungen. Wie Abbildung 8.95 am Beispiel eines einfachen CMOS-Inverters verdeutlicht, sind Vierschicht-Strukturen vom Prinzip her nicht zu vermeiden. Das Problem erfordert deshalb besonders während der Layout-Phase große Aufmerksamkeit. Anhand von Abbildung 8.95 soll zunächst noch einmal erklärt werden, durch welche Umstände ein Latch-Up eingeleitet werden kann. Anschließend werden dann einige für CMOS charakteristische Gegenmaßnahmen besprochen.

8.6 Parasitäre Effekte

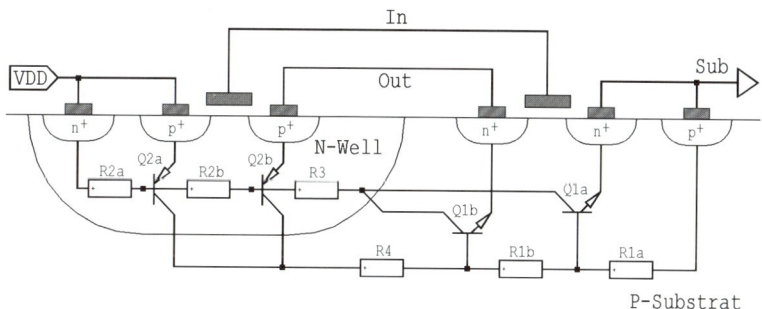

Abbildung 8.95: Schnitt durch einen CMOS-Inverter. Die wichtigsten parasitären Elemente, die für den Latch-Up verantwortlich sind, sind eingezeichnet.

Wenn die Drain-Substrat-Diode des NMOS-Transistors z. B. durch ein „Unterschwingen" des Ausganges, Knoten „Out", in Durchlassrichtung gepolt wird, werden Elektronen ins p-leitende Substrat emittiert. Sie werden von der an positiver Spannung liegenden N-Well-Wanne, dem Kollektor des parasitären NPN-Transistors Q1b, „eingesammelt". Die N-Well-Wanne ist gleichzeitig die Basis der beiden parasitären PNP-Transistoren Q2a und Q2b. Durch Q2a wird der Strom entsprechend dessen Stromverstärkung vergrößert zurückgekoppelt und gelangt über die Widerstände R4 und R1b an die Basis von Q1a. Zum Latch-Up kann es kommen, wenn der ursprünglich eingeleitete Injektionsstrom groß genug war, am Widerstand R2a einen hinreichend großen Spannungsabfall zu erzeugen, den Transistor Q2a aufzusteuern **und** auch der zurückgelieferte Strom am Widerstand R1a so viel Spannung aufbaut, dass Q1a durchschalten kann. Ausgehend von diesem Mechanismus wird deutlich, welche Layout-Maßnahmen zur Reduzierung der Latch-Gefahr beitragen. Grundsätzlich stehen drei Möglichkeiten zur Verfügung:

> **Hinweis**
>
> **Design-Regeln zur Verringerung der Latch-Gefahr in CMOS-Schaltungen**
>
> **1.** Widerstandswert von R1a möglichst gering machen
>
> Der Basis-Emitter-Widerstand R1a des parasitären NPN-Transistors Q1a in Abbildung 8.95 kann durch einen kleinen Abstand zwischen Source-Anschluss und Substratkontakt gering gehalten werden. Abbildung 8.96a zeigt dies für einen NMOS-Transistor, wie er z. B. in digitalen Gattern verwendet wird. Für Transistoren, die an Bondpads geführt werden, reicht diese Maßnahme nicht aus. Sehr viel wirkungsvoller ist es, den Transistor komplett mit einem stark p-dotierten Ring (z. B. Layer AA und PPLUS im CM5-Prozess) zu umgeben und diesen mit möglichst vielen Substratkontakten über Metall an Masse zu legen, siehe hierzu Abbildung 8.96c.

Layout

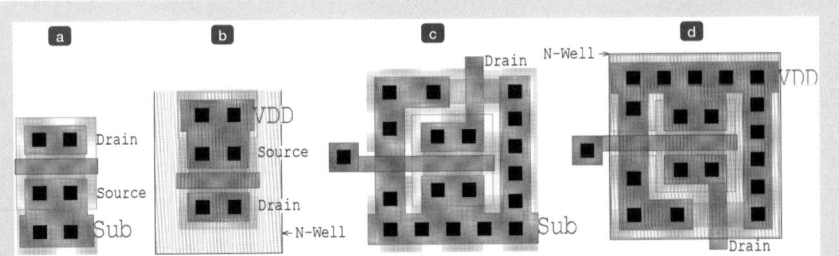

Abbildung 8.96: (a) NMOS-Transistor. (b) PMOS-Transistor. (c) NMOS-Transistor mit P$^+$-Guard-Ring. (d) PMOS-Transistor mit N$^+$-Guard-Ring. Es wird empfohlen, die Datei MOS-Guard.tdb zu öffnen, um Details besser erkennen zu können.

2. Widerstandswert von R2a möglichst gering machen

Der Basis-Emitter-Widerstand R2a des parasitären PNP-Transistors Q2a in Abbildung 8.95 kann durch einen geringen Abstand zwischen dem N-Well-Wannenkontakt und dem Source-Anschluss gering gehalten werden. Abbildung 8.96b zeigt dies für einen PMOS-Transistor, wie er z. B. in digitalen Gattern verwendet wird. Für Transistoren, die an Bondpads geführt werden, reicht diese Maßnahme nicht aus. Sehr viel wirkungsvoller ist es, den Transistor komplett mit einem stark n-dotierten Ring (z. B. Layer AA und NPLUS im CM5-Prozess) zu umgeben und diesen mit möglichst vielen N-Well-Kontakten über Metall an VDD zu legen, siehe Abbildung 8.96d.

3. Reduzierung der Stromverstärkungen der parasitären Transistoren

Die Stromverstärkung kann durch größere Abstände zwischen den NMOS-Transistoren und der N-Well-Wanne reduziert werden. Obwohl dies bei digitalen Gattern aus Platzgründen wenig praktikabel ist, kann bei analogen Schaltungen der Abstand zwischen PMOS- und NMOS-Transistoren oft dadurch vergrößert werden, dass Widerstände und Kondensatoren zwischen ihnen angeordnet werden, siehe Abbildung 8.97. Es wird empfohlen, sich als Beispiel das Layout einer Verstärkerschaltung anzusehen. Man öffne hierzu die Datei CM5OTA02.tdb.

Layout

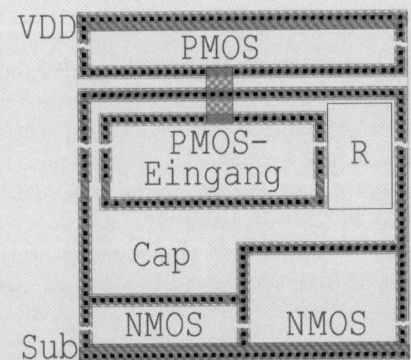

Abbildung 8.97: PMOS- und NMOS-Transistoren sind durch andere Bauelemente voneinander getrennt. Die PMOS-Eingangstransistoren erhalten eine eigene N-Well-Wanne, die über die zweite Metallebene (MET2) an VDD angeschlossen ist. Wesentliche Teile der Schaltung sind innerhalb eines stark n-dotierten Rahmens angeordnet und viele Kontakte sorgen für eine gute Verbindung des Guard-Rings zum Substrat.

Außerdem gilt auch hier, wie bei bipolaren Designs, die allgemeingültige Regel:

> **Hinweis**
>
> **Allgemeine Design-Regel:**
>
> Beim Platzieren der Bauelemente sollte darauf geachtet werden, dass P-Gebiete, die mit der positiven Versorgungsspannung verbunden sind, einen möglichst großen Abstand von n-dotierten Bereichen haben, die direkt am GND-Potential liegen!

Zum Abschluss dieses Abschnittes soll noch eine weitere, ebenfalls sehr allgemeine Regel nicht unerwähnt bleiben:

> **Hinweis**
>
> **Verwendung freier Chipflächen:**
>
> Nachdem das Layout fertiggestellt ist, können freie Chipflächen dazu benutzt werden, die Kapazität zwischen den Versorgungsleitungen VDD (bzw. VCC) und GND zu vergrößern. Dazu werden z. B. in einem CMOS-Prozess in der Nähe der VDD-Leitung zusätzliche N-Well Wannen platziert, mit möglichst vielen Kontakten versehen und mit VDD verbunden. Leicht von der GND-Leitung erreichbare Flächen werden analog mit „Masse" verbunden, um Potentialverwerfungen des Substrats zu reduzieren. Durch diese einfache Maßnahme werden nicht nur Spannungsspitzen durch die vergrößerte Shunt-Kapazität etwas verringert, sondern auch eventuell umhervagabundierende Minoritätsladungsträger eingefangen.

8.7 Layout-Verifikation

Das fertige Layout enthält die wesentlichen Informationen, die für die Maskenherstellung erforderlich sind. Es besteht aus einer Ansammlung von Rechtecken, Polygonen, Leitungen (Wires) der verschiedenen Prozess-Layer, die alle in einer wohlgeordneten Beziehung zueinander stehen müssen. Damit eine integrierte Schaltung wirtschaftlich gefertigt werden kann, muss das zugehörige Layout neben der sorgfältigen Beachtung der im *Abschnitt 8.5* besprochenen Regeln zwei entscheidende Bedingungen erfüllen:

1. Alle vom Halbleiterhersteller geforderten Design-Rules müssen eingehalten werden. Hierbei handelt es sich im Wesentlichen um die **geometrischen Abmessungen** der Prozess-Layer und ihre Beziehungen zueinander.

2. Der elektrische Stromlaufplan, d. h. die **Schaltung**, des zu integrierenden Projektes muss durch das Layout fehlerfrei wiedergegeben werden.

Zur Absicherung dieser Forderungen folgt nach der Layout-Erstellung eine umfangreiche Überprüfung. In den folgenden Abschnitten soll dies erörtert werden.

8.7.1 Design-Rule-Check

Zur Überprüfung der geometrischen Abmessungen der einzelnen Prozess-Layer wird zum Schluss der Layout-Arbeit stets ein Design-Rule-Check (DRC) durchgeführt. Über das Prinzip wurde bereits im *Abschnitt 8.3* berichtet. Deshalb reicht es an dieser Stelle aus, nur noch einige Ergänzungen hinzuzufügen.

Region-Only-Check

Die meisten Design-Werkzeuge verfügen über die Möglichkeit, entweder die gesamte Zelle zu prüfen oder nur einen kleinen, z. B. einen mit der Maus durch ein Rechteck umrandeten Teil zu überprüfen. Der sogenannte **Region-Only-Check** wird gern bei größeren Zellen mit vielen erwarteten Fehlern angewendet. Es kann nämlich durchaus vorkommen, dass ein DRC mehrere Hundert Fehler ausweist und man geschockt davor sitzt und meint, die Übersicht zu verlieren. Oft handelt es sich aber nur um Wiederholungsfehler. Vor allem in Layouts mit vielen Kontaktreihen, wie z. B. bei CMOS-Designs, kommt es vor, dass ein Layer vergessen wurde oder eine ganze Kontaktreihe zu dicht an der Kante eines Layers platziert wurde. Dann wird am besten die Option **Region-Only-Check** gewählt. Dabei wird der DRC auf eine geringere Fläche beschränkt und dadurch die angezeigte Fehlerzahl reduziert. Die Probleme sind dann meist schneller zu analysieren und zu beseitigen.

Von dieser Möglichkeit wird auch Gebrauch gemacht, wenn z. B. für den Pad-Rahmen, der vom Halbleiterhersteller zur Verfügung gestellt wurde, andere Design-Rules gelten, diese aber nicht ins Layout-Werkzeug implementiert sind. Dann kann die gesamte **Chip-Peripherie von einem DRC ausgeschlossen** werden. In den meisten solchen Fällen führt der Halbleiterhersteller als Dienstleistung einen kompletten Design-Rule-Check durch. Dies ist aber unbedingt im Vorfeld abzuklären.

Fehler-Report

Wenn Design-Rule-Verletzungen aufgetreten sind, wird man sich diese in der Regel direkt auf dem Bildschirm anzeigen lassen. Das erleichtert die Arbeit, den Fehler zu analysieren und zu korrigieren. Es gibt aber auch die Möglichkeit, einen **Fehler-Report** in Form einer Textdatei abzulegen. Darin werden der Fehlername und die Koordinaten gespeichert. Dies kann für die Dokumentation ganz nützlich sein. Eine solche Datei kann aber auch hilfreich sein, Fehler konsequent der Reihe nach zu korrigieren. Die Layout-Werkzeuge enthalten nämlich einen sogenannten **Error Browser**; z. B. in L-Edit das Kommando: **Find Object** (Shortcut `Strg` `F`). Der Fehlername, oft eine Ziffernfolge entsprechend der Dezimalklassifikation (Beispiel: 3.2.4) oder Ähnliches, wird eingegeben und der entsprechende Fehler wird auf dem Bildschirm angezeigt und **markiert**. So ist es möglich, einen Fehler nach dem anderen abzuarbeiten.

8.7.2 Layout-Versus-Schematic (LVS)

Das fertige physikalische Layout stellt, wie anfangs schon erwähnt, eine Ansammlung von Rechtecken, Polygonen, Leitungen usw. verschiedener Layer dar. Die Aufgabe besteht nun darin zu überprüfen, ob dieses Layout die ursprüngliche Schaltung richtig wiedergibt. Dazu enthalten die meisten Design-Tools zwei wichtige Zusatzwerkzeuge:

1. **Extract**: Erkennung der Bauelemente und Knoten (Verbindungsleitungen) aus dem Layout und Erstellung einer Netzliste;
2. **LVS** (**Layout-Versus-Schematic**): Vergleich der extrahierten Netzliste aus dem Layout mit der Original- oder Referenznetzliste der Schaltung.

8.7 Layout-Verifikation

Für die spätere fehlerfreie Funktion des entworfenen Schaltkreises ist die Übereinstimmung beider Netzlisten eine notwendige Voraussetzung. Viele Design-Tools bieten darüber hinaus noch die Möglichkeit, für die sogenannte **Post-Layout-Simulation** (Netzlistenextraktion nach Fertigstellung des Layouts und anschließende Simulation) auch zusätzlich die Extraktion der parasitären Leitungswiderstände und -kapazitäten mit einzubeziehen.

Netzlistenextraktion aus dem Layout

Die einzelnen Bauelemente werden als **Transistoren**, **Widerstände**, **Kondensatoren** usw. erkannt und als diskrete Komponenten extrahiert. Zusammen mit den ermittelten Knoten wird eine Netzliste erstellt, die alle für die Weiterverarbeitung nötigen Informationen des Designs enthält. Bei den bipolaren Transistoren können z. B. die Emitter-Flächen ermittelt werden, und bei den MOS-Transistoren liefert das Programm die geometrischen Abmessungen wie Kanalweite und -länge sowie die Flächen und Randlängen der Drain- und Source-Gebiete. Für Widerstände und Kondensatoren können direkt deren Werte berechnet werden.

Die Instruktionen für die Netzlistengenerierung werden in der Regel in Form eines **Extract-Definition-Files** bereitgestellt, auf das das Programm zugreifen kann. Es enthält eine Liste der zu erkennenden Verbindungen und eine Beschreibung der Schaltungselemente. Bevor die Extraktion näher erläutert wird, wird ein Beispiel zur Erklärung vorangestellt.

Es soll z. B. ein NMOS-Transistor eines N-Well-CMOS-Prozesses **erkannt** werden. Er enthält folgende **Einzelteile**:

- einen Kanal, der zugleich den NMOS-Transistor repräsentiert;
- einen n-dotierten Drain-Pin (D), der den Kanal an einem Ende gerade **berührt**;
- einen Gate-Pin (G), z. B. aus Polysilizium direkt **über** dem Kanal;
- einen n-dotierten Source-Pin (S), der den Kanal am anderen Ende **berührt**; und
- ein Bulk-Gebiet **unter** dem Transistor mit einem von oben erreichbaren Anschluss (B).

Wenn der Extractor eine solche Konfiguration aus Polygonen im Layout findet, soll für den **erkannten** NMOS-Transistor eine der SPICE-Syntax entsprechende Netzlistenzeile im **Ausgangs-File** erscheinen.

Im Folgenden soll dies etwas näher erläutert werden. Dabei möge wieder ein NMOS-Transistor als Beispiel dienen. Zusätzlich soll aber auch ein bipolarer Transistor betrachtet werden. Zunächst werden die Erkennung eines Bauelementes und dessen Anschlüsse beschrieben und anschließend der prinzipielle Aufbau des **Extract-Definition-Files**. Ein kleines Beispiel und die Verwendung der Studentenversion des Layout-Werkzeuges **L-Edit** der Firma Tanner schließen schließlich den Abschnitt ab.

Erkennungs-Layer für Bauelemente Für die Bauelementerkennung ist ein sogenanntes **Erkennungs**-Polygon erforderlich, das meist aus anderen Layern erzeugt wird. Für das Beispiel „NMOS-Transistor" bietet es sich an, den Kanal mit dem Transistor zu identifizieren und das Kanalpolygon einfach aus Masken-Layern **abzuleiten**. Dieser **Erkennungs-Layer** (**Recognition Layer** oder kurz: R-Layer) erhält hier den Namen Nmos (verabredete Schreibweise: ein großer Anfangsbuchstabe, ansonsten klein, siehe **Verabredung** im *Abschnitt 8.3.1*).

Im Prinzip ergibt sich der Kanal aus der UND-Verknüpfung der Layer **Active Area** und **Polysilizium**, siehe Abbildung 8.98. Zur Unterscheidung zum PMOS-Transistor wird noch der Layer für die N-Dotierung hinzugenommen. Für den in diesem Buch verwendeten CM5-Prozess könnte der Erkennungs-Layer dann wie folgt gebildet werden:

```
Nmos = AA ∧ POLY1 ∧ NPLUS
```
(8.110a)

Da ein normaler CMOS-Prozess auch die Konstruktion eines NMOS-Transistors für höhere Spannungen zulässt, bei dem das Kanalende in ein N-Well-Gebiet hineinreicht, wird der Layer Nmos zur Unterscheidung etwas komplexer erzeugt:

```
Nmos = AA ∧ POLY1 ∧ NPLUS ∧ Not(NWELL) ∧ Not(HV)
```
(8.110b)

Auf Einzelheiten zu dem Hoch-Volt-Transistor soll an dieser Stelle nicht eingegangen werden. Der prinzipielle Aufbau eines solchen Transistors ist aber in der kurzen Prozessbeschreibung CM5_Design.pdf zu finden.

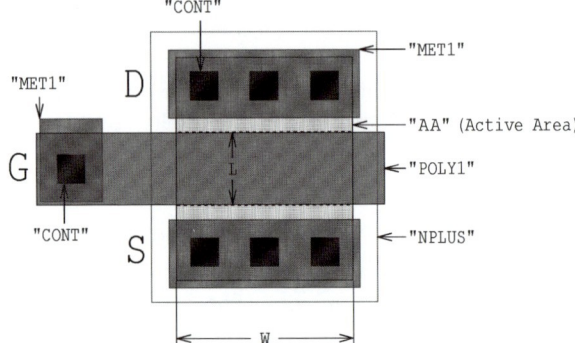

Abbildung 8.98: Zur Extraktion eines NMOS-Transistors im CM5-Prozess; die Berührungskante zwischen dem Kanal und dem Drain- bzw. dem Source-Anschluss ist gestrichelt (---) angedeutet.

Der Erkennungs-Layer kann in diesem Fall direkt aus Masken-Layern erzeugt werden. Schwierigkeiten können sich aber ergeben, wenn der R-Layer nicht widerspruchsfrei aus den zur Verfügung stehenden Masken-Layern gebildet werden kann. Dies kann z. B. für laterale PNP-Transistoren, spezielle Widerstände oder Standardzellen gelten. In solchen Fällen sind **zusätzliche Hilfs-Layer** erforderlich oder der gesamte R-Layer muss von Hand in das Design eingezeichnet werden. Obwohl eventuell notwendige Hilfs-Layer nicht zur Maskenherstellung benötigt werden, sollen sie dennoch nur mit großen Buchstaben geschrieben werden. Es sind ja keine abgeleiteten Layer.

Der betrachtete NMOS-Transistor ist ein **lateral** wirkendes Bauelement. Zum Vergleich soll noch gezeigt werden, wie ein **vertikales** Bauelement, z. B. ein bipolarer NPN-Transistor, **erkannt** werden kann, siehe Abbildung 8.99. Zugrunde gelegt wird der im Rahmen dieses Buches verwendete C36-Bipolar-Prozess. Das Bauelement soll, wenn es extrahiert wird, als NPN-Transistor mit den Anschlüssen **Kollektor**, **Basis**, **Emitter** und **Substrat** in der Netzliste erscheinen.

8.7 Layout-Verifikation

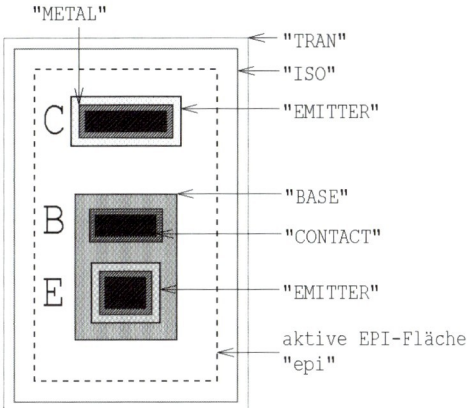

Abbildung 8.99: Zur Extraktion eines NPN-Transistors im C36-Bipolar-Prozess; die aktive Epi-Fläche (abgeleiteter Layer epi) ist gestrichelt (---) angedeutet und der Buried-Layer ist nicht dargestellt.

Das **Erkennungs**-Polygon soll hier den Namen Qnpn erhalten. Der normale NPN-Transistor wirkt **vertikal**; die Schichtenfolge ist: N-**Emitter**, P-**Basis**, N-Epi (**Kollektor**) und P-**Substrat**. Da der Emitter-Strom im Wesentlichen durch die **Emitter-Fläche** bestimmt wird, bietet es sich hier an, den R-Layer durch die UND-Verknüpfung der Prozess-Layer BASE und EMITTER zu bilden. Die laterale Emitter-Diffusion führt jedoch zu einer Vergrößerung der **effektiven** Emitter-Fläche. Dies kann mithilfe der GROW-Funktion berücksichtigt werden. Bei einer Diffusionstiefe des Emitters von etwa 2 μm kann mit einer Ausdehnung von ca. $0{,}8 \cdot 2\ \mu m = 1{,}6\ \mu m$ gerechnet werden. Zusätzlich werden noch zwei Hilfs-Layer verwendet: TRAN – siehe Abbildung 8.99 – und IGNORE. Der erstgenannte Layer ist notwendig, da die Schichtenfolge der Layer BASE und EMITTER auch bei einem niederohmigen Emitter-dotierten Widerstand vorkommt und die UND-Verknüpfung durch die beiden Layer allein nicht eindeutig wäre. Durch den zweiten Hilfs-Layer können Bauelemente von der Extraktion ausgeschlossen (ignoriert) werden. Damit wird der Erkennungs-Layer für den vertikalen NPN-Transistor wie folgt konstruiert:

Qnpn = (Grow 1.6)EMITTER ∧ BASE ∧ (Grow -11)TRAN ∧ Not(IGNORE)   (8.111)

Zu bemerken wäre noch, dass der Hilfs-Layer TRAN hier auch zur **Zellumrandung** dient und deshalb auf der Mittellinie des Isoliergrabens verläuft. Damit Emitter-dotierte Widerstände, die im Isoliergraben z. B. als Leitungstunnel untergebracht sind (siehe Abbildung 8.60b), nicht auch als Transistoren gedeutet werden, wird der Layer TRAN in seiner Ausdehnung mithilfe der Funktion Grow um 11 μm **verkleinert**; deshalb das negative Vorzeichen, also −11 μm. Das gewählte Maß ist unkritisch; es hat keine Bedeutung für die Transistorabmessungen. Ein weiteres Problem kann ein vertikaler PNP-Transistor bereiten, dessen Basis-Anschluss (Layer EMITTER) ohne Abstand an den Emitter (Layer BASE) grenzt (Beispiel: Zelle C3ZP09A im File C36_Cells.tdb). Durch die Berücksichtigung der lateralen Emitter-Ausdehnung von 1,6 μm ((Grow 1.6)EMITTER) in Gleichung (8.111) kommt es zu einer Überschneidung zwischen den Layern EMITTER und BASE und damit zum Erkennen eines in Wahrheit nicht vorhandenen NPN-Transistors. Um dies zu vermeiden, werden die beiden Layer EMITTER und BASE in Gleichung (8.111) zusammengefasst:

emitterbase = EMITTER ∧ BASE   (8.112)

und dann gemeinsam um 1,6 μm vergrößert:

Qnpn = (Grow 1.6)emitterbase ∧ (Grow -11)TRAN ∧ Not(IGNORE)   (8.113)

Layout

Bauelementanschlüsse Die Bauelementanschlüsse müssen direkt an die R-Layer der Bauelemente **angrenzen**, entweder in lateraler oder in vertikaler Richtung. Im Falle des NMOS-Transistors sind die Drain- und Source-Flächen entsprechend Abbildung 8.98 gerade die Bereiche innerhalb des Active-Area-Layers, die **nicht** vom Gate abgedeckt werden. Sie **berühren** damit direkt den Kanalbereich. Dies ist in Abbildung 8.98 gestrichelt angedeutet. Für den CM5-Prozess können sie wie folgt aus Masken-Layern abgeleitet werden:

ndiffnode = AA ∧ NPLUS ∧ Not(POLY1) (8.114)

Sie können damit als Erkennungs-Layer für den **Drain**- bzw. **Source**-Anschluss herangezogen werden.

Bei einem normalen NMOS-Transistor wird nicht zwischen Drain und Source unterschieden. Muss jedoch z. B. Drain aus irgendeinem Grund besonders gekennzeichnet werden, ist dies nur mithilfe eines zusätzlichen **Hilfs**-Layers möglich. Beispiel für den **Drain**-Anschluss mit Verwendung des Hilfs-Layers DRAIN:

drainnode = ndiffnode ∧ DRAIN (8.115)

Als **Gate**-Anschluss bietet sich z. B. der durch Gleichung (8.110a) bzw. (8.110b) definierte Kanal an, der zugleich R-Layer des Transistors ist. Direktes Verwenden des POLY-Layer ist aber auch möglich. Damit könnte im **Extract-Definition-File** sogar eine **Connect**-Zeile gespart werden, die die Verbindung zwischen dem POLY-Layer und dem Gate-Anschluss definiert (siehe Abschnitt „Extract-Definition-File"). Wenn jedoch mittels des POLY-Layers auch Widerstände gebildet werden – dies ist z. B. im CM5-Prozess der Fall –, muss dies berücksichtigt werden. Für normale POLY-Verbindungsleitungen und damit auch für den Gate-Anschluss wird deshalb der folgende abgeleitete Layer verwendet:

poly1d = POLY1 ∧ Not(RESDEF) ∧ Not(HRES) (8.116)

Hierin sind RESDEF und HRES zwei Hilfs-Layer für POLY-Widerstände. Wo keine Widerstände erkannt werden müssen, ist der Layer poly1d identisch mit dem POLY-Layer POLY1.

Bei einem N-Well-CMOS-Prozess ist das p-leitende Substrat gleichzeitig **Bulk**-Gebiet des NMOS-Transistors. Als **Bulk**-Anschluss könnte der **invertierte** N-Well-Layer Not(NWELL) dienen. Möglich ist auch die Einbeziehung des Bereiches unter dem Well-Layer, also die Verwendung des **gesamten** Substrates. Es kann durch eine ODER-Verknüpfung des Layers NWELL mit seiner Negation Not(NWELL) gebildet werden:

suball = Not(NWELL) ∨ NWELL (8.117)

Auch für das zweite Beispiel, den bipolaren NPN-Transistor, sollen die Bauelementanschlüsse kurz erläutert werden. Im Falle eines Standard-Bipolar-Prozesses ist die durch den Layer ISO begrenzte Epi-Wanne der **Kollektor** des NPN-Transistors. Zur Erinnerung: Der Layer ISO wird **invers** gezeichnet. Deshalb bietet sich das **ISO-Polygon** zur Definition des Epi-Bereiches und des **Kollektor**-Anschlusses an. Infolge der lateralen Ausdehnung der Isolierdiffusion wird der **aktive** Epi-Bereich **reduziert**. Beim C36-Prozess wird die Isolierdiffusion etwa 12 μm in die Tiefe getrieben. Das Polygon des **effektiven** Epi-Layers, das den Namen epi erhält, muss deshalb um das Maß der lateralen Diffusion von etwa $0{,}8 \cdot 12\ \mu m = 9{,}6\ \mu m$ verkleinert werden. Es gilt:

epi = (Grow -9.6)ISO (8.118)

8.7 Layout-Verifikation

Der **Basis**-Anschluss ist innerhalb einer Transistorzelle identisch mit dem Layer BASE. Unter Zuhilfenahme des oben schon erwähnten Zusatz-Layers TRAN gilt dann:

npnbase = TRAN ∧ BASE (8.119)

Für den **Emitter**-Anschluss bietet es sich an, den R-Layer Qnpn des Transistors zu verwenden. Er begrenzt den Transistor am oberen Ende und bestimmt gleichzeitig die Ausdehnung der Emitter-Fläche. Die laterale Ausdehnung des Emitters ist dann bereits berücksichtigt.

Als **Bulk**-Anschluss kann, genau wie beim NMOS-Transistor, das **gesamte** Substrat dienen:

suball = ISO ∨ Not(ISO) (8.120)

Diese beiden Beispiele mögen für das Verständnis der Bauelementerkennung genügen. Als Nächstes soll nun erklärt werden, wie das Extraktions-File im Prinzip aufgebaut ist.

Extract-Definition-File Es handelt sich um eine normale Textdatei, die aber alle Informationen enthalten muss, die zum Erkennen der Bauelemente erforderlich sind. Die Syntax ist selbstverständlich abhängig vom verwendeten Programm. Da im Rahmen dieses Buches die Studentenversion des Programms L-Edit der Firma Tanner verwendet wird, soll der Aufbau des Extraktions-Files für dieses Programm beschrieben werden; aber auch nur das, was zum Verständnis unbedingt wichtig ist. Im Prinzip hat es für andere Programme ein ähnliches Aussehen.

Als Erstes muss man sich sehr sorgfältig überlegen, welche Bauelemente aus dem Layout extrahiert werden sollen. Am besten wird eine Liste erstellt. Sie hilft bei der Bildung der zur Bauelementerkennung erforderlichen Layer. Gemeint sind die R-Layer und die zugehörigen Anschluss-Layer. Als Nächstes ist es erforderlich, eine Beschreibung der sogenannten **Verbindungen** zu überlegen. Hierzu wird zunächst wieder ein einfaches Beispiel betrachtet: Angenommen, eine Metallleitung (Layer MET1 im CM5-Prozess) verbindet einen Drain-Knoten (z. B. Layer ndiffnode entsprechend Gleichung (8.114)) eines NMOS-Transistors mit einem anderen Bauelement. Damit diese Verbindungsstelle eindeutig einem Knoten in der Schaltung zugeordnet werden kann, ist es erforderlich dem Programm mitzuteilen, wie es an der genannten Stelle wirklich eine Verbindung der beiden Layer erkennen kann. Bekanntlich ermöglicht ein Kontaktloch im Oxid (hier der Layer CONT) den Stromübergang vom Silizium (hier der Layer ndiffnode) zum Metall (hier der Layer MET1). Dieser Sachverhalt wird im **Extract-Definition-File** durch eine sogenannte **Connect-Zeile** zum Ausdruck gebracht. Im Programm L-Edit werden als Argumente der Funktion „connect" zunächst die beiden zu verbindenden Layer genannt und anschließend der diese Verbindung vermittelnde Layer:

connect(ndiffnode, MET1, CONT) (8.121)

Es ist nun notwendig, alle möglichen Verbindungen durch eine **Connect-Zeile** aufzuschreiben. Diese **Connect-Rules** stehen praktisch am Anfang des **Extraktions-Files**. Vorangestellt wird nur ein sogenannter Titelblock (Header), der z. B. Angaben zum Prozess enthält, sonst aber nicht programmrelevant ist. Nach den **Connections** folgen die Beschreibungen der einzelnen Bauelemente. Zuerst wird der R-Layer genannt, gefolgt von den Anschlüssen, jeweils in einer neuen Zeile. Damit die geometrischen Abmessungen, z. B. die Kanallängen und -weiten, vom Programm ermittelt werden, muss dies durch die Anweisung „width" hinter den entsprechenden Anschlüssen angegeben werden. Den Abschluss einer Bauelementbeschreibung bildet ein Hinweis auf das zu verwendende Modell. Es reicht die

Angabe des Modellnamens. Möchte man erläuternden Text ins Extraktions-File schreiben, wird zu Beginn einer solchen Zeile nicht der Stern (*) wie bei SPICE, sondern das Doppelkreuz (#) verwendet. Ein solches **Extract-Definition-File** mit der Endung „.ext" hat dann etwa das folgende Aussehen:

```
# File:                    CM5.ext
# Technology Setup File:   CM5.tdb
#          .
#          .
# *************************************************************
# Connections according to Device Physics
#
Connect(ndiffnode, MET1, CONT)
Connect(pdiffnode, MET1, CONT)
connect(MET1, MET2, VIA)
           .
           .
           .
# *************************************************************
# Element Rules:
#
# NMOS Transistor with POLY1 gate
device = MOSFET(
               RLAYER = Nmos;
               Drain  = ndiffnode, WIDTH;
               Gate   = poly1d;
               Source = ndiffnode, WIDTH;
               Bulk   = suball;
               MODEL  = MN7;
               )
           .
           .
           .
# End
```

Wichtig ist die strikte Einhaltung der Form. Allerdings hat die Textformatierung praktisch keinen Einfluss. So können z. B. Leerzeichen die Übersicht verbessern. Ein End-Statement ist in L-Edit nicht erforderlich. Auf eine weitere Beschreibung der Syntax soll hier jedoch verzichtet werden. Für mehr Informationen sei auf das Handbuch zum Programm verwiesen, und die Extraktions-Files für die im Rahmen dieses Buches verwendeten Prozesse findet man im Technologie-Ordner (IC.zip). Dies sind die Files C14.ext, C36.ext und CM5.ext. Zusammen mit den zugehörigen kurzen Prozessbeschreibungen C14_Design.pdf C36_Design.pdf und CM5_Design.pdf besteht die Möglichkeit zu sehen, wie andere Bauelemente, z. B. Dioden, Widerstände und Kondensatoren, erkannt werden können. Eines wird dabei sicherlich deutlich: Je komplexer ein Prozess wird, desto mehr verschiedene Bauelemente können realisiert werden, desto schwieriger wird aber auch die Generierung der Erkennungs-Layer aus Prozess-Layern allein, und beim Formulieren der **Connections** besteht leicht die Gefahr, **Kurzschlüsse** zu produzieren. Durch Verwendung zusätzlicher **Hilfs-Layer** können aber praktisch alle, auch spezielle Bauelemente, erkannt werden.

Beispiel zur Extraktion und *elektrischen* Überprüfung

Es soll nun an einem einfachen Beispiel gezeigt werden, wie aus einem Layout eine SPICE-Netzliste extrahiert werden kann und wie diese dann zu einer simulierfähigen Circuit-Datei vervollständigt werden kann, mit dem Ziel, die elektrische Funktion überprüfen zu können. Für die Erklärung des Prinzips reicht das Design eines CMOS-Inverters vollkommen aus. Allerdings wird, abweichend von der in Abbildung 8.81 vorgestellten Schaltung, das Layout eines Inverters mit größeren Transistorabmessungen gewählt, siehe Abbildung 8.100, um noch auf einige Besonderheiten hinweisen zu können. Dennoch bleibt das Beispiel wegen der zwei Bauelemente so übersichtlich, dass das Ergebnis auch direkt auf seine Richtigkeit überprüft werden kann.

Simulation
Layout

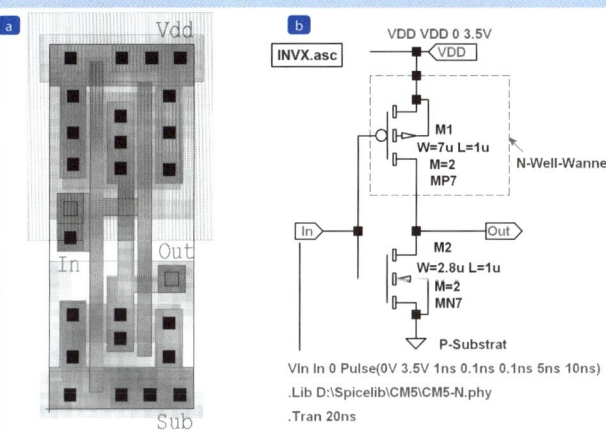

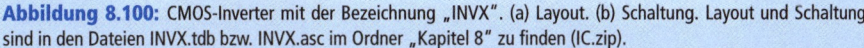

Abbildung 8.100: CMOS-Inverter mit der Bezeichnung „INVX". (a) Layout. (b) Schaltung. Layout und Schaltung sind in den Dateien INVX.tdb bzw. INVX.asc im Ordner „Kapitel 8" zu finden (IC.zip).

Für die Netzlistenextraktion eines fertigen Layouts – hier des Inverters INVX entsprechend Abbildung 8.100a – werde die Studentenversion des Programms L-Edit verwendet. Um den folgenden Text nicht durch programmspezifische Betrachtungen zu überfrachten, werden nur die für das Verständnis wirklich notwendigen Schritte beschrieben. Es wird aber empfohlen, alles selbst nachzuvollziehen:

1. Datei INVX.tdb mit L-Edit öffnen.
2. Design-Rule-Check; dieser sollte aus Sicherheitsgründen noch einmal durchgeführt werden.
3. Starten des Extraktwerkzeuges aus L-Edit heraus.
4. Optionen einstellen:
    a. General: Den Pfad für das **Extract-Definition-File** „CM5.ext" und das Ziel des **Output-Files** „INVX.spc" (z. B. „`D:\Temp\INVX.spc`") suchen bzw. angeben.
    b. Output **Write node names** und **Write shorted devices** sowie **Write nodes as Names** markieren. Näheres hierzu findet man im L-Edit-Handbuch.

c. Man kann auch die Device-Koordinaten angeben lassen (**Write device coordinates**). Hiervon wird in diesem Beispiel jedoch abgesehen.

d. **Write nodal parasitic capacitance** ermöglicht, die Leitungskapazitäten zum Knoten „0" (Masse) zu berechnen und in der Netzliste angeben zu lassen. Diese Option kann für die Post-Simulation ausgewählt werden. Da in diesem Beispiel sehr kleine Kapazitätswerte zu erwarten sind, wird die Option „capacitance less than 5 fF" umgestellt auf „0 fF". Die Leitungskapazitäten – jeweils mit einem Knoten gegen den Knoten „0" (Masse) – werden dann als zusätzliche Bauelemente in die Netzliste eingebaut. In praktischen Anwendungen werden parasitäre Bauelemente mit zu kleinen Werten besser unterdrückt, damit die Netzliste nicht unnötig lang wird.

e. Für alle anderen Optionen kann die Markierung herausgenommen werden.

f. Hinweis: In den neueren L-Edit-Versionen sind weitere sehr nützliche Optionen vorhanden. So ist es z. B. möglich, auch die Drain- und Source-Flächen und -Randlängen (Perimeter) der MOS-Transistoren ermitteln zu lassen. Die entsprechenden **parasitären Dioden** werden dann nicht als zusätzliche Bauelemente in der Netzliste eingetragen, wohl aber als ergänzende Bauelementattribute „AD" und „PD" bzw. „AS" und „PS" berücksichtigt. Dies muss jedoch bereits in der Extract-Definition-Datei CM5.ext vorbereitet sein. In der Studentenversion geht dies leider nicht!

5. Dann kann die Extraktion durch „Run" gestartet werden.

6. Das Ergebnis, d. h. die extrahierte Datei INVX.spc, ist eine normale Textdatei mit etwa dem folgenden Aussehen:

```
* Circuit Extracted by Tanner Research's L-Edit V7.12/Extract;
*
* - viele Kommentare sind hier weggelassen worden -
*
* NODE NAME ALIASES
*       1 = Sub (10.7,0.1)
*       2 = Vdd (10.7,26.4)
*       3 = In (2.3,11.5)
*       4 = Out (8.2,10.4)

Cpar1 Sub 0 1.917f
Cpar2 Vdd 0 2.2842f
Cpar3 In 0 4.46E-016
Cpar4 Out 0 1.55275f

M5 Vdd In Out Vdd MP7 L=1u W=7u
M6 Out In Vdd Vdd MP7 L=1u W=7u
M7 Sub In Out Sub MN7 L=1u W=2.8u
M8 Out In Sub Sub MN7 L=1u W=2.8u

* Total Nodes: 4
* Total Elements: 8
* Extract Elapsed Time: 0 seconds
.END
```

Diese Datei enthält neben etlichen Kommentarzeilen die gesuchte Netzliste zum Layout Abbildung 8.100a. Erkannt wurden nicht **zwei**, sondern insgesamt **vier** Transistoren: zwei NMOS- und zwei PMOS-Transistoren. Das ist auch so in Ordnung; jeweils zwei NMOS- und zwei PMOS-Transistoren sind parallel geschaltet. Auffällig ist jedoch, dass nicht zwischen Drain und Source unterschieden wird! Außerdem enthält die Datei vier parasitäre Leitungskapazitäten.

Die extrahierte Netzliste ist in der vorliegenden Form noch nicht simulierbar! Es fehlt neben einer Simulationsanweisung noch die **äußere** Beschaltung. Dies sind Spannungs- bzw. Stromquellen, Lastwiderstände usw. Am besten ist es, exakt die gleiche Beschaltung zu verwenden, wie sie in der Originalschaltung enthalten ist.

Es gibt nun verschiedene Wege, die Output-Datei weiterzuverarbeiten. Als recht nützlich hat es sich erwiesen, alle Bauelemente der extrahierten Netzliste zu einer **Subcircuit** zusammenzufassen, diese als Datei abzuspeichern und in einer zur Simulation vorbereiteten neuen Datei die gesamte Schaltung nur als **Subcircuit-Element** einzubauen. Als neue Simulationsdatei kann z. B. die Originaldatei der Schaltung verwendet werden. Die dort vorhandenen Schaltungsteile werden gelöscht und durch die Subcircuit ersetzt. Dieser Weg soll hier relativ allgemein, allerdings angewandt auf das vorliegende Beispiel beschrieben werden:

1. Die **Netzliste** der Output-Datei INVX.spc wird als **Subcircuit-Definition** umgeschrieben. Sie kann dann als solche gespeichert und später in die Simulationsdatei als **Subcircuit-Element** eingebaut werden.

Eine **Subcircuit-Definition** muss mit dem Statement „.Subckt", dem Namen sowie den Knoten, für die später ein Simulationsergebnis interessant sein könnte, beginnen, gefolgt von der Netzliste der Schaltung, und muss mit „.EndS" abschließen. Alles, was nicht benötigt wird, darf gelöscht werden. Sie könnte hier dann folgendes Aussehen haben:

```
.Subckt INVX In Out Vdd Sub
Cpar1 Sub 0 1.917f
Cpar2 Vdd 0 2.2842f
Cpar3 In 0 4.46E-016
Cpar4 Out 0 1.55275f

M5 Vdd In Out Vdd MP7 L=1u W=7u
M6 Out In Vdd Vdd MP7 L=1u W=7u
M7 Sub In Out Sub MN7 L=1u W=2.8u
M8 Out In Sub Sub MN7 L=1u W=2.8u
.EndS INVX
```

2. Dieser Teil wird mit dem Namen INVX.sub gespeichert; am einfachsten im selben Ordner, wo bereits die Output-Datei INVX.spc steht (z. B. in „Temp").

3. Aus der **Originalschaltung** Abbildung 8.100b wird eine **Circuit-Datei** erstellt. Für dieses Beispiel wird dazu die LT-SPICE-Schaltung (Datei INVX.asc, siehe Abbildung 8.100b) geöffnet und mittels „**View SPICE Netlist**" die folgende Netzliste auf den Bildschirm gebracht:

```
* D:\...\INVX.asc
M1 Out In VDD VDD MP7 W=7u L=1u M=2
M2 Out In 0 0 MN7 W=2.8u L=1u M=2
* INVX.asc
VDD VDD 0 3.5V
VIn In 0 Pulse(0V 3.5V 1ns 0.1ns 0.1ns 5ns 10ns)
.Lib D:\Spicelib\CM5\CM5-N.phy
.Tran 20ns
* N-Well-Wanne
* P-Substrat
.backanno
.end
```

Der eigentliche Schaltungsteil, hier nur die Zeilen mit den beiden **Inverter**-Transistoren M1 und M2, ist zur Verdeutlichung nachträglich durch Fettdruck hervorgehoben worden. Dieser Teil wird später durch die zuvor definierte Subcircuit, die aus dem Layout extrahiert wurde, ersetzt.

4. Die oben genannte, auf dem Bildschirm abgebildete Netzliste wird in die Zwischenablage kopiert und mit dem Namen „INVX.cir" als neue **Circuit-Datei** abgespeichert. Sie wird anschließend geöffnet und wie folgt abgeändert:

5. Die Elemente der Originalschaltung – hier nur die beiden Transistoren M1 und M2 des Inverters (durch Fettdruck hervorgehoben) – werden gelöscht. Stattdessen wird der Inverter als **Subcircuit** eingebaut:

```
X1 In Out Vdd Sub INVX
```

Achtung: Die **Reihenfolge** der Knoten (nicht die Knotennamen) muss mit der Subcircuit-Definition INVX.sub übereinstimmen und der Substratknoten muss mit dem Knoten „0" (Masse) verbunden werden! Entweder wird in der obigen Zeile „Sub" durch „0" ersetzt oder es wird ein sogenannter „Jumper" bzw. niederohmiger Widerstand R0 vorgesehen; z. B.:

```
R0 Sub 0 1m
```

Der Widerstand $R_0 = 1\ m\Omega$ stellt praktisch einen Kurzschluss dar. Der Wert selbst ist unkritisch.

Zusätzlich muss natürlich der Pfad für die Subcircuit-Datei INVX.sub angegeben werden:

```
.Lib D:\Temp\INVX.sub
```

> **6.** Die fertige Circuit-Datei hat hier schließlich das folgende Aussehen:
>
> ```
> * D:\...\INVX.asc
> X1 In Out Vdd Sub INVX
> R0 Sub 0 1m
> .Lib D:\Temp\INVX.sub
> * INVX.asc
> VDD VDD 0 3.5V
> VIn In 0 Pulse(0V 3.5V 1ns 0.1ns 0.1ns 5ns 10ns)
> .Lib D:\Spicelib\CM5\CM5-N.phy
> .Tran 20ns
> * N-Well-Wanne
> * P-Substrat
> .backanno
> .end
> ```
>
> Auch hier sind die Änderungen bzw. Ergänzungen zur Verdeutlichung durch Fettdruck hervorgehoben. Eventuell könnten noch einige Kommentarzeilen gelöscht werden, bevor die fertige Circuit-Datei dem Simulator übergeben wird.

Die hier beschriebene Vorgehensweise hat sich bewährt, da mit relativ wenigen Änderungen eine simulierfähige Circuit-Datei erstellt werden kann, und die Simulationsergebnisse sind direkt mit denen der Originalschaltung vergleichbar. Außerdem ist diese Methode sehr allgemein gehalten. Sie kann deshalb prinzipiell im Zusammenhang mit jedem beliebigen SPICE-Simulator angewendet werden.

In LT-SPICE bietet sich eine weitere, vielleicht noch übersichtlichere Methode an. Wenn in der Originalschaltung (mit der Endung „asc") die zu überprüfenden Schaltungsteile gelöscht und durch die oben beschriebene Subcircuit-Datei (durch Extraktion des Layouts gewonnen) ersetzt werden, kann der Simulator sofort gestartet werden. So gelingt ebenfalls sehr einfach ein Vergleich zwischen der extrahierten Netzliste und der Originalschaltung. Auch diese Vorgehensweise soll an dem obigen Beispiel gezeigt werden.

> ## Beispiel
>
> ### Einbau der extrahierten Netzliste als Subcircuit in die Simulationsschaltung:
>
> **1.** In der Originalschaltung mit dem Namen INVX.asc, siehe Abbildung 8.100b bzw. Abbildung 8.101a, werden die im Layout realisierten Schaltungsteile gelöscht, die „externe Beschaltung" aber beibehalten.
>
> **2.** Eintragen der durch Extraktion aus dem Layout gewonnenen Subcircuit „INVX" als Netzlistenzeile: `X1 In Out VDD 0 INVX`.
>
> **3.** Angabe des Speicherortes der Subcircuit-Datei INVX.sub:
>
> `.Lib D:\Temp\INVX.sub`
>
> Die derart geänderte Schaltung, siehe Abbildung 8.101b, wird unter einem neuen Namen gespeichert: z. B. INVX_L.asc.

4. Simulation starten und Ergebnis mit dem der Originalschaltung vergleichen. Stimmen beide hinreichend überein, kann davon ausgegangen werden, dass das Layout die Schaltung richtig wiedergibt.

Simulation

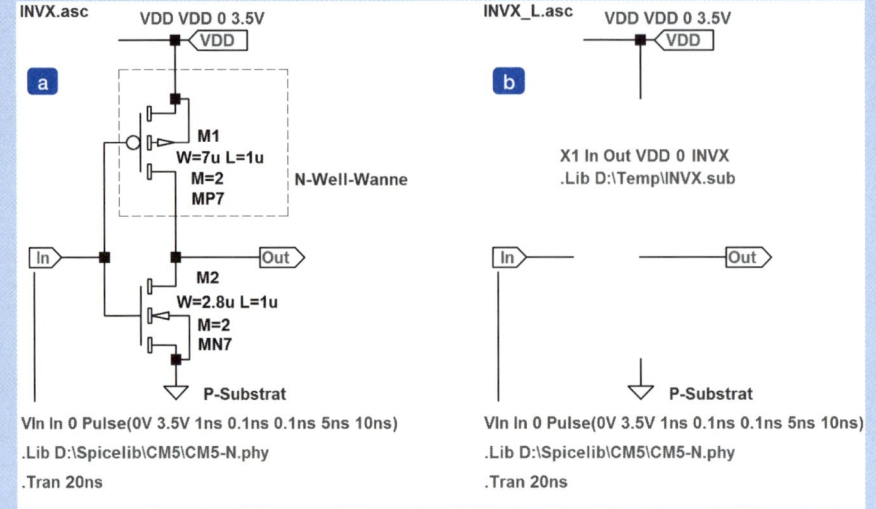

Abbildung 8.101: (a) Originalschaltung, siehe Abbildung 8.100b. (b) Die zu überprüfende Schaltung wird gelöscht und durch die aus dem Layout extrahierte Subcircuit-Datei ersetzt. Der Speicherort der Datei INVX.sub darf nicht vergessen werden: .Lib D:\Temp\INVX.sub.

Das Layout-Versus-Schematic-Werkzeug (LVS)

Bei einem komplexen Design können die extrahierte Roh-Netzliste und damit auch die oben beschriebene Subcircuit-Datei sehr lang werden. Für jedes einzelne vom Extractor erkannte Bauelement wird nämlich eine Netzlistenzeile angelegt. Ein in der Originalschaltung eingezeichneter Widerstand kann z. B. im Layout aus vielen in Reihe bzw. parallel geschalteten Einzelwiderständen zusammengesetzt sein. Auch MOS-Transistoren werden meist, wie das vorige Beispiel gezeigt hat, aus einzelnen Elementen gebildet. Dies wirkt sich naturgemäß nachteilig auf die Simulationszeit aus. Unter Umständen sind sogar Konvergenzprobleme zu erwarten. In solchen Fällen ist es sehr viel günstiger, auf eine andere Weise zu überprüfen, ob das Layout die Originalschaltung richtig wiedergibt. Dafür gibt es ein sehr nützliches Zusatzwerkzeug, den Netzlistenvergleicher „LVS" (**Layout-Versus-Schematic**). Er ist, wie der Name bereits andeutet, dazu gedacht, zwei SPICE-Netzlisten miteinander zu vergleichen. Die aus dem Layout extrahierte Netzliste kann z. B. mit der Referenznetzliste der Schaltung verglichen werden. Stimmen beide überein, kann davon ausgegangen werden, dass das Layout bezüglich der Schaltungselemente in Ordnung ist. Es ist dann nicht erforderlich, die lange extrahierte Netzliste zur Simulation vorzubereiten. Wenn allerdings die aus dem Layout extrahierten parasitären Elemente mitsimuliert werden sollen (Post-Simulation), müssen diese nachträglich in die Originaldatei eingebaut werden. Diese bleibt dann aber immer noch kleiner als die komplette extrahierte Netzliste.

Das Werkzeug LVS ist nun in der Lage, einerseits zwei Netzlisten miteinander zu vergleichen, andererseits aber auch zusammengeschaltete Bauelemente zu erkennen, zu einem Ersatzelement zusammenzufassen und erst dann den Vergleich mit der Referenzdatei vorzunehmen. Durch mehrere wählbare Optionen kann der LVS gezielt auf das zu bearbeitende Problem eingestellt werden. So können z. B. auch zulässige Abweichungen der Bauelementwerte vorgegeben werden. Leider ist der LVS in der Studentenversion von L-Edit nicht verfügbar. Auf eine nähere Beschreibung soll deshalb verzichtet werden.

Zusammenfassung

Dem Entwickler einer integrierten Schaltung stehen heutzutage CAD-Werkzeuge zur Verfügung, die die Arbeit erheblich erleichtern. So braucht eine Schaltung nicht bis ins letzte Detail berechnet zu werden; eine sogenannte „Grobdimensionierung" reicht in der Regel aus. Mithilfe eines guten Simulators, z. B. SPICE, gelingt es, relativ mühelos eine Schaltung zu optimieren und zu prüfen, ob die geforderte Spezifikation erfüllt wird. Diese Prozedur ist an einem einfachen Beispiel gezeigt worden.

Das Einbeziehen prozessbedingter Bauteilstreuungen bei der Dimensionierung einer integrierten Schaltung bereitet oft Schwierigkeiten. Wie solche Schwankungen die geometrischen Bauteilabmessungen beeinflussen und wie ohne allzu großen Aufwand eine Monte-Carlo-Simulation mittels des Simulators SPICE durchgeführt werden kann, wurde erläutert.

Auch die Layout-Erstellung stellt einen ganz wesentlichen Arbeitsschritt beim Entwurf einer integrierten Schaltung dar. Wie die dazu notwendigen Design-Rules zustande kommen und wie sie in das Layout-Programm implementiert werden können, wurde dargestellt.

Erfahrungsgemäß bereitet dem Anfänger die Layout-Erstellung gewisse Schwierigkeiten. An zwei einfachen Beispielen wurde deshalb detailliert in die Thematik eingeführt.

Ganz wichtig beim Entwurf einer integrierten Schaltung sind die Gestaltung der Bauelemente und deren Platzierung auf dem Chip. Worauf es dabei ankommt, ist im *Abschnitt 8.5* in Form einer **Checkliste** für die verschiedenen Bauelementtypen ausführlich dargestellt worden.

Die meisten Prozesse zur Fertigung integrierter Schaltungen verwenden ein Halbleitersubstrat als mechanischen Träger. Die einzelnen Bauelemente sind dabei in der Regel durch einen in Sperrrichtung gepolten PN-Übergang voneinander isoliert. Leider können dabei leicht ungewollte **parasitäre** Bauteile entstehen, die zu Problemen führen können. Derartige Effekte, wie Channel-Bildung und Latch-Up, sowie deren Beherrschung durch geeignete Layout-Maßnahmen wurden erörtert.

Wenn ein Layout für eine integrierte Schaltung abgeschlossen ist, muss sichergestellt werden, ob es den vom Halbleiterhersteller vorgeschriebenen Design-Regeln entspricht und ob die ursprüngliche Schaltung auch richtig wiedergegeben wird. Wie solche Prüfungen vorgenommen werden können, wurde in dem Abschnitt 8.7 „Layout-Verifikation" beschrieben.

Literatur

[1] U. Tietze, Ch. Schenk: *Halbleiter-Schaltungstechnik*; Springer-Verlag, 1999, ISBN 3-540-64192-0.

[2] H. Hartl, E. Krasser, W. Pribyl, P. Söser, G. Winkler: *Elektronische Schaltungstechnik*; Pearson Studium, 2008, ISBN 978-3-8273-7321-2.

[3] P. E. Allen, D. R. Holberg: „*CMOS Analog Circuit Design*"; Oxford 2002, ISBN 0-19-511644-5.

[4] R. J. Baker, H. W. Li, D. E. Boyce: *CMOS Circuit Design, Layout, and Simulation*; IEEE Press 1998, ISBN 0-7803-3416-7.

[5] D. A. Johns, K. Martin: *Analog Integrated Circuit Design*; John Wiley & Sons, 1997.

[6] K. R. Lakshmikumar, R. A. Hadaway, M. A. Copeland: *Characterization and Modeling of Mismatch in MOS Transistors for Precision Analog Design*; IEEE J. Solid State Circuits, Vol. 21, 1986, 1057–1066.

[7] M. J. M. Pelgrom, A. C. J. Duinmaijer, A. P. G. Welbers: *Matching Properties of MOS Transistors*; IEEE J. Solid State Circuits, Vol. 24, 1989, 1433–1440.

[8] F. Forti, M. E. Wright: *Measurement of MOS Current Mismatch in Weak Inversion Region*; IEEE J. Solid State Circuits, Vol. 29, 1994, 138–142.

[9] Maarten Vertregt: *Matching of MOS Transistors*; Electronics Laboratories, Advanced Engineering Course on *Modeling and Simulation of MOS Analog ICs*; Lausanne, Feb. 19–21, 1997.

[10] USAE Waterways: *DPlot95 Version 1.3.0.0*; Structural Mechanics, Structures Laboratory, 3900, Halls Ferry Road, Vicksburg, MS 39180. Download: *http://groups.yahoo.com/group/LTspice/*. Preiswerte Nachfolgeversionen des Programms DPlot95 siehe: *www.dplot.com*

[11] A. Hastings: *The Art of Analog Layout*; Prentice Hall, 2001, ISBN 0-13-087061-7.

[12] H.-M. Rein, R. Ranfft: *Integrierte Bipolarschaltungen*; Springer-Verlag, 1980, ISBN 3-540-09607-8.

[13] A. B. Grebene: *Analog Integrated Circuit Design*; R. E. Krieger Publishing Company Huntington, 1978.

[14] A. B. Grebene: *Bipolar and MOS Analog Integrated Circuit Design*; John Wiley and Sons, 1984.

[15] H. Wanka, H. Führling, A. Ghioldi, G. Oetke, H. Sax, C. Berninger: *Leistungstransistoren und Lineare Leistungs-IC's*; SGS ATES, 2. Auflage, Aug. 1980.

[16] F. F. Villa: *Improved Second Breakdown of Integrated Bipolar Power Transistors*; IEEE. Tran. On Electron Devices, Vol. ED-33, 12, 1986.

[17] G. Conzelmann, U. Kiencke: *Mikroelektronik im Kraftfahrzeug*; Springer-Verlag, 1995. ISBN 3-540-50128-2.

[18] K. Urbanski, R. Woitowitz: *Digitaltechnik*; Springer-Verlag, 1997, ISBN 3-540-62710-3.

[19] D. D. Tang, P. M. Solomon: *Bipolar Transistor Design for Optimized Power-Delay Logic Circuits*; IEEE J. Solid State Circuits, Vol. 14, 1979, 679–684.

[20] Yuan Taur, Tak H. Ning: *Fundamentals of Modern VLSI Devices*; Cambridge University Press 2007, ISBN 978-0-521-55056-7.

[21] S. H. Voldman: *The State of the Art of Electrostatic Discharge Protection: Physics, Technology, Circuits, Design, Simulation, and Scaling*; IEEE J. Solid State Circuits, Vol. 34, 1999, 1272–1282.

[22] I. E. Opris: *Bootstrapped Pad Protection Structure*; IEEE J. Solid State Circuits, Vol. 33, 1998, 300–301.

[23] Ming-Don Ker et al.: *A Gate-Coupled PTLSCR/NTLSCR ESD Protection Circuit for Deep-Submicron Low-Voltage CMOS IC's*; IEEE J. Solid State Circuits, Vol. 32, 1997, 38–51.

[24] Ming-Don Ker: *Design on the Low-Leakage Diode String for using in the Power-Rail ESD Clamp Circuit in a 0,35-μm Silicide CMOS Process*; IEEE J. Solid State Circuits, Vol. 35, 2000, 601–611.

[25] Ming-Don Ker, C.-H. Chuang: *Electrostatic Discharge Protection for Mixed-Voltage CMOS I/O Buffers*; IEEE J. Solid State Circuits, Vol. 37, 2002, 1046–1055.

[26] Chung-Yu Wu: *A New On-Chip ESD Protection Circuit with Dual Parasitic SCR Structures for CMOS VLSI*; IEEE J. Solid State Circuits, Vol. 27, 1992, 274–280.

[27] A. Z. H. Wang, C.-H. Tsay: *An On-Chip ESD Protection Circuit with Low Trigger Voltage in BiCMOS Technology*; IEEE J. Solid State Circuits, Vol. 36, 2001, 40–45.

[28] G. Bertrand et al.: *Analysis and Compact Modeling of a Vertical Grounded-Base NPN Bipolar Transistor used as ESD Protection in a Smart Power Technology*; IEEE J. Solid State Circuits, Vol. 36, 2001, 1373–1380.

[29] G. Gramegna et al.: *A Sub-1-dB NF ,2,3-kV ESD-Protected 900-MHz CMOS LNA*; IEEE J. Solid State Circuits, Vol. 36, 2001, 1010–1017.

[30] M.-D. Ker et al.: *ESD Protection Design on Analog Pin with Very Low Input Capacitance for High-Frequency or Current-Mode Applications*; IEEE J. Solid State Circuits, Vol. 35, 2000, 1194–1199.

[31] K.-H. Cordes: *Einführung in das Simulationsprogramm SPICE*; IC.zip, Skripten\SPICE.pdf.

[32] K.-H. Cordes: *Kurze Einführung in das Simulationsprogramm LT-SPICE*; IC.zip, Skripten\LT-SPICE.pdf.

[33] K.-H. Cordes: *Kurze Einführung in das Layout-Programm L-Edit*; IC.zip, Skripten\L-Edit.pdf.

[34] K.-H. Cordes: Breadboarding; IC.zip, Breadboard\Breadboard.pdf.

Daten

TEIL III

Analoge integrierte Schaltungen: Design, Simulation und Layout

9   Stromspiegelschaltungen 425

10 Stromquellen 471

11 Spannungsreferenzen 495

12 Das Differenztransistorpaar 537

13 Operationsverstärker 545

14 Einführung in GM-C-Schaltungen 647

Teil III — ANALOGE INTEGRIERTE SCHALTUNGEN: DESIGN, SIMULATION UND LAYOUT

Vielfach herrscht heute die Meinung vor, elektronische Probleme könnten stets mit digitalen Schaltungskonzepten umgesetzt werden. Analoge Lösungen sind deshalb schon mehrfach für „veraltet" oder sogar für „tot" erklärt worden; tatsächlich existieren sie aber immer noch und haben sogar einen nicht unerheblichen Stellenwert. Die Erklärung ist einfach: Die Welt ist nun einmal vom Prinzip her **analog**, und so sind an den Schnittstellen zur realen Welt sehr oft **analoge** Schaltungen anzutreffen. Selbst die **digitalen** Grundschaltungen wirken für sich betrachtet, wie *Teil IV* noch zeigen wird, eigentlich **analog** und werden bei ihrer Entwicklung mit den Mitteln **analoger** Schaltungstechnik behandelt. Leider wird durch die Dominanz der Digitaltechnik der **analoge** Bereich an den Hochschulen mehr und mehr verdrängt, sodass die Industrie heute große Schwierigkeiten hat, Ingenieure mit Erfahrungen im **analogen** Schaltungsdesign zu finden. Aus diesem Grunde sollen hier die wichtigsten Grundlagen für die Entwicklung analoger integrierter Schaltung vermittelt werden. Großer Wert wird neben dem Verständnis der Funktion oder Wirkung einer Schaltung auch auf deren konkrete Dimensionierung gelegt. Das betrifft nicht nur die Bestimmung der Bauelementwerte selbst, sondern auch die Berechnung der geometrischen Abmessungen.

Bevor die wichtigsten Blöcke analoger Schaltungen besprochen werden, sei an dieser Stelle noch ein allgemeiner Hinweis vorangestellt: Analoge „Grundschaltungen" oder **Building Blocks** sind nicht, wie das beispielsweise von den digitalen Gattern her bekannt ist, Elemente, die in einer Bibliothek gesammelt werden und einfach in ein analoges Design eingefügt werden können. Eine derartige Bibliothek müsste viel zu umfangreich angelegt werden. Das bedeutet: **Es gibt keine Standardanalogzellen**. Man kann zwar zuvor verwendete Zellen nutzen und diese an ein aktuelles Design anpassen, oft müssen die Zellen jedoch neu erstellt werden. Die Arbeit des Analog-Designers erfolgt dabei auf dem **Transistor-Level** – und nicht auf höheren Abstraktionsebenen wie beim VLSI-Design –, wodurch die elektrotechnischen Zusammenhänge jenseits abstrakter Hardwarebeschreibungen im Mittelpunkt stehen. Dies macht die Tätigkeit eines Analog-Designers besonders interessant!

In den **Kapiteln 9–14** werden die wichtigsten analogen „Schaltungsblöcke" im Detail vorgestellt. Stromspiegelschaltungen (**Kapitel 9**), Stromquellen (**Kapitel 10**), Spannungsreferenzen (**Kapitel 11**), das Differenztransistorpaar (**Kapitel 12**), Operationsverstärker (**Kapitel 13**) und einfache GMC-Schaltungen (**Kapitel 14**) sollen mithilfe möglichst einfacher Bauelementgleichungen berechnet und anschließend mit SPICE analysiert werden. Zugunsten einer praxisnahen Ausrichtung bei der Schaltungsdimensionierung wird bewusst auf eine allzu theoretische Betrachtungsweise verzichtet. Einige ausgewählte Beispiele werden im Detail dimensioniert und das physikalische Layout einschließlich Verifikation wird näher erläutert. Dabei kommen sowohl die beiden Bipolar-Prozesse C36 und C14 als auch der CM5-CMOS-Prozess zum Einsatz. Obwohl heutzutage CMOS-Schaltungen einen größeren Stellenwert als bipolare Konzepte haben, kann – vor allem bei höheren Frequenzen – auf bipolare Lösungen nicht ganz verzichtet werden. Auch einige spezielle Aufgaben, wie z. B. der Aufbau von Spannungsreferenzen, lassen sich in CMOS allein nur schwer verwirklichen.

Hinweise für das Arbeiten mit den folgenden Kapiteln

Die Schaltpläne in den folgenden Kapiteln sind mit dem **Schematic-Entry-Werkzeug** von LT-SPICE erstellt worden. Jeder soll sich dazu ermuntert fühlen, möglichst alle im Text erläuterten Schaltungen durch eine Simulation selbst noch einmal nachzuvollziehen. Auch das Bearbeiten der in den Text eingestreuten kleinen Aufgaben wird angeraten. Dadurch wird nicht nur der Umgang mit dem Simulator SPICE (hier speziell LT-SPICE) vertieft, sondern es ermöglicht ein sehr viel besseres Verständnis einer Schaltung. In der Datei „IC.zip" ist im Ordner „Skripten" ein Manual zu LT-SPICE zu finden, das die Arbeit mit dem Programm unterstützen soll.

Daten

Die meisten Schaltbilder stehen als simulierbare ASC-Dateien („asc" ist die Dateiendung) in der Datei „IC.zip" zur Verfügung. Sie sind nach Kapiteln getrennt in „Schematic-Ordnern" zusammengestellt und können im Prinzip sofort – eventuell nach einer Anpassung der Dateipfade – mit LT-SPICE simuliert werden. Einige Schaltbilder enthalten auch kurze Hinweise für das Arbeiten mit LT-SPICE. Wenn zu einer Abbildung des Buches eine Schaltungsdatei vorliegt, wird deren Bezeichnung in der entsprechenden Bildunterschrift in (Klammern) angegeben. In den Schematic-Ordnern sind auch Plot-Dateien mit der Endung „plt" enthalten. Nachdem eine Simulation abgeschlossen ist, wird die zugehörige Plot-Datei aktiviert, sodass Ergebnisse sofort dargestellt werden können. Es ist natürlich nicht notwendig, diese Plot-Einstellungen beizubehalten. Ein Experimentieren mit anderen Einstellungen ist sogar zu empfehlen, um so den Umgang mit dem Simulator weiter zu verbessern!

In den Schaltbildern sind zum Teil eigene Symbole für die Bauelemente verwendet worden. So wird z. B. der Widerstand durch das in Europa übliche Schaltzeichen dargestellt. Diese Symbole mit der Endung „asy" sind in der Datei „IC.zip" im Ordner „sym_neu" zu finden; Pfad:

`\Programme\SPICE\LTspice\Neue Symbole\sym_neu`

Der komplette **Inhalt** des Ordners „sym_neu", nicht der Ordner selbst, muss daher vor dem Öffnen der Schematic-Dateien in den LT-SPICE-Ordner „sym" kopiert werden. Der Zielpfad wäre dann beispielsweise:

Daten

`C:\Programme\LTC\LTspiceIV\lib\sym`

Die dort vorhandenen gleichnamigen Symbole werden überschrieben. Diese Prozedur wird prinzipiell nach jedem Programm-Update von LT-SPICE erforderlich. Eine kleine Batch-Datei „Symbole.bat" – zu finden im Ordner „Neue Symbole" – kann diese Arbeit erleichtern. Sie braucht nur durch einen Doppelklick gestartet zu werden. Dazu ist es allerdings erforderlich, vorher den **Ordner** "sym_neu" (mit Inhalt) in den Ordner "lib" zu kopieren.

Selbstverständlich können auch andere Simulatoren mit SPICE-Kern eingesetzt werden, allerdings macht dies eine erneute Zeichnung der Schaltpläne notwendig.

Teil III
ANALOGE INTEGRIERTE SCHALTUNGEN: DESIGN, SIMULATION UND LAYOUT

Im Rahmen des vorliegenden Buches werden den Schaltungen zwei Bipolar-Prozesse (C36 und C14) und ein CMOS-Prozess (CM5) zugrunde gelegt. Die Prozessdaten sind für das eigentliche Verständnis der Schaltungen zunächst belanglos; sie umfassen aber die notwendigen Bauelementparameter für die Simulation mit SPICE. Diese Parameter sind als Teil der SPICE-Bibliothek in der Datei „IC.zip" im Ordner „Spicelib" in den entsprechenden Unterordnern zu finden. Es wird empfohlen, auf dem eigenen Arbeitsrechner einen Ordner „Spicelib" anzulegen, in den die Modelldateien kopiert werden. In den Schaltbildern wird mittels der Bibliotheksanweisung auf die entsprechende Datei verwiesen. Für eine CMOS-Schaltung mit Elementen des CM5-Prozesses hat die Anweisung z. B. die Form:

```
.Lib D:\Spicelib\CM5\CM5-N.phy
```

Wie in *Kapitel 8* bereits beschrieben, sind die Layouts im Buch mit dem Layout-Programm L-Edit der Firma Tanner erstellt worden. Die Layout-Dateien sind, ähnlich wie die „Schematic-Dateien", den einzelnen Kapiteln zugeordnet und in „Layout-Dateien" gesammelt. Sie können mit der ebenfalls beigelegten Studentenversion von L-Edit geöffnet, modifiziert und nachvollzogen werden.

Stromspiegelschaltungen

9.1 Der einfache Stromspiegel 427
9.2 Die Widlar-Schaltung 436
9.3 Widerstandsbestimmter Stromteiler 438
9.4 Korrektur von Stromspiegelfehlern 440
9.5 Praktisches Beispiel 455
9.6 Dynamisches Verhalten von Stromspiegelschaltungen 463

9 Stromspiegelschaltungen

Einleitung

In einer integrierten analogen Schaltung müssen die einzelnen Blöcke eines Systems neben der Betriebsspannung verschiedene Versorgungs- bzw. Bias-Ströme erhalten. Solche Ströme können Quellencharakter haben, also **von oben** eingespeist werden (**Source-Ströme**), oder auch als **Sink**-Ströme zum Masseknoten wirken. Man kann deshalb zwischen **Stromquellen** und **Stromsenken** unterscheiden, bezeichnet aber in der Praxis meist beide einfach als Stromquellen. Sie lassen sich mit einem recht einfachen Schaltungselement, dem **Stromspiegel**, realisieren. Ein Stromspiegel kann einen Referenzstrom kopieren und vervielfachen. Diese Eigenschaft wird oft zum Aufbau eines zentralen Bias-Netzwerkes ausgenutzt, das auf dem Chip mehrere Quellen und Senken bereitstellt, vergleiche Abbildung 9.1. Zunächst wird ein sogenannter **primärer** Strom (Referenzstrom) erzeugt, der dann mehrfach **gespiegelt** werden kann.

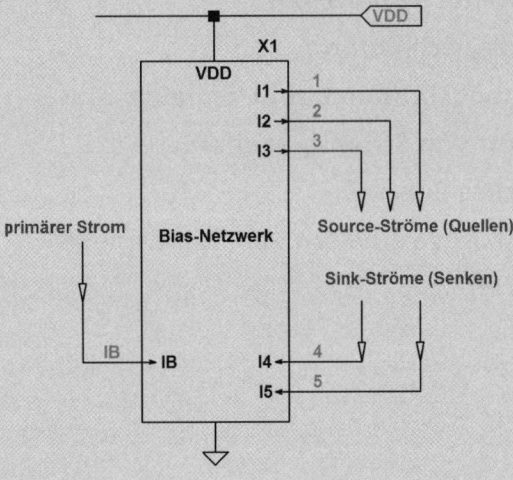

Abbildung 9.1: Blockschaltbild eines Bias-Netzwerkes mit drei Stromquellen und zwei Stromsenken.

Stromspiegel werden aber auch in vielen anderen Schaltungen verwendet. Sie können auch als **stromgesteuerte Stromquellen** betrachtet werden oder dienen dazu, hochohmige Widerstände zu ersetzen, weil sie sehr viel weniger Chipfläche beanspruchen als normale Widerstände. In diesem Kapitel soll zunächst der einfache Stromspiegel vorgestellt, seine Eigenschaften und Unzulänglichkeiten diskutiert und seine Daten dann schrittweise verbessert werden. In *Kapitel 10* wird dann auch auf die Erzeugung des oben erwähnten **primären** Stromes eingegangen.

LERNZIELE

- Der einfache Stromspiegel
- Widlar-Schaltung
- Widerstandsbestimmter Stromspiegel
- Korrektur von Fehlern
- Dynamisches Verhalten

Als Bewertungskriterium einer Stromquelle wird oft deren differentieller Innenwiderstand r_i angegeben. Eine bessere „Vergleichsgröße" ergibt sich jedoch, wenn r_i mit dem Stromwert I multipliziert wird. Diese Größe wird auch als „r_i-I-Produkt" bezeichnet. Die daraus resultierende Spannung U_i kann als **innere** Spannung der Stromquelle gedeutet werden:

$$r_i = \frac{dU}{dI}; \quad r_i \cdot I =_{Df} U_i \qquad (9.1)$$

In den folgenden Abschnitten soll verdeutlicht werden, wie Stromspiegelschaltungen realisiert und berechnet werden können und wie einige der Unzulänglichkeiten schaltungstechnisch korrigierbar sind. An einem „praktischen Beispiel" wird schließlich die komplette Dimensionierung, von der Aufgabenstellung bis zur überarbeiten Lösung, vorgeführt und auch das physikalische Layout besprochen.

9.1 Der einfache Stromspiegel

Bei integrierten Schaltungen kann davon ausgegangen werden, dass Transistoren gleicher Geometrie auf einem Chip die gleichen Daten haben, von statistischen Streuungen einmal abgesehen. So kann mit nur zwei Transistoren entsprechend Abbildung 9.2 ein einfacher Stromspiegel aufgebaut werden. Er ist in fast jeder analogen integrierten Schaltung mehrfach anzutreffen. Beim Transistor Q1 wird ein **primärer** Strom I_1 eingespeist; sein Kollektor ist mit der Basis verbunden: „Diodenschaltung". Die Basen beider Transistoren Q1 und Q2 sind miteinander verbunden, sodass beide Transistoren mit derselben Basis-Emitter-Spannung U_{BE} betrieben werden.

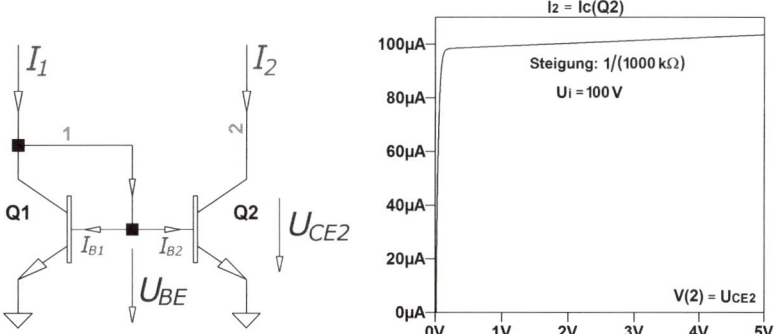

Simulation

Abbildung 9.2: (Spgl.2.asc) (a) Einfacher Stromspiegel mit zwei gleichen NPN-Transistoren und (b) Simulationsergebnis für einen primären Strom von $I_1 = 100\ \mu A$.

Der Kollektor-Strom $I_2 = I_C(Q2)$ ist von der gemeinsamen Basis-Emitter-Spannung U_{BE} und von der Kollektor-Emitter-Spannung $U_{CE2} = V(2)$ abhängig. Der Strom I_2 kann dann durch die Kennliniengleichung des Transistors ausgedrückt werden:

$$I_2 = I_{C2} \approx I_S \cdot e^{\frac{U_{BE}}{N \cdot V_T}} \cdot \left(1 + \frac{U_{CE2}}{V_A}\right) \approx I_S \cdot e^{\frac{U_{BE}}{V_T}} \cdot \left(1 + \frac{U_{CE2}}{V_A}\right); \quad N \approx 1{,}01 \approx 1 \qquad (9.2)$$

Diese Gleichung ist nur gültig für $U_{CB2} > 0$ (oder $U_{CE2} > U_{BE}$).

Bei baugleichen Transistoren hat der Parameter I_S für beide Transistoren den gleichen Wert. Dann folgt aus (9.2), wenn der Early-Effekt vernachlässigt wird, dass auch die Kollektor-

Ströme gleich sein müssen. So erklärt sich der Name „Stromspiegel": Der Strom I_2 ist ein Abbild des Stromes I_1.

> **Aufgabe**
>
> Experimentieren Sie mit der einfachen Stromspiegelschaltung Abbildung 9.2 (z. B. Verwenden der Datei Spgl.2.asc). Ermitteln Sie dann den äquivalenten „inneren" Widerstand r_i, indem Sie den ersten Cursor z. B. auf 1 V und den zweiten auf 4 V einstellen. Der abgelesene „Slope-Wert" entspricht dem Kehrwert des Widerstandes. Lesen Sie auch einen mittleren Strom ab und bilden anschließend das Widerstands-Strom-Produkt entsprechend Gleichung (9.1); Literatur zu SPICE: [5], [6].

An den gemeinsamen Basis-Knoten lassen sich weitere Transistoren anschließen (Abbildung 9.3) und somit mehrere vom Primärstrom abgeleitete Ströme bilden.

Simulation

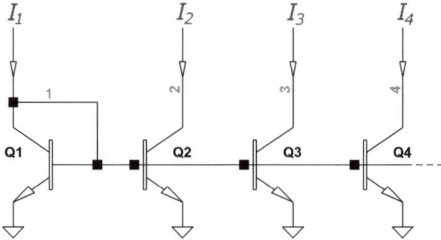

Abbildung 9.3: (Spgl.3.asc) Mehrfach-Stromspiegel.

Leider ist die Spiegelung nicht ideal: Wegen des Early-Effektes (siehe *Abschnitt 3.2*) steigt der Strom I_2 etwas mit U_{CE2} an, siehe Abbildung 9.2b. Der differentielle Innenwiderstand r_i der Schaltung ist gleich dem Widerstand r_{CE} des Transistors Q2:

$$\frac{1}{r_i} = \frac{1}{r_{CE}} = \left(\frac{\partial I_C}{\partial U_{CE}}\right)_{U_{BE} = \text{konst.}} \quad ; \quad r_{CE} \approx \frac{V_A}{I_C}; \quad U_i = r_i \cdot I = r_{CE} \cdot I_C \approx V_A \tag{9.3}$$

Je größer die Early-Spannung V_A ist, desto geringer wird der Stromanstieg mit wachsender Kollektor-Emitter-Spannung, d. h., desto besser wird die Stromkonstanz.

Bevor sich ein konstanter Strom einstellt, ist eine Mindestspannung an der Kollektor-Emitter-Strecke erforderlich. Die Kennliniengleichung (9.2) verlangt hierfür eigentlich $U_{CE2} > U_{BE} \approx$ 0,65 V. In der Praxis reichen aber oft schon, je nach Höhe des Stromes, (150 ... 300) mV aus.

> **Aufgaben**
>
> **1.** Experimentieren Sie mit der Stromspiegelschaltung Abbildung 9.3 (z. B. Spgl.3.asc), indem Sie an den Knoten „3" und „4" verschiedene Spannungswerte vorsehen.
>
> **2.** Experimentieren Sie mit der Stromspiegelschaltung Abbildung 9.3, indem Sie die Modellparameter des Transistors verändern.

Einen weiteren Fehler verursacht der gemeinsame Basis-Strom, der vom Strom I_1 „aufgebracht" werden muss. Bei einem einfachen Stromspiegel nach Abbildung 9.2 folgt wegen $I_1 \approx I_{C1} \approx I_{C2}$:

$$I_2 = \left(I_1 - \frac{I_{C1}}{B} - \frac{I_{C2}}{B}\right) \cdot \left(1 + \frac{U_{CE2}}{V_A}\right) \approx I_1 \cdot \left(1 - \frac{2}{B}\right) \cdot \left(1 + \frac{U_{CE2}}{V_A}\right); \; U_{CE2} \geq U_{BE} \quad (9.4a)$$

Wegen der großen Stromverstärkung B kann der Basis-Stromeinfluss allerdings oft vernachlässigt werden:

$$I_2 \approx I_1 \cdot \left(1 + \frac{U_{CE2}}{V_A}\right); \; B \gg 1, \; U_{CE2} \geq U_{BE} \quad (9.4b)$$

Wenn jedoch, wie bei einem Mehrfach-Stromspiegel nach Abbildung 9.3, viele Transistoren an einem Basis-Knoten angeschlossen sind, kann durch die Basis-Ströme ein größerer Fehler verursacht werden. Dieser kann sogar unzulässig groß werden: Wenn nämlich einer der Transistoren in den „Spannungssättigungszustand" geht, saugt der betreffende Transistor einen großen Teil des Basis-Stroms ab. Abbildung 9.4 soll dies verdeutlichen. Spannungssättigung bedeutet, dass die Kollektor-Emitter-Spannung sehr klein wird. Dann geht die Basis-Kollektor-Diode in Durchlassrichtung und der parasitäre PNP-Transistor Q2 wird aktiv: Er leitet einen großen Teil des Basis-Stromes des NPN-Transistors Q1 zum Substrat um.

Hinweis

Ersatzschaltbild (ESB) und Subcircuit-Modell eines integrierten NPN-Transistors

Bei einem integrierten NPN-Transistor wird der Kollektor bekanntlich durch einen PN-Übergang vom Substrat isoliert, siehe *Kapitel 7* und Abbildung 9.4a.

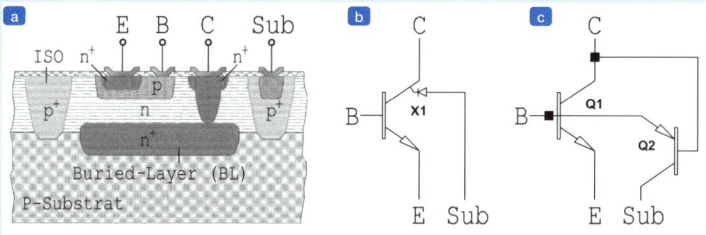

Abbildung 9.4: NPN-Transistor: (a) Aufbau; (b) Vierpoliges Symbol (die Diode zwischen Substrat und Kollektor ist angedeutet) und (c) Ersatzschaltbild (Subcircuit).

Somit existiert neben dem gewünschten NPN-Transistor zusätzlich ein parasitärer vertikaler PNP-Transistor: Die p-dotierte Basis wirkt als Emitter, der Kollektor als Basis und das p-dotierte Substrat als Kollektor. Dies wird in dem vierpoligen Transistorsymbol, Abbildung 9.4b, durch eine Diode zum Ausdruck gebracht und durch das Ersatzschaltbild, Abbildung 9.4c, genauer beschrieben.

Das Ersatzschaltbild ist auch die Grundlage für die Berücksichtigung des parasitären PNP-Transistors bei der Simulation mit SPICE. In der Modellbibliothek wird deshalb für den Transistor ein **Subcircuit-Modell** [5] abgelegt, das den parasitären PNP-Transistor beinhaltet. Zusätzlich können noch zwei Dioden zur Berücksichtigung der Basis-Emitter- und der Substrat-Kollektor-**Durchbruchspannung** vorgesehen werden. Ein solches Subcircuit-Model hat z. B. für den Transistor C3ZN02 das folgende Aussehen:

Daten

```
*Substrate       ----------------
*Emitter         ------------  |
*Base            ----------  | |
*Collector       ------  | | |
*                       | | | |
.SUBCKT C3ZN02      1   2 3 4    PARAMS: M=1
*
Q1         1    2    3         C3ZN02      {M}
Q2         4    1    2         QSUBN02     {M}
D1         2    3              DZN02       {M}
D2         4    1              DSUBN02     {M}
*
.ENDS C3ZN02
```

Die erste **gültige** Zeile (alles was mit einem Stern (*) beginnt, ist nur Kommentar) eines Subcircuit-Modells startet stets mit dem Aufruf .SUBCKT, gefolgt von dem Modellnamen, hier z. B. C3ZN02. Dahinter stehen die Knoten, hier „1" bis „4". Mit dem Schlüsselwort PARAMS: besteht die Möglichkeit, Subcircuit-Parameter zu übergeben. Mit „M" kann die Anzahl parallel geschalteter Elemente, hier des Typs C3ZN02, später in der Schaltung angegeben werden. Der Defaultwert ist „1". Dann folgt die Netzliste der zum Gesamtmodell gehörenden Elemente. Durch „Q1" wird in diesem Beispiel der eigentliche Transistor C3ZN02 als dreipoliges Element angegeben und „Q2" modelliert den Substrateffekt. Die beiden Dioden dienen zur Berücksichtigung der oben genannten Durchbruchspannungen. Durch die Nennung des Parameters „M" (in geschweiften Klammern) hinter den vier Elementen wirkt sich die Angabe des Subcircuit-Parameters in der ersten Zeile auf diese Elemente aus. Jedes Subcircuit-Modell endet mit dem Statement .ENDS. Die Wiederholung des Modellnamens kann auch fehlen.

Die Schaltbilder werden meist zur Vereinfachung mit dem dreipoligen Transistorsymbol dargestellt. Bei der Simulation mit SPICE wird dann aber bei **integrierten** Transistoren der Einfluss der zwischen Substrat und Kollektor wirksamen Diode nicht richtig berücksichtigt, selbst dann nicht, wenn sie im dreipoligen Modell angegeben ist. Wenn z. B. der Zustand der **Spannungssättigung** in einer praktischen Schaltung auftreten kann und mit simuliert werden soll, sind unbedingt das vierpolige **Subcircuit**-Symbol und das zugehörige SPICE-Modell zu verwenden! Auch wenn das Substrat nicht mit dem Knoten „0" (Masse), sondern mit der negativen Versorgungsspannung verbunden ist, darf das einfache dreipolige Symbol nicht eingesetzt werden. Dann würden nämlich einige Schematic-Entry-Werkzeuge (auch LT-SPICE) das Substrat defaultmäßig an den Knoten „0" anschließen und die Substrat-Kollektor-Diode würde, wenn sie im Modell enthalten ist, einen Kurzschluss verursachen.

9.1 Der einfache Stromspiegel

Aufgabe

Öffnen Sie die Simulationsdatei Spgl.3a.asc, in der der Transistor Q4 von Abbildung 9.3 durch sein Subcircuit-Symbol ersetzt worden ist. Er heißt dann X4. Starten Sie die Simulation und „messen" Sie anschließend den eingeprägten Strom $I_1 = I(I_1)$ und die Kollektor-Ströme der Transistoren Q2 und Q3 und in einem neuen Plot-Fenster den Substratstrom des Transistors X4. Vergleichen Sie die Ergebnisse mit denen aus Spgl.3.asc.

Ändern Sie dann die Variable für den DC-Sweep von V4 auf V2 und löschen Sie die Spannungsquelle V4 ganz (Spgl.3b.asc). Starten Sie die Simulation erneut. Beobachten Sie die Änderungen.

Ein Stromspiegel bietet, wie der Mehrfach-Stromspiegel gezeigt hat, eine einfache Möglichkeit der Stromskalierung: Hat der Transistor Q2 die Emitter-Fläche A_2 und der Transistor Q1 die Emitter-Fläche A_1, so gilt näherungsweise

$$I_2 \approx \frac{A_2}{A_1} \cdot I_1 \cdot \left(1 + \frac{U_{CE2}}{V_A}\right); \quad B \gg 1,\ U_{CE2} \geq U_{BE} \tag{9.5}$$

Ein wichtiger Vorteil der Stromspiegelschaltung ist, dass keine Temperaturabhängigkeit auftritt, wenn beide Transistoren die gleiche Temperatur haben! Der Strom I_2 ist, wenn man vom Early-Effekt einmal absieht, nur vom eingespeisten Strom I_1 und vom **Emitter-**Flächenverhältnis abhängig. Dieses wird meistens **ganzzahlig** gewählt. Das gelingt entweder durch die Verwendung identischer Transistoren oder sogenannter Multi-Emitter-Strukturen mit identischem Emitter-Layout für alle Transistoren.

Abbildung 9.5 zeigt zwei Layout-Beispiele für einen Stromspiegel mit der Stromübersetzung 1:4. Die links abgebildete Version (Abbildung 9.5a) zeigt wegen der symmetrischen Anordnung etwas geringere Fehler; denn selbst bei einem Temperaturgradienten auf dem Chip in x-Richtung heben sich die U_{BE}-Fehler der Transistoren links und rechts von Q1 weitgehend auf. Das rechte Beispiel (Abbildung 9.5b) ist nicht symmetrisch, benötigt dafür aber eine etwas geringere Chipfläche.

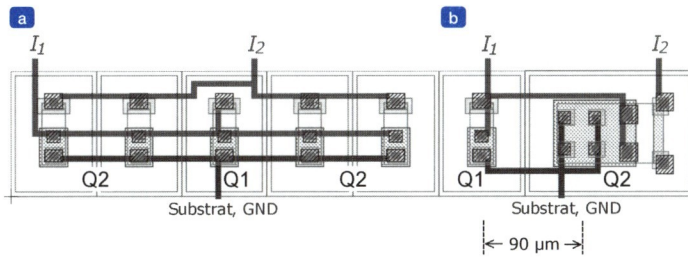

Layout

Abbildung 9.5: (Spgl.5.tdb) Stromspiegel-Layout für eine Stromübersetzung von 1:4. (a) Symmetrische Anordnung der Transistoren. (b) Mit Multi-Emitter-Struktur.

Beispiel

Stromfehler infolge eines Temperaturgradienten auf dem Chip

Der Fehler infolge eines Temperaturgradienten für das Beispiel der Abbildung 9.5b soll einmal abgeschätzt werden. Dazu werde angenommen, der Temperaturgradient betrage etwa 5 K/mm. Dies ist ein Wert, der bei Leistungsbauteilen oft noch viel größer ausfallen kann. Bei einem Abstand der Emitter der beiden Transistoren Q1 und Q2 von 90 μm ergibt sich damit eine Temperaturdifferenz von 0,45 K. Wenn der Einfachheit halber für den Temperaturgang der Basis-Emitter-Spannung ein Wert von $-2\ mV/K$ angenommen wird, führt dies zu einem Offset-Fehler von $\Delta U_{BE} = -0,9\ mV$. Der daraus resultierende Stromfehler ergibt sich aus der Kennliniengleichung, die für beide Transistoren angesetzt wird:

$$I_1 = I_S \cdot e^{\frac{U_{BE}}{V_T}} \ ; \quad I_2 = 4 \cdot I_S \cdot e^{\frac{U_{BE} - \Delta U_{BE}}{V_T}} \qquad (9.6)$$

Durch anschließende Verhältnisbildung folgt:

$$\frac{I_2}{I_1} = \frac{4 \cdot e^{\frac{U_{BE} - \Delta U_{BE}}{V_T}}}{e^{\frac{U_{BE}}{V_T}}} = 4 \cdot e^{\frac{-\Delta U_{BE}}{V_T}} = 4 \cdot e^{\frac{+0,9\,mV}{25,25\,mV}} = 4 \cdot 1{,}036 \qquad (9.7)$$

Der Stromfehler beträgt in obigem Beispiel etwa 3,6 %. Es ist nun zu entscheiden, ob dieser prinzipiell systematische Fehler noch akzeptiert werden kann oder ob eine symmetrische Lösung mit etwas mehr Platzbedarf vorzuziehen ist.

Bei der Verwendung von PNP-Transistoren sind die Spannungs- und Stromrichtungen genau andersherum; der gespiegelte Strom kommt von „oben". Solche Schaltungen werden deshalb oft als **Stromquellen** bezeichnet, während die NPN-Schaltungen den Charakter einer **Stromsenke** zeigen. Leider stehen bei den besonders kostengünstigen Bipolar-Prozessen vertikal wirkende PNP-Transistoren mit frei verwendbarem Kollektor-Anschluss nicht zur Verfügung. Man kann dann aber auf die zum NPN-Transistor prozesskompatiblen **lateralen** Strukturen ausweichen, die keinen zusätzlichen Herstellungsschritt erfordern.

Hinweis

Ersatzschaltbild (ESB) und Subcircuit-Modell eines *lateralen* PNP-Transistors

PNP-Transistoren, die ohne zusätzliche Produktionsmasken auskommen sollen, können nur als **lateral** wirkende Elemente aufgebaut werden: Für den Emitter wird der Layer BASE verwendet, die n-dotierte Epi-Wanne bildet die Basis und der Emitter wird von dem Layer BASE komplett umgeben. Bei einem solchen Transistor kann der Kollektor aufgeteilt werden. So entsteht eine Transistorstruktur mit **einem** Emitter und **einer** Basis, aber mehreren **separaten** Kollektoren. Abbildung 9.6a zeigt den Querschnitt und ein Layout-Beispiel und Abbildung 9.6b das zugehörige Schaltzeichen.

9.1 Der einfache Stromspiegel

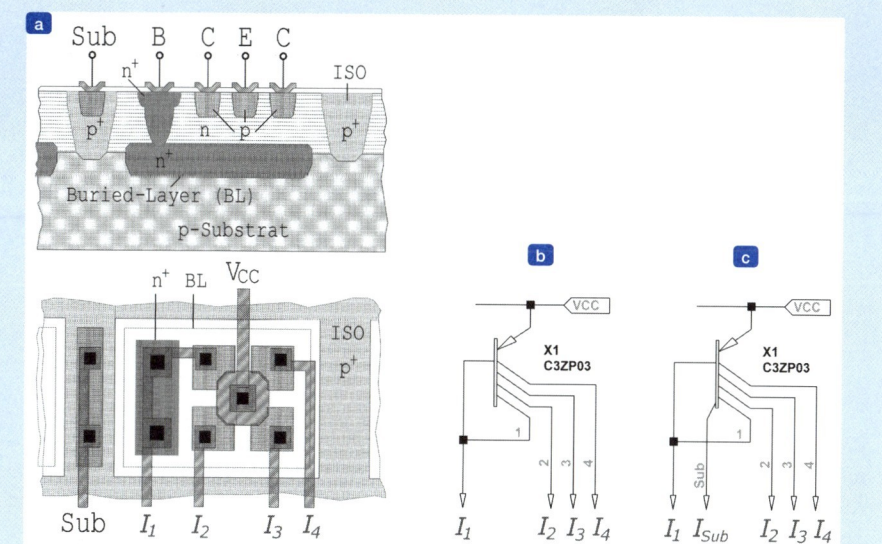

Abbildung 9.6: Lateraler PNP-Transistor mit vier separaten Kollektoren: (a) Aufbau; (b) einfaches Subcircuit-Symbol und (c) Subcircuit-Symbol mit Berücksichtigung des vertikal wirkenden parasitären Substrattransistors.

Wie beim integrierten NPN-Transistor existiert neben dem gewünschten lateralen PNP-Transistor zusätzlich ein **parasitärer** vertikaler PNP-Transistor, dessen Emitter und Basis identisch mit den entsprechenden Bereichen des lateralen Transistors sind und dessen Kollektor durch das p-leitende Substrat gebildet wird, wie beim NPN-Transistor. Dies wird durch ein Subcircuit-Symbol zum Ausdruck gebracht, in dem ein weiterer Kollektor, der Substrat-Kollektor, angedeutet wird, siehe Abbildung 9.6c.

Ein Transistor mit mehreren Kollektoren erfordert in SPICE stets ein Subcircuit-Modell [5]. Bei einer Struktur mit vier separaten Kollektoren werden dazu vier einzelne Transistoren zusammengefasst und für jeden Kollektor ein Knoten vorgesehen. Auch der vertikale parasitäre PNP-Transistor kann im Subcircuit-Modell berücksichtigt werden. Als Beispiel möge das Modell des Transistors C3ZP03 mit vier separaten Kollektoren betrachtet werden. Für jeden einzelnen Kollektor wird im Subcircuit-Modell ein Transistor vorgesehen, der wiederum durch ein Subcircuit-Modell mit dem Namen C3ZP03S beschrieben wird. Dieses enthält den eigentlichen lateralen PNP-Transistor C3ZP03S und den parasitären Anteil QSUBP03:

```
.SUBCKT C3ZP03S      1  2  3  4    PARAMS: M=1
*
Q1        1    2    3    4 C3ZP03S      {M}
Q2        4    2    3      QSUBP03      {M}
*
.ENDS C3ZP03S
```

Dieses Subcircuit-Element C3ZP03S ist, wie oben schon angedeutet, die Basis zum Aufbau des Modells des PNP-Transistors C3ZP03 mit vier separaten Kollektoren. Es wird viermal benötigt. Da als charakteristisches Zeichen einer Subcircuit der Buchstabe „X" verwendet wird, sieht in diesem Beispiel das Modell wie folgt aus:

```
*Substrate    ------------------------------
*Emitter      ---------------------------  |
*Base         -----------------------  |   |
*Collector 4  -------------------  |   |   |
*Collector 3  ---------------  |   |   |   |
*Collector 2  -----------  |   |   |   |   |
*Collector 1  -------  |   |   |   |   |   |
*                      |   |   |   |   |   |
.SUBCKT C3ZP03         1   2   3   4   5   6   7   PARAMS: M=1
*
X1          1    5    6    7  C3ZP03S  PARAMS: M={M}
X2          2    5    6    7  C3ZP03S  PARAMS: M={M}
X3          3    5    6    7  C3ZP03S  PARAMS: M={M}
X4          4    5    6    7  C3ZP03S  PARAMS: M={M}
*
.ENDS C3ZP03
```

Eine Besonderheit des Layouts eines lateral wirkenden Transistors sei hier noch einmal wiederholt (siehe *Abschnitt 8.5.2*): Das Emitter-Metall sollte bis an die Kollektor-Gebiete heranreichen. Warum? Bei einem lateralen Transistor fließt der Strom vom Emitter durch die Basis zum Kollektor nahe der Oberfläche. An der Oberfläche ist die Rekombinationsrate für Minoritätsladungsträger besonders groß. Beim PNP-Transistor betrifft dies die „Löcher". Wird nun der Basis-Bereich zwischen Emitter und Kollektor mit Metall bedeckt und dieses an ein Potential angeschlossen, das positiver ist als die Basis, so werden die positiven Löcher aufgrund elektrostatischer Kräfte von der Oberfläche fort ins Innere gedrängt (wie beim MOSFET). In der Praxis reicht es schon aus, dieses Metall mit dem Emitter zu verbinden. Obwohl das Potential am Emitter nur ca. 650 mV höher ist als an der Basis, wird durch diese Maßnahme die Rekombinationsrate deutlich gesenkt. Dies wirkt sich besonders bei kleinen Kollektor-Strömen unter 1 μA aus, sodass die Stromverstärkung B auch dann noch erträgliche Werte behält.

Eine solche Struktur mit separaten Kollektoren ist zum Aufbau eines Stromspiegels hervorragend geeignet. Zu beachten ist allerdings, dass bei einem lateralen PNP-Transistor der vertikal wirkende **parasitäre** Substrattransistor einen Teil des Emitter-Stromes zum Substrat ableitet. Dieser Anteil ist bei kleinen Emitter-Strömen meist vernachlässigbar klein, kann aber bei Strömen über 500 μA bereits größere Fehler verursachen.

Bei PNP-Multi-Kollektor-Transistoren ist das Auftreten der Spannungssättigung eines Kollektor-Segmentes nicht ganz so kritisch wie bei normalen NPN-Transistoren. Wird beispielsweise in Abbildung 9.6 ein Segment nicht angeschlossen, wird also z. B. der Strom $I_4 = 0$, so übernimmt der parasitäre Substrattransistor den Strom. Ähnliches gilt natürlich auch für PNP-Einzeltransistoren. Dieser Sachverhalt wird in SPICE leider nur sehr unvollkommen berücksichtigt. Aus diesem Grunde sollte auch bei PNP-Transistoren der Zustand „Spannungssättigung" vermieden werden.

Stromspiegel können selbstverständlich auch mit selbstsperrenden FETs realisiert werden. Die Schaltung ist die gleiche wie bei bipolaren Transistoren, siehe Abbildung 9.7.

9.1 Der einfache Stromspiegel

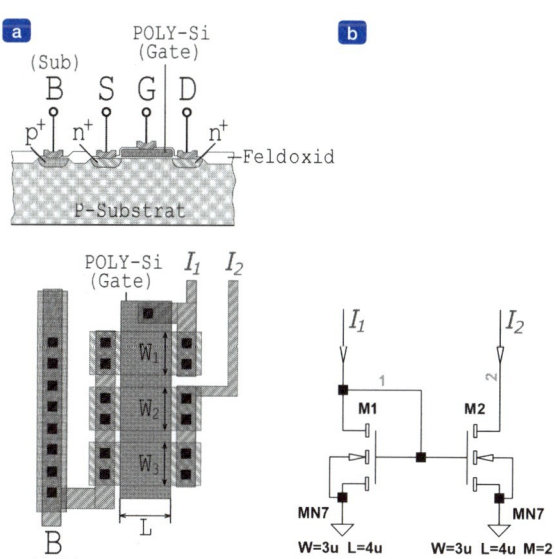

Abbildung 9.7: (Spgl.7.asc) Stromspiegel mit MOSFETs und einem Spiegelverhältnis 1:2. (a) Aufbau. (b) Schaltung.

Die Zusammenschaltung von Drain und Gate des Transistors M1 ist in Wahrheit keine „Diodenschaltung"; es handelt sich ja nicht um einen PN-Übergang. Trotzdem ist aber diese Bezeichnung auch bei MOSFETs üblich. Die Transistoren M1 und M2 werden im **Stromsättigungsbereich** betrieben. Es gilt die Kennliniengleichung:

$$I_D \approx \frac{1}{2} \cdot \frac{W}{L} \cdot K_P \cdot (U_{GS} - V_{Th})^2 \cdot (1 + \lambda \cdot U_{DS}); \quad U_{DS} \geq U_{GS} - V_{Th} \tag{9.8}$$

Daraus ergibt sich, da beide Transistoren an derselben Gate-Source-Spannung U_{GS} liegen und denselben Parameter K_P haben, die „Spiegelgleichung"

$$I_2 \approx \frac{W_2}{W_1} \cdot \frac{L_1}{L_2} \cdot I_1 \cdot (1 + \lambda \cdot U_{DS2}); \quad U_{DS2} \geq U_{GS} - V_{Th} \tag{9.9}$$

In aller Regel werden die Kanallängen beider Transistoren gleich ausgeführt, also $L_2 = L_1 = L$. Dann folgt aus (9.9):

$$I_2 \approx \frac{W_2}{W_1} \cdot I_1 \cdot (1 + \lambda \cdot U_{DS2}); \quad U_{DS2} \geq U_{GS} - V_{Th} \tag{9.10}$$

Die Kanalweiten W werden zur Stromskalierung meist ganzzahlig ins Verhältnis gesetzt. Ist die Kanalweite W_2 beispielsweise M-mal größer als W_1, wird

$$I_2 \approx M \cdot I_1 \cdot (1 + \lambda \cdot U_{DS2}); \quad U_{DS2} \geq U_{GS} - V_{Th} \tag{9.11}$$

Auch beim MOSFET ist das Spiegelverhältnis nicht temperaturabhängig, und Fehler durch Basis-Ströme, wie sie beim Bipolar-Transistor auftreten, gibt es beim MOSFET nicht.

Der differentielle Widerstand $r_i = r_{DS}$ ergibt sich analog zum Bipolar-Transistor zu

$$\frac{1}{r_i} = \frac{1}{r_{DS}} = \left(\frac{\partial I_D}{\partial U_{DS}}\right)_{U_{GS} = konst.}; \quad r_i = r_{DS} \approx \frac{1}{\lambda \cdot I_D}; \quad r_i \cdot I = r_{DS} \cdot I_D \approx \frac{1}{\lambda} \tag{9.12}$$

Er ist vom Parameter λ abhängig. Nach dem einfachen Level-1-Modell von Shichman und Hodges [1], siehe *Abschnitt 3.4*, ist λ eine Konstante. In Wahrheit wird λ aber mit zunehmender Kanallänge kleiner, d. h., durch Vergrößern der Kanallänge L lässt sich auch r_{DS} vergrößern. Im BSIM-3-Modell, siehe *Abschnitt 3.4*, wird dieser Effekt berücksichtigt. Die Schaltung soll deshalb für die Simulation mit LT-SPICE [5], [6] vorbereitet und simuliert und anschließend soll die Auswirkung diskutiert werden:

Simulation

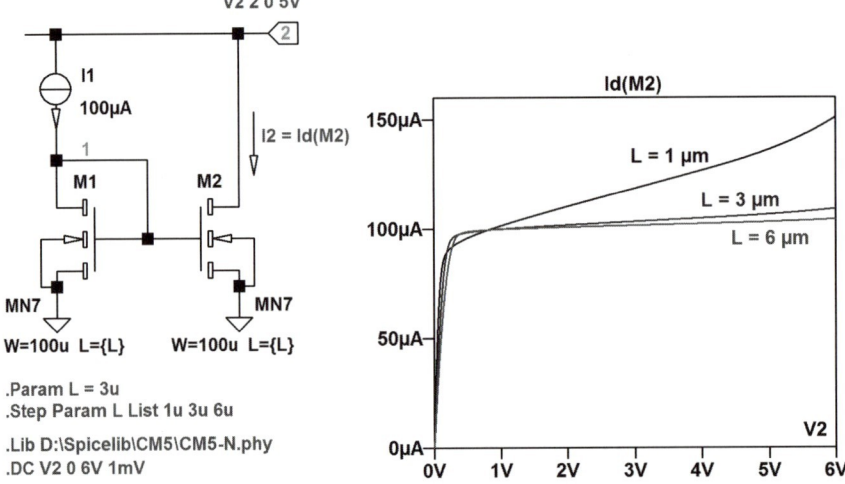

Abbildung 9.8: (Spgl.8.asc) Abhängigkeit des differentiellen Widerstandes r_i von der Kanallänge L. Prozess: CM5 (0,8-μm-N-Well-CMOS); Modellparameter: CM5-N.phy (BSIM 3).

Abbildung 9.8 zeigt die Schaltung und das zugehörige Simulationsergebnis. Verwendet werden Transistoren eines 0,8-μm-CMOS-Prozesses, der die Bezeichnung CM5 trägt. Die Modellparameter sind in der Datei CM5-N.phy im Ordner „CM5" des Bibliotheksordners „Spicelib" zu finden (IC.zip). Damit der Simulator die Datei auch finden kann, wird der komplette Pfad durch die Bibliotheksanweisung „.Lib D:\Spicelib\CM5\CM5-N.phy" im Schaltplan eingetragen. Sollten die Modellparameter an einem anderen Ort abgespeichert sein, muss der Pfad entsprechend angepasst werden. Der Wert der Kanallänge L ist als **Parameter** in geschweifte Klammern {L} gesetzt und wird durch die Anweisung „.Param L=3u" zugewiesen. Durch die Step-Anweisung „.Step Param L List 1u 3u 6u" wird die Kanallänge L entsprechend der „Liste" variiert. Die Spannung $V_2 = V(2)$ am Drain-Knoten von M2 durchläuft die Werte von 0 bis 6 V in Schritten von 1 mV. Das Simulationsergebnis zeigt deutlich, dass bei geringer Kanallänge nicht gerade von guter Stromkonstanz gesprochen werden kann. Für analoge Schaltungen wird deshalb vom Hersteller für den CM5-Prozess eine Kanallänge von $L \geq 3\ \mu m$ empfohlen.

9.2 Die Widlar-Schaltung

Kleine Ströme lassen sich aus einem größeren „primären" Strom mittels eines skalierten Stromspiegels ableiten. Dazu muss der Transistor, in den der primäre Strom eingespeist wird, nur entsprechend größer als der an ihn angeschlossene Ausgangstransistor ausgeführt werden. Dies kann allerdings, wenn eine große Stromuntersetzung gewünscht wird, zu unpraktischen Abmessungen führen. Nach einem Vorschlag von Bob Widlar [2] können stattdessen die beiden Transistoren – durch Einfügen eines Widerstandes in die Emitter-Leitung des Ausgangstransistors – mit unterschiedlichen Basis-Emitter-Spannungen betrieben werden. Abbildung 9.9 zeigt die nach ihm benannte „Widlar-Schaltung". Es handelt sich jedoch nicht mehr um einen echten Stromspiegel. Prinzipiell kann diese Schaltung auch mit MOSFETs realisiert werden.

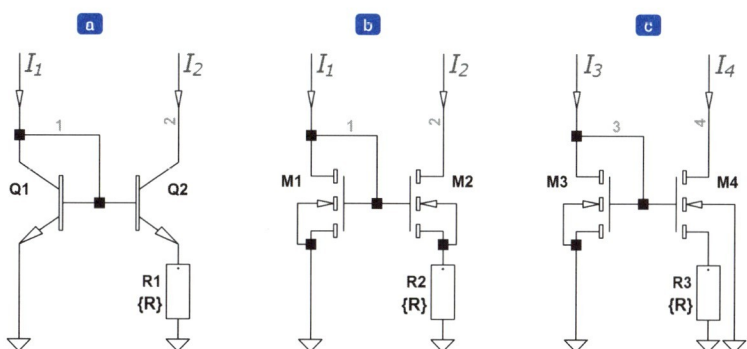

Abbildung 9.9: (Widlar.asc) Widlar-Schaltung mit (a) bipolaren Transistoren sowie (b) und (c) mit MOSFETs. Bei einem P-Well-Prozess kann Bulk (die P-Well-Wanne) mit Source verbunden werden, siehe (b). Bei einem N-Well-Prozess liegt dagegen Bulk von M4 an Masse, siehe (c); dann muss der Body-Effekt berücksichtigt werden (siehe *Abschnitt 3.4*)! Bei P-Kanal-MOSFETs ist es genau umgekehrt.

Für die Berechnung der Widlar-Schaltung mit bipolaren Transistoren werden zwei identische Bauelemente vorausgesetzt und der Early-Effekt und die Basis-Ströme vernachlässigt. Dann gilt:

$$U_{BE1} = U_{BE2} + I_2 \cdot R; \quad I_2 \approx I_S \cdot e^{\frac{U_{BE2}}{V_T}}, \quad I_1 \approx I_S \cdot e^{\frac{U_{BE1}}{V_T}} = I_S \cdot e^{\frac{U_{BE2}}{V_T}} \cdot e^{\frac{I_2 \cdot R}{V_T}} \rightarrow$$

$$I_1 \approx I_2 \cdot e^{\frac{I_2 \cdot R}{V_T}} \tag{9.13}$$

Diese transzendente Gleichung liefert einen einfachen Zusammenhang zwischen den Strömen I_1 und I_2; sie lässt sich aber nicht nach I_2 auflösen. Wenn jedoch das gewünschte Stromverhältnis gegeben ist, kann der erforderliche Widerstandswert R bestimmt werden:

$$R \approx \frac{V_T}{I_2} \cdot \ln \frac{I_1}{I_2} \tag{9.14}$$

Diese Gleichung kann wie folgt interpretiert werden: erforderlicher Widerstand gleich „Referenzspannung" V_T dividiert durch den gewünschten Strom I_2 und dann multipliziert mit dem Logarithmus des Stromverhältnisses.

> **Beispiel**
>
> **Dimensionierungsbeispiel zur Widlar-Schaltung**
>
> Der primäre Eingangsstrom sei $I_1 = 1\ mA$, der Ausgangsstrom soll $I_2 = 10\ \mu A$ betragen. Mit $V_T = 25{,}85\ mV$ (bei $T = 300\ K$) ergibt sich aus (9.14): $R \approx 12\ k\Omega$. Man kommt also mit einem relativ kleinen Widerstandswert aus.

Hinweis

Der Strom I_2 hat bei der Annahme $I_1 = konst.$ und eines temperatur**un**abhängigen Widerstandes einen positiven Temperaturkoeffizienten! Dies kann leicht aus Gleichung (9.14) abgelesen werden: Da V_T im Zähler steht und mit der Temperatur zunimmt, muss auch I_2 mit der Temperatur ansteigen; denn R ist ja laut Voraussetzung konstant. Diese Eigenschaft unterscheidet die Widlar-Schaltung von dem normalen Stromspiegel, der ja **keine** Temperaturabhängigkeit zeigt.

Aufgaben

1. Experimentieren Sie mit den Schaltungen aus Abbildung 9.9. Ermitteln Sie dann für alle drei Stromsenken deren äquivalente „innere" Widerstände, indem Sie den einen Cursor z. B. auf 3 V und den anderen auf 5 V einstellen. Der abgelesene „Slope-Wert" entspricht dem Kehrwert des Widerstandes [6]. Lesen Sie auch die Ströme ab und bilden Sie anschließend das Widerstands-Strom-Produkt entsprechend Gleichung (9.1).

2. Experimentieren Sie in der Schaltung Abbildung 9.9 mit der Step-Anweisung für den Widerstandsparameter „R" und anschließend mit der Step-Anweisung für die Temperatur. Beobachten Sie die Auswirkungen auf die Ströme der drei Schaltungen.

9.3 Widerstandsbestimmter Stromteiler

In einigen Anwendungen besteht der Wunsch, das Stromteilerverhältnis feinstufig einstellen zu können. Abbildung 9.10 zeigt ein Beispiel, das dies über das Verhältnis zweier Widerstandswerte gestattet.

Zum Verständnis der Schaltung werde das Potential V_1 des Knotens „1" betrachtet:

$$V_1 = U_{BE1} + U_{BE4} + I_2 \cdot R_2 = U_{BE2} + U_{BE3} + I_1 \cdot R_1 \tag{9.15}$$

Da die beiden baugleich angenommenen Transistoren Q1 und Q3 vom selben Strom I_1 durchflossen werden (die Basis-Ströme seien vernachlässigt), wird: $U_{BE1} = U_{BE3}$. Für die andere Seite gilt sinngemäß: $U_{BE2} = U_{BE4}$. Werden diese beiden Ausdrücke in Gleichung (9.15) eingesetzt, heben sich dort die Basis-Emitter-Spannungen komplett heraus und es bleibt eine einfache Beziehung übrig:

$$I_2 \cdot R_2 = I_1 \cdot R_1 \quad \rightarrow \quad I_2 = \frac{R_1}{R_2} \cdot I_1 \tag{9.16}$$

9.3 Widerstandsbestimmter Stromteiler

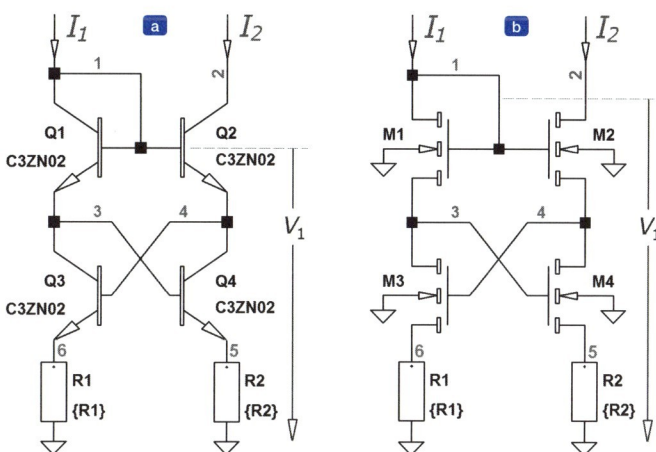

Abbildung 9.10: (Kreuz.asc) Einstellung des Stromverhältnisses über zwei Widerstände R1 und R2. (a) Mit bipolaren Transistoren. (b) Mit MOSFETs. Achtung: Wenn Source- und Bulk-Potential nicht übereinstimmen, ist der „Body-Effekt" zu berücksichtigen (siehe *Abschnitt 3.4*).

Da das Stromverhältnis I_2/I_1 gleich dem Widerstandsverhältnis R_1/R_2 ist, ist das Stromspiegelverhältnis praktisch unabhängig von der Temperatur. Dies macht die Schaltung so interessant. Die Widlar-Schaltung (Abbildung 9.9) beispielsweise, die nur **einen** Widerstand enthält, zeigt bekanntlich einen deutlich positiven Temperaturkoeffizienten. Zu beachten ist allerdings, dass bei größeren Stromverhältnissen die Basis-Strom-Fehler nicht mehr vernachlässigt werden dürfen.

Die Schaltung kann sinngemäß auch mit MOSFETs aufgebaut werden. Der Vorteil ist, dass keine Gate-Ströme fließen. Allerdings stört der Body-Effekt, siehe *Abschnitt 3.4*, wenn die Substrate der Transistoren nicht mit deren Source-Anschlüssen verbunden werden können. Ein N-Well-Prozess gestattet dies aber für die P-MOSFETs. Dann gilt auch bei Verwendung von MOSFETs die Gleichung (9.16) und das Spiegelverhältnis wird praktisch temperaturunabhängig.

Aufgaben

1. Experimentieren Sie mit der Schaltung Abbildung 9.10. Variieren Sie die Widerstandswerte und „messen" Sie auch die Potentiale an den Widerständen. Überprüfen Sie das Stromverhältnis.
2. Beurteilen Sie die Verwendbarkeit der MOS-Version in Abbildung 9.10b.
3. Verlegen Sie die Bulk-Anschlüsse der N-Kanal-FETs in Abbildung 9.10b an die zugehörigen Source-Anschlüsse und wiederholen Sie die Simulation.

9.4 Korrektur von Stromspiegelfehlern

Der einfache Stromspiegel kommt zwar mit wenigen Bauelementen aus, weist aber, wie oben schon erwähnt, gewisse Fehler auf, die nicht in jedem Fall toleriert werden können. In den folgenden Abschnitten soll gezeigt werden, wie durch einige zusätzliche Bauelemente die Eigenschaften eines Stromspiegels zum Teil erheblich verbessert werden können.

9.4.1 Korrektur des Basis-Strom-Einflusses

Wenn aus einem primären Strom nicht nur **ein** gespiegelter Strom abgeleitet wird, sondern gleich mehrere (dies ist in integrierten Schaltungen sehr oft der Fall, siehe z. B. Abbildung 9.1), dann kann bei bipolaren Stromspiegeln der Fehler, der durch die Basis-Ströme infolge der endlichen Stromverstärkung B der Transistoren zustande kommt, meist nicht mehr vernachlässigt werden. Abbildung 9.11 soll dies verdeutlichen und auch gleich die übliche Abhilfe aufzeigen. Durch Einfügen des sogenannten **Unterstützertransistors** QB muss der gesamte Basis-Strom nun nicht mehr von dem Strom I_1 „aufgebracht" werden, sondern nur noch der durch die Stromverstärkung B dividierte Anteil. QB wirkt quasi wie ein Emitter-Folger. Ein Widerstand R1 in der Kollektor-Leitung von QB kann zur Strombegrenzung für den Notfall eingefügt werden. Der Wert ist relativ unkritisch, z. B. 1 $k\Omega$.

Simulation

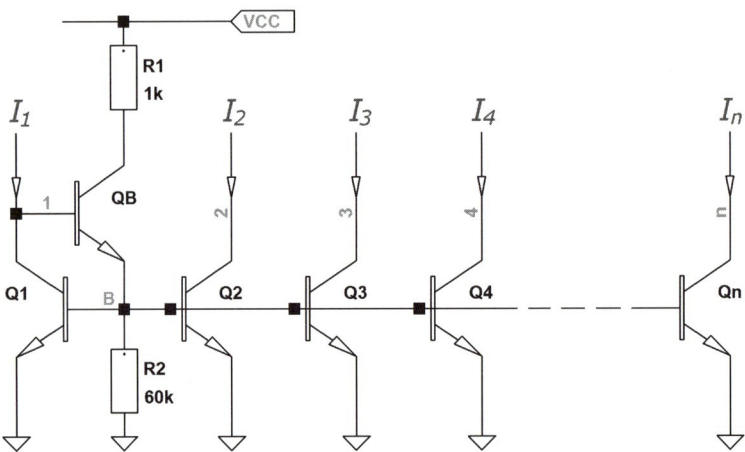

Abbildung 9.11: (IB-Korr.asc) Korrektur des Basis-Strom-Einflusses durch einen Unterstützertransistor QB. Der Widerstand R1 dient zur Strombegrenzung im Fehlerfall und R2 zur Ableitung von Leckströmen bei hohen Temperaturen.

Der Unterstützertransistor QB wird nur mit einem relativ kleinen Kollektor-Strom betrieben. Damit nicht bei hohen Temperaturen der **Sperrstrom** dominant wird, kann man zwischen dem gemeinsamen Basis-Knoten „B" und Masse einen Ableitwiderstand R2 vorsehen. Auch dieser Wert ist unkritisch, er sollte aber einen Betrag von ca. 30 $k\Omega$ nicht unterschreiten. Besonders geeignet hierfür sind die platzsparenden Pinch-Widerstände.

9.4 Korrektur von Stromspiegelfehlern

Hinweis

Bei Verwendung eines Unterstützertransistors muss besonders sorgfältig darauf geachtet werden, dass kein Transistor in die Spannungssättigung gerät. Der parasitäre PNP-Transistor des in Sättigung gehenden Kollektors würde aktiv werden und QB müsste dann einen unverhältnismäßig großen Strom liefern, der vielleicht nur durch den Widerstand R1 begrenzt wird!

Da bei MOS-Transistoren praktisch keine Gate-Ströme fließen, hat die Schaltung Abbildung 9.11 bei MOS-Designs keine Bedeutung.

Aufgaben

1. Experimentieren Sie mit der Schaltung Abbildung 9.11. „Messen" Sie z. B. die Kollektor-Ströme der Transistoren Q1, Q2 und QB sowie den Basis-Strom des Transistors Q1 und ändern Sie auch den Wert des Widerstandes R2.

2. Unterbrechen Sie in der Schaltung Abbildung 9.11 die Kollektor-Zuleitung zum Transistor Qn bzw. Xn und wiederholen Sie die vorherige Aufgabe.

9.4.2 Kompensation des Early-Effekt-Einflusses

Um die Auswirkung des Early-Effektes zu verringern, gibt es verschiedene Ansätze, die zum Teil mit wenig zusätzlichen Bauteilen auskommen. Die wichtigsten Methoden sollen in den folgenden Abschnitten besprochen werden. Um für eine geplante Anwendung die Wahl der richtigen Schaltung zu erleichtern, sollen die Unterschiede mithilfe des Simulators „SPICE" aufgezeigt werden.

Stromgegenkopplung durch Widerstände

Durch Stromgegenkopplung, d. h. durch Einfügen von Emitter-Widerständen, wie es in Abbildung 9.12 gezeigt wird, kann die Wirkung des Early-Effektes reduziert werden.

Die Schaltung ist für die Simulation mit LT-SPICE [6] vorbereitet: Der Wert der beiden Widerstände R1 und R2 wird durch den Parameter $R = 1\ k\Omega$ angegeben und wird durch die Step-Anweisung entsprechend der „Liste" geändert (1 $m\Omega$, 1 $k\Omega$, 10 $k\Omega$). Die Spannung am Kollektor-Knoten von Q2 läuft von 0 V bis 10 V in Schritten von 10 mV. Die Transistoren vom Typ C3ZN02 sind Elemente des C36-Prozesses (Standard-Bipolar-Prozess). Die Modellparameter sind in der Datei C3Z-N.phy zu finden, die im Unterordner „C36" des Ordners „Spicelib" liegt (IC.zip).

9 Stromspiegelschaltungen

Simulation

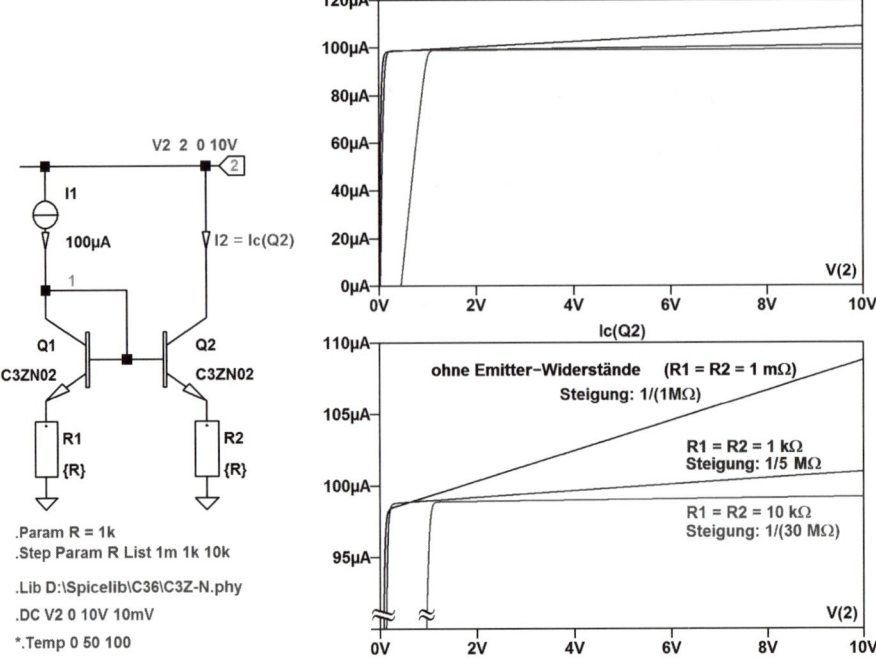

Abbildung 9.12: (Early.1.asc) Reduzierung der Wirkung des Early-Effektes durch zwei gleiche Emitter-Widerstände (Stromgegenkopplung) und Simulationsergebnis.

Das Simulationsergebnis ist im rechten Teilbild von Abbildung 9.12 dargestellt. Mithilfe der Cursor-Funktion kann der differentielle Widerstand der Schaltung ermittelt werden. Bei einem Spannungsabfall von $R_2 \cdot I_2 \approx 100\ mV$ am Emitter-Widerstand R2 (d. h. in diesem Fall bei $R = 1\ k\Omega$) erreicht der „Innenwiderstand" einen Wert von etwa $r_i \approx 5\ M\Omega$ ($U_i = r_i \cdot I_2 \approx 500\ V$). Ein größerer Spannungsabfall ergibt zwar einen stärkeren Effekt, doch zu hohe „Spannungsverluste" vergrößern unnötig den Startpunkt der Stromkonstanz. Deshalb werden in der Praxis die Widerstände oft so gewählt, dass sich an ihnen ein Spannungsabfall von etwa $200\ mV$ einstellt. Wichtig ist außerdem ein möglichst gutes Matching der beiden Widerstände zueinander. Es gibt aber noch andere recht wirksame Methoden, die im Folgenden besprochen werden sollen.

Kaskoden-Schaltung

Als besonders sinnvoll erweist sich das Einfügen eines als Stromgegenkopplung wirkenden Stromspiegels (Kaskoden-Schaltung). Abbildung 9.13 zeigt die Schaltungen für bipolare Transistoren und MOSFETs. Die jeweils vier Transistoren seien identisch. Durch die beiden übereinandergeschalteten „Dioden" Q1 u. Q3 bzw. M1 und M3 sowie M5 und M7 (bei MOSFETs ist die Bezeichnung „Diodenschaltung" eigentlich nicht korrekt, ist aber dennoch üblich) stellen sich an den Knoten „4" und „8" folgende Potentiale ein: $V(4) = U_{BE1} + U_{BE3} - U_{BE4} \approx 1 \cdot U_{BE}$ bzw. $U_{GS1} + U_{GS3} - U_{GS4} \approx 1 \cdot U_{GS}$ und $V(8) = U_{GS5} + U_{GS7} - U_{GS8} \approx 1 \cdot U_{GS}$. Die Transistoren Q2 bzw. M2 und M6 werden also etwa mit konstanter Spannung betrieben. Damit tritt der Early-Effekt praktisch nicht in Erscheinung. Da außerdem die Potentiale an den Knoten „3" und „4" sowie „7" und „8" übereinstimmen, sind die Kollektor-Ströme von Q2 und Q1 bzw. die Drain-Ströme von M2 und M1 sowie M6 und M5 fast identisch.

9.4 Korrektur von Stromspiegelfehlern

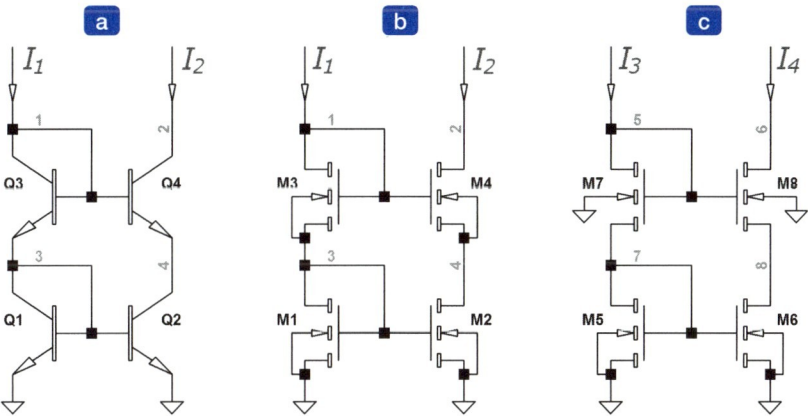

Abbildung 9.13: Kaskoden-Schaltung mit (a) bipolaren Transistoren sowie (b) und (c) mit MOSFETs. Bei einem P-Well-Prozess kann Bulk (die P-Well-Wanne) mit Source verbunden werden siehe (b). Bei einem N-Well-Prozess liegt dagegen Bulk von M7 und M8 an Masse, siehe (c); dann muss der Body-Effekt berücksichtigt werden! Bei P-Kanal-MOSFETs ist es genau umgekehrt.

Während die Schaltung mit MOSFETs praktisch einen idealen Stromspiegel darstellt, führen bei der bipolaren Schaltung die Basis-Ströme zu gewissen Fehlern: Der Strom I_2 ist um etwa „vier Basis-Ströme" (= $4 \cdot I_2/B$) kleiner als I_1. Dieser Nachteil kann jedoch durch eine geringfügige Variation der Schaltung behoben werden: Die Basis-Ströme werden einfach auf beide Seiten „verteilt".

Kompensation der Basis-Ströme und des Early-Effekt-Einflusses

Die Schaltung in Abbildung 9.14 geht von der Idee der Schaltung in Abbildung 9.13 aus, nur dass der Stromspiegel Q1, Q2 „umgedreht" ist, um die Basis-Ströme auf beide Zweige gleichmäßig zu verteilen. Die Transistoren Q1 und Q2 arbeiten wie oben bei gleichem U_{BE} und gleichem U_{CE}. Folglich gilt: $I_{C1} = I_{C2}$.

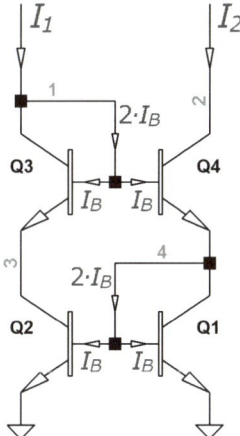

Abbildung 9.14: Kompensation der Basis-Ströme.

Wird näherungsweise angenommen, dass die einzelnen Basis-Ströme einander gleich sind, so können aus der Schaltung die folgenden Beziehungen hergeleitet werden:

$$I_{E3} = I_{C2}, \quad I_{E4} = I_{C1} + 2 \cdot I_B \tag{9.17}$$

$$I_{C3} = I_{E3} - I_B = I_{C2} - I_B \tag{9.18}$$

$$I_2 = I_{C4} = I_{E4} - I_B = I_{C1} + 2 \cdot I_B - I_B = I_{C1} + I_B \tag{9.19}$$

Außerdem ist

$$I_1 = I_{C3} + 2 \cdot I_B = I_{C2} - I_B + 2 \cdot I_B = I_{C2} + I_B \tag{9.20}$$

und wegen $I_{C1} = I_{C2}$ folgt aus (9.19) und (9.20) schließlich $I_2 = I_1$.

Dieses Beispiel zeigt eindrucksvoll, dass oft einfache Überlegungen zu einem erstaunlichen Ergebnis führen!

Die Arbeitsweise der Schaltung kann mithilfe der rückkoppelnden Wirkung des Stromspiegels Q2, Q1 erklärt werden: Wird z. B. durch Steigen der Spannung am Knoten „2" der Strom I_2 größer, vergrößert sich über den Stromspiegel Q1, Q2 der Strom des Transistors Q2 etwa um den gleichen Betrag. Dadurch wird über die „Diode" Q3 das Potential des Knotens „1" „heruntergezogen", wodurch auch die Basis-Emitter-Spannung von Q4 reduziert wird. Dies wirkt einem Anstieg des Kollektor-Stromes von Q4 entgegen. Wegen der hohen Schleifenverstärkung des Gesamtsystems wird ein Anwachsen des Stromes I_2 weitgehend ausgeregelt. Eine Simulation soll dies verdeutlichen:

Simulation

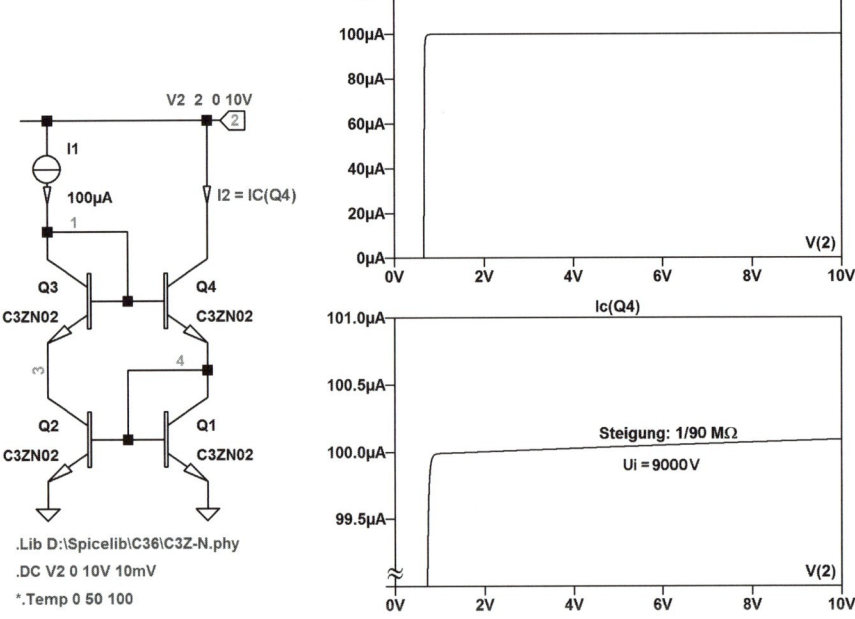

Abbildung 9.15: (Kaskode3.asc) Reduktion der Wirkung des Early-Effektes und Kompensation der Basis-Ströme. Die Simulation liefert einen differentiellen Widerstand von ca. 90 $M\Omega$.

9.4 Korrektur von Stromspiegelfehlern

In Abbildung 9.15 ist die Schaltung noch einmal für die Simulation mit LT-SPICE [6] vorbereitet. Ergebnis: Das Einfügen nur zweier zusätzlicher Transistoren führt zu einer beachtlichen Erhöhung des differentiellen Widerstandes auf etwa $r_i \approx 90 \ M\Omega$ und das Produkt $r_i \cdot I_2$ steigt auf 9 kV! Auch der Basis-Stromfehler tritt fast gänzlich in den Hintergrund. Dies erkennt man daran, dass der Ausgangsstrom $I_2 = I_C(Q2)$ praktisch mit dem primären Strom von $I_1 = 100 \ \mu A$ übereinstimmt.

> **Aufgabe**
>
> Experimentieren Sie mit der Schaltung Abbildung 9.15 und bestimmen Sie den äquivalenten „inneren" Widerstand des Ausgangsstromes $I_2 = I_C(Q4)$.

Die obige Schaltung wird sinngemäß auch mit MOSFETs realisiert, auch wenn es bei MOSFETs keine Gate-Ströme gibt.

Wilson-Stromspiegel

Die gegenkoppelnde Wirkung der Schaltung Abbildung 9.14 bleibt erhalten, wenn der als Diode geschaltete Transistor Q3 ganz eingespart wird. Diese Idee hatte George Wilson in einer Operationsverstärkerschaltung verwirklicht [3]. Den nach ihm benannten Stromspiegel zeigt Abbildung 9.16.

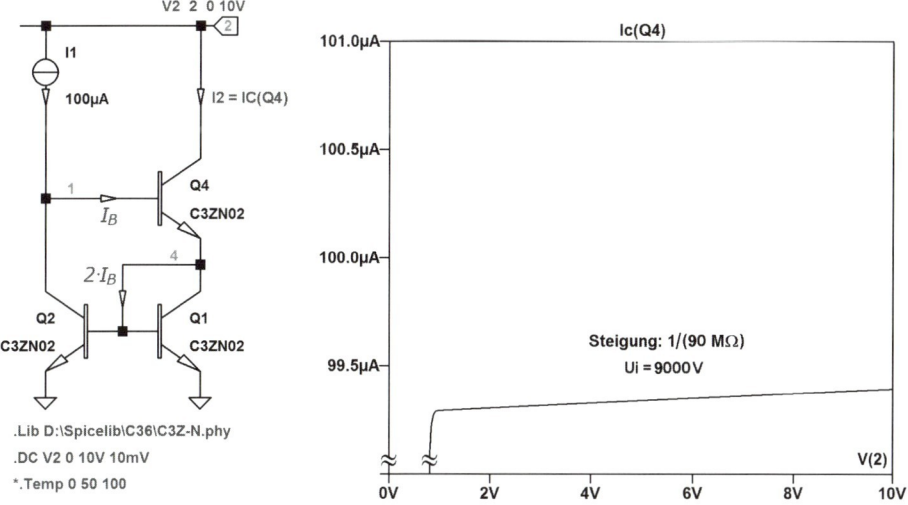

Simulation

Abbildung 9.16: (Wilson.asc) Wilson-Stromspiegel. Die Simulation liefert einen differentiellen Widerstand von etwa $r_i = 90 \ M\Omega \ (U_i = r_i \cdot I_2 = 9 \ kV)$.

Auch hier bleibt der Einfluss der Basis-Ströme sehr gering, obwohl deren gegenseitiges Aufheben auf den ersten Blick nicht zu erkennen ist, und die Auswirkung des Early-Effektes wird durch die Gegenkopplung ebenfalls weitgehend unterdrückt. Allerdings sind die Kollektor-Emitter-Spannungen der Transistoren Q1 und Q2 nicht ganz gleich: Sie unterscheiden sich um eine Basis-Emitter-Spannung. Deshalb ist I_{C2} etwas größer als I_{C1}. Es gilt also nur näherungsweise $I_{C1} \approx I_{C2}$. Aus der Schaltung kann man leicht folgende Beziehungen ableiten:

$$I_{E4} = I_{C1} + 2 \cdot I_B \tag{9.21}$$

$$I_2 = I_{C4} = I_{E4} - I_B = I_{C1} + 2 \cdot I_B - I_B = I_{C1} + I_B \tag{9.22}$$

sowie

$$I_1 = I_{C2} + I_B \approx I_{C1} + I_B, \quad \rightarrow \quad I_2 \approx I_1 \tag{9.23}$$

Die Wilson-Schaltung kommt mit einem Bauteil weniger aus als der in Abbildung 9.14 vorgestellte Stromspiegel. Der Early-Effekt wird weitgehend unterdrückt, jedoch bleibt wegen $U_{CE2} = 2 \cdot U_{BE}$ und $U_{CE1} = 1 \cdot U_{BE}$ ein konstanter Fehler übrig, der in vielen Anwendungen aber toleriert werden kann.

> **Aufgabe**
>
> Experimentieren Sie mit der Schaltung Abbildung 9.16 und bestimmen Sie den äquivalenten „inneren" Widerstand des Ausgangsstromes $I_2 = I_C(Q4)$.

Der Wilson-Stromspiegel kann auch mit PNP-Transistoren und natürlich auch mit selbstsperrenden FETs aufgebaut werden.

9.4.3 Korrektur von Offset-Fehlern

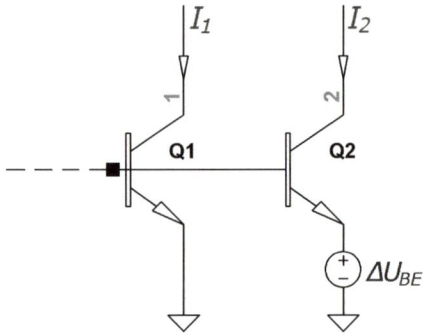

Abbildung 9.17: Offset-Fehler.

Obwohl bei integrierten Schaltungen alle Bauelemente auf dem Chip gleichzeitig gefertigt werden, gibt es doch gewisse Streuungen der Parameter. Bei Stromspiegeln ist ein gutes „Matching" der Basis-Emitter-Spannung bzw. der Threshold-Spannung von besonderer Bedeutung. Dies soll ein einfaches Beispiel für zwei bipolare Transistoren zeigen. In Abbildung 9.17 soll die Spannungsquelle mit dem Wert ΔU_{BE} den Matching-Fehler zwischen den Transistoren Q1 und Q2 darstellen. Die Frage ist nun, wie groß wird der dadurch bedingte Stromunterschied zwischen den beiden Strömen I_1 und I_2 ausfallen.

9.4 Korrektur von Stromspiegelfehlern

Es ist

$$U_{BE1} = U_{BE2} + \Delta U_{BE}, \quad I_1 \approx I_S \cdot e^{\frac{U_{BE1}}{V_T}}, \quad I_2 \approx I_S \cdot e^{\frac{U_{BE2}}{V_T}} \rightarrow \quad (9.24)$$

$$\frac{I_1}{I_2} = e^{\frac{U_{BE1}-U_{BE2}}{V_T}} = e^{\frac{\Delta U_{BE}}{V_T}} \quad (9.25)$$

Mit $\Delta U_{BE}/V_T \ll 1$ kann Gleichung (9.25) vereinfacht werden:

$$\frac{I_1}{I_2} \approx 1 + \frac{\Delta U_{BE}}{V_T} \quad (9.26)$$

Der **relative** Stromfehler $\Delta I/I$ ist also näherungsweise gleich der Abweichung der Basis-Emitter-Spannung ΔU_{BE} dividiert durch die Temperaturspannung V_T und damit verhältnismäßig groß. Ein Beispiel soll das noch einmal verdeutlichen:

Beispiel

Stromfehler durch U_{BE}-Offset

Es sei $\Delta U_{BE} = 1{,}25\ mV \rightarrow I_1/I_2 \approx 1 + 1{,}25\ mV/25{,}25\ mV = 1{,}05$. Ein Offset-Fehler von nur $1{,}25\ mV$ hat also einen Stromfehler von ca. 5 % zur Folge!

Offset-Fehler haben oft verschiedene Ursachen. Einerseits können die beteiligten Transistoren infolge statistischer Streuungen unterschiedliche Basis-Emitter-Spannungen haben, siehe *Abschnitt 8.2*, und andererseits können Spannungsabfälle auf der gemeinsamen Emitter-Leitung (bzw. Basis-Leitung) zu Spannungsdifferenzen führen. Bei integrierten Schaltkreisen werden meist Aluminium-Leitungen verwendet, weil Aluminium relativ gut technologisch zu handhaben ist und eine einigermaßen hohe spezifische Leitfähigkeit besitzt, siehe *Abschnitt 4.6*. Hat die Leiterbahn eine Dicke von etwa 1 µm, ist der Schichtwiderstand $R_{SH} \approx 50\ m\Omega/sq$. Angenommen, die Emitter der beiden Transistoren seien durch eine $L = 0{,}5\ mm$ lange und $W = 5\ \mu m$ breite Al-Leitung voneinander getrennt – Abbildung 9.18 – und durch diese Leitung fließe ein Strom von $I = 2\ mA$. Dann wird der Spannungsabfall

$$\Delta U = I \cdot R = I \cdot R_{SH} \cdot \frac{L}{W} = 10\ mV! \quad (9.27)$$

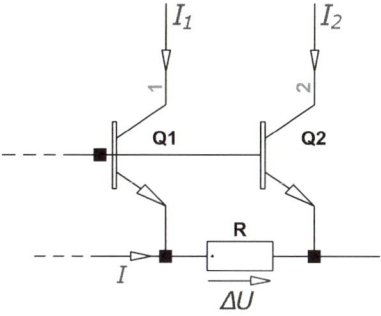

Abbildung 9.18: Offset-Fehler durch Spannungsabfall auf der GND-Leitung.

Ein derartig großer Spannungsunterschied führt zu Stromfehlern, die oft nicht toleriert werden können. Bei der Layout-Arbeit muss deshalb auf eine sorgfältige Leitungsführung geachtet werden. In Situationen, in denen Potentialunterschiede zwischen den Emittern nicht zu vermeiden sind, ist eine Korrektur nötig. Diese gelingt am einfachsten analog zu Abbildung 9.12 durch Stromgegenkopplung über Emitter-Widerstände. Zur Berechnung ist die Situation noch einmal in Abbildung 9.19 dargestellt.

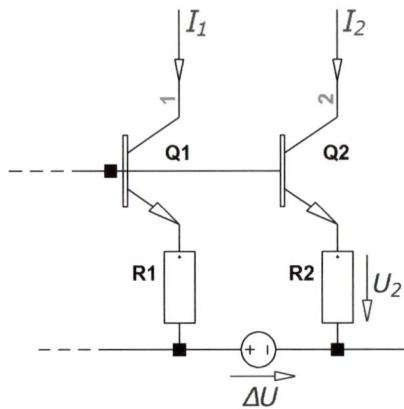

Abbildung 9.19: Kompensation von Offset-Fehlern durch Emitter-Widerstände.

$$U_{BE1} + I_1 \cdot R_1 + \Delta U = U_{BE2} + I_2 \cdot R_2 \quad \rightarrow \quad \tag{9.28}$$

$$U_{BE1} - U_{BE2} = \Delta U_{BE} = I_2 \cdot R_2 - I_1 \cdot R_1 - \Delta U \tag{9.29}$$

Hieraus folgt mit der Näherung (9.26):

$$V_T \cdot \left(\frac{I_1}{I_2} - 1\right) \approx \Delta U_{BE} = I_2 \cdot R_2 - I_1 \cdot R_1 - \Delta U \tag{9.30}$$

Und mit $I_2 \cdot R_2 = U_2$:

$$\frac{V_T}{U_2} \cdot \left(\frac{I_1}{I_2} - 1\right) \approx 1 - \frac{I_1}{I_2} \cdot \frac{R_1}{R_2} - \frac{\Delta U}{U_2} \tag{9.31}$$

Mit den **relativen** Abweichungen

$$\varepsilon_I = \frac{I_1 - I_2}{I_2} = \frac{I_1}{I_2} - 1, \quad \varepsilon_R = \frac{R_1 - R_2}{R_2} = \frac{R_1}{R_2} - 1 \tag{9.32}$$

nimmt Gleichung (9.31) die Form an:

$$\frac{V_T}{U_2} \cdot \varepsilon_I \approx 1 - (1 + \varepsilon_I) \cdot (1 + \varepsilon_R) - \frac{\Delta U}{U_2} \tag{9.33}$$

9.4 Korrektur von Stromspiegelfehlern

Mit $\varepsilon_I \cdot \varepsilon_R \ll 1$ kann man diesen Ausdruck vereinfachen und schließlich nach ε_I auflösen:

$$\frac{V_T}{U_2} \cdot \varepsilon_I \approx \cancel{1-1} - \varepsilon_I - \varepsilon_R - \cancel{\varepsilon_I \cdot \varepsilon_R} - \frac{\Delta U}{U_2} \approx -\varepsilon_I - \varepsilon_R - \frac{\Delta U}{U_2} \rightarrow \qquad (9.34)$$

$$\varepsilon_I \approx -\frac{\varepsilon_R \cdot U_2 + \Delta U}{U_2 + V_T} \qquad (9.35)$$

Diese Beziehung für die relative Stromabweichung ε_I enthält neben dem Offset-Fehler ΔU den relativen Widerstandsfehler ε_R, der bei integrierten Widerständen etwa im Bereich von $\pm 1\%$ liegt ($\varepsilon_R \approx 0{,}01$). Mit $\varepsilon_R \cdot U_2 \ll \Delta U$ und $U_2 \gg V_T$ kann der Ausdruck (9.35) noch weiter vereinfacht werden:

$$\varepsilon_I \approx -\frac{\Delta U}{U_2 + V_T} \approx -\frac{\Delta U}{U_2}; \quad R_1 = R_2 = R \qquad (9.36)$$

Damit ein vorgegebener Stromfehler ε_I nicht überschritten wird, muss der Spannungsabfall an den Gegenkopplungswiderständen einen minimalen Wert haben:

$$U_2 \geq |\Delta U / \varepsilon_I| \qquad (9.37)$$

Beispiel **Beispiel und Dimensionierungsregel**

Es sei $\Delta U = 10\ mV$ und ein Stromfehler von etwa 5 % kann toleriert werden. Dann muss $U_2 \geq (10\ mV)/0{,}05 = 200\ mV$ gewählt werden.

Dies ist ein Spannungswert, der oft die Grundlage bei der Dimensionierung der Stromgegenkopplungswiderstände bildet. Größere Werte können bei geringen Versorgungsspannungen zu Spannungsengpässen führen. Außerdem ist zu prüfen, ob eventuell die Widerstandstoleranzen einer Verringerung des Fehlers Grenzen setzen, wenn zu große Spannungswerte vorgesehen werden. In kritischen Fällen sollte deshalb eine Monte-Carlo-Simulation für Klarheit sorgen. Eine Monte-Carlo-Analyse erlaubt, wie in *Abschnitt 8.2.3* gezeigt wurde, eine Simulation der statistischen Streuungen. Dies wird später an einem Beispiel im Detail gezeigt, siehe *Abschnitt 9.5*.
- Ein Spannungsabfall von $U_2 \approx 200\ mV$ an den Gegenkopplungswiderständen reicht in der Praxis im Allgemeinen aus.

9.4.4 Reduzieren der Sättigungsspannung

Die Stromkonstanz eines Stromspiegels setzt den Betrieb der Transistoren im **Stromsättigungsbereich** voraus. In der Regel reichen dafür Restspannungen an den Transistoren von etwa $(150 \ldots 300)\ mV$ aus, die damit auch den Einsatzpunkt der Stromkonstanz eines einfachen Stromspiegels bestimmen. Da bei den Kaskoden-Schaltungen entsprechend Abbildung 9.13 bis Abbildung 9.16 Transistoren in Reihe geschaltet sind, beginnt die Stromkonstanz erst bei deutlich höheren Spannungen. Bei Schaltungen, die mit einer geringen Versorgungsspannung auskommen müssen, kann dies aber zu Problemen führen. Es ist deshalb notwendig, den Einsatzpunkt zu optimieren.

Simulation

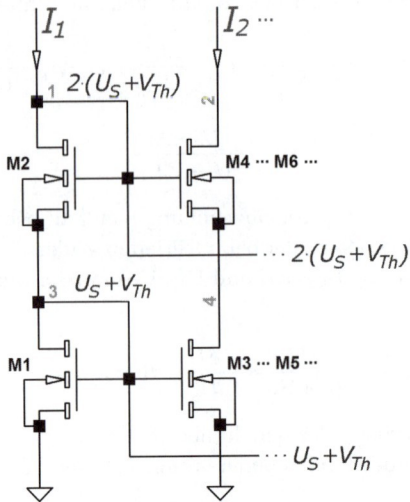

Abbildung 9.20: (Kaskode4.asc) Potentiale an einem kaskadierten Stromspiegel.

Die Problematik ist für MOS-Transistoren noch einmal in Abbildung 9.20 dargestellt. Die beiden als „Diode" geschalteten Transistoren M1 und M2 werden vom „Primär- oder Referenzstrom" I_1 durchflossen. An den Knoten „3" und „1" stehen dann Potentiale zur Verfügung, die als Bias-Spannungen für die Gates der Transistoren M3 und M4 dienen. Hier können noch weitere Transistoren M5 … bzw. M6 … angeschlossen werden. Ein Gate-Strom fließt nicht, die Knoten „3" und „1" werden also nicht belastet. Die differentiellen Widerstände der auf diese Weise gebildeten Stromsenken (Ströme I_2 …) sind wegen der Kaskoden-Schaltung sehr hochohmig, vorausgesetzt, alle Transistoren arbeiten im Stromsättigungsbereich.

> **Aufgabe**
>
> Experimentieren Sie mit der Schaltung Abbildung 9.20. Sehen Sie sich den Einsatzbereich des konstanten Stromes an.

Es ist nun zu überlegen, wie weit das Potential $V(2)$ absinken darf, ohne dass einer der Transistoren in den linearen Bereich gelangt. Dazu wird angenommen, dass alle Transistoren gleich groß sind, also das gleiche Verhältnis W/L haben, und zur Vereinfachung der Rechnung sollen auch der Body-Effekt und der Early-Effekt der Transistoren M2, M4, … vernachlässigt werden. Dann sind alle Ströme gleich: $I_1 = I_2 = …$.

Im Stromsättigungsbereich gilt dann:

$$I_D = \beta \cdot \left(U_{GS} - V_{Th}\right)^2; \quad U_{DS} \geq U_{GS} - V_{Th} \tag{9.38}$$

Wird zur Abkürzung die **Steuerspannung**

$$U_S = U_{GS} - V_{Th} \tag{9.39}$$

eingeführt, so kann Gleichung (9.38) auch in der Form geschrieben werden:

$$I_D = \beta \cdot U_S^2; \quad U_{DS} \geq U_{GS} - V_{Th} \tag{9.40}$$

Die Spannung am Gate von M3 kann dann durch die Steuerspannung U_S ausgedrückt werden: $U_{GS3} = U_{S3} + V_{Th}$. Wegen der Gleichheit aller Transistoren sind auch die Steuerspannungen gleich: $U_{S3} = U_{S1} = \ldots = U_S$. Damit wird $U_{GS3} = U_S + V_{Th}$. Am Knoten „1" stellt sich der doppelte Wert $2 \cdot (U_S + V_{Th})$ ein, und das Potential am Knoten „4" (Drain von M3) ist wieder um eine „Diodenspannung" niedriger, also $U_S + V_{Th}$. Die Drain-Source-Spannung von M4 darf auf den Wert U_S absinken. Für das Potential am Knoten „2" ist deshalb zu fordern: $V(2) \geq U_S + V_{Th} + U_S = 2 \cdot U_S + V_{Th}$. Die Steuerspannung U_S kann durch die Wahl eines großen Verhältnisses W/L relativ gering gehalten werden. Werte von etwa 200 mV sind ohne Weiteres möglich. Störend ist jedoch der zweite Summand. Die Threshold-Spannung V_{Th} ist oft relativ groß (ca. 800 mV) und ist prozessabhängig. $V(2)$ darf dann nicht unter einen Wert von etwa 1,2 V absinken.

Durch einen einfachen Schaltungstrick kann der Summand V_{Th} eliminiert werden. Man muss nur dafür sorgen, dass die Gates der Transistoren M4, M6, … an ein Potential angeschlossen werden, das um V_{Th} geringer ist als das des Knotens „1" in Abbildung 9.20. Eine solche Schaltung zeigt Abbildung 9.21.

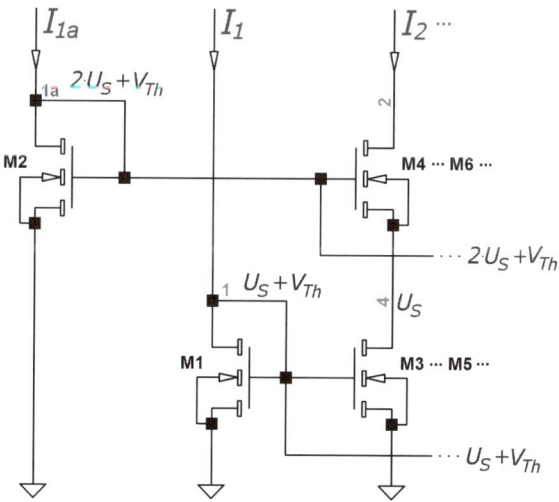

Simulation

Abbildung 9.21: (Kaskode5.asc) Vorspannungserzeugung für eine Kaskoden-Schaltung mit einer reduzierten Anfangsspannung am Knoten „2".

Hier wird das Potential des Knotens „1a" an nur **einem** als Diode geschalteten Transistor (M2) gebildet, der allerdings von einem zweiten Referenzstrom I_{1a} durchflossen wird. Der Einfachheit halber wird $I_{1a} = I_1$ gewählt. Beide Ströme können beispielsweise von einem P-MOS-Stromspiegel bereitgestellt werden. Um die Drain-Source-Spannung von M3, M5, … auf den minimal zulässigen Wert von U_S zu bekommen, muss das Potential am Knoten „1a" nun auf den Wert $V(1a) = U_S + V_{Th} + U_S = 2 \cdot U_S + V_{Th}$ eingestellt werden. Dieses kann durch Verkleinern des Steilheitsparameters für den Transistor M2 im Vergleich zu dem aller übrigen Transistoren auf den Wert β_2 erreicht werden.

Mit der Einführung eines noch zu bestimmenden Parameters α entsprechend

$$\beta_2 = a \cdot \beta \tag{9.41}$$

den Stromgleichungen

$$I_{1a} = a \cdot \beta \cdot (U_{GS2} - V_{Th})^2 = a \cdot \beta \cdot (2 \cdot U_S + V_{Th} - V_{Th})^2 = a \cdot \beta \cdot 4 \cdot U_S^2 \tag{9.42}$$

$$I_1 = \beta \cdot (U_{GS1} - V_{Th})^2 = \beta \cdot (U_S + V_{Th} - V_{Th})^2 = \beta \cdot U_S^2 \tag{9.43}$$

und $I_{1a} = I_1$ ergibt sich ein überraschend einfaches Ergebnis:

$$a = 1/4; \quad \beta_2 = \beta/4 \tag{9.44}$$

das zudem noch unabhängig von der Threshold-Spannung V_{Th} und damit weitgehend unabhängig vom verwendeten Prozess ist.

Aufgabe

Experimentieren Sie mit der Schaltung Abbildung 9.21. Variieren Sie die Weite des Transistors M2 und beobachten Sie den Einfluss auf den Einsatzbereich des Stromes.

Bei der Ableitung wurde der Body-Effekt nicht berücksichtigt. Dieser bewirkt jedoch, wenn Bulk nicht mit Source verbunden werden kann (z. B. bei einem N-Well-Prozess), sondern am Knoten „0" liegt, bei den Transistoren M4, M6, ... eine gewisse Vergrößerung der Threshold-Spannung V_{Th}. Aus diesem Grunde sollte β_2 noch etwas kleiner gewählt werden als $\beta/4$. Ein guter Wert ist z. B. $\beta/6$. Dies wird aber am besten durch eine Simulation mit SPICE abgeklärt.

Aufgabe

Verlegen Sie den Bulk-Anschluss des Transistors M4, M6, ... in der Schaltung Abbildung 9.21 auf Masse und wiederholen Sie die Experimente der vorigen Aufgabe.

Der verkleinerte Wert für β_2 wird durch das Verhältnis W/L eingestellt. In der Praxis wird oft aus Matching-Gründen für alle Transistoren die gleiche Gate-Länge L gewählt und die Weite W des Transistors M2 entsprechend angepasst. Da aber eine genaue Einhaltung des Verhältnisses W/L für M2 nicht erforderlich ist, kann hier von der obigen Regel ohne Probleme abgewichen werden.

Einen gewissen Nachteil hat die Schaltung nach Abbildung 9.21 aber doch noch: Die Drain-Source-Spannungen der Transistoren M1 und M3, M5, ... sind nicht identisch! Somit entsteht ein kleiner Stromfehler, ähnlich wie dies von der Wilson-Schaltung (Abbildung 9.16) her bekannt ist. Abbildung 9.22a zeigt eine verbesserte Schaltung. Durch Einfügen eines Transistors Ma wird das Drain-Potential des Transistors M1 gerade so weit abgesenkt, dass es dem der Transistoren M3, M5, ... entspricht. Damit werden sowohl die Fehler infolge des Early-Effektes als auch die durch den Body-Effekt weitgehend eliminiert.

9.4 Korrektur von Stromspiegelfehlern

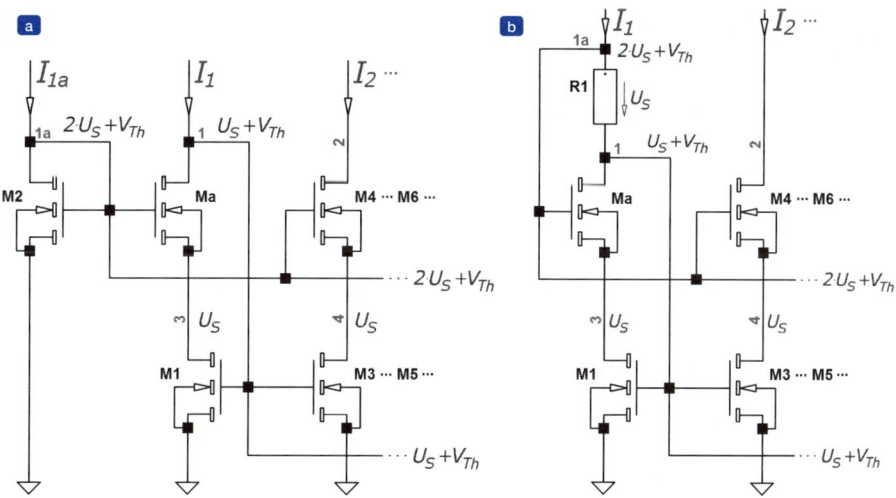

Simulation

Abbildung 9.22: (a) (Kaskode6a.asc) Verbesserung der Stromgleichheit durch Einfügen des Transistors Ma.
(b) (Kaskode6b.asc) Erzeugung des Potentials am Knoten „1a" durch den Spannungsabfall an einem Widerstand R1.

Aufgabe

Experimentieren Sie mit der Schaltung Abbildung 9.22a. Variieren Sie z. B. die Weite des Transistors M2 und beobachten Sie die Auswirkung auf die Stromkonstanz und den Einsatzbereich des konstanten Stromes.

In Applikationen, in denen es sehr auf einen möglichst geringen Strombedarf ankommt, könnte der Referenzstrom I_{1a} eingespart werden. Das am Knoten „1a" benötigte Potential, das um U_S höher sein muss als das am Knoten „1", kann auch durch den Spannungsabfall an einem Widerstand erzeugt werden. Abbildung 9.22b zeigt diese Möglichkeit. Leider stellt sich für jeden eingespeisten Stromwert ein anderer Spannungsabfall ein. Die Schaltung eignet sich deshalb nur für einen begrenzten Strombereich, sie wird dann aber wegen ihrer Einfachheit und der sehr guten Eigenschaften häufig in Bias-Netzwerken eingesetzt.

Und noch etwas ist wichtig: In Abbildung 9.22b haben alle vier Transistoren gleiche Abmessungen. Für die Stromkonstanz sind aber im Wesentlichen die Transistoren M1, M3, M5 ... verantwortlich. Die Transistoren Ma, M4, M6, ... arbeiten in „Gate-Schaltung". Wenn deren Kanallänge kürzer gewählt wird, kann Silizium-Fläche eingespart werden, ohne dass dies die Eigenschaften der Schaltung merklich verschlechtert. Außerdem verringert sich die Threshold-Spannung (Kurzkanaleffekt), sodass auch der Widerstandswert von R1 verringert werden kann. Diese Möglichkeit wird noch einmal in einem Beispiel aufgegriffen, für das im *Abschnitt 9.5* eine sehr ausführliche Dimensionierung vorgeführt wird.

9 Stromspiegelschaltungen

> **Aufgabe**
>
> Experimentieren Sie mit der Schaltung Abbildung 9.22b. Variieren Sie den Wert des Widerstandes R1 und beobachten Sie den Einsatzbereich des konstanten Stromes. Verändern Sie anschließend auch die Kanalweite der Transistoren Ma und M4, M6, ...

9.4.5 Stromspiegel mit geregelter Kaskoden-Schaltung

Mit normalen Kaskoden-Stromspiegeln können problemlos hohe differentielle Widerstände erreicht werden. Nach einem Vorschlag von E. Säckinger und W. Guggenbühl [4] können mithilfe einer sogenannten „geregelten Kaskoden-Schaltung" aber noch wesentlich höhere Werte erzielt werden. Eine für einen Strom von etwa 100 μA ausgelegte Schaltung ist in Abbildung 9.23 dargestellt.

Simulation

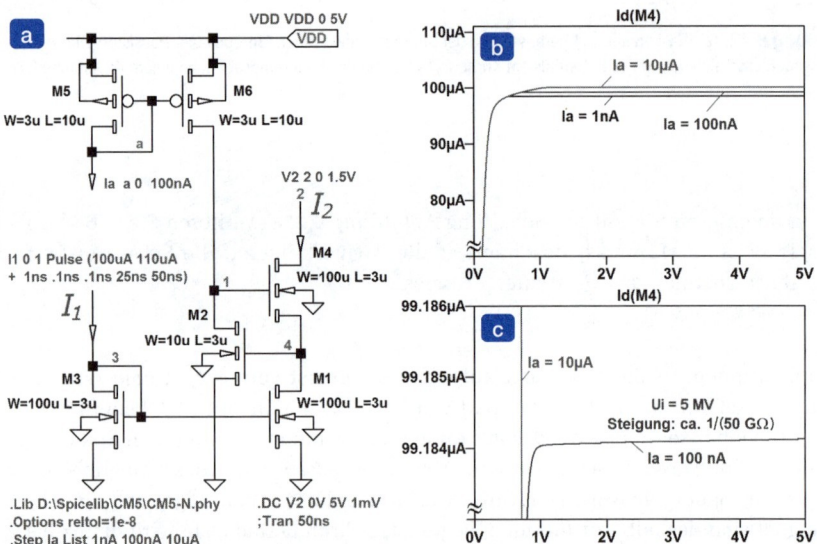

Abbildung 9.23: (Kaskode7.asc) Stromspiegel mit geregelter Kaskoden-Schaltung: (a) Schaltung für einen Strom von 100 μA; (b) Simulationsergebnis; (c) Ausschnittvergrößerung.

Vom Prinzip her handelt sich um eine Weiterentwicklung des Wilson-Stromspiegels (siehe Abbildung 9.16). Der Eingangsstrom I_1 wird allerdings nicht über den Knoten „1" zugeführt, sondern über den Knoten „3", und die Transistoren M3 und M1 wirken wie ein normaler einfacher Stromspiegel. Wenn nun das Potential am Knoten „4" konstant bleibt, wird die Wirkung des Early-Effektes ausgeschaltet. Wie wird dies erreicht? Ähnlich wie bei der Wilson-Schaltung wird der Transistor M2 vom Drain-Potential des Transistors M1 (Knoten „4") angesteuert. M2 erhält nicht, wie oben schon erwähnt, den primären Strom I_1, dafür aber über den P-MOS-Stromspiegel M5, M6 einen Hilfsstrom. An den Knoten „1" ist dann, wie bei Wilson, das Gate des Ausgangstransistors M4 angeschlossen. Sobald das Potential am Knoten „4" auch nur geringfügig ansteigen sollte, wird diese „Störung" wegen der hohen Verstärkung des Transistors M2 ausgeregelt. Das Potential des Knotens „4" wird auf diese Weise fast perfekt stabilisiert. So kann ohne allzu großen Aufwand das r_i-I_2-Produkt auf einige Megavolt gesteigert werden bzw. der differentielle Widerstand r_i kann mehrere Gigaohm erreichen, siehe Abbildung 9.23c.

Die Höhe des Potentials am Knoten „4" ist identisch mit der Gate-Source-Spannung des „Verstärkertransistors" M2. Über dessen Abmessungen (W und L) und den Wert des Hilfsstromes kann dieses Potential bequem eingestellt werden. Um Chipfläche zu sparen, können ohne Nachteil relativ kleine Werte gewählt werden. Wie sich eine eventuelle Schwankung des Hilfsstromes auswirkt, geht aus Abbildung 9.23b hervor. Sie zeigt übrigens auch recht anschaulich, wie sich bei höheren Hilfsstromwerten der Einsatz des besonders hochohmigen Bereiches zu höheren Spannungen verschiebt.

Aufgabe

Experimentieren Sie mit der Schaltung Abbildung 9.23 und bestimmen Sie auch den äquivalenten inneren Widerstand der Stromquelle und das Widerstands-Strom-Produkt nach Gleichung (9.1).

9.5 Praktisches Beispiel

Als Beispiel soll ein Stromspiegel entsprechend Abbildung 9.22b komplett entworfen werden. Da gezeigt werden soll, wie die Dimensionierung einer analogen Schaltung prinzipiell abläuft, wird empfohlen, die einzelnen Schritte sehr sorgfältig zu verfolgen. Die Beschreibung ist deshalb bewusst sehr ausführlich gehalten.

9.5.1 Aufgabenstellung

Eine Bias-Schaltung nach Abbildung 9.22b bzw. Abbildung 9.24 soll für **zwei** Ströme $I_2 = I_3 = I = 50\ \mu A$ und eine minimale Spannung an den beiden „Ausgangsknoten" von etwa $U = 500\ mV$ ausgelegt werden. Im Bereich $500\ mV \leq U \leq 5\ V$ dürfen die Ströme I_2 und I_3 maximal um 0,5 % ansteigen und der differentielle Widerstand $r_i = \Delta U/\Delta I$ soll im eingeschränkten Bereich von $3\ V \leq U \leq 5\ V$ mindestens 200 $M\Omega$ betragen. Für den Matching-Fehler zwischen den beiden Strömen I_2 und I_3 ist ein Wert von maximal 1 % zulässig (3σ-Grenze). Die **relative** Abweichung zwischen dem **primären** Strom I_1 und den beiden Strömen $I_2 = I_3 = I$ darf etwas höher sein, sie sollte aber 2 % nicht überschreiten (3σ-Grenze).

Verwendet werden soll der CMOS-Prozess CM5 (N-Well, $L_{min} = 0{,}8\ \mu m$, Gate-Oxiddicke: $d_{OX} = T_{OX} = 17\ nm$). Für **analoge** Schaltungen wird vom Hersteller eine **minimale** Gate-Länge von $L = 3\ \mu m$ empfohlen.

Transistorparameter (SPICE Level 1); Pfad:

`Spicelib\CM5\CM5-N.phy` (IC.zip)

$K_P = 80\ \mu A/V^2$, $V_{TO} = 0{,}84\ V$, $\lambda = 0{,}02\ V^{-1}$, $\gamma = 0{,}65\ V^{½}$, $-2 \cdot \Phi_P = PHI = 0{,}78\ V$.
Streuparameter: $A_{VT} = 17\ mV \cdot \mu m$, $A_\beta = 1{,}8\ \% \cdot \mu m$ (Bibliothek `CM5_MC-N.phy`).

Widerstand R1: Modell „RPOLYH":

$R_{SH} = 1{,}2\ k\Omega/sq$, $A_R = 2{,}55\ \% \cdot \mu m$, maximal zulässige Stromdichte $J_{max} = 0{,}18\ mA/\mu m$.

9.5.2 Lösung

Eine Bemerkung vorweg: Die Bulk-Anschlüsse der Transistoren Ma, M4 und M6 sind mit dem Knoten „0" verbunden, wie dies bei einem N-Well-Prozess die Regel ist. Der **Body-Effekt** muss also bei der Dimensionierung berücksichtigt werden. Nun aber zur Lösung:

Zunächst erhalten alle Transistoren gleiche Abmessungen. Die minimale Spannung von $500\,mV$ wird gleichmäßig auf die Transistoren M4 und M3 bzw. M6 und M5 aufgeteilt, also $U_S = 250\,mV$. Aus der Transistorgleichung kann das Verhältnis ermittelt werden:

$$\frac{W}{L} =_{Def} w \geq \frac{2 \cdot I_2}{K_P \cdot U_S^2} = \frac{2 \cdot 50\,\mu A}{80\,\mu A/V^2 \cdot (0{,}25V)^2} = 20 \tag{9.45}$$

Dies ist zunächst **eine** Gleichung für die zwei Unbekannten W und L. Nun kann entweder L angenommen werden (für den CM5-Prozess wird ein minimales L von 3 μm empfohlen, siehe oben) oder man sucht nach einer weiteren Beziehung. Erst einmal wird mit $L = 3\,\mu m$ ein Versuch gestartet. Damit wird: $W = 60\,\mu m$.

Simulation

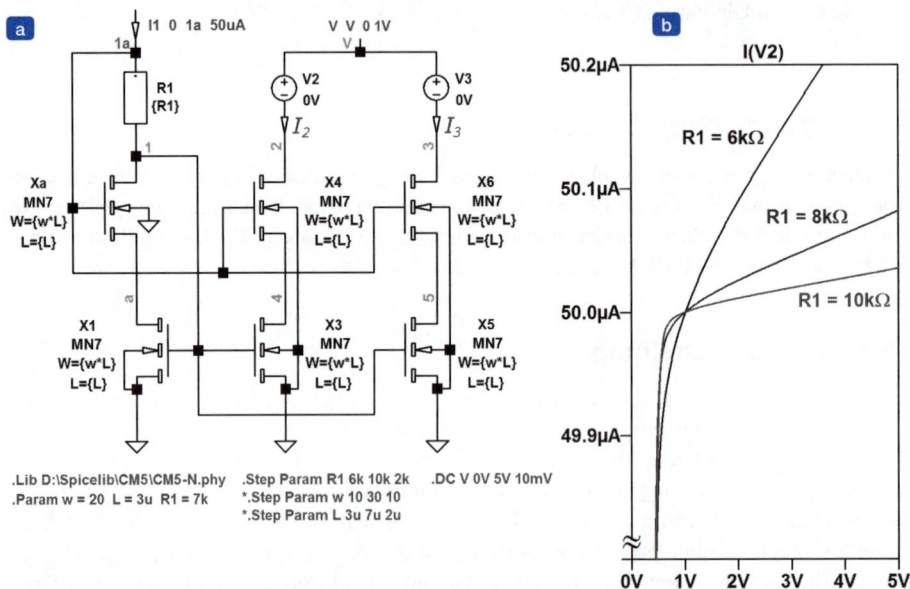

Abbildung 9.24: (Beisp.1.asc) Kaskoden-Stromsenke mit erstem Simulationsergebnis für die Variation von R_1. Die Transistoren sind als Subcircuit-Elemente eingezeichnet.

Die Simulationsschaltung Abbildung 9.24 wird gleich so vorbereitet, dass später eine **Monte-Carlo-Analyse** leicht möglich wird. Eine Monte-Carlo-Analyse erlaubt, wie in *Abschnitt 8.2.3* gezeigt wurde, eine Simulation der statistischen Streuungen. Die Transistoren müssen dafür als **Subcircuit**-Elemente in die Schaltung eingebaut werden. Sie heißen dann nicht mehr „M", sondern „X". Außerdem sollen die Transistorabmessungen **parametrisch** zu verändern sein. Dies gelingt durch die Angabe: L={L} und W={w*L}, wobei $w = W/L$ bedeutet.

Zur Berechnung des Widerstandes R1 werden die beiden Potentiale $V(1a)$ und $V(1)$ benötigt. Dann kann aus der Potentialdifferenz $V(1a) - V(1)$ und dem Strom I_1 der Widerstandswert R_1 angegeben werden.

Die Gate-Source-Spannungen der Transistoren X1, X3, X5 müssen um U_S höher sein als die Threshold-Spannung V_{Th}. Da bei diesen Transistoren kein Body-Effekt auftritt, ist $V_{Th} = V_{T0} = 0{,}84\ V$ und damit

$$U_{GS1} = U_{GS3} = U_{GS5} = V(1) = V_{Th} + U_S = 0{,}84V + 0{,}25V = 1{,}09V \tag{9.46}$$

Die Source-Potentiale von Xa, X4, X6 sind um den Betrag $U_S = 250\ mV$ höher als die Bulk-Potentiale. Infolge des Body-Effektes ergibt sich eine Vergrößerung der Threshold-Spannung V_{Th} für diese Transistoren:

$$V_{Th} = V_{T0} + \gamma \cdot \left(\sqrt{-2\cdot\Phi_P - U_{BS}} - \sqrt{-2\cdot\Phi_P}\right) = 0{,}84V + 0{,}086V = 0{,}926V \tag{9.47}$$

Damit wird

$$U_{GSa} = U_{GS4} = U_{GS6} = \ldots = V_{Th} + U_S = 0{,}926V + 0{,}25V \approx 1{,}18V \tag{9.48}$$

Das Potential V(1a) muss um mindestens $U_S = 250\ mV$ höher sein:

$$V(1a) \geq U_{GSa} + U_S = 1{,}18V + 0{,}25V = 1{,}43V \tag{9.49}$$

Nun kann der Widerstandswert angegeben werden:

$$R_1 \geq \frac{V(1a) - V(1)}{I_1} = \frac{1{,}43V - 1{,}09V}{50\mu A} = 6{,}8\ k\Omega \tag{9.50}$$

Ein erster Simulationslauf wird mit folgenden Werten gestartet: $L = 3\ \mu m$, $w = W/L = 20$, Variation von R_1: „.Step Param R1 6k 10k 2k". Die Ergebnisse sind in Abbildung 9.24b dargestellt. Wie man erkennen kann, liefert die Schaltung prinzipiell schon den erwarteten Verlauf, doch der differentielle Widerstand $r_i = \Delta V(2)/\Delta I(V2)$ ist bei $V(2) = 3\ V$ und Wahl von $R_1 = 10\ k\Omega$ nur etwa 125 $M\Omega$ (dieser kann mit den Cursor-Funktionen von LT-SPICE [6] leicht ermittelt werden) und ist damit zu klein.

Der differentielle Widerstand wird ganz wesentlich vom „Early-Effekt" bestimmt. Eine größere Kanallänge verringert diesen Effekt. Deshalb wird für den nächsten Simulationslauf $R_1 = 10\ k\Omega$ gewählt, $w = 20$ belassen und L von 3 μm bis 7 μm variiert. Das Ergebnis ist in Abbildung 9.25a dargestellt. Eine Länge von $L = 3\ \mu m$ ist deutlich zu klein. Bei $L = 5\ \mu m$ wird ein differentieller Widerstand von 218 $M\Omega$ erreicht und im Hinblick auf den gesamten Flächenbedarf wird $L = 5\ \mu m$ gewählt.

Im Bereich 500 $mV \leq V(2) \leq 5\ V$ dürfen die beiden Ströme I_2 und I_3 maximal um 0,5 % ansteigen. Wie Abbildung 9.25a entnommen werden kann, steigt der Strom $I(V2)$ im angegebenen Bereich von etwa 49,9 μA bis 50,02 μA an. Die geforderte Änderung von 0,5 % wird also erfüllt. Trotzdem sollen aber der Parameter w im Bereich von 10 bis 30 **verändert** und die bereits festgelegten Werte $R_1 = 10\ k\Omega$ und $L = 5\ \mu m$ im Schaltplan eingetragen werden. Das Ergebnis ist in Abbildung 9.25b wiedergegeben. Deutlich ist zu erkennen, dass w nicht zu klein gewählt werden darf. Ein Wert von 20 würde gerade noch ausreichen. Aus Sicherheitsgründen wird aber $w = 25$ gewählt.

9 Stromspiegelschaltungen

Simulation

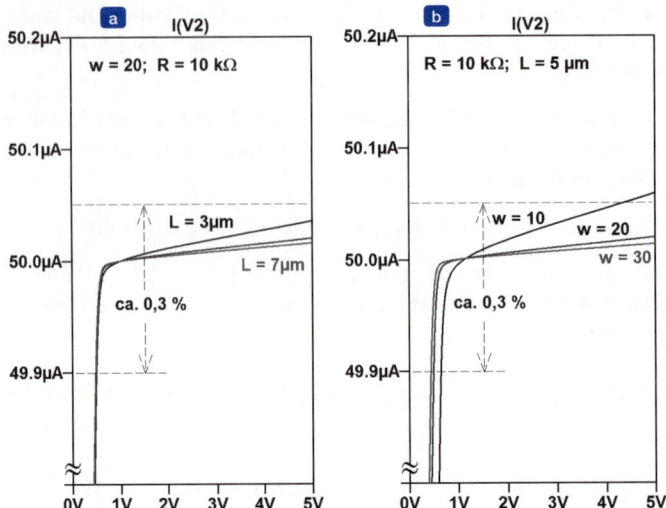

Abbildung 9.25: Simulationsergebnisse: (a) (Beisp.2a.asc) Variation von L; (b) (Beisp.2b.asc) Variation von w.

Vorläufiges Ergebnis: $W = 125\ \mu m$, $L = 5\ \mu m$, $R_1 = 10\ k\Omega$; $W \cdot L = 625\ \mu m^2$.

9.5.3 Überprüfung des Ergebnisses und erste Korrektur

Zu überprüfen ist nun noch, ob die **Matching**-Forderung der beiden Ausgangsströme von 1 % erfüllt wird. Am bequemsten ist es, mit dem bisherigen Ergebnis eine Monte-Carlo-Analyse durchzuführen. Dazu wird jetzt im Schaltplan die Bibliothek CM5_MC-N.phy (statt CM5-N.phy) verwendet, nur der Arbeitspunkt „.OP" berechnet und x von 1 bis 1000 durchlaufen. Das Ergebnis ist in Abbildung 9.26 dargestellt. Es wird deutlich, dass die Streuung zu groß ist. Die Gate-Flächen der Transistoren müssen also vergrößert werden!

Ansatz: Verwendet werden die Gleichungen (8.61) und (8.62b):

$$W \cdot L \geq \frac{1}{\sigma_{\Delta ID}^2 / I_D^2} \cdot \left(A_\beta^2 + 4 \cdot \frac{A_{VT}^2}{U_S^2} \right); \quad \sigma_{\Delta ID} \leq \frac{\Delta I_D}{n \cdot \sqrt{N}}, \quad n \geq 3 \qquad (9.51)$$

Hierin ist $\sigma_{\Delta ID}/I_D$ die relative Streuung **eines** Transistors. Da das Strom-Matching im Wesentlichen von **zwei** Transistoren, nämlich X3 und X5, bestimmt wird (die beiden Transistoren X4 und X6 arbeiten in Gate-Schaltung und haben nur einen geringen Einfluss) und die 3σ-Grenze zu beachten ist, muss die Standardabweichung $\sigma_{\Delta ID}$ eines **Einzel**transistors um den Faktor drei mal Wurzel aus zwei kleiner sein als die zulässige Stromschwankung ΔI_D ($n = 3$ für die 3σ-Grenze; $N = 2$, da zwei Transistoren):

$$\frac{\sigma_{\Delta ID}^2}{I_D^2} = \frac{\Delta I_D^2}{n^2 \cdot N \cdot I_D^2} = \frac{0{,}01^2}{3^2 \cdot 2} = 5{,}55 \cdot 10^{-6} \qquad (9.52)$$

$$W \cdot L \geq \frac{1}{5{,}55 \cdot 10^{-6}} \cdot \left((18 \cdot 10^{-9} m)^2 + 4 \cdot \frac{(17 \cdot 10^{-9} Vm)^2}{(250 \cdot 10^{-3} V)^2} \right) = 3{,}39 \cdot 10^{-9} m^2 = 3390 \mu m^2$$

9.5 Praktisches Beispiel

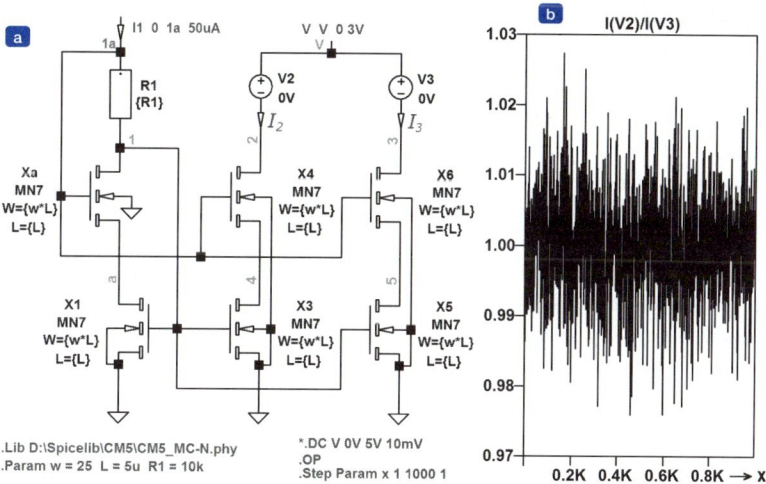

Abbildung 9.26: (Beisp.3.asc) (a) Schaltung zur Monte-Carlo-Analyse. (b) Bildung des Verhältnisses $I(V2)/I(V3)$; $x = 1000$ Durchläufe.

Die Gate-Flächen müssen um den Faktor $3390/625 = 5{,}42$ vergrößert werden; ein ziemlich großer Betrag! Hier wird deutlich, dass die Matching-Forderung in der Praxis auf keinen Fall unterschätzt werden darf. Die Frage ist nur, wie wird die zusätzlich erforderliche Fläche auf die Größen W und L verteilt? Zunächst liegt es nahe, L konstant zu lassen und nur W zu vergrößern. Der Vorteil könnte sein, dass wegen der damit verbundenen Verkleinerung der Steuerspannung U_S die Spannungen an den Knoten „2" und „3" noch etwas näher an die GND-Rail heranreichen dürften. Aber: U_S steht im Nenner des Streuungsanteils der Threshold-Spannung in Gleichung (9.51). Dieser wird dann dominant und verlangt eine noch größere Gate-Fläche! Deshalb wird $w = 25$ beibehalten und W und L um etwa denselben Faktor vergrößert: $L = 12\ \mu m$, $W = w \cdot L = 300\ \mu m$. Mit diesen Werten und zum Vergleich auch mit den Werten $L = 5\ \mu m$, $W = w \cdot L = 720\ \mu m$ ($w = 144$) wird die Monte-Carlo-Analyse noch einmal gestartet. Abbildung 9.27 zeigt die Ergebnisse. Es wird deutlich, dass nicht nur die Gate-Fläche, sondern auch die Steuerspannung U_S einen Einfluss auf die Größe der Streuung hat.

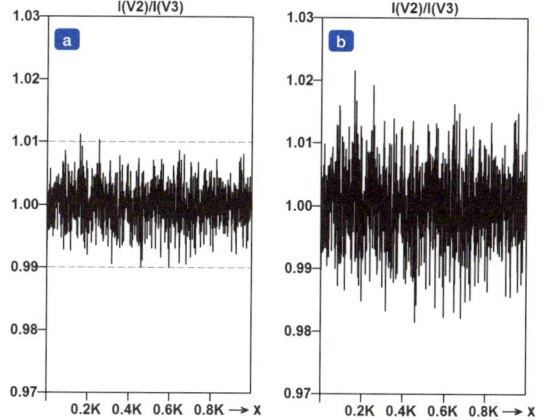

Abbildung 9.27: (Beisp.4.asc) Monte-Carlo-Analyse zur Schaltung nach Abbildung 9.26 mit neuen Werten: (a) $L = 12\ \mu m$, $w = 25$ ($W = 300\ \mu m$); (b) $L = 5\ \mu m$, $w = 144$ ($W = 720\ \mu m$).

9.5.4 Zweite Korrektur

Bislang wurden für die Schaltung sechs baugleiche Transistoren angenommen. Für das Strom-Matching sind aber eigentlich nur die Transistoren X1, X3 und X5 verantwortlich. Ihre Drain-Potentiale werden zwar durch die drei Transistoren Xa, X4, X6 stabilisiert, doch beeinflussen diese Bauteile das Matching nur wenig. Deren Kanallänge darf deshalb ohne große Nachteile deutlich verkürzt und die Weite beibehalten werden. Ein Wert von $L = 1{,}5~\mu m$ wird versuchsweise angenommen, obwohl dieser kleiner ist als der empfohlene Mindestwert von $3~\mu m$. Dies führt zwar zu einer kleineren Steuerspannung U_S und damit prinzipiell zu größeren Streuungen, doch bleibt der Einfluss auf das Ergebnis, wie die Simulation zeigen wird, nur gering. Wegen des kleineren Wertes der Steuerspannung U_S darf aber auch der Widerstandswert von R1 reduziert werden. Mittels SPICE wird ein Wert von $R_1 = 9~k\Omega$ (statt $10~k\Omega$) als ausreichend ermittelt.

Nun soll noch geprüft werden, ob der primär eingespeiste Strom I_1 auf ein Viertel verringert werden darf. Dadurch könnte nicht nur Strom, sondern auch noch weitere Fläche gespart werden. Der Wert für R1 müsste dann allerdings vervierfacht werden.

Für einen **Einzel**transistor gilt die Streugleichung (8.59) bzw. (9.53)

$$\frac{\sigma_{\Delta ID}^2}{I_D^2} = \frac{1}{W \cdot L} \cdot \left(A_\beta^2 + 4 \cdot \frac{A_{VT}^2}{U_S^2} \right) \tag{9.53}$$

in die für die Transistoren X3 und X5 die Werte $L = 12~\mu m$, $W = 300~\mu m$ einzusetzen sind. Der Transistor X1 wird nur mit einem Viertel des Stromes betrieben, also muss dessen Kanalweite um den Faktor vier verringert werden: $W_1 = W/4$. Insgesamt muss dann mit einer **relativen** Schwankung von

$$\left(\frac{\sigma_{\Delta ID}^2}{I_D^2}\right)_{ges,neu} \approx \left(\frac{\sigma_{\Delta ID}^2}{I_D^2}\right)_1 + \left(\frac{\sigma_{\Delta ID}^2}{I_D^2}\right)_3 = \left(\frac{4}{W \cdot L} + \frac{1}{W \cdot L}\right) \cdot \left(A_\beta^2 + 4 \cdot \frac{A_{VT}^2}{U_S^2} \right) \tag{9.54}$$

gerechnet werden. Behielte man für den Transistor X1 die volle Weite W bei, wäre die gesamte Streuung

$$\left(\frac{\sigma_{\Delta ID}^2}{I_D^2}\right)_{ges,alt} = \left(\frac{1}{W \cdot L} + \frac{1}{W \cdot L}\right) \cdot \left(A_\beta^2 + 4 \cdot \frac{A_{VT}^2}{U_S^2} \right) = \frac{2}{W \cdot L} \cdot \left(A_\beta^2 + 4 \cdot \frac{A_{VT}^2}{U_S^2} \right) \tag{9.55}$$

Wird nun die Gleichung (9.54) durch Gleichung (9.55) dividiert und anschließend die Wurzel gezogen, folgt ein **einfacher** Ausdruck:

$$\left(\frac{\sigma_{\Delta ID}}{I_D}\right)_{ges,neu} = \sqrt{\frac{5}{2}} \cdot \left(\frac{\sigma_{\Delta ID}}{I_D}\right)_{ges,alt} \approx 1{,}58 \cdot \left(\frac{\sigma_{\Delta ID}}{I_D}\right)_{ges,alt} \tag{9.56}$$

Es muss zwar mit einer etwa 60 % höheren Streuung gerechnet werden, sie sollte aber dennoch deutlich unter dem geforderten Wert von 2 % bleiben.

Abbildung 9.28 zeigt die endgültige Schaltung und das Simulationsergebnis. Hier ist nun auch der Widerstand als Subcircuit-Element eingebaut, um dessen Streueinfluss bei der Monte-Carlo-Analyse miterfassen zu können. Angegeben werden die geometrischen Abmessungen der Widerstandsbahn (siehe weiter unten); der Widerstandswert wird dann vom Simulator berechnet. Wie die Abbildungen 9.28b und 9.28c zeigen, wird die Spezifikation gut erfüllt, eine Reduzierung des primären Stromes ist also ohne Nachteil möglich. Auch die

DC-Überprüfung eines Einzelstromes ist zufriedenstellend. Wegen der notwendigen Vergrößerung der Gate-Länge L auf 12 μm erreicht der differentielle Widerstand sogar einen Wert von etwa 290 $M\Omega$ und übersteigt damit den geforderten Betrag von 200 $M\Omega$.

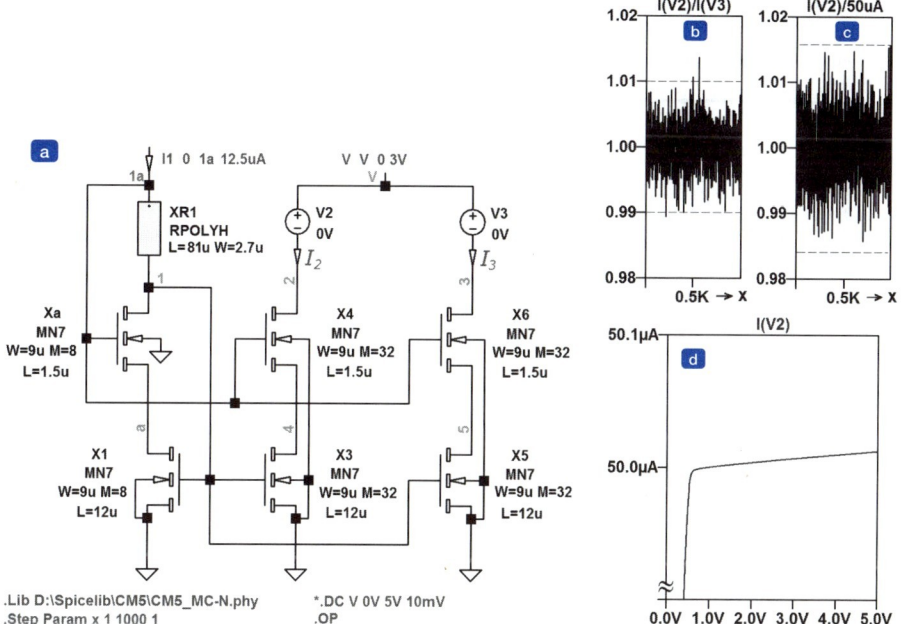

Abbildung 9.28: (Beisp.5.asc) (a) Endgültige Dimensionierung; auch der Widerstand R1 (4 × 9 $k\Omega$) wird als Subcircuit eingebaut. (b) Strom-Matching I_2/I_3, die 1 % -Grenze ist gestrichelt eingezeichnet. (c) Einzelschwankung $I_2/(50\ \mu A)$. (d) DC-Kontrolle eines Einzelstromes.

9.5.5 Layout-Erstellung

In Abbildung 9.28 sind die Transistorabmessungen bereits derart aufgeteilt eingetragen (Verwendung des Multiplikators „M"), dass im Layout eine mehrfache „Kreuz-Kopplung" der Elemente X3 und X5 mit zwei Symmetrieachsen (siehe z. B. Abbildung 8.38) möglich wird und der Transistor X1 symmetrisch zwischen X3 und X5 angeordnet werden kann. Die geplante Anordnung der Elemente wird in Abbildung 9.29 angedeutet.

```
        X4 X6 Xa X6 X4

        X5 X3 X1 X3 X5
        X3 X5 X1 X5 X3
        X3 X5 X1 X5 X3
        X5 X3 X1 X3 X5
```

Abbildung 9.29: Anordnung der Transistoren.

Mit diesem Arrangement sollte ein optimales Strom-Matching möglich sein. Zusätzlich werden **Dummy-Gates** verwendet, wie dies im *Abschnitt 8.2.4* erläutert wurde. Wichtig ist dabei, dass diese den gleichen Abstand von den aktiven Gates erhalten, wie die Gates untereinander.

Der Widerstand XR1 kann oberhalb der Transistoren X4, X6, Xa untergebracht werden. Mit $R_{SH} = 1{,}2\ k\Omega/sq$ und dem zur Verfügung stehenden Platz bietet es sich an, den Wert von $4 \cdot 9\ k\Omega = 36\ k\Omega$ (statt $4 \cdot 10\ k\Omega$) durch die Abmessungen $L = 81\ \mu m$ und $W = 2{,}7\ \mu m$ zu realisieren. Die Strombelastbarkeit beträgt dann $(12{,}5\ \mu A)/(2{,}7\ \mu m) \approx 0{,}005\ mA/\mu m \ll 0{,}18\ mA/\mu m$ und ist damit klein genug. Eine Kontrolle der Mindestlänge ist sicherlich nicht erforderlich.

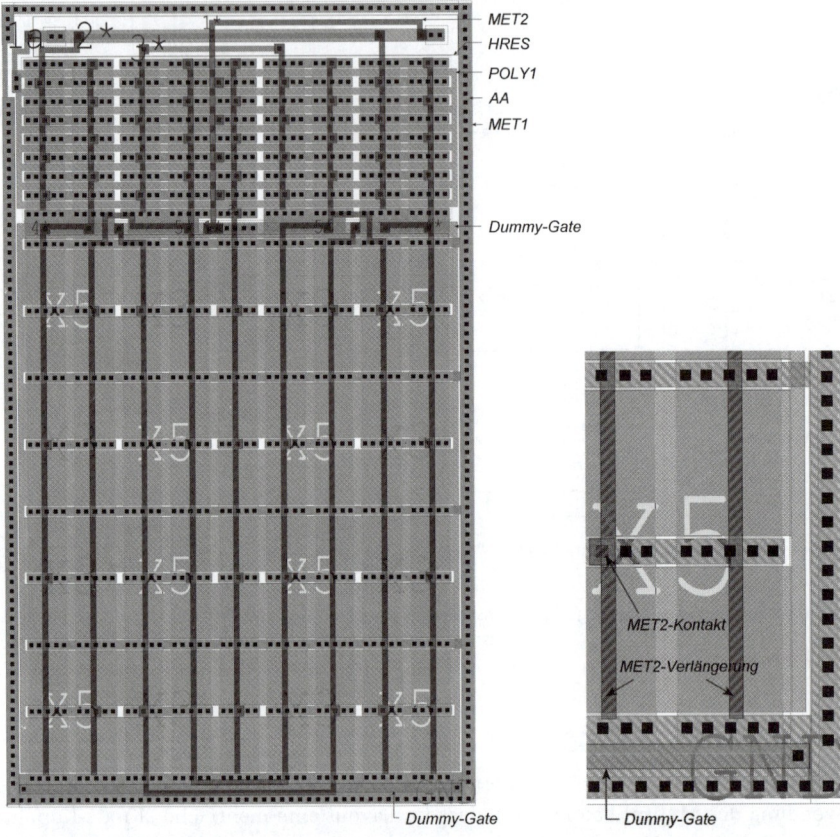

Layout

Abbildung 9.30: (Kaskoden-Stromsenke.tdb) Layout zur Schaltung nach Abbildung 9.28. Die Anschlussknoten „1a", „2" und „3" (links oben) sind mit MET2 ausgeführt; Der GND-Anschluss ist unten. Die Zelle beansprucht eine Fläche von $106\ \mu m \times 175\ \mu m$. Die MET2-Leitungen werden über die Gate-Enden hinausgeführt, damit die Metallüberdeckungen für alle Transistorabschnitte gleich ausfallen, siehe Ausschnittsvergrößerung. Es wird empfohlen, die Layout-Datei Kaskoden-Stromsenke.tdb zu öffnen. (Knotennamen, die nur aus Ziffern bestehen, erhalten im Layout zusätzlich einen Stern *, siehe Text.)

Bei der Leitungsführung ist zu bedenken, dass Metall über Gate-Bereichen die Threshold-Spannung beeinflusst. Wenn also Leitungen über solchen Gebieten nicht zu vermeiden sind, müssen bei zueinander matchenden Transistoren (und Widerständen) die Metallüberdeckungen gleich gestaltet werden! Im Layout Abbildung 9.30 wird MET2 zur Verbindung der einzelnen Drain- und Source-Bereiche auch über Gate-Bereiche gelegt. Deshalb werden diese Leitungen nicht nur bis zu den Verbindungsstellen geführt, sondern noch darüber hinaus.

> **Hinweis**
>
> **Layout-Werkzeug und Design-File**
>
> Für die Layout-Erstellung wurde hier die kostenlose **Studentenversion** des Layout-Werkzeuges L-Edit eingesetzt. Die Programmdateien nebst Onlinehandbuch stehen im Unterordner „L-Edit_7S" des Verzeichnisses „Programme" zur Verfügung (IC.zip) und eine kurze Einführung in den Umgang mit dem Programm wird in dem Skript L-Edit.pdf [7] (zu finden im Ordner „Skripten") gegeben. Zu beachten ist, dass das Extraktwerkzeug von L-Edit automatisch Knotennamen vergibt, die nur aus Ziffern bestehen. Damit es nicht zu einem Konflikt kommt, sollten **eigene** Knotennamen deshalb nicht aus reinen Ziffern bestehen. Wenn nun aber im Schaltplan Ziffern verwendet wurden (in der Praxis und auch im vorliegenden Buch werden die Knoten oft **durchnummeriert**), wird im Layout in solchen Fällen einfach ein Buchstabe oder ein Stern * hinter die Ziffern geschrieben, um das Problem zu vermeiden.
>
> Verwendet wird hier das Setup des Prozesses CM5. Prozessunterlagen und Design-Rules dazu stehen im Verzeichnis „Technologie-Files" und dort unter „MOS" im Ordner „CM5" bereit. Die zum Layout Abbildung 9.30 gehörige Layout-Datei Kaskoden-Stromsenke.tdb ist im Ordner „Layout_9" des Verzeichnisses „Kapitel 9" zu finden. Sie kann mit L-Edit geöffnet werden, und es wird empfohlen, dies auch zu tun! Man kann dann hineinzoomen, einzelne Layer ausblenden und kann Details sehr viel besser analysieren, als dies die Abbildung 9.30 zulässt. Zur Überprüfung des Layouts wird mittels des Extrakt-Werkzeuges zunächst eine Netzliste gewonnen und daraus ein Subcircuit-File generiert, siehe *Abschnitt 8.7.2*. Beide Files, Kaskoden-Stromsenke.spc und Kaskoden-Stromsenke.sub, sind im Unterordner „Temp" des Ordners „Kapitel 9" zu finden. Die Verifikationsdatei hat den Namen Kaskoden-Stromsenke_Ver.asc und steht im Schematic-Ordner. Sie ist aus der Schaltungsdatei Kaskoden-Stromsenke.asc hervorgegangen.

9.6 Dynamisches Verhalten von Stromspiegelschaltungen

Stromspiegel werden nicht nur in Bias-Schaltungen, sondern auch in Verstärkern und zur Signalübertragung eingesetzt. Dann sind neben dem differentiellen Ausgangswiderstand auch die dynamischen Eigenschaften wie Sprungantwort und Frequenzgang von Bedeutung. Auf eine allgemeine Berechnung soll hier wegen des großen Aufwandes verzichtet werden. Außerdem werden die Ausdrücke wegen der vielen Parameter sehr komplex und unübersichtlich und können daher auch nur mit viel Mühe interpretiert werden. Es ist deshalb viel sinnvoller, den Simulator einzusetzen und die Simulationsergebnisse zu diskutieren. Untersucht werden sollen fünf bipolare und fünf MOS-Stromspiegel.

9.6.1 Bipolare Stromspiegel

Vorbereitung der Simulationsschaltung

Die fünf bipolaren Schaltungen werden in **einer** Simulationsschaltung zusammengefasst. Dadurch wird es möglich, alle Schaltungen gleichzeitig zu simulieren und die Ergebnisse später in einem gemeinsamen Plot darzustellen. Für alle Schaltungen werden NPN-Transistoren verwendet (Typ: C3ZN02; Standard-Bipolar-Prozess: C36).

Simulation

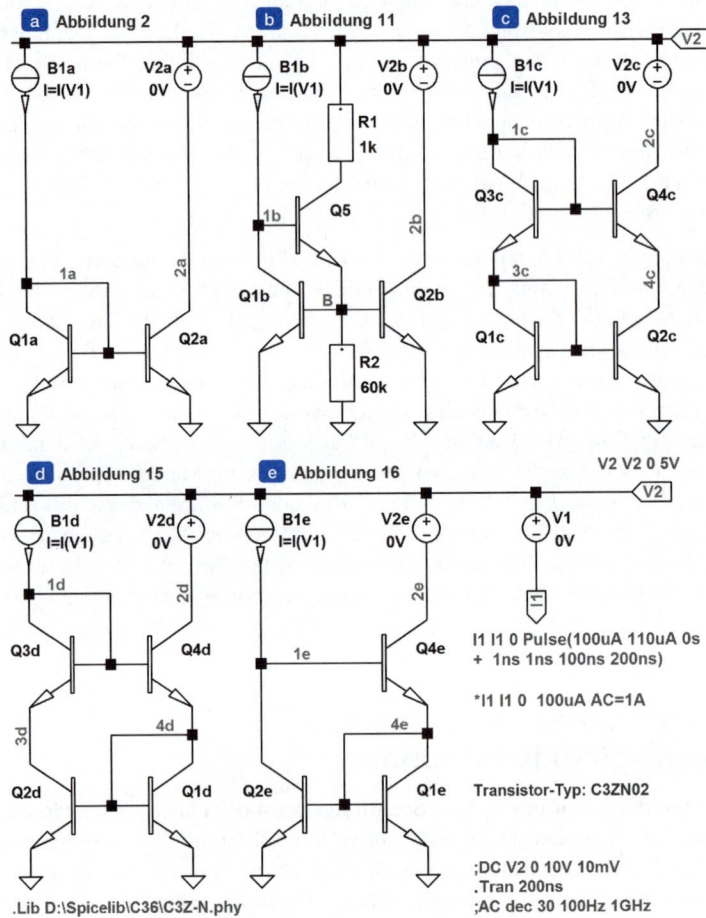

Abbildung 9.31: (Dynam.1.asc) Simulationsschaltung für den Vergleich des dynamischen Verhaltens von fünf Stromspiegeln (Erklärung siehe Text): (a) einfacher Stromspiegel; (b) mit „Unterstützertransistor"; (c) Kaskoden-Schaltung; (d) Kaskoden-Schaltung, Stromspiegel Q1, Q2 andersherum angeschlossen; (e) Wilson-Schaltung.

9.6 Dynamisches Verhalten von Stromspiegelschaltungen

Die Simulationsschaltung für die bipolaren Stromspiegel – Abbildung 9.31 – wird so vorbereitet, dass prinzipiell alle Analysearten möglich sind. In jede der fünf Schaltungen wird über eine gesteuerte „B-Quelle" (B1a, B1b, ... B1e) ein primärer Strom von 100 μA eingeprägt. Als Wert für diese Quellen wird vorgesehen: „$I = I(V1)$". Durch die Angabe „$I = ...$" wird die B-Quelle zu einer Stromquelle, und „$I(V1)$" ist der Wert des Stromes. Der eigentlich **steuernde** Strom I_1 wird aber am Knoten „I1" eingespeist. Er durchfließt die als **Strommesser** dienende Spannungsquelle V1 (Wert 0 V). Durch diesen Trick genügt es, den Strom I_1 nur einmal vorzusehen. Er wird damit für alle Teilschaltungen wirksam. Man kann ihn in LT-SPICE [6] einfach als **Netzlistenzeile** angeben: I1 I1 0 <Wert>. Die **gespiegelten** Ströme (Ausgangsströme) werden ebenfalls über **Strommesser** (Spannungsquellen „V2a, V2b, ... V2e") „gemessen".

Geplante Simulationen

Sprungantwort (Transientenanalyse) Zunächst soll die Sprungantwort berechnet werden. Dazu wird der Strom I_1 durch die Zeile „I1 I1 0 Pulse(100uA 110uA 0s 1ns 1ns 100ns 200ns)" beschrieben. Dies bedeutet: Der Strom I_1 startet bei 100 μA und springt auf 110 μA nach einer Delay-Zeit von 0 s. Anstiegs- und Abfallzeit: jeweils 1 ns, Pulsdauer: 100 ns, Periode: 200 ns. Als Simulationsanweisung wird die Zeile „.Tran 200ns" aktiviert, d. h., es wird eine Transientenanalyse über eine Periode durchgeführt. Das Simulationsergebnis zeigt Abbildung 9.32a.

Kleinsignalanalyse (AC-Analyse) Des Weiteren soll die Kleinsignalübertragungsfunktion mittels der AC-Analyse berechnet werden. Dazu ist für den Strom I_1 die Zeile „I1 I1 0 100uA AC=1A" und als Simulationsanweisung die Zeile „.AC dec 30 1MegHz 1GHz" zu aktivieren. Der DC-Strom beträgt 100 μA. Für diesen Wert werden die Arbeitspunkte und die Kleinsignalersatzgrößen der einzelnen Bauelemente berechnet. Dem DC-Wert wird die AC-Stromamplitude von 1 A überlagert! Dies ist kein Problem, denn es handelt sich ja bei der AC-Analyse um die Berechnung eines **linearisierten** Netzwerkes. Mit dem Wert „1 A" erhält man sofort die Übertragungsfunktion, da durch „1 A" dividiert wird. Die Frequenz wird dekadisch variiert, 30 Schritte pro Dekade, Startfrequenz: 1 MHz (in SPICE: 1Meg), Endfrequenz: 1 GHz. Das Ergebnis wird normalerweise mit der Einheit dB angegeben. Es besteht aber auch die Möglichkeit, eine logarithmische oder eine lineare Darstellung zu erhalten. Simulationsergebnis: Abbildung 9.32b.

Ausgangsimpedanz Zum Schluss soll der Betrag der Ausgangsimpedanz simuliert werden, also das Verhältnis „Spannungsänderung am Ausgangsknoten dividiert durch die zugehörige Stromänderung". Als Strom I_1 wird nur der DC-Wert von 100 μA eingespeist. Die entsprechende Zeile lautet dann: „I1 I1 0 100uA". Die Zeile für den Pulsstrom kann aber ebenfalls verwendet werden, da ja dort als Startwert 100 μA eingetragen ist. Die Spannungsquellen (V2a, V2b, ... V2e) zur Messung der Ausgangsströme dürfen für diese Simulation aber nicht den Wert „0V" behalten. Die Ausgangsknotenpotentiale müssen sich ja in Abhängigkeit von der Frequenz ändern. Deshalb werden die Werte der **Strommesser** auf „AC = $-1V$" gesetzt. Das Minuszeichen ist notwendig, damit die Impedanz positiv wird. Da bei tiefen Frequenzen große Werte (einige $M\Omega$) erwartet werden, wird als Startfrequenz der AC-Anweisung ein niedriger Wert, z. B. 100 Hz gewählt. Simulationsergebnis: Abbildung 9.32c.

9 Stromspiegelschaltungen

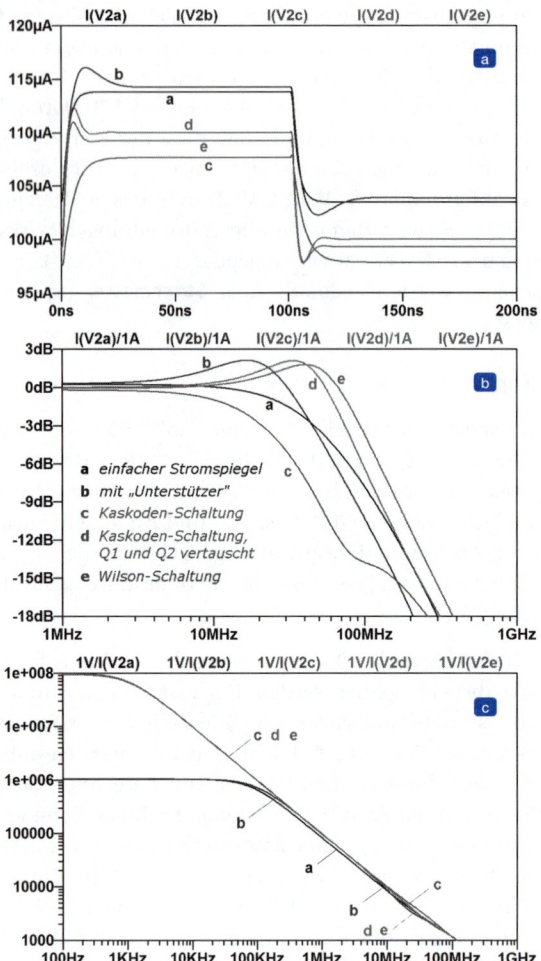

Abbildung 9.32: (Dynam.2a.asc ... Dynam.2c.asc) Simulationsergebnisse zur Schaltung Abbildung 9.31: (a) Sprungantwort; (b) Frequenzgang der Stromspiegelung; (c) Betrag der Ausgangsimpedanz in Abhängigkeit von der Frequenz.

Erläuterung der Ergebnisse

Wie erwartet, zeigt der einfache Stromspiegel die besten dynamischen Eigenschaften. Er verhält sich praktisch wie ein Tiefpass ersten Grades und die Sprungantwort zeigt kein Überschwingen. Seine 3-*dB*-Grenzfrequenz beträgt etwa 46 *MHz*. Zum Vergleich: Der Transistor C3ZN02 hat eine Transitfrequenz von etwa 630 *MHz*. Für die Ausgangsimpedanz stellt sich bei tiefen Frequenzen der gleiche Wert ein (etwa 1 *MΩ*), wie er vorher für den **differentiellen** Widerstand gefunden wurde (siehe Abbildung 9.2b). Die Schaltung mit Unterstützertransistor erreicht bei Verwendung des Widerstandes R2 (hier 60 *kΩ*) etwa die gleiche Grenzfrequenz, doch gibt es im Frequenzbereich zwischen ca. (20 ... 30) *MHz* einen Anstieg der Übertragungsfunktion. Bei der Sprungantwort äußert sich dieser als „Überschwingen". Die Höhe des Überschwingens ist stark vom Wert des Widerstandes R2 abhängig: Kleinere Werte führen zu stärkerem und eventuell sogar zu kritischem Überschwingen. Der normale Kaskoden-Stromspiegel reagiert deutlich „langsamer". Seine 3-*dB*-Grenzfrequenz liegt bei ungefähr 21 *MHz*. Er zeigt aber, wie die einfache Schaltung, fast normales Tiefpass-Verhalten und kein Überschwingen. Erst bei höheren Frequenzen (etwa ab 100 MHz) kann der Eingangsstrom direkt über die Basis-Kollektor-Kapazität des Transistors Q4c auf den Ausgangskreis durchgreifen. Der Emitter von Q4c kann sich nämlich nicht auf „Masse" abstützen; er liegt an dem hochohmigen Knoten „4c" des Transistors Q2c. Die Ausgangsimpedanz erreicht bei tiefen Frequenzen den gleichen hohen Wert von etwa 98 $M\Omega$ wie der differentielle Widerstand r_i. Die abgeänderte Kaskoden-Schaltung „d" mit „vertauschten" Transistoren Q1d und Q2d und auch der Wilson-Stromspiegel zeigen beide ein ähnliches Einschwingverhalten mit deutlichem Überschwingen; sie weisen aber relativ hohe Grenzfrequenzen von etwa 80 MHz auf. Zusammengefasst kann festgestellt werden, dass Stromspiegel ohne Rückkopplung (einfacher Stromspiegel und normale Kaskoden-Schaltung) kein Überschwingen bei der Sprungantwort zeigen und dass bei Schaltungen mit Rückkopplung und starker innerer Verstärkung stets mit deutlichem Überschwingen zu rechnen ist. Bei tiefen Frequenzen erreicht die Ausgangsimpedanz in etwa den differentiellen Widerstand der DC-Analyse.

9.6.2 MOS-Stromspiegel

Vorbereitung der Simulationsschaltung

Auch die fünf MOS-Schaltungen werden in einer Simulationsschaltung zusammengefasst, um alle Schaltungen gleichzeitig simulieren und die Ergebnisse in einem gemeinsamen Plot darstellen zu können. Für alle Schaltungen werden N-MOS-Transistoren vorgesehen (Typ: MN7; 0,8-µm-CMOS-Prozess: CM5).

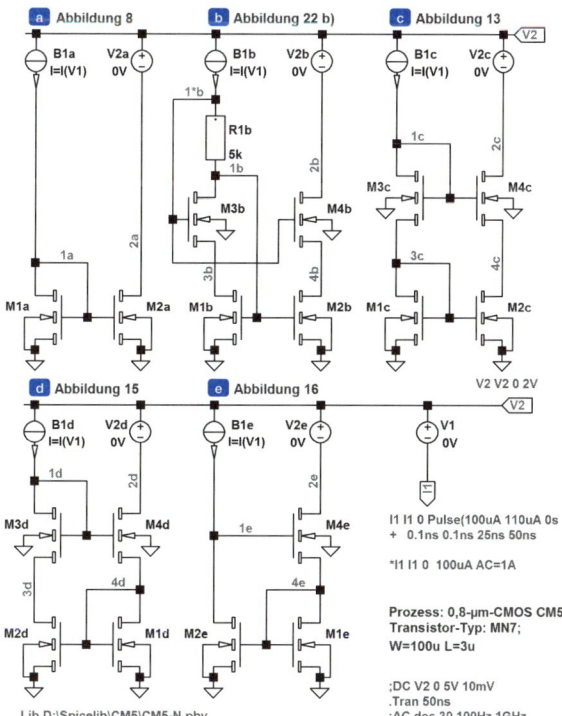

Simulation

Abbildung 9.33: (Dynam.3.asc) Simulationsschaltung für den Vergleich des dynamischen Verhaltens von fünf Stromspiegeln (Erklärung siehe Text): (a) einfacher Stromspiegel; (b) „verbesserte" Kaskoden-Schaltung; (c) einfache Kaskoden-Schaltung; (d) Kaskoden-Schaltung, Stromspiegel M1, M2 andersherum angeschlossen; (e) Wilson-Schaltung.

9 Stromspiegelschaltungen

Die Simulationsschaltung für die fünf MOS-Stromspiegel ist in Abbildung 9.33 dargestellt. Sie ist ähnlich organisiert wie Abbildung 9.31. Da bei MOS-Schaltungen keine Gate-Ströme fließen, ist die Verwendung eines Unterstützertransistors nicht nur überflüssig, sondern auch nicht sinnvoll. Der Stromspiegel Abbildung 9.33b wurde deshalb durch eine „verbesserte" Kaskoden-Schaltung entsprechend Abbildung 9.22b ersetzt.

Geplante Simulationen und Ergebnisse

Für die fünf MOS-Schaltungen werden die gleichen Simulationen geplant wie für die bipolaren Stromspiegel. Die Ergebnisse der Simulation sind in Abbildung 9.34 dargestellt. Sie sind prinzipiell mit denen der bipolaren Schaltungen vergleichbar. Auch hier zeigen die Stromspiegel, die eine höhere „innere" Verstärkung haben, ein Überschwingen. MOS-Transistoren haben aber im Allgemeinen eine geringere Transconductance oder Steilheit g_m als bipolare. Das Überschwingen fällt deshalb auch etwas geringer aus.

Simulation

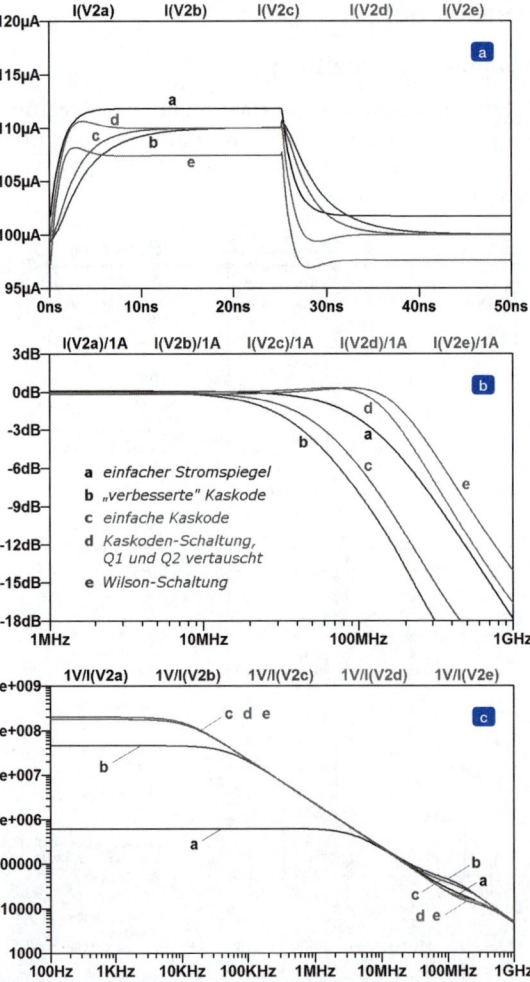

Abbildung 9.34: (Dynam.4a.asc ... Dynam.4c.asc) Simulationsergebnisse zur Schaltung Abbildung 9.33: (a) Sprungantwort; (b) Frequenzgang der Stromspiegelung; (c) Betrag der Ausgangsimpedanz in Abhängigkeit von der Frequenz.

9.6 Dynamisches Verhalten von Stromspiegelschaltungen

Aufgaben

1. Experimentieren Sie mit den beiden Schaltungen Abbildung 9.31 und Abbildung 9.33 und führen Sie auch für andere Stromspiegelschaltungen ähnliche Analysen durch. Dies ist nicht nur eine gute Übung für den Umgang mit SPICE, sondern vermittelt auch ein Gefühl für das Verhalten von Schaltungen. Solche Erfahrungen sind später sehr hilfreich für die Auswahl geeigneter Schaltungskonzepte.

2. Simulieren Sie das dynamische Verhalten des Stromspiegels mit **geregelter** Kaskoden-Schaltung nach Abbildung 9.23 (Kaskode8a.asc bis Kaskode8c.asc).

Hinweis

Bias-Netzwerke bzw. Stromspiegel mit einer großen Zahl von abhängigen Stromquellen und -senken, die auf dem gesamten Chip verteilt sind, können zum Schwingen neigen. Der Grund könnte in unerwünschten Kopplungen zu finden sein. Ein „Übersprechen" von einer Bias-Leitung auf andere kann z. B. bei einem Mehrfach-Stromspiegel – siehe Abbildung 9.3 – dadurch erklärt werden, dass über die Basis-Kollektor-Kapazität bzw. die Gate-Drain-Kapazität ein AC-Signal auf den für alle Transistoren gemeinsamen Basisbzw. Gate-Knoten übertragen und dann gespiegelt wird. Selbst die Verwendung eines „Unterstützertransistors" (siehe Abbildung 9.11), der als Emitter-Folger wirkt und die Impedanz des Knotens verringert, beseitigt diese Problematik nicht. Außerdem können induktive und kapazitive Kopplungen zwischen den Leitungen unerwünschte Rückwirkungen auslösen. Es ist deshalb günstiger, die einzelnen Funktionsblöcke eines Designs mit **eigenen** Bias-Netzwerken auszurüsten. Diese können zwar von einem zentralen Netzwerk mit **Strömen** versorgt werden, doch sollten diese Stromleitungen gut vor dem Einkoppeln von AC- und Pulssignalen geschützt werden! Abgeschirmte Leitungsführungen vom zentralen „Stromgenerator" zum Zielort, wie sie z. B. im *Abschnitt 8.5 „Richtlinien zur Layout-Erstellung"* beschrieben sind, vielleicht sogar in Verbindung mit einem Blockkondensator am Zielort, helfen meist, dass Problem in den Griff zu bekommen.

Zusammenfassung

In diesem Kapitel wurden einfache und auch sehr präzise Stromspiegelschaltungen als wichtige Schaltungselemente integrierter analoger Schaltungen vorgestellt. Bereits wenige zusätzliche Bauelemente, die den einfachen Stromspiegel ergänzen, können zu besseren Daten und vor allem zu deutlich höheren **inneren Widerständen** des Ausganges führen. Durch die sogenannte **geregelte** Kaskoden-Schaltung sind sogar Widerstände weit im Gigaohm-Bereich möglich und das „r_i-I-Produkt" erreicht Spannungswerte von mehreren Megavolt. Aber auch der einfache Stromspiegel hat Vorteile: Er zeichnet sich gegenüber den etwas aufwendigeren Schaltungen z. B. durch ein überlegenes dynamisches Verhalten aus.

Besonders hervorzuheben ist, dass alle Schaltungen ganz konkret mit Werten präsentiert wurden. Sie können dadurch einen wichtigen Beitrag zur Erlangung praktischer Erfahrungen liefern.

Am Beispiel einer Kaskoden-Stromsenke in CMOS wurde das komplette Design vorgeführt, angefangen bei der Dimensionierung und der Absicherung des Ergebnisses durch eine Simulation, einschließlich einer Monte-Carlo-Analyse, bis hin zum fertigen Layout. Alle Schritte können mit den verfügbaren Programmen (Datei „IC.zip") nachvollzogen werden.

Literatur

[1] H. Shichman, D. A. Hodges: *Modelling and Simulation of Insulated-Gate Field-Effect Transistor Switching Circuits*; IEEE J. Solid-State Circuits, 3, 1968, 285–289.

[2] R. J. Widlar: *Design Techniques for Monolithic Operational Amplifiers*; IEEE J. Solid State Circuits, Vol. 4, 1969, 184–191.

[3] G. R. Wilson: *A Monolithic Junction FET-NPN Operational Amplifier*; IEEE J. Solid State Circuits, Vol. 3, 1968, 341–348.

[4] E. Säckinger, W. Guggenbühl: *A High-Swing, High-Impedance MOS Cascode Circuit*; IEEE J. Solid State Circuits, Vol. 25, 1990, 289–298.

[5] K.-H. Cordes: Einführung in das Simulationsprogramm SPICE; IC.zip, Skripten\SPICE.pdf.

[6] K.-H. Cordes: Kurze Einführung in das Simulationsprogramm LT-SPICE; IC.zip, Skripten\LT-SPICE.pdf.

[7] K.-H. Cordes: Kurze Einführung in das Layout-Programm L-Edit; IC.zip, Skripten\L-Edit.pdf.

Stromquellen

10.1 Stromeinstellung über einen Widerstand 472
10.2 Stromquelle mit Vorwärtsregelung 473
10.3 Stromquelle mit einem JFET 475
10.4 Verwendung von U_{BE} als Referenzspannung 477
10.5 PTAT-Stromquellen 478
10.6 CMOS-Stromquellen 485
10.7 Eine fast genaue Stromquelle................. 492

Einleitung

>> Während im vorigen Kapitel Schaltungen vorgestellt wurden, die einen sogenannten **primären** Strom vervielfältigen können, geht es jetzt darum, diesen auf dem Chip einer integrierten Schaltung bereitzustellen. Dazu gibt es zum Teil sehr unterschiedliche Möglichkeiten. Einige ausgewählte Beispiele sollen in den folgenden Abschnitten vorgestellt werden. Damit die einzelnen Schaltungen untereinander verglichen werden können, werden sie größtenteils für Ströme von etwa 50 μA bzw. 100 μA ausgelegt. <<

LERNZIELE

- Einfache Erzeugung eines Referenzstromes über einen Widerstand
- Verringerung der Abhängigkeit des Stromes von der Versorgungsspannung durch eine Vorwärtsregelung
- Verwendung der Basis-Emitter-Spannung als Referenzspannung
- Der JFET als Stromquelle
- PTAT-Stromquellen
- Stromquellen in CMOS-Schaltungen
- Stromquelle mit Verwendung eines Operationsverstärkers

10.1 Stromeinstellung über einen Widerstand

Im einfachsten Fall kann der primäre Strom direkt über einen **Bias-Widerstand** R1 von der Versorgungsspannung V_{CC} abgeleitet werden, siehe Abbildung 10.1a. V_{CC} übernimmt dabei die Rolle einer **Referenzspannung**. Der Strom I_1 ergibt sich dann zu

$$I_1 = \frac{V_{CC} - U_{BE}}{R_1} \tag{10.1}$$

Simulation

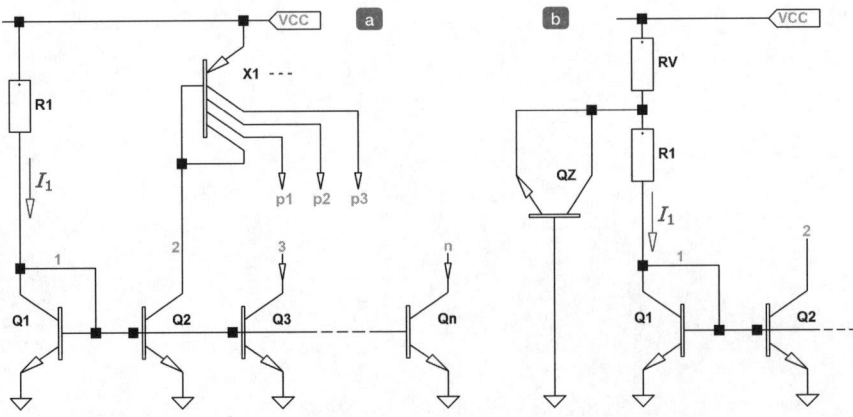

Abbildung 10.1: Einfache Bias-Strom-Erzeugung über den Widerstand R1: (a) Versorgungsspannung als Referenzspannung; (b) Stabilisierung durch eine Z-Diode (Dateien: IR1a.asc und IR1b.asc).

Von diesem Strom können, wie in Abbildung 10.1a angedeutet, alle weiteren durch „Spiegeln" erzeugt werden. Allerdings ist der primäre Strom I_1 von der Versorgungsspannung V_{CC} abhängig und außerdem erfordert die Erzeugung eines kleinen Stromes einen relativ großen Widerstandswert und damit viel Chipfläche.

Durch den Einsatz einer Z-Diode kann der Versorgungsspannungseinfluss reduziert werden, siehe Abbildung 10.1b. Hierfür eignet sich die Basis-Emitter-Diode eines NPN-Transistors, die bekanntlich eine Durchbruchspannung von ca. $(7 \pm 1)\,V$ mit einem relativ scharfen „Knick" hat. Emitter und Kollektor werden miteinander verbunden und über einen Vorwiderstand RV wird die „Z-Diode" versorgt. Die sich an der Z-Diode einstellende Spannung dient dann als Referenzspannung für die Erzeugung des primären Stromes I_1. Nachteilig ist jedoch, dass die Versorgungsspannung um einige Volt höher sein muss als die Z-Spannung. Die Schaltung ist also für den Betrieb an kleineren Versorgungsspannungen nicht geeignet! Wenn sie mit SPICE simuliert werden soll, ist für die „Z-Diode" das vierpolige Subcircuit-Symbol einzusetzen und das zugehörige Modell zu verwenden. Die Temperaturabhängigkeit der Durchbruchspannung wird meist nicht korrekt modelliert, da hierfür normalerweise keine Parameter angegeben werden.

Hinweis

Wenn ein Bipolar-Transistor bei einer Hardwareerprobung (Breadboard) [11] einmal als Z-Diode verwendet wurde, ist seine Basis-Emitter-Strecke geschädigt [5]. Parallel zur Basis-Emitter-Strecke bildet sich ein leitender Kanal. Dieser ist zwar sehr hochohmig (im 100-Meg-Ohm-Bereich), doch bei geringen Kollektor-Strömen wird dadurch die wirksame Stromverstärkung mehr oder weniger stark reduziert. Der Leitwert dieses Kanals steigt irreversibel mit wachsendem Strom in Rückwärtsrichtung und mit der Einwirkungsdauer. Ein derart **gestresster** Transistor ist dann für normale Anwendungen ungeeignet und sollte auch entsprechend gekennzeichnet werden!

10.2 Stromquelle mit Vorwärtsregelung

Die Abhängigkeit des Bias-Stromes I_1 von der Versorgungsspannung kann durch einen einfachen Trick reduziert werden, siehe Abbildung 10.2.

Erhält nämlich die Basis des Stromquellentransistors Q2 ein Potential, das mit wachsender Versorgungsspannung nicht nur zunehmen, sondern auch abnehmen kann, so könnte **der Kollektor-Strom von Q2** ein relatives Maximum durchlaufen. Dann wäre für einen gewissen Bereich der Versorgungsspannung eine Optimierung möglich. Um dies zu erreichen, wird der Widerstand R1 aufgeteilt, die Basis von Q1 an dessen Abgriff angeschlossen und die Basis von Q2 mit dem Kollektor von Q1 verbunden. Mit wachsendem VCC wird der Strom zunächst größer, bis das Kollektor-Potential von Q1 zu sinken beginnt und der Kollektor-Strom des Transistors Q2 wieder zurückgeht. Der Widerstand R2 im Emitter von Q2 dient zusätzlich noch zur Stromgegenkopplung. Der Temperaturkoeffizient der Schaltung ist stark positiv, ca. $+0{,}33\,\%/K$.

10 Stromquellen

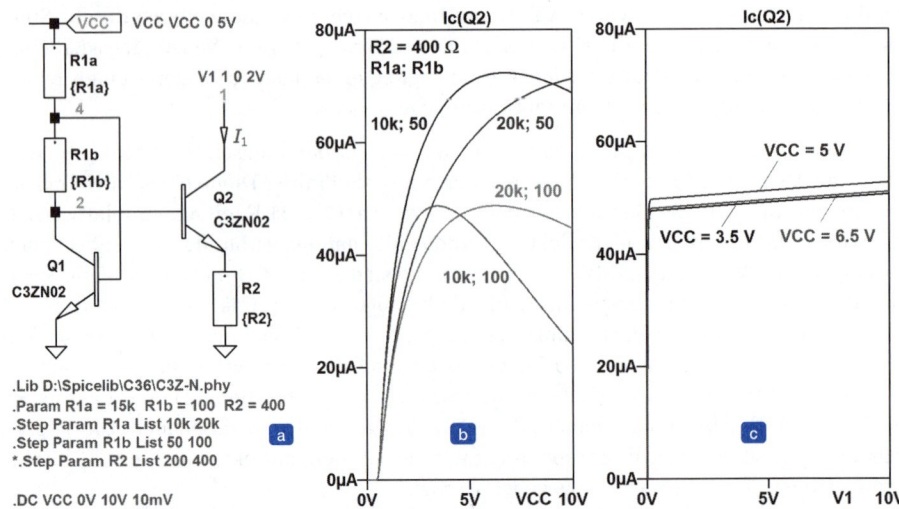

Abbildung 10.2: (IR2.asc) Reduktion der Versorgungsspannungsabhängigkeit durch Vorwärtsregelung. (a) Mit LT-SPICE simulierbare Schaltung. (b) Variation der Widerstandswerte. (c) Bias-Strom I_1 in Abhängigkeit von der Spannung am Knoten „1".

Auf eine Berechnung der Schaltung soll hier verzichtet werden. Es handelt sich um ein typisches Beispiel, das sehr viel einfacher durch den Einsatz eines Simulators optimiert werden kann. Die Schaltung in Abbildung 10.2 ist derart zur Simulation mit LT-SPICE [9] vorbereitet, dass alle drei Widerstandswerte **parametrisch** verändert werden können. Für jeden Widerstand werden zwei – höchstens drei – Schätzwerte in die „Step-Anweisung" eingetragen und dann wird der Simulator gestartet.

Beispiel

Stromquelle mit Vorwärtsregelung für 50 µA:

Die Schaltung nach Abbildung 10.2 soll im eingeschränkten Versorgungsspannungsbereich $4\,V \leq V_{CC} \leq 6\,V$ einen Strom von etwa $I_1 = 50\,\mu A$ liefern.

Lösung:

Zur ersten Orientierung werden für die **drei** Widerstände zunächst **je zwei** Schätzwerte im Schaltplan eingetragen und der Simulator gestartet. Als Simulationsergebnis erhält man eine Kurvenschar mit insgesamt 8 Kurven. Mit dem Cursor wird dann das am besten passende Lösungstripel herausgesucht und anschließend **ein** Parameter auf einen festen Wert eingestellt: z. B. $R_2 = 400\,\Omega$. Nach einem erneuten Starten des Simulators sind nur noch 4 Kurven auszuwerten. Es wird deutlich, dass R1b für die Höhe des Strommaximums und R1a für die Lage auf der Spannungsachse verantwortlich ist. Nun empfiehlt es sich, beispielsweise R1b zunächst festzuhalten, z. B. $R_{1b} = 100\,\Omega$, weil damit der gewünschte Stromwert von $I_1 = 50\,\mu A$ schon fast erreicht wird. Dann findet man rasch einen brauchbaren Wert für den Widerstand R1a: $R_{1a} = 15\,k\Omega$. Schließlich wird noch der Wert für den Widerstand R2 bestimmt: $R_2 = 370\,\Omega$. Die gesamte Prozedur ist in weniger als 5 Minuten erledigt!

> Ergebnis: R_{1b} = 100 Ω, R_{1a} = 15 kΩ, R_2 = 370 Ω.
>
> Dem Leser wird empfohlen, diese nicht gerade wissenschaftliche, aber sehr praxisnahe „Dimensionierungsmethode" nachzuempfinden, um eigene Erfahrungen zu erlangen!

Aufgabe

Bestimmen Sie in der Schaltung nach Abbildung 10.2 den differentiellen Widerstand der Stromquelle.

Bevor weitere interessante Stromquellen besprochen werden, soll eine ganz andere, sehr beliebte Methode vorgestellt werden, die einen **JFET** verwendet. Sie kann z. B. dann eingesetzt werden kann, wenn in einer integrierten Schaltung ein relativ kleiner Stromwert benötigt wird und es auf dessen absoluten Betrag nicht besonders ankommt.

10.3 Stromquelle mit einem JFET

Eine recht einfache Stromquelle oder -senke kann mit einem **selbstleitenden** Feldeffekt-Transistor, z. B. mit einem JFET, aufgebaut werden. Ein solcher Transistor zeigt vom Prinzip her bereits Konstantstromverhalten. Damit sollte es gelingen, mit geringem Aufwand eine Stromquelle zu entwerfen, die in einem weiten Spannungsbereich einen etwa konstanten Strom liefert. Abbildung 10.3 zeigt dies für einen N-Kanal-FET. Der Strom I_D durch den Transistor erzeugt am Widerstand R einen Spannungsabfall $I_D \cdot R$. Dieser bildet dann die erforderliche **negative** Gate-Source-Spannung U_{GS}. Der Wert des Drain-Stromes I_D ergibt sich aus dem Schnitt der Eingangskennlinie $I_D = f(U_{GS})$ mit der Widerstandsgeraden $-U_{GS}/R$. Die Stromkonstanz wird allerdings erst im Stromsättigungsbereich erreicht.

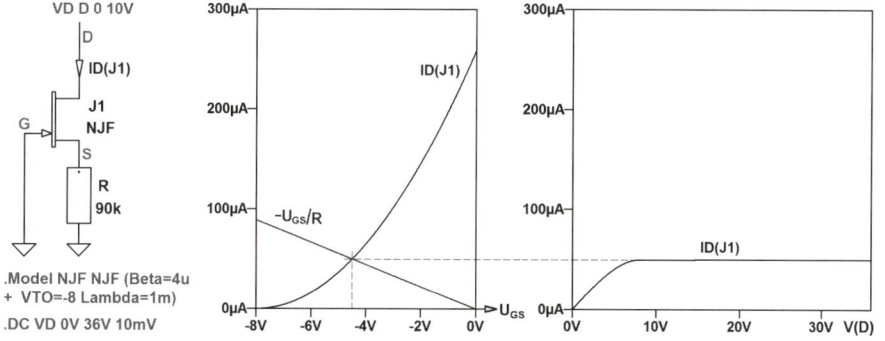

Simulation

Abbildung 10.3: (IJFET1.asc) Einfache Stromsenke mit einem JFET und einem Widerstand.

Die meisten Bipolar-Prozesse gestatten die Herstellung eines einfachen JFETs. Abbildung 10.4 zeigt eine solche Struktur, die ohne zusätzliche Prozessschritte auskommt. Als Kanal wird das n-dotierte Epi-Gebiet verwendet. Es handelt sich im Prinzip um einen Epi-Pinch-Widerstand. Die Kanalweite wird durch den Layer ISO begrenzt und oft so klein gewählt, wie die Design-Regeln es gerade noch zulassen. Außerdem dient der Layer BASE zur Verringerung der Kanaldicke. Durch die Wahl der Kanallänge wird der Parameter β eingestellt. Auf diese Weise können bei einigermaßen geringem Platzbedarf kleine Ströme im μA-Bereich und Abschnürspannungen zwischen $-6\,V$ und $-16\,V$ erreicht werden.

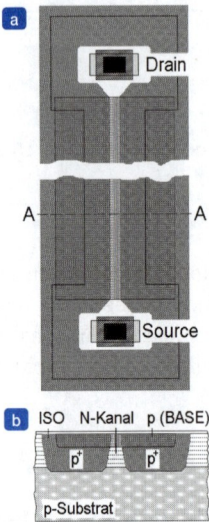
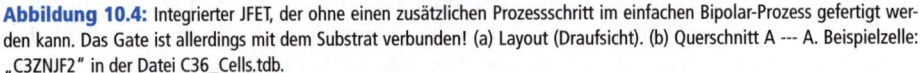

Abbildung 10.4: Integrierter JFET, der ohne einen zusätzlichen Prozessschritt im einfachen Bipolar-Prozess gefertigt werden kann. Das Gate ist allerdings mit dem Substrat verbunden! (a) Layout (Draufsicht). (b) Querschnitt A --- A. Beispielzelle: „C3ZNJF2" in der Datei C36_Cells.tdb.

Die einfache Struktur hat leider einige Nachteile: Das Gate ist stets mit dem Substrat verbunden und die beiden Parameter „Abschnür- bzw. Threshold-Spannung" V_{Th} und „Leitwertparameter" β sind erheblichen Schwankungen unterworfen. Mit etwa $\pm 100\,\%$ muss gerechnet werden. Trotzdem wird sie gern in Bias-Netzwerken zur Erzeugung eines kleinen Hilfsstromes eingesetzt, wenn es auf dessen Wert nicht besonders ankommt. Man findet sie z. B. in vielen Standardoperationsverstärkern.

Die Schaltung nach Abbildung 10.3 ist auch für diskrete Elemente geeignet. Sie ist insofern interessant, als sie nach außen hin mit zwei Anschlüssen auskommt. Man kann den JFET, wie Abbildung 10.5 zeigt, auch in den Diagonalzweig einer Diodenbrücke schalten und erhält einen **ungepolten** Zweipol mit Konstantstromcharakteristik. Zum Einstellen des Stromes könnte der Widerstand auch durch ein Potentiometer ergänzt werden.

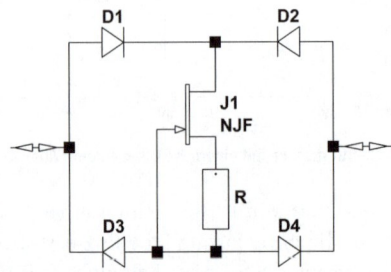

Abbildung 10.5: Einfacher ungepolter Zweipol mit Konstantstromcharakteristik.

10.4 Verwendung von U_{BE} als Referenzspannung

Wenn im Wilson-Stromspiegel nach Abbildung 9.16 der Transistor Q1 durch einen Widerstand R ersetzt wird, entsteht eine Schaltung mit Gegenkopplung, siehe Abbildung 10.6a, bei der der Kollektor-Strom des Transistors Q4 durch die Basis-Emitter-Spannung U_{BE} des Transistors Q2 und den Wert des Widerstandes R bestimmt wird. Werden die Basis-Ströme von Q4 und Q2 vernachlässigt, wird der Strom $I_1 = I_{C4} = I_C(Q4)$ etwa gleich dem Emitter-Strom von Q4:

$$I_1 \approx I_{E4} \approx \frac{U_{BE2}}{R} \qquad (10.2)$$

Da U_{BE} etwa 700 mV beträgt, muss zur Bildung eines **kleinen** Stromes kein hochohmiger Widerstand eingesetzt werden. Widerstände im $k\Omega$-Bereich beanspruchen oft mehr Chipfläche als Transistoren. Abbildung 10.6b zeigt ein Simulationsergebnis. Deutlich ist zu erkennen, dass der differentielle Widerstand der Schaltung sehr hoch ausfällt. Dieser kann mittels der Cursor-Funktionen von LT-SPICE [9] leicht ermittelt werden. Für die gewählte Dimensionierung ($R = 12\ k\Omega$) stellt sich ein Wert von ca. 200 $M\Omega$ ein. Der TK (Temperaturkoeffizient) ist bei Annahme eines temperaturunabhängigen Widerstandes R stark negativ. Abbildung 10.6c liefert einen Wert von ca. $-0.4\ \%/K$.

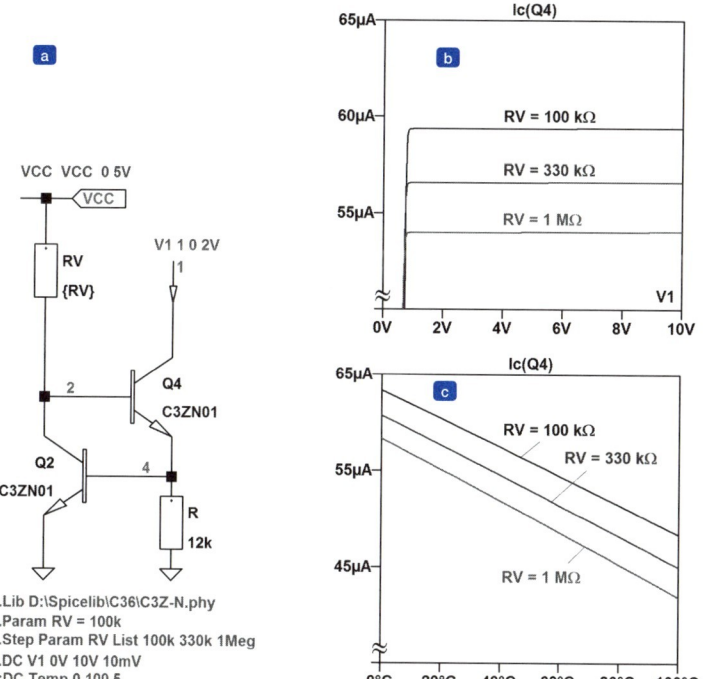

Simulation

Abbildung 10.6: (IUBE1.asc) (a) Stromquelle mit der Basis-Emitter-Spannung von Q2 als „Referenzspannung". (b) Abhängigkeit vom Vorwiderstand RV, man beachte die Skalierung der y-Achse. (c) Temperaturabhängigkeit.

Der Wert des Vorwiderstandes RV ist relativ unkritisch, wie Abbildung 10.6b für drei Widerstandswerte ($R_V = 100\ k\Omega$, 330 $k\Omega$ und 1 $M\Omega$) erkennen lässt. Über den Widerstand RV braucht eigentlich nur der Basis-Strom für Q4 und ein klein wenig mehr geliefert zu werden. Allerdings ist die Basis-Emitter-Spannung von Q2, also die „Referenzspannung" U_{BE}, vom Kollektor-Strom I_{C2} abhängig. Dieser sollte deshalb auch nicht zu klein gewählt werden. Als Widerstandstyp für RV bietet sich besonders der sogenannte Epi-Pinch-Widerstand oder die in Abbildung 10.4 dargestellte Struktur an. Solche Widerstände sind hinreichend hochohmig, nehmen nicht zu viel Fläche in Anspruch, haben aber relative Toleranzen von etwa ±100 % und sind nichtlinear (JFET-Charakter). Doch ist dies für die obige Schaltung meist problemlos zu akzeptieren.

Die Schaltung kann sinngemäß auch mit PNP-Transistoren und mit selbstsperrenden FETs realisiert werden.

10.5 PTAT-Stromquellen

Bei den bisher besprochenen Stromquellen hängt der gewünschte Strom von den Eigenschaften mindestens **zweier** Variabler ab, die mehr oder weniger stark streuen können. Eine andere Gruppe von Stromquellen, bei der im Wesentlichen nur **ein** Bauteil die Abweichung bestimmt, hat wegen der damit verbundenen geringeren Gesamtstreuung und des einfachen Schaltungsaufbaus eine besondere Bedeutung erlangt. Darüber hinaus weisen diese Schaltungen einen linearen und positiven Temperaturgang auf. Sie werden als **PTAT**-Stromquellen bezeichnet (**Proportional To Absolute Temperature**).

10.5.1 Einfache PTAT-Stromquelle

Die in Abbildung 9.9 vorgestellte Widlar-Schaltung verwendet zwei Transistoren, die mit unterschiedlichen Stromdichten betrieben werden. Ein ähnlicher Ansatz wird in der Schaltung nach Abbildung 10.7 verfolgt. Darin wird allerdings durch den PNP-Stromspiegel (Transistor X3) ein festes Stromverhältnis I_1/I_2 erzwungen und die Stromdichte des Transistors Q2, in dessen Emitter-Leitung der Widerstand R eingefügt ist, wird durch Vergrößern der Emitter-Fläche verringert. In Abbildung 10.7 ist der Sonderfall $I_1 = I_2$ dargestellt. Die folgende Berechnung soll aber allgemein vorgenommen werden mit dem Ziel, eine grundlegende Gleichung zu erhalten, die auch für die Betrachtung anderer Schaltungen herangezogen werden kann.

Zunächst werden die beiden Ströme einzeln berechnet. Unter der Annahme, dass Q2 aus M-mal so vielen Emittern zusammengesetzt ist wie Q1, kann entsprechend der Kennliniengleichung angesetzt werden:

$$I_C \approx I_S \cdot e^{\frac{U_{BE}}{N \cdot V_T}} \quad (N \approx 1) \quad \rightarrow \quad I_1 \approx I_S \cdot e^{\frac{U_{BE1}}{V_T}} \; ; \; I_2 \approx M \cdot I_S \cdot e^{\frac{U_{BE2}}{V_T}} \tag{10.3}$$

Ein Spannungsumlauf liefert:

$$U_{BE2} + I_2 \cdot R = U_{BE1} \quad \rightarrow \quad U_{BE1} - U_{BE2} = \Delta U_{BE} = I_2 \cdot R \tag{10.4}$$

Aus den Gleichungen (10.3) und (10.4) folgt:

$$\frac{I_1}{I_2} \approx \frac{1}{M} \cdot e^{\frac{U_{BE1} - U_{BE2}}{V_T}} = \frac{1}{M} \cdot e^{\frac{I_2 \cdot R}{V_T}} \quad \rightarrow$$

$$I_2 = \frac{U_{BE1} - U_{BE2}}{R} \approx \frac{V_T}{R} \cdot \ln\left(M \cdot \frac{I_1}{I_2}\right) \tag{10.5a}$$

$$U_{BE1} - U_{BE2} = \Delta U_{BE} = V_T \cdot \ln(M \cdot K); \quad K = \frac{I_1}{I_2} \tag{10.5b}$$

Gleichung (10.5b) ist eine **allgemeingültige** Beziehung für die Differenz der Basis-Emitter-Spannungen für den Fall, dass zwei Bipolar-Transistoren mit verschiedenen Emitter-Stromdichten betrieben werden. Der Stromdichte-Unterschied kann auf zweierlei Weise beeinflusst werden: Einmal durch die Stromwerte I_1 und I_2 selbst, andererseits auch durch die Emitter-Flächen der beteiligten Transistoren.

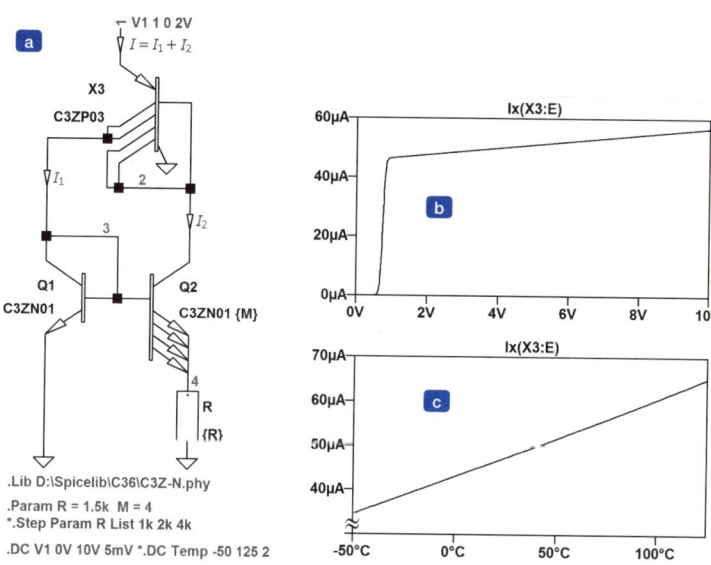

Simulation

Abbildung 10.7: (IPTAT1.asc) (a) Einfache PTAT-Schaltung. (b) Summenstrom I als Funktion der Spannung am Knoten „1". (c) I als Funktion der Temperatur.

Für den in Abbildung 10.7 dargestellten technisch wichtigen Sonderfall $I_1 = I_2$ gilt:

$$U_{BE1} - U_{BE2} = \Delta U_{BE} = V_T \cdot \ln M \tag{10.5c}$$

Der Gesamtstrom I setzt sich aus den beiden Teilströmen I_1 und I_2 zusammen:

$$I \approx 2 \cdot \frac{\Delta U_{BE}}{R} = \frac{2 \cdot V_T}{R} \cdot \ln M = \frac{2 \cdot k \cdot T}{q \cdot R} \cdot \ln M \sim T \tag{10.6}$$

Hier kann die „Temperaturspannung" V_T als **Referenzspannung** angesehen werden. Wegen deren relativ kleinen Wertes – bei $T = 300\,K$ ist $V_T = 25{,}85\,mV$ – erfordert die Erzeugung eines kleinen Stromes auch nur einen kleinen Widerstandswert.

Beispiel

Eine PTAT-Stromquelle kommt mit geringen Widerstandswerten aus:

Es sei $M = 4$, $R = 1{,}5\,k\Omega$ und $V_T = 25{,}85\,mV \rightarrow I \approx 48\,\mu A$. Zur Erzeugung eines Stromes von etwa $48\,\mu A$ reicht also ein relativ kleiner Widerstandswert von $1{,}5\,k\Omega$ aus.

Da die Größen k, q und M Konstanten sind, ist bei der Annahme eines ebenfalls konstanten Widerstandswertes R der Strom I zur absoluten Temperatur T proportional. Eine Schaltung mit solch einer Eigenschaft wird als **PTAT**-Schaltung bezeichnet (**Proportional To Absolute Temperature**).

Der PNP-Stromspiegel X3 muss nicht notwendig für eine Stromübersetzung von 1 : 1 ausgelegt werden. Der in Abbildung 10.7 verwendete PNP-Transistor mit vier separaten Kollektoren bietet z. B. auch die Möglichkeit, eine Übersetzung von 1 : 3 zu wählen. Dann wäre in Gleichung (10.6) $\ln M$ durch $\ln(3 \cdot M)$ zu ersetzen.

Es soll nun noch erklärt werden, warum sich der durch Gleichung (10.6) angegebene **stabile** Arbeitspunkt einstellt. Dazu werde zunächst angenommen, der Strom I_2, hervorgerufen z. B. von Sperrströmen des Transistors Q2, sei nicht null, aber sehr klein. Dieser wird etwa 1 : 1 durch den PNP-Stromspiegel X3 am Knoten „3" wieder eingespeist. Der Spannungsabfall am Widerstand R kann zunächst vernachlässigt werden und die beiden Transistoren Q1, Q2 wirken wie ein Stromspiegel mit einer Stromübersetzung 1 : M. Am Knoten „2" wirkt somit zusätzlich der um den Faktor M vergrößerte Strom, wird erneut gespiegelt usw. Der Strom wächst also an, der Spannungsabfall am Widerstand R kann schließlich nicht mehr vernachlässigt werden, die Stromübersetzung der Kombination Q1, Q2, R nimmt ab und es stellt sich am Ende ein stabiler Arbeitspunkt ein, wenn die Bedingung $I_2 = I_1$ erfüllt ist. Dies ist in Abbildung 10.8 noch einmal veranschaulicht.

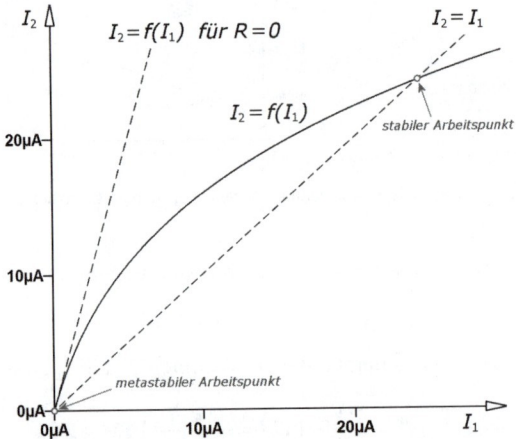

Abbildung 10.8: Zur Funktionsweise der Schaltung nach Abbildung 10.7.

Die Bedingung $I_2 = I_1$ ist aber auch im Nullpunkt erfüllt. Doch dieser Arbeitspunkt ist nicht stabil. Normalerweise reichen die Sperrströme aus, der Schaltung über den metastabilen Arbeitspunkt hinwegzuhelfen. Q2 hat zwei Sperrströme: vom Kollektor zum Substrat und vom Kollektor zur Basis. Diese sind zwar nur klein (einige pA), doch sie werden, wie oben schon geschildert, durch X3 gespiegelt und über Q1, Q2 verstärkt. Ein Selbststart kann aber auch gefährdet sein, z. B. wenn ein DC-Pfad vom Knoten „3" zum Substrat existiert oder wenn in die Basis von X3 ein Strom hineinfließen kann. So wirkt beispielsweise der Kollektor-Substrat-Strom von Q1 vom Knoten „3" zum Substrat. In der Regel ist dieser aber deutlich kleiner als der Sperrstrom von Q2. Trotzdem wird aus Sicherheitsgründen meist eine **Start-Up-Schaltung** vorgesehen. Wie eine solche Schaltung aussehen kann, zeigt Abbildung 10.9. Zwei als Diode geschaltete Transistoren Q6 und Q7 werden über einen

Vorwiderstand RV vorgespannt und stellen am Knoten „6" ein Potential von $2 \cdot U_{BE}$ bereit. Am Knoten „P" kann dann über den Emitter-Folger Q5 ein Potential von etwa $1 \cdot U_{BE}$ „eingespeist" werden. Dieses reicht aus, um über den Widerstand R1 dem Transistor Q1 einen kleinen Strom zuzuführen, der die Schaltung sicher aus dem Nullpunkt heraus führt. Durch den Widerstand R1 fließt schließlich der endgültige Strom I_1. Dieser ruft an R1 den Spannungsabfall $U_{R1} = I_1 \cdot R_1$ hervor, wodurch das Potential des Knotens „P" um diesen Betrag ansteigt. Somit wird der Transistor Q5 gesperrt und damit die „Starthilfe" praktisch abgekoppelt. Für U_{R1} reicht ein Wert von ungefähr $300 \ mV \ldots 600 \ mV$ aus.

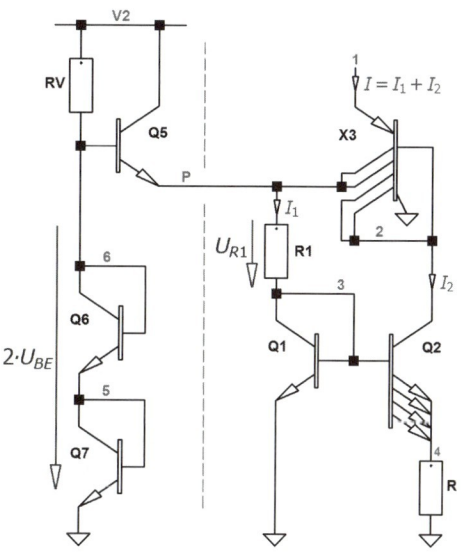

Abbildung 10.9: PTAT-Stromquelle mit Start-Up-Schaltung.

10.5.2 PTAT-Stromquelle mit Early-Effekt-Kompensation nach Wilson

Die einfache PTAT-Stromquelle nach Abbildung 10.7 zeigt wegen des Early-Effektes (siehe *Kapitel 3.2*) zweier Stromspiegel (X3 sowie Q1, Q2) kein besonders gutes Konstantstromverhalten. Durch die im *Abschnitt 9.4* besprochenen Korrekturmaßnahmen können die Eigenschaften der Schaltung jedoch erheblich verbessert werden. Abbildung 10.10 zeigt die Schaltung mit der Early-Effekt-Kompensation nach Wilson. Sie erfordert aber eine Starthilfe, die in Abbildung 10.10 nicht eingezeichnet ist. Um die Simulation trotzdem durchführen zu können, wird eine Startbedingung durch das Kommando „.Nodeset V(3)=1.8V" vorgegeben, und die Spannung V_1 läuft nicht von 0 V bis 10 V, sondern umgekehrt von 10 V bis 0 V. Wie das Simulationsergebnis zeigt, steigt der differentielle Widerstand auf etwa $40 \ M\Omega$ an. Allerdings beginnt die Stromkonstanz erst bei einer Spannung von $> 2{,}2 \ V$.

Die beiden Schaltungen Abbildung 10.7 und Abbildung 10.10 gehören mit zu den wichtigsten „Stromgeneratoren" in Bipolar-Applikationen. Ihre absoluten Genauigkeiten hängen zwar unmittelbar von den Toleranzen der Widerstände ab (ca. ±25 %), sind aber, wie Gleichung (10.6) zeigt, praktisch unabhängig von weiteren Prozessparametern und haben einen wohldefinierten positiven Temperaturgang.

10 Stromquellen

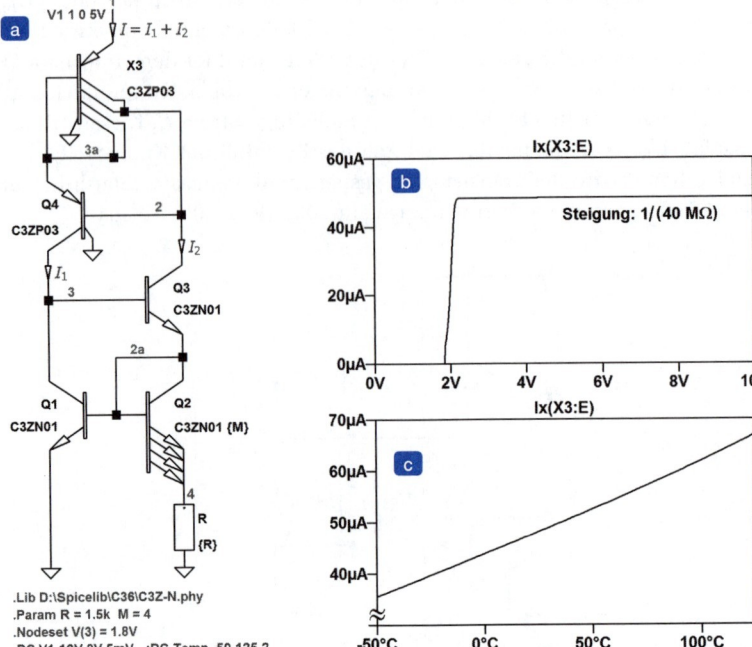

Abbildung 10.10: (a) (IPTATWil.asc) PTAT-Schaltung mit Early-Effekt-Kompensation nach Wilson, siehe Abbildung 9.16 (erforderliche Starthilfe nicht dargestellt). (b) Summenstrom I als Funktion der Spannung am Knoten „1". (c) I als Funktion der Temperatur.

Aufgabe

Versehen Sie die PTAT-Schaltung Abbildung 10.10 mit einer Start-Up-Schaltung entsprechend Abbildung 10.9. Bedenken Sie dabei, dass am Knoten „3" zwei Basis-Emitter-Spannungen notwendig sind. Eine mögliche Lösung finden Sie in der Datei IPTAT3.asc.

10.5.3 PTAT-Stromquelle mit Vorwärtsregelung

Eine weitere, interessante PTAT-Schaltung ist in Abbildung 10.11 dargestellt. Sie startet selbst, ähnlich wie die Schaltung nach Abbildung 10.7 und verwendet zur Verringerung der Versorgungsspannungsabhängigkeit das Prinzip der „Vorwärtsregelung", wie dies in Abbildung 10.2 gezeigt wurde. Besonders hervorzuheben ist, dass dieser „Stromgenerator" bereits ab $V_{CC} = 1\,V$ arbeitet und eine recht gute Linearität des Ausgangsstromes in Abhängigkeit von der Temperatur zeigt.

10.5 PTAT-Stromquellen

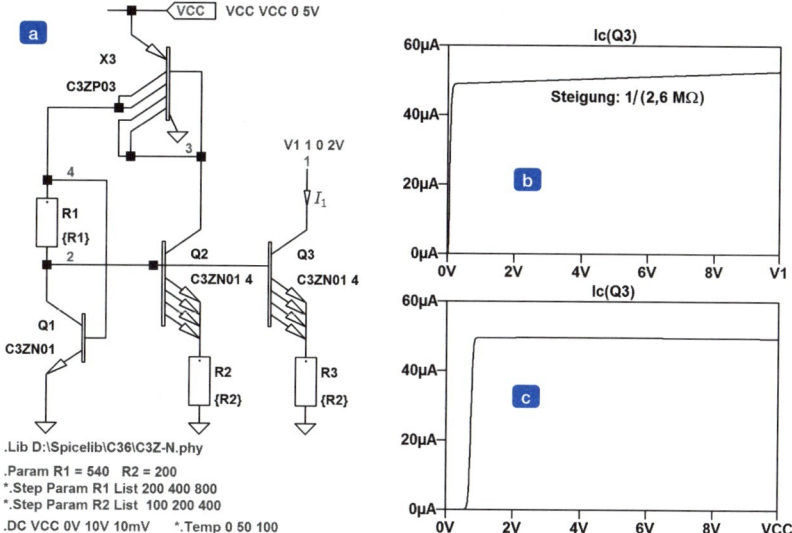

Abbildung 10.11: (IPTATV.asc) (a) Selbststartende Stromquelle mit PTAT-Verhalten und verringerter Abhängigkeit von der Versorgungsspannung. (b) Ausgangsstrom $I_1 = f(V_1)$. (c) Ausgangsstrom $I_1 = f(V_{CC})$.

Aufgabe

Experimentieren Sie mit der Schaltung Abbildung 10.11. Verändern Sie auch den Wert des Widerstandes R1. Simulieren Sie die Temperaturabhängigkeit in Form einer Anweisung „.DC Temp ..." im Temperaturbereich von −50 °C bis 150 °C.

10.5.4 PTAT-Stromquelle mit Vorwärtsregelung und Kaskode

Der differentielle Ausgangswiderstand kann durch Einfügen eines Transistors in Reihe mit Q3 erheblich gesteigert werden (Kaskoden-Schaltung). Um der Basis dieses zusätzlichen Transistors das nötige Potential zu geben, wird in Reihe mit R1 ein Widerstand geschaltet, an dem der notwendige Spannungsabfall entsteht. Die Schaltung ist in Abbildung 10.12 dargestellt. Mit der gewählten Dimensionierung wird ein differentieller Widerstand von etwa 280 $M\Omega$ erreicht, und das Produkt $r_i \cdot I_1$ beträgt $U_i \approx 14$ kV. Auch diese Schaltung zeichnet sich durch eine gute Linearität des Ausgangsstromes in Abhängigkeit von der Temperatur aus und ist bei Versorgungsspannungen ab $V_{CC} \geq 1{,}2$ V einsetzbar.

Aufgabe

Experimentieren Sie mit der Schaltung Abbildung 10.12.

10 Stromquellen

Simulation

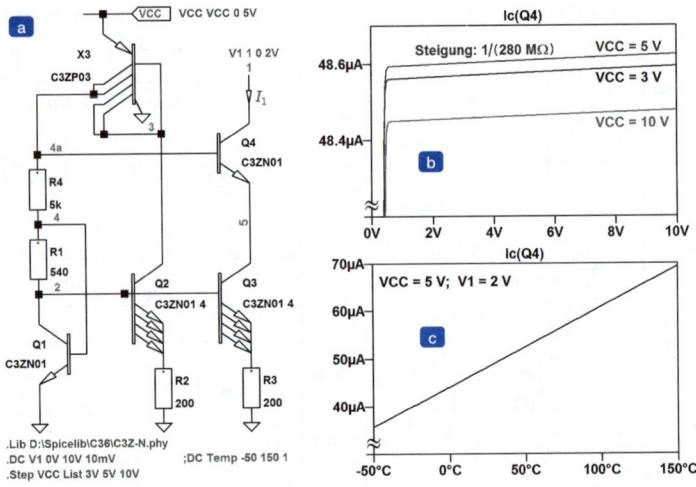

Abbildung 10.12: (IPTATKas.asc) (a) Selbststartende Kaskoden-Stromquelle mit PTAT-Verhalten und verringerter Abhängigkeit von der Versorgungsspannung. (b) Ausgangsstrom $I_1 = f(V_1)$ und V_{CC} als Parameter. (c) Ausgangsstrom I_1 in Abhängigkeit von der Temperatur.

10.5.5 Erdi-Stromquelle

Von George Erdi, dem Entwickler des bekannten Präzisionsoperationsverstärkers „OP07" und des Nachfolger-Typs „OP27" wurde im Jahr 1989 eine interessante Stromquelle vorgestellt, die als besonders cleveres Design bezeichnet werden kann. Abbildung 10.13 zeigt die Schaltung. Auf den ersten Blick fällt auf, dass ein Hilfsstrom I_a verwendet wird. Wie sich herausstellen wird, kommt es auf dessen absoluten Wert aber nicht an.

Simulation

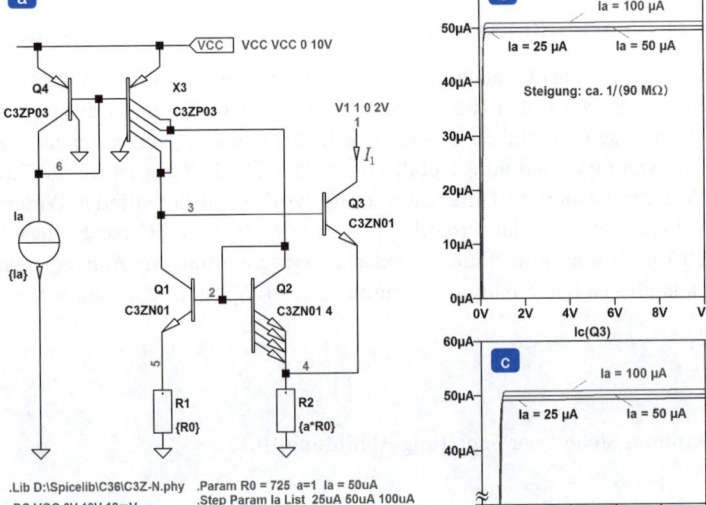

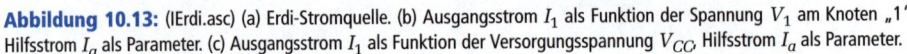

Abbildung 10.13: (IErdi.asc) (a) Erdi-Stromquelle. (b) Ausgangsstrom I_1 als Funktion der Spannung V_1 am Knoten „1", Hilfsstrom I_a als Parameter. (c) Ausgangsstrom I_1 als Funktion der Versorgungsspannung V_{CC}, Hilfsstrom I_a als Parameter.

Die beiden Widerstände R1 und R2 sollen zunächst **gleiche** Werte R_0 haben ($a = 1$), und über den PNP-Transistor X3 werden zwei **gleiche**, vom Hilfsstrom I_a abgeleitete Ströme eingespeist. Für das Potential am gemeinsamen Basis-Knoten „2" gilt:

$$V(2) = I_{E1} \cdot R_1 + U_{BE1} = (I_{E2} + I_{E3}) \cdot R_2 + U_{BE2} \qquad (10.7)$$

Werden die Basis-Ströme vernachlässigt, dürfen die Emitter-Ströme durch die entsprechenden Kollektor-Ströme ersetzt werden. Wegen $I_{C1} = I_{C2}$ und $R_1 = R_2 = R_0$ ergibt sich aus Gleichung (10.7) dann überraschend:

$$V(2) = I_{C1} \cdot R_0 + U_{BE1} = (I_{C2} + I_{C3}) \cdot R_0 + U_{BE2} \rightarrow U_{BE1} = I_{C3} \cdot R_0 + U_{BE2} \qquad (10.8)$$

Die Werte der beiden Kollektor-Ströme I_{C1} und I_{C2} und somit auch die Größe des Hilfsstromes fallen tatsächlich komplett heraus!

Nun sei der Transistor Q2 M-mal so groß wie Q1. Dann gilt für die beiden **gleich großen** Kollektor-Ströme I_{C1} und I_{C2} entsprechend der Kennliniengleichung:

$$I_{C1} \approx I_S \cdot e^{\frac{U_{BE1}}{V_T}} \; ; \; I_{C2} \approx M \cdot I_S \cdot e^{\frac{U_{BE2}}{V_T}} \rightarrow \frac{I_{C1}}{I_{C2}} = 1 = \frac{1}{M} \cdot e^{\frac{U_{BE1} - U_{BE2}}{V_T}} \qquad (10.9)$$

Zusammen mit dem Ergebnis aus Gleichung (10.8) folgt dann:

$$U_{BE1} - U_{BE2} = I_{C3} \cdot R_0 = V_T \cdot \ln M \rightarrow I_{C3} = I_1 = \frac{V_T}{R_0} \cdot \ln M \qquad (10.10)$$

Das Ergebnis zeigt also wieder PTAT-Verhalten.

Die Gleichheit der beiden Kollektor-Ströme I_{C1} und I_{C2} erfordert wegen der unterschiedlichen Größen der beiden Transistoren Q1 und Q2 unterschiedliche Basis-Emitter-Spannungen. In dieser Schaltung werden, anders als beispielsweise in Abbildung 10.7, zwei **gleich große** Widerstände R1 und R2 verwendet, und der kleinere Wert von U_{BE2} (im Vergleich zu U_{BE1}) wird durch den über Q3 eingespeisten Emitter-Strom ausgeglichen. Q3 bewirkt zusätzlich eine Vergrößerung der „inneren" Schleifenverstärkung. Dadurch wird auch die Wirkung des Early-Effektes am Ausgangsknoten „1" deutlich reduziert. Bei der in Abbildung 10.13 gewählten Dimensionierung (Transistorverhältnis $M = 4$ und Ausgangsstrom am Knoten „1" $I_1 = 50\ \mu A$) wird ein differentieller Widerstand r_i von etwa 90 $M\Omega$ erreicht ($U_i \approx 4{,}5\ kV$). Auch das Ausregeln von Versorgungsspannungsschwankungen gelingt mit der Erdi-Stromquelle erstaunlich gut und sie kann ab $V_{CC} \geq 1V$ eingesetzt werden, siehe Abbildung 10.13c. Die Genauigkeit des Ausgangsstromes wird im Wesentlichen durch den Widerstandswert R_0 bestimmt. Die Größe des Hilfsstromes I_a hat, wie die Simulationsergebnisse in Abbildung 10.13 erkennen lassen, keinen großen Einfluss. In der Praxis kann dieser vorteilhaft über einen Epi-Pinch-Widerstand oder die in Abbildung 10.4 gezeigte Struktur bereitgestellt werden.

10.6 CMOS-Stromquellen

Die meisten bisher vorgestellten Schaltungen können sinngemäß auch in CMOS realisiert werden. Es ist aber zu bedenken, dass die MOS-Kennlinien „weicher" sind – es gilt ja näherungsweise ein quadratisches Gesetz – und die Gate-Source-Spannung unterliegt wegen der Abhängigkeit von der Threshold-Spannung starken Prozessschwankungen. Wenn aber die Transistoren in der **schwachen Inversion** betrieben werden, verhalten sie sich ähnlich wie die bipolaren, allerdings mit höheren prozessbedingten Abweichungen. Im Folgenden sollen zwei wichtige Schaltungen vorgestellt werden, die in Anwendungen häufig verwendet werden: eine, die der PTAT-Schaltung Abbildung 10.7 ähnelt und oft auch als **Beta-Multipier** bezeichnet wird, und eine davon abgeleitete Schaltung, die ganz ohne Widerstände auskommt.

10.6.1 Beta-Multiplier

Ähnlich wie mit Bipolar-Transistoren können mit MOS-Transistoren, die mit unterschiedlichen Stromdichten betrieben werden, Stromquellen für kleine Ströme aufgebaut werden. Auch hier wird der eine von zwei Transistoren größer ausgeführt. Da der größere Transistor mit einem um den Faktor M größeren Steilheitsfaktor β ausgestattet ist, wird eine solche Schaltung oft als **Beta-Multiplier** bezeichnet. Abbildung 10.14 zeigt die aus Abbildung 10.7 abgeleitete Schaltung.

Simulation

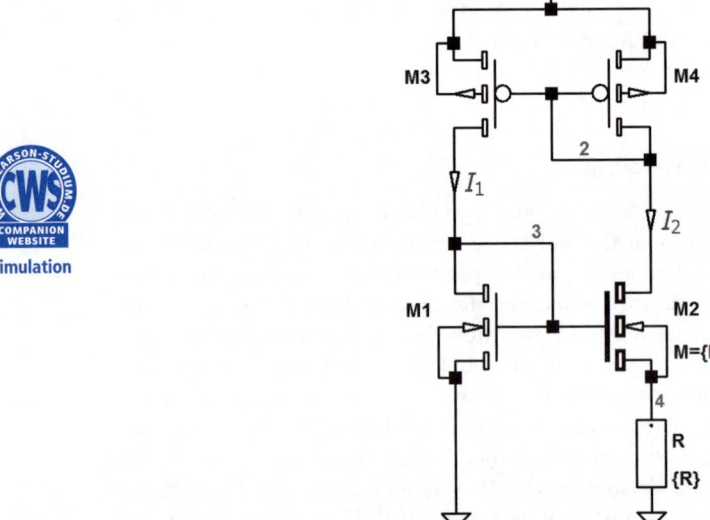

Abbildung 10.14: (IBetaM1.asc) Beta Multiplier; Achtung: Nur bei einem P-Well-Prozess kann der Bulk-Anschluss von M2 mit dem Knoten „4" verbunden werden; bei einem N-Well-Prozess liegt er an Masse! Dann ist der Body-Effekt zu berücksichtigen.

Die ursprüngliche Idee war, die beiden Transistoren M1 und M2 in der **schwachen Inversion** zu betreiben [1] und [6]. Dann sind die Drain-Ströme exponentiell von der Gate-Source-Spannung abhängig – wie beim Bipolar-Transistor – und man erhält ein ähnliches Ergebnis wie Gleichung (10.6): Konstante mal Temperaturspannung dividiert durch den Widerstandswert R. Prinzipiell können die Transistoren aber auch normal, d. h. in der **starken Inversion** betrieben werden. Dann ist, wie die folgende Rechnung zeigen wird, ein ganz anderes Ergebnis zu erwarten. Der Einfachheit halber sollen der Early- und der Body-Effekt vernachlässigt werden. Dann gilt für den Transistor M1:

$$I_{D1} \approx \beta \cdot (U_{GS1} - V_{Th})^2; \quad \beta = \frac{W}{2 \cdot L} \cdot K_p; \quad (U_{DS} \geq U_{GS} - V_{Th}) \tag{10.11}$$

Die Transistoren M2 und M1 sollen baugleich sein, nur dass M2 aus M gleichen Elementen wie M1 zusammengesetzt ist. Dann gilt für M2:

$$I_{D2} \approx M \cdot \beta \cdot (U_{GS2} - V_{Th})^2 \tag{10.12}$$

Beide Gleichungen sollen nach der Gate-Source-Spannung aufgelöst werden. Da der Stromspiegel M4, M3 Stromgleichheit $I_1 = I_{D1} = I_2 = I_{D2}$ erzwingt, wird

$$U_{GS1} = \sqrt{\frac{I_1}{\beta}} + V_{Th}; \quad U_{GS2} = \sqrt{\frac{I_1}{M \cdot \beta}} + V_{Th}, \text{ und mit} \tag{10.13}$$

$$U_{GS1} = U_{GS2} + I_1 \cdot R \text{ folgt schließlich:} \tag{10.14}$$

$$\sqrt{\frac{I_1}{\beta}} + V_{Th} = \sqrt{\frac{I_1}{M \cdot \beta}} + V_{Th} + I_1 \cdot R \tag{10.15}$$

Wird diese Gleichung durch Wurzel I_1 dividiert, kann sie nach I_1 aufgelöst werden:

$$I_1 = \frac{1}{R^2 \cdot \beta} \cdot \left(1 - \frac{1}{\sqrt{M}}\right)^2 \rightarrow I = I_1 + I_2 = 2 \cdot I_1 = \frac{2}{R^2 \cdot \beta} \cdot \left(1 - \frac{1}{\sqrt{M}}\right)^2 \tag{10.16}$$

> **Hinweis**
>
> Bei einem Betrieb der Transistoren M1 und M2 in der **starken Inversion** hängt der Strom entsprechend Gleichung (10.16) **quadratisch** vom Wert des Widerstandes R ab, außerdem geht der Parameter β ein! Damit ist ein erheblich höherer absoluter Stromfehler zu erwarten, als wenn die Transistoren in der **schwachen Inversion** (**week inversion**) betrieben würden. In der Praxis wird deshalb das Verhältnis *W/L* der Transistoren M1 und M2 oft so groß gewählt, dass die Gate-Source-Spannungen **nahe an die Threshold-Spannung** V_{Th} heranreichen und die Transistoren in den Übergangsbereich zur **schwachen Inversion** geraten. Zur Berechnung der Transistorabmessungen wird für die Differenz $U_{GS} - V_{Th} = U_S$ ein Wert von 50 mV bis 200 mV angesetzt. Dann kann auch die für Bipolar-Transistoren hergeleitete Beziehung (10.6) zur groben Abschätzung des Widerstandswertes R herangezogen werden.

10.6.2 Praktisches Beispiel: Beta-Multiplier für kleine Ströme

Die in Abbildung 10.14 vorgestellte Beta-Multiplier-Schaltung wird in der Praxis oft zur Erzeugung **kleiner** Ströme eingesetzt. Welche Genauigkeiten mit solch einer Schaltung erzielt werden können, soll deshalb für eine konkrete Anwendung einmal aufgezeigt werden. Für die Berechnung des Widerstandswertes R wird in diesem Beispiel neben der obigen Beziehung (10.16) auch die für Bipolar-Transistoren hergeleitete Gleichung (10.6) verwendet. Diese gilt näherungsweise auch für MOS-Transistoren, wenn die Transistoren in der **schwachen** Inversion betrieben werden.

10 Stromquellen

Aufgabenstellung

Abbildung 10.15 zeigt die Schaltung, die für einen Strom von etwa $I = 10\ \mu A$ auszulegen ist. Verwendet wird der aus den *Kapiteln 7* bis *9* bereits bekannte N-Well-CMOS-Prozess CM5. Die Transistoren X1 und X2 sollen nahe der **schwachen Inversion** betrieben werden.

Simulation

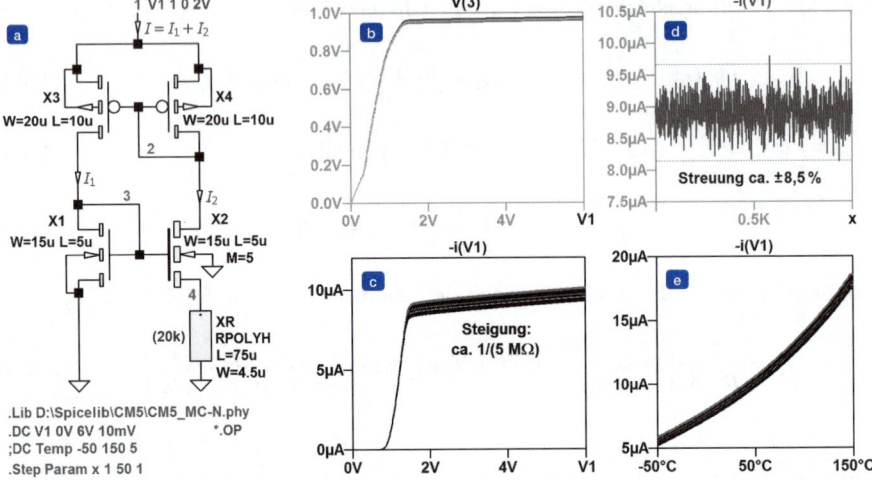

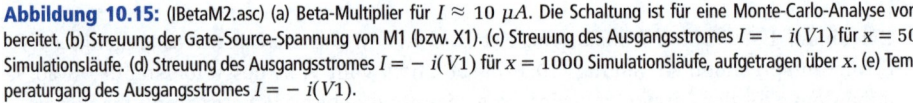

Abbildung 10.15: (IBetaM2.asc) (a) Beta-Multiplier für $I \approx 10\ \mu A$. Die Schaltung ist für eine Monte-Carlo-Analyse vorbereitet. (b) Streuung der Gate-Source-Spannung von M1 (bzw. X1). (c) Streuung des Ausgangsstromes $I = -i(V1)$ für $x = 50$ Simulationsläufe. (d) Streuung des Ausgangsstromes $I = -i(V1)$ für $x = 1000$ Simulationsläufe, aufgetragen über x. (e) Temperaturgang des Ausgangsstromes $I = -i(V1)$.

Dimensionierung

Da der **absolute** Fehler des Ausgangsstromes I im Wesentlichen durch die Toleranz des Widerstandes XR bestimmt wird (beim CM5-Prozess ist mit ±20 % zu rechnen), kommt der Bestimmung der Transistorabmessungen keine besondere Bedeutung zu. Es reicht z. B. aus, die Größe des kleinsten Transistors X1 im Hinblick auf den Flächenbedarf so zu wählen, dass dessen Gate-Source-Spannung im Übergangsbereich zwischen der **starken** und der **schwachen Inversion** betrieben wird (der Betrieb in der schwachen Inversion erfordert eine große Gate-Fläche). Die bekannte Kennliniengleichung

$$I_{D1} \approx \beta \cdot (U_{GS1} - V_{Th})^2 = \beta \cdot U_S^2;\quad \beta = \frac{W}{2 \cdot L} \cdot K_p;\quad (U_{DS} \geq U_{GS} - V_{Th}) \tag{10.17}$$

gilt dann nicht mehr. Sie soll aber zum Abschätzen der Transistorabmessungen trotzdem herangezogen werden. Eine Überprüfung wird später ohnehin mit SPICE vorgenommen.

Die Steuerspannung U_S sollte etwa zwischen $50\ mV$ und $200\ mV$ liegen. Mit dem gewählten Wert $U_S = 200\ mV$ und dem Parameter $K_P = 80\ \mu A/V^2$ (siehe SPICE-Modell des Transistortyps „MN1") folgt wegen $I_{D1} = I_1 = I/2 = 5\ \mu A$ aus Gleichung (10.17):

$$\frac{W}{L} \approx \frac{2 \cdot I_{D1}}{U_S^2 \cdot K_P} = \frac{2 \cdot 5\ \mu A}{(200\ mV)^2 \cdot 80\ \mu A/V^2} = 3{,}125 \approx 3 \tag{10.18}$$

Die Gate-Länge wird mit $L = 5\ \mu m$ angenommen. Damit folgt: $W = 15\ \mu m$. Der Transistor X2 wird z. B. fünfmal größer ausgeführt, also $M = 5$.

Der PMOS-Stromspiegel X3, X4 sollte entsprechend *Abschnitt 8.2.2* möglichst weit in der starken Inversion betrieben werden, siehe Abbildung 8.12. Als Kompromiss wird gewählt: $U_{GS} - V_{Th} = U_S = 400\ mV$, damit der Spannungsabfall zwischen den Knoten „1" und „2" nicht zu groß ausfällt. Mit $K_P = 28\ \mu A/V^2$ folgt aus Gleichung (10.17):

$$\frac{W}{L} \approx \frac{2 \cdot I_{D1}}{U_S^2 \cdot K_P} = \frac{2 \cdot 5\ \mu A}{(400\ mV)^2 \cdot 28\ \mu A/V^2} = 2{,}2 \approx 2 \qquad (10.19)$$

Damit der Strom *I* nicht zu stark von der Spannung am Knoten „1" abhängt, wird eine relativ große Kanallänge gewählt: $L = 10\ \mu m$, → $W = 20\ \mu m$.

Der Wert des Widerstandes XR soll zunächst mithilfe der Beziehung (10.16) und anschließend zum Vergleich entsprechend Gleichung (10.6) abgeschätzt werden:

$$I = \frac{2}{R^2 \cdot \beta} \cdot \left(1 - \frac{1}{\sqrt{M}}\right)^2 \rightarrow R = \sqrt{\frac{2}{I \cdot \beta}} \cdot \left(1 - \frac{1}{\sqrt{M}}\right) =$$

$$R = \sqrt{\frac{2}{10\ \mu A \cdot 28\ \mu A/V^2}} \cdot \left(1 - \frac{1}{\sqrt{5}}\right) = 46{,}7\ k\Omega \qquad (10.16)\ (10.20)$$

$$I = \frac{2 \cdot V_T}{R} \cdot \ln M \rightarrow R = \frac{2 \cdot V_T}{I} \cdot \ln M = \frac{2 \cdot 25{,}25\ mV}{10\ \mu A} \cdot \ln 5 = 8{,}13\ k\Omega \qquad (10.6)\ (10.21)$$

Der richtige Wert wird zwischen den beiden Ergebnissen zu suchen sein; gewählt wird als Startwert – ohne große Überlegung – das geometrische Mittel, also $R = 19{,}5\ k\Omega$. Ein vergleichbares Ergebnis wird auch mittels SPICE gefunden.

Simulationsergebnisse

Die Simulationsergebnisse sind in Abbildung 10.15b–e wiedergegeben. Wie die Abbildung 10.15b erkennen lässt, liegt die Gate-Source-Spannung bei $U_{GS} \approx 960\ mV$ und ist damit nur etwa $120\ mV$ größer als die Threshold-Spannung V_{Th} (= $840\ mV$). Die Transistoren X1 und X2 werden somit, wie gewünscht, im Übergangsbereich zwischen der schwachen und der starken Inversion betrieben.

Abbildung 10.15d zeigt die statistische Streuung des Stromes *I*; sie kann bei der gewählten Dimensionierung ±9 % erreichen. Hinzu kommen prozessbedingte Abweichungen der Transistoren von etwa ±4 % (aus Worst-Case-Daten bei $R = 20\ k\Omega$ = *konstant* ermittelt) und die Widerstandstoleranz von ±20 %. Insgesamt muss also mit einer Unsicherheit des Ausgangsstromes von etwa ±33 % gerechnet werden.

Wie aus Abbildung 10.15c hervorgeht, erreicht der differentielle Innenwiderstand r_i bei der gewählten Dimensionierung den scheinbar hohen Wert von etwa $5\ M\Omega$. Da aber der Strom nur ca. $9\ \mu A$ beträgt, fällt das r_i-*I*-Produkt nur relativ bescheiden aus: $U_i \approx 45\ V$! Höhere Werte können aber durch Anwenden der bereits besprochenen Methoden zur Reduzierung des Early-Effekt-Einflusses erzielt werden.

Die Temperaturabhängigkeit, Abbildung 10.15e, zeigt einen deutlich positiven TK. Das liegt einerseits in der Natur der Schaltung (PTAT-ähnlich, siehe *Abschnitt 10.5*), andererseits aber auch an dem negativen TK des Widerstandes XR. Für den Widerstandstyp RPOLYH wird im Modell ein Wert von $T_{C1} = -1{,}2 \cdot 10^{-3}\ K^{-1}$ angegeben.

Layout

Das Layout ist in Abbildung 10.16 wiedergegeben. Darin sind die Knotennamen des Schaltbildes übernommen worden. Allerdings erhalten Knotennamen, die nur aus Ziffern bestehen, zusätzlich einen Stern *. Dies ist notwendig, damit es beim Anwenden des Extraktwerkzeuges nicht zu einem Konflikt kommt. Da in Abbildung 10.16 nicht alle Einzelheiten zu erkennen sind, wird empfohlen, die Datei Beta-Multiplier.tdb mit L-Edit zu öffnen (Pfad: \Kapitel 10\Layout_10\ (IC.zip)). Man kann dann hineinzoomen, einzelne Layer ausblenden und Details sehr viel besser analysieren [10].

Daten

Um die Fehler klein zu halten, sind die Stromspiegeltransistoren X3 und X4 „kreuzgekoppelt" und der Transistor X2 umschließt X1 symmetrisch zu einer Achse, siehe „Wichtige Layout-Regeln", *Abschnitt 8.5*. Zusätzlich sind **Dummy-Transistoren** an den Enden vorgesehen, die den gleichen Abstand „a" von den aktiven Transistoren haben wie diese untereinander. Auch **Dummy-Gates**, die im Abstand „b" von den aktiven Gates angeordnet sind, sollen das Matching verbessern. Diese Dummy-Elemente wären bei dieser Schaltung wegen der relativ großen Kanallängen nicht unbedingt notwendig gewesen, beanspruchen aber auch nicht allzu viel zusätzliche Fläche.

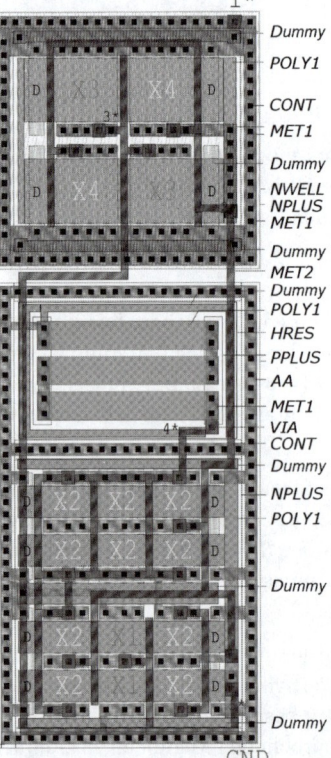

Layout
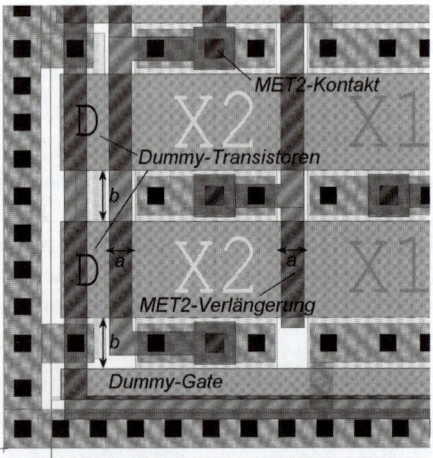

Abbildung 10.16: (Beta-Multiplier.tdb) Layout zur Schaltung nach Abbildung 10.15. Der Ausgangsknoten „1" = „1*" (oben) kann mit MET1 oder mit MET2 angeschlossen werden; GND ist unten. Die Zelle beansprucht eine Fläche von 42 μm × 114 μm. Links und rechts sind „Dummy-Transistoren" (mit „D" gekennzeichnet) angeordnet. Zusätzlich sind Dummy-Gates vorgesehen; siehe Text und Ausschnittsvergrößerung der unteren linken Ecke sowie *Abschnitt 8.5.2*. (Knotennamen, die nur aus Ziffern bestehen, erhalten im Layout zusätzlich einen Stern *.)

10.6.3 CMOS-Stromquelle ohne Verwendung von Widerständen

Manchmal besteht der Wunsch, eine Stromquelle für geringe Stromwerte ganz ohne Widerstände aufzubauen, z. B. dann, wenn in dem zur Anwendung kommenden Prozess nur Widerstände mit geringem Schichtwiderstand realisiert werden können. In solchen Fällen kann z. B. eine von H. J. Oguey und D. Aebischer [7] vorgeschlagene Schaltung eingesetzt werden. Abbildung 10.17 zeigt ein Beispiel für einen Strom von 10 μA.

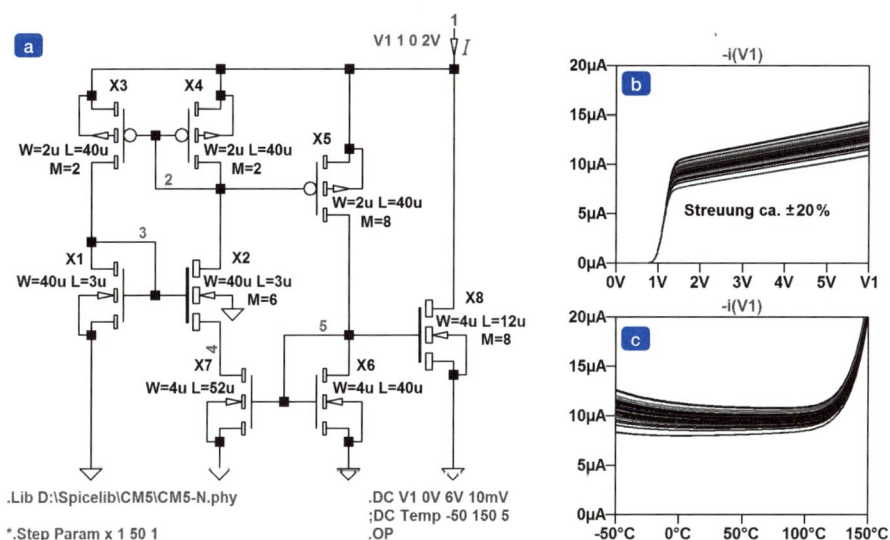

Abbildung 10.17: (IohneR.asc) (a) CMOS-Stromquelle ganz ohne Widerstände für einen Strom von ca. $I = 10$ μA. Die Schaltung ist für eine Monte-Carlo-Analyse vorbereitet und enthält Subcircuit-Elemente. (b) Streuung des Ausgangsstromes $I = -i(V1)$ für $x = 50$ Simulationsläufe. (c) Temperaturgang des Ausgangsstromes $I = -i(V1)$.

Bei der gewählten Dimensionierung ist mit einer Streuung von etwa ±20 % zu rechnen (siehe Simulationsergebnisse in Abbildung 10.17b und Abbildung 10.17c). Prozessbedingt kommen noch ca. ±15 % hinzu. Dennoch ist die Schaltung insofern interessant, als sie im Bereich von 0 °C bis 100 °C eine relativ geringe Temperaturabhängigkeit des Stromes aufweist.

Aufgabe

Bereiten Sie die Schaltung Abbildung 10.17 derart für eine Monte-Carlo-Simulation vor, dass die Streuung des Stromes I in Abhängigkeit von der Laufvariablen „x" dargestellt werden kann (DC-Analyse ausschalten und nur die Arbeitspunktberechnung .OP aktivieren). Wählen Sie $V_1 = 2{,}5$ V und $x = 1000$ Simulationsläufe und ermitteln Sie aus der Darstellung $I/(10$ $\mu A)$ die relative Stromtoleranz (Datei IohneRd.asc).

10.7 Eine fast genaue Stromquelle

Allen bisher besprochenen Stromquellen haftet der Nachteil an, dass der absolute Stromwert von mehr oder weniger großen Toleranzen begleitet ist. Es gibt aber eine recht einfache Methode, dieses Problem zu beheben. Sie erfordert allerdings einen zusätzlichen Pin und einen externen Widerstand. Abbildung 10.18 zeigt die Schaltung.

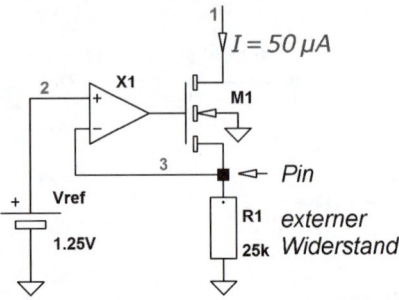

Abbildung 10.18: Genaue Stromquelle mit einem Operationsverstärker X1 und einer Referenzspannungsquelle Vref. An den Pin (Knoten „3") wird ein externer Widerstand R1 angeschlossen.

Der Strom I ergibt sich einfach aus dem Wert der Referenzspannung (korrigiert um die Offset-Spannung des Operationsverstärkers) und dem Widerstandswert:

$$I = \frac{V_{ref} \mp U_{Off}}{R_1} \qquad (10.22)$$

Als Referenzquelle eignet sich eine Bandgap-Referenz (siehe *Abschnitt 11.3*). Sie kann – ohne getrimmt zu werden – eine Genauigkeit von ±3 % erreichen. Als Operationsverstärker genügt eine relativ einfache Version mit einem Offset-Fehler von etwa $U_{Off} = \pm 10\ mV$ (siehe *Abschnitt 13.6*). Nimmt man für den externen Widerstand eine Toleranz von ±1 % an, ergibt sich eine Gesamtstreuung von etwa ±5 %, und durch Trimmen kann der Stromwert noch genauer eingestellt werden.

> ## Zusammenfassung
>
> Stromquellen werden in einer integrierten Schaltung für unterschiedliche Anwendungen benötigt. Wie solche „Grundschaltungen" realisiert werden können, wurde in diesem Kapitel an einigen **konkreten** Beispielen gezeigt. Einen besonderen Stellenwert haben die sogenannten PTAT-Schaltungen. Sie benötigen zur Bereitstellung kleiner Ströme nur relativ geringe Widerstandswerte und zeigen eine definierte Temperaturabhängigkeit. Das vorgestellte Schaltungsprinzip kann in ähnlicher Weise auch mit MOS-Transistoren realisiert werden. Dafür wurde eine Schaltung komplett dimensioniert und auch das physikalische Layout dafür präsentiert.
>
> Stromquellen können auch mit JFETs in einem Bipolar-Prozess entworfen werden. Diese Schaltungen sind zwar nicht besonders genau, können dafür aber mit geringem Aufwand erstellt werden.
>
> In CMOS-Prozessen können Stromquellen sogar ganz ohne Widerstände realisiert werden. Auch hierfür wurde ein Beispiel vorgestellt und auf die zu erwartende Stromtoleranz hingewiesen.
>
> Im Mittelpunkt stand stets die Anwendung des Simulators SPICE – sowohl begleitend bei der Optimierung der Schaltung als auch zur Überprüfung des Ergebnisses durch eine Monte-Carlo-Simulation.

Literatur

[1] U. Tietze, Ch. Schenk: *Halbleiter-Schaltungstechnik*; Springer-Verlag, 1999, ISBN 3-540-64192-0.

[2] P. E. Allen, D. R. Holberg: *CMOS Analog Circuit Design*; Oxford, 2002, ISBN 0-19-511644-5.

[3] R. J. Baker, H. W. Li, D. E. Boyce: *CMOS Circuit Design, Layout, and Simulation*; IEEE Press, 1998, ISBN 0-7803-3416-7.

[4] D. A. Johns, K. Martin: *Analog Integrated Circuit Design*; John Wiley & Sons, 1997.

[5] B. A. McDonald: *Avalanche Degradation of hFE*; IEEE Transactions on Electron Devices, Vol. ED-17, No. 10, Oktober 1970, 871–878.

[6] E. A. Vittoz, J. Fellrath: *CMOS Analog Integrated Circuits Based in Weak Inversion Operation*; IEEE J. Solid State Circuits, Vol. 12, 1977, 224–231.

[7] H. J. Oguey, D. Aebischer: *CMOS Current Reference Without Resistance*; IEEE J. Solid State Circuits, Vol. 32, 1997, 1132–1135.

[8] K.-H. Cordes: *Einführung in das Simulationsprogramm SPICE;* IC.zip, Skripten\SPICE.pdf

[9] K.-H. Cordes: *Kurze Einführung in das Simulationsprogramm LT-SPICE;* IC.zip, Skripten\LT-SPICE.pdf

[10] K.-H. Cordes: *Kurze Einführung in das Layout-Programm L-Edit;* IC.zip, Skripten\L-Edit.pdf

[11] K.-H. Cordes: Breadboarding; IC.zip, Breadboard\Breadboard.pdf.

Spannungsreferenzen

11.1 Z-Diode als Spannungsreferenz 496

11.2 PTAT-Spannungsreferenzen 497

11.3 Bandgap-Spannungsreferenzen 504

11

ÜBERBLICK

11 Spannungsreferenzen

Einleitung

» Neben Stromquellen werden in integrierten Schaltungen auch Spannungsreferenzen an verschiedenen Stellen benötigt, wie z. B. zur Arbeitspunkteinstellung oder in Regelschaltungen zur Sollwertvorgabe. Oft reicht es aus, dass eine solche Schaltung nur ein definiertes Potential bereitstellt, ohne dass ein höherer Strom gefordert wird. Dafür werden aber eine weitgehende Unabhängigkeit von der jeweiligen Versorgungsspannung und eine genau definierte Temperaturabhängigkeit verlangt. In anderen Applikationen wird eher ein möglichst geringer Innenwiderstand der Spannungsquelle erwartet.

Zur Bildung einer konstanten Spannung sind sehr unterschiedliche Konzepte bekannt. Im einfachsten Fall kann die gewünschte Spannung durch eine Z-Diode stabilisiert werden. In den folgenden Abschnitten werden aber auch andere Möglichkeiten zur Erzeugung eines definierten Potentials vorgestellt. Dabei wird der sogenannten Bandgap-Referenz eine besonders wichtige Rolle zukommen. Sie soll deshalb entsprechend ausführlich – mit mehreren Schaltungsvarianten – behandelt werden. Die meisten Schaltungen werden sehr konkret – mit Werten – präsentiert und können direkt mit LT-SPICE simuliert werden. Die zugehörigen Dateinamen werden, wie schon in den vorangegangenen Kapiteln, in der Bildunterschrift angegeben (zu finden in der Datei IC.zip). «

11.1 Z-Diode als Spannungsreferenz

Hohe Anforderungen an die Temperaturunabhängigkeit einer Referenzspannung werden z. B. in Analog-Digital-Wandlern gestellt. Dafür sind in der Vergangenheit spezielle Z-Diodenschaltungen entwickelt worden. So wurde von Timko und Holloway eine einfach zu trimmende 10-Volt-Referenz mit sehr hoher Genauigkeit vorgestellt [1], die beispielsweise im AD-Wandler AD 565 verwendet wird. Für einfachere Anwendungen steht in einem normalen Bipolar-Prozess die Basis-Emitter-Diode eines integrierten NPN-Transistors zur Verfügung. Diese hat üblicherweise eine Durchbruchspannung von (6 ... 8) V mit einem relativ scharfen Knick. Sie kann deshalb als Z-Diode eingesetzt werden. Dazu wird die Basis an Masse gelegt, der Kollektor mit dem Emitter verbunden und ein „positiver" Strom eingespeist (z. B. über einen Widerstand oder eine Stromquelle). Der leicht positive Temperaturkoeffizient der Spannung kann durch Reihenschaltung mit einer in Flussrichtung gepolten Diode teilweise kompensiert werden. Die Diode wird normalerweise durch einen Transistor nachgebildet. Abbildung 11.1 zeigt eine solche Spannungsreferenz. Wenn die Schaltung mit SPICE simuliert werden soll, ist für die „Z-Diode" das vierpolige Subcircuit-Symbol einzusetzen (siehe Abbildung 9.4) und das zugehörige Modell zu verwenden. Die Temperaturabhängigkeit der Durchbruchspannung wird normalerweise nicht korrekt modelliert.

Diese einfache Schaltung hat leider einen gravierenden Nachteil: Da die Versorgungsspannung stets um einige Volt höher sein muss als die Referenzspannung, scheidet der Einsatz für Applikationen mit niedrigen Versorgungsspannungen aus (vergleiche auch Abschnitt 10.1).

Für kleinere Referenzspannungen kann man Dioden in **Durchlass**richtung in Reihe schalten. Jede einzelne Diode hat etwa eine Spannung von (600 ... 700) mV. Allerdings ist der Temperaturkoeffizient negativ, ca. -2 mV/K je Diode. Der relative TK ist somit etwa $-0,3 \%/K$. Die Dioden werden durch Transistoren dargestellt, bei denen die Basis mit dem Kollektor verbunden wird. Diese Schaltung ist prinzipiell auch mit MOS-FETs möglich. Drain und Gate werden miteinander verbunden.

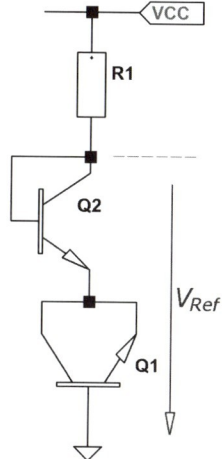

Simulation

Abbildung 11.1: (Z-Diode1.asc) Verwendung einer Z-Diode als Spannungsreferenz. Der Transistor Q1 wirkt als Z-Diode, Q2 dient zur teilweisen Temperaturkompensation.

> **Hinweis**
>
> Wenn ein Bipolar-Transistor bei einer Hardwareerprobung (Breadboard) [19] einmal als Z-Diode verwendet wurde, ist seine Basis-Emitter-Strecke geschädigt [14]. Parallel zur Basis-Emitter-Strecke bildet sich ein leitender Kanal. Dieser ist zwar sehr hochohmig (im 100-Meg-Ohm-Bereich), doch bei geringen Kollektor-Strömen wird dadurch die wirksame Stromverstärkung mehr oder weniger stark reduziert. Der Leitwert dieses Kanals steigt irreversibel mit wachsendem Strom in Rückwärtsrichtung und mit der Einwirkungsdauer. Ein derart **gestresster** Transistor ist dann für normale Anwendungen ungeeignet und sollte auch entsprechend gekennzeichnet werden!

11.2 PTAT-Spannungsreferenzen

Integrierten Stromquellen haftet im Allgemeinen der Mangel an, dass ihre absoluten Fehler im Wesentlichen durch Widerstandstoleranzen (ca. ±25 %) bestimmt werden. Der Strom wird oft gebildet aus dem Verhältnis **Referenzspannung dividiert durch Widerstandswert**. Durchfließt ein solcher Strom einen weiteren Widerstand, entsteht an diesem ein Spannungsabfall, der zum Widerstands**verhältnis** proportional ist. Widerstandsverhältnisse können in integrierten Schaltungen recht genau verwirklicht werden. **Spannungs**quellen sollten deshalb sehr viel präziser realisierbar sein als Stromquellen. In den folgenden Abschnitten sollen nun Schaltungen vorgestellt werden, die als Referenzspannung die sogenannte Temperaturspannung $V_T = k \cdot T/q$ verwenden. Wegen der Proportionalität zur absoluten Temperatur T werden sie als **PTAT**-Spannungsquellen bezeichnet (**Proportional To Absolute Temperature**).

11.2.1 Einfache PTAT-Spannungsreferenz

Im *Abschnitt 10.5* wurden bereits Stromquellen mit PTAT-Verhalten beschrieben, die die Temperaturspannung V_T als Referenz verwenden. So steht z. B. in Gleichung (10.6) der Widerstandswert R im Nenner (Stromgleichung für die PTAT-Stromquelle nach *Abschnitt 10.5.1*):

$$I \approx \frac{2 \cdot V_T}{R} \cdot \ln M = \frac{2 \cdot k \cdot T}{q \cdot R} \cdot \ln M \sim T \tag{11.1}$$

Wenn nun dieser PTAT-Strom durch einen zweiten Widerstand R1 mit dem Wert R_1 geleitet wird, hängt der Spannungsabfall an diesem Widerstand vom Verhältnis der beiden Widerstandswerte zueinander ab:

$$V_{Ref} = I \cdot R_1 \approx 2 \cdot V_T \cdot \frac{R_1}{R} \cdot \ln M = \frac{2 \cdot k}{q} \cdot T \cdot \frac{R_1}{R} \cdot \ln M \sim T \tag{11.2}$$

Da Widerstands**verhältnisse** bei integrierten Schaltungen recht genau realisiert werden können, verspricht der Aufbau einer Spannungsreferenz nach diesem Prinzip ein sehr viel besseres Ergebnis. Abbildung 11.2 zeigt eine solche Schaltung.

Simulation

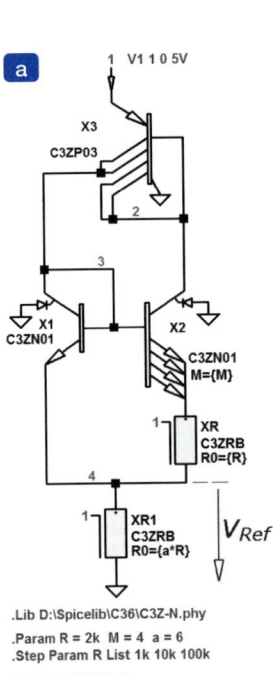

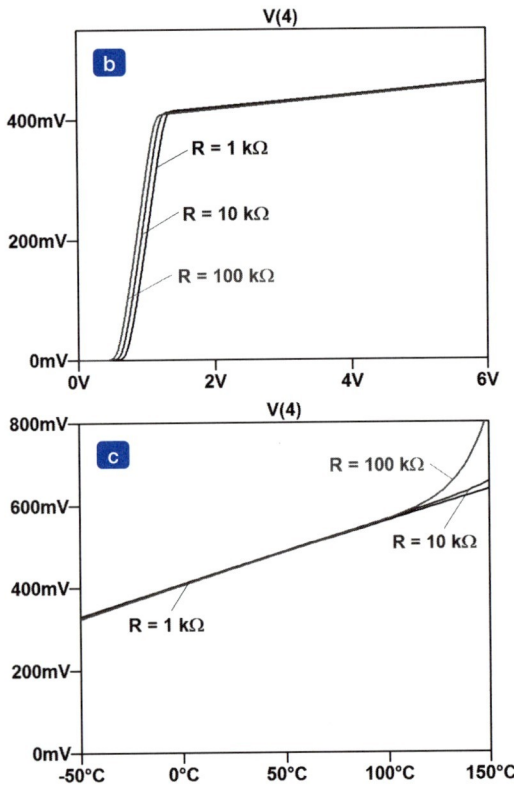

Abbildung 11.2: (VPTAT1.asc) (a) Einfache PTAT-Spannungsreferenz. Für alle Bauelemente sind Subcircuit-Symbole verwendet worden; die Widerstände liegen in einer gemeinsamen Epi-Wanne und diese ist mit dem Knoten „1" verbunden. (b) Referenzspannung am Knoten „4" in Abhängigkeit von der Spannung am Knoten „1", R als Parameter. (c) Temperaturabhängigkeit der Referenzspannung, R als Parameter, Spannung $V(1) = 5\ V$.

Die Simulationsergebnisse in Abbildung 11.2b und Abbildung 11.2c zeigen deutlich, dass der absolute Widerstandswert in weiten Bereichen variiert werden darf, ohne dass sich die Referenzspannung am Knoten „4" stark ändert. Erst bei größeren Widerstandswerten wird der Strom so klein, dass sich bei hohen Temperaturen die Sperrströme der Transistoren und Widerstände bemerkbar machen.

Besonders hervorzuheben ist ferner die „klare" Temperaturabhängigkeit der Referenzspannung $V_{Ref} = V(4)$. Sie ist proportional zur absoluten Temperatur T und dies praktisch unabhängig vom Temperaturverhalten der Widerstände. Die Schaltung kann deshalb auch die Basis für einen recht zuverlässigen Temperatursensor sein. Es ist aber zu beachten, dass der Ausgangsknoten „4" wegen des relativ großen Innenwiderstandes nicht „belastet" werden darf. Die Schaltung liefert eben nur eine „Referenzspannung". Belastbare Quellen werden später beschrieben.

Aufgaben

1. Wie groß ist bei $T = 300\,K$ (Temp = 27 °C) in der Schaltung Abbildung 11.2 der Strom, der in den Knoten „1" hineinfließt, wenn für den Widerstandsparameter $R = 2\,k\Omega$ gesetzt wird (einfache Rechnung und Vergleich mit der Simulation)?

2. Bereiten Sie die Schaltung Abbildung 11.2 für eine Monte-Carlo-Analyse mit $x = 50$ Simulationsläufen vor. Verwenden Sie statt der Bibliothek C3Z-N.phy die Monte-Carlo-Bibliothek C3Z_MC-N.phy. Starten Sie die Simulation und diskutieren Sie das Ergebnis.

3. Bereiten Sie die Schaltung Abbildung 11.2 für eine Monte-Carlo-Analyse mit $x = 1000$ Simulationsläufen vor. Schalten Sie dazu die Variation der Spannungsquelle V1 aus und berechnen nur den Arbeitspunkt mittels der Anweisung „.OP". Welche prozentualen Schwankungen der Referenzspannung sind zu erwarten?

Der Nachteil, dass die Referenzspannung V(4) etwas von der Spannung V(1) am Knoten „1" abhängig ist, kann leicht durch Verwenden einer „besseren" Stromquelle beseitigt werden. So führen z. B. die Schaltungen nach Abbildung 10.10 und Abbildung 10.13 zu deutlich brauchbareren Ergebnissen.

11.2.2 Verwendung einer unsymmetrischen Differenzstufe

Ein etwas anderer Weg, eine PTAT-Spannung zu erhalten, wird in der Schaltung nach Abbildung 11.3 beschritten. In der **unsymmetrischen** Differenzstufe bilden M parallel geschaltete NPN-Transistoren den Transistor Q2, während Q1 nur aus einem einzigen Element besteht. Der PNP-Stromspiegel X3 erzwingt Gleichheit der Ströme I_1 und I_2. Somit arbeiten Q1 und Q2 mit unterschiedlichen Emitter-Stromdichten, genau wie in der Schaltung nach Abbildung 10.7. Folglich gilt auch hier wegen $I_1 = I_2$:

$$\frac{I_2}{I_1} = 1 \approx M \cdot e^{\frac{U_{BE2}-U_{BE1}}{V_T}} \quad \rightarrow \quad U_{BE1} - U_{BE2} = V_T \cdot \ln M \qquad (11.3)$$

11 Spannungsreferenzen

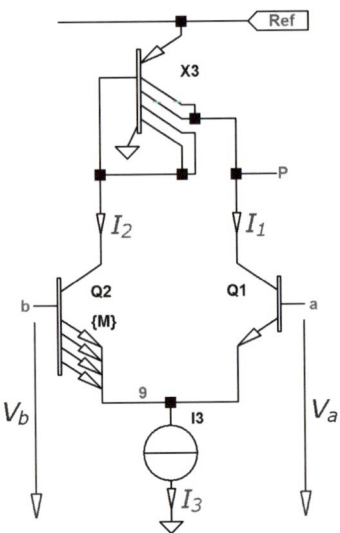

Abbildung 11.3: Unsymmetrische Differenzstufe mit PNP-Stromspiegel.

Die beiden Potentiale $V_a = V(a)$ und $V_b = V(b)$ sollen über einen Spannungsteiler bereitgestellt werden, siehe Abbildung 11.4a. Dann gilt, wenn die Basis-Ströme vernachlässigt werden, für die Potential-Differenz

$$V_a - V_b = I_Q \cdot R_2 = \frac{V_{Ref}}{R_1 + R_2 + R_3} \cdot R_2 \tag{11.4}$$

Nur für einen bestimmten Wert V_{Ref} steht diese Differenz genau im „Gleichgewicht" mit der Differenz $U_{BE1} - U_{BE2}$, für die gerade $I_1 = I_2$ wird. Dieser Balancezustand soll nun Ausgangspunkt für die weiteren Betrachtungen sein. Wird z. B. V_{Ref} geringfügig angehoben, wird $V_a - V_b$ etwas größer als der Gleichgewichtswert und damit der Kollektor-Strom $I_{C1} = I_1$ etwas größer als der Kollektor-Strom $I_{C2} = I_2$. Da der Strom I_2 über den Stromspiegel zum Knoten „P" gespiegelt wird, I_1 aber größer ist, wird der Knoten „P" nach „unten" gezogen. Es bietet sich nun an, die Stromdifferenz $I_1 - I_2$ zum Ansteuern eines PNP-Transistors X5 heranzuziehen. Wird nämlich dessen Basis mit dem Knoten „P" verbunden, siehe Abbildung 11.4b, so wirkt der Kollektor-Strom von X5 dem Anwachsen von V_{Ref} entgegen. Es entsteht ein geschlossener Regelkreis. Nun soll an den Knoten „Ref" keine Spannungs-, sondern eine Stromquelle angeschlossen werden, deren Wert I nur etwas größer ist als der Strombedarf der Schaltung. Dann stellt sich am Knoten „Ref" die Spannung V_{Ref} gerade so ein, dass Gleichgewicht zwischen den Spannungen $V_a - V_b$ und $U_{BE1} - U_{BE2}$ herrscht. Der „überschüssige" Strom wird als Kollektor-Strom vom Transistor X5 nach Masse abgeleitet. Aus den Gleichungen (11.3) und (11.4) folgt somit:

$$U_{BE1} - U_{BE2} = V_a - V_b = V_T \cdot \ln M = I_Q \cdot R_2 \tag{11.5a}$$

$$V_{Ref} = I_Q \cdot (R_1 + R_2 + R_3) = \frac{R_1 + R_2 + R_3}{R_2} \cdot V_T \cdot \ln M \quad \rightarrow \quad V_{Ref} \sim T \tag{11.5b}$$

11.2 PTAT-Spannungsreferenzen

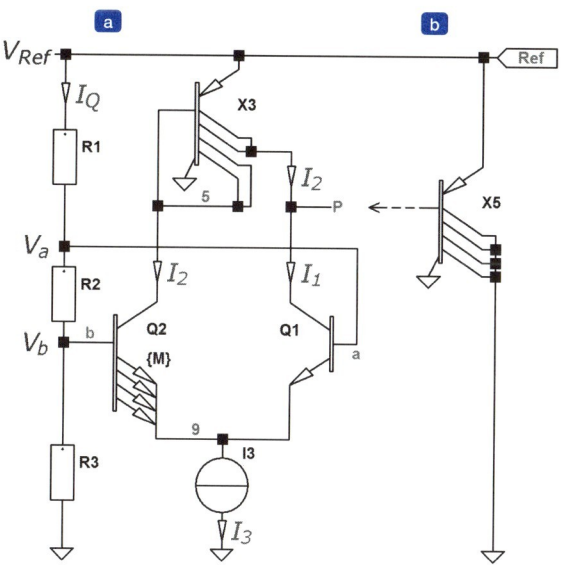

Abbildung 11.4: (a) Bereitstellen der Potentiale $V_a = V(a)$ und $V_b = V(b)$ über einen Spannungsteiler R1, R2, R3. (b) Anschließen eines PNP-Transistors X5 an den Knoten „P".

Das Ergebnis ist mit Gleichung (11.2) vergleichbar. Auch diese Schaltung zeigt PTAT-Verhalten. Sie eignet sich wegen der Proportionalität zur absoluten Temperatur als Temperatursensor. Ihr Vorteil ist, dass sie als Zweipol wirkt und über eine beliebige Stromquelle bzw. über einen Widerstand versorgt werden kann. Sie kann somit ähnlich wie eine Z-Diode betrieben werden. Allerdings reicht die „Stromverstärkung" des PNP-Transistors X5 noch nicht aus. Wenn jedoch dessen Kollektor-Strom die Basis eines NPN-Transistors speist und die Kollektor-Emitter-Strecke des NPN-Transistors zwischen die Knoten „Ref" und Masse geschaltet wird, führt der NPN-Transistor sehr wirkungsvoll den zu viel eingespeisten Strom ab. Abbildung 11.5 zeigt eine solche Schaltung. Darin sind die Bauelemente durch Subcircuit-Symbole dargestellt, um später auch eine Monte-Carlo-Analyse zu ermöglichen. Der Bias-Strom I_3 wird über den Widerstand XR4 und den Stromspiegel X6, X7 erzeugt. Durch die Wahl der Widerstandswerte von XR1, XR2, XR3 kann gezielt eine „Eichung" vorgenommen werden. So ist es z. B. möglich, bei einer Temperatur von 300 K den Wert der Referenzspannung auf genau 3 V einzustellen. Ein Trimmen wird am besten über den Widerstand XR3 vorgenommen, weil ein Anschluss an Masse liegt. Im Prinzip ist es unkritisch, wie die Werte auf die beiden Widerstände XR3 und XR1 verteilt werden. Wichtig ist nur, dass die Transistoren X7 und X2 nicht in die Spannungssättigung geraten. Dies sollte bei der Dimensionierung stets durch eine Simulation überprüft werden!

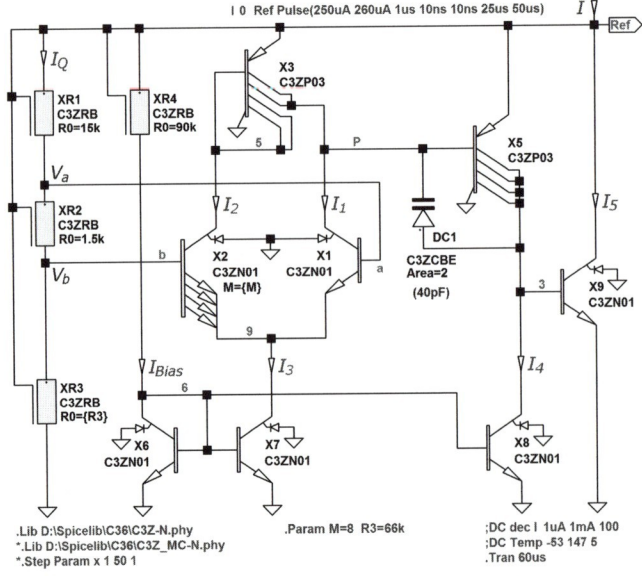

Abbildung 11.5: (VPTAT4.asc) PTAT-Temperatursensor mit einem TK von 10 mV/K. Die Schaltung wird wie eine Z-Diode über einen Widerstand oder eine Stromquelle versorgt. Am Knoten „Ref" stellt sich dann die Referenzspannung ein.

Aufgabe

Berechnen Sie näherungsweise das mindestens erforderliche Potential V_b, damit das Potential des Knotens „9" 300 mV nicht unterschreitet. Auf welchen kleinsten Wert darf dann die Referenzspannung V_{Ref} eingestellt werden, wenn auch an der Kollektor-Emitter-Strecke des Transistors X2 mindestens 300 mV verbleiben sollen? Nehmen Sie für die Basis-Emitter-Spannungen der Transistoren X2 und X3 etwa 650 mV an.

Die gesamte Schleifenverstärkung des geschlossenen Regelkreises ist durch das Einfügen des zusätzlichen Transistors X5 enorm angestiegen. Um Schwingneigung zu unterbinden, wird durch Einbauen des Kondensators DC1 ein sogenannter „dominanter Pol" zur Korrektur des Frequenzganges erzeugt (siehe *Abschnitt 13.5*). Eine Basis-Emitter-Diode als Kapazitätsdiode ist hierfür besonders geeignet. Sie hat nämlich einen relativ großen Kapazitätswert pro Flächeneinheit.

Weitere wichtige Bemerkungen zur Schaltung:

1. Es ist sinnvoll, die drei Transistoren der „Strombank" X6, X7 und X8 gleich groß zu machen. Damit wird $I_{Bias} = I_3 = I_4$ erreicht. Wenn dann die beiden Transistoren X3 und X5 baugleich gestaltet werden, sind auch deren Basis-Ströme einander gleich. Dies führt zu einer weitgehend **symmetrischen Belastung** der beiden Knoten „5" und „P".

11.2 PTAT-Spannungsreferenzen

2. Die Potentiale V(5) und V(P) der beiden Knoten „5" und „P" nehmen etwa gleiche Werte an. Der Early-Effekt wirkt sich somit auf die beiden Hälften des Transistors X3 gleich aus. Zusammen mit der im vorigen Punkt erwähnten symmetrischen Belastung folgt daraus eine fast völlige Gleichheit der Ströme I_1 und I_2.

3. Wegen V(5) $\approx$ V(P) ist auch $U_{CE2} \approx U_{CE1}$. Damit wird eine Angleichung des Early-Effektes bei den beiden Transistoren X2 und X1 erzielt.

4. Die Schaltung kann als Zweipol aufgefasst und wie eine **Z-Diode** zur Spannungsstabilisierung eingesetzt werden. Die Spannung ist zur absoluten Temperatur proportional. Sie ist deshalb auch als Temperatursensor geeignet.

5. Wegen der hohen inneren Verstärkung ist ein geringer differentieller Widerstand zu erwarten: ca. (7 ... 8) Ω.

Die Simulationsergebnisse sind in Abbildung 11.6 dargestellt. Als Temperatursensor könnte die Schaltung im Bereich von $-50\,°C$ bis $+150\,°C$ eine Genauigkeit von etwa $\pm 0{,}25\,°C$ erreichen. Erst bei höheren Temperaturen steigt der Fehler stärker an. Wie aber die Monte-Carlo-Analyse – Abbildung 11.6d – erkennen lässt, ist dafür ein Trimmen der Schaltung unerlässlich. Dazu reicht es bereits aus, bei einer definierten Temperatur, z. B. Zimmertemperatur, den Sensor auf den gewünschten Spannungswert einzustellen. Wie ein Trimmen erfolgen kann, wird später an einem Beispiel ausführlicher erläutert. Danach sind dann alle durch Parameterstreuung bedingten Fehler beseitigt, auch die aus unterschiedlichen Fertigungslosen. Eine solche Schaltung wird (mit geringfügigen Modifikationen) seit vielen Jahren in einem ASIC erfolgreich zur Temperaturüberwachung eingesetzt.

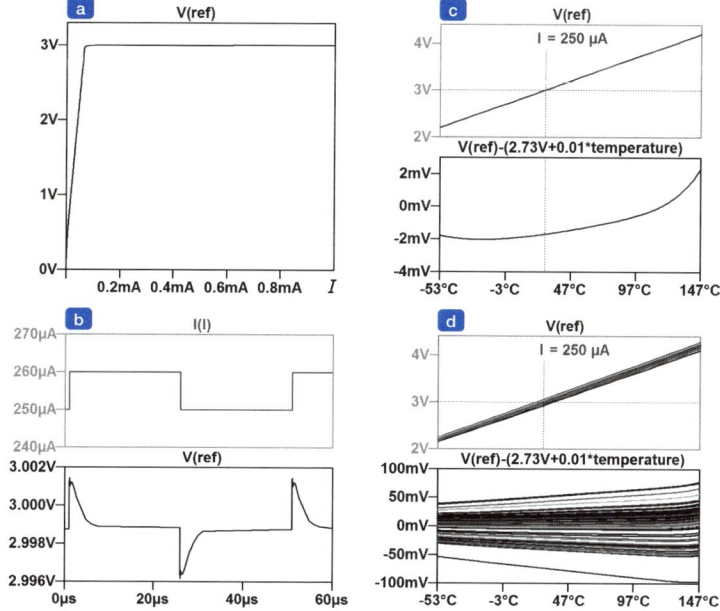

Simulation

Abbildung 11.6: Simulationsergebnisse zu Abbildung 11.5: (a) Referenzspannung in Abhängigkeit vom eingespeisten Strom I; (b) Sprungantwort; (c) Temperaturabhängigkeit der Referenzspannung und Vergleich mit dem theoretischen Verlauf; (d) wie (c), jedoch Monte-Carlo-Simulation (Dateien: VPTAT5a.asc bis VPTAT5d.asc).

11 Spannungsreferenzen

> **Aufgaben**
>
> **1.** Plotten Sie die Referenzspannung in Abhängigkeit vom eingespeisten Strom I und bestimmen Sie den differentiellen Widerstand der Schaltung. Verwenden Sie die Anweisung `.DC I 100uA 500uA 1uA` (Datei: VPTAT6.asc).
>
> **2.** Führen Sie für die Schaltung Abbildung 11.5 eine Monte-Carlo-Analyse mit $x = 1000$ Durchläufen durch für eine konstante Temperatur von z. B. 27 °C. Schalten Sie dazu den DC-Sweep aus und aktivieren Sie nur die Berechnung des Bias-Punktes mit der Anweisung „.OP". Schätzen Sie aus dem Simulationsergebnis die statistische Streuung der Referenzspannung ab (Dateien: VPTAT5e.asc, VPTAT5e.txt und VPTAT5e.grf).
>
> **3.** Dimensionieren Sie die Schaltung Abbildung 11.5 für $M = 26$ (statt $M = 8$) und wiederholen Sie die Monte-Carlo-Simulation entsprechend der vorigen Aufgabe. Vergleichen Sie beide Ergebnisse miteinander und machen Sie sich Gedanken, ob es sich lohnt, den Wert M so stark zu erhöhen (Dateien: VPTAT5f.asc, VPTAT5f.txt und VPTAT5f.grf).

11.3 Bandgap-Spannungsreferenzen

Von besonderem Interesse sind Spannungsreferenzen, deren Spannung in einem möglichst weiten Bereich **unabhängig von der Temperatur** ist. Sie werden nicht nur für den Aufbau von Spannungsreglern gebraucht. Auch in vielen anderen Anwendungen werden mehr oder weniger genaue Bezugsspannungen benötigt. Z-Dioden sind wegen der Durchbruchspannung von (6 … 8) V in Applikationen mit geringeren Versorgungsspannungen nicht geeignet. Es gibt aber einen anderen Weg. Der positive TK der im vorigen Abschnitt besprochenen PTAT-Referenzen sollte bei geeigneter Einbindung einer Diode, die bekanntlich einen negativen TK aufweist, eine Kompensation des Temperaturganges ermöglichen. Dabei zeigt sich, dass dieses gerade dann erreicht wird, wenn die Spannung auf den Betrag der Bandabstandsspannung des Halbleitermaterials eingestellt wird. Prinzipiell hatte wohl David Hilbiber (Texas Instruments) bereits im Jahr 1964 die grundlegende Idee, den Bandabstand von Silizium als Referenzspannung zu nutzen [2]. Doch leider geriet diese Methode zunächst in Vergessenheit. Erst der bekannte IC-Designer Bob Widlar stellte im Jahr 1970 eine brauchbare, integrierbare Schaltung dieses Typs vor. Im Folgenden soll aber zunächst das Prinzip erklärt werden. Im Anschluss daran werden dann aus der Vielzahl der inzwischen realisierten Schaltungen einige wichtige Varianten ausgewählt und etwas genauer betrachtet.

11.3.1 Das Prinzip der Bandgap-Referenz

Gedanklich am einfachsten ist es, einen PTAT-Strom, gebildet z. B. von einer Schaltung nach Abbildung 10.7, durch die Reihenschaltung eines Widerstandes mit einer Diode (Transistor Q) zu leiten, siehe Abbildung 11.7a.

11.3 Bandgap-Spannungsreferenzen

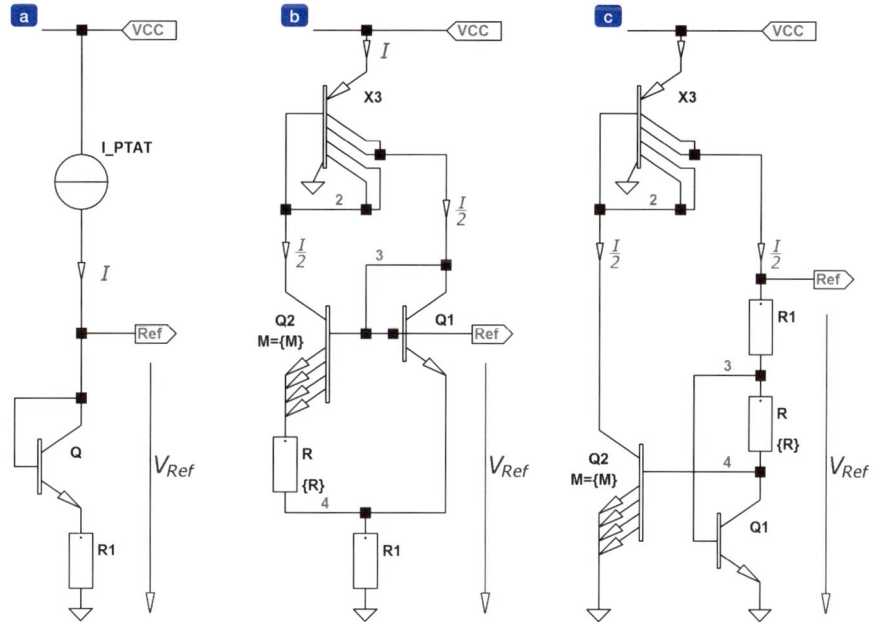

Simulation

Abbildung 11.7: Einfache Bandgap-Referenz mit einer PTAT-Stromquelle: (a) Prinzipschaltung; (b) einfaches Ausführungsbeispiel (BG_1b.asc); (c) abgewandeltes Ausführungsbeispiel (BG_1c.asc)

Wenn für den PTAT-Strom allgemein angesetzt wird (siehe z. B. Gleichung (10.6)):

$$I \approx \frac{2 \cdot V_T}{R} \cdot \ln M = \frac{s \cdot V_T}{R} = \frac{s \cdot V_{T0}}{R} \cdot \frac{T}{T_0}; \quad s = 2 \cdot \ln M; \quad V_T = \frac{k \cdot T}{q} = V_{T0} \cdot \frac{T}{T_0} \qquad (11.6)$$

worin s die konstanten Größen zusammenfasst und T_0 eine beliebige Bezugstemperatur (z. B. Umgebungstemperatur $T_0 = 300\ K$) bedeutet, wird

$$V_{Ref} = I \cdot R_1 + U_{BE} = 2 \cdot \ln M \cdot V_{T0} \cdot \frac{T}{T_0} \cdot \frac{R_1}{R} + U_{BE} = s \cdot V_{T0} \cdot \frac{T}{T_0} \cdot \frac{R_1}{R} + U_{BE} \qquad (11.7)$$

Der erste Summand enthält ein Widerstands**verhältnis** und ist zur absoluten Temperatur proportional. Er hat somit einen positiven TK und nur die **relativen** Widerstandsfehler beeinflussen die Genauigkeit. Die Basis-Emitter-Spannung U_{BE} nimmt dagegen mit der Temperatur ab. Damit die Referenzspannung insgesamt temperaturunabhängig wird, müssen die beiden Temperaturkoeffizienten einander aufheben, d. h., die Ableitung der Referenzspannung nach der Temperatur muss null werden. Die Forderung lautet also:

$$\frac{dV_{Ref}}{dT} = s \cdot V_{T0} \cdot \frac{R_1}{R} \cdot \frac{1}{T_0} + \frac{dU_{BE}}{dT} = 0 \quad \rightarrow \quad s \cdot V_{T0} \cdot \frac{R_1}{R} \cdot \frac{1}{T_0} = -\frac{dU_{BE}}{dT} \qquad (11.8)$$

Benötigt wird hier noch die Ableitung der Basis-Emitter-Spannung nach der Temperatur. Wegen der Nichtlinearität von U_{BE} hinsichtlich der Temperatur ist die obige Bedingung nicht im gesamten Bereich zu erfüllen. Von besonderem praktischem Interesse ist aber die Umgebung der Stelle $T = T_0$. Es soll deshalb untersucht werden, wie für den technisch interessanten Temperaturbereich eine Linearisierung herbeigeführt werden kann. Ausgangspunkt wird die im *Abschnitt 3.2* angegebene Beziehung (3.96b) für die Basis-Emitter-Spannung sein:

$$U_{BE} = V_T \cdot \ln\left(\frac{I_C}{I^*} \cdot \left(\frac{T}{T_0}\right)^{-\kappa} \cdot e^{+\frac{V_G}{V_T}} \right) \qquad (11.9)$$

Sie enthält neben der Temperaturspannung V_T und den Temperatuten T und T_0 den Kollektor-Strom I_C, eine temperaturunabhängige Konstante I^* und die Bandabstandsspannung V_G. Der Basis-Strom kann in der Regel vernachlässigt werden. Dann ist I_C etwa gleich dem eingespeisten Strom I und wegen Gleichung (11.6) proportional zur absoluten Temperatur. Werden nun alle konstanten Größen zu einer neuen zusammengefasst (auch der Widerstand R werde als temperaturunabhängig angenommen) und mit I_C^* abgekürzt, kann der Kollektor-Strom in der Form

$$I_C \approx I = \frac{s \cdot V_{T0}}{R} \cdot \frac{T}{T_0} = I_C^* \cdot \frac{T}{T_0}, \qquad I_C \sim T \qquad (11.6), (11.10)$$

ausgedrückt werden. In Gleichung (11.9) eingesetzt ergibt sich damit:

$$U_{BE} = V_T \cdot \ln\left(\frac{I_C^*}{I^*} \cdot \left(\frac{T}{T_0}\right)^{-(\kappa-1)} \cdot e^{+\frac{V_G}{V_T}} \right) \qquad (11.11)$$

Diese Gleichung unterscheidet sich von (11.9) bzw. (3.96b) prinzipiell nur in dem anderen Exponenten der Temperatur. Statt κ heißt es in (11.11): $(\kappa - 1)$. Somit kann für U_{BE} in der Umgebung der Stelle $T = T_0$ die **lineare** Näherungsbeziehung (3.96e) aus *Abschnitt 3.2* übernommen werden, indem dort einfach κ durch $(\kappa - 1)$ ersetzt wird:

$$U_{BE} \approx U_{BE,0} + \alpha \cdot \Delta T = U_{BE,0} + \alpha \cdot (T - T_0)$$

$$\alpha = \left(\frac{dU_{BE}}{dT}\right)_{T=T_0} = \frac{U_{BE,0} - (V_G + (\kappa - 1) \cdot V_{T0})}{T_0} \qquad (11.12)$$

Wird nun die Forderung $dV_{Ref}/dT = 0$ auf den Bereich in der Nähe der Bezugstemperatur T_0 beschränkt, kann Gleichung (11.12) in (11.8) eingesetzt werden:

$$\frac{dV_{Ref}}{dT} = 0 \quad \rightarrow \quad s \cdot V_{T0} \cdot \frac{R_1}{R} \cdot \frac{1}{T_0} = -\alpha \qquad (11.13)$$

Dieses Ergebnis und U_{BE} aus (11.12) werden in Gleichung (11.7) eingesetzt:

$$V_{Ref} = s \cdot V_{T0} \cdot \frac{R_1}{R} \cdot \frac{T}{T_0} + U_{BE} = -\alpha \cdot T + U_{BE,0} + \alpha \cdot (T - T_0) = U_{BE,0} - \alpha \cdot T_0 \qquad (11.14)$$

Mit α entsprechend Gleichung (11.12) wird dann

$$V_{Ref} = U_{BE,0} - \alpha \cdot T_0 = U_{BE,0} - \frac{U_{BE,0} - (V_G + (\kappa - 1) \cdot V_{T0})}{T_0} \cdot T_0 = V_G + (\kappa - 1) \cdot V_{T0}$$

$$V_{Ref} = V_G + (\kappa - 1) \cdot V_{T0} \approx 1{,}25\ V \pm 100\ mV \quad \text{für Silizium} \qquad (11.15)$$

11.3 Bandgap-Spannungsreferenzen

Es ergibt sich ein sehr einfaches Ergebnis: Die Schaltung muss im Wesentlichen auf die Bandabstandsspannung V_G eingestellt werden, und dies ist eine Halbleiterkonstante, die nur in sehr geringem Maße Prozessschwankungen unterliegt! Damit wird auch der Name **Bandabstands-** oder **Bandgap-Referenz** verständlich. Die verbleibende Korrekturgröße $(\kappa - 1) \cdot V_{T0}$ ist relativ gering: bei $\kappa = 3{,}5$ etwa 65 mV. Die Gleichung (11.15) gilt für die Bezugstemperatur T_0 exakt, bei höheren oder tieferen Temperaturen nur näherungsweise; der Temperaturgang von U_{BE} ist ja nicht ganz linear. Der Temperaturverlauf der Referenzspannung zeigt deshalb eine leichte Krümmung mit einem relativen Maximum bei der Bezugstemperatur $T = T_0$. Man spricht von einem **Spannungsbogen**, siehe Abbildung 11.8b. Abbildung 11.8a zeigt die Referenzspannung in Abhängigkeit von der Temperatur für verschiedene Widerstandswerte. Die bis zum Nullpunkt, d. h. $T = 0$, extrapolierten Näherungsgeraden sollten sich alle in einem charakteristischen Punkt schneiden; in diesem Falle bei $V_G + (\kappa - 1) \cdot V_{T0} \approx 1{,}212$ V. Damit bietet sich eine einfache Methode an, diesen „richtigen" Spannungswert zu bestimmen: Eine **Musterschaltung** wird für verschiedene Widerstandswerte in Abhängigkeit von der Temperatur vermessen und die Ergebnisse anschließend „grafisch" ausgewertet. Der im Schnittpunkt gefundene Wert ist dann für alle Schaltungen dieses Typs und der verwendeten Technologie als **Konstante** anzusehen. Später in der Fertigung kann die Spannungsreferenz bei **Raumtemperatur** durch Trimmen des Widerstandes genau auf diesen Wert eingestellt werden. Anschließend ist die Referenzspannung – bis auf den **Bogen** – weitgehend temperaturunabhängig.

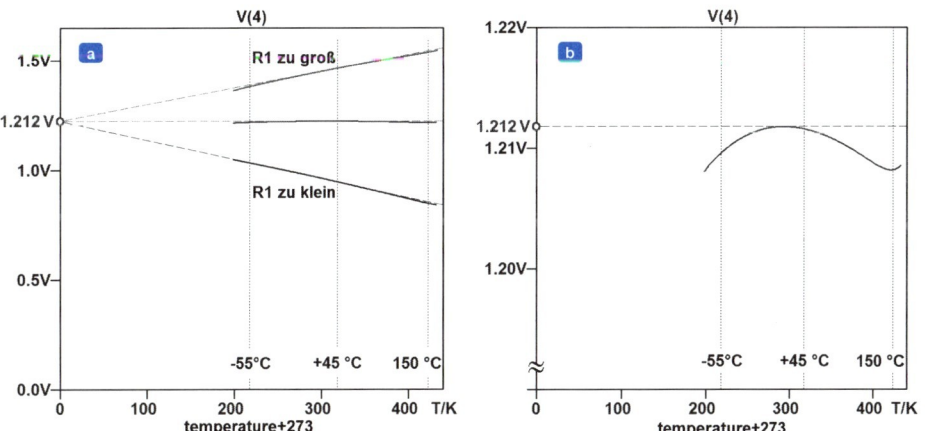

Abbildung 11.8: (BG_2.asc) (a) Referenzspannung für verschiedene Widerstandswerte. (b) „Bogenförmiger" Spannungsverlauf trotz richtiger Trimmung.

In der Praxis kann der als Diode geschaltete Transistor Q in Abbildung 11.7a eingespart werden, wenn z. B. die PTAT-Schaltung entsprechend Abbildung 10.7 verwendet wird. Dies wird aus Abbildung 11.7b ersichtlich. Hier kann der Transistor Q1 die Aufgabe der Diode übernehmen. Er wird zwar nur von dem halben Strom, also $I/2$, durchflossen, der ist aber dennoch proportional zur absoluten Temperatur. Der Widerstandswert von R1 muss nur geringfügig geändert werden. Der Widerstand R1 kann auch direkt in Reihe mit dem Widerstand R geschaltet werden, um eine gewisse Vorwärtsregelung zur Verringerung des Early-Effektes zu erreichen, siehe Abbildung 11.7c. Dieses Prinzip wurde z. B. in der Schaltung Abbildung 10.11 angewendet.

Folgendes sei hier noch angemerkt: Das Verhältnis der Emitter-Flächen M in der PTAT-Stromquelle sollte möglichst groß gewählt werden, z. B. $M = 8 \ldots 26$. Dann wird nämlich die Differenz ΔU_{BE} der Basis-Emitter-Spannungen größer und das Widerstandsverhältnis R_1/R kann kleiner gewählt werden, siehe Gleichungen (10.5b) und (11.7). Ergebnis: Die statistischen Streuungen der Referenzspannung fallen geringer aus, und wegen der geringeren Spannungsübersetzung durch das Widerstandsverhältnis R_1/R wird auch die Abhängigkeit von der Versorgungsspannung reduziert!

11.3.2 Die einfache Widlar-Bandgap-Referenz

Von dem bekannten Analog-Designer Bob Widlar stammt die wohl erste wirklich brauchbare Bandgap-Referenz in integrierter Form [3]. Sie ist in Abbildung 11.9 in etwas abgewandelter Ausführung dargestellt.

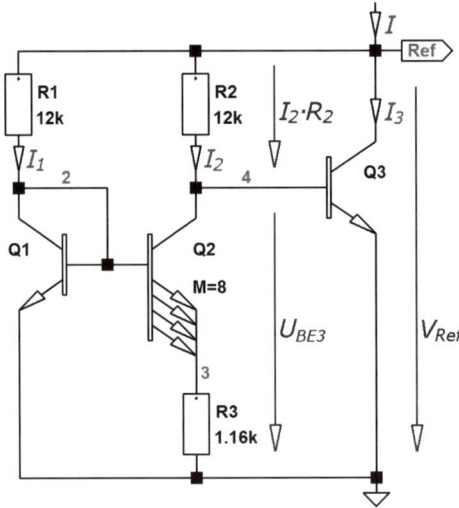

Abbildung 11.9: Einfache Widlar-Bandgap-Referenz, optimiert für einen Strom von etwa 300 μA.

Die Elemente Q1, Q2 und R3 bilden die bekannte Widlar-Schaltung entsprechend Abbildung 9.9. Ihr wird über den Widerstand R1 der Strom I_1 zugeführt. Die beiden Widerstände R1 und R2 haben hier gleiche Werte. Deshalb sind auch die beiden Ströme I_1 und I_2 etwa gleich groß (beide Widerstände hängen mit einem Pol am Knoten „Ref" und die anderen Enden jeweils an einer Basis-Emitter-Strecke). Da der Transistor Q2 M-mal größer ist als Q1, wird er mit entsprechend geringerer Stromdichte betrieben. Der Strom I_2 hat deshalb einen positiven TK und erzeugt am Widerstand R2 den Spannungsabfall $I_2 \cdot R_2$ mit ebenfalls positivem TK. Zusammen mit der Basis-Emitter-Spannung U_{BE3} des Transistors Q3 (negativer TK) ergibt sich dann die Referenzspannung V_{Ref}. Wird in den Knoten „Ref" ein zu großer Strom eingespeist, wird Q3 stärker leitend und führt den überschüssigen Strom nach Masse ab. Allerdings ist die Regelverstärkung nicht besonders groß; die Stromabhängigkeit der Referenzspannung ist für verschiedene Anwendungen noch unbefriedigend. Wenn aber der Kollektor-Strom des Transistors Q3 die Basis eines PNP-Transistors ansteuert und dessen Kollektor-Strom nochmals einen NPN-Transistor, kann eine deutliche Verbesserung erzielt werden. Wegen der dann sehr hohen Schleifenverstärkung kommt man aber um eine Frequenzgangkorrektur nicht mehr herum (Schaltungsdateien: BGWidAa.asc bis BGWidAc.asc).

Simulation

11.3 Bandgap-Spannungsreferenzen

Die einfache Widlar-Bandgap-Referenz wird auch heute noch in verschiedenen Variationen verwendet.

Aufgaben

1. Ergänzen Sie die Schaltung nach Abbildung 11.9 um die oben erwähnten zwei Transistoren und bereiten Sie sie zur Simulation vor. Führen Sie eine DC-Analyse durch, indem Sie den eingespeisten Strom I von 0 ... 2 mA variieren lassen. Betrachten Sie die Referenzspannung V_{Ref} in Abhängigkeit vom Strom. Geben Sie dann den Strom fest vor, z. B. $I = 500$ μA und führen eine weitere DC-Analyse durch, diesmal aber über den Temperaturbereich von $(-50 ... +150)$ °C und versuchen Sie, durch Ändern des Widerstandswertes R_3 den günstigsten Spannungswert für V_{Ref} zu finden, siehe dazu Abbildung 11.8.

2. Führen Sie eine Transientenanalyse durch. Regen Sie dazu die Schaltung mit einem Pulsstrom an, z. B. „I 0 1 Pulse (500uA 550uA 0.1us 10ns 10ns 1us 2us)". Zeitbereich: 2,5 μs.

3. Vergrößern Sie das Emitter-Flächen-Verhältnis auf $M = 26$ und optimieren Sie die Werte neu. Führen Sie die gleichen Untersuchungen durch wie in den vorigen Aufgaben (Datei BGWidB.asc).

11.3.3 Brokaw-Bandgap-Referenz

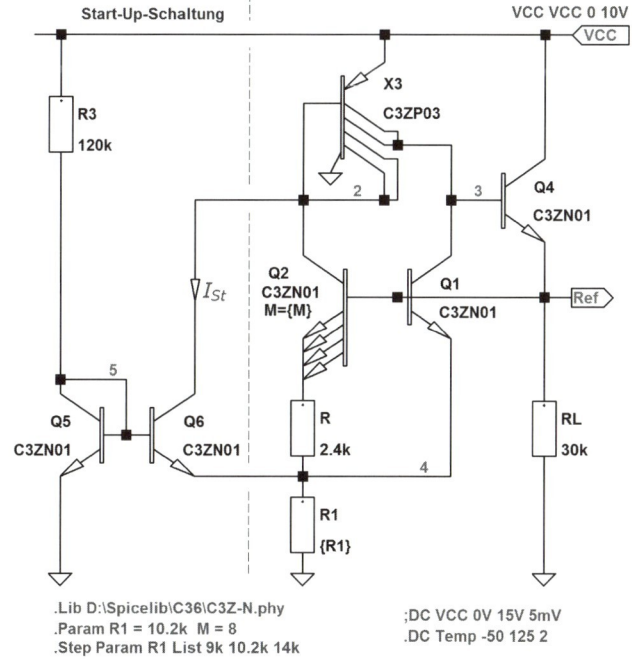

Simulation

Abbildung 11.10: (BGBrok1.asc) Einfache Brokaw-Bandgap-Referenz.

Wenn in der einfachen Schaltung nach Abbildung 11.7b die Basis des Transistors Q1 nicht direkt mit dem Kollektor verbunden wird, sondern über einen Unterstützertransistor analog zu Abbildung 9.11, kann der Emitter des zusätzlichen Transistors einen Lastwiderstand treiben. Abbildung 11.10 zeigt eine solche Schaltung, in der der Transistor Q4 diese Aufgabe übernimmt. In ähnlicher Form wurde sie im Jahre 1974 von Paul Brokaw [4] vorgeschlagen.

Die Belastung, z. B. durch den Widerstand RL am Ausgangsknoten „Ref", bewirkt jedoch, dass beim Hochfahren der Versorgungsspannung V_{CC} der Sperrstrom des Transistors Q2 nicht mehr zum „Starten" ausreicht. Erst der Einbau einer „Starthilfe", ähnlich wie in Abbildung 10.9, hier aber bestehend aus den Elementen R3, Q5 und Q6, beseitigt das Problem. Wie funktioniert sie? Nach dem Einschalten wirkt zunächst am Knoten „2" über den Transistor Q6 ein Startstrom I_{St}. Sobald die Referenzspannung hochläuft, steigt auch das Potential des Knotens „4". Im **eingeschwungenen Zustand** wird, je nach Temperatur, ein Wert von etwa (450 ... 750) mV erreicht, der ausreicht, den Transistor Q6 zu sperren.

Das besondere an der Brokaw-Referenz ist, dass in einfacher Weise am Ausgang ein von der Bandgap-Spannung abweichender Wert eingestellt werden kann. Wie das erreicht wird, geht aus Abbildung 11.11 hervor. Diese Schaltung sieht auf den ersten Blick schon sehr komplex aus und soll deshalb kurz erläutert werden: Um am Ausgangsknoten „Out" den gewünschten Spannungswert zu erhalten, wird der Widerstand RL durch einen Spannungsteiler XR4, XR5 ersetzt (Subcircuit-Symbole, um später auch eine Monte-Carlo-Analyse durchführen zu können). Der Abgriff liegt am Referenzknoten „Ref". Somit steht am Knoten „Out" eine entsprechend des Teilerverhältnisses höhere Spannung zur Verfügung. Dieses höhere Potential bietet sich nun an, die beiden NPN-Transistoren X1 und X2 über die Transistoren X8 und X9 mit gleichen Kollektor-Potentialen zu versorgen (Kaskoden-Schaltung). Dadurch wird der Early-Effekt-Einfluss deutlich reduziert. Eine ähnliche Aufgabe übernimmt auch der PNP-Transistor X7, der den PNP-Stromspiegel X3 zu einem **Wilson**-Stromspiegel ergänzt (siehe Abbildung 9.16). Der Ausgangstransistor ist zur Verringerung der Lastrückwirkung als „Darlington" ausgeführt (X4a, X4b). Da er acht Emitter hat, kann er ohne Probleme mit etwa 10 mA belastet werden.

Nun noch einige Worte zu den Widerständen. In Abbildung 11.11 sind standardmäßig Basis-diffundierte Widerstände vorgesehen (SPICE-Modell: C3ZRB). Die beiden Widerstände XR und XR1 erhalten am besten eine gemeinsame Epi-Wanne, die mit dem Referenzknoten „Ref" verbunden ist (konstantes und niedriges Potential → kleine Sperrströme) und der Spannungsteiler XR4, XR5 wird in einer separaten Wanne untergebracht. Am einfachsten ist es, diese an den Knoten „Out" anzuschließen. Der Widerstand R3, der die Starthilfe versorgt, ist unkritisch. Aus Platzgründen bietet sich die Verwendung eines Epi-Pinch-Widerstandes an (siehe z. B. Abbildung 10.4). Am Widerstand R6 tritt nur eine geringe Spannung auf. Er wird deshalb am besten als Basis-Pinch-Widerstand ausgeführt. Eventuell kann er sogar ganz entfallen.

Der Kondensator C1 dient zur Korrektur des Frequenzganges. In der Regel reicht ein Wert von 10 pF aus. Es ist zu beachten, dass bei höheren Versorgungsspannungen die Spannung zwischen den Knoten „2" und „3" die Verwendung einer Basis-Emitter-Kapazität als Kondensator verbietet. Dann könnte aber die Basis-Kollektor-Kapazität in Verbindung mit einem MOS-Kondensator eingesetzt werden.

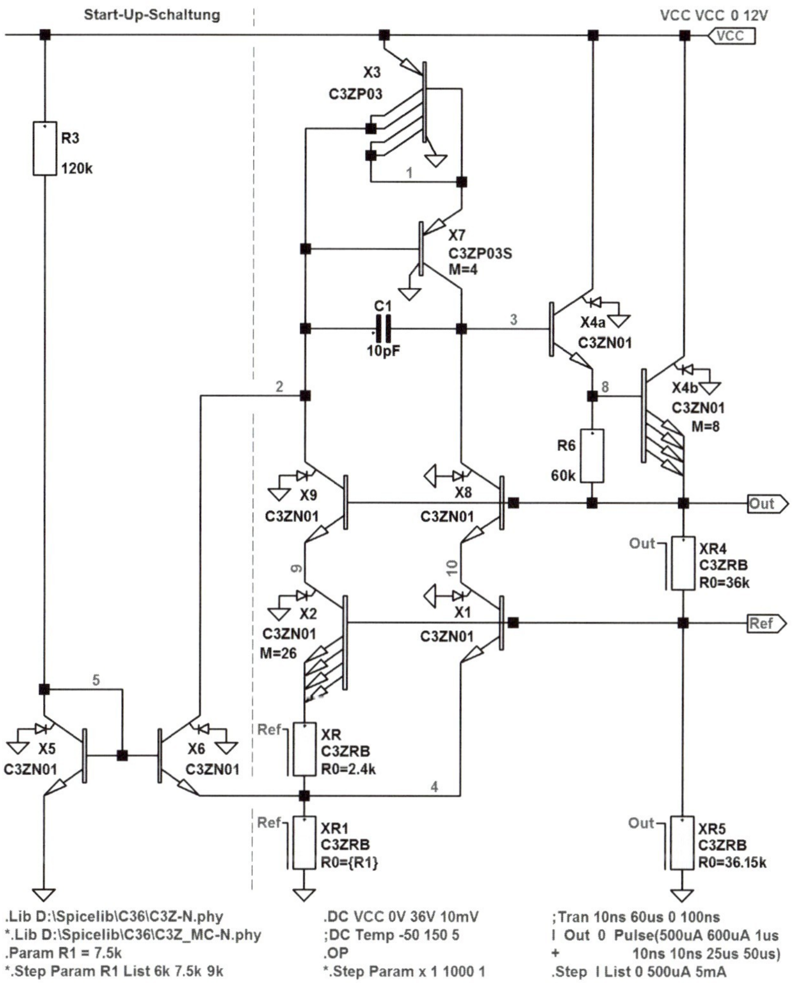

11.3 Bandgap-Spannungsreferenzen

Simulation

Abbildung 11.11: (BGBrok2.asc) Ausgeführtes Beispiel einer einstellbaren Brokaw-Bandgap-Referenz.

Die Schaltung ist durch die Wahl des Widerstandswertes von $R_5 = 36{,}15\ k\Omega$ auf eine Ausgangsspannung von 2,5 V eingestellt. Einige Simulationsergebnisse, die in Abbildung 11.12 wiedergegeben sind, sollen kurz kommentiert werden. Abbildung 11.12a zeigt den Einfluss der Versorgungsspannung und der Belastung. Im Bereich von 5 V bis 36 V und bei Belastungen bis 5 mA bleibt die Änderung kleiner als etwa 1 %. Die Sprungantwort – Abbildung 11.12b – zeigt ein akzeptables Ergebnis. Der gewählte Kapazitätswert ist ausreichend. Aus Abbildung 11.12c geht anschaulich hervor, wie eine Trimmprozedur stattfinden kann. Zuerst wird mithilfe des Widerstandes XR1 die Bandgap-Spannung auf den **charakteristischen Wert** (hier 1,246 V) getrimmt. Anschließend erfolgt über den Widerstand XR5 die Einstellung auf den gewünschten Wert der Ausgangsspannung (2,5 V).

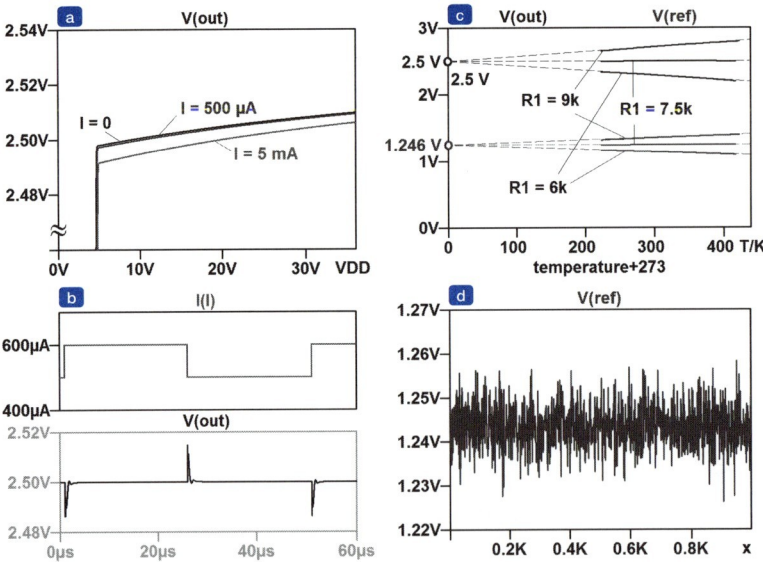

Abbildung 11.12: Simulationsergebnisse zu Abbildung 11.11: (a) Ausgangsspannung $V(Out)$ in Abhängigkeit von der Versorgungsspannung V_{CC} (BGBrok3a.asc); (b) Sprungantwort (BGBrok3b.asc); (c) Temperaturabhängigkeit (BGBrok3c.asc); (d) Monte-Carlo-Simulation der Referenzspannung $V(Ref)$ (BGBrok3d.asc).

Über den gesamten Temperaturbereich von $-50\,°C$ bis $+150\,°C$ ändert sich die Referenzspannung infolge der Nichtlinearität der Basis-Emitter-Spannung um etwa $10\,mV$. Dies setzt natürlich eine perfekte Trimmung voraus.

Durch die statistische Unsicherheit der Bauelementwerte **auf einem** Chip ist mit der Variation der Bandgap-Spannung V_{Ref} zu rechnen. Dies wird durch eine Monte-Carlo-Simulation demonstriert, Abbildung 11.12d. Die Streuung bleibt unter $\pm1{,}5\,\%$. Diese relativ geringe Streuung ist im Wesentlichen auf eine „Vergrößerung" des Transistors X2 zurückzuführen. Er ist nämlich in diesem Beispiel nicht nur mit $M=8$, sondern mit deutlich mehr, nämlich mit $M=26$ Emittern ausgestattet. Während Temperatursensoren in der Regel getrimmt werden müssen und deshalb zugunsten der Chipfläche $M=8$ ausreicht, wird bei Spannungsreglern oft auf eine Trimmprozedur verzichtet. Dann wird der Vervielfachungsfaktor M größer gewählt. Dadurch steigt die Differenz $U_{BE1} - U_{BE2}$ von $54\,mV$ auf etwa $84\,mV$ (bei $T=300\,K$) an und das Widerstandsverhältnis R_1/R kann kleiner gewählt werden. Die Streuungen werden geringer.

Die Schwankungen **von Los zu Los** verschlechtern das Ergebnis leider wieder. Im Wesentlichen ist es der Parameter I_S, der halb oder doppelt so groß ausfallen kann. Das führt maximal zu einer zusätzlichen Streuung von etwa $\pm2{,}5\,\%$, sodass insgesamt mit einer Unsicherheit von $\pm4\,\%$ gerechnet werden muss (ohne Trimmen der Bandgap-Spannung).

Aufgabe

Legen Sie den Brokaw-Spannungsregler, Abbildung 11.1, für eine Ausgangsspannung von $5\,V$ aus und wiederholen Sie die in Abbildung 11.12 dargestellten Simulationen (Datei BGBrok4.asc).

11.3.4 Widlar-Bandgap-Referenz

Eine weitere, häufig verwendete Bandgap-Referenz kann in einfacher Weise aus der PTAT-Stromquelle nach Abbildung 11.5 gebildet werden. Der Strom durch die drei Widerstände XR1, XR2 und XR3 hat im Prinzip PTAT-Charakter. Wird zusätzlich in Reihe eine Diode geschaltet, kann von der Struktur her eine Bandgap-Referenz daraus werden. Nun ist aber bereits der Transistor X6 (in Zusammenhang mit dem Widerstand XR4) für die Bereitstellung der Bias-Ströme vorhanden. Deshalb wird einfach der Widerstand XR4 durch den Spannungsteiler XR1 ... XR3 ersetzt, dieser neu dimensioniert und fertig ist die Bandgap-Referenz. Ein ausgeführtes Beispiel zeigt Abbildung 11.13.

Es ist schon wieder Bob Widlar, der dieses Prinzip vorgeschlagen hat. Bob Widlar war ein etwas ungewöhnlicher, aber exzellenter Analog-Designer. Er hat so manche Schaltungsdetails erdacht, die anfangs als nicht realisierbar erschienen. Mehrere bahnbrechende analoge Schaltungen gehen auf seine Eingebung zurück. Leider ist er schon im Jahre 1991 im Alter von 53 Jahren gestorben. Analog-Designer erhalten zwar keinen Nobelpreis, doch werden immerhin Schaltungen nach ihnen benannt.

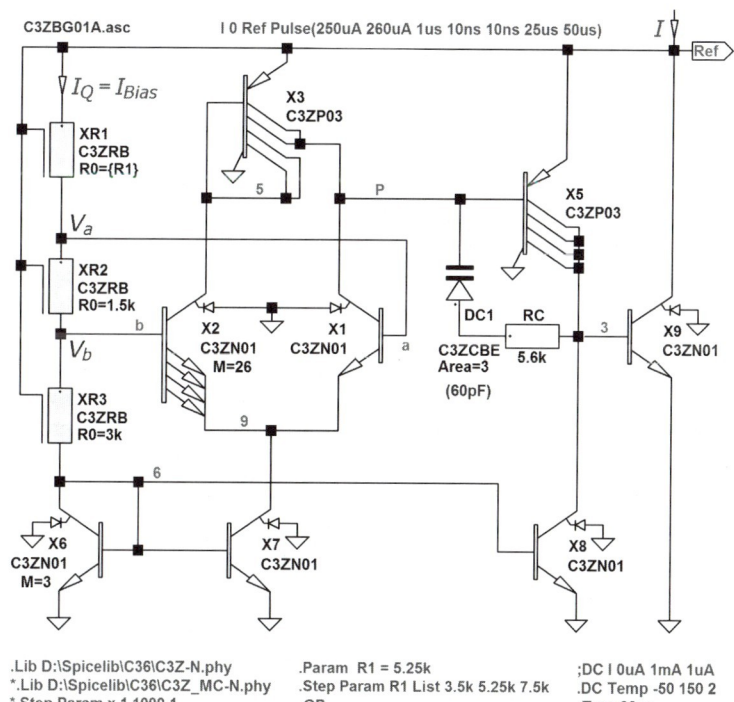

Simulation

Abbildung 11.13: (BGWid1.asc) Ausgeführtes Beispiel einer Widlar-Bandgap-Referenz.

> **Beispiel**

11.3.5 Beispiel: Design einer Widlar-Bandgap-Referenz

Die in Abbildung 11.13 vorgestellte Bandgap-Referenz ist relativ einfach und wird gern in ASIC-Anwendungen eingesetzt. Deshalb soll im Folgenden das komplette Design für eine solche Schaltung vorgeführt werden.

Aufgabenstellung

Die Bandgap-Referenz nach Abbildung 11.13 soll für eine Spannung von V_{Ref} = 1,25 V ausgelegt werden. Verwendeter Bipolar-Prozess: C36.

Dimensionierung der Schaltung

Die Berechnung der Schaltung ist nicht schwierig. Zuerst wird der Vervielfachungsfaktor M festgelegt; je größer, desto besser. Er hat einen entscheidenden Einfluss auf die statistischen Streuwerte der Referenzspannung. In diesem Beispiel ist $M = 26$ gewählt worden, genau wie in Abbildung 11.11, sodass auch ein Vergleich möglich wird. Der Zusammenhang zwischen dem PTAT-Strom I_Q und dem Widerstandswert R_2 ergibt sich aus Gleichung (11.5a), die hier noch einmal wiederholt wird:

$$I_Q \cdot R_2 = V_T \cdot \ln M \qquad (11.5a), (11.16)$$

Nun wird entweder der Strom I_Q oder der Widerstandswert R_2 vorgegeben. In diesem Beispiel folgt aus $R_2 = 1,5\ k\Omega \rightarrow I_Q = 56,1\ \mu A$ ($V_T = 25,85\ mV$). Da an der Reihenschaltung der drei Widerstände XR1, XR2, XR3 eine Spannung von etwa 550 mV entstehen muss (Bandgap-Spannung 1,25 V minus Diodenspannung von 700 mV), ergibt sich eine Widerstandssumme von etwa 9,8 $k\Omega$, d. h. $R_1 + R_3 \approx 8,3\ k\Omega$. Die Aufteilung sollte so erfolgen, dass der Transistor X7 nicht in die Spannungssättigung gerät. Außerdem ist es sinnvoll, möglichst „Einheitswiderstände" zu verwenden. Wählt man hierfür z. B. den Wert von R_2, also 1,5 $k\Omega$, führt $R_3 = 3\ k\Omega$ zu einem brauchbaren Ergebnis. Viel größer darf R_3 nicht gewählt werden, weil dann die beiden Transistoren X1 und X2 in die Spannungssättigung geraten könnten. Somit bleibt für den Widerstand XR1 ein Wert von $R_1 \approx 5,3\ k\Omega$ übrig. Der genaue Wert wird durch Simulation ermittelt oder später durch Trimmen eingestellt.

Zur Frequenzgangkorrektur dient die Kapazitätsdiode DC1 zusammen mit dem Widerstand RC. Da hohe Spannungswerte in dieser Schaltung nicht vorkommen, kann hier ohne Probleme die Basis-Emitter-Kapazität genutzt werden; sie erfordert den geringsten Platz. Die Werte $Area = 3$ und $R_C \approx 5,6\ k\Omega$ sind die Ergebnisse einer Simulation. Die Schaltung ist damit selbst bei einem externen Stützkondensator von 1 nF zwischen den Knoten „Ref" und Masse noch stabil.

Simulationsergebnisse

Simulationsergebnisse sind in Abbildung 11.14 wiedergegeben. Wird der eingespeiste Strom von $I = 100\ \mu A$ bis $I = 1\ mA$ gesteigert, ändert sich die Referenzspannung nur um ca. 2 mV, und bei richtiger Bemessung des Widerstandswertes R_1 ändert sie sich auch über den gesamten Temperaturbereich von $-50\ °C$ bis $+150\ °C$ um nur etwa 4 mV (Krümmung infolge der Nichtlinearität der Basis-Emitter-Spannung). Die Ungenauigkeit der Referenzspannung infolge der statistischen Streuung der Bauelementwerte **auf einem** Chip bleibt bei

11.3 Bandgap-Spannungsreferenzen

dieser Schaltung unter ±1 %. Hinzu kommen allerdings die Schwankungen **von Los zu Los** mit etwa ±2.5 %, sodass insgesamt mit einer Unsicherheit von ±3,5 % gerechnet werden muss (ohne Trimmen der Bandgap-Spannung).

Aufgabe

Plotten Sie die Referenzspannung in Abhängigkeit vom eingespeisten Strom I und bestimmen Sie den differentiellen Widerstand der Schaltung. Verwenden Sie die Anweisung .DC I 100uA 500uA 1uA (Datei: BGWid6.asc).

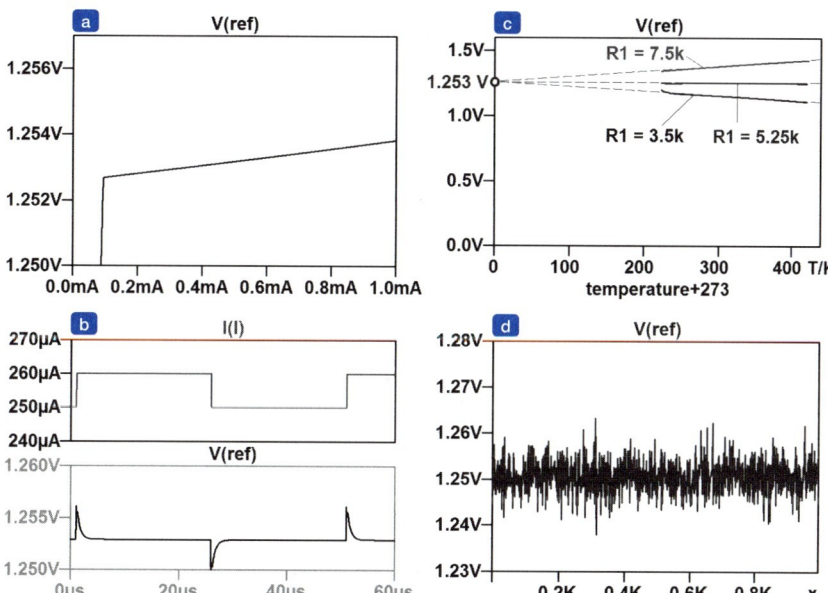

Abbildung 11.14: Simulationsergebnisse zu Abbildung 11.13: (a) Referenzspannung $V(Ref)$ in Abhängigkeit vom eingespeisten Strom I (BGWid2a.asc); (b) Sprungantwort (BGWid2b.asc); (c) Temperaturabhängigkeit (BGWid2c.asc); (d) Monte-Carlo-Simulation der Referenzspannung $V(Ref)$ (BGWid2d.asc).

Trimmen

Höhere Genauigkeiten können erzielt werden, wenn die Referenzspannung durch Trimmen des Widerstandes XR1 auf den in einer Musterschaltung ermittelten Wert eingestellt wird. Dies ist direkt auf dem Schaltkreis möglich. Neben dem **Lasertrimmen** ist die sogenannte **Zener-Zap-Methode** bei ASICs wegen des relativ geringen apparativen Aufwandes sehr beliebt. Die Widerstände werden aufgeteilt und parallel zu den Teilwiderständen werden in Sperrrichtung gepolte Z-Dioden (NPN-Transistoren, Emitter und Kollektor miteinander verbunden) geschaltet, siehe Abbildung 11.15. Wird in eine solche Z-Diode extern ein Stromimpuls von etwa 150 mA bis 250 mA in Sperrrichtung eingespeist, steigt die Spannung kurzzeitig auf 10 V bis 20 V an. Die hohe Verlustleistung ist auf ein sehr kleines Volumen begrenzt. Dabei steigt die Temperatur so stark an, dass das Aluminium über den Kontakten schmilzt und unter dem Oxid einen **dauerhaften** Kurschluss hinterlässt. Der betreffende Teilwiderstand wird dadurch mit ca. (1 ... 10) Ω überbrückt. Der Prozess ist irreversibel! Die Zener-Zap-Dioden werden am besten direkt zwischen sogenannten **Trimm-Pads** angeordnet. Über diese Pads können dann später während des Wafer-Tests die Stromimpulse zum Abgleich zugeführt werden.

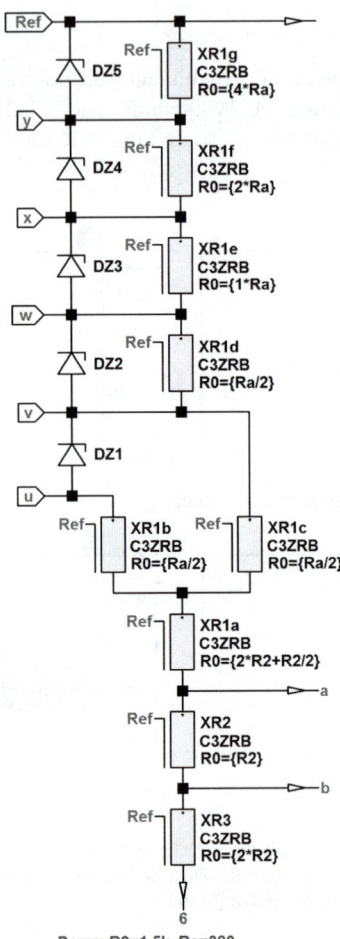

Abbildung 11.15: Aufteilung des Widerstandes XR1 in die Teile XR1a ... XR1f.

In dem Beispiel Abbildung 11.15 sind insgesamt fünf Bits zum Trimmen vorgesehen. Da die Trimmwiderstände am besten entsprechend $1:2:4:\ldots:2^n$ aufgeteilt werden, empfiehlt sich die Wahl eines Standardwiderstandes mit dem Wert R_a zur Bildung der Teilwiderstände. Durch Parallel- bzw. Reihenschaltung kann dann leicht die gewünschte Abstufung erzielt werden. Der kleinste Teilwiderstand wird durch vier parallel geschaltete Widerstände gebildet, wobei aber die Trimmdiode in Reihe zu jeweils zwei Zweiergruppen liegt. Dadurch bleibt der Strom durch den kleinsten Teilwiderstand während der Trimmprozedur in erträglichen Grenzen, denn die Spannung an der Diode kann, bis sie kurzschließt, auf Werte bis zu ca. 20 V ansteigen.

11.3 Bandgap-Spannungsreferenzen

Die kleinste erforderliche Widerstandsvariation wird am besten durch Simulation mit SPICE ermittelt. Sie beträgt hier 95 Ω. Damit erhält der einzelne Widerstand einen Wert von $R_a = 380\ \Omega$. Am Teilwiderstand XR1d (190 Ω) kann während des Trimmens eine Verlustleistung von etwa 2 W auftreten. Die Temperaturerhöhung sei grob abgeschätzt: Der Widerstand habe eine Fläche von ungefähr $2 \times 16\ \mu m \times 10\ \mu m = 320\ \mu m^2$ (siehe Layout). Nimmt man an, dass der Widerstand durch eine etwa 3 μm dicke Sperrschicht vom Substrat (Epi-Wanne) isoliert ist und rechnet man mit einer spezifischen Leitfähigkeit für Silizium von $\lambda_{Si} = 1{,}5\ W/(cm \cdot K)$, so ergibt sich ein **Wärmewiderstand** von $\approx 63\ K/W$. Das führt bei $P = 2\ W$ kurzzeitig ($< 100\ \mu s$) zu einer Temperaturerhöhung von ca. 126 K und ist wegen der kurzen Dauer gerade noch zulässig.

Layout

Abbildung 11.16 zeigt ein Layout-Beispiel der Widlar-Bandgap-Referenz, realisiert im Standard-Bipolar-Prozess C36. **Es wird empfohlen, zusätzlich die Layout-Datei C3ZBG01A.tdb zu öffnen.** Verwendet wurden überwiegend Standardzellen, die eine rasche Layout-Erstellung ermöglichen. Dies gilt auch für die Widerstände XR3, XR2 und den Teilwiderstand XR1a. Sie sind alle aus ein und demselben Standardwiderstand ($R_2 = 1{,}5\ k\Omega$) zusammengesetzt. Nur für die Trimmwiderstände wurde speziell ein 380-Ohm-Widerstand konstruiert. Durch Reihen- und Parallelschaltung dient er zum Bilden der Teilwiderstände XR1b ... XR1g. Aber auch dieser passt in das „Baukastensystem" hinein.

Der Transistor X2 besteht aus sechs Transistoren des Typs C3ZN04 und zwei des Typs C3ZN01. Für den Transistor X1 ist nur ein einzelnes Bauteil des Typs C3ZN01 vorgesehen. Jeder der vier Emitter des Transistors C3ZN04 hat die gleiche Fläche wie der des Transistors C3ZN01. Somit ergibt sich ein Emitter-Flächenverhältnis von $M = 26$. Dadurch, dass der Transistor X1 fast symmetrisch von X2 umschlossen wird, werden die Gradientenfehler deutlich reduziert, die bei der Störstellen-Diffusion nie ganz zu vermeiden sind, und auch eventuelle Temperaturgradienten auf dem Chip können sich nur wenig auswirken.

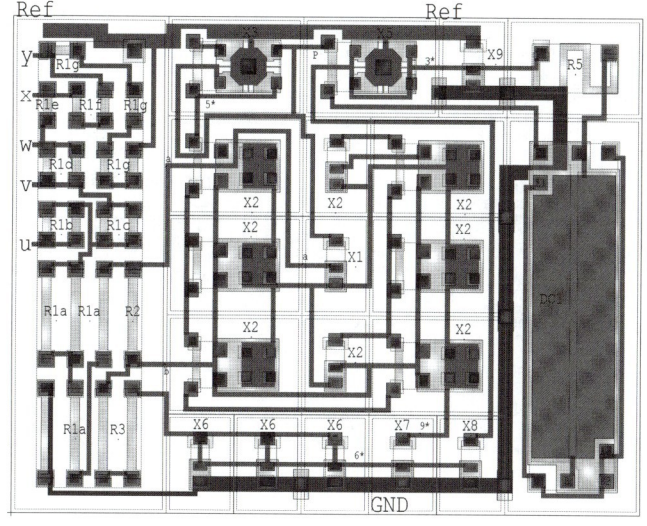

Layout

Abbildung 11.16: Layout-Beispiel zur Schaltung nach Abbildung 11.13 mit Zellen aus der C36-Bibliothek. Flächenbedarf: 715 μm × 550 μm. (Knotennamen, die im Schaltplan nur aus Ziffern bestehen, erhalten im Layout zusätzlich einen Stern *; Layout-Datei: C3ZBG01A.tdb). Verifikationsdateien: C3ZBG01A.sub und C3ZBG01A_Ver.asc.

Aufgabe

Öffnen Sie die Zelle „ARRAYBG01A" in der Datei C3ZARRAYS.tdb und fertigen Sie ein Layout an für die Widlar-Bandgap-Referenz C3ZBG01A entsprechend Abbildung 11.13 und Abbildung 11.15. Denken Sie daran, dass bei den lateralen PNP-Transistoren das Emitter-Metall fast bis an den Kollektor heranreichen muss. In der Zelle C3ZP03 sind die Umrisse rot zu erkennen (Layer METALOPTION). Stellen Sie für das Zeichnen des entsprechenden Polygons mit dem Layer METAL INTCON das Mouse-Grid auf 1 μm [18]. Die anschließende „Verdrahtung" erfolgt am besten mit einem Mouse-Grid von 11 μm (in Ausnahmefällen auch 5,5 μm). Für die „Verdrahtung" wählen Sie den Layer METAL INTCON (Pfadweite: 5 μm). Masseleitungen (GND bzw. Sub) können mit dem Layer METAL SUB verlegt werden. Vergleichen Sie Ihr Layout anschließend mit Abbildung 11.16.

11.3.6 Second-Order-Temperaturkompensation

Wegen des nichtlinearen Temperaturganges der Basis-Emitter-Spannung bleibt bei einer gut abgeglichenen Bandgap-Referenz stets ein „bogenförmiger" Spannungsverlauf mit einem mehr oder weniger ausgeprägten Hub übrig. So haben z. B. bei den bisher vorgestellten Schaltungen die Simulationen für den Temperaturbereich von $-50\,°C\,...\,+150\,°C$ hierfür Spannungshübe von etwa $4\,mV\,...\,10\,mV$ ergeben. Dieser „Bogen" kann durch eine sogenannte **Second-Order-Temperaturkompensation** eingeebnet werden. In der Literatur sind zahlreiche Schaltungsvorschläge zu diesem Thema beschrieben worden, siehe z. B. [5] ... [8], [15]. Hier soll nur das Prinzip anhand der Widlar-Bandgap-Referenz erläutert werden. Abbildung 11.17 zeigt die Schaltung.

Simulation

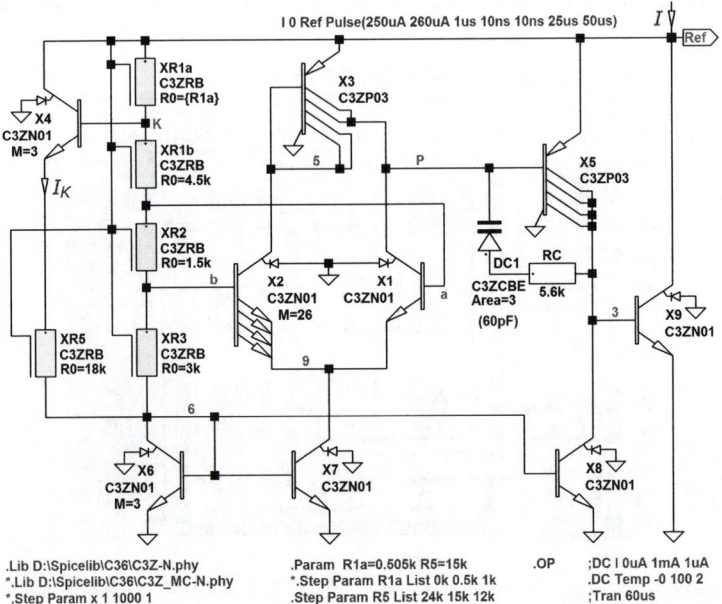

Abbildung 11.17: (BGWidII.asc) Widlar-Bandgap-Referenz mit Second-Order-Temperaturkompensation.

11.3 Bandgap-Spannungsreferenzen

Es ist die gleiche Schaltung wie Abbildung 11.13, doch ist sie um den Transistor X4 und den Widerstand XR5 erweitert und der Widerstand XR1 ist in XR1a und XR1b aufgeteilt worden. Die Basis dieses zusätzlichen Transistors ist an den Widerstandsabgriff (Knoten „K") angeschlossen. Der Strom durch die Reihenschaltung XR1a, XR1b, XR2, XR3 hat PTAT-Charakter; der Spannungsabfall an den Widerständen steigt also mit der Temperatur an. Außerdem besitzt die Basis-Emitter-Diode von X4 einen negativen TK. Folglich beginnt der Transistor X4 ab einer vom Teilerverhältnis abhängigen Temperatur über den Widerstand XR5 einen kleinen Strom I_K in den Knoten „6" einzuspeisen. Dieser wird mit zunehmender Temperatur größer und vergrößert damit die Spannung an der Diode X6. Folglich steigt auch die Referenzspannung etwas an. Wird nun die Schaltung so dimensioniert, dass das Maximum des Spannungsbogens **ohne** Korrekturstrom schon bei einer geringen Temperatur (z. B. 10 °C) erreicht wird, kann durch geeignete Wahl der Stromeinsatztemperatur und die Größe des Stromes I_K in einem beschränkten Temperaturbereich eine Abflachung des „Bogens" erzielt werden.

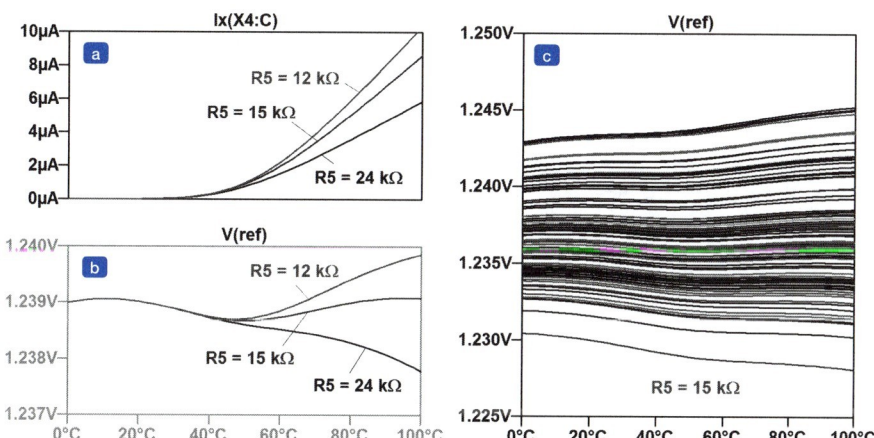

Simulation

Abbildung 11.18: Zur Second-Order-Temperaturkompensation: (a) Kompensationsstrom I_K; (b) Referenzspannung V_{Ref} in Abhängigkeit von der Temperatur (BGWidIIab.asc); (c) Monte-Carlo-Analyse, $x = 100$ Simulationsläufe (BGWidIIc.asc).

Abbildung 11.18 soll dies für den Bereich von 0 °C bis 100 °C demonstrieren: Das Maximum des Spannungsbogens wird mit der gewählten Dimensionierung nicht mehr bei 30 °C, sondern bei etwa 10 °C erreicht, und bei einer höheren Temperatur, hier bei ca. 35 °C, setzt dann der Korrekturstrom ein (siehe Abbildung 11.18a). Klar ist der Einfluss des Widerstandswertes von XR5 zu erkennen. Mit $R_5 = 15\ k\Omega$ wird bei etwa 95 °C ein weiteres Maximum erreicht, wodurch die Spannungsschwankung im gesamten Temperaturbereich kleiner als 1 mV gehalten werden kann (siehe Abbildung 11.18b). Wie aber Abbildung 11.18c veranschaulicht, liefern die statistischen Bauteilstreuungen eine gewisse „Bandbreite" der Referenzspannung. Eine Second-Order-Kompensation ist deshalb eigentlich nur sinnvoll, wenn die Schaltung sorgfältig getrimmt wird. Trotzdem reicht es in manchen Anwendungen schon aus, die Widerstände XR1b, XR2, XR3 und XR5 fest aus „Einheitswiderständen" (z. B. 1,5 $k\Omega$) zusammenzusetzen und nur mittels des Widerstandes XR1a die Referenzspannung auf den in einer Musterschaltung ermittelten Wert zu trimmen. Die Simulation liefert hierfür z. B. einen Spannungswert von 1,239 V. Wegen der Schwankungsbreite des SPICE-Parameters IS um den Faktor ein halb bis zwei kann dieser Wert aber um etwa ±2 mV streuen. Höhere Genauigkeiten erfordern eine erheblich aufwendigere Trimmprozedur.

11.3.7 Zweipolige Vier-Transistor-Bandgap-Referenz

Eine weitere sehr interessante Bandgap-Referenz kommt mit nur vier Transistoren aus. Auch sie wirkt als Zweipol wie eine Z-Diode, liefert aber eine Spannung von ungefähr 2,5 V. Sie wird wegen ihrer Einfachheit gern dann eingesetzt, wenn z. B. aus Kostengründen auf eine Trimmung verzichtet werden soll und eine Genauigkeit von etwa ±3 % ausreicht. Abbildung 11.19 zeigt diese Schaltung.

Simulation

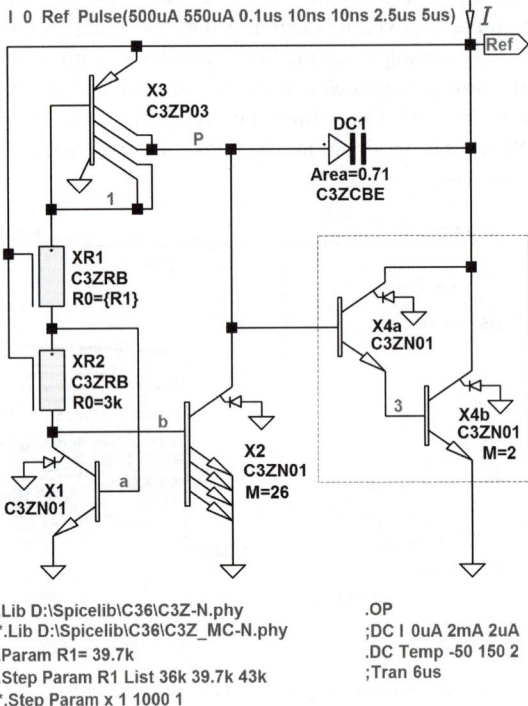

Abbildung 11.19: (BG_4T.asc) Zweipolige Vier-Transistor-Bandgap-Referenz, Typ C3ZBG12.

Der Unterschied zu den bisher besprochenen Schaltungen liegt darin, dass zwei Basis-Emitter-Spannungen in Reihe geschaltet sind, nämlich der Diodenteil des PNP-Transistors X3 und die Diode X1. Dadurch wird die Temperaturunabhängigkeit der Referenzspannung erst bei ungefähr der doppelten Bandgap-Spannung erreicht. Des Weiteren ist die Lage des Widerstandes XR2 anders: Dieser liegt hier nicht im Emitter von X2, sondern im Kollektor von X1 und direkt in Reihe mit dem Widerstand XR1. Die Basis von X1 ist an den Verbindungspunkt der beiden Widerstände (Knoten „a") angeschlossen. Dies wirkt sich positiv auf die Abhängigkeit der Referenzspannung vom eingespeisten Strom I aus, ähnlich wie dies für die Schaltung nach Abbildung 10.11 beschrieben wurde. Eine Start-Up-Schaltung ist nicht nötig, weil ein direkter Weg über die beiden „Dioden" und die Widerstände vorliegt. Der Arbeitspunkt wird über den Darlington-Transistor X4a, X4b stabilisiert; dieser leitet den „überschüssigen" Strom nach Masse ab. Prinzipiell könnte der Darlington-Transistor aus zwei getrennten Elementen bestehen. Da aber die Kollektoren miteinander verbunden sind, können beide Transistoren in **einer gemeinsamen** Epi-Wanne untergebracht werden. Damit wird Chipfläche gespart.

11.3 Bandgap-Spannungsreferenzen

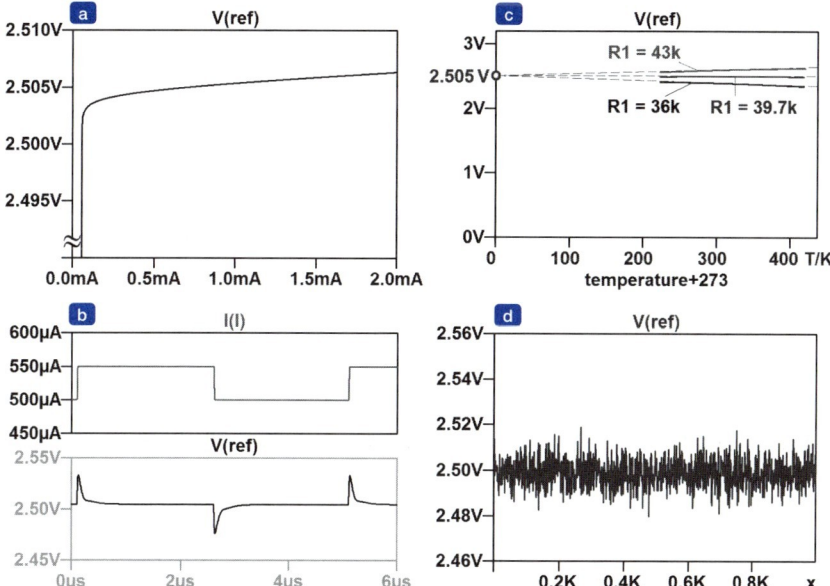

Simulation

Abbildung 11.20: Simulationsergebnisse zu Abbildung 11.19 (BG_4Ta.asc bis BG_4Td.asc): (a) Referenzspannung $V(Ref)$ in Abhängigkeit vom eingespeisten Strom I; (b) Sprungantwort; (c) Temperaturabhängigkeit; (d) Monte-Carlo-Simulation der Referenzspannung $V(Ref)$.

Aufgabe

Versuchen Sie, für die Schaltung nach Abbildung 11.19 ein Layout mithilfe des Werkzeuges L-Edit zu erstellen. Verwenden Sie, wie in Abbildung 11.16, Zellen aus der C36-Bibliothek und stellen Sie das Mouse-Grid auf 11 μm ein [18]. Als Darlington-Transistor steht die Zelle C3ZN12 zur Verfügung. Stellen Sie zuerst ein Bauelement-Array zusammen und vergeben Sie einen passenden Namen. Ein Vorschlag für die Anordnung der Elemente finden Sie in Abbildung 11.21.

Kreieren Sie für den Kondensator DC1 eine neue Zelle derart, dass die Lücke zwischen X3 und X4a, X4b gerade ausgefüllt wird. Am einfachsten ist es, eine bereits vorhandene ähnliche Zelle entsprechend abzuändern. Vorgehensweise: 1) eine Zelle mit neuem Namen anlegen, 2) z. B. die vorhandene Zelle C3ZC02 in die neue Zelle hineinkopieren, 3) dort deren Hierarchie aufheben, 4) die nun „flache" Zelle abändern. Legen Sie die Zelle auf den Nullpunkt (**Origin**).

Für die Widerstände muss eine eigene Epi-Wanne angelegt werden. Vergessen Sie den Layer BL (Buried-Layer) und den Wannenanschluss nicht. Auch hierfür empfiehlt es sich, eine vorhandene Zelle abzuändern. Orientieren Sie sich vielleicht an der Array-Zelle ARRAYBG01A, zu finden in der Layout-Datei C3ZARRAYS.tdb. Zur „Verdrahtung" verwenden Sie die Layer METAL INTCON und METAL SUB mit einer Pfadweite von 5 μm (Beispiel C3ZBG12.tdb).

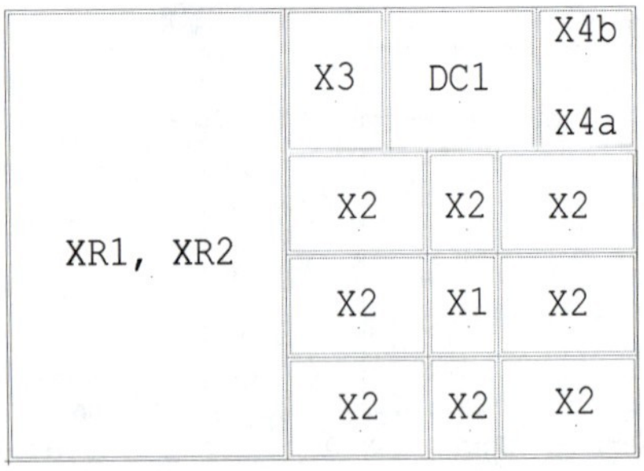

Abbildung 11.21: Mögliche Bauteilanordnung für ein Layout zur Schaltung nach Abbildung 11.19.

11.3.8 Referenzspannungen kleiner als 1 V

Die bisher vorgestellten Bandgap-Referenz-Schaltungen nutzen alle das Prinzip, dass zwei Spannungen mit Temperaturkoeffizienten unterschiedlichen Vorzeichens addiert werden, nämlich eine Diodenspannung mit negativem Temperaturkoeffizienten und eine PTAT-Spannung mit positivem TK. Wenn die Summe beider Spannungen etwa gleich der Bandgap-Spannung ist, wird die so gebildete Referenzspannung temperaturunabhängig. Die minimale Spannung ist somit etwa 1,25 V. Eine solche Referenz ist nicht brauchbar in Applikationen, in denen die Versorgungsspannung nur etwa 1,2 V beträgt (z. B. Versorgung aus einer einzelnen Akku-Zelle).

Es gibt aber einen Ausweg, den schon Bob Widlar in dem legendären Mikro-Power-Operationsverstärker „LM 10" beschritten hat [9]. Wenn nämlich nicht die gesamte Basis-Emitter-Spannung, sondern nur ein **Teil** derselben mit einer PTAT-Spannung addiert wird, kann „TK gleich null" bei einem entsprechend **kleineren Spannungswert** erreicht werden. Wie kann ein solcher Bruchteil von U_{BE} gebildet werden? Abbildung 11.22 zeigt die Schaltung eines sogenannten UBE-Vervielfachers.

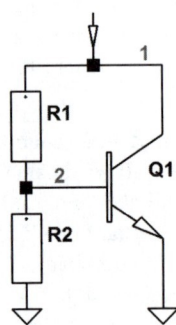

Abbildung 11.22: UBE-Vervielfacher.

Wird der Basis-Strom vernachlässigt, kann das Kollektor-Potential $V(1)$ wie folgt ausgedrückt werden:

$$V(1) = \frac{U_{BE}}{R_2} \cdot (R_2 + R_1) = U_{BE} \cdot \left(1 + \frac{R_1}{R_2}\right) \geq U_{BE} \qquad (11.17)$$

11.3 Bandgap-Spannungsreferenzen

Diese Spannung ist größer als U_{BE}. Daher der Name „UBE-Vervielfacher". Am Widerstand R1 steht dann aber ein **Teil** von U_{BE} zur Verfügung:

$$V(R1) = U_{BE} \cdot \frac{R_1}{R_2} \tag{11.18}$$

200-mV-Widlar-Bandgap-Referenz

Wie Bob Widlar diese Teilspannung nun mit einer PTAT-Spannung kombiniert hat, zeigt Abbildung 11.23a [9].

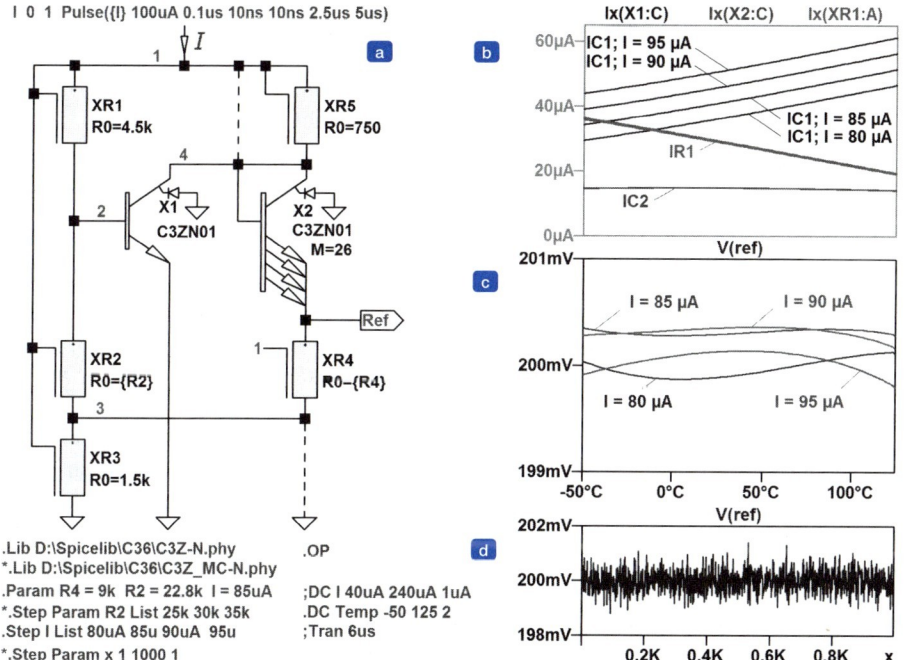

Abbildung 11.23: Spannungsreferenz für ca. 200 mV. (a) Schaltung (BG200m1.asc). (b) Die drei Ströme I_{C1}, I_{C2} und I_{R1} in Abhängigkeit von der Temperatur. (c) Referenzspannung mit dem eingespeisten Strom I als Parameter (BG200m1bc.asc). (d) Monte-Carlo-Simulation der Referenzspannung (BG200m1d.asc).

Um die Schaltung besser verstehen zu können, seien die Widerstände XR5 und XR3 zunächst kurzgeschlossen. Dann bildet der Transistor X1 zusammen mit den Widerständen XR1 und XR2 einen UBE-Vervielfacher und es gilt:

$$V(1) = V(4) = U_{BE1} + V(XR1) = V_{Ref} + U_{BE2} \rightarrow V_{Ref} = U_{BE1} - U_{BE2} + V(XR1) \tag{11.19}$$

Die beiden Transistoren X1 und X2 werden mit deutlich unterschiedlichen Stromdichten betrieben. Deshalb hat die **Differenz** der beiden Basis-Emitter-Spannungen einen positiven TK. Der Spannungsabfall an XR1 ist ein Bruchteil von U_{BE} und wird deshalb mit steigender Temperatur kleiner. Wird dieser nun etwa gleich groß gewählt wie die U_{BE}-Differenz, z. B. ca. 100 mV, erhält man eine temperaturunabhängige Referenzspannung von ungefähr 200 mV. Dies ist allerdings eine sehr grobe Näherung, die nur zur Erläuterung des Prinzips dient!

Nun zur Wirkung des Widerstandes XR5: Durch ihn gelingt – ähnlich wie in Abbildung 10.2 – eine gewisse „Vorwärtsregelung" derart, dass das Potential am gemeinsamen Kollektor-Knoten „4" in Abhängigkeit vom eingespeisten Strom I ein relatives Maximum durchlaufen kann. Auf dieses Maximum wird die Spannung am Knoten „4" mittels XR5 eingestellt. Das Potential bleibt dann bei kleinen Änderungen des Stromes I annähernd konstant. Die Referenz erfordert damit leider die Einhaltung einer engen Stromtoleranz. Deshalb wird der Strom I am besten aus einer Stromquelle geliefert, deren absoluter Wert von Widerständen desselben Typs abhängt, wie sie auch in der Referenz verwendet werden (z. B. alles Basisdiffundierte Widerstände). Da dann alle Widerstände derselben Prozessschwankung unterliegen, sollte die oben geforderte Einhaltung des Stromfensters kein großes Problem bereiten.

Der Widerstand XR4 führt den Emitter-Strom von X2 nicht direkt nach Masse ab, sondern an den Verbindungspunkt 3 zwischen den beiden Widerständen XR2 und XR3. Durch diese Maßnahme kann sogar eine gewisse Second-Order-Temperaturkompensation erreicht werden, die den Tempergang der Widerstände mit einbezieht.

Die Dimensionierung der Schaltung ist nicht ganz einfach. In dem vorliegenden Fall – Abbildung 11.23 – wird die Transistorgruppe X1, X2 genauso gewählt wie in den vorher besprochenen Schaltungen ($M = 1$ bzw. 26) und der Speisestrom I soll einen Wert von ca. 90 μA erhalten. Wird nun für den Spannungsteiler XR1, XR2, XR3 etwa ein Viertel des Stromes veranschlagt ($\approx 23\ \mu A$) und davon ausgegangen, dass möglichst viele Widerstände aus dem Standardwert 1,5 $k\Omega$ gebildet werden können, folgt für einen Spannungsabfall von ca. 100 mV an XR1 ein Wert von $R_1 = 4.5\ k\Omega$ ($3 \times 1,5\ k\Omega$). Die Größenordnung der Widerstandssumme von XR2 und XR3 kann bei einer Basis-Emitter-Spannung von etwa 700 mV mit rund 30 $k\Omega$ abgeschätzt werden. Die Aufteilung erfolgt versuchsweise: $R_3 = 1,5\ k\Omega$ und $R_2 = 28,5\ k\Omega$. Für eine Referenzspannung von 200 mV sowie eines Spannungsabfalls an XR3 von 23 $\mu A \cdot 1,5\ k\Omega \approx 35\ mV$ und der Annahme eines Stromes von ungefähr 15 μA durch den Widerstand XR4 wird für diesen ein Startwert von 11 $k\Omega$ gewählt. Von nun ab wird simuliert. Mit $R_5 = 750\ \Omega$ (zwei parallel geschaltete Standardwiderstände) wird das relative Maximum von V(4) bei $I \approx 85\ \mu A$ erreicht. Mit dieser neuen Vorgabe wird dann die Temperaturabhängigkeit der Referenzspannung simuliert. Dabei werden für XR4 und XR2 die folgenden Werte gefunden: $R_4 = 9\ k\Omega$ (sechs Standardwiderstände in Reihe) und $R_2 = 22,8\ k\Omega$ (dieser Widerstand muss getrimmt werden) → Referenzspannung 200 mV. Die mit diesen Werten erreichten Simulationsergebnisse sind in Abbildung 11.23b–d wiedergegeben. Zum Betrieb der Schaltung – einschließlich der hier nicht dargestellten Erzeugung des Stromes I – reicht eine Versorgungsspannung von 1,1 V aus.

Bandgap-Referenz für den Betrieb an 0,9 V

Als letztes Beispiel für rein bipolare Bandgap-Referenzen soll die Schaltung Abbildung 11.24 vorgestellt werden. Sie erscheint auf den ersten Blick relativ komplex, ist aber dafür etwas flexibler in der Handhabung. Außerdem stellt sie ein gutes Beispiel dar, wie Schaltungen für niedrige Versorgungsspannungen entworfen werden können.

Zunächst das Prinzip: Zwei **Ströme**, nicht Spannungen, mit entgegengesetztem TK werden erzeugt, dann addiert und einem Widerstand zugeführt. An diesem entsteht dabei eine Spannung mit nahezu „TK gleich null". Wenn die Beträge der beiden Ströme jeweils zum Kehrwert eines Widerstandes proportional sind, spielen die absoluten Fehler der Widerstände nur eine untergeordnete Rolle. Wie werden die beiden Ströme gebildet?

11.3 Bandgap-Spannungsreferenzen

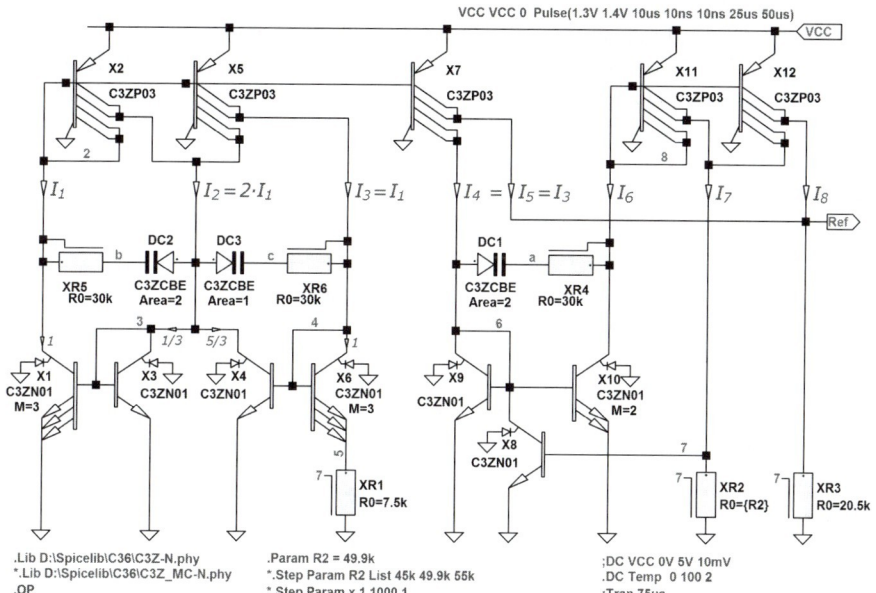

Simulation

Abbildung 11.24: (BG250m1.asc) Bandgap-Referenz für eine minimale Versorgungsspannung von 0,9 V.

Der linke Teil der Schaltung ist eine PTAT-Stromquelle für niedrige Versorgungsspannungen. Um die Funktion besser verstehen zu können, werde zunächst die Kombination der Transistoren X2 (PNP-Stromspiegel), X3 und X1 betrachtet. Bedingt durch den Kollektor-Substrat-Sperrstrom des Transistors X1 und den Basis-Substrat-Sperrstrom des PNP-Transistors X2 wirkt am Knoten „2" ein sehr kleiner Strom I_1. Dieser wird durch X2 und einen Teil von X5 in den Knoten „3" gespiegelt (I_2) und erscheint wegen der Stromübersetzung 1:3 durch die Transistoren X3 und X1 verstärkt wieder am Knoten „2" und damit erneut am Knoten „3". Der Strom läuft hoch. Gleichzeitig spiegelt aber der Transistor X5 auch einen Strom I_3 in den Knoten „4", der über die Elemente X6, XR1 und X4 zu einer Begrenzung des Stromanstiegs führt. Es stellt sich schließlich ein stabiler Arbeitspunkt ein. Aufgrund der Aufteilung der beiden PNP-Transistoren X2 und X5 gilt $I_1 = I_3$ und $I_2 = 2 \cdot I_1$, und wegen der Stromübersetzung der Transistoren X3, X1 im Verhältnis 1:3 folgt, dass der Kollektor-Strom von X4 um den Faktor 5/3 größer ist als der des Transistors X6. Da auch die Emitter-Flächen der beiden Transistoren X6 und X4 im Verhältnis 3:1 stehen, ergibt sich aus der Gleichung (10.5b) für Zimmertemperatur (300 K; $V_T \approx 26\ mV$) eine U_{BE}-Differenz von

$$\Delta U_{BE} = V_T \cdot \ln\left(M \cdot \frac{I_{C4}}{I_{C6}}\right) = V_T \cdot \ln\left(3 \cdot \frac{5}{3}\right) \approx 42\ mV \qquad (11.20)$$

Mit einem Widerstandswert für XR1 von $R_1 = 7,5\ k\Omega$ wird dann $I_3 = \Delta U_{BE}/R_1 \approx 5,6\ \mu A$, und dieser Strom hat PTAT-Verhalten. Ein gleich großer Strom $I_5 = I_3$ wird durch den Transistor X7 über den Ref-Knoten in den Widerstand XR3 eingespeist.

Bei der zweiten Stromquelle bestimmen die Basis-Emitter-Spannung des Transistors X8 und der Widerstand XR2 einen Strom mit negativem TK, ähnlich wie dies in der Schaltung nach Abbildung 10.6 geschieht. Gestartet wird diese Schaltung durch den Strom I_4 der PTAT-Stromquelle. Die Größe von I_4 ist dabei aber nicht wichtig. Über den Stromspiegel

X9, X10 mit der Übersetzung 1:2 wird der Knoten „8" des PNP-Stromspiegels X11, X12 mit I_6 angesteuert. Der dadurch verdoppelte Strom I_7 fließt dann durch den Widerstand XR2 und sorgt über den Transistor X8 für einen stabilen Arbeitspunkt. Für den Strom I_7 gilt dann: $I_7 = U_{BE8}/R_2 \approx (650\ mV)/(49{,}9\ k\Omega) \approx 13\ \mu A$. Wegen der Aufteilung der Transistoren X11 und X12 sind die Ströme I_6 und I_8 halb so groß wie I_7. Der Strom $I_8 = I_7/2 \approx 6{,}5\ \mu A$ mit negativem TK fließt, genau wie der Strom I_5, dem Ref-Knoten zu. Am Widerstand XR3 stellt sich dann die Referenzspannung ein:

$$U_{Ref} = (I_5 + I_8) \cdot R_3 = \left(\frac{\Delta U_{BE}}{R_1} + \frac{U_{BE8}}{R_2} \right) \cdot R_3 \approx 250\ mV \quad (11.21)$$

Diese Gleichung lässt erkennen, dass nur Widerstandsverhältnisse die Referenzspannung bestimmen. Wählt man für R_1 einen festen Wert, z. B. gebildet durch Standardwiderstände (1,5 $k\Omega$), so kann mittels R_2 der TK abgeglichen werden. Durch die Wahl des Widerstandswertes R_3 wird dann die gewünschte Referenzspannung eingestellt. R_3 ist gleichzeitig der äquivalente **Innenwiderstand** der Spannungsquelle.

Simulation

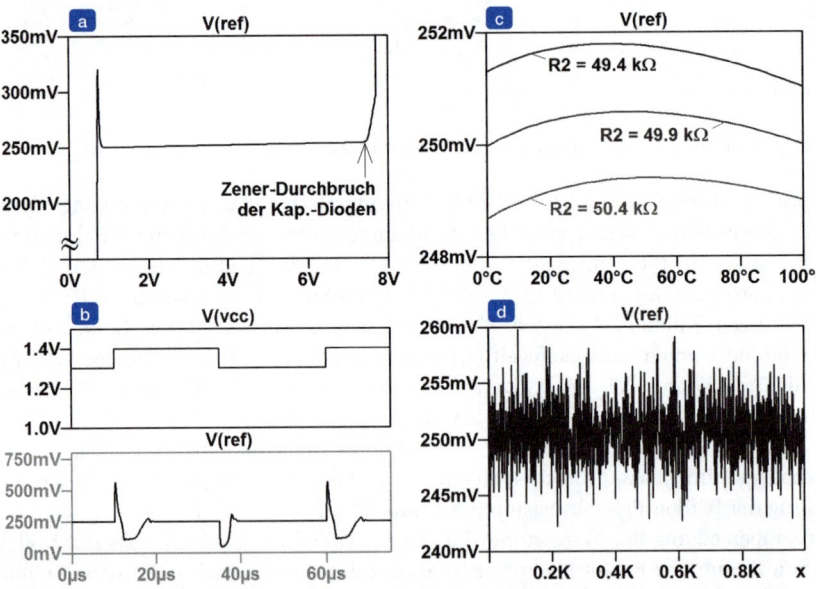

Abbildung 11.25: Simulationsergebnisse zur Schaltung nach Abbildung 11.24 (BG250m2a.asc bis BG250m2d.asc): (a) Referenzspannung $V(Ref)$ in Abhängigkeit von der Versorgungsspannung V_{CC}; (b) Sprungantwort; (c) Temperaturabhängigkeit, R_2 als Parameter; (d) Monte-Carlo-Simulation der Referenzspannung $V(Ref)$.

Das Besondere dieser Schaltung ist, dass sie bei Versorgungsspannungen bis herab zu ungefähr 0,9 V betrieben werden kann. Das erfordert eine spezielle Methode, den Early-Effekt-Einfluss zu reduzieren. Die übliche Verwendung einer Kaskoden-Schaltung würde eine höhere Versorgungsspannung verlangen; sie scheidet deshalb aus. Stattdessen wird durch eine „Stromregelung" über den Stromspiegel X3, X1 und die Verwendung eines PNP-Stromspiegels dafür gesorgt, dass die Knoten „3" und „4" etwa gleiches Potential erhalten. Die Transistoren X3 und X6 werden dabei in Diodenschaltung betrieben. Ähnlich funktioniert auch der Stromgenerator mit negativem TK. Hier wird der Strom I_7 nicht durch einen NPN-Emitter-Folger (wie in Abbildung 10.6) dem Knoten „7" zugeführt, sondern über den PNP-Stromspiegel X11, X12. Der Nachteil der mehrfachen Stromspiegelung ist allerdings ein etwas größerer Fehler der Referenzspannung infolge der statistischen Bauteilstreuungen. Simulationsergebnisse sind in Abbildung 11.25 wiedergegeben. Eine ähnliche Schaltung, die auch noch über eine Second-Order-Temperaturkompensation verfügt, ist in [7] beschrieben.

Jeder Stromgenerator der Schaltung enthält einen eigenen Regelkreis, der zum Schwingen neigen kann. Normalerweise sollte die PTAT-Stromquelle ohne zusätzliche Frequenzgangkorrektur auskommen. Mit den Daten des C36-Prozesses ist die Schaltung nicht stabil, sie schwingt. Durch die in Abbildung 11.24 vorgesehenen R-C-Glieder XR5, DC2 und XR6, DC3 gelingt jedoch eine Frequenzgangkorrektur. Ein Breadboard-Aufbau [19] hat dies bestätigt. Um den Flächenbedarf klein zu halten, bietet sich für die Kondensatoren die Verwendung der Basis-Emitter-Kapazität an. Deren Sperrstrom könnte allerdings ein sicheres Starten erschweren, wenn dieser z. B. einen Nebenschluss vom Knoten „3" nach Masse darstellt. Aus diesem Grund sollten die Epi-Wannen der beiden Kondensatoren DC2 und DC3 mit dem Knoten „2" verbunden werden (im Schaltbild nicht dargestellt). Dies bewirkt auch eine Vergrößerung des am Knoten „2" wirkenden Sperrstromes und begünstigt damit das Starten. Eine spezielle Starthilfeschaltung kann daher entfallen. Der Stromgenerator mit negativem TK erfordert eine eigene Frequenzgangkorrektur. Das R-C-Glied XR4, DC1 zwischen den Knoten „6" und „8" erfüllt die Aufgabe. Hier spielen die Sperrströme eine untergeordnete Rolle. Die Epi-Wanne von DC1 wird am besten mit dem Knoten „a" verbunden. Damit wirkt die Basis-Kollektor-Kapazität parallel zur Diode DC1 und die parasitäre Epi-Substrat-Kapazität vom Knoten „a" gegen Masse. Diese zusätzlichen Kapazitäten sind im Schaltbild nicht dargestellt.

- **Wichtiger Hinweis**: Die Verwendung der Basis-Emitter-Kapazität zur Frequenzgangkorrektur begrenzt die **maximal** zulässige Versorgungsspannung auf etwa 6 V!

> **Hinweis**
>
> Eine Bandgap-Referenz kann gut zur laufenden Prozesskontrolle und zur Unterstützung bei der Extraktion der Modellparameter herangezogen werden. Es ist z. B. sehr schwierig, die Basis-Emitter-Spannung über den Temperaturbereich genau genug zu messen, um daraus das Verhalten einer Bandgap-Schaltung vorhersagen zu können. Aus der Messung der Spannung einer Bandgap-Schaltung über den Temperaturbereich gelingt hingegen eine recht gute Anpassung der Parameter [10], [11], [15]. Dies gilt besonders für den Parameter EG. Jedes Prozess-Test-Pattern auf dem Wafer sollte daher neben den normalen Elementen zur Prozessüberwachung auch eine Bandgap-Referenz enthalten.

11.3.9 Bandgap-Referenzen in CMOS-Prozessen

Zunächst einmal ist anzumerken, dass eine Bandgap-Referenz vom Prinzip her ein bipolares Konzept ist. Benötigt werden auf jeden Fall eine Diodenspannung (mit negativem TK) und die Differenz zweier Diodenspannungen (mit positivem TK). Die zusätzlich erforderlichen Stromspiegel und Verstärker können allerdings auch in CMOS ausgeführt werden. Zum Glück bietet selbst der einfache CMOS-Prozess bipolare Transistoren. In der Regel gut charakterisiert ist der vertikale **PNP-Transistor in einem N-Well-Prozess** (bzw. der vertikale **NPN-Transistor in einem P-Well-Prozess**), der aus einem PMOS-Transistor (bzw. aus einem NMOS-Transistor) gebildet werden kann. Dabei wirken Source und Drain als Emitter, das Well-Gebiet als

Basis und das Substrat ist der Kollektor. Leider ist der Kollektor stets mit dem niedrigsten Potential −VSS oder GND (bzw. dem höchsten Potential, +VDD) verbunden und kann nicht frei angeschlossen werden; siehe z. B. Abbildung 11.26a. Es gibt aber auch einen **lateralen PNP-Transistor** (bzw. NPN-Transistor). Auch dieser kann aus einem Feldeffekt-Transistor gebildet werden. Wird z. B. Source ringförmig vom Drain-Gebiet umschlossen, so kann Source als Emitter und Drain als Kollektor verwendet werden und das WELL-Gebiet stellt, wie oben, die Basis dar; siehe Abbildung 11.26b.

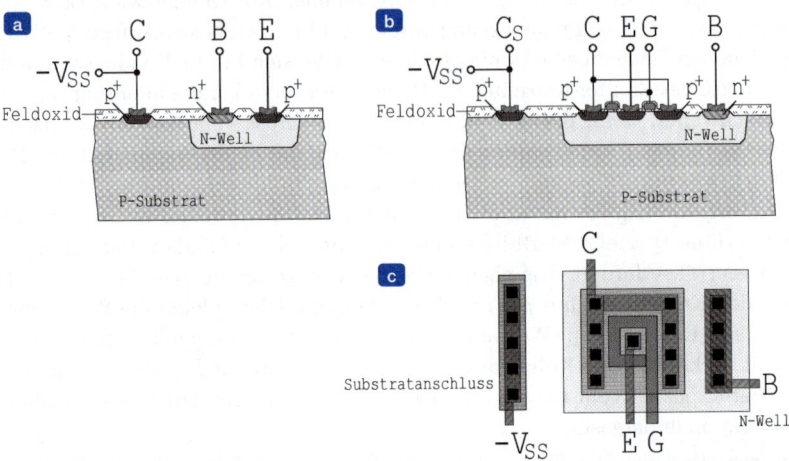

Abbildung 11.26: Bipolar-Transistoren in einem N-Well-CMOS-Prozess: (a) vertikaler PNP-Transistor; (b) lateraler PNP-Transistor; (c) Layout zu (b).

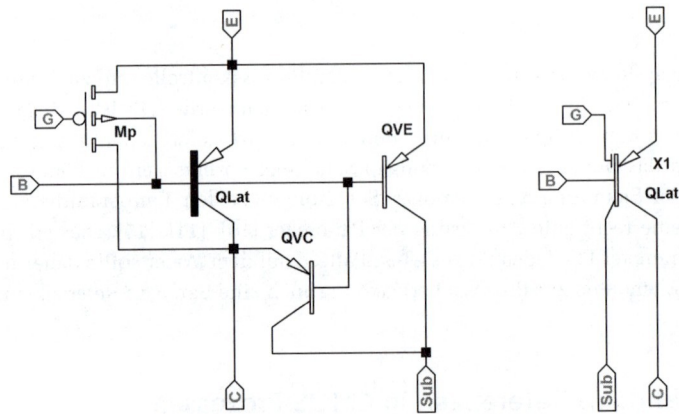

Abbildung 11.27: Ersatzschaltbild eines lateralen PNP-Transistors und Subcircuit-Symbol.

Eine solche Struktur hat allerdings stets zusätzlich einen vertikal wirkenden **parasitären** Substrattransistor, der einen Teil des Emitter-Stromes zum Substrat ableitet. Außerdem wirkt parallel zur Kollektor-Emitter-Strecke der PMOS-Transistor. Dieser kann aber gesperrt werden, indem das Gate mit dem Emitter oder besser noch, mit einem etwas positiveren Potential verbunden wird. In den Schaltbildern muss daher stets das Subcircuit-Symbol mit der dahinter stehenden Ersatzschaltung und dem zugehörigen Subcircuit-Modell verwendet werden, siehe Abbildung 11.27. Der laterale Bipolar-Transistor ist leider oft nur für eine festgelegte Geometrie charakterisiert. Beide Strukturen, der vertikale und der laterale Bipolar-Transistor, können aber für den Aufbau einer Bandgap-Referenz eingesetzt werden.

Im Folgenden sollen nun einige Beispiele vorgestellt werden. In den meisten Fällen wird man den vertikalen Bipolar-Transistor einsetzen, doch wenn der laterale Bipolar-Transistor einigermaßen charakterisiert ist und brauchbare SPICE-Parameter vorhanden sind, kann auch dieser z. B. zum Aufbau einer Widlar-Referenz analog zu Abbildung 11.13 verwendet werden.

Einfache Bandgap-Referenz mit vertikalen PNP-Transistoren

In Abbildung 11.28 ist das Prinzip einer Bandgap-Referenz dargestellt, in der der vertikale Bipolar-Transistor (Kollektor mit Substrat verbunden) verwendet wird. Zwei als Dioden geschaltete Transistoren Q1 und Q2 werden mit unterschiedlichen Stromdichten betrieben, um eine „PTAT-Spannung" zu bilden, und über einen Operationsverstärker OP, der die Gleichheit der Spannungsabfälle an den beiden Widerständen R2 und R3 erzwingt, wird der Regelkreis geschlossen.

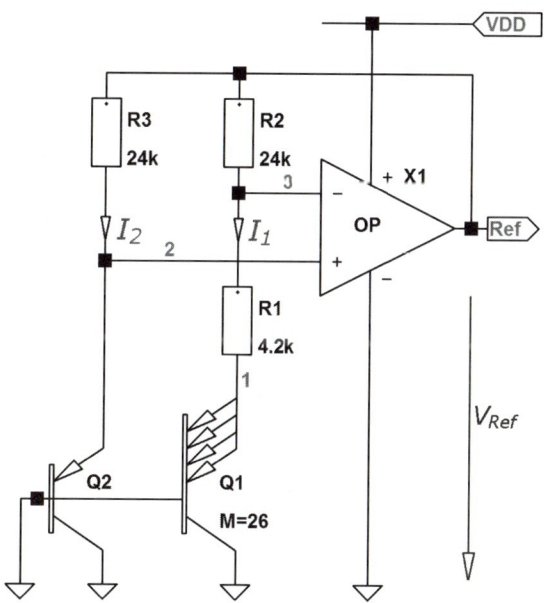

Simulation

Abbildung 11.28: (BGMOS3.asc) CMOS-Bandgap-Referenz mit vertikalen PNP-Substrattransistoren.

Zum Verständnis der Schaltung werde aus einem Spannungsumlauf die Differenz der Basis-Emitter-Spannungen gebildet (Achtung PNP-Transistoren: $U_{EB} = -U_{BE}$):

$$V_{Ref} = I_2 \cdot R_3 + U_{EB2} = I_1(R_1 + R_2) + U_{EB1} \;\rightarrow\; U_{EB2} - U_{EB1} = I_1 \cdot (R_1 + R_2) - I_2 \cdot R_3 \quad (11.22)$$

Der Operationsverstärker erzwingt gleiche Potentiale an den Knoten „2" und „3", also

$$I_2 \cdot R_3 = I_1 \cdot R_2 \;\rightarrow\; I_2 / I_1 = R_2 / R_3 \quad (11.23)$$

Mithilfe der Kennliniengleichung für die beiden Transistoren folgt:

$$I_1 = M \cdot I_S \cdot e^{\frac{U_{EB1}}{V_T}} \; ; \; I_2 = I_S \cdot e^{\frac{U_{EB2}}{V_T}} \rightarrow U_{EB2} - U_{EB1} = V_T \cdot \left(\ln\left(\frac{I_2}{I_S}\right) - \ln\left(\frac{I_1}{M \cdot I_S}\right) \right) =$$

$$U_{EB2} - U_{EB1} = V_T \cdot \ln\left(M \cdot \frac{I_2}{I_1}\right) \tag{11.24}$$

Ein Gleichsetzen der beiden Ausdrücke für die Differenz der Basis-Emitter-Spannungen in (11.22) und (11.24) ergibt bei Berücksichtigung von Gleichung (11.23):

$$U_{EB2} - U_{EB1} = I_1 \cdot R_1 + \cancel{I_2 \cdot R_2} - \cancel{I_2 \cdot R_2} = V_T \cdot \ln\left(M \cdot \frac{R_2}{R_3}\right) \tag{11.25}$$

Wird dieses Ergebnis in Gleichung (11.22) eingesetzt, kann die Referenzspannung in folgender Form ausgedrückt werden:

$$V_{Ref} = I_1(R_1 + R_2) + U_{EB1} = \frac{R_1 + R_2}{R_1} \cdot V_T \cdot \ln\left(M \cdot \frac{R_2}{R_3}\right) + U_{EB1} \tag{11.26}$$

Der erste Term ist wegen $V_T = k \cdot T/q$ zur absoluten Temperatur proportional und der zweite Term, die Basis-Emitter-Spannung U_{EB1}, hat einen negativen TK. Die Widerstände stehen auch bei dieser Schaltung im Verhältnis zueinander.

Die Gleichung (11.26) lässt Möglichkeiten erkennen, unterschiedliche Stromdichten in den beiden Transistoren zu erreichen:

- entweder $R_2 = R_3$ und $M > 1$ (z. B. $M = 4$ oder auch deutlich größer)
- oder $M = 1$ (zwei gleich große Transistoren) und $R_2 > R_3$
- oder $M > 1$ und $R_2 > R_3$.

Der Operationsverstärker kann mit CMOS-Elementen aufgebaut sein. Wichtig ist, dass er eine möglichst kleine Offset-Spannung aufweist. In Abbildung 11.28 erhält er über den Anschluss VDD die Spannungsversorgung. Wenn der Operationsverstärker für eine niedrige Betriebsspannung ausgelegt ist, kann er auch direkt über den Ref-Anschluss versorgt werden. In solch einem Falle ist die Schaltung wieder zweipolig und kann wie eine Z-Diode eingesetzt werden. Die komplette Schaltung einer Bandgap-Referenz, die nach diesem Prinzip arbeitet und im CM5-Prozess realisiert wurde, ist in der Datei CM5BG03B.asc zu finden; siehe aber auch CM5BG03A.asc.

Aufgabe

Experimentieren Sie mit den Schaltungen Abbildung 11.28 (Datei BGMOS3.asc) und den ausgeführten Schaltungen CM5BG03A.asc und CM5BG03B.asc.

Messen Sie in den Schaltungen CM5BG03A.asc und CM5BG03B.asc auch die Drain-Source-Spannungen der Transistoren im Operationsverstärker. Machen Sie sich insbesondere Gedanken über die Spannung am Knoten „1" (Drain von M1) und die Dimensionierung der Stromquellentransistoren M2, M1 und M8. Messen Sie z. B. den Drain-Strom von M1 und überprüfen Sie durch eine einfache Rechnung, ob der Transistor noch im Stromsättigungsbereich arbeitet.

11.3 Bandgap-Spannungsreferenzen

Einfache Bandgap-Referenz mit lateralen PNP-Transistoren

Wird eine Spannungsreferenz benötigt, die nicht auf den Knoten „GND" sondern auf „VDD" bezogen ist, kann der **laterale** PNP-Transistor (in einem N-Well-Prozess verfügbar) eingesetzt werden. Abbildung 11.29 zeigt eine einfache Schaltung. Sie entspricht dem Prinzip von Abbildung 11.7c, siehe aber auch [12]. Da das Layout eines lateralen Bipolar-Transistors in einem CMOS-Prozess normalerweise eine minimale Geometrie aufweist, ist die Strombelastbarkeit entsprechend gering (einige Mikroampere). Das erfordert hochohmige Widerstände. Der CM5-Prozess verfügt z. B. über Widerstände mit einem Schichtwiderstand von $R_{SH} = 1,2$ kΩ/sq, sodass die in Abbildung 11.29 angegebenen Werte ohne Probleme realisierbar sind.

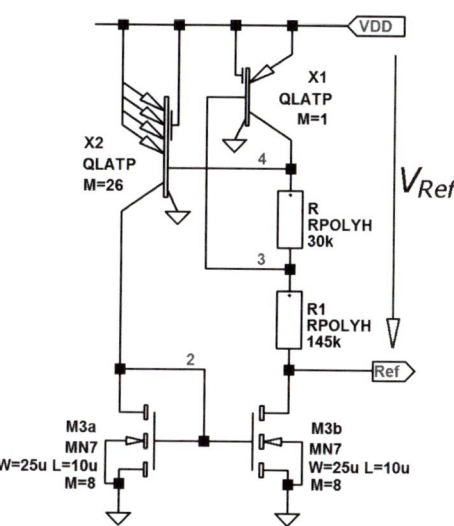

Simulation

Abbildung 11.29: (BGMOS4.asc) CMOS-Bandgap-Referenz mit lateralen PNP-Transistoren in einem N-Well-Prozess. Die angegebenen Werte gelten für den CM5-Prozess.

Strom-Mode-Bandgap-Referenz

Werden Referenzspannungen kleiner als die normale Bandgap-Spannung von 1,25 V benötigt, kann eine ähnliche Methode angewendet werden, wie sie in Abbildung 11.24 für Bipolar-Prozesse dargestellt ist. Für CMOS-Prozesse wurde eine solche **Strom-Mode**-Bandgap-Referenz z. B. von Banba et. al. [13] vorgeschlagen. Abbildung 11.30 zeigt das Prinzip.

Der Operationsverstärker erzwingt Gleichheit der Potentiale an den Knoten „1" und „2". Bei gleich großen Widerstandswerten R_1 und R_2 sind demnach die Ströme I_{1b} und I_{2b} einander gleich. Unter der Voraussetzung gleicher Transistoren M1, M2 und M3 sind auch die drei Ströme I_1, I_2 und I_3 gleich; folglich gilt auch: $I_{1a} = I_{2a}$. Mit diesen Voraussetzungen wird:

$$U_{EB1} = U_{EB2} + I_{2a} \cdot R_3 \rightarrow I_{2a} = \frac{U_{EB1} - U_{EB2}}{R_3}; \quad I_{2b} = I_{1b} = \frac{U_{EB1}}{R_1} = \frac{U_{EB1}}{R_2} \qquad (11.27)$$

Die U_{BE}-Differenz ist wegen $I_{1a} = I_{2a}$ wieder eine PTAT-Spannung:

$$U_{EB1} - U_{EB2} = V_T \cdot \ln M \qquad (11.28)$$

Wird diese Gleichung in (11.27) eingesetzt, ergibt sich:

$$I_2 = I_{2a} + I_{2b} = \frac{V_T \cdot \ln M}{R_3} + \frac{U_{EB1}}{R_2} \qquad (11.29)$$

und wegen $I_1 = I_2 = I_3$ sowie $V_{Ref} = I_3 \cdot R_4 = I_2 \cdot R_4$ folgt schließlich

$$V_{Ref} = (I_{2a} + I_{2b}) \cdot R_4 = \left(\frac{V_T \cdot \ln M}{R_3} + \frac{U_{EB1}}{R_2}\right) \cdot R_4 \qquad (11.30)$$

Durch geeignete Wahl von R_3 und $R_2 = R_1$ wird der TK-Abgleich vorgenommen und mithilfe von R_4 wird schließlich der gewünschte Spannungswert eingestellt. Die Widerstandswerte stehen auch bei dieser Schaltung im **Verhältnis** zueinander.

Simulation

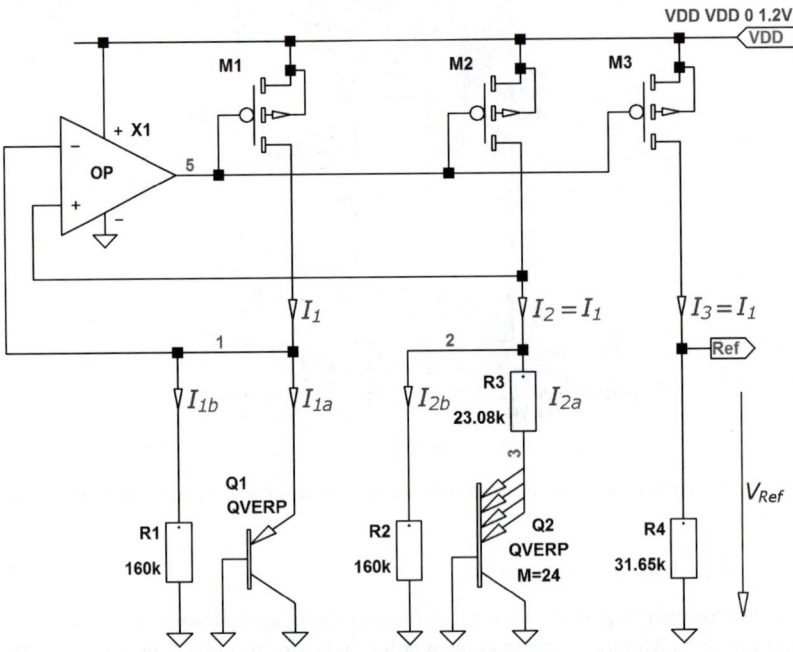

Abbildung 11.30: (BGMOS5.asc) Strom-Mode-Bandgap-Referenz nach [13].

Aufgabe

Experimentieren Sie mit der Schaltung Abbildung 11.30. Überprüfen Sie z. B. auch die Gleichung (11.30) mithilfe von Größen, die Sie der Simulation entnehmen können.

11.3 Bandgap-Spannungsreferenzen

Hinweis

Da die Schaltung besonders für den Betrieb an niedrigen Versorgungsspannungen interessant ist (beispielsweise 1,2 V), muss der Operationsverstärker entsprechend ausgelegt sein. Sein Ausgang wird hier allerdings nur kapazitiv belastet. Deshalb bietet sich die Verwendung einer **einstufigen** OTA-Schaltung (**Operational Transconductance Amplifier**) an. Dann wird auch die Frequenzgangkorrektur relativ einfach: Ein Kondensator parallel zum Ausgang reicht meist schon aus (wenn überhaupt notwendig), da die Transistoren M1 bis M3 bereits eine kapazitive Last darstellen. Wichtig ist aber eine kleine Offset-Spannung, denn MOS-Verstärker zeigen ein gänzlich anderes temperaturbedingtes **Drift**-verhalten als dies von bipolaren Verstärkern bekannt ist (siehe *Abschnitt 13.3*). Eine geeignete OTA-Schaltung findet man unter der Bezeichnung CM5OTA10.asc.

Simulation

Damit die drei P-Kanal-MOS-FETs mit möglichst geringer Source-Gate-Spannung auskommen, werden sie am besten in der **schwachen Inversion** betrieben. Dies wirkt sich leider ungünstig auf die statistischen Streuungen der drei Ströme aus, siehe *Abschnitt 8.2.2* und Abbildung 8.12. Deshalb wird man einerseits die Gate-Flächen relativ groß wählen und andererseits Widerstände in den Source-Leitungen vorsehen. Ein Spannungsabfall von ungefähr 150 mV an diesen führt zu einem brauchbaren Kompromiss. Eine komplette Schaltung ist unter der Bezeichnung CM5BG12.asc zu finden. Eine Monte-Carlo-Simulation der genannten Schaltung liefert als Standardabweichung der statistischen Streuung der Referenzspannung einen Wert < 1 %.

Zusammenfassung

In diesem Kapitel wurde gezeigt, wie Referenzspannungen direkt auf dem Chip erzeugt werden können. Normale Z-Dioden lassen sich durch die Basis-Emitter-Diode eines NPN-Transistors nachbilden und haben eine Durchbruchspannung von etwa 7 V. Referenzspannungen mit geringeren Werten können vorteilhaft aus einer PTAT-Stromquelle abgeleitet werden. Durchfließt ein PTAT-Strom einen Widerstand, entsteht an diesem ein der absoluten Temperatur proportionaler Spannungsabfall. Eine solche PTAT-Spannungsquelle bietet verschiedene Vorteile:

- Geringe Referenzspannungen sind ohne Probleme zu erzeugen.
- Da die Spannung $V_T \approx 25$ mV als Referenz dient, kommt man mit relativ kleinen Widerstandswerten aus.

Die Spannung wird durch Widerstands**verhältnisse** bestimmt. Dadurch sind fertigungsbedingte Streuungen gering.

Durch die geschickte Kombination einer PTAT-Spannungsquelle mit einer Diode (Basis-Emitter-Diode) kann in einem gewissen Bereich ein ausgeglichener Temperaturgang erreicht werden. Diese Kompensation wird normalerweise dann erreicht, wenn die eingestellte Spannung gerade dem Bandabstand des Halbleiters entspricht (ca. 1,2 V bei Silizium). Deshalb ist die Bezeichnung Bandgap-Referenz gebräuchlich. Kleinere Spannungswerte mit geringem TK erfordern spezielle Schaltungstechniken, können aber sowohl in Bipolar- wie auch in CMOS-Prozessen erzielt werden.

Aus der Vielzahl der möglichen Schaltungen sind gezielt einige ausgewählt, die erklärt, berechnet und mit konkreten Wertangaben vorgeführt wurden. Die Anwendung des Simulators SPICE – einschließlich einer Monte-Carlo-Simulation zur Abschätzung der zu erwartenden Streuungen – spielte dabei eine wichtige Rolle. Auch das Trimmen einer Bandgap-Referenz und das physikalische Layout wurden exemplarisch an einem Beispiel gezeigt.

Literatur

[1] M. P. Timko, P. R. Holloway: *Circuit Techniques for Achieving High Speed High Resolution A/D Conversion*; IEEE J. Solid State Circuits, Vol. 15, 1980, 1040–1051.

[2] D. Hilbiber: *A New Semiconductor Voltage Standard*; ISSCC Dig. Tech. Papers, Vol. 7, 1964, 32–33.

[3] Robert J. Widlar: *New Developments in IC Voltage Regulators*; IEEE J. Solid State Circuits, Vol. 6, 1971, 2–7.

[4] Paul Brokaw: *A Simple Three-Terminal IC Bandgap Reference*; IEEE J. Solid State Circuits, Vol. 9, 1974, 388–393.

[5] B.-S. Song, P. R. Gray: *A Precision Curvature-Compensated CMOS Bandgap Reference*; IEEE J. Solid State Circuits, Vol. 18, 1983, 634–643.

[6] G. C. M. Meijer, et al.: *A New Curvature-Corrected Bandgap Reference*; IEEE J. Solid State Circuits, Vol. 17, 1982, 1139–1143.

[7] M. Gunawan et al.: *A Curvature-Corrected Low-Voltage Bandgap Reference*: IEEE J. Solid State Circuits, Vol. 28, 1993, 667–670.

[8] Inyeol Lee et al.: *Exponential Curvature-Compensated BiCMOS Bandgap References*; IEEE J. Solid State Circuits, Vol. 29, 1994, 1396–1403.

[9] Robert J. Widlar: *Low Voltage Techniques*; IEEE J. Solid State Circuits, Vol. 13, 1978, 838–846.

[10] Gerard C. M. Meijer, Kees Vingerling: *Measurement of the Temperature Dependence of the $I_C(V_{BE})$ Characteristics of Integrated Bipolar Transistors*; IEEE J. Solid State Circuits, Vol. 15, 1980, 237–240.

[11] Yannis P. Tsividis: *Accurate Analysis of Temperature Effects in I_C-V_{BE} Characteristics with Application to Bandgap Reference Sources*; IEEE J. Solid State Circuits, Vol. 15, 1980, 1076–1084.

[12] Eric A. Vittoz: *MOS Transistors Operated in the Lateral Bipolar Mode and Their Application in CMOS technology*; IEEE J. Solid State Circuits, Vol. 18, 1983, 273–279.

[13] H. Banba et al: *A CMOS Bandgap Reference Circuit with Sub-1-V Operation*; IEEE J. Solid State Circuits, Vol. 34, 1999, 670–674.

[14] B. A. McDonald: *Avalanche Degradation of hFE*; IEEE Transactions on Electron Devices, Vol. ED-17, No. 10, Oktober 1970, 871–878.

[15] S. L. Lin, C. A. T. Salama: *A $V_{BE}(T)$ Model with Application to Bandgap Reference Design*; IEEE J. Solid State Circuits, Vol. SC-20, 1985, 1283–1285.

[16] K.-H. Cordes: *Einführung in das Simulationsprogramm SPICE*; IC.zip, Skripten\SPICE.pdf

[17] K.-H. Cordes: *Kurze Einführung in das Simulationsprogramm LT-SPICE*; IC.zip,Skripten\LT-SPICE.pdf

[18] K.-H. Cordes: *Kurze Einführung in das Layout-Programm L-Edit*; IC.zip, Skripten\L-Edit.pdf

[19] K.-H. Cordes: Breadboarding; IC.zip, Breadboard\Breadboard.pdf.

Das Differenztransistorpaar

12.1 Das Emitter-gekoppelte Bipolar-Transistorpaar .. 538
12.2 Das Source-gekoppelte MOSFET-Transistorpaar .. 542

ÜBERBLICK 12

12 Das Differenztransistorpaar

Einleitung

Zwei Transistoren, die derart zu einem Paar zusammengeschaltet sind, dass entweder ihre Emitter- bzw. Source-Anschlüsse oder ihre Basen bzw. Gates miteinander verbunden sind, können in fast jeder analogen Schaltung in irgendeiner Form angetroffen werden. Wie bei Stromspiegelschaltungen (siehe *Kapitel 9*) wird das gute Matching gleichartiger Transistoren auf ein und demselben Chip ausgenutzt. Ein solches Transistorpaar bildet die Grundlage beim Aufbau eines Differenzverstärkers (siehe *Kapitel 13*), der z. B. die Differenz zweier Spannungen bilden soll. Dabei kommt es vor allem auf einen geringen **Offset-Fehler** (Fehler bei der Differenzbildung) an. Das Eingangssignal liegt meist zwischen den beiden Basen bzw. Gates (manchmal auch zwischen den beiden Emittern bzw. Source-Anschlüssen) und die Kollektor- bzw. Drain-Ströme werden in einer angeschlossenen „Schaltung" weiterverarbeitet. Im Folgenden soll diese wichtige Grundschaltung etwas näher betrachtet werden; zunächst das Bipolar- und anschließend das MOSFET-Paar.

12.1 Das Emitter-gekoppelte Bipolar-Transistorpaar

Wenn in dem in Abbildung 12.1a dargestellten Transistorpaar die Potentiale an den beiden Knoten „V1" und „V2" genau gleich sind und die Basis-Ströme vernachlässigt werden, teilt sich der Strom I_0 in zwei gleich große Kollektor-Ströme I_1 und I_2.

Simulation

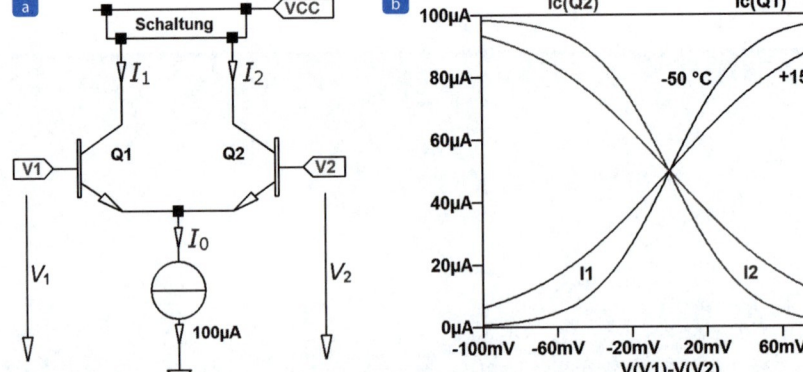

Abbildung 12.1: (Diff_1.asc) Emitter-gekoppeltes bipolares Transistorpaar: (a) Schaltung; (b) Kollektor-Ströme $I_1 = I_C(Q1)$ und $I_2 = I_C(Q2)$ in Abhängigkeit von der Differenzspannung $V_1 - V_2$ für zwei verschiedene Temperaturen.

Wird nun das Potential V_1 am Knoten „V1" (relativ zum Potential am Knoten „V2") vergrößert, so steigt der Kollektor-Strom I_1, und der Kollektor-Strom I_2 fällt um den gleichen Betrag. Die Stromsumme bleibt **konstant**:

$$I_1 + I_2 \approx I_0 = konst. \tag{12.1}$$

Die beiden Ströme I_1 und I_2 werden dann in der angeschlossenen **Schaltung** weiterverarbeitet. Wegen der exponentiellen Transistorkennlinie folgt der Strom der Spannungsänderung nicht linear! In welcher Weise die beiden Ströme I_1 und I_2 von der Potentialdifferenz $V_1 - V_2$ abhängen, kann mithilfe der Transistorgleichung ermittelt werden. Zunächst werden die beiden Basis-Emitter-Spannungen gebildet und dann aus einem Spannungsumlauf und Gleichung (12.1) die Strom- oder Transferkennlinien:

$$I_C \approx I_S \cdot e^{\frac{U_{BE}}{N \cdot V_T}} \approx I_S \cdot e^{\frac{U_{BE}}{V_T}}; \; N \approx 1 \;\rightarrow\; U_{BE1} = V_T \cdot \ln\left(\frac{I_1}{I_S}\right); \; U_{BE2} = V_T \cdot \ln\left(\frac{I_2}{I_S}\right) \quad (12.2)$$

$$V_1 = U_{BE1} - U_{BE2} + V_2 \;\rightarrow\; U_{BE1} - U_{BE2} = V_1 - V_2 = U_d = V_T \cdot \ln\left(\frac{I_1}{I_2}\right) \;\rightarrow\; \quad (12.3)$$

$$\frac{I_1}{I_2} = e^{\frac{V_1 - V_2}{V_T}} = e^{\frac{U_d}{V_T}} \quad (12.4)$$

Hierin ist U_d die **Differenz** der Potentiale an den Knoten „V1" und „V2". Zusammen mit Gleichung (12.1) folgt aus (12.4):

$$I_1 = \frac{I_0}{1 + e^{\frac{-U_d}{V_T}}}; \quad I_2 = \frac{I_0}{1 + e^{\frac{+U_d}{V_T}}} \quad (12.5)$$

Mit

$$\frac{2}{1+e^{-x}} = \frac{1+e^{-x}+1-e^{-x}}{1+e^{-x}} = \left(1 + \frac{1-e^{-x}}{1+e^{-x}} \cdot \frac{e^{x/2}}{e^{x/2}}\right) = \left(1 + \frac{e^{x/2}-e^{-x/2}}{e^{x/2}+e^{-x/2}}\right) = \left(1 + \tanh\frac{x}{2}\right) \quad (12.6)$$

können die beiden Ströme auch in der folgenden Form angegeben werden:

$$I_1 = \frac{I_0}{2} \cdot \left(1 + \tanh\left(\frac{U_d}{2 \cdot V_T}\right)\right); \quad I_2 = \frac{I_0}{2} \cdot \left(1 - \tanh\left(\frac{U_d}{2 \cdot V_T}\right)\right) \quad (12.7)$$

Abbildung 12.1b zeigt die beiden Ströme I_1 und I_2 in Abhängigkeit von der Differenzspannung U_d für zwei verschiedene Temperaturen. Man erkennt die typische *tanh*-Funktion. Bei höheren Temperaturen wird der Verlauf flacher, und nur in einem kleinen Bereich, ca. $\pm V_T$ ($\approx 25\,mV$ bei Zimmertemperatur), folgen die beiden Ströme etwa linear der Differenzspannung. Die Steigung in diesem Bereich findet man am besten durch Differenzieren der Gleichung (12.5):

$$\left(\frac{\partial I_1}{\partial U_d}\right)_{U_d=0} = I_0 \cdot \left(\frac{-\left(e^{\frac{-U_d}{V_T}}\right) \cdot \left(\frac{-1}{V_T}\right)}{\left(1 + e^{\frac{-U_d}{V_T}}\right)^2}\right)_{U_d=0} = I_0 \cdot \frac{-1 \cdot \frac{-1}{V_T}}{(1+1)^2} = \frac{I_0}{4 \cdot V_T} \quad (12.8)$$

Nun ist der Kollektor-Strom dividiert durch V_T identisch mit der Steilheit oder Transconductance eines Transistors. Folglich gilt wegen $I_1(U_d = 0) = I_2(U_d = 0) = I_0/2$:

$$\left(\frac{\partial I_1}{\partial U_d}\right)_{U_d=0} = \frac{g_m}{2}; \quad \left(\frac{\partial I_2}{\partial U_d}\right)_{U_d=0} = -\frac{g_m}{2} \quad (12.9)$$

Die Transconductance g_m hängt praktisch nur vom Strom I_0 und über V_T von der Temperatur ab (sie wird mit zunehmender Temperatur kleiner). Beide Ausdrücke in (12.9) sind also unabhängig von Transistorparametern. Damit haben auch die geometrischen Abmessungen der Transistoren keinen Einfluss auf das Ergebnis; die beiden Transistoren müssen nur identisch sein.

Eine weitere interessante Größe ist die **Differenz** der beiden Ströme I_1 und I_2:

$$I_1 - I_2 = I_d = I_0 \cdot \tanh\left(\frac{U_d}{2 \cdot V_T}\right) \quad (12.10)$$

Die Strom-Spannungs-Beziehung $I_d = f(U_d)$ eines bipolaren Transistorpaares hat somit *tanh*-**Charakter**, eine Eigenschaft, die z. B. beim Analog-Multiplizierer eine wichtige Rolle spielt.

12.1.1 Linearisierung durch Stromgegenkopplung

In Verstärkeranwendungen kann die nichtlineare Übertragungskennlinie eines Transistorpaares stören; sie verursacht Verzerrungen. Eine Linearisierung ist aber möglich, wenn in die beiden Emitter-Leitungen Widerstände zur Stromgegenkopplung eingefügt werden, siehe Abbildung 12.2a.

Ohne Differenzaussteuerung ($U_d = 0$) entsteht an beiden Widerständen in Abbildung 12.2a der Spannungsabfall $R \cdot I_0/2$; dadurch wird die untere Grenze der **Gleichtaktaussteuerung** (Erklärung siehe *Abschnitt 13.2*) um diesen Betrag angehoben. Bei niedrigen Versorgungsspannungen kann dieser „Spannungsverlust" problematisch werden. Es gibt aber einen Ausweg: Die **Sternschaltung**, bestehend aus den Elementen R1a, R2a und der Stromquelle I1, kann in eine äquivalente **Dreieckschaltung** umgewandelt werden. Dies ist in Abbildung 12.2b dargestellt.

Simulation

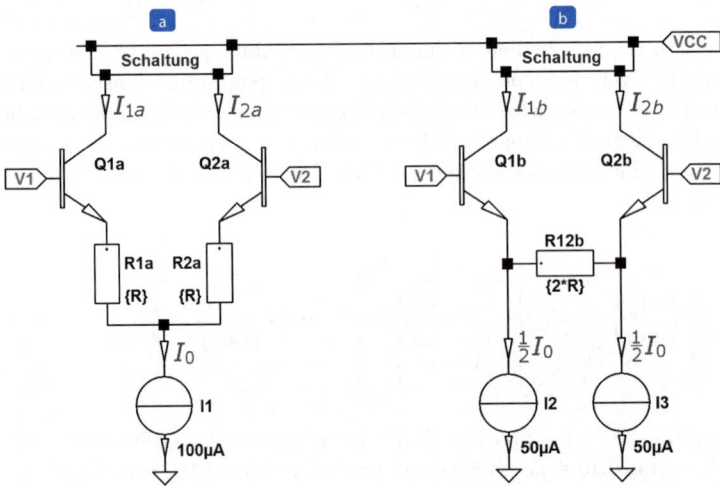

Abbildung 12.2: (Diff_2.asc) Linearisierung durch Stromgegenkopplung (a) mit zwei Widerständen und einer Stromquelle; (b) mit einem Widerstand und zwei Stromquellen.

Eine geschlossene Berechnung der Stromverläufe ist wegen der exponentiellen Transistorkennlinie nicht möglich. Wenn aber die Spannungsabfälle an den Gegenkopplungswiderständen hinreichend groß sind, können die Basis-Emitter-Spannungen als näherungsweise konstant angesehen werden. Für Abbildung 12.2a gilt bei Vernachlässigung der Basis-Ströme und mit $U_{BE1a} \approx U_{BE2a} \approx U_{BE} = konst.$:

$$U_d = V_1 - V_2 = U_{BE1a} + I_{1a} \cdot R - U_{BE2a} - I_{2a} \cdot R \approx (I_{1a} - I_{2a}) \cdot R \quad (12.11)$$

12.1 Das Emitter-gekoppelte Bipolar-Transistorpaar

Die Grenze der Aussteuerung wird erreicht, wenn der gesamte Strom I_0 vollständig durch einen der beiden Transistoren fließt, z. B. durch Q1a, und der andere gesperrt ist. Dann fällt die Differenzspannung U_d komplett am Widerstand R1a ab.

Durch Einsetzen von $I_{1a} + I_{2a} = I_0$ in Gleichung (12.11) und Auflösen nach den Strömen folgt:

$$\left. \begin{array}{l} I_{1a} \approx \dfrac{I_0}{2} + \dfrac{U_d}{2 \cdot R} \\ I_{2a} \approx \dfrac{I_0}{2} - \dfrac{U_d}{2 \cdot R} \end{array} \right\} \quad \text{für} \quad |U_d| < I_0 \cdot R \qquad (12.12)$$

Für Abbildung 12.2b erhält man das gleiche Ergebnis.

Die Kennlinien sind in einem gewissen Bereich – abhängig vom Widerstandswert R – linear. Sie sind in Abbildung 12.3 grafisch dargestellt.

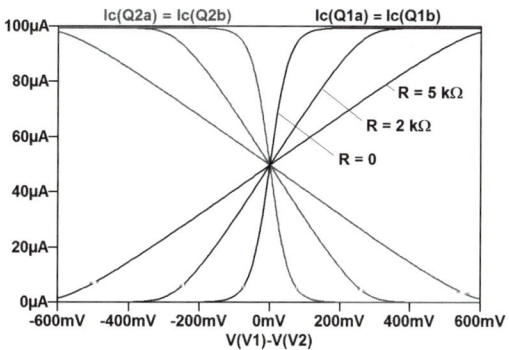

Simulation

Abbildung 12.3: (Diff_3.asc) Kollektor-Ströme I_{1a} und I_{2a} (siehe Abbildung 12.2a) bzw. I_{1b} und I_{2b} (siehe Abbildung 12.2b) in Abhängigkeit von der Differenzspannung $V_1 - V_2$ für verschiedene Gegenkopplungswiderstandswerte und $I_0 = 100\ \mu A$.

Hinweis

Bemerkungen zu den beiden Schaltungen in Abbildung 12.2

Obwohl sich rein rechnerisch die beiden Schaltungsvarianten gleich verhalten, gibt es doch zwei praktische Unterschiede:

1. In der Version nach Abbildung 12.2a liegen die beiden Widerstände direkt in Reihe mit den Transistoren. Dies kann bei niedrigen Versorgungsspannungen eher zu Aussteuerproblemen führen als in der Schaltungsversion Abbildung 12.2b.

2. In der Version Abbildung 12.2a kommt es auf ein gutes Matching der beiden Emitter-Widerstände an. Dagegen müssen im anderen Fall die beiden Ströme möglichst gut übereinstimmen. Dies erfordert in der Regel die Verwendung von Emitter-Widerständen bei den Stromquellentransistoren (hier nicht dargestellt) der Quellen I2 und I3. Eventuelle Matching-Fehler vergrößern stets die auf den Eingang bezogene Offset-Spannung. Außerdem wird der Offset-Fehler durch die Maßnahme zur **Linearisierung** umso größer, je größer die Spannungsabfälle an den Gegenkopplungswiderständen sind. Deshalb ist die Kontrolle mithilfe einer Monte-Carlo-Simulation auf jeden Fall zu empfehlen.

12 Das Differenztransistorpaar

Aufgaben

1. Experimentieren Sie mit den beiden Schaltungen Abbildung 12.2a und Abbildung 12.2b (Datei Diff_2.asc) und auch mit den eher „realistischen" Schaltungen der Datei Diff_2_real.asc.

2. Experimentieren Sie mit der Monte-Carlo-Datei Diff_3_MC.asc. Simulieren Sie z. B. die Stromverhältnisse I_{1a}/I_{2a} und I_{1b}/I_{2b} und vergleichen Sie die Ergebnisse miteinander. Wählen Sie den Wert des Gegenkopplungsparameters R_E der Stromquellen derart, dass einmal etwa 100 mV und das nächste Mal etwa 500 mV Spannungsabfall an ihnen entstehen (z. B. 2 $k\Omega$ und 10 k bei $I_B = 50\ \mu A$). Wiederholen Sie die Untersuchungen für verschiedene Widerstandswerte R für die Linearisierung (z. B. 2 $k\Omega$ und 10 $k\Omega$).

Merken Sie sich die Resultate!

12.2 Das Source-gekoppelte MOSFET-Transistorpaar

Die Funktionsweise eines MOSFET-Paares ist mit der eines bipolaren direkt vergleichbar, siehe Abbildung 12.4. Allerdings gibt es drei wesentliche Unterschiede:

Hinweis

Unterschiede zwischen MOS- und Bipolar-Paar:

1. Beim MOS-Paar fließt kein Eingangsstrom.
2. Wegen der quadratischen Kennliniengleichung des MOS-Transistors haben die Strom- oder Transferkennlinien eine (etwas) andere Form.
3. Die MOS-Transferkennlinien hängen auch von Transistorparametern ab.

Simulation

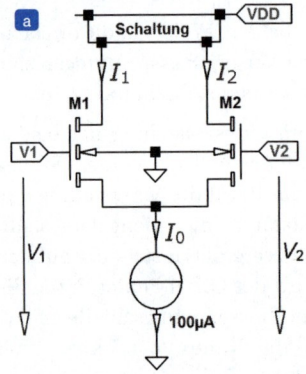 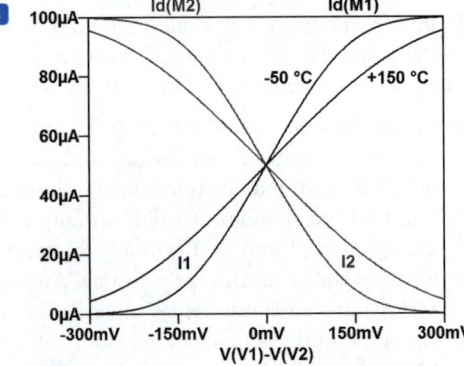

Abbildung 12.4: (Diff_4.asc) Source-gekoppeltes MOSFET-Transistorpaar: (a) Schaltung; (b) Drain-Ströme $I_1 = I_D(M1)$ und $I_2 = I_D(M2)$ in Abhängigkeit von der Differenzspannung $V_1 - V_2$ für zwei verschiedene Temperaturen.

12.2 Das Source-gekoppelte MOSFET-Transistorpaar

Zur Berechnung der Drain-Ströme wird im Prinzip genauso vorgegangen, wie dies schon beim bipolaren Transistorpaar gezeigt wurde, nur dass die Kennliniengleichung nicht mehr exponentiell, sondern näherungsweise quadratisch ist.

$$I_D \approx \beta \cdot (U_{GS} - V_{Th})^2 \rightarrow U_{GS1} = \sqrt{\frac{I_1}{\beta}} + V_{Th}; \quad U_{GS2} = \sqrt{\frac{I_2}{\beta}} + V_{Th} \qquad (12.13)$$

$$V_1 = U_{GS1} - U_{GS2} + V_2 \rightarrow U_{GS1} - U_{GS2} = V_1 - V_2 = U_d = \sqrt{\frac{I_1}{\beta}} - \sqrt{\frac{I_2}{\beta}} \qquad (12.14)$$

$$I_1 + I_2 = I_0 \qquad (12.15)$$

Die Auflösung der letzten beiden Gleichungen nach den Strömen I_1 und I_2 ist aufwendiger als bei Bipolar-Transistoren. Man isoliert in (12.14) zunächst den Term mit I_2, quadriert und ersetzt I_2 durch $I_2 = I_0 - I_1$ entsprechend Gleichung (12.15). Anschließend ist mit der Substitution $sqrt(I_1) = x$ die quadratische Gleichung für x zu lösen. Durch anschließendes Quadrieren erhält man dann I_1 und aus (12.15) auch I_2:

$$\left. \begin{array}{l} I_1 = \dfrac{1}{2}\left(I_0 + U_d \cdot \sqrt{2 \cdot I_0 \cdot \beta - (U_d \cdot \beta)^2}\right) \\ I_2 = \dfrac{1}{2}\left(I_0 - U_d \cdot \sqrt{2 \cdot I_0 \cdot \beta - (U_d \cdot \beta)^2}\right) \end{array} \right\} \quad \text{für} \quad |U_d| < \sqrt{\dfrac{I_0}{\beta}} \qquad (12.16)$$

Außerhalb des Gültigkeitsbereiches von Gleichung (12.16) fließt der Strom I_0 vollständig durch einen der beiden Transistoren, während der andere sperrt. Abbildung 12.4b zeigt die beiden Ströme I_1 und I_2 in Abhängigkeit von der Differenzspannung U_d für zwei verschiedene Temperaturen. Auf den ersten Blick zeigen die Kurven einen ähnlichen Verlauf wie die für das bipolare Transistorpaar. Trotzdem sind die mathematischen Funktionen grundsätzlich anders. Wenn aber die MOS-Transistoren in der **schwachen Inversion** betrieben werden, hängen ihre Drain-Ströme – wie beim Bipolar-Transistor – exponentiell von der Gate-Source-Spannung ab; dann wird die Übereinstimmung auch mathematisch fast perfekt.

Linearisierung durch Stromgegenkopplung

Bei MOS-Transistoren ist die Transferkennlinie wegen der quadratischen Kennliniengleichung in einem etwas weiteren Bereich linear als bei bipolaren. Durch Stromgegenkopplung ist aber, wie bei bipolaren Transistoren, eine weitere Linearisierung möglich. Es werden prinzipiell die gleichen zwei Schaltungsvarianten mit den sich dabei ergebenden Unterschieden angewendet. Auf eine nähere Betrachtung kann hier deshalb verzichtet werden.

Zusammenfassung

In diesem Kapitel wurden die besonderen Eigenschaften von Transistorpaaren erläutert. Die Transferkurven von Bipolar-Transistorpaaren unterscheiden sich rein qualitativ nur wenig von denen eines MOSFET-Paares, obwohl die mathematischen Ausdrücke aufgrund der unterschiedlichen Kennliniengleichungen grundlegend anders sind. Beide Paare verhalten nur in einem relativ kleinen Aussteuerungsbereich annähernd linear. Durch geeignete Gegenkopplung ist jedoch eine Ausdehnung dieses Bereiches möglich. Auf zwei verschiedene Möglichkeiten, Gegenkopplungswiderstände vorzusehen, wurde hingewiesen.

Literatur

[1] U. Tietze, Ch. Schenk: *Halbleiter-Schaltungstechnik*; Springer-Verlag, 1999, ISBN 3-540-64192-0.

[2] P. E. Allen, D. R. Holberg: *CMOS Analog Circuit Design*; Oxford, 2002, ISBN 0-19-511644-5.

[3] R. J. Baker, H. W. Li, D. E. Boyce: *CMOS Circuit Design, Layout, and Simulation*; IEEE Press, 1998, ISBN 0-7803-3416-7.

[4] D. A. Johns, K. Martin: *Analog Integrated Circuit Design*; John Wiley & Sons, 1997.

[5] James E. Solomon: *The Monolithic Op Amp: A Tutorial Study*; IEEE J. Solid State Circuits, Vol. 9, 1974, 314–332.

Operationsverstärker

13.1 Allgemeines 547
13.2 Differenzeingangsstufe 549
13.3 Eingangs-Offset 571
13.4 Ausgangsstufe 576
13.5 Dynamisches Verhalten und Stabilität von Operationsverstärkern 585
13.6 Design-Beispiele von Operationsverstärkern 605
13.7 Operationsverstärker mit symmetrischem Ausgang 619
13.8 Komplettes Design eines CMOS-Operationsverstärkers: Berechnung, Simulation, Korrektur und Layout 625

13 ationsverstärker

Einleitung

>> Ein Operationsverstärker (abgekürzt: OPAMP oder kurz OPA bzw. OPV oder einfach OP) ist ein Gleichspannungsverstärker mit zwei Eingängen, einem Ausgang und sehr hoher Verstärkung der zwischen den beiden Eingängen liegenden Spannungsdifferenz. Er arbeitet also als Differenzverstärker. Man unterscheidet zwischen einem nichtinvertierenden und einem invertierenden Eingang, jeweils bezogen auf die Phasenlage des Ausgangssignals. Ein geringer Differenzspannungs- oder Offset-Fehler macht den OPV im Zusammenhang mit seiner hohen Verstärkung zu einem Präzisionsbauelement elektronischer Schaltungen. Ursprünglich wurden OPVs in der Regelungstechnik und in Analogrechnern verwendet und mit diskreten Elementen aufgebaut. Seit es integrierte Schaltungen gibt, sind sie rasch zu wichtigen Schaltungselementen avanciert, die die Realisierung analoger Funktionen mit Einzelbauteilen erheblich vereinfachen. Durch die fast idealen Daten (sehr hohe Verstärkung und kleine Offset-Fehler) kann das Verhalten einer Schaltung sehr übersichtlich durch eine als Gegenkopplung wirkende **äußere Beschaltung** des OPV beschrieben werden. Der Entwickler braucht sich praktisch nicht mehr um die Nichtlinearitäten einzelner Transistoren usw. zu kümmern. Einige Anwendungsbeispiele seien kurz aufgezählt: Definiert einstellbare Verstärkung durch Gegenkopplungswiderstände, Rechenoperationen wie Addition, Subtraktion, Integration von Spannungen, Präzisionsgleichrichter in Verbindung mit Dioden im Gegenkopplungszweig usw. Abbildung 13.1 zeigt als Beispiel ein einfaches Addiernetzwerk.

Da der Umgang mit Operationsverstärkern sicher allgemein bekannt ist, soll auf weitere Anwendungen hier nicht näher eingegangen werden. Vielmehr geht es in den folgenden Abschnitten um den **inneren Aufbau** von Operationsverstärkern. Zunächst werden allgemeine Hinweise gegeben. Danach werden die einzelnen Stufen eines OPs etwas genauer beschrieben, damit beim Entwurf einer integrierten Schaltung das richtige Verstärkerkonzept ausgesucht werden kann. Zur Vertiefung wird auch die vollständige Berechnung eines einfachen Operationsverstärkers, genauer gesagt eines Transconductance-Verstärkers (Verstärker mit Stromausgang), einschließlich Simulation und Layout vorgeführt. Die meisten Schaltungen stehen, wie in den vorangegangenen Kapiteln, als Dateien im LT-SPICE-Format zu Verfügung (IC.zip). <<

LERNZIELE

- Funktionsweise der Differentialeingangsstufe
- Eingangsstufen: Symmetrische Eingangsstufe mit Widerständen – Asymmetrische Eingangsstufe mit einem Stromspiegel – Eingangsstufe für Gleichtaktanteile außerhalb der Versorgungsspannung – PNP-Eingangsstufe – Gefaltete Kaskoden-Schaltung am Eingang – Bipolar-Eingangsstufen mit geringem Eingangsstrom – Rail-to-Rail-Eingangsstufen
- Offset-Fehler in Bipolar- und MOS-Eingangsstufen – Offset-Trimmen
- Ausgangsstufen: Emitter- bzw. Source-Folger-Ausgang – Push-Pull-Ausgangsstufe mit Inverter-Ansteuerung – Push-Pull-Ansteuerung über Fehlerverstärker – Einfacher Buffer im A-Betrieb
- Dynamisches Verhalten und Stabilität von Operationsverstärkern: Frequenzgang und Übertragungsfunktion – Stabilität eines gegengekoppelten Systems – Frequenzgangkorrektur – Miller-Kompensation – Slew-Rate

- Konkrete Design-Beispiele: Berechnung der Verstärkung – Simulation mit SPICE – Mote-Carlo-Simulation des Offset-Fehlers – Layout und Layout-Verifikation
- Komplettes Design eines CMOS-Operationsverstärkers: Berechnung, Simulation, Korrektur und Layout und Layout-Verifikation

13.1 Allgemeines

Abbildung 13.1 zeigt als Beispiel die bekannte Schaltung, die der „Operation" **Addieren** von Spannungen dient. Der nichtinvertierende Eingang ist „geerdet". Da die Verstärkung des OPV sehr groß ist, wird auch der invertierende Eingang über den Gegenkopplungswiderstand R fiktiv auf null **geregelt**. Die Berechnung gestaltet sich dadurch sehr einfach. Dem Knoten „1" fließen die Ströme zu: $U_1/R_1 + U_2/R_2 + \ldots + U_n/R_n$. Wenn der Eingangsstrom vernachlässigt werden kann, erfordert 0 V am Eingang, dass vom Ausgang her über den Gegenkopplungswiderstand R der Kompensationsstrom U_{Out}/R geliefert wird. Damit erhält man die bekannte Beziehung:

$$U_{Out} = -\sum_{i=1}^{n} \frac{R}{R_i} \cdot U_i \tag{13.1}$$

Die Daten des Operationsverstärkers selbst gehen praktisch nicht in das Ergebnis ein.

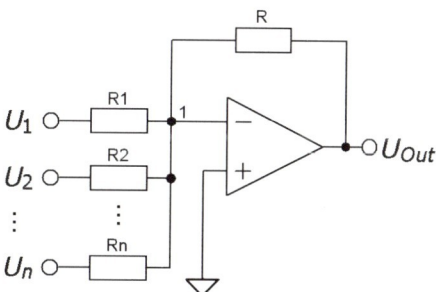

Abbildung 13.1: Einfacher Umkehraddierer mit einem Operationsverstärker.

Einige weitere „Operationen" in Verbindung mit einer äußeren Beschaltung:
- Verstärken von Spannungen oder Strömen
- Addition und Subtraktion
- Integration und Differentiation
- Filtern
- Gleichrichten
- und viele andere mehr

Viele Operationsverstärker enthalten zwei Verstärkerstufen und einen Ausgangs-Buffer. Ein mögliches Blockschaltbild eines OPs ist in Abbildung 13.2 dargestellt.

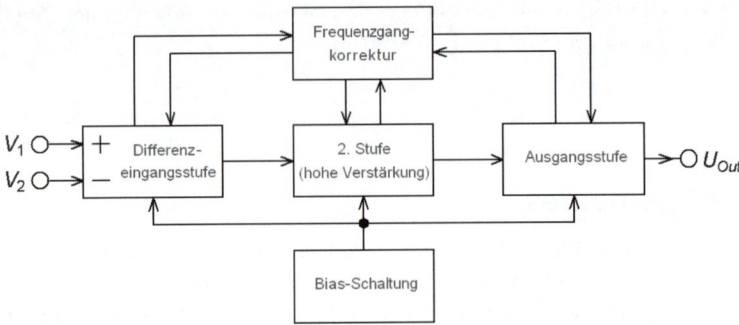

Abbildung 13.2: Blockschaltbild eines Operationsverstärkers.

Die **Differenzeingangsstufe** mit hohem Eingangswiderstand soll mit geringem Offset-Fehler die Differenz der Eingangspotentiale V_1 und V_2 bilden. Sie verfügt meist über eine gewisse Spannungsverstärkung $A_{V1} > 1$. Die **zweite Stufe** weist in der Regel eine besonders hohe Spannungsverstärkung $A_{V2} \gg 1$ auf. Zur rückwirkungsarmen Ankopplung der Last hat die **Ausgangsstufe** oft einen niederohmigen Ausgangswiderstand und mitunter auch eine Spannungsverstärkung $A_{V3} > 1$. Zusätzlich ist zur Einstellung der Arbeitspunkte eine zentrale **Bias-Schaltung** vorgesehen (siehe z. B. *Kapitel 9*). Dieses stellt die notwendigen Ströme und eventuell auch einige feste Potentiale bereit. Eine Schaltung zur **Frequenzgangkorrektur** soll verhindern, dass im Zusammenwirken mit der äußeren Beschaltung Schwingneigung auftritt, denn der Operationsverstärker selbst hat neben einer sehr hohen Gesamtverstärkung A_V eine **komplexe Übertragungsfunktion** mit Polen und Nullstellen.

Wird vorausgesetzt, dass die Eingangsstufe die Differenz ideal bildet (ohne Offset- und ohne Gleichtaktfehler), so gilt:

$$U_{Out} = A_V \cdot (V_1 - V_2); \quad A_V = A_{V1} \cdot A_{V2} \cdot A_{V3} \gg 1 \qquad (13.2)$$

Da die Ausgangsspannung U_{Out} stets endlich bleibt, wird bei einem gegengekoppelten OPV wegen der sehr hohen Spannungsverstärkung A_V die Differenz $V_1 - V_2$ praktisch null. Dies ist die Voraussetzung dafür, dass die Schaltungseigenschaften nur von der externen Beschaltung bestimmt werden.

Beim „realen" Operationsverstärker ist stets mit gewissen Kompromissen hinsichtlich der Daten zu rechnen. Dies gilt besonders dann, wenn Operationsverstärker in integrierten Schaltungen oder ASICs verwendet werden sollen. Hier wird schon aus Platzgründen nicht einfach ein Universal-OPV mit fast idealen Parametern vorgesehen; es ist vielmehr sehr genau zu prüfen, welche Anforderungen **wirklich** unerlässlich sind. Schon bei der Abfassung der Spezifikation eines Gesamtsystems sollten deshalb sehr sorgfältig die einzelnen Anforderungen abgeklärt werden, die sich natürlich aus den Anwendungen ableiten lassen:

- Welche Spannungsverstärkung wird **wirklich** gefordert?
- Welche Eingangs-Offset-Spannung kann in der Anwendung toleriert werden?
- Zulässiger Strom an den Eingangsklemmen?
- Zulässiger Offset-Strom am Eingang?

- Differentieller Eingangswiderstand?
- Zulässiges Rauschen (auf den Eingang oder auf den Ausgang bezogen)?
- „Geschwindigkeit" (Kleinsignalbandbreite und Slew-Rate)?
- Wie weit reichen die Eingangspotentiale an die Versorgungspotentiale heran?
- Welcher Ausgangsspannungshub wird gefordert?
- Welcher Lastwiderstand muss getrieben werden?
- Soll der Ausgang eher Spannungskonstanz oder eher Stromkonstanz aufweisen?
- Energie- oder Strombedarf?
- Und nicht zuletzt: Stets die gesamte Chipfläche im Auge behalten!

Selbstverständlich spielt auch die Design-Zeit eine sehr wichtige Rolle. Wenn ein Design zu spät fertig wird, kann es auf dem Markt eventuell keine Chance mehr haben. Aus diesem Grunde greift man gern auf die Zellen einer guten und dokumentierten Zellbibliothek zurück.

Die hier genannten Punkte gelten nicht nur für Operationsverstärker, sondern ganz allgemein für den Entwurf einer integrierten Schaltung!

In den folgenden Abschnitten sollen nun die einzelnen Blöcke eines OPVs etwas genauer besprochen werden. Die Differenzeingangsstufe und auch die Ausgangsstufe sind praktisch die „Schnittstellen" zur Außenwelt. Ihre Eigenschaften bestimmen maßgeblich die Einsetzbarkeit eines OPVs. Deshalb gibt es eine Unzahl von Schaltungsvarianten, von denen hier aber nur einige näher betrachtet werden können. Weitere wichtige Punkte sind der Offset-Fehler der Eingangsschaltung sowie die Frequenzgangkorrektur des gesamten Verstärkers. Auch darüber wird einiges anzumerken sein.

13.2 Differenzeingangsstufe

Die Eingangsstufe eines Operationsverstärkers hat die wichtige Aufgabe zu erfüllen, bei hoher Eingangsimpedanz die **Differenz zweier Eingangspotentiale** zu bilden und dabei die Auswirkung des sogenannten **Gleichtaktanteils** möglichst zu unterdrücken. Einige wichtige Begriffe sollen zunächst erklärt werden. Im Anschluss daran werden dann verschiedene Realisierungsmöglichkeiten von Eingangsschaltungen vorgestellt.

13.2.1 Der Differenzverstärker

Die Eingangsstufe enthält in aller Regel ein Differenztransistorpaar, wie es im vorigen *Kapitel 12* beschrieben wurde. Daran angeschlossen wird im einfachsten Fall eine Schaltung, die nur aus zwei Widerständen besteht. Diese werden dann von den beiden Ausgangsströmen der Transistoren durchflossen und die erzeugten Spannungsabfälle können als Ausgangssignale angesehen werden. Der Ausgang ist somit ebenfalls symmetrisch. Eine solche Schaltung ist in Abbildung 13.3a mit zwei NPN-Transistoren dargestellt. Sie kann sinngemäß auch mit Feldeffekt-Transistoren realisiert werden oder auch mit den komplementären Transistortypen (PNP statt NPN bzw. PMOS statt NMOS).

Hinweis

Gegentakt- und Gleichtaktsignale

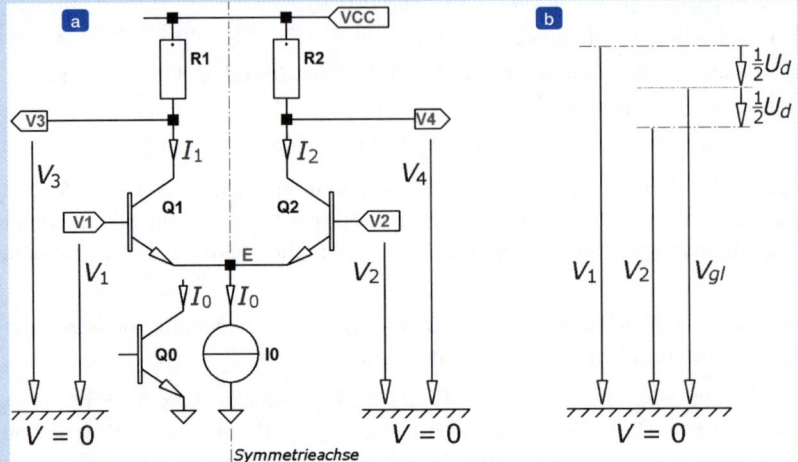

Abbildung 13.3: (a) (Diff1.asc) Einfache Differentialeingangsstufe; (b) zur Bildung von Differenzspannung U_d und Gleichtaktpotential V_{gl}.

Die beiden ansteuernden Eingangspotentiale V_1 und V_2 in Abbildung 13.3 lassen sich durch einen Gleich- und einen Gegentaktanteil ausdrücken:

$$V_1 = V_{gl} + \frac{1}{2} \cdot U_d; \quad V_2 = V_{gl} - \frac{1}{2} \cdot U_d \quad \rightarrow \qquad (13.3)$$

$$V_{gl} = \frac{1}{2} \cdot (V_1 + V_2); \quad U_d = V_1 - V_2 \qquad (13.4)$$

Der Gleichtaktanteil V_{gl} ist der arithmetische Mittelwert und die Differenzspannung U_d ist die Differenz der beiden Eingangspotentiale V_1 und V_2.

Als Stromsenke (allgemein: Stromquelle) I0 mit dem differentiellen Widerstandswert r_0 reicht oft ein einfacher Stromspiegel aus. Es kann aber auch ein Widerstand R0 vorgesehen werden. Als untere Rail ist in Abbildung 13.3 der Knoten „0" (Masse) dargestellt. Es gibt aber auch Anwendungen, in denen die Stromquelle an eine negative Spannungsquelle VEE angeschlossen wird. Dies wird z. B. dann notwendig, wenn die Eingangspotentiale V_1 und V_2 negativ werden können.

Im Folgenden soll nun die Ausgangsspannung zwischen den beiden Knoten „V3" und „V4" der Schaltung Abbildung 13.3 berechnet werden. Dazu ist es zweckmäßig, die beiden ansteuernden Signale V_1 und V_2 aus Abbildung 13.3 in Gegentakt- und Gleichtaktansteuerung zu zerlegen und die Auswirkungen getrennt zu betrachten. Hinterher lassen sich dann beide Anteile zusammenfassen.

Reine Gegentaktansteuerung

Zunächst soll nur die Gegentaktansteuerung betrachtet werden; das Gleichtaktsignal sei konstant. Außerdem seien die Signalamplituden klein: **Kleinsignalansteuerung**:

$$V_1 = V_{gl} + \frac{1}{2} \cdot dU_d; \quad V_2 = V_{gl} - \frac{1}{2} \cdot dU_d \quad \rightarrow \quad dV_1 = -dV_2 = \frac{1}{2} \cdot dU_d \quad (13.5)$$

Wegen der symmetrischen Aussteuerung bleibt das Emitter-Potential konstant! Folglich können die Änderungen der Basis-Emitter-Spannungen direkt durch das Differenzsignal ausgedrückt werden:

$$dU_{BE1} = dV_1 = \frac{1}{2} \cdot dU_d; \quad dU_{BE2} = dV_2 = -\frac{1}{2} \cdot dU_d = -dU_{BE1} \quad (13.6)$$

- Jeder Transistor wird bei reiner **Gegentakt**ansteuerung praktisch in „Emitter-Schaltung" betrieben; das Potential des gemeinsamen Emitter-Knotens ändert sich ja nicht.
- Die Eingangsschaltung kann in zwei Hälften zerlegt und jede Hälfte einzeln betrachtet werden.

Damit gelingt es, die Schaltung in einfacher Weise zu berechnen: Es können die Ergebnisse der **Emitter**-Schaltung übernommen werden. So können beispielsweise die Spannungsverstärkungen der beiden einzelnen Hälften wie folgt angegeben werden (siehe z. B. *Abschnitt 8.1*):

$$\frac{dV_3}{dU_d} = \frac{dV_3}{2 \cdot dU_{BE1}} = -\frac{1}{2} \cdot g_m \cdot (R_1 \,||\, r_{CE}) = A_{d1}$$
$$\frac{dV_4}{dU_d} = \frac{dV_4}{2 \cdot dU_{BE2}} = \frac{dV_4}{-2 \cdot dU_{BE1}} = +\frac{1}{2} \cdot g_m \cdot (R_2 \,||\, r_{CE}) = A_{d2} \quad (13.7)$$

Die gesamte Differenzverstärkung ist dann wegen $R_1 = R_2 = R_C$:

$$A_d = \frac{d(V_3 - V_4)}{dU_d} = \frac{dV_3}{dU_d} - \frac{dV_4}{dU_d} = -\frac{1}{\cancel{2}} \cdot g_m \cdot (R_C \,||\, r_{CE}) \cdot \cancel{2} = -g_m \cdot (R_C \,||\, r_{CE})$$

$$A_d = -g_m \cdot (R_C \,||\, r_{CE}) \quad \text{oder für} \quad r_{CE} \gg R_C: \quad A_d \approx -g_m \cdot R_C \quad (13.8)$$

Reine Gleichtaktansteuerung

Auch hier soll **Kleinsignalansteuerung** vorausgesetzt werden. Beide Eingangspotentiale ändern sich bei der reinen Gleichtaktansteuerung um dasselbe Element dV_{gl}. Unter der Annahme, dass sich der Strom I_0 nur geringfügig ändert (in der Praxis wird meist eine Stromquelle mit großem differentiellen Widerstand r_0 vorgesehen), können die Basis-Emitter-Spannungen als ungefähr konstant angesehen werden. Dann ist die Änderung von I_0 dem Gleichtaktanteil dV_{gl} etwa proportional:

$$dI_0 \approx \frac{dV_{gl}}{R_0} = \frac{dV_{gl}}{r_0} \quad (13.9)$$

Die beiden Kollektor-Ströme ändern sich nur halb so stark. Folglich gilt:

$$dV_3 = dV_4 \approx -\frac{1}{2} \cdot dI_0 \cdot R_C = -\frac{R_C}{2 \cdot r_0} \cdot dV_{gl} \quad (13.10)$$

Die reine Gleichtaktverstärkung wird somit:

$$A_{gl} = \frac{dV_3}{dV_{gl}} = \frac{dV_4}{dV_{gl}} \approx -\frac{R_C}{2 \cdot r_0} \qquad (13.11)$$

Gleichtakt-Aussteuerungsbereich

Die Eingangsschaltung kann nur einen eingeschränkten Gleichtakt-Spannungsbereich sinnvoll verarbeiten. Dieser soll für die Schaltung nach Abbildung 13.3 einmal abgeschätzt werden. Das Potential des gemeinsamen Emitter-Knotens „E" darf z. B. einen Mindestwert nicht unterschreiten, denn der Stromquellentransistor Q0 muss stets im Stromsättigungsbereich arbeiten. Es werde z. B. ein minimaler Wert von etwa 300 mV angenommen. Wird für die Basis-Emitter-Spannung der Eingangstransistoren Q1 und Q2 ein Wert von ca. 700 mV angesetzt, so darf das Gleichtaktpotential 1 V nicht unterschreiten. Dies ist dann die untere Grenze. In ähnlicher Weise kann eine obere Grenze ermittelt werden: Der Spannungsabfall an den Widerständen R1 und R2 möge beispielsweise 700 mV betragen. Wird für die Kollektor-Emitter-Strecken der Eingangstransistoren ein minimaler Wert von 300 mV veranschlagt, so darf das Potential des Knotens „E" bis maximal 1 V an die obere Versorgungs-Rail „VCC" heranreichen. Bei 700 mV Basis-Emitter-Spannung von Q1 und Q2 muss demnach das Gleichtaktpotential etwa 300 mV unterhalb der positiven Versorgungsspannung bleiben. Durch Reduzieren des Spannungsabfalls an den beiden Widerständen kann die obere Gleichtaktgrenze entsprechend erhöht werden. Dann wird allerdings auch die Gegentaktverstärkung kleiner, sodass man einen Kompromiss zwischen oberer Gleichtaktgrenze und Verstärkung finden muss.

Für Eingangsstufen mit MOSFETs gelten im Prinzip ähnliche Überlegungen. Es ergeben sich jedoch einige Unterschiede. So ist z. B. die Gate-Source-Spannung bei gegebenem Drain-Strom abhängig von den geometrischen Abmessungen der Transistoren. Dadurch besteht die Möglichkeit, den Gleichtaktbereich in gewissen Grenzen durch das Verhältnis W/L der Transistoren zu beeinflussen. Des Weiteren wird z. B. bei einem N-Well-CMOS-Prozess die Threshold-Spannung der NMOS-Transistoren größer, wenn das Source-Potential gegenüber dem Substrat ansteigt (Body-Effekt). Durch geschickte Wahl der geometrischen Abmessungen der Eingangstransistoren kann dann deren Gate-Source-Spannung mit steigendem Gleichtaktpotential so weit größer werden, dass das Gleichtaktpotential die obere Rail erreichen oder sogar etwas überschreiten darf. Allerdings darf der Spannungsabfall an den Widerständen R1 und R2 nicht zu groß sein. Auch hier ist ein Kompromiss zu finden.

Gleichtaktunterdrückungsverhältnis (CMRR)

Zur Beurteilung, wie weit eine Differenzverstärkerstufe in der Lage ist, den Gleichtaktanteil gegenüber dem Differenzsignal zu unterdrücken, wird das sogenannte Gleichtaktunterdrückungsverhältnis (CMRR **Common Mode Rejection Ratio**) gebildet. Man setzt dazu einfach die beiden Verstärkungen A_{gl} und A_d zueinander ins Verhältnis und bildet den Betrag. Mit (13.8) und (13.11) wird dann:

$$G = \left| \frac{A_d}{A_{gl}} \right| \approx \left| \frac{-g_m \cdot R_C}{-R_C / 2r_0} \right| = 2 \cdot g_m \cdot r_0 = 2 \cdot g_m \cdot R_0 \qquad (13.12)$$

Hierin ist g_m die Steilheit der Verstärkertransistoren Q1 und Q2 und r_0 der differentielle Widerstand der Stromquelle.

- Dies ist ein interessantes und zugleich wichtiges Ergebnis: Das Gleichtaktunterdrückungsverhältnis G ist **unabhängig vom Wert der Kollektor-Widerstände** und wird umso größer, je größer die Steilheit g_m der Verstärkertransistoren und der differentielle Widerstandswert r_0 der Stromquelle ist! Diese Überlegungen gelten sinngemäß auch für Eingangsstufen mit Feldeffekt-Transistoren.

Beispiel

Eingangsstufe mit zwei bipolaren Transistoren

Am gemeinsamen Emitter-Knoten wirke eine Stromsenke, dargestellt durch einen einfachen Stromspiegel mit einem Strom $I_0 = 50\ \mu A$. Die Early-Spannung aller Transistoren werde mit $V_A = 100\ V$ angenommen und die Kollektor-Widerstände mögen die Werte $R_1 = R_2 = R_C = 100\ k\Omega$ haben. →

$$g_m \approx I_C / V_T = I_0 / 2 \cdot V_T \approx 25\,\mu A / 25\,mV = 1\,mA/V \qquad r_0 \approx V_A / I_0 = 2\,M\Omega$$
$$r_{CE} \approx V_A / I_C = 100\,V / 25\,\mu A = 2 \cdot r_0 = 4\,M\Omega \gg R_C$$
$$A_d \approx -g_m \cdot R_C = 1\,mA/V \cdot 100\,k\Omega = -100$$
$$A_{gl} \approx -0{,}5 \cdot R_C / r_0 = -100\,k\Omega / 4\,M\Omega = -0{,}025$$

$$G = 2 \cdot g_m \cdot r_0 = 2 \cdot (1\,mA/V) \cdot 2\,M\Omega = 4000 \triangleq 72\,dB$$

Beispiel

Eingangsstufe mit zwei MOS-Transistoren

Dieselbe Schaltung wie oben, nur mit MOSFETs. Strom: $I_0 = 50\ \mu A$, Drain-Widerstände: $R_1 = R_2 = R_D = 100\ k\Omega$

Transistorparameter: $\lambda = 1/100\ V$, $K_P = 80\ \mu A/V^2$, $W/L = 10$. →

$$g_m \approx \sqrt{2 \cdot I_D \cdot K_P \cdot W/L} = \sqrt{I_0 \cdot K_P \cdot W/L} \approx 0{,}2\,mA/V;\quad r_0 \approx 1/(\lambda \cdot I_0) = 2\,M\Omega$$
$$r_{DS} \approx 2 \cdot r_0 = 4\,M\Omega \gg R_C$$
$$A_d \approx -g_m \cdot R_D = 0{,}2\,mA/V \cdot 100\,k\Omega = -20$$
$$A_{gl} \approx -0{,}5 \cdot R_D / r_0 = -100\,k\Omega / 4\,M\Omega = -0{,}025$$

$$G = 2 \cdot g_m \cdot r_0 = 2 \cdot (0{,}2\,mA/V) \cdot 2\,M\Omega = 800 \triangleq 58\,dB$$

Bei FET-Verstärkern ist oft die Steilheit g_m deutlich geringer als bei Verstärkern mit bipolaren Transistoren. Dies wirkt sich, wie der obige Vergleich zeigt, stark auf die Gleichtaktunterdrückung aus; der Wert für G (CMRR) ist kleiner. Durch die Wahl einer Stromquelle mit großem differentiellen Widerstand r_0 kann dies jedoch ausgeglichen werden.

13.2.2 Eingangsstufe mit Widerständen

Diese einfache in Abbildung 13.3 gezeigte Eingangsschaltung mit Widerständen im Ausgangskreis wird oft in Präzisionsverstärkern verwendet (Beispiel: OP 07, OP 27 und viele andere mehr). Widerstände lassen sich nämlich bei integrierten Schaltungen, gutes Design vorausgesetzt, mit sehr guter Matching-Genauigkeit herstellen und sie gestatten in recht einfacher Weise eine Korrektur der Offset-Fehler. Dies gilt besonders für Eingangsstufen mit **bipolaren** Transistoren. Wie später noch gezeigt wird, können auch die Fehler der Eingangstransistoren in den Abgleich miteingeschlossen werden. Bei bipolaren Transistoren gelingt dies sogar über einen größeren Temperaturbereich. Bei Feldeffekt-Transistoren ist der Offset-Abgleich dagegen nicht so perfekt, siehe *Abschnitt 13.3*.

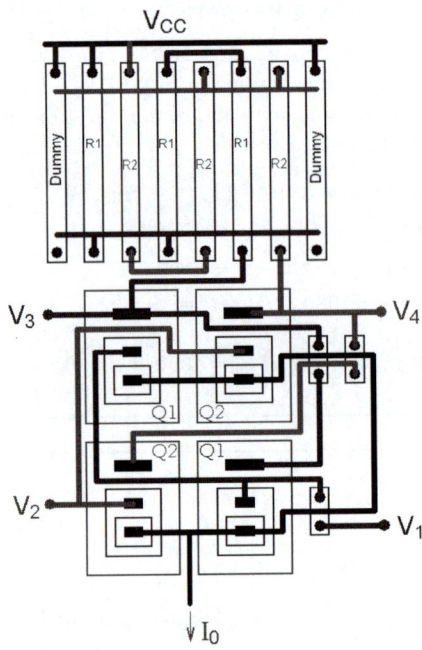

Abbildung 13.4: Durch Ineinanderschachteln der Widerstände und Kreuzkopplung der Transistoren werden die Offset-Fehler deutlich reduziert, siehe *Abschnitt 8.5*.

Abbildung 13.4 soll andeuten, wie man durch ein geeignetes Layout die Matching-Fehler gering halten kann (siehe hierzu die Ausführungen im *Abschnitt 8.5* „Richtlinien zur Layout-Erstellung"). Man verwendet am besten gleichartige Widerstände und schaltet mehrere in Reihe. Durch Ineinanderschachteln der Widerstände R1 und R2 verteilen sich ortsabhängige Fehler auf dem Chip einigermaßen gleichmäßig auf beide Bauelemente. Damit jeder einzelne Widerstand die gleiche „Umgebung" hat, werden zusätzlich **Dummy-Elemente** an den Enden der Widerstandgruppe angeordnet. Diese brauchen im Prinzip nirgends angeschlossen zu werden. Um jedoch eine elektrostatische Aufladung zu vermeiden, verbindet man sie mit GND oder der Versorgungsspannung. Bei diffundierten Widerständen, die durch einen PN-Übergang isoliert in einer gemeinsamen Wanne liegen, sorgt der Sperrstrom für einen Potentialausgleich; sie brauchen dann nicht angeschlossen zu werden. Metallleitungen, die über Widerstände laufen, beeinflussen geringfügig deren Schichtwiderstand. Aus diesem Grunde sollte man solche Leitungen so weit verlängern, dass alle Widerstände die gleiche Metallüberdeckung erhalten; auch dies ist in Abbildung 13.4 zu erkennen.

Matching-Fehler der Basis-Emitter-Spannungen der beiden Transistoren Q1 und Q2 können durch **Kreuzkopplung** reduziert werden. Dazu werden Q1 und Q2 durch jeweils zwei parallel geschaltete Transistoren gebildet, die über Kreuz miteinander verbunden werden. Eine weitere Verbesserung kann man erzielen, wenn die Kreuzkopplung mehrfach angewendet wird, also z. B. jeweils acht Transistoren parallel geschaltet werden.

Bei Eingangsstufen mit Feldeffekt-Transistoren ist dem Layout ganz besondere Sorgfalt zu widmen, denn deren Offset-Fehler sind vom Prinzip her schon größer. Außerdem ist, wie schon angedeutet, ein Offset-Abgleich, der auch über einen größeren Temperaturbereich erhalten bleiben soll, nicht perfekt oder nur mit sehr viel Aufwand möglich.

> **Hinweis**
>
> Auf einen wichtigen Punkt soll auch an dieser Stelle nochmals hingewiesen werden: Normale NPN-Transistoren haben eine zulässige Basis-Emitter-Sperrspannung von etwa 6 V. Höhere Spannungen dürfen am Differenzeingang niemals auftreten, auch nicht kurzzeitig [1]! Zum Schutz vor „Überspannungen" können die Transistoren durch vorgeschaltete Widerstände und **antiparallel geschaltete Dioden** direkt an den Eingängen geschützt werden. Bei **lateralen** PNP-Transistoren und MOSFETs tritt dieses Problem nicht auf.

Die Auskopplung des Signals erfolgt bei dieser Eingangsschaltung **symmetrisch**, d. h., die zweite Verstärkerstufe muss wieder ein Differenzverstärker sein. Erst der Ausgang der zweiten Stufe ist dann meist **asymmetrisch** und hat nicht zwei Ausgänge, sondern nur einen.

13.2.3 Differenzstufe mit Stromspiegelausgang

Soll schon die Eingangsstufe einen asymmetrischen Ausgang erhalten, kann dies mittels eines Stromspiegels erreicht werden. Abbildung 13.5 zeigt eine solche Schaltung. Der Ausgangsknoten „P" ist ein **Strom**knoten oder -ausgang: Am Knoten „P" entsteht im Wesentlichen die Differenz der Ströme I_1 und I_2. Die Basis-Ströme der beiden PNP-Transistoren Q3 und Q4 verursachen jedoch einen kleinen Fehler. Dadurch sind bei Stromgleichheit der Kollektor-Ströme von Q3 und Q4 die Kollektor-Ströme von Q1 und Q2 um diesen Betrag unterschiedlich: I_1 ist um den Wert I_0/B_{PNP} größer als I_2, wenn an „P" nichts weiter angeschlossen ist. Diese Asymmetrie der Kollektor-Ströme verursacht einen gewissen **systematischen Offset-Fehler**.

13 Operationsverstärker

Simulation

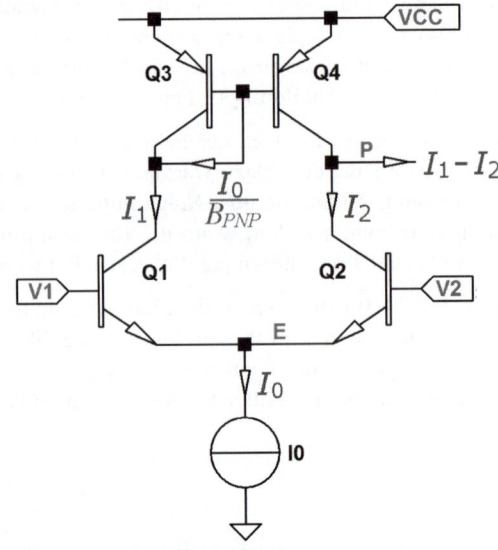

Abbildung 13.5: (IN1.asc) Differenzstufe mit Stromspiegelausgang.

Simulation

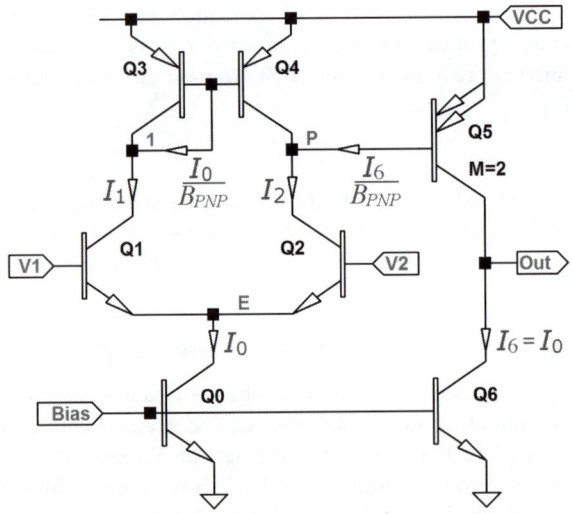

Abbildung 13.6: (IN2.asc) Ankopplung der zweiten Verstärkerstufe an die Eingangsschaltung.

Durch eine sehr einfache Schaltungsmaßnahme kann dieser Fehler aber praktisch eliminiert werden. Man braucht nur, wie dies Abbildung 13.6 zeigt, an den Knoten „P" einen PNP-Transistor Q5 anzuschließen, dessen Kollektor-Strom so groß ist wie I_0. Wenn man diesen Transistor außerdem geometrisch genauso gestaltet wie die beiden Transistoren Q3 und Q4 zusammen, dann fließt dem Knoten „P" ein Basis-Strom zu, der genau dem Basis-Strom der Stromspiegeltransistoren Q3 und Q4 entspricht. Überdies sind dann auch die Kollektor-Emitter-Spannungen der Transistoren Q1 und Q2 einander gleich und damit automatisch auch die der Transistoren Q3 und Q4. So wird in eleganter Weise auch der Einfluss des Early-Effektes ausgeschaltet. Die Kollektor-Ströme I_1 und I_2 werden also exakt gleich, wenn die Eingangsknoten „V1" und „V2" gleiches Potential erhalten.

Der Transistor Q5 stellt bereits eine einfache Möglichkeit dar, die **zweite** Verstärkerstufe zu bilden. Den Strom liefert der Transistor Q6, der unbedingt baugleich mit Q0 sein muss. Der Ausgangsknoten „Out" ist wieder ein **Stromausgang**.

Auch bei der Schaltung mit Stromspiegel wird der Offset-Fehler ganz wesentlich von der Übereinstimmung der Basis-Emitter-Spannungen der Eingangstransistoren Q1 und Q2 bestimmt, und da am Knoten „P" mittels des Stromspiegels die Stromdifferenz gebildet wird, haben Abweichungen der Basis-Emitter-Spannungen der Stromspiegeltransistoren Q3 und Q4 etwa den gleichen Einfluss auf den Offset-Fehler am Eingang. Bei hohen Anforderungen wird man deshalb sowohl für die Eingangs- als auch für die Stromspiegeltransistoren die Methode der Kreuzkopplung einsetzen müssen.

Die Schaltung ist besonders einfach und platzsparend und erreicht eine relativ hohe Spannungsverstärkung. Sie wird deshalb gern als Eingangsschaltung von Differenzverstärkern eingesetzt. Sie hat allerdings den gleichen Nachteil wie die Schaltung mit Kollektor-Widerständen: NPN-Transistoren müssen notfalls durch antiparallel geschaltete Dioden vor Überspannungen geschützt werden.

Die reine Differenzverstärkung vom Eingang bis zum Knoten „P" kann, ähnlich wie für die Schaltung mit Kollektor-Widerständen, direkt durch die Steilheit der beiden Transistoren Q1 und Q2 und den am Knoten „P" wirksamen Widerstand r_P ausgedrückt werden. Sie ist hier jedoch positiv:

$$A_d = +g_m \cdot r_P \tag{13.13}$$

Der Widerstand r_P setzt sich aus der Parallelschaltung der Kollektor-Emitter-Widerstände r_{CE2} und r_{CE4} (Eingangstransistor Q2 und Stromspiegeltransistor Q4) und dem wirksamen Eingangswiderstand r_{In5} des Transistors Q5 zusammen:

$$r_P = r_{CE2} \| r_{CE4} \| r_{In5} \tag{13.14}$$

Aufgaben

1. Experimentieren Sie mit den Eingangsschaltungen Abbildung 13.5 und Abbildung 13.6 (Dateien IN1.asc und IN2.asc).

2. Berechnen Sie die **Differenz-Kleinsignalverstärkung** für eine Schaltung nach Abbildung 13.6 (Eingangsstufe allein), wenn folgende Daten gegeben sind: Kollektor-Ströme der „Stromquellen" Q0 und Q6: $I_0 = I_6 = 50~\mu A$, Stromverstärkung $B_{PNP} = 50$, Early-Spannungen: $V_{A,NPN} = 100~V$, $V_{A,PNP} = 50~V$. Der Ausgangsknoten „Out" sei nicht weiter belastet.

3. Wie groß ist die Kleinsignalverstärkung der zweiten Stufe (Transistor Q5), wenn der Ausgangsknoten „Out" mit $r = 100~k\Omega$ belastet wird (Schaltung und Daten wie oben)?

Auch die unsymmetrische Eingangsschaltung kann vorteilhaft mit MOS-Transistoren realisiert werden, siehe Abbildung 13.7. Zur Vermeidung systematischer Offset-Fehler ist allerdings einiges zu beachten: Es fließen zwar keine Gate-Ströme, aber der „Early-Effekt" kann relativ große Offset-Spannungen hervorrufen. Man muss also sehr sorgfältig darauf achten, dass bei $V_1 = V_2$ (Differenzeingangssignal gleich null) die Drain-Source-Spannungen der Eingangstransistoren M1, M2 wirklich einander gleich sind und genauso die der Stromspiegeltransistoren M3, M4. Dies ist durch richtige Dimensionierung der geometrischen Abmessungen der Transistoren M5 und M6 zu erreichen.

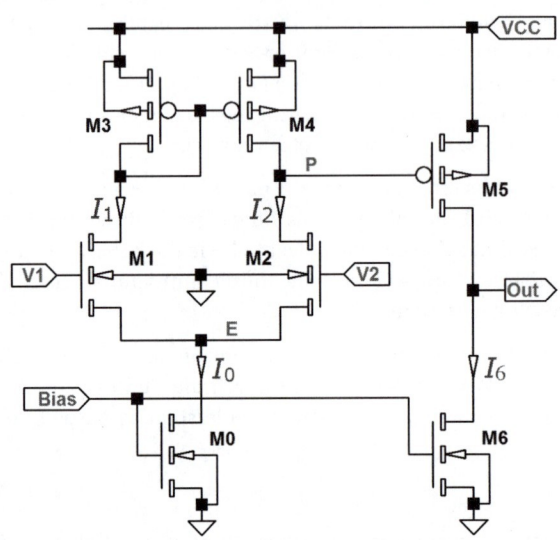

Abbildung 13.7: (IN3.asc) Eingangsstufe mit MOSFETs und Ankopplung der zweiten Stufe.

Da keine Gate-Ströme fließen, ist die Gleichheit der Ströme I_6 und I_0 nicht mehr erforderlich. Es müssen aber die Transistorgrößen den Strömen angepasst werden. Bei gleicher Gate-Source-Spannung zweier Transistoren sind deren Drain-Ströme zum Verhältnis W/L proportional. Sind die beiden Ströme I_6 und I_0 gleich, müssen die Transistoren M6 und M0 identisch sein und der Transistor M5 genauso groß sein wie M3 und M4 zusammen. Wird dagegen I_6 anders gewählt als I_0, z. B. um den Faktor α variiert, so müssen die Abmessungen der Transistoren M6 und M5 um denselben Faktor α verändert werden. Damit wird dann $U_{DS3} = U_{DS4} = U_{GS3} = U_{GS4} = U_{GS5}$ erreicht. Somit gilt die wichtige Dimensionierungsvorschrift:

$$\frac{I_6}{I_0} = \alpha = \frac{\frac{W_6}{L_6}}{\frac{W_0}{L_0}} = \frac{\frac{W_5}{L_5}}{2 \cdot \frac{W_3}{L_3}} \tag{13.15}$$

Um den Einfluss prozessbedingter Fehler klein zu halten, wird man am besten $L_6 = L_0$ und $L_5 = L_3 = L_4$ wählen. Dann kann Gleichung (13.15) vereinfacht werden:

$$\frac{I_6}{I_0} = \alpha = \frac{W_6}{W_0} = \frac{W_5}{2 \cdot W_3} \quad \text{und} \quad W_3 = W_4 \tag{13.16}$$

Das „Stromverhältnis" α sollte, wenn irgend möglich, ganzzahlig sein. Diese Art des „Skalierens" (Scaling) spielt bei MOS-Schaltungen eine ganz wichtige Rolle. Am günstigsten ist es, wenn zueinander matchende FETs ähnlich ineinander verschachtelt werden wie die Widerstände in Abbildung 13.4 und die Enden mit Dummy-Elementen abgeschlossen werden. Siehe hierzu auch *Abschnitt 8.5: „Richtlinien zur Layout-Erstellung"*.

Der Gleichtaktbereich der Eingangsschaltung mit Stromspiegelausgang ist ähnlich eingeschränkt wie der der Schaltung mit Widerständen. Der einzige Unterschied ist, dass die Stromspiegeltransistoren eine kaum variierbare Basis-Emitter-Spannung bzw. Gate-Source-Spannung aufweisen. Mit Werten größer 700 mV ist zu rechnen. Bei MOS-Verstärkern ist dies kein Problem, da die Threshold-Spannung der Eingangstransistoren infolge des Body-Effektes mit zunehmender Spannung zwischen Source und Bulk größer wird. Durch geschicktes Anpassen der Bauelementabmessungen kann dann die obere Gleichtaktgrenze bis zur positiven Versorgungsspannung ausgedehnt werden.

13.2.4 Eingangsstufe für Gleichtaktanteile außerhalb der Versorgungsspannung

Es gibt Anwendungen, in denen Eingangssignale mit sehr hohem Gleichtaktanteil verarbeitet werden müssen; der Gleichtaktanteil kann sogar deutlich höher sein als die Versorgungsspannung des Operationsverstärkers. Prinzipiell kann mithilfe von Spannungsteilern das Signal so weit herabgesetzt werden, dass eine normale Eingangsschaltung verwendbar wird. Dann wird jedoch auch das Gegentaktsignal reduziert und die Forderung an den Offset-Fehler wird unnötig in die Höhe getrieben. Außerdem müssen die Spannungsteiler-Widerstände sehr eng toleriert sein, um das Gleichtaktunterdrückungsverhältnis (CMRR) nicht zu gefährden. Sehr viel eleganter ist es, **laterale** PNP-Transistoren einzusetzen und nicht die Basen sondern, wie Abbildung 13.8 zeigt, die Emitter als Eingänge zu benutzen. Jeder Eingang wird als Stromspiegel ausgebildet und die Basen werden miteinander verbunden. Für differentielle Signale arbeitet die Eingangsstufe deshalb in Basis-Schaltung.

Die Eingangsströme werden durch die Bias-Stromquelle I0 definiert: Bei der Annahme gleicher Kollektor-Flächen der lateralen PNP-Transistoren sind im Gleichgewicht (ohne Gegentaktsignal) die Ströme I_1 und I_2 einander gleich und, wenn man die Basis-Ströme vernachlässigt, ungefähr gleich $I_0/2$. Dann sind auch die beiden Eingangsströme identisch und etwa gleich dem Bias-Strom I_0. Der Nachteil, dass die Schaltung durch die Ansteuerung an den Emittern einen geringen Eingangswiderstand aufweist, kann durch geeignete Wahl des Bias-Stromes (z. B. $I_0 = 1$ μA) weitgehend ausgeglichen werden. Wichtig für eine möglichst hohe Gleichtaktunterdrückung ist ein hoher differentieller Widerstand der Stromquelle I_0, und zur Vermeidung von systematischen Offset-Fehlern ist, wie im vorigen Abschnitt erläutert, auf die Gleichheit der Basis-Ströme I_B und I_P zu achten. Das bedeutet hier, dass der Transistor Q5 die gleichen Abmessungen erhalten sollte wie Q3 und Q4 zusammen und dass $I_6 = I_1 + I_2$ gewählt wird.

13 Operationsverstärker

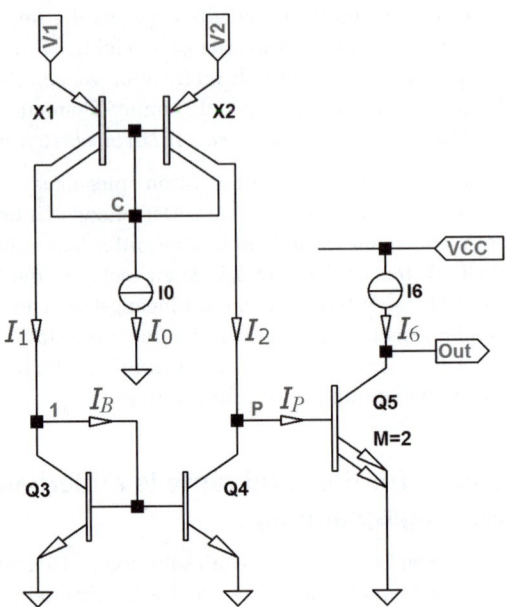

Abbildung 13.8: (IN4.asc) Eingangsschaltung für Signale mit hohem Gleichtaktanteil.

Auch diese Schaltung kann vorteilhaft in CMOS realisiert werden. In einem N-Well-Prozess werden die Eingangstransistoren (PMOS) in separaten N-Wannen untergebracht. Die N-Wanne wird direkt mit dem entsprechenden Eingang verbunden. Da keine Gate-Ströme fließen, kann die zweite Stufe (M5) mit einem höheren Strom betrieben werden. Es ist aber, wie im vorigen Abschnitt besprochen, unbedingt auf richtige Skalierung der Transistorabmessungen zu achten, damit nicht durch den Early-Effekt systematische Offset-Fehler entstehen.

13.2.5 PNP-Eingangsstufe

In der Anfangszeit der Operationsverstärker hat man zu deren Betrieb eine positive und eine negative Versorgungsspannung verwendet. Die Signale hatten als gemeinsames Bezugspotential Masse (0 V), also ein Potential *zwischen* den beiden Versorgungsspannungen. Heute versucht man, wenn irgend möglich, mit *einer* Betriebsspannung auszukommen, und der Trend geht zu immer niedrigeren Spannungen. Bezugspotential ist weiterhin meist der Masseknoten. Die bisher besprochenen Schaltungen mit NPN- oder NMOS-Transistoren am Eingang sind für diese Anwendungen dann nicht zu gebrauchen, wenn der Gleichtaktanteil nahe an das Nullpotential heranreicht. Hierauf wurde im *Abschnitt „Gleichtakt-Aussteuerungsbereich"* bereits hingewiesen. Den Ausweg bieten Eingangsschaltungen mit PNP-Transistoren bzw. P-Kanal-MOSFETs.

PNP-Darlington-Eingang

Da die Basis-Emitter-Spannung *eines* Transistors nicht ausreicht, den Gleichtaktbereich bis auf 0 V auszudehnen, wird jedem Eingang ein Emitter-Folger vorgeschaltet (Darlington-Schaltung). Eine typische Schaltung ist in Abbildung 13.9 dargestellt. Damit darf der Gleichtaktanteil sogar geringfügig negativ werden und der Eingangsstrom wird verringert.

13.2 Differenzeingangsstufe

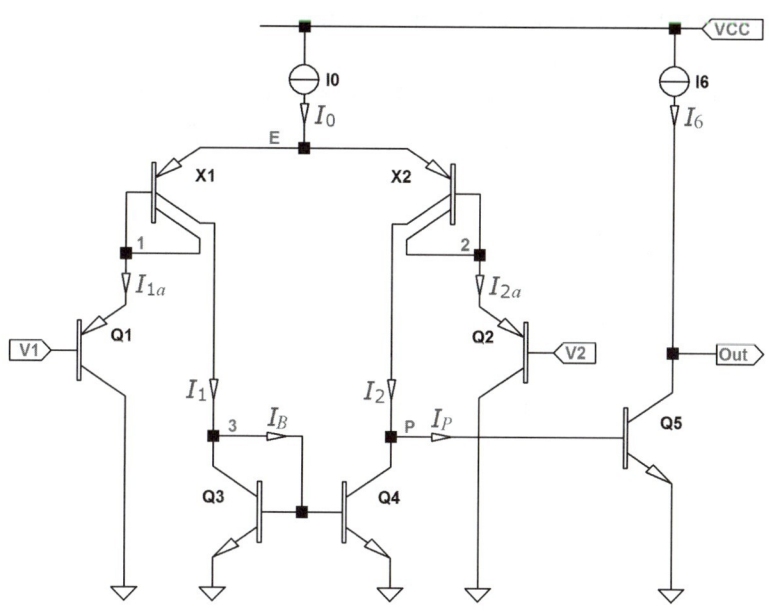

Abbildung 13.9: (IN5.asc) PNP-Darlington-Eingangsstufe.

Wegen der lateralen PNP-Transistoren am Eingang hat die Schaltung auch den wichtigen Vorteil, durch große Differenzsignale nicht zerstört zu werden. Die Durchbruchspannung der Emitter-Basis-Strecke beträgt oft über 40 V.

Die Erzielung eines möglichst geringen systematischen Offset-Fehlers verlangt wieder die exakte Übereinstimmung der Teilströme I_1 und I_2. Unter der Voraussetzung, dass der Ausgangsknoten „Out" nicht oder nur sehr gering belastet wird, muss hierzu der Bias-Strom I_6 für den Transistor Q5 (zweite Stufe) so gewählt werden, dass

$$I_1 + I_2 = I_{C5} \approx I_6 \tag{13.17}$$

wird. Außerdem muss

$$I_0 = I_1 + I_{1a} + I_2 + I_{2a} \tag{13.18}$$

gewählt werden.

Die Flächen der Stromspiegeltransistoren X1 und X2 werden oft so aufgeteilt, dass die Teilströme I_1 und I_2 kleiner ausfallen als die Teilströme I_{1a} und I_{2a}. Weil dadurch das wirksame g_m um das Verhältnis $I_{1a}/I_1 = I_{2a}/I_2$ reduziert wird, verringert sich zwar die Spannungsverstärkung der ersten Stufe um dieses Verhältnis, man kommt dafür aber mit einem kleineren Kondensator für die Frequenzgangkorrektur aus (siehe *Abschnitt 13.5.3*) und spart Chipfläche.

Diese Eingangsschaltung ist bei Standardoperationsverstärkern sehr verbreitet. Beispiele findet man in einem späteren *Abschnitt 13.6*: „Design-Beispiele von Operationsverstärkern".

In CMOS-Eingangsstufen werden vorgeschaltete Source-Folger selten verwendet, um den Gleichtaktbereich bis zur unteren Rail (Masse) zulassen zu können. Hier gelingt dies auch durch geschickte Dimensionierung der Transistorabmessungen. Ein Beispiel mit PMOS-Eingang wird im Abschnitt „Einfacher Operationsverstärker in CMOS " beschrieben und für ein weiteres Beispiel wird im *Abschnitt 13.8* „Komplettes Design eines CMOS-Operationsverstärkers" die komplette Dimensionierung, einschließlich Layout vorgeführt.

PNP-Eingang mit gefalteter Kaskoden-Schaltung

Die Schaltung nach Abbildung 13.9 hat leider einen Nachteil: Durch die Reihenschaltung von **zwei** Basis-Emitter-Strecken wird der **statistische** Offset-Fehler vergrößert und hinsichtlich des Rauschens ist dies auch nicht die beste Lösung. Es gibt aber einen weiteren Ausweg, der es Eingangssignalen gestattet, bis an die untere Rail heranzureichen. Dies ist der Einsatz einer sogenannten „gefalteten" Kaskoden-Schaltung. Das Prinzip zeigt Abbildung 13.10a.

Die beiden Emitter-Knoten „1" und „2" der Transistoren Q3 und Q4 werden durch die Vorspannung V_{Bias} (z. B. 1 V) auf einem Potential von $V_{Bias} - U_{BE}$ ($\approx 300~mV$) praktisch „festgehalten". Zwei Bias-Stromsenken I3 und I4 mit den gleichen Stromwerten I_B sorgen dafür, dass die Ströme I_1 und I_2 „umgelenkt" werden: Die NPN-Transistoren Q3 bzw. Q4 werden von den Strömen $I_B - I_1$ bzw. $I_B - I_2$ durchflossen und über den PNP-Stromspiegel erscheint am Knoten „P" dann wieder die Differenz $I_2 - I_1$. Liegen beide Eingänge „V1" und „V2" auf null, stellt sich der Emitter-Knoten „E" auf ein Potential von etwa 700 mV ein. Mit einem Wert von etwa 300 mV an den Knoten „1" und „2" bleiben dann für die Emitter-Kollektor-Strecken der Eingangstransistoren ca. 400 mV übrig. Selbst wenn der Gleichtaktanteil geringfügig negativ wird, gibt es noch keine Probleme.

Simulation

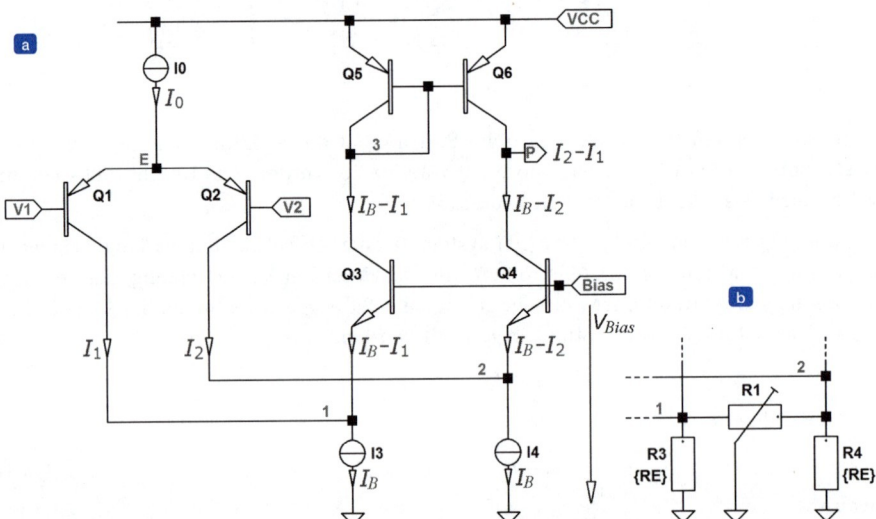

Abbildung 13.10: (IN6.asc) (a) PNP-Eingang mit „gefalteter" Kaskoden-Schaltung. (b) Stromquellen I3 und I4 durch Widerstände ersetzt und Offset-Trimmer R1.

Die beiden Stromsenken I3 und I4 können auch durch zwei gleich große Widerstände R3 und R4 mit dem Wert R_E ersetzt werden. Da die Potentiale an den Emitter-Knoten „1" und „2" nach wie vor annähernd konstant sind (z. B. 300 mV), ergeben sich die Ströme dann zu $I_B = (V_{Bias} - U_{BE})/R_E = (300~mV)/R_E \approx konstant$. Die Widerstandsversion liefert eine etwas geringere Spannungsverstärkung als die Schaltung mit echten Stromsenken, erlaubt aber in einfacher Weise einen Offset-Abgleich. Dies ist in Abbildung 13.10b angedeutet. Der Off-Set-Abgleich mittels eines Trimmers R1 ist selbstverständlich in analoger Weise auch bei Verwendung der Stromsenken I3 und I4 möglich! Der Wert von R1 sollte dann aber **hochohmig** genug sein. Welche Schaltungsvariante bevorzugt wird, wird am besten durch eine Monte-Carlo-Simulation abgeklärt.

Die Schaltung nach Abbildung 13.10 kann sinngemäß auch in CMOS ausgeführt werden. Eine Beispielschaltung ist im Ordner „Schematic_13" (Ordner „Kapitel 13"; IC.zip) zu finden: CM5OTA10.asc bzw. CM5OTA10_DC.asc.

13.2.6 Kaskoden-Eingangsstufe mit Super-B-Transistoren

Der differentielle Eingangswiderstand eines Differenzverstärkers mit Emitter-Kopplung ist $r_{in} = 2 \cdot r_{BE}$ (zweimal Eingangswiderstand der Emitter-Schaltung), und r_{BE} ist der Stromverstärkung B und dem Kehrwert der Steilheit g_m proportional: $r_{BE} = B/g_m$. Die Steilheit steigt mit wachsendem Kollektor-Strom: $g_m = I_C/V_T$. Ein hoher Eingangswiderstand kann durch einen reduzierten Kollektor-Strom erreicht werden. Dies wirkt sich jedoch nachteilig auf das dynamische Verhalten aus. Günstiger ist es, die Stromverstärkung B zu erhöhen und sogenannte **Super-B-Transistoren** einzusetzen. B-Werte über 1000 sind realisierbar. Wegen der sehr kleinen Basis-Weite und des damit verbundenen starken Early-Effektes sollten diese jedoch nur bei kleinen Spannungen ($U_{CE} < 3\ V$) betrieben werden. Wie dies zu erreichen ist, zeigt Abbildung 13.11. Der PNP-Emitter-Folger Q5 sorgt dafür, dass am Knoten „B" das Potential stets um etwa $2 \cdot U_{BE}$ (U_{EB} von Q5 plus U_{BE} von QD) höher ist als am Knoten „E", unabhängig vom Gleichtaktwert an den Eingängen. Dadurch werden die Transistoren Q1 und Q2 stets bei $U_{CB} \approx 0\ V$ bzw. $U_{CE} \approx U_{BE} \approx 700\ mV$ betrieben. Nacheilig ist, dass durch die Kaskoden-Schaltung der Gleichtaktbereich „oben" etwas weiter eingeschränkt wird. Wenn dies für die Applikation kein Problem ist und der verwendete Prozess Super-B-Transistoren zulässt, wird die Schaltung aufgrund ihrer Einfachheit gern für den Aufbau von bipolaren Operationsverstärkern mit hochohmigem Eingang eingesetzt. Eingangsströme im Bereich weniger Nanoampere sind ohne Probleme erreichbar. Zu bedenken ist allerdings, dass der Basis-Schichtwiderstand unter dem Emitter-Bereich sehr hochohmig ist, wodurch der Basis-Bahnwiderstand deutlich höher ausfällt als bei normalen NPN-Transistoren. Dies wirkt sich leider nachteilig auf das Rauschverhalten aus. In gewissem Umfang kann durch ein geeignetes Design der Transistoren, z. B. die Verwendung mehrerer schmaler Emitter und dazwischen angeordneten Basis-Kontakten, Abhilfe geschaffen werden.

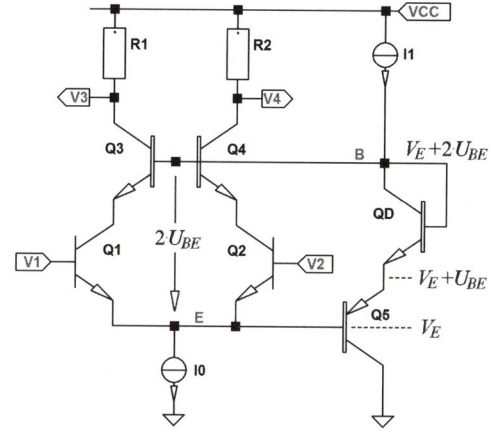

Abbildung 13.11: (IN7.asc) Eingangsstufe in Kaskoden-Schaltung. Q1 und Q2 sind Super-B-Transistoren mit sehr hoher Stromverstärkung.

Aufgabe

Experimentieren Sie mit der Eingangsschaltung Abbildung 13.11. Messen Sie z. B. auch die Potentiale der einzelnen Knoten in Abhängigkeit vom Gleichtaktpegel an den Eingängen. Messen Sie die beiden Eingangsströme. Variieren Sie auch die SPICE-Parameter des Super-B-Transistormodells; es steht direkt im Schaltplan.

13.2.7 Kompensation des Eingangsstromes

Ein ganz anderer Weg, den Eingangsstrom zu reduzieren, ist in Abbildung 13.12 dargestellt. Der Kollektor-Strom des Eingangstransistors Q1 durchfließt auch den Transistor Q3. Bei geometrisch gleich aufgebauten Transistoren sind dann auch deren Basis-Ströme gleich. Der Basis-Strom von Q3 wird über den PNP-Stromspiegel Q5, Q6 dem Eingangsknoten „V1" zugeführt und **kompensiert** damit weitgehend den Basis-Strom von Q1. Mit dieser Methode kann der Eingangsstrom etwa um den Faktor fünf bis zehn reduziert werden. Leider hat die Schaltung den Nachteil, dass sich der Early-Effekt der PNP-Transistoren relativ stark auswirkt. Durch den Ersatz der einfachen Stromspiegel durch die Wilson-Schaltung ist jedoch eine deutliche Verbesserung möglich. Eine noch etwas weitergehende Methode wird in [2] beschrieben.

Simulation

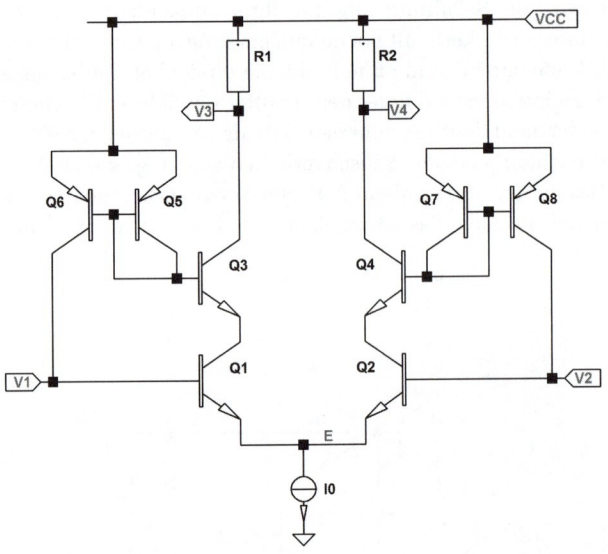

Abbildung 13.12: (IN8.asc) Kompensation des Eingangsstromes.

Durch die Kompensationsströme werden die Rauscheigenschaften leider etwas verschlechtert. Da die Rauschströme der Transistoren Q1 und Q3 bzw. Q2 und Q4 nicht korreliert sind, wird das Eingangsstromrauschen etwa um den Faktor $\sqrt{2}$ vergrößert.

13.2.8 Präzisionseingangsschaltung

George Erdi [3] hat zur Kompensation der Eingangsströme einen weiteren interessanten und eigentlich naheliegenden Weg vorgeschlagen, der den Aufbau einer sehr präzisen Differenzstufe gestattet. Abbildung 13.13 zeigt das Prinzip.

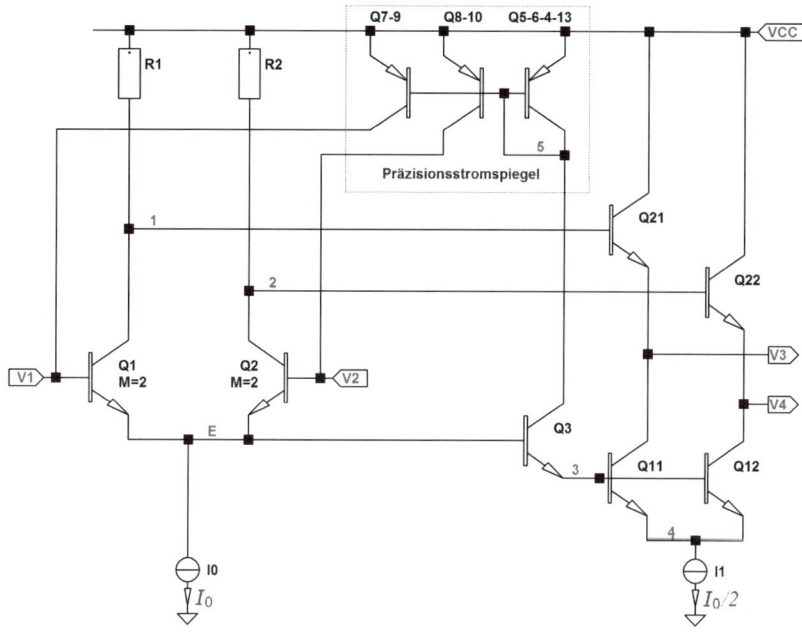

Abbildung 13.13: (IN9.asc) und (IN9a.asc) Präzisionseingangsstufe; Stromspiegel siehe Abbildung 13.14.

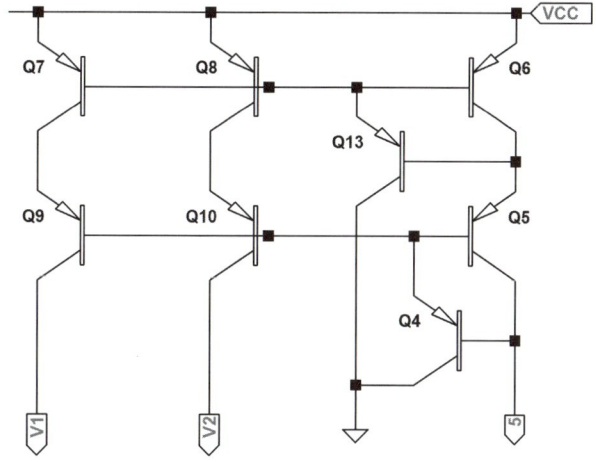

Abbildung 13.14: Präzisionsstromspiegel.

Die Transistoren Q1 und Q2 sind doppelt ausgeführt ($M = 2$), sodass die bewährte Kreuzkopplung angewendet werden kann (siehe auch Abbildung 13.4). Zwei **Referenztransistoren**, Q11 und Q12, haben exakt die gleiche Geometrie wie die vier einzelnen Transistoren am Eingang

(Q1 und Q2) und werden zusammen vom Strom $I_1 = I_0/2$ durchflossen. Dadurch wird erreicht, dass ihre Emitter-Stromdichten praktisch identisch sind mit denen der Eingangstransistoren. Folglich ist der Basis-Strom der beiden Transistoren **Q11 und Q12 zusammen** genauso groß wie **ein Eingangsstrom**. Das Basis-Potential wird den Referenztransistoren über den „Emitter-Folger" Q3 zugeführt. Es entspricht dem Gleichtaktwert des Eingangssignals, allerdings um den konstanten Wert zweier Basis-Emitter-Spannungen nach „unten" verschoben.

Der Transistor Q3 übernimmt nun die wichtige Aufgabe, den Basis-Strom der Referenztransistoren an einen Präzisionsstromspiegel weiterzureichen. In Abbildung 13.13 ist für ein besseres Verständnis nur ein einfacher Stromspiegel dargestellt; die komplette Schaltung zeigt Abbildung 13.14. Über den Stromspiegel werden somit den beiden Eingängen Ströme zugeführt, die die Basis-Ströme der Transistoren Q1 und Q2 weitgehend kompensieren. Mit dieser Methode können die Eingangsströme sehr wirkungsvoll um etwa 98 % reduziert werden!

Auch hinsichtlich des Rauschens bietet die Schaltung nach Abbildung 13.13 gegenüber Abbildung 13.12 einen Vorteil. Die beiden Kompensationsströme, die den Eingängen V1 und V2 zugeführt werden, haben denselben Ursprung, nämlich den Basis-Strom der Transistoren Q11 und Q12. Somit **korrelieren** auch ihre beiden Rauschanteile. Wenn die beiden Signalquellen, die an die Eingänge V1 und V2 angeschlossen werden, gleiche Innenwiderstände haben, entsteht an ihnen zwar ein vergrößertes Gleichtaktrauschen; bei der Differenzbildung fällt dieser zusätzliche Anteil aber heraus!

Aufgaben

1. Experimentieren Sie mit den Eingangsschaltungen Abbildung 13.12 und Abbildung 13.13 und auch mit der kompletten Schaltung, die in der Datei IN9a.asc hinterlegt ist.

2. Untersuchen Sie das Rauschen der oben genannten Eingangsschaltungen und vergleichen Sie die Ergebnisse miteinander. Folgende Dateien sind dafür bereits vorbereitet: IN8_Noise.asc, IN9_Noise.asc und IN9b.asc.

13.2.9 Rail-to-Rail-Eingangsschaltung

Bei vielen neueren Anwendungen, besonders solchen mit Batteriebetrieb, besteht der Wunsch, mit einer möglichst geringen Versorgungsspannung auszukommen. Die Einschränkung des Eingangsgleichtaktbereiches wird jedoch bei abnehmender Betriebsspannung immer störender. Gesucht sind deshalb Schaltungskonzepte, die einen Gleichtaktbereich bis zu **beiden** Versorgungs-Rails – VCC und GND – ermöglichen.

Rail-to-Rail-Eingang mit zwei komplementären Differenzstufen

Naheliegend ist die Verwendung zweier komplementärer Differenzstufen, die am Eingang parallel geschaltet sind und deren Ausgänge in geeigneter Weise zusammengeführt werden. Abbildung 13.15 zeigt das Prinzip. Bei Eingangspegeln, die zwischen den beiden Rails liegen, wirken **beide** Differenzverstärker. Wenn sich aber die Eingangspotentiale der unteren Rail (GND) so weit nähern, dass der gemeinsame Emitter-Knoten „1" der NPN-Transistoren Q1 und Q2 das Potential null erreicht, geht die Stromquelle I0N – in Wahrheit eine Stromspiegelschaltung – in die Spannungssättigung und liefert keinen Strom mehr. Dies wird bei einem Eingangsgleichtaktpegel von etwa U_{BE} (ca. 700 mV) erreicht. Dann arbeiten nur noch die beiden PNP-Transistoren Q3 und Q4. Bei Eingangssignalen nahe der oberen Rail (ca. 700 mV unterhalb VCC) erhalten entsprechend die beiden PNP-Transistoren Q3 und Q4 keinen Strom mehr, während die NPN-Transistoren weiterarbeiten.

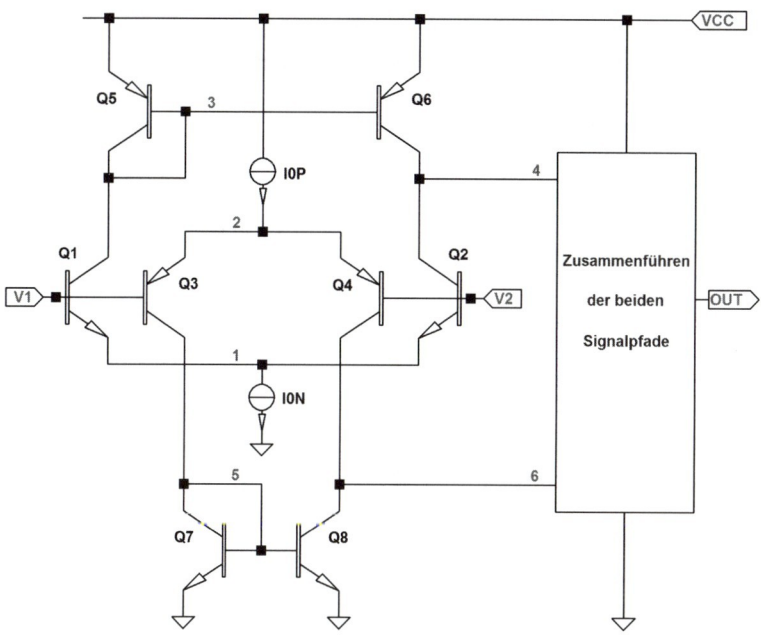

Simulation

Abbildung 13.15: (Rail1a.asc) Eingangsschaltung mit komplementären Differenzstufen.

Die Schaltung nach Abbildung 13.15 stellt aber noch keinen echten Rail-to-Rail-Eingang dar: So verlangt z. B. der Knoten „5" des Stromspiegels Q7, Q8 ein Potential von ca. $1 \cdot U_{BE}$. Bei $V_1 \to 0$ erreicht der gemeinsame Emitter-Knoten „2" der beiden PNP-Transistoren Q3 und Q4 einen Wert von etwa 700 mV. Damit geht der Transistor Q3 in die Spannungssättigung. Entsprechendes gilt, wenn die Eingangsspannung sehr nahe an die obere Rail heranreicht. Die beiden Stromspiegel bereiten also die Probleme.

Aufgabe

Experimentieren Sie mit der zu Abbildung 13.15 passenden Datei Rail1a.asc. Beobachten Sie z. B. auch, in welchen Bereichen die beiden Eingangsstufen aktiv sind.

Ein Ausweg kann z. B. dadurch erreicht werden, dass die Stromspiegel durch Widerstände ersetzt werden. Dimensioniert man die Schaltung so, dass die Spannungsabfälle an den Widerständen kleiner als etwa 300 mV bleiben, können die Eingangssignale bis an die beiden

Rails herangeführt werden. Die erzielbare Spannungsverstärkung wird dann aber relativ gering ausfallen. Für bipolare Transistoren erhält man:

$$A_D \approx -g_m \cdot R_C = -\frac{I_C}{V_T} \cdot \frac{300\,mV}{I_C} \approx -\frac{300\,mV}{25\,mV} = -12 \qquad (13.19)$$

Die Schaltung ist selbstverständlich in entsprechender Weise auch in CMOS möglich. Wegen der im Allgemeinen geringeren Steilheit g_m der Feldeffekt-Transistoren ist jedoch mit einer entsprechend geringeren Verstärkung zu rechnen.

Verwendung gefalteter Kaskoden-Schaltungen

Simulation

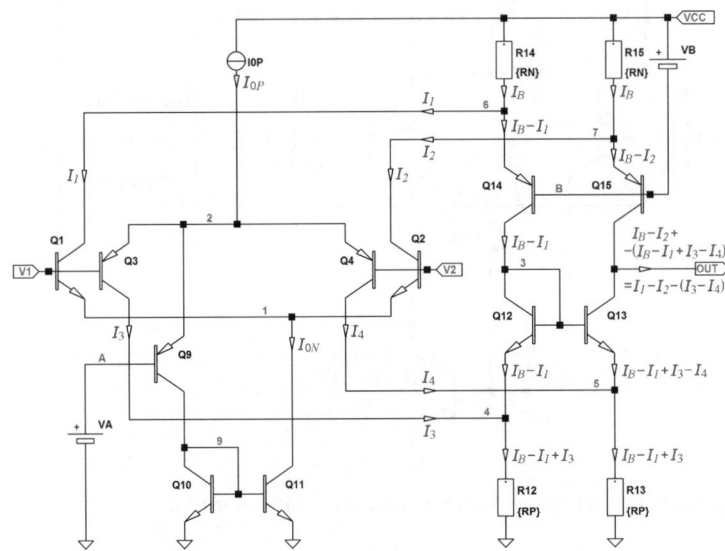

Abbildung 13.16: (C3ZOPRR3.asc) Rail-to-Rail-Eingang mit komplementären Differenzstufen und Kaskoden-Schaltung zur Zusammenführung der Ströme.

Eine höhere Verstärkung kann durch Verwenden der sogenannten „gefalteten" Kaskoden-Schaltung erreicht werden, wie sie z. B. in Abbildung 13.10 für eine PNP-Eingangsstufe gezeigt ist. Wird dieses Prinzip auch für die NPN-Eingangsstufe angewendet und beide parallel geschaltet, gelingt gleichzeitig eine elegante Zusammenführung der Ströme der beiden Eingangsschaltungen. Einen solchen Verstärker zeigt Abbildung 13.16.

Statt der Bias-Stromquellen IB sind Widerstände vorgesehen: R12 und R13 (Wert: R_P) im Emitter-Kreis der NPN-Transistoren Q12 und Q13 bzw. R14 und R15 (Wert: R_N) bei den PNP-Transistoren Q14 und Q15. Zur Einstellung der Ströme I_B dient die Bias-Spannungsquelle VB. Die beiden PNP-Transistoren Q14 und Q15 werden in **Basis-Schaltung** betrieben. Folglich sind die Spannungen an den Widerständen R14 und R15 etwa gleich groß und haben den Wert $V_B - U_{EB}$ und sie sind näherungsweise konstant. Damit gilt für die beiden Ströme

$$I_B \approx (V_B - U_{EB})/R_N \approx konst. \qquad (13.20)$$

Für die Bildung des Ausgangsstromes werde vorübergehend angenommen, dass der Stromspiegel Q10, Q11 einen konstanten Strom mit dem Wert I_{0N} liefert. Dieser wirke am Emitter-Knoten „1". Dann sind **beide** Eingangsstufen aktiv. Die Stromverhältnisse an der NPN-Eingangsstufe

13.2 Differenzeingangsstufe

Q1, Q2 können dann wie folgt beschrieben werden: Wie oben schon angedeutet, fließen den Knoten „6" und „7" über die Widerstände R14 und R15 die näherungsweise konstanten Ströme I_B zu, Gleichung (13.20). Am Emitter des Transistors Q14 wirkt die Differenz $I_B - I_1$ und entsprechend am Emitter von Q15 die Differenz $I_B - I_2$. Über Q14 und die „Diode" Q12 wird der Strom $I_B - I_1$ durchgereicht und fließt dem Knoten „4" zu. Zum Knoten „4" fließt auch der Strom I_3 des PNP-Eingangstransistors Q3. Der Summenstrom $I_B - I_1 + I_3$ erzeugt am Widerstand R12 den Spannungsabfall $(I_B - I_1 + I_3) \cdot R_P$. Näherungsweise erscheint diese Spannung auch am Knoten „5", sodass der Strom durch R13 etwa genauso groß wird wie der Strom durch R12. Am Emitter von Q13 entsteht dann zusammen mit I_4 der Wert $I_B - I_1 + I_3 - I_4$. Dieser wird über den Transistor Q13 an den Ausgangsknoten „Out" durchgereicht. Von „oben" gelangt über Q15 der Stromanteil $I_B - I_2$ hinzu. Der resultierende Ausgangsstrom wird damit:

$$I_{Out} \approx I_B - I_2 - (I_B - I_1 + I_3 - I_4) = I_1 - I_2 - (I_3 - I_4) \tag{13.21}$$

Wie sich herausstellt, fällt der Bias-Strom I_B heraus; d. h., die Widerstandswerte gehen bei der Bildung der Stromsumme nicht ein. Das liegt natürlich an der oben gemachten Näherungsannahme konstanter Potentiale an den Knoten „6" und „7" sowie „4" und „5". In Wahrheit ist die Schaltung nicht so „linear". Dennoch: Der Ausgangsstrom setzt sich aus der Differenz $I_1 - I_2$ und der Differenz $I_3 - I_4$ zusammen. Wenn die Eingangsspannungsdifferenz $V_1 - V_2$ positiv ist, ist $I_1 - I_2$ positiv und $I_3 - I_4$ aber negativ. **Beide** Eingangsstufen liefern somit einen Beitrag in **gleicher** Richtung.

Bisher wurde angenommen, dass der Transistor Q11 stets Strom liefert und beide Eingangsstufen gleichzeitig aktiv sind. Liegt aber der Gleichtaktwert in der Nähe der unteren Rail, erhalten die beiden NPN-Transistoren Q1 und Q2 keinen Strom mehr, da Q11 in die Spannungssättigung ginge. Ähnlich verhalten sich die PNP-Transistoren Q3 und Q4 bei Eingangsspannungen in der Nähe der oberen Rail. Die Gesamtverstärkung wäre dann abhängig vom Gleichtaktpegel und würde sich im gesamten Bereich etwa um den Faktor zwei ändern. Um dies zu verhindern, steuert in der Schaltung nach Abbildung 13.16 der PNP-Transistor Q9 in Verbindung mit der Referenzspannungsquelle VA den Stromspiegel Q10, Q11 an. Die beiden PNP-Transistoren Q3 und Q9 oder auch Q4 und Q9 können als Differenzpaar aufgefasst werden. Wenn die Eingangsspannung den Wert V_A der Referenzspannungsquelle unterschreitet, beginnt Q9 zu sperren und schaltet damit den Stromspiegel Q10, Q11 ab. Dann erhält die NPN-Eingangsstufe keinen Strom mehr. Liegt das Eingangssignal dagegen oberhalb des Referenzwertes V_A, wird der von der Stromquelle I0P gelieferte Strom über den dann leitenden Transistor Q9 praktisch komplett in den Knoten „9" eingespeist. Dann erhält das PNP-Paar Q3, Q4 keinen Strom mehr. Durch diese einfache Schaltungsmaßnahme wird erreicht, dass stets nur **eine** Eingangsschaltung wirksam ist. Der Wert der Referenzquelle VA (ca. 800 mV) legt die Umschaltschwelle fest. Da der **Transferstrom** I_{Out} am Ausgang praktisch nicht vom Gleichtaktwert abhängt, spricht man von einer Rail-to-Rail-Eingangsstufe mit **konstanter** Transconductance g_m.

Der Wert der Bias-Quelle VB wird am besten so gewählt, dass sich an den Widerständen R14 und R15 etwa (100 ... 300) mV Spannungsabfall bilden. Durch die Wahl der Widerstandswerte wird der gewünschte Strom eingestellt. Eine mit SPICE simulierbare Schaltung, die problemlos bei einer Versorgungsspannung von 1,5 V betrieben werden kann, ist in der Datei C3ZOPRR3.asc zu finden. Diese Schaltung kann sogar Eingangspegel verarbeiten, die etwa 250 mV über beide Rails hinausreichen, und dies im Temperaturbereich von (0 ... 100) °C.

Simulation

Die in Abbildung 13.16 vorgestellte Schaltung kann selbstverständlich in analoger Weise auch in CMOS realisiert werden.

> **Hinweis**
>
> Bei niedrigen Versorgungsspannungen stellt das Rail-to-Rail-Prinzip oft die einzige Möglichkeit dar, einen einigermaßen ausreichenden Gleichtaktpegel zuzulassen. Zu bedenken ist aber, dass in der Nähe des Übergangsbereiches stets gewisse Nichtlinearitäten auftreten, auch wenn im Prinzip das resultierende g_m der Eingangsschaltung konstant sein sollte. Das kann z. B. zu zusätzlichen Verzerrungen oder Intermodulationsprodukten führen, die in hochwertigen Audioanwendungen eventuell Probleme bereiten könnten. Weitere Einzelheiten und Methoden zur Linderung dieses Problems findet man in der einschlägigen Literatur [4] bis [13]. Rail-to-Rail-Verstärker sind zwar modern; doch wenn ohnehin in einer Anwendung höhere Versorgungsspannungen eingesetzt werden, bereitet der Gleichtaktwert am Eingang meist keine Probleme. Dann ist eine **einfachere** Eingangsschaltung oft die bessere Wahl.

> **Aufgabe**
>
> Experimentieren Sie mit der zu Abbildung 13.16 passenden Schaltungsdatei C3ZOPRR3.asc. Vollziehen Sie die im Text gegebenen Erklärungen nach.

Rail-to-Rail-Eingang mit „selbstleitenden" MOSFETs

Ein CMOS-Prozess, der neben den normalen **selbstsperrenden** MOSFETs auch **selbstleitende** MOSFETs unterstützt, bietet einen Weg, eine sehr einfache Rail-to-Rail-Eingangsstufe zu realisieren, siehe Abbildung 13.17. Es ist im Prinzip eine ganz normale Kaskoden-Schaltung, vergleichbar mit Abbildung 13.10. Allerdings sind die beiden Transistoren M1 und M2 **selbstleitende** NMOS-Transistoren, die im Kanalbereich einen zusätzlichen Ionenimplantationsschritt erfordern. Bei solchen Transistoren ist die Threshold-Spannung V_{Th} negativ, ähnlich wie bei J-FETs. Dadurch kann die Schaltung problemlos Gleichtaktpegel nahe der unteren Rail verarbeiten.

Um auch die obere Rail erreichen zu können, wird der sogenannte „Body-Effekt" ausgenutzt: Bei einem NMOSFET wird die Threshold-Spannung V_{Th} größer, wenn die Spannung zwischen Source und Substrat größer wird. Die Substratanschlüsse der beiden Transistoren M1 und M2 sind „geerdet". Mit steigendem Gleichtaktpegel am Eingang nimmt die Spannung U_{SB} zwischen Source und Bulk zu. Infolge des Body-Effektes steigt die Threshold-Spannung V_{Th} und kann sogar positiv werden. Bei sorgfältiger Dimensionierung der gefalteten Kaskoden-Schaltung darf der Gleichtaktwert dann sogar ein wenig über die positive Rail hinausreichen.

Die Bias-Schaltung entspricht im Prinzip dem Stromspiegel nach Abbildung 9.22b, nur nicht mit NMOS-, sondern mit PMOS-Transistoren. Über den Widerstand R1 lassen sich die Potentiale der Knoten „1" und „2" einstellen. Zwischen Source und Drain der Transistoren M4 und M5 sollten etwa (200 ... 300) mV verbleiben.

13.3 Eingangs-Offset

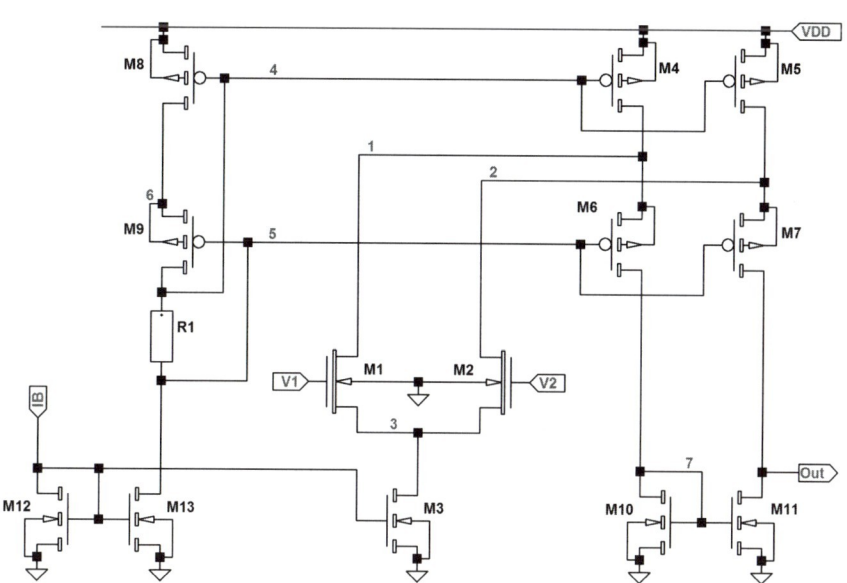

Abbildung 13.17: (Rail3.asc) Rail-to-Rail-Eingang mit selbstleitenden N-Kanal-MOSFETs und Ausnutzung des Body-Effektes.

An den Ausgangsknoten „Out" wird vorteilhaft das Gate eines NMOSFETs angeschlossen. Damit kein **systematischer Offset-Fehler** entsteht, muss im Gleichgewicht (Differenzsignal am Eingang gleich null) der Knoten „Out" das gleiche Potential annehmen wie der Knoten „7". Die geometrischen Abmessungen des an „Out" angeschlossenen Transistors sind deshalb so zu wählen, dass bei V(Out) = V(7) sein Drain-Strom gerade den gewünschten Wert annimmt.

Dieses Schaltungskonzept kann sogar für den Betrieb an geringen Versorgungsspannungen verwendet werden. So wird z. B. in [14] ein Rail-to-Rail-Verstärker beschrieben, der mit einer Versorgungsspannung von 1 V auskommt.

13.3 Eingangs-Offset

Obwohl bei integrierten Schaltungen die Bauelemente untereinander fast identische Daten aufweisen, führen doch fertigungsbedingte statistische Streuungen zu sogenannten „Offset-Fehlern" bei der Differenzbildung. Wie die Offset-Spannung zustande kommt und wie sie durch einen Abgleich reduziert werden kann, soll deshalb erläutert werden. Bedingt durch die Kennliniengleichungen ergeben sich für Bipolar- und Feldeffekt-Transistoren fundamentale Unterschiede.

13.3.1 Bipolarer Eingang

Die Offset-Spannung ist die Differenz der beiden Eingangspotentiale V_1 und V_2 für den Fall, dass die Ausgangsspannung $V_3 - V_4$ null wird. Dies bedeutet (vergleiche Abbildung 13.3):

$$U_{Off} = V_1 - V_2 = U_{BE1} - U_{BE2} \quad \text{für} \quad I_1 \cdot R_1 = I_{C1} \cdot R_1 = I_2 \cdot R_2 = I_{C2} \cdot R_2 \qquad (13.22)$$

Durch Einsetzen der nach U_{BE} aufgelösten Kennliniengleichung des bipolaren Transistors wird daraus:

$$U_{Off} = V_T \cdot \left(\ln\left(\frac{I_{C1}}{I_{S1}}\right) - \ln\left(\frac{I_{C2}}{I_{S2}}\right) \right) = V_T \cdot \ln\left(\frac{I_{C1}}{I_{C2}} \cdot \frac{I_{S2}}{I_{S1}}\right) = V_T \cdot \ln\left(\frac{R_2}{R_1} \cdot \frac{I_{S2}}{I_{S1}}\right) \qquad (13.23)$$

Der Sättigungsstrom I_S ist das Produkt von Sättigungsstromdichte J_S und Emitter-Fläche A_E und J_S enthält entsprechend Gleichung (3.42) die beiden Dotierungskonzentrationen N_D und N_A. Bei einem NPN-Transistor kann der erste Term in Gleichung (3.42) wegen $N_D \gg N_A$ vernachlässigt werden. Die statistische Streuung von I_S wird somit im Wesentlichen von zwei Größen bestimmt: der Emitter-Fläche A_E und der Dotierungskonzentration der Basis $M_B \approx N_A$. Alle übrigen Größen können für beide Transistoren als näherungsweise gleich angenommen werden. Damit folgt aus (13.23):

$$U_{Off} = V_T \cdot \ln\left(\frac{R_2}{R_1} \cdot \frac{I_{S2}}{I_{S1}}\right) = V_T \cdot \ln\left(\frac{R_2}{R_1} \cdot \frac{A_{E2}}{A_{E1}} \cdot \frac{M_{B1}}{M_{B2}}\right) \qquad (13.24)$$

Die Abweichungen der Größen untereinander werden wie folgt angesetzt:

$$R_1 = R_C + \Delta R_C, \ R_2 = R_C; \ A_{E1} = A_E + \Delta A_E, \ A_{E2} = A_E; \ M_{B1} = M_B + \Delta M_B, \ M_{B2} = M_B$$

Damit wird:

$$U_{Off} = V_T \cdot \ln\left(\frac{R_C}{R_C + \Delta R_C} \cdot \frac{A_E}{A_E + \Delta A_E} \cdot \frac{M_B + \Delta M_B}{M_B}\right) \qquad (13.25)$$

Wenn die Abweichungen relativ klein sind, gilt näherungsweise:

$$U_{Off} \approx V_T \cdot \ln\left(\left(1 - \frac{\Delta R_C}{R_C}\right) \cdot \left(1 - \frac{\Delta A_E}{A_E}\right) \cdot \left(1 + \frac{\Delta M_B}{M_B}\right)\right) \qquad (13.26)$$

Mit der Näherung $\ln(1 \pm \varepsilon) \approx \pm\varepsilon$ für $|\varepsilon| \ll 1$ kann man (13.26) wie folgt vereinfachen:

$$U_{Off} \approx V_T \cdot \left(-\frac{\Delta R_C}{R_C} - \frac{\Delta A_E}{A_E} + \frac{\Delta M_B}{M_B}\right) \qquad (13.27)$$

> **Wichtiges Ergebnis:**
>
> Die Offset-Spannung lässt sich durch die **lineare** Überlagerung der statistischen Asymmetrien darstellen. Wegen der Proportionalität der Offset-Spannung zu V_T zeigt sie **PTAT-Verhalten**. Dieses Ergebnis ist insofern interessant, als es eine Möglichkeit zur Offset-Korrektur aufzeigt: Flächen- und Dotierungsfehler können durch einen Widerstandsabgleich kompensiert werden und dieser Abgleich bleibt dann auch über den Temperaturbereich weitgehend erhalten, wenn der Klammerausdruck in (13.27) tatsächlich null ist!

13.3.2 MOS-Eingang

Auch beim MOS-Eingang ist die Offset-Spannung die Differenz der beiden Eingangspotentiale V_1 und V_2 für den Fall, dass die Ausgangsspannung null wird. Dies bedeutet (vergleiche Abbildung 13.3, wenn dort die bipolaren Transistoren durch MOSFETs ersetzt werden):

$$U_{Off} = V_1 - V_2 = U_{GS1} - U_{GS2} \quad \text{für} \quad I_{D1} \cdot R_1 = I_{D2} \cdot R_2 \qquad (13.28)$$

Durch Auflösen der Kennliniengleichung $I_D = \beta \cdot U_S^2 = \beta \cdot (U_{GS} - V_{Th})^2$ nach U_{GS} ergibt sich:

$$U_{Off} = \left(\sqrt{\frac{I_{D1}}{\beta_1}} + V_{Th1} \right) - \left(\sqrt{\frac{I_{D2}}{\beta_2}} + V_{Th2} \right) \qquad (13.29)$$

Die Abweichungen der einzelnen Größen werden hier zweckmäßigerweise **symmetrisch** angesetzt, etwas anders als bei bipolaren Transistoren:

$$I_{D1} = I_D + \frac{1}{2} \cdot \Delta I_D, \quad I_{D2} = I_D - \frac{1}{2} \cdot \Delta I_D, \quad R_1 = R_D + \frac{1}{2} \cdot \Delta R_C, \quad R_2 = R_D - \frac{1}{2} \cdot \Delta R_C;$$

$$\beta_1 = \beta + \frac{1}{2} \cdot \Delta \beta, \quad \beta_2 = \beta - \frac{1}{2} \cdot \Delta \beta; \quad V_{Th1} = V_{Th} + \frac{1}{2} \cdot \Delta V_{Th}, \quad V_{Th2} = V_{Th} - \frac{1}{2} \cdot \Delta V_{Th}$$

Damit nimmt Gleichung (13.29) die Form an:

$$U_{Off} = \left(\sqrt{\frac{I_D}{\beta}} \cdot \sqrt{\frac{1 + \frac{\Delta I_D}{2 I_D}}{1 + \frac{\Delta \beta}{2 \beta}}} + V_{Th} + \frac{\Delta V_{Th}}{2} \right) - \left(\sqrt{\frac{I_D}{\beta}} \cdot \sqrt{\frac{1 - \frac{\Delta I_D}{2 I_D}}{1 - \frac{\Delta \beta}{2 \beta}}} + V_{Th} - \frac{\Delta V_{Th}}{2} \right) \qquad (13.30)$$

Hier kann $\sqrt{I_D/\beta}$ wegen $I_D = \beta \cdot U_S^2$ durch die Steuerspannung U_S ausgedrückt werden. Beschränkt man sich wieder auf **kleine** Abweichungen, kann die Näherung

$$\sqrt{1 \pm \varepsilon} \approx 1 \pm \frac{1}{2} \cdot \varepsilon \qquad (13.31)$$

verwendet werden und Glieder, die von **zweiter Größenordnung klein** sind, dürfen unberücksichtigt bleiben. Dann lässt sich Gleichung (13.31) schrittweise vereinfachen:

$$U_{Off} \approx \left(U_S \cdot \frac{1 + \frac{\Delta I_D}{4 I_D}}{1 + \frac{\Delta \beta}{4 \beta}} + V_{Th} + \frac{\Delta V_{Th}}{2} \right) - \left(U_S \cdot \frac{1 - \frac{\Delta I_D}{4 I_D}}{1 - \frac{\Delta \beta}{4 \beta}} + V_{Th} - \frac{\Delta V_{Th}}{2} \right) =$$

$$= U_S \cdot \left(\frac{1 + \frac{\Delta I_D}{4 I_D}}{1 + \frac{\Delta \beta}{4 \beta}} - \frac{1 - \frac{\Delta I_D}{4 I_D}}{1 - \frac{\Delta \beta}{4 \beta}} \right) + \Delta V_{Th} =$$

$$= U_S \cdot \frac{\left(1 + \frac{\Delta I_D}{4 I_D}\right) \cdot \left(1 - \frac{\Delta \beta}{4 \beta}\right) - \left(1 - \frac{\Delta I_D}{4 I_D}\right) \cdot \left(1 + \frac{\Delta \beta}{4 \beta}\right)}{1 - \left(\frac{\Delta \beta}{4 \beta}\right)^2} + \Delta V_{Th} \approx$$

$$\approx U_S \cdot \frac{\left(1 + \frac{\Delta I_D}{4I_D} - \frac{\Delta \beta}{4\beta}\right) - \left(1 - \frac{\Delta I_D}{4I_D} + \frac{\Delta \beta}{4\beta}\right)}{1} + \Delta V_{Th} = U_S \cdot \left(\frac{\Delta I_D}{2I_D} - \frac{\Delta \beta}{2\beta}\right) + \Delta V_{Th}$$

$$U_{Off} \approx U_S \cdot \left(\frac{\Delta I_D}{2I_D} - \frac{\Delta \beta}{2\beta}\right) + \Delta V_{Th} \quad \text{oder} \quad U_{Off} \approx U_S \cdot \left(-\frac{\Delta R_D}{2R_D} - \frac{\Delta \beta}{2\beta}\right) + \Delta V_{Th} \qquad (13.32)$$

Die Größe β enthält den Parameter K_P und die geometrischen Abmessungen W und L. Deren Asymmetrien können durch ΔI_D oder durch ΔR_D kompensiert werden. Die „Steuerspannung" $U_S = U_{GS} - V_{Th}$ „gewichtet" diesen Einfluss. Der Fehler der Threshold-Spannung V_{Th} geht dagegen in voller Höhe ein. Die Threshold-Spannung ist der Dicke des Gate-Oxides proportional. Wenn sie nur um 1 % schwankt, verursacht dies bei einem V_{Th} von z. B. 800 mV einen Offset-Fehler von 8 mV! Dieser Fehler kann prinzipiell zwar auch durch ein Strom- oder Widerstandstrimmen mit erfasst werden, doch ist eine temperatur- und arbeitspunktunabhängige Kompensation der Offset-Spannung bei MOS-Verstärkern nicht ohne Weiteres möglich. Am besten ist es, einen kleinen Wert für die Steuerspannung $U_S = U_{GS} - V_{Th} = \text{sqrt}(I_D/\beta)$ zu wählen, systematische Offset-Fehler zu vermeiden und die zufälligen Streuungen durch besonders sorgfältige Layout-Arbeit der Eingangsstufe so gering wie möglich zu halten.

> **Hinweis**
>
> **Wichtiges Ergebnis:**
>
> Bei MOS-Eingangsstufen ist zwar ein Offset-Abgleich möglich, doch gilt der Abgleich nur für eine Temperatur. Eine Driftkompensation erfordert zusätzlichen Aufwand. **Offset-Fehler sollten deshalb durch sehr sorgfältiges Design gering gehalten werden.**

13.3.3 Offset-Trimmen

In einer Eingangsstufe mit Widerständen ist ein Offset-Abgleich direkt auf dem Schaltkreis möglich. Neben dem **Lasertrimmen** ist die sogenannte **Zener-Zap-Methode** bei ASICs wegen des relativ geringen apparativen Aufwandes sehr beliebt.

Die Widerstände werden aufgeteilt und parallel zu den Teilwiderständen werden in Sperrrichtung gepolte Z-Dioden (NPN-Transistoren, Emitter und Kollektor miteinander verbunden) geschaltet, siehe Abbildung 13.18. Wird in eine solche Z-Diode extern ein Strompuls von etwa 200 mA und 100 μs Dauer in Sperrrichtung eingespeist, so bildet sich zwischen Basis und Emitter ein **dauerhafter** Kurzschluss aus, der den betreffenden Teilwiderstand mit ca. (1 ... 10) Ω überbrückt. Der Prozess ist irreversibel! Die Zener-Zap-Dioden werden am besten direkt zwischen sogenannten **Trimm-Pads** angeordnet. Über diese Pads können dann später während des Wafer-Tests die Strompulse zum Abgleich zugeführt werden.

13.3 Eingangs-Offset

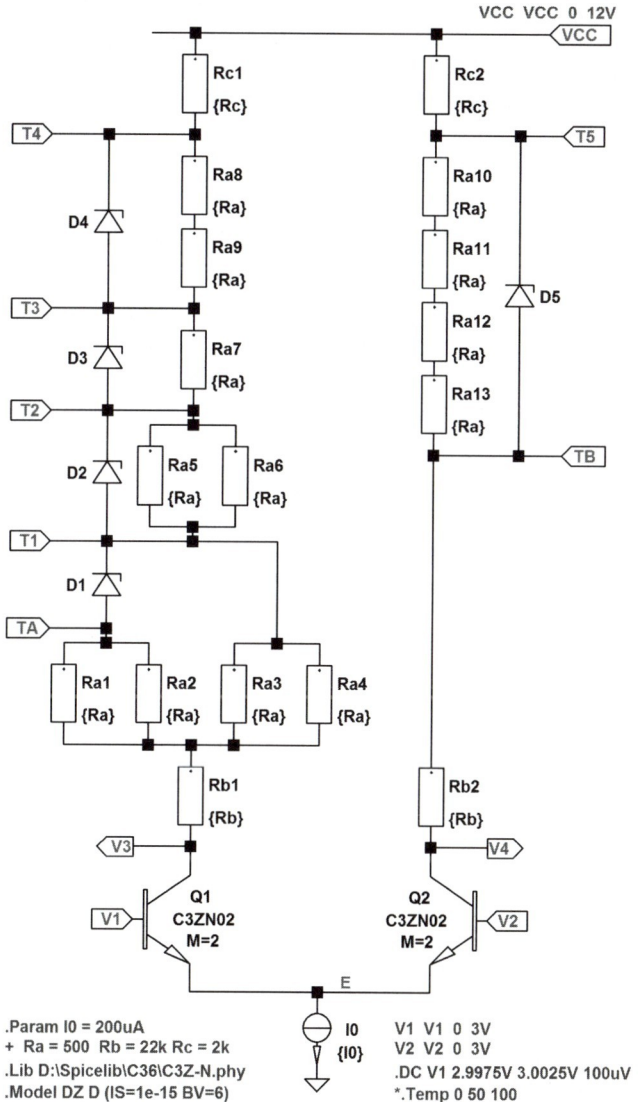

Abbildung 13.18: (Offset1.asc) Offset-Trimmen mithilfe der Zener-Zap-Methode.

In dem Beispiel Abbildung 13.18 sind insgesamt vier plus ein Bit zum Trimmen vorgesehen. Da die Trimmwiderstände am besten entsprechend $1 : 2 : 4 : \ldots : 2^n$ aufgeteilt werden, empfiehlt sich die Wahl eines Standardwiderstandes Ra mit dem Wert R_a zur Bildung der Teilwiderstände. Durch Parallel- bzw. Reihenschaltung kann dann leicht die gewünschte Abstufung erzielt werden. Der kleinste Teilwiderstand wird durch vier parallel geschaltete Widerstände gebildet, wobei aber die Trimmdiode in Reihe zu jeweils zwei Zweiergruppen liegt. Dadurch bleibt der Strom durch den kleinsten Teilwiderstand während der Trimmprozedur in erträglichen Grenzen, denn die Spannung an der Diode kann, bis sie kurzschließt, auf Werte bis zu ca. $20\ V$ ansteigen. Die kleinste erforderliche Widerstandsänderung wird am besten durch Simulation ermittelt. Sie kann aber auch berechnet werden [2].

Bei einem Strom von $I_0 = 200\ \mu A$ und den Werten $R_a = 500\ \Omega$ und $R_b + R_c = 24\ k\Omega$ kann ein Trimmbereich von etwa $\pm 2\ mV$ mit einer Auflösung von ca. $125\ \mu V$ abgedeckt werden. Das ist für Präzisionsverstärker in der Regel ausreichend. In Abbildung 13.18 sind die Widerstände Rc1 und Rc2 mit den Werten $R_c = 2\ k\Omega$ mit einem Ende an VCC angeschlossen. Werden die beiden Trimm-Pads T4 und T5 nach außen geführt, kann über ein extern angeschlossenes Potentiometer der Abgleich noch weiter verfeinert werden.

Aufgabe

1. Schätzen Sie grob die Temperaturerhöhung eines der Teilwiderstände, z. B. Widerstand Ra5 (mit $R_a = 500\ \Omega$) während des Trimmprozesses ab. Er habe die Fläche von etwa $200\ \mu m^2$ und sei durch eine Sperrschicht von etwa $3\ \mu m$ von seiner Umgebung isoliert. Für die Sperrschicht kann die spezifische Leitfähigkeit von Silizium angenommen werden ($\lambda_{Si} = 1{,}5\ W/(cm \cdot K)$). Nehmen Sie an, dass die Trimmspannung während der Trimmprozedur den Wert $20\ V$ erreicht. Eine **statische** Rechnung ist ausreichend. Ist die ermittelte Temperaturerhöhung noch zulässig?

2. Verwenden Sie die zu Abbildung 13.18 gehörige Datei Offset1.asc für die Simulation mit SPICE und bauen Sie einen „zufälligen" Offset-Fehler dadurch ein, dass Sie z. B. bei dem Transistor Q1 den Vervielfältigungsfaktor M um 5 % verändern (z. B. $M = 2{,}1$). Bestimmen Sie dann die Offset-Spannung für die drei Temperaturen $0\ °C$, $50\ °C$ und $100\ °C$ durch Simulation.

3. Versuchen Sie anschließend durch Überbrücken einzelner Dioden den Offset-Fehler abzugleichen. Überprüfen Sie danach die Temperaturabhängigkeit noch einmal (z. B. Datei Offset1a.asc).

4. Experimentieren Sie mit der für eine Monte-Carlo-Analyse vorbereiteten Datei Offset1_MC.asc.

13.4 Ausgangsstufe

In vielen Anwendungen soll ein Operationsverstärker in der Lage sein, niederohmige Lasten zu treiben. Für die Ausgangsstufe wird dann ein entsprechend geringer Ausgangswiderstand gefordert, damit nur geringe Spannungsabfälle in der Ausgangsstufe entstehen und die Last mit möglichst vollem Spannungshub angesteuert werden kann. In anderen Fällen ist es dagegen vorteilhafter, einen **Stromausgang** zu haben. Dann soll der Ausgangswiderstand möglichst hochohmig sein. Operationsverstärker mit solchen Ausgangsschaltungen werden als Transconductance-Verstärker bezeichnet. Die folgenden Abschnitte sollen einen Überblick über die verschiedenen Konzepte geben und auch Hinweise für ihre Anwendungen aufzeigen.

13.4.1 Emitter- bzw. Source-Folger-Ausgang

Die Kollektor-Schaltung, oft auch als Emitter-Folger bezeichnet, ist als **Impedanzwandler** bekannt und erfüllt deshalb in fast idealer Weise die Forderung nach einem geringen Ausgangswiderstand. Dies gilt besonders für bipolare Transistoren; aber auch ein Source-Folger mit MOSFETs erfüllt in gewissem Grade diese Aufgabe. Es hängt von der Anwendung ab,

13.4 Ausgangsstufe

ob der OPV einen Strom an eine mit Masse verbundene Last abgeben soll (Source) oder ob der OPV-Ausgang einen Sink-Strom liefern muss. Im ersten Fall reicht dann oft **ein einzelner** NPN- bzw. NMOS-Transistor aus und im zweiten Fall analog dazu **ein** PNP- bzw. PMOS-Transistor. Wenn die Applikation nicht mehr verlangt, sollte die Ausgangsstufe auch entsprechend einfach gestaltet werden, um nicht unnötige Chipfläche zu vergeuden!

Wird dagegen ein Source- **und** ein Sink-Strom gefordert, kann eine sogenannte Gegentaktendstufe aufgebaut werden. Eine solche Schaltung ist in Abbildung 13.19a dargestellt.

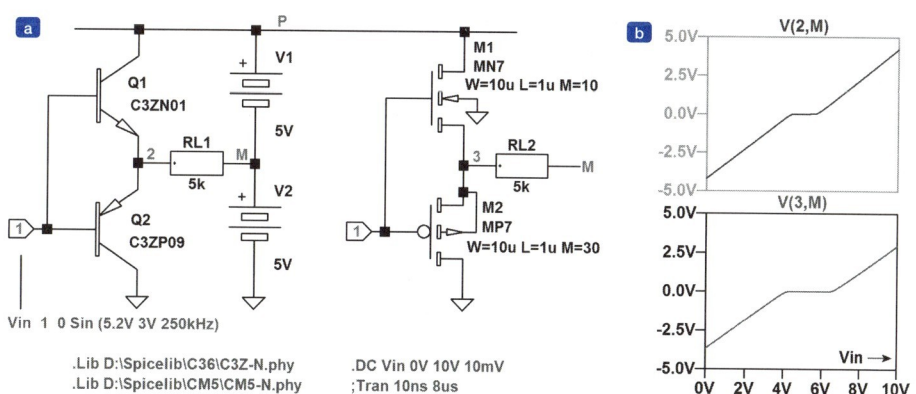

Abbildung 13.19: (Out1.asc) (a) Komplementäre Ausgangsstufe. (b) Transferkennlinien.

Im einfachsten Fall sind die Basen bzw. die Gates der beiden Transistoren miteinander verbunden. Dadurch ergibt sich allerdings ein gewisser Bereich, in dem kein Ausgangsstrom fließt. Dies zeigt z. B. die Übertragungskennlinie Abbildung 13.19b, in der die Spannung V(2, M) bzw. V(3, M) am Lastwiderstand in Abhängigkeit von der Eingangsspannung V_{in} dargestellt ist. Wegen der „Lücke" in der Transferkennlinie spricht man von **C-Betrieb**. **B-Betrieb** liegt dagegen vor, wenn die Lücke kleiner wird und gerade eben verschwindet. C- bzw. B-Betrieb haben den Vorteil, dass stets nur ein Transistor leitend ist, während der andere vollkommen gesperrt bleibt. Es fließt praktisch kein „Querstrom" durch die Ausgangstransistoren. Diesen Vorteil erkauft man sich jedoch mit dem Nachteil, dass erhebliche Signalverzerrungen in der Endstufe entstehen. Trotzdem wird von dieser einfachen Schaltung gern Gebrauch gemacht. Wegen der sehr großen Leerlaufverstärkung des gesamten Operationsverstärkers und der Gegenkopplung durch die externe Beschaltung tritt die Nichtlinearität der Transferkennlinie meist in den Hintergrund. Bei Audioanwendungen können allerdings die sogenannten **Übernahmeverzerrungen** sehr störend wirken, besonders während **leiser** Passagen.

13.4.2 Komplementär-Ausgangsstufe im AB-Betrieb

Die Übernahmeverzerrungen lassen sich weitgehend vermeiden, wenn durch die Ausgangstransistoren ein gewisser **Querstrom** zugelassen wird: **AB-Betrieb**. Dazu sind zwischen den Basen bzw. den Gates der Ausgangstransistoren entsprechende Vorspannungen notwendig. Sie werden am einfachsten an zwei in Reihe geschalteten Dioden gebildet, die dazu von einem Strom durchflossen werden. In den beiden Schaltungen (bipolar und MOS) nach Abbildung 13.20 übernehmen Stromspiegel die Ströme durch die Dioden. Da die Dioden und die Ausgangstransistoren den gleichen Temperaturgang zeigen, gewährleistet diese Methode gleichzeitig die thermische Stabilität der Querströme. Über die Abmessungen der Dioden kann der gewünschte Querstrom eingestellt werden.

Simulation

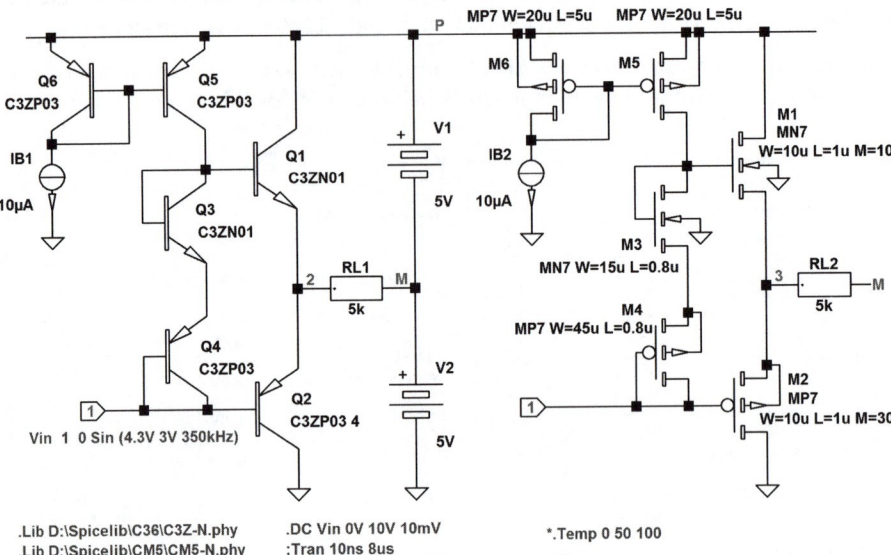

Abbildung 13.20: (Out2.asc) Komplementäre Ausgangsstufe für AB-Betrieb (bipolar und CMOS).

Beide Schaltungen in Abbildung 13.20 sind für Lastströme von etwa 1 mA ausgelegt. Abbildung 13.21a zeigt die Transferkennlinien und aus Abbildung 13.21b können die Ströme der einzelnen Ausgangstransistoren und auch die Querströme abgelesen werden.

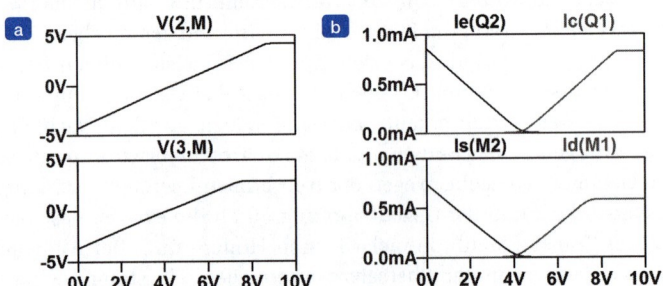

Abbildung 13.21: (a) Transferkennlinien. (b) Ströme durch die Ausgangstransistoren.

Ein Querstrom von (1 ... 5) % des Laststromes, in diesem Beispiel (10 ... 50) μA, sollte zur Linearisierung der Übertragungskennlinie ausreichen. In beiden Schaltungen beträgt der Querstrom etwa 22 μA. Er ist abhängig vom Bias-Strom I_{B1} bzw. I_{B2} und den „Diodengrößen" relativ zu den Lasttransistoren. Für beide Schaltungen soll eine Abschätzung des Querstromes vorgenommen werden, um damit auch Hinweise für die Dimensionierung der Schaltung zu erhalten. Es sei z. B. $I_{B1} = I_{B2} = 10\ \mu A$.

13.4 Ausgangsstufe

Zuerst wird die bipolare Schaltung betrachtet: Bei der Annahme, dass Q2 nicht, wie in Abbildung 13.20 gezeichnet, aus vier parallel geschalteten Transistoren besteht, sondern nur aus einem, stellt sich nach dem Prinzip des Stromspiegels ein Querstrom ein, der etwa dem des Bias-Stromes I_{B1} entspricht, also ca. 10 µA. Bei einer Verdopplung **beider** Leistungstransistoren (PNP **und** NPN) würde auch ein etwa doppelt so großer Querstrom zu erwarten sein. In Abbildung 13.20 ist jedoch die Dimensionierung anders gewählt: **ein** NPN, aber **vier** parallel geschaltete PNPs, um die unterschiedliche Stromtragfähigkeit von flächengleichen NPN- und PNP-Transistoren auszugleichen. Damit ergibt sich, wie die Simulation zeigt, ebenfalls ungefähr der doppelte Strom; die Basis-Emitter-Spannungen verteilen sich nur anders.

Ähnlich wird der Querstrom der CMOS-Schaltung abgeschätzt. Der P-Kanal-FET erhält ein etwa zwei- bis dreimal so großes W/L wie der N-Kanal-FET, um den Einfluss der geringeren Löcherbeweglichkeit μ_p auszugleichen ($\mu_n/\mu_p \approx 2 \ldots 3$). In diesem Beispiel wird der P-Kanal-FET M2 dreimal so groß ausgelegt wie der NMOSFET M1. Werden die „Dioden" M3 bzw. M4 genauso groß gemacht wie die Ausgangstransistoren M1 bzw. M2, stellt sich ein Querstrom ein, der prinzipiell dem Bias-Strom I_{B2} entspricht. Bei halb so großen „Dioden" verdoppelt sich der Querstrom. Um Chipfläche zu sparen, kann man mit dem Wert der Kanallänge L der Ausgangstransistoren nahe an die Prozessgrenze herangehen. Hier wird $L = 1$ µm gewählt (die Grenze im CM5-Prozess liegt bei 0,8 µm). Dann machen sich bereits Kurzkanaleffekte bemerkbar: Der Querstrom wird beim Beibehalten des Verhältnisses W/L größer als erwartet. Wenn außerdem noch von der üblichen Design-Regel abgewichen wird, gleiche Kanallängen L für die „Dioden" **und** die Lasttransistoren zu wählen, mit dem Ziel, zusätzlichen Platz zu sparen und die Eingangskapazität in Grenzen zu halten, wird eine Berechnung des Querstromes mithilfe der einfachen Gleichungen sinnlos. Die Simulation liefert sehr viel rascher ein brauchbares Ergebnis. So erhält man für den Fall, dass für die „Dioden" M3 und M4 eine Kanallänge von 0,8 µm (= Prozessgrenze) gewählt wird, für die Kanalweiten W die im Schaltplan eingetragenen Größen und die in Abbildung 13.21 dargestellten Simulationsergebnisse.

> **Hinweis**
>
> Wenn Kurzkanaleffekte zu einer merklichen Abweichung der erwarteten Ströme führen, sollten in einer konkreten Anwendung die Ergebnisse auf jeden Fall mit einer Worst-Case-Simulation oder besser noch mit einer Monte-Carlo-Simulation abgesichert werden! Dies gilt ganz besonders dann, wenn Stromverhältnisse durch unterschiedliche Kanallängen nahe der Prozessgrenze skaliert werden.

Als Beispiel werde die CMOS-Version in Abbildung 13.20 für die Monte-Carlo-Simulation vorbereitet, um anschließend die Streuung des Querstromes ermitteln zu können. Die Schaltung ist noch einmal in Abbildung 13.22a dargestellt. Man beachte, dass die Transistoren als Subcircuit-Elemente eingezeichnet und mit „X" bezeichnet sind.

13 Operationsverstärker

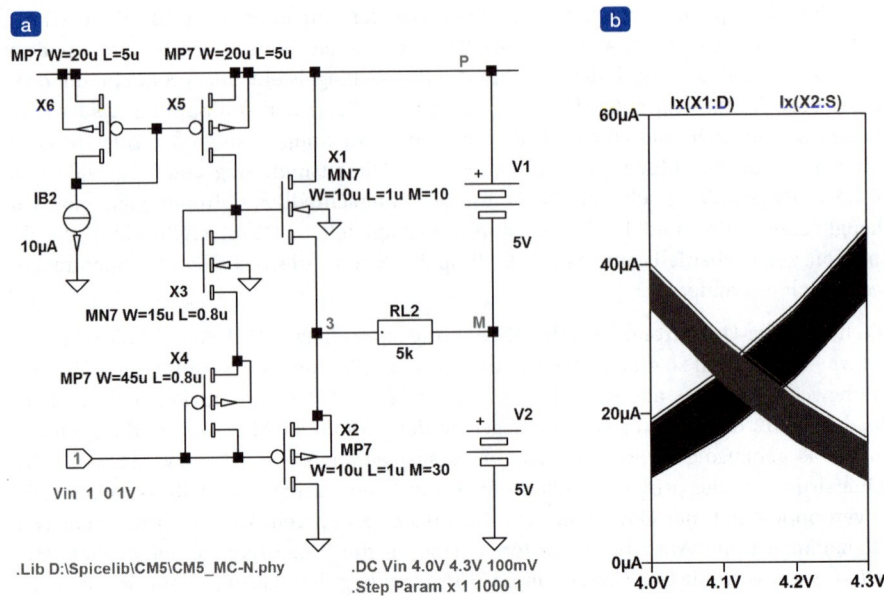

Abbildung 13.22: (Out4.asc) Veranschaulichung der Streuung des Querstromes durch eine Monte-Carlo-Simulation: (a) Simulationsschaltung; (b) Simulationsergebnis.

Geplant sind 1000 Simulationsläufe (.Step Param x 1 1000 1). Um Simulationszeit zu sparen, wird der Bereich der DC-Analyse eingeengt und eine relativ grobe Schrittweite von 100 mV vorgesehen (.DC Vin 4.0V 4.3V 100mV). Die Simulation liefert dann einen Streubereich des Querstromes von etwa 20 μA ... 29 μA, siehe Abbildung 13.22b. Dieses Ergebnis rechtfertigt sicherlich die Verringerung der „Diodenabmessungen".

Zusammenfassend gilt: Die Transferlennlinien werden durch den AB-Betrieb recht gut linearisiert. Der gewünschte Querstrom kann relativ einfach eingestellt werden, auch bei CMOS-Endstufen. Leider ist der ausgangsseitige Spannungshub begrenzt. Dies liegt in der Natur der Emitter- bzw. Source-Folger-Schaltung und kann ohne eine Ausdehnung des Ansteuer-Spannungshubes nicht geändert werden. Trotzdem wird die Schaltung gern bei Leistungsverstärkern eingesetzt, wenn die Versorgungsspannungen hoch genug sind (z. B. 5 V oder höher) und größere Ströme geliefert werden müssen.

13.4.3 CMOS-Push-Pull-Ausgangsstufe mit Inverter-Ansteuerung

Der Nachteil der starken Begrenzung des ausgangsseitigen Spannungshubes kann durch eine sogenannte **Push-Pull**-Ausgangsstufe weitgehend behoben werden: Beide Ausgangstransistoren werden dazu in **Source-Schaltung** betrieben. Das Problem ist dann allerdings die Ansteuerung der beiden Ausgangstransistoren. Abbildung 13.23 zeigt als Beispiel eine CMOS-Endstufe, in der zur Ansteuerung zwei Inverter mit etwas unterschiedlichen Schwellspannungen verwendet werden [15].

13.4 Ausgangsstufe

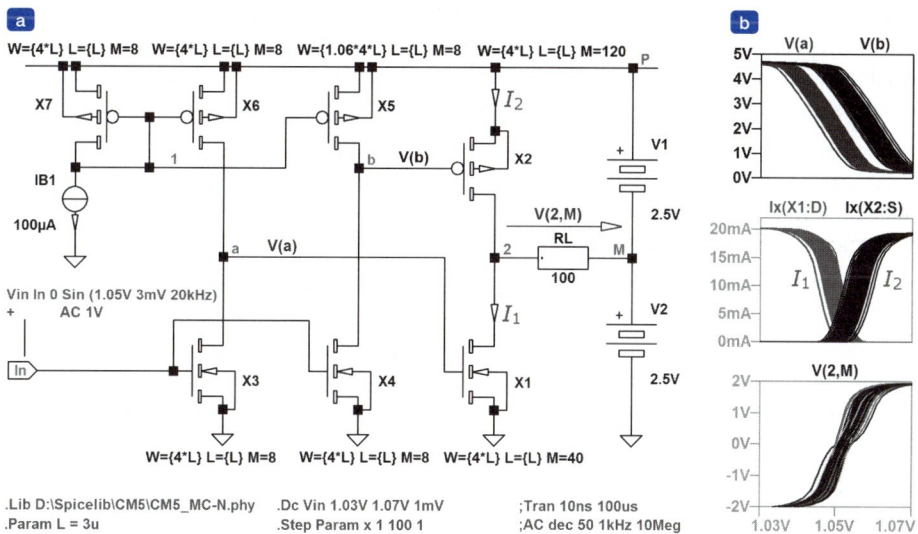

Abbildung 13.23: (Out5.asc) (a) Push-Pull-Ausgangsstufe für AB-Betrieb. Die Ansteuerung geschieht durch zwei Inverter. (b) Monte-Carlo-Simulation. Oben: Inverter-Ausgänge; Mitte: Ströme durch die Transistoren X1 und X2; unten: Transferkennlinie.

Die Transistoren X3 und X4 bilden die zwei Inverter. Sie werden hier mit „X" statt „M" bezeichnet, da die Schaltung für eine Monte-Carlo-Simulation vorbereitet ist. Ihre „Arbeitswiderstände", die Stromquellen X6 und X5, sind geringfügig unterschiedlich ausgelegt. In Abhängigkeit von der Eingangsspannung V_{in} ergeben sich dadurch etwas gegeneinander **verschobene** Ausgangsspannungen an den Knoten „a" und „b", die im oberen Teilbild von Abbildung 13.23b dargestellt sind. Das mittlere Teilbild zeigt die daraus resultierenden Ströme I_1 und I_2 durch die Leistungstransistoren X1 und X2 und das untere Teilbild zeigt die Transferkennlinie der gesamten Schaltung. Wie diese erkennen lässt, hat die Schaltung eine „kräftige" Spannungsverstärkung. In diesem Beispiel variiert die Spannung am Lastwiderstand RL um etwa 3 V, wenn die Eingangsspannung um 10 mV geändert wird. Damit kann die mittlere Spannungsverstärkung angegeben werden: $A_V \approx 3\ V/10\ mV = 300$! Dieser Wert stimmt gut mit der Kleinsignalverstärkung für tiefe Frequenzen überein. Der Bode-Plot, Abbildung 13.24, liefert hierfür einen mittleren Wert von etwa 50 dB.

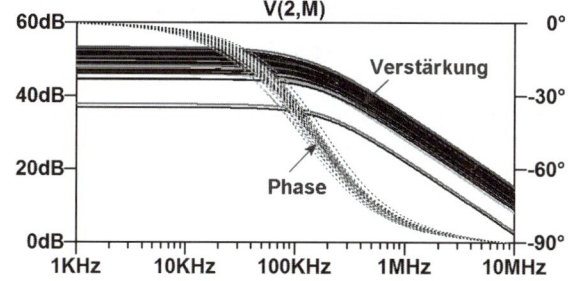

Abbildung 13.24: (Out5_AC.asc) Bode-Plot zur Schaltung nach Abbildung 13.23.

Die Schaltung ist in diesem Beispiel für einen maximalen Ausgangsstrom von ca. 25 mA dimensioniert und kann bei zweimal 2,5 V Versorgungsspannung einen Lastwiderstand von 100 Ω treiben. Wegen des relativ großen Laststromes erfordern die Ausgangstransistoren X1 und X2 ein entsprechend großes Verhältnis *W/L*. Alle Transistoren können z. B. mit einer Kanallänge von 3 μm, dem für den CM5-Prozess empfohlenen Minimalmaß für analoge Schaltungen, ausgelegt werden. Bei noch kleinerer Kanallänge wird die Gate-Fläche zu klein und die statistischen Streuungen, die ohnehin schon relativ groß sind, werden noch größer.

Die beiden Inverter erfordern ein besonders sorgfältiges Layout, denn der „Versatz" der beiden Inverter-Kurven resultiert aus dem Unterschied der beiden Drain-Ströme der Transistoren X6 und X5. Wird der Unterschied zu klein, ergibt sich ein zu großer Querstrom durch die Endstufentransistoren, und bei zu großer Abweichung steigen die Übernahmeverzerrungen an.

Die Schaltung ist zwar recht einfach, reagiert aber leider relativ empfindlich auf prozessbedingte Streuungen und auf eine Änderung der Versorgungsspannung. In Applikationen, in denen die Stabilität des Querstromes nicht so wichtig ist oder wenn Signalverzerrungen der Endstufe toleriert werden können und deshalb eine größere Verschiebung der beiden Inverter-Kennlinien zur Einhaltung eines geringen Querstromes gewählt wird, wird sie dennoch gern eingesetzt.

Grundsätzlich ist noch zu bemerken, dass auch der Ausgang einer **Push-Pull-Endstufe** die beiden Rails nie ganz erreichen kann. Je größer die Belastung am Ausgang wird, desto stärker machen sich die Drain-Source-Widerstände der Ausgangstransistoren im durchgeschalteten Zustand bemerkbar und verringern den Aussteuerbereich.

Aufgabe

Experimentieren Sie mit der Push-Pull-Endstufe entsprechend Abbildung 13.23 (Datei Out5.asc). Vergrößern Sie z. B. auch die Kanallängen und -weiten der Transistoren, um durch größere Gate-Flächen die statistischen Schwankungen zu reduzieren.

13.4.4 Push-Pull-Ansteuerung über Fehlerverstärker

Die Einhaltung eines stabilen Querstromes in einer Push-Pull-Ausgangsstufe ist, wie der vorige Abschnitt gezeigt hat, nicht ganz einfach. Werden höhere Anforderungen gestellt, müssen die Vorspannungen der Ausgangstransistoren sehr sorgfältig eingestellt werden. Durch Verwenden sogenannter „Fehlerverstärker" und Regelung der Gate-Source-Spannungen beider Endstufentransistoren gelingt dies eher. Abbildung 13.25 deutet das Prinzip an.

Auf den ersten Blick erscheint diese Lösung genial; aber leider nur auf den ersten Blick! An die beiden Fehlerverstärker werden nämlich ganz bestimmte Anforderungen gestellt. So müssen sie die erforderlichen Bias-Spannungen zur Verfügung stellen und sollten keine zu hohe Spannungsverstärkung haben, damit sich statistische Offset-Fehler nicht zu stark auf den Querstrom auswirken (etwa 10 ... 12 ist ausreichend [18]). Außerdem müssen sie einen möglichst großen Gleichtaktanteil verkraften können und sollten eine hinreichend hohe Grenzfrequenz besitzen. Das Problem „Push-Pull-Ausgangsstufe" ist schon seit längerer Zeit ein wichtiges Thema und wird in der einschlägigen Literatur entsprechend häufig behandelt [17] ... [21]. Die verschiedenen Konzepte führen zum Teil zu relativ aufwendigen Schaltungen; sie sind aber dann auch geeignet, Ausgangsstufen zu entwerfen, die große Lasten mit gutem Wirkungsgrad treiben können.

13.4 Ausgangsstufe

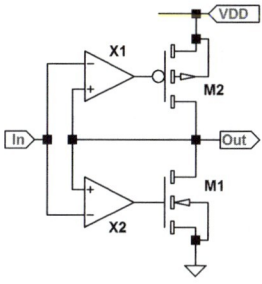

Abbildung 13.25: Push-Pull-Ansteuerung über Fehlerverstärker.

13.4.5 Einfacher Buffer im Gegentakt-A-Betrieb

Wenn der Wirkungsgrad der Ausgangsstufe nicht im Vordergrund steht, kann man die Ausgangstransistoren im **Gegentakt-A-Betrieb** ansteuern. Dann bietet die in Abbildung 13.25 skizzierte Methode eine einfache Lösung an. Abbildung 13.26 zeigt einen Buffer, der bei Leerlauf des Ausgangs eine Spannungsverstärkung von **eins** hat und dessen Ausgangswiderstand durch die Wirkung der Gegenkopplung deutlich reduziert wird. Im rechten Teilbild ist unten die Transferkennlinie dargestellt, darüber die Ströme durch die beiden Ausgangstransistoren und oben die Abweichung zwischen Ausgang und Eingang. Diese Schaltung stellt ein gutes Beispiel dar, Funktionsweise und Dimensionierung in Kombination zu erklären. Deshalb soll zunächst die Spezifikation und anschließend die Berechnung erläutert werden.

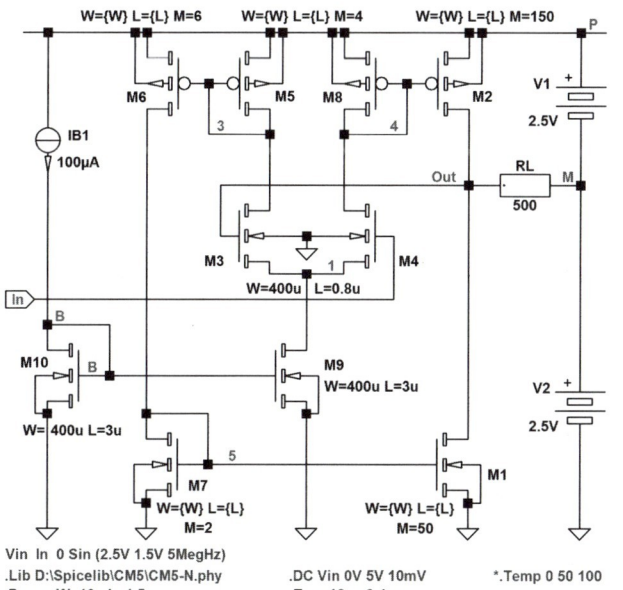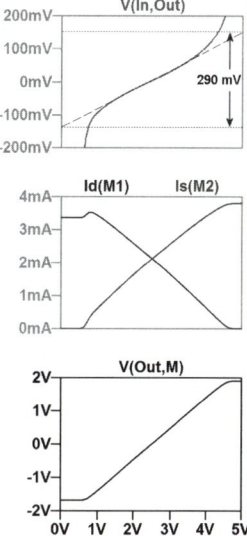

Abbildung 13.26: (Buffer1.asc) Buffer im Gegentakt-A-Betrieb.

Dimensionierungsbeispiel

Aufgabenstellung (Spezifikation)

Der Buffer entsprechend Abbildung 13.26 soll bei $\pm 2{,}5\ V$ Versorgungsspannung betrieben werden und an einem Lastwiderstand von $R_L \geq 500\ \Omega$ eine Spannungsamplitude von etwa $1{,}5\ V$ erreichen. Die maximale Arbeitsfrequenz soll $2\ MHz$ betragen. Verwendet werden soll der CMOS-Prozess CM5.

Dimensionierung der Schaltung

Die relativ hohe Frequenz von $2\ MHz$ verlangt kleine interne Kapazitäten der Bauelemente. Deshalb wird als Kanallänge $L = 1{,}5\ \mu m$ gewählt. Sie ist damit kleiner als die für den CM5-Prozess empfohlene Länge von $3\ \mu m$.

Zur Berechnung der Kanalweiten W wird von dem maximalen Strom in der Endstufe ausgegangen. Aus der Signalamplitude von $1{,}5\ V$ und dem Widerstand $R_L = 500\ \Omega$ folgt eine Stromamplitude von $3\ mA$. Die obige Spezifikation sollte erfüllbar sein, wenn die Endstufentransistoren M1 und M2 für einen etwas größeren maximalen Strom von $I_{D,max} = 3{,}75\ mA$ ausgelegt werden. Die Drain-Source-Strecke des N-Kanal-FETs M1 sollte bis herab zu etwa $U_{DS,min} = 550\ mV$ im Stromsättigungsbereich bleiben. Dann folgt aus der Kennliniengleichung $I_D = \beta \cdot (U_{GS} - V_{Th})^2 = \beta \cdot U_{DS,min}^2$. Daraus folgt sofort: $\beta = I_{D,max}/U_{DS,min}^2 = 3{,}75\ mA/(550\ mV)^2 = 12{,}4\ mA/V^2$. Aus der Beziehung $\beta = (K_P/2) \cdot W/L$ und den Werten $L = 1{,}5\ \mu m$, $K_P = 80\ \mu A/V^2$ kann die Kanalweite für M1 berechnet werden: $W_1 = 2 \cdot \beta \cdot L/K_P = 465\ \mu m$. Gewählt wird $W_1 = 500\ \mu m$. Die Kanalweite wird wie folgt aufgeteilt: $W_1 = 10\ \mu m$, $M_1 = 50$. Der P-Kanal-FET M2 erhält zum Ausgleich des Beweglichkeitsunterschiedes zwischen Elektronen und Löchern einen etwa dreimal so großen Wert: $W_2 = 10\ \mu m$, $M_2 = 150$.

Der Bias-Strom I_{B1} erzeugt durch Spiegelung in dem Transistor M9 einen Strom von $100\ \mu A$. Wenn das Eingangssignal am Knoten „In" seinen positiven Höchstwert erreicht, fließt der Strom von $100\ \mu A$ durch den Transistor M4 und damit auch durch M8. Durch M2 soll dann ein Strom von $3{,}75\ mA$ fließen. Der Transistor M8 muss demnach um den Faktor $(3{,}75\ mA)/(100\ \mu A) = 37{,}5$ „kleiner" ausgelegt werden als M2, also wird gewählt: $W_8 = (1500\ \mu m)/37{,}5 = 40\ \mu m$. Um Matching-Fehler möglichst klein zu halten, wird für M8 die gleiche Kanalweite gewählt wie für M2, also $W_8 = 10\ \mu m$, $M_8 = 4$. Auch für die Transistoren M6 und M7 wird $W = 10\ \mu m$ übernommen. Dieser Wert wird im Schaltplan als Parameter eingetragen: .Param W=10u.

Der Transistor M5 erhält die gleichen Maße wie M8. Über die Transistoren M6, M7 und schließlich M1 muss der Strom für die negative Halbwelle von $100\ \mu A$ auf $3{,}75\ mA$ „hochgespiegelt" werden. Die gesamte Stromübersetzung muss also auch hier $1 : 37{,}5$ sein. Dies gelingt mit den Spiegelverhältnissen $M_5 : M_6 = 4 : 6$ und $M_7 : M_1 = 2 : 50$. Wichtig ist nur, dass die Vervielfachungsfaktoren M stets ganzzahlig sind.

Die negative Halbwelle wird durch die notwendige Restspannung an der Drain-Source-Strecke von M9 und durch die Gate-Source-Spannungen der Eingangstransistoren M3 und M4 „benachteiligt". Um die „Spannungsverluste" klein zu halten, müssen diese Transistoren ein großes Verhältnis W/L erhalten. Bei den Eingangstransistoren soll deshalb mit der Kanallänge L bis an die absolute Grenze, die der Prozess zulässt, gegangen werden: $L = 0{,}8\ \mu m$. Dadurch wird zwar der statistische Offset-Fehler vergrößert, aber die Eingangskapazität bleibt in erträglichen Grenzen. Die Stromquellentransistoren M10 und M9 sollten wegen des „Early-Effektes" kein zu kleines L erhalten. Gewählt wird: $L = 3\ \mu m$.

Ausgangswiderstand des Buffers

Zum Schluss soll der Ausgangswiderstand des Buffers aus den Simulationsergebnissen abgeschätzt werden. In dem oberen rechten Diagramm von Abbildung 13.26 kann zu einer Eingangsspannungsänderung von 5 V eine Differenz zwischen Ausgangs- und Eingangsspannung von etwa 290 mV abgelesen werden. Die zugehörige Stromänderung beträgt ungefähr $(5\ V)/(500\ \Omega) = 10\ mA$. Damit ergibt sich ein Ausgangswiderstand von $R_a \approx (290\ mV)/(10\ mA) = 29\ \Omega$. Durch die starke Gegenkopplung, d. h. die Verbindung des Ausganges direkt mit dem invertierenden Eingang (Gate von M3), wird der Ausgangswiderstand deutlich herabgesetzt!

Aufgabe

Der Buffer in Abbildung 13.26 arbeitet im A-Betrieb und hat deshalb einen hohen Ruhestrom. Überlegen Sie sich, durch welche Maßnahmen die Schaltung derart umgebaut werden kann, dass sie im B-Betrieb arbeitet. Ein Vorschlag ist in der LT-SPICE-Datei Buffer1a.asc realisiert.

13.5 Dynamisches Verhalten und Stabilität von Operationsverstärkern

Operationsverstärker werden in der Regel mit Gegenkopplungsnetzwerken beschaltet, siehe z. B. Abbildung 13.1. Damit die gesamte Schaltung nicht zum Oszillator wird, muss die Gegenkopplung, wenn sie nur aus „passiven" Elementen besteht, stets vom Ausgang zum invertierenden Eingang geführt werden. Eine Neigung zum Schwingen kann aber auch bei „richtig" angeschlossener Gegenkopplung entstehen: Wegen der hohen Leerlaufverstärkung des Operationsverstärkers und intern verteilter parasitärer Kapazitäten kann bei geschlossenem Regelkreis ein schwingungsfähiges System entstehen. In den folgenden Abschnitten soll deshalb zunächst das Frequenzverhalten eines Operationsverstärkers beschrieben werden und dann untersucht werden, unter welchen Bedingungen es zum Schwingen kommen kann. Anschließend wird gezeigt, wie durch eine Korrektur seines Frequenzganges die Schwingneigung unterbunden werden kann. Dabei wird sich herausstellen, dass eine besonders einfache Art der Frequenzgangkorrektur darin besteht, mithilfe eines **zusätzlichen** Kondensators einen sogenannten **dominanten Pol** zu schaffen. Dieser bestimmt dann in einem sehr großen Frequenzbereich das dynamische Verhalten der gesamten Schaltung. Auf eine allzu theoretische und vollständige Betrachtungsweise dieses sehr komplexen Themas soll hier aber verzichtet werden.

Eine weitere wichtige dynamische Kenngröße ist die **Slew-Rate**. Sie steht in engem Zusammenhang mit dem Frequenzgang. Eine Erklärung dieses Begriffs und der Auswirkung auf die Anwendung eines Operationsverstärkers soll den Abschnitt abschließen.

13.5.1 Frequenzgang, Übertragungsfunktion

Ein Operationsverstärker hat wegen seiner parasitären Kapazitäten eine frequenzabhängige Spannungsverstärkung. Alle Größen werden deshalb komplex. Zur Abkürzung wird, wie auch in der Regelungstechnik üblich, gesetzt:

$$j \cdot \omega =_{Df} s \qquad (13.33)$$

Die Ausgangsspannung U_{Out} kann dann wie folgt dargestellt werden:

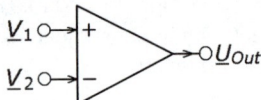

$$\underline{U}_{Out}(s) = \underline{A}_d(s) \cdot \left[\underline{V}_1(s) - \underline{V}_2(s)\right] + \underline{A}_{gl}(s) \cdot \frac{\underline{V}_1(s) + \underline{V}_2(s)}{2} \qquad (13.34)$$

Hierin ist $A_d(s)$ die **komplexe** Differenzverstärkung und $A_{gl}(s)$ die **komplexe** Gleichtaktverstärkung. Im Folgenden soll der Gleichtakteinfluss vernachlässigt werden. Dann vereinfacht sich der Ausdruck (13.34):

$$\underline{U}_{Out}(s) = \underline{A}_d(s) \cdot \left[\underline{V}_1(s) - \underline{V}_2(s)\right] \qquad (13.35)$$

Die Frage ist nun: Welche Form hat die **komplexe** Differenzverstärkung $A_d(s)$? Zunächst werde ein einfacher Tiefpass entsprechend Abbildung 13.27 betrachtet.

Simulation

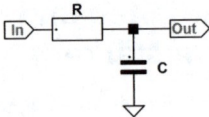

Abbildung 13.27: (TP1.asc) Einfacher Tiefpass.

$$\underline{U}_{Out} = \frac{1}{1 + j \cdot \omega \cdot R \cdot C} \cdot \underline{U}_{In} = \frac{1}{1 + s \cdot R \cdot C} \cdot \underline{U}_{In} = \underline{F}_T(s) \cdot \underline{U}_{In} \qquad (13.36)$$

$$\underline{F}_T(s) = \frac{1}{1 + s \cdot R \cdot C} \qquad (13.37)$$

$F_T(s)$ ist die komplexe Übertragungsfunktion, die den Zusammenhang zwischen Ausgangs- und Eingangsspannung herstellt.

13.5 Dynamisches Verhalten und Stabilität von Operationsverstärkern

Wird zur Abkürzung noch

$$R \cdot C = \frac{1}{\omega_g} =_{Df} -\frac{1}{p} \tag{13.38}$$

gesetzt, so kann die Übertragungsfunktion $F_T(s)$ auch in der Form geschrieben werden:

$$\underline{F}_T(s) = \frac{1}{1+\dfrac{s}{\omega_g}} = \frac{1}{1-\dfrac{s}{p}} \tag{13.39}$$

Diese Funktion hat einen **Pol** bei $s = p$ mit $p = -\omega_g = -1/(R \cdot C)$

Die Übertragungsfunktion eines **Operationsverstärkers** kann wegen der parasitären Kapazitäten als Tiefpass n-ter Ordnung dargestellt werden. Eventuell vorhandene **Nullstellen** der Übertragungsfunktion, die natürlich auch auftreten, sollen der Einfachheit halber unberücksichtigt bleiben. Dann kann die komplexe Differenzverstärkung $A_d(s)$ wie folgt angegeben werden:

$$\underline{A}_d(s) = \frac{A_{d0}}{\left(1-\dfrac{s}{p_1}\right) \cdot \left(1-\dfrac{s}{p_2}\right) \cdot \ldots \cdot \left(1-\dfrac{s}{p_n}\right)} \tag{13.40}$$

Hierin ist A_{d0} die Differenzverstärkung bei **sehr tiefen** Frequenzen und $p_1, p_2, \ldots, p_n$ sind die n Pole der Übertragungsfunktion.

Die grafische Darstellung erfolgt zweckmäßigerweise mithilfe des **Bode-Diagramms** nach Betrag und Phase. Abbildung 13.28 zeigt ein Beispiel.

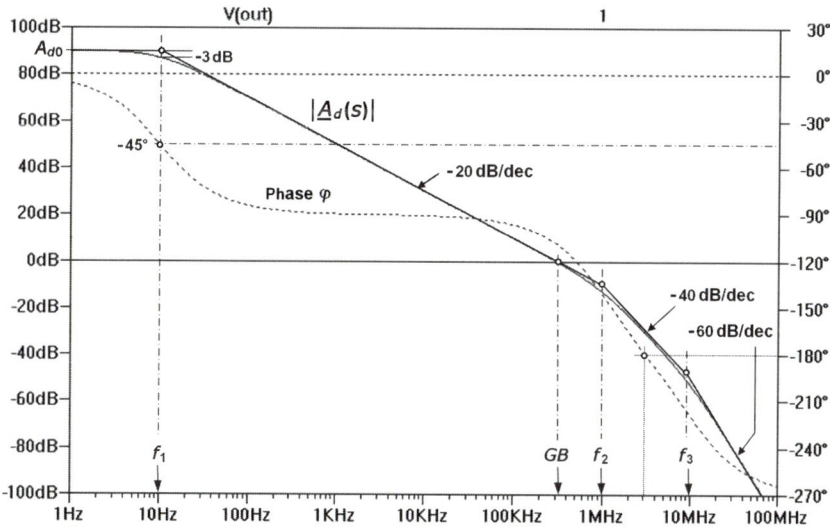

Abbildung 13.28: (Bode1.asc) Bode-Diagramm der Verstärkung $A_d(s)$ eines OPV mit drei Polen.

Die Verstärkung bei sehr tiefen Frequenzen beträgt hier etwa 90 dB (≈ 32000) und die drei Pole liegen bei ungefähr $f_1 = 10\ Hz$, $f_2 = 1\ MHz$ und $f_3 = 10\ MHz$. Der Abstand zwischen den beiden ersten Frequenzen (10 Hz und 1 MHz) beträgt fünf Dekaden. Das Frequenzverhalten wird also in einem weiten Bereich durch den sogenannten **dominanten Pol** bestimmt, der bei $f_1 = 10\ Hz$ liegt: Bei 10 Hz erreicht die Phase den Wert $-45°$ und nähert sich mit wachsender Frequenz dem Wert $-90°$. Der **Betrag** der Verstärkung $|A_d(s)|$ ist bei der Frequenz f_1 gerade 3 dB niedriger als A_{d0} und fällt dann mit 20 dB pro Dekade ab. Bei der Frequenz $GB \approx 320\ kHz$ (**Unity-Gain Bandwidth** oder kurz **Gain Bandwidth**) wird $|A_d(s)| = 1$ (entspricht 0 dB). Wenn die Frequenz sich der zweiten „Knickfrequenz" f_2 nähert, ändert sich die Phase weiter und die Verstärkung sinkt stärker als 20 $dB/Dekade$. Bei $f_2 = 1\ MHz$ weicht $|A_d(s)|$ um etwa $-3\ dB$ von der in Abbildung 13.28 ebenfalls eingezeichneten **Asymptote** ab und die Phase erreicht einen Wert von etwas weniger als $-90° - 45° = -135°$ (hier: $\approx -140°$), da der dritte Pol schon wirksam wird. Bei ungefähr 3 MHz erreicht die Phase einen Wert von $-180°$; dies kann als eine **Vertauschung der beiden Eingänge** gedeutet werden! Die Verstärkung ist in diesem Beispiel dann aber schon auf ca. $-30\ dB$ abgesunken.

> **Hinweis**
>
> **Anmerkung zur Definition der Bandbreite GB:**
>
> Das Produkt Verstärkung mal Bandbreite GB (**Gain Bandwidth**) soll nur durch den **dominanten Pol**, der bei f_1 liegt, und die Verstärkung A_{d0} angegeben werden; es wird deshalb definiert:
>
> $$GB =_{Df} A_{D0} \cdot f_1 \qquad (13.41)$$

GB ist danach die Frequenz im Bode-Diagramm, bei der die in Abbildung 13.28 eingezeichnete **Asymptote** durch den Punkt 0 dB (entsprechend $|A_d(s)| = 1$) geht, unabhängig davon, ob durch die Wirkung der weiteren Pole der Wert $|A_d(s)| = 1$ schon früher erreicht wird. In obigem Beispiel wird mit den Werten $A_{D0} = 32000$ und $f_1 = 10\ Hz$ die Bandbreite: $GB = 32000 \cdot 10\ Hz = 320\ kHz$.

13.5.2 Stabilität eines gegengekoppelten Systems

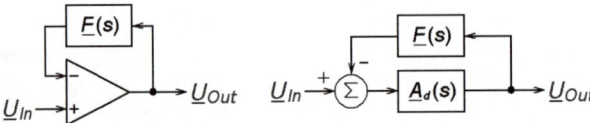

Abbildung 13.29: Operationsverstärker mit negativer Rückkopplung.

Nach den Vorbereitungen im vorigen Abschnitt soll nun das Verhalten eines Operationsverstärkers mit **negativer Rückkopplung** (**Gegenkopplung**) untersucht werden. Der Operationsverstärker mit der Übertragungsfunktion $A_d(s)$ werde mit dem Netzwerk **beschaltet**, das die Übertragungsfunktion $F(s)$ besitzt, siehe Abbildung 13.29. Fasst man die Übertragungsfunktion der gesamten „Schleife", Operationsverstärker **und** Rückkopplungsnetzwerk, zur sogenannten **Schleifenverstärkung** oder **Loop Gain** zusammen, also

$$\underline{L}(s) =_{Df} -\underline{A}_d(s) \cdot \underline{F}(s) \quad \text{(die Wahl des Vorzeichens erfolgt willkürlich)} \qquad (13.42)$$

13.5 Dynamisches Verhalten und Stabilität von Operationsverstärkern

so kann die resultierende Spannung am Ausgang des Operationsverstärkers anhand von Abbildung 13.29 wie folgt gebildet werden:

$$\underline{U}_{Out} = \underline{A}_d \cdot (\underline{U}_{In} - \underline{F} \cdot \underline{U}_{Out}) = \underline{A}_d \cdot \underline{U}_{In} - \underline{F} \cdot \underline{A}_d \cdot \underline{U}_{Out} = \underline{A}_d \cdot \underline{U}_{In} + \underline{L} \cdot \underline{U}_{Out} \qquad (13.43)$$

Durch Auflösen nach U_{Out} wird dann:

$$\underline{U}_{Out} = \frac{\underline{A}_d(s)}{1 + \underline{F}(s) \cdot \underline{A}_d(s)} \cdot \underline{U}_{In} = \frac{\underline{A}_d(s)}{1 - \underline{L}(s)} \cdot \underline{U}_{In} = \underline{A}_{ges}(s) \cdot \underline{U}_{In}, \text{ mit} \qquad (13.44)$$

$$\underline{A}_{ges}(s) = \frac{\underline{A}_d(s)}{1 - \underline{L}(s)} \qquad (13.45)$$

Wenn $L(s)$ **genau** gleich eins wird, nach Betrag **und** Phase, kommt es zu einer **ungedämpften** Schwingung mit **konstanter** Amplitude und der Kreisfrequenz ω_0. Somit besteht die Schwingbedingung aus **zwei** Teilen:

$$|\underline{F}(s_0) \cdot \underline{A}_d(s_0)| = |\underline{L}(s_0)| = 1 \text{ mit } s_0 = j \cdot \omega_0 \text{ und} \qquad \text{(Amplitudenbedingung 13.46a)}$$

$$\arg(-\underline{F}(s_0) \cdot \underline{A}_d(s_0)) = \arg(\underline{L}(s_0)) = 0°, \ 360°, \ \dots \qquad \text{(Phasenbedingung 13.46b)}$$

Damit es **nicht** zur Selbsterregung (Oszillation) kommt, muss der Betrag der Schleifenverstärkung $L(s)$ dann kleiner als eins sein, wenn $L(s)$ gerade reell wird, d. h. der Phasenwinkel $\varphi = \arg(L(s))$ gerade null wird. Anderenfalls würde die Gesamtverstärkung A_{ges} das Vorzeichen ändern und es käme zur Mitkopplung! Dies sei an der Stelle $s = s_a$ der Fall. Die Forderung für **Stabilität** oder schwingungsfreien Betrieb lautet demnach:

$$|\underline{F}(s_a) \cdot \underline{A}_d(s_a)| = |\underline{L}(s_a)| < 1, \text{ wenn} \qquad (13.47a)$$

$$\arg(-\underline{F}(s_a) \cdot \underline{A}_d(s_a)) = \arg(\underline{L}(s_a)) = 0° \text{ wird, mit } s_a = j \cdot \omega_a \qquad (13.47b)$$

Die **Stabilitätsforderung** kann aber auch anders formuliert werden: Der Phasenwinkel $\varphi = \arg(L(s))$ muss größer als null sein, wenn der Betrag $|L(s)|$ gerade gleich eins wird:

$$\arg(-\underline{F}(s_b) \cdot \underline{A}_d(s_b)) = \arg(\underline{L}(s_b)) > 0°, \text{ wenn} \qquad (13.48a)$$

$$|\underline{F}(s_b) \cdot \underline{A}_d(s_b)| = |\underline{L}(s_b)| = 1 \text{ wird, mit } s_b = j \cdot \omega_b \qquad (13.48b)$$

Hierin ist ω_b die Kreisfrequenz, bei der der Betrag der Schleifenverstärkung gerade gleich eins (0 dB) wird, siehe z. B. Abbildung 13.30.

Für ein „gutes" dynamisches Verhalten eines beschalteten Operationsverstärkers reicht es aber nicht aus, dass die Stabilitätsforderungen (13.47a, b) bzw. (13.48a, b) gerade eben erfüllt sind. Es wird vielmehr ein deutlicher **Betragsabstand** bei $\arg(L(s)) = 0$ bzw. ein hinreichend großer **Phasenabstand** (oder **Phasenreserve** oder **Phase Margin**) bei $|L(s)| = 1$ gefordert. Beide Angaben sind prinzipiell gleichberechtigt. In den praktischen Anwendungen wird aber meist der **Phasenabstand** φ_M (siehe z. B. Abbildung 13.30) als Beurteilungskriterium für die Stabilität eines Regelkreises bevorzugt.

- Die **Stabilitätsuntersuchung** ist somit prinzipiell sehr einfach: Man braucht nur für die **gesamte** Schleifenverstärkung $L(s)$ den Phasenabstand φ_M zu bestimmen, und dieser muss größer als null sein.

Im Folgenden soll nun als Beispiel eine bezüglich der Schwingneigung sehr ungünstige Art der Gegenkopplung betrachtet werden, nämlich die direkte Verbindung des Ausganges eines Operationsverstärkers mit seinem invertierenden Eingang. Die Übertragungsfunktion des rückkoppelnden Netzwerkes wird für diesen Sonderfall besonders einfach: $F(s) = 1$. Damit wird die gesamte Schleifenverstärkung $L(s)$ gleich der Übertragungsfunktion des Operationsverstärkers, nur mit anderem Vorzeichen:

$$\underline{L}(s) = -\underline{F}(s) \cdot \underline{A}_d(s) = -\underline{A}_d(s), \text{ bei „voller" Gegenkopplung mit } \underline{F}(s) = 1 \quad (13.49)$$

Dieser Fall ist in Abbildung 13.30 dargestellt. (Als Übertragungskennlinie $A_d(s)$ wurde hier die gleiche wie in Abbildung 13.28 zugrunde gelegt.) In diesem Beispiel kann aus Abbildung 13.30 eine Phasenreserve von $\varphi_M \approx 71°$ abgelesen werden. Der „Regelkreis" ist damit stabil und neigt nicht zum Schwingen.

Simulation

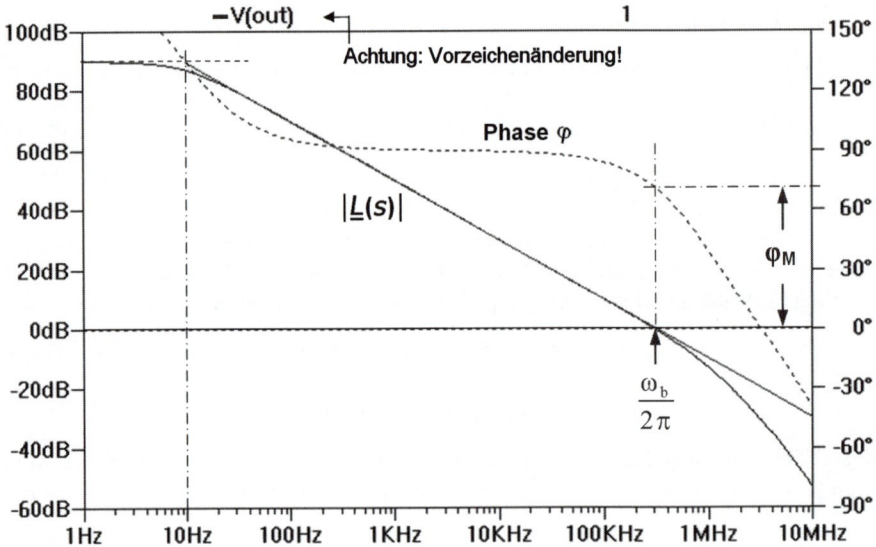

Abbildung 13.30: (OPVStab2.asc) Bode-Diagramm der Schleifenverstärkung für den Fall voller Gegenkopplung $F(s) = 1$. Dann ist $L(s) = -A_d(s) \cdot F(s) = -A_d(s)$.

Aufgabe

1. Experimentieren Sie mit der zu Abbildung 13.30 passenden Datei OPVStab2.asc.
2. Experimentieren Sie auch mit der Datei OPVStab2_Nyquist.asc, in deren Plot-Datei OPVStab2_Nyquist.plt die Darstellung der Ortskurve vorbereitet ist. Ändern Sie den Wert eines der Kondensatoren und beobachten Sie die Veränderungen [37].

Wiederholen Sie die Untersuchungen noch einmal mit der Datei OPVStab2.asc.

Wie groß der Phasenabstand φ_M in einer Anwendung wirklich sein sollte, wird deutlich, wenn man sich das Einschwingverhalten oder die Sprungantwort ansieht. Um dies zu zeigen, wird die Übertragungsfunktion $A_d(s)$ des obigen Beispiels durch Ändern des dominanten Pols derart variiert, dass sich für die Phasenreserve drei verschiedene Werte ergeben: φ_M = 45°, 60° und 70°. Abbildung 13.31 veranschaulicht das Ergebnis. Abbildung 13.31a zeigt die **Sprungantwort** und Abbildung 13.31b die korrespondierenden Frequenzgänge. Es wird deutlich, dass eine geringere Phasenreserve zu einem steileren Anstieg der Ausgangsspannung führt, aber dafür ein stärkeres **Überschwingen** hervorruft. Eine große Phasenreserve führt hingegen zu geringerem Überschwingen, die Anstiegsgeschwindigkeit nimmt dann aber auch ab. Von besonderem Interesse ist eine Phasenreserve von etwa 60°. Hierfür zeigt der Frequenzgang fast keine „Überhöhung". In der Praxis wählt man als Kompromiss oft eine Phasenreserve zwischen 45° bis 60°.

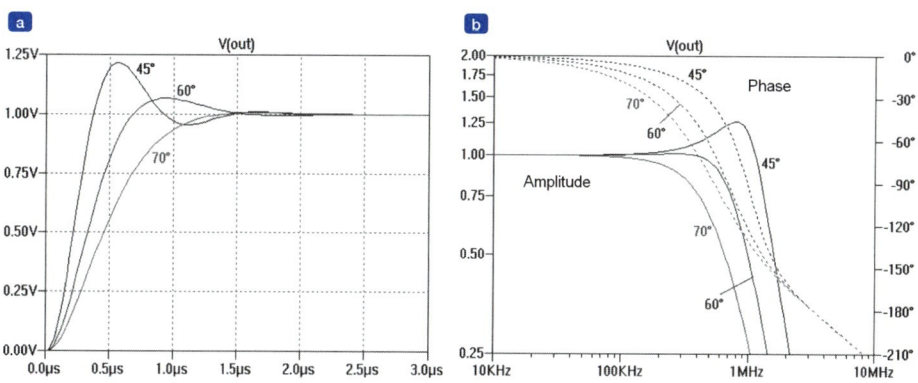

Abbildung 13.31: (a) (OPVStab3a.asc) Sprungantwort und (b) (OPVStab3b.asc) Frequenzgang eines „voll gegengekoppelten" Operationsverstärkers mit verschiedenen Werten für die Phasenreserve des „offenen Regelkreises". Der Operationsverstärker hat drei Pole, siehe Abbildung 13.28.

> **Hinweis**
>
> Die für den Sonderfall eines voll gegengekoppelten Verstärkers vorgenommenen Stabilitätsuntersuchungen gelten selbstverständlich ganz allgemein, also auch für die Beschaltung mit anderen Rückkopplungsnetzwerken oder für andere Regelschaltungen. Es ist stets die gesamte Schleifenverstärkung $L(s) = - A_d(s) \cdot F(s)$ des „offenen Regelkreises" zu untersuchen. Die Phasenreserve gibt dann – wie im obigen Beispiel gezeigt – Aufschluss über das Einschwingverhalten.

13.5.3 Frequenzgangkorrektur

Der vorige Abschnitt hat gezeigt, wie ein gegengekoppeltes System auf **Stabilität** untersucht werden kann: Man ermittelt den Phasenabstand für die Schleifenverstärkung des **offenen Systems**. Dieser sollte möglichst größer als 45° sein, damit das Überschwingen der Sprungantwort nicht zu groß wird. Die Frage ist nun, wie **Schwingneigung** verhindert werden kann, wenn bei einem System der Phasenabstand zu gering ist. Die Diskussion soll an einem Beispiel erfolgen. Für diese Betrachtungen werde ein Verstärker angenommen, dessen Übertragungsfunktion nur **zwei Pole** besitzt, die, anknüpfend an das vorige Beispiel, den Frequenzen f_2 = 1 *MHz* und f_3 = 10 *MHz* entsprechen sollen. Die Polstelle bei der tiefen Frequenz f_1 = 10 *Hz* soll fehlen. Da Nichtlinearitäten bei den folgenden Untersuchungen nicht berücksichtigt werden sollen, kann ein solcher idealisierter Verstärker z. B. durch die Ersatzschaltung Abbildung 13.32 beschrieben werden. E1 ist eine spannungsgesteuerte Spannungsquelle mit unendlich hohem Eingangswiderstand und dem Ausgangswiderstand null. Die Spannungsverstärkung wird einfach als **Wert** angegeben. LT-SPICE erlaubt es, direkt die komplexe Übertragungsfunktion

$$F(s) = \frac{A_{d0}}{\left(1+s/(2\cdot\pi\cdot f_2)\right)\cdot\left(1+s/(2\cdot\pi\cdot f_3)\right)} \tag{13.50a}$$

in der Laplace-Form

```
Laplace=Ad0/((1+s/(2*pi*f2))*(1+s/(2*pi*f3)))
```
(13.50b)

als „Wert" für die Quelle E1 einzusetzen. Darin ist z. B. $2\ast pi\ast f2 = 2\cdot\pi\cdot f_2 = \omega_2$. Die einzelnen Parameter können dann durch die Anweisung „.Param ..." zugewiesen werden.

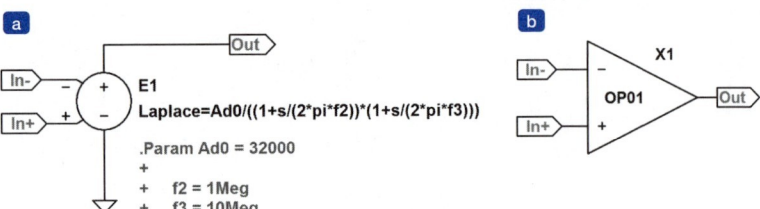

Abbildung 13.32: (OPVLapl1.asc) (a) Ersatzschaltung eines Operationsverstärkers mit zwei Polen bei den Frequenzen $f_2 = 1\ MHz$ und $f_3 = 10\ MHz$. (b) Symbol.

Dieser Verstärker soll nun über einen Spannungsteiler, bestehend aus zwei Widerständen R1 und R2, gegengekoppelt werden. Die **hierarchische** Schaltung dazu ist in Abbildung 13.33a dargestellt.

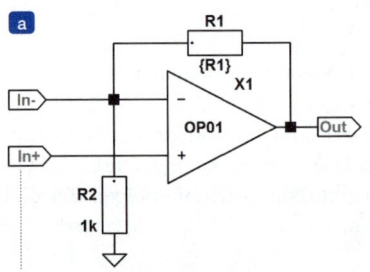
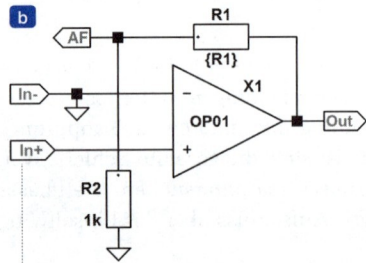

Abbildung 13.33: (a) (OPVLapl2a.asc) Gegenkopplung über den Spannungsteiler R1, R2. Der Ausgangsknoten ist „Out". (b) (OPVLapl2b.asc) Zur Simulation der Schleifenverstärkung $L(s) = -A_d(s)\cdot F(s)$. Der Ausgangsknoten ist jetzt „AF".

Zur Beurteilung der **Stabilität** wird die Schleifenverstärkung benötigt. Dazu wird der „Regelkreis", wie in Abbildung 13.33b angedeutet, unterbrochen. In Abbildung 13.34 sind die Ergebnisse für drei verschiedene Werte R_1 wiedergegeben. Der erforderliche Vorzeichenwechsel, um die Schleifenverstärkung darzustellen, erfolgt einfach durch den Aufruf von −V(AF) statt V(AF). Der Wert $R_1 = 1\ \mu\Omega$ entspricht „voller" Gegenkopplung; die Spannung am Knoten „AF" ist praktisch gleich der Spannung am Knoten „Out". Es zeigt sich eine Phasenreserve von $\varphi_M = 1{,}1°$, die viel zu gering ist. Obwohl es noch nicht zu einer „nichtgedämpften" Schwingung kommt (bei einem System mit zwei Polen beträgt die maximale Phasendrehung ja nur 180°), wird die Sprungantwort ein nicht zu tolerierendes Überschwingen zeigen. Auch der nächste Fall mit dem Widerstandswert $R_1 = 10\ k\Omega$ wird wegen $\varphi_M = 3{,}7°$ zu einem unbrauchbaren Einschwingverhalten führen.

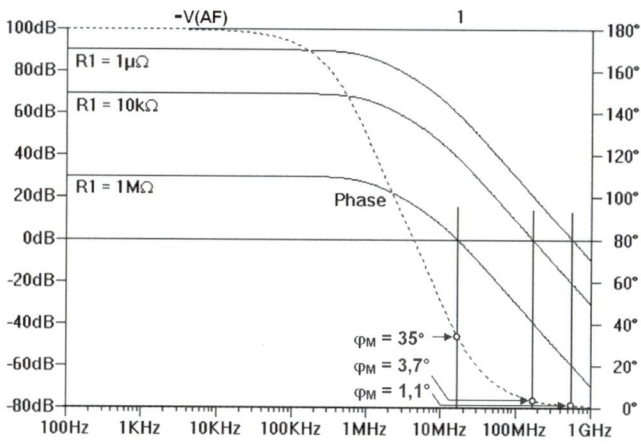

Abbildung 13.34: (OPVLapl2b.asc, OPVLapl3.asc) Bode-Diagramm der Schleifenverstärkung zu Abbildung 13.33b.

Erst bei $R_1 = 1\ M\Omega$ ergibt sich wegen einer Phasenreserve von $\varphi_M = 35°$ gerade ein erträgliches Überschwingen. Dies zeigt Abbildung 13.35 für den gegengekoppelten Verstärker entsprechend Abbildung 13.33a.

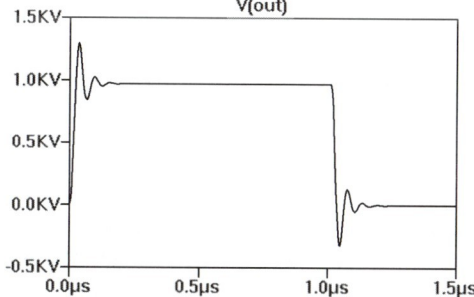

Abbildung 13.35: (OPVLapl4.asc) Sprungantwort zum gegengekoppelten Verstärker nach Abbildung 13.33a für $R_1 = 1\ M\Omega$.

Bevor nun Maßnahmen zur Frequenzgangkorrektur besprochen werden, soll noch die Spannungsverstärkung des gegengekoppelten Systems für sehr tiefe Frequenzen ($\omega \to 0$) ausgerechnet werden, und zwar für drei Fälle: erstens $R_1 = 1\ \mu\Omega$ (volle Gegenkopplung), zweitens $R_1 = 10\ k\Omega$ und drittens $R_1 = 1\ M\Omega$. Dazu kann die Gleichung (13.45) herangezogen werden. Im ersten Fall ist die Übertragungsfunktion $F(s)$ der Gegenkopplung praktisch gleich eins. Dann gilt mit $A_{d0} = 32000$ (entsprechend 90 dB):

$$\lim_{s \to 0} \underline{A}_{ges}(s) = \lim_{s \to 0} \frac{\underline{A}_d(s)}{1 + \underline{F}(s) \cdot \underline{A}(s)} = \frac{A_{d0}}{1 + 1 \cdot A_{d0}} = \frac{1}{1/A_{d0} + 1} \approx 1$$

Im zweiten und dritten Fall kann für $F(s)$ ein normaler Spannungsteiler angesetzt werden: $F(s) = R_2/(R_1 + R_2) = F_0 = 1/11$ bzw. $\approx 1/1000$. Damit wird ($A_{d0} = 32000$):

$$\lim_{s \to 0} \underline{A}_{ges}(s) = \lim_{s \to 0} \frac{\underline{A}_d(s)}{1 + \underline{F}(s) \cdot \underline{A}(s)} = \frac{A_{d0}}{1 + F_0 \cdot A_{d0}} = \frac{1}{1/A_{d0} + F_0} \approx 11 \text{ bzw.} \approx 970$$

Folgendes wird deutlich: Eine starke Gegenkopplung führt zu einer niedrigen Gesamtverstärkung und die Phasenreserve wird deutlich verkleinert. Mit starkem Überschwingen ist zu rechnen. Bei geringerer Gegenkopplung (z. B. größerem Widerstandswert R_1) wird die Verstärkung entsprechend weniger abgesenkt und der Phasenabstand wird größer. Es besteht demnach ein enger Zusammenhang zwischen den drei Größen **Verstärkung**, **Gegenkopplungsgrad** und **Phasenreserve**. Außerdem hat der Frequenzabstand der Pole untereinander einen großen Einfluss auf das dynamische Verhalten. So zeigt z. B. Abbildung 13.30, dass durch die Anwesenheit eines **dominanten Poles**, der einen großen Abstand von der nächsten Knickfrequenz hat, die Einhaltung einer hinreichenden Phasenreserve kein Problem sein sollte. Der Frequenzabstand zwischen den ersten beiden Polstellen ist also maßgeblich für die Stabilität eines gegengekoppelten Verstärkers verantwortlich.

Wird für ein System eine bestimmte Gesamtverstärkung verlangt, kann diese durch die Wahl eines entsprechenden Gegenkopplungsgrades eingestellt werden. Die Frage lautet dann, wie erhält man die richtige Phasenreserve? Nach den vorangestellten Ausführungen gibt es hierfür zwei Möglichkeiten: Entweder man fügt, wie dies Abbildung 13.30 nahelegt, einen **zusätzlichen** Pol in die gesamte Schleife $L(s)$ ein, der dann die Rolle des **dominanten** Pols übernimmt, oder man **ändert** einen schon vorhandenen Pol derart, dass er **dominant** wird. Diese zweite Möglichkeit wird dann besonders übersichtlich, wenn überhaupt nur zwei Pole vorhanden sind, z. B. bei den beiden Frequenzen $f_2 = 1\ MHz$ und $f_3 = 10\ MHz$: Die Schleifenverstärkung $|L(s)|$ fällt nach der ersten Knickfrequenz f_2 bekanntlich mit $-20\ dB/Frequenzdekade$. Wenn nun die erste Knickfrequenz f_2 so weit zu tieferen Frequenzen **verschoben** wird, dass die Asymptote die „0-dB-Grenze" genau bei f_3 schneidet (vergleiche z. B. Abbildung 13.36), also

$$f_{2,neu} = \frac{f_3}{\lim_{s \to 0}|\underline{L}(s)|} = \frac{f_3}{|\underline{L}_0|} = \frac{f_3}{|F_0 \cdot A_{d0}|} \tag{13.51}$$

wird, dann wird gerade eine Phasenreserve von $45°$ erreicht.

Erklärung: Die gesamte Phasendrehung setzt sich aus zwei Anteilen zusammen. Jenseits der **neuen** Grenzfrequenz $f_{2,neu}$ wird rasch eine Phasendrehung von $90°$ erreicht. Bei der zweiten Knickfrequenz f_3 kommen $45°$ hinzu, sodass insgesamt $135°$ erreicht werden. Der Abstand von $180°$ beträgt somit gerade $45°$. Eine Simulation soll dies noch einmal bestätigen. Für das obige Beispiel soll deshalb zunächst versucht werden, die Schaltung für $R_1 = 1\ \mu\Omega$ (volle Gegenkopplung) stabil zu bekommen. Nach Gleichung (13.51) muss dann $f_{2,neu} = (10\ MHz)/32000 \approx 312\ Hz$ betragen. Durch diesen **neuen** Wert wird f_2 im OP-Modell der Simulationsschaltung Abbildung 13.33b ersetzt. Analog wird für den Fall $R_1 = 10\ k\Omega$ verfahren: Mit $F_0 = R_2/(R_1 + R_2) = (1\ k\Omega)/(11\ k\Omega) \approx 0{,}091$ erhält man $f_{2,neu} = (10\ MHz)/(0{,}091 \cdot 32000) \approx 3{,}44\ kHz$. Die Schleifenverstärkung ist in Abbildung 13.36 dargestellt. Für beide Fälle, volle Gegenkopplung und $R_1 = 10\ k\Omega$, ergibt sich eine Phasenreserve von $45°$, wenn dort abgelesen wird, wo die eingezeichnete Asymptote die Achse „$0\ dB$" schneidet. Bei $|L(s)| = 1$ ist die Phasenreserve sogar noch etwas größer: $52°$.

13.5 Dynamisches Verhalten und Stabilität von Operationsverstärkern

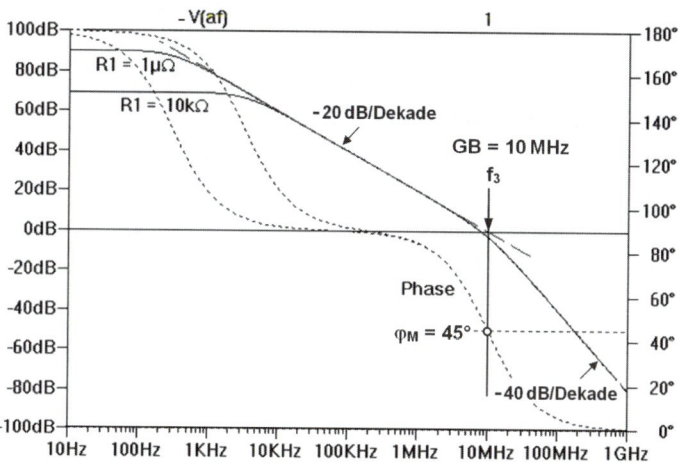

Abbildung 13.36: (OPVLapl5.asc) Bode-Diagramm der Schleifenverstärkung (der OP hat nur zwei Pole). Die untere Knickfrequenz $f_{2,neu}$ wurde dem Gegenkopplungswiderstand R1 derart angepasst, dass sich eine Phasenreserve von 45° ergibt, siehe Text.

Auch die Sprungantwort, Abbildung 13.37, zeigt für beide eingestellten Verstärkungen prinzipiell das gleiche Aussehen: Die Kurven für die beiden Widerstandswerte für R1 fallen praktisch zusammen, wenn man sie „normiert", d. h. auf die Gesamtverstärkung bezogen darstellt.

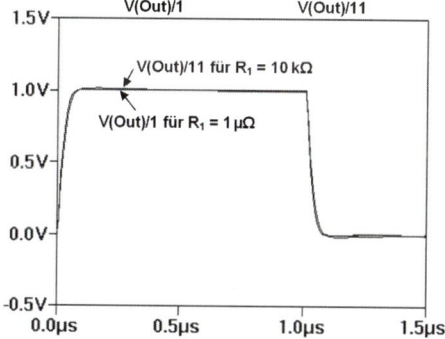

Abbildung 13.37: (OPVLapl6.asc) Sprungantwort, kompensiert für eine Phasenreserve von 45°. Dargestellt ist die Ausgangsspannung am Knoten „Out", aber dividiert durch die jeweilige Gesamtverstärkung.

Dieses Beispiel hat gezeigt, dass der dominante Pol ganz gezielt der gewünschten Gesamtverstärkung des gegengekoppelten Systems angepasst werden kann, um ein brauchbares Einschwingverhalten zu erhalten. Entsprechend Gleichung (13.51) muss dazu stets die **erste** Knickfrequenz f_{dom} (die des dominanten Pols) um den Faktor der Schleifenverstärkung $|L_0|$ tiefer liegen als die **zweite**, die „Bandbreite" GB, die in diesem Beispiel mit f_3 identisch ist. Aus Sicherheitsgründen wird die erste Knickfrequenz noch etwas tiefer gelegt. Den besten Wert findet man am einfachsten durch eine Simulation.

> **Hinweis**
>
> **Allgemeine Dimensionierungsvorschrift:**
>
> $$f_{dom} \leq \frac{GB}{|L_0|} = \frac{GB}{|F_0 \cdot A_{d0}|}, \quad f_{dom} = \text{erste Knickfrequenz}, \; GB = \text{„Bandbreite"} \quad (13.52)$$

Operationsverstärker werden intern oft für den Fall der **vollen** Gegenkopplung kompensiert. Damit **verschenkt** man zwar Bandbreite, braucht sich dafür aber um die Stabilität in der Regel nicht zu kümmern. Bei ASICs wird dagegen die Lage des dominanten Pols meist der tatsächlichen Gesamtverstärkung angepasst.

13.5.4 Miller-Korrektur des Frequenzganges

Die „Verschiebung" eines vorhandenen Pols zu tieferen Frequenzen kann prinzipiell durch Vergrößern eines Kondensators erfolgen. Ein größerer Kondensator bedeutet aber, wenn er im IC untergebracht werden soll, einen erhöhten Platzbedarf. Wird dagegen ein **Kondensator** zur **Gegenkopplung** einer Verstärkerstufe des OPs eingefügt und damit der **Miller**-Effekt ausgenutzt (siehe *Anhang A*), um einen dominanten Pol zu schaffen, kann der Kondensator einen sehr viel kleineren Wert haben. Gleichzeitig ergibt sich ein weiterer wichtiger Vorteil: Die Gegenkopplung bewirkt sowohl eine **Reduzierung** der Ausgangs- wie auch der Eingangsimpedanz der betreffenden Verstärkerstufe, sodass ein anderer Pol dieser Stufe zu **höheren** Frequenzen verschoben wird [23]. Dies Auseinanderschieben zweier Pole wird als **Pol-Splitting** bezeichnet. Aus den Ausführungen des vorigen Abschnitts und Gleichung (13.51) bzw. (13.52) geht hervor, dass der Abstand zwischen dem dominanten Pol und der nächsten Eckfrequenz möglichst groß, also größer oder mindestens gleich $|F_0 \cdot A_{d0}|$ sein sollte.

Im Folgenden sollen die beiden Methoden zur Frequenzgangkorrektur – die Schaffung eines dominanten Pols mittels eines größeren Kondensators und die Miller-Korrektur – einander gegenübergestellt werden, um den Unterschied zu verdeutlichen. Anschließend wird die Miller-Korrektur in Verbindung mit der Gesamtverstärkung eines OPVs untersucht. Dabei wird sich herausstellen, dass die Korrektur am besten in der zweiten Verstärkerstufe, die die höchste Spannungsverstärkung hat, vorgenommen werden sollte.

Simulation

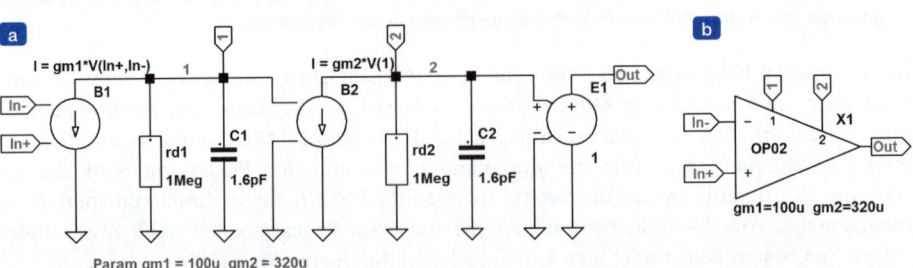

Abbildung 13.38: (OPVESB1.asc) (a) Ersatzschaltung und (b) Symbol eines einfachen zweistufigen Operationsverstärkers. Die beiden Zeitkonstanten $r_{d1} \cdot C_1$ und $r_{d2} \cdot C_2$ sind zur Vereinfachung der Diskussion gleich groß gewählt.

13.5 Dynamisches Verhalten und Stabilität von Operationsverstärkern

Die Untersuchungen sollen an einem zweistufigen Verstärker mit zwei Polen vorgenommen werden. Zur Vereinfachung erhalten beide Pole die gleiche Zeitkonstante. Prinzipiell könnte wieder das Ersatzschaltbild Abbildung 13.32 herangezogen werden. Um aber den zusätzlichen Gegenkopplungskondensator unterbringen zu können, wird die Ersatzschaltung entsprechend Abbildung 13.38 eingesetzt.

Die erste Stufe, die Differenzeingangsschaltung, wird durch die **gesteuerte Stromquelle** B1 und den differentiellen Ausgangswiderstand r_{d1} nachgebildet. Der Strom I der Quelle B1 ist das Produkt Steilheit g_{m1} mal Differenzeingangsspannung $V(In+, In-)$. Mit den angenommenen Werten $g_{m1} = 100\ \mu A/V$ und $r_{d1} = 1\ M\Omega$ ergibt sich bei tiefen Frequenzen eine Spannungsverstärkung von $-g_{m1} \cdot r_{d1} = -100$. Als Belastung am Ausgangsknoten „1" wirkt der Kondensator C1. Er ist die Parallelschaltung der Ausgangskapazität der ersten Stufe und der Eingangskapazität der zweiten Stufe. Die gesteuerte Stromquelle B2 stellt in Verbindung mit dem differentiellen Widerstand r_{d2} die zweite Stufe dar, die hier eine Verstärkung von -320 aufweist. Die steuernde Spannung ist jetzt die Ausgangsspannung $V(1)$ der ersten Stufe. C2 ist die Ersatzkapazität am Knoten „2". Als Ausgangsstufe wird eine spannungsgesteuerte Spannungsquelle E1 mit der Verstärkung 1 vorgesehen. Die gesamte Schaltung ist bewusst einfach gehalten, d. h., weitere parasitäre Effekte sollen nicht berücksichtigt werden, damit die Übersicht nicht verloren geht. Aus demselben Grund sind auch die beiden Zeitkonstanten $r_{d1} \cdot C_1$ und $r_{d2} \cdot C_2$ gleich gewählt. Mit den angenommenen Werten $r_d = 1\ M\Omega$ und $C = 1{,}6\ pF$ werden die beiden Knickfrequenzen bei ca. $100\ kHz$ erwartet. Sie werden f_1 und f_2 genannt.

Für diesen Verstärker wird zunächst die Schleifenverstärkung für den Fall $F(s) = 1$ berechnet (volle Gegenkopplung, aber offene Schleife), ohne dass eine Korrektur des Frequenzganges vorgenommen wird, siehe Abbildung 13.39a. Dabei ergibt sich eine viel zu geringe Phasenreserve. Anschließend wird dann mittels eines externen Kondensators Cext am Korrekturpin „1" die erste Knickfrequenz f_1 so weit zu tiefen Frequenzen verschoben, dass sich eine Phasenreserve von $45°$ ergibt, siehe Abbildung 13.39b. Entsprechend Gleichung (13.51) bzw. (13.52) ist dafür eine Verschiebung um den Faktor der Verstärkung notwendig, also: $f_{1,neu} = (100\ kHz)/32000 \approx 3{,}1\ Hz$. Der „neue" Kondensator muss demnach einen Wert von $C_{ext} \approx C_{1,neu} = 1/(2\pi \cdot f_{1,neu} \cdot r_{d1}) \approx 51\ nF$ erhalten. Die andere Eckfrequenz bleibt erhalten: $f_2 = 100\ kHz$. Die Stabilitätsforderung wird damit erfüllt, doch ein Kondensator mit $51\ nF$ kann wegen des großen Flächenbedarfs nur extern untergebracht werden!

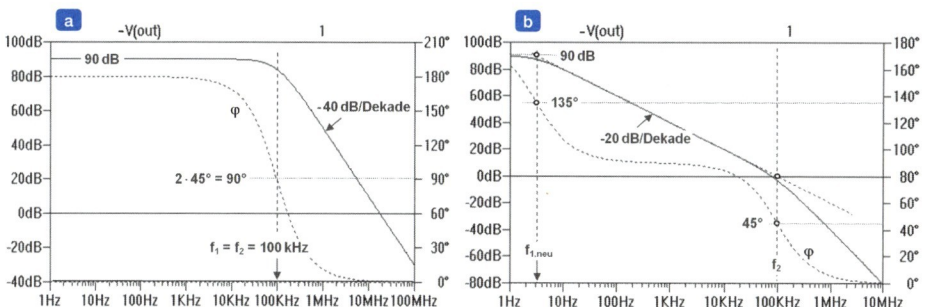

Abbildung 13.39: Schleifenverstärkung eines voll gegengekoppelten Verstärkers entsprechend Abbildung 13.38. (a) (OPVESB2a.asc) Nicht korrigierter Frequenzgang; beide Eckfrequenzen liegen bei etwa $100\ kHz$. (b) (OPVESB2b.asc) Eine Eckfrequenz wurde durch einen externen Kondensator $C_{ext} = 51\ nF$ am Anschluss „1" (oder „2") nach „unten" verschoben: $f_{1,neu}$.

Zum Vergleich soll nun die Miller-Korrektur untersucht werden. Dazu wird, wie dies Abbildung 13.40a zeigt, ein Gegenkopplungskondensator Cc zwischen den Korrekturpins „2" und „1" vorgesehen.

Simulation

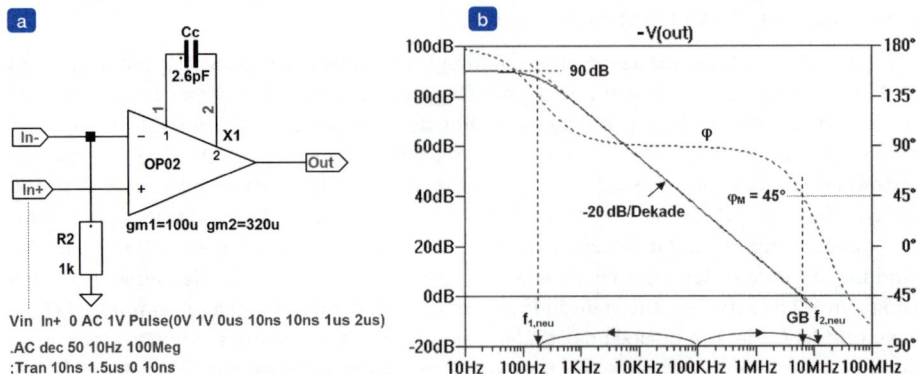

Abbildung 13.40: (OPVESB3.asc) Frequenzgangkorrektur durch Miller-Kondensator Cc. (a) Schaltung. (b) Bode-Diagramm der Schleifenverstärkung.

Der Wert für den Kondensator Cc wird am besten mithilfe von SPICE derart ermittelt, dass für den Fall **voller** Gegenkopplung die Phasenreserve $\varphi_M \approx 45°$ wird: Ein Wert von $C_C = 2{,}6\ pF$ reicht aus! Die sich dann ergebende Schleifenverstärkung ist in Abbildung 13.40b dargestellt. Das Simulationsergebnis zeigt ganz deutlich die wesentlichen Eigenschaften der Miller-Korrektur: Die eine Knickfrequenz wird nach „unten" und die zweite zu höheren Frequenzen verschoben: $f_{1,neu} \approx 190\ Hz$ und $f_{2,neu} \gg 100\ kHz$. Der 0-dB-Punkt wird bei $GB \approx 6{,}1\ MHz$ erreicht. Wie entsprechend Gleichung (13.51) bzw. (13.52) zu erwarten ist, wird das Verhältnis von „Bandbreite" GB zur ersten Grenzfrequenz $f_{1,neu}$ gleich dem Betrag der Schleifenverstärkung: $GB/f_{1,neu} \approx 32000$. Dabei fällt eine weitere Besonderheit auf: Beim Anwenden der Miller-Kompensation reicht es aus, die **erste** Eckfrequenz nur bis 190 Hz zu verschieben, um den Verstärker „stabil" zu bekommen. Beim einfachen Vergrößern einer der beiden Zeitkonstanten ist dagegen eine Verschiebung bis herab zu etwa 3,1 Hz erforderlich, siehe Abbildung 13.39b. Aus der Miller-Korrektur resultiert also zusätzlich ein kräftiger Bandbreitengewinn; in diesem Beispiel um den Faktor 6,1 $MHz/100\ kHz$ = 61 oder 190 $Hz/3{,}1\ Hz$ = 61!

Im *Anhang A* wird gezeigt, wie die neuen Knickfrequenzen vom Wert des Miller-Kondensators Cc und der Verstärkung der gegengekoppelten Stufe abhängen. Außerdem tritt eine Nullstelle mit **positivem** Vorzeichen auf. Die wichtigsten Beziehungen ((A.18), (A.11)) seien hier noch einmal zusammengestellt und zwar gleich mit den Bezeichnungen der Ersatzschaltung Abbildung 13.38:

$$\left.\begin{array}{l} p_1 \approx \dfrac{-1}{g_{m2} \cdot r_{d2} \cdot r_{d1} \cdot C_C}, \\[1em] p_2 \approx \dfrac{-g_{m2} \cdot C_C}{C_C \cdot C_1 + C_2 \cdot C_1 + C_2 \cdot C_C}, \end{array}\right\} \text{für } p_2 \gg p_1 \text{ und} \quad g_{m2} \cdot r_{d2} \cdot r_{d1} \cdot C_C \gg (C_C + C_2) \cdot r_{d2} + (C_C + C_1) \cdot r_{d1} \qquad (13.53)$$

$$z_0 = \frac{g_{m2}}{C_C} \qquad (13.54)$$

13.5 Dynamisches Verhalten und Stabilität von Operationsverstärkern

Die obigen Simulationsergebnisse können nun noch einmal überprüft werden. Mit den Werten der OPV-Ersatzschaltung und $C_C = 2{,}6 \; pF$ ergeben sich die folgenden neuen Knickfrequenzen: $f_{1,neu} \approx 191 \; Hz$, $f_{2,neu} \approx 12{,}2 \; MHz$. Die positive Nullstelle z_0 tritt bei $f_0 \approx 19{,}6 \; MHz$ auf und liegt damit relativ nahe bei der Frequenz $f_{2,neu}$. Im Bode-Diagramm ist sie deshalb nur ungenau zu erkennen. Was aber auffällt, ist die starke Phasendrehung in ihrer Umgebung. Da die Nullstelle z_0 ein positives Vorzeichen hat und im Zähler der Übertragungsfunktion steht, während die Polstelle p_2 mit negativem Vorzeichen im Nenner steht, haben beide bezüglich der Phase die **gleiche Wirkung**!

Die bisherigen Ausführungen haben gezeigt, dass die Miller-Kompensation sehr wirkungsvoll ist. Es kann aber auch Probleme geben: Bedingt durch die starke Phasendrehung, die die **Nullstelle mit positivem Vorzeichen** verursacht, bereitet sie Schwierigkeiten, den nötigen Phasenabstand einzustellen, wenn sie in der Nähe der Grenzfrequenz *GB* wirkt. Dies kann z. B. dann auftreten, wenn die Miller-korrigierte Stufe eine zu geringe Verstärkung besitzt. Um dies zu zeigen, werden die Verstärkungswerte von Eingangsstufe und zweiter Stufe vertauscht, d. h. $g_{m1} = 320 \; \mu A/V$ und $g_{m2} = 100 \; \mu A/V$, siehe Abbildung 13.41. Der Wert des Miller-Kondensators muss dann auf 7 *pF* vergrößert werden. Entsprechend Gleichung (13.54) rückt die Nullstelle wegen der geringeren Transconductance g_{m2} und des größeren Kondensatorwertes C_C zu tieferen Frequenzen vor. Konsequenz: Wenn sich die Phase bereits um 180° gedreht hat, hat die Verstärkung noch einen Wert von etwa +20 *dB*. Die Schaltung ist also nicht stabil und ist auch nicht mit einem größeren Wert des Kondensators Cc stabil zu bekommen! Dies wird deutlich, wenn einmal das Verhältnis z_0 zu p_1 gebildet wird. Mit den beiden Formeln (13.53) und (13.54) erhält man nämlich $|z_0/p_1| \approx g_{m2}^2 \cdot r_{d1} \cdot r_{d2} = 10000$, unabhängig von C_C und kleiner als das Verhältnis von Bandbreite *GB* zur ersten Knickfrequenz $f_{1,neu}$, das hier 32000 betragen soll. Die „schädliche" Phasendrehung durch die Nullstelle setzt somit „zu früh" ein! Aus diesem Grunde gilt die folgende wichtige Design-Regel:

> **Hinweis**
>
> **Design-Regel:**
>
> Die Miller-korrigierte Stufe – dies ist aus praktischen Gründen meist die zweite – sollte mit möglichst großer Verstärkung versehen werden, damit die positive Nullstelle z_0 erst bei hohen Frequenzen, weit entfernt vom *GB*-Punkt, zu wirken beginnt.

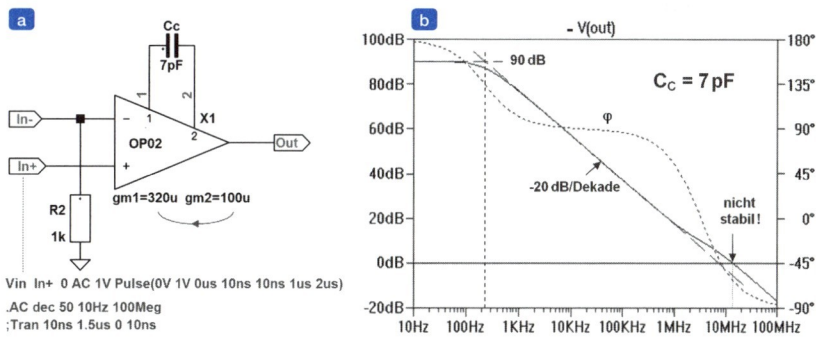

Simulation

Abbildung 13.41: (OPVESB4.asc) Verstärkungsfaktor von Eingangsstufe und zweiter Stufe vertauscht. (a) Schaltung. (b) Bode-Diagramm der Schleifenverstärkung.

Eine weitere wichtige Maßnahme zur Verbesserung der Frequenzgangkorrektur soll noch vorgestellt werden: Die Idee ist, mit einfachen Mitteln die **positive Nullstelle ins Negative zu verschieben**, da dann die **gesamte** Phasendrehung um 90° **reduziert** wird. Dazu reicht schon ein Widerstand Rc in Reihe mit dem Korrekturkondensator Cc aus. Allerdings entsteht dabei ein weiterer Pol, der aber erst bei höheren Frequenzen zum Tragen kommt. Bei sorgfältiger Dimensionierung kann es dann aber gelingen, die Lage der Nullstelle z. B. an den Pol p_2 anzupassen, dass „gekürzt" werden kann. Damit wird die Wirkung des Pols p_2 praktisch ausgeschaltet [24]. Auf eine detaillierte Berechnung soll hier aber verzichtet werden.

Vielmehr soll der Simulator SPICE eingesetzt werden, um diese wichtige Methode am Beispiel eines voll gegengekoppelten Verstärkers zu veranschaulichen. Dazu werden die in Reihe geschalteten Elemente Cc und Rc zur Korrektur des Frequenzganges mithilfe von SPICE derart optimiert, dass sich ein möglichst „gutes" **Einschwingverhalten** zeigt, siehe Abbildung 13.42. In weniger als einer Minute stehen die Werte fest: $C_C = 1{,}6\ pF$, $R_C = 9\ k\Omega$.

Simulation

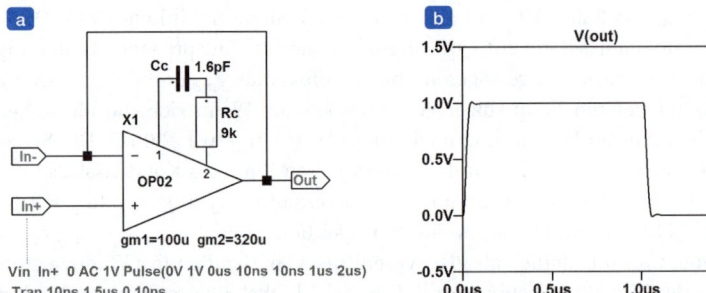

Abbildung 13.42: (OPVESB5.asc) Volle Gegenkopplung und Miller-Korrektur mit zusätzlicher „negativer" Nullstelle. (a) Simulationsschaltung. (b) Sprungantwort.

Anschließend wird mit den ermittelten Werten die Schleifenverstärkung simuliert. Das Ergebnis ist in Abbildung 13.43 dargestellt. Erreicht wird hier eine Phasenreserve von fast 70°. Die Ergebnisse in Abbildung 13.42 und Abbildung 13.43 gelten zwar für den „Normalfall" $g_{m2} \cdot r_{d2} > g_{m1} \cdot r_{d1}$, doch kann durch Einfügen des Widerstandes Rc Stabilität auch für den ungünstigeren Fall $g_{m2} \cdot r_{d2} < g_{m1} \cdot r_{d1}$ erzielt werden.

Simulation

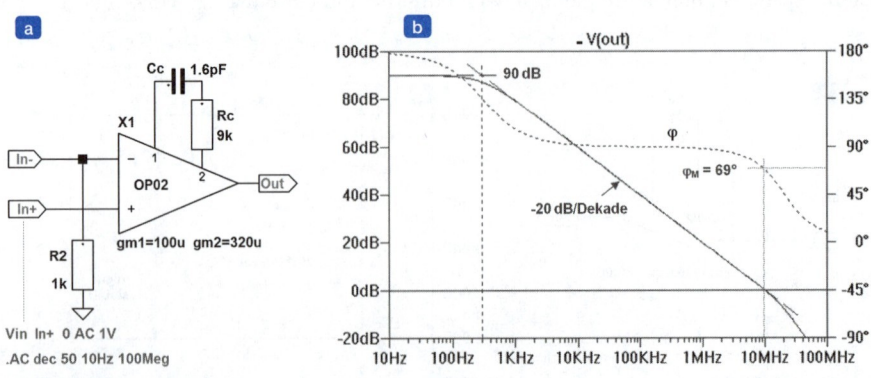

Abbildung 13.43: (OPVESB6.asc) Miller-Korrektur mit zusätzlicher „negativer" Nullstelle. (a) Simulationsschaltung. (b) Schleifenverstärkung.

13.5 Dynamisches Verhalten und Stabilität von Operationsverstärkern

Ein weiteres wichtiges Ergebnis soll noch genannt werden: Durch das Einfügen des Widerstandes Rc in Reihe mit Cc kann der Kondensator auf den Wert $C_C = 1{,}6\ pF$ reduziert werden. Dies bedeutet einen zusätzlichen Bandbreitengewinn und spart Chipfläche, da Kondensatoren relativ viel Platz beanspruchen!

> **Aufgabe**
>
> Experimentieren Sie mit den Schaltungen Abbildung 13.42 und Abbildung 13.43.
>
> Geben Sie sich verschiedene Werte für g_{m1} und g_{m2} vor und versuchen Sie dann, durch Beobachten des Einschwingverhaltens den Verstärker für den Fall „voller" Gegenkopplung (Spannungsfolger) stabil zu bekommen. Bestimmen Sie dann die 3-dB-Grenzfrequenz des **voll** gegengekoppelten Verstärkers. Bestimmen Sie anschließend zur Kontrolle die Phasenreserve der **offenen** Schleife.
>
> Verwenden Sie ein Gegenkopplungsnetzwerk mit zwei Widerständen z. B. analog zu Abbildung 13.33a und stellen Sie mittels der Kompensationselemente Cc und Rc erneut ein brauchbares Einschwingverhalten ein. Bestimmen Sie dann die 3-dB-Grenzfrequenz des gegengekoppelten Verstärkers. Trennen Sie anschließend die Schleife an einer Stelle auf und bestimmen Sie zur Kontrolle die Phasenreserve.
>
> Vergleichen Sie die Ergebnisse und ergänzen Sie damit Ihre Erfahrungen.

13.5.5 Slew-Rate

Der vorige Abschnitt hat gezeigt, dass der Miller-Effekt sich vorteilhaft zur Frequenzgangkorrektur eignet. Abbildung 13.44a zeigt dazu ein Beispiel, wie dies bei bipolaren Transistoren aussehen kann. Die Schaltung kann sinngemäß natürlich auch auf FETs übertragen werden.

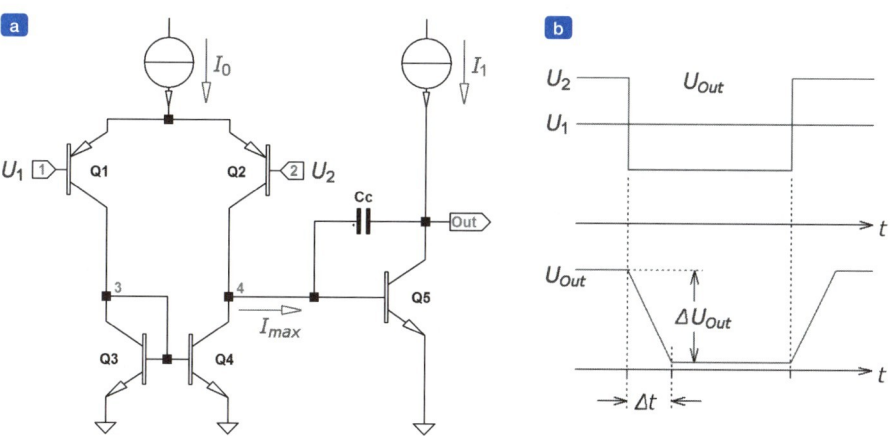

Abbildung 13.44: Zur Erklärung der Slew-Rate.

Im Folgenden soll nun untersucht werden, wie sich der Gegenkopplungskondensator Cc auf das **Großsignalverhalten** auswirkt. Die Spannung U_2 am Eingang „2" werde schlagartig sehr viel kleiner als U_1 am Eingang „1". Dann werden die Transistoren Q1, Q3 und Q4 gesperrt und der gesamte Bias-Strom I_0 wird durch den Transistor Q2 fließen. Der Strom soll der Basis des Transistors Q5 zufließen, aber der Kondensator Cc verzögert ein rasches Durchschalten von Q5. Die Ausgangsspannung U_{Out} am Knoten „Out" steigt wegen der hohen Verstärkung des Transistors Q5 und der gegenkoppelnden Wirkung des Kondensators Cc etwa zeitlinear an (**Miller-Effekt**), siehe Abbildung 13.44b. Als Maß für diesen Anstieg dient die **Slew-Rate** S_R. Sie gibt die Änderung der Ausgangsspannung pro Zeiteinheit an:

$$S_R =_{Df} \frac{dU_{Out}}{dt}, \quad \text{übliche Einheit:} \quad [S_R] = \frac{V}{\mu s} \qquad (13.55)$$

Wenn angenommen wird, dass sich das Potential am Knoten „4" nur unwesentlich ändert, kann die Slew-Rate aus dem Ladungsansatz $dQ = C_C \cdot dU_C \approx C_C \cdot dU_{Out} = I_{max} \cdot dt$ berechnet werden:

$$S_R = \frac{dU_{Out}}{dt} = \frac{I_{max}}{C_C} \qquad (13.56)$$

Zum Umladen des Kondensators Cc steht maximal der Strom I_{max} zur Verfügung, der in diesem Beispiel etwa durch I_0 gegeben ist:

$$I_{max} \approx I_0 \qquad (13.57)$$

Damit wird für die Schaltung nach Abbildung 13.44a:

$$S_R = \frac{dU_{Out}}{dt} \approx \frac{I_0}{C_C} \qquad (13.58)$$

Ein großer Kondensator zur Frequenzgangkorrektur führt damit zu einer entsprechend geringen Slew-Rate und der Verstärker wird „langsam". Zur „Beschleunigung" kann man allerdings den Umladestrom „dynamisch" vergrößern, ohne den stationären Bias-Strom I_0 der Eingangsstufe erhöhen zu müssen. Hierfür gibt es mehr oder weniger aufwendige Konzepte, die zum Teil zu einer erheblichen Verbesserung der Slew-Rate führen (z. B. [25], [26], [27]), auf die hier aber nicht weiter eingegangen werden soll.

Zu bemerken sei noch, dass die Slew-Rate prinzipiell für die fallende und die ansteigende Flanke gleich sein sollte. Bei realen Operationsverstärkern treten aber dennoch gewisse Unterschiede auf, sodass in den Datenblättern oft Werte für beide Flanken angegeben werden.

Die Slew-Rate verschlechtert vor allem das Großsignalverhalten bei höheren Frequenzen. Beispiel: Ein Verstärker entsprechend Abbildung 13.44a wird als Spannungsfolger geschaltet, d. h., sein Ausgang „Out" wird mit dem invertierenden Eingang „1" verbunden und der nichtinvertierende Eingang „2" wird mit einem Sinussignal ansteigender Frequenz angesteuert. Abbildung 13.45 zeigt die Spannungen am Eingang „2" und am Ausgang „Out". Deutlich ist die Auswirkung der Slew-Rate auf das Ausgangssignal zu erkennen: Bei höheren Frequenzen kann der Ausgang nicht mehr folgen. In diesem Beispiel folgt mit den Werten $C_C = 50\ pF$ und $I_0 = 20\ \mu A$ aus Gleichung (13.58): Slew-Rate $S_R = 0{,}4\ V/\mu s$. Dieser Wert wird recht gut durch die Simulation bestätigt.

13.5 Dynamisches Verhalten und Stabilität von Operationsverstärkern

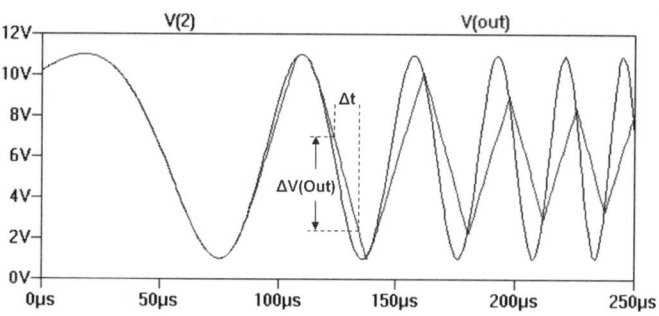

Simulation

Abbildung 13.45: (OPVSlew2.asc) Auswirkung der Slew-Rate auf ein sinusförmiges Signal.

Zusammenhang zwischen Slew-Rate und Bandbreite

Bei einer sinusförmigen Wechselspannung kann ein Zusammenhang zwischen der Slew-Rate, der Frequenz und der Amplitude hergestellt werden: Mit

$$U_{Out} = \hat{u}_{Out} \cdot \sin \omega t \quad \text{erhält man} \tag{13.59}$$

$$S_R = \left. \frac{dU_{Out}}{dt} \right|_{t=0} = \hat{u}_{Out} \cdot \omega \cdot \cos(0) = \hat{u}_{Out} \cdot 2 \cdot \pi \cdot f \quad \rightarrow \tag{13.60}$$

$$f_{max} = \frac{S_R}{\hat{u}_{Out} \cdot 2 \cdot \pi} \quad \text{„Leistungsbandbreite"} \tag{13.61}$$

Die Gleichung (13.61) stellt einen wichtigen Zusammenhang zwischen der Slew-Rate, der Amplitude und der maximalen Frequenz her. Die maximale Frequenz f_{max} wird manchmal auch als **Leistungsbandbreite** bezeichnet. Ein Verstärker mit einer Slew-Rate von $S_R = 0{,}4$ $V/\mu s$ kann demnach eine Spannung der Amplitude 5 V mit einer Frequenz von maximal $f_{max} = S_R/(\hat{u}_{Out} \cdot 2 \cdot \pi) \approx 12{,}7$ kHz „verzerrungsfrei" wiedergeben.

Zusammenhang zwischen Großsignal- und Kleinsignalbandbreite

Ein OPV mit einer Slew-Rate von $S_R = 0{,}4$ $V/\mu s$ hat in der Praxis oft eine Kleinsignalbandbreite von etwa 1 MHz. Aus dem obigen Beispiel folgt deshalb:

- Die Maximalfrequenz für „Großsignale" ist sehr viel geringer als die Kleinsignalbandbreite GB. Diese Gegebenheit ist bei Anwendungen unbedingt zu beachten!

Interessant ist deshalb die Frage: Wie hängt die Leistungsbandbreite f_{max} mit der Kleinsignalbandbreite GB zusammen? Dazu kann z. B. das Verhältnis f_{max}/GB gebildet werden. Die erste Knickfrequenz f_1 – die Lage des dominanten Pols p_1 – ist entsprechend Gleichung (13.52) durch die Verstärkung A_{d0} und die Bandbreite GB festgelegt. Es gilt: $GB = A_{d0} \cdot f_1$. Für S_R kann die Gleichung (13.58) herangezogen werden. Dann wird

$$\frac{f_{max}}{GB} = \frac{S_R}{\hat{u}_{Out} \cdot 2 \cdot \pi \cdot GB} = \frac{S_R}{\hat{u}_{Out} \cdot 2 \cdot \pi \cdot A_{d0} \cdot f_1} = \frac{I_0}{\hat{u}_{Out} \cdot 2 \cdot \pi \cdot A_{d0} \cdot f_1 \cdot C_C} \tag{13.62}$$

Gleichung (13.53) liefert einen Zusammenhang zwischen den Verstärkerdaten und dem dominanten Pol:

$$f_1 = -\frac{p_1}{2 \cdot \pi} = \frac{+1}{2 \cdot \pi \cdot g_{m2} \cdot r_{d2} \cdot r_{d1} \cdot C_C} \cdot \frac{g_{m1}}{g_{m1}} = \frac{g_{m1}}{2 \cdot \pi \cdot A_{d0} \cdot C_C} \tag{13.63}$$

Wird dieser Ausdruck in Gleichung (13.62) eingesetzt, resultiert ein überraschend einfaches Ergebnis:

$$\frac{f_{max}}{GB} = \frac{I_0}{\hat{u}_{Out} \cdot 2 \cdot \pi \cdot A_{d0} \cdot f_1 \cdot C_C} = \frac{I_0}{\hat{u}_{Out} \cdot g_{m1}} \qquad (13.64)$$

Je **größer** der Bias-Strom I_0 und je **kleiner** die Transconductance g_{m1} der Eingangsstufe gewählt wird, desto dichter rückt die maximale Frequenz f_{max} für Großsignale an die Kleinsignalbandbreite GB heran. Der Kondensatorwert C_C geht nicht ein! Die Gleichung (13.64) enthält damit einen wichtigen Hinweis für eine mögliche Verbesserung des Großsignalverhaltens eines Operationsverstärkers: **Man reduziere das Verhältnis Steilheit g_{m1} zu Bias-Strom I_0 der Eingangsstufe!** Dies kann z. B. durch Emitter- bzw. Source-Widerstände (siehe Abbildung 12.2 und Abbildung 12.3) erreicht werden [27]. Bei FET-Eingangsstufen ist das Verhältnis g_{m1}/I_0 prinzipiell schon geringer als bei bipolaren Transistoren und kann über das Verhältnis der geometrischen Abmessungen W/L beeinflusst werden.

Sonderfall: Einfacher Operationsverstärker mit bipolaren Transistoren, z. B. entsprechend Abbildung 13.44. Dann besteht sogar ein enger Zusammenhang zwischen der Steilheit g_{m1} und dem Bias-Strom I_0. Es gilt: $g_{m1} = I_C/V_T = (I_0/2)/V_T$. Damit folgt aus Gleichung (13.64):

$$\frac{f_{max}}{GB} = \frac{I_0}{\hat{u}_{Out} \cdot g_{m1}} = \frac{2 \cdot V_T}{\hat{u}_{Out}} \approx \frac{50\ mV}{\hat{u}_{Out}} \qquad (13.65)$$

Bei einer Amplitude von 5 V ist die Großsignal- oder Leistungsbandbreite etwa um den Faktor 100 geringer als die Kleinsignalbandbreite!

Verwendung von Emitter- bzw. Source-Widerständen in der Eingangsstufe

Durch die Verwendung von Emitter- bzw. Source-Widerständen in der Eingangsstufe eines Operationsverstärkers kann die Leistungs- oder Großsignalbandbreite dichter an den GB-Punkt herangeführt werden, siehe Gleichung (13.64). Solche Widerstände haben aber noch einen weiteren wichtigen Einfluss auf das Großsignalverhalten, der hier kurz angesprochen werden soll: Neben der Verringerung der Steilheit wird die Transferkennlinie **linearisiert**, siehe hierzu z. B. Abbildung 12.3. Die Eingangsschaltung kann dann größere Spannungsamplituden „verkraften". Dies spielt beispielsweise bei hochwertigen Audioverstärkern eine Rolle: Störende **Intermodulationsprodukte** treten mit deutlich geringeren Amplituden auf. Enthält z. B. ein Audiosignal Anteile der Frequenzen 17 kHz und 18 kHz, beide außerhalb des Hörbereiches, so ist für diese die Großsignalverstärkung bereits geringer als für tiefere Frequenzen. Bei etwa konstanter Gesamtverstärkung des gegengekoppelten Systems treten somit am **Eingang** bei höheren Frequenzen **größere Amplituden** auf. Das führt an einer **nichtlinearen** Kennlinie unweigerlich zu Modulationsprodukten. Die Differenzfrequenz von 1 kHz fällt dann in den Hörbereich und kann stören. Ein guter Audioverstärker sollte deshalb eine hohe Slew-Rate S_R und eine hohe Grenzfrequenz GB haben oder eine Eingangsschaltung, die mindestens Amplituden von 200 mV linear verstärken kann. Durch die Emitter-Widerstände wird die Verstärkung der Eingangsschaltung abgesenkt, was meist kein Problem ist. Folglich darf der Wert des Kondensators Cc zur Frequenzgangkorrektur reduziert werden. Dadurch steigen die Slew-Rate und die Bandbreite an. Die Folge ist: Die Intermodulationsverzerrungen werden geringer.

13.6 Design-Beispiele von Operationsverstärkern

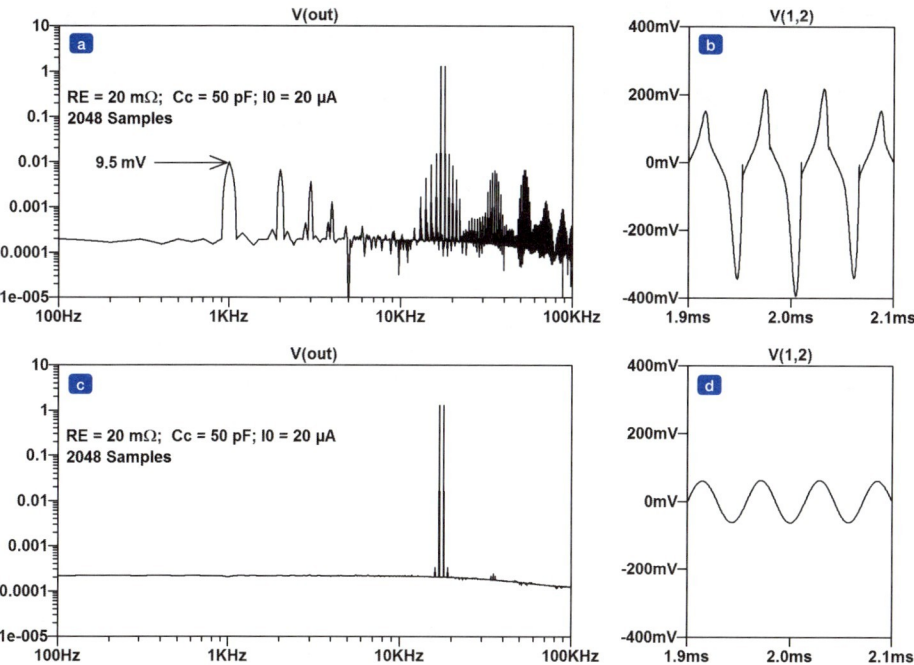

Abbildung 13.46: (OPVFFT1a.asc bis OPVFFT1d.asc) Einfluss von Emitter-Widerständen auf die Bildung von Intermodulationsprodukten. (a) Spektrum. (b) Differenzeingangsspannung, beides ohne Emitter-Widerstände. (c) und (d) Mit Emitter-Widerständen. Schaltung nach Abbildung 13.44.

In Abbildung 13.46 sind Ausgangs**spektrum** und Eingangs**spannungsdifferenz** eines als Spannungsfolger geschalteten OPVs dargestellt (Schaltung entsprechend Abbildung 13.44). Die Teilbilder Abbildung 13.46a und Abbildung 13.46b gelten für den Fall **ohne** Emitter-Widerstände, die Abbildung 13.46c und Abbildung 13.46d entsprechend **mit** Emitter-Widerständen. Der Unterschied ist deutlich zu erkennen. Ein Nachteil darf allerdings nicht verschwiegen werden: Durch die Emitter-Widerstände werden sowohl das Rauschen als auch der Offset-Fehler vergrößert. In einer konkreten Anwendung ist deshalb eine Optimierung mittels Simulation unbedingt anzuraten.

13.6 Design-Beispiele von Operationsverstärkern

Die Zahl verschiedener Operationsverstärkerkonzepte ist im Laufe der Zeit fast ins Unermessliche angewachsen. Es ist deshalb wohl leicht einzusehen, dass es wenig sinnvoll ist, die einzelnen Schaltungsvarianten der Reihe nach „aufzuzählen". Trotzdem sollen in den folgenden Abschnitten einige wenige OPV-Schaltungen etwas näher beschrieben werden. Die Beispiele mögen vor allem dazu beitragen, einige zuvor schon einmal genannte Design-Regeln zu wiederholen und auch Dimensionierungshinweise zu geben. Dabei wird der Simulator SPICE immer wieder zur Überprüfung der Ergebnisse herangezogen. Zum Schluss soll dann ein einfacher CMOS-Verstärker als Beispiel komplett berechnet und auch das Layout dazu vorgestellt werden.

13.6.1 Einfacher Bipolar-Operationsverstärker mit PNP-Eingang

In vielen ASIC-Anwendungen reicht eine relativ einfache OPV-Schaltung mit wenigen Elementen oft bereits aus. Da heutzutage angestrebt wird, mit einer einzigen Versorgungsspannung auszukommen, wird die Eingangsstufe am besten mit **lateralen PNP-Transistoren** ausgeführt. Solche Transistoren sind durch große Differenzsignale nicht gefährdet und Eingangssignale bis herab zur GND-Rail können verarbeitet werden.

Die Schaltung

Abbildung 13.47 zeigt eine Beispielschaltung. Damit später auch der statistische Offset-Fehler mittels Monte-Carlo-Analyse ermittelt werden kann, sind für die Transistoren der Eingangsstufe deren Subcircuit-Symbole eingezeichnet. Diese sind deshalb nicht mit „Q" sondern mit „X" bezeichnet. Als **zweite Verstärkerstufe** dient einfach der in Emitter-Schaltung betriebene Transistor Q5. Seine Basis wird direkt an den Ausgangsknoten „3" der Eingangsstufe angekoppelt und sein Kollektor steuert unmittelbar die Gegentaktendstufe Q7, Q8 an. Die beiden Endstufentransistoren arbeiten als Emitter-Folger. Ihre Basen sind miteinander verbunden. Um die dadurch hervorgerufene **Lücke** in der Transferkennlinie ein wenig auszugleichen, kann der Transistor Q6 eingesetzt werden. Dessen Basis wird – wie die Basis von Q5 – vom Knoten „3" der Eingangsstufe angesteuert. Durch den Kollektor-Strom des Transistors Q6 erhält Q7 einen gewissen „Grundstrom", wodurch die Übernahmeverzerrungen reduziert werden. Diese Art der Schaltung hat noch einen weiteren wichtigen Vorteil: Bei kleineren Lastströmen kann der Transistor Q6 den Ausgangsknoten „Out" fast bis zur GND-Rail herunterziehen. Erst bei größeren Strömen und ab einer Spannung von etwa 0,8 V oberhalb GND übernimmt der PNP-Transistor Q8 die „Arbeit".

Simulation

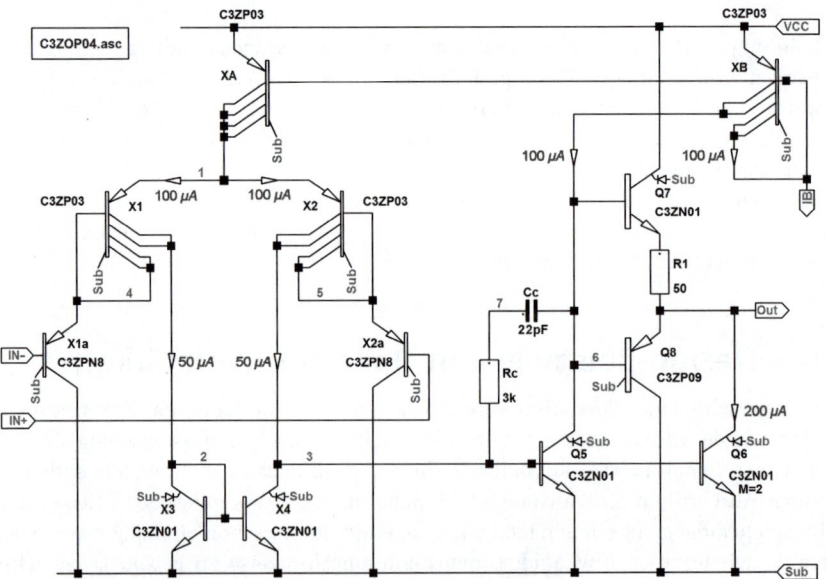

Abbildung 13.47: Einfacher Operationsverstärker mit PNP-Eingang. Typ: C3ZOP04 mit Elementen des Standard-Bipolar-Prozesses C36; SPICE-Bibliothek: C3Z-N.phy.

Allerdings wird diese Eigenschaft mit dem Nachteil erkauft, dass der Transistor Q6 **zusätzlich** den Knoten „3" der Eingangsstufe belastet, wodurch deren Spannungsverstärkung reduziert wird. Außerdem entsteht ein systematischer Offset-Fehler: Der Knoten „2" wird durch die Basis-Ströme des Stromspiegels X3 und X4 belastet. Bei einer Stromverstärkung von $B = 100$ fließt demnach ein Strom von $(2 \cdot 50\ \mu A)/100 = 1\ \mu A$. Am Knoten „3" wirkt dagegen einerseits der Verstärkertransistor Q5 mit seinem Basis-Strom von $I_{B5} = I_{C5}/B \approx 100\ \mu A/100 = 1\ \mu A$; damit wäre die Schaltung gerade **symmetrisch**. Andererseits kommt aber noch der Basis-Strom von Q6 hinzu. Da Q6 durch zwei parallel geschaltete Transistoren gebildet wird ($M = 2$), wird der Knoten „3" durch einen zusätzlichen Strom von $2\ \mu A$ belastet. Diese Asymmetrie führt zu einem Offset-Fehler von ungefähr $2\ mV$. Für Applikationen, bei denen der Ausgang nicht bis an die untere Rail herabreichen muss, kann man den Transistor Q6 auch weglassen und kann dann mit einem geringeren Offset-Fehler rechnen.

Es soll einmal abgeschätzt werden, welche Kleinsignalverstärkung mit der Schaltung nach Abbildung 13.47 bei tiefen Frequenzen zu erwarten ist, wenn Elemente des Bipolar-Prozesses C36 verwendet werden. Dazu werde für alle Transistoren, NPN und PNP, eine Stromverstärkung von $B = 100$ angenommen. Die übrigen Parameter können der SPICE-Bibliothek C3Z-N.phy entnommen werden. Als Lastwiderstand werde angenommen: $R_L = 20\ k\Omega$ und $C_L = 200\ pF$.

Berechnung der Verstärkung

Endstufe (Q7 und Q8): Die Endstufe arbeitet als Emitter-Folger und hat somit eine Verstärkung von etwa eins: $A_{V7,8} \approx 1$. Dies ist für eine Abschätzung genau genug! Der Eingangswiderstand der Endstufe belastet die zweite Verstärkerstufe. Für einen Emitter-Folger gilt bekanntlich $r_{in,End} \approx B \cdot R_L$. Mit $R_L = 20\ k\Omega$ wird dann $r_{in,End} \approx 2\ M\Omega$.

Zweite Verstärkerstufe (Q5): Für den in Emitter-Schaltung betriebenen Transistor Q5 gilt: $A_{V5} = -g_{m5} \cdot r_6$. Hierin ist g_{m5} die Steilheit des Transistors Q5 und r_6 der gesamte, am Kollektor-Knoten „6" wirkende Widerstand. Der Widerstand r_6 setzt sich aus drei Anteilen zusammen: differentieller Kollektor-Widerstand r_{C5} des Transistors Q5, Innenwiderstand r_{XB} der Stromquelle XB und Eingangswiderstand $r_{in,End}$ der Endstufe (s.o.). Der differentielle Kollektor-Widerstand ergibt sich näherungsweise aus: Early-Spannung dividiert durch Kollektor-Strom. Die Early-Spannung der NPN-Transistoren beträgt $V_{A,NPN} = 95\ V$. Damit wird $r_{C5} = V_{A,NPN}/I_{C5} = (95\ V)/100\ \mu A = 950\ k\Omega$. Mit einer Early-Spannung der PNP-Transistoren von $V_{A,PNP} = 70\ V$ wird der Innenwiderstand der Stromquelle $r_{XB} = 700\ k\Omega$. Insgesamt wird dann $r_6 = r_{C5}\ //\ r_{XB}\ //\ r_{in,End} \approx 335\ k\Omega$. Die Steilheit des Transistors Q5 ist $g_{m5} = I_{C5}/V_T \approx (100\ \mu A)/25\ mV = 4\ mA/V$. Damit wird die Spannungsverstärkung der zweite Stufe: $A_{V5} = -g_{m5} \cdot r_6 \approx -(4\ mA/V) \cdot (335\ k\Omega) = -1340$.

Differenzeingangsstufe (X1a, X2a und X1, X2): Die Spannungsverstärkung der Differenzstufe X1, X2 ist $A_{VX1,2} = -g_{m\ X1,2} \cdot r_3$. Hierin ist $g_{m\ X1,2}$ die Transconductance der die Differenz bildenden Transistoren X1 und X2, und r_3 ist der gesamte, am Knoten „3" wirksame Widerstand. Der Widerstand r_3 setzt sich aus den Kollektor-Widerständen der Transistoren X2 und X4 und den „Eingangswiderständen" der Transistoren Q5 und Q6 zusammen. Die Eingangswiderstände sind gleich den Basis-Emitter-Widerständen. Es gilt: $1/r_{BE5} + 1/r_{BE6} = I_{C5}/(B \cdot V_T) + I_{C6}/(B \cdot V_T) = (I_{C5} + I_{C6})/(B \cdot V_T)$. Da I_{C6} doppelt so groß ist wie I_{C5}, ergibt sich: $1/r_{BE5} + 1/r_{BE6} \approx (300\ \mu A)/(100 \cdot 25\ mV) = 120\ \mu S$. Dies bedeutet einen Widerstand von etwa $8{,}3\ k\Omega$. Die hierzu parallel geschalteten Kollektor-Widerstände von X2 und X4 sind sicherlich sehr viel größer und können näherungsweise vernachlässigt werden. Die Steilheit $g_{m\ X1,2}$ wird aus dem relevanten Strom und der Temperaturspannung ermittelt. Da die Transistoren

X1 und X2 zwei zu zwei geteilt sind, wird $g_{m\ X1,2} \approx (50\ \mu A)/25\ mV = 2\ mA/V$. Damit ergibt sich eine Spannungsverstärkung von $A_{VX1,2} = -g_{m\ X1,2} \cdot r_3 \approx -(2\ mA/V) \cdot (8,3\ k\Omega) = -16,6$. Direkt am Eingang wirken noch die beiden Emitter-Folger Q1a und Q2a zur Vergrößerung des Eingangswiderstandes. Da im Emitter-Kreis je ein als „Diode" geschalteter Transistor liegt, ist die Spannungsverstärkung der Emitter-Folger nur ungefähr ½. Die Spannungsverstärkung der gesamten Eingangsstufe ist damit $A_{VIn} = -½ \cdot 16,6. = -8,3$.

Gesamtverstärkung: Die gesamte Kleinsignalverstärkung ist schließlich das Produkt aller Einzelverstärkungen. Da die Endstufe praktisch keinen Beitrag liefet, gilt näherungsweise: $A_{d0} \approx A_{V5} \cdot A_{VIn} = (-1340) \cdot (-8,3) \approx 11100$ (entsprechend 81 dB).

Simulation mit SPICE

Nun soll die Schaltung für die drei Standardanalysen mit SPICE (DC-Transienten- und AC-Analyse) vorbereitet werden. Der OPV wird dazu als Spannungsfolger geschaltet und als Belastung am Ausgang sind die Elemente RL und CL vorgesehen. Der Ausgangsknoten „Out" ist nicht direkt mit dem invertierenden Eingang „IN−" verbunden. Vielmehr wird ein Gegenkopplungswiderstand $R_k = 1\ \Omega$ vorgesehen, der aber praktisch einen Kurzschluss darstellt. Eine einfache Drahtbrücke würde zu einem Knotennamenkonflikt führen! Abbildung 13.48 zeigt die **hierarchische** Schaltung.

Simulation

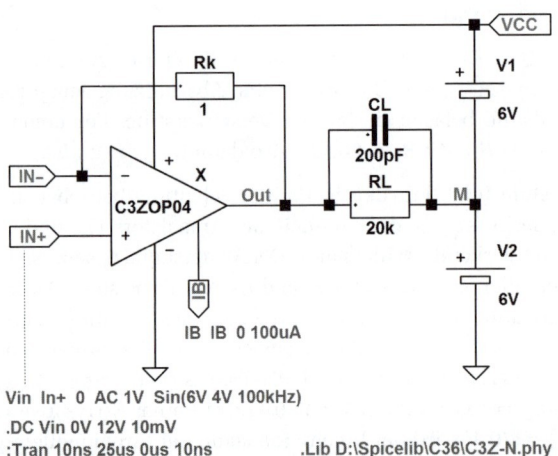

Abbildung 13.48: (OP04_1.asc) Zur Simulation vorbereitete Schaltung. Der OPV C3ZOP04 wird mit Elementen des Prozesses C36 aufgebaut.

Wie die DC-Simulation der Ausgangsspannung – Abbildung 13.49d – erkennen lässt, wird bei einem Lastwiderstand von $R_L = 20\ k\Omega$ gerade schon die untere Rail erreicht. Bei Ausgangsspannungen kleiner als $V_2 - I_C(Q6) \cdot R_L = 6\ V - 200\ \mu A \cdot 20\ k\Omega = 2\ V$ beginnt der PNP-Emitter-Folger Q8 einzusetzen, siehe Abbildung 13.49b. Da er eine Emitter-Basis-Spannung von mindestens 0,6 V benötigt, geht der Emitter-Strom $I_e(Q8)$ bei kleineren Spannungen wieder auf null zurück. Der Ausgangsknoten „Out" wird dann nur noch vom Kollektor-Strom $I_C(Q6)$ gegen Masse herunter gezogen. Man erkennt deutlich den Anstieg des Stromes $I_C(Q6)$. Der Transistor Q6 beansprucht dafür einen höheren Basis-Strom von der Eingangsstufe. Die Folge ist ein Ansteigen der Differenzeingangsspannung, siehe Abbildung 13.49c. Im mittleren Eingangsspannungsbereich wird der vorhergesagte systematische Offset-Fehler von etwa 2 mV recht gut durch die Simulation bestätigt.

13.6 Design-Beispiele von Operationsverstärkern

Auf einen Effekt muss besonders hingewiesen werden: Unterschreitet die Eingangsspannung einen Wert von etwa $-600\ mV$, steigt die Ausgangsspannung wieder an und erreicht sogar fast die Versorgungsspannung V_{CC}! Man spricht von **Phasenumkehr (Phase Reversal)**. Dieser Effekt ist sehr störend und muss bei Anwendungen unbedingt beachtet werden. Die Ursache liegt in der Eingangsstufe. Das Potential des Knotens „5" wird über die Emitter-Basis-Diode des Transistors X2a bis auf etwa $0\ V$ oder sogar bis ins Negative heruntergezogen. Der Transistor X2 schaltet durch und seine Kollektor-Basis-Diode wird leitend, sodass das Potential des Knotens „3" einen Wert von $600\ mV$ unterschreitet. Die Transistoren Q5 und Q6 erhalten praktisch keinen Basis-Strom mehr und sperren; der Ausgangsknoten „Out" wird über Q7 „hochgezogen".

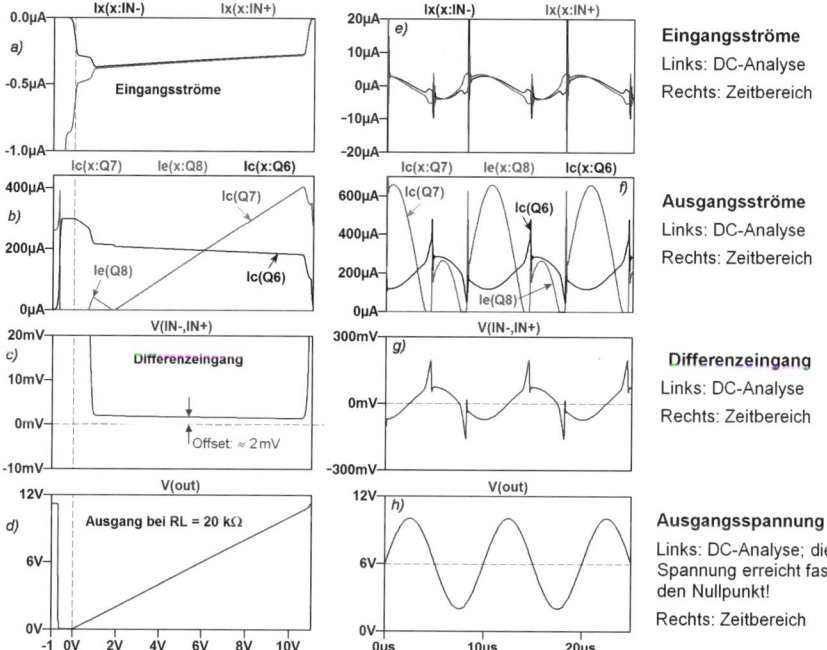

Abbildung 13.49: Simulationsergebnisse zur Schaltung nach Abbildung 13.48. Die Transientenanalyse wurde mit einer sinusförmigen Eingangsspannung vorgenommen; Amplitude: $5\ V$; Frequenz: $100\ kHz$ (Dateien: OP04_2a-d.asc; OP04_2e-h.asc).

Die Transientenanalyse wird mit einer sinusförmigen Spannung durchgeführt: DC-Offset: $6\ V$, Amplitude: $4\ V$, Frequenz: $100\ kHz$. Bei dieser „großen" Spannung mit einer relativ hohen Frequenz ist die Verstärkung bereits so gering, dass am Differenzeingang eine Amplitude von fast $250\ mV$ auftritt, siehe Abbildung 13.49g. Die Ursache für die überlagerten Spitzen ist in der Endstufe zu suchen: Durch die direkte Verbindung der Basen der beiden Ausgangstransistoren Q7 und Q8 tritt eine Stromlücke auf, die rasch durchfahren wird, siehe Abbildung 13.49f. Das führt zu einer kurzzeitigen Übersteuerung der Eingangsstufe. Bei $R_L = 20\ k\Omega$ sind aber in der Ausgangsspannung noch keine „Übernahmeverzerrungen" zu erkennen, siehe Abbildung 13.49h. Diese treten erst bei stärkerer Belastung auf. Zu erwähnen wäre noch, dass die Ströme beider Eingänge prinzipiell gleich groß sind, siehe Abbildung 13.49e und Abbildung 13.49a. Allerdings sind die „dynamischen" Eingangsströme deutlich höher als die „statischen". Diese „normale" Eigenschaft sollte bei Anwendungen stets berücksichtigt werden.

Der Verstärker wird in diesem Beispiel mit einem Bias-Strom von $I_B = 100\ \mu A$ betrieben. Bei $I_B = 10\ \mu A$ arbeitet er auch, ist aber entsprechend „langsamer".

> **Aufgabe**
>
> Ersetzen Sie in Abbildung 13.48 die sinusförmige Anregung durch eine Pulsanweisung „`Vin In+ 0 Pulse (2V 10V 1us 1ns 1ns 2us 4us)`" und ermitteln Sie die Slew-Rate für die steigende und die fallende Flanke (Datei OP04_Slew.asc).

Als Nächstes soll mittels einer AC-Analyse die Stabilität des OPVs gegenüber der Neigung zum Schwingen für den Fall voller Gegenkopplung überprüft werden. Dazu ist die Schleifenverstärkung (**Open Loop Gain**) zu berechnen. Die hierarchische Simulationsschaltung ist in Abbildung 13.50 dargestellt.

Simulation

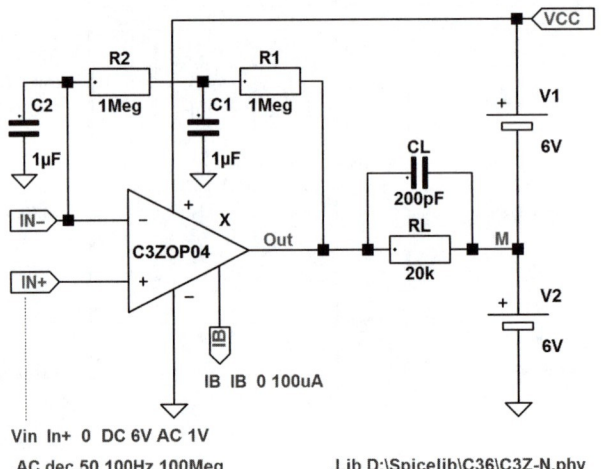

Abbildung 13.50: (OP04_3.asc) Schaltung zur Simulation der Schleifenverstärkung.

Damit sich ein stabiler **DC-Arbeitspunkt** einstellen kann, erfolgt die Gegenkopplung über einen Tiefpass zweiter Ordnung (Elemente R1, C1 und R2, C2). Die Grenzfrequenz des Tiefpasses muss deutlich unterhalb der Lage des dominanten Pols liegen. Dies erfordert große Bauteilwerte. Sie sind hier bewusst so gewählt, wie sie auch bei einer Hardwareschaltung zur **Messung** der Schleifenverstärkung verwendet werden könnten. Kondensatoren mit einer Kapazität von $1\ \mu F$ können noch als Folienkondensatoren ausgeführt werden. Sie haben keinen merklichen Reststrom und sind fast rauschfrei. Sie sind besser geeignet als Elektrolytkondensatoren. Die Widerstände sollten nicht zu hochohmig sein. Durch sie fließt der Eingangsstrom des invertierenden Eingangs und verursacht einen entsprechenden Spannungsabfall.

Abbildung 13.51 zeigt das Ergebnis. Die Phasenreserve ist mit $\varphi \approx 59°$ gerade ausreichend. Bei tiefen Frequenzen wird eine Verstärkung von ungefähr 83 dB erreicht. Dieser Wert stimmt hinreichend mit dem berechneten überein.

13.6 Design-Beispiele von Operationsverstärkern

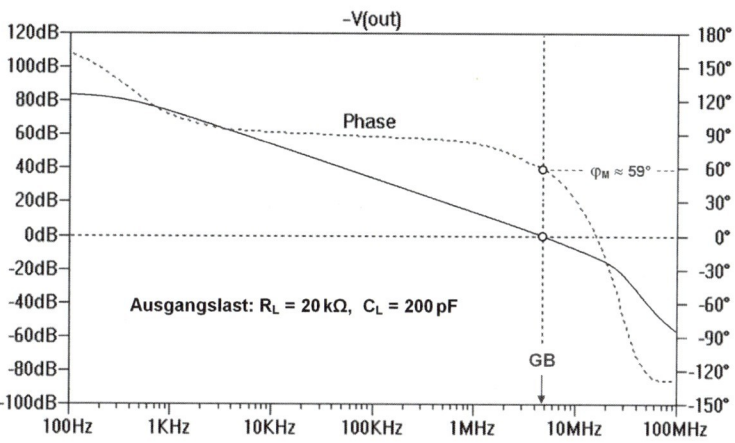

Simulation

Abbildung 13.51: (OP04_4.asc) Bode-Diagramm der Schleifenverstärkung für $F(s) = 1$.

Zum Abschluss soll eine Monte-Carlo-Simulation Aufschluss über den zu erwartenden **statistischen** Offset-Fehler geben. Der OPV wird dazu wieder als Spannungsfolger geschaltet (Gegenkopplung über den Widerstand Rk, der praktisch einen Kurzschluss darstellt). Abbildung 13.52a zeigt die Simulationsschaltung.

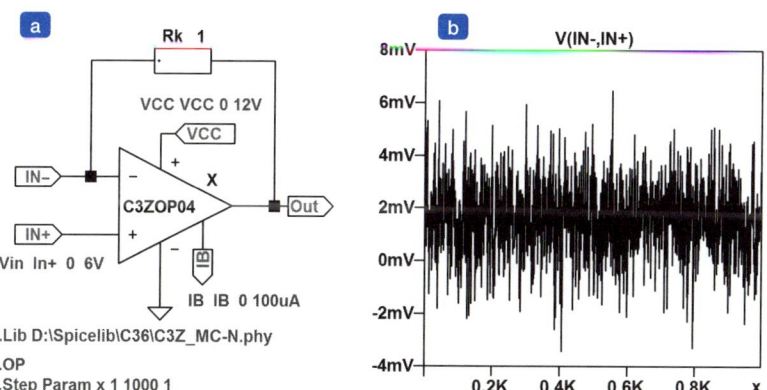

Simulation

Abbildung 13.52: (OP04_5.asc) Bestimmung des statistischen Offset-Fehlers. (a) Simulationsschaltung. (b) Simulationsergebnis.

Die SPICE-Bibliothek C3Z-N.phy wird durch die Monte-Carlo-Datei C3Z_MC-N.phy ersetzt. Berechnet wird nur der Arbeitspunkt (Anweisung: .OP). Vorgesehen werden 1000 Simulationen, d. h. $x = 1, 2, \ldots 1000$. „Gemessen" wird die Spannung zwischen den beiden Eingangsklemmen „IN−" und „IN+". Das Ergebnis ist in Abbildung 13.52b dargestellt. Auch hier ist wieder ein systematischer Offset-Fehler von etwa 2 mV zu erkennen. Hinzu kommt eine Schwankung von weniger als ±5 mV.

Zusammenfassend kann festgestellt werden, dass die Schaltung nach Abbildung 13.47 einen guten Kompromiss zwischen Aufwand und Performance darstellt. Sicherlich ließe sie sich in mancherlei Hinsicht noch verbessern. Bei ASIC-Anwendungen sollte allerdings stets geprüft werden, was die Gesamtspezifikation wirklich verlangt. Eine zu große Chipfläche könnte leicht den Preis und damit das komplette Projekt gefährden.

Aufgabe

1. Wiederholen Sie alle Simulationen noch einmal mit einem deutlich kleineren Bias-Strom, z. B. mit $I_B = 10\ \mu A$. Wegen der dann geringeren Slew-Rate sollten Sie die Frequenz der Sinusschwingung entsprechend anpassen. Es wird empfohlen, auch mit allen anderen Einstellungen sowie der Belastung am Ausgang und den Kompensationselementen Cc und Rc zu experimentieren, um eigene Erfahrungen zu sammeln.

2. Führen Sie für verschiedene Widerstände im Eingangskreis eine Rauschanalyse durch. Verwenden Sie dazu die vorbereitete Schaltungsdatei OP04_5_Noise.asc.

3. Verwenden Sie den Verstärker C3ZOP04 und simulieren Sie verschiedene bekannte Operationsverstärkeranwendungen. Denken Sie daran, dass einige Schaltungen eine negative Versorgungsspannung am Substratknoten erfordern (Beispiel: Umkehraddierer entsprechend Abbildung 13.1, OP04_Add.asc).

Layout

Abbildung 13.53 zeigt ein Layout-Beispiel zur Schaltung nach Abbildung 13.47 mit Zellen aus der C36-Bibliothek. Die zugehörige Layout-Datei C3ZOP04.tdb ist im Unterordner „Layout_7" des Ordners „Kapitel 7" zu finden (IC.zip). Es wird empfohlen, diese Datei zu öffnen, um Einzelheiten besser erkennen zu können [38].

Layout

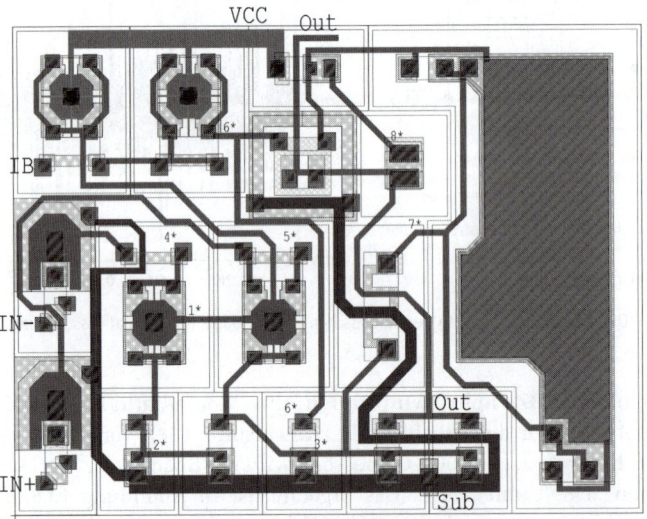

Abbildung 13.53: (C3ZOP04.tdb) Layout-Beispiel zur Schaltung nach Abbildung 13.47 mit Zellen aus der C36-Bibliothek. Flächenbedarf: 583 μm × 440 μm. (Knotennamen, die im Schaltplan nur aus Ziffern bestehen, erhalten im Layout zusätzlich einen Stern *). Verifikationsdatei: OP04_3_Ver.asc, entstanden aus OP04_3.asc

Für die beiden Eingangs-Emitter-Folger X1a und X1b könnten im Prinzip die schon bekannten lateralen PNP-Transistoren C3ZP03 verwendet werden. Hier sind allerdings Transistoren vorgesehen, die im Wesentlichen **vertikal** wirken. Zusätzlich wird aber auch

13.6 Design-Beispiele von Operationsverstärkern

der laterale Anteil ausgenutzt. Abbildung 13.54a zeigt diese Struktur noch einmal etwas genauer. Dieser Transistor – Typ C3ZPN8 – ist eine Standardzelle, die prinzipiell auch als NPN-Transistor verwendet werden kann. Der Layer BL (**Buried-Layer**) reicht nur bis zum Emitter des NPN-Transistors. Der Typ C3ZPN8 hat eine etwas höhere garantierte Stromverstärkung als der reine laterale Transistor C3ZP03 und ist auch hinsichtlich des Rauschens etwas günstiger. Wie bei einem lateralen PNP-Transistor wird das Emitter-Metall bis zum Kollektor geführt. Dies ist in Abbildung 13.54a nur angedeutet.

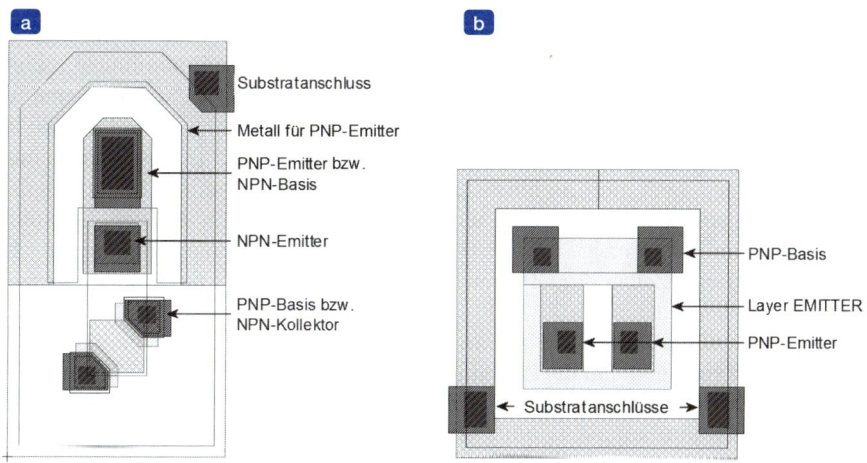

Layout

Abbildung 13.54: (a) Vertikaler PNP-Substrattransistor mit lateralem Anteil, Typ C3ZPN8. Er kann auch als NPN-Transistor genutzt werden. (b) Vertikaler PNP-Transistor mit zwei Emittern, Typ C3ZP09. Der Layer EMITTER umschließt die beiden PNP-Emitter, um den Basis-Bahn-Widerstand zu reduzieren.

WICHTIGE ANMERKUNG ZUM TRANSISTOR C3ZPN8:

Der Transistortyp C3ZPN8 kann sowohl als vertikaler PNP- als auch als NPN-Transistor eingesetzt werden. Der NPN-Emitter muss bei Verwendung der Zelle als PNP-Transistor unbedingt offen bleiben. Wird er z. B. mit der NPN-Basis verbunden, bewirkt dies eine deutliche Verringerung der Stromverstärkung! Dies ist vielleicht nicht unmittelbar zu verstehen und soll deshalb kurz erläutert werden: Wird der Emitter-Basis-PN-Übergang des PNP-Transistors ganz normal in Durchlassrichtung betrieben und ist der NPN-Emitter mit dem PNP-Emitter (= NPN-Basis) verbunden, dann wirkt der NPN-Emitter als Kollektor eines vertikalen NPN-Transistors, bei dem Kollektor und Basis miteinander verbunden sind (Diodenschaltung). Dann fließt ein **Elektronen**-strom von der n-dotierten PNP-Basis durch den PNP-Emitter zum NPN-Emitter, da dieser als NPN-Kollektor wirkt. Da der gesamte Emitter-Strom des PNP-Transistors sich aus diesem Elektronen- **und** dem Löcherstrom zusammensetzt, wird der eigentliche Injektionsstrom (= Löcherstrom), der zum PNP-Kollektor fließen soll, geringer. Das Verhältnis Kollektor- zu Emitter-Strom wird somit deutlich kleiner als eins; die Stromverstärkung fällt entsprechend geringer aus.

Auch der PNP-Ausgangstransistor – Typ C3ZP09 – ist in Abbildung 13.54b vergrößert dargestellt. Dies ist ein reiner vertikaler PNP-Substrattransistor. Zur Verringerung des Basis-Bahn-Widerstandes werden die beiden PNP-Emitter mit dem Prozess-Layer EMITTER umgeben. Da dieser den Layer BASE ohne Abstand umschließt und somit nach erfolgtem Hochtemperaturprozess in dieses Gebiet hinein diffundiert ist, wird die Emitter-Basis-Sperrspannung, wie beim NPN-Transistor, auf etwa 7 V begrenzt. Dies stört in der Endstufe aber nicht.

Der Kondensator für die Frequenzgangkorrektur wird hier nicht als Standardzelle entworfen. Hier bietet es sich an, ihn speziell an die OPV-Zelle anzupassen, um möglichst die Silizium-Fläche gut ausnutzen zu können. Es wird aber das für den C36-Prozess charakteristische Grid von 11 μm eingehalten. Da die Basis-Emitter-Diode nur eine Durchbruchspannung von etwa 7 V aufweist, wird die Basis-Kollektor-Kapazität verwendet. Parallel dazu geschaltet wird aber noch die MOS-Kapazität, gebildet durch den Prozess-Layer EMITTER und das darüberliegende Metall. Das Deckmetall wird dann mit dem Anschluss „C" (Kollektor) verbunden. Überbrückt werden auch die Anschlüsse „B" (Basis) und „E" (Emitter). Die erforderliche Größe des gesamten Kondensators wird am besten durch Simulation ermittelt. Eine praktische Vorgehensweise sei kurz geschildert: Das Layout des Kondensators wird provisorisch an die bereits platzierten Zellen des OPVs angepasst und dann mittels des Extraktwerkzeuges von L-Edit die Werte der Diode C3ZCBC und des MOS-Kondensators C3ZCEM ermittelt. Anschließend wird die Größe des Kondensators am rechten Rand um einige Vielfache des Grids von 11 μm verändert und die Prozedur wiederholt. Dann hat man zwei Wertepaare zur Verfügung, um die Abmessungen festzulegen. Sie werden durch eine abschließende Simulation der Schleifenverstärkung überprüft, wobei im Wesentlichen auf den Phasenabstand φ_M zu achten ist. Hier das Ergebnis: Diode, Typ C3ZCBC mit $Area$ = 4.48; MOS-Kondensator, Typ C3ZCEM mit C = 16.6 pF.

Ergänzungen zur Schaltung nach Abbildung 13.47

Obwohl die Eigenschaften der einfachen OPV-Schaltung nach Abbildung 13.47 für viele ASIC-Anwendungen als vollkommen ausreichend angesehen werden können, lassen sich einige Daten durch zusätzliche Komponenten doch noch verbessern. So kann z. B. die Verstärkung erheblich vergrößert werden. In der einfachen Schaltung wird die Eingangsstufe durch die zweite Verstärkerstufe belastet. Wird nun zur Ankopplung ein Emitter-Folger als Impedanzwandler dazwischen geschaltet, kann ein deutlicher Verstärkungsgewinn erzielt werden. Abbildung 13.55 zeigt die neue Schaltung. Damit ein Vergleich besser möglich ist, haben die Bauteile und Knoten im Wesentlichen die gleichen Bezeichnungen wie in Abbildung 13.47.

Im Folgenden sollen nun die wichtigsten Änderungen bzw. Ergänzungen beschrieben werden. Wie oben schon angedeutet, soll ein Impedanzwandler verwendet werden, um die Eingangsstufe weniger zu belasten. Ein NPN-Transistor, dessen Basis an den Knoten „3" anzuschließen wäre, würde das Potential an diesem Knoten um eine Basis-Emitter-Spannung vergrößern. Das würde den Gleichtakteingangsbereich in der Nähe der unteren Rail beschränken. Aus diesem Grunde wird ein PNP-Emitter-Folger Q10 verwendet. Aus Symmetriegründen, um den systematischen Offset-Fehler möglichst gering zu halten, wird an den Knoten „2" der Transistor Q9 angeschlossen. Q9 hat keine weitere Funktion. Der Emitter-Folger Q10 hat an seinem Ausgang, Knoten „8", ein DC-Potential von etwa 1,4 V. Da der Transistor Q5 der zweiten Verstärkerstufe an seiner Basis aber nur etwa 0,7 V verlangt, folgt ein zweiter Emitter-Folger, der NPN-Transistor Q11. Er erhält seinen Emitter-Strom über den Stromspiegel Q14, Q13. Der Strom, den der Emitter-Folger Q11 an die Basis des Transistors Q5 abgeben kann, wird begrenzt. Der Kollektor von Q11 erhält nämlich seinen Strom nicht

13.6 Design-Beispiele von Operationsverstärkern

direkt von der Versorgungsspannung V_{CC}, sondern über die Segmente der Stromquellentransistoren XC und XD. Damit das Potential des Knotens „11" nicht bis zur positiven Versorgungsspannung hochgezogen werden kann und die PNP-Transistoren XC und XD dadurch in die Sättigung geraten, wird eine einfache „Klemmschaltung" verwendet. Der PNP-Transistor Q12 übernimmt diese Aufgabe. Er sorgt dafür, dass das Potential des Knotens „11" nicht über ca. 1,4 V anwachsen kann.

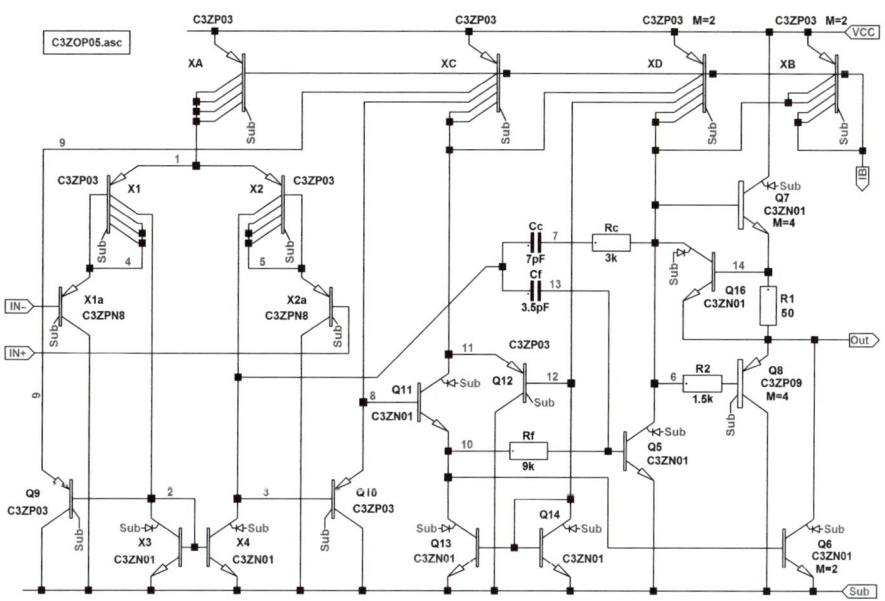

Abbildung 13.55: Operationsverstärker mit PNP-Eingang und höherer Verstärkung. Typ: C3ZOP05, mit Elementen des Standard-Bipolar-Prozesses C36.

In der Ausgangsstufe ist für den NPN-Transistor Q7 eine Strombegrenzung eingebaut. Erreicht z. B. der Spannungsabfall am Widerstand R1 einen Wert von etwa 0,7 V, schaltet der Transistor Q16 durch und leitet den von XB und XD eingespeisten Strom an der Basis von Q7 vorbei direkt an den Ausgang. Der Strom des PNP-Transistors Q8 könnte durch eine ähnliche Schaltung begrenzt werden. Meist reicht es jedoch aus, die mit zunehmendem Strom stark abfallende Stromverstärkung auszunutzen. Aus diesem Grunde wurde hier auf eine echte Strombegrenzerschaltung verzichtet.

Der Transistor Q6 wird vom Emitter-Folger Q11 angesteuert und belastet damit den Knoten „3" praktisch nicht. Dies wirkt sich positiv auf den systematischen Offset-Fehler aus. In der Eingangsstufe bleibt allerdings eine kleine Asymmetrie: Der Knoten „2" wird durch die Basis-Ströme der beiden Stromspiegeltransistoren X3 und X4 und durch den PNP-Transistor Q9 belastet. Am Knoten „3" wirkt dagegen nur der Transistor Q10. Dies führt zu einem Fehler von etwa 0,5 mV. Man könnte dieses Problem durch den Einbau eines „Unterstützertransistors" entsprechend Abbildung 9.11 mindern. Dessen Basis müsste dann an den Emitter von Q9 (Knoten „9") angeschlossen werden, um das Potential des Knotens „2" auf etwa 700 mV zu halten. Ganz symmetrisch ist die Schaltung dann aber immer noch nicht. Da der statistische Offset-Fehler deutlich größer ist als 0,5 mV, lohnt sich der Aufwand nicht. Ein Beispiel für eine in dieser Hinsicht perfekte Eingangsstufe ist z. B. in dem Datenblatt des Präzisions-OPV „LT 1215" der Firma Linear-Technology zu finden.

Auch hinsichtlich der Frequenzgangkorrektur ist eine Änderung bzw. Ergänzung notwendig. Die beiden Emitter-Folger Q10 und Q11 bewirken zwar eine deutliche Erhöhung der Verstärkung, doch addieren sie auch weitere Pole. Diese können zu einer sehr unschönen Resonanzstelle, einem sogenannten „Bump" führen, siehe z. B. [27]. Wird aber ein zusätzlicher Kondensator Cf eingefügt, der bei hohen Frequenzen die Emitter-Folger überbrückt, kann das Problem weitgehend behoben werden. Wichtig ist allerdings, dass der Emitter-Folger Q11 nicht direkt an die zweite Verstärkerstufe Q5 angeschlossen wird, sondern über einen Widerstand Rf. Die Impedanz des Knotens „10" ist nämlich viel zu gering, sodass der Kondensator Cf nicht wirksam wäre.

Die im Schaltplan angegebenen Werte sind durch Simulation mit SPICE gefunden worden. Diese Methode führt sehr viel schneller zu brauchbaren Ergebnissen als eine sehr aufwendige analytische Berechnung. Auf eine solche soll hier auch verzichtet werden.

Aufgabe

Wiederholen Sie die Simulationen, die für den OPV C3ZOP04 durchgeführt wurden, auch für den OPV C3ZOP05. Das zugehörige Schaltungssymbol finden Sie im Ordner „Schematic_13" IC.zip; Beispieldateien: C3ZOP05_*.asc.

13.6.2 Einfacher Operationsverstärker in CMOS

Eine CMOS-Schaltung, die der bipolaren Schaltung nach Abbildung 13.47 sehr ähnlich ist, zeigt Abbildung 13.56. Deshalb werden Bauelementnummerierung und Knotennamen hier weitgehend übernommen. In analoger Weise wird die Eingangsstufe mit PMOS-Transistoren ausgeführt, um mit den Eingangssignalen bis an die untere Rail heranreichen zu können. Außerdem haben PMOS-Transistoren prinzipiell etwas günstigere Rauschwerte [28]. Die Bulk-Anschlüsse der Eingangstransistoren werden mit der VDD-Rail verbunden. Da somit der Body-Effekt wirksam wird, verschiebt sich die Threshold-Spannung zu höheren Werten, wenn sich die Eingangspegel der **unteren** Rail nähern. Die Eingangssignale dürfen deshalb sogar geringfügig „negativ" werden.

Die zweite Stufe besteht, wie bei der bipolaren Lösung, einfach aus einem Transistor in Source-Schaltung. Gate-Ströme fließen bei MOSFETs nicht. Deshalb ist hier durch richtiges „Skalieren" der Transistorabmessungen der **systematische** Offset-Fehler vermeidbar: Gleichheit der Drain-Ströme der baugleichen Transistoren M3 und M4 ist wegen des „Early-Effektes" dann gegeben, wenn deren Drain-Spannungen gleich sind. Dies wird durch Anpassen der Verhältnisse W/L an die Ströme erreicht. Es muss deshalb gelten:

$$\frac{I_{DA}}{I_{DB}} = \frac{W_A / L_A}{W_B / L_B} = \frac{(W_3 + W_4)/L_{3,4}}{W_5 / L_5} \tag{13.66}$$

Üblicherweise wird gewählt: $L_A = L_B$ und $L_3 = L_4 = L_5$. Damit folgt aus (13.66) die einfache Dimensionierungsvorschrift:

$$\frac{I_{DA}}{I_{DB}} = \frac{W_A}{W_B} = \frac{W_3 + W_4}{W_5} \tag{13.67}$$

13.6 Design-Beispiele von Operationsverstärkern

Der Einfachheit halber sollen alle Längen – bis auf die der Endstufentransistoren – gleich gewählt werden. Der Bias-Strom I_{DB} der zweiten Stufe ist in einem gewissen Bereich frei wählbar. Da die zweite Stufe die Eingangskapazität der Endstufe treiben muss, sollte der Strom nicht zu klein sein. Andererseits sollte man stets den gesamten Strombedarf im Auge behalten. Kompromiss: $I_{DB} = (½ \ldots 2) \cdot I_{DA}$. Wählt man $I_{DB} = I_{DA}$, wird $W_B = W_A$, und aus (13.67) folgt: $W_3 = W_4 = ½ \cdot W_5$.

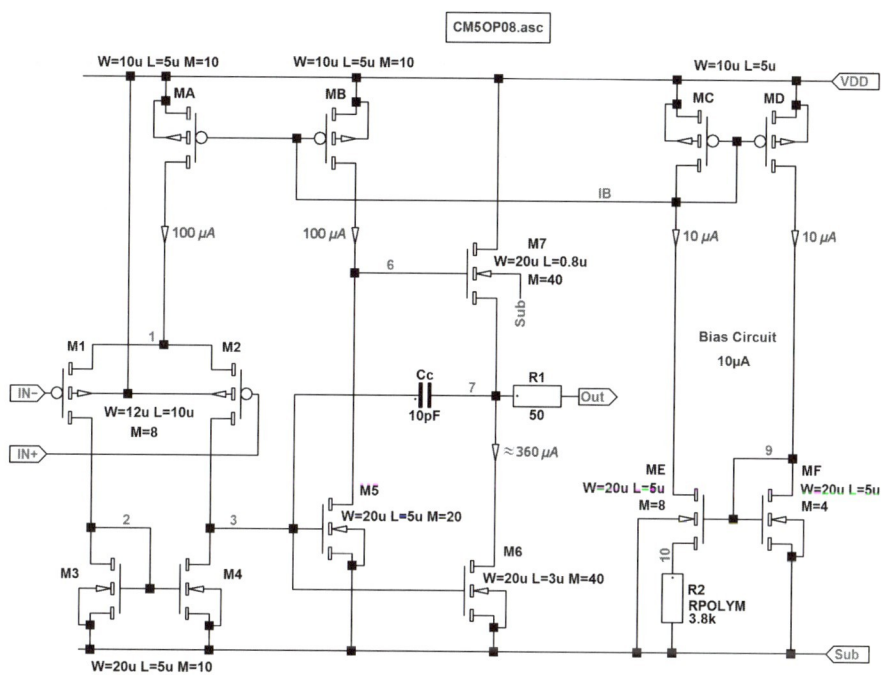

Abbildung 13.56: Einfacher Operationsverstärker mit PMOS-Eingang. Typ: CM5OP08, mit Elementen des 0,8-μm-CMOS-Prozesses CM5. SPICE-Bibliothek: CM5-N.phy.

Die Endstufe ist im Prinzip ein Source-Folger, allerdings nur für die **positive** Halbwelle. Für die **negative** Halbwelle ist ein Source-Folger mit einem P-Kanal-FET **nicht** vorgesehen. Deshalb muss der Transistor M6 den Ausgang allein auf die untere Rail (normalerweise Masse) herunterziehen können. Er wird ähnlich angesteuert wie der Transistor Q6 in Abbildung 13.47. Da keine Gate-Ströme fließen, wird durch M6 der Offset-Fehler praktisch nicht vergrößert. Die bauliche Größe wird dem geforderten Strom angepasst. Ähnliches gilt auch für den Source-Folger M7.

Zur Bias-Stromversorgung der Schaltung ist eine einfache Stromquelle (**Beta-Multiplier**) entsprechend *Abschnitt 10.6* vorgesehen. Der relativ starke positive Temperaturkoeffizient (TK) wird nur zum Teil durch den positiven TK des Widerstandstyps „RPOLYM" ausgeglichen. Allerdings ist eine gewisse Zunahme des Stromes mit der Temperatur erwünscht, da die Steilheit g_m bei höheren Temperaturen abnimmt.

> **Aufgabe**
>
> Bereiten Sie eine **hierarchische** Schaltung – ähnlich wie Abbildung 13.48 – zur Simulation des MOS-OPVs nach Abbildung 13.56 vor. Das benötigte Symbol generieren Sie am besten aus dem Symbol C3ZOP04.asy, indem Sie dieses entsprechend abändern (Bias-Anschluss entfernen und Name ändern) und dann unter dem neuen Namen CM5OP08.asy abspeichern. Wichtig ist, dass Schaltung und Symbol im selben Ordner stehen und die Bezeichnung sich nur in der Dateiendung unterscheidet. Auch die Anschlussbezeichnungen müssen übereinstimmen [37]. Führen Sie dann DC- und Transientenanalysen durch (siehe z. B. Abbildung 13.49). Zur Bestimmung der Schleifenverstärkung verwenden Sie am besten eine Schaltung analog zu Abbildung 13.50. Die Werte der beiden Gegenkopplungswiderstände R1 und R2 können bedenkenlos deutlich vergrößert werden, z. B. 10 $M\Omega$, da praktisch keine Gate-Ströme fließen. Bitte daran denken, dass in SPICE M genau wie m 10^{-3} bedeutet, also 10 $M\Omega$ → 10Meg (Beispieldateien: CM5OP08.asy und CM5OP08_*.asc).

13.6.3 Einfacher Transconductance-Verstärker (OTA) in CMOS

In einigen Applikationen kommt es gar nicht auf einen niedrigen Ausgangswiderstand des Verstärkers an; ein „Stromausgang" ist unter Umständen ausreichend oder sogar günstiger. Ein solcher Transconductance-Verstärker (**Operational Transconductance Amplifier**, OTA) kann z. B. aus einem normalen Operationsverstärker entstehen, wenn am Ausgang der Emitter- bzw. Source-Folger weggelassen wird. Die gesamte Schaltung verhält sich dann praktisch wie eine spannungsgesteuerte Stromquelle. Ein solcher OTA kann natürlich auch als Operationsverstärker eingesetzt werden. Je „stärker" die Gegenkopplung ausgeführt wird, desto geringer wird dann der daraus resultierende Ausgangswiderstand. Der Ausgangsstrom ist aber begrenzt. Abbildung 13.57 zeigt die Schaltung eines einfachen OTA mit PMOS-Eingang.

Die Schaltung ist vergleichbar mit Abbildung 13.56 ohne Source-Folger. Eingefügt ist jedoch ein „kleiner" zusätzlicher Transistor M9. Er soll dafür sorgen, dass der Transistor M8 nie ganz gesperrt werden kann. Bei hohen Gleichtaktpegeln am Eingang gerät nämlich M5 vollkommen in die Spannungssättigung und die Eingangsstufe erhält keinen Strom mehr. M7 könnte dann den Ausgang „Out" höher ziehen als gewollt. Wenn nun das Potential des Ausgangsknotens „Out" das Bias-Potential am Knoten „IB" übersteigt, beginnt M9 zu leiten und verhindert damit das Sperren von M8.

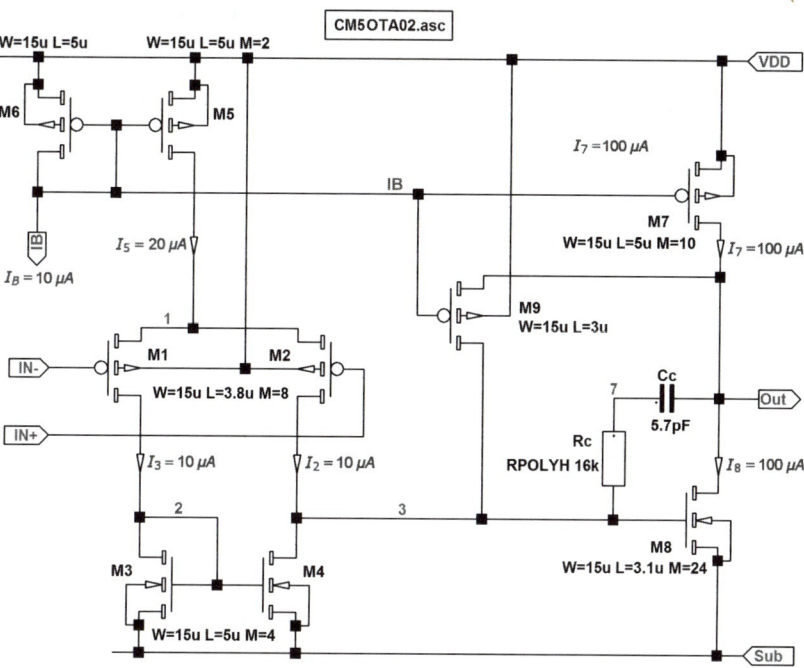

Abbildung 13.57: Einfacher OTA mit PMOS-Eingang. Typ: CM5OTA02, mit Elementen des 0,8-μm-CMOS-Prozesses CM5. SPICE-Bibliothek: CM5-N.phy.

13.7 Operationsverstärker mit symmetrischem Ausgang

In Applikationen mit niedrigen Versorgungsspannungen oder zur Verringerung der Störspannungsempfindlichkeit verwendet man häufig Operationsverstärker, die nicht nur am Eingang, sondern auch am Ausgang symmetrisch sind. Kapazitiv oder induktiv eingekoppelte Störungen sind dann auf beiden Signalleitungen etwa gleich groß. Sie fallen bei der Differenzbildung größtenteils heraus. Dies ist dann ganz besonders wichtig, wenn durch die Anwesenheit digitaler Schaltungen auf demselben Chip die Versorgungsleitungen „verseucht" sind. Abbildung 13.58 deutet das Prinzip für die Anwendung in Filterschaltungen an. Der Gleichtaktwert wird durch die Spannung U_{CM} (**Common Mode**) vorgegeben. Um diesen Wert schwanken die **symmetrischen** Ein- und Ausgangssignale.

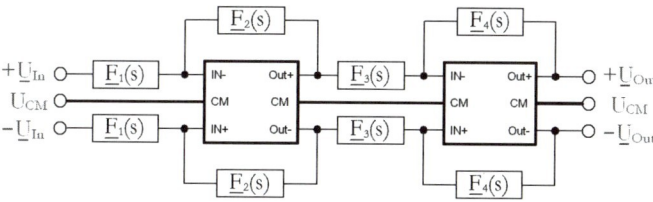

Abbildung 13.58: Voll symmetrische Filterschaltung.

Symmetrische Verstärker werden vorteilhaft auch in **Switched-Capacitor**-Schaltungen (SC-Schaltungen) eingesetzt [29] ... [34]. Abbildung 13.59 zeigt z. B. das Prinzip eines Integrators in dieser Technik. Die Schalter werden durch MOSFETs gebildet und sind natürlich nicht ideal. Die Rechteckspannungen, die zum Umschalten an die Gates der Schalttransistoren gelegt werden, erzeugen Ladungsspitzen. Da sie aber symmetrisch auftreten, wirken sie als Gleichtaktstörungen und werden größtenteils unterdrückt.

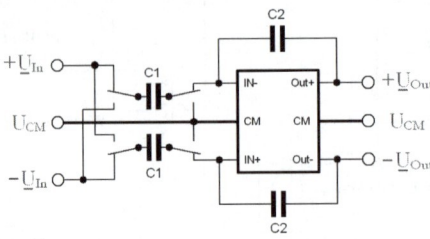

Abbildung 13.59: Switched-Capacitor-Integrator.

Symmetrische Operationsverstärker unterscheiden sich von normalen dadurch, dass sie von der Eingangsstufe bis zur Endstufe vollkommen „spiegelgleich" aufgebaut sind. Dadurch ist der Aufwand entsprechend höher. Hinzu kommt noch die Forderung, am Ausgang den Gleichtaktpegel konstant zu halten. Dies wird durch eine zusätzliche Regelschaltung (**Common Mode Feedback**) erreicht. Stellvertretend für eine Vielzahl verschiedener Konzepte, solche Verstärker aufzubauen, soll hier die Problematik zunächst an einem einfachen Beispiel erläutert werden; anschließend wird eine hochwertige, aber immer noch recht einfache Schaltung etwas näher betrachtet.

Simulation

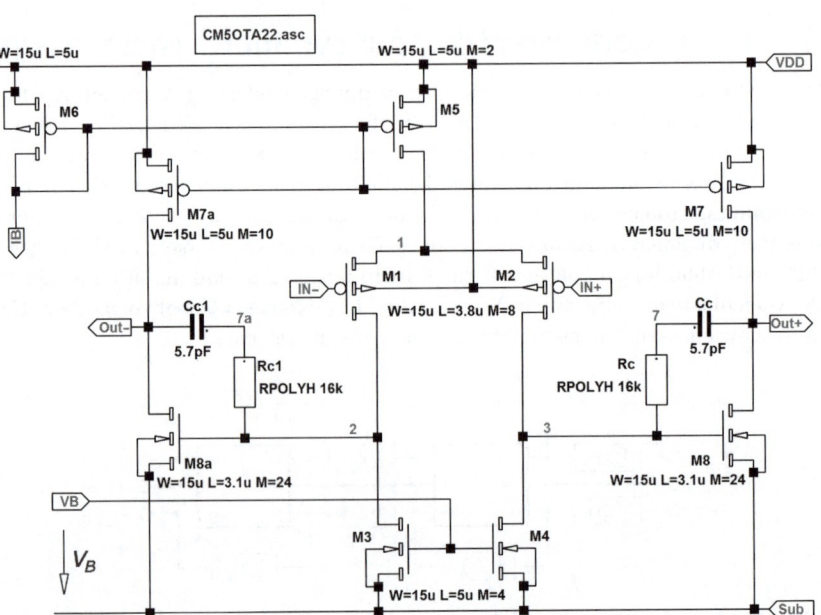

Abbildung 13.60: Operationsverstärker mit symmetrischem Ausgang; Typ: CM5OTA22, vergleiche auch Abbildung 13.57.

13.7 Operationsverstärker mit symmetrischem Ausgang

Ein symmetrischer OPV kann z. B. aus einer einfachen OTA-Schaltung abgeleitet werden. In der Schaltung Abbildung 13.57 wird die Konvertierung von dem symmetrischen Eingangssignal in ein einpoliges Signal, das die zweite Verstärkerstufe ansteuert, im Stromspiegel M3, M4 vorgenommen. Wird die Verbindung am Knoten „2" aufgehoben und an diesen eine weitere zweite Stufe angeschlossen, entsteht bereits ein OPV bzw. OTA mit symmetrischem Ausgang, siehe Abbildung 13.60.

An die beiden Gates der ehemaligen Stromspiegeltransistoren M3 und M4 (jetzt Knoten „VB") muss allerdings genau das richtige Bias-Potential V_B angeschlossen werden. Die beiden Ausgangsknoten „Qut+" und „Out–" sollen nämlich einen vorgegebenen Gleichtaktwert erhalten. Da an den Ausgängen jeweils zwei „hochohmige" Drain-Anschlüsse zusammentreffen, sind die Ausgangspotentiale relativ indifferent. Erst durch den Einsatz einer Gleichtaktregelschaltung (**Common Mode Feedback**) gelingt es, stabile Gleichtaktwerte vorzugeben. Eine solche Schaltung ist in der hierarchischen Schaltung Abbildung 13.61 mit enthalten. Über die beiden Widerstände R1 und R2 wird der Gleichtaktwert am Ausgang gebildet und dem positiven Eingang des Regelverstärkers E1 zugeführt (Knoten „F"). Am invertierenden Eingang des Regelverstärkers (Knoten „CM") liegt der Sollwert an. Er kann in einem gewissen Bereich abweichend von dem Gleichtaktwert des Eingangssignals vorgegeben werden. Als Regelverstärker reicht in der Regel ein einfacher Differenzverstärker aus. In Abbildung 13.61 ist er als spannungsgesteuerte Spannungsquelle mit einer Verstärkung −100 dargestellt. Um eine Schwingneigung des Regelkreises zu unterbinden, wird an den Eingangsknoten „F" des Verstärkers ein Kondensator C1 angeschlossen.

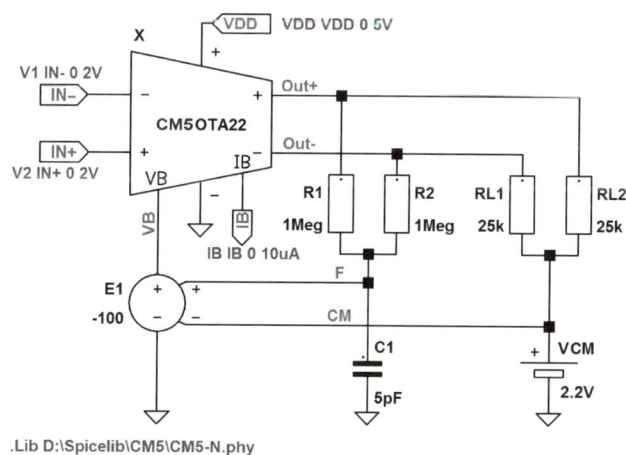

Simulation

Abbildung 13.61: (OTA22_1.asc) Symmetrischer OPV mit Regelung des Gleichtaktwertes; Innenschaltung des Verstärkers CM5OTA22, siehe Abbildung 13.60.

Ein weiteres Beispiel ist in Abbildung 13.62 dargestellt. Es ist ebenfalls eine OTA-Schaltung, deren Eingang aber als **gefaltete** Kaskoden-Schaltung ausgeführt ist. Dadurch wird eine besonders hohe Spannungsverstärkung erzielt. Auf eine zweite Verstärkerstufe kann sogar ganz verzichtet werden. Es handelt sich somit prinzipiell um einen **einstufigen** Verstärker mit sehr hohem differentiellem Ausgangswiderstand. Der Vorteil ist, dass keine Frequenzgangkorrektur erforderlich wird. Auch die Regelung des Gleichtaktanteils am Ausgang gestaltet sich relativ einfach. Der Verstärker ist besonders für Anwendungen ohne nennenswerte DC-Last oder hochohmige Filter geeignet.

13 Operationsverstärker

Die Wirkungsweise der **Gleichtaktregelung** ist nicht auf den ersten Blick zu erkennen; sie soll deshalb kurz erklärt werden: Die Gates der beiden P-Kanal-Source-Folger M5 und M6 erhalten über den Knoten „V1" ein festes Potential (hier: $V_1 = 3{,}5\ V$) und halten somit das Potential am Knoten „4" nahezu konstant. Die Transistoren M3 und M4 werden dadurch mit etwa konstanter Source-Drain-Spannung betrieben (in der aktuellen Schaltung mit etwa 500 mV). Die Gates beider Transistoren sind direkt mit den zugehörigen Ausgängen Out+ bzw. Out− verbunden. Da die Arbeitspunkte der Ausgänge ungefähr bei der halben Versorgungsspannung liegen sollen (hier: 2,2 V), sind die Source-Gate-Spannungen U_{SG} relativ groß (aktuell: 5 V − 2,2 V = 2,8 V). Die Transistoren M3 und M4 arbeiten somit im „linearen Bereich", d. h., die Drain-Ströme sind **linear** von U_{SG} abhängig. Wenn nun die Gleichtaktpegel der Ausgänge durch irgendeinen Umstand ansteigen, werden die Ströme der beiden Transistoren M3 und M4 verringert. Es liegt also eine echte Gegenkopplung vor. Das Gegentaktsignal am Ausgang beeinflusst diese Regelschaltung praktisch nicht. Wenn nämlich der eine Ausgangsknoten positiver wird, verringert sich das Potential des anderen um denselben Betrag, und wegen des Betriebs der beiden Transistoren M3 und M4 im linearen Bereich bleibt die Stromsumme etwa konstant!

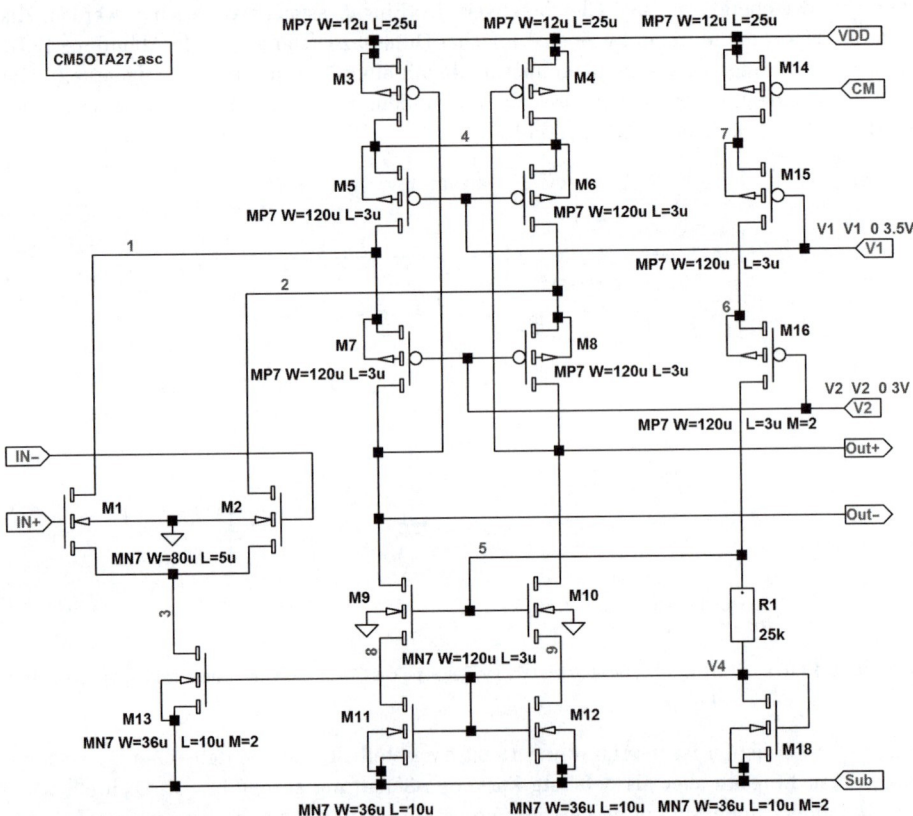

Abbildung 13.62: Symmetrischer OTA in Kaskoden-Schaltung; Typ: CM5OTA27.

13.7 Operationsverstärker mit symmetrischem Ausgang

Die Transistoren M14 bis M18 sind die wesentlichen Elemente des Bias-Netzwerkes. Sie müssen in ihren Verhältnissen W/L zu den entsprechenden Transistoren des Verstärkers genau passen. Die Schaltung Abbildung 13.62 ist für einen Strom von etwa 10 μA ausgelegt, d. h., durch M18 mit $M = 2$ fließt ein Strom von 10 μA, durch M11 und M12 wegen $M = 1$ jeweils nur 5 μA und durch M13 wegen $M = 2$ wieder 10 μA. In der Eingangsstufe wird der Strom in zweimal 5 μA aufgeteilt. An den Knoten „1" und „2" fließen zweimal 5 μA zusammen, sodass die Transistoren M5 und M6 und ebenfalls M3 und M4 von einem Strom von 10 μA durchflossen werden. Folglich sollten die Transistoren M3, M4 und M14 möglichst identisch ausgeführt werden. Ähnliches gilt für die Transistoren M5, M6 und M15. Die Transistoren M18 und M13 sind, wie oben schon gesagt, genau doppelt so groß auszulegen wie M11 und M12.

Der Gleichtaktpegel am Ausgang kann in einem gewissen Bereich über das Potential am Gate von M14, also durch die Spannung V_{CM}, eingestellt werden. Da die Transistoren im Bias- und Verstärkerteil einander gleich sind, stellt sich an den Ausgängen genau der am Knoten „CM" vorgegebene Wert ein. Das Potential am Knoten „CM" diktiert auch den Bias-Strom der Schaltung. Ausgehend von der Kennliniengleichung für den linearen Bereich

$$I_D \approx \frac{W}{L} \cdot K_P \cdot \left(U_{GS} - V_{Th} - \frac{U_{DS}}{2}\right) \cdot U_{DS}; \quad U_{DS} < U_{GS} - V_{Th} \quad \text{(Triodenbereich)}$$

kann das erforderliche $w = W/L$ für einen gewünschten Strom (hier: 10 μA) berechnet werden:

$$w = \frac{W}{L} \approx \frac{I_D}{K_P \cdot \left(U_{GS} - V_{Th} - \frac{1}{2} \cdot U_{DS}\right) \cdot U_{DS}}$$

Mit den Werten $-I_D = 10\ \mu A$, $K_P = 28\ \mu A/V^2$, $U_{GS} = V_{CM} - V_{DD} = 2{,}2\ V - 5\ V = -2{,}8\ V$, sowie $V_{Th} = -860\ mV$ und $-U_{DS} \approx 0{,}5\ V$ wird $w_{14} = w_3 = w_4 = 0{,}423$. Alle Transistoren sollen etwa die gleiche Gate-Fläche $W \cdot L \geq 300\ \mu m^2$ erhalten, um den statistischen Offset-Fehler in Grenzen zu halten. Die Abmessungen der Transistoren M5, M6, M15, sowie M7, M8, M16 und M9, M10 sind nicht kritisch. Sie sollen nur ein möglichst großes Verhältnis $w = W/L$ erhalten. Als Kanallänge wurde deshalb $L = 3\ \mu m$ gewählt. M11, M12, M13 und M18 erhalten eine größere Länge ($L = 10\ \mu m$), damit die differentiellen Widerstände möglichst groß ausfallen. Für die vier N-Kanal MOSFETs ist dann die Grenze des Stromsättigungsbereiches bei etwa 186 mV zu erwarten. Mit diesen Angaben sind die in Abbildung 13.62 eingetragenen Werte ohne detaillierte Berechnung entstanden.

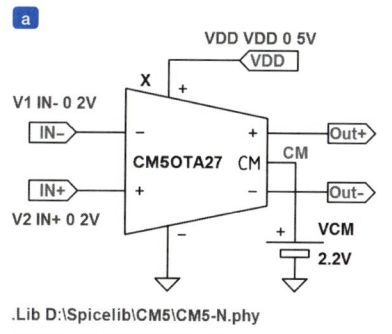
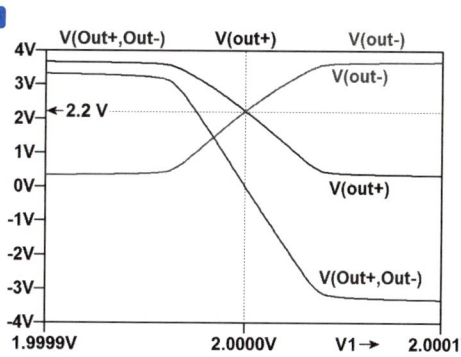

Simulation

Abbildung 13.63: (OTA27_1.asc) DC-Analyse des Verstärkers CM5OTA27.

Abbildung 13.63b zeigt das Ergebnis einer DC-Analyse. Dargestellt sind neben der Transferkennlinie auch die beiden einzelnen Ausgangsspannungen. Man erkennt, dass die Kennlinie für Differenzspannungen am Ausgang in einem Bereich von etwa ±3 V linear verläuft und der vorgegebene Gleichtaktpegel von 2,2 V einigermaßen gut an den Ausgängen erscheint, selbst wenn der Eingangsgleichtaktpegel bei 2 V liegt.

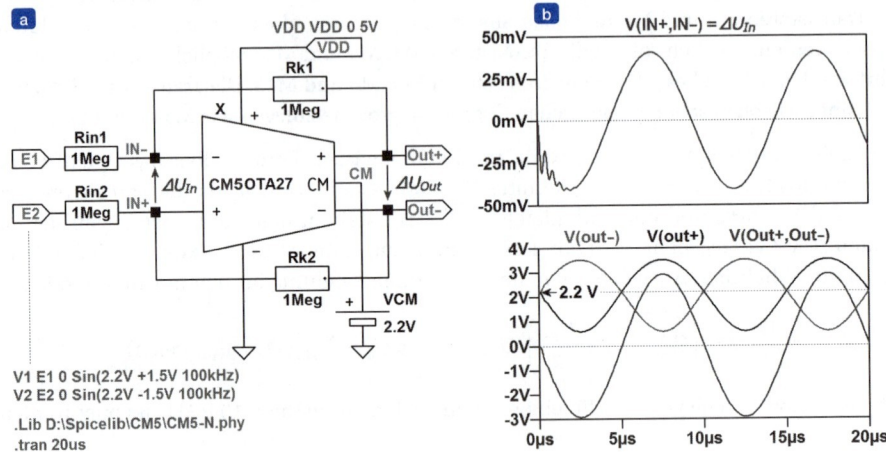

Abbildung 13.64: (OTA27_2.asc) Transientenanalyse des Verstärkers CM5OTA27.

Eine Transientenanalyse zeigt Abbildung 13.64. Die Verstärkung ist mittels der Gegenkopplungswiderstände Rk1, Rin1 bzw. Rk2, Rin2 auf einen Wert von etwa 1 eingestellt. Wie man erkennen kann, wird bei einer Eingangsamplitude von zweimal 1,5 V am Ausgang auch fast ein Wert von 3 V erreicht, obwohl die Frequenz mit 100 kHz schon relativ hoch ist. Dieser Wert wird trotz der vielen in Reihe geschalteten Transistoren erreicht, allerdings nur bei hochohmiger Belastung. Wegen des begrenzten Ausgangsstromes von 10 µA ist die Spannungsverstärkung $\Delta U_{Out}/\Delta U_{In}$ bereits bei einer DC-Last von 1 MΩ schon relativ gering. Man erkennt dies an der Spannungsdifferenz ΔU_{In} direkt an den Eingängen. Sie ist nicht mehr null, sondern erreicht eine Amplitude von ca. 40 mV.

Unmittelbar nach dem Einschalten der sinusförmigen Anregung tritt zwischen den Eingangsklemmen ein kurzzeitiges Oszillieren auf. An den Ausgängen ist dies aber kaum zu erkennen. Schaltet man parallel zu den Widerständen Rk1 und Rk2 je einen Kondensator mit einer Kapazität von etwa 0,1 pF, so tritt dieses Überschwingen in den Hintergrund.

Das Ergebnis einer AC-Analyse ist in Abbildung 13.65b dargestellt. Obwohl die Schaltung nur **einstufig** ist, wird im Leerlauf eine Spannungsverstärkung von deutlich über 90 dB erreicht. Wegen des geringen Ausgangsstromes von nur 10 µA geht sie aber bei einer DC-Last von $R_L = 1$ MΩ schon auf unter 40 dB zurück. Eine Frequenzgangkorrektur ist wegen einer Phasenreserve von $\varphi_M \approx 52°$ nicht notwendig.

Aufgabe

Wiederholen Sie die AC-Simulation der Schaltung in Abbildung 13.65 für rein kapazitive Lasten und diskutieren Sie das Ergebnis.

13.8 Komplettes Design eines CMOS-Operationsverstärkers

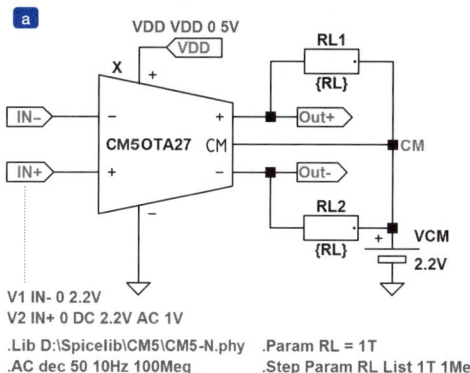
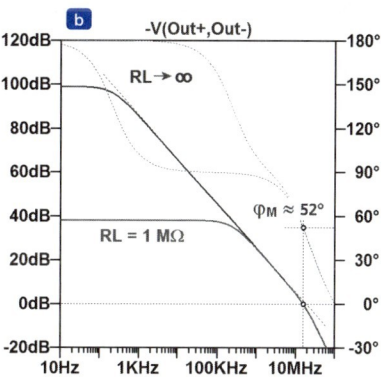

Abbildung 13.65: (OTA27_3.asc) AC-Analyse des Verstärkers CM5OTA27.

Symmetrische Operationsverstärker für den Einsatz in SC-Schaltungen (**Switched-Capacitor**-Schaltungen) erfordern wegen der Schaltspitzen eine Eingangsschaltung ohne Begrenzung der Slew-Rate. Ein sehr gutes Beispiel für den Aufbau eines solchen Verstärkers findet man in [34]. Auch für niederohmige Lasten und kleine Versorgungsspannungen werden symmetrische Schaltungen eingesetzt. Ein vollsymmetrischer Leistungsverstärker für den Betrieb an 3 V Versorgungsspannung wird in [35] beschrieben. Die Arbeit enthält auch Dimensionierungshinweise. Die Schaltung besteht aus zwei Hälften, siehe hierzu auch das Beispiel CM5OPP05.asc (Ordner „Schematic_13"; IC.zip).

13.8 Komplettes Design eines CMOS-Operationsverstärkers: Berechnung, Simulation, Korrektur und Layout

Operationsverstärker werden in integrierten Schaltungen häufig den speziellen Anwendungen entsprechend angepasst, um Chipfläche zu sparen. Die Zielspezifikation muss allerdings erreicht werden; eine „Übertreibung" könnte aber schnell den Kostenrahmen sprengen. Im Folgenden soll deshalb gezeigt werden, wie ein Operationsverstärker prinzipiell dimensioniert werden kann. Gewählt wird ein einfaches Beispiel, die OTA-Schaltung nach Abbildung 13.57.

Zunächst werden die für die Berechnung erforderlichen Formeln zusammengestellt und die besonders wichtigen blau hinterlegt. Dabei beziehen sich die in den Bezeichnungen verwendeten Indizes – wenn nicht anders angegeben – auf die Bauelementnummern von Abbildung 13.57. Im Anschluss daran erfolgt dann der detaillierte Berechnungsgang einschließlich Simulation, Layout und Verifikation.

13.8.1 Zusammenstellung der Formeln

a. Miller-Kondensator Cc

Der Ausgang des Verstärkers werde mit einem Kondensator CL der Kapazität C_L belastet. Mittels des Kondensators Cc soll die notwendig werdende Frequenzgangkorrektur durch Anwenden der Miller-Kompensation erfolgen, und zwar für den Fall **voller** Gegenkopplung.

Wenn der Einfachheit halber nur zwei Pole p_1 und p_2 und eine Nullstelle z_0 berücksichtigt werden, können die im *Anhang A* hergeleiteten Beziehungen (A.11) und (A.18) übernommen werden, die dann für dieses Beispiel die Form annehmen:

$$z_0 = \frac{g_{m8}}{C_C} \tag{13.68}$$

$$\left.\begin{array}{l} p_1 \approx \dfrac{-1}{g_{m8} \cdot r_2 \cdot r_1 \cdot C_C}, \\[2mm] p_2 \approx \dfrac{-g_{m8} \cdot C_C}{C_C \cdot C_1 + C_2 \cdot C_1 + C_2 \cdot C_C} \end{array}\right\} \quad \begin{array}{l} \text{für } p_2 \gg p_1 \text{ und} \\[1mm] g_{m8} \cdot r_2 \cdot r_1 \cdot C_C \gg (C_C + C_2) \cdot r_2 + (C_C + C_1) \cdot r_1 \end{array} \tag{13.69}$$

Hierin bedeutet g_{m8} die Steilheit des Ausgangstransistors M_8, r_1 ist der am Knoten „3" wirksame differentielle Widerstand und r_2 kennzeichnet entsprechend die gesamte ohmsche Last am Knoten „Out" und die Kapazitätswerte C_1 und C_2 stellen die kapazitiven Lasten an den Knoten „3" und „Out" dar.

C_L soll sehr viel größer sein als die **parasitäre** Kapazität am Ausgangsknoten „Out". Dann kann C_2 näherungsweise durch C_L ersetzt werden. Mit $C_L \gg C_C$ wird sicherlich der Kompensationskondensator C_C sehr viel größer als die parasitäre Kapazität C_1 werden müssen, also auch: $C_C \gg C_1$. Aus der Bedingung

$$g_{m8} \cdot r_2 \cdot r_1 \cdot C_C \gg (C_C + C_L) \cdot r_2 + (C_C + C_1) \cdot r_1$$

folgt dann:

$$g_{m8} \cdot r_2 \cdot r_1 \cdot C_C \gg C_L \cdot r_2 + C_C \cdot r_1$$

Damit kann die Beziehung für den Pol p_2 noch weiter vereinfacht werden:

$$\left.\begin{array}{l} p_1 \approx \dfrac{-1}{g_{m8} \cdot r_2 \cdot r_1 \cdot C_C}, \\[2mm] p_2 \approx \dfrac{-g_{m8}}{C_L} \end{array}\right\} \quad \begin{array}{l} \text{für } p_2 \gg p_1, \; C_L \gg C_C \gg C_1 \\[1mm] \text{und } g_{m8} \cdot r_2 \cdot r_1 \cdot C_C \gg C_L \cdot r_2 + C_C \cdot r_1 \end{array} \tag{13.70}$$

Die Stabilität der Schaltung erfordert, dass die erste Knickfrequenz f_1 um den Faktor der Schleifenverstärkung $|F_0 \cdot A_{d0}| = |A_{d0}|$ kleiner sein muss als die Bandbreite GB. Für den Fall **voller** Gegenkopplung ($F_0 = 1$) gilt dann:

$$\frac{GB}{f_1} = \frac{2 \cdot \pi \cdot GB}{\omega_1} = |A_{d0}| \tag{13.71}$$

Die Frequenz f_1 bzw. die Kreisfrequenz ω_1 kann durch den **dominanten** Pol p_1 entsprechend Gleichung (13.70) ausgedrückt werden:

$$1/\omega_1 = 1/|p_1| = g_{m8} \cdot r_2 \cdot r_1 \cdot C_C \tag{13.72}$$

und der Betrag der Verstärkung ist

$$|A_{d0}| = g_{m2} \cdot r_1 \cdot g_{m8} \cdot r_2 \quad (g_{m2} = g_{m1} = \text{Steilheit der Transistoren M2 und M1}) \tag{13.73}$$

Damit folgt aus Gleichung (13.71) die wichtige Beziehung:

$$\frac{2\cdot\pi\cdot GB}{|p_1|} = \frac{\omega_{GB}}{|p_1|} \approx \omega_{GB}\cdot g_{m8}\cdot r_2\cdot r_1\cdot C_C = |A_{D0}| = g_{m2}\cdot r_1\cdot g_{m8}\cdot r_2 \;\rightarrow\; \omega_{GB}\cdot C_C = g_{m2}$$

$$g_{m1} = g_{m2} = \omega_{GB}\cdot C_C \qquad (13.74)$$

Im *Abschnitt 13.5* wurde schon darauf hingewiesen, dass eine Nullstelle mit negativem Vorzeichen einen ungünstigen Einfluss auf den Phasenverlauf hat. Die Nullstelle z_0 sollte deshalb bei einer Frequenz liegen, die mindestens zehnmal höher ist als die Bandbreite GB:

$$z_0 \geq 10\cdot\omega_{GB} \qquad (13.75)$$

Wird Gleichung (13.74) nach ω_{GB} aufgelöst und in (13.75) eingesetzt, so wird mit Berücksichtigung von Gleichung (13.68):

$$z_0 = \frac{g_{m8}}{C_C} \geq 10\cdot\omega_{GB} = 10\cdot\frac{g_{m2}}{C_C} \qquad (13.76)$$

Hieraus folgt eine weitere wichtige Dimensionierungsvorschrift:

$$g_{m8} \geq 10\cdot g_{m2} \qquad (13.77)$$

Auch der Pol p_2 sollte möglichst jenseits der Grenzfrequenz GB liegen:

$$|p_2| \geq (1\ldots 2)\cdot\omega_{GB} \qquad (13.78)$$

Mit den Gleichungen (13.70) und (13.74) folgt dann:

$$|p_2| = \frac{g_{m8}}{C_L} \geq (1\ldots 2)\cdot\omega_{GB} = (1\ldots 2)\cdot\frac{g_{m2}}{C_C} \;\rightarrow\; C_C \geq (1\ldots 2)\cdot\frac{g_{m2}}{g_{m8}}\cdot C_L \qquad (13.79)$$

Daraus kann mithilfe von Gleichung (13.77) eine Beziehung für die Berechnung der Kapazität des Korrekturkondensators Cc angegeben werden:

$$C_C \geq (1\ldots 2)\cdot\frac{g_{m2}}{10\cdot g_{m2}}\cdot C_L \;\rightarrow\; C_C \geq (0,1\ldots 0,2)\cdot C_L \qquad (13.80)$$

Die Größe des Miller-Kondensators Cc ist demnach direkt von der Belastungskapazität abhängig.

b. Bias-Strom der Eingangsstufe

Der Bias-Strom der Eingangsstufe ist abhängig von der geforderten Slew-Rate. Entsprechend (13.58) wird somit

$$I_5 \approx S_R\cdot C_C \qquad (13.81)$$

Dieses Ergebnis dient als Richtwert und kann später durch eine Simulation noch korrigiert werden.

c. Transistoren M1 und M2 der Eingangsstufe und Transistor M5

Eine Bemerkung zur Erinnerung vorweg: M1, M2 und M5 sind P-Kanal-FETs. Bekanntlich sind dann die Vorzeichen der Transistorspannungen und -ströme gegenüber NMOSFETs zu ändern. Werden dagegen die Indizes „D" und „S" sowie „G" und „S" bzw. „S" und „B" miteinander vertauscht, sind alle Vorzeichen wieder positiv. Man kann aber auch mit den Beträgen rechnen. Und: Bei selbstsperrenden PMOS-Transistoren ist die Threshold-Spannung V_{Th} negativ!

Bei den Transistorabmessungen spielt im Wesentlichen das Verhältnis W/L eine Rolle. Man wird deshalb zuerst diese Verhältnisse bestimmen, später dann einen Wert für die Kanallänge L festlegen und kann schließlich die einzelnen Größen W angeben. Zur Abkürzung wird deshalb die „relative" Größe

$$w =_{Df} \frac{W}{L} \tag{13.82}$$

eingeführt. Das macht die Gleichungen übersichtlicher.

Zunächst werden die beiden Eingangstransistoren M1 und M2 berechnet. Die Gleichung (13.74) liefert eine wichtige Information. Es gilt:

$$g_{m1} = g_{m2} = \sqrt{4 \cdot \beta_2 \cdot I_2} = \sqrt{2 \cdot \beta_2 \cdot I_5} = \sqrt{K_{P2} \cdot \frac{W_2}{L_2} \cdot I_5} = \sqrt{K_{P2} \cdot w_2 \cdot I_5} = \omega_{GB} \cdot C_C \rightarrow$$

$$w_1 = w_2 \geq \left(\omega_{GB} \cdot C_C\right)^2 \cdot \frac{1}{K_{P2} \cdot I_5} \tag{13.83}$$

Der Transistor M5 muss den Bias-Strom I_5 liefern. Sein Wert W/L ist relativ unkritisch. Folgendes ist aber zu bedenken: Ein großes L wirkt sich günstig auf die Kanallängenmodulation aus und führt damit zu einer Stromquelle mit größerem Innenwiderstand. Ein großes W/L führt hingegen zu einer kleinen Sättigungsspannung $U_{SD5,min}$ und beeinträchtigt damit den oberen Gleichtaktwert der Eingangsspannung weniger. Und: Eine zu große Gate-Fläche $W \cdot L$ kostet einerseits Chipfläche und vergrößert andererseits die parasitäre Kapazität am Knoten „1". Die Dimensionierung läuft also auf einen Kompromiss hinaus. Am einfachsten ist es, wenn für L_5 und die minimale Source-Drain-Spannung $U_{SD5,min}$ zunächst Werte angenommen und später mithilfe von SPICE eventuelle Korrekturen vorgenommen werden. Richtwerte:

$$L_5 = (1 \ldots 15) \cdot L_{min}; \quad U_{SD5,min} = (100 \ldots 1000)\,mV \tag{13.84}$$

Aus der PMOS-Kennliniengleichung $-I_D = I_S \approx \beta \cdot (U_{GS} - V_{Th})^2 = \beta \cdot (U_{SG} + V_{Th})^2$ mit der Abkürzung $\beta = \frac{1}{2} \cdot K_P \cdot W/L$ folgt mit $U_{SD5,min} = -(U_{GS} - V_{Th}) = U_{SG} + V_{Th} = |U_{GS} - V_{Th}|$

$$\frac{W_5}{L_5} = w_5 = \frac{2 \cdot \beta_5}{K_{P5}} \approx \frac{-2 \cdot I_{D5}}{K_{P5} \cdot \left(U_{GS5} - V_{Th5}\right)^2} = \frac{2 \cdot I_5}{K_{P5} \cdot \left(U_{SG5} + V_{Th5}\right)^2} = \frac{2 \cdot I_5}{K_{P5} \cdot \left|U_{GS5} - V_{Th5}\right|^2} \rightarrow$$

$$w_5 \geq \frac{2 \cdot I_5}{K_{P5} \cdot U_{SD5,min}^2} \tag{13.85}$$

13.8 Komplettes Design eines CMOS-Operationsverstärkers

d. Stromspiegel M3, M4

Das am Knoten „2" des Stromspiegels erforderliche Potential, die Gate-Source-Spannung U_{GS3}, beeinträchtigt den **unteren** Gleichtaktwert der Eingangsspannung. Bei richtiger Dimensionierung ist die GND-Rail aber zu erreichen. Spannungsansatz für den Eingangsknoten „IN −" :

$$V(IN-) = 0 = U_{GS3} + U_{SD1,min} - U_{SG1}, \quad (U_{GS1} = -U_{SG1}) \tag{13.86}$$

Der Transistor M1 soll im Stromsättigungsbereich bleiben. Diese Grenze wird gerade erreicht bei $U_{SD1,min} = U_{SG1} - |V_{Th1}|$. Aus Gleichung (13.86) folgt dann:

$$0 = U_{GS3} - |V_{Th1}| \quad \text{oder} \quad U_{GS3} = |V_{Th1}| \tag{13.87}$$

Die Spannung U_{GS3} kann aus der Kennliniengleichung für M3 ermittelt werden:

$$U_{GS3} = \sqrt{\frac{I_{D3}}{\beta_3}} + V_{Th3} = \sqrt{\frac{I_5}{2\cdot\beta_3}} + V_{Th3} = \sqrt{\frac{I_5}{K_{P3}} \cdot \frac{1}{w_3}} + V_{Th3} \tag{13.88}$$

Diese Gleichung enthält das unbekannte Verhältnis w_3. Mit Gleichung (13.87) und Auflösen nach w_3 folgt schließlich:

$$U_{GS3} = |V_{Th1}| = \sqrt{\frac{I_5}{K_{P3}} \cdot \frac{1}{w_3}} + V_{Th3} \rightarrow \boxed{w_3 \geq \frac{I_5}{K_{P3}} \cdot \frac{1}{\left(|V_{Th1}| - V_{Th3}\right)^2}} \quad \text{für } |V_{Th1}| > V_{Th3} \tag{13.89}$$

Wenn der Betrag der Threshold-Spannung der Eingangstransistoren nicht größer ist als die der Stromspiegeltransistoren, kann die untere Rail **nicht** erreicht werden! Nun kann aber der Bulk-Anschluss der P-Kanal-FETs mit der positiven Versorgungsspannung V_{DD} verbunden werden. Dann wird der Body-Effekt wirksam und **vergrößert** den Betrag der Threshold-Spannung deutlich. Von dieser einfachen Methode wird in aller Regel Gebrauch gemacht.

e. Zweite Verstärkerstufe M8 und M7

Für die Dimensionierung der zweiten Stufe kann Gleichung (13.77) herangezogen werden: $g_{m8} > 10 \cdot g_{m2}$. Die Steilheit g_m hängt entsprechend Gleichung (3.135) sowohl von der Transistorgröße als auch vom Drain-Strom ab. Es ist also

$$\frac{g_{m8}}{g_{m2}} = \sqrt{\frac{\beta_8 \cdot I_8}{\beta_2 \cdot I_2}} = \sqrt{\frac{K_{P8} \cdot w_8 \cdot I_8 \cdot 2}{K_{P2} \cdot w_2 \cdot I_5}} > 10 \quad \rightarrow \quad \boxed{w_8 > 50 \cdot \frac{K_{P2}}{K_{P8}} \cdot \frac{I_5}{I_8} \cdot w_2} \tag{13.90}$$

Der Strom I_8 kann z. B. durch die Ausgangsspezifikation vorgegeben sein. Dann ist das Verhältnis I_5/I_8 bekannt und Gleichung (13.90) liefert direkt ein Ergebnis für w_8.

Damit kein systematischer Offset-Fehler auftritt, muss die Beziehung

$$\frac{I_5}{-I_{D7}} = \frac{I_5}{I_7} = \frac{I_5}{I_8} = \frac{w_5}{w_7} = \frac{2 \cdot w_3}{w_8} \tag{13.91}$$

exakt erfüllt werden! Bevor diese Gleichung zur Berechnung von w_7 herangezogen wird, sollte zunächst w_3 noch einmal kontrolliert werden. Aus Gleichung (13.91) folgt:

$$\boxed{w_3 = w_4 = \frac{I_5}{I_8} \cdot \frac{w_8}{2}} \tag{13.92}$$

Dieser Wert ist mit dem aus Gleichung (13.89) ermittelten Ergebnis zu vergleichen. Für w_3 gibt es einen gewissen Spielraum. Zu bedenken ist dabei, dass ein zu kleiner Wert das Erreichen der unteren Rail erschwert, ein zu großes w aber hinsichtlich der statistischen Stromspiegelfehler ungünstig ist, siehe *Abschnitt 8.2.2*, Abbildung 8.12a. Außerdem erfordert ein kleiner statistischer Offset-Fehler einen Mindestwert für die Gate-Fläche der Stromspiegeltransistoren M3 und M4..

Nach erfolgter Wahl von w_3 kann dann w_7 aus Gleichung (13.91) berechnet werden:

$$w_7 = \frac{w_5 \cdot w_8}{2 \cdot w_3} \tag{13.93}$$

Zum Schluss sind alle Werte so abzustimmen, dass die Beziehung (13.91) exakt erfüllt wird!

f. Statistische Streuung der Offset-Spannung

Der gesamte **statistische** Offset-Fehler entsteht praktisch in der Eingangsstufe. Es reicht deshalb aus, sich bei der Berechnung nur auf die Eingangstransistoren M1 und M2 sowie die beiden Stromspiegeltransistoren M3 und M4 zu beschränken. Um die Streuung in Grenzen zu halten, dürfen deshalb die Gate-Flächen der vier relevanten Transistoren nicht zu klein ausgeführt werden. Zur Berechnung dieser Flächen können die beiden im *Kapitel 8, Abschnitt 8.2.2*, abgeleiteten Beziehungen (8.65) und (8.66) hergenommen werden, die hier noch einmal mit neuer Nummerierung angegeben werden:

$$W \cdot L \geq \frac{1}{\sigma_{\Delta UGS}^2} \left(A_\beta^2 \cdot \frac{U_S^2}{4} + A_{VT}^2 \right) \tag{8.65}, (13.94)$$

$$\sigma_{\Delta UGS} \leq \frac{U_{Off}}{n \cdot \sqrt{N}}; \quad n \geq 3 \tag{8.66}, (13.95)$$

Hier steht $\sigma_{\Delta UGS}$ für die Standardabweichung eines **einzelnen** Transistors und mit U_{Off} wird die **gesamte** Streuung der Offset-Spannung bezeichnet. Dabei wird eine allgemeine $n\sigma$-Grenze zugrunde gelegt und außerdem noch berücksichtigt, dass insgesamt N Bauelemente einen etwa gleich großen Beitrag zur Streuung beisteuern. Da hier im Wesentlichen die vier oben genannten Transistoren für die statistischen Fehler verantwortlich sind, kann $N = 4$ gesetzt werden. $U_S = U_{GS} - V_{Th}$ ist die bekannte Steuerspannung. In Gleichung (13.94) wird in der Regel die Threshold-Streuung dominant sein. Der erste Term kann meist vernachlässigt werden.

In der Praxis geht man meist so vor, dass die Gate-Flächen der Eingangs- und Stromspiegeltransistoren zunächst getrennt berechnet, dann aber addiert werden. Die Gesamtfläche ist wichtig. Auch wenn für PMOS- und NMOSFETs unterschiedliche Flächen herauskommen, besteht für die Verteilung ein relativ großer Spielraum. In diesem Beispiel müssen die Stromspiegeltransistoren M3 und M4 mit dem Ausgangstransistor M8 matchen. Wenn die Stromübersetzung groß ist, ist es günstiger, die Fläche der Stromspiegeltransistoren etwas kleiner auszuführen, damit der Flächenbedarf der Endstufe nicht zu groß wird. Die endgültige Dimensionierung sollte allerdings stets durch eine Monte-Carlo-Simulation abgesichert werden.

g. Kanalweiten und -längen und endgültige Abmessungen

Nachdem die Verhältnisse $W/L = w$ bestimmt sind, müssen die Abmessungen W und L festgelegt werden. Für analoge Schaltungen wird oft eine Mindestlänge L_{min} empfohlen, die für kritische Bauelemente möglichst nicht unterschritten werden sollte. Diese ist beim CM5-Prozess: $L_{min} = 3\ \mu m$. Nur bei unkritischen Bauelementen darf bis an die Prozessgrenze (hier: $0,8\ \mu m$) herangegangen werden.

Bei der Wahl von L sind aber auch noch andere Aspekte zu berücksichtigen: Einerseits sollte man stets den gesamten Flächenbedarf im Auge behalten. Andererseits vergrößert eine große Kanallänge den differentiellen Widerstand der Drain-Source-Strecke, und Gleichung (13.94) verlangt eine Mindestfläche, damit der statistische Offset-Fehler nicht zu groß wird. Kritische „Transistor**paare**" müssen unbedingt die **gleiche Kanallänge** erhalten. Außerdem sollten die Flächen unterteilt und die „Teiltransistoren" mittels des Multiplikators M parallel geschaltet werden. Der Vervielfachungsfaktor M sollte bei kritischen Transistorpaaren auf jeden Fall ganzzahlig und durch zwei oder besser noch durch vier teilbar sein. Nur dann kann die schon mehrfach erwähnte Kreuzkopplung sinnvoll angewendet werden. Nach erfolgter erster Dimensionierung wird der Simulator eingesetzt. Dann werden eventuelle Problemstellen sichtbar und können noch nachgebessert werden.

13.8.2 Aufgabenstellung

Die Dimensionierung soll nun an einem praktischen Beispiel gezeigt werden. Zunächst werden die ungefähren Abmessungen berechnet und anschließend dann mithilfe von SPICE an die Spezifikation angepasst.

Spezifikation

Die Schaltung nach Abbildung 13.57 soll die folgende Spezifikation erfüllen:

- Kleinsignalbandbreite: $\qquad GB \approx 1\ MHz$
- Slew-Rate: $\qquad S_R \approx 1\ V/\mu s$
- Ausgangsstrom: $\qquad I_L \approx I_8 \approx 100\ \mu A$
- Lastkapazität: $\qquad C_L \leq 100\ pF$
- Spannungsverstärkung bei $R_L = 50\ k\Omega$: $\qquad |A_{d0}| \geq 80\ dB$
- Offset-Spannung: $\qquad U_{Off} \approx 5\ mV;\ 3\sigma$

SPICE-Parameter (Level 1) Für die Berechnungen wird das einfache Level-1-Modell verwendet. Die Parameter sind im Ordner „Spicelib", Bibliothek CM5_MC-N.phy zu finden (IC.zip):

NMOS-Transistoren:

$K_P = 80\ \mu A/V^2$, $V_{TO} = 0,84\ V$, $\lambda = 0,02\ V^{-1}$, $\gamma = 0,65\ V^{½}$, $-2 \cdot \Phi_P = PHI = 0,78\ V$
Streuparameter: $A_{VT} = 17\ mV \cdot \mu m$, $A_\beta = 1,8\ \% \cdot \mu m = 18\ nm$

PMOS-Transistoren:

$K_P = 28\ \mu A/V^2$, $V_{TO} = -0,86\ V$, $\lambda = 0,02\ V^{-1}$, $\gamma = 0,54\ V^{½}$, $+2 \cdot \Phi_N = PHI = 0,65\ V$
Streuparameter: $A_{VT} = 15\ mV \cdot \mu m$, $A_\beta = 1,8\ \% \cdot \mu m = 18\ nm$

Passive Elemente:

Widerstand R_C: Modell „RPOLYH", $R_{SH} = 1,2\ k\Omega/sq$

Kondensator C_C: Modell „CPOLY", $C_A = 0,86\ fF/\mu m^2$

Daten

13.8.3 Berechnung der Schaltung

Mit den obigen Angaben kann nun die Dimensionierung der Schaltung entsprechend den zuvor zusammengestellten Beziehungen erfolgen. Die Gleichungsnummerierung wird im Folgenden beibehalten, aber die Zusatzkennzeichnung „a" hinzugefügt.

a. Miller-Kondensator Cc

$$C_C \geq (0{,}1 \ldots 0{,}2) \cdot C_L \approx 0{,}2 \cdot 100\,pF = 20\,pF \tag{13.80a}$$

Mit $C_A = 0{,}86\ fF/\mu m^2$ ist dafür eine Fläche von etwa 23300 μm^2 erforderlich.

b. Bias-Strom der Eingangsstufe

$$I_5 \approx S_R \cdot C_C = (1V/\mu s) \cdot 20\,pF = 20\,\mu A \tag{13.81a}$$

c. Transistoren M1 und M2 der Eingangsstufe und Transistor M5

$$w_1 = w_2 \geq \frac{(\omega_{GB} \cdot C_C)^2}{K_{P2} \cdot I_5} = \frac{(2 \cdot \pi \cdot 10^6\ s^{-1} \cdot 20\,pF)^2}{(28\,\mu A/V^2) \cdot 20\,\mu A} = 31{,}6 \rightarrow w_1 = w_2 \geq 32 \tag{13.83a}$$

Für die Berechnung von w_5 wird eine an der Drain-Source-Strecke von M5 minimal zulässige Spannung von $U_{SD5,min} \approx 500\ mV$ gewählt. Dann wird

$$w_5 \geq \frac{2 \cdot I_5}{K_{P5} \cdot U_{SD5,min}^2} = \frac{2 \cdot 20\,\mu A}{(28\,\mu A/V^2) \cdot (0{,}5V)^2} = 5{,}7 \rightarrow w_5 \geq 6 \tag{13.85a}$$

d. Stromspiegel M3, M4

Zur Berechnung von w_3 wird der Unterschied zwischen den Beträgen der Threshold-Spannungen der Eingangstransistoren und M3 benötigt. Für die P-Kanal-FETs M1 und M2 vergrößert der Body-Effekt die Threshold-Spannung. Wenn die Eingänge die untere Rail erreichen, wird das Source-Potential am Knoten „1" einen **geschätzten** Wert von etwa 1,5 V annehmen. Bei $V_{DD} = 5\ V$ wird dann $U_{BS1} \approx +3{,}5\ V$. Da M1 ein PMOSFET ist, gilt die Gleichung (3.133b):

$$V_{Th} = V_{TO} - \gamma \cdot \left(\sqrt{+2 \cdot \Phi_N + U_{BS}} - \sqrt{+2 \cdot \Phi_N} \right), \quad \text{für P-MOS-Transistoren} \tag{3.133b}$$

$$V_{Th1} = V_{Th2} = -0{,}86V - 0{,}54\sqrt{V} \cdot \left(\sqrt{0{,}65V + 3{,}5V} - \sqrt{0{,}65V} \right) \approx -1{,}53V \tag{13.96}$$

Damit wird: $|V_{Th1}| - V_{Th3} \approx 1{,}53\ V - 0{,}84\ V = 0{,}69\ V \rightarrow$

$$w_3 \geq \frac{I_5}{K_{P3}} \cdot \frac{1}{(|V_{Th1}| - V_{Th3})^2} = \frac{20\,\mu A}{80\,\mu A/V^2} \cdot \frac{1}{(0{,}69V)^2} \approx 0{,}53 \tag{13.89a}$$

e. Zweite Verstärkerstufe M8 und M7

Das Stromverhältnis I_8/I_5 ist 100 μA/(20 μA) = 5. Damit wird

$$w_8 > 50 \cdot \frac{K_{P2}}{K_{P8}} \cdot \frac{I_5}{I_8} \cdot w_2 = 50 \cdot \frac{28\,\mu A/V^2}{80\,\mu A/V^2} \cdot \frac{1}{5} \cdot 32 = 112 \tag{13.90a}$$

13.8 Komplettes Design eines CMOS-Operationsverstärkers

Der Wert für w_3 wird noch einmal mittels Gleichung (13.92) ermittelt:

$$w_3 = w_4 = \frac{I_5}{I_8} \cdot \frac{w_8}{2} = \frac{1}{5} \cdot \frac{112}{2} = 11{,}2 \ \rightarrow \ w_3 = w_4 = 12 \tag{13.92a}$$

Dieser Wert ist deutlich größer als der zuvor gewonnene und wird deshalb zur Bestimmung von w_7 verwendet:

$$w_7 = \frac{w_5 \cdot w_8}{2 \cdot w_3} = \frac{6 \cdot 112}{2 \cdot 12} = 28 \tag{13.93a}$$

Damit liegt ein vorläufiges Ergebnis vor. Nun müssen die „kritischen" Transistorpaare so aufgeteilt werden, dass das Layout später eine Kreuzkopplung erlaubt. Zunächst sind aber noch die Kanallängen L zu bestimmen.

f. Statistische Streuung der Offset-Spannung

Zuerst wird die zulässige Gate-Source-Spannungsstreuung für die vier Transistoren M1, M2 sowie M3, M4 ermittelt:

$$\sigma_{\Delta UGS} \leq \frac{U_{\text{Off}}}{n \cdot \sqrt{N}} = \frac{5 \ mV}{3 \cdot \sqrt{4}} = 0{,}83 \ mV \tag{13.95a}$$

Für die Berechnung der Gate-Flächen werden noch die Quadrate der Steuerspannungen U_S benötigt. Entsprechend der Kennliniengleichung gilt für M1 und M2:

$$-I_{D1} = \frac{I_5}{2} = \frac{K_{P1} \cdot w_1}{2} \cdot U_{S1}^2 \ \rightarrow \ U_{S1}^2 = \frac{I_5}{K_{P1} \cdot w_1} = \frac{20 \ \mu A \cdot V^2}{28 \ \mu A \cdot 32} = 0{,}022 \ V^2$$

Analog dazu gilt für die Stromspiegeltransistoren M3 und M4:

$$I_{D3} = \frac{I_5}{2} = \frac{K_{P3} \cdot w_3}{2} \cdot U_{S3}^2 \ \rightarrow \ U_{S3}^2 = \frac{I_5}{K_{P3} \cdot w_3} = \frac{20 \ \mu A \cdot V^2}{80 \ \mu A \cdot 12} = 0{,}021 \ V^2$$

Die Gate-Flächen können nun angegeben werden:

$$W \cdot L \geq \frac{1}{\sigma_{\Delta UGS}^2} \left(A_\beta^2 \cdot \frac{U_S^2}{4} + A_{VT}^2 \right) \tag{13.94a}$$

$$W_1 \cdot L_1 \geq \frac{1}{(0{,}83 \ mV)^2} \left((18 \ nm)^2 \cdot \frac{0{,}022 \ V^2}{4} + (15 \ nm \cdot V)^2 \right) \approx (3 + 327) \cdot 10^6 \ nm^2 \approx 330 \ \mu m^2$$

$$W_3 \cdot L_3 \geq \frac{1}{(0{,}83 \ mV)^2} \left((18 \ nm)^2 \cdot \frac{0{,}021 \ V^2}{4} + (17 \ nm \cdot V)^2 \right) \approx (2 + 420) \cdot 10^6 \ nm^2 \approx 422 \ \mu m^2$$

Wie erwartet, ist die Threshold-Streuung dominant; der jeweils erste Term steuert nur etwa 1 % bei und könnte vernachlässigt werden.

Die gesamte Gate-Fläche in der Eingangsstufe sollte etwa 752 μm^2 betragen. Nun zur Aufteilung: Die Stromspiegeltransistoren M3, M4 müssen mit dem Ausgangstransistor M8 matchen, und die Stromübersetzung ist mit $(10 \ \mu A) : (100 \ \mu A) = 1 : 10$ bereits relativ groß. Deshalb wird versuchsweise gewählt:

$$W_3 \cdot L_3 = 300 \ \mu m^2 \ \text{und nicht } 422 \ \mu m^2; \quad W_1 \cdot L_1 = 452 \ \mu m^2 \ \text{und nicht } 330 \ \mu m^2 \tag{13.97}$$

g. Kanalweiten und -längen und endgültige Abmessungen

Für die Transistoren der Eingangsstufe erhält man aus (13.82), (13.92a), (13.83a) und (13.97):

$$L_3 = L_4 = \sqrt{\frac{W_3 \cdot L_3}{w_3}} = \sqrt{\frac{300\,\mu m^2}{12}} = 5\,\mu m, \quad W_3 = W_4 = w_3 \cdot L_3 = 60\,\mu m \tag{13.98a}$$

$$L_1 = L_2 = \sqrt{\frac{W_1 \cdot L_1}{w_1}} = \sqrt{\frac{452\,\mu m^2}{32}} = 3{,}8\,\mu m, \quad W_1 = W_2 = w_1 \cdot L_1 = 120\,\mu m$$

Die Werte für $W_1 = W_2$ bzw. $W_3 = W_4$ sind so gewählt, dass sie durch **vier** teilbar sind. Somit können diese Transistoren mit einer Breite von 15 μm ausgelegt werden. Dann können die folgenden Vervielfachungsfaktoren angegeben werden: $M_1 = M_2 = 8$ und entsprechend $M_3 = M_4 = 4$. Beide Werte sind durch vier teilbar, sodass eine Kreuzkopplung zur Verringerung des Offset-Fehlers ohne Probleme möglich wird.

Für die Transistoren M5 und M7 wird versuchsweise eine Länge von $L_5 = L_7 = 5\,\mu m$ festgelegt. Damit folgt aus den Ergebnissen (13.85a) und (13.93a):

$$W_5 = w_5 \cdot L_5 = 6 \cdot 5\,\mu m = 30\,\mu m$$
$$W_7 = w_7 \cdot L_7 = 28 \cdot 5\,\mu m = 140\,\mu m \;\rightarrow\; W_7 = 150\,\mu m \;\rightarrow\; w_7 = 30 \tag{13.98b}$$

Der Wert für M7 wird auf $W_7 = 150\,\mu m$ erhöht, damit er durch 15 μm teilbar ist. Dann können auch die beiden Transistoren M5 und M7 mit einer Breite von 15 μm ausgelegt werden und die Vervielfachungsfaktoren werden ganzzahlig: $M_5 = 2$ und $M_7 = 10$.

Der Transistor M8 muss mit dem Stromspiegel M3, M4 matchen. Er erhält deshalb zunächst einmal die gleiche Kanallänge wie M3, M4, also $L_8 = 5\,\mu m$. Mit dem Resultat (13.90a) wird dann eine Kanalweite von

$$W_8 = w_8 \cdot L_8 = 112 \cdot 5\,\mu m = 560\,\mu m \tag{13.99a}$$

nötig. Da der Wert für W_7 vergrößert wurde, die Gleichung (13.91) aber exakt erfüllt sein muss, ist W_8 noch einmal zu korrigieren:

$$w_8 = \frac{2 \cdot w_3}{w_5} \cdot w_7 = \frac{2 \cdot 12}{6} \cdot 30 = 120$$
$$W_8 = \frac{2 \cdot W_3}{W_5} \cdot W_7 = \frac{2 \cdot 60\,\mu m}{30\,\mu m} \cdot 150\,\mu m = 600\,\mu m \;\rightarrow\; M_7 = 40 \tag{13.99b}$$

Der Transistor M8 nimmt den größten Platz in Anspruch. Chipfläche kann gespart werden, wenn die Kanallänge von M8 reduziert wird. Dies geht dann allerdings ein wenig auf Kosten des systematischen Offset-Fehlers. Bei $L_8 = 3\,\mu m$ und Einhalten von $w_8 = 120$ und einer Transistorbreite von 15 μm wird $M = 24$. SPICE liefert einen etwas geringeren Offset-Fehler, wenn die Länge auf $L_8 = 3{,}1\,\mu m$ erhöht wird. Ein Kompromiss zugunsten der Chipfläche steht bei fast jedem Design zur Entscheidung an.

Alle Ergebnisse sind in der Tabelle 13.1 zusammengestellt. Darin enthalten sind auch die Werte A_D, A_S, P_D und P_S, die **nach** der Layout-Erstellung ermittelt werden können.

Tabelle 13.1

Zusammenstellung der berechneten Ergebnisse

Transistor	$w = W/L$ (vorläufig)	$W/\mu m$	$L/\mu m$	M	$A_D/\mu m^2$	$A_S/\mu m^2$	$P_D/\mu m$	$P_S/\mu m$	$w = W/L$ (endgültig)	$W \cdot L$ (endgültig)
M1, M2	32	15	3,8	8	19,5	24,4	17,6	22,0	31,58	456 μm^2
M3, M4	12	15	5	4	19,5	29,3	17,6	26,4	12	300 μm^2
M8	112	15	3,1	40	- -	- -	- -	- -	120	3000 μm^2
M8	s. Text	15	5	24	19,5	22,8	17,6	20,5	116,1	1116 μm^2
M6	½ w_5 = 3	15	5	1	19,5	39,0	20,2	40,4	3	75 μm^2
M5	6	15	5	2	19,5	39,0	17,6	35,2	6	150 μm^2
M7	28	15	5	10	19,5	31,2	17,6	28,2	30	750 μm^2
M9	- -	15	3	1	19,5	39,0	20,2	40,4	5	45 μm^2

13.8.4 Simulationsergebnisse

Mit den berechneten Werten, wie sie in der Tabelle 13.1 zusammengestellt sind, sollen nun einige Simulationen vorgenommen werden. Dazu wird zunächst wieder eine **hierarchische** Schaltung erstellt [37], siehe Abbildung 13.66a. Im Schaltbild des Verstärkers CM5OTA02 – siehe Abbildung 13.57 – sind jetzt allerdings für die Simulation die Transistornamen „M" durch Subcircuit-Bezeichnungen „X" ersetzt worden, damit später auch eine Monte-Carlo-Analyse möglich wird. Diese Schaltung findet man im Ordner „Schematic_13" unter dem Namen CM5OTA02.asc (IC.zip).

Abbildung 13.66b zeigt einige DC-Simulationsergebnisse. Im oberen Teilbild ist die Spannungsdifferenz zwischen den beiden Eingängen in Abhängigkeit von der Eingangsspannung dargestellt. Ein systematischer Offset-Fehler, wie er eventuell durch die Änderung der Kanal**länge** des Transistors M8 hervorgerufen sein könnte, ist nicht zu erkennen. Die Schaltung ist sogar so robust, dass selbst eine stärkere Variation, z. B. die der Kanal**weite** von M8 um ±20 %, zu keiner störenden Verschlechterung des Offsets führt. (Die Simulation ist in Abbildung 13.66b nicht enthalten; bitte überprüfen Sie diese Aussage durch eine Simulation.) Das untere Teilbild zeigt die Ausgangsspannung. Bei einer Belastung von 50 $k\Omega$ wird praktisch die untere Rail erreicht.

13 Operationsverstärker

Simulation

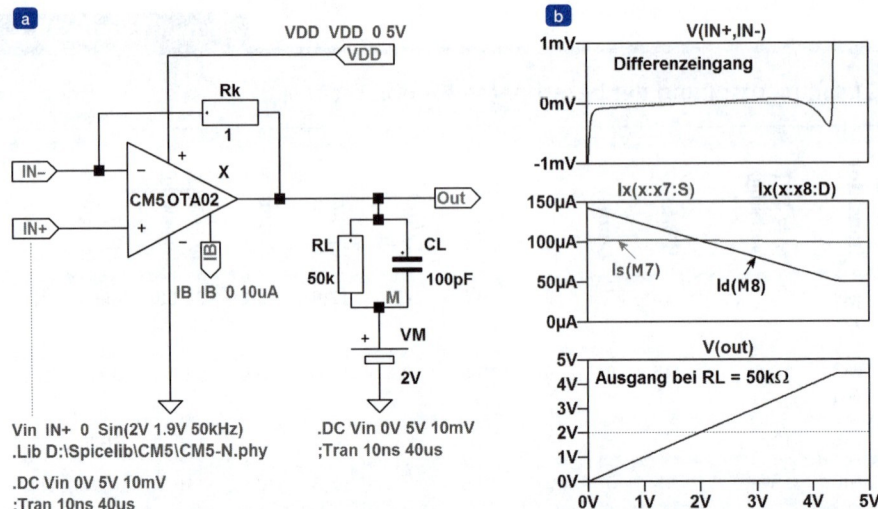

Abbildung 13.66: (a) (OTA02_1.asc) Zur Simulation vorbereitete hierarchische Schaltung; Innenschaltung des Verstärkers CM5OTA02 siehe Abbildung 13.57. (b) DC-Analyse.

Aufgabe

1. Führen Sie eine Transientenanalyse durch. Verwenden Sie dazu die in der Abbildung 13.66a bereits vorbereiteten Einstellungen und experimentieren Sie auch mit anderen Einstellungen (Datei: OTA02_1_Tran.asc).

2. Ändern Sie die Einstellung in Abbildung 13.66 derart, dass eine „Messung" der Slew-Rate möglich wird, und bestimmen Sie diese für die steigende und die fallende Flanke. Machen Sie sich Gedanken über den Unterschied der beiden Ergebnisse (Datei: OTA02_1_Slew.asc).

3. Bereiten Sie die Schaltung Abbildung 13.66 zur Rauschanalyse vor. Wählen Sie für den Wert des Gegenkopplungswiderstandes Rk einen Parameter, z. B. „R", und formulieren Sie eine Step-Anweisung für die Werte $R = 1\ k\Omega$, $R = 10\ k\Omega$ und $R = 100\ k\Omega$ (Datei: OTA02_1_Noise.asc).

Zur Simulation der **Schleifenverstärkung** wird eine zu Abbildung 13.50 analoge Schaltung verwendet. Die beiden Filterwiderstände R1 und R2 müssen allerdings vergrößert werden; sie erhalten je einen Wert von 10 $M\Omega$. Abbildung 13.67 zeigt dann das Simulationsergebnis. Es ist im Prinzip zufriedenstellend, auch wenn die geforderte Bandbreite von 1 MHz nicht ganz erreicht wird.

Nun soll versucht werden, mit dem Kompensationskondensator Cc einen Widerstand Rc in Reihe zu schalten, mit dem Ziel, die Kondensatorfläche reduzieren zu können. Durch einen solchen Widerstand kann bekanntlich die vorhandene Nullstelle ins **Negative** verschoben werden. Mithilfe von SPICE findet man eine brauchbare Kombination: $C_C = 5{,}7\ pF$, $R_C = 16\ k\Omega$. Der Kondensator Cc darf demnach sogar um den **Faktor drei bis vier verkleinert** werden, siehe Abbil-

13.8 Komplettes Design eines CMOS-Operationsverstärkers

dung 13.68. Zum Vergleich sind dort zusätzlich die Asymptoten der vorangegangenen Simulation eingetragen. Man erkennt deutlich den Bandbreitengewinn, den der kleinere Kondensator mit sich bringt. Außerdem sollte auch die Slew-Rate etwas größer werden; siehe später.

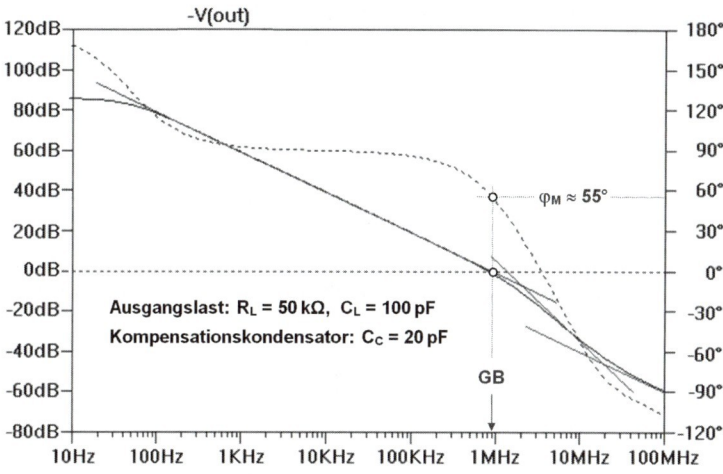

Abbildung 13.67: (OTA02_2.asc) Bode-Diagramm der Schleifenverstärkung für den Verstärker CM5OTA02; Korrekturkondensator $C_C = 20$ pF, kein R_C.

In einer ASIC-Anwendung wird man die beiden Elemente zur Frequenzgangkorrektur in der Regel sehr sorgfältig der tatsächlichen Applikation anpassen. Oft ist es gar nicht notwendig, für den Fall $F(s) = 1$ zu kompensieren. Dann könnte die Kondensatorfläche noch weiter verringert werden. In der Schaltung Abbildung 13.57 könnte der Widerstand Rc auch durch einen NMOSFET ersetzt werden: Drain an Knoten „7", Source an Knoten „3" und Gate an den Bias-Knoten „IB" [24]. Das hätte den Vorteil, dass auch bei Prozessen, die keine hochohmigen Widerstände unterstützen, diese Methode angewendet werden könnte. Ein Transistor mit $W = 3$ μm und $L = 5$ μm würde bereits ausreichen.

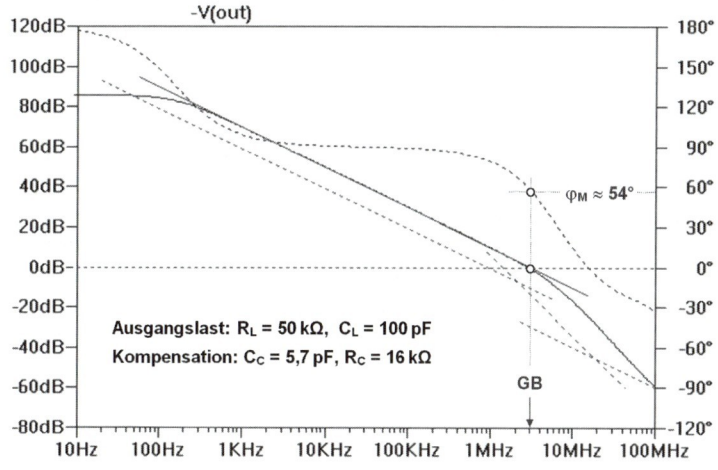

Abbildung 13.68: (OTA02_3.asc) Bode-Diagramm der Schleifenverstärkung für den Verstärker CM5OTA02; Kompensationsglied: $C_C = 5{,}7$ pF, $R_C = 16$ kΩ.

Zur Ermittlung der Slew-Rate wird entsprechend Abbildung 13.69a eine Spannungsfolgerschaltung verwendet. Das Ergebnis in Abbildung 13.69b zeigt, dass die ansteigende Flanke trotz kleinerer Kompensationskapazität C_C die Spezifikation nur knapp erfüllt, während die fallende Flanke deutlich steiler geworden ist. Der Grund ist verständlich: Die Anstiegszeit wird nämlich in erster Linie vom Wert der Lastkapazität CL und dem Strom $-I_D(Q7)$ bestimmt, den der Transistor Q7 (bzw. X7) in den Ausgangsknoten „Out" einspeisen kann. Ladungsansatz:

$$\Delta Q = C_L \cdot \Delta U_{Out} = -I_D(Q7) \cdot \Delta t \quad \rightarrow \quad -I_D(Q7) = C_L \cdot \frac{\Delta U_{Out}}{\Delta t} = C_L \cdot S_R \qquad (13.100)$$

Mit den gegebenen Werten $C_L = 100\ pF$ und $S_R = 1\ V/\mu s$ müsste der Transistor Q7 (bzw. X7) einen Strom von $-I_D(Q7) = 100\ \mu A$ liefern. Dieser Strom sollte bei einem Bias-Strom von 10 µA und einer Stromübersetzung von 1:10 gerade zur Verfügung stehen. In einer praktischen Anwendung würde man den Bias-Strom I_B eventuell etwas erhöhen und den wirklichen Forderungen anpassen.

Simulation

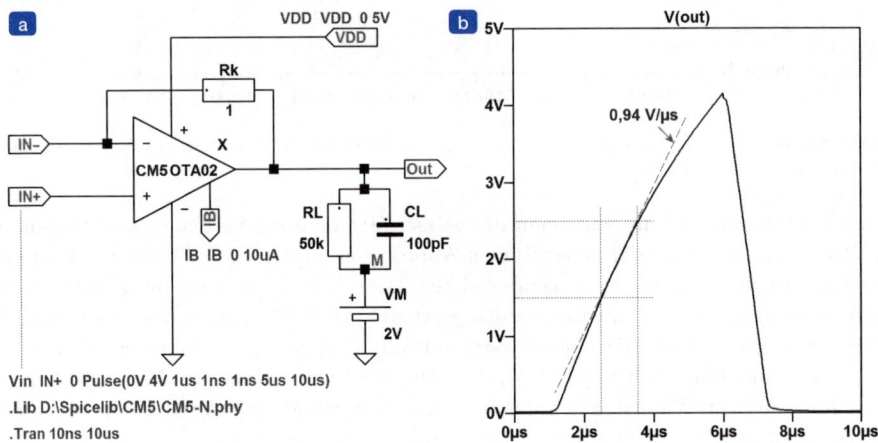

Abbildung 13.69: (OTA02_4.asc) (a) Schaltung zur Ermittlung der Slew-Rate. (b) Simulationsergebnis.

Zum Schluss soll eine Monte-Carlo-Simulation klären, ob die Offset-Spannung die geforderte Grenze von 5 mV nicht überschreitet. Schaltung und Simulationsergebnis sind in Abbildung 13.70 dargestellt.

Leider wird die Grenze von 5 mV bei $x = 1000$ Simulationsdurchläufen etwa siebenmal erreicht bzw. überschritten. Das ist etwas zu viel, denn entsprechend der 3σ-Grenze sollten nur zwei bis drei Überschreitungen auftreten. Nun wäre zu entscheiden, ob die Transistorabmessungen noch vergrößert werden oder ob diese Abweichung von der Spezifikation eventuell noch toleriert werden kann. Für dieses Beispiel wird entschieden, die Abmessungen so zu lassen und das Layout anzufertigen.

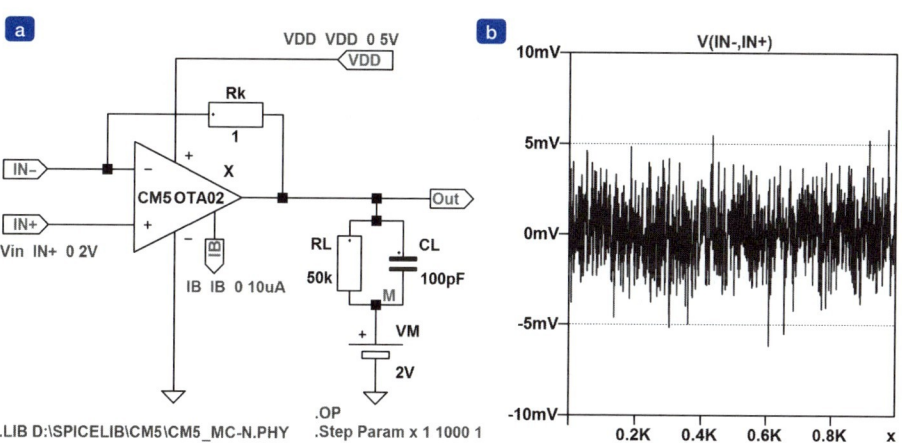

Abbildung 13.70: (OTA02_5.asc) (a) Schaltung zur Monte-Carlo-Simulation der Offset-Spannung. (b) Simulationsergebnis.

13.8.5 Layout-Erstellung

Das endgültige Layout ist in Abbildung 13.71 dargestellt. Es wird empfohlen, die Layout-Datei CM5OTA02.tdb zu öffnen, um Einzelheiten besser verfolgen zu können [38].

In Abbildung 13.57 sind die Transistorabmessungen bereits derart aufgeteilt und eingetragen (Verwendung des Multiplikators „M"), dass im Layout eine „Kreuzkopplung" der Elemente M1 und M2 (X1 und X2) sowie M3 und M4 (X3 und X4) möglich wird. Mit diesem Arrangement sollte ein optimales Matching der Eingangs- und Stromspiegeltransistoren möglich sein. Zusätzlich sind Dummy-Gates vorgesehen (siehe *Kapitel 8, Abschnitt 8.5.2*). Sinnvollerweise werden die NMOSFETs in der Nähe der GND-Rail (Substrat) angeordnet und die PMOSFETs entsprechend nahe der positiven Versorgungsspannung. Die Eingangstransistoren sind PMOSFETs und erhalten eine eigene N-Well-Wanne. Diese Wanne wird von einem n-leitenden Guard-Ring umschlossen und an die positive Versorgungsspannung angeschlossen. Sie wird außerdem auch von einem p-leitenden Guard-Ging umgeben, der mit dem Substrat verbunden ist. Zwischen den P-Kanal- und N-Kanal-FETs wird der Kondensator Cc angeordnet. Dadurch wird der Abstand groß genug sein, um einen Latch-Up sicher zu vermeiden. Der Kondensator selbst wird hier in drei Segmente aufgeteilt. Somit kann der Kapazitätswert später der Applikation besser angepasst werden. Für eine Anwendung als Komparator kann er sogar ganz abgekoppelt werden. Ähnliches gilt auch für den Widerstand Rc. Zu beachten ist, dass nicht verwendete Widerstände und Kondensatorbeläge mit dem Substrat zu verbinden sind, um eine elektrostatische Auflagung zu vermeiden.

Alle Verbindungen, die zum Anschließen des Verstärkers gebraucht werden, können über die zweite Metallebene, Layer MET2, erfolgen. Auch der Kondensatoranschluss, Knoten „7", ist zugänglich: Einmal an der rechten Seite und einmal links unterhalb des Anschlusses „IN+". Dadurch wird es möglich, einen zusätzlichen Kondensator anzuschließen, wenn z. B. eine größere kapazitive Last dieses erfordern sollte.

Zu bemerken ist, dass die Layer MET1 und MET2 im Kondensatorbereich nicht gekreuzt werden dürfen. Die Design-Rules schreiben einen Mindestabstand von 1,4 μm vor. Deshalb wird die MET1-Leitung unterbrochen, die zum oben genannten Knoten „7" auf der linken Seite führt. Die Verbindung erfolgt dann über die obere Kondensatorelektrode, den Layer POLY1.

13 Operationsverstärker

Es soll auch hier noch einmal darauf hingewiesen werden, dass Metall über Gate-Bereichen die Threshold-Spannung beeinflusst. Wenn also Leitungen über solchen Gebieten nicht zu vermeiden sind, müssen bei zueinander matchenden Transistoren (und Widerständen) die Metallüberdeckungen gleich gestaltet werden! Im Layout Abbildung 13.71 wird bei den beiden kreuzgekoppelten Eingangstransistoren MET2 zur Verbindung der einzelnen Drain-Anschlüsse auch über die Gate-Bereiche gelegt. Deshalb werden diese Leitungen nicht nur bis zu den Verbindungsstellen geführt, sondern noch darüber hinaus.

Layout

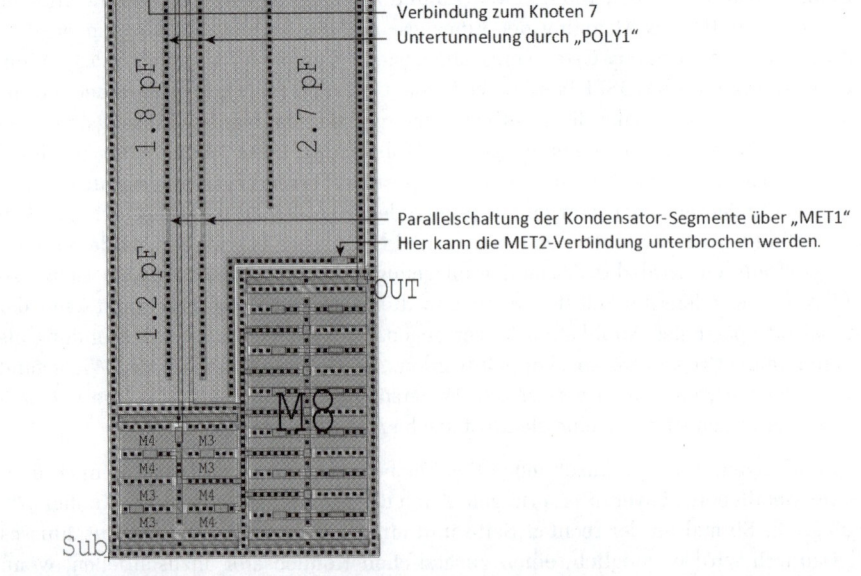

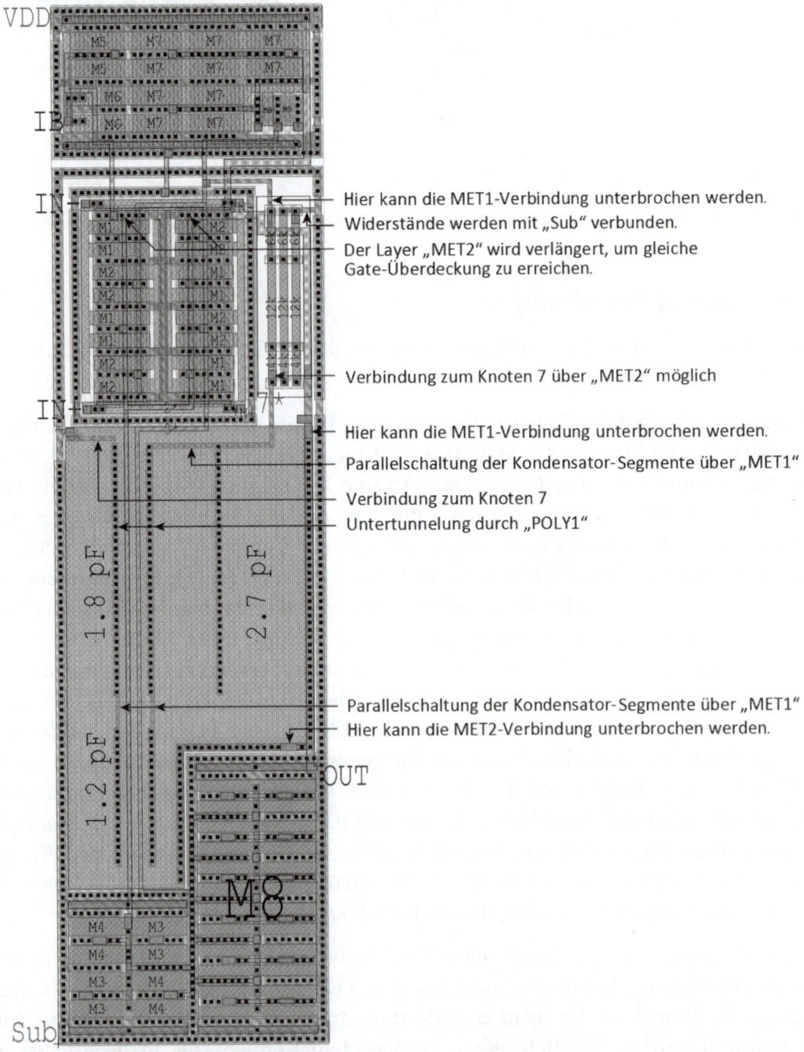

Abbildung 13.71: (CM5OTA02.tdb) Layout zur Schaltung nach Abbildung 13.57; erforderlicher Flächenbedarf: $X \times Y = 78\ \mu m \times 288\ \mu m$. (Knotennamen, die im Schaltplan nur aus Ziffern bestehen, erhalten im Layout zusätzlich einen Stern *.)

Die Knotennamen der Schaltung (Abbildung 13.57) werden im Layout übernommen. Allerdings erhalten Knotennamen, die nur Ziffern enthalten, zusätzlich einen Stern *, damit es bei der Schaltungsextraktion mithilfe von L-Edit nicht zu einem Konflikt kommt.

13.8 Komplettes Design eines CMOS-Operationsverstärkers

Knotennamen müssen unbedingt eindeutig sein. Wenn z. B. innerhalb einer Zelle eine Verbindung zwischen zwei Knoten hergestellt wird, müssen beide Seiten dieselbe Knotenbezeichnung tragen! Dies gilt hier z. B. für den Knoten „7*" (= „7"). Er ist links und rechts der Zelle zugänglich und die Verbindung erfolgt über die Deckelektrode des Kondensators. Wird aber die MET1-Leitung zum Kondensator unterbrochen, z. B. wenn der Kondensator in einer Applikation nicht benötigt wird, muss an einer Stelle der Label „7*" entfernt werden. Wird dies vergessen, ist die Leitung **physikalisch** zwar unterbrochen, bei der Extraktion taucht aber die Verbindung in der Netzliste wieder auf!

Wenn das Layout fertig ist, müssen noch die wichtigsten parasitären Elemente ermittelt werden. Das sind die Flächen und Randlängen der Drain- und Source-Dioden.

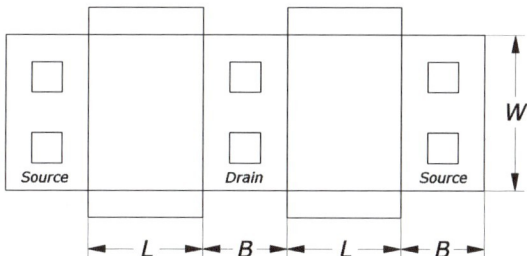

Abbildung 13.72: Zur Ermittlung der Flächen und Randlängen der Drain- und Source-Dioden. In diesem Beispiel ist der Vervielfachungsfaktor $M = 2$.

Wenn der Vervielfachungsfaktor $M = 1$ ist, gilt in Anlehnung an Abbildung 13.72:

$$\left.\begin{array}{ll} A_D = W \cdot B & A_S = W \cdot B \\ P_D = 2 \cdot (W + B) & P_S = 2 \cdot (W + B) \end{array}\right\} \text{ für } M = 1 \qquad (13.101)$$

Häufig ist aber, wie z. B. in Abbildung 13.72 angedeutet, $M > 1$. Dann wird normalerweise die Source-Diode „außen" und die Drain-Diode „innen" angeordnet, damit die parasitäre **Drain**-Kapazität den **kleineren** Wert erhält. Die Source-Diode liegt meist an einem Knoten, der niederohmig ist, sodass ein etwas höherer Kapazitätswert nicht schadet. Dann ist $A_S > A_D$ und ebenso $P_S > P_D$. Auf jeden Fall müssen die Werte entsprechend der tatsächlichen Anordnung bestimmt werden. Im Beispiel Abbildung 13.72 ist $A_S = 2 \cdot A_D$ und $P_S = 2 \cdot P_D$.

Die aus dem Layout Abbildung 13.71 ermittelten Werte sind in der Tabelle 13.1 eingetragen und auch bei den Simulationen zur Schaltung berücksichtigt worden.

13.8.6 Layout-Verifikation

Die Vorgehensweise ist im *Kapitel 8, Abschnitt 8.7.2* beschrieben: Das Werkzeug **Extract** wird verwendet, um aus dem Layout eine Netzliste zu erstellen [38]. Diese wird dann mithilfe des Programms **LVS** (Layout vs. Schematic) mit der Original- oder Referenznetzliste verglichen. Die Referenznetzliste wird direkt aus dem Schaltbild (Abbildung 13.57) mit deren endgültigen Werten gewonnen. Stimmen beide überein, ist das Design in Ordnung. Leider steht das Programm **LVS** in der Studentenversion von L-Edit nicht zur Verfügung. Mit den vorhandenen Mitteln ist aber eine **Funktionsprüfung** möglich, die ebenfalls eine brauchbare Aussage über die Richtigkeit des Layouts zulässt. Dieser Weg soll hier aufgezeigt und beschritten werden. Ziel wird sein, aus der extrahierten Netzliste eine Circuit-Datei bzw. eine Schaltung zu erstellen, die dann mit SPICE simuliert werden kann.

13 Operationsverstärker

Zuerst wird, wie oben schon bemerkt, das Werkzeug **Extract** gestartet, das aus dem Layout eine „Netzlistendatei" mit dem Namen CM5OTA02.spc generiert. Diese Textdatei enthält im Wesentlichen die Netzliste. Der Netzlistenteil wird über die Zwischenablage in eine neue Textdatei mit dem Namen CM5OTA02.sub kopiert, um eine Subcircuit-Datei für den Verstärker zu erstellen. Hinzugefügt werden eine erste Zeile zur Subcircuit-Definition und das Abschluss-Statement „.EndS". Für dieses Beispiel hat die Subcircuit-Datei dann die folgende Form:

```
.Subckt CM5OTA02 IN+ IN- Out VDD Sub IB
C1 7* OUT CPOLY 1.2169p
C2 7* OUT CPOLY 2.7005634p
C3 7* OUT CPOLY 1.8000488p
.
.
.
.
M72 OUT 3* Sub Sub MN7 L=3.1u W=15u
M73 Sub 3* OUT Sub MN7 L=3.1u W=15u
M74 OUT 3* Sub Sub MN7 L=3.1u W=15u
M75 Sub 3* OUT Sub MN7 L=3.1u W=15u
M76 OUT 3* Sub Sub MN7 L=3.1u W=15u
.EndS CM5OTA02
```

Der nächste Schritt ist die Erstellung einer Simulationsdatei mit dem Namen CM5OTA02_DC.cir. Damit ein einfacher Vergleich mit den Ergebnissen aus Abbildung 13.66 möglich wird, wird die Circuit-Datei analog zur Schaltung Abbildung 13.66a mit deren externen Elementen zusammengestellt:

```
* CM5OTA02_DC.cir
X  IN+ IN- Out VDD 0 IB CM5OTA02
VDD VDD 0    5V
VM  M   0    2V
Vin IN+ 0    2V
IB  IB  0    10uA
RL  Out 0    50k
CL  Out 0    100pF
Rk  Out IN-  10
.Lib D:\Spicelib\CM5\CM5-N.phy
.Lib D:\Temp\CM5OTA02.sub
.DC Vin 0V 5V 10mV
.End
```

Ganz wichtig ist, dass in der Circuit-Datei der komplette Pfad für die Subcircuit-Datei CM5OTA02.sub angegeben wird. Auch die Bibliotheksanweisung für die Transistormodelle darf nicht fehlen. Dies sind hier die beiden Zeilen unmittelbar nach der Netzliste. Eine Reihenfolge muss nicht eingehalten werden; nur die End-Anweisung „.End" muss am Ende stehen.

Das dynamische Verhalten sollte ebenfalls abgesichert werden. Es könnte ja sein, dass der Kompensationskondensator nicht richtig angeschlossen ist. Die Circuit-Datei für eine AC-Analyse hat z. B. die Form:

Simulation

```
* CM5OTA02_AC.cir
X  IN+ IN- Out VDD 0 IB CM5OTA02
VDD VDD 0    5V
VM  M   0    2V
Vin IN+ 0    2V AC 1V
```

13.8 Komplettes Design eines CMOS-Operationsverstärkers

```
IB   IB   0     10uA
RL   Out  0     50k
CL   Out  0     100pF
*Rk  Out  IN-   10
R1   Out  a     10Meg
R2   a    IN-   10Meg
C1   a    0     1uF
C2   IN-  0     1uF
.Lib D:\Spicelib\CM5\CM5-N.phy
.Lib D:\Temp\CM5OTA02.sub
.AC dec 50 10Hz 100Meg
.End
```

Für den beschriebenen Weg kann prinzipiell jeder SPICE-Simulator angewendet werden. Im *Kapitel 6, Abschnitt 6.3.2*, wurde neben der Erstellung einer Circuit-Datei aber auch der Einbau der aus dem Layout gewonnenen Subcircuit-Datei direkt in die Schaltung genannt. Diese Methode ist bei der Verwendung des Simulators LT-SPICE besonders einfach und soll deshalb hier beispielhaft für die AC-Analyse abschließend gezeigt werden. Die Schaltung für die AC-Analyse hat die in Abbildung 13.73a dargestellte Form. Das Symbol für den Verstärker wird gelöscht und dafür dessen Subcircuit-Definition eingebaut, gewonnen aus dem Layout, siehe Abbildung 13.73b.

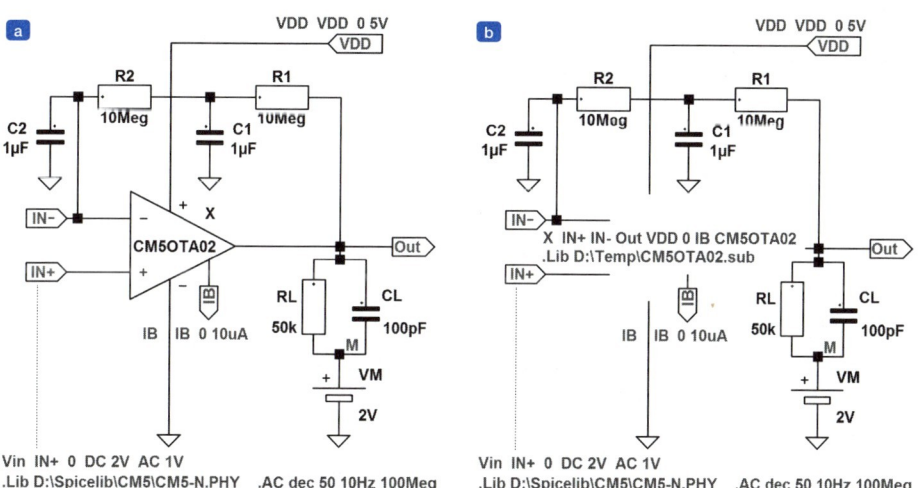

Abbildung 13.73: (a) Simulationsschaltung für die AC-Analyse. (b) Das Symbol des Verstärkers wird durch die Subcircuit-Definition ersetzt (Dateien OTA02_8a.asc und OTA02_8b.asc).

DC- und AC-Analyse liefern in diesem Beispiel zufriedenstellende Ergebnisse. Das Layout ist deshalb mit sehr großer Wahrscheinlichkeit in Ordnung, auch wenn kein exakter Netzlistenvergleich mithilfe des Programms „LVS" durchgeführt wurde. An dieser Stelle sei noch angemerkt, dass die OTA-Zelle CM5OTA02 bereits in **vier** verschiedenen Losen **zwölfmal** gefertigt und getestet wurde. Die Spezifikation ist bislang immer erfüllt worden. Der Offset-Fehler, der bei diesen 48 Bauteilen gemessen wurde, hat einen Wert von $|U_{Off}| = 3{,}3\ mV$ noch nicht überschritten.

Aufgabe

Wiederholen Sie die beiden gezeigten Methoden zur Layout-Verifikation noch einmal, indem Sie alle Schritte selbstständig ausführen.

Zusammenfassung

Dieses Kapitel hat eine Einführung in das Design integrierter Operationsverstärker gegeben. Wesentlicher Bestandteil war die Beschreibung der Funktionsweise und die Dimensionierung der Schaltungen. Sowohl die Eingangs- als auch die Ausgangsstufen wurden ausführlich beschrieben und ihre Funktion durch Simulationen mit SPICE quantitativ untersucht. Dabei spielte auch der statistische Offset-Fehler eine wichtige Rolle. Durch relativ einfache Ergänzungen der Bauelementmodelle konnte eine Monte-Carlo-Analyse durchgeführt werden. Hervorzuheben ist, dass die Schaltungen ganz konkret mit Werten präsentiert wurden und größtenteils im Rahmen von Projektarbeiten in den angegebenen Prozessen auch in Silizium realisiert worden sind. Das komplette Design eines einfachen Operationsverstärkers, einschließlich Dimensionierung, Simulation, Layout-Erstellung und Verifikation runden das Kapitel ab.

Literatur

[1] B. A. McDonald: *Avalanche Degradation of hFE*; IEEE Transactions on Electron Devices, Vol. ED-17, No. 10, Oktober 1970, 871–878.

[2] George Erdi: *A Precision Trim Technique for Monolithic Analog Circuits*; IEEE J. Solid State Circuits, Vol. 10, 1975, 412–416.

[3] George Erdi: *Amplifier Techniques for Combining Low Noise, Precision, and High-Speed Performance*; IEEE J. Solid State Circuits, Vol. 16, 1981, 653–661.

[4] J. Fonderie, M. M. Maris, E. J. Schnitger: *1 -V Operational Amplifier with Rail-to-Rail Input and Output Ranges*; IEEE J. Solid State Circuits, Vol. 24, 1989, 1551–1559.

[5] S. Sakurai, M. Ismail: *Robust Design of Rail-to-Rail CMOS Operational Amplifiers for Low Power Supply Voltage*; IEEE J. Solid State Circuits, Vol. 31, 1996, 146–156.

[6] T. S. Fiez, H. C. Yang, J. J. Yang, C. Yu, D. J. Allstot: *A Family of High-Swing CMOS Operational Amplifiers*; IEEE J. Solid State Circuits, Vol. 24, 1989, 1683–1687.

[7] M. D. Pardoen, M. G. Degrauwe: *A Rail-to-Rail Input/Output CMOS Power Amplifier*; IEEE J. Solid State Circuits, Vol. 25, 1990, 501–504.

[8] R. E. Vallee, E. I. El-Masry: *A Very High-Frequency CMOS Complementary Folded Cascode Amplifier*; IEEE J. Solid State Circuits, Vol. 29, 1994, 130–133.

[9] J. F. Duque-Carrillo, J. M. Valverde, R. Pérez-Aloe: *Constant-g_m Rail-to-Rail Common-Mode Range Input Stage with Minimum CMRR Degradation*; IEEE J. Solid State Circuits, Vol. 28, 1993, 661–666.

[10] Wen-Chung S. Wu, W. J. Helms, J. A. Kuhn, B. E. Byrkett: *Digital-Compatible High-Performance Operational Amplifier with Rail-to-Rail Input and Output Ranges*; IEEE J. Solid State Circuits, Vol. 29, 1994, 63–66.

[11] R. Hogervorst, J. P. Tero, J. H. Huijsing: *Compact CMOS Constant-g_m Rail-to-Rail Input Stage with g_m-Control by an Electronic Zener Diode*; IEEE J. Solid State Circuits, Vol. 31, 1996, 1035–1040.

[12] L. Moldovan, H. H. Li: *A Rail-to-Rail, Constant Gain, Buffered Op-Amp for Real Time Video Applications*; IEEE J. Solid State Circuits, Vol. 32, 1997, 169–176.

[13] G. Ferri, W. Sansen: *A Rail-to-Rail Constant-gm Low-Voltage CMOS Operational Transconductance Amplifier*; IEEE J. Solid State Circuits, Vol. 32, 1997, 1563–1567.

[14] R. Griffith, R. L. Vyne, R. N. Dotson, T. Petty: *A 1-V BiCMOS Rail-to-Rail Amplifier with n-Channel Depletion Mode Input Stage*; IEEE J. Solid State Circuits, Vol. 32, 1997, 2012–2022.

[15] D. G. Maeding: *A CMOS Operational Amplifier with Low Impedance Drive Capability*; IEEE J. Solid State Circuits, Vol. 18, 1983, 227–229.

[16] K. E. Brehmer, J. B. Wieser: *Large swing CMOS power amplifier*; IEEE J. Solid State Circuits, Vol. 18, 1983, 624–629.

[17] K. Nagaraj: *Large-Swing CMOS Buffer Amplifier*; IEEE J. Solid State Circuits, Vol. 24, 1989, 181–183.

[18] J. Kih, B. Chang, D.-K. Jeong, W. Kim: *Class-AB Large-Swing CMOS Buffer Amplifier with Controlled Bias Current*; IEEE J. Solid State Circuits, Vol. 28, 1993, 1350–1353.

[19] T. Saether, C.-C. Hung, Z. Qi, M. Ismail, O. Aarerud: *High Speed, High Linearity CMOS Buffer Amplifier*; IEEE J. Solid State Circuits, Vol. 31, 1996, 255–258.

[20] L. G. A. Callewaert, W. M. C. Sansen: *Class AB CMOS Amplifiers with High Efficiency*; IEEE J. Solid State Circuits, Vol. 25, 1990, 684–691.

[21] J. N. Babanezhad: *A Low-Output-Impedance Fully Differential OP Amp with Large Output Swing and Continuous-Time Common-Mode Feedback*; IEEE J. Solid State Circuits, Vol. 26, 1991, 1825–1833.

[22] G. Palmisano, G. Palumbo, R. Salerno: *A 1.5-V High Capability CMOS Op-Amp*; IEEE J. Solid State Circuits, Vol. 34, 1999, 248–252.

[23] P. R. Gray, R. G. Meyer: *MOS Operational Amplifier Design – A Tutorial Overview*; IEEE J. Solid State Circuits, Vol. 17, 1982, 969–982.

[24] William C. Black, et al.: *A High Performance Low Power CMOS Channel Filter*; IEEE J. Solid State Circuits, Vol. 15, 1980, 929–938.

[25] R. Klinke, et al.: *A Very-High-Slew-Rate CMOS Operational Amplifier*; IEEE J. Solid State Circuits, Vol. 24, 1989, 744–746.

[26] Doug Smith, M. Koen, A. Witulski: *Evolution of High-Speed Operational Amplifier Architectures*; IEEE J. Solid State Circuits, Vol. 29, 1994, 1166–1179.

[27] James E. Solomon: *The Monolithic Op Amp: A Tutorial Study*; IEEE J. Solid State Circuits, Vol. 9, 1974, 314–332.

[28] Richard D. Jolly, R. H. McCharles: *A Low-Noise Amplifier for Capacitor Filters*; IEEE J. Solid State Circuits, Vol. 17, 1982, 1192–1194.

[29] R. J. Baker, H. W. Li, D. E. Boyce: *CMOS Circuit Design, Layout, and Simulation*; IEEE Press, 1998, ISBN 0-7803-3416-7.

[30] P. E. Allen, D. R. Holberg: *CMOS Analog Circuit Design*; Oxford, 2002, ISBN 0-19-511644-5.

[31] D. A. Johns, K. Martin: *Analog Integrated Circuit Design*; John Wiley & Sons, 1997

[32] M. S. Ghausi, K. R. Laker: *Modern Filter Design, Active RC and Switched Capacitor*; Prentice Hall, 1981, ISBN 0-13-594663-8.

[33] R. Gregorian, G. C. Temes: *Analog MOS Integrated Circuits for Signal Processing*; John Wiley & Sons, 1986, ISBN 0-471-09797-7.

[34] R. Castello, P.R.Gray: *A High-Performance Micropower Switched-Capacitor Filter*; IEEE J. Solid State Circuits, Vol. SC-20, 1985, 1122–1132.

[35] S. Pernici, G.Nicollini, R. Castello: *A CMOS Low-Distortion Fully Differential Power Amplifier with Double Nested Miller Compensation*; IEEE J. Solid State Circuits, Vol. 28, 1993, 758–763.

[36] K.-H. Cordes: Einführung in das Simulationsprogramm SPICE; IC.zip, Skripten\SPICE.pdf.

[37] K.-H. Cordes: Kurze Einführung in das Simulationsprogramm LT-SPICE; IC.zip, Skripten\LT-SPICE.pdf.

[38] K.-H. Cordes: Kurze Einführung in das Layout-Programm L-Edit; IC.zip, Skripten\L-Edit.pdf.

Einführung in GM-C-Schaltungen

14.1 Grundschaltungen 649
14.2 GM-C-Oszillator und GM-C-Filterschaltungen ... 651
14.3 Ausführung von GM-Zellen 659

Einführung in GM-C-Schaltungen

Einleitung

》 Integrierte Filter können grundsätzlich auf zweierlei Weise realisiert werden. Die eine große Gruppe verwendet die sogenannte **Switched-Capacitor**-Technik (SC-Technik) [1] ... [6], bei der Widerstände durch periodisch geschaltete Kondensatoren nachgebildet werden. Diese Technik gestattet eine sehr genaue Einstellung der Filterkoeffizienten bzw. Zeitkonstanten, da diese im Wesentlichen durch die Kapazitätsverhältnisse und die Genauigkeit der Taktfrequenz bestimmt werden. Doch in manchen Anwendungen stört das zeitdiskrete Schalten. Die andere große Gruppe vermeidet ein Sampling im Zeitbereich ganz. Solche Filter werden als zeitkontinuierliche Filter (**Continuous-Time Filters**) bezeichnet. Leider hängen die Filterkonstanten unmittelbar von den Bauteiltoleranzen ab.

Zeitkontinuierliche Filter können prinzipiell mit Operationsverstärkern, Kondensatoren und Widerständen aufgebaut werden. Wenn es aber darum geht, solche Filter mit geringem Platz- und Strombedarf zu realisieren, sind normale Operationsverstärker nicht immer geeignet. Sehr viel einfacher, platz- und energiesparender ist es, sogenannte **GM-Zellen** (GM steht für Transconductance g_m) in Verbindung mit Kondensatoren zu verwenden (GM-C). Im Folgenden kann nur eine kurze Einführung in dieses umfangreiche Gebiet gegeben werden und auf eine Beschreibung der Filtertheorie wird ganz verzichtet. Weitere Einzelheiten findet man in der einschlägigen Literatur [3], [9] ... [15].

Solch eine GM-Zelle ist im Prinzip nichts anderes als eine **einfache** Schaltung, die am Ausgang einen Strom liefert, der der Spannung am Eingang proportional ist. Eine GM-Zelle hat eine gewisse Ähnlichkeit mit einem OTA, nur ist die gesamte Transconductance $g_m = dI_{Out}/dU_{In}$ in der Regel sehr viel geringer. Der Hauptunterschied zum OTA ist jedoch, dass die GM-Zelle Eingangsspannungen im **Voltbereich** linear verarbeiten muss. Bevor nun der Aufbau einer GM-Zelle näher erläutert wird, sollen kurz ihre Eigenschaften in Verbindung mit Kondensatoren betrachtet werden. 《

LERNZIELE

- Grundprinzip einfacher Impedanzkonverter
- Schaltung eines GM-C-Oszillators
- Filterschaltungen (GM-C-Bandpass- und Tiefpass-Filter)
- Realisierung von GM-Zellen

14.1 Grundschaltungen

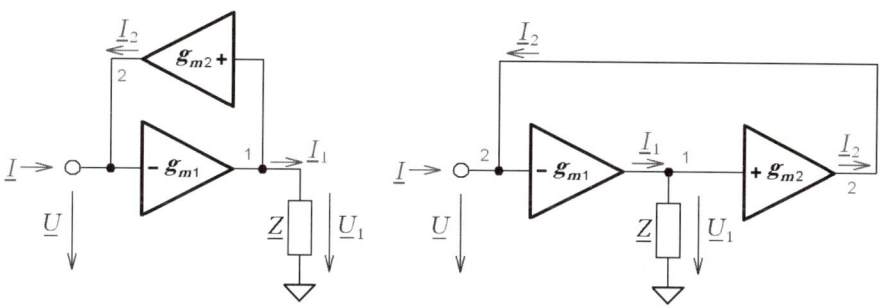

Abbildung 14.1: Einfacher Impedanzkonverter (Gyrator).

In Abbildung 14.1 ist eine einfache Grundschaltung, bestehend aus zwei GM-Zellen und einem komplexen Widerstand $\underline{Z}$, dargestellt. Wenn vorausgesetzt wird, dass die GM-Zellen einen unendlich hohen Eingangswiderstand haben und g_{m1} und g_{m2} reell sind, so fließt am Ausgangsknoten „1" der Strom

$$\underline{I}_1 = -g_{m1} \cdot \underline{U} \tag{14.1}$$

und erzeugt an Z den Spannungsabfall

$$\underline{U}_1 = \underline{I}_1 \cdot \underline{Z} = -g_{m1} \cdot \underline{U} \cdot \underline{Z} \tag{14.2}$$

Als Gegenkopplung dient die zweite GM-Zelle. Sie speist in den Knoten „2" einen Strom der Größe

$$\underline{I}_2 = +\underline{U}_1 \cdot g_{m2} = -g_{m1} \cdot \underline{U} \cdot \underline{Z} \cdot g_{m2} \text{ ein.} \tag{14.3}$$

Wegen $\underline{I} = -\underline{I}_2$ ist der Eingangsstrom der Schaltung

$$\underline{I} = -\underline{I}_2 = g_{m1} \cdot g_{m2} \cdot \underline{Z} \cdot \underline{U} \tag{14.4}$$

und die Eingangsimpedanz

$$\underline{Z}_{In} = \frac{\underline{U}}{\underline{I}} = \frac{1}{g_{m1} \cdot g_{m2} \cdot \underline{Z}} \tag{14.5}$$

Wenn nun $\underline{Z}$ durch einen Kondensator dargestellt wird, also $\underline{Z} = 1/(j\omega \cdot C)$ gesetzt wird, folgt aus (14.5):

$$\underline{Z}_{In} = \frac{\underline{U}}{\underline{I}} = j\omega \cdot \frac{C}{g_{m1} \cdot g_{m2}} = j\omega \cdot L \text{ mit } L = \frac{C}{g_{m1} \cdot g_{m2}} \tag{14.6}$$

Durch die obige Schaltung, auch **Gyrator** genannt, siehe z. B. [16], kann also die Wirkung einer Induktivität nachgebildet werden. Das Produkt $g_{m1} \cdot g_{m2}$ steht im Nenner. **Große L-Werte** können folglich problemlos mit **kleinen GM-Werten** realisiert werden. Wird nun noch an den Eingangsknoten „2" ein Kondensator geschaltet, so entsteht ein Parallel-Schwingkreis. Es ist schon hier zu erkennen, dass der Aufbau von Oszillatoren oder Filtern nur mit GM-Zellen und Kondensatoren möglich sein wird und dass solche GM-C-Schaltungen bei niedrigen Frequenzen mit geringen Versorgungsströmen auskommen können.

Die Schaltung nach Abbildung 14.1 kann zum Nachbilden einer Induktivität gegen Masse verwendet werden. In einigen Anwendungen möchte man aber auch eine **erdfreie** Induktivität einsetzten. Dazu muss die Schaltung erweitert werden. Die allgemeine Form der Schaltung zeigt Abbildung 14.2.

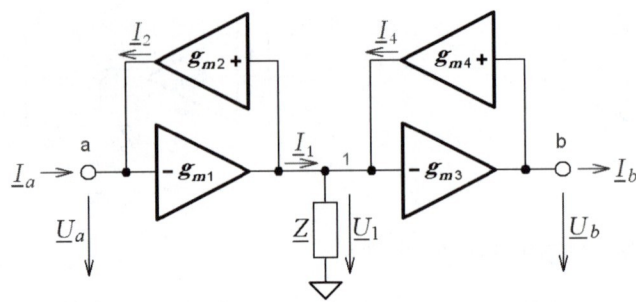

Abbildung 14.2: Erdfreier Impedanzkonverter.

Dem Knoten „1" fließen die beiden Ströme zu:

$$\underline{I}_1 = -g_{m1} \cdot \underline{U}_a \quad \text{und} \quad \underline{I}_4 = +g_{m4} \cdot \underline{U}_b \tag{14.7}$$

Die Spannung am Knoten „1" wird damit:

$$\underline{U}_1 = (\underline{I}_1 + \underline{I}_4) \cdot \underline{Z} = (-g_{m1} \cdot \underline{U}_a + g_{m4} \cdot \underline{U}_b) \cdot \underline{Z} \tag{14.8}$$

Für die beiden „äußeren" Ströme $\underline{I}_a$ und $\underline{I}_b$ gilt:

$$\underline{I}_a = -\underline{I}_2 = -g_{m2} \cdot \underline{U}_1 = -g_{m2} \cdot (-g_{m1} \cdot \underline{U}_a + g_{m4} \cdot \underline{U}_b) \cdot \underline{Z} =$$
$$= g_{m2} \cdot (g_{m1} \cdot \underline{U}_a - g_{m4} \cdot \underline{U}_b) \cdot \underline{Z} \tag{14.9}$$

$$\underline{I}_b = -g_{m3} \cdot \underline{U}_1 = -g_{m3} \cdot (-g_{m1} \cdot \underline{U}_a + g_{m4} \cdot \underline{U}_b) \cdot \underline{Z} = g_{m3} \cdot (g_{m1} \cdot \underline{U}_a - g_{m4} \cdot \underline{U}_b) \cdot \underline{Z} \tag{14.10}$$

Wenn zwischen den Knoten „a" und „b" eine **erdfreie** Impedanz wirken soll, müssen die beiden Ströme $\underline{I}_a$ und $\underline{I}_b$ gleich sein. Aus den Gleichungen (14.9) und (14.10) kann die dafür erforderliche Bedingung direkt abgelesen werden:

$$g_{m2} = g_{m3} =_{Df} g_{mi} \tag{14.11}$$

Damit wird

$$\underline{I}_a = \underline{I}_b = \underline{I} = g_{mi} \cdot (g_{m1} \cdot \underline{U}_a - g_{m4} \cdot \underline{U}_b) \cdot \underline{Z} \tag{14.12}$$

Mit

$$g_{m1} = g_{m4} =_{Df} g_{mu} \tag{14.13}$$

folgt dann für die erdfreie Impedanz:

$$\underline{Z}_{ab} = \frac{\underline{U}_a - \underline{U}_b}{\underline{I}} = \frac{1}{g_{mi} \cdot g_{mu} \cdot \underline{Z}} \tag{14.14}$$

Diese Beziehung ist mit Gleichung (14.5) vergleichbar. Zur weiteren Vereinfachung wird $g_{m1} = g_{m2} = g_{m3} = g_{m4} = g_m$ gesetzt. Damit wird:

$$\underline{Z}_{ab} = \frac{U_a - U_b}{\underline{I}} = \frac{1}{g_m^2 \cdot \underline{Z}} \quad \text{für} \quad g_{m1} = g_{m2} = g_{m3} = g_{m4} = g_m \tag{14.15}$$

Analog zu Gleichung (14.6) wird, wenn die Impedanz $\underline{Z}$ durch einen Kondensator gebildet wird,

$$\underline{Z}_{ab} = \frac{U_a - U_b}{\underline{I}} = j\omega \cdot \frac{C}{g_m^2} = j\omega \cdot L \quad \text{mit} \quad L = \frac{C}{g_m^2} \tag{14.16}$$

und dieses Element wirkt wie eine **erdfreie** Induktivität.

14.2 GM-C-Oszillator und GM-C-Filterschaltungen

Mit den beiden Grundschaltungen des vorigen Abschnitts können in recht einfacher Weise Oszillatoren und aktive Filter mit geringem Strombedarf realisiert werden. Um die Schaltungen gegen Störungen unempfindlich zu machen, werden die GM-Zellen sowohl am Eingang als auch am Ausgang symmetrisch ausgeführt. In den folgenden drei Abschnitten sollen drei Beispiele vorgestellt werden: Ein Oszillator und zwei Filterschaltungen, jeweils für eine relativ niedrige Frequenz von 10 kHz. In dem darauffolgenden Abschnitt wird dann auf die Ausführung von GM-Zellen eingegangen.

14.2.1 GM-C-Oszillator

Das Herzstück eines Oszillators ist der sogenannte **Resonator**. Er wird hier durch einen „Parallel-Schwingkreis" in GM-C-Technik gebildet. Abbildung 14.3 zeigt das Prinzip. Die Schaltung arbeitet im Gegentakt. Wenn z. B. der Knoten „OUT_A" positiver wird, wird gleichzeitig der Knoten „OUT_B" um denselben Betrag negativer. Die in Abbildung 14.3 eingezeichnete Mittellinie soll die Symmetrie der Schaltung verdeutlichen.

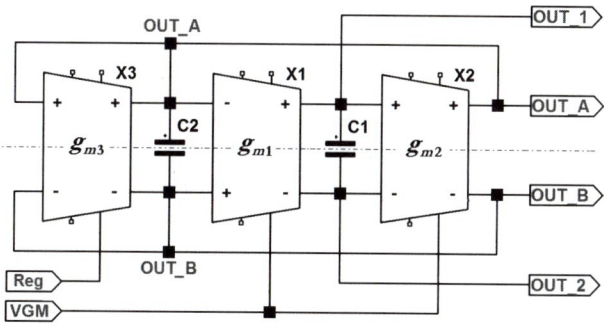

Abbildung 14.3: GM-C-Oszillator.

Die beiden GM-Zellen X1 und X2 bilden zusammen mit dem Kondensator C1 eine Induktivität L zwischen den Knoten „OUT_A" und „OUT_B". Parallel dazu liegt der Kondensator C2. Die dritte GM-Zelle X3 soll die unvermeidbaren „Verluste" ausgleichen. X3 ist in **positiver** Rückkopplung geschaltet. Dadurch entsteht parallel zum Resonator ein **negativer Leitwert** der Größe $-g_{m3}$. Der Wert kann über das Potential V_{Reg} am Knoten „Reg" so eingestellt werden, dass die Verluste gerade kompensiert werden und sich somit eine nichtgedämpfte Schwingung einstellt. Durch eine Regelschaltung muss für eine konstante Amplitude gesorgt werden. Das Beispiel Abbildung 14.4 enthält eine einfache Amplitudenregelung. Ihre Funktionsweise wird später erklärt.

Die Resonanzfrequenz eines Schwingkreises ergibt sich bekanntlich aus der Bedingung, dass die Beträge der Blindwiderstände von L und C gleich sein müssen, und mit Gleichung (14.6) folgt somit

$$\omega_0^2 = \frac{1}{L \cdot C} = \frac{g_{m1} \cdot g_{m2}}{C_1 \cdot C_2} \quad \rightarrow \quad \omega_0 = \sqrt{\frac{g_{m1} \cdot g_{m2}}{C_1 \cdot C_2}} \qquad (14.17)$$

In Abbildung 14.3 können über die Spannung V_{GM} am Knoten „VGM" die Größen g_{m1} und g_{m2} in einem gewissen Bereich verändert werden. Somit besteht die Möglichkeit, mittels einer Phase-Lock-Loop-Schaltung die Resonanzfrequenz mit einer Referenzfrequenz zu vergleichen und zu regeln. Zwischen den Ausgängen „OUT_A" und „OUT_B" sowie zwischen „OUT_1" und „OUT_2" stehen Oszillator-Spannungen mit 90° Phasendifferenz zur Verfügung. Diese zueinander orthogonalen Oszillator-Signale können z. B. in Mischer- oder Demodulator-Schaltungen verwendet werden.

Beispiel

GM-C-Oszillator

Schaltungsbeschreibung

Die Oszillator-Schaltung nach Abbildung 14.3 soll für eine Frequenz von 10 *kHz* ausgelegt werden. Für den Prozess CM5 steht eine GM-Zelle mit der Bezeichnung GM12 und einer Transconductance von etwa $g_m = 250\ nA/V$ zur Verfügung. Wie diese realisiert wird, wird später erklärt. Sie soll für die beiden Resonatorelemente X1 und X2 eingesetzt werden. Entsprechend Gleichung (14.17) werden dann zwei Kondensatoren mit je

$$C_1 = C_2 = \frac{g_m}{\omega_0} \approx 4\ pF$$

benötigt. Eine simulierfähige Schaltung ist in Abbildung 14.4 dargestellt. Die Subcircuit-Definitionen zu den GM-Zellen sind in der Bibliothek CM5.sub hinterlegt und sind im Ordner „Spicelib" (IC.zip) und dort im Unterordner „CM5" zu finden. Im Schaltplan wird durch die Anweisung

.Lib D:\Spicelib\CM5\CM5.sub

auf diese Bibliothek verwiesen. Für die Kompensation der Verluste wird das Element X3 mit sehr viel geringerer Steilheit verwendet. Die Zelle GM16 hat eine Steilheit von etwa $g_m = 35\ nA/V$.

Daten

Der Schaltungsblock X5 sorgt für die Amplitudenregelung. Die Innenschaltung ist in Abbildung 14.4b zu erkennen. Es handelt sich im Prinzip um einen Differenzverstärker, an dessen Eingang „VAM" ein Vergleichspotential V_{AM} angelegt wird. Dieses wird vom Bias-Netzwerk X4 bereitgestellt und stellt praktisch den „Sollwert" dar. Die andere Seite des Regelverstärkers besteht aus vier gleichen, parallel geschalteten Transistoren M1, M2,

M3 und M4, aber mit separaten Gates. Diesen werden über die vier Knoten „OUT_1", „OPUT_2", „OUT_A" und „OUT_B" die Oszillator-Ausgangssignale als „Istwerte" zugeführt. Wenn eine der **negativen** Halbwellen zu groß wird (die zwei um 90° verschobenen Spannungen haben die gleiche Amplitude), wird die **Regelspannung** $V(Reg)$ am Knoten „Reg" positiver und die Transconductance g_m von X3 wird reduziert. Die Schaltung stellt praktisch einen **Vierweg-Gleichrichter** dar. Zur Glättung der Regelspannung $V(Reg)$ dient der als Kondensator wirkende Transistor M9. Hier wird die Gate-Kanal-Kapazität ausgenutzt, die einen geringeren Flächenbedarf hat als ein normaler POLY1-POLY2-Kondensator. Die Potentiale V_{IB}, V_{AM}, V_{GM} und V_{B2} werden in einem speziellen Bias-Netzwerk erzeugt, welches sie derart an die Chiptemperatur anpasst, dass die Frequenz in einem relativ großen Temperaturbereich ($-50\,°C$ bis $150\,°C$) einigermaßen konstant bleibt. Die Bias-Schaltung ist hier nur durch das Subcircuit-Symbol X4 dargestellt. Die dahinter stehende Schaltung Bias_GMC.asc ist jedoch im Ordner „Kapitel 14" (IC.zip) zu finden.

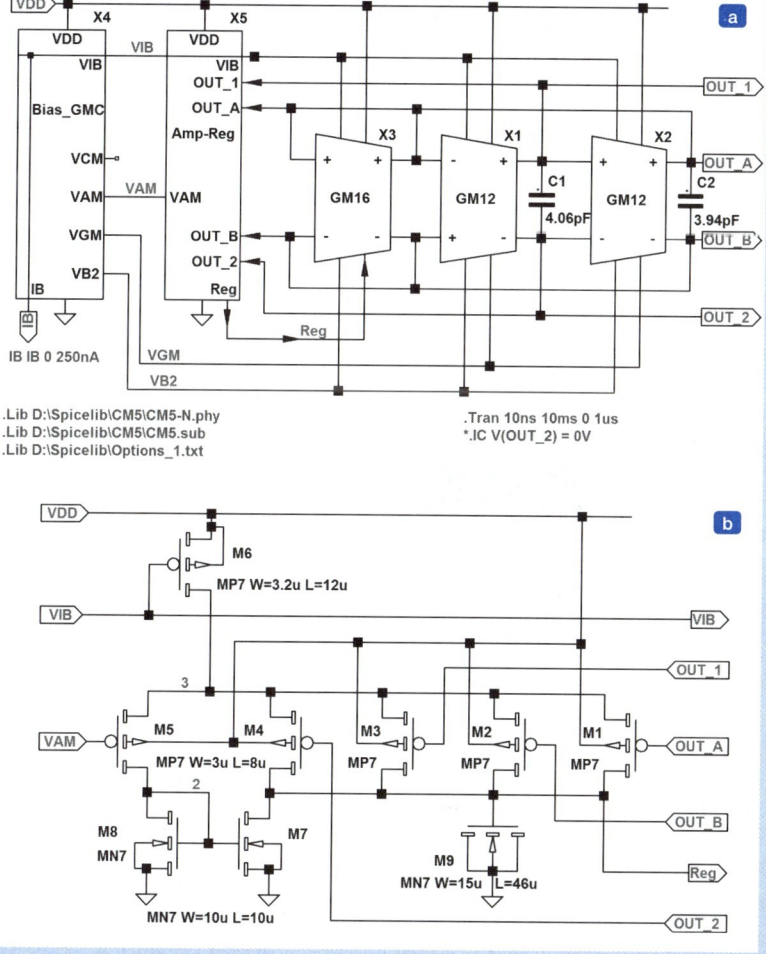

Simulation

Abbildung 14.4: (GMCOSZ2.asc) (a) GM-C-Oszillator für eine Frequenz von $10\,kHz$. (b) Detailschaltung der Amplitudenregelung.

Erläuterungen zu den Simulationsergebnissen

Das linke Teilbild von Abbildung 14.5 zeigt ganz deutlich, dass erst eine gewisse Zeit vergehen muss, bis die Schwingungen einsetzen. Wenn die Amplitude den durch V_{AM} definierten Wert erreicht, steigt die Regelspannung $V(Reg)$ rasch an und wirkt einem weiteren Anwachsen entgegen. Das Einschwingverhalten der Regelspannung lässt erkennen, dass der Regelkreis nicht optimal dimensioniert ist. Durch Vergrößern des Bias-Stromes (Drain-Strom von M6) und Verkleinern der „Kapazität" M9 kann zwar die Zeitkonstante des Regelkreises verringert werden, was das Einschwingverhalten verbessert, doch eine zu kleine Kapazität verschlechtert die Siebwirkung und führt zu größeren Verzerrungen der Ausgangsspannungen und ein größerer Bias-Strom beeinflusst die gesamte Strombilanz ungünstig. Die gewählte Dimensionierung stellt somit einen Kompromiss dar. Zusammenfassend kann man sagen, dass die vorgestellte Oszillator-Schaltung relativ einfach aufgebaut ist, insgesamt einen Versorgungsstrom von weniger als 3 µA beansprucht (einschließlich Bias-Netzwerk) und zwei gegeneinander um 90° in der Phase versetzte Spannungen liefert.

Simulation

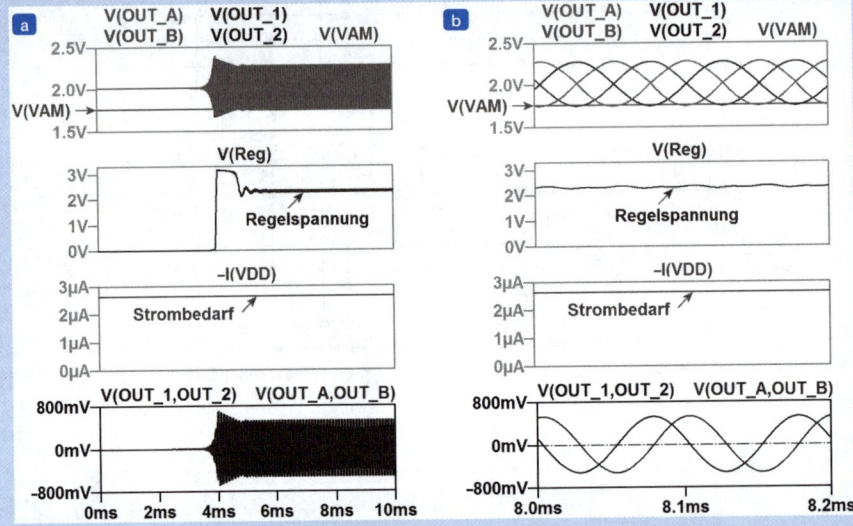

Abbildung 14.5: Simulationsergebnisse zum GM-C-Oszillator nach Abbildung 14.4 (Dateien: GMCOSZ3a.asc und GMCOSZ3b.asc).

Aufgabe

1. Experimentieren Sie mit der Größe des Siebkondensators M9 und verändern Sie den Bias-Strom durch verschiedene Kanalweiten des Transistors M6.

2. Untersuchen Sie den Temperatureinfluss auf die Oszillator-Frequenz: Wählen Sie z. B. $-50\,°C$, $+50\,°C$ und $+150\,°C$ und bestimmen Sie die zugehörigen Frequenzen.

3. Experimentieren Sie mit einer **Startbedingung** (**Initial Condition**), z. B. durch Einfügen der SPICE-Zeile: „.IC V(OUT_2) = 0V". Setzen Sie für den Startwert verschiedene Spannungswerte ein und beobachten Sie den Einschwingvorgang.

14.2.2 GM-C-Bandpass- und Tiefpass-Filter

Die in Abbildung 14.3 vorgestellte Oszillator-Schaltung kann sehr einfach zu einem aktiven Filter zweiter Ordnung umgebaut werden. Der **Resonator**, bestehend aus den Elementen X1, X2, C1 und C2 wird unverändert übernommen. Die Prinzipschaltung ist in Abbildung 14.6 dargestellt.

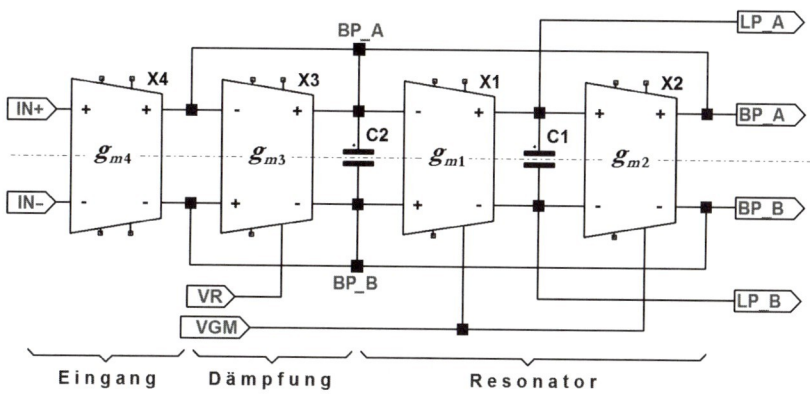

Abbildung 14.6: GM-C-Bandpass- und Tiefpass-Filter zweiter Ordnung.

Im Gegensatz zur Oszillator-Schaltung wird hier die GM-Zelle X3 nicht positiv, sondern normal gegengekoppelt. Parallel zum Schwingkreis wirkt somit ein dämpfender Leitwert der Größe g_{m3}. Der Parallel-Schwingkreis wird von einem **Strom** gespeist, der durch die Eingangsspannung zwischen den Klemmen „IN+" und „IN-" und die Transconductance g_{m4} der Zelle X4 bestimmt wird. Die Knoten „BP_A" und „BP_B" liegen direkt am Schwingkreis und stellen somit den Ausgang eines Bandpasses dar.

Die Berechnung der Schaltung wird übersichtlicher, wenn die Gegentaktanordnung aufgehoben wird. Diese umgezeichnete Schaltung zeigt Abbildung 14.7a. Daraus folgt sofort das untere Teilbild (Abbildung 14.7b).

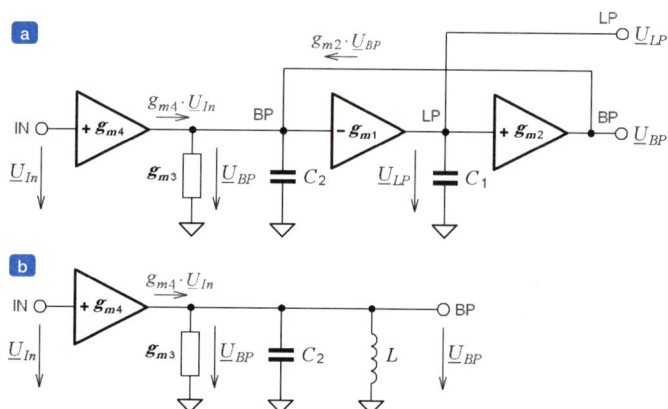

Abbildung 14.7: Zur Berechnung der Filterschaltung Abbildung 14.6.

Abbildung 14.7b kann unmittelbar zum Formulieren der Übertragungsfunktionen für den Ausgang „BP" herangezogen werden:

$$\underline{F}_{BP}(s) = \frac{\underline{U}_{BP}}{\underline{U}_{In}} = \frac{g_{m4}}{g_{m3} + j\omega \cdot C_2 + \dfrac{1}{j\omega \cdot L}} \quad (14.18)$$

Für die Induktivität L kann die Beziehung (14.6) verwendet werden. Mit $j\omega = s$ folgt dann aus (14.18):

$$\underline{F}_{BP}(s) = \frac{\underline{U}_{BP}}{\underline{U}_{In}} = \frac{g_{m4}}{g_{m3} + s \cdot C_2 + \dfrac{g_{m1} \cdot g_{m2}}{s \cdot C_1}} = \frac{g_{m4} \cdot C_1 \cdot s}{g_{m1} \cdot g_{m2} + g_{m3} \cdot C_1 \cdot s + C_1 \cdot C_2 \cdot s^2} \quad (14.19)$$

Diese Gleichung wird nun auf die für einen Bandpass zweiter Ordnung übliche **normierte Form** gebracht, siehe z. B. [16]:

$$\underline{F}_{BP}(s_n) = \frac{\left(\dfrac{F_0}{Q}\right) \cdot s_n}{1 + \dfrac{1}{Q} \cdot s_n + s_n^2} \quad \text{mit} \quad \begin{cases} s_n = s/\omega_0 = j\omega/\omega_0, \ \omega_0 = \text{Resonanzfrequenz} \\ F_0 = \text{Wert der Übertragungsfunktion bei } \omega_0 \\ Q = \text{sogenannte „Polgüte" oder kurz „Güte"} \end{cases} \quad (14.20)$$

Werden in Gleichung (14.19) Zähler und Nenner durch $g_{m1} \cdot g_{m2}$ dividiert, folgt:

$$\underline{F}_{BP}(s) = \frac{\dfrac{g_{m4} \cdot C_1}{g_{m1} \cdot g_{m2}} \cdot s}{1 + \dfrac{g_{m3} \cdot C_1}{g_{m1} \cdot g_{m2}} \cdot s + \dfrac{C_1 \cdot C_2}{g_{m1} \cdot g_{m2}} \cdot s^2} = \frac{\dfrac{g_{m4} \cdot C_1}{g_{m1} \cdot g_{m2}} \cdot (s_n \cdot \omega_0)}{1 + \dfrac{g_{m3} \cdot C_1}{g_{m1} \cdot g_{m2}} \cdot (s_n \cdot \omega_0) + \dfrac{C_1 \cdot C_2}{g_{m1} \cdot g_{m2}} \cdot (s_n \cdot \omega_0)^2} \quad (14.21)$$

Durch Vergleich mit Gleichung (14.20) können direkt die für einen Bandpass **zweiter Ordnung** charakteristischen Konstanten ω_0, F_0 und Q angegeben werden:

$$\omega_0 = \sqrt{\frac{g_{m1} \cdot g_{m2}}{C_1 \cdot C_2}}$$

$$\frac{1}{Q} = \frac{g_{m3} \cdot C_1}{g_{m1} \cdot g_{m2}} \cdot \omega_0 = \sqrt{\frac{g_{m3}^2 \cdot C_1^2}{g_{m1}^2 \cdot g_{m2}^2}} \cdot \sqrt{\frac{g_{m1} \cdot g_{m2}}{C_1 \cdot C_2}} \quad \rightarrow \quad Q = \sqrt{\frac{g_{m1} \cdot g_{m2}}{g_{m3}^2} \cdot \frac{C_2}{C_1}} \quad (14.22)$$

$$F_0 = \frac{g_{m4} \cdot C_1}{g_{m1} \cdot g_{m2}} \cdot \omega_0 \cdot Q = \sqrt{\frac{g_{m4}^2 \cdot C_1^2}{g_{m1}^2 \cdot g_{m2}^2}} \cdot \sqrt{\frac{g_{m1} \cdot g_{m2}}{C_1 \cdot C_2}} \cdot \sqrt{\frac{g_{m1} \cdot g_{m2}}{g_{m3}^2} \cdot \frac{C_2}{C_1}} = \frac{g_{m4}}{g_{m3}}$$

Die Resonanzfrequenz ω_0 wird entsprechend der ersten Beziehung von (14.22) durch die Wahl von g_{m1} und g_{m2} sowie die beiden Kapazitätswerte C_1 und C_2 definiert. Durch die Wahl der Transconductance g_{m3} kann die Güte Q unabhängig von der Resonanzfrequenz festgelegt werden, und die letzte Beziehung von (14.22) erlaubt schließlich die Einstellung der Verstärkung bei der Resonanzfrequenz ω_0 durch die Wahl der Steilheit g_{m4} der ersten GM-Zelle X4.

Die in Abbildung 14.6 vorgestellte Schaltung kann auch als Tiefpass eingesetzt werden. Zum Aufstellen der zugehörigen Übertragungsfunktion für den Ausgang „LP" in Abbildung 14.7 wird das obere Teilbild (Abbildung 14.7a) herangezogen. Es ist

$$\underline{U}_{LP} = -g_{m1} \cdot \underline{U}_{BP} \cdot \frac{1}{j\omega \cdot C_1} = -g_{m1} \cdot \underline{U}_{BP} \cdot \frac{1}{s \cdot C_1} \quad (14.23)$$

Mit der Beziehung (14.21) folgt hieraus:

$$\underline{F}_{LP}(s) = \frac{\underline{U}_{LP}}{\underline{U}_{In}} = \frac{\underline{U}_{LP}}{\underline{U}_{BP}} \cdot \frac{\underline{U}_{BP}}{\underline{U}_{In}} = \frac{\underline{U}_{LP}}{\underline{U}_{BP}} \cdot \underline{F}_{BP}(s) = -g_{m1} \cdot \frac{1}{s \cdot C_1} \cdot \underline{F}_{BP}(s) =$$

$$= -g_{m1} \cdot \frac{1}{s \cdot C_1} \cdot \frac{\frac{g_{m4} \cdot C_1}{g_{m1} \cdot g_{m2}} \cdot s}{1 + \frac{g_{m3} \cdot C_1}{g_{m1} \cdot g_{m2}} \cdot s + \frac{C_1 \cdot C_2}{g_{m1} \cdot g_{m2}} \cdot s^2} = \frac{-\frac{g_{m4}}{g_{m2}}}{1 + \frac{g_{m3} \cdot C_1}{g_{m1} \cdot g_{m2}} \cdot s + \frac{C_1 \cdot C_2}{g_{m1} \cdot g_{m2}} \cdot s^2} \quad (14.24)$$

Dies ist die Übertragungsfunktion eines Tiefpasses zweiter Ordnung, die auf die **normierte Form** gebracht werden kann, siehe z. B. [16]:

$$\underline{F}_{LP}(s_n) = \frac{F_0}{1 + \frac{1}{Q} \cdot s_n + s_n^2} \quad \text{mit} \quad \begin{cases} s_n = s/\omega_0 = j\omega/\omega_0, & \omega_0 = \text{Resonanzfrequenz} \\ F_0 = \text{Wert der Übertragungsfunktion bei } \omega_0 \\ Q = \text{sogenannte „Polgüte" oder kurz „Güte"} \end{cases} \quad (14.25)$$

Da sich die Übertragungsfunktionen von Bandpass und Tiefpass nur durch den Zähler unterscheiden, d. h. die Nenner einander gleich sind, siehe (14.24) mit (14.21) bzw. (14.25) mit (14.20), können die ersten beiden Beziehungen von (14.22) hier direkt übernommen werden. Die „Verstärkung" F_0 für sehr tiefe Frequenzen folgt aus (14.24) unmittelbar für $s \to 0$. Damit können die charakteristischen Konstanten ω_0, Q und F_0 eines Tiefpasses zweiter Ordnung wie folgt angegeben werden:

$$\omega_0 = \sqrt{\frac{g_{m1} \cdot g_{m2}}{C_1 \cdot C_2}} \qquad Q = \sqrt{\frac{g_{m1} \cdot g_{m2}}{g_{m3}^2} \cdot \frac{C_2}{C_1}} \qquad F_0 = -\frac{g_{m4}}{g_{m2}} \quad (14.26)$$

Die vorgestellte Schaltung nach Abbildung 14.6 eignet sich also sowohl als Bandpass als auch als Tiefpass, jeweils zweiter Ordnung. Der Grad richtet sich nach der Zahl der Pole in der Übertragungsfunktion und da hier s^2 die höchste Potenz des Nennerpolynoms ist, ergeben sich genau zwei Pole. Selbstverständlich können auch Filter höheren Grades problemlos in der GM-C-Technik realisiert werden.

Beispiel

GM-C-Filter zweiten Grades

Ein Ausführungsbeispiel eines solchen Filters für eine Resonanz- bzw. Grenzfrequenz von 10 kHz ist in Abbildung 14.8 wiedergegeben. Alle vier GM-Zellen sind hier gleich. Damit ergibt sich für den Betrag der charakteristischen Verstärkung entsprechend Gleichung (14.22) bzw. (14.26) ein Wert von $|F_0| = 1$. Eine höhere Verstärkung kann aber leicht durch die Wahl einer anderen Eingangszelle X4 mit höherer Transconductance g_{m4} erreicht werden. Dies kann z. B. auch durch einfaches Parallelschalten mehrerer Zellen geschehen.

Einführung in GM-C-Schaltungen

Simulation

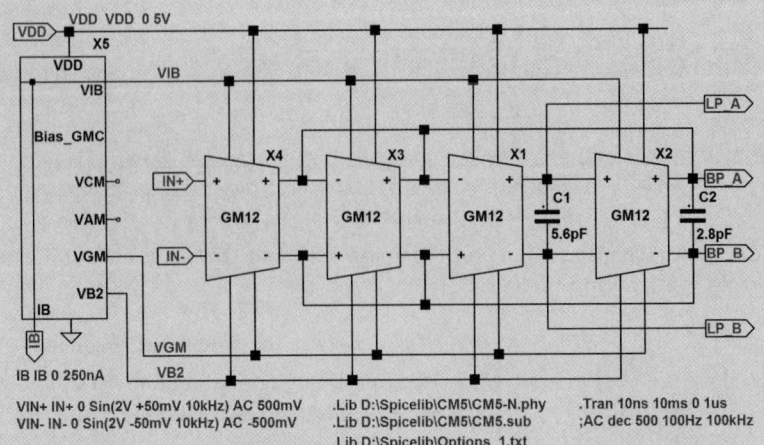

Abbildung 14.8: (GMCBTF3.asc) Bandpass- und Tiefpass-Filter zweiter Ordnung in GM-C-Technik.

Wie der GM-C-Oszillator soll auch das GM-C-Filter für eine charakteristische Frequenz von 10 kHz ausgelegt werden. Mit $g_{m1} = g_{m2} = g_{m3} = g_{m4} = g_{m12} \approx 250\ nA/V$ (siehe voriges Beispiel) und den in Abbildung 14.8 angegebenen Kapazitätswerten $C_1 = 5{,}6\ pF$ und $C_1 = 2{,}8\ pF$, die im Gegensatz zur Oszillator-Schaltung unterschiedlich gewählt sind, ergeben sich die folgenden charakteristischen Werte:

$$\omega_0 = \sqrt{\frac{g_{m1} \cdot g_{m2}}{C_1 \cdot C_2}} = \frac{g_{m12}}{\sqrt{C_1 \cdot C_2}} \approx 63{,}1 \cdot 10^3 s^{-1} \rightarrow f_0 \approx 10\,kHz$$

$$Q = \sqrt{\frac{g_{m1} \cdot g_{m2}}{g_{m3}^2} \cdot \frac{C_2}{C_1}} = \sqrt{\frac{C_2}{C_1}} = \frac{1}{\sqrt{2}} \approx 0{,}707 \qquad (14.27)$$

$$F_0 = \frac{g_{m4}}{g_{m3}} = 1 \quad \text{(Bandpass)} \qquad F_0 = -\frac{g_{m4}}{g_{m2}} = -1 \quad \text{(Tiefpass)}$$

Simulationsergebnisse sind in Abbildung 14.9 wiedergegeben. Wegen $C_1 = 2 \cdot C_2$ ergibt sich eine relativ geringe Güte von nur $Q = 0{,}707$. Der Tiefpass zeigt dafür aber einen fast „glatten" Amplitudenverlauf.

Simulation

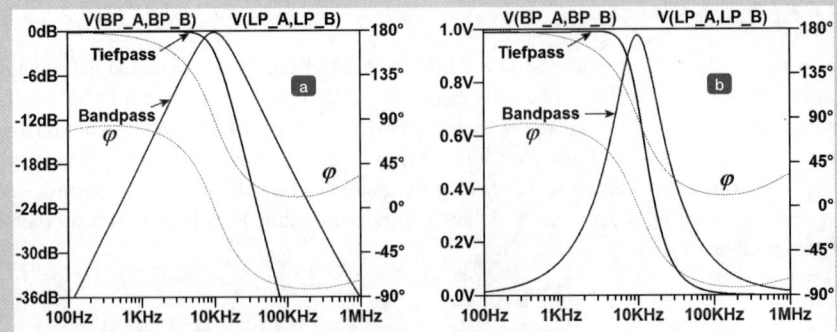

Abbildung 14.9: AC-Simulationsergebnisse zum GM-C-Filter nach Abbildung 14.8 (Dateien GMCBTF4a.asc und GMCBTF4b.asc).

Werden Bandpass und Oszillator zusammen in einer Applikation eingesetzt, in der es auf eine Gleichheit der Resonanzfrequenzen ankommt, dann sollten die „Resonatoren" von Filter und Oszillator unbedingt mit gleichartigen Elementen und Werten ausgeführt werden. Dabei sind die parasitären Ein- und Ausgangskapazitäten der GM-Zellen und eventuelle andere kapazitive Lasten nicht zu vergessen. Sie sind bei der Bemessung der Kondensatoren zu berücksichtigen. Beim Layout ist auf größtmögliche Symmetrie aller Bauelemente zu achten. Dies gilt besonders für großflächige Kondensatoren. Da die beiden Kondensatorbeläge verschieden große parasitäre Kapazitäten zum Substrat haben, sollten die Flächen aufgeteilt und die Teilkapazitäten so zusammengeschaltet werden, dass die gesamte Anordnung symmetrisch wird. Bei sorgfältigem Design besteht dann die Möglichkeit, zwischen beiden Schaltungen, Oszillator und Filter, einen meist hinreichenden „Gleichlauf" zu erzielen. Über den VGM-Anschluss beider Schaltungen ist auch ein gemeinsames Beeinflussen der Frequenz möglich.

Wenn für die Filterschaltung eine höhere Verstärkung verlangt wird, kann dies entsprechend (14.26) durch eine „kräftige" Eingangsschaltung X4 geschehen. Dabei können allerdings leicht größere Offset-Fehler auftreten. Zu deren Kompensation kann ein zusätzliches aktives Rückkopplungsnetzwerk vorgesehen werden [15]. In der einschlägigen Literatur wird viel über GM-C-Filter berichtet [3], [9] ... [15]. Einen sehr guten Überblick, auch über andere Techniken, findet man in [3], [9] und [10]. Wer sich näher mit der Theorie der Filter auseinandersetzen möchte, sei z. B. auf die Bücher [16], [4] und [5] verwiesen.

14.3 Ausführung von GM-Zellen

Zum Abschluss dieses Kapitels soll gezeigt werden, wie GM-Zellen für höhere zulässige Differenzeingangsspannungen aufgebaut werden können. Zur Einführung werde eine bipolare Differenzstufe mit Stromgegenkopplung betrachtet. Abbildung 14.10 zeigt zwei Möglichkeiten, die Stromgegenkopplung zu realisieren.

Beide Schaltungen sind prinzipiell gleichwertig. Bei der „linken" Schaltung (Abbildung 14.10a) wird in die Emitter der beiden Eingangstransistoren je ein Widerstand geschaltet. Infolge der Stromgegenkopplung wird die Transferkennlinie linearisiert und der Aussteuerbereich deutlich erweitert. Die „rechte" Schaltung (Abbildung 14.10b) folgt praktisch durch eine „Stern-Dreieck-Umwandlung" aus der Version Abbildung 14.10a. Sie erfordert nur einen „Kopplungswiderstand" R6 zwischen den beiden Emittern, braucht dafür aber zwei Stromquellen I1 und I2. Sie hat aber einen wichtigen Vorteil: Während bei der Schaltung Abbildung 14.10a stets Spannungsabfälle an den beiden Gegenkopplungswiderständen R1 und R2 auftreten, entsteht am Widerstand R6 der Version Abbildung 14.10b erst bei Aussteuerung ein Spannungsabfall. Dieser Unterschied hat beim Betrieb der Schaltungen an geringen Versorgungsspannungen eine große Bedeutung. Hierauf wurde bereits im Abschnitt 12.1.1 „Linearisierung durch Stromgegenkopplung" hingewiesen.

14 Einführung in GM-C-Schaltungen

Simulation

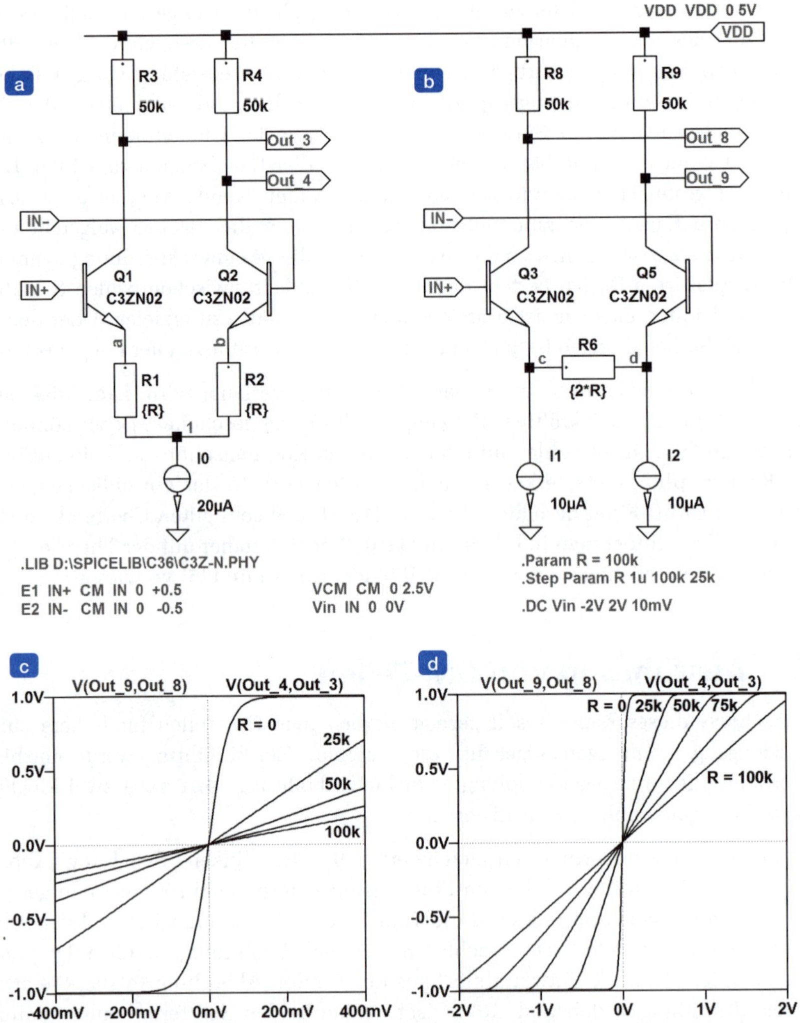

Abbildung 14.10: (GM_1.asc) Bipolarer Differenzverstärker mit Stromgegenkopplung. (a) Widerstände in den beiden Emitter-Leitungen. (b) Kopplung über einen Widerstand R6. (c) und (d) Transferkennlinien; ein Unterschied zwischen beiden Schaltungen ist darin nicht erkennbar.

Durch die Größe der Widerstände im Emitter-Zweig kann für beide Schaltungen der Wert der Transconductance g_m und damit die Steilheit der Transferkennlinie eingestellt werden. Simulationsergebnisse dazu sind in Abbildung 14.10c und Abbildung 14.10d dargestellt. Beide Schaltungen liefern praktisch die gleichen Ergebnisse.

- Beide Schaltungen lassen sich sinngemäß auch mit MOSFETs aufbauen.

Die Differenzausgangsspannung wird an den Kollektor-Widerständen R3 und R4 bzw. R8 und R9 gebildet. Diese Widerstände bestimmen die Ausgangsimpedanz des Differenzverstärkers und legen zusammen mit den Bias-Strömen auch die DC-Gleichtaktpegel (**Common Mode**) an den Ausgängen fest.

14.3 Ausführung von GM-Zellen

Wird ein „echter" Stromausgang verlangt, wie dies bei den GM-C-Schaltungen notwendig ist, müssen die Widerstände im Kollektor-Kreis durch Stromquellen ersetzt werden. Dann wird allerdings eine Schaltung zur Stabilisierung der DC-Gleichtaktpegel erforderlich. Hierfür bietet sich die gleiche Methode an, wie sie von der symmetrischen OTA-Schaltung in Abbildung 13.62 bekannt ist: die Verwendung von Stromquellen (bzw. -senken), deren Stromwerte über „gesteuerte Widerstände" von den Ausgängen „Out+" und „Out−" kontrolliert werden.

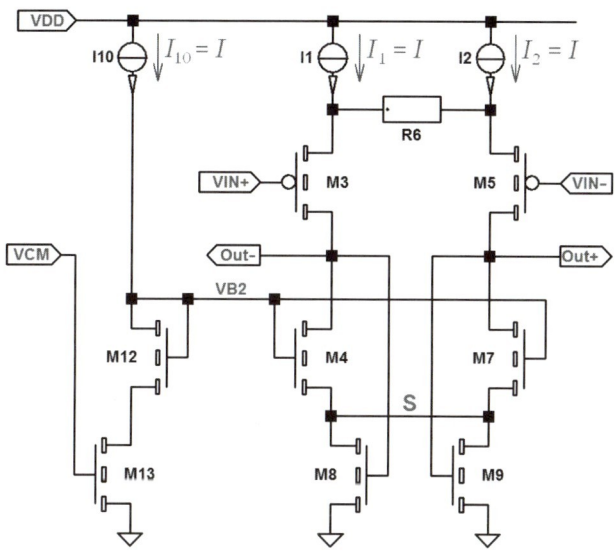

Abbildung 14.11: Prinzip einer GM-Zelle.

Die Prinzipschaltung ist in Abbildung 14.11 dargestellt. Sie ist aus Abbildung 14.10b entstanden, nur sind alle Transistoren MOSFETs und die Schaltung ist „umgedreht", d. h., die Stromquellen I1 und I2 sind „oben" angeordnet und die Eingangstransistoren M3 und M5 sind P-Kanal MOSFETs. Im gemeinsamen Source-Zweig „S" der Stromsenken-Transistoren M4 und M7 liegen die im „linearen" Bereich arbeitenden Transistoren M8 und M9. Sie kontrollieren, wie oben schon bemerkt, den DC-Gleichtaktpegel (Common Mode). Die Gates der Transistoren M4 und M7 erhalten ihr Potential von der Bias-Schaltung, bestehend aus M12 und M13 und der Stromquelle I10. Die Transistoren im Bias-Zweig erhalten exakt die gleichen Abmessungen wie die in der Verstärkerschaltung. Auch die drei Stromquellen I1, I2 und I10 sind einander gleich. Über den Eingang „VCM" kann der Common Mode in gewissen Grenzen vorgegeben werden.

Soll die Transconductance g_m einstellbar gestaltet werden, kann dies in einfacher Weise durch Ersetzen des Widerstandes R6 durch einen Transistor geschehen, der im linearen Bereich betrieben wird. Über dessen Gate-Potential kann dann die Kopplung zwischen den beiden Zweigen beeinflusst und damit g_m gezielt eingestellt werden. Eine solche Schaltung ist in Abbildung 14.12 dargestellt (Typ „M12", gefertigt im CM5-Prozess). Die Schaltung ist für kleine GM-Werte ausgelegt (z. B. $g_m = 250$ nA/V) und kommt deshalb auch mit einem entsprechend kleinen Betriebsstrom aus (ca. 600 nA je GM-Zelle). Wegen des Betriebs der Transistoren M8, M9 und M6 (sowie M13 im Bias-Zweig) im Triodenbereich und wegen der kleinen Ströme müssen diese Transistoren sehr lang und schmal gestaltet werden.

14 Einführung in GM-C-Schaltungen

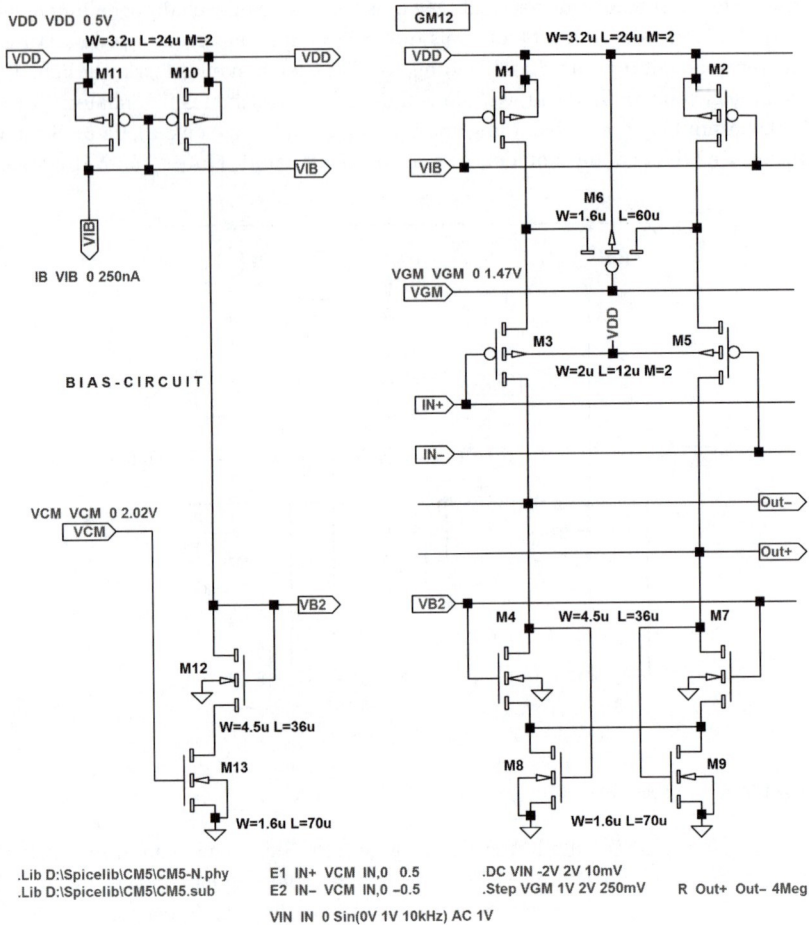

Abbildung 14.12: (GM_3.asc) Schaltung einer GM-Zelle, Typ „GM12", mit Bias-Schaltung.

Abbildung 14.13 zeigt das Layout der GM-Zelle GM12. Es ist in der Datei CM5OSZ9B.tdb (Ordner „Layout_14" (IC.zip)) enthalten. Da die Schaltung wegen der schwachen Kopplung zwischen den beiden Differenzzweigen zu größeren statistischen Offset-Fehlern neigt, ist ein sorgfältiges Einhalten der Symmetrie ganz besonders wichtig. So bestehen die beiden Stromspiegeltransistoren M1 und M2 jeweils aus der Parallelschaltung zweier Transistoren, die wiederum durch zwei in Reihe geschaltete Transistoren gebildet sind, und alle acht Teile sind ineinander verschachtelt. Die Eingangstransistoren M3 und M5 sind kreuzgekoppelt. Die Stromsenken-Transistoren M4 und M7 sind in ihrer Länge halbiert und dann über Kreuz in Reihe geschaltet.

14.3 Ausführung von GM-Zellen

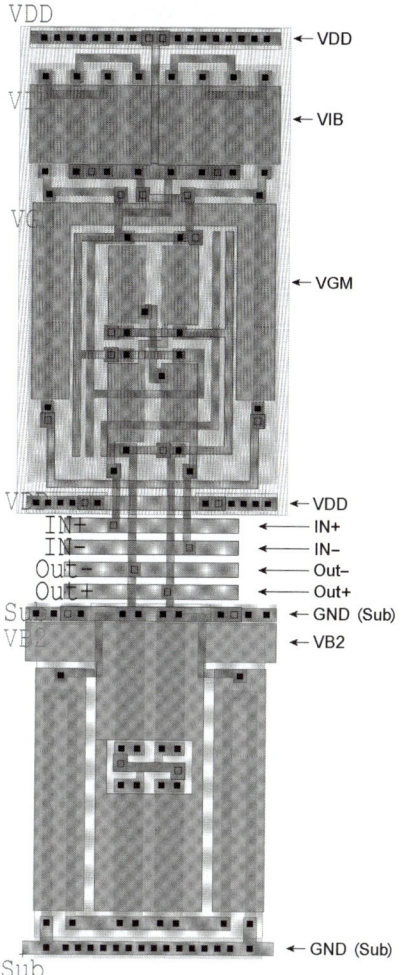

Abbildung 14.13: Layout der GM-Zelle vom Typ „GM12" entsprechend Abbildung 14.12 (Layout-Datei: CM5OSZ9B.tdb). Die Knotennamen der Zelle sind fest mit den zugehörigen Markierungen verbunden, siehe Abbildung 8.42.

Besonders hervorzuheben ist die Gesamtkonstruktion der GM-Zellen. Sie sind so gestaltet, dass sie direkt aneinandergereiht werden können, und die wichtigsten Leitungen, die für die Verwendung in Filterschaltungen gebraucht werden, sind komplett von links nach rechts durch die Zelle hindurchgeführt. Das erleichtert die Verbindung der Zellen untereinander ganz erheblich. Da an die Bias-Leitungen „VIB", „VGM" und „VB2" nur Gates angeschlossen sind und praktisch keine Gate-Ströme fließen, geschieht die Verbindung über den POLY1-Layer. Die Leitungen „VIB" und „VB2" reichen unmittelbar bis zum Zellenrand. Beim Aneinanderreihen erfolgt die Verbindung dann automatisch. Die Leitung „VGM" ist etwas kürzer ausgeführt, damit auch ein unabhängiges Einstellen der Transconductance ermöglicht werden kann. Ein direktes Verbinden kann dagegen durch ein kurzes Stück POLY1 erfolgen. Und noch eine kurze Bemerkung zum Layout: Damit alle Einzeltransistoren von M1 und M2 stets den gleichen Abstand voneinander haben, sind die Abstände der Transistoren vom linken und rechten Zellenrand genau halb so groß wie der normale Abstand zwischen den Transis-

14 Einführung in GM-C-Schaltungen

toren. Beim direkten Aneinanderreihen der GM-Zellen entstehen dann auch an den Stoßstellen die richtigen Abstände. Erst an den äußersten Enden sind sogenannte „Randzellen" mit Dummy-Transistoren notwendig.

Simulation

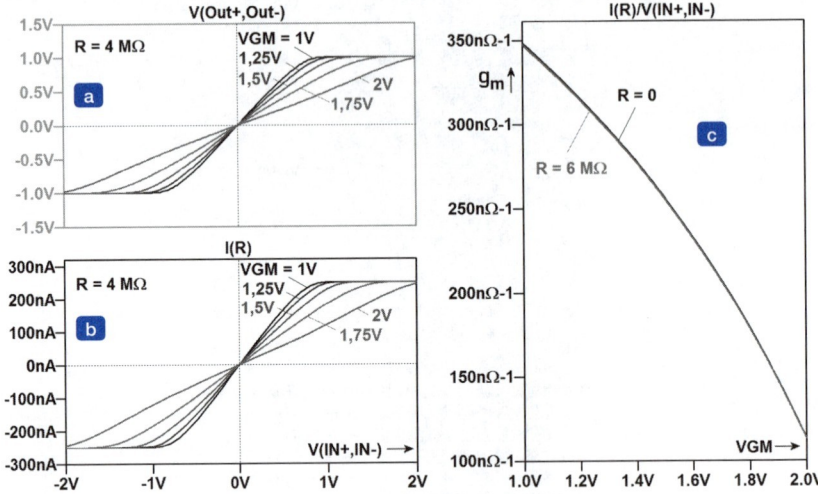

Abbildung 14.14: Simulationsergebnisse zur GM-Zelle „GM12". (a) Ausgangsspannung als Funktion der Eingangsspannung bei Belastung mit $R = 4\ M\Omega$ zwischen den Ausgängen (Parameter: Steuerspannung V_{GM}) (GM_5ab.asc). (b) Transferkennlinien; (c) Transconductance g_m als Funktion der Steuerspannung V_{GM} (GM_5c.asc).

Die Simulationsergebnisse für die GM-Zelle vom Typ „GM12" (Abbildung 14.12 und Abbildung 14.13) sind in Abbildung 14.14 wiedergegeben. Die Teilbilder Abbildung 14.14a und Abbildung 14.14b zeigen Transferkennlinien für verschiedene Steuerspannungen V_{GM} am Knoten „VGM" und im rechten Teilbild Abbildung 14.14c ist die Transconductance g_m in Abhängigkeit von der Spannung V_{GM} dargestellt. Bedingt durch die nichtlineare Kennlinie des Transistors M6 zeigen auch die Transferkennlinien gewisse Nichtlinearitäten, besonders wenn die Spannung V_{GM} zu groß wird und M6 wegen des kleinen Stromes den Triodenbereich verlässt und in den Stromsättigungsbereich gelangt.

Für noch kleinere GM-Werte kann der Transistor M6 noch „schlanker" ausgeführt werden. Allerdings sollte dies nicht zu weit getrieben werden, weil dann wegen der kleinen Arbeitsströme und der großen Randlänge des Transistors die Sperrströme nicht mehr vernachlässigt werden können. Dies gilt besonders für den Betrieb bei höheren Temperaturen!

Zusammenfassung

Dieses Kapitel hat einen kurzen Einblick in die GM-C-Schaltungstechnik gegeben. Mithilfe relativ einfacher GM-Zellen können Impedanzkonverter realisiert werden, die im Zusammenhang mit integrierten Kondensatoren die Basis für den Aufbau von GM-C-Oszillatoren und GM-C-Filterschaltungen darstellen. Sie haben den Vorteil, bei niedrigen Frequenzen mit geringen Versorgungsströmen auszukommen. Für eine Frequenz von 10 kHz wurde eine konkrete Schaltung vorgestellt und auch das Layout der zugehörigen GM-Zelle gezeigt.

Literatur

[1] R. J. Baker, H. W. Li, D. E. Boyce: *CMOS Circuit Design, Layout, and Simulation*; IEEE Press, 1998, ISBN 0-7803-3416-7.

[2] P. E. Allen, D. R. Holberg: *CMOS Analog Circuit Design*; Oxford, 2002, ISBN 0-19-511644-5.

[3] D. A. Johns, K. Martin: *Analog Integrated Circuit Design*; John Wiley & Sons, 1997.

[4] M. S. Ghausi, K. R. Laker: *Modern Filter Design, Active RC and Switched Capacitor*; Prentice Hall, 1981, ISBN 0-13-594663-8.

[5] R. Gregorian, G. C. Temes: *Analog MOS Integrated Circuits for Signal Processing*; John Wiley & Sons, 1986, ISBN 0-471-09797-7.

[6] R. Castello, P.R. Gray: *A High-Performance Micropower Switched-Capacitor Filter*; IEEE J. Solid State Circuits, Vol. SC-20, 1985, 1122–1132.

[7] S. L. Lin, C. A. T. Salama: *A $V_{BE}(T)$ Model with Application to Bandgap Reference Design*; IEEE J. Solid State Circuits, Vol. SC-20, 1985, 1283–1285.

[8] S. Pernici, G.Nicollini, R. Castello: *A CMOS Low-Distortion Fully Differential Power Amplifier with Double Nested Miller Compensation*; IEEE J. Solid State Circuits, Vol. 28, 1993, 758–763.

[9] Y. P. Tsividis, J. O. Voormann: *Integrated Continuous-Time Filters*; IEEE Press 1993.

[10] Y. P. Tsividis: *Integrated Continuous-Time Filter Design – An Overview*; IEEE J. Solid State Circuits, Vol. 29, 1994, 166–176.

[11] F. Krummenacher, N. Joehl: *A 4 MHz CMOS Continuous-Time Filter with On-Chip Automatic Tuning*; IEEE J. Solid State Circuits, Vol. 23, 1988, 750–758.

[12] H. Khorramabadi, P. R. Gray: *High-Frequency CMOS Continuous-Time Filters*; IEEE J. Solid State Circuits, Vol. 19, 1984, 939–948.

[13] M. Banu, Y. Tsividis: *An Elliptic Continuous-Time CMOS Filter with On-Chip Automatic Tuning*; IEEE J. Solid State Circuits, Vol. 20, 1985, 1114–1121.

[14] A. Kaiser: *A Micropower CMOS Continuous-Time Low-Pass Filter*; IEEE J. Solid State Circuits, Vol. 24, 1989, 736–743.

[15] C. C. Enz, G. C. Temes: *Circuit Techniques for Reducing the Effects of Op-Amp Imperfections: Autozeroing, Correlated Double Sampling, and Chopper Stabilization*; Proceedings of the IEEE, Vol. 84, 1996, 1584–1614.

[16] U. Tietze, Ch. Schenk: *Halbleiter-Schaltungstechnik*; Springer-Verlag, 1999, ISBN 3-540-64192-0.

[17] K.-H. Cordes: Einführung in das Simulationsprogramm SPICE; IC.zip, Skripten\SPICE.pdf.

[18] K.-H. Cordes: Kurze Einführung in das Simulationsprogramm LT-SPICE; IC.zip, Skripten\LT-SPICE.pdf.

[19] K.-H. Cordes: Kurze Einführung in das Layout-Programm L-Edit; IC.zip, Skripten\L-Edit.pdf.

TEIL IV

Digitale integrierte Schaltungen: Design, Simulation und Layout

15	Grundlagen digitaler integrierter Schaltungen	671
16	Design und Layout digitaler Gatter in Emitter-gekoppelter Logik (ECL)	683
17	Design und Layout digitaler Gatter in Transistor-Transistor-Logik (TTL)	707
18	Design und Layout digitaler Gatter in CMOS	721
19	Neue Entwicklungen	811

Teil IV — DIGITALE INTEGRIERTE SCHALTUNGEN: DESIGN, SIMULATION UND LAYOUT

Wie in **Kapitel 1** einleitend beschrieben, muss beim Design und Layout digitaler integrierter Schaltungen zwischen einem vollautomatisierten Entwurf mittels Hardwarebeschreibungssprachen einerseits und dem Design mithilfe von Schaltungssimulations- und grafischen Layout-Programmen (**Schematic Entry**) andererseits unterschieden werden.

Die Simulation und Verifikation einer komplexen digitalen Schaltung mithilfe von SPICE-basierten Programmen ist für die Praxis zu zeitintensiv. Bei modernen Mikroprozessoren mit Millionen von Transistoren hat sich daher ein Schaltungsdesign weit oberhalb der Transistorebene mit Hardwarebeschreibungssprachen wie Verilog oder VHDL als effiziente Methode für den Chipentwurf erwiesen; die eigentlichen elektrotechnischen Abläufe treten für den Programmierer dabei in den Hintergrund. Trotzdem greifen auch hierbei die Entwurfsprogramme an verschiedenen Punkten der Simulation und Verifikation in Form von Standardzellen auf die technischen Daten (hauptsächlich das Zeitverhalten) einzelner logischer Baugruppen zurück. Damit ein hochkomplexes digitales System mit einer Hardwarebeschreibungssprache zuverlässig erstellt werden kann, müssen daher die Eigenschaften der einzelnen digitalen Grundgatter zuvor durch eine SPICE-Simulation auf Transistorebene ermittelt werden.

Eine weitere praktische Bedeutung hat das Schematic Entry beim Design digitaler Schaltungen im Bereich des ASIC-Entwurfs. Für viele kundenspezifische Schaltungen sind sowohl analoge als auch digitale Anteile gefordert bzw. zweckmäßig. In diesen Fällen ist zumeist ebenfalls ein Entwurf der digitalen Schaltungskomponenten auf Gatter- oder Transistorebene mit Schematic-Entry-Werkzeugen von Vorteil.

Der Kerninhalt von *Teil IV* ist daher die Betrachtung digitaler Gatter und Kippschaltungen auf **Transistor- und Layout-Ebene**. Nach einer Zusammenfassung von digitaltechnischen Grundlagen und einer Einführung in die historisch und aktuell relevanten schaltungstechnischen Realisierungsmöglichkeiten für digitale ICs in **Kapitel 15** folgen in den **Kapiteln 16–18** die eigentlichen Erläuterungen zum Design und Layout digitaler Grundschaltungen. Für die Schaltungsfamilien **ECL** (**Kapitel 16**) und **TTL** (**Kapitel 17**) werden die wesentlichen Eigenschaften und Prinzipien anhand der Dimensionierung eines charakteristischen Grundgatters demonstriert. Für die in digitalen Systemen am weitesten verbreiteten **CMOS**-Schaltungen (**Kapitel 18**) wird neben einer ausführlichen Erörterung der CMOS-Basiseinheit, des Inverters, die Dimensionierung und das Layout wichtiger logischer Grundgatter und Flip-Flops erläutert.

Hinweise für das Arbeiten mit den folgenden Kapiteln:

Die in den **Kapiteln 15–18** vorgestellten Schaltungen können, wie die Analogschaltungen in *Teil III*, zur Vertiefung des Verständnisses mit dem Simulator SPICE untersucht werden. Die Hinweise zur Nutzung von LT-SPICE und L-Edit aus der Einleitung von *Teil III* seien an dieser Stelle noch einmal wiederholt, weitere Erläuterungen sind in den Skripten in der Datei „IC.zip" zu finden.

Daten

Jeder soll sich dazu ermuntert fühlen, möglichst alles, was im Text erläutert wird, durch eine Simulation selbst noch einmal nachzuvollziehen. Auch das Bearbeiten der in den Text eingestreuten kleinen Aufgaben wird angeraten. Die Schaltpläne sind auch für diesen Teil mit dem **Schematic-Entry-Werkzeug** von LT-SPICE erstellt worden und stehen größtenteils als simulierbare ASC-Dateien („asc" ist die Dateiendung) in der Datei „IC.zip" zur Verfügung.

Wenn zu einer Abbildung des Buches eine Schaltungsdatei vorliegt, wird der jeweilige Dateiname gleich hinter der Abbildungsnummer in der Bildunterschrift (in Klammern) genannt. Die Dateien selbst sind wieder – nach Kapiteln getrennt – in „Schematic-Ordnern" gesammelt. Sie können im Prinzip sofort nach einer eventuell notwendigen Anpassung der Dateipfade mit LT-SPICE simuliert werden.

Für eine korrekte Darstellung der Schaltpläne muss der komplette **Inhalt** des Ordners „sym-neu" (Ordner „Neue Symbole" im Ordner „LT-SPICE" in „IC.zip") in den LT-SPICE-Ordner „sym" kopiert werden. Zielpfad:

```
C:\Programme\LTC\LTspiceIV\lib\sym
```

Daten

Die dort vorhandenen Symbole werden dabei überschrieben. Diese Prozedur wird prinzipiell nach jedem Programm-Update von LT-SPICE erforderlich. Eine kleine Batch-Datei „Symbole.bat" – zu finden im Ordner „Neue Symbole" – kann diese Arbeit erleichtern. Sie braucht nur durch einen Doppelklick gestartet zu werden. Dazu ist es allerdings erforderlich, vorher den kompletten **Ordner** „sym_neu" in den Ordner „lib" zu kopieren.

Selbstverständlich können auch andere Simulatoren mit SPICE-Kern eingesetzt werden, allerdings macht dies eine erneute Zeichnung der Schaltpläne notwendig.

In den folgenden Kapiteln werden die in *Teil II* vorgestellten Prozesse C14 (bipolar) und CM5 (CMOS) verwendet. Die Prozessdaten sind für das eigentliche Verständnis der Schaltungen zunächst belanglos; sie umfassen aber die notwendigen Bauelementparameter für die Simulation mit SPICE. Diese Parameter sind als Teil der SPICE-Bibliothek in der Datei „IC.zip" im Ordner „Spicelib" in den entsprechenden Unterordnern zu finden. In den Schaltbildern wird mittels der Bibliotheksanweisung auf die entsprechende Datei verwiesen. Für eine CMOS-Schaltung mit Elementen des CM5-Prozesses hat die Anweisung dann z. B. die Form:

```
.Lib D:\Spicelib\CM5\CM5-N.phy
```

Daten

Wie sowohl aus **Kapitel 8** als auch aus *Teil III* bekannt, sind die Layouts im Buch mit dem Programm **L-Edit** der Firma **Tanner** erstellt worden. Die Layout-Dateien sind, ähnlich wie die „Schematic-Dateien", den einzelnen Kapiteln zugeordnet und in „Layout-Ordnern" gesammelt. Sie können mit der Studentenversion von L-Edit geöffnet, modifiziert und nachvollzogen werden.

Grundlagen digitaler integrierter Schaltungen

15.1 **Grundbegriffe der digitalen Schaltungstechnik** .. 672
15.2 **Digitaltechnik**. 674
15.3 **Digitale Schaltungsfamilien**. 678

15 Grundlagen digitaler integrierter Schaltungen

Einleitung

>> In den *Kapiteln 16–18* werden sowohl das Design als auch das Layout einiger ausgewählter digitaler Gatter und Flip-Flops ausführlich behandelt. Dabei liegt der Schwerpunkt nicht auf der Realisierung komplexer logischer Schaltungsstrukturen mit Millionen von Transistoren. Vielmehr sollen für die drei bedeutenden Schaltungsfamilien ECL, TTL und vor allem CMOS die Design- und Layout-Grundlagen anhand ausgewählter Schaltungsstrukturen auf Transistorebene exemplarisch vermittelt werden.

Dieses Kapitel dient der Einführung in den Themenbereich der digitalen integrierten Schaltungen. Kerninhalte sind eine knappe Zusammenfassung der digitalen Logik sowie eine kurze Einführung in die verschiedenen digitalen Schaltkreisfamilien. <<

LERNZIELE

- Grundbegriffe der digitalen Schaltungstechnik
- Grundlagen der Digitaltechnik: Gatter und Flip-Flops
- Digitale Schaltungsfamilien: RTL, DTL, TTL, ECL und CMOS

In diesem Kapitel werden zunächst die Grundbegriffe und Grundlagen der Digitaltechnik kurz umrissen. Da diese Thematik in der Literatur vielfach sehr gut behandelt wird, sollen an dieser Stelle nur die nötigsten Basiskenntnisse vermittelt werden; umfangreiche Ausführungen zur Digitaltechnik finden sich in [1]–[7]. Das Kapitel schließt mit einer Einführung der unterschiedlichen digitalen Schaltungsfamilien. Für die heutzutage wichtigen Schaltungsformen ECL, TTL und vor allem CMOS werden dann in den *Kapiteln 16–18* ausführlich die Grundlagen der Design- und Layout-Prozeduren erläutert.

15.1 Grundbegriffe der digitalen Schaltungstechnik

Während sich die Signalgrößen in analogen Schaltungen kontinuierlich über die Zeit und die jeweilige Werteskala ändern, können in digitalen Schaltungen nur diskrete Werte zu festgelegten Zeitpunkten angenommen werden. So spricht man bei analogen Schaltungen von **zeit-** und **wertkontinuierlichen** Abläufen, in digitalen Systemen von **zeit-** und **wertdiskreten** Signalen.

Digitale Schaltungen sind dabei durch das Dualsystem charakterisiert, d. h., die Betriebszustände einer Schaltung werden durch die Werte „0" oder „1" beschrieben. Hierbei können die Nullen und Einsen z. B. durch Zustände von Transistoren definiert werden; ein Transistor stellt so ein zweiwertiges Element dar, welches eine Dualstelle repräsentiert. Dies kann anschaulich durch die Betrachtung des Transistors als Schalter beschrieben werden, der in Abhängigkeit von der Eingangsgröße U_{BE} (bzw. I_B) oder U_{GS} in einen leitenden oder sperrenden Zustand versetzt werden kann. Es werden festgelegte Bereiche des Kennlinienfeldes als „Low" (niedrigere Spannung) oder „High" (höhere Spannung) definiert. Spannungen, die nicht in den High- oder Low-Bereich fallen, sind nicht zulässig.

Zur Verdeutlichung sei hier das gängige Beispiel des Transistorverstärkers aus Abbildung 15.1a gewählt [2], [7]. Die „hinter" dem Transistor an einer beliebigen Last anliegende Ausgangsspannung U_A ist von dem Zustand des Transistors abhängig. Als digitales Bauteil soll

15.1 Grundbegriffe der digitalen Schaltungstechnik

für eine Eingangsspannung $U_E < U_{IL}$ am Ausgang $U_A > U_{OH}$ gelten; bei $U_E > U_{IH}$ muss für die Ausgangsgröße $U_A < U_{OL}$ gegeben sein. Man spricht von positiver Logik, wenn die Zustände H (High) und L (Low) wie folgt zugeordnet werden: $H = 1$; $L = 0$. Entsprechend gilt für die negative Logik: $H = 0$; $L = 1$.

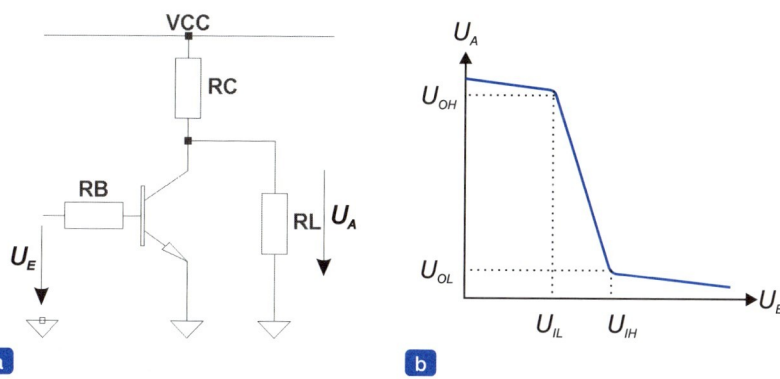

Abbildung 15.1: High- und Low-Pegel in digitalen Schaltungen. (a) Einfacher Inverter. (b) Übertragungskennlinie des Inverters aus (a).

Eine wichtige Größe für den Betrieb digitaler Schaltungen ist dabei der **statische Störabstand**; dieser ist ein Maß für die Toleranz einer Schaltung gegenüber Signalschwankungen, ohne dass eine Verfälschung des Ausgangspegels einer Baugruppe erfolgt [1], [2]. Ursachen für derartige Signaländerungen können beispielsweise Temperaturschwankungen, Beeinflussung von Leitungen untereinander (**Übersprechen**) oder Schwankungen der Versorgungsspannung sein. Beim Verschalten mehrerer digitaler Bausteine ist somit von großer Bedeutung, dass auch bei der Verkettung mehrerer der genannten Störungsursachen innerhalb der tolerierbaren Betriebsparameter die Ausgangssignale eines Gatters innerhalb der definierten Eingangspegel des folgenden Gatters gewährleistet sind (siehe Abbildung 15.2).

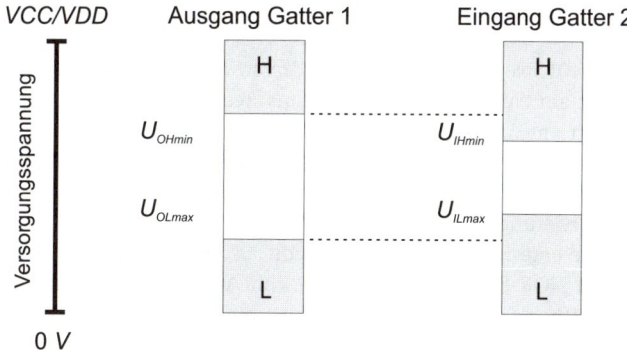

Abbildung 15.2: Verkettung von digitalen Gattern.

Die jeweiligen Werte für U_{IH} und U_{IL} bzw. U_{OH} und U_{OL} sowie die Störabstände für den High- und Low-Pegel sind abhängig von der Wahl der Schaltungsfamilie, der Betriebsspannung, der Schaltung selbst und den verwendeten Bauelementcharakteristika.

15.2 Digitaltechnik

Ganz allgemein bestehen digitale Schaltungen aus logischen Verknüpfungselementen und aus Speicherkomponenten, wobei zwischen **Schaltwerken** und **Schaltnetzen** unterschieden wird.

Ein Schaltnetz enthält im Gegensatz zum Schaltwerk keine Speicherglieder, der Ausgang eines Schaltnetzes wird nur durch die **Eingangsgrößen** und die **logischen Verknüpfungsglieder** der Schaltung bestimmt. Als Beispiele seien ohne weitere Erläuterung Addierer, Subtrahierer und Multiplikationsschaltungen erwähnt. In Abbildung 15.3 ist ein Auszug der bedeutendsten logischen Verknüpfungsglieder dargestellt.

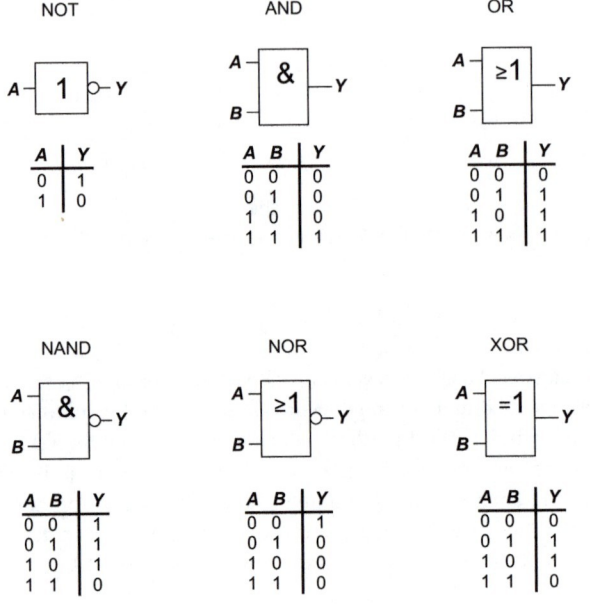

Abbildung 15.3: Zusammenstellung der wichtigsten Logikgatter in digitalen Schaltungen.

Das Schaltelement **NOT** (Negation) erzeugt eine Invertierung des Eingangssignals. Das logische Glied **AND** gibt am Ausgang nur eine „1" aus, wenn an A und B eine „1" anliegt. Im Gegensatz dazu liegt am Ausgang des ODER-Bausteines OR eine „1", sobald an A oder B eine „1" als Eingangsgröße vorliegt. Der Äquivalenz-Baustein XOR liefert am Ausgang eine „1", wenn $A \neq B$ gilt. Hervorzuheben sind die logischen Elemente **NAND** und **NOR**. Diese Gatter sind als Invertierung der AND- bzw. OR-Gatter zu verstehen. Ein NAND-Gatter liefert demzufolge nur eine „0" am Ausgang, wenn an beiden Eingängen eine „1" anliegt. Umgekehrt ist beim NOR-Element nur eine „1" am Ausgang zu finden, wenn die Bedingung $A = B = 0$ erfüllt ist. Das Bemerkenswerte an diesen Gattertypen ist ihre Eigenschaft, dass mit ihnen jede beliebige logische Schaltung aufgebaut werden kann, ohne dass man dabei auf andere Logikbausteine zurückgreifen müsste.

Logische Funktionen lassen sich durch Ausdrücke der Boole'schen Algebra beschreiben und auslegen. Eine AND-Verknüpfung (Konjunktion) wird durch den Ausdruck $\wedge$ bzw. einfach „·" beschrieben, ein OR (Disjunktion) mit $\vee$ oder $+$. Für die vollständige Darstellung einer AND-Funktion ergibt sich somit der Ausdruck

$$Y = A \wedge B \tag{15.1}$$

Die Invertierung (Negation) einer Größe lässt sich durch einen Strich über der Größe darstellen; somit lässt sich ein NAND-Gatter durch folgenden Ausdruck beschreiben:

$$Y = \overline{A \wedge B} \tag{15.2}$$

Die Rechen- und Vereinfachungsregeln für die Beschreibung logischer Schaltungen werden in der Literatur vielfach erläutert und sollen an dieser Stelle nicht eingehender behandelt werden. Bei den später folgenden Erörterungen zur schaltungstechnischen Realisierung, Auslegung und zum Layout digitaler Einheiten wird nur am Rande auf eine Darstellung mithilfe der Boole'schen Algebra zurückgegriffen. Die wichtigsten Gesetze sind im Folgenden aufgelistet:

$$\text{Kommutativgesetz:} \quad \begin{aligned} A \wedge B &= B \wedge A \\ A \vee B &= B \vee A \end{aligned} \tag{15.3}$$

$$\text{Assoziativgesetz:} \quad \begin{aligned} (A \wedge B) \wedge C &= A \wedge (B \wedge C) \\ (A \vee B) \vee C &= A \vee (B \vee C) \end{aligned} \tag{15.4}$$

$$\text{Distributivgesetz:} \quad \begin{aligned} (A \wedge B) \vee C &= (C \vee A) \wedge (C \vee B) \\ (A \vee B) \wedge C &= (C \wedge A) \vee (C \wedge B) \end{aligned} \tag{15.5}$$

$$\text{Absorptionsgesetz:} \quad \begin{aligned} (A \wedge B) \vee A &= A \\ (A \vee B) \wedge A &= A \end{aligned} \tag{15.6}$$

$$\text{Komplementärgesetz:} \quad \begin{aligned} A \vee \overline{A} &= 1 \\ A \wedge \overline{A} &= 0 \end{aligned} \tag{15.7}$$

$$\text{Neutralitätsgesetz:} \quad \begin{aligned} A \vee 0 &= A \\ A \wedge 1 &= A \end{aligned} \tag{15.8}$$

$$\text{Involution:} \quad \overline{\overline{A}} = A \tag{15.9}$$

Ein besonders nützliches – und auch in *Kapitel 18* bei der Vereinfachung von CMOS-Schaltungen verwendetes – Gesetz ist das **De Morgan'sche Theorem**:

$$\begin{aligned} \overline{A \wedge B} &= \overline{A} \vee \overline{B} \\ \overline{A \vee B} &= \overline{A} \wedge \overline{B} \end{aligned} \tag{15.10}$$

Anders ausgedrückt:

$$\begin{aligned} A \wedge B &= \overline{\overline{A} \vee \overline{B}} \\ A \vee B &= \overline{\overline{A} \wedge \overline{B}} \end{aligned} \tag{15.11}$$

Mithilfe dieser Gleichungen lassen sich digitale Schaltnetze auf logischer Ebene beschreiben und vereinfachen. Für eingehendere Erläuterungen, Beispiele und Übungen seien an dieser Stelle die Bücher [3]–[5] empfohlen.

Die Grundelemente von den oben bereits erwähnten Schaltwerken sind sogenannte **Flip-Flops** (FF). Als Flip-Flops bezeichnet man **bistabile Kippschaltungen**, also Schaltungen mit zwei stabilen Zuständen. Die Änderung der Zustände eines Flip-Flops wird durch Änderung der Eingangssignale erreicht. Flip-Flops sind somit Speicherbausteine. Beispiele für die wichtigsten Einsatzgebiete sind Code-Umsetzer, Schieberegister und das große Gebiet der Zähler. Man unterscheidet viele verschiedene Arten von Flip-Flops, die sich wiederum durch unterschiedliche Vorzüge und Nachteile unterscheiden. Noch umfangreicher ist das

15 Grundlagen digitaler integrierter Schaltungen

Feld der oben genannten Anwendungen. An dieser Stelle sollen nur Flip-Flop-Ausführungen beschrieben werden, die in *Kapitel 18* in Bezug auf das Design und Layout detailliert erneut auftauchen.

Die einfachste Bauform des Flip-Flops ist das sogenannte **RS-Flip-Flop**. In Abbildung 15.4 ist ein RS-Flip-Flop unter Verwendung von NOR-Gattern dargestellt. Um eine „1" zu speichern, muss der S-Eingang aktiviert werden („Setzen"), für eine Null der R-Eingang („Rücksetzen"). Wenn beide Eingänge inaktiv sind, wird der vorige Zustand gespeichert. Der Fall zweier aktivierter Eingänge ist in der Regel nicht zulässig und führt in den meisten Fällen zu einem nicht voraussagbaren Verhalten, dem sogenannten verbotenen oder **metastabilen Zustand**.

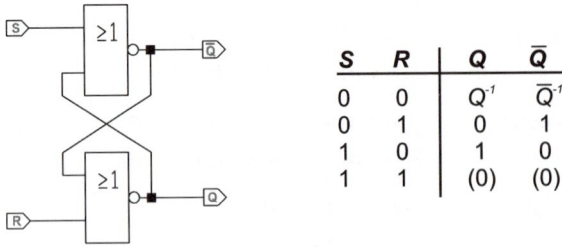

Abbildung 15.4: Realisierung eines RS-Flip-Flops mit NOR-Gattern

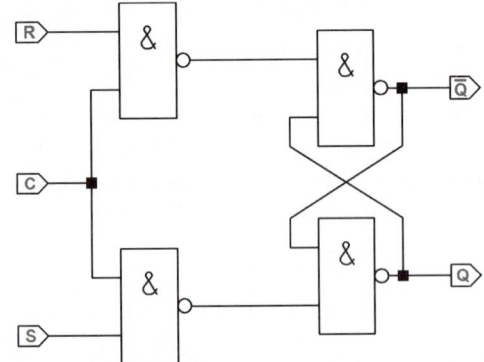

Abbildung 15.5: Taktzustandsgesteuertes RS-Flip-Flop.

Eine Erweiterung des RS-Flip-Flops wird durch eine Taktsteuerung erreicht. In Abbildung 15.5 ist ein statisch getaktetes RS-Flip-Flop aus NAND-Gattern dargestellt. Durch diesen Aufbau wird erzwungen, dass Schaltvorgänge nur im Einklang mit bestimmten Taktzuständen erfolgen können. Gilt für das Flip-Flop in Abbildung 15.5 beispielsweise $C = 0$, so ist das aus den beiden linken NAND-Gattern bestehende Tor gesperrt ($C \wedge S = 0$; $C \wedge R = 0 \Rightarrow$ Zustand speichern). Falls $C = 1$ vorliegt, ist das Tor geöffnet ($C \wedge S = S$; $C \wedge R = R \Rightarrow$ neuer Zustand). Taktzustandssteuerungen sind von großer Bedeutung für die Synchronisation größerer Schaltwerke und für die Kombination mit Schaltnetzen.

Eine ebenfalls sehr bedeutsame Flip-Flop-Ausführung ist die Gruppe der **D-Flip-Flops**. Diese weisen nur einen Eingang D auf und können auf verschiedene Arten aus Logikgattern implementiert werden. Eine gängige Ausführung für ein taktzustandgesteuertes D-Flip-

Flop ist in Abbildung 15.6 zu sehen. Bezüglich des Aufbaus handelt es sich dabei letztlich um ein taktgesteuertes RS-Flip-Flop mit nur einem Eingang. Realisiert wird die Schaltung durch einen zusätzlichen Inverter, der das Eingangssignal abgreift und das Komplement weiterleitet. Dadurch kommen an der Torschaltung nur die Kombinationen (0,1) für $D = 0$ und (1,0) für $D = 1$ infrage. Das Verhalten des D-Flip-Flops wird durch die Zustandsfolgetabelle in Abbildung 15.6 beschrieben.

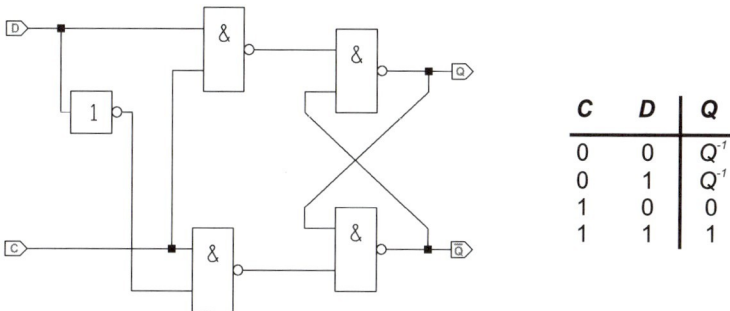

Abbildung 15.6: Taktzustandgesteuertes D-Flip-Flop.

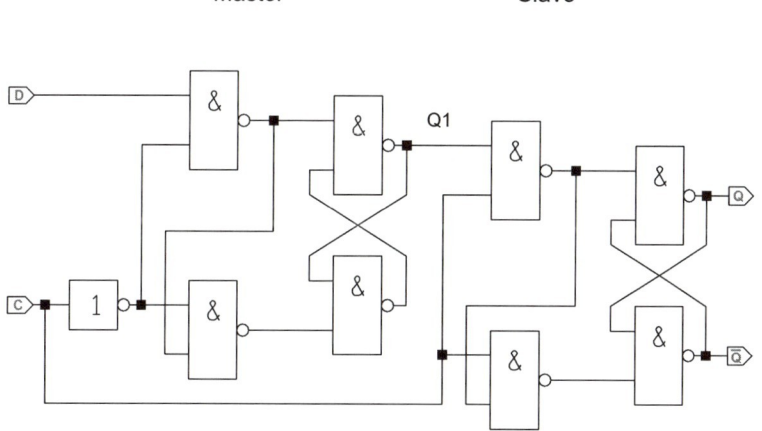

Abbildung 15.7: Master-Slave-Flip-Flop.

Eine wichtige Erweiterung der grundlegenden Flip-Flop-Funktionen ist die **Taktflankensteuerung**. Hierbei erfolgen die Schaltvorgänge einer Flip-Flop-Anordnung nur synchron zur steigenden (positiven) bzw. abfallenden (negativen) Flanke des Taktsignals. Der Einsatz von Taktflankensteuerungen reduziert die Schaltzeiten und erhöht zugleich die Zuverlässigkeit logischer Schaltungen, da Störungen vor und nach Einsetzen der aktiven Flanke nicht zum (unerwünschten) Schalten des Flip-Flops führen. Es gibt mehrere Möglichkeiten, die Taktflankensteuerung zu realisieren. Eine übliche Methode ist die Einführung von **Master-Slave**-Flip-Flops. In Abbildung 15.7 ist ein **einflankengesteuertes D-Flip-Flop** in Master-Slave-Ausführung abgebildet. Zwei taktgesteuerte und in Reihe geschaltete D-Flip-Flops werden mit einem komplementären Taktsignal angesteuert. Während des Zustandes $C = 0$ folgt das Master-Flip-Flop dem Eingang und es gilt $Q1 = D$. Im Slave-Flip-Flop bleibt währenddessen der alte Zustand gespeichert. Die Information aus dem Master wird erst beim

Umschalten des Taktes auf „1" für das Slave-FF verfügbar, gleichzeitig aber im Master „eingefroren" (für das Master-FF geht das Taktsignal auf 0). Die an D liegende Information wird also nur während der positiven Taktflanke übertragen. In der restlichen Zeit ist der Eingang D bedeutungslos für den Ausgang Q.

15.3 Digitale Schaltungsfamilien

Bei der Realisierung von digitalen Grundfunktionen (AND, OR, NAND, NOR usw.) lassen sich eine Vielzahl von Aufbaumethoden unterscheiden. Man spricht von verschiedenen **Schaltungsfamilien**. Die Anfangszeit der integrierten Schaltungen war durch bipolare Technologien beherrscht; heutzutage werden die meisten digitalen ICs mit MOSFETs realisiert. Bausteine verschiedener Schaltkreisfamilien lassen sich nur teilweise und dann auch nur unter genauer Beachtung ihrer spezifischen Eigenschaften miteinander kombinieren. Da sich die Schaltkreisfamilien in Hinsicht auf Betriebsspannung, Gatterlaufzeit sowie High- und Low-Pegel an Ein- und Ausgängen unterscheiden, bemüht man sich, möglichst nur Bausteine einer Schaltkreisfamilie in einer Schaltung zu verwenden. Wichtige Kriterien zur Beurteilung von Schaltungsfamilien sind Leistungsaufnahme, Schnelligkeit, Belastbarkeit und Herstellungskosten.

Die bedeutendsten Schaltkreisfamilien werden im Folgenden kurz vorgestellt Als Beispielschaltungen dienen durchgehend eine Inverter-Schaltung sowie ein NOR-Gatter.

Aus der Anfangszeit der modernen Schaltungstechnik stammt die **Widerstands-Transistor-Logik (RTL)**. Sie ist nur von historischer Bedeutung, hilft aber dabei, die Grundprinzipien der Logikschaltungen zu verstehen. Die logischen Funktionen werden durch das Verschalten von bipolaren Transistoren und integrierten Widerständen realisiert. In Abbildung 15.8 sind ein Inverter (Abbildung 15.8a) und ein NOR-Gatter (Abbildung 15.8b) in RTL-Logik dargestellt. Im Falle von High-Pegel-Eingängen gehen die Transistoren in den leitenden Zustand über; bei der Inverter-Schaltung fällt in diesem Moment der Großteil der Versorgungsspannung VCC am hochohmigen Widerstand R2 ab. Am Ausgang OUT liegt der Low-Pegel an, der durch den Spannungsabfall am Durchlasswiderstand des Transistors Q1 bestimmt wird (klein im Verhältnis zu R2). Für das NOR-Gatter ergibt sich so für einen beliebigen Eingang „1" in positiver Logik eine leitende Verbindung zur Masse und somit eine „0" am Ausgang. Nur durch $A = B = 0$ ist am Ausgang ein High-Pegel-Signal zu erreichen.

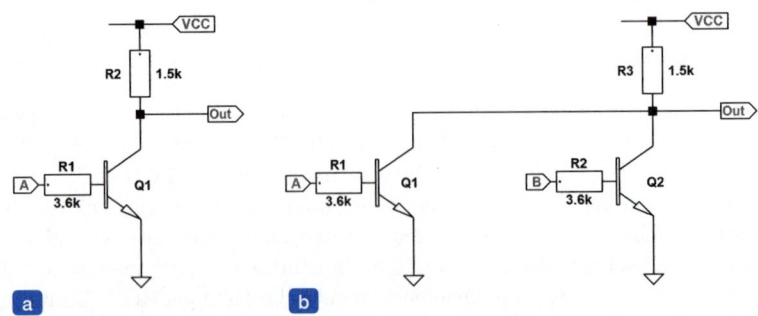

Abbildung 15.8: Widerstands-Transistor-Logik (RTL). (a) Inverter. (b) NOR-Gatter.

Bei der dann folgenden **Dioden-Transistor-Logik (DTL)** basierte die eigentliche Logikschaltung auf Dioden. In Abbildung 15.9 sind ein Inverter (Abbildung 15.9a) und ein NOR-Gatter (Abbildung 15.9b) in DTL-Logik dargestellt. Ein Basis-Strom I_B zum Durchschalten der Transistoren

Q1 (a) bzw. von Q1 und Q2 (Abbildung 15.9b) kann nur bei gesperrten Dioden D1 (Abbildung 15.9a) bzw. D1 und D3 (Abbildung 15.9b) eingespeist werden. Die Dioden sperren wiederum nur bei einem High-Pegel-Eingangssignal. DTL-Schaltungen werden wegen zu großer Gatterlaufzeiten nicht mehr eingesetzt.

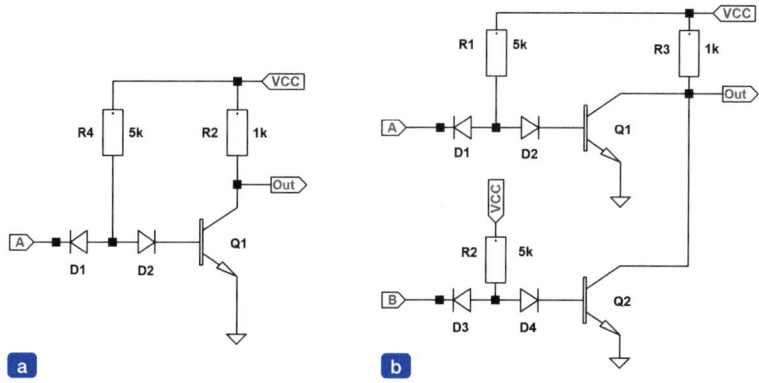

Abbildung 15.9: Dioden-Transistor-Logik (DTL). (a) Inverter. (b) NOR-Gatter.

Die auf Bipolar-Transistoren beruhende **Transistor-Transistor-Logik (TTL)** kann als eine direkte Erweiterung der Dioden-Transistor-Logik betrachtet werden. Sie wird auch heute noch für einfache digitale Gatter oder in gemischten Analog-Digital-Schaltungen eingesetzt. Die Ähnlichkeit zur DTL-Familie lässt sich anhand von Abbildung 15.10 verdeutlichen: Die Dioden-Eingangsschaltung wird durch die Transistoren Q1 (Abbildung 15.10a) bzw. Q1 und Q2 (Abbildung 15.10b) ersetzt. Liegt im Falle des Inverters am Eingang ein High-Pegel an, fließt der Basis-Strom für den Transistor Q2 über den Basis-Kollektor-Übergang von Q1 und versetzt den Transistor Q2 in den leitenden Zustand, was wiederum einen Low-Pegel am Ausgang zur Folge hat. Typische Werte für TTL-Schaltkreise bei einer Versorgungsspannung von 5 V sind am Eingang $U_{IH} > 2$ V für den High- und $U_{IL} < 0{,}8$ V für den Low-Pegel. Für die Ausgangspegel gilt dann beispielsweise $U_{OL} < 0{,}4$ V und $U_{OH} > 2{,}4$ V.

In *Kapitel 17* werden die Dimensionierung und das Layout von TTL-Schaltungen anhand eines NAND-Gatters eingehender erläutert.

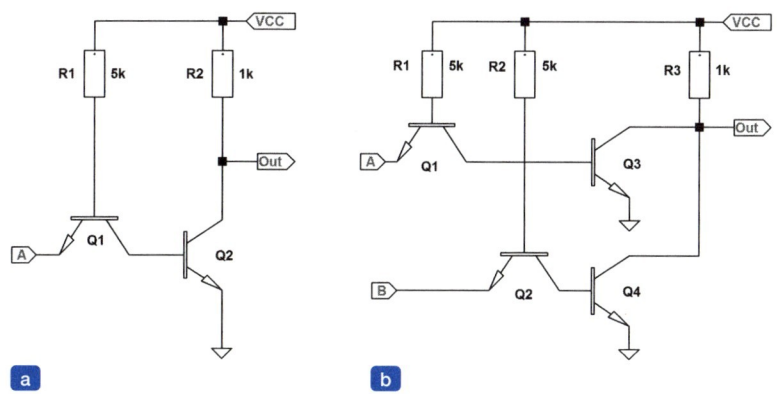

Abbildung 15.10: Transistor-Transistor-Logik (TTL). (a) Inverter. (b) NOR-Grundstruktur.

Grundlagen digitaler integrierter Schaltungen

Im Gegensatz zur Standard-TTL arbeiten die Transistoren in der ebenfalls auf Bipolar-Transistoren beruhenden Stromschaltertechnik **ECL (Emitter-Coupled-Logic)** nicht in Sättigung, wodurch sich höchste Schaltgeschwindigkeiten realisieren lassen. Das Grundgerüst von ECL-Gattern bildet ein Differenzverstärker (siehe *Kapitel 12* und *13*). VCC liegt dabei auf Masse, während das Substrat mit einer negativen Betriebsspannung belegt ist (z. B. $-5{,}2\ V$). Im Falle der Inverter-Schaltung wird der Differenzverstärker aus dem Eingangstransistor Q1 und dem Transistor Q2 gebildet; Letzterer liegt basisseitig an einer charakteristischen Referenzspannung (z. B. $V_{ref} = -1{,}3\ V$), die aus einem Spannungsteiler zwischen Masse (0 V) und negativer Betriebsspannung (Knoten „Sub") gebildet wird. Sobald nun an Q1 ein High-Pegel-Signal angelegt wird (hier $U_{IH} = -0{,}9\ V$, Bezugsgröße ist die Referenzspannung von $-1{,}3\ V$), erhöht sich der Emitter-Kollektor-Strom durch den Eingangstransistor, woraus wiederum ein Spannungsabfall über R1 resultiert. Dadurch ergibt sich ein niedrigeres Potential am Knoten „1". Über den Transistor Q3 erfolgt sowohl eine Pegelanpassung als auch eine Stromverstärkung. In dem hier betrachteten Beispiel ergibt sich am Ausgang „Out" ein Low-Pegel von $U_{OL} = -1{,}7\ V$. Das in Abbildung 15.11b dargestellte NOR-Gatter entspricht in der Grundfunktion dem Inverter mit einem zusätzlichen Eingangstransistor. Sobald an einem der Transistoren Q1 oder Q2 ein High-Pegel-Eingang anliegt, ergibt sich ein Low-Pegel-Ausgang.

Im Gegensatz zu den vorher beschrieben Schaltungsfamilien sind in ECL-Schaltungen die High-Pegel der Eingangssignale nach oben hin begrenzt, da eine Sättigung der Transistoren vermieden werden muss. Die ECL-Technik wird heutzutage vor allem im Hochfrequenzbereich eingesetzt; den hohen Schaltgeschwindigkeiten stehen allerdings auch hohe Verlustleistungen gegenüber. In *Kapitel 16* wird eine Erweiterung des NOR-Gatters aus Abbildung 15.11, das NOR-OR-Gatter, berechnet.

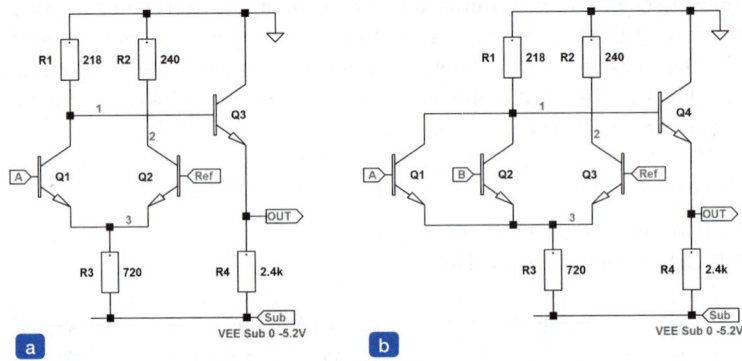

Abbildung 15.11: Emitter-Coupled-Logic (ECL). (a) Inverter. (b) NOR-Grundstruktur.

Die bedeutendste digitale Schaltungsfamilie basiert auf dem **CMOS**-Prinzip (**CMOS, Complementary-Metal-Oxide-Semiconductor**); in *Abschnitt 7.4* wurde für den CM5-Prozess der Herstellungsablauf einer CMOS-Struktur beispielhaft erläutert. CMOS-Schaltungen stellen aufgrund niedriger Verlustleistungen und der Möglichkeit, hohe Integrationsgrade realisieren zu können, die mit Abstand am häufigsten eingesetzte Schaltkreisfamilie dar. Die Namensgebung beruht auf dem Prinzip, stets einen N- und einen PMOS-Transistor in spezieller Art und Weise miteinander zu verschalten; dieses Prinzip kann am besten anhand des Grundbausteins der CMOS-Technik, des Inverters, erläutert werden (Abbildung 15.12a). Der Kunstgriff ist dabei, dass unabhängig vom Eingangssignal immer einer der beiden Transistoren gesperrt ist. Dadurch fließt, unabhängig davon, ob der Eingang High oder Low ist, im statischen Betrieb quasi kein Strom (nur sehr geringe Unterschwellströme). Wenn am Inverter-Eingang

15.3 Digitale Schaltungsfamilien

ein High-Level-Signal anliegt, sperrt der am Bulk-Anschluss mit der Versorgungsspannung verbundene P-Kanal-Transistor, während der N-Kanal-FET öffnet. Dadurch fällt nahezu die gesamte Versorgungsspannung am PMOS-Transistor ab; am Ausgang liegt ein Low-Level-Signal. Für das NOR-Gatter in Abbildung 15.12b ist für einen beliebigen High-Eingang immer ein N-Kanal-FET offen, sodass der Ausgang quasi kurzgeschlossen wird. Gleichzeitig sperrt mindestens ein P-Kanal-FET, wodurch im statischen Betrieb wiederum kein Stromfluss zwischen Versorgungsleitung und Substrat auftritt.

In *Kapitel 18* werden für verschiedene Inverter-Ausführungen, logische Gatter, Flip-Flops und andere Grundschaltungen die Dimensionierung und die Layout-Erstellung vorgestellt. Verwendet wird dabei der in *Kapitel 7* beschriebene CM5-Prozess.

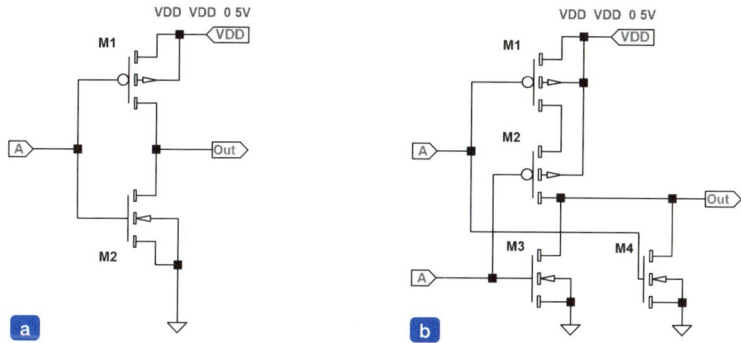

Abbildung 15.12: Complementary-Metal-Oxide-Semicondutor-Logik (CMOS). (a) Inverter. (b) NOR-Grundstruktur.

Zusammenfassung

Als Grundlage für die Ausführungen in den *Kapiteln 16–18* zum Design und Layout integrierter digitaler Schaltungen wurden in diesem Kapitel die Grundzüge der Digitaltechnik zusammenfassend dargestellt. Neben einer kurzen Vorstellung der digitalen Logik lag der Schwerpunkt auf der Einführung in das Themengebiet der digitalen Schaltungsfamilien.

Literatur

[1] H. Hartl et al.: *Elektronische Schaltungstechnik*; Pearson Studium, 2008.

[2] R. Ernst, I. Könenkamp: *Digitale Schaltungstechnik für Elektrotechniker und Informatiker*; Spektrum Akademischer Verlag, 1995.

[3] H. Liebig: *Logischer Entwurf digitaler Systeme*; Springer-Verlag, Berlin, Heidelberg, 4. Auflage, 2006.

[4] K. Fricke: *Digitaltechnik: Lehr- und Übungsbuch für Elektrotechniker und Informatiker*; Vieweg + Teubner Verlag, 5. Auflage, 2005.

[5] R. Woitowitz, K. Urbanski: *Digitaltechnik: Ein Lehr- und Übungsbuch*; Springer-Verlag, Berlin, Heidelberg, 5. Auflage, 2007.

[6] E. Gelder: *Integrierte Digitalbausteine*; Vogel-Buchverlag, Würzburg, 5. Auflage, 1984.

[7] U. Tietze, Ch. Schenk: *Halbleiter-Schaltungstechnik*; Springer-Verlag, Berlin, Heidelberg, 12. Auflage, 2002.

Design und Layout digitaler Gatter in Emitter-gekoppelter Logik (ECL)

16.1	**Typisches NOR-OR-Gatter**	684
16.2	**ECL-Gatter mit reduzierter Verlustleistung**	698
16.3	**EECL-Gatter mit geringer Verlustleistung**	700
16.4	**Andere ECL-Gatter**	705

16 Design und Layout digitaler Gatter in Emitter-gekoppelter Logik (ECL)

Einleitung

>> Die bipolare ECL-Schaltungsfamilie (Emitter-Coupled Logic) wird vor allem für Schaltungen mit sehr hohen Verarbeitungsgeschwindigkeiten eingesetzt. Durch eine Differenzstufe lässt sich der Strom von einer Seite auf die andere umschalten, ohne dass dabei ein Transistor in die Spannungssättigung gerät; daher ist für ECL auch der Name **Stromschaltertechnik** gebräuchlich. Dieses Verfahren ist allen anderen bipolaren Schaltungstechniken hinsichtlich der Schaltgeschwindigkeit überlegen, da es als **ungesättigte Logik** die Verzögerungszeiten vermeidet, die in bipolaren Transistoren durch Ladungsspeicherung beim Übergang in den Spannungssättigungsbereich und zurück auftreten.

Voraussetzung für besonders kurze Gatterlaufzeiten sind entsprechend angepasste moderne Prozesse. Detaillierte ECL-spezifische Prozesstechnologien sind z. B. in [2] bis [9], [14] und [15] beschrieben. Für die Schaltungen des vorliegenden Buches wird der in *Abschnitt 7.3.2* eingeführte C14-Prozess (14-V-Bipolar-Prozess mit einer Transitfrequenz von 2,5 *GHz*) verwendet. Dieser Prozess ist zwar zur Erlangung der heute möglichen **extrem** kurzen Schaltzeiten nicht geeignet, reicht aber für viele ASIC-Anwendungen und für die Erklärung der Schaltungen vollkommen aus. Die wichtigsten Unterlagen zum C14-Prozess und auch die Schaltungen dieses Kapitels sind in der ZIP-Datei „IC.zip" zu finden, siehe „Hinweise für das Arbeiten mit den folgenden Kapiteln" in der Einleitung zu *Teil IV*. <<

LERNZIELE

- Erläuterung des TTL-Prinzips anhand eines NOR-OR-Gatters
- Erzeugung einer Referenzspannung
- Dimensionierung, Layout und Verifikation des NOR-OR-Gatters
- Anschluss externer Geräte über Leitungen
- ECL-Gatter für geringe Verlustleistungen
- Dimensionierung, Layout und Verifikation von ECL-Gattern für niedrige Versorgungsspannungen (EECL)

In den folgenden Abschnitten wird das Grundprinzip der ECL-Schaltungsfamilie anhand einiger grundlegender Beispiele beschrieben; das Hauptaugenmerk liegt dabei auf dem NOR-OR-Gatter und möglichen Optimierungen hinsichtlich des Leistungsbedarfs und der Verwendung einer reduzierten Versorgungsspannung.

16.1 Typisches NOR-OR-Gatter

Abbildung 16.1 zeigt die Schaltung eines typischen ECL-Grundgatters mit NOR-Funktion, hier mit Verwendung der Elemente des C14-Prozesses. Die prinzipielle Wirkungsweise wurde im *Kapitel 15* leicht modifiziert bereits beschrieben. Danach entsteht am Knoten „1" die NOR-Verknüpfung der beiden Eingangssignale A und B, denn wenn an einem der Eingänge **High**-Potential anliegt, geht wegen des konstanten Pegels am Referenzeingang Ref der Knoten „1" auf **Low**. Am Knoten „2" entsteht zusätzlich das zu „1" **inverse** Signal. Also bildet die Schaltung auch die OR-Verknüpfung der beiden Eingangssignale. Die Auskopplung erfolgt über die beiden Emitter-Folger Q4 und Q5.

Der Inverter ist bekanntlich das einfachste Grundelement. Durch Fortlassen der Elemente Q1 sowie Q5 und R5 entsteht aus der in Abbildung 16.1 dargestellten Schaltung ein Inverter. Um einen Buffer mit **nichtinvertierender** Funktion zu erhalten, können die Elemente Q4 und R4 entfallen. Die Auskopplung erfolgt dann am Emitter-Folger Q5.

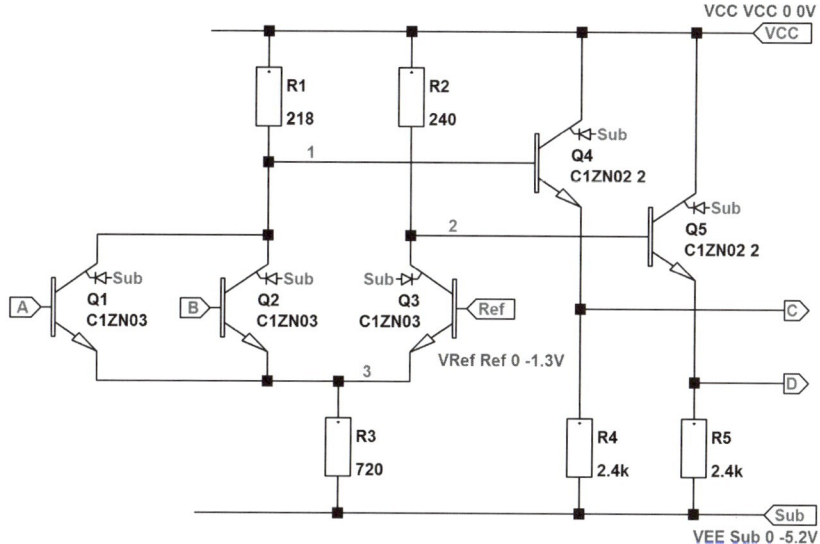

Abbildung 16.1: ECL-NOR-OR-Gatter; Typ NOR2; die Ermittlung der bereits eingetragenen Werte wird später erläutert. Verlustleistung ca. 40 mW (ohne Belastung).

Die Emitter-Folger der beiden Ausgänge haben zwei wichtige Funktionen zu erfüllen: Sie wirken einerseits als Impedanzwandler für die angeschlossenen Lasten und sorgen andererseits für eine Pegelverschiebung. Diese letzte Eigenschaft ist äußerst wichtig, damit an die Ausgänge weitere Gatter ohne Probleme angeschlossen werden können. Es sei noch einmal daran erinnert, dass bei ECL-Gates der Spannungshub beim Übergang vom **High**- zum **Low**-Zustand nur relativ gering ist (Hub ΔU ca. 200 mV bis 900 mV, je nach Versorgungsspannung). Alle Signale sind **Masse-orientiert**. Deshalb wird der Pin „VCC" meist mit Masse (0 V) verbunden. Konsequenz: Die Versorgungsspannung wird negativ, z. B. $V_{EE} = -5{,}2\ V$. Wird als Referenzspannung $V_{Ref} = -1{,}3\ V$ gewählt (üblicher Wert, siehe später), liegt der Schaltpunkt für den **High-Low**-Übergang etwa bei diesem Wert und die beiden Ausgangspotentiale sollten sich wieder um diesen Punkt herum bewegen. Dies soll kurz erläutert werden.

Angenommen, die beiden Eingangspotentiale an den Knoten „A" und „B" sind niedriger als das Referenzpotential und die beiden Transistoren Q1 und Q2 sind dadurch komplett gesperrt. Bei Vernachlässigung der Basis-Ströme nimmt dann der Knoten „1" praktisch VCC-Potential an, also in diesem Falle etwa 0 V. Am Ausgang „C" erscheint eine Spannung, die um die Basis-Emitter-Spannung des Transistors Q4 geringer ist. Wegen der Ausgangsbelastung kann mit einem Wert von $U_{BE4} \approx 800\ mV$ gerechnet werden. Der **High**-Pegel am **Ausgang** liegt somit bei $V_{OH} \approx -800\ mV$.

Bei Annahme eines maximalen Eingangshubes von $\Delta U_I \approx 900\ mV$ um den Referenzwert $V_{Ref} = -1{,}3\ V$ kann der **eingangs**seitige **High**-Pegel $V_{IH} = V_{Ref} + \Delta U_I/2 \approx -850\ mV$ erreichen. Die Transistoren Q1 und Q2 dürfen nicht in den Sättigungszustand geraten. Die Grenze liegt bei ungefähr $U_{CB1,2} = 0$. Folglich sollte das Potential am Knoten „1" nicht

Design und Layout digitaler Gatter in Emitter-gekoppelter Logik (ECL)

wesentlich negativer werden als etwa $-850\ mV$. Der **Low**-Pegel am Ausgang ist wieder um $U_{BE4} \approx 800\ mV$ geringer, also $V_{OL} \approx -1650\ mV$. Der Mittelwert zwischen V_{OH} und V_{OL} beträgt dann $-1225\ mV$ und entspricht tatsächlich etwa dem Referenzwert.

Dieser Sachverhalt kann sehr gut durch eine Simulation mit SPICE verfolgt werden. Für spätere Anwendungen soll gleich ein Blocksymbol für das NOR-Gatter gezeichnet und dann die **hierarchische** Schaltung simuliert werden [18], siehe Abbildung 16.2.

Simulation

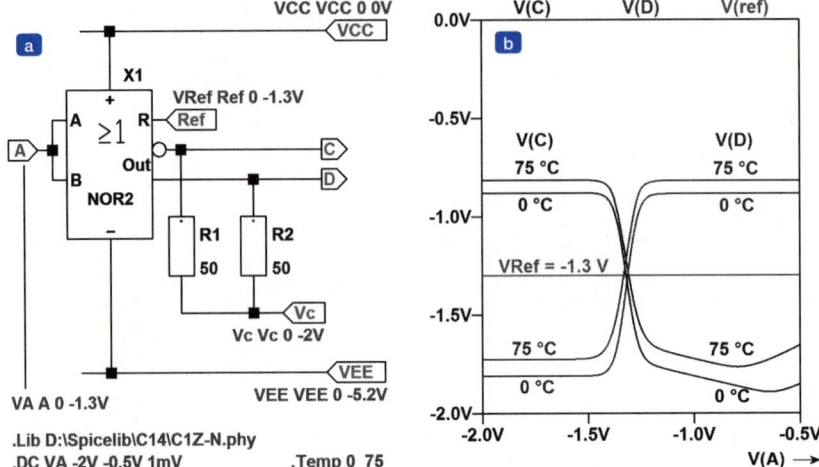

Abbildung 16.2: (ECL2.asc) (a) NOR-OR-Gate (Typ „NOR2", siehe Abbildung 16.1) als Inverter geschaltet. (b) Ausgangspegel in Abhängigkeit vom Eingangspegel $V(A)$ und bei zwei verschiedenen Temperaturen.

Beide Gatter-Ausgänge werden mit 50-Ω-Widerständen abgeschlossen. Damit dadurch die Ruheströme nicht zu groß werden, liegt der gemeinsame Fußpunkt nicht direkt an VEE, sondern an einer Hilfsspannung von $V_c = -2\ V$. Die beiden Eingänge „A" und „B" sind hier miteinander verbunden (Schaltung als Inverter) und die Eingangsspannung wird von $-2\ V$ bis $-0{,}5\ V$ variiert. Abbildung 16.2b zeigt die Übertragungskennlinien für eine **konstante** Referenzspannung von $V_{Ref} = -1{,}3\ V$ und zwei verschiedene Temperaturen. Der negative Temperaturkoeffizient der Basis-Emitter-Spannung bewirkt bei tiefen Temperaturen eine deutliche Verschiebung der Transferkennlinien nach „unten". Um den Störabstand nicht zu gefährden, ist statt der Verwendung einer konstanten Referenzspannung – z. B. der Einsatz einer Bandgap-Referenz – ein temperaturabhängiger Referenzwert etwas günstiger. Eine solche Schaltung wird später vorgestellt. Zunächst sollen aber einige Hinweise für die Dimensionierung eines ECL-Gatters gegeben werden.

16.1.1 Dimensionierung

Auf eine genaue Berechnung wird verzichtet. Für die Praxis reicht es vollkommen aus, die bereits angedeuteten Überlegungen einer raschen Werteermittlung zugrunde zu legen. Anschließend wird der Simulator SPICE verwendet, um die gewählte Dimensionierung noch zu verbessern. Die Basis-Ströme und die parasitären Transistorelemente wie der innere Kollektor- und der Basis-Bahnwiderstand werden deshalb vernachlässigt.

Zunächst einmal sollten für die Eingänge und den Ausgang gleiche **High**- und gleiche **Low**-Pegel gelten und diese **symmetrisch** zum „Mittelwert" V_{Ref} liegen, also

$$V_{IH} = V_{OH} = V_H = V_{Ref} + \frac{\Delta U}{2}, \quad V_{IL} = V_{OL} = V_L = V_{Ref} - \frac{\Delta U}{2}; \quad \Delta U = \Delta U_I = \Delta U_O \qquad (18.1)$$

Der Ausgangs-**High**-Pegel V_{OH} am Ausgangspin „C" liegt vor, wenn die beiden Transistoren Q1 und Q2 gesperrt sind. Dann nimmt der Knoten „1" praktisch VCC-Potential an und es gilt:

$$V_{OH} = V(1)_{max} - U_{BE4} \approx V_{CC} - U_{BE4} \approx -U_{BE4}, \quad \text{wenn } V_{CC} = 0 \text{ ist.} \qquad (18.2)$$

Entsprechend den Gleichungen (18.1) und (18.2) soll $V_{IH} = V_{OH} = V_H \approx -U_{BE4}$ sein. Liegt V_{IH} nun an einem der beiden Eingangstransistoren, z. B. an Q1, übernimmt dieser Transistor den gesamten Strom und Q3 wird komplett gesperrt. Das Potential V(1) des Knotens „1" nimmt damit den niedrigsten Wert an. Um den Sättigungszustand des Transistors Q1 zu vermeiden, gilt wieder die wichtige Bedingung

$$U_{CB1} \geq 0 \quad \text{(in der Praxis gerade noch zulässig: } U_{CB1} \geq -200 \text{ mV)} \qquad (18.3)$$

Folglich darf wegen $V_{CC} = 0$ auch das Potential des Knotens „1" nicht weiter absinken als auf $V_{IH} \approx -U_{BE4}$. Es gilt somit

$$V(1)_{min} = V_{CC} - I(R_1) \cdot R_1 = -I(R_1) \cdot R_1 \geq V_{IH} \approx -U_{BE4}, \quad \text{wenn } V_{CC} = 0 \text{ ist.} \qquad (18.4)$$

Auch der Ausgangs-**Low**-Pegel V_{OL} ist um die Basis-Emitter-Spannung des Transistors Q4 niedriger als das Potential V(1). Folglich gilt:

$$V_{OL} = V(1)_{min} - U_{BE4} = -I(R_1) \cdot R_1 - U_{BE4} \geq -2 \cdot U_{BE4} \qquad (18.5)$$

High- und **Low**-Pegel sollten demnach nicht mehr als U_{BE4} auseinanderliegen. Daraus folgt sofort:

$$\Delta U \leq U_{BE4} \qquad (18.6)$$

Wenn der Mittelwert zwischen **High**- und **Low**-Pegel die Referenzspannung V_{Ref} sein soll, muss dieser Wert gerade zwischen $V_{IH} = V_{OH} \approx -U_{BE4}$ und $V_{IL} = V_{OL} \approx -2 \cdot U_{BE4}$ liegen. Es gilt also

$$V_{Ref} \approx -\frac{3}{2} \cdot U_{BE4} = -\frac{3}{2} \cdot \Delta U \qquad (18.7)$$

Die Basis-Ströme der Emitter-Folger Q4 und Q5 wurden bei der bisherigen Betrachtung nicht berücksichtigt. Sie erzeugen an den Widerständen R1 und R2 zusätzliche Spannungsabfälle, durch die die ausgangsseitigen Pegel um etwa 80 mV tiefer liegen. Der Referenzwert muss entsprechend angepasst werden. In der Praxis darf der **High**-**Low**-Unterschied ΔU_I um maximal 200 mV größer als U_{BE4} gewählt werden. Somit ergeben sich die folgenden Werte:

$$V_{Ref} \approx -\frac{3}{2} \cdot U_{BE4} - 80 \text{ mV}; \quad \Delta V \leq U_{BE4} + 200 \text{ mV} \qquad (18.8)$$

$$V_H \approx V_{Ref} + \frac{\Delta V}{2}; \quad V_L \approx V_{Ref} - \frac{\Delta V}{2}$$

Alle Größen in der Gleichung (18.8) enthalten die temperaturabhängige Basis-Emitter-Spannung U_{BE4}, die für den in Abbildung 16.2b erkennbaren Temperatureinfluss auf die Transferkennlinien verantwortlich ist.

Aus Gleichung (18.8) geht ferner hervor, dass die genannten Parameter schaltungsbedingt relativ fest vorgegeben sind. Nur der **High-Low**-Unterschied ΔU darf in gewissen Grenzen frei gewählt werden. Aus den Gleichungen (18.2) und (18.5) ergibt sich:

$$\Delta V = V_{OH} - V_{OL} = I(R_1) \cdot R_1 \tag{18.9}$$

Die Wahl der Widerstandswerte für R1 und R2 hat einen entscheidenden Einfluss auf die Gatter-Eigenschaften: Kleinere Werte verkürzen die Schaltzeiten und verbessern die Belastbarkeit an den Ausgängen, vergrößern aber andererseits die Verlustleistung des Gatters. Es muss also ein Kompromiss gefunden werden. Bewährt hat sich die folgende Vorgehensweise: Ausgehend von den maximalen Lastströmen an den Ausgängen C und D ergeben sich die Basis-Ströme der Emitter-Folger Q4 und Q5 durch Division durch deren Stromverstärkungen B. Bei tiefen Temperaturen hat B deutlich kleinere Werte als bei höheren. Die kleinsten Werte B_{min} sind der Berechnung zugrunde zu legen. Werden durch den Lasteinfluss an den Widerständen R1 und R2 Spannungsabfälle von etwa 80 mV zugelassen, kann beispielsweise der Widerstandswert für R1 ermittelt werden:

$$R_1 \approx \frac{80\ mV}{I_{B4}} = \frac{80\ mV}{I_{E4}} \cdot B_{min}; \quad R_2 \approx 1{,}1 \cdot R_1 \tag{18.10}$$

Der Widerstand R2 kann prinzipiell den gleichen Wert erhalten wie R1. Wenn aber in der gemeinsamen Emitter-Leitung von Q2 und Q3, wie in Abbildung 16.1 dargestellt, statt einer Stromquelle nur ein Widerstand (R3) verwendet wird, sollte der Wert von R2 ungefähr 10% höher gewählt werden. Der Strom durch R3 ist nämlich nicht konstant; er nimmt zu, wenn einer der Eingangspegel den Referenzwert V_{Ref} überschreitet.

Mithilfe von Gleichung (18.9) kann nun der erforderliche Strom $I(R_1)$ durch den Widerstand R1 ermittelt werden, der nötig ist, an R1 den Spannungshub ΔU zu bilden:

$$I(R_1) = \frac{\Delta V}{R_1} \tag{18.11}$$

Dieser Strom ist näherungsweise gleich dem gemeinsamen Emitter-Strom $I(R_3)$ der Transistoren Q2 und Q3, von denen aber stets nur einer leitet. Abhängig ist er vom Widerstand R3 und den Eingangspegeln. Es gilt

$$I(R_3) = \frac{V_{IH} - U_{BE1,2} - V_{EE}}{R_3} \quad \text{oder} \quad I(R_3) = \frac{V_{Ref} - U_{BE3} - V_{EE}}{R_3} \tag{18.12}$$

je nachdem, ob an einem der beiden Eingänge **High**-Pegel anliegt oder beide auf **Low** liegen. Der Einfachheit halber wird für die weitere Berechnung die zweite Gleichung von (18.12) verwendet. Dann folgt zusammen mit Gleichung (18.11):

$$I(R_1) = \frac{\Delta V}{R_1} \approx I(R_3) = \frac{V_{Ref} - U_{BE3} - V_{EE}}{R_3} \quad \rightarrow \quad \frac{R_3}{R_1} \approx \frac{V_{Ref} - U_{BE3} - V_{EE}}{\Delta V} \tag{18.13}$$

Aufgabe

Überprüfen Sie die in Abbildung 16.1 angegebenen Bauelementwerte für den Fall, dass das dargestellte Gatter bei einer Ausgangsbelastung von maximal 25 mA einen Spannungshub von $\Delta U = 900$ mV liefern soll. Der minimale Wert der Stromverstärkung kann mit $B_{min} = 50$ angenommen werden.

Zum Schluss sind die Größen der Transistoren abzuschätzen. Dies gilt besonders für die beiden Emitter-Folger Q4 und Q5, die hier für einen Strom von $I_{E,max} = 25\ mA$ ausgelegt werden müssen. Wenn die Emitter-Stromdichte $J_{E,max}$ bekannt ist, gilt einfach:

$$A_{Emitter} = \frac{I_{E,max}}{J_{E,max}} \tag{18.14}$$

Es kann mit einer zulässigen Emitter-Stromdichte von $J_{E,max} = 20\ µA/µm^2$ gerechnet werden (siehe *Abschnitt 8.5.2*, „Design-Regeln für NPN-Transistoren"). Die endgültige Festlegung der Emitter-Fläche erfolgt später im Zusammenhang mit der Layout-Erstellung.

Die auf diese Weise ermittelten Bauelementwerte stellen eine erste Näherung dar und über das Zeitverhalten kann noch keine Aussage gemacht werden. Für die endgültige Dimensionierung und Überprüfung wird am besten der Simulator SPICE eingesetzt.

16.1.2 Referenzspannung

Alle Spannungspegel in Gleichung (18.8) enthalten die temperaturabhängige Basis-Emitter-Spannung U_{BE4}. Eine gewisse Temperaturkompensation kann über die Referenzspannung erreicht werden, wenn sie mit zunehmender Temperatur geringer wird. Abbildung 16.3 zeigt eine solche Schaltung. Damit mehrere Gatter problemlos angeschlossen werden können, wird ein Emitter-Folger-Ausgang – Transistor Q4 – vorgesehen. Die erforderliche Spannung von etwa $V_{Ref} = -1{,}3\ V$ wird über den Spannungsteiler R1, R2 gebildet. Eine Diode – Transistor Q1 – gleicht die Basis-Emitter-Spannung des Emitter-Folgers weitgehend aus. Um der Referenzspannung einen negativen Temperaturkoeffizienten zu verleihen, wird eine zweite Diode – Transistor Q2 – in Reihe mit dem Spannungsteiler geschaltet. Mit zunehmender Temperatur wird U_{BE} kleiner und damit der Strom größer. Q2 wird um den Transistor Q3 zu einem Stromspiegel erweitert. Auf diese Weise kann ohne großen Aufwand eine gewisse Vorlast für den Emitter-Folger Q4 bereitgestellt werden. Stattdessen könnte auch einen Widerstand eingesetzt werden, meist wäre aber der Platzbedarf dafür größer. Zur Glättung von Spannungsspitzen ist am Ausgang ein Kondensator gegen den Bezugsknoten „VCC" vorgesehen. Ein Wert von etwa 5 *pF* ist in den meisten Fällen ausreichend.

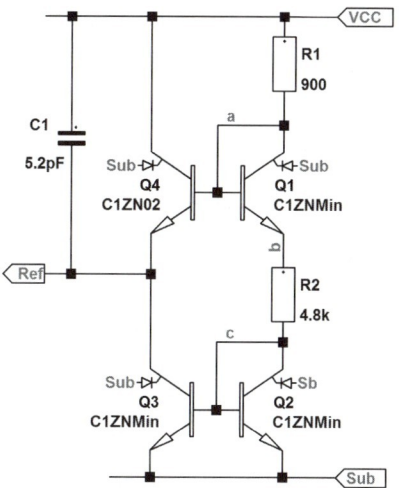

Abbildung 16.3: Einfache Schaltung zur Erzeugung der Referenzspannung mit negativem Temperaturkoeffizienten.

16 Design und Layout digitaler Gatter in Emitter-gekoppelter Logik (ECL)

Das in Abbildung 16.2a vorgestellte ECL-Gatter soll nun **dynamisch**, d. h. im Zeitbereich, untersucht werden. Statt einer konstanten Referenzspannung wird allerdings die Schaltung entsprechend Abbildung 16.3 verwendet. Diese wird in Form eines Blocksymbols zusammen mit dem NOR-Gatter-Symbol in die Simulationsschaltung eingefügt, siehe Abbildung 16.4a. Das Simulationsergebnis ist in Abbildung 16.4d zu erkennen. Ungefähr 1 ns dauert es, bis die Ausgänge, ausgehend vom **High**- bzw. **Low**-Pegel, den Referenzwert erreichen und die Flanken erreichen in der Nähe der Referenzspannung eine Steilheit von ca. 400 mV/ns = 400 $V/\mu s$. Das ist gar nicht so schlecht!

Simulation

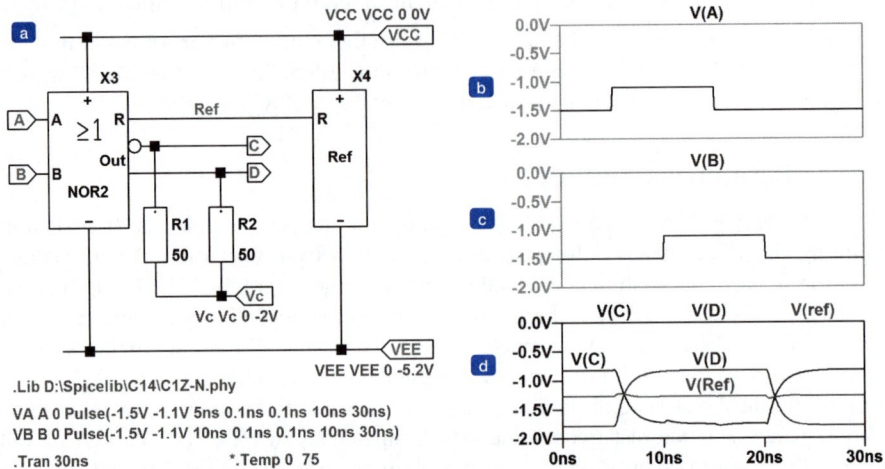

Abbildung 16.4: (ECL4.asc) (a) NOR-OR-Gate (Typ „NOR2", siehe Abbildung 16.1) mit Referenz entsprechend Abbildung 16.3. (b) und (c) Eingangssignale. (d) Ausgangssignale bei Belastung mit jeweils 50 Ω (Hilfsspannung $V_C = -2\ V$).

Aufgabe

Experimentieren Sie mit der zu Abbildung 16.4 gehörenden Simulationsschaltung ECL4.asc. Verwenden Sie z. B. verschiedene Temperaturen und beobachten Sie die Lage der beiden Ausgangsspannungen relativ zur Referenzspannung.

16.1.3 Anschluss externer Geräte über Leitungen

Die Dimensionierung des Gatters ist so gewählt, dass beide Ausgänge mit 50-Ω-Widerständen belastet werden dürfen. Wenn z. B. externe Geräte über **Leitungen** an die Ausgänge angeschlossen werden sollen, hat dies eine große Bedeutung. Leitungen müssen bekanntlich mit ihren Wellenwiderständen abgeschlossen werden, besonders dann, wenn die Leitungen länger werden. Aber bereits bei relativ kurzen Leitungen, deren Verzögerungs- oder Laufzeiten die Größenordnung der Anstiegs- bzw. Abfallzeiten der Gatter erreichen, können infolge einer Fehlanpassung drastische Reflexionen auftreten, die eine fehlerfreie Signalübertragung unter Umständen unmöglich machen. Dies soll durch eine Simulation gezeigt werden, siehe Abbildung 16.5. An das NOR-Gatter wird der Lastwiderstand R1 über eine 50-Ω-Koaxialleitung T1 angeschlossen. Die Leitung habe eine Länge, die eine Laufzeit von $T_d = 2\ ns$ bewirkt. Ein solcher Wert kann schon bei ca. 40 cm Leitungslänge erreicht werden.

16.1 Typisches NOR-OR-Gatter

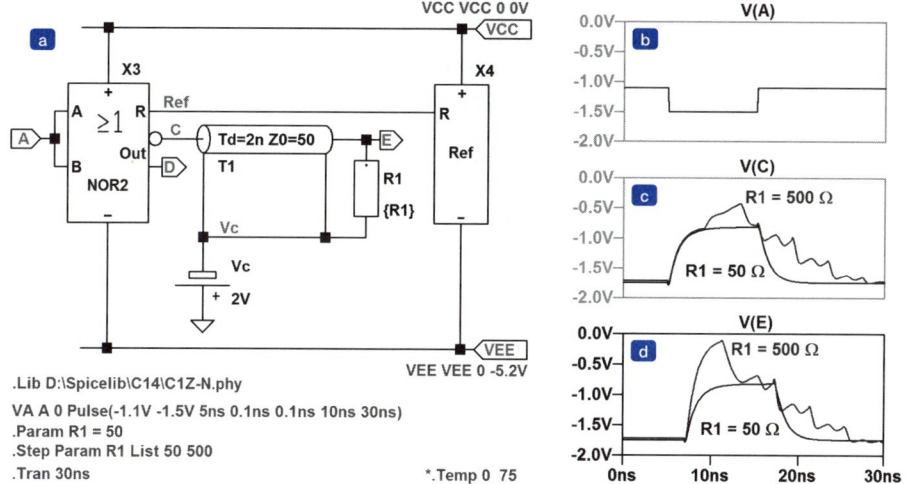

Abbildung 16.5: (ECL5.asc) (a) NOR-OR-Gate (Typ „NOR2", siehe Abbildung 16.1) mit Anschluss der Last über eine Koaxialleitung. (b) Eingangssignal. (c) und (d) Ausgangssignal am Leitungsanfang (Knoten „C") und am Ende der Leitung (Knoten „E") bei verschiedenen Leitungsabschlüssen R_1.

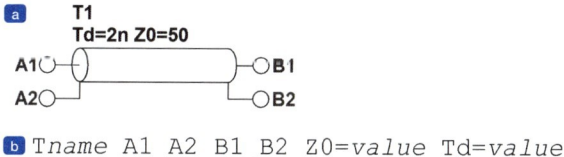

Abbildung 16.6: Ideale Koaxialleitung in SPICE. (a) Symbol. (b) Beschreibung in SPICE; hierin bedeuten: Z_0 = Wellenwiderstand; T_d = Verzögerungs- oder Laufzeit. Statt der Laufzeit kann auch die auf die Wellenlänge λ bezogene Leitungslänge N_L = Länge/λ angegeben werden. Es besteht die Beziehung $T_d = N_L/f$ (f = Frequenz in Hz). Da im Modell zwischen Leitungsanfang und -ende keine galvanische Verbindung besteht, müssen die Knoten „A2" und „B2" extern verbunden werden.

Die Simulationsergebnisse, Abbildung 16.5c und Abbildung 16.5d, zeigen recht eindrucksvoll den Einfluss einer Fehlanpassung. Eine mit $R_1 = 500$ Ω abgeschlossene 50-Ω-Leitung wird nahezu im Leerlauf betrieben. Aus diesem Grund erscheint im ersten Moment am Ende der Leitung, am Knoten „E", wegen der Reflexion dort kurzzeitig fast der doppelte Spannungshub, bis die am Leitungsanfang reflektierte Welle wieder am Leitungsende auftritt. Bei richtigem Abschluss der Leitung mit $R_1 = Z_0 = 50$ Ω am Ende stört die Fehlanpassung am Anfang durch den Emitter-Folger mit dessen Emitter-Widerstand praktisch nicht, weil vom Ende nichts mehr reflektiert wird.

Aufgabe

Experimentieren Sie mit der zu Abbildung 16.5 gehörenden Simulationsschaltung ECL5.asc, indem Sie die Delay-Zeit T_d der Leitung und den Wert des Abschlusswiderstandes R1 verändern.

Design und Layout digitaler Gatter in Emitter-gekoppelter Logik (ECL)

Wegen der komplementären Ein- und Ausgänge der ECL-Gatter bietet sich auch eine symmetrische Ansteuerung an. Dadurch kann die Störsicherheit beträchtlich gesteigert werden. Besonders bei Verwendung längerer Leitungen zwischen „Sender" und „Empfänger" bietet dieses Prinzip Vorteile. Abbildung 16.7 zeigt ein Beispiel mit Verwendung des NOR-OR-Gatters nach Abbildung 16.1 auf der Sende- und der Empfangsseite. Als Verbindung wird eine **symmetrische Doppelleitung (Twisted Pair Line)** verwendet. Auch hier sollte die Leitung mit ihrem Wellenwiderstand abgeschlossen werden. Die beiden Widerstände R1 und R2 mit jeweils dem halben Wert des Wellenwiderstandes sind von der Leitung aus gesehen in Reihe geschaltet. Ihr Verbindungspunkt, Knoten „Vc", liegt auch hier an der Hilfsspannung $V_C = -2$ V, um den DC-Ausgangsstrom zu reduzieren.

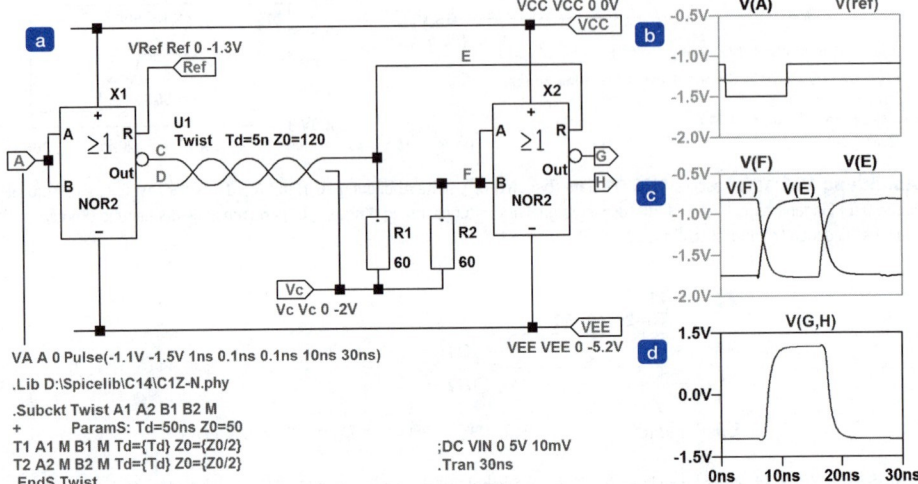

Abbildung 16.7: (ECL7.asc) (a) Übertragung gegenphasiger Signale über eine symmetrische Leitung (Twisted Pair Line); als Sender und Empfänger dienen NOR-OR-Gates (Typ „NOR2", siehe Abbildung 16.1). (b) Eingangssignal. (c) Signale am Ende der Leitung. (d) Differenzsignal am Gatter-Ausgang zwischen den Ausgängen „G" und „H".

Die Doppelleitung ist hier als **Subcircuit**-Element in die Simulationsschaltung eingefügt worden und besteht aus zwei einzelnen Leitungen; siehe Subcircuit-Definition im Schaltbild Abbildung 16.7a und Abbildung 16.8.

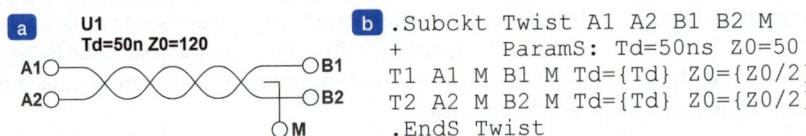

Abbildung 16.8: Ideale symmetrische Leitung (Twisted Pair Line) in SPICE. (a) Symbol. (b) Subcircuit-Beschreibung in SPICE; es müssen zwei Leitungen verwendet werden. Da im Leitungsmodell zwischen Leitungsanfang und -ende keine galvanische Verbindung besteht, werden die „Rückleitungen" der beiden Leitungen T1 und T2 miteinander verbunden: Knoten „M". Dieser Knoten wird extern an ein definiertes Potential gelegt, z. B. an Masse oder an die Hilfsspannung V_C in Abbildung 16.7.

16.1 Typisches NOR-OR-Gatter

> **Aufgabe**
>
> Experimentieren Sie mit der Simulationsschaltung Abbildung 16.7 (ECL7.asc), indem Sie die Delay-Zeit T_d der Leitung und die Werte der beiden Abschlusswiderstände R1 und R2 verändern.

Ein weiterer Vorteil der symmetrischen Ansteuerung ist, dass die Werte der Widerstände R1 und R2 in Abbildung 16.1 z. B. halbiert werden können, um den gleichen Spannungshub ΔU_O **zwischen den beiden Ausgängen** zu erreichen wie bei unsymmetrischem Betrieb. Die Kapazitäten der Schaltung werden dann auch nur mit dem halben Spannungswert umgeladen. Beides, die geringeren Widerstandswerte und die Spannungshübe, führen zu einer deutlichen Reduzierung der Schaltzeiten. Allerdings geht dann die zuvor gewonnene Störsicherheit wieder verloren.

16.1.4 Layout

Für das NOR-OR-Gatter „NOR2" entsprechend Abbildung 16.1 soll nun das physikalische Layout erstellt werden. Verwendet wird, wie am Anfang des Kapitels schon erwähnt wurde, der Bipolar-Hochfrequenzprozess C14. Da durch die Ausgangs-Emitter-Folger Q4 und Q5 relativ große Ströme fließen können (maximal ca. 25 mA), müssen für diese Transistoren hinreichend große Emitter-Flächen gewählt werden. Andererseits stellen zu große Transistoren eine unnötige kapazitive Belastung für die Differenzstufe dar. In der C14-Bibliothek stehen neben kleineren Transistoren zwei Typen zur Verfügung, die bereits erprobt sind und für die auch SPICE-Parameter existieren. Dies sind die Typen C1ZN02 und C1ZN03. Die Layouts dazu und die zweier kleinerer Transistoren zeigt Abbildung 16.9.

Es wird empfohlen, die Datei ECL.tdb mit L-Edit zu öffnen und dann die Zelle NPN aufzurufen (Pfad: \Kapitel 16\Layout_16\ECL.tbd (IC.zip)) [19]. Der Aufbau und die Layer der Transistoren sind dann sehr viel besser nachzuvollziehen. Zur Erinnerung: Der C14-Prozess ist ein sogenannter **Washed-Emitter-Prozess**, bei dem die gesamte Emitter-Fläche gleichzeitig Emitter-Kontakt ist (auch als „Voll-Emitter" bezeichnet). Im Emitter gibt es den Layer CONTACT nicht! Diese Technik ermöglicht die Herstellung sehr schmaler Emitter-Streifen, da keine Kontaktmaske relativ zum Emitter justiert werden muss (siehe *Kapitel 7.3.2*).

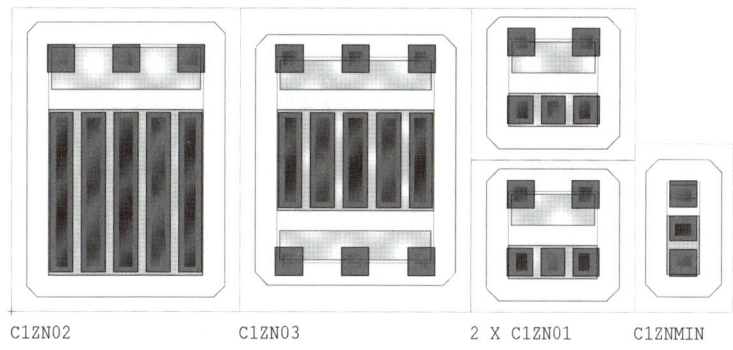

Layout

Abbildung 16.9: Vier verschiedene NPN-Transistor-Layouts im C14-Prozess.

16 Design und Layout digitaler Gatter in Emitter-gekoppelter Logik (ECL)

Die beiden infrage kommenden Transistortypen haben jeweils zwei Streifen-Emitter mit geringer Breite und zu beiden Seiten Basis-Kontaktstreifen. Dadurch werden die für Hochfrequenz-Schaltkreise erforderlichen kleinen Basis-Bahnwiderstände erreicht [2], [8], [14]. Der Transistor C1ZN02 hat eine Emitter-Fläche von 530 μm^2 und ist für einen Nennstrom von etwa 10 mA ausgelegt (siehe *Abschnitt 8.5.2*, „Design-Regeln für NPN-Transistoren"). Der Transistor C1ZN03 beansprucht den gleichen Platz, hat aber eine kleinere Emitter-Fläche von 300 μm^2 und dafür „oben" und „unten" je einen Kollektor-Anschluss. Er ist für etwa 6 mA ausgelegt. Die Simulation mit SPICE zeigt, dass für die beiden Emitter-Folger mit maximalen Lastströmen von 25 mA jeweils zwei Transistoren des Typs C1ZN02 ausreichen, auch wenn die Stromtragfähigkeit etwas zu knapp bemessen ist. Für 25 mA wären mit $J_{E,max} = 20$ $\mu A/\mu m^2$ entsprechend Gleichung (18.14) 1250 μm^2 Emitter-Fläche erforderlich. Für die Differenzstufe ist dagegen der Transistor C1ZN03 passend. Hier treten maximale Ströme von etwa 5 mA auf. Er hat einen erträglichen inneren Kollektor-Widerstand von 52 Ω und eine nicht allzu große Kollektor-Basis-Kapazität. Die Schaltung ist mit der gewählten Dimensionierung seit Jahren in einer ASIC-Lösung im Einsatz und hat bisher noch keine Probleme gezeigt.

Alle Widerstände sollen aus Modulelementen zusammengesetzt werden. Das Prinzip wurde im *Kapitel 8.5.3* erläutert. Mit einem Standardwiderstand von 600 Ω gelingt es, alle in Abbildung 16.1 erforderlichen Widerstandswerte zu realisieren.

Die Bauelemente werden in Form eines kleinen Arrays zusammengefasst, siehe Abbildung 16.10. Alle Kontaktabstände sind derart gewählt, dass eine 8 μm breite MET1-Leitung ohne Design-Rule-Verletzung dazwischen passt. Für das Arbeiten mit L-Edit werden dazu das Maus- und das Darstellungs-Grid auf 6 μm eingestellt [19]. Es wird empfohlen, die Zelle ARRAY13 mit L-Edit zu öffnen. Sie ist in der Datei ECL.tdb enthalten (Pfad: \Kapitel 16\Layout_16\ECL\ (IC.zip)).

Layout

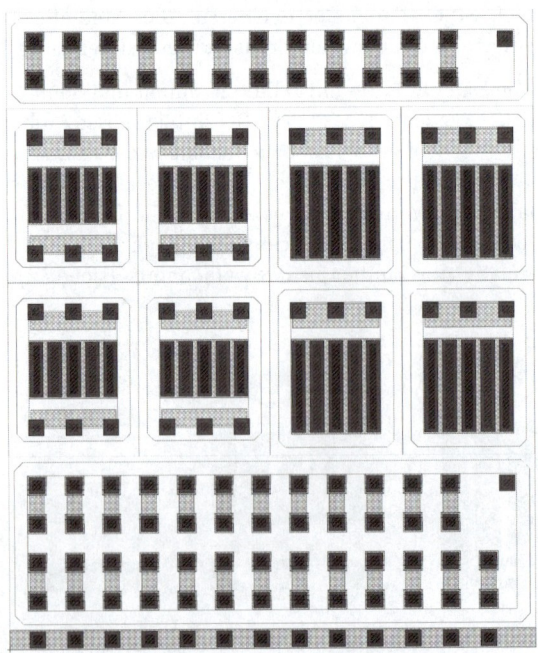

Abbildung 16.10: Bauteil-Array (ARRAY13) für das NOR2-Gatter nach Abbildung 16.1.

16.1 Typisches NOR-OR-Gatter

In der oberen Reihe sind zwölf 600-Ω-Modulwiderstände zur Bildung der Widerstände R1 und R2 angeordnet und unterhalb der zwei Transistorreihen können die drei Emitter-Widerstände R3, R4 und R5 zusammengeschaltet werden. Jede Widerstandswanne erhält einen eigenen Epi-Anschluss, der jeweils mit dem positivsten Potential verbunden werden muss. Ganz unten ist eine Reihe Substratkontakte vorgesehen.

Auch die „Verdrahtung" erfolgt am besten auf dem bereits eingestellten 6-μm-Grid. Die meisten Verbindungen können mit dem Layer MET1 vorgenommen werden; siehe Abbildung 16.11. Sind Kreuzungen nicht zu vermeiden, wird der zweite Metall-Layer MET2 eingesetzt. Für den Anschluss an MET1 ist die Zelle VIA_MET12 vorgesehen. Auch diese kann auf dem 6-μm-Grid einfach platziert werden. Die Arbeit sollte ständig von einem Design-Rule-Check begleitet werden, damit kritische Stellen frühzeitig erkannt werden.

Layout

Abbildung 16.11: Layout des NOR-OR-Gates nach Abbildung 16.1; Zellname: NOR2 im Tanner-File ECL.tdb; Platzbedarf: 336 μm × 396 μm.

Aufgabe

Versuchen Sie, im Layout die Bauelemente und Leitungen denen der Schaltung nach Abbildung 16.1 zuzuordnen.

16.1.5 Layout-Verifikation

Um die Richtigkeit des Layouts zu überprüfen, wird das Extraktwerkzeug „Extract" gestartet. Die Prozedur wurde bereits im *Kapitel 8, Abschnitt 8.7.2* beschrieben, soll an diesem Beispiel aber noch einmal in groben Zügen gezeigt werden. Es wird wieder empfohlen, alles selbst nachzuvollziehen.

Einige Elemente sind in Abbildung 16.11 nicht verwendet worden. Sie werden am besten mit dem Layer IGNORE abgedeckt, damit sie beim Extrahieren **ignoriert** werden und die Netzliste nicht unnötig verlängern. Zu beachten ist allerdings, dass bei einer eventuellen späteren Verwendung einzelner **ausgeschalteter** Elemente der Layer IGNORE entsprechend beseitigt wird!

1. Datei ECL.tdb mit L-Edit öffnen und Aufruf der Zelle NOR2.

2. Design-Rule-Check; dieser sollte aus Sicherheitsgründen noch einmal durchgeführt werden.

3. Starten des Extraktwerkzeuges aus L-Edit heraus.

4. Optionen einstellen:

   a. General: Den Pfad für das **Extract-Definition-File** „C14.ext" und das Ziel des **Output-Files** „NOR2.spc" (z. B. D:\Temp\NOR2.spc) suchen bzw. angeben.

   b. Output: **Write node names** und **Write shorted devices** sowie **Write nodes as Names** markieren.

   c. Für alle anderen Optionen kann die Markierung herausgenommen werden.

5. Dann kann die Extraktion durch „Run" gestartet werden.

6. Das Ergebnis, d. h. die extrahierte Datei NOR2.spc, ist eine normale Textdatei mit etwa dem folgenden Aussehen:

```
* Circuit Extracted by Tanner Research's L-Edit V7.12/Extract;
*
* - viele Kommentare sind hier weggelassen worden -
*
* NODE NAME ALIASES
*       4 = Sub (310.5,11)
*       83 = VCC (286.5,383)
*       84 = D (308,236.5)
*       85 = C (314,80.5)
*       87 = Ref (3.5,344.5)
*       90 = A (3.5,308.5)
*       91 = B (3.5,200.5)

Q1 88 Ref 86 Sub C1ZNMIN AREA=6.25
Q2 88 Ref 86 Sub C1ZNMIN AREA=6.25

* - lange Liste; hier weggelassen -

R106 54 81 C1ZRB 84.583333
R107 VCC 82 C1ZRB 84.583333

* Total Nodes: 91
* Total Elements: 107
* Extract Elapsed Time: 1 seconds
.END
```

16.1 Typisches NOR-OR-Gatter

Diese Datei enthält neben etlichen Kommentarzeilen die gesuchte Netzliste zum Layout Abbildung 16.11.

Die extrahierte Netzliste ist in der vorliegenden Form noch nicht simulierbar! Es fehlt neben einer Simulationsanweisung noch die **äußere** Beschaltung. Dies sind Spannungs- bzw. Stromquellen, Lastwiderstände usw. Am besten ist es, exakt die gleiche Beschaltung zu verwenden, wie sie in der Originalschaltung enthalten ist.

Zur Weiterverarbeitung der Output-Datei soll wieder der im *Kapitel 8, Abschnitt 8.7.2* aufgezeigte Weg beschritten werden, allerdings der vereinfachte für LT-SPICE:

1. Die **Netzliste** der Output-Datei NOR2.spc wird als **Subcircuit-Definition** umgeschrieben. Sie kann dann als solche gespeichert und später in die Simulations-Datei als **Subcircuit-Element** eingebaut werden.

Eine **Subcircuit-Definition** muss mit dem Statement .Subckt, dem Namen sowie den Knoten, für die später ein Simulationsergebnis interessant sein könnte, beginnen und mit .EndS abschließen. Alles, was nicht benötigt wird, darf gelöscht werden. Sie könnte hier dann folgendes Aussehen haben:

```
.Subckt NOR2 A B Ref C D VCC SUB
*
Q1 88 Ref 86 Sub C1ZNMIN AREA=6.25
Q2 88 Ref 86 Sub C1ZNMIN AREA=6.25

* - lange Liste; hier weggelassen -

R105 81 82 C1ZRB 430.20833
R106 54 81 C1ZRB 84.583333
R107 VCC 82 C1ZRB 84.583333
*
.ENDS NOR2
```

2. Dieser Teil wird mit dem Namen NOR2.sub gespeichert; am einfachsten im selben Ordner, wo bereits die Output-Datei NOR2.spc steht.

3. Die Überprüfung erfolgt am besten aus der **Originalschaltung** heraus. Für dieses Beispiel wird dazu die LT-SPICE-Schaltung geöffnet (Datei ECL4.asc, siehe Abbildung 16.4). Anstatt eine Netzliste zu erstellen, wird hier die oben vorbereite Subcircuit-Definition unmittelbar im Schaltplan verwendet. Dazu werden alle Elemente gelöscht, die direkt zur zu untersuchenden Schaltung gehören, und stattdessen wird das NOR-Gatter in Form einer Subcircuit als **Netzlistenzeile** eingebaut. Diese hat hier die folgende Form:

```
X1 A B Ref C D VCC VEE NOR2
```

Achtung: Die **Reihenfolge der Knoten** (nicht die Reihenfolge der Bauelemente) muss mit der Subcircuit-Definition NOR2.sub übereinstimmen. Der Substratknoten „Sub" wird hier direkt mit dem Knoten „VEE" verbunden! Deshalb ist statt „Sub" der Knoten „VEE" einzutragen. Dies ist oben durch Fettdruck hervorgehoben. Möglich wäre auch ein niederohmiger **Jumper**, der die Knoten „Sub" und „VEE" verbindet.

Auch der Pfad für die Subcircuit-Datei NOR2.sub darf nicht fehlen:

```
.Lib D:\Temp\NOR2.sub
```

4. Wenn diese beiden Zeilen in den „Schaltplan" eingetragen sind, hat er schließlich das folgende Aussehen, Abbildung 16.12:

Simulation

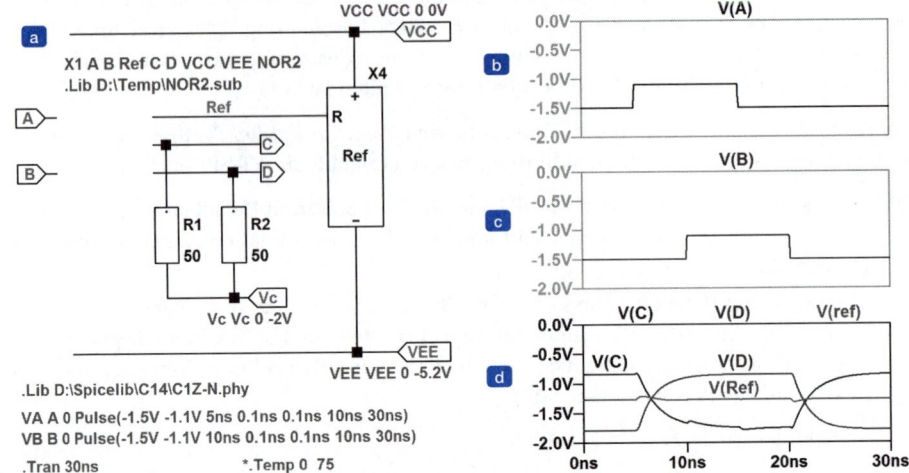

Abbildung 16.12: (ECL12.asc) (a) Das NOR-OR-Gate (Typ „NOR2") in Abbildung 16.4a wurde gelöscht und durch die Subcircuit-Zeile und den Speicherort der Subcircuit-Definition ersetzt. Alle Anschlussknoten bleiben erhalten. (b) und (c) Eingangssignale. (d) Ausgangssignale.

Die hier beschriebene Vorgehensweise hat sich bewährt, da mit relativ wenigen Änderungen die extrahierte Netzliste auf ihre Funktionsfähigkeit überprüft werden kann und ein direkter Vergleich der erzielten Simulationsergebnisse mit denen der Originalschaltung möglich wird.

Die Simulation der obigen Circuit-Datei zeigt im Prinzip das gleiche Ergebnis wie Abbildung 16.4b. Geringfügige Abweichungen sind dadurch zu erklären, dass bei der Extraktion nur ein Transistortyp erkannt wurde, nämlich C1ZNMIN. Im Extrakt-File C14.ext ist auch nur dieser vorgesehen. Die Größe des Transistors erscheint zwar durch den Parameter „AREA=value" in der extrahierten Netzliste in richtiger Größe, doch haben die Transistoren C1ZN02 und C1ZN03 etwas andere SPICE-Parameter als ein in der Fläche vergrößerter Transistor C1ZNMIN. Für die Überprüfung der extrahierten Netzliste ist dies kein wesentlicher Nachteil.

16.2 ECL-Gatter mit reduzierter Verlustleistung

Die bisherigen Beispiele haben gezeigt, dass ECL-Gatter sehr kurze Schaltzeiten ermöglichen und auch als Ausgangsstufen, sogenannte IO-Schaltungen (**Input-Output**), verwendet werden können. Für die Realisierung digitaler Schaltungen mit komplexeren logischen Verknüpfungen, die unter Umständen viele Gatter erfordern, ist die Verlustleistung des beschriebenen NOR-OR-Gates „NOR2" mit ca. 40 mW (ohne Ausgangslast) viel zu groß. Wenn es in einer Anwendung tatsächlich niederohmige Lasten treiben muss, können die beiden Widerstände R4 und R5 eingespart werden. Dadurch verringert sich die Verlustleistung um etwa 6 mW pro Widerstand. Wenn aber keine großen Lasten angeschlossen werden müssen, kann zwar die gleiche Grundschaltung verwendet werden, sie wird aber für deutlich kleinere Leistungen dimensioniert. Abbildung 16.13 zeigt ein Beispiel.

16.2 ECL-Gatter mit reduzierter Verlustleistung

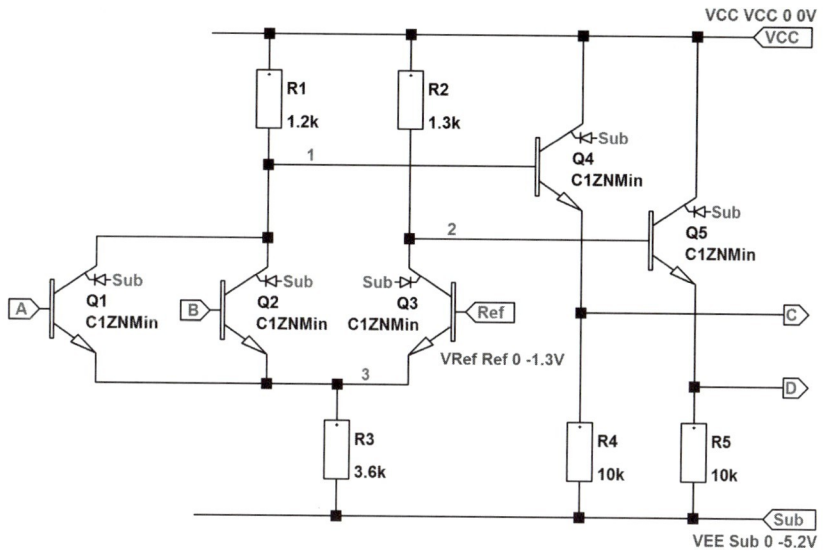

Abbildung 16.13: ECL-NOR-OR-Gatter; Typ „NOR2a"; Schaltung wie Abbildung 16.1, aber andere Dimensionierung; Verlustleitung $<9\ mW$.

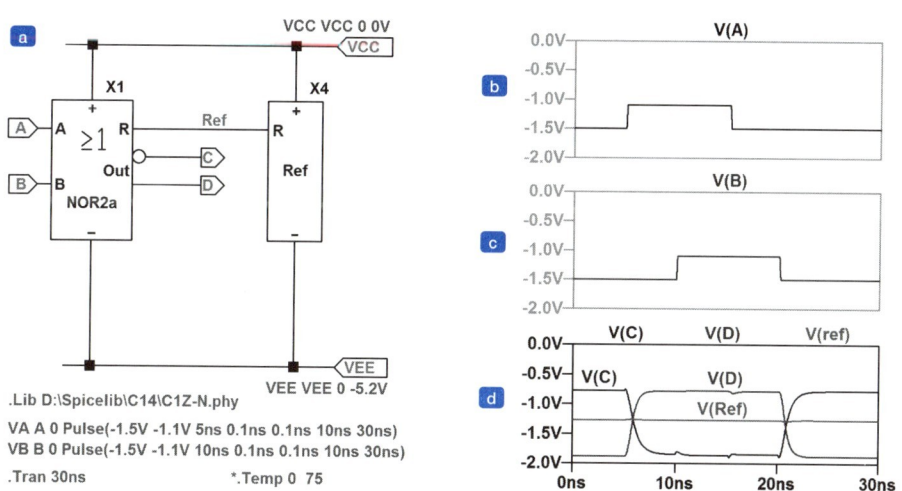

Abbildung 16.14: (ECL14.asc) (a) NOR-OR-Gate (Typ „NOR2a", siehe Abbildung 16.13) mit Referenz entsprechend Abbildung 16.3. (b) und (c) Eingangssignale. (d) Ausgangssignale.

In der Schaltung nach Abbildung 16.13 fließen wegen der höheren Widerstandswerte geringere Ströme, sodass für alle Transistoren der kleine Typ C1NMIN (siehe Abbildung 16.9) verwendet werden kann. Abbildung 16.14a zeigt eine Simulationsschaltung analog zu Abbildung 16.4. Wie aus dem Simulationsergebnis hervorgeht, können bei dieser Dimensionierung sogar kürzere Schaltzeiten erzielt werden. Dies deutet darauf hin, dass die in Abbildung 16.1 eingesetzten Bauelemente noch optimiert werden können. Es sei aber an dieser Stelle darauf hingewiesen, dass die hier verwendeten Zellen als Standardzellen entworfen wurden, mit dem Ziel, eine einfache Platzierung auf einem festgelegten

Grid (hier 6 µm) und eine unkomplizierte „Verdrahtung" vornehmen zu können. Dann sind immer gewisse Kompromisse erforderlich. Außerdem haben sich die hier verwenden Zellen in ASIC-Designs bereits bewährt. Wertvolle Hinweise für die Auslegung von Hochfrequenz-Transistoren für die Verwendung in digitalen Schaltungen findet man z. B. in [8] und [9] sowie in der recht guten Zusammenstellung in [14], *Kapitel 8*: „Bipolar Performance Factors".

> **Aufgabe**
>
> Ermitteln Sie für die beiden Schaltungen Abbildung 16.4 und Abbildung 16.14 die Anstiegs- und Abfallzeiten (10 % bis 90 % des Spannungshubes).

Noch geringere Verlustleistungen können erzielt werden, wenn der Betrag der Versorgungsspannung V_{EE} reduziert wird. Allerdings muss dann der Spannungshub zwischen **Low**- und **High**-Pegel entsprechend angepasst werden: Er wird geringer.

16.3 EECL-Gatter mit geringer Verlustleistung

Um auch einen konkreten Vertreter der sogenannten EECL- oder E²CL-Gatter-Familie (**Emitter-Emitter-Coupled Logic**) zu zeigen, wird ein nach diesem Schaltungskonzept aufgebautes NOR-OR-Gate für dessen Realisierung ausgewählt, siehe Abbildung 16.15. Es ist für den Betrieb der **halben** typischen Versorgungsspannung, nämlich 2,6 V, ausgelegt. Bei dieser Schaltung werden die Emitter-Folger nicht an den Ausgängen, sondern an den Eingängen verwendet. Die OR-Verknüpfung wird dann direkt durch die Emitter-Folger bewirkt. Diese übernehmen auch hier wieder die Aufgabe der Potentialverschiebung um sicherzustellen, dass an die Ausgänge eines solchen Gatters die Eingänge eines weiteren Gatters direkt angeschlossen werden können.

Die Bauelemente in Abbildung 16.15 sind durch Subcircuit-Elemente dargestellt. Als Kennbuchstabe wird deshalb nicht mehr „Q" bzw. „R", sondern „X" verwendet. Dadurch lassen sich parasitäre Elemente bei der Simulation besser erfassen und es kann auch eine Monte-Carlo-Analyse durchgeführt werden. Die Widerstandswerte sind in den Schaltbildern in parametrischer Form angegeben. Der Grund ist einfach: Bei Verwendung von Modulwiderständen, hier mit einem Wert von 1,2 $k\Omega$, ist leichter zu übersehen, wie viel solche Widerstände später im Layout vorzusehen sind.

Für den Betrieb des Gatters werden zwei Spannungen benötigt: eine Referenzspannung V_{ref} am Knoten „Ref" und eine Bias-Spannung V_{Bias} am Knoten „Bias" zum richtigen Einstellen der Betriebsströme. Eine passende Bias-Schaltung zeigt Abbildung 16.16. Wegen des kleinen Basis-Stromes am Referenzeingang genügt ein simpler Spannungsteiler zur Erzeugung der Referenzspannung. Bei einem Querstrom von etwa 500 µA (Widerstandswerte: $R_8 = 400\ \Omega$, $R_9 = 4,8\ k\Omega$) können ohne Probleme zehn bis zwanzig Gatter an einen solchen Teiler angeschlossen werden.

16.3 EECL-Gatter mit geringer Verlustleistung

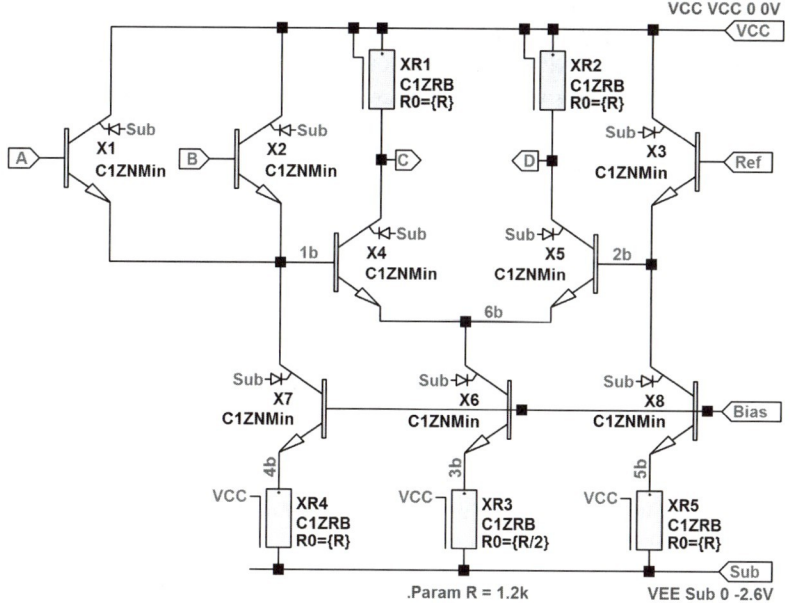

Abbildung 16.15: EECL-NOR-OR-Gatter; Typ „NOR2b"; Verlustleitung $<2\ mW$.

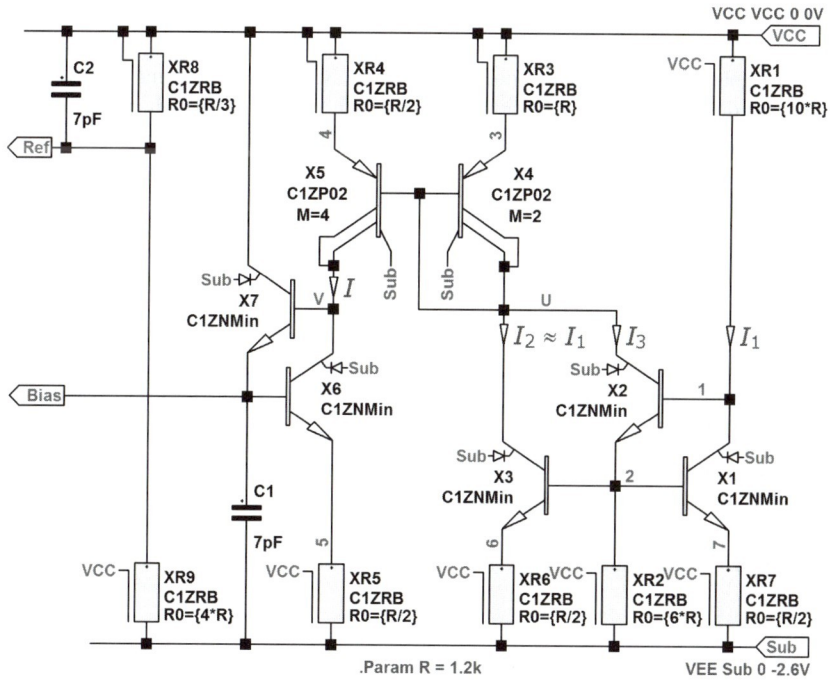

Abbildung 16.16: Bias- und Referenznetzwerk (Typ „Biasb") für Abbildung 16.15.

Die Bias-Spannung V_{Bias} für die Stromquellentransistoren X6, X7 und X8 in Abbildung 16.15 entsteht am flächengleichen Transistor X6 in Abbildung 16.16 durch den Strom I, der dem Knoten „V" über den PNP-Stromspiegel X4, X5 zufließt. Der Unterstützertransistor X7 wirkt als Emitter-Folger und sorgt für eine hinreichend niedrige Ausgangsimpedanz. Somit können auch hier etwa zehn bis zwanzig Gatter angeschlossen werden. Das Ganze, die Transistoren X6 und X7 im Bias-Netzwerk **und** die über den Bias-Pin angeschlossenen Stromquellentransistoren der Gatter, kann als Mehrfach-Stromspiegel aufgefasst werden. In allen Emitter-Leitungen sind Widerstände vorgesehen. Sie sollen Streuungen der Basis-Emitter-Spannungen ausgleichen und damit das Strom-Matching verbessern. Der Strom I selbst, der in den Knoten „V" eingespeist wird, setzt sich aus zwei Anteilen I_3 und $I_2 \approx I_1$ zusammen. I_1 hat bei der Annahme einer konstanten Versorgungsspannung wegen der zwei Basis-Emitter-Spannungen im Stromkreis einen positiven TK (Temperaturkoeffizienten).

$$I_1 = \frac{V_{CC} - V_{EE} - U_{BE,X2} - U_{BE,X1} - U(XR7)}{R_1} \approx I_2 \qquad (18.15)$$

Dieser Strom wirkt über den Stromspiegel X1, X3 als Strom I_2 am Knoten „U".

Der Strom I_3 wird im Wesentlichen durch **eine** Basis-Emitter-Spannung und den Widerstand XR2 bestimmt und hat somit einen negativen TK.

$$I_3 \approx \frac{U_{BE,X1} + U(XR7)}{R_2} \qquad (18.16)$$

Die beiden Ströme I_2 und I_3 werden am Knoten „U" addiert und gelangen, wie oben schon erwähnt, über den PNP-Stromspiegel zum Knoten „V". Der PNP-Stromspiegel hat allerdings ein Übersetzungsverhältnis von 1 : 2. Folglich ist I doppelt so groß wie die Summe $I_2 + I_3$. Durch geeignete Dimensionierung der Widerstände XR1 und XR2 kann die Temperaturabhängigkeit des Stromes I optimiert werden. Da die Widerstände ebenfalls temperaturabhängig sind, lohnt sich eine analytische Rechnung nicht! Es ist sehr viel sinnvoller, den Simulator SPICE einzusetzen. Man sollte dabei im Auge behalten, möglichst Modulwiderstände verwenden. Werte von 600 Ω und 1,2 $k\Omega$ stehen zur Verfügung.

Die beiden Ausgänge „Bias" und „Ref" erhalten jeweils einen Stützkondensator von etwa 7 pF. Dadurch sollen Spannungsspitzen geglättet werden, die durch die relativ steilen Schaltflanken der Gatter hervorgerufen werden. Der angegebene Wert reicht aus, da die Pulse sehr kurz sind. Allerdings sollten die parasitären Serienwiderstände der Kondensatoren möglichst klein sein. Die Emitter-Basis-Kapazität hat zwar eine relativ große Kapazität pro Flächeneinheit, doch wegen des hohen Widerstandes unter der Emitter-Fläche ist ein solcher Kondensator ungeeignet. In dieser Hinsicht ist die MOS-Kapazität sehr viel günstiger.

Zur Simulation mit SPICE werden sowohl für das EECL-Gatter als auch für die Bias-Schaltung **Symbole** erstellt und eine **hierarchische** Schaltung analog zu Abbildung 16.4 vorbereitet. Diese ist zusammen mit den zugehörigen Simulationsergebnissen in den beiden Bildern Abbildung 16.17 und Abbildung 16.18 dargestellt.

16.3 EECL-Gatter mit geringer Verlustleistung

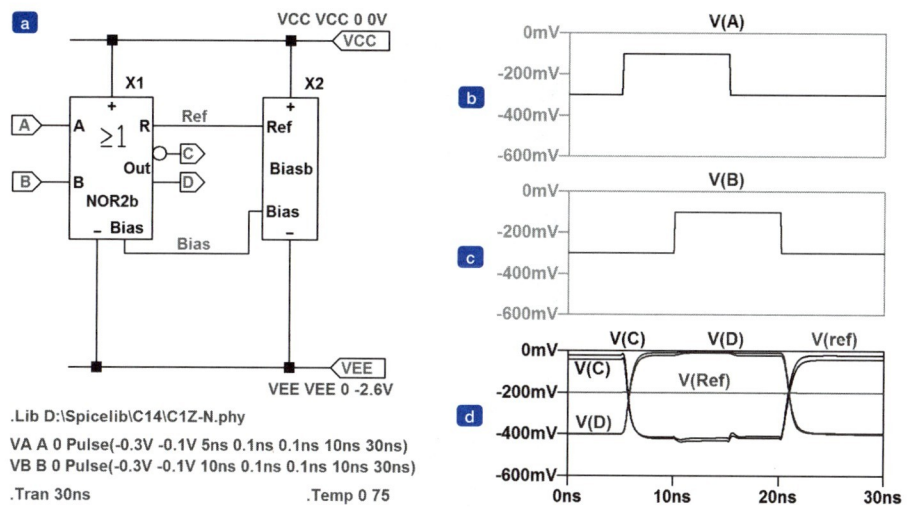

Abbildung 16.17: (ECL17.asc) (a) NOR-OR-Gate (Typ „NOR2b", siehe Abbildung 16.15) mit Referenz entsprechend Abbildung 16.16. (b) und (c) Eingangssignale. (d) Ausgangssignale.

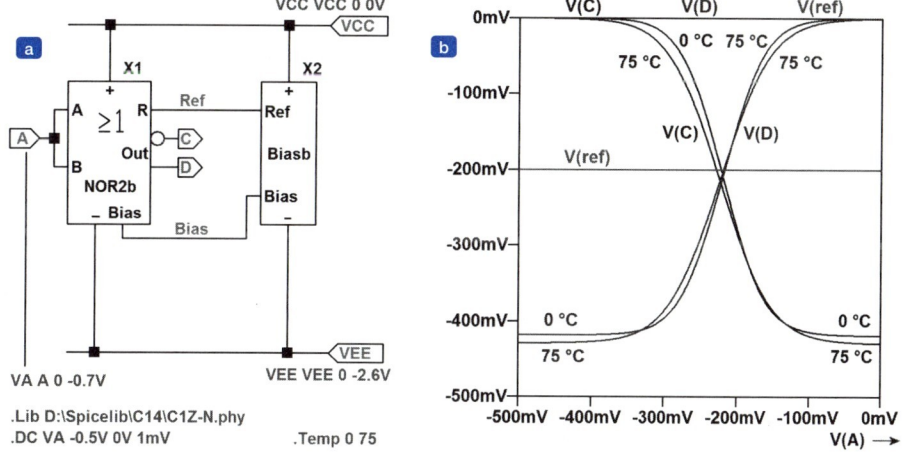

Abbildung 16.18: (ECL18.asc) (a) NOR-OR-Gate (Typ „NOR2b", siehe Abbildung 16.15) mit Referenz entsprechend Abbildung 16.16. (b) Transferkennlinien.

16.3.1 Layout

Das Layout des EECL-Gatters vom Typ „NOR2b" ist in Abbildung 16.19 dargestellt. Es wird wieder empfohlen, die Datei ECL.tdb mit L-Edit zu öffnen, um die Zelle „NOR2B" am Bildschirm ansehen zu können. Details sind dann sehr viel besser zu erkennen. Wegen der relativ kleinen Ströme kann für alle Transistoren der Typ C1ZNMIN eingesetzt werden. Dieser beansprucht die geringste Fläche. Die Widerstände können alle aus dem 1,2-$k\Omega$ -Modulelement zusammengesetzt werden.

16 Design und Layout digitaler Gatter in Emitter-gekoppelter Logik (ECL)

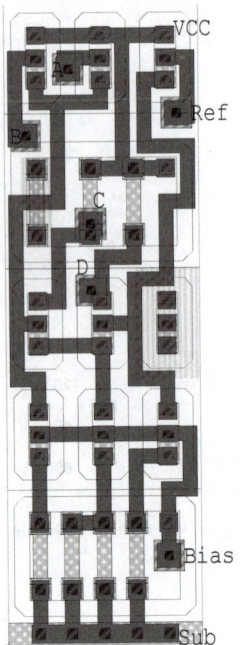

Abbildung 16.19: Layout des NOR-OR-Gates nach Abbildung 16.15; Zellname: NOR2B im Tanner-File ECL.tdb; Platzbedarf: 108 μm × 348 μm.

Auch für das Bias-Netzwerk „Biasb" entsprechend Abbildung 16.16 existiert ein Layout, siehe Abbildung 16.20 (Zelle BIASB im File ECL.tdb). Die beiden Kondensatoren C1 und C2 sind als MOS-Kondensatoren ausgeführt. Diese lassen sich mit relativ geringen parasitären Serienwiderständen realisieren. Um die Latch-Up-Gefahr zu verringern, wird beim Kondensator C1 dessen Metallelektrode mit dem Substrat verbunden und nicht die n-dotierte Epi-Wanne. Durch diese Maßnahme wird zusätzlich auch die Sperrschichtkapazität „Epi-Substrat" wirksam. Beim Kondensator C2 wird dessen Epi-Gebiet mit VCC verbunden und die Metallelektrode liegt am Referenzknoten „Ref".

16.3.2 Layout-Verifikation

Zur Verifikation des Layouts kann wieder die schon mehrfach beschriebene Methode angewendet werden. Die mithilfe des Extract-Werkzeuges ermittelten Subcircuit-Dateien NOR2B.sub und BIASB.sub sind im Unterordner „Temp" des Ordners „Kapitel 16" zu finden.

Aufgabe

Ersetzen Sie in der Simulationsschaltung Abbildung 16.17 die Blöcke „NOR2b" und „Biasb" durch die aus dem Layout ermittelten Subcircuit-Definitionen und vergleichen Sie die Simulationsergebnisse.

(Lösung: Schaltung ECL17_Verification.asc; die Pfade müssen aber noch angepasst werden!)

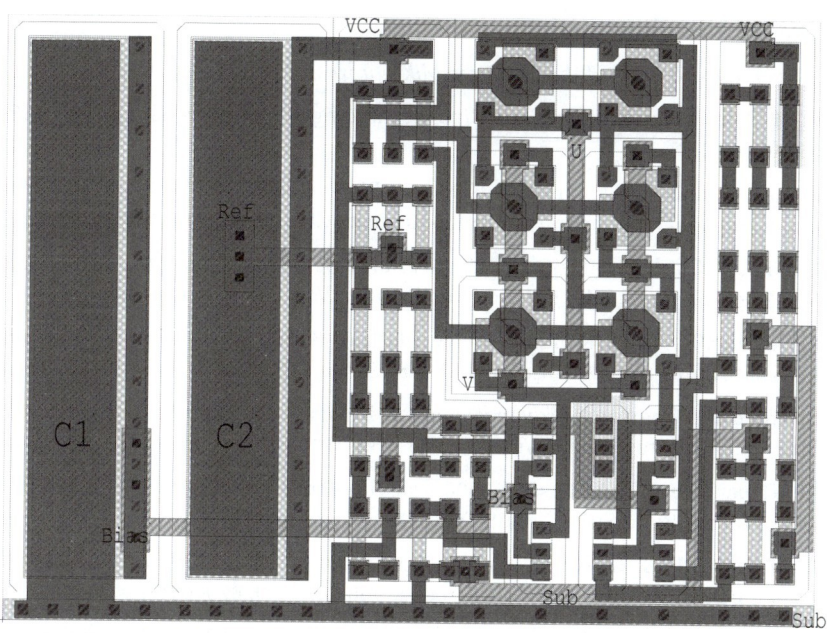

Abbildung 16.20: Layout zur Bias-Schaltung Biasb entsprechend Abbildung 16.16; Platzbedarf: 480 μm × 348 μm (einschließlich der beiden Kondensatoren C1 und C2).

16.4 Andere ECL-Gatter

Die hier vorgestellten ECL-NOR-OR-Gatter sind nur Beispiele der „Stromschaltertechnik". Selbstverständlich können auch NAND-AND- oder EX-OR-Gatter und Flip-Flops in dieser Technik realisiert werden. Durch Einbeziehung **serieller** Verknüpfungen ist es auch möglich, komplexe logische Funktionen zu realisieren. Dadurch können nicht nur einzelne Bauelemente eingespart werden, sondern eventuell auch ganze Gatter. Dies wirkt sich natürlich positiv auf die erforderliche Chipfläche, die Kosten und die gesamte Verlustleistung aus. Hierauf soll an dieser Stelle aber nicht näher eingegangen werden. Sehr gute Informationen findet man in [2] und dem recht ausführlichen Aufsatz in [16]. Im vorliegenden Buch wird dieses Thema dann im Rahmen der heute besonders wichtigen CMOS-Logik eingehender behandelt.

Zusammenfassung

Die bipolare Stromschaltertechnik ECL (**Emitter-Coupled Logic**) wird vor allem für Schaltungen mit sehr hohen Verarbeitungsgeschwindigkeiten eingesetzt. Anhand eines typischen ECL-Grundgatters, der NOR-OR-Verknüpfung, wurde in diesem Kapitel exemplarisch die Dimensionierungs- und Layout-Prozedur erläutert. Zusätzlich erfolgten Erläuterungen und Design-Beispiele zur Optimierung von ECL-Schaltungen in Bezug auf den Leistungsbedarf und die Verwendung reduzierter Versorgungsspannungen.

Literatur

[1] Texas Instruments: *Einführung in die Mikroprozessortechnik*; Freising, 1977.

[2] H.-M. Rein, R. Ranfft: *Integrierte Bipolarschaltungen*; Springer-Verlag, 1980, ISBN 3-540-09607-8.

[3] J. Graul, H. Kaiser, W. J. Wilhelm, H. Ryssel: *Bipolar High-Speed Low-Power Gates with Double Implanted Transistors*, IEEE J. Solid State Circuits, Vol. 10, 1975, 201–204.

[4] J. Graul, A. Glasl, H. Murrmann: *High-Performance Transistors with Arsenic-Implanted Polysil Emitters*; IEEE J. Solid State Circuits, Vol. 11, 1976, 491–495.

[5] E. Gonsuer, B. Unger, R. Rauschert, A. Glasl, K.-H. Schön: *A Bipolar 230 ps Masterslice Cell Array with 2600 Gates*; IEEE J. Solid State Circuits, Vol. 19, 1984, 299–305.

[6] Siegfried K. Wiedmann: *Advancements in Bipolar VLSI Circuits and Technologies*; IEEE J. Solid State Circuits, Vol. 19, 1984, 282–291.

[7] Shi-Chuan Lee, Alan S. Bass: *A 2500 Gate Bipolar Macrocell Array with 250 ps Gate Delay*; IEEE J. Solid State Circuits, Vol. 17, 1982, 913–918.

[8] D. D. Tang, P. M. Solomon: *Bipolar Transistor Design for Optimized Power-Delay Logic Circuits*; IEEE J. Solid State Circuits, Vol. 14, 1979, 679–684.

[9] E. F. Chor, A. Brunnschweiler, P. Ashburn: *A Propagation-Delay Expression and its Application to the Optimization of Polysilicon Emitter ECL Processes*; IEEE J. Solid State Circuits, Vol. 23, 1988, 251–259.

[10] H. H. Muller, W. K. Owens, P. W. J. Verhofstadt: *Fully Compensated Emitter-Coupled Logic: Eliminating the Drawbacks of Conventional ECL*; IEEE J. Solid State Circuits, Vol. 8, 1973, 362–367.

[11] K. Ueda et al.: *A Fully Compensated Active Pull-Down ECL Circuit with Self-Adjusting Driving Capability*; IEEE J. Solid State Circuits, Vol. 31, 1996, 46–53.

[12] Hyun J. Shin: *A Self-Biased Feedback-Controlled Pull-Down Emitter Follower for High-Speed Low-Power Bipolar Logic Circuits*; IEEE J. Solid State Circuits, Vol. 29, 1994, 523–528.

[13] Martin Rau, H.-J. Pfleiderer: *An ECL to CMOS Level Converter with Complementary Bipolar Output Stage*; IEEE J. Solid State Circuits, Vol. 30, 1995, 781–787.

[14] Yuan Taur, Tak H. Ning: *Fundamentals of Modern VLSI Devices*; Cambridge University Press, 2007, ISBN 978-0-521-55056-7.

[15] M. Wurzer et al.: *A 40-Gb/s Integrated Clock and Data Recovery Circuit in a 50-GHz f_T Silicon Bipolar Technology*; IEEE J. Solid State Circuits, Vol. 34, 1999, 1320–1324.

[16] G. Hanke: *Die Emitter-gekoppelte Logik*; Der Fernmelde-Ingenieur, 27, 1973, Heft 7, 1–36.

[17] K.-H. Cordes: Einführung in das Simulationsprogramm SPICE; IC.zip, Skripten\SPICE.pdf.

[18] K.-H. Cordes: Kurze Einführung in das Simulationsprogramm LT-SPICE; IC.zip, Skripten\LT-SPICE.pdf.

[19] K.-H. Cordes: Kurze Einführung in das Layout-Programm L-Edit; IC.zip, Skripten\L-Edit.pdf.

Design und Layout digitaler Gatter in Transistor-Transistor-Logik (TTL)

17.1 Die NAND-Funktion und der Multi-Emitter-Eingang 708
17.2 Layout 714
17.3 Weitere Vereinfachungen 715
17.4 Verbesserung einiger Eigenschaften 716

17 Design und Layout digitaler Gatter in Transistor-Transistor-Logik (TTL)

Einleitung

Bipolare digitale Gatter werden gelegentlich in ASIC-Anwendungen auch heute noch in der sogenannten TTL-Technik (**Transistor-Transistor-Logik**) realisiert, auch wenn diese Technik für Neuentwicklungen allgemein als **veraltet** bezeichnet wird. So kommt es von Zeit zu Zeit vor, dass in einer kundenspezifischen Schaltung ein Bipolar-Prozess eingesetzt werden soll und auf dem Chip neben wesentlichen analogen Teilen ein kleiner Digitalbereich gefordert wird. Für diesen Fall stellt die TTL eine kostengünstige Möglichkeit der Schaltungsrealisierung dar. Im Folgenden sollen nun als Beispiel einige TTL-NAND-Gatter entworfen und auch das physikalische Layout dafür vorgestellt werden.

LERNZIELE

- Erläuterung des TTL-Grundprinzips anhand eines NAND-Gatters
- Dimensionierung und Layout eines TTL-NAND-Gatters
- Optimierung der Gatter-Eigenschaften

Während im *Kapitel 15* das TTL-Prinzip am Beispiel eines NOR-Gatters nur kurz vorgestellt wurde, soll hier nun eine etwas detailliertere Betrachtung anhand eines NAND-Gatters erfolgen. Vorangestellt seien jedoch einige Anmerkungen zur Prozesstechnik. In TTL-Schaltungen werden die Transistoren als Schalter benutzt und geraten dabei in die Spannungssättigung; bei den Eingangstransistoren kommt außerdem ein inverser Betrieb der Transistoren hinzu. Um die Sättigungszeit der Transistoren zu verkürzen, wird in der Regel eine Gold-Dotierung eingesetzt. Gold hat **tiefe Energieniveaus** im Bändermodell, die zu einer erhöhten Rekombinationsgeschwindigkeit führen und damit die Lebensdauer der Minoritätsladungsträger reduzieren. Eine Methode, Sättigung zu vermeiden, ist die Verwendung von Schottky-Dioden parallel zur Basis-Kollektor-Strecke der Transistoren. Beide Möglichkeiten kommen für normale ASIC-Anwendungen eher nicht infrage. Deshalb wird im Rahmen des vorliegenden Buch der C14-Prozess eingesetzt und die vorgestellten Gatter werden mit Standardzellen realisiert.

17.1 Die NAND-Funktion und der Multi-Emitter-Eingang

Zwei einfache NAND-Grundgatter sind in Abbildung 17.1 dargestellt. Sie sind so dimensioniert, dass die Verlustleistung etwa 5 mW beträgt und sie deshalb als sogenannte „interne" Gatter in nicht allzu komplexen digitalen ASIC-Anwendungen eingesetzt werden können. Ihre Ausgänge können etwa zehn Gatter desselben Typs treiben (*Fan-Out* = 10). Obwohl weder Gold-Dotierung noch Schottky-Dioden verwendet werden, können doch relativ kurze Schaltzeiten von deutlich unter 10 ns erzielt werden.

Beide Schaltungen können auch als Inverter verwendet werden. Dazu werden entweder beide Eingänge miteinander verbunden oder einer der Eingänge wird fest auf **High**-Potential gelegt. Der entsprechende Basis-Emitter-Übergang ist dann stets gesperrt. Diese zweite Schaltungsart wird meist bevorzugt, weil dann die Eingangskapazität nur den halben Wert hat.

17.1 Die NAND-Funktion und der Multi-Emitter-Eingang

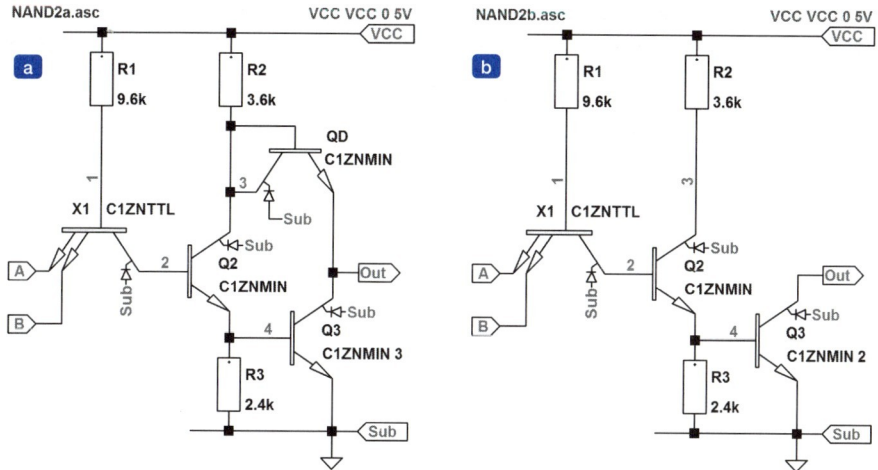

Abbildung 17.1: TTL-NAND-Gatter. (a) Einfaches „internes" NAND-Gatter, Typ NAND2a. (b) NAND-Gatter mit „offenem Kollektor-Ausgang", Typ NAND2b. Beide Schaltungen verursachen in der dargestellten Dimensionierung eine Verlustleistung von ungefähr 5 mW (ohne Belastung).

Zunächst soll die Schaltung in groben Zügen erklärt werden. Liegt an **einem** der Eingänge **Low**-Potential an, so schaltet der **Multi-Emitter-Transistor** X1 durch und gerät in die Spannungssättigung. Aus dem entsprechenden Eingang fließt ein Strom **heraus**! Der Eingangs-**Low**-Pegel plus die Sättigungsspannung von X1 wird an die Basis des Transistors Q2, den Knoten „2", weitergereicht. Dadurch sperrt der Transistor Q2 und schaltet damit auch den Ausgangstransistor Q3 in Sperrrichtung. Der Ausgang geht somit in den **High-Zustand**. Während in der Schaltung Abbildung 17.1b ein zusätzlicher Pull-Up-Widerstand erforderlich ist, um den Ausgang auf **High**-Potential zu „ziehen", übernimmt dies in Abbildung 17.1a der Widerstand R2 über die in Durchlassrichtung betriebene „Diode" QD. Liegt dagegen an **beiden** Eingängen **High**-Potential an, so wird der Eingangstransistor X1 **invers** betrieben. Über den Widerstand R1 und die jetzt in Durchlassrichtung betriebene Basis-Kollektor-Sperrschicht von X1 wird der als Emitter-Folger wirkende Transistor Q2 aktiv und steuert den Ausgangstransistor Q3 in Durchlassrichtung: Der Ausgang geht somit in den **Low-Zustand**. In die Eingänge fließt jetzt ein Strom **hinein**!

Die Betrachtung beider Zustände zeigt, dass es sich wirklich um eine **NAND-Verknüpfung** handelt: **Ein Eingang auf Low** reicht aus, um den Ausgang auf **High** zu schalten und nur, wenn **beide Eingänge auf High-Level** liegen, kann der Ausgang **Low** werden. Wenn ein TTL-Eingang offen ist, ist der entsprechende Eingangsstrom natürlich null. Auch dieser Zustand wird bei TTL-Gattern in der Regel als **High** interpretiert. Dies ist bei Anwendungen unbedingt zu beachten!

> **Achtung:**
>
> Ein offener TTL-Eingang wird normalerweise als **High** interpretiert!

Über den Wert des Widerstandes R1 wird der Basis-Strom von Q1 eingestellt. Der Strom muss groß genug sein, um den Transistor Q2 sicher durchschalten zu können. Dabei ist zu bedenken, dass stets etwa die Hälfte des über R1 eingespeisten Stromes zum Substrat abfließt, siehe später. Unabhängig davon, ob der Eingangstransistor sich im Sättigungszustand befindet (**Low** an einem der Eingänge oder auch an beiden) oder invers betrieben wird (beide Eingänge **High**), wird in beiden Betriebszuständen der **parasitäre vertikale PNP-Transistor** aktiv: Die Basis wirkt als Emitter, der Kollektor (Knoten „2") als Basis und das Substrat als Kollektor. Auch wenn der über R1 eingespeiste Strom nur etwa zur Hälfte die Basis von Q2 erreicht, ist ein zu großer Strom nicht sinnvoll, da dadurch der Gatter-Eingangsstrom unnütz vergrößert werden würde. Es ist auf jeden Fall ein Kompromiss zu finden.

Der Widerstand im Kollektor-Kreis von Transistor Q2 dient zur Strombegrenzung des Basis-Stromes von Q3. Bei richtiger Dimensionierung wird eine übermäßige Sättigung des Ausgangstransistors Q3 vermieden. Bei starker Sättigung werden im Basis-Bereich sehr viele Minoritätsladungsträger gespeichert, die ein rasches Sperren des Transistors verzögern würden. Zur Reduzierung der Speicherzeit ist der Widerstand R3 vorgesehen. Durch ihn können gespeicherte Ladungen abfließen, wenn Q2 sperrt.

Es ist vielleicht einmal interessant, sich die Ströme in der Umgebung des Eingangstransistors anzusehen. Dazu wird z. B. das NAND-Gatter Typ NAND2a zur DC-Analyse mit SPICE vorbereitet, siehe Abbildung 17.4a. Dabei ist zu beachten, dass in SPICE die Sättigungseffekte einfacher bipolarer Transistoren nicht richtig berechnet werden. Deshalb sind für die Transistoren Subcircuit-Elemente vorgesehen. Sie heißen nicht mehr „Q", sondern „X". Durch die benutzten Subcircuit-Modelle wird zwar die Sättigung auch nicht komplett wiedergegeben, doch werden die Substratströme und der Inversbetrieb der Transistoren einigermaßen gut erfasst. Breadboard-Messungen [15] haben dies bestätigt. Der Eingangstransistor soll zunächst kurz beschrieben werden.

> **Hinweis**
>
> ### TTL-Eingangstransistor C1ZNTTL
> In Abbildung 17.2 ist z. B. das Symbol und das recht kompliziert aussehende Ersatzschaltbild des Multi-Emitter-Transistors X1 dargestellt. Das Layout dazu zeigt Abbildung 17.3a. Dieses ist als Zelle C1ZNTTL in der Bibliothek C14_Cells.tdb zu finden; Pfad: \Technologie-Files\Bipolar\C14\C14_Cells.tdb.

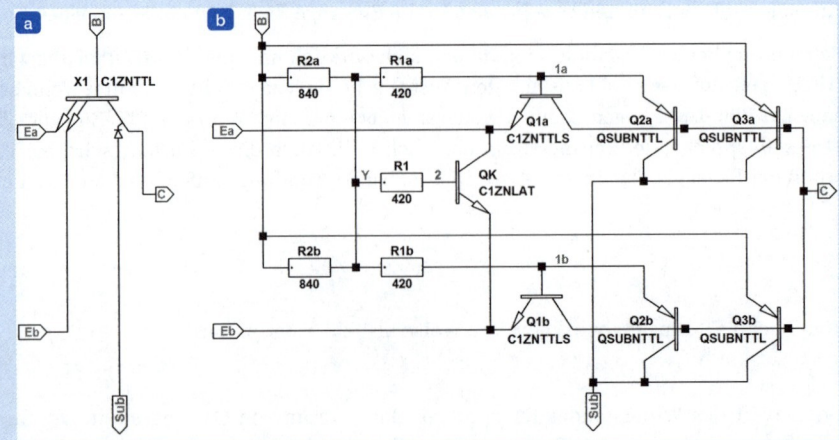

Abbildung 17.2: Multi-Emitter-Transistor X1. (a) Symbol. (b) Subcircuit-Modell. Erklärung siehe Text.

17.1 Die NAND-Funktion und der Multi-Emitter-Eingang

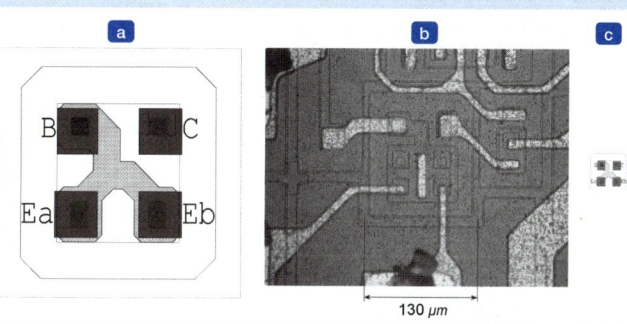

Abbildung 17.3: TTL-Eingangstransistor. (a) Layout des Multi-Emitter-Transistors vom Typ C1ZNTTL im C14-Prozess. Der Basis-Anschlusswiderstand ist bewusst verlängert; Flächenbedarf: 54 μm × 54 μm (b) Ausschnitt aus einem TTL-Standardbaustein vom Typ „5400" (c) Transistor C1ZNTTL in gleichem Maßstab wie Teilbild (b).

Zur Erklärung: Q1a und Q1b sind die eigentlichen Eingangstransistoren mit dem gemeinsamen Kollektor-Anschluss „C". Zwischen den beiden Emittern „Ea" und „Eb" wirkt ein lateraler NPN-Transistor. Er wird durch einen **symmetrischen** Transistor QK im Subcircuit-Modell berücksichtigt. Die Stromverstärkungen in Vorwärts- und Rückwärtsrichtung erhalten denselben Wert. Dieser **parasitäre** Transistor wird wirksam, wenn ein Eingang auf **Low** ist, während der andere sich auf **High**-Potential befindet. Damit dieser Effekt nicht allzu sehr stört, müssen die Stromverstärkungen $B_F = B_R$ dieses parasitären Transistors möglichst geringe Werte haben. Dies kann durch einen vergrößerten Abstand zwischen den beiden Emittern erreicht werden, siehe Abbildung 17.3a. Ein anderer Weg zur Senkung der lateralen Stromverstärkung ist ein mit Metall bedeckter Basis-Kontakt zwischen den beiden Emittern, siehe Abbildung 17.3b. Dadurch wird die Rekombinationsgeschwindigkeit an der Oberfläche vergrößert.

Auch die **effektive inverse** Stromverstärkung der beiden „Haupttransistoren" Q1a und Q1b sollte möglichst gering sein, damit bei **High**-Potential an den Eingängen kein zu großer **positiver** Eingangsstrom fließt. Die inverse Stromverstärkung wird ganz wesentlich durch den **parasitären** PNP-Transistor reduziert. Wenn nämlich der Basis-Kollektor-Übergang in Flussrichtung geht, wird der parasitäre PNP-Transistor aktiv und leitet einen Teil des Stromes zum Substrat ab. Unterstützt wird dieser Effekt durch ein **verlängertes** Basis-Bahngebiet [2], siehe auch Abbildung 17.3. Beim Übergang in den Inversbetrieb wird dann direkt am Basis-Kontakt ein parasitärer PNP-Transistor wirksam. Im Subcircuit-Modell wird deshalb eine Aufteilung vorgenommen: Die Transistoren Q3a, Q3b liegen mit ihren Emittern direkt am Basis-Kontakt „B" und Q2a, Q2b haben ihre Emitter dagegen an den Basen der beiden „Haupttransistoren" Q1a bzw. Q1b. Der **verlängerte** Basis-Widerstand im Layout wird im Subcircuit-Modell durch die beiden parallel geschalteten Widerstände R2a, R2b und die beiden Teile R1a und R1b berücksichtigt.

Nun aber zurück zu den Strömen im Umkreis von X1. Abbildung 17.4b zeigt die Simulationsergebnisse. Deutlich ist zuerkennen, dass bei Anliegen des **Low**-Pegels am Eingang aus dem Gatter ein Strom von nur etwas mehr als 200 μA **herausfließt**, obwohl in die Basis von X1 ungefähr 400 μA **hineinfließen**. Der Rest „versickert" im Substrat! Auch bei **High**-Potential am Eingang fließt fast die Hälfte des über R1 eingespeisten Stromes zum Substrat und nur der Rest gelangt zur Basis von X2. Ein kleiner Strom von ca. 7 µA fließt allerdings wegen des Inversbetriebs in den jetzt als Kollektor wirkenden Emitter als **positiver** Eingangsstrom in das Gatter **hinein**.

Abbildung 17.4c zeigt die Transferkennlinie des Gatters bei offenem Ausgang. Bis etwa 600 mV Eingangspegel bleibt der Ausgang praktisch unverändert **High** und bei ca. 1.4 V erfolgt der steile Übergang zum **Low**-Zustand.

Simulation

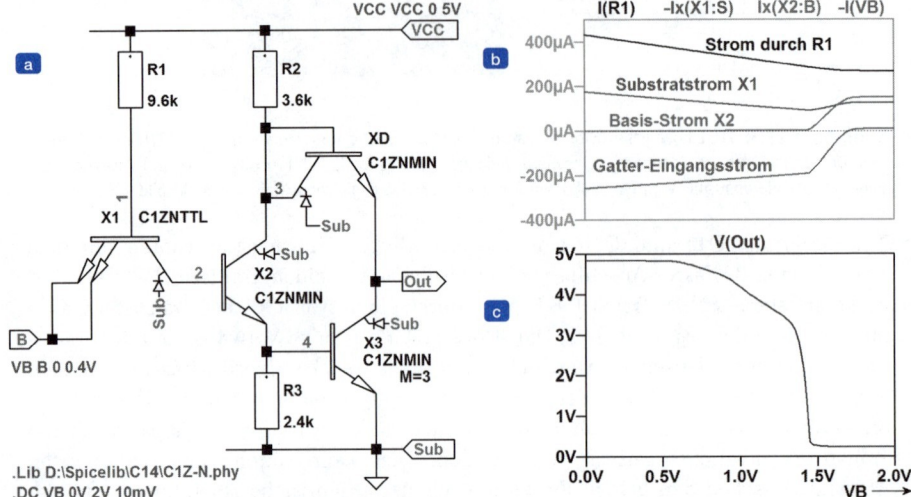

Abbildung 17.4: (TTL4.asc) DC-Simulation: (a) Simulationsschaltung, beide Eingänge miteinander verbunden (Inverter-Schaltung); (b) Ströme am Multi-Emitter-Transistor X1; (d) Transferkennlinie.

Die Schaltung Abbildung 17.1a (siehe auch Abbildung 17.4a) verwendet, wie schon angedeutet, eine „Diode" (Transistor QD) zwischen dem Knoten „3" und dem Ausgang. Diese verringert den Sättigungszustand des Ausgangstransistors Q3 (X3). Schaltet nämlich der Ausgang auf **Low**, so wird das Potential des Knotens „3" über die Diode QD (XD) mit „heruntergezogen" und damit der dem Transistor Q3 (X3) zufließende Basis-Strom reduziert. Im **High**-Zustand des Ausgangs wirkt dagegen der Widerstand R2 gleichzeitig als Pull-Up-Widerstand.

Die zweite Schaltung, Abbildung 17.1b, ohne Diode ist einfacher und erfordert etwas weniger Chipfläche. Sie hat einen „offenen Kollektor-Ausgang" und eignet sich deshalb im Zusammenhang mit weiteren Gattern und einem gemeinsamen Pull-Up-Widerstand zur Realisierung einer sogenannten „Wired-AND-Verknüpfung" am Ausgang. In Abbildung 17.5 sind z. B. zwei solche Gatter am Ausgang zusammengeschaltet und arbeiten auf den gemeinsamen Widerstand R1. Vor dem Verbinden der Ausgänge bilden die Gatter X1 bzw. X2 die Verknüpfungen

$$\overline{(A \land B)} \quad \text{bzw.} \quad \overline{(C \land D)} \tag{17.1}$$

Durch Verbinden der beiden Ausgänge entsteht am gemeinsamen Ausgang „Out" die Verknüpfung

$$Out = \overline{(A \land B)} \land \overline{(C \land D)} = \overline{(A \land B) \lor (C \land D)} \tag{17.2}$$

17.1 Die NAND-Funktion und der Multi-Emitter-Eingang

Der Ausgang geht in diesem Fall nur dann auf **High**, wenn die Ausgangstransistoren **beider** Gatter gesperrt sind.

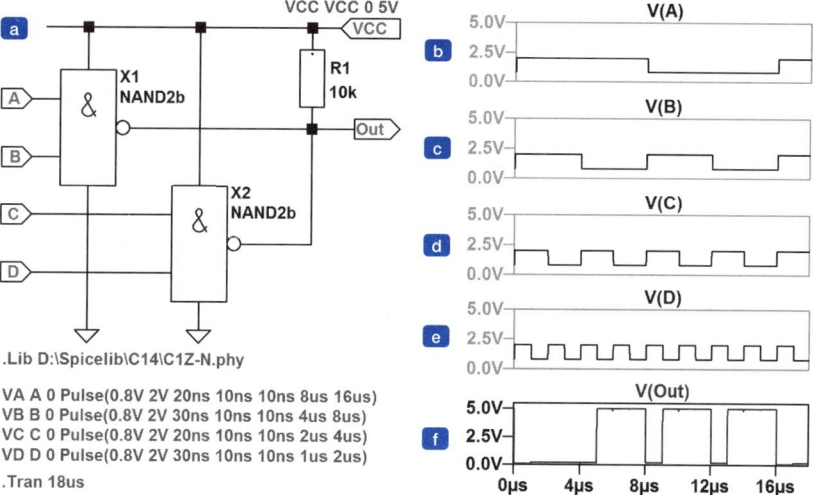

Simulation

Abbildung 17.5: (TTL5.asc) Zwei NAND-Gatter, Typ NAND2b entsprechend Abbildung 17.1b, bilden in Verbindung mit einem gemeinsamen Widerstand R1 am Ausgang eine Wired-AND-Verknüpfung; (b) bis (e) Eingangssignale; (f) Ausgangssignal $V(Out)$.

Die Möglichkeit, neben der normalen Gatter-Funktion zusätzlich am Ausgang noch eine Wired-AND-Verknüpfung realisieren zu können, kann oft zu einer deutlichen Reduzierung des gesamten Schaltungsaufwandes führen und wird deshalb gern verwendet. Die Schaltung mit **offenem Kollektor-Ausgang** bietet noch einen weiteren Vorteil: Der Lastwiderstand R1 kann auch an eine andere Versorgungsspannung angeschlossen werden und erlaubt damit auf einfache Weise eine Anpassung an die Pegel anderer Schaltungsarten, wie z. B. CMOS-Gatter. Ein zusätzlicher Pegelumsetzer kann dann eingespart werden.

> **Hinweis**
>
> **Nachteil der Gatterschaltungen mit offenem Kollektor und ohmscher Last R1:**
>
> Werden die Ausgangstransistoren aller parallel geschalteter Gatter gesperrt, kann der Ausgang nur über den gemeinsamen Pull-Up-Widerstand R1 den **High**-Zustand erreichen. Je nach zusätzlicher kapazitiver Last am Knoten „Out" können dadurch erhebliche Zeitverzögerungen auftreten.

Auch das Gatter **mit** Diode, Typ NAND2a, bietet die Möglichkeit einer Wired-AND-Verknüpfung. Hier kann der zusätzliche Pull-Up-Widerstand R1 entfallen, da die Gatter-internen Widerstände R2 diese Rolle übernehmen. Zu beachten ist allerdings, dass nicht zu viele Gatter am Ausgang parallel geschaltet werden. Ein **Low**-schaltender Ausgang müsste dann nämlich die Widerstände aller Gatter „herunterziehen", sodass der geforderte **Low**-Pegel eventuell nicht erreicht werden kann.

17.2 Layout

Für die beiden Gatter NAND2a und NAND2b nach Abbildung 17.1 sollen nun die physikalischen Layouts erstellt werden [14]. Verwendet wird auch hier wieder der Bipolar-Hochfrequenzprozess C14. Da die Schaltungen als „interne" Gatter ausgelegt werden sollen, sind keine großen Ströme zu erwarten. Es können daher die schon vom ECL-Design her bekannten Standardtransistoren und Modulwiderstände eingesetzt werden. Allerdings wird für den Multi-Emitter-Eingangstransistor X1 eine spezielle Struktur entworfen. Durch einen vergrößerten Abstand zwischen den beiden Emittern und ein Herausziehen des Basis-Anschlusses entsprechend Abbildung 17.3 kann die effektive Stromverstärkung im Inversbetrieb reduziert werden [2]. Bei einem **High**-Pegel am Eingang wird somit der Eingangsstrom reduziert.

Layout

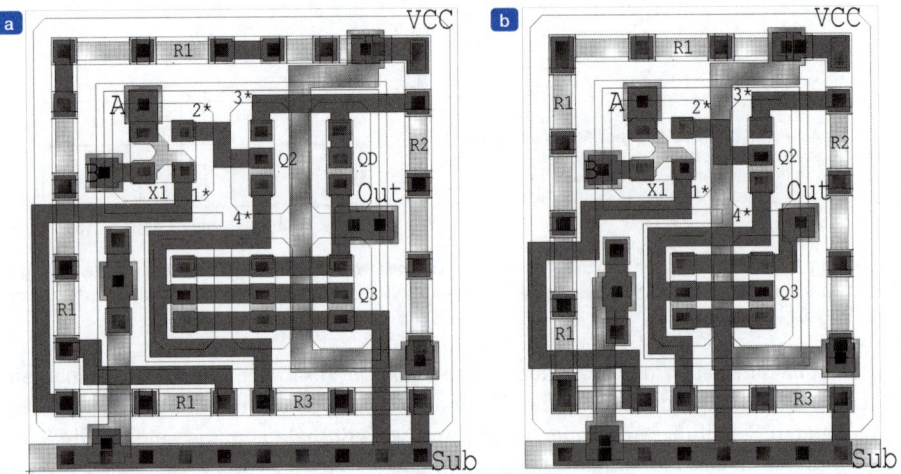

Abbildung 17.6: Layouts zu den beiden „internen" TTL-Gattern entsprechend Abbildung 17.1. (a) NAND2a, Flächenbedarf: 198 μm × 204 μm; (b) Typ NAND2b, Flächenbedarf: 162 μm × 204 μm.

Da die Zellen neben analogen Schaltungsteilen eingesetzt werden, werden sie komplett von einem **Epi-Guard-Ring** umgeben, der mit der positiven Versorgungsspannung V_{CC} verbunden wird. Hier hinein werden die Widerstände platziert. Dadurch bleibt der zusätzliche Flächenbedarf begrenzt. Die Widerstände lassen sich im Wesentlichen aus dem 1,2-$k\Omega$-Modulelement zusammensetzten. Zuerst wird ein Array mit Standardzellen entworfen und anschließend die Verbindungen vorgenommen. Abbildung 17.6 zeigt die beiden Layouts. Es wird wieder empfohlen, die Zellen mit L-Edit anzuschauen, um Details besser verfolgen zu können. Sie sind in der Datei TTL.tdb enthalten (IC.zip): Pfad: \Kapitel 17\Layout_17\TTL\TTL.tdb. Dort sind auch die beiden zugehörigen Arrays als Zellen zu finden: ARRAY20 und ARRAY21.

17.3 Weitere Vereinfachungen

„Interne Gatter" können für viele Anwendungen noch weiter vereinfacht werden. Vor allem dann, wenn keine hohe Verarbeitungsgeschwindigkeit gefordert wird und eine geringe Verlustleistung im Vordergrund steht. Dann werden in Abbildung 17.1a (Abbildung 17.4) der Emitter-Folger, bestehend aus den Bauelementen Q2 (X2), R2 und R3, und auch die Diode QD (XD) fortgelassen. Der Eingangstransistor X1 steuert dann direkt den Ausgangstransistor Q3 (X3) an. Weil hochohmige Widerstände relativ viel Chipfläche beanspruchen, können sie vorteilhaft durch PNP-Stromquellen ersetzt werden. In Abbildung 17.7 sind diese beiden Schaltungen für den Betrieb an einer verringerten Versorgungsspannung dargestellt. In Abbildung 17.7b ist die PNP-Stromquelle nur schematisch angedeutet.

Zwischen den Knoten „2a" bzw. „2b" sind keine Widerstände zum Ausräumen der in den Ausgangstransistoren gespeicherten Ladungen erforderlich. Wenn nämlich ein angeschlossenes Gatter einen Eingang auf **Low** zieht, schaltet der Eingangstransistor sehr rasch durch. Die Ladungen werden dann über diesen in sehr kurzer Zeit quasi „abgesogen".

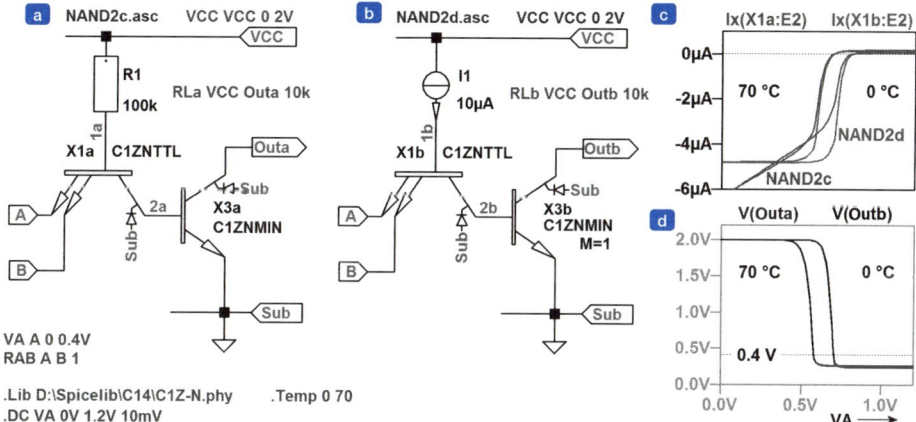

Abbildung 17.7: (TTL7.asc) Stark vereinfachte „innere" TTL-NAND-Gatter (a) mit hochohmigem Widerstand R1; (b) mit Stromquelle; (c) Eingangsströme für den Fall, dass die beiden Eingänge „A" und „B" miteinander verbunden sind (über den Widerstand RAB mit dem Wert $R_{AB} = 1\,\Omega$); (d) Transferkennlinien. Zwei Temperaturen, Ausgangslast 10 $k\Omega$.

Obwohl diese einfachen Schaltungen einen verringerten Störabstand haben, sind sie für Low-Power-Anwendungen durchaus interessant. Bei der in Abbildung 17.7a und Abbildung 17.7b angegebenen Dimensionierung und einer reduzierten Versorgungsspannung von beispielsweise $V_{CC} = 2\,V$ ist mit einer Verlustleistung von etwa 40 μW zu rechnen. Beide Schaltungen sind wegen des „offenen Kollektor-Ausganges" wieder dazu geeignet, analog zu Abbildung 17.5 eine Wired-AND-Verknüpfung zu realisieren. Ein gemeinsamer Pull-Up-Widerstand von minimal 10 $k\Omega$ oder eine entsprechende Stromquelle (maximal 200 μA) sind bei obiger Auslegung angebracht.

Aufgabe

Simulation

1. Bereiten Sie für die beiden Gatter entsprechend Abbildung 17.7 je eine „hierarchische" Simulationsschaltung für die Bestimmung der Schaltzeiten vor. Tipp: Verwenden Sie das Symbol des Gatters NAND2b.asy, das in Abbildung 17.5 verwendet wurde, ändern Sie es und speichern es unter dem neuen Namen. Als Belastungswiderstand am Ausgang kann ein Widerstand von 10 $k\Omega$ gewählt werden. Verwenden Sie als Versorgungsspannung $V_{DD} = 2$ V. Berücksichtigen Sie, dass die Schaltung bei geringeren **Low**- und **High**-Pegeln arbeitet (siehe Abbildung 17.7d), z. B. 0,4 V für **Low** und 0,8 V für **High**.
Teillösung: Datei „TTL7_Aufg.asc".

2. Experimentieren Sie mit der Schaltung Abbildung 17.5 (Datei TTL5.asc) und auch der Schaltung zu obiger Aufgabe. Variieren Sie z. B. die Zeiteinstellungen der Eingangssignale und vor allem die Anstiegs- und Abfallzeiten.

3. Verwenden Sie die Gatter-Symbole zum Aufbau anderer kleiner Digitalschaltungen und sammeln Sie Erfahrungen mit realistischen Schaltungen.

In der Literatur sind weitere interessante Möglichkeiten aufgezeigt, bei TTL-Gates ohne großen Aufwand die Sättigung der Transistoren zu reduzieren oder sogar ganz zu vermeiden [2], [8], [9], [10]. Hierauf soll an dieser Stelle aber nicht eingegangen werden. Es werden allerdings anhand eines typischen NAND-Gates kurz einige Maßnahmen zur Verbesserung der Eigenschaften besprochen. Zum Abschluss wird eine bereits erprobte Schaltung vorgestellt.

17.4 Verbesserung einiger Eigenschaften

Einige Eigenschaften lassen sich mit erträglichem Aufwand noch verbessern. Dies soll an der Beispielschaltung Abbildung 17.8 diskutiert werden.

1. Anstelle der Diode QD in Abbildung 17.1a wird ein Emitter-Folger Q4 in Verbindung mit dem Treibertransistor Q5 (Darlington-Schaltung) eingesetzt. Diese Maßnahme bietet gleich mehrere Vorteile: Erstens kann der **High**-Zustand wegen der verbesserten Treiberfähigkeit schneller erreicht werden als durch den vorher über die Diode wirksamen Widerstand R2 oder einen zusätzlichen Pull-Up-Widerstand. Zweitens gerät dabei Q4 auch bei größeren Ausgangsströmen nicht in die Spannungssättigung, da dessen Kollektor-Potential (Knoten „5") wegen des Treibertransistors Q5 nie tiefer absinken kann als das Basis-Potential (Knoten „4"). Drittens ist auch die Tatsache von Bedeutung, dass bei Leerlauf am Ausgang im „eingeschwungenen Zustand" durch die beiden Ausgangstransistoren kein Querstrom fließt. Wenn nämlich Q2 durchschaltet, wird auch Q3 leitend und schaltet den Ausgang auf **Low**. Dann ist aber das Potential am Knoten „3", Kollektor von Q2, so niedrig, dass Q5 und damit auch Q4 gesperrt sind. Ist dagegen Q2 gesperrt, erhält die Basis des Treibers Q5 über den Widerstand R2 Strom und schaltet den Ausgangstransistor Q4 ein. Gleichzeitig wird aber der Ausgangstransistor Q3 hochohmig. Nur während des Überganges zwischen den beiden Zuständen können beide Transistoren leitend werden. Der Querstrom wird dann durch den Widerstand R4 begrenzt. Diese Schaltung ist auch unter dem Namen **Totem-Pole** bekannt.

17.4 Verbesserung einiger Eigenschaften

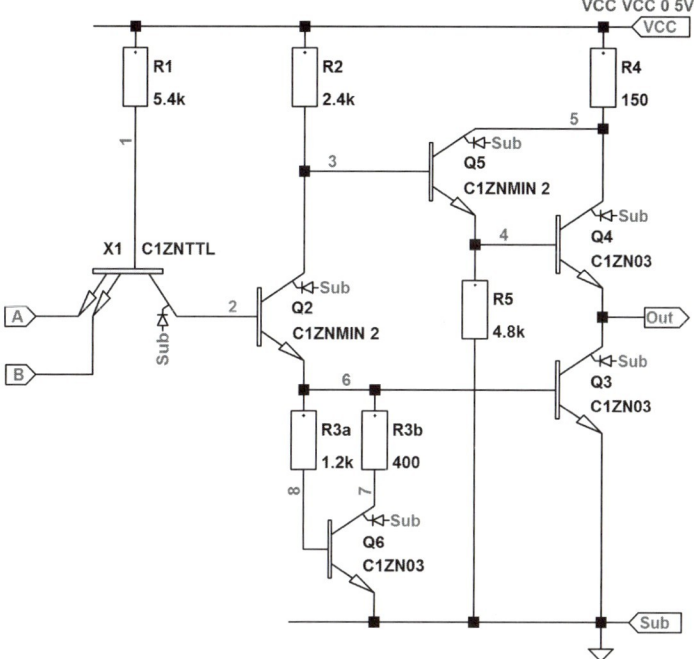

Abbildung 17.8: TTL-NAND-Gatter mit erhöhter Treiberfähigkeit; Typ NAND2.

2. Der Widerstand R3 in Abbildung 17.1 ist in Abbildung 17.8 durch ein **aktives Netzwerk**, bestehend aus den Elementen R3a, Q6, R3b, ersetzt worden. Angenommen, das Potential des Knotens „2" bewegt sich langsam von niedrigen Werten zu höheren. Im Falle eines einfachen Widerstandes zwischen dem Knoten „6" und „Masse" würde das Potential an diesem Knoten ab etwa 0,7 V (U_{BE}) steigen und bei weiterem Erhöhen allmählich den Ausgangstransistor Q3 in den leitenden Zustand schalten. Im Falle des aktiven Netzwerkes wird dagegen auch der Transistor Q6 nach und nach leitend und hält das Potential des Knotens „6" länger auf relativ niedrigem Niveau. Der Übergang des Ausganges in den **Low**-Zustand erfolgt somit erst deutlich **langsamer** und dann mit **stärkerer** Steigung.

Dieser zweite Effekt soll einmal durch eine Simulation mit SPICE dargestellt werden. Um den Unterschied zwischen einem einfachen Widerstand und dem aktiven Netzwerk zeigen zu können, wird in der Simulationsschaltung Abbildung 17.9 ein **Umschalter** vorgesehen. Das Modell des Schalters ist in der Bibliothek Passiv.lib enthalten. Der entsprechende Pfad muss im Schaltplan angegeben werden. Der Schalter wird durch die Spannungsquelle Vsw „betätigt". $V_{SW} = 0$ bedeutet die im Symbol dargestellte Schalterstellung und durch $V_{SW} = 1$ V wird **umgeschaltet**. Im Schaltplan kann das Umschalten durch die SPICE-Zeile „.Step Vsw List 0 1V" angegeben werden. Damit lassen sich die Ergebnisse – zum besseren Vergleich – gut in einem gemeinsamen Diagramm abbilden.

17 Design und Layout digitaler Gatter in Transistor-Transistor-Logik (TTL)

Simulation

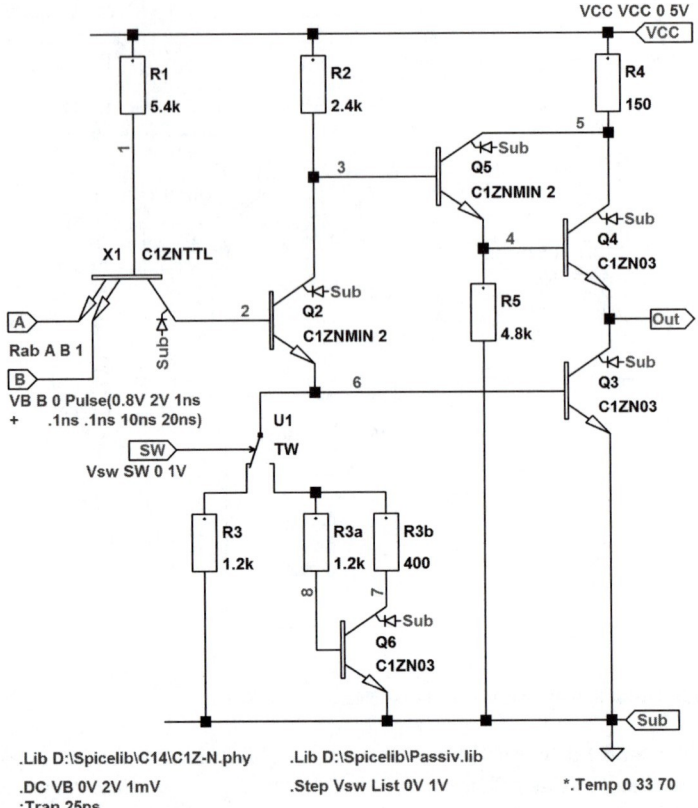

Abbildung 17.9: (TTL9.asc) Zum Einfluss des „aktiven Netzwerkes" R3a, Q6, R3b. Die Eingänge „A" und „B" sind über den Widerstand Rab miteinander verbunden; der spannungsgesteuerte Schalter U1 kann durch die Spannungsquelle Vsw umgeschaltet werden.

Die Simulationsergebnisse sind in Abbildung 17.10 wiedergegeben. Die DC-Analyse, Abbildung 17.10a und Abbildung 17.10b, veranschaulicht deutlich die Wirkung des aktiven Netzwerkes. Bis zu einem Eingangspegel von etwa 1,2 V bleibt der Ausgang auf **High**-Niveau, um dann ab ungefähr 1,3 V rasch abzufallen. Im Übergangsbereich fließt ein Querstrom. Bei der gewählten Dimensionierung wird durch das aktive Netzwerk ein kleinerer Wert erreicht. Die Transientenanalyse, Abbildung 17.10c und Abbildung 17.10d, zeigen recht eindrucksvoll das Schaltverhalten. Mit der verwendeten Technologie C14 können Schaltzeiten im Bereich weniger Nanosekunden erreicht werden.

Die in Abbildung 17.8 dargestellte Schaltung ist für eine ASIC-Anwendung mit überwiegend analogen Komponenten vorgesehen. Sie ist so dimensioniert, dass sie etwa zehn extern angeschlossene Low-Power-Schottky-Bausteine treiben kann. Bei einem maximalen **Low**-Level-Eingangsstrom von 400 μA pro Baustein und *Fan-Out* = 10 ergibt sich ein Gesamtstrom von $I_{ges} = 4\ mA$. Der Querstrom durch die beiden Transistoren Q4 und Q3 überschreitet bei fehlender Ausgangslast die 10-mA-Grenze in der Regel nicht. Der Leistungsbedarf kann mit ca. 10 mW angegeben werden.

17.4 Verbesserung einiger Eigenschaften

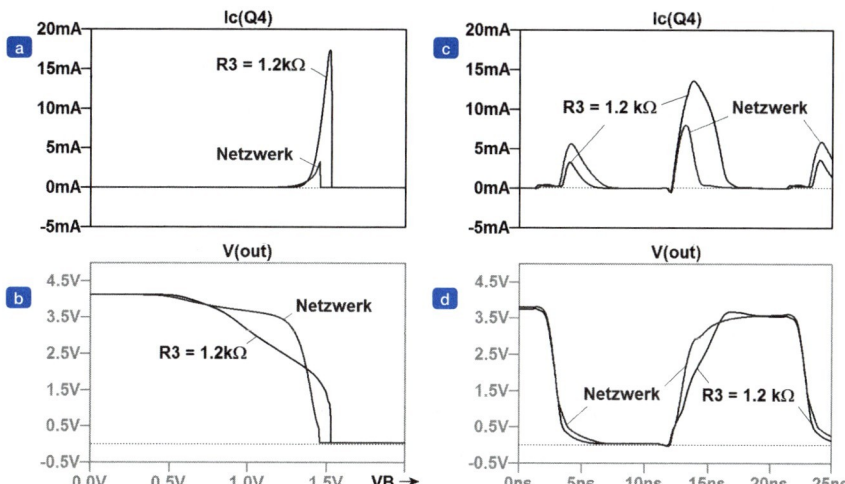

Simulation

Abbildung 17.10: (TTL10ab.asc und TTL10cd.asc) Simulationsergebnisse zur Schaltung Abbildung 17.9. (a) Strom durch Q4. (b) Ausgangsspannung, beides in Abhängigkeit von der Eingangsspannung VB. (c) Strom durch Q4. (d) Ausgangsspannung, beides in Abhängigkeit von der Zeit.

Aufgabe

Die Höhe des Übergangsquerstromes kann über die Werte der Widerstände R2, R3 bzw. R3a und R3b variiert werden. Experimentieren Sie mit der Dimensionierung. Starten Sie z. B. mit $R_3 = 600\ \Omega$. Verwenden Sie später auch einen 1-$k\Omega$-Pull-Up-Widerstand am Ausgang und überprüfen Sie den Ausgangs-Low-Pegel.

Zusammenfassung

Die Transistor-Transistor-Logik (TTL) hat in den letzten Jahren an Bedeutung verloren. Trotzdem wird sie auch heutzutage beim ASIC-Entwurf in bipolaren Analog-Digital-Mischschaltungen durchaus noch eingesetzt. Um ein Grundverständnis der Transistor-Transistor-Logik zu vermitteln, wurden in diesem Kapitel die Berechnung und das Layout eines NAND-Gatters beispielhaft erläutert. Im Anschluss erfolgte die Beschreibung einiger ausgewählter Vereinfachungs- und Optimierungsmöglichkeiten.

Literatur

[1] Texas Instruments: *Einführung in die Mikroprozessortechnik*; Freising, 1977.

[2] H.-M. Rein, R. Ranfft: *Integrierte Bipolarschaltungen*; Springer-Verlag, 1980, ISBN 3-540-09607-8.

[3] J. Graul, H. Kaiser, W. J. Wilhelm, H. Ryssel: *Bipolar High-Speed Low-Power Gates with Double Implanted Transistors*, IEEE J. Solid State Circuits, Vol. 10, 1975, 201–204.

[4] J. Graul, A. Glasl, H. Murrmann: *High-Performance Transistors with Arsenic-Implanted Polysil Emitters*; IEEE J. Solid State Circuits, Vol. 11, 1976, 491–495.

[5] E. Gonsuer, B. Unger, R. Rauschert, A. Glasl, K.-H. Schön: *A Bipolar 230 ps Masterslice Cell Array with 2600 Gates*; IEEE J. Solid State Circuits, Vol. 19, 1984, 299–305.

[6] Siegfried K. Wiedmann: *Advancements in Bipolar VLSI Circuits and Technologies*; IEEE J. Solid State Circuits, Vol. 19, 1984, 282–291.

[7] D. D. Tang, P. M. Solomon: *Bipolar Transistor Design for Optimized Power-Delay Logic Circuits*; IEEE J. Solid State Circuits, Vol. 14, 1979, 679–684.

[8] B. T. Murphy: *Transistor-Transistor Logic with High Packing Density and Optimum Performance at High Inverse Gain*; IEEE J. Solid State Circuits, Vol. 3, 1968, 261–267.

[9] Siegfried K. Wiedmann: *A Novel Saturation Control in TTL Circuits*; IEEE J. Solid State Circuits, Vol. 7, 1972, 243–250.

[10] Douglas J. Hamilton, William G. Howard: *Basic Integrated Circuit Engineering*; Motorola Series in Solid-State Electronics; McGraw-Hill Book Company, 1975, ISBN 0-07-025763-9.

[11] U. Tietze, Ch. Schenk: *Halbleiter-Schaltungstechnik*; Springer-Verlag, 1999, ISBN 3-540-64192-0.

[12] K.-H. Cordes: Einführung in das Simulationsprogramm SPICE; IC.zip, Skripten\SPICE.pdf.

[13] K.-H. Cordes: Kurze Einführung in das Simulationsprogramm LT-SPICE; IC.zip, Skripten\LT-SPICE.pdf.

[14] K.-H. Cordes: Kurze Einführung in das Layout-Programm L-Edit; IC.zip, Skripten\L-Edit.pdf.

[15] K.-H. Cordes: Breadboarding; IC.zip, Breadboard\Breadboard.pdf.

Design und Layout digitaler Gatter in CMOS

18.1	Der CMOS-Inverter als grundlegendes Schaltungselement	722
18.2	CMOS-Schmitt-Trigger	749
18.3	TTL-CMOS-Interface	753
18.4	Transfer- oder Transmission-Gate	755
18.5	Inverter mit Tri-State-Ausgang	757
18.6	Das Exklusiv-ODER-Gatter (XOR)	758
18.7	NAND- und NOR-Gatter	760
18.8	Verallgemeinerte CMOS-Gate-Strukturen	766
18.9	Pseudo-NMOS-Logik	776
18.10	Dynamische logische Schaltungen (C^2MOS)	777
18.11	Domino-CMOS-Logik	781
18.12	Latches und Flip-Flops	784

18

ÜBERBLICK

18 Design und Layout digitaler Gatter in CMOS

Einleitung

>> Für die Herstellung digitaler integrierter Schaltungen wird heutzutage überwiegend die CMOS-Technologie eingesetzt. Einerseits lassen sich die Gatter mit sehr wenigen Bauelementen aufbauen und andererseits werden durch die ständigen Fortschritte in der Prozesstechnologie die Strukturgrößen immer kleiner, sodass riesige Packungsdichten und Integrationsgrade erzielt werden können. CMOS-Schaltungen zeichnen sich durch niedrigen Leistungsbedarf aus; des Weiteren können bei digitalen Gattern die Transistoren zwar als widerstandsbehaftet, aber sonst als fast ideale **Schalter** aufgefasst werden.

In den folgenden Abschnitten sollen nun Realisierungsbeispiele für die wichtigsten CMOS-Gatter gegeben werden. Für die Berechnung und Layout-Erstellung wird wieder der in *Teil II* eingeführte CM5-Prozess mit einer minimalen Kanallänge von $L = 0{,}8\ \mu m$ verwendet. <<

LERNZIELE

- CMOS-Inverter
- Schmitt-Trigger
- TTL-CMOS-Interface
- Transmission-Gate
- Inverter mit Tri-State-Ausgang
- Logikgatter: NAND, NOR und XOR
- Verallgemeinerte CMOS-Gate-Strukturen
- Pseudo-NMOS-Logik
- Dynamische Logikschaltungen: C^2MOS
- Domino-CMOS-Logik
- RS-Flip-Flop, D-Flip-Flop und Speicher

Bevor die Berechnung und Layout-Erstellung der wichtigsten digitalen Grundbausteine näher erläutert werden, erfolgt in *Abschnitt 18.1* zunächst eine ausführliche Betrachtung der Basiseinheit aller CMOS-Schaltungen, des **Inverters** [30].

18.1 Der CMOS-Inverter als grundlegendes Schaltungselement

Der Inverter gilt als die kleinste Einheit bei der Verarbeitung digitaler Signale und erfordert in CMOS nur zwei Transistoren. Abbildung 18.1 zeigt ein Beispiel. Diese einfache Schaltung reicht aus, um die wichtigsten Eigenschaften und die Dimensionierung auch komplizierterer digitaler Schaltungen in dieser Technologie zu erklären.

Im Falle des in Abbildung 18.1a dargestellten Inverters sind ein NMOS- und ein PMOS-Transistor in Reihe geschaltet und liegen zwischen der positiven Versorgungsspannung V_{DD} und „Masse". Bei beiden Transistoren sind die Source-Anschlüsse mit den zugehörigen Bulk-Gebieten verbunden. Body-Effekte treten somit nicht auf. Die beiden Gates sind miteinander

18.1 Der CMOS-Inverter als grundlegendes Schaltungselement

verbunden und die beiden Drains bilden den Ausgang. Liegt der Eingang auf „Massepotential", also auf **Low**, ist der NMOS-Transistor extrem hochohmig und der PMOS-Transistor niederohmig. Da deshalb fast kein Strom durch die Reihenschaltung fließt, wird der Ausgang vollständig auf VDD-Potential „hochgezogen". Liegt der Eingang dagegen auf VDD-Potential, also auf **High**, vertauschen die beiden Transistoren ihre Rollen und der Ausgang wird komplett auf „Masse" geschaltet. Das Eingangssignal erscheint somit **invertiert** am Ausgang. In den folgenden Abschnitten sollen die wichtigsten Eigenschaften des CMOS-Inverters näher erklärt werden.

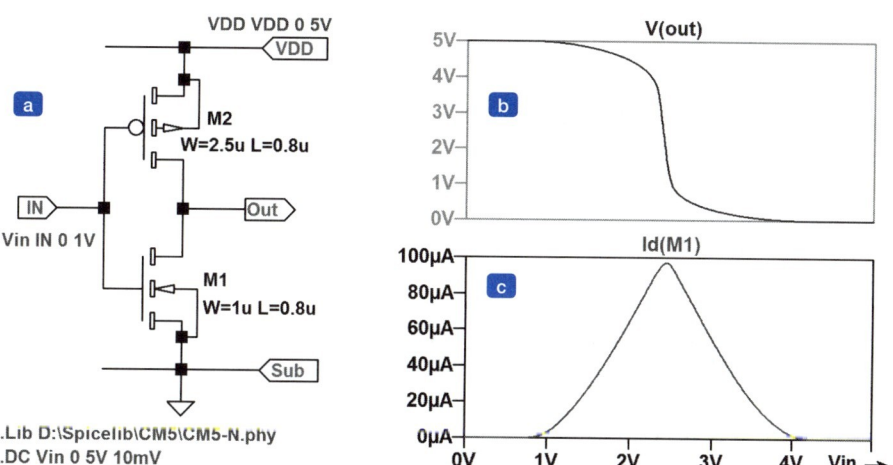

Abbildung 18.1: (CMOS1.asc) (a) CMOS-Inverter, Typ „INV1", verwendeter Prozess: CM5. (b) Transferkennlinie. (c) Querstrom durch die beiden Transistoren.

18.1.1 Schaltpunkt

Der Spannungsunterschied zwischen **High** und **Low** entspricht praktisch der vollen Versorgungsspannung V_{DD}. Man spricht in diesem Fall auch von „Rail-to-Rail-Swing". Der **Schaltpunkt**, d. h. der Übergang von **Low** nach **High** oder umgekehrt, kann deshalb bequem in die Mitte gelegt werden, also auf $V_{DD}/2$. Das setzt allerdings voraus, dass die Beträge der Threshold-Spannung beider Transistoren die gleichen Werte aufweisen. Hiervon kann aber bei den meisten Prozessen ausgegangen werden.

Für die beiden Transistoren gilt entsprechend der einfachen Level-1-Gleichungen:

$$I_{D,N} = \beta_N \cdot (U_{GS} - V_{Th})_N^2 = \frac{K_{P,N}}{2} \cdot \left(\frac{W}{L}\right)_N \cdot (U_{GS} - V_{Th})_N^2 \quad \text{(NMOS)} \tag{18.1a}$$

$$-I_{D,P} = \beta_P \cdot (U_{GS} - V_{Th})_P^2 = \frac{K_{P,P}}{2} \cdot \left(\frac{W}{L}\right)_P \cdot (U_{GS} - V_{Th})_P^2 \quad \text{(PMOS)} \tag{18.1b}$$

Die Indizes „N" bzw. „P" dienen zur Unterscheidung von N-Kanal- bzw. P-Kanal-Transistor. Da durch beide Transistoren derselbe Strom fließt, folgt unter der Voraussetzung, dass der Schaltpunkt in der Mitte zwischen V_{DD} und „Masse" liegt, und beide Transistoren betragsmäßig die gleichen Threshold-Spannungen haben, wegen

$$(U_{GS} - V_{Th})_N^2 = (U_{GS} - V_{Th})_P^2 \; ; \quad (V_{Th,N} = -V_{Th,P} = V_{Th}) \tag{18.2}$$

$$\rightarrow \quad \frac{K_{P,N}}{2} \cdot \left(\frac{W}{L}\right)_N = \frac{K_{P,P}}{2} \cdot \left(\frac{W}{L}\right)_P \tag{18.3}$$

Der Steilheitsparameter $K_{P,N}$ bzw. $K_{P,P}$ ist bekanntlich proportional zu der entsprechenden Ladungsträgerbeweglichkeit $\mu_N = U_{O,N}$ bzw. $\mu_P = U_{O,P}$. Da die Beweglichkeit der Elektronen etwa um den Faktor 2 bis 3 höher ist als die der Löcher, gilt die folgende, recht einfache Dimensionierungsvorschrift:

$$\left(\frac{W}{L}\right)_P = (2 \ldots 3) \cdot \left(\frac{W}{L}\right)_N \tag{18.4}$$

Aus diesem Grund unterscheiden sich die Kanallängen der beiden Transistoren in dem Beispiel Abbildung 18.1 um den Faktor 2,5 (mittlerer Wert). Die Transferkennlinie, die sich mit dieser Dimensionierung ergibt, ist in Abbildung 18.1b dargestellt.

> **Exkurs**
>
> Für den hier verwendeten CM5-Prozess gelten die folgenden Daten: $K_{P,N} = 80 \; \mu A/V^2$, $K_{P,P} = 28 \; \mu A/V^2$, $C'_{Ox} = 2{,}03 \; fF/\mu m^2$, $L = 0{,}8 \; \mu m$; Beweglichkeiten aus dem BSIM-3-Modell: $U_{O,N} = 447 \; cm^2/Vs$, $U_{O,P} = 180 \; cm^2/Vs$. Das Verhältnis der Steilheitsparameter beträgt demnach 2,8 und das der Beweglichkeiten nur 2,5. Trotz dieser kleinen Diskrepanz wird hier konsequent mit dem Wert 2,5 gerechnet. Der Unterschied beträgt 12 % und ist für Überschlagsrechnungen ohne große Bedeutung. Die Optimierung einer Dimensionierung erfolgt ohnehin mit dem Simulator SPICE und genauen Parametern.

18.1.2 Statischer Querstrom

Der statische Querstrom kann wegen seines sehr geringen Wertes in der Regel vernachlässigt werden. Nur in Sonderfällen ist zu bedenken, dass auch bei $U_{GS} = 0$ bereits ein sehr kleiner **Sub-Threshold-Strom** fließt. Hinzu kommen eventuell die Sperrströme der Drain-Substrat-Gebiete. Diese Ströme sollen bei den folgenden Betrachtungen nicht berücksichtigt werden. Während des Überganges von **Low** nach **High** bzw. umgekehrt fließt dagegen ein beträchtlicher Querstrom. Er erzeugt bei jedem Umschaltvorgang Verlustleistung.

> **Wichtiger Hinweis**
>
> CMOS-Eingänge dürfen niemals **offen** bleiben, weil sich wegen der **isolierten** Gates der Transistoren ein unbestimmtes Potential einstellen könnte. Bei digitalen Gattern könnte unter Umständen ein gefährlich hoher Querstrom fließen!

Zur Berechnung des Querstromes und der dadurch verursachten Verlustleistung werde angenommen, dass die Eingangsspannung V(IN) langsam von 0 bis V_{DD} ansteigt. Dabei bleibt zunächst die Ausgangsspannung V(Out) größer als die Eingangsspannung, sodass sich der N-Kanal-Transistor M1 wegen $U_{DS} \geq U_{GS} - V_{Th}$ im Stromsättigungsbereich befindet. Der Querstrom durch den Inverter ist somit gleich dem Drain-Strom dieses Transistors:

$$I_{D,N} = \beta_N \cdot \left(U_{GS} - V_{Th}\right)_N^2 \quad \text{für } U_{GS} > V_{Th}; \quad I_{D,N} \approx 0 \quad \text{für } U_{GS} \leq V_{Th} \tag{18.5}$$

Der P-Kanal-Transistor wirkt dagegen nur als Lastwiderstand. Unter der Annahme eines **symmetrisch** aufgebauten Inverters mit $\beta_P = \beta_N = \beta$ und gleichen Beträgen beider Threshold-Spannungen erreicht der Strom bei einer Eingangsspannung von $V_{DD}/2$ gerade sein Maximum. In diesem Zustand befinden sich beide Transistoren in der Sättigung. Bei weiterem Steigern der Eingangsspannung kehrt sich die Situation um: Der P-Kanal-FET bleibt in der Sättigung, während der NMOS-Transistor nun in den Widerstandsbereich gerät. Der abnehmende Strom wird jetzt durch M2 bestimmt. Wegen der oben gemachten Annahme ergibt sich ein symmetrischer Stromverlauf. Dies wird recht gut durch eine Simulation mit SPICE bestätigt, siehe Abbildung 18.1c.

18.1.3 Transiente Verlustleistung

Liegt am Eingang eines Inverters eine Spannung, die periodisch zwischen **Low** und **High** hin und her schaltet, so entsteht wegen des kurzzeitigen Querstromes während der Umschaltphasen Verlustleistung. Diese soll hier zur Unterscheidung eines noch zu besprechenden Anteils mit P_{tran} bezeichnet werden. Zu deren Berechnung wird der **zeitliche** Mittelwert des Stromverlaufes mit der konstanten Versorgungsspannung V_{DD} multipliziert. Für den Strom gilt entsprechend Gleichung (18.5) mit $\beta_P = \beta_N = \beta$

$$I(t) = \beta \cdot \left(V_{in}(t) - V_{Th}\right)^2 \quad \text{für } V_{in}(t) > V_{Th}; \quad I(t) \approx 0 \quad \text{für } V_{in}(t) \leq V_{Th} \tag{18.6}$$

Die Zeitfunktion der Eingangsspannung mit der Periode T soll für die weitere Betrachtung vereinfachend die gleiche Anstiegs- und Abfallzeit $t_r = t_f = t_{rf}$ haben. Im Stromverlauf ergeben sich dann zwei gleiche Stromspitzen je Periode. Die Verläufe sind in Abbildung 18.2 dargestellt.

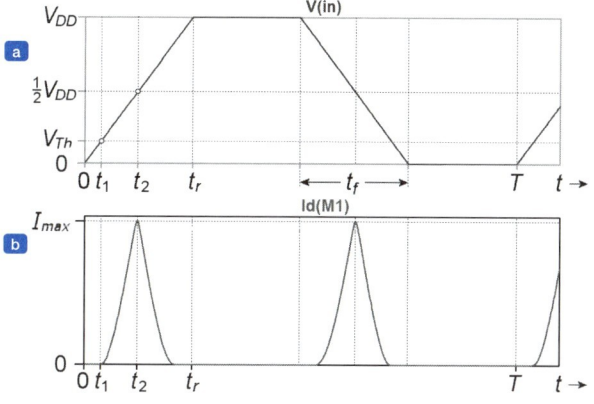

Simulation

Abbildung 18.2: Zur Ermittlung der Verlustleistung. (a) Periodische Eingangsspannung (T = Periode). (b) Querstrom durch den Inverter, siehe auch [1] und [5] (Simulationsdatei: CMOS2.asc).

Bis zum Ende der Anstiegszeit t_r kann dann für die Eingangsspannung angesetzt werden:

$$V_{in}(t) = \frac{V_{DD}}{t_r} \cdot t \quad \text{für } 0 \leq t \leq t_r \tag{18.7}$$

Damit folgt für den Stromverlauf entsprechend Gleichung (18.6):

$$I(t) = \beta \cdot \left(\frac{V_{DD}}{t_r} \cdot t - V_{Th}\right)^2 \quad \text{für } t_1 \leq t \leq t_2; \quad I(t) \approx 0 \quad \text{für } 0 \leq t \leq t_1 \tag{18.8}$$

Zur Bildung des Strommittelwertes reicht es wegen der Symmetrie aus, Gleichung (18.8) im Bereich von t_1 bis t_2 zu integrieren, das Ergebnis mit 2 zu multiplizieren und durch die **halbe** Periode zu dividieren:

$$\overline{I(t)} = 2 \cdot \frac{2}{T} \cdot \int_{t_1}^{t_2} I(t) \cdot dt = \frac{4 \cdot \beta}{T} \cdot \int_{t_1}^{t_2} \left(\frac{V_{DD}}{t_r} \cdot t - V_{Th}\right)^2 \cdot dt \tag{18.9}$$

Die Integrationsgrenzen ergeben sich aus Gleichung (18.7) und Abbildung 18.2a:

$$V_{in}(t_1) = \frac{V_{DD}}{t_r} \cdot t_1 = V_{Th} \rightarrow t_1 = \frac{V_{Th}}{V_{DD}} \cdot t_r; \quad V_{in}(t_2) = \frac{V_{DD}}{t_r} \cdot t_2 = \frac{V_{DD}}{2} \rightarrow t_2 = \frac{t_r}{2} \tag{18.10}$$

Aus Gleichung (18.9) folgt dann

$$\overline{I(t)} = \frac{4 \cdot \beta}{T} \cdot \int_{t_1}^{t_2} \left(\frac{V_{DD}}{t_r} \cdot t - V_{Th}\right)^2 \cdot dt = \frac{4 \cdot \beta}{T} \cdot \frac{1}{3} \cdot \frac{t_r}{V_{DD}} \cdot \left(\frac{V_{DD}}{t_r} \cdot t - V_{Th}\right)^3 \Bigg|_{t=t_1}^{t=t_2} =$$

$$= \frac{4 \cdot \beta \cdot t_r}{3 \cdot T \cdot V_{DD}} \cdot \left[\left(\frac{V_{DD}}{t_r} \cdot \frac{t_r}{2} - V_{Th}\right)^3 - \left(\frac{V_{DD}}{t_r} \cdot \frac{V_{Th} \cdot t_r}{V_{DD}} - V_{Th}\right)^3\right] = \frac{4 \cdot \beta \cdot t_r}{3 \cdot T \cdot V_{DD}} \cdot \left(\frac{V_{DD}}{2} - V_{Th}\right)^3$$

Wegen $t_r = t_f = t_{rf}$ gilt dann:

$$\overline{I(t)} = \frac{\beta}{6 \cdot V_{DD}} \cdot (V_{DD} - 2 \cdot V_{Th})^3 \cdot \frac{t_{rf}}{T}, \quad \text{gültig für } V_{DD} > 2 \cdot V_{Th} \tag{18.11}$$

Damit kann die transiente Verlustleistung P_{tran} wie folgt angegeben werden:

$$P_{tran} = \overline{I(t)} \cdot V_{DD} = \frac{\beta}{6} \cdot (V_{DD} - 2 \cdot V_{Th})^3 \cdot \frac{t_{rf}}{T}, \quad \text{gültig für } V_{DD} > 2 \cdot V_{Th} \tag{18.12}$$

> ### Hinweis
>
> **Gleichung (18.12) enthält vier wichtige Aussagen:**
>
> **1.** Die Versorgungsspannung hat einen kräftigen Einfluss auf die transiente Verlustleistung.
>
> **2.** Ist die Versorgungsspannung geringer als die doppelte Threshold-Spannung V_{Th}, genauer gesagt geringer als die Summe $|V_{Th,N}| + |V_{Th,P}|$, so fließt praktisch kein Querstrom und die transiente Verlustleistung kann vernachlässigt werden.

3. Die transiente Verlustleistung ist proportional zum Steilheitsparameter β.

4. Je steiler die Flanken des Eingangssignals sind, d. h., je kürzer die Anstiegs- und Abfallzeiten t_{rf} im Vergleich zur Periodendauer T sind (t_{rf}/T), desto geringer wird die transiente Verlustleistung.

18.1.4 Dynamische Verlustleistung

Normalerweise wird der Ausgang eines Inverters mit weiteren Gattern belastet. Da in CMOS-Schaltungen praktisch kein DC-Strom fließt, kann die Belastung als rein kapazitiv angesehen werden. Allerdings treten beim **periodischen** Umladen solcher Lastkapazitäten C_L wegen der widerstandsbehafteten MOS-Transistoren **dynamische** Verluste auf, die bei höheren Frequenzen dominant werden können. Die Berechnung der auf diese Weise entstehenden Verlustleistung P_{dyn} ist vergleichsweise einfach. Es soll vorausgesetzt werden, dass die Anstiegs- und Abfallzeiten t_r und t_f am Inverter-Ausgang wesentlich kleiner sind als die Periode T. Die Umladungen erfolgen somit praktisch vollständig.

Ein Kondensator kann bekanntlich als Speicher elektrischer Energie aufgefasst werden. Ist er auf die Spannung $U = V_{DD}$ aufgeladen, so ist in seiner Kapazität C_L die Energie

$$W_C = \frac{1}{2} \cdot C_L \cdot V_{DD}^{\;2} \tag{18.13}$$

gespeichert. Wird dieser Kondensator nun durch einen **High-Low**-Wechsel eines Inverters entladen, so fließt der Entladestrom durch den N-Kanal-Transistor des Inverters. Wegen des widerstandsbehafteten Kanals wird die gespeicherte Energie dort komplett in Wärme umgesetzt. Ähnliches passiert bei einem **Low-High**-Wechsel des Inverters. Dabei fließt der Ladestrom über den PMOS-Transistor. Der in Wärme umgesetzte Anteil beim Laden ist der gleiche wie beim Entladen. Während einer vollen Periode der Dauer $T = 1/f$ (f ist die Taktfrequenz) wird also der Kondensator zweimal umgeladen. Die **mittlere dynamische** Verlustleistung P_{dyn} kann somit sofort angegeben werden:

$$P_{dyn} = \frac{2 \cdot W_C}{T} = \frac{C_L \cdot V_{DD}^{\;2}}{T} = C_L \cdot V_{DD}^{\;2} \cdot f \tag{18.14}$$

Hinweis

Gleichung (18.14) enthält drei wichtige Aussagen:

1. Die dynamische Verlustleistung ist proportional zur Lastkapazität und proportional zum Quadrat der Versorgungsspannung.

2. Die dynamische Verlustleistung ist proportional zur Taktfrequenz.

3. Transistorparameter beeinflussen die dynamische Verlustleistung nicht, solange davon ausgegangen werden kann, dass die Umladungen vollständig erfolgen, d. h. die Periodendauer nicht zu kurz wird.

18.1.5 Gesamte Verlustleistung

Wenn die statische Verlustleistung vernachlässigt wird, setzt sich die gesamte, im Inverter in Wärme umgesetzte Verlustleistung näherungsweise aus den zwei Anteilen P_{tran} und P_{dyn} zusammen:

$$P_V \approx P_{tran} + P_{dyn} \approx \left(\frac{\beta}{6} \cdot (V_{DD} - 2 \cdot V_{Th})^3 \cdot t_{rf} + C_L \cdot V_{DD}^2\right) \cdot f \quad \text{mit } f = \frac{1}{T} \tag{18.15}$$

Die gesamte Verlustleistung ist also proportional zur Taktfrequenz!

Beispiel

Um einmal ein Gefühl für die Größenordnung der Verlustleistung zu bekommen, sollen die beiden Anteile P_{tran} und P_{dyn} getrennt berechnet und anschließend der Gesamtwert durch eine Simulation überprüft werden.

Verwendet werde der einfache Inverter nach Abbildung 18.1. Mit den geometrischen Werten $W = 1\ \mu m$ und $L = 0{,}8\ \mu m$ für den N-Kanal-FET sowie $K_P \approx 80\ \mu A/V^2$ ergibt sich für den Steilheitsparameter $\beta = 0{,}5 \cdot K_P \cdot W/L \approx 50\ \mu A/V^2$. Für die Threshold-Spannung kann ein mittlerer Wert angenommen werden: $V_{Th} \approx 850\ mV$. Da der Inverter vom Typ „INV1" beim Treiben von fünf Invertern desselben Typs eine Umschaltzeit von $t_{rf} \approx 1\ ns$ aufweist, ergibt sich bei einer Versorgungsspannung von $V_{DD} = 5\ V$ und einer Periodendauer von $T = 4\ ns$ (entspricht $f = 250\ MHz$) eine transiente Verlustleistung von $P_{tran} \approx 75\ \mu W$. Die fünf am Ausgang angeschlossenen Inverter stellen eine kapazitive Belastung von $C_L \approx 0{,}04\ pF$ dar. Damit ergibt sich eine dynamische Verlustleistung von $P_{dyn} \approx 250\ \mu W$. Die beiden Anteile zusammen liefern somit einen Wert von $P_V = 325\ \mu W$.

Abbildung 18.3 zeigt eine einfache Simulationsschaltung. Um ein realistisches Ergebnis zu bekommen, wird der zu untersuchende Inverter X1 durch einen vorgeschalteten Inverter X2 desselben Typs angesteuert. Am Ausgang werden durch den Kondensator C1 fünf angeschlossene Inverter-Lasten nachgebildet. LT-SPICE bietet die Möglichkeit, die zeitabhängige Leistung eines Bauelementes – auch einer Teilschaltung – direkt zur Anzeige zu bringen. Dazu werden die den externen Anschlüsse „zufließenden" Leistungen gebildet und addiert. Um auf einfache Weise auch den zeitlichen Mittelwert zu erhalten, wird der Versorgungsstrom, den das zu untersuchende Objekt X1 (Device Under Test, DUT) der Quelle VDD entnimmt, mithilfe des Siebgliedes R1, C2 „beruhigt". Die Verlustleistung ist dann einfach gleich dem Strom durch den Widerstand R1, multipliziert mit der Spannung am Versorgungsknoten „1". Als Resultat ergibt sich: $P_V = I(R1)*V(1) \approx 320\ mW$. Dadurch wird das Ergebnis der Überschlagsrechnung recht gut bestätigt.

18.1 Der CMOS-Inverter als grundlegendes Schaltungselement

Simulation

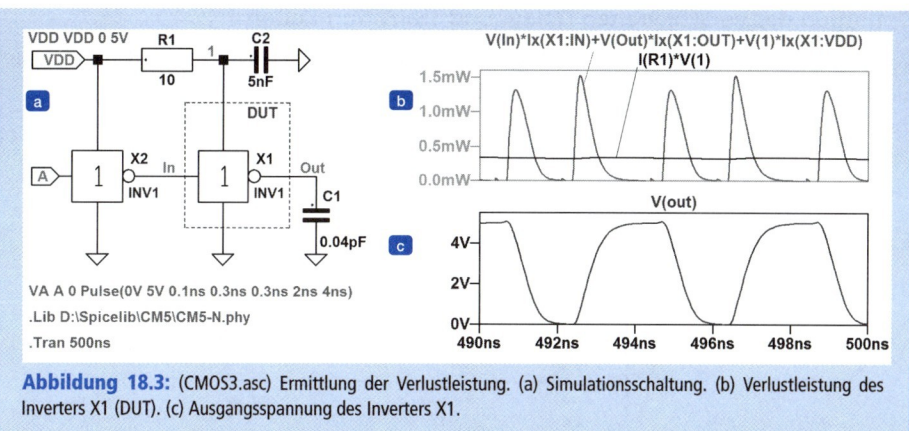

Abbildung 18.3: (CMOS3.asc) Ermittlung der Verlustleistung. (a) Simulationsschaltung. (b) Verlustleistung des Inverters X1 (DUT). (c) Ausgangsspannung des Inverters X1.

Dieses Beispiel zeigt, dass der dynamische Anteil zwar dominant ist, der transiente Teil aber nicht völlig vernachlässigt werden darf. Und noch etwas wird deutlich: Würden in einer komplexen integrierten Schaltung beispielsweise 30.000 solche einfachen Gatter mit einer Taktfrequenz von 250 MHz ständig schalten, entstünde eine Verlustleistung von immerhin 10 W. Damit wird klar, welche Anstrengungen nötig sind, um noch höhere Integrationsgrade und Taktraten zu erzielen. Nur durch geringere Versorgungsspannungen und kleinere geometrische Strukturen und nicht zuletzt moderne Gehäusetechniken ist es überhaupt möglich, das Verlustleistungsproblem hochkomplexer Mikroprozessoren in den Griff zu bekommen.

18.1.6 Zeitverhalten

CMOS-Inverter werden in der Regel rein kapazitiv belastet. Da der schaltende Transistor, z. B. der N-Kanal-FET beim **High-Low**-Übergang des Ausganges, wegen seines inneren Widerstandes zusammen mit der Kapazität am Ausgang ein R-C-Glied darstellt, erfordert das Umladen der Lastkapazität Zeit. Es ist sehr schwierig, einen genauen Wert für die Lastkapazität anzugeben. Sie ist abhängig von den Drain-Sperrschichtkapazitäten des Inverters selber, der nichtlinearen Gate-Kapazität eines angeschlossenen Gatters, den Überlappungskapazitäten zwischen Drain und Gate und den parasitären Kapazitäten der Leitungen. Eine genaue Berechnung des Schaltverhaltens wird deshalb sehr mühsam und würde in der Praxis viel zu viel Design-Arbeit binden. Dennoch kommt man für die Dimensionierung der Transistorabmessungen um eine grobe Abschätzung des Zeitverhaltens nicht herum. Die mittels einer Überschlagsrechnung gewonnenen Ergebnisse der Anstiegs-, Abfall- und Verzögerungszeiten können hinterher durch Variation der geometrischen Abmessungen unter Zuhilfenahme des Simulators SPICE weiter verbessert werden. Im Folgenden soll diese vereinfachte Methode vorgestellt und mit Simulationsergebnissen verglichen werden. Dabei wird von einer konstanten Lastkapazität C_L ausgegangen.

Definition der verschiedenen Delay- und Transition-Zeiten

Vorab einmal ist es notwendig, die Begriffe „Delay-Zeit", „Anstiegszeit" und „Abfallzeit" klar zu definieren. Zur Erklärung soll Abbildung 18.4 beitragen.

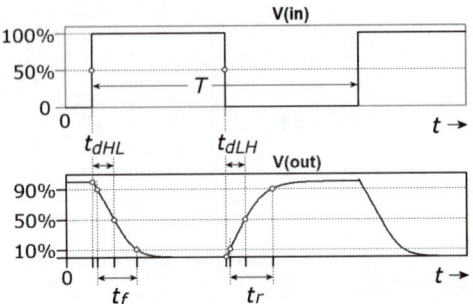

Abbildung 18.4: Zur Definition der Delay-Zeiten t_{dHL} und t_{dLH} sowie der Abfall- bzw. Anstiegszeit t_f bzw. t_r.

Die Anstiegszeit t_r (**rise-time**) ist die Zeit, die ein Signal beim Anstieg von 10–90 % des **High**-Levels für den **Low-High**-Übergang erfordert. In entsprechender Weise wird die Abfallzeit t_f (**fall-time**) für den **High-Low**-Wechsel zwischen den Grenzen 90 % und 10 % gezählt. Die Delay-Zeiten werden dagegen stets zwischen den 50 %-Marken gerechnet. Durch den zusätzlichen Index **HL** wird der **High-Low**-Übergang markiert und durch **LH** entsprechend der **Low-High**-Wechsel.

Berechnung der Anstiegs- und Abfallzeiten

Der einfachste, aber etwas zu grobe Weg wäre, die Transistoren für die Berechnung durch die Reihenschaltung eines idealen Schalters mit einem konstanten Widerstand zu ersetzen, siehe z. B. Abbildung 18.8b. Dies wird z. B. in [2] beschrieben. Eine etwas genauere Vorgehensweise berücksichtigt, dass die Transistoren zu Beginn der Umladung eines Kondensators anfänglich im Stromsättigungsbereich betrieben werden, für den Rest dann aber der Trioden- oder Widerstandsbereich gültig ist. Dazu ist anfänglich eine etwas längere Rechnung nicht zu vermeiden. Das Ergebnis kann aber dennoch zu einer gut zu handhabenden Näherungsbeziehung vereinfacht werden, die eine in der Praxis brauchbare Abschätzung der infrage kommenden Zeiten gestattet. Dieser Weg soll hier beschrieben werden, siehe auch [1] und [3].

Simulation

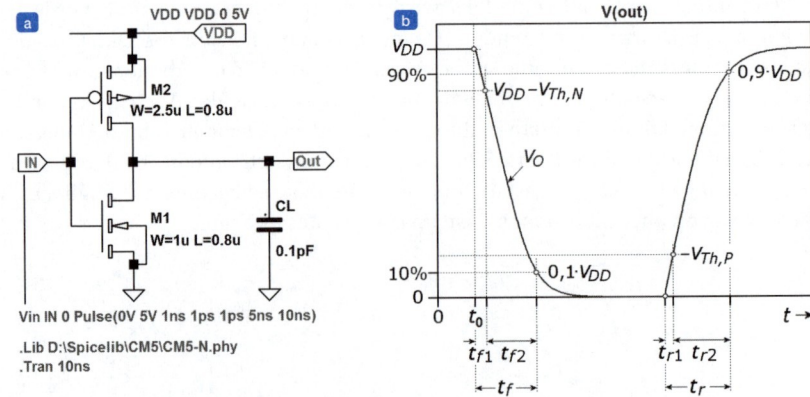

Abbildung 18.5: (CMOS5.asc) (a) CMOS-Inverter. (b) Zur Berechnung der Schaltzeiten.

18.1 Der CMOS-Inverter als grundlegendes Schaltungselement

Bei der folgenden Berechnung wird davon ausgegangen, dass das Eingangssignal praktisch abrupt von $V_L = 0\,V$ nach $V_H = V_{DD}$ springt. Dann schaltet der N-Kanal-FET durch und der P-Kanal-Transistor wird gesperrt, siehe Abbildung 18.5. Eine am Inverter-Ausgang wirkende Lastkapazität, die zuvor auf den Wert V_{DD} aufgeladen war, wird über den NMOSFET entladen. Dabei ist Folgendes zu beachten: Solange die Ausgangsspannung V(Out) = V_O = $U_{DS1} \geq U_{GS1} - V_{Th,N} = V_{DD} - V_{Th,N}$ ist, befindet sich der Transistor M1 im Stromsättigungsbereich. Während dieser Zeit, die hier mit t_{f1} abgekürzt wird, wird der Kondensator CL mit dem **konstanten** Strom

$$I_{D1} = \beta_N \cdot (V_{DD} - V_{Th,N})^2 = -I_{CL} = -C_L \cdot \frac{dV_O}{dt}; \quad t_0 \leq t \leq t_0 + t_{f1} \tag{18.16}$$

entladen. Zur Berechnung der Zeit t_{f1} muss die Gleichung (18.16) integriert werden. Der Fehler wird nicht allzu groß, wenn die Integration nicht bei der 90 %-Marke beginnt, sondern bei V_{DD} und damit bei $t = t_0$:

$$\int_{t_0}^{t_0+t_{f1}} dt = t_{f1} = -\int_{V_{DD}}^{V_{DD}-V_{Th,N}} \frac{C_L}{I_{D1}} \cdot dV_O = -\int_{V_{DD}}^{V_{DD}-V_{Th,N}} \frac{C_L}{\beta_N \cdot (V_{DD} - V_{Th,N})^2} \cdot dV_O =$$

$$t_{f1} = -\frac{C_L \cdot (\cancel{V_{DD}} - V_{Th,N} - \cancel{V_{DD}})}{\beta_N \cdot (V_{DD} - V_{Th,N})^2} = \frac{C_L \cdot V_{Th,N}}{\beta_N \cdot (V_{DD} - V_{Th,N})^2} \tag{18.17}$$

Anschließend geht die Entladung im Widerstandsbereich des Transistors M1 weiter:

$$I_{D1} = 2 \cdot \beta_N \cdot \left[(V_{DD} - V_{Th,N}) \cdot V_O - \frac{1}{2} \cdot V_O^2\right] = -I_{CL} = -C_L \cdot \frac{dV_O}{dt}; \quad t_0 + t_{f1} \leq t \leq t_0 + t_{f2} \tag{18.18}$$

$$\int_{t_0+t_{f1}}^{t_0+t_{f1}+t_{f2}} dt = t_{f2} = -\int_{V_{DD}-V_{Th,N}}^{0{,}1 \cdot V_{DD}} \frac{C_L}{I_{D1}} \cdot dt =$$

$$\int_{V_{DD}-V_{Th,N}}^{0{,}1 \cdot V_{DD}} \frac{-C_L}{2 \cdot \beta_N \cdot \left[(V_{DD} - V_{Th,N}) \cdot V_O - \frac{1}{2} \cdot V_O^2\right]} \cdot dV_O =$$

$$= \frac{-C_L}{\beta_N} \cdot \int_{V_{DD}-V_{Th,N}}^{0{,}1 \cdot V_{DD}} \frac{1}{2 \cdot (V_{DD} - V_{Th,N}) \cdot V_O - V_O^2} \cdot dV_O = \ldots \tag{18.19}$$

Wegen

$$\int \frac{1}{a \cdot x - x^2} dx = -\frac{1}{a} \cdot \ln\left(\frac{a}{x} - 1\right) \quad \text{und} \quad x = V_O; \quad a = 2 \cdot (V_{DD} - V_{Th,N}) \tag{18.20}$$

kann die Lösung der Gleichung (18.19) wie folgt fortgesetzt werden:

$$t_{f2} = \frac{+C_L}{\beta_N \cdot 2 \cdot (V_{DD} - V_{Th,N})} \cdot \ln\left(\frac{2 \cdot (V_{DD} - V_{Th,N})}{V_O} - 1\right)\Bigg|_{V_O = V_{DD}-V_{Th,N}}^{V_O = 0{,}1 \cdot V_{DD}} =$$

$$= \frac{+C_L}{\beta_N \cdot 2 \cdot (V_{DD} - V_{Th,N})} \cdot \left[\ln\left(\frac{2 \cdot (V_{DD} - V_{Th,N})}{0{,}1 \cdot V_{DD}} - 1\right) - \cancel{\ln\left(\frac{2 \cdot (V_{DD} - V_{Th,N})}{V_{DD} - V_{Th,N}} - 1\right)}\right] =$$

$$t_{f2} = \frac{C_L}{\beta_N \cdot 2 \cdot (V_{DD} - V_{Th,N})} \cdot \ln\frac{1{,}9 \cdot V_{DD} - 2 \cdot V_{Th,N}}{0{,}1 \cdot V_{DD}}$$

Die gesamte Abfallzeit setzt sich aus den beiden Anteilen t_{f1} und t_{f2} zusammen:

$$t_f = t_{f1} + t_{f2} = \frac{C_L \cdot V_{Th,N}}{\beta_N \cdot (V_{DD} - V_{Th,N})^2} + \frac{C_L}{\beta_N \cdot 2 \cdot (V_{DD} - V_{Th,N})} \cdot \ln \frac{1{,}9 \cdot V_{DD} - 2 \cdot V_{Th,N}}{0{,}1 \cdot V_{DD}} =$$

$$t_f = \frac{C_L}{2 \cdot \beta_N \cdot (V_{DD} - V_{Th,N})} \cdot \left(\frac{2 \cdot V_{Th,N}}{V_{DD} - V_{Th,N}} + \ln \frac{1{,}9 \cdot V_{DD} - 2 \cdot V_{Th,N}}{0{,}1 \cdot V_{DD}} \right) \quad (18.21)$$

Die Auflading des Kondensators CL erfolgt in analoger Weise über den P-Kanal-Transistor M2. Das Ergebnis für die gesamte Anstiegszeit t_r kann deshalb sinngemäß zu Gleichung (18.21) angegeben werden. Dabei ist allerdings zu beachten, dass die Threshold-Spannung $V_{Th,P}$ negativ ist!

$$t_r = \frac{C_L}{2 \cdot \beta_P \cdot (V_{DD} + V_{Th,P})} \cdot \left(\frac{-2 \cdot V_{Th,P}}{V_{DD} + V_{Th,P}} + \ln \frac{1{,}9 \cdot V_{DD} + 2 \cdot V_{Th,P}}{0{,}1 \cdot V_{DD}} \right) \quad (18.22)$$

In der Regel wird ein Inverter **symmetrisch** ausgelegt. Dann kann vereinfachend

$$\beta_N = \beta_P = \beta \quad \text{und} \quad V_{Th,N} = -V_{Th,P} = V_{Th} \quad (18.23)$$

gesetzt werden. Damit wird

$$t_r \approx t_f \approx t_{rf} \approx \frac{C_L}{2 \cdot \beta \cdot (V_{DD} - V_{Th})} \cdot \left(\frac{2 \cdot V_{Th}}{V_{DD} - V_{Th}} + \ln \frac{1{,}9 \cdot V_{DD} - 2 \cdot V_{Th}}{0{,}1 \cdot V_{DD}} \right) \quad (18.24)$$

In dieser Form sind die beiden Gleichungen (18.21) und (18.22) bzw. Gleichung (18.24) für den praktischen Gebrauch noch zu unhandlich. Eine Vereinfachung wird möglich, wenn

$$V_{Th} = \alpha \cdot V_{DD} \quad (18.25)$$

gesetzt wird. Beispielsweise in Gleichung (18.24) eingesetzt, folgt damit:

$$t_{rf} \approx \frac{C_L}{2 \cdot \beta \cdot (V_{DD} - \alpha \cdot V_{DD})} \cdot \left(\frac{2 \cdot \alpha \cdot V_{DD}}{V_{DD} - \alpha \cdot V_{DD}} + \ln \frac{1{,}9 \cdot V_{DD} - 2 \cdot \alpha \cdot V_{DD}}{0{,}1 \cdot V_{DD}} \right) =$$

$$= \frac{C_L}{\beta \cdot V_{DD}} \cdot \frac{1}{2 \cdot (1-\alpha)} \cdot \left(\frac{2 \cdot \alpha}{1-\alpha} + \ln(19 - 20 \cdot \alpha) \right) = \frac{C_L}{\beta \cdot V_{DD}} \cdot f(\alpha) \quad (18.26)$$

Für die praktische Handhabung ist es sinnvoll, die Funktion $f(\alpha)$ durch einen Näherungsausdruck zu ersetzen:

$$f(\alpha) = \frac{1}{2(1-\alpha)} \cdot \left(\frac{2 \cdot \alpha}{1-\alpha} + \ln(19 - 20 \cdot \alpha) \right) \approx \frac{1}{0{,}65 - 0{,}8 \cdot \alpha}; \quad \alpha = \frac{V_{Th}}{V_{DD}}; \quad 0 \leq \alpha \leq 0{,}7 \quad (18.27)$$

In dem angegebenen Bereich $0 \leq \alpha \leq 0{,}7$ liefert die Näherungsbeziehung ein Ergebnis, das um maximal ±10 % von dem genauen Wert abweicht. Wer sich für den Vergleich interessiert, möge die LT-SPICE-Datei CMOS5a.asc aufrufen. Mit (18.27) wird

Simulation

$$t_{rf} \approx \frac{1}{0{,}65 - 0{,}8 \cdot \alpha} \cdot \frac{C_L}{\beta \cdot V_{DD}}; \quad \beta = \frac{K_P}{2} \cdot \frac{W}{L}; \quad \alpha = \frac{V_{Th}}{V_{DD}}; \quad 0 \leq \alpha \leq 0{,}7 \quad (18.28)$$

18.1 Der CMOS-Inverter als grundlegendes Schaltungselement

Hinweis

Die Beziehung (18.28) enthält drei verständliche und zugleich wichtige Aussagen:

1. Eine größere Lastkapazität führt zu längeren Umladungszeiten.

2. Eine Vergrößerung des Steilheitsparameters β verringert die Umladungszeiten.

3. Geringere Versorgungsspannungen vergrößern die Umladungszeiten.

Beispiel

Ein Simulationsbeispiel soll den Einfluss der Versorgungsspannung einmal aufzeigen und zur Überprüfung der berechneten Abfall- und Anstiegszeiten dienen. Dazu wird der in Abbildung 18.1 gezeigte Inverter bei drei verschiedenen Versorgungsspannungen betrieben. Die Simulationsschaltung und das Ergebnis sind in Abbildung 18.6 dargestellt. Um das Ergebnis in **normierter** Form darstellen zu können, wird in der Simulationsschaltung eine spannungsgesteuerte B-Quelle B1 verwendet. Durch sie kann in einfacher Weise das Verhältnis V(Out)/{VDD} gebildet werden. Die Versorgungsspannung ist dabei ein Parameter, der während der Simulation mittels der Step-Anweisung variiert werden kann. Zu beachten ist, dass der Parameter {VDD} auch in der Pulsanweisung der Eingangsspannung den **High**-Wert markiert!

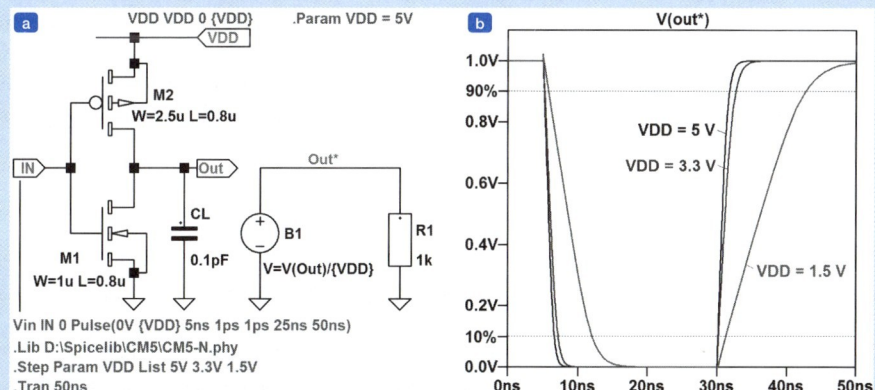

Simulation

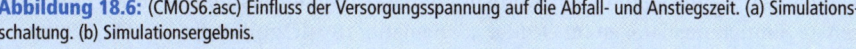

Abbildung 18.6: (CMOS6.asc) Einfluss der Versorgungsspannung auf die Abfall- und Anstiegszeit. (a) Simulationsschaltung. (b) Simulationsergebnis.

Tabelle 18.1

Abfall- und Anstiegszeiten bei verschiedenen Versorgungsspannungen; bei der Berechnung wurden die Werte $\beta = 50\ \mu A/V^2$ und $V_{Th} = 850\ mV$ verwendet

V_{DD}	$\alpha = V_{Th}/V_{DD}$	t_{rf}*	t_f**	t_r**
5 V	0,170	0,8 ns	1,5 ns	1,6 ns
3,3 V	0,258	1,4 ns	2,0 ns	2,4 ns
1,5 V	0,567	6,8 ns	6,3 ns	11,4 ns

* aus Gleichung (18.28); ** aus Abbildung 18.6

Die berechneten und die aus der Simulation ermittelten Abfall- und Anstiegszeiten sind in der Tabelle 18.1 zusammengestellt. Dabei zeigen sich doch einige Unterschiede. Dies hat mehrere Gründe: Erstens hat der Steilheitsparameter K_P, der der Berechnung von β zugrunde gelegt wird, im Stromsättigungsbereich einen anderen Wert als im Triodenbereich. Die Abweichungen können ca. 50 % betragen. Zweitens wurde bei der Simulation nicht das einfache Level-1-Modell verwendet, das als Ausgangspunkt für die Berechnung diente, sondern das wesentlich genauere BSIM-3-Modell. Drittens sind bei der Simulation die parasitären Sperrschichtkapazitäten der Drain- und Source-Bereiche über die Parameter A_D, A_S, P_D und P_S berücksichtigt worden. Die berechneten Werte können deshalb nur als Orientierungswerte angesehen werden. Gleichung (18.28) stellt aber dennoch die Grundlage für die Dimensionierung der geometrischen Transistorabmessungen dar. Eine genauere Berechnung, die insbesondere auch die Abweichung von dem einfachen quadratischen Gesetz im Stromsättigungsbereich berücksichtigt, ist z. B. in [4] beschrieben.

Aufgabe

Verwenden Sie in der Simulationsschaltung Abbildung 18.6 statt des genauen BSIM-3-Modells das einfache Level-1-Modell mit den Werten $K_P = 80\ \mu A/V^2$, $V_{Th} = 850\ mV$ für den N-Kanal-FET und $K_P = 32\ \mu A/V^2$, $V_{Th} = -850\ mV$ für den PMOS-Transistor. Führen Sie die Simulation durch und bestimmen Sie die Zeiten t_r und t_f aus dem Plot. Vergleichen Sie die gefundenen Werte mit den Ergebnissen aus Tabelle 18.1. Eine vorbereitete Simulationsdatei ist im Ordner „Schematic_18" (IC.zip) zu finden: CMOS6a.asc.

Die in der obigen Aufgabe genannte Simulationsschaltung CMOS6a.asc mit den schlichten Level-1-Parametern liefert Ergebnisse, die recht gut mit den berechneten Werten übereinstimmen. Damit werden die hergeleiteten Formeln im Prinzip bestätigt. Gleichzeitig wird aber auch deutlich, dass mit vereinfachenden Annahmen rasch Resultate erzielt werden können, auf eine Simulation mit genaueren Parametern aber doch nicht verzichtet werden kann.

18.1 Der CMOS-Inverter als grundlegendes Schaltungselement

Berechnung der Delay-Zeiten

Die Delay-Zeiten können in gleicher Weise berechnet werden wie die Anstiegs- und Abfallzeiten. Der Unterschied ist allerdings, dass die Delay-Zeiten stets zwischen den 50 %-Marken des Eingangs- und des Ausgangssignals gezählt werden, siehe Abbildung 18.4. Trotzdem kann eine brauchbare Abschätzung der Delay-Zeit anhand der bereits gewonnenen Ergebnisse erfolgen. Aus Abbildung 18.4 geht nämlich hervor, dass die beiden Delay-Zeiten t_{dHL} und t_{dLH} ungefähr **halb** so lang sind wie die zugehörigen Abfall- bzw. Anstiegszeiten. Als grobe Näherung gilt deshalb:

$$t_{dHL} \approx \frac{t_f}{2}; \quad t_{dLH} \approx \frac{t_r}{2}; \quad t_d \approx \frac{1}{2} \cdot (t_{dHL} + t_{dLH}) \approx \frac{1}{4} \cdot (t_f + t_r) \quad (18.29)$$

Da Inverter meist symmetrisch aufgebaut werden, gilt mit $t_{dHL} = t_{dLH}$ sowie $t_f = t_r = t_{rf}$:

$$t_d \approx \frac{1}{2} \cdot t_{rf} \quad (18.30)$$

Bei der Berechnung der Anstiegs- und Abfallzeiten wurde davon ausgegangen, dass das Eingangssignal spontan, d. h. ohne Verzögerung, von **Low** nach **High** bzw. umgekehrt springt. Das ist in der Realität anders: Auch das Eingangssignal hat Anstiegs- und Abfallzeiten. Dadurch wird das Umschalten der Transistoren etwas verzögert. Dies soll durch Abbildung 18.7 verdeutlicht werden. Der zu testende Inverter X1 (DUT) erhält sein Eingangssignal von dem Inverter X2. Beide sind mit 0,1 pF belastet.

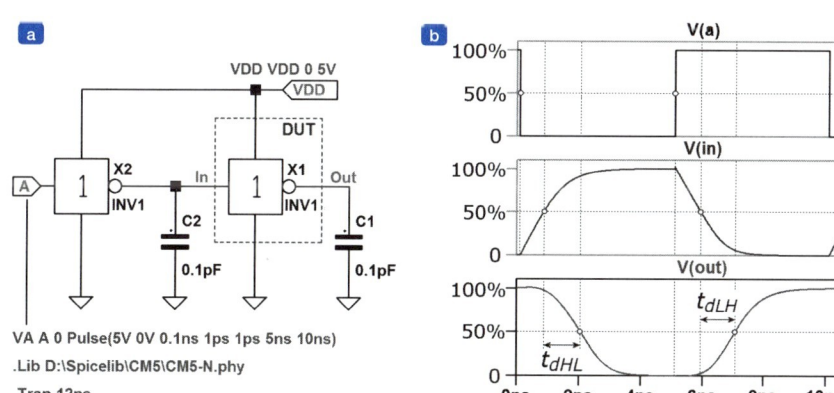

Abbildung 18.7: (CMOS7.asc) Zur Delay-Zeit des Inverters X1.

Das langsamere Umschalten der Transistoren kann durch eine zusätzliche Korrektur um etwa den Faktor 1,5 in der Gleichung (18.30) berücksichtigt werden. Zusammen mit Gleichung (18.28) ergibt sich dann für die Abschätzung der mittleren Delay-Zeit die folgende Beziehung:

$$t_d \approx \frac{1,5}{2} \cdot t_{rf} = \frac{0,75 \cdot f(\alpha)}{V_{DD}} \cdot \frac{C_L}{\beta} \quad (18.31)$$

$$\beta = \frac{K_P}{2} \cdot \frac{W}{L}; \quad f(\alpha) = \frac{1}{0,65 - 0,8 \cdot \alpha}; \quad \alpha = \frac{V_{Th}}{V_{DD}}; \quad 0 \leq \alpha \leq 0,7$$

MOSFET-Modell für digitale Anwendungen

Für manche Überlegungen ist es sinnvoll, einen MOS-Transistor durch ein möglichst einfaches Modell zu beschreiben. Hierfür reicht oft die Reihenschaltung eines idealen Schalters mit dem Drain-Source-Widerstand RDS schon aus, siehe Abbildung 18.8b. Hinzu kommen natürlich die parasitären Kapazitäten. Sie sind für das Zeitverhalten verantwortlich. Eine genaue Berechnung ist wegen der vielen Nichtlinearitäten sehr mühsam und auch nicht besonders sinnvoll. Darauf wurde eingangs schon hingewiesen. Besonders der Widerstand RDS ist extrem nichtlinear. Er ändert sich beim Übergang vom Stromsättigungs- zum Trioden- oder Widerstandsbereich sehr stark. Für eine grobe Abschätzung kann der Wert R_{DS} einfach durch die Spannung U_{DS} an der Drain-Source-Strecke, dividiert durch eine der beiden Stromgleichungen des Transistors nachgebildet werden. Um einen Überblick über die Wirkung der parasitären Kapazitäten zu erhalten, wird zur Vereinfachung angenommen, dass der Transistor, entgegen der Realität, stets im Triodenbereich betrieben wird. Dann kann nämlich die gesamte Gate-Kanal-Kapazität (Oxid-Kapazität $C_{Ox} = C'_{Ox} \cdot W \cdot L$; $C'_{Ox} = C_{A,Ox}$ = Oxid-Kapazität pro Fläche), die den wichtigsten Anteil darstellt, je zur Hälfte auf die Anschlüsse Drain und Source verteilt werden: $C_{GD} = C_{GS} = C_{Ox}/2$, siehe auch Abbildung 18.8a. Dabei stellt der Kondensator CGD eine **Rückkopplung** vom Ausgangsknoten „D" zum Eingangsknoten „G" dar (Miller-Effekt).

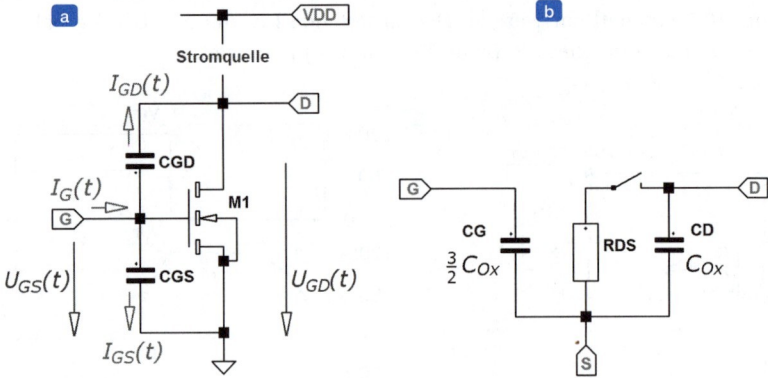

Abbildung 18.8: (a) Kapazitäten an einem N-Kanal-Transistor. (b) Einfaches Ersatzschaltbild eines MOS-Transistors.

Die koppelnde Wirkung der Kapazität C_{GD} kann aber näherungsweise durch zwei Kondensatoren ersetzt werden: eine Kapazität, die direkt zwischen Drain und Source wirkt, und eine, die die schon vorhandene Gate-Source-Kapazität weiter vergrößert. Dies sei kurz erläutert. Ausgangspunkt möge die folgende Situation sein: Der Drain-Knoten „D" des N-Kanal-Transistors M1 sei z. B. über eine Stromquelle zunächst auf VDD-Potential gebracht und der Knoten „G" sei zur Zeit $t = 0$ auf 0 V. Dann ist die Gate-Source-Kapazität $C_{GS} = C_{Ox}/2$ nicht geladen, die Gate-Drain-Kapazität $C_{GD} = C_{Ox}/2$ dagegen über die Stromquelle auf $U_{GD} = -V_{DD}$ aufgeladen; negativ, da der Drain-Knoten positiver ist als Gate. Zur Vereinfachung werde nun angenommen, das Eingangssignal am Gate-Knoten „G" steige während einer sehr kurzen Zeit Δt **linear** bis zur Versorgungsspannung V_{DD} an. Dabei wird die Gate-Source-Kapazität C_{GS} über den Gate-Knoten praktisch auf V_{DD} aufgeladen und die Gate-Drain-Kapazität C_{GD} wegen des durchschaltenden Transistors umgeladen. Da das Gate-Potential um V_{DD} steigt, während das

Drain-Potential näherungsweise während derselben Zeit Δt um V_{DD} fällt, ändert sich die Spannung an der Gate-Drain-Kapazität C_{GD} um $2 \cdot V_{DD}$. Werden nur die kapazitiven „Verschiebungsströme" betrachtet, fließt durch den Kondensator CGS der Strom

$$I_{GS}(t) = C_{GS} \cdot \frac{dU_{GS}}{dt} = \frac{C_{Ox}}{2} \cdot \frac{dU_{GS}}{dt} \approx \frac{C_{Ox}}{2} \cdot \frac{V_{DD}}{\Delta t} \qquad (18.32)$$

und während derselben Zeit durch den Kondensator CGD entsprechend

$$I_{GD}(t) = C_{GD} \cdot \frac{dU_{GD}}{dt} = C_{GD} \cdot \left[\frac{dU_{GS}}{dt} - \frac{dU_{DS}}{dt}\right] \approx \frac{C_{Ox}}{2} \cdot \left[\frac{V_{DD}}{\Delta t} - \left(-\frac{V_{DD}}{\Delta t}\right)\right] \approx C_{Ox} \cdot \frac{V_{DD}}{\Delta t} \qquad (18.33)$$

Über den Gate-Anschluss fließt somit während der Zeit Δt der Gesamtstrom

$$I_G(t) = I_{GS}(t) + I_{GD}(t) \approx \frac{3}{2} \cdot C_{Ox} \cdot \frac{V_{DD}}{\Delta t} \qquad (18.34)$$

> **Hinweis**
>
> **Folgerung aus obiger Überlegung:**
>
> **1.** Am Drain-Knoten wirkt entsprechend Gleichung (18.33) praktisch die gesamte Oxid-Kapazität C_{Ox}.
>
> **2.** Am Gate-Knoten „G" ist entsprechend Gleichung (18.34) insgesamt die Kapazität $3 \cdot C_{Ox}/2$ wirksam.

Damit kann für den N-Kanal-Transistor ein einfaches Ersatzschaltbild für digitale Betrachtungen konstruiert werden, siehe Abbildung 18.8b. Die Reihenschaltung eines idealen Schalters mit dem Widerstand RDS der Drain-Source-Strecke bildet den Kanal nach, und das Zeitverhalten kann durch die zwischen den Knoten „G" und „S" sowie zwischen „D" und „S" wirksamen Kapazitäten berücksichtigt werden. Die Rückwirkung zwischen „D" und „G" ist damit eliminiert. Hinzu kommen allerdings noch die Sperrschichtkapazitäten der Drain- und Source-Gebiete, die hier unberücksichtigt bleiben.

Kapazitäten am CMOS-Inverter

Das in Abbildung 18.8b vorgestellte Ersatzschaltbild eines MOS-Transistors kann dazu verwendet werden, die kapazitive Belastung eines Inverters abzuschätzen, wenn dieser an seinem Ausgang weitere solche Schaltungen zu treiben hat. So ist beispielsweise in Abbildung 18.9 die Hintereinanderschaltung von zwei **gleichen** Invertern dargestellt.

Jeder einzelne Transistor erhält entsprechend Abbildung 18.8b einen Kondensator am Gate- und einen am Drain-Knoten. Der zusätzliche Index „N" bzw. „P" deutet an, ob es sich um einen N- bzw. um einen P-Kanal-Transistor handelt. Prinzipiell kommen noch die parasitären Sperrschichtkapazitäten der Drain- und Source-Gebiete hinzu. Diese sollen hier jedoch unberücksichtigt bleiben.

18 Design und Layout digitaler Gatter in CMOS

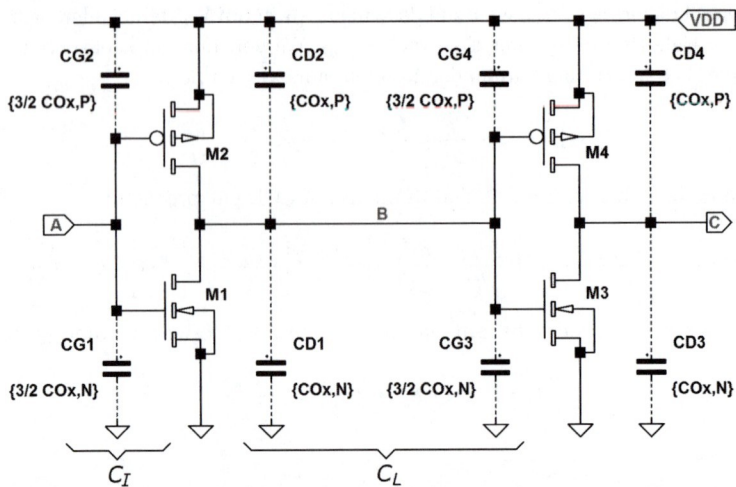

Abbildung 18.9: Lastkapazität bei zwei gleichen hintereinandergeschalteten Invertern; die Sperrschichtkapazitäten an den Drain-Knoten kommen im Prinzip noch additiv hinzu. Sie sind hier aber fortgelassen worden.

Die resultierende Lastkapazität C_L **am Ausgang des ersten Inverters** (Knoten „B") kann für dieses Beispiel aus dem Ersatzschaltbild Abbildung 18.9 abgelesen werden:

$$C_L = C_{D1} + C_{D2} + C_{G3} + C_{G4} \approx \frac{5}{2} \cdot (C_{Ox,N} + C_{Ox,P}) \qquad (18.35)$$

Bei zwei **symmetrischen** Invertern, z. B. Typ „INV1" entsprechend Abbildung 18.1, bei denen der PMOS-Transistor um den Faktor 2,5 größer ist als der NMOSFET und die Oxiddicken gleich sind ($C'_{Ox,P} = C'_{Ox,N}$), hat die resultierende Lastkapazität den Wert

$$C_L \approx \frac{5}{2} \cdot (C_{Ox,N} + 2{,}5 \cdot C_{Ox,N}) = 8{,}75 \cdot C_{Ox,N} \qquad (18.36)$$

Hierin ist $C_{Ox,N}$ die Gate-Kanal- oder Oxid-Kapazität **eines** NMOS-Transistors. Sie ist proportional zur Oxid-Kapazität pro Flächeneinheit $C'_{Ox} = C_{A,Ox}$ und zur Gate-Fläche $A_{G,N} = W_N \cdot L_N$:

$$C_{Ox,N} = C'_{Ox} \cdot W_N \cdot L_N = C_{A,Ox} \cdot W_N \cdot L_N \qquad (18.37)$$

In entsprechender Weise kann die am Eingang des ersten Inverters, Knoten „A", wirksame Kapazität C_I angegeben werden. Wird wieder Symmetrie vorausgesetzt, gilt

$$C_I \approx \frac{3}{2} \cdot C_{Ox,N} + \frac{3}{2} \cdot C_{Ox,P} = \frac{3}{2} \cdot (C_{Ox,N} + 2{,}5 \cdot C_{Ox,N}) = 5{,}25 \cdot C_{Ox,N} \qquad (18.38)$$

Anstiegs- Abfall- und Delay-Zeiten bei Belastung mit CMOS-Gattern

Die Näherungsbeziehungen für die Anstiegs- Abfall- und Delay-Zeiten haben prinzipiell den gleichen Aufbau, siehe Gleichungen (18.28) und (18.31). Ein interessantes Ergebnis ist zu erwarten, wenn in eine dieser Gleichungen, z. B. in (18.31), für die Lastkapazität C_L der Ausdruck (18.36) eingesetzt wird, d. h. ein CMOS-Inverter direkt mit einem baugleichen CMOS-Inverter belastet wird:

$$t_d \approx f(\alpha) \cdot \frac{0{,}75 \cdot 8{,}75 \cdot C_{Ox,N}}{\beta \cdot V_{DD}} \approx f(\alpha) \cdot \frac{6{,}56 \cdot 2 \cdot C'_{Ox} \cdot W \cdot L \cdot L}{K_{P,N} \cdot W \cdot V_{DD}} \approx f(\alpha) \cdot \frac{13{,}1 \cdot C'_{Ox} \cdot L^2}{K_{P,N} \cdot V_{DD}} \qquad (18.39)$$

Nun ist der Steilheitsparameter K_P bekanntlich proportional zur Ladungsträgerbeweglichkeit $\mu = U_O$ und zum Kehrwert der Oxiddicke $d_{Ox} = T_{Ox}$ (siehe Gleichung (3.132)) und damit proportional zur Oxid-Kapazität pro Fläche $C'_{Ox} = C_{A,Ox}$:

$$K_P = U_O \cdot \frac{\varepsilon_{Ox}}{T_{Ox}} = U_O \cdot C_{A,Ox} = U_O \cdot C'_{Ox} \tag{18.40}$$

Damit folgt schließlich aus Gleichung (18.39) ein überraschendes Resultat:

$$t_d \approx f(\alpha) \cdot \frac{13{,}1 \cdot C'_{Ox} \cdot L^2}{K_{P,N} \cdot V_{DD}} = f(\alpha) \cdot \frac{13{,}1 \cdot C'_{Ox} \cdot L^2}{U_O \cdot C'_{Ox} \cdot V_{DD}} = \tag{18.41}$$

$$t_d \approx f(\alpha) \cdot \frac{13{,}1 \cdot L^2}{U_O \cdot V_{DD}}; \quad f(\alpha) = \frac{1}{0{,}65 - 0{,}8 \cdot \alpha}; \quad \alpha = \frac{V_{Th}}{V_{DD}}; \quad 0 \leq \alpha \leq 0{,}7$$

Hinweis

Folgerungen aus Gleichung (18.41):

1. Wird ein CMOS-Inverter nur durch gleichartige Schaltungen belastet, beeinflusst die verwendete Kanallänge L der Transistoren die Delay-Zeiten und auch die Anstiegs- und Abfallzeiten **quadratisch**! Bei einem gegebenen Prozess führen geringere Kanallängen zu deutlich kürzeren Zeiten.

2. Es besteht aber auch eine sehr starke Korrelation zwischen der minimalen Gate-Länge und der maximal zulässigen Versorgungsspannung. Mit fortschreitender Miniaturisierung muss die Versorgungsspannung entsprechend reduziert werden, sodass letztendlich zwischen den erzielbaren minimalen Zeiten und der minimal möglichen Kanallänge doch eher ein etwa **linearer** Zusammenhang übrig bleibt.

18.1.7 Festlegung der geometrischen Abmessungen

Bei digitalen Gattern wird oft die Kanallänge L gleich der vom Prozess zulässigen Minimallänge gewählt. PMOS- und NMOS-Transistoren erhalten in der Regel die gleiche Länge, also $L_N = L_P = L$. Für einen Standard-Inverter, der nur einige wenige Schaltungen mit gleichartiger Eingangskapazität zu treiben hat, reicht meist für den N-Kanal-Transistor ein Verhältnis von $W_N/L = w_N = 1 \ldots 2$ aus. Der P-Kanal-FET erhält dagegen wegen der geringeren Beweglichkeit der „Löcher" eine um den Faktor 2 ... 3 größere Kanalweite, also $W_P = (2 \ldots 3) \cdot W_N$.

In Mixed-Mode-ASICs, in denen neben empfindlichen analogen Schaltungen ein **kleiner** Anteil digitaler Netzwerke vorhanden ist, können zur Vermeidung größerer Stromspitzen während der Umschaltphasen auch erheblich geringere Werte $w = W/L$, also deutlich größere Kanallängen gewählt werden. Dadurch werden dann allerdings die Umschalt- und Delay-Zeiten vergrößert, siehe Gleichungen (18.28) und (18.31) bzw. (18.41). Abbildung 18.10 zeigt hierzu ein kleines Beispiel. Verglichen wird ein Inverter mit größeren Kanallängen, Typ „INV0" mit einem solchen mit Minimalabmessungen, Typ „INV1". Beide erhalten dasselbe Eingangssignal, geliefert von dem Inverter X3, ebenfalls ein Typ „INV0".

Design und Layout digitaler Gatter in CMOS

Simulation

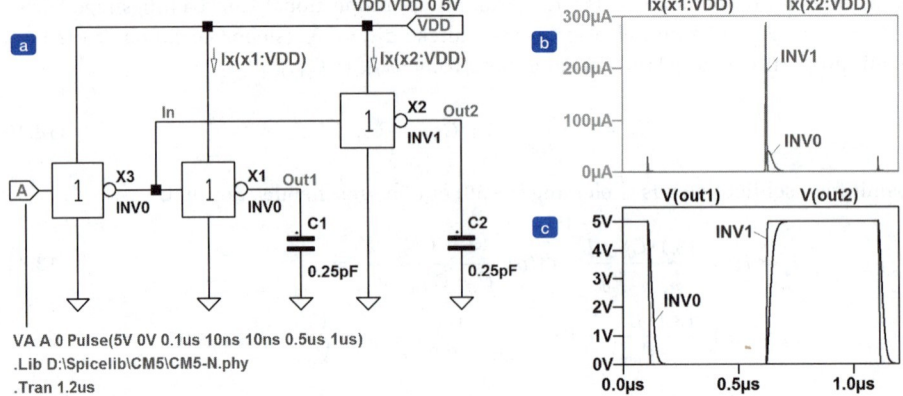

Abbildung 18.10: (CMOS10.asc) Vergleich zweier Inverter mit verschiedener Dimensionierung (INV1: $w_N = 1\ \mu m/0{,}8\ \mu m$; $w_P = 2{,}5\ \mu m/0{,}8\ \mu m$; INV0: $w_N = 0{,}8\ \mu m/8\ \mu m$; $w_P = 1\ \mu m/3\ \mu m$. (a) Simulationsschaltung. (b) Ströme, von VDD kommend. (c) Ausgangssignale.

Deutlich ist zu erkennen, dass der Inverter vom Typ „INV0" wegen der größeren Kanallängen geringere Stromspitzen verursacht als der Minimal-Inverter „INV1". Dem Design-Ingenieur wird damit aber die Entscheidung abverlangt, diesen Vorteil gegenüber der verringerten Verarbeitungsgeschwindigkeit sorgfältig abzuwägen.

18.1.8 Inverter-Layout

In Abbildung 18.11 sind die Layouts für die beiden Inverter „INV1" und „INV0" zusammen mit zwei weiteren dargestellt. Es wird empfohlen, zusätzlich die Tanner-Datei Inverter.tdb zu öffnen (Pfad: \Kapitel 18\Layout_18\CMOS\). Einzelheiten sind dann sehr viel besser zu verfolgen.

Layout

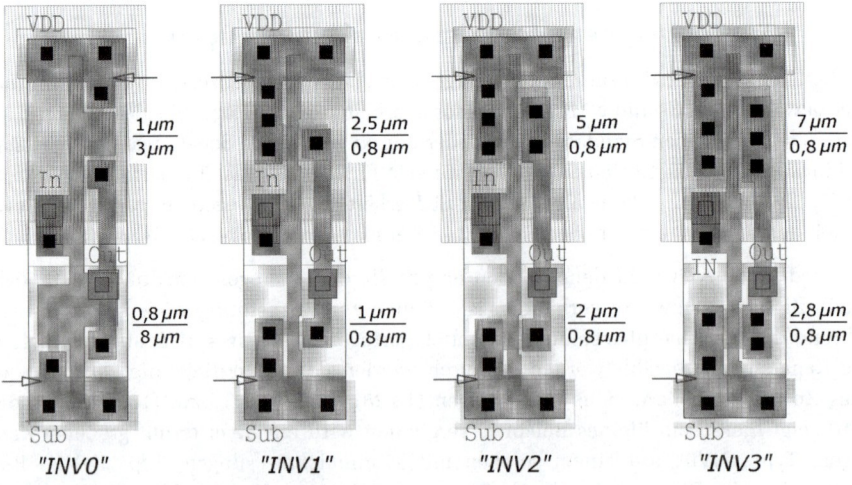

Abbildung 18.11: Vier Standard-Inverter, gefertigt im Prozess CM5. Abmessungen: $7{,}2\ \mu m \times 26{,}4\ \mu m$.

18.1 Der CMOS-Inverter als grundlegendes Schaltungselement

Die vier abgebildeten Inverter-Layouts lassen erkennen, dass sie alle in das gleiche Schema passen. Die P-Kanal-Transistoren werden in einer N-Well-Wanne nahe der positiven Versorgungs-Rail untergebracht. Darunter, nahe der GND- oder Substratleitung, werden die NMOS-Transistoren platziert. Die Design-Regeln schreiben vor, dass an Stellen, an denen die Diffusionsgebiete N und P direkt einander berühren (**N butting P**), Kontakte angeordnet werden und der Bereich mit Metall (Layer MET1) überbrückt wird. Dies wird durch den DRC überprüft. In Abbildung 18.11 sind die genannten Stellen durch Pfeile markiert.

Die vier Zellen erfordern den gleichen Platz auf dem Chip: Maße: 7,2 µm × 26,4 µm; Verdrahtungs-Grid (für die Verlegung der Leitungen): 0,6 µm. Üblicherweise können alle diese Standardzellen direkt aneinandergereiht werden, siehe hierzu *Abschnitt 8.5.4*. Die Inverter sind Bestandteil der Digitalbibliothek „CM5_Dig" und sind deshalb auch in der Datei CM5_Dig.tdb enthalten.

18.1.9 Inverter mit höherer Treiberfähigkeit

Wenn ein Inverter nicht nur einige wenige Gatter ansteuern muss, sondern größere kapazitive Lasten, z. B. eine Taktleitung, zu treiben hat, reicht es nicht aus, einfach die Inverter-Transistoren zu vergrößern. Im Prinzip ist dieses zwar möglich. Wegen der dadurch vergrößerten Eingangskapazität würde das aber zu zu großen Delay-Zeiten führen. Als Lösung des Problems bietet sich eine Kaskadenschaltung an. Das letzte Glied der Kette muss dann natürlich zum Treiben der Lastkapazität C_L ausgelegt sein. Wie dies aussehen kann, ist in Abbildung 18.12 prinzipiell dargestellt. Dies ist ein sehr wichtiges Thema, über das oft in der Literatur berichtet wurde siehe z. B. [1], [6] bis [14].

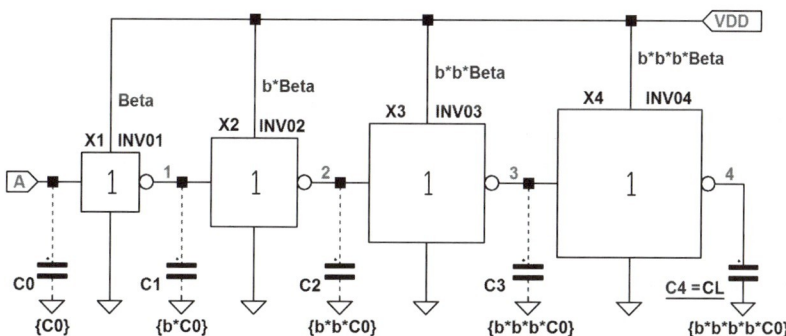

Abbildung 18.12: Inverter-Kette mit $n = 5$ zum Treiben einer größeren Lastkapazität C_L.

Wegen der erforderlichen „großen" Ausgangstransistoren des letzten Inverters, hier X4, stellt sein Eingang eine entsprechend große Eingangskapazität dar. In Abbildung 18.12 ist diese durch den Kondensator C3 angedeutet. An dessen Kapazität muss der vorletzte Inverter, hier X3, angepasst sein. Durch sukzessives **Verjüngen** der Inverter um den Faktor $1/b$ bis hin zum ersten Glied X1 wird an diesem schließlich eine **geforderte** Eingangskapazität C_0 bereitgestellt, die zu der ansteuernden digitalen Schaltung passt. Die Größe $1/b$ wird als **Verjüngungs-** oder **Tapering-Faktor** bezeichnet. In einer Kette, bestehend aus n Invertern (in Abbildung 18.12 ist z. B. $n = 4$) gilt allgemein für das Glied mit der Nummer „$v - 1$"

$$C_{v-1} = \frac{C_v}{b} \quad \text{bzw.} \quad b = \frac{C_v}{C_{v-1}} \tag{18.42}$$

Wegen $C_1 = b \cdot C_0$, $C_2 = b^2 \cdot C_0$, ... gilt allgemein $C_\nu = b^\nu \cdot C_0$ und damit für das letzte Glied in der Kette mit $\nu = n$:

$$C_n = C_L = b^n \cdot C_0 \tag{18.43}$$

Entsprechend Gleichung (18.31) ist die Delay-Zeit des Inverters mit der Nummer „ν" proportional zu seiner individuellen Lastkapazität C_ν und zum Kehrwert seines Steilheitsparameters β_ν:

$$t_{d\nu} = \frac{0{,}75 \cdot f(\alpha)}{V_{DD}} \cdot \frac{C_\nu}{\beta_\nu} = D \cdot \frac{C_\nu}{\beta_\nu} \quad \text{mit} \quad D = \frac{0{,}75 \cdot f(\alpha)}{V_{DD}} \tag{18.44}$$

In dieser Gleichung ist D nur eine Konstante, die zur Vereinfachung eingeführt wird (siehe hierzu auch Gleichung (18.27)). Für alle Inverter wird am besten die gleiche Delay-Zeit $t_{d\nu} = t_d$ angesetzt. Dann folgt aus Gleichung (18.44) direkte Proportionalität zwischen der individuellen Lastkapazität C_ν und der erforderlichen Größe β_ν:

$$\beta_\nu = D \cdot \frac{C_\nu}{t_d}; \quad \beta_{\nu-1} = D \cdot \frac{C_{\nu-1}}{t_d} \quad \text{mit} \quad D = \frac{0{,}75 \cdot f(\alpha)}{V_{DD}} \tag{18.45}$$

Deshalb gilt wegen Gleichung (18.42) auch:

$$\frac{\beta_\nu}{\beta_{\nu-1}} = \frac{C_\nu}{C_{\nu-1}} = b \tag{18.46}$$

Die Gleichung (18.44) kann später für die Berechnung der Verzögerungszeit $t_{d\nu} = t_d$ verwendet werden. Da in der Regel die Eingangskapazität des ersten Inverters gegeben ist, wird Gleichung (18.44) für $\nu = 1$ angeschrieben. Wegen $t_{d1} = t_d$ gilt:

$$t_d = t_{d1} = D \cdot \frac{C_1}{\beta_1} \quad \text{mit} \quad D = \frac{0{,}75 \cdot f(\alpha)}{V_{DD}} \tag{18.47}$$

Darin ist C_1 die Belastungskapazität des ersten Inverters. Anhand von Abbildung 18.9 kann in einfacher Weise ein Zusammenhang zur Eingangskapazität C_0 hergestellt werden. Zugunsten eines übersichtlichen Ergebnisses werden dazu die folgenden Voraussetzungen getroffen:

1. Symmetrische Inverter mit $\beta_N = \beta_P = \beta$.
2. Die Kanalweiten der PMOS-Transistoren werden um den Faktor 2,5 größer als die der NMOSFETs ausgeführt, um $\beta_P = \beta_N$ zu erreichen.
3. Gleiche Kanallängen für N- und PMOS-Transistoren.

Dann kann aus Abbildung 18.9 für die Eingangskapazität, Knoten „A", in Analogie zu Gleichung (18.38) abgelesen werden:

$$C_0 = C_A \approx \frac{3}{2} \cdot C_{Ox,N} + \frac{3}{2} \cdot C_{Ox,P} = \frac{3}{2} \cdot (C_{Ox,N} + 2{,}5 \cdot C_{Ox,N}) = 5{,}25 \cdot C_{Ox,N} \tag{18.48}$$

Analog dazu wird die Kapazität am Knoten „B" gebildet. Hierbei ist jedoch zu berücksichtigen, dass der zweite Inverter um den Faktor b größere Werte hat:

$$C_1 = C_B \approx C_{Ox,N} + 2{,}5 \cdot C_{Ox,N} + b \cdot \frac{3}{2} \cdot (C_{Ox,N} + 2{,}5 \cdot C_{Ox,N}) = \tag{18.49}$$

$$= 3{,}5 \cdot C_{Ox,N} + b \cdot \frac{3}{2} \cdot 3{,}5 \cdot C_{Ox,N} = (3{,}5 + 5{,}25 \cdot b) \cdot C_{Ox,N}$$

18.1 Der CMOS-Inverter als grundlegendes Schaltungselement

Werden beide Gleichungen durcheinander dividiert und nach C_1 aufgelöst, folgt sofort

$$C_1 \approx \frac{3{,}5 + 5{,}25 \cdot b}{5{,}25} \cdot C_0 = (0{,}667 + b) \cdot C_0 \tag{18.50}$$

Diese Beziehung kann zur Berechnung der Delay-Zeit des ersten Inverters in Gleichung (18.47) eingesetzt werden:

$$t_d = t_{d1} \approx D \cdot \frac{C_1}{\beta_1} \approx D \cdot \frac{C_0}{\beta_1} \cdot (0{,}667 + b) \quad \text{mit} \quad D = \frac{0{,}75 \cdot f(\alpha)}{V_{DD}} \tag{18.51}$$

Die gesamte Delay-Zeit ist wegen der Gleichheit der Einzelzeiten $t_{dv} = t_d$ einfach:

$$t_{d,ges} \approx n \cdot t_d \approx n \cdot D \cdot \frac{C_0}{\beta_1} \cdot (0{,}667 + b) \quad \text{mit} \quad D = \frac{0{,}75 \cdot f(\alpha)}{V_{DD}} \tag{18.52}$$

Nun stellt sich die Frage, wie viele Inverter erforderlich sind, die Lastkapazität C_L an die geforderte Eingangskapazität C_0 anzupassen, und wie der Tapering-Faktor $1/b$ sinnvollerweise gewählt werden muss. Hierzu gibt es verschiedene Lösungsansätze, von denen zwei im Folgenden vorgestellt werden sollen.

1. Minimal erreichbare Verzögerungszeit

Ziel soll sein, die Zahl der hintereinanderzuschaltenden Inverter so zu bestimmen, dass bei gegebener Eingangskapazität C_0 der Inverter-Kette und der Ausgangslast C_L die erreichbare gesamte Delay-Zeit minimal wird.

Wird nun die Gleichung (18.43), die den Zusammenhang zwischen der letzten Lastkapazität C_L und der geforderten Eingangskapazität C_0 herstellt, nach n aufgelöst und in Gleichung (18.52) eingesetzt, so folgt

$$C_L = b^n \cdot C_0 \;\rightarrow\; b^n = \frac{C_L}{C_0} \;\rightarrow\; b = \sqrt[n]{\frac{C_L}{C_0}} \;\rightarrow\; n \cdot \ln b = \ln \frac{C_L}{C_0} \tag{18.53}$$

$$t_{d,ges} \approx n \cdot D \cdot \frac{C_0}{\beta_1} \cdot (0{,}667 + b) \approx D \cdot \frac{C_0}{\beta_1} \cdot \ln \frac{C_L}{C_0} \cdot \frac{0{,}667 + b}{\ln b}$$

Die gesamte Delay-Zeit ist abhängig von der Funktion $f(b) = (0{,}667 + b)/\ln b$. In Abbildung 18.13 ist ein Ausschnitt dargestellt. Diese Funktion zeigt ungefähr bei $b \approx 3{,}32$ ein relatives Minimum und hat dort den Wert $f(3{,}32) \approx 3{,}32$. Wer sich für die Entstehung des Bildes interessiert, sollte die LT-SPICE-Datei CMOS13.asc öffnen.

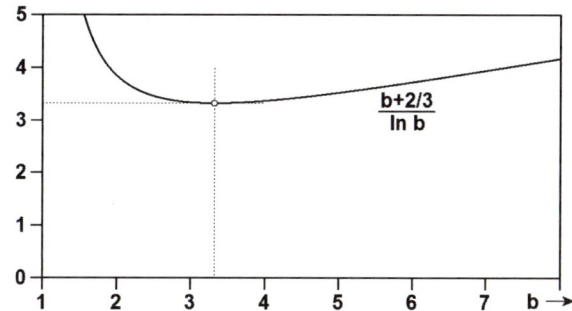

Simulation

Abbildung 18.13: (CMOS13.asc) Die Funktion $(0{,}667 + b)/\ln b$.

Hinweis: In der Literatur findet man mitunter einen ähnlichen Ansatz, bei dem die Lastkapazität des ersten Inverters direkt um den Faktor b gegenüber dem normalen Inverter vergrößert wird [8]. Dann wird $f(b) = b/\ln b$. Die Ableitung dieser Funktion wird null bei $b = e$.

Mit $b \approx 3{,}32$ ergibt sich aus Gleichung (18.53) für die resultierende Verzögerungszeit ein Minimum:

$$t_{d,ges,min} \approx D \cdot \frac{C_0}{\beta_1} \cdot \ln\frac{C_L}{C_0} \cdot \frac{0{,}667 + 3{,}32}{\ln 3{,}32} = 3{,}32 \cdot D \cdot \frac{C_0}{\beta_1} \cdot \ln\frac{C_L}{C_0}; \quad D = \frac{0{,}75 \cdot f(\alpha)}{V_{DD}} \quad (18.54)$$

und die Zahl der erforderlichen Inverter folgt mit $b = 3{,}32$ ebenfalls aus Gleichung (18.53):

$$n \cdot \ln b = \ln\frac{C_L}{C_0} \quad \rightarrow \quad n = \frac{1}{\ln b} \cdot \ln\frac{C_L}{C_0} = 0{,}833 \cdot \ln\frac{C_L}{C_0} \quad (n \text{ muss ganzzahlig sein!}) \quad (18.55)$$

Die Abmessungen des N-Kanal-Transistors im ersten Inverter können direkt aus der geforderten Eingangskapazität C_0 unter Verwendung der Gleichungen (18.38) und (18.37) berechnet werden:

$$C_0 = 5{,}25 \cdot C'_{Ox} \cdot W_{N1} \cdot L_{N1} \quad \rightarrow \quad W_{N1} = \frac{1}{5{,}25 \cdot L_{N1}} \cdot \frac{C_0}{C'_{Ox}} \quad (18.56)$$

Damit liegen die geometrischen Abmessungen der Inverter fest: Der PMOS-Transistor erhält laut Voraussetzung die gleiche Kanallänge $L_{P1} = L_{N1}$ wie der N-Typ und ein um den Faktor 2,5 größeres W. Die Werte der folgenden Stufen werden sukzessive um den Schrittfaktor $b = 3{,}32$ vergrößert.

2. Praktische Lösung

Aus Abbildung 18.13 ist ersichtlich, dass die Funktion $f(b)$ jenseits des Minimums in Richtung größerer Schrittweiten b nur relativ sanft ansteigt. Größere Werte b bedeuten weniger Inverter in der Kette. Das führt nicht nur zu geringeren dynamischen Verlusten, sondern vor allem zu weniger Chipfläche. Wenn nicht unbedingt die minimal mögliche Delay-Zeit verlangt wird, lohnt es sich, b versuchsweise zu vergrößern und zu prüfen, ob die daraus resultierende Delay-Zeit die Design-Forderungen erfüllt.

Ausgangspunkt ist deshalb die Gleichung (18.52) im Zusammenhang mit der Beziehung (18.53), die den Zusammenhang zwischen dem Schrittfaktor b und der Stufenzahl n vermittelt. Außerdem ist der erste Inverter wegen der vorgegebenen Eingangskapazität C_0 bereits durch die Gleichung (18.56) festgelegt. Die drei Gleichungen seien hier nochmals angeschrieben:

$$t_{d,ges} \approx n \cdot t_d \approx n \cdot D \cdot \frac{C_0}{\beta_1} \cdot (0{,}667 + b) \quad \text{mit} \quad D = \frac{0{,}75 \cdot f(\alpha)}{V_{DD}} \quad (8.52) \quad (18.57)$$

$$C_L = b^n \cdot C_0 \quad \rightarrow \quad b = \sqrt[n]{\frac{C_L}{C_0}} \quad (8.53) \qquad W_{N1} = \frac{1}{5{,}25 \cdot L_{N1}} \cdot \frac{C_0}{C'_{Ox}} \quad (8.56)$$

In der Praxis empfiehlt sich die folgende Vorgehensweise:

1. Berechnung der geometrischen Abmessungen des ersten Inverters.
2. In die Gleichung (18.53) für n Werte vorgeben und b ermitteln; n muss ganzzahlig sein! Mit niedrigen Werten beginnen. Wenn die Schaltung **logisch invertieren** muss, ist eine **ungerade Stufenzahl** erforderlich, aber auch nur dann!

3. Anhand von Gleichung (18.52) überprüfen, ob die Delay-Zeit die Forderungen erfüllt.

Beispiel

Zum Versorgen einer Taktleitung mit einer Kapazität von $C_L = 5\ pF$ ist ein Treiber mit einer Eingangskapazität von $C_0 = 0{,}04\ pF$ zu entwerfen. Die Delay-Zeit sollte einen Wert $t_{d,ges} = 1{,}5\ ns$ nicht überschreiten. Die Schaltung muss nicht unbedingt logisch invertieren. Verwendeter Prozess: CM5.

Prozessdaten: $K_{P,N} = 80\ \mu A/V^2$, $K_{P,P} = 28\ \mu A/V^2$, $C'_{Ox} = 2{,}03\ fF/\mu m^2$, $L = 0{,}8\ \mu m$; Beweglichkeiten aus dem BSIM-3-Modell: $U_{O,N} = 447\ cm^2/Vs$, $U_{O,P} = 180\ cm^2/Vs$. Threshold-Spannungen: $V_{Th,N} \approx -V_{Th,P} \approx 850\ mV$.

1. **Nur ein einzelner Inverter**

Durch die geforderte Eingangskapazität von $C_0 = 0{,}04\ pF$ ist der Inverter in seinen Abmessungen bereits determiniert. Gleichung (18.56) liefert mit $L_{N1} = 0{,}8\ \mu m$ sofort die Kanalweite des NMOS-Transistors: $W_{N1} = 4{,}7\ \mu m$. Der PMOSFET erhält die gleiche Länge, aber eine um den Faktor 2,5 (Verhältnis der Beweglichkeiten) größere Kanalweite: $W_{P1} = 12\ \mu m$.

Für die Berechnung der Delay-Zeit entsprechend Gleichung (18.52) wird die Größe β_1 benötigt. Sie folgt aus der bekannten Beziehung (3.132):

$$\beta_1 = \frac{1}{2} \cdot K_{P,N} \cdot \frac{W_{N1}}{L_{N1}} \qquad (18.76)$$

Mit den oben angegebenen Werten folgt: $\beta_1 = 235\ \mu A/V^2$. Eigentlich müssten bei der Berechnung statt der Design-Maße W und L deren **effektive** Werte verwendet werden, siehe „Vergrößern und Verringern von Design-Maßen" im *Abschnitt 8.3.4*. Auf die Korrekturen wird zugunsten einfacherer Gleichungen verzichtet.

Zur Berechnung der Delay-Zeit wird Gleichung (18.31) herangezogen. Mit $\alpha = 0{.}17$ wird $f(\alpha) = 1{.}95$. Damit ergibt sich eine Verzögerungszeit von $t_d = 6{,}2\ ns$.

2. **Minimale Delay-Zeit**

Der erste Inverter erhält wegen der gegebenen Eingangskapazität die Werte, die unter Punkt 1 ermittelt wurden.

Die minimal mögliche Verzögerungszeit wird für einen Schrittfaktor $b \approx 3{,}32$ erreicht. Entsprechend Gleichung (18.55) sind damit insgesamt $n = 4{,}02 \to 4$ Inverter zu einer Kette zusammenzuschalten. Es ist stets ein **ganzzahliger** Wert für n zu wählen. Bei zu großen Abweichungen muss man sich für einen Wert entscheiden und die **aktuelle** Schrittkonstante b mithilfe von Gleichung (18.53) berechnen. In diesem Beispiel bleibt es praktisch bei $b \approx 3{,}32$.

Die geometrischen Abmessungen der Inverter mit den Nummern 2 ... 4 werden aus denen der ersten Stufe durch sukzessives Multiplizieren mit dem **aktuellen** Schrittmaß, hier $b \approx 3{,}32$, abgeleitet.

Aus Gleichung (18.52) wird schließlich die Delay-Zeit berechnet:

$$t_{d,ges} \approx n \cdot \frac{0{,}75 \cdot f(\alpha)}{V_{DD}} \cdot \frac{C_0}{\beta_1} \cdot (0{,}667 + b) = \quad (18.52)\ (18.59)$$

$$= 4 \cdot \frac{0{,}75 \cdot 1{,}95}{5\,V} \cdot \frac{0{,}04\,pF \cdot V^2}{235\,\mu A} \cdot (0{,}667 + 3{,}32) \approx 0{,}79\ ns$$

3. Praktische Lösung

Auch hier ist der erste Inverter durch die gegebene Eingangskapazität festgelegt. Die zuvor ermittelten Abmessungen können deshalb übernommen werden.

Es wird versuchsweise $n = 3$ gesetzt. Damit folgt aus Gleichung (18.53) $b = 5$. Damit wird:

$$t_{d,ges} \approx n \cdot \frac{0{,}75 \cdot f(\alpha)}{V_{DD}} \cdot \frac{C_0}{\beta_1} \cdot (0{,}667 + b) = \quad (18.52)\ (18.60)$$

$$= 3 \cdot \frac{0{,}75 \cdot 1{,}95}{5\,V} \cdot \frac{0{,}04\,pF \cdot V^2}{235\,\mu A} \cdot (0{,}667 + 5) \approx 0{,}85\ ns$$

Das Ergebnis enthält offensichtlich noch Reserve. Deshalb wir n weiter reduziert: Mit $n = 2$ wird $b \approx 11{,}2$ und $t_{d,ges} = 1{,}2\ ns$. Um den geforderten Wert von $1{,}5\ ns$ zu erhalten, reichen also zwei Inverter bereits aus.

4. Überprüfung durch eine Simulation

Zur Überprüfung der Ergebnisse wird eine hierarchische Simulationsschaltung vorbereitet, siehe Abbildung 18.14. Die Schaltung ist so angelegt, dass die drei Versionen miteinander verglichen werden können.

Simulation

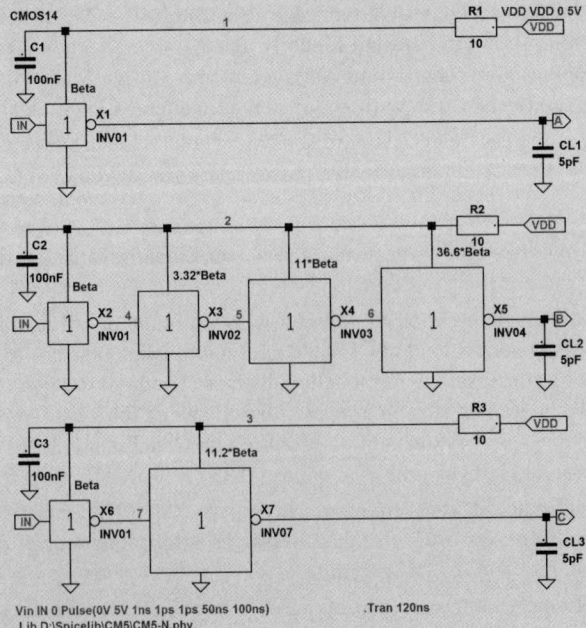

Abbildung 18.14: (CMOS14.asc) Simulationsschaltung für die drei Treiberversionen. Die R-C-Glieder in der Zuführung der Versorgungsspannungen dienen zur Beruhigung der Ströme. Dies ist für die Bestimmung der mittleren Verlustleistung von Vorteil, siehe Abbildung 18.3.

Die Simulationsergebnisse sind in Abbildung 18.15 und Abbildung 18.16 dargestellt. Es wird klar, dass ein Einzelinverter eine viel zu lange Verzögerungszeit verursacht. Beim Vergleich der Verlustleistungen, Abbildung 18.16, fällt auf, dass bei der Lösung mit minimaler Delay-Zeit sehr viel mehr Leistung in Wärme umgesetzt wird als beispielsweise bei der zweistufigen Lösung. Noch eklatanter wird der Unterschied, wenn man die erforderlichen Gate-Flächen miteinander vergleicht. Dies geht recht gut aus Tabelle 18.2 hervor. Da bei jedem Transistor noch die Drain-und Source-Gebiete hinzukommen, wird der Unterschied noch größer.

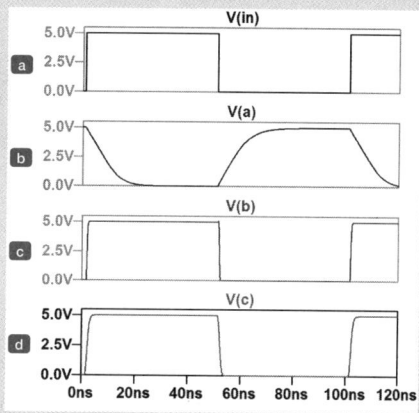

Simulation

Abbildung 18.15: (CMOS15.asc) Vergleich der drei Treiberschaltungen. (a) Input-Signal. (b) Ein einzelner Inverter. (c) Viererkette. (d) Schaltung mit zwei Invertern.

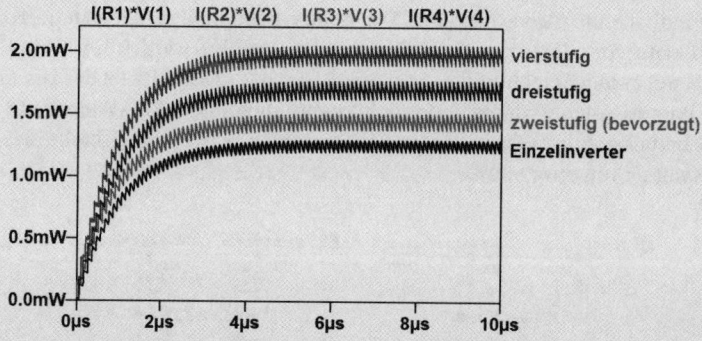

Simulation

Abbildung 18.16: (CMOS16.asc) Mittlere Verlustleistung der drei Treiberschaltungen bei 10 MHz Taktfrequenz; Simulationsschaltung entsprechend Abbildung 18.14.

In der folgenden Tabelle 18.2 sind die erzielten Ergebnisse zum Vergleich zusammengestellt. Sie enthält neben den berechneten Delay-Zeiten auch durch Simulation gewonnene Mittelwerte. Zu deren Bestimmung wurden die Zeiten für beide Flanken addiert und die Summe durch 2 dividiert. Die mittlere Verlustleistung (nach Abklingen des Ausgleichsvorganges), ermittelt für eine Taktfrequenz von 10 MHz (Periode: 100 ns), ergibt sich aus Abbildung 18.16. Die gesamte Gate-Fläche ist die Summe der Gate-Flächen aller Inverter eines Treibers. Es sind nur **drei gültige Ziffern** angegeben.

Tabelle 18.2

Vergleich für verschiedene Dimensionierungen

	$t_{d,ges}$ berechnet	$t_{d,ges}$ Simulation	Mittlere Ver- lustleistung	Gesamte Gate-Fläche
Einzelinverter	6,2 ns	6,6 ns	1,25 mW	13,4 µm²
Minimale Delay-Zeit	0,79 ns	0,9 ns	1,97 mW	698 µm²
Zweistufig (bevorzugt)	1,2 ns	1,3 ns	1,45 mW	163 µm²
Dreistufig, Vergleich	0,85 ns	0,97 ns	1,70 mW	414 µm²

18.1.10 CMOS-Inverter mit kontrolliertem Querstrom

In verschiedenen Anwendungen, in denen z. B. der Eingangs-**Low**-Pegel nicht genau 0 V beträgt, sondern einen höheren Wert annehmen kann, könnte bei einem normalen CMOS-Inverter der Querstrom schädliche Werte annehmen [13]. Ein Weg zur Reduzierung des Inverter-Querstromes wurde bereits vorgestellt: Die Vergrößerung der Kanallängen der beiden Transistoren. Eine andere, sehr elegante Methode, den Querstrom auf einen definierten Wert einzustellen, ist die Verwendung eines Stromspiegels [9], siehe *Kapitel 9*. Zwei Beispiele sind in Abbildung 18.17 dargestellt. In beiden Schaltungen wird der aus der Versorgungsquelle VDD zufließende Strom begrenzt. Der relativ hochohmige Widerstand R1 in Abbildung 18.17b kann vorteilhaft als POLY-Widerstand ausgeführt werden (im CM5-Prozess der Typ RPOLYH mit einem Schichtwiderstand von $R_{SH} = 1{,}2\ k\Omega/sq$). Bietet der zur Anwendung kommende Prozess solche Widerstände nicht, kann auch ein WELL-Widerstand eingesetzt werden. Zu berücksichtigen ist in jedem Fall die große Schwankungsbreite des absoluten Widerstandswertes von etwa ±20%.

Simulation

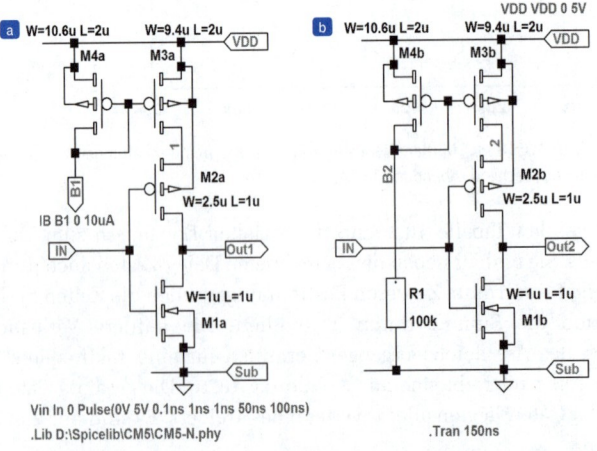

Abbildung 18.17: Inverter mit Strombegrenzung; Bias-Stromeispeisung über (a) eine Stromsenke; (b) einen Widerstand.

Die Verwendung einer Stromquelle, Abbildung 18.17a, bietet den Vorteil, auch sehr geringe Ströme einstellen zu können. Allerdings bedeutet eine zusätzliche Stromquelle einen Mehraufwand, der nicht immer gerechtfertigt ist. Wenn dagegen in dem gesamten Design bereits ein Bias-Netzwerk zur Verfügung steht, kann der erforderliche Strom I_B daraus sehr einfach abgeleitet werden.

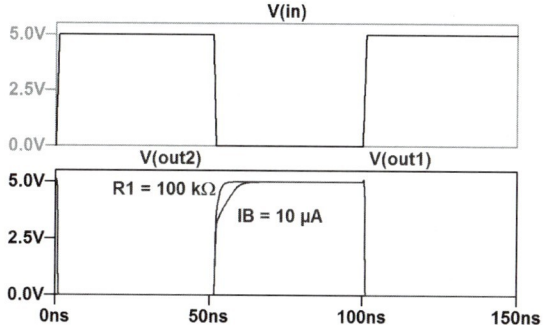

Abbildung 18.18: Simulationsergebnis zu Abbildung 18.17.

18.2 CMOS-Schmitt-Trigger

Ein normaler Inverter liefert ein Ausgangssignal, das sich monoton und eindeutig mit dem Eingangssignal ändert. Dies kann bei sich langsam ändernden Signalen zu unerwünschten Querströmen führen. Auch für die Verarbeitung störbehafteter Eingangssignale ist ein einfacher Inverter nicht geeignet. In allen diesen Fällen ist der Einsatz eines Schmitt-Triggers wegen seiner **Hysterese** sehr viel besser geeignet. Das Schaltsymbol, das Zeitverhalten und die Transferkennlinie sind in Abbildung 18.19 dargestellt, und eine relativ einfache Schmitt-Trigger-Schaltung, wie sie in CMOS ohne Verwendung von Widerständen realisiert werden kann, zeigt Abbildung 18.20 [2], [15].

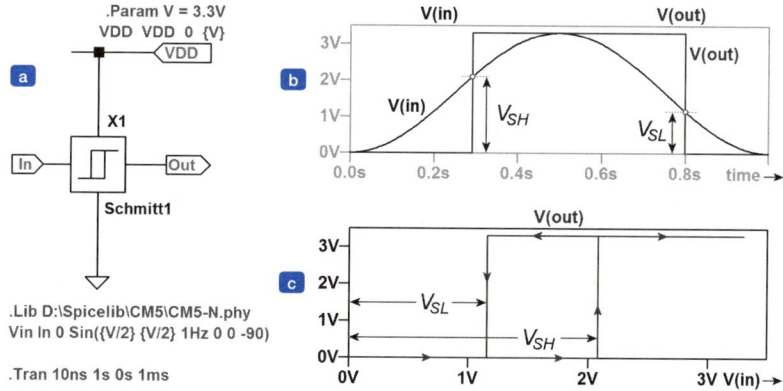

Abbildung 18.19: (CMOS19.asc) (a) Schaltsymbol eines Schmitt-Triggers. (b) Zeitverhalten von Eingangs- und Ausgangssignal. (c) Transferkennlinie eines Schmitt-Triggers.

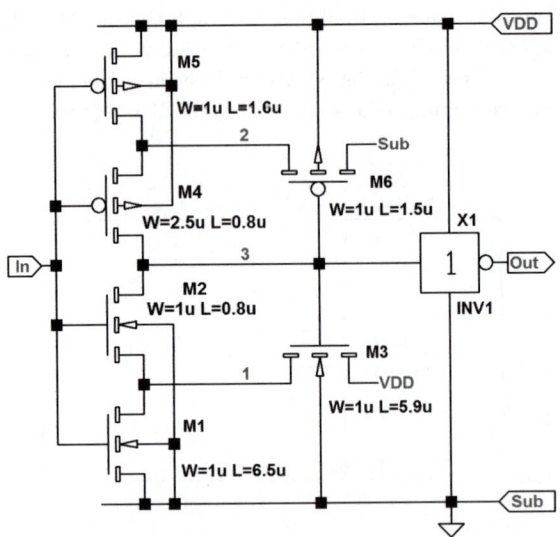

Abbildung 18.20: (Schmitt1.asc) Schmitt-Trigger ohne Verwendung von Widerständen [2], [15].

Die Eingangsschaltung ist im Prinzip ein Inverter, bestehend aus den Transistoren M2 und M4. Allerdings ist mit beiden Transistoren jeweils ein weiterer in Reihe geschaltet und an den Abgriffen, Knoten „1" bzw. „2", wirken die Transistoren M3 bzw. M6. Beide Transistoren werden vom Knoten „3" angesteuert. Durch die Ströme, die über diese Transistoren dem Knoten „1" bzw. „2" zufließen, wird eine Hysterese erzeugt. Obwohl sich durch die Hysterese das Signal am Knoten „3" bereits sprunghaft ändert, ist zusätzlich ein Inverter nachgeschaltet.

Zum genaueren Verständnis und zur Berechnung der Schaltpunkte wird die Schaltung in zwei „Hälften" zerlegt und zunächst der untere Teil betrachtet. Das Eingangssignal starte mit $V_{In} = V(In) = 0$. Dann sind die beiden Transistoren M1 und M2 gesperrt und der Knoten „3" wird über die durchgeschalteten Transistoren M4 und M5 auf V_{DD} gezogen. Der Transistor M3 wirkt praktisch als Source-Folger. An seinem Gate liegt anfangs die Versorgungsspannung V_{DD}. Deshalb stellt sich am Knoten „1" eine Spannung ein, die um die Threshold-Spannung des Transistors M3 geringer ist: $V(1) = V_{DD} - V_{Th3}$. Dieser Zustand bleibt so lange erhalten, wie die Eingangsspannung kleiner ist als die Threshold-Spannung V_{Th1} des Transistors M1. Steigt das Eingangssignal über V_{Th1} hinaus, geht M1 nach und nach in den leitenden Zustand über. Damit beginnt $V(1)$ zu sinken. Bei weiterem Ansteigen der Eingangsspannung $V(In)$ erreicht schließlich die Gate-Source-Spannung $U_{GS2} = V(In) - V(1)$ des Transistors M2 die Threshold-Spannung V_{Th2}. Damit beginnt auch M2 zu leiten. Die Folge ist ein Absinken des Potentials am Knoten „3", und über den Source-Folger M3 sinkt auch $V(1)$. Dadurch wird die Gate-Source-Spannung von M2 größer und der Kipp-Vorgang wird eingeleitet. Die Kipp-Bedingung kann deshalb wie folgt formuliert werden:

$$V_{In} = V(In) = V_{SH} = V(1) + V_{Th2} \qquad (18.61)$$

Der Transistor M3 wird schlagartig abgeschaltet. Da nun neben M1 auch der Transistor M2 sprunghaft leitend wird, sinkt das Potential des Knotens „3" ebenso rasch auf **Low**-Potential ab.

Unmittelbar vor Erreichen des Kipp-Punktes $V_{In} = V(In) = V_{SH}$ ist der Transistor M2 noch hochohmig. Folglich sind bis zu diesem Punkt die Ströme durch die beiden Transistoren M1 und M3 einander gleich und am Knoten „3" liegt gerade noch Versorgungspotential $V(3) = V_{DD}$ an. Im Umschaltpunkt gilt dann für die Ströme:

$$I_{D1} = \beta_1 \cdot (V_{SH} - V_{Th1})^2 = I_{D3} = \beta_3 \cdot (V(3) - V(1) - V_{Th3})^2 = \beta_3 \cdot (V_{DD} - V(1) - V_{Th3})^2 \quad (18.62)$$

$$\rightarrow \frac{\beta_1}{\beta_3} = \left(\frac{V_{DD} - V(1) - V_{Th3}}{V_{SH} - V_{Th1}}\right)^2$$

Wird Gleichung (18.61) nach $V(1)$ aufgelöst und der Ausdruck in (18.62) eingesetzt, dann folgt:

$$\frac{\beta_1}{\beta_3} = \left(\frac{V_{DD} - V(1) - V_{Th3}}{V_{SH} - V_{Th1}}\right)^2 = \left(\frac{V_{DD} - V_{SH} + V_{Th2} - V_{Th3}}{V_{SH} - V_{Th1}}\right)^2 = \left(\frac{V_{DD} - V_{SH}}{V_{SH} - V_{Th1}}\right)^2 \quad (18.63)$$

Die Source-Potentiale der Transistoren M2 und M3 sind gleich. Deshalb gilt $V_{Th2} = V_{Th3}$. Damit steht bereits eine wichtige Beziehung für die Dimensionierung zur Verfügung:

$$\frac{\beta_1}{\beta_3} = \frac{W_1 / L_1}{W_3 / L_3} = \left(\frac{V_{DD} - V_{SH}}{V_{SH} - V_{Th1}}\right)^2 \quad (18.64)$$

Die Kanallängen der Transistoren M1 und M3 sollten bei der Wahl kleiner Werte nahe der Mindestlänge aus Matching-Gründen nicht zu weit auseinanderliegen. Der Transistor M2 wirkt praktisch als Schalter. Deshalb sollte β_2 möglichst nicht kleiner als β_1 und β_3 gewählt werden:

$$\beta_2 > \beta_1 \text{ und } \beta_3 \quad (18.65)$$

Der zweite Schaltpunkt $V_{In} = V(In) = V_{SL}$ folgt durch eine ähnliche Überlegung. Dazu ist das Startpotential am Eingang die Versorgungsspannung V_{DD} und der Knoten „3" liegt zunächst auf 0. Alle beteiligten Transistoren M5, M4 und M6 sind P-Kanal-FETs und haben eine **negative** Threshold-Spannung. Dann kann eine zu Gleichung (18.64) analoge Beziehung sofort angegeben werden. Es ist dort nur V_{SH} durch $V_{DD} - V_{SL}$ und die Threshold-Spannung V_{Th1} durch die des Transistors M5 zu ersetzen. Wegen $V_{Th5} < 0$ gilt:

$$\frac{\beta_5}{\beta_6} = \frac{W_5 / L_5}{W_6 / L_6} = \left(\frac{V_{DD} - (V_{DD} - V_{SL})}{(V_{DD} - V_{SL}) - |V_{Th5}|}\right)^2 = \left(\frac{V_{SL}}{V_{DD} - V_{SL} + V_{Th5}}\right)^2 \quad (18.66)$$

Auch hier sollten wie oben die Kanallängen der Transistoren M5 und M6 einander ähnliche Werte erhalten, wenn sie nahe der Mindestlänge liegen, und da der Transistor M4 als Schalter wirkt, werden seine Abmessungen analog zu Gleichung (18.65) gewählt:

$$\beta_4 > \beta_5 \text{ und } \beta_6 \quad (18.67)$$

Beispiel

Ein Schmitt-Trigger entsprechend Abbildung 18.20 soll für eine Versorgungsspannung von $V_{DD} = 3{,}3\,V$ und eine Hysterese von $V_{SH} - V_{SL} \approx 900\,mV$ ausgelegt werden. Der obere Schaltpunkt möge bei etwa $V_{SH} \approx 2{,}1\,V$ liegen. Verwendeter Prozess: CM5.

Prozessdaten: $K_{P,N} = 80\,\mu A/V^2$, $K_{P,P} = 28\,\mu A/V^2$; $V_{Th,N} = 840\,mV$; $V_{Th,P} = -860\,mV$.

Lösung:

$$\frac{\beta_1}{\beta_3} = \frac{W_1/L_1}{W_3/L_3} = \left(\frac{V_{DD} - V_{SH}}{V_{SH} - V_{Th1}}\right)^2 = \left(\frac{3{,}3\,V - 2{,}1\,V}{2{,}1\,V - 0{,}84\,V}\right)^2 = 0{,}907 \qquad (18.64)$$

$$\frac{\beta_5}{\beta_6} = \frac{W_5/L_5}{W_6/L_6} = \left(\frac{V_{SL}}{V_{DD} - V_{SL} + V_{Th5}}\right)^2 = \left(\frac{2{,}1\,V - 0{,}9\,V}{3{,}3\,V - 1{,}2\,V - 0{,}86\,V}\right)^2 = 0{,}937 \qquad (18.66)$$

Es gibt viele Lösungen. Eine mögliche Kombination mit relativ geringen Transistorabmessungen ist die folgende:

$W_1 = 1\,\mu m$, $L_1 = 6{,}5\,\mu m$; $W_3 = 1\,\mu m$, $L_3 = 5{,}9\,\mu m$; $W_2 = 1\,\mu m$, $L_2 = 0{,}8\,\mu m$;

$W_5 = 1\,\mu m$, $L_5 = 1{,}6\,\mu m$; $W_6 = 1\,\mu m$, $L_6 = 1{,}5\,\mu m$; $W_4 = 2{,}5\,\mu m$, $L_4 = 0{,}8\,\mu m$;

Mit diesen Werten liefert die Simulation (Schaltung mit Angaben nach Abbildung 18.20 (CMOS19.asc)) die folgenden Schaltpunkte: $V_{SH} \approx 2{,}05\,V$ und $V_{SL} \approx 1{,}21\,V$.

Einen Nachteil hat die einfache Schmitt-Trigger-Schaltung: Die Delay-Zeit ist etwas größer als beispielsweise die zweier hintereinandergeschalteter Inverter. Dies kommt in der Simulation Abbildung 18.21 recht gut zum Ausdruck. In konkreten Anwendungen ist deshalb stets zu prüfen, ob es dadurch zu Problemen kommen kann. Trotzdem bietet die Verwendung eines Schmitt-Triggers am Eingang einer integrierten Schaltung mehr Sicherheit, wenn z. B. aus Versehen der Eingang nicht ordnungsgemäß beschaltet ist.

Simulation

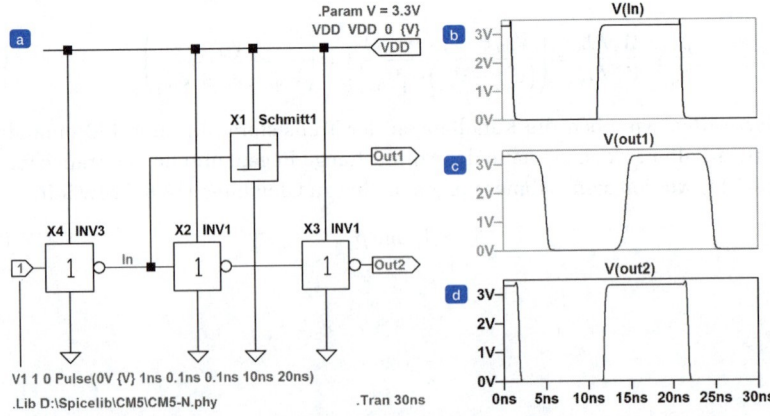

Abbildung 18.21: (CMOS21.asc) Vergleich des Zeitverhaltens des Schmitt-Triggers X1 mit der Kombination zweier Inverter X2 und X3; über den Inverter X4 wird das Eingangssignal eingespeist. (a) Simulationsschaltung. (b) Eingangssignal am Knoten „In". (c) Ausgangssignal des Schmitt-Triggers. (d) Ausgangssignal der Inverter-Kette.

Das Layout des Schmitt-Triggers, Typ „Schmitt1", ist in Abbildung 18.22 dargestellt. Es wird empfohlen, zusätzlich die Tanner-Datei Schmitt1.tdb zu öffnen (Pfad: \Kapitel 18\Layout_18\Schmitt1.tdb). Einzelheiten sind dann sehr viel besser zu verfolgen. Der Schmitt-Trigger „Schmitt1" hat die gleiche Zellhöhe wie die vier Inverter in Abbildung 18.11 und passt somit in dasselbe Schema. Auch hier sind die Stellen, an denen p- und n-Gebiete direkt aneinandergrenzen (**P butting N**), mit Metall überbrückt. Dies ist in Abbildung 18.22 durch Pfeile markiert.

Flächenbedarf der Zelle: 18 μm × 26,4 μm; Verdrahtungs-Grid (für die Verlegung der Leitungen): 0,6 μm. Der Schmitt-Trigger ist Bestandteil der Digitalbibliothek „CM5_Dig" und ist deshalb auch in der Datei CM5_Dig.tdb enthalten.

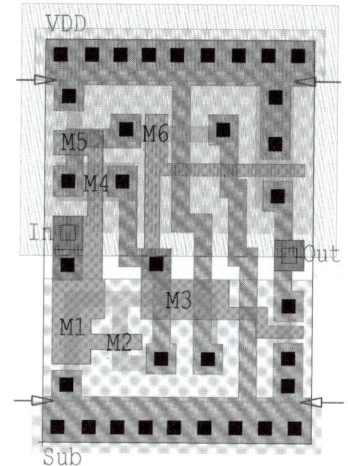

Abbildung 18.22: Layout des Schmitt-Triggers Typ „Schmitt1" nach Abbildung 18.20.

18.3 TTL-CMOS-Interface

Obwohl TTL-Schaltungen immer seltener eingesetzt werden, sind dennoch in kundenspezifischen integrierten CMOS-Schaltungen von Zeit zu Zeit Eingänge vorzusehen, die in der Lage sind, TTL-Signale zu empfangen. Der TTL-Schaltpunkt liegt bekanntlich zwischen 0,8 V für den **Low**-Pegel und 2,0 V für den **High**-Wert, also bei etwa 1,4 V. Für die Ansteuerung von CMOS-Gattern ist deshalb unbedingt eine Pegelanpassung erforderlich. Oft werden hierzu hintereinandergeschaltete Inverter mit abgestuften Schaltpunkten verwendet. Dann sind aber Querströme durch die Inverter nicht zu vermeiden. Sehr viel günstiger ist deshalb die Verwendung eines Schmitt-Triggers mit passenden Kipp-Punkten.

Bei dem in Abbildung 18.20 vorgestellten Schmitt-Trigger können die beiden Umschaltpunkte unabhängig voneinander eingestellt werden. Die Schaltung sollte deshalb als Interface zwischen TTL-Ausgängen und CMOS-Eingängen geeignet sein. Dazu wird der Schaltpunkt für das Erkennen des TTL-**Low**-Pegels etwas unterhalb des mittleren Wertes von 1,4 V eingestellt und der für den **High**-Wert etwas oberhalb von 1,4 V. Eine derart dimensionierte Schaltung ist Abbildung 18.23 dargestellt. In der abgebildeten Schaltung sind die Transistoren als Subcircuit-Elemente eingebaut. Damit wird es möglich, später eine Monte-Carlo-Analyse durchzuführen. Die Transistoren heißen deshalb „X" statt „M". Da die statistischen

Schwankungen von Los zu Los höher sind als die Variationen der Bauelementwerte auf **einem** Chip, sind für die Threshold-Streuung und die Fluktuation der Kanalleitfähigkeit im Schaltbild individuelle Werte eingetragen, die etwa um den Faktor 10 höher sind als die Standardwerte.

Simulation

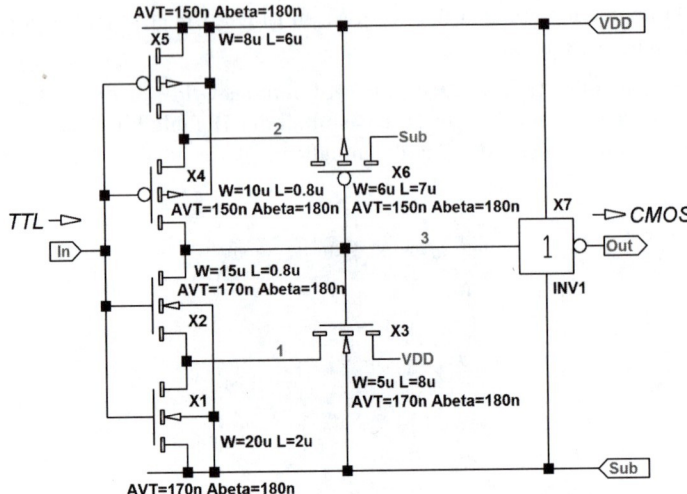

Abbildung 18.23: Schmitt-Trigger als Interface zwischen TTL-Ausgängen und CMOS-Eingängen; Typ „Schmitt3".

Simulation

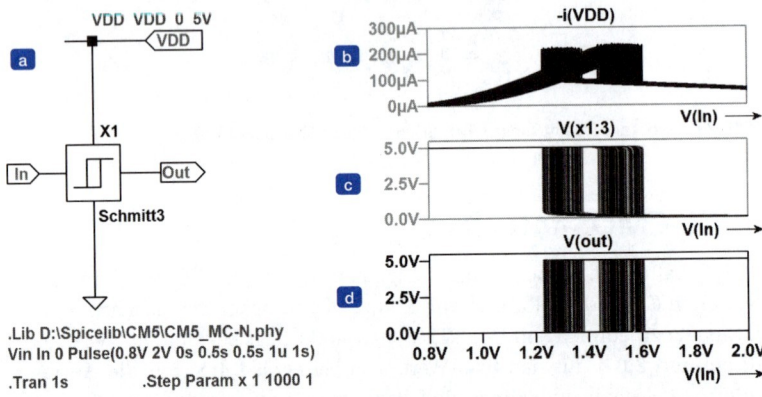

Abbildung 18.24: (CMOS24.asc) Monte-Carlo-Simulation zu Abbildung 18.23. (a) Simulationsschaltung. (b) Strom aus der Versorgungsquelle. (c) Ausgang am „inneren" Knoten „3" vor dem Inverter in Abbildung 18.23. (d) Gesamte Transferkennlinie.

Damit die statistische Streuung der Umschaltpunkte nicht zu groß wird und sicher die beiden logischen Zustände erkannt werden, sollten die Gate-Flächen der relevanten Transistoren (X1, X3 und X5, X6) nicht zu klein gewählt werden. Gate-Flächen zwischen 40 μm^2 und 60 μm^2 sollten ausreichen und stellen sicher noch keine wesentliche kapazitive Belastung für die treibenden TTL-Bausteine dar.

Die Simulationsschaltung ist hierarchisch aufgebaut und damit sehr einfach und übersichtlich, siehe Abbildung 18.24a. Deutlich ist in Abbildung 18.24b–d die Streuung der Schaltpunkte zu erkennen. Es ist aber dennoch genügend Sicherheitsabstand zu den Grenzen 0,8 V bzw. 2,0 V vorhanden.

Im **High**-Zustand bei 2,0 V bleibt ein statischer Betriebsstrom von ca. 60 µA übrig. Dieser sinkt zwar bei höheren Eingangspegeln weiter ab, erreicht aber bei 2,4 V immer noch einen Wert von etwa 45 µA.

Abbildung 18.25 zeigt das Verhalten der Schaltung im Zeitbereich. Als Eingangsspannung wird ein Sinussignal der Frequenz 50 MHz verwendet. Es schwankt genau zwischen den Logikgrenzen 0,8 V und 2,0 V. Dabei zeigt sich, dass der eigentliche Schmitt-Trigger noch sicher **Low** und **High** erkennt, siehe Abbildung 18.25d, Ausgang „3". Der nachgeschaltete Inverter sorgt am Ausgang „Out" für etwas verbesserte Flankensteilheit.

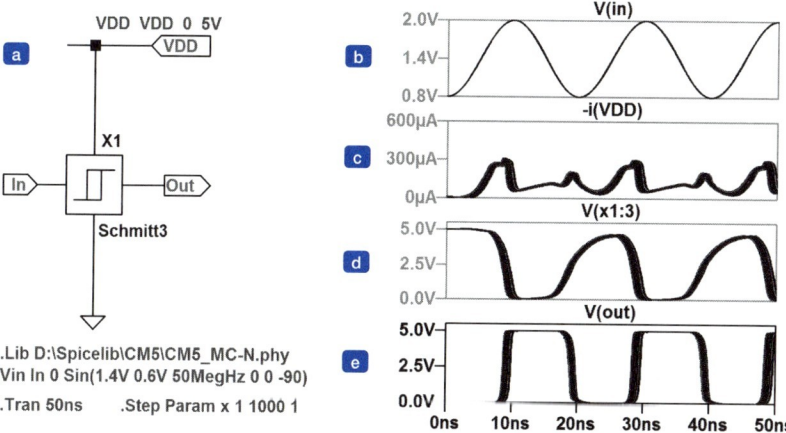

Abbildung 18.25: (CMOS25.asc) Zeitverhalten der Schmitt-Trigger-Schaltung nach Abbildung 18.23. (a) Simulationsschaltung. (b) Sinusförmige Eingangsspannung (Frequenz: 50 MHz). (c) Strom aus der Versorgungsquelle. (d) Ausgangssignal am „inneren" Knoten „3" vor dem Inverter in Abbildung 18.23. (e) Signal am Ausgangsknoten „Out".

Eine Schaltung, die ebenfalls Schmitt-Trigger-Verhalten zeigt und deren statischer Strombedarf jenseits der Logikpegelgrenzen relativ gering ist, wird von Yoo et al. [16] vorgeschlagen. Die angegebene Schaltung kommt zwar mit fünf Transistoren aus, doch haben alle einen Einfluss auf die beiden Schaltpunkte. In der genannten Arbeit sind Werte der geometrischen Abmessungen angegeben und auch Gleichungen für die Berechnung der Schaltpunkte. Da aber die dynamischen Eigenschaften nicht besser sind als die der in Abbildung 18.23 dargestellten Schaltung und sich auch die Dimensionierung etwas schwieriger gestaltet, wird hier auf eine weitere Beschreibung verzichtet.

18.4 Transfer- oder Transmission-Gate

Eine relativ einfache und zugleich wichtige Zelle ist das Transfer-Gate, häufig auch unter dem Namen **Transmission-Gate** bekannt. Es dient dazu, eine Verbindung zwischen zwei Schaltungsteilen herzustellen oder zu unterbrechen. Im Prinzip handelt es sich dabei um einen steuerbaren Schalter. Ähnlich wie bei der Verwendung von Relais können damit sehr vorteilhaft und platzsparend logische Verknüpfungen realisiert werden, siehe z. B. die Arbeit von D. Radhakrishnan et al. [18]. Im Folgenden soll jedoch das Transfer-Gate als eigenständige Schaltung vorgestellt werden. Abbildung 18.26 zeigt das Prinzip. Ein NMOS-Transistor M1 und ein PMOS-Transistor M2 sind parallel geschaltet und bilden den „Schalter". Ein einzelner Transistor, z. B. ein NMOSFET, würde nicht ausreichen. Wäre nämlich

Design und Layout digitaler Gatter in CMOS

das Eingangssignal im **High**-Zustand und erhielte auch das Gate des Transistors **High**-Signal, käme am Ausgang eine um die Threshold-Spannung des Transistors verringerte Spannung an. In analoger Weise reicht auch ein einzelner P-Kanal-FET nicht aus.

Simulation

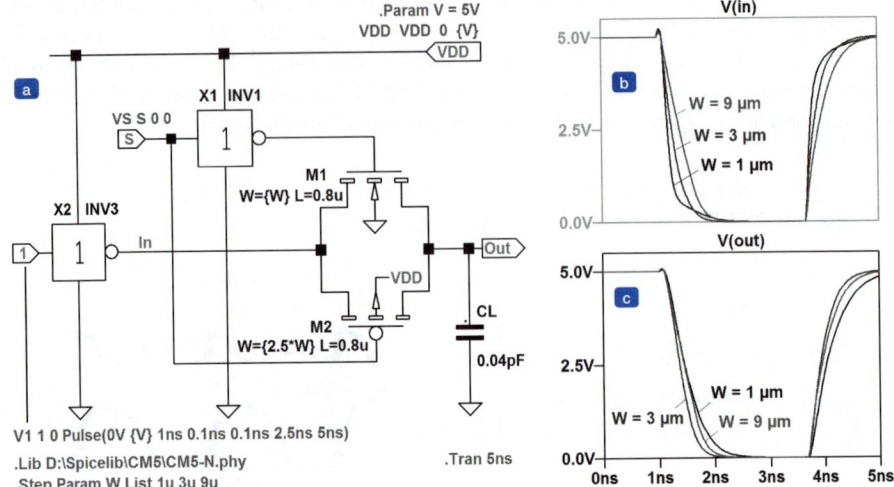

Abbildung 18.26: (CMOS26.asc) Das Transfer- oder Transmission-Gate besteht aus den beiden Transistoren M1 und M2 sowie dem Inverter X1. Der Inverter X2 dient hier nur zur Ansteuerung. (a) Schaltung. (b) Eingangssignal am Knoten „In". (c) Ausgangssignal.

Die Gates der Transistoren werden im Gegentakt angesteuert. Liegt am Steuereingang „S" **High**-Pegel an, ist der PMOSFET M2 gesperrt. Da der NMOSFET über den Inverter X1 angesteuert wird, erhält er **Low**-Signal und ist ebenfalls hochohmig. Wechselt dagegen das Signal am Steuereingang „S" auf **Low**, gehen die beiden Transistoren M1 und M2 in den leitenden Zustand über: Der Schalter ist geschlossen.

Bei analogen Schaltungen wird sorgfältig darauf geachtet, die Gate-Flächen der beiden Schalttransistoren einander anzugleichen, um während des Schaltens die Injektion von Ladungen gering zu halten. Das steht bei digitalen Anwendungen nicht im Vordergrund. Die beiden Transistoren M1 und M2 werden eher so ausgelegt, dass sie bei möglichst geringer Gate-Fläche die gleiche Leitfähigkeit aufweisen, ähnlich wie das vom Inverter her bekannt ist.

Wird ein Transfer-Gate am Ausgang kapazitiv belastet, stellt der MOS-Schalter wegen der inneren Kanalwiderstände zusammen mit dem Belastungskondensator CL ein R-C-Glied dar. Dadurch entstehen zeitliche Verzögerungen. Um sie klein zu halten, müssen die Kanalwiderstände der Transistoren entsprechen gering sein. Dies gelingt über ein größeres Verhältnis W/L. Das wiederum wirkt sich nachteilig auf die Eingangskapazität des Transmission-Gates aus. Um dies zu zeigen, ist in Abbildung 18.26a die Schaltung derart zur Simulation vorbereitet, dass die Kanalweite beider Transistoren gleichzeitig parametrisch geändert werden kann. Die kapazitive Belastung mit $C_L = 0{,}04\ pF$ entspricht etwa der Eingangskapazität von fünf parallel geschalteten Invertern des Typs „INV1". Wichtig bei solchen Untersuchungen ist auch eine annähernd realistische Ansteuerung des Einganges. Dies kann durch einen Innenwiderstand der Quelle V1 geschehen (etwa 2,7 kΩ). Hier wird aber ein Inverter des Typs „INV3" vorgesehen. Dieser hat einen ca. 2,8-fach größeren β-Wert als der Typ „INV1".

Das Simulationsergebnis zeigt deutlich den Einfluss der Kanalweite. Bei minimaler Kanalweite $W_1 = 1\ \mu m$ ($W_2 = 2{,}5\ \mu m$) ergibt sich eine Abfallzeit von $t_f \approx 0{,}7\ ns$. Bei Vergrößern der Kanalweite nimmt t_f zunächst ab, steigt dann aber wegen der größer werdenden Eingangskapazität wieder an.

18.5 Inverter mit Tri-State-Ausgang

Eine einfache Anwendung des Transmission-Gates ist die Verbindung mit einem normalen Inverter. Folgt z. B. einem Inverter ein Transfer-Gatter, siehe Abbildung 18.27a, entsteht ein Inverter, dessen Ausgang durch einen Select-Eingang „S" hochohmig geschaltet werden kann. Das Gleiche kann auch erreicht werden, wenn bei einem normalen Inverter mit jedem der beiden Transistoren ein weiterer in Reihe geschaltet wird und diese Transistoren durch ein Steuersignal am Eingang „S" gleichzeitig durchgeschaltet oder gesperrt werden können, siehe Abbildung 18.27b.

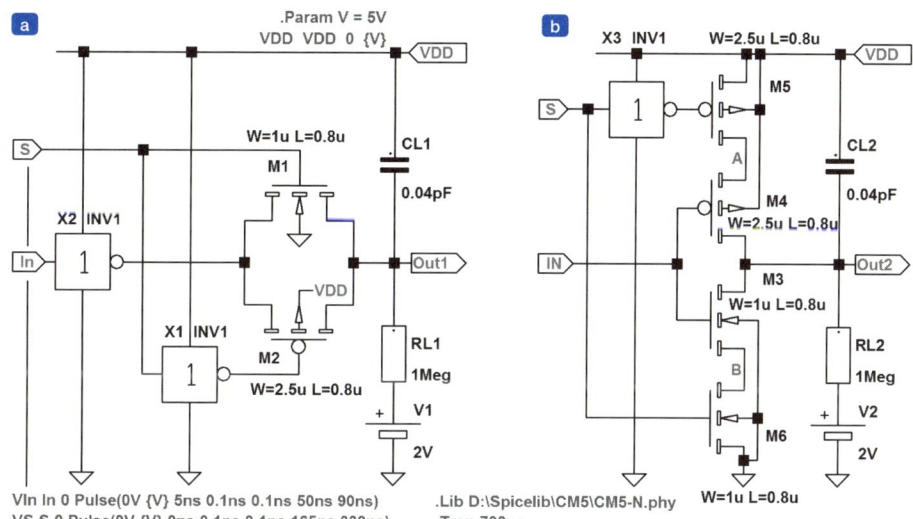

Abbildung 18.27: (CMOS27.asc) Zwei Tri-State-Inverter. (a) Verwendung eines Transfer-Gates am Ausgang. (b) Schalttransistoren in Reihe mit den Inverter-Transistoren. Die Kondensatoren CL1 und CL2 sowie die Widerstände RL1 und RL2 dienen nur als Ausgangsbelastung.

Beide Schaltungen sind in etwa gleichwertig und erfordern den gleichen Aufwand an Bauelementen (sechs Transistoren). Bezüglich des Energiebedarfs bei höheren Schaltfrequenzen ist jedoch die Version Abbildung 18.27b etwas günstiger, weil ein Inverter weniger schalten muss und deshalb die Verluste infolge der Querströme geringer sind.

Die beiden Schaltungen in Abbildung 18.27 sind zur Simulation vorbereitet. Um zu zeigen, dass die beiden Ausgänge wirklich hochohmig geschaltet werden können, ist jeweils ein R-C-Glied als Belastung vorgesehen. Die Widerstände RL1 bzw. RL2 liegen mit einem Ende an 2-V-Spannungsqellen. Im hochohmigen Zustand der Ausgänge sollten sich dann die Ausgangsspannungen entsprechend der Zeitkonstanten auf den Wert von $2V$ einstellen. Die Simulationsergebnisse sind in Abbildung 18.28 dargestellt. Obwohl das Zeitverhalten beider Schaltungen gleich erscheint, ist bei der Version Abbildung 18.28 b ein gewisser „kapazitiver

Durchgriff" zu beobachten. Das ist auch verständlich. Selbst wenn die beiden Transistoren M6 und M5 hochohmig geschaltet sind, bleiben die Sperrschichtkapazitäten an den Knoten „A" und „B" wirksam und halten die Potentiale dieser beiden Knoten vorübergehend fest. Deshalb erscheint am Ausgang ein kleiner Teil des **invertierten** Eingangssignals.

Simulation

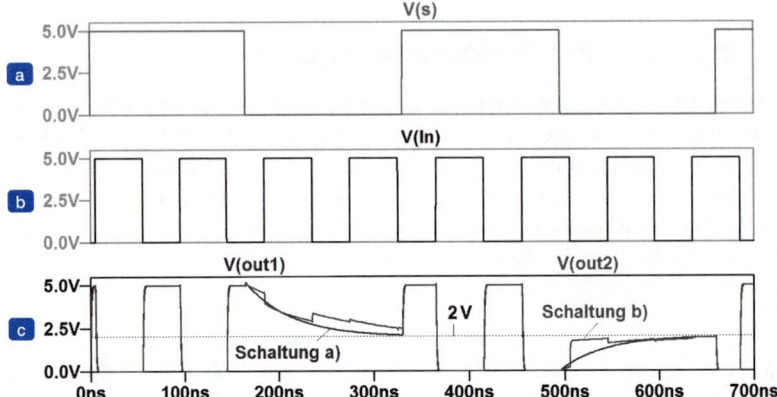

Abbildung 18.28: (CMOS27.asc) Simulationsergebnisse zu Abbildung 18.27. (a) Schaltsignal am Steuer-Eingang „S". (b) Dateneingang. (c) Ausgangssignale.

18.6   Das Exklusiv-ODER-Gatter (XOR)

Ein Transmission-Gate kann auch dazu verwendet werden, zusammen mit einem Inverter und zwei zusätzlichen Transistoren eine Exklusiv-ODER-Verknüpfung zu verwirklichen. Abbildung 18.29 zeigt eine realisierte Schaltung, gefertigt im CM5-Prozess.

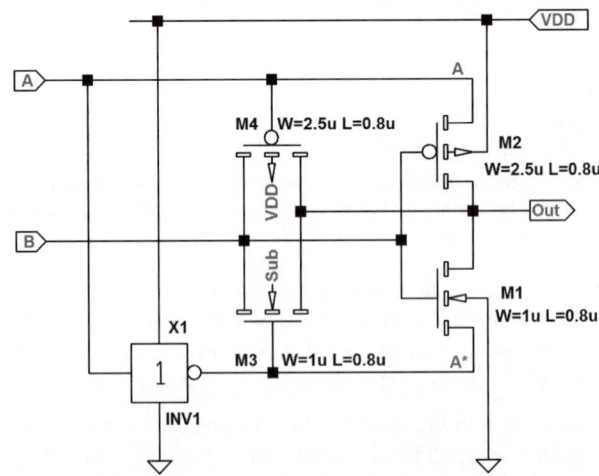

Abbildung 18.29: Einfaches Exklusiv-ODER-Gatter, Typ „XOR1".

18.6 Das Exklusiv-ODER-Gatter (XOR)

Liegen beide Eingänge auf 0, dann ist der Inverter-Ausgang „A*" **High** und die beiden Ausgangstransistoren M1 und M2 sind gesperrt, das Transfer-Gate M3, M4 aber durchgeschaltet. Der **Low**-Pegel des Eingangs „B" wird somit an den Ausgang „Out" weitergereicht. Wenn beide Eingänge auf **High**-Potential liegen, ist der „Schalter" hochohmig und der Ausgang wird über den Transistor M1 auf **Low** gezwungen. Anders ist die Situation, wenn z. B. Eingang „A" auf **High** bleibt, „B" aber **Low** wird. Dann schaltet der PMOS-Transistor M2 durch. Der Ausgang geht auf **High**. Wird dagegen „B" auf **High** gesetzt und „A" auf **Low**, wird der **High**-Pegel von „B" über das Transmission-Gate zum Ausgang weitergeleitet. Durch die beiden Transistoren M2 und M1 fließt dann kein Strom. Zusammenfassend liefert die Schaltung eine XOR-Verknüpfung:

$$Out = A \wedge \overline{B} \vee \overline{A} \wedge B \tag{18.68}$$

Zur Überprüfung der Schaltung wird eine Simulationsschaltung vorbereitet, siehe Abbildung 18.30a. Um eine realistische Ansteuerung der beiden Eingänge „A" und „B" zu gewährleisten, werden beiden Eingängen Inverter vorgeschaltet. In Abbildung 18.30b und Abbildung 18.30c ist dann deutlich die Rückwirkung des Gatters auf die Eingangssignale zu erkennen. Das ginge bei Verwendung idealer Signalquellen völlig unter.

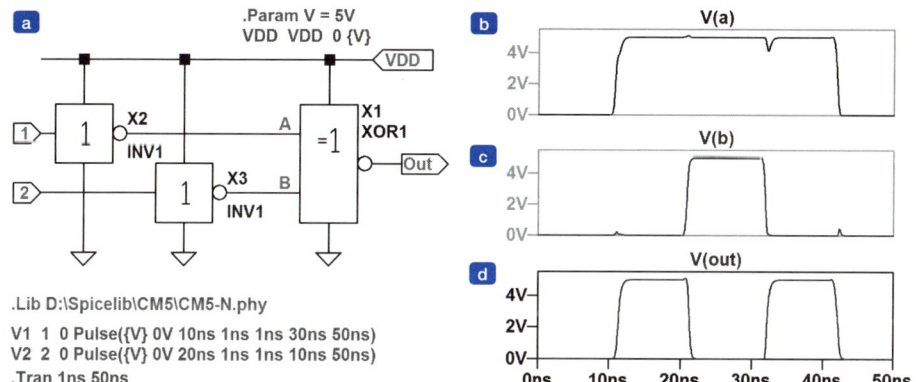

Abbildung 18.30: (CMOS30.asc) (a) Simulationsschaltung für das Exklusiv-ODER-Gate, Typ „XOR1"; die Ansteuerung erfolgt über die Inverter X2 und X3. (b) und (c) Eingangssignale. (d) Ausgangssignal des XOR-Gates.

Das Ausgangssignal des XOR-Gatters ist in Abbildung 18.30d wiedergegeben. Nur wenn die beiden Eingänge unterschiedliche Signale erhalten, liefert der Ausgang **High**-Pegel, wie dies von einem XOR-Gatter auch erwartet wird.

Eine XOR-Verknüpfung könnte, wie dies durch Gleichung (18.68) zum Ausdruck kommt, z. B. durch zwei AND-Gatter, zwei Inverter und ein OR-Gatter realisiert werden. Eine solche Lösung ist auf jeden Fall sehr viel aufwendiger. In praktischen Anwendungen wird deshalb die einfachere Schaltung nach Abbildung 18.29 bevorzugt.

Das Layout ist in Abbildung 18.31 wiedergegeben. Die Stellen, an denen p- und n-Gebiete direkt aneinandergrenzen (**P butting N**) und mit Metall überbrückt sind, sind wieder durch Pfeile markiert. Einzelheiten sind in der Tanner-Datei XOR1.tdb sehr viel besser zu erkennen

18 Design und Layout digitaler Gatter in CMOS

(Pfad: \Kapitel 18\Layout_18\XOR1.tdb). Auch diese Zelle passt in das Raster der schon erwähnten Digitalbibliothek CM5_Dig.tdb und ist auch in dieser enthalten. Flächenbedarf des XOR-Gatters: 15,6 µm × 26,4 µm; Verdrahtungs-Grid (für die Verlegung der Leitungen): 0,6 µm.

Layout

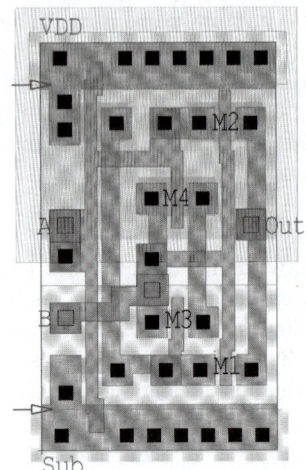

Abbildung 18.31: Layout des Exklusiv-ODER-Gatters, Typ „XOR1", entsprechend Abbildung 18.29.

18.7 NAND- und NOR-Gatter

Die logischen Verknüpfungen NAND und NOR können in der CMOS-Technik auf sehr einfache Weise dadurch realisiert werden, dass einer Serienschaltung von N-Kanal-Transistoren entsprechend viele parallel geschaltete PMOSFETs einander gegenüberstehen bzw. einer Parallelschalung von N-Kanal-Transistoren eine Serienanordnung von PMOSFETs. Am Beispiel von Zweieranordnungen soll dieses Prinzip zunächst erläutert, dann aber weiter verallgemeinert werden. Abbildung 18.32 zeigt die beiden Grundgatter NAND und NOR mit zwei Eingängen.

a Abbildung 18.32a: Nur wenn beide Eingänge auf **High**-Potential liegen, ziehen die beiden hintereinandergeschalteten **NMOS**-Transistoren M1 und M2 den Ausgang „Out" auf **Low** herunter. Dann sind die beiden P-Kanal-FETs M3 und M4 gesperrt. In allen anderen Fällen wird der Ausgang über mindestens einen der P-Kanal-FETs im **High**-Zustand gehalten. Es liegt also **NAND**-Verknüpfung vor.

Die andere Schaltung verhält sich wegen des **Dualitätsprinzips** genau anders:

b Abbildung 18.32b: Nur wenn beide Eingänge auf **Low**-Potential liegen, ziehen die beiden hintereinandergeschalteten **PMOS**-Transistoren M3 und M4 den Ausgang „Out" auf **High** hoch. Dann sind die beiden N-Kanal-FETs M1 und M2 gesperrt. In allen anderen Fällen wird der Ausgang über mindestens einen der N-Kanal-FETs im **Low**-Zustand gehalten. Es liegt also **NOR**-Verknüpfung vor.

18.7 NAND- und NOR-Gatter

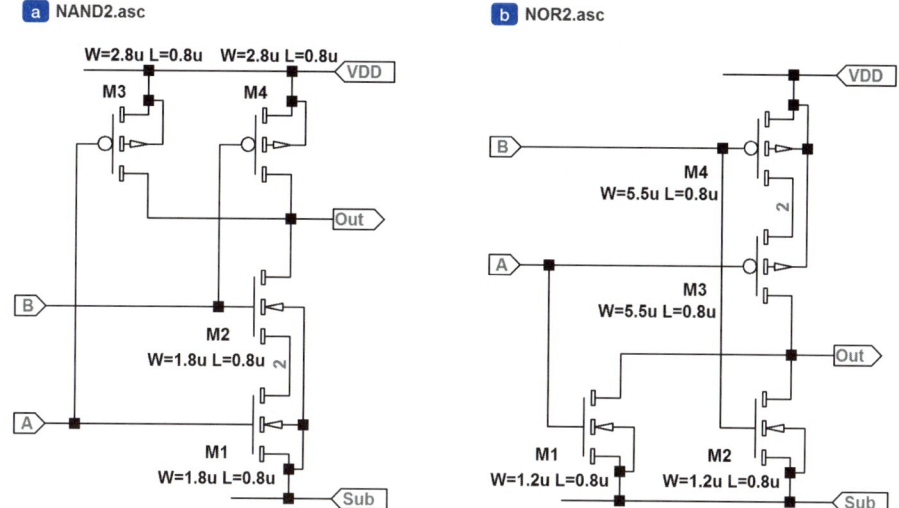

Abbildung 18.32: Einfache CMOS-Grundgatter. (a) 2-Input-NAND-Gate, Typ „NAND2". (b) 2-Input-NOR-Gate, Typ „NOR2".

Durch eine einfache Simulationsschaltung, siehe Abbildung 18.33a, kann dies verdeutlicht werden. Die Ergebnisse sind in Abbildung 18.33d und Abbildung 18.33e dargestellt.

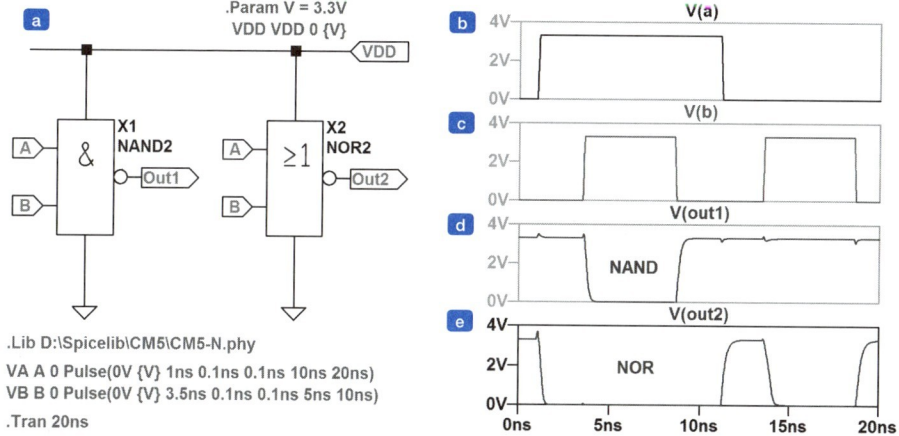

Abbildung 18.33: (CMOS33.asc) Simulation der CMOS-Grundgatter entsprechend Abbildung 18.32. (a) Simulationsschaltung. (b) und (c) Eingangssignale. (d) Ausgangssignal des NAND-Gatters Typ „NAND2". (e) Ausgangssignal des NOR-Gatters Typ „NOR2"

Durch sukzessive Erweiterung können die in Abbildung 18.32 vorgestellten Schaltungen auch drei oder gar vier Eingänge erhalten. Abbildung 18.34 zeigt z. B. ein NAND- und ein NOR-Gatter, jeweils mit **drei** Eingängen. Auffällig ist, dass in den Gattern mit drei Eingängen andere Bauteilwerte eingetragen sind als in denen mit nur zwei Eingängen. Die Frage ist also: Wie werden die Bauteilabmessungen ermittelt?

18 Design und Layout digitaler Gatter in CMOS

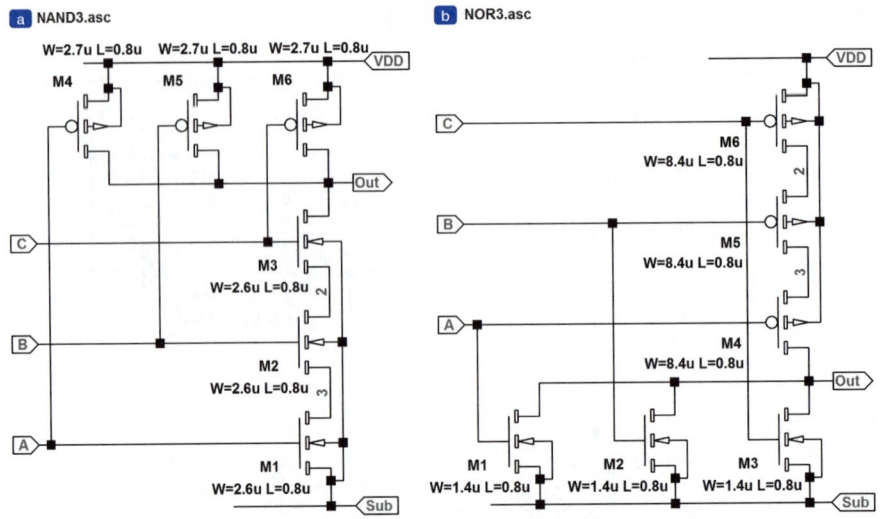

Abbildung 18.34: CMOS-Gatter mit drei Eingängen. (a) 3-Input-NAND-Gate, Typ „NAND3". (b) 3-Input-NOR-Gate, Typ „NOR3".

Die Standardmethode geht davon aus, dass sich die Leitfähigkeit der PMOS-Gruppe beim Schalten um den gleichen Betrag ändert wie die des NMOS-Blockes. Dies ist vergleichbar mit dem Inverter-Entwurf. Demnach müssten z. B. bei einem 3-Input-NAND-Gatter die drei in Serie geschalteten NMOS-Transistoren wegen der dreifach größeren Kanallänge eine etwa um denselben Faktor größere Kanalweite erhalten als der Transistor eines **äquivalenten Inverters**. Die Weiten der drei parallel geschalteten PMOSFETs könnten dagegen gleich denen des **äquivalenten Inverters** gewählt werden. Analog dazu wären die Abmessungen eines NOR-Gatters mit drei Eingängen zu ermitteln, nur dass hier die drei in Serie geschalteten PMOSFETs um den Faktor drei in der Weite zu vergrößern wären. Diese Methode führt rasch zu einem brauchbaren Ergebnis.

> **Hinweis**
>
> Da die Weiten der P-Kanal-Transistoren wegen der geringeren Löcherbeweglichkeit stets um den Faktor zwei bis drei gegenüber denen der NMOSFETs vergrößert werden müssen, ist die gesamte Gate-Fläche bei NOR-Gattern erheblich größer ist als bei NAND-Gattern. Deshalb sollten NAND-Gatter bevorzugt eingesetzt werden!

Zur Überprüfung der ermittelten Werte und zu einer gewissen Korrektur bietet sich eine Simulation mit SPICE an. Dazu werden sowohl der **High-Low**- als auch der **Low-High**-Übergang des Ausganges, ausgelöst von nur **einem einzelnen** Eingang, beobachtet. Die Flankensteilheit wird mit der eines **Referenzinverters** verglichen. Stimmen die Zeitverläufe einigermaßen überein, ist die Dimensionierung in Ordnung. Korrekturen können eventuell noch vorgenommen werden. Dies soll am Beispiel eines 3-Input-NAND-Gates kurz angedeutet werden.

18.7 NAND- und NOR-Gatter

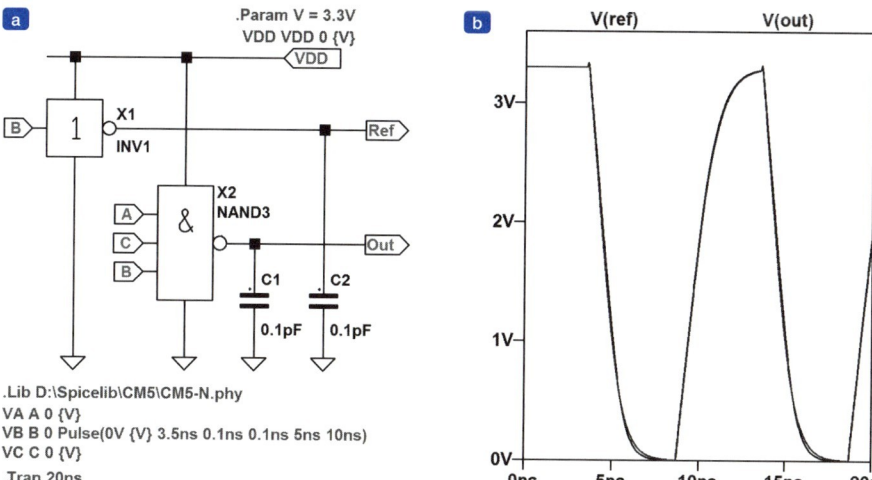

Abbildung 18.35: (CMOS35.asc) Vergleich des Zeitverhaltens eines CMOS-Gatters mit einem „Referenzinverter". (a) Simulationsschaltung. (b) Simulationsergebnis.

In der hierarchischen Simulationsschaltung Abbildung 18.35a werden das zu untersuchende Gatter X2 und ein Referenzinverter X1 mit demselben Signal angesteuert, um das Zeitverhalten beider miteinander vergleichen zu können. Der Prüfling erhält aber nur an **einem** seiner Eingänge das zeitabhängige Signal. Beide Schaltungen werden jeweils mit einem Kondensator gleichen Wertes belastet. Zeigt dann der Prüfling eine ähnliche Flankensteilheit wie der Inverter, ist die Dimensionierung in Ordnung. Anderenfalls werden die Abmessungen des Gatters versuchsweise variiert, bis die Zeitverläufe einigermaßen übereinstimmen. Dies ist keine wissenschaftliche Methode! Sie liefert dafür aber in recht kurzer Zeit ein brauchbares Resultat. Anschließend wird noch überprüft, ob auch beim Anlegen der Pulsfunktion an die anderen Eingänge die Zeitverläufe passen. Diese von einem Studenten während einer Semesterarbeit vorgeschlagene Methode hat zu den in den Schaltbildern Abbildung 18.32 und Abbildung 18.34 eingetragenen Werten geführt. Ein Beispiel zu der gerade beschriebenen Prozedur:

Beispiel

Anfangswerte: Als Referenzinverter werde der Typ „INV1" gewählt. Dessen NMOS-Transistor hat die Kanalweite $W_N = 1$ μm, der PMOSFET $W_P = 2,5$ μm. Demnach muss das 3-Input-NAND-Glied die folgenden Maße erhalten: $W_N = 3$ μm, $W_P = 2,5$ μm.

Aufgrund der Simulation kann die Kanalweite der drei NMOSFETs auf einen Wert von $W_N = 2,6$ μm verringert werden. Die Kanalweite der PMOS-Transistoren muss dagegen etwas vergrößert werden, um eine mit dem Inverter „INV1" vergleichbare Anstiegszeit t_r zu erzielen: $W_P = 2,7$ μm. Dies sind die Werte, die im Schaltplan Abbildung 18.34a eingetragen sind.

Bei einem Gate mit mehreren Eingängen sind entweder auf der N- oder auf der P-Kanalseite entsprechend viele Transistoren in Serie zu schalten. Die kapazitiven Knotenbelastungen durch die Drain- und Source-Flächen wirken sich ungünstig auf das Zeitverhalten aus und auch der Body-Effekt hat einen negativen Einfluss. Nach einem Vorschlag von Shoji [28] kann es sinnvoll sein, die Kanalweiten dieser Transistoren nicht gleich, sondern **gestaffelt** zu gestalten. Nahe der Rails, GND bzw. VDD, erhalten die Elemente etwas größere Weiten mit monoton abnehmenden Werten in Richtung Ausgangsknoten. Delay-Zeit-Verkürzungen von deutlich mehr als 10 % können auf diese Weise erzielt werden.

18.7.1 Layout

Die Layouts der vorgestellten Gatter sollen wieder in das gleiche Schema passen, das von den bereits entworfenen digitalen CMOS-Zellen her bekannt ist. Somit ist die Zellhöhe mit 26,4 µm festgelegt und das Verdrahtungs-Grid (für die Verlegung der Leitungen) beträgt 0,6 µm. Die Breite der Zelle resultiert dann aus dem erforderlichen Platzbedarf. Sie soll aber ganze Vielfache von 1,2 µm betragen. Die zwei bzw. drei PMOS-Transistoren können in einer gemeinsamen N-Well-Wanne in unmittelbarer Nähe der VDD-Rail untergebracht werden. In Abbildung 18.36 sind die Layouts der vier Zellen wiedergegeben. Man findet sie auch in der Layout-Datei NAND_NOR.tdb (Pfad: \Kapitel 18\Layout_18\). Die Stellen, an denen p- und n-Gebiete direkt aneinandergrenzen (**P butting N**) und deshalb laut Design-Rule mit Metall überbrückt sein müssen, sind mit Pfeilen markiert.

Layout

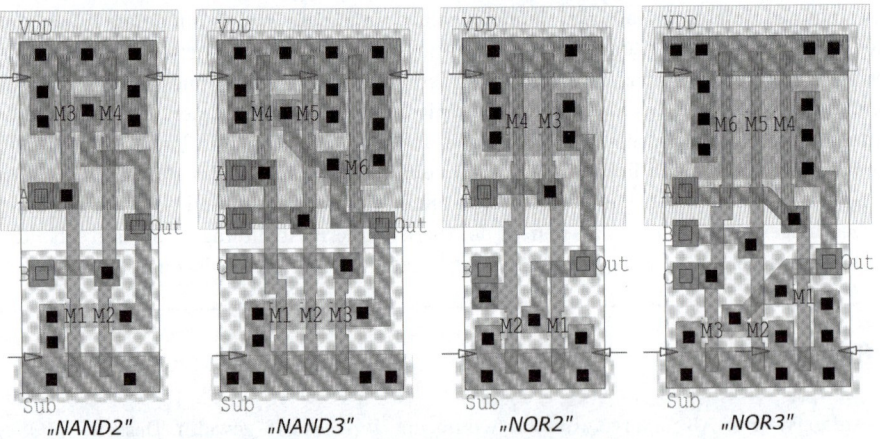

Abbildung 18.36: NAND- und NOR-Gatter mit zwei und drei Eingängen, gefertigt im Prozess CM5.

Platzbedarf der Gatter: „NAND2": 10,8 µm × 26,4 µm; „NAND3": 14,4 µm × 26,4 µm; „NOR2": 10,8 µm × 26,4 µm; „NOR3": 14,4 µm × 26,4 µm. Auch diese Zellen können direkt aneinandergereiht werden. Die Eingänge können sowohl von vorne über die beiden Metall-Layer MET1 und MET2 als auch vertikal über POLY1 angeschlossen werden. Obwohl vergleichbare NOR- und NAND-Gates auf dem Chip gleiche Flächen beanspruchen, sind die Gate-Flächen der NOR-Gatter doch erheblich größer als die der NAND-Gatter. Das kommt in den Layouts besonders gut zum Ausdruck. Größere Gate-Flächen bedeuten größere Lastkapazitäten für die treibenden Schaltungsteile und erfordern damit entweder „stärkere" Treiber oder es muss eine geringere Flankensteilheit und eine höhere Delay-Zeit in Kauf genommen werden. Da die NOR-Gates insgesamt mehr Gate-Fläche als die NAND-Gatter beanspruchen, besonders wenn die Zahl der Eingänge größer wird, sollten NOR-Gatter möglichst nicht mehr als vier Eingänge erhalten. Aber auch bei NAND-Gates sind mehr als fünf Eingänge nicht wirtschaftlich.

Wenn das Layout einer Schaltung fertiggestellt ist, müssen noch die geometrischen Daten A_D und P_D sowie A_S und P_S der Drain- und Source-Gebiete ermittelt werden. Diese sind dann in der Simulationsschaltung den Bauelementen als zusätzliche Attribute hinzuzufügen. Anschließend sollte nochmals eine Simulation erfolgen. Dabei kann sich herausstellen, dass die zuvor ermittelten Kanalweiten noch geringfügig zu korrigieren sind.

18.7.2 Zeitverhalten

Für die Abschätzung der Anstiegs- bzw. Abfallzeit t_{rf} und der Delay-Zeit t_d können die vom Inverter her bekannten Näherungsbeziehungen (18.28) und (18.31) verwendet werden. Benötigt wird neben der wirksamen Lastkapazität C_L, die am besten aus einer zu Abbildung 18.9 analogen Ersatzschaltung ermittelt wird, der Steilheitsparameter β. Von den parallel geschalteten Transistoren sind bis auf einen schaltenden Transistor alle gesperrt und damit praktisch unwirksam. Der β-Wert des schaltenden Transistors aus dieser Gruppe kann unverändert eingesetzt werden. Bei den in Serie geschalteten Transistoren ist die Ermittlung von β etwas komplizierter und kann nur grob erfolgen. Es ist nämlich zu berücksichtigen, dass wegen der Reihenschaltung der Body-Effekt wirksam wird. Trotzdem kann als grober Schätzwert der β-Wert eines Transistors herangezogen werden; sein Wert muss jedoch durch die Zahl der insgesamt in Serie liegenden Transistoren dividiert werden.

> **Beispiel**
>
> Das 3-Input-NAND-Gatter vom Typ „NAND3" entsprechend Abbildung 18.34a werde am Ausgang mit einer Kapazität von $C_L = 0{,}1\ pF$ belastet, siehe Abbildung 18.35a. Mit welcher Anstiegs- bzw. Abfallzeit t_r bzw. t_f ist zu rechnen, wenn die Versorgungsspannung $V_{DD} = 3{,}3\ V$ beträgt? Verwendeter Prozess: CM5.
>
> Prozessdaten: $K_{P,N} = 80\ \mu A/V^2$, $K_{P,P} = 28\ \mu A/V^2$, $L = 0{,}8\ \mu m$;
> Threshold-Spannungen: $V_{Th,N} \approx -V_{Th,P} \approx 850\ mV$ (Mittelwert).
>
> Geometrische Daten: $W_N = 2{,}6\ \mu m$; $W_P = 2{,}7\ \mu m$; $L_N = L_P = 0{,}8\ \mu m$.
>
> Drei PMOS-Transistoren sind parallel geschaltet. Sie definieren im Wesentlichen die Anstiegszeit t_r. Da nur ein Transistor schaltet, die beiden anderen aber gesperrt sind, gilt einfach:
>
> $$\beta_{P,eff} = \beta_P = \frac{1}{2} \cdot K_{P,P} \cdot \frac{W_P}{L_P} = \frac{28\ \mu A/V^2}{2} \cdot \frac{2{,}7\ \mu m}{0{,}8\ \mu m} = 47{,}3\ \frac{\mu A}{V^2}$$
>
> Drei N-Kanal-Transistoren sind in Reihe geschaltet. Der Ausgang wird durch **einen** schaltenden N-Kanal-Transistor nach „unten" gezogen; die beiden anderen sind bereits durchgeschaltet. Der β-Wert ist durch 3 zu dividieren. Folglich gilt näherungsweise:
>
> $$\beta_{N,eff} \approx \frac{\beta_N}{3} = \frac{1}{2 \cdot 3} \cdot K_{P,N} \cdot \frac{W_N}{L_N} = \frac{80\ \mu A/V^2}{6} \cdot \frac{2{,}6\ \mu m}{0{,}8\ \mu m} = 43{,}3\ \frac{\mu A}{V^2}$$

Für die Berechnung der Zeiten mittels Gleichung (18.28) wird noch die Größe α benötigt: $\alpha = V_{Th}/V_{DD} \approx 0{,}258$. Damit wird

$$t_r \approx \frac{1}{0{,}65 - 0{,}8 \cdot \alpha} \cdot \frac{C_L}{\beta_{P,\text{eff}} \cdot V_{DD}} = \frac{0{,}1\ pAs/V}{(0{,}65 - 0{,}8 \cdot 0{,}258) \cdot 47{,}3\ \mu A/V^2 \cdot 3{,}3\ V} = 1{,}4\ ns \quad (18.28)$$

$$t_f \approx \frac{1}{0{,}65 - 0{,}8 \cdot \alpha} \cdot \frac{C_L}{\beta_{N,\text{eff}} \cdot V_{DD}} = \frac{0{,}1\ pAs/V}{(0{,}65 - 0{,}8 \cdot 0{,}258) \cdot 43{,}3\ \mu A/V^2 \cdot 3{,}3\ V} = 1{,}6\ ns$$

Die Simulation liefert zum Vergleich $t_r \approx 2{,}5\ ns$ und $t_f \approx 2{,}1\ ns$, siehe Abbildung 18.35. Diese Werte sind höher, da bei der Simulation das BSIM-3-Modell verwendet wurde, der Berechnung hingegen das einfache Level-1-Modell zugrunde liegt. Außerdem sind bei der Simulation die parasitären Kapazitäten mit erfasst. Vergleiche dieses Ergebnis auch mit der Inverter-Simulation (Abbildung 18.6 und Tabelle 18.1).

Aufgabe

Verwenden Sie in der Simulationsschaltung Abbildung 18.35 statt des genauen BSIM-3-Modells das einfache Level-1-Modell mit den Werten $K_P = 80\ \mu A/V^2$, $V_{Th} = 850\ mV$ für den N-Kanal-FET und $K_P = 32\ \mu A/V^2$, $V_{Th} = -850\ mV$ für den PMOS-Transistor. Führen Sie die Simulation durch und bestimmen Sie die Zeiten t_r und t_f aus dem Plot. Vergleichen Sie die gefundenen Werte mit den Ergebnissen aus Gleichung (18.28). Eine vorbereitete Simulationsdatei ist im Ordner „Schematic_18" zu finden: CMOS35a.asc.

18.8 Verallgemeinerte CMOS-Gate-Strukturen

Der vorangegangene Abschnitt hat gezeigt, wie durch eine Gruppe von N-Kanal-Transistoren, die mit einem PMOS-Block zusammengeschaltet wird, die logischen Verknüpfungen NAND und NOR entstehen. Dieses Prinzip kann als **aufgefächerter Inverter** aufgefasst und noch weiter verallgemeinert werden. Man spricht auch von AND-OR-INVERT-Logik (AOI-Logik). Dies soll durch Abbildung 18.37 veranschaulicht werden:

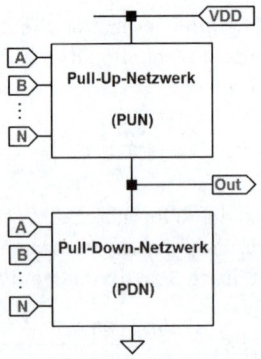

Abbildung 18.37: Verallgemeinerte CMOS-Gate-Struktur in AND-OR-INVERT-Technik (AOI) mit den Eingängen A, B, ... N.

18.8 Verallgemeinerte CMOS-Gate-Strukturen

Der **aufgefächerte Inverter** besteht aus einem „Pull-Down-Netzwerk" (PDN), das nur N-Kanal-FETs enthält, und aus einem „Pull-Up-Netzwerk" (PUN), das nur mit P-Kanal-Transistoren aufgebaut ist. Zunächst soll das Pull-Down-Netzwerk betrachtet werden. Hierzu enthält Abbildung 18.38 drei einfache Beispiele:

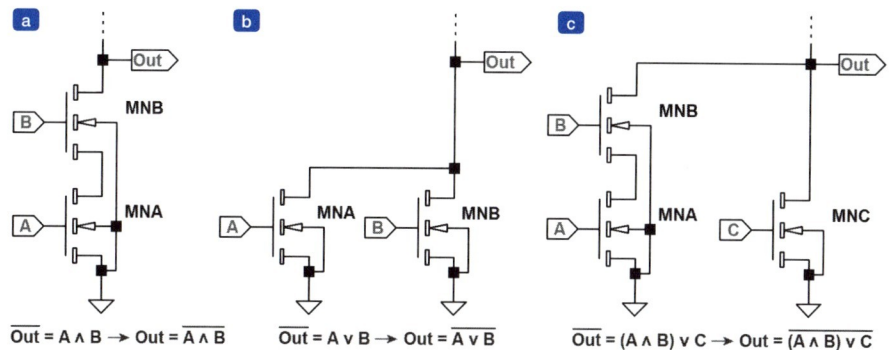

Abbildung 18.38: Drei einfache Pull-Down-Netzwerke: (a) NAND-Verknüpfung; (b) NOR-Verknüpfung; (c) die NAND-Verknüpfung der Eingänge „A" und „B" ist mit dem dritten Eingang „C" NOR-verknüpft. Der Ausgang erscheint stets invertiert!

In Abbildung 18.38a wird der Eingang nur auf **Low** heruntergezogen, wenn beide Eingänge an **High**-Potential liegen. Dies entspricht einer NAND-Verknüpfung, wie sie vom vorhergehenden Abschnitt bekannt ist. Analog dazu wird durch Abbildung 18.38b die schon bekannte NOR-Verknüpfung dargestellt. In Abbildung 18.38c geht der Ausgang auf **Low**, wenn entweder die beiden Eingänge „A" und „B" an **High** liegen **oder** wenn „C" **High**-Pegel erhält.

Die Frage ist nun, wie die zugehörigen Pull-Up-Netzwerke mit PMOS-Transistoren aussehen müssen. Die Lösung folgt aus dem Satz von De Morgan:

a) $\overline{Out} = A \wedge B \rightarrow Out = \overline{A} \vee \overline{B};$ b) $\overline{Out} = A \vee B \rightarrow Out = \overline{A} \wedge \overline{B};$ (18.69)

c) $\overline{Out} = (A \wedge B) \vee C \rightarrow Out = (\overline{A} \vee \overline{B}) \wedge \overline{C}$

Die durch die Gleichungen (18.69) ausgedrückten Ergebnisse sind in Abbildung 18.39 dargestellt.

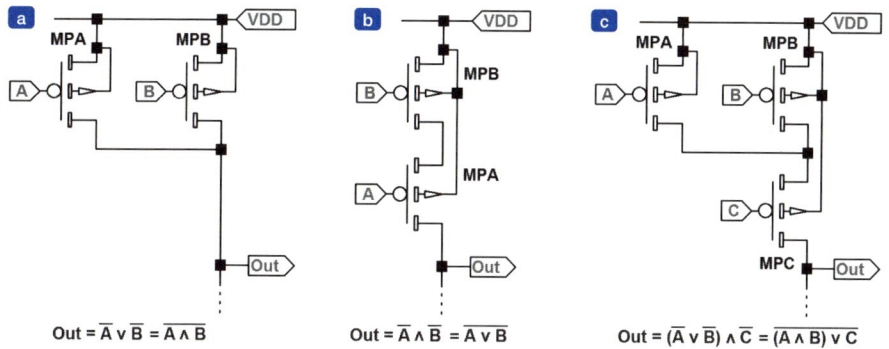

Abbildung 18.39: Zu Abbildung 18.38 passende Pull-Up-Netzwerke (PUN).

Die ersten beiden Beispiele führen zu den bereits bekannten Gatterschaltungen NAND und NOR. Wird das Beispiel Abbildung 18.39c hinzugenommen, dann werden sofort die allgemeinen Bildungsregeln zum Erstellen logischer CMOS-Gate-Strukturen in der AOI-Technik (AND-OR-INVERT) erkennbar:

> **Hinweis**
>
> **Bildungsregeln für logische AOI-Schaltungen:**
>
> 1. Es wird eine AOI-Schaltung entsprechend Abbildung 18.37 erstellt.
> 2. Die Eingänge des Pull-Down-Netzwerkes (PDN) werden mit denen des Pull-Up-Netzwerk (PUN) verbunden.
> 3. Das PDN besteht nur aus N-Kanal-Transistoren.
> 4. Das PDN wird so entworfen, dass es die geforderte logische Funktion erfüllt.
> 5. Das PUN enthält nur PMOSFETs.
> 6. Das PUN ist stets das Komplement zum PDN, d. h., aus Reihenschaltungen im PDN werden Parallelschaltungen im PUN und aus Parallelschaltungen im PDN werden Serienschaltungen im PUN.

18.8.1 Dimensionierung

Die Dimensionierung erfolgt wieder in Anlehnung an das Zeitverhalten eines **Referenzinverters**. Obwohl es prinzipiell gleichgültig ist, womit man anfängt, wird hier mit der Festlegung der Kanalweiten im PDN begonnen. Liegt ein N-Kanal-Transistor direkt zwischen dem Ausgang und Masse, erhält er die Weite des Referenzinverters. Parallel geschaltete Transistoren erhalten untereinander gleiche Kanalweiten. Bei Serienschaltungen müssen die Kanalweiten der betroffenen Transistoren vergrößert werden. Da der Kanalwiderstand zum Kehrwert der Kanalweite proportional ist, gilt unter der Voraussetzung gleicher Kanallängen aller Transistoren bei Serienschaltung:

$$\frac{1}{W_{N1}} + \frac{1}{W_{N2}} + \ldots = \frac{1}{W_N} \tag{18.70}$$

Hierin sind W_{N1}, W_{N2}, ... die Weiten der in Reihe geschalteten Transistoren und W_N ist die des Referenzinverters. Bei zwei in Reihe geschalteten Transistoren wird die Kanalweite der zwei Transistoren verdoppelt, bei drei hintereinandergeschalteten Transistoren verdreifacht usw. Etwas schwieriger wird es bei gemischten Serienschaltungen. Auch hier wird davon ausgegangen, dass der Widerstand der Reihenschaltung dem des Referenzinverters entsprechen soll. Zur Dimensionierung wird also Gleichung (18.70) heranzuziehen sein. Dies wird am besten an einem Beispiel verdeutlicht, siehe unten.

Beim PUN wird genauso vorgegangen. Wegen des Beweglichkeitsunterschiedes zwischen Elektronen und Löchern müssen allerdings die Kanalweiten der P-Kanal-Transistoren stets um den Faktor 2 ... 3 gegenüber denen der NMOSFETs vergrößert werden.

18.8 Verallgemeinerte CMOS-Gate-Strukturen

Die Abmessungen können anschließend unter Zuhilfenahme des Simulators SPICE noch optimiert werden.

Ähnlich wie bei den Standardgattern kann es auch bei den allgemeinen AOI-Schaltungen sinnvoll sein, die Kanalweiten der in Serie geschalteten Transistoren nicht gleich, sondern **gestaffelt** zu gestalten [28]. Nahe der Rails, GND bzw. VDD, erhalten die Elemente etwas größere Weiten mit monoton abnehmenden Werten in Richtung Ausgangsknoten.

Beispiel AOI-Dimensionierungsbeispiel:

Aufgabe

Realisiert werden soll die Verknüpfung

$$Out = A \wedge (B \vee (C \wedge D)) \tag{18.71}$$

Realisierung

Der Referenzinverter, an den das Zeitverhalten anzupassen ist, möge die Kanalweiten $W_N = 1\ \mu m$ und $W_P = 2.5\ \mu m$ haben. Die Kanallängen seien einheitlich $L = 0{,}8\ \mu m$.

Es ist oft sinnvoll, einer komplexen AOI-Schaltung einen Standard-Inverter nachzuschalten. Folglich muss das PDN die invertierte Funktion erfüllen:

$$\overline{Out} = A \wedge (B \vee (C \wedge D)) \tag{18.72}$$

Zunächst wird das PDN geplant. Die UND-Verknüpfung der beiden Eingänge „C" und „D" erfordert zwei in Reihe geschaltete N-Kanal-Transistoren. Parallel dazu – wegen der ODER-Verknüpfung mit „B" – wird ein Transistor geschaltet, an dessen Gate der Eingang „B" gelegt wird. Zur Gruppe dieser drei Transistoren ist wegen der UND-Verknüpfung mit dem Eingang „A" noch ein Transistor in Serie zu schalten. Somit kann das PDN entworfen werden. Das PUN liegt damit ebenfalls fest. Abbildung 18.40 zeigt den Entwurf der fertigen Schaltung.

Würde man die logische Verknüpfung mit Standardgattern realisieren wollen, wäre z. B. ein Inverter für den Eingang „B" vorzusehen und drei 2-Input-NAND-Gates und zum Abschluss ein weiterer Inverter (CMOS40b.asc):

$$Out = A \wedge (B \vee (C \wedge D)) = A \wedge \left(\overline{\overline{B} \wedge \overline{(C \wedge D)}}\right) = A \wedge \overline{\left(\overline{B} \wedge \overline{(C \wedge D)}\right)} \tag{18.73}$$

Das wären insgesamt sechs Transistoren mehr, als die AOI-Lösung beansprucht!

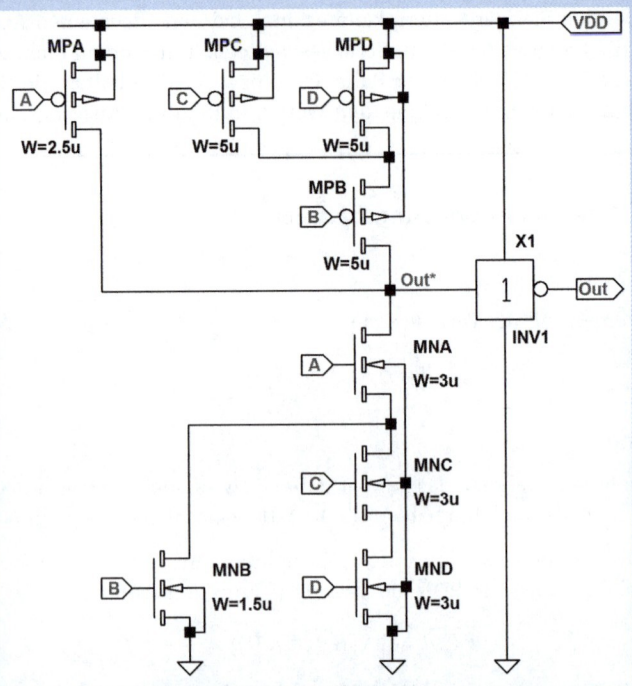

Abbildung 18.40: (CMOS40.asc, CMOS40a.asc) Entwurf der Schaltung in AOI-Technik mit eingetragenen Kanalweiten und nachgeschaltetem Inverter.

Zur Dimensionierung

Im PDN liegen die drei Transistoren MNA, MNC und MND in Serie. Folglich erhalten alle drei eine Kanalweite, die um den Faktor drei gegenüber der des Referenzinverters zu vergrößern ist, also $W_{MNA} = W_{MNC} = W_{MND} = 3 \cdot 1\,\mu m$. Etwas komplizierter ist die Wahl der Weite W des Transistors MNB. Da er mit nur einem weiteren Transistor in Reihe liegt, nämlich mit MNA, könnte man auf die Idee kommen, seine Kanalweite gegenüber der des Referenzinverters zu verdoppeln. Insgesamt braucht aber die Reihenschaltung von MNB und MNA nur die Leitfähigkeit des Referenzinverters zu erreichen. Folglich gilt:

$$\frac{1}{W_{MNB}} + \frac{1}{W_{MNA}} = \frac{1}{W_N} \quad \rightarrow \quad W_{MNB} = \frac{1}{\frac{1}{W_N} - \frac{1}{W_{MNA}}} = \frac{1}{\frac{1}{1\,\mu m} - \frac{1}{3\,\mu m}} = 1{,}5\,\mu m \tag{18.74}$$

Die Festlegung der Weiten im PUN ist in diesem Beispiel einfach: Der Transistor MPA liegt direkt zwischen dem Ausgang „Out" und „VDD"; er erhält die Weite des Referenzinverters. Die Transistoren MPB und MPD sind in Reihe geschaltet. Ihre Werte sind zu verdoppeln. Da MPC direkt parallel zu MPD liegt, erhalten beide die gleichen Werte.

18.8.2 Layout der AOI-Schaltungen

Prinzipiell können AOI-Schaltungen nach den gleichen Regeln entworfen werden wie z. B. die in Abbildung 18.36 dargestellten Standardgatter. Auch die AOI-Schaltungen erhalten am besten vertikale Gate-Streifen. Dann können die Verbindungen innerhalb der Schaltung mit horizontal verlaufenden Metallleitungen ausgeführt werden. Bei komplexen Verknüpfungen kann zusätzlich noch der zweite Metall-Layer eingesetzt werden. In vielen Fällen ist es sinnvoll, die AOI-Schaltungen abstandskompatibel zu den Standardgattern zu gestalten. Dann können beide Schaltungsarten direkt nebeneinander verwendet werden.

Drei verschiedene Layout-Konzepte sollen einander gegenübergestellt werden. Das erste geht von der zuvor besprochenen Dimensionierung der Transistorabmessungen aus, die sich an die Anpassung an einen **Referenzinverter** anlehnt. Die Transistoren erhalten **individuelle** Abmessungen. Wird hingegen auf solch eine Anpassung verzichtet und werden stattdessen für alle NMOSFETs dieselben Abmessungen vorgesehen, können Zellen mit einer Anzahl fest platzierter Standardtransistoren gefertigt werden, die später **anwendungsspezifisch** „verdrahtet" werden können. Die P-Kanal-Transistoren werden selbstverständlich genauso standardisiert. Ihre Kanalweiten werden nur um den Faktor zwei bis drei vergrößert. Auch die dritte Methode verzichtet auf individuelle Transistoren. Im Vordergrund steht vielmehr, mit möglichst wenig Chipfläche auszukommen. Bei der Reihenschaltung zweier Transistoren ist der Drain-Anschluss des einen Transistors mit Source des anderen verbunden. Bei geschickter Anordnung oder Reihenfolge der Gate-Streifen kann auf einen horizontalen Abstand zwischen zwei benachbarten Transistoren verzichtet werden. Alle N-Kanal-Transistoren können dann ein gemeinsames Aktiv-Area-Gebiet erhalten. Damit auch die darüber angeordneten PMOSFETs in das Schema passen und die Gate-Streifen senkrecht ohne „Knick" verlegt werden können, ist die Reihenfolge sehr sorgfältig zu überlegen! Wie diese Reihenfolge ermittelt werden kann, wird von T. Uehara et al. [19] beschrieben. Der Schaltplan wird durch einen Graphen abstrahiert: Die parallel bzw. in Reihe geschalteten Transistoren werden nur durch Linien (Zweige) angedeutet. Die Anordnung muss mit der im Schaltplan übereinstimmen. Beide Netzwerke, PDN und PUN, werden getrennt dargestellt. Die **komplementäre** Beziehung der beiden zueinander wird dabei berücksichtigt. Da diese Vorgehensweise ideal zum Sparen von Chipfläche eingesetzt werden kann, soll sie im *Abschnitt 18.8.3* an einem Beispiel etwas näher erläutert werden. Zunächst wird das AOI-Netzwerk jedoch zum Vergleich nach der Standardmethode entworfen.

Beispiel

Realisiert werden soll die Verknüpfung

$$Out = \left[\left(A \vee (B \wedge C)\right) \wedge (D \vee E)\right] \wedge F \tag{18.75}$$

Löst man diesen Ausdruck auf, dann sind vier UND-Verknüpfungen zu erkennen, nämlich zwischen den Variablen B, C, D und F bzw. B, C, E und F. Das führt zu einer Serienschaltung von vier Transistoren. Das Komplement des obigen Ausdruckes enthält dagegen maximal zwei Reihenschaltungen. Es ist deshalb sinnvoll, die Vierer-Reihenschaltung im PDN zu platzieren, weil P-Kanal-Transistoren im PUN größere Kanalweiten erfordern würden. Dann muss allerdings dem Ausgang der AOI-Schaltung ein Inverter nachgeschaltet werden. Folglich muss das PDN die invertierte Funktion erfüllen:

$$\overline{Out} = \overline{\left[\left(A \vee (B \wedge C)\right) \wedge (D \vee E)\right] \wedge F} \tag{18.76}$$

Design und Layout digitaler Gatter in CMOS

Die Schaltung, wie sie unmittelbar aus obiger Beziehung abgeleitet werden kann, ist in Abbildung 18.41 wiedergegeben.

Simulation

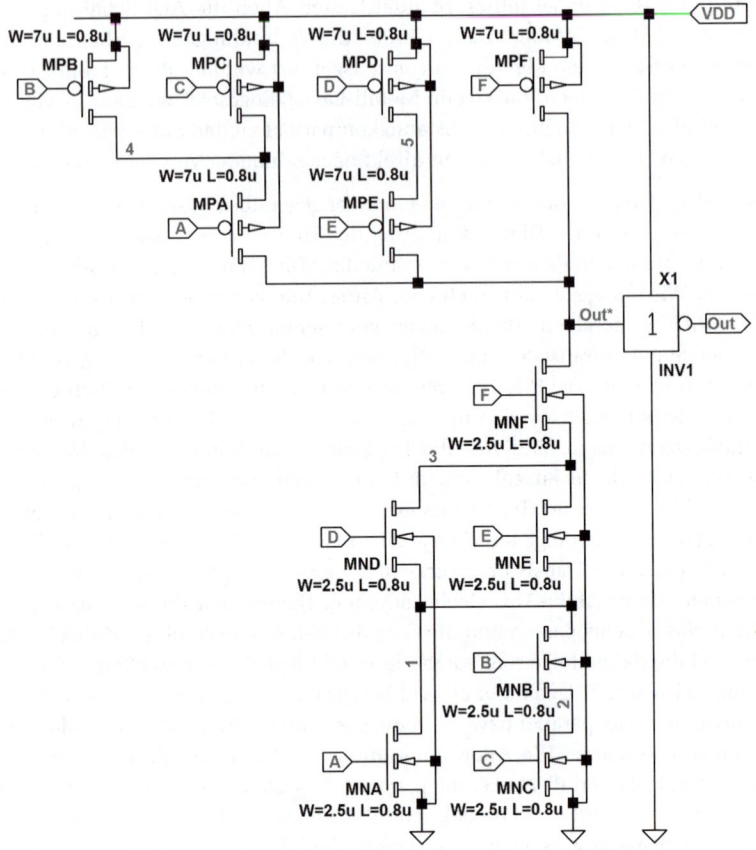

Abbildung 18.41: (CMOS41.asc) Entwurf der Schaltung in AOI-Technik mit Standard-Transistoren (alle N-Kanal-FETs haben die gleiche Größe und ebenso alle P-Kanal-FETs) und nachgeschaltetem Inverter.

Für diese Schaltung kann ohne Probleme ein Layout mit individuellen oder auch mit Standard-Transistoren angefertigt werden. In der Schaltung und im zugehörigen Layout Abbildung 18.42 sind Standardtransistoren vorgesehen. Die Kanalweiten könnten aber auch nach den Regeln des **Referenzinverter**-Entwurfs abgeändert werden.

Als Nächstes soll das Layout nach der von T. Uehara et al. [19] vorgeschlagenen Methode erstellt werden. Dazu wird die Anordnung der Transistoren in der Schaltung Abbildung 18.41 etwas abgeändert. Die neue Schaltung erfüllt in gleicher Weise die verlangte logische Funktion. Warum die Änderung notwendig wird, ist im Augenblick noch nicht einzusehen. Das wird erst nach dem Verstehen des oben genannten Prinzips klar, siehe Abschnitt 18.8.3.

18.8 Verallgemeinerte CMOS-Gate-Strukturen

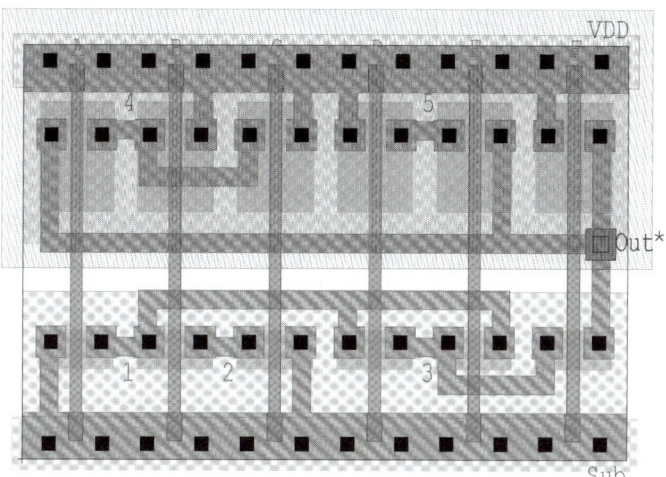

Layout

Abbildung 18.42: Layout zur Schaltung nach Abbildung 18.41; (ohne Inverter X1), Zelle AOI1; Layout-Datei: AOI_CMOS_Logik.tdb. Flächenbedarf: $40{,}2\ \mu m \times 26{,}4\ \mu m$.

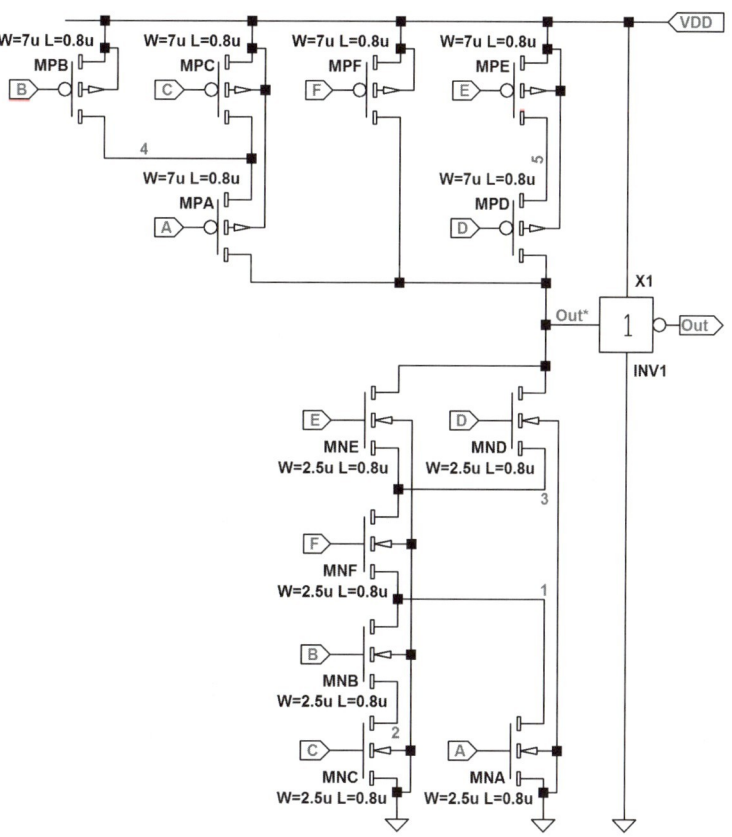

Simulation

Abbildung 18.43: (CMOS43.asc) Entwurf der Schaltung in AOI-Technik mit etwas anderer Platzierung der Transistoren gegenüber Abbildung 18.41.

18.8.3 Abstrahieren des Schaltplanes durch Zweige anstelle der Transistoren

Beide Netzwerke der Schaltung, PDN und PUN, werden durch Linien von Knoten zu Knoten anstelle der Transistoren vereinfacht dargestellt. Die Eingangsvariablen werden an die Zweige geschrieben. Auch das Komplementäre zwischen beiden Schaltungsteilen wird berücksichtigt. Das geschieht z. B. dadurch, dass das PDN mit den N-Kanal-Transistoren senkrecht, mit dem Knoten „Out" beginnend, nach unten bis zum GND-Knoten gezeichnet wird. Die P-Kanal-Gruppe (PUN) wird horizontal, mit „VDD" beginnend, bis zum Knoten „Out" angeordnet. Die Zweige beider Gruppen sollen sich an den Stellen der zugehörigen Eingangsvariablen schneiden. Der Zweck dieser Darstellung ist, für beide Netzwerke Pfade ausfindig zu machen, die alle Transistoren (Zweige) beinhalten, ohne dass ein Pfad zweimal erfasst wird und bei denen sich für beide Gruppen (PDN und PUN) die gleiche Reihenfolge ergibt. Dies gelingt von Hand nicht auf Anhieb. Andere Anordnungen der Transistoren müssen mitunter ausprobiert werden. Wenn aber Pfade gefunden werden, die für beide Netzwerke zur gleichen Transistorreihenfolge führt, können beide Netzwerke im Layout direkt übereinander angeordnet und alle N-Kanal-Transistoren in einem gemeinsamen n-Gebiet und alle PMOSFETs in einem gemeinsamen p-Gebiet platziert werden. Die Gate-Streifen können dann senkrecht, ohne Knick, geführt werden.

Die Schaltung nach Abbildung 18.43 kann durch den Graphen Abbildung 18.44 abstrahiert werden.

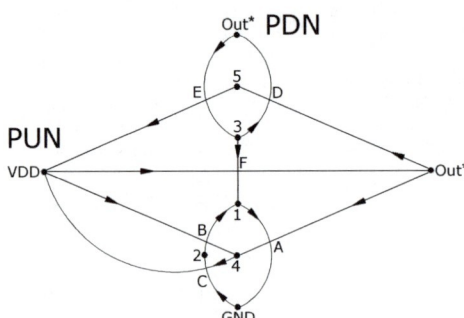

Abbildung 18.44: Abstrahierte Darstellung zur Schaltung Abbildung 18.43 (der Ausgangsknoten ist hier „Out*").

1. Erstellung des Graphen:
- **PDN**: Anhand der Schaltung Abbildung 18.43 wird jeder Transistor durch eine Linie (Zweig) abstrahiert: Vom Knoten „Out*" zum Knoten „3" führen die beiden Transistoren MNE und MND. Sie werden durch **vertikal** nach unten verlaufende Linien oder Bögen dargestellt. Nur die Eingangsvariablen „E" und „D" werden an die Zweige geschrieben. Die Knotennamen können zur Verbesserung der Übersicht ebenfalls eingetragen werden. Der Transistor MNF stellt die Verbindung zwischen den Knoten „3" und „1" her usw.
- **PUN**: Die P-Kanal-Transistoren werden durch **horizontal** verlaufende Linien (Zweige) angedeutet: Zwischen den Knoten „VDD" und „4" liegt der Transistor MPB. Um anzudeuten, dass dessen Gate mit dem Eingang „B" im PDN zu verbinden ist, wird die zugehörige Linie so gezeichnet, dass sie den entsprechenden Zweig im PDN schneidet. Eine weitere Linie für den Transistor MPC verläuft vom Knoten „VDD" zum Knoten „4" und kreuzt den zugehörigen Zweig im PDN usw.

18.8 Verallgemeinerte CMOS-Gate-Strukturen

2. Ermittlung der Reihenfolge der Eingänge (Gate-Streifen):
- Der nächste Schritt ist etwas schwieriger. Es geht nämlich darum, für beide Netzwerke Pfade zu finden, die alle Transistoren **genau** einmal enthalten und in beiden Fällen zur gleichen Reihenfolge führt. Folgende Lösung führt zum Ziel:
- **PDN**: Startpunkt sei der Knoten „3". Entsprechend des in Abbildung 18.44 eingetragenen Pfeils gelangt man über den Eingang „**D**" zum Knoten „Out*". Eingang „**D**" wäre demnach der erste Gate-Streifen. Von „Out*" geht es über den Eingang „**E**" zum Knoten „3" zurück, dann über „**F**" zum Knoten „1", über „**A**" nach „GND", über „**C**" zum Knoten „2" und schließlich über „**B**" zum Knoten „1". Ergebnis ist die Reihenfolge: **D E F A C B**.
- **PUN**: Die gleiche Reihenfolge wie oben wird angestrebt. Startpunkt ist demnach der Knoten „Out*". Von hieraus geht es über den angepeilten Eingang „**D**" in Pfeilrichtung zum Knoten „5", dann über „**E**" nach „VDD", über „**F**" zum Knoten „Out*" zurück, dann über „**A**" zum Knoten „4", über „**C**" nach „VDD" und schließlich über „**B**" zum Knoten „4". Ergebnis: **D E F A C B**, genau wie oben!

Aufgaben

1. Probieren Sie anhand von Abbildung 18.44 einmal andere Pfade aus und versuchen Sie, dieselbe Reihenfolge für beide Netzwerke zu finden.

2. Versuchen Sie die ursprüngliche Schaltung Abbildung 18.41 zunächst zu abstrahieren und anschließend geeignete Pfade zu finden.

In der erwähnten Arbeit von **T. Uehara et al.** [19] wird beschrieben, dass das etwas schwierige Unterfangen, dieselbe Reihenfolge der Eingänge für beide Netzwerke zu ermitteln, oft Umgruppierungen der Transistoren erforderlich macht, dass aber alles **automatisiert** werden kann.

Das aus der gefundenen Reihenfolge **D E F A C B** resultierende Layout ist in Abbildung 18.45 dargestellt. Deutlich ist die enorme Flächenreduzierung gegenüber der in Abbildung 18.42 gezeigten Lösung zu erkennen.

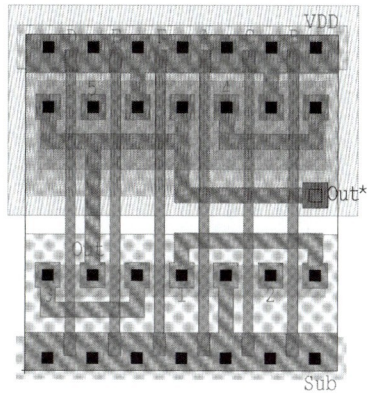

Layout

Abbildung 18.45: Layout zur Schaltung nach Abbildung 18.43 (ohne Inverter X1), Zelle AOI2; Layout-Datei: AOI_CMOS_Logik.tdb. Erforderliche Chipfläche: 25,2 μm × 26,4 μm.

18.9 Pseudo-NMOS-Logik

Logische CMOS-Schaltungen, die nach dem AOI-Prinzip aufgebaut sind, haben den gleichen wichtigen Vorteil wie alle bisher besprochenen CMOS-Konzepte: Im statischen Zustand fließt praktisch kein Strom, da stets eines der beiden Netzwerke (PDN bzw. PUN) gesperrt ist, während das andere leitet. Leider gibt es auch einen Nachteil: Wenn die logischen Verknüpfungen sehr komplex werden und viele P-Kanal-Transistoren im PUN in Serie zu schalten sind, müssen die Kanalweiten der Transistoren relativ groß gewählt werden. Damit wird nicht nur die kapazitive Belastung vergrößert, sondern auch der Platzbedarf auf dem Chip. Dies geht deutlich aus den beiden Layouts Abbildung 18.42 und Abbildung 18.45 hervor. Einen Ausweg bietet die Verwendung eines einzigen P-Kanal-Transistors, der das gesamte PUN ersetzt. Das Gate dieses Transistors wird mit Masse verbunden. Damit ist dieser immer leitend und darf natürlich nur so viel Strom in den Out-Knoten einspeisen, dass der Ausgang durch das PDN noch sicher auf **Low** gezogen werden kann. Der **Low**-Pegel erreicht somit nicht mehr den Wert 0 V und im **Low**-Zustand des Ausganges fließt ein stationärer Strom. Da die gesamte Logik nur mit N-Kanal-Transistoren realisiert wird und der einzige PMOSFET praktisch nur als Pull-Up-Widerstand fungiert, wird diese Anordnung auch als **Pseudo-NMOS-Logik** bezeichnet.

Für die Untersuchung dieses Prinzips reicht es aus, das gesamte PDN durch einen einzigen NMOS-Transistor darzustellen. Dadurch entsteht ein Inverter. Abbildung 18.46 möge dies verdeutlichen.

Simulation

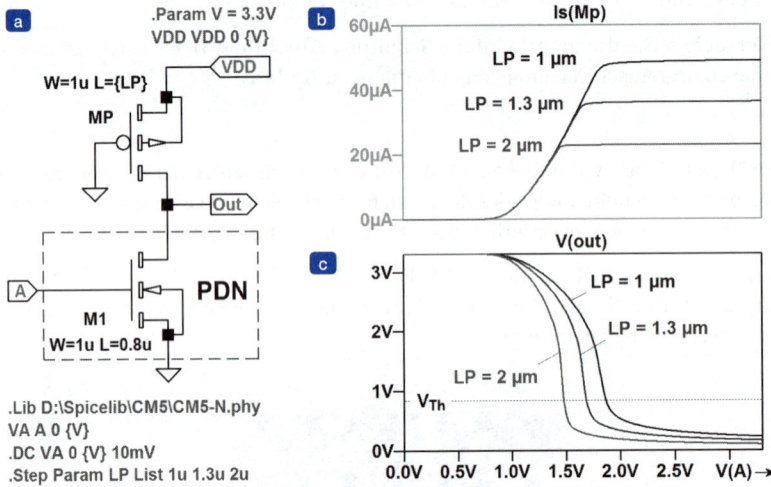

Abbildung 18.46: (CMOS46.asc) Pseudo-NMOS-Logik. Zur Veranschaulichung ist das gesamte PDN nur durch einen einzigen Transistor M1 dargestellt worden. (a) Schaltung. (b) Strom. (c) Ausgangsspannung in Abhängigkeit von der Eingangsspannung (Transferkennlinie).

Über den Pull-Up-Transistor MP wird der Strom eingestellt, der im **Low**-Zustand des Ausganges in den Knoten „Out" eingespeist wird. Je geringer das Verhältnis W/L dieses Transistors gewählt wird, desto geringer wird der Strom und desto näher rückt der Ausgangs-**Low**-Level auch an 0 V heran. Ein geringer Strom hat allerdings auch eine längere Anstiegszeit zur Folge. Ein Kompromiss ist zu suchen: Spielt die Geschwindigkeit keine wesentliche Rolle, dann wird zugunsten eines geringen Strombedarfs das Verhältnis W/L des PMOS-Transistors MP klein gewählt. Wird hingegen eine rasche dynamische Reaktion verlangt, so wird ein entsprechend größerer Strom erforderlich. Bestimmte Grenzwerte dürfen aber nicht überschritten werden. Oft wird vom Halbleiterhersteller ein maximal zulässiger Strom pro µm Kanalweite angegeben. Ferner ist zu überprüfen, ob die dauernde Verlustleistung pro Gate-Fläche nicht zu örtlich kritischen Erwärmungen führen kann. Um den mittleren Strombedarf auch bei „schnellen" Schaltungen in Grenzen zu halten, sollten die logischen Verknüpfungen derart geplant werden, dass der Ausgang möglichst länger im **High**- als im **Low**-Zustand verweilt. Gegebenenfalls muss eben ein zusätzlicher Inverter eingesetzt werden.

Das PDN wird genauso entworfen, wie es vom AOI-Design her bekannt ist. Die Wahl kleiner Kanalweiten führt zu geringem Flächenbedarf und kleineren parasitären Kapazitäten. Größere Kanalweiten führen dagegen zu rascherem Erreichen des **Low**-Levels. Auch hier kann es sinnvoll sein, die Kanalweiten der in Serie geschalteten NMOS-Transistoren nicht gleich, sondern **gestaffelt** zu gestalten [28]. Nahe der GND-Rail erhalten die Elemente etwas größere Weiten mit monoton abnehmenden Werten in Richtung Ausgangsknoten.

> **Aufgabe**
>
> **1.** Entwerfen Sie in Anlehnung an Abbildung 18.46 ein 3-Input-NAND-Gatter und bestimmen Sie die Zeiten t_r und t_f durch Simulation mit SPICE (Datei CMOS46a.asc).
>
> **2.** Verändern Sie die Kanalweiten der NMOS-Transistoren derart, dass die Abfallzeit t_f in etwa den Wert der Zeit t_r erreicht. Messen Sie dann den **Low**-Pegel am Knoten „Out".
>
> **3.** Realisieren Sie die logische Verknüpfung
>
> $$Out = \left[(A \vee (B \wedge C)) \wedge (D \vee E)\right] \wedge F$$
>
> in Pseudo-NMOS-Logik analog zum AOI-Logik-Beispiel (Datei CMOS46b.asc).

18.10 Dynamische logische Schaltungen (C²MOS)

Die bisher besprochenen logischen CMOS-Schaltungen haben zu allen Zeiten an allen Knoten genau definierte Potentiale. Das macht ihre Verwendung besonders einfach. Nachteilig ist nur, dass die PMOS-Transistoren im Vergleich zu den NMOSFETs die zwei- bis dreifache Gate-Fläche beanspruchen und dadurch neben des höheren Chipflächenbedarfs auch die parasitären Kapazitäten vergrößert werden – oder dass beim Ersetzen des Pull-Up-Netzwerkes (PUN) durch einen einzigen immer durchgeschalteten PMOS-Transistor, wie bei der Pseudo-NMOS-Logik, ein statischer Strom fließen kann. Einen Ausweg können **getaktete** Schaltnetze bieten. Dabei wird die logische Verknüpfung, wie bei der Pseudo-NMOS-Logik, durch ein PDN realisiert [20]. Der Unterschied besteht allerdings darin, dass zwei periodisch ein- und ausgeschaltete (**getaktete**) MOS-Schalter in Reihe mit dem PDN vorgesehen sind. Man spricht auch von **getakteten** CMOS-Schaltungen (Clocked CMOS, C²MOS). Abbildung 18.47 möge das Prinzip verdeutlichen. Der Übersichtlichkeit halber ist das gesamte PDN nur durch eine NAND-Verknüpfung mit zwei Eingängen „A" und „B" dargestellt.

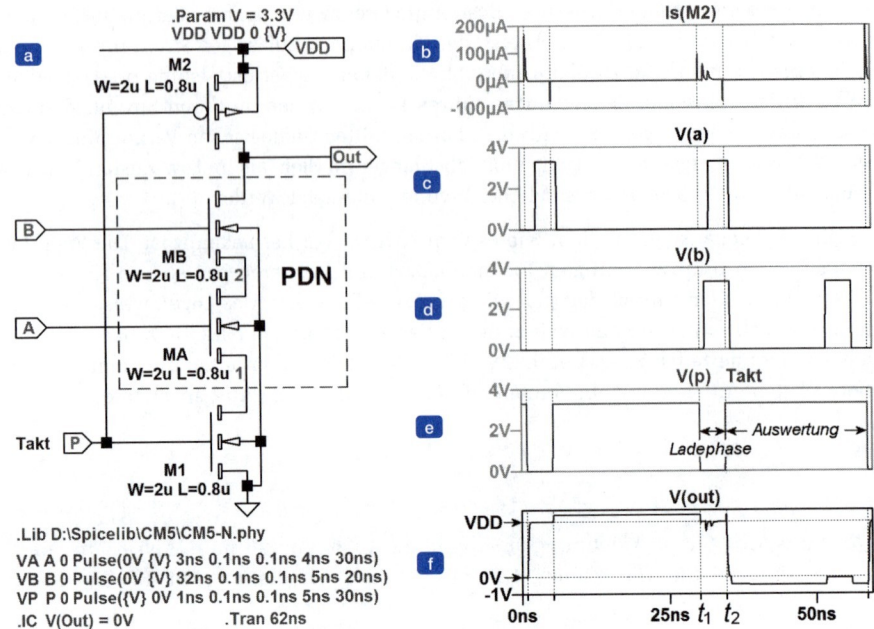

Abbildung 18.47: (CMOS47.asc) Zur Erklärung der dynamischen logischen MOS-Schaltung am Beispiel einer NAND-Verknüpfung. (a) Schaltbild mit PDN und MOS-Schalter. (b) Strom aus der Versorgungsleitung. (c) und (d) Eingangssignale. (e) Taktsignal. (f) Ausgangssignal.

Wenn das Taktsignal am Takteingang „P" auf **Low** liegt, z. B. ab der Zeit t_1, dann ist der N-Kanal-Transistor M1 gesperrt, der PMOSFET M2 jedoch leitend. Der Ausgang „Out" wird folglich auf das Potential der Versorgungsspannung VDD hochgezogen und die gesamte am Knoten „Out" wirksame Kapazität wird auf diese Spannung aufgeladen. Man spricht von „Ladephase" (**Precharge**). Während dieser Phase, also z. B. zwischen t_1 und t_2, haben die Zustände an den Logikeingängen praktisch keinen Einfluss auf das Ausgangssignal, sie sollten aber während der Ladephase ihre endgültigen Werte annehmen. Da der Schalter M1 gesperrt ist, fließt auch kein Strom zum GND-Knoten. Wenn dann der Takt von **Low** nach **High** wechselt, wird der P-Kanal-FET M2 gesperrt und M1 schaltet durch. Die an den Logikeingängen vorhandenen Zustände werden jetzt **ausgewertet** (**Evaluationshase**): Ist das PDN gesperrt, bleibt der Ausgang auf **High**. Eine von den statischen Gattern her bekannte Anstiegszeit t_r entfällt somit aufgrund des Prinzips ganz. Ist das PDN leitend, wird der Ausgang über dieses und den Schalter M1 auf **Low** gezogen und die am Ausgang wirksame Kapazität entladen.

Die Dimensionierung ist einfach. Es braucht nur das PDN nach den bereits bekannten Regeln ausgelegt zu werden. Bei Serienschaltungen von Transistoren ist z. B. Gleichung (18.70) zu beachten. Da das PUN entfällt und praktisch keine DC-Ströme fließen, können alle Transistoren, auch der PMOS-Transistor M2, sehr geringe Abmessungen erhalten. Dadurch kann Chipfläche gespart werden und wegen der geringen Kapazitäten ergeben sich trotzdem relativ kurze Schaltzeiten. Auch die Eingangskapazitäten bleiben wegen der fehlenden P-Kanal-Transistoren gering.

Leider gibt es aber auch Nachteile, von denen die wichtigsten genannt werden sollen:

1. Durchgriff der Eingangssignale:

Infolge der Gate-Kanal-Kapazitäten der Transistoren können die Eingangssignale und auch der Takt kapazitiv auf den Ausgang **durchgreifen**. Dies ist deutlich in Abbildung 18.47f zu erkennen. Die **High**- bzw. **Low**-Zustände getakteter Netzwerke können deshalb mehr oder weniger stark von den Nennwerten V_{DD} bzw. $0\ V$ abweichen. Um den Einfluss einigermaßen gering zu halten, sollten sich die Eingangssignale nur während der Ladezeit (**Precharge**) ändern und zu Beginn des **Low**-**High**-Wechsels des Taktes ihre Endwerte eingenommen haben. Sollte diese Bedingung nicht zu erfüllen sein, muss die am Ausgang wirksame Lastkapazität etwa zehnmal größer sein als die einzelnen Knotenkapazitäten im PDN. Dadurch werden dann allerdings die Schaltzeiten verlängert.

2. Unerwünschte Störeinkopplung (**Noise Pickup**):

Wenn das PDN nicht leitend ist, ist der Ausgangsknoten „Out" während der Auswerte- oder Evaluation-Phase sehr hochohmig. Dadurch besteht erhöhte Gefahr unerwünschter Störeinkopplung. Lange Leitungen sollten deshalb vermieden werden. Durch das Zwischenschalten eines normalen Inverters in unmittelbarer Nähe des Ausgangsknotens kann das Problem erheblich entspannt werden. Die Verwendung eines Inverters hat noch eine weitere wichtige Bedeutung und wird später ausführlicher besprochen.

3. Leckströme:

Wenn das PDN nicht leitend ist, ist der Ausgangsknoten „Out" während der Auswerte- oder Evaluation-Phase sehr hochohmig. Die in der resultierenden Lastkapazität C_L am Ausgang gespeicherte Ladung sollte erhalten bleiben und den Ausgang auf VDD-Potential halten. Bedingt durch Leckströme, besonders bei höheren Temperaturen, fließen die gespeicherten Ladungen jedoch allmählich ab. Der **High**-Level-Wert bleibt also nicht konstant, er sinkt langsam ab. Die Drain- und Source-Gebiete sind die wesentlichen Leckstromquellen. Mit Werten im Bereich von $10^{-15}\ A$ bis $10^{-12}\ A$ ist zu rechnen und mit einer Verdopplung des Stromes alle 8 bis 10 K Temperaturerhöhung. Aus diesem Grund darf die Evaluationsphase nicht zu lang werden. Ein periodisches Auffrischen (**Refreshing**) durch eine nicht zu gering gewählte Taktfrequenz sorgt für Abhilfe. Richtwert: Bei hohen Temperaturen von $150\ °C$ sollte die Taktfrequenz etwa $100\ kHz$ nicht unterschreiten. Der Temperatureinfluss soll durch Abbildung 18.48 verdeutlicht werden.

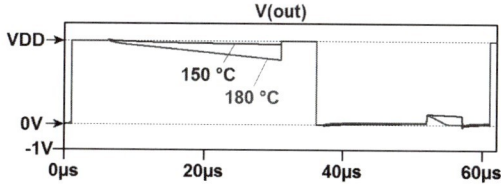

Simulation

Abbildung 18.48: (CMOS48.asc) Abfall des **High**-Levels bei höheren Temperaturen. Simulationsschaltung wie Abbildung 18.47, alle Zeiten jedoch um den Faktor 10^3 vergrößert!

4. Problem der Kaskadenschaltung dynamischer Gatter:

Ein ernsthaftes Problem entsteht, wenn dynamische Gatter direkt hintereinandergeschaltet werden. Dies möge Abbildung 18.49 für zwei derart angeordnete Gatter einmal verdeutlichen. Beide Gatter enthalten ganz einfache Pull-Down-Netzwerke, die jeweils nur aus einem Transistor bestehen. Dies reicht für die Diskussion des Problems völlig aus. Während der Ladephase werden die Lastkapazitäten der beiden Ausgänge „X" und „Out" erwartungsgemäß auf V_{DD} aufgeladen, siehe z. B. Abbildung 18.49d und Abbildung 18.49e. Was passiert, wenn am Ende der Ladephase, z. B. zum Zeitpunkt t_2, der Eingang „A" auf **High**-Potential liegt? Auf jeden Fall wird die am Knoten „X" wirksame Kapazität durch die positiv gehende Taktflanke entladen, siehe Abbildung 18.49d. Der Ausgang „Out" sollte eigentlich auf **High** bleiben. Abbildung 18.49e) zeigt jedoch etwas anderes! Was passiert nun wirklich? Wenn das Taktsignal zum Zeitpunkt t_2, also zu Beginn der Auswertephase, auf **High** ansteigt, schaltet der Transistor M3 im zweiten Gatter durch. Etwa gleichzeitig beginnt das Potential am Knoten „X" zu sinken. Solange dieses jedoch noch höher ist als die Threshold-Spannung des Transistors MA1, kann MA1 durchschalten und die am Ausgangsknoten „Out" wirksame Kapazität teilweise entladen. Dies kommt sehr deutlich in Teilbild e) zum Ausdruck. Der Pegel am Knoten „Out" kann dabei so weit absinken, dass er nicht mehr als **High** erkannt wird. Dieses Problem kann durch die im folgenden Abschnitt vorgestellten Domino-Schaltungen überwunden werden.

Simulation

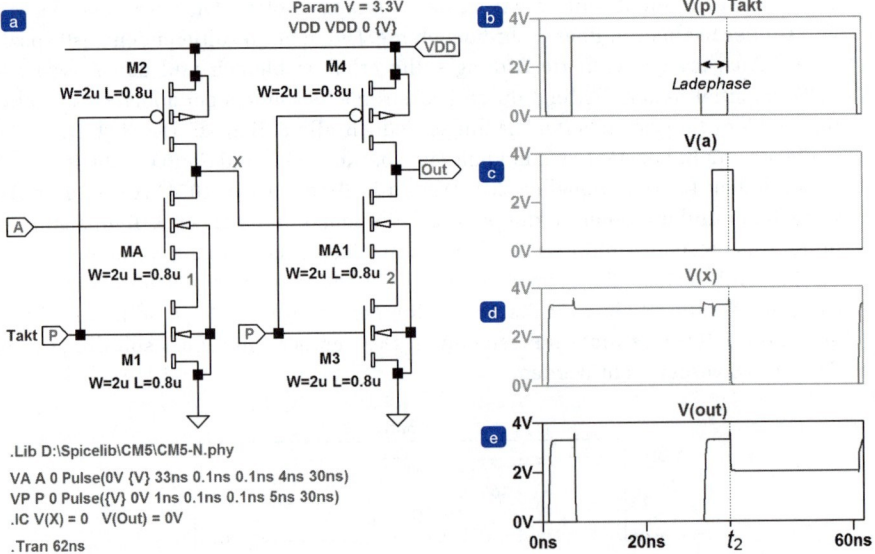

Abbildung 18.49: (CMOS49.asc) Zwei einfache dynamische logische Gatter mit jeweils nur einem Eingang sind hintereinandergeschaltet. (a) Schaltung. (b) Taktsignal. (c) Eingangssignal. (d) Ausgang des ersten Gatters. (e) Ausgang des zweiten Gatters.

18.11 Domino-CMOS-Logik

Die im vorangegangenen Abschnitt vorgestellten dynamischen CMOS-Gatter dürfen nicht einfach hintereinandergeschaltet werden. Es kann nämlich, wie dies durch Abbildung 18.49e deutlich wird, zu einem nicht auswertbaren **High**-Level kommen. Ein jedem dynamischen Gatter nachgeschalteter normaler Inverter kann jedoch das Problem in eleganter Weise lösen [20]. Solch ein Gatter ist in Abbildung 18.50 dargestellt. Die Funktionsweise ist einfach nachzuvollziehen: Während der Ladephase (**Precharge**) wird die am Knoten „X" wirksame Kapazität auf V_{DD} aufgeladen. Über den Inverter X1 geht somit der Ausgang „Out" auf **Low** (0 V). Beim anschließenden **Low-High**-Wechsel des Taktsignals wird die logische Verknüpfung des Pull-Down-Netzwerkes XL ausgewertet (Evaluationsphase). Je nach Stellung der Eingangsvariablen „A" bis „N" bleibt der Knoten „X" auf **High** stehen oder die Knotenkapazität wird entladen. Für den Ausgang „Out" (nicht „X") eines Domino-Gatters bedeutet dies:

> **Hinweis**
>
> **Ausgang „Out" einer CMOS-Domino-Logik:**
>
> Beim **Low-High**-Wechsel des Taktes bleibt der Ausgang „Out" auf **Low** oder er wechselt in den **High**-Zustand.

Diese einfache Aussage erscheint für sich betrachtet trivial, sie hat aber eine wichtige Konsequenz zur Folge.

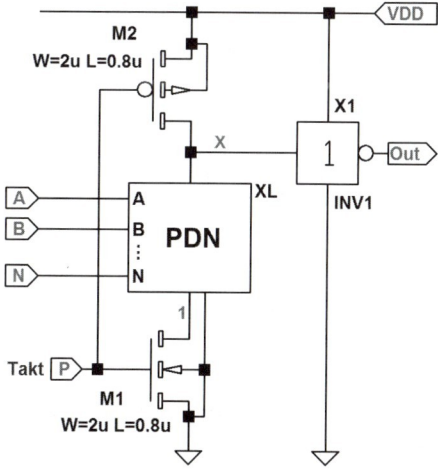

Simulation

Abbildung 18.50: (CMOS50.asc) Domino-CMOS-Logik. Die Schaltung besteht aus einem normalen dynamischen CMOS-Gatter (C^2MOS) mit einem nachgeschalteten statischen Inverter.

Um die Wirkung dieser Schaltungsergänzung durch einen Inverter noch besser verstehen zu können, werde die Hintereinanderschaltung zweier solcher Gates betrachtet. Abbildung 18.51 zeigt dies für zwei besonders einfache Gatter. In beiden enthält das PDN nur einen einzigen Transistor. Dies reicht für die Erklärung vollkommen aus. Zunächst sei der Eingang „A" am Ende der Lade- und auch noch zu Beginn der Evaluationsphase auf High. Da die P-Kanal-Transistoren M2 und M4 noch leiten, sind die Knoten „X" und „Z" auf High und die Gatter-Ausgänge „Y" und „Out" entsprechend auf Low. Dies sei die Startsituation. Beim Low-High-Wechsel des Taktes geht der Knoten „X" dann auf Low. Zunächst bleibt der Knoten „Z" noch auf High. Erreicht aber das Potential am Knoten „X" den Schaltpunkt des Inverters X1, geht der Inverter-Ausgang „Y" auf High. Da dann der Transistor M3 bereits leitend ist und nun auch MA1 durchschaltet, wird die am Knoten „Z" wirksame Kapazität entladen und „Z" geht auf Low. Der Ausgang „Out" des Inverters X2 zeigt dann High-Potential. Der High-Zustand des Eingangs „A" wird somit richtig interpretiert. Nun ist noch die andere Alternative, Eingang „A" auf Low, zu untersuchen: Auch hier sind „X" und „Z" zunächst auf High sowie „Y" und „Out" auf Low. „X" bleibt aber beim Low-High-Wechsel des Taktes auf High stehen, da der Transistor MA gesperrt ist. Folglich bleibt „Y" auf Low. Da der Transistor MA1 nicht durchschalten kann, bleibt „Z" auf High und der Inverter-Ausgang „Out" auf Low. Auch der Low-Zustand des Eingangs „A" wird richtig ausgewertet.

Simulation

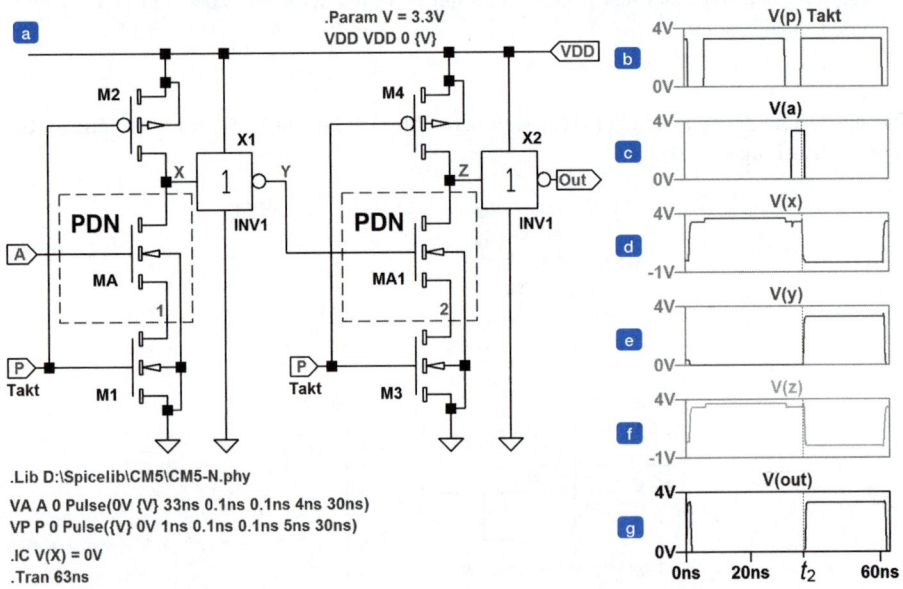

Abbildung 18.51: (CMOS51.asc) Zwei einfache Domino-Gates sind in Kaskade geschaltet. (a) Schaltung. (b), (c) Takt- und Eingangssignal. (d) bis (g) Signale an den Knoten „X", „Y", „Z" und „Out".

Allgemein und zusammenfassend kann festgestellt werden:

> ## Zusammenfassung
>
> ### Eigenschaften der CMOS-Domino-Logik:
>
> - Am Ende der Ladephase, also unmittelbar vor dem Low-High-Wechsel des Taktes, sind alle Gatter-Ausgänge stets auf Low. Zu Beginn der dann folgenden Evaluationsphase, also mit dem Low-High-Wechsel des Taktes, bewirkt ein Low an einem Gatter-Eingang an dem nachfolgenden Gatter nichts, da das PDN nur N-Kanal-Transistoren enthält. Ein High kann das Folge-Gatter dagegen zum „Umkippen" bewegen, wenn alle weiteren Transistoren im PDN leitend sind.
> - Da Domino-Gatter stets zweimal invertieren (wegen des nachgeschalteten Inverters), ist das Ergebnis immer nichtinvertierend.
> - Weil alle Domino-Gatter während der Ladephase am Ausgang Low-Potential zeigen, sind alle von ihnen angesteuerten Transistoren während dieser Zeit gesperrt.
> - Während der Evaluationsphase kann ein Domino-Gatter nur eine Zustandsänderung ausführen, und zwar von Low nach High. Der umgekehrte Wechsel von High nach Low kann wegen der Natur des Aufbaus nicht eintreten. Dies hat eine ganz wichtige Konsequenz: An allen Knoten kann höchstens ein Potentialwechsel auftreten, d. h., an keinem Schaltungsknoten können kurze Nadelimpulse, sogenannte „Glitches", erscheinen; alle Knoten behalten demnach ihre Zustände bis zur nächsten Lade- oder Precharge-Phase.
> - Alle Gatter werden zu Beginn der Auswertephase von ein und derselben Taktflanke zum Umschalten bewegt oder sie bleiben auf Low stehen. Zeitversetzte Taktsignale zum Vermeiden von Glitches sind nicht erforderlich.

Man stelle sich einmal vor, viele solcher Gatter sind zu einer Kette hintereinandergeschaltet. Erhält das erste Gatter an seinem Eingang ein High, so bringt dieses Gatter mit einem Low-High-Wechsel des Taktes das direkt angeschlossene zum „Kippen", dieses dann das nächste usw., wie dies von Dominosteinen her bekannt ist. So ist der Name „Domino-Logik" entstanden.

Dynamische Gatter, die nach dem Dominoprinzip entsprechend Abbildung 18.50 aufgebaut sind, stellen eine Bereicherung für den Entwurf logischer Schaltungen dar. Sie kommen mit einem Minimum an Fläche aus, können mit relativ hohen Taktraten arbeiten und haben praktisch keine DC-Verluste. Eingesetzt werden sie vor allem dann, wenn nicht zu allen Zeiten an allen Knoten genau definierte Potentiale verlangt werden, wie dies mit statischen Gattern möglich wäre. Der Takt kann einfach sein; zeitversetzte Taktsignale zum Vermeiden von Glitches sind nicht erforderlich. Ihre Anwendung stellt aber etwas höhere Anforderungen an den Schaltungsdesigner. Zu beachten ist auch, dass während der Ladephase (Precharge) die Ausgangszustände der Gatter praktisch nicht zur Verfügung stehen. Diese Zeit hat damit den Charakter einer „Totzeit". Des Weiteren ist daran zu denken, dass Domino-Gatter stets zweimal invertieren. Das Ergebnis ist also nichtinvertierend. So ist z. B. eine XOR-Verknüpfung mit Domino-Gattern allein nicht möglich. Dies ist aber keine besondere Einschränkung, da die Domino-Schaltungen voll kompatibel mit den Standard-CMOS-Gattern sind. Normale Inverter und eventuell einzelne Standardgatter können leicht die Lücke schließen. Dafür sind die Domino-Gatter prädestiniert für hochkomplexe digitale Schaltungen.

18.12 Latches und Flip-Flops

Bei den bisher besprochenen logischen Schaltungen sind deren Ausgangspegel eindeutig durch die der Eingangssignale determiniert. Es sind keine **Rückkopplungen** vorhanden. Wird dagegen das Ausgangssignal auf irgendeinem Weg zu einem Gatter-Eingang zurückgeführt, können „Speichereffekte" entstehen. Grundlegende Schaltungselemente sind sogenannte **Flip-Flops**. Sie spielen eine große Rolle bei Datenspeichern und Zählern.

18.12.1 Das einfache Latch und das RS-Flip-Flop

Die einfachste Speicherzelle kann aus zwei Invertern gebildet werden. Abbildung 18.52 zeigt eine solche Grundzelle, die oft auch als **Latch** bezeichnet wird. Um die Funktionsweise untersuchen zu können, wird die Rückkopplung an einer Stelle unterbrochen. So wird z. B. die Verbindung zwischen den Knoten „Y" und „R" aufgetrennt und an den Eingang „R" eine variable Spannung angelegt. Diese Spannung wird dann von 0 V bis zur Versorgungsspannung V_{DD} (oder etwas darüber hinaus) gesteigert. Im Abbildung 18.52b ist die Ausgangsspannung am Knoten „Y" in Abhängigkeit von der Eingangsspannung $V(R)$ zu erkennen. Wegen der zwei hintereinandergeschalteten Inverter ergibt sich eine sehr steile Transferkennlinie mit großer Spannungsverstärkung und monoton positiver Steigung. Zusätzlich ist auch die Eingangsspannung selbst dargestellt. Diese **Gerade** schneidet die Transferkennlinie in den drei Punkten A, B und C. Wird die Verbindung zwischen den Knoten „Y" und „R" wieder hergestellt, sind A, B und C mögliche Arbeitspunkte der Schaltung. Dies sind nämlich die einzigen Stellen, an denen gerade die Bedingung $V(R) = V(Y)$ erfüllt wird.

Der Arbeitspunkt B ist **nicht stabil**. Um dies zu verstehen werde angenommen, die Schaltung habe den Arbeitspunkt B angenommen. Eine kleine Störung, z. B. bedingt durch Rauschen, möge die Spannung am Knoten „R" geringfügig anheben. Am Knoten „Y" erscheint diese Störung sofort um die Gesamtverstärkung, die ja größer als eins ist, verstärkt, sodass der Zustand der Schaltung praktisch spontan in den **stabilen** Arbeitspunkt C kippt. Analog dazu würde eine geringfügige Absenkung des Potentials am Knoten „R" die Schaltung in den ebenfalls **stabilen** Arbeitspunkt A treiben. Weil es sich um normale CMOS-Inverter handelt, wird im Arbeitspunkt C praktisch die volle Versorgungsspannung V_{CC} erreicht und im Punkt A der Wert 0 V. Ströme fließen nach Erreichen eines der stabilen Arbeitspunkte nicht mehr.

Ein Latch kann also wegen der Rückkopplung nur die beiden stabilen Arbeitspunkte A **oder** C annehmen und ist damit ein **bistabiles** Element mit zwei zueinander komplementären Ausgängen „X" und „Y". Ist z. B. der Ausgang „Y" auf **High** (Arbeitspunkt C), d. h. auf V_{DD}-Potential, dann ist gleichzeitig der Ausgang „X" auf **Low** und damit auf 0 V. Ist hingegen „X" auf **High**, so muss „Y" auf **Low** sein. Die Knoten „X" und „S" sind identisch und ebenso wegen der Rückkopplung „Y" und „R". Trotzdem können „R" und „S" die Funktion von Eingängen übernehmen. Über sie kann eine Zustandsänderung herbeigeführt werden. Ist z. B. der Ausgang „Y" auf **High**, kann über einen Schalter, der den Eingang „R" (gleich „Y") auf **Low** zwingt, das Latch in den anderen Zustand geschaltet werden. Solch eine Schaltung wird als Flip-Flop bezeichnet, siehe dazu Abbildung 18.53. Da ein einmal eingenommener Zustand ohne äußeren Einfluss erhalten bleibt (solange die Versorgungsspannung nicht abgeschaltet wird), stellt ein Latch eine Speicherzelle für genau ein Bit dar.

18.12 Latches und Flip-Flops

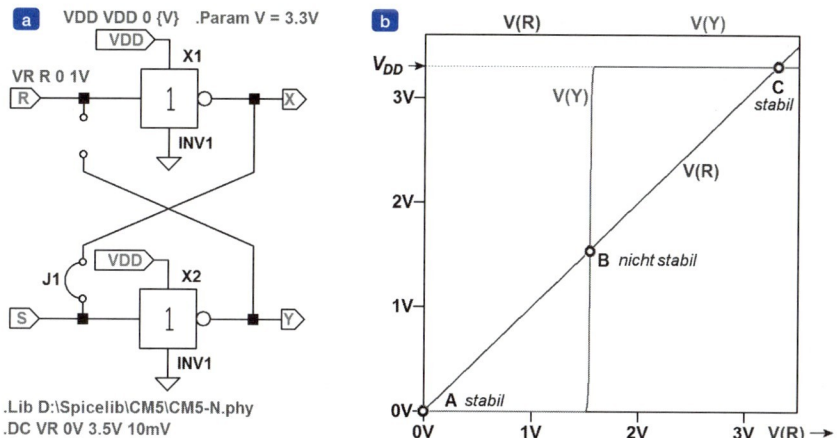

Abbildung 18.52: (CMOS52.asc) Latch aus zwei Invertern. (a) Schaltung; die Rückkopplung vom Knoten „Y" zum Knoten „R" ist unterbrochen. (b) Veranschaulichung der Arbeitspunkte.

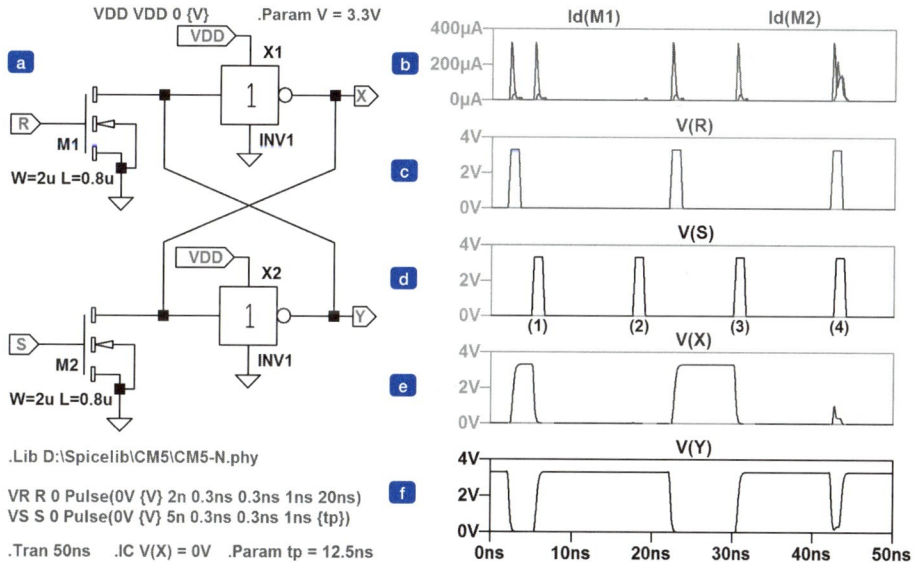

Abbildung 18.53: (CMOS53.asc) (a) Einfaches RS-Flip-Flop, bestehend aus zwei Invertern und zwei NMOS-Schaltern M1, M2. (b) Ströme durch die Schalttransistoren M1 bzw. M2. (c) und (d) Reset- und Set-Signal. (e) und (f) Ausgangssignale.

In Abbildung 18.53 dienen N-Kanal-Transistoren als Schalter. Über den Eingang „S" kann das Flip-Flop „gesetzt" und damit eine logische „1" gespeichert werden (Set-Eingang) und über „R" ist ein Zurücksetzen (Reset) möglich. Die zeitliche Abfolge von Reset und Set ist in Abbildung 18.53c–f dargestellt. Durch einen Reset-Impuls wird der Ausgang „Y" auf **Low** gezwungen, wenn er diesen Zustand nicht schon innehat, siehe Anfang von Abbildung 18.53f. Am Ausgang „X" erscheint stets die zu „Y" invertierte Information. Ein anschließender Impuls auf den Set-Eingang „S", in Abbildung 18.53d durch (1) gekennzeichnet, zwingt dann den Ausgang „X" auf **Low**, sodass am Ausgang „Y" eine logische „1" erscheint.

Ein zweiter Setzimpuls (2) kann nichts mehr ausrichten. Erst wenn das Flip-Flop zuvor wieder zurückgesetzt wird, kann z. B. der Impuls (3) ein erneutes Setzen bewirken. Nicht erlaubt ist das gleichzeitige Setzen und Zurücksetzen, siehe Impuls (4). Dann ist der Impuls dominant, der zuletzt von **High** nach **Low** wechselt. Dieses einfache Set-Reset-Flip-Flop (SR- oder auch RS-Flip-Flop) kommt mit insgesamt sechs Transistoren aus.

> **Aufgabe**
>
> Experimentieren Sie mit der Simulationsdatei CMOS53.asc, indem Sie z. B. die Periode des Set-Signals variieren. Ziel soll sein, die Auswirkung von gleichzeitigem **High**-Pegel an den beiden Eingängen „R" und „S" zu untersuchen. Dazu können einfach für den Parameter $t_p = 12{,}5\ ns$ **geringfügig** abgeänderte Werte eingesetzt werden.

Die **Dimensionierung** möge an einem Beispiel erläutert werden. So können z. B. die beiden Inverter Minimalabmessungen erhalten. Im Falle des Prozesses CM5 werde für die NMOS-Transistoren gewählt: $W_N = 1\ \mu m$ und $L_N = 0{,}8\ \mu m$. Die Weiten der PMOS-Transistoren werden wieder wie üblich um den Faktor 2,5 vergrößert, also wird $W_P = 2{,}5\ \mu m$ und $L_P = 0{,}8\ \mu m$. Die beiden Transistoren M1 und M2 müssen in der Lage sein, die Ausgänge sicher genug gegen den Widerstand der PMOS-Transistoren in den Invertern auf **Low** zu zwingen. Auf jeden Fall muss das Potential des auf **Low** zu schaltenden Ausganges mindestens so weit abgesenkt werden, dass es niedriger wird als der Schaltpunkt des jeweils anderen Inverters, also z. B. $\leq \frac{1}{2} \cdot V_{DD}$. In diesem Betriebszustand werden bei normalen Versorgungsspannungen sowohl der PMOS- als auch der NMOS-Transistor im Triodenbereich betrieben. Abbildung 18.54 zeigt die relevanten Transistoren für den Set-Eingang „S" und den Ausgang „X". MP ist darin der P-Kanal-Transistor des Inverters X1 der Schaltung Abbildung 18.53. Unter der Annahme, dass der Ausgang „Y" (Gate von MP) auf **Low**-Potential (0 V) liegt und der Set-Eingang auf **High** (V_{DD}) sowie am Knoten „X" gerade der Schaltpunkt von $V(X) \approx \frac{1}{2} \cdot V_{DD}$ erreicht werden muss, können für die Drain-Ströme I_{D2} und I_{DP} der beiden Transistoren M2 und MP die Stromgleichungen für den Triodenbereich angeschrieben werden. Die Gate-Source-Spannung des Transistors M2 ist $U_{GS2} = V_{DD}$ und die des P-Kanal-Transistors MP wird $U_{GSP} = -V_{DD}$.

$$I_{D2} = K_{P,N} \cdot \frac{W_2}{L_2} \cdot \left(U_{GS2} - V_{Th,N} - \frac{1}{2} \cdot U_{DS2} \right) \approx K_{P,N} \cdot \frac{W_2}{L_2} \cdot \left(V_{DD} - V_{Th,N} - \frac{1}{2} \cdot \frac{V_{DD}}{2} \right)$$

$$-I_{DP} = -K_{P,P} \cdot \frac{W_P}{L_P} \cdot \left(U_{GSP} - V_{Th,P} - \frac{1}{2} \cdot U_{DSP} \right) \approx -K_{P,P} \cdot \frac{W_P}{L_P} \cdot \left(-V_{DD} - V_{Th,P} + \frac{1}{2} \cdot \frac{V_{DD}}{2} \right)$$

$$= K_{P,P} \cdot \frac{W_P}{L_P} \cdot \left(V_{DD} + V_{Th,P} - \frac{1}{2} \cdot \frac{V_{DD}}{2} \right)$$

Oft ist $V_{Th,N} = -V_{Th,P}$ und $L_2 = L_P$. Dann folgt wegen $I_{D2} = -I_{DP}$ die einfache Beziehung

$$K_{P,N} \cdot \frac{W_2}{L_2} \approx K_{P,P} \cdot \frac{W_P}{L_P} \quad \text{oder} \quad K_{P,N} \cdot W_2 \approx K_{P,P} \cdot W_P \tag{18.89}$$

aus der die Mindestgröße für den Schalttransistor M2 abgeleitet werden kann:

$$W_{2,\min} > \frac{K_{P,P}}{K_{P,N}} \cdot W_P \tag{18.90}$$

Mit den Werten des CM5-Prozesses $K_{P,N} = 80$ $\mu A/V^2$ für die NMOS-Transistoren und $K_{P,P} = 28$ $\mu A/V^2$ für PMOS sowie $V_{Th,N} \approx -V_{Th,P} \approx 850$ mV und $L_N = L_P = 0{,}8$ μm folgt mit $W_P = 2{,}5$ μm: $W_{2,min} = 0{,}88$ $\mu m \approx 1$ μm.

In Abbildung 18.54d sind Simulationsergebnisse für zwei Werte von W_2 wiedergegeben. Daraus folgt, dass $W_2 = 1$ μm wohl reichen würde, aber $W_2 = 2$ μm zu einem besseren Zeitverhalten führt. Dieser Wert wird deshalb bevorzugt.

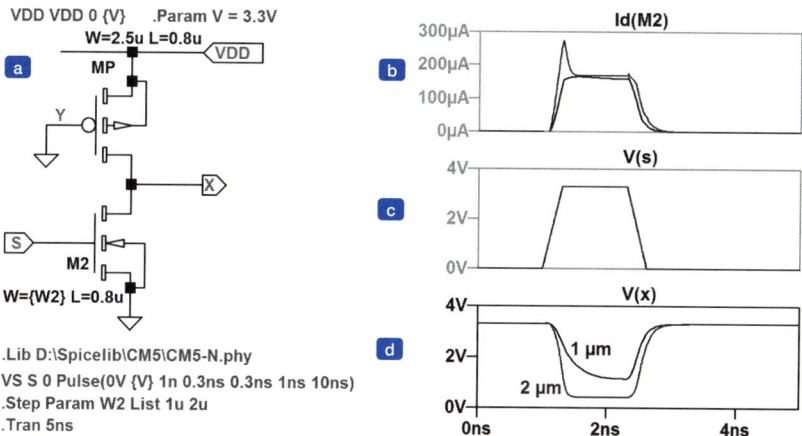

Abbildung 18.54: (CMOS54.asc) (a) Schaltungsauszug für die Dimensionierung des Transistors M2 in Abbildung 18.53. MP ist der P-Kanal-Transistor des Inverters X1. (b) Drain-Strom I_{D2}. (c) Set-Impuls. (d) Spannung am Knoten „X" für zwei verschiedene Kanalweiten W_2.

Aufgabe

Versuchen Sie in der Schaltung Abbildung 18.53 (CMOS53.asc) die Grenz-Dimensionierung für die beiden Schalttransistoren M1 und M2 durch eine Simulation mit SPICE zu finden.

Ein einfaches RS-Flip-Flop kann natürlich auch mit den Standardgattern NAND oder NOR aufgebaut werden. Abbildung 18.55 zeigt ein Realisierungsbeispiel mit zwei NOR-Gattern. Insgesamt sind dann aber acht Transistoren erforderlich.

Wie die Simulationsergebnisse der Abbildung 18.55c–f zeigen, sind sie mit denen in Abbildung 18.53 vergleichbar. Die Stromspitzen, die in Abbildung 18.55b dargestellt sind, haben etwas geringere absolute Werte als mit der Schaltung nach Abbildung 18.53a erreicht werden. Trotzdem wird man meist doch die aus Invertern und Schalttransistoren aufgebaute Schaltung bevorzugen. Sie kommt auch mit zwei Transistoren weniger aus.

18 Design und Layout digitaler Gatter in CMOS

Simulation

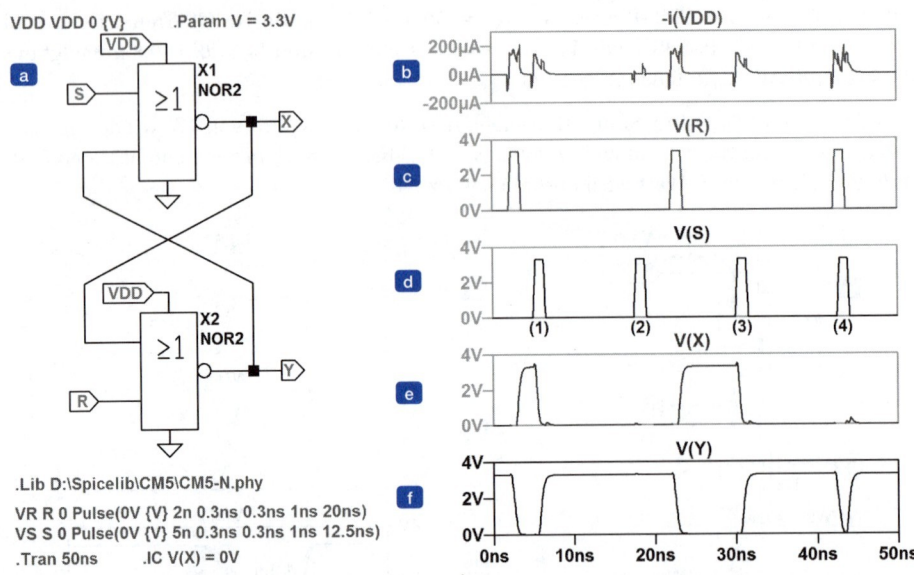

Abbildung 18.55: (CMOS55.asc) (a) Einfaches RS-Flip-Flop, gebildet aus zwei normalen NOR-Gattern; man beachte die Vertauschung der beiden Eingänge gegenüber der Schaltung in Abbildung 18.53. (b) Versorgungsströme der beiden Gatter. (c) und (d) Reset- und Set-Signal. (e) und (f) Ausgangssignale.

18.12.2 Getaktetes RS-Flip-Flop

Wird mit den beiden Transistoren M1 und M2 in Abbildung 18.53 je ein weiterer Transistor in Serie geschaltet, entstehen UND-Verknüpfungen an den Eingängen. So kann in sehr einfacher Weise ein getaktetes RS-Flip-Flop realisiert werden. Abbildung 18.56 zeigt dieses in der Transistordarstellung. Nur wenn der Takteingang „P" auf **High** geht, kann das Flip-Flop gesetzt oder zurückgesetzt werden.

Simulation

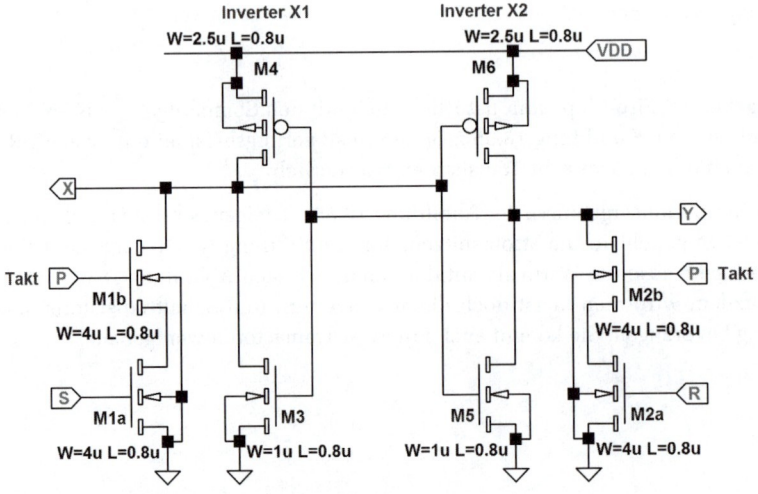

Abbildung 18.56: (CMOS56.asc) Getaktetes RS-Flip-Flop.

Die in Serie geschalteten Transistoren M1a und M1b bzw. M2a und M2b müssen wieder so dimensioniert werden, dass sie die entsprechenden Ausgänge sicher auf Low schalten können. Gegenüber der Ausführung mit nur einem Transistor – wie z. B. in Abbildung 18.53 – werden die Kanalweiten wegen der Reihenschaltung zweier Transistoren einfach verdoppelt. Statt $W = 2$ μm wird ein Wert von $W = 4$ μm gewählt.

Das Layout des getakteten RS-Flip-Flops ist in Abbildung 18.57 wiedergegeben und außerdem in der Tanner-Datei Flip-Flop.tdb unter dem Zellnamen RS-FF zu finden. Es ist in der Höhe an die übrigen Standardgatter angepasst uns kann wie diese mit anderen direkt aneinandergereiht werden. Alle Anschlüsse können seitlich über beide Metall-Layer MET1 und MET2 und vertikal über POLY1 erreicht werden.

> **Aufgabe**
>
> Experimentieren Sie mit der Flip-Flop-Schaltung Abbildung 18.56 (CMOS56.asc). Versuchen Sie auch hierfür, die Grenz-Dimensionierung für die vier Transistoren M1a, M1b, M2a und M2b durch Simulation zu finden.

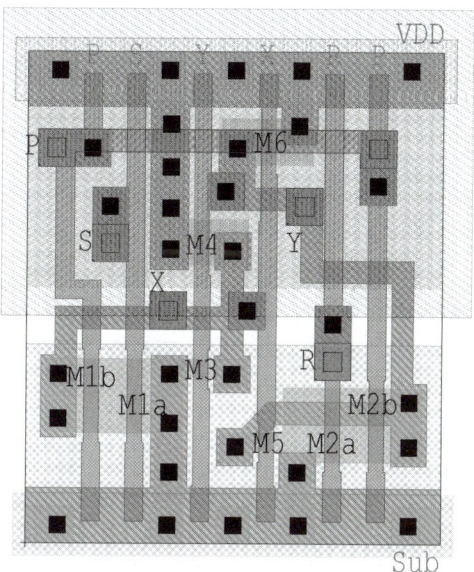

Abbildung 18.57: Layout zur Schaltung nach Abbildung 18.56. Siehe auch Tanner-Datei Flip-Flop.tdb, Zelle RS-FF. Erforderliche Chipfläche: $22{,}8$ μm $\times$ $26{,}4$ μm.

18.12.3 Latch als Speicherzelle

Das aus zwei Invertern gebildete Latch dient oft als statische Speicherzelle in einem SRAM (**Static Random Access Memory**). Da diese Anwendung sehr anschaulich demonstriert, welche Rolle schaltungstechnische Grundkenntnisse auch beim Entwurf digitaler Elemente spielen, soll dieses Beispiel etwas ausführlicher behandelt werden.

Die Speicherzellen werden in Form einer Matrix angeordnet. Dies ist in Abbildung 18.58 schematisch dargestellt. Die Matrix besteht aus 2^m Zeilen und 2^n Spalten und enthält somit insgesamt 2^{m+n} Speicherzellen. Jede einzelne Zelle kann durch Aktivieren einer entsprechenden Wortleitung und einer Bitleitung erreicht werden. Wird z. B. die Zeile „i" und die Spalte „k" ausgewählt, wird genau die im Kreuzungspunkt liegende Speicherzelle angesprochen.

Für die 2^m Wortleitungen sind m Adressbits erforderlich und für die 2^n Bitleitungen entsprechend n Adressbits. Ein Zeilendecoder übernimmt die Anpassung der m Adressleitungen an die 2^m Wortleitungen und ein Spaltendecoder übernimmt die Aufgabe für die vertikale Richtung. Beispiel: Eine quadratische Speichermatrix mit einer Kapazität von ca. 1 *MBit* hat 1024 Wortleitungen (Zeilen) und 1024 Bitleitungen (Spalten). Wegen $m = n = 10$ sind insgesamt $m + n = 20$ Adressleitungen erforderlich, in Abbildung 18.58 vereinfachend durch „AM" bzw. „AN" dargestellt.

Zur Auswertung der gespeicherten Information in einer ausgewählten Speicherzelle ist für jede Bitleitung ein Leseverstärker vorgesehen. Damit integriert ist auch ein Treiber für das Beschreiben einer Speicherzelle.

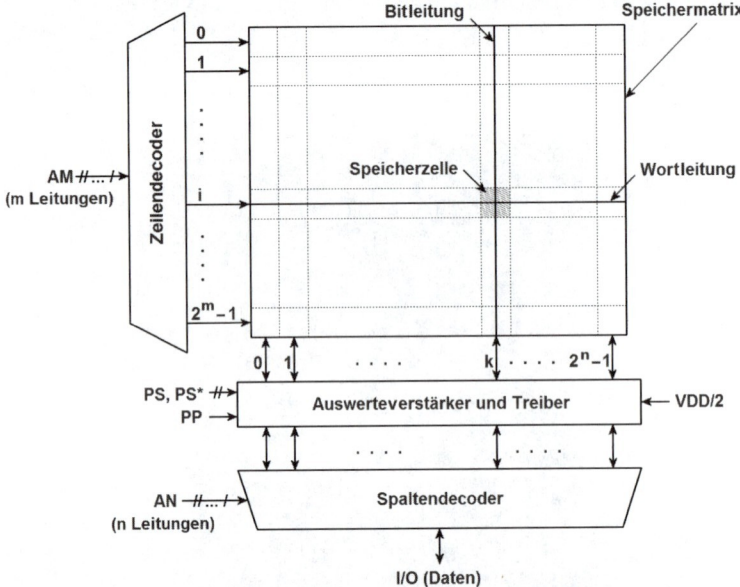

Abbildung 18.58: Organisation eines 2^{m+n}-Bit Speicherchips als Matrix mit 2^m Zeilen und 2^n Spalten. Die Bitleitung ist in der Realität durch ihr Komplement Bit* ergänzt. Dieses Komplement ist hier jedoch nicht dargestellt.

Abbildung 18.59 zeigt, wie eine einzelne Zelle in der Speichermatrix eingebunden ist. Die Bitleitung „Bit" ist zweimal vorhanden: Einmal direkt und einmal das zugehörige Komplement „Bit*". Wird die Bitleitung „Bit" auf High gesetzt, geht die Leitung „Bit*" auf Low und umgekehrt. Die Speicherzelle selbst ist über sogenannte Select-Transistoren MS2 und MS1 an die beiden Bitleitungen angeschlossen. Die Gates beider Transistoren sind mit der Wortleitung verbunden. Durch Aktivieren der entsprechenden Wort- und der Bitleitung kann genau diese Zelle angesprochen werden. Im Folgenden soll das Schreiben und das Auslesen einer solchen Zelle etwas näher erläutert werden.

18.12 Latches und Flip-Flops

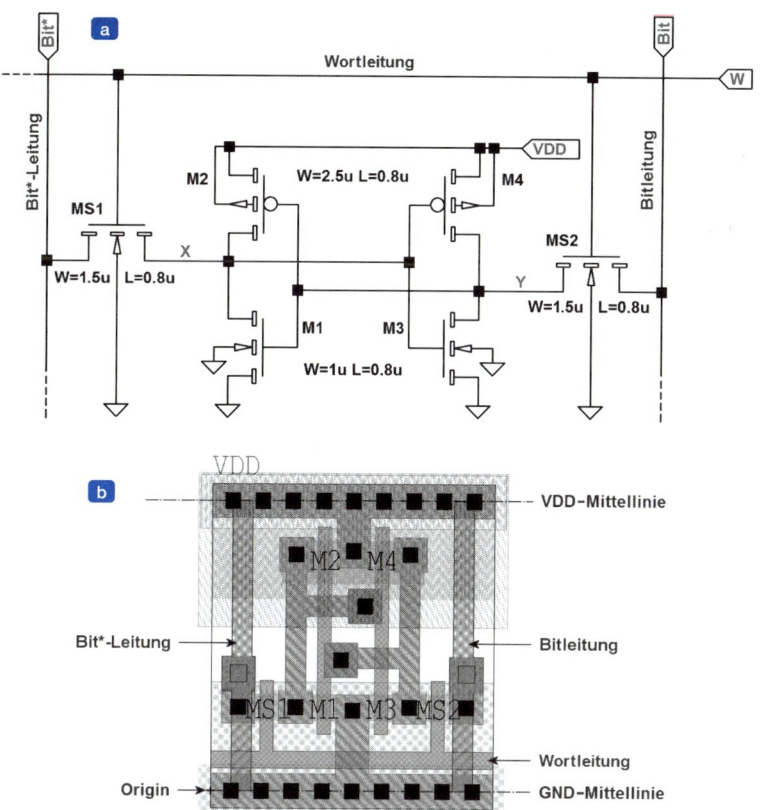

Layout

Abbildung 18.59: Eine einzelne CMOS-Speicherzelle in einem SRAM. (a) Schaltung; Technologie CM5. (b) Layout. Die Zelle ist neben der abgebildeten Ausführung MFF_A auch in vertikal gespiegelter Form MFF_B vorhanden (Tanner-Datei Flip-Flop.tdb). Dadurch ist es möglich, in vertikaler Richtung die Zellen derart anzuordnen, dass stets die VDD- bzw. die GND-Mittellinien zusammenfallen. In horizontaler Richtung werden alle Zellen direkt aneinandergereiht. Platzbedarf einer Zelle: 16,8 μm × 16,8 μm (in vertikaler Richtung von der GND- zur VDD-Mittellinie gerechnet). Verdrahtungs-Grid: 0,6 μm.

1. Schreibvorgang

Das Beschreiben einer Zelle ist einfach zu verstehen. Es werde angenommen, die Zelle habe eine logische „1" gespeichert. Dies sei in Abbildung 18.59 durch die Potentiale an den Knoten „Y" und „X" wie folgt definiert: $V(Y) = V_{DD}$ und $V(X) = 0\ V$. Ziel soll nun sein, die „1" durch eine logische „0" zu ersetzten, also $V(Y) = 0\ V$ und $V(X) = V_{DD}$. Um dies zu erreichen, wird die Bitleitung „Bit" auf $0\ V$ geschaltet und ihre komplementäre Leitung „Bit*" auf V_{DD}. Diese Situation ist in Abbildung 18.60 noch einmal dargestellt. Geht die Wortleitung „W" auf **High**, schalten die beiden Select-Transistoren MS1 und MS2 durch und zwingen den Knoten „X" auf eine Spannung, die größer ist als die Schaltspannung des Inverters, also auf jeden Fall > ½ · V_{DD} und den Knoten „Y" auf einen Wert kleiner als die Schaltspannung, d. h. < ½ · V_{DD}. Dann kippt das Latch in den anderen Zustand und die neue Information ist gespeichert. Soll hingegen eine logische „1" geschrieben werden, wird die Bitleitung „Bit" während des Schreibvorganges auf V_{DD} und „Bit*" auf $0\ V$ gesetzt. Die Kondensatoren CB1 und CB2 symbolisieren die an den Knoten „Bit*" und „Bit" wirksamen parasitären Kapazitäten. Sie spielen beim Schreibvorgang keine wesentliche Rolle, müssen aber über die Bitleitungen umgeladen werden.

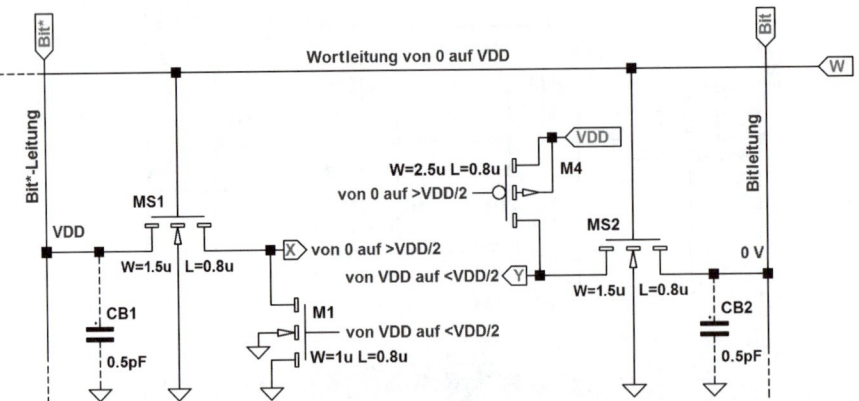

Abbildung 18.60: Für das Schreiben relevanter Teil der Schaltung. Zum Schreiben einer logischen „0" werden die Bitleitungen „Bit" bzw. „Bit*" auf $0\,V$ bzw. V_{DD} gesetzt. Anschließend geht die Wortleitung „W" auf **High** und leitet den Schreibvorgang ein.

Die Dimensionierung der Select-Transistoren MS1 und MS2 erfolgt analog zur Schaltung Abbildung 18.53. Ihre Kanalweiten sollten mindestens den Wert der N-Kanal-Transistoren in den Invertern der Speicherzelle erhalten, um beim Schreiben das Latch sicher in den anderen Zustand schalten zu können. Aus Sicherheitsgründen wird eine Weite von $W = 1{,}5\ \mu m$ gewählt.

2. Auslesen

Das Auslesen ist ein klein wenig komplizierter. Es werde angenommen, in der Zelle sei eine logische „1" durch $V(Y) = V_{DD}$ und $V(X) = 0\,V$ gespeichert. Bevor das Auslesen beginnt, werden die Bitleitung „Bit" und ihr Komplement „Bit*" auf eine Spannung zwischen **High** und **Low** „vorgeladen", genauer gesagt die an den Knoten „Bit" und „Bit*" wirksamen Kapazitäten C_{B2} und C_{B1} werden auf eine solche Spannung aufgeladen. Üblicherweise wird die halbe Versorgungsspannung gewählt. Diese Situation ist in Abbildung 18.61 noch einmal dargestellt.

Wenn dann die Wortleitung, Knoten „W", für eine relativ kurze Zeit auf **High** geht, schalten die beiden Select-Transistoren MS1 und MS2 durch. Wegen $V(X) = 0\,V$ wird der Kondensator CB1 um $\frac{1}{2} \cdot \Delta U$ entladen und wegen $V(Y) = V_{DD}$ steigt die Spannung am Kondensator CB2 etwa um den gleichen Betrag $\frac{1}{2} \cdot \Delta U$ an. Zwischen den Leitungen „Bit" und „Bit*" entsteht somit eine Spannungsdifferenz von ΔU. Der Betrag muss klein bleiben, ca. $200\,mV$ oder sogar noch geringer, um die in der Zelle gespeicherte Information nicht zu gefährden. Da die beiden Select-Transistoren MS1 und MS2 auch für den Schreibvorgang als „Treiber" verwendet werden, sind ihre Kanalweiten so ausgelegt, dass sie beim Schreiben das Latch sicher in den anderen Zustand schalten können, siehe hierzu Abbildung 18.60. Der Betrag der Spannungsänderung ΔU wird über die Dauer des **High**-Zustandes der Wortleitung eingestellt. Eine kürzere Impulsdauer führt zu geringeren Werten ΔU. Wäre statt einer logi-

18.12 Latches und Flip-Flops

schen „1" eine „0" in der Zelle gespeichert, also $V(Y) = 0\ V$ und $V(X) - V_{DD}$, ergäbe sich zwischen den beiden Leitungen „Bit" und „Bit*" die gleiche Spannungsänderung, nur mit anderem Vorzeichen.

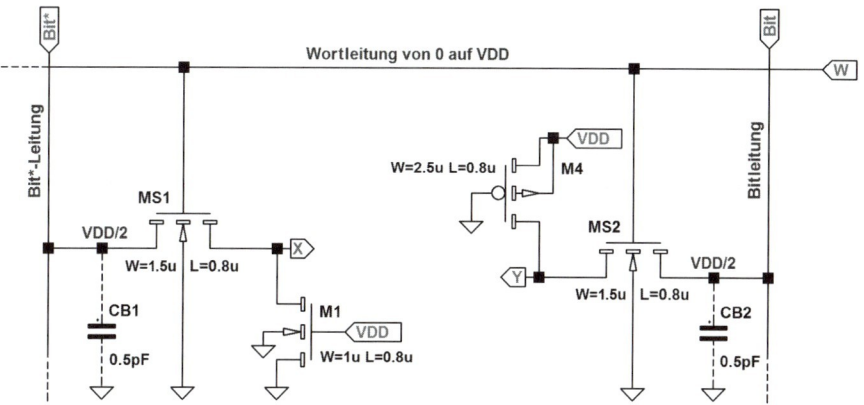

Abbildung 18.61: Für das Auslesen einer logischen „1" relevanter Teil der Schaltung. Die resultierenden Knotenkapazitäten C_{B2} und C_{B1} der Leitungen „Bit" und „Bit*" wurden zuvor auf die halbe Versorgungsspannung $½ \cdot yV_{DD}$ aufgeladen.

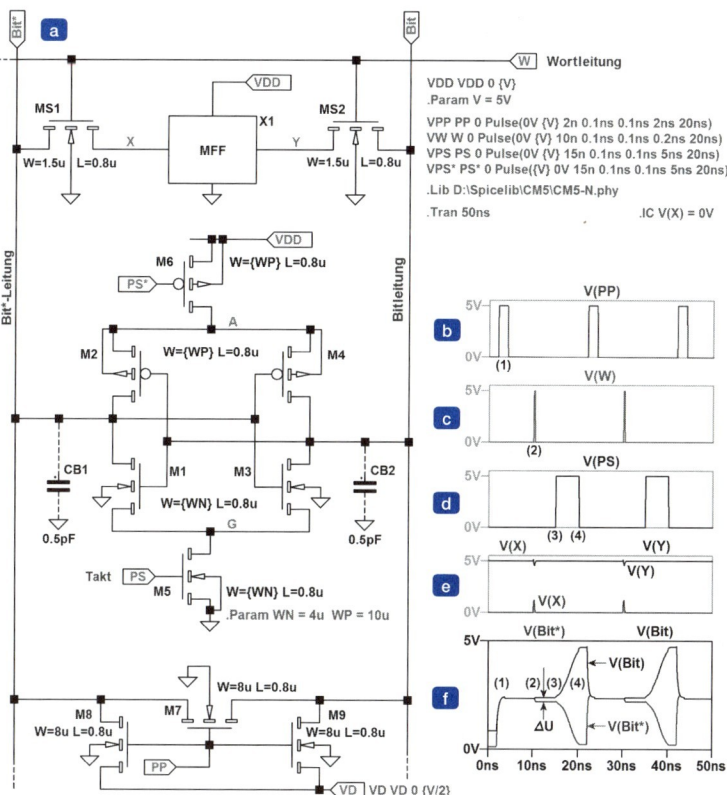

Abbildung 18.62: (CMOS62.asc) (a) Auswerteverstärker. (b) Taktimpuls; (c) Aktivierungsimpuls der Wortleitung. (d) Aktivierungsimpuls des Leseverstärkers. (e) Knotenpotentiale an der Speicherzelle. (f) Ausgangssignale der beiden Bitleitungen.

Das Weiterverarbeiten der relativ geringen Signaländerung kann als besonders genial betrachtet werden. Als **Differenzverstärker** wird nämlich ein Latch eingesetzt [21]…[27]. Auf den ersten Blick erscheint diese Schaltung sehr ungewöhnlich, sie ist aber einfach und arbeitet trotzdem sehr zuverlässig. Abbildung 18.62a zeigt die Schaltung. Diese Verstärkerzelle ist in der Bildmitte dargestellt. Sie ist direkt an die Bitleitungen angeschlossen. Allerdings ist sie nur über die „Schalter" M5 bzw. M6 mit dem GND-Anschluss bzw. der Versorgungsspannung verbunden. Beide Schalter sind normalerweise offen, können aber über die Taktleitung „PS" und das Komplement „PS*" geschlossen werden. Solch eine Verstärkerzelle ist **in jeder Spalte** der Speichermatrix **einmal** enthalten. Wie die Schaltung funktioniert, wird etwas später erklärt.

Ganz oben ist eine normale Speicherzelle, hier als Subcircuit X1 eingezeichnet, mit den zugehörigen Select-Transistoren MS1 und MS2 dargestellt, siehe hierzu auch Abbildung 18.59. In jeder Spalte der Matrix sind 2^m Zellen mit Select-Transistoren enthalten, siehe Abbildung 18.58.

Die drei Transistoren M7, M8 und M9 – ganz unten im Bild – haben die Aufgabe, unmittelbar vor dem Lesezyklus die beiden Bitleitungen „Bit" und „Bit*" auf das Potential der halben Versorgungsspannung ½ · V_{DD} zu bringen. Alle drei Transistoren liegen mit dem Gate am Knoten „PP". Sie sind normalerweise gesperrt. Wenn jedoch „PP" für eine kurze Zeit **High**-Potential erhält, siehe auch Abbildung 18.62b Zeit (1), schalten sie durch. Über M8 und M9 werden dann die Bitleitungen an eine Leitung mit dem Potential V_D = ½ · V_{DD} geschaltet. Die beiden parasitären Kondensatoren CB2 und CB1 werden somit auf diese Spannung aufgeladen, siehe Abbildung 18.62f Zeit (1). Der Transistor M7 sorgt zusätzlich dafür, dass die Potentiale beider Bitleitungen wirklich aneinander angeglichen werden. Damit ist die schon zu Beginn beschriebene „Vorladung" abgeschlossen. Die Vorlade-Einrichtung, bestehend aus den drei Transistoren, ist **in jeder Spalte** der Speichermatrix **einmal** vorgesehen.

Dann wird der Knoten „PP" wieder auf **Low** geschaltet. Da sowohl die Speicherzelle X1 als auch der Leseverstärker zunächst noch nicht aktiviert sind, bleiben die Ladungen in den Kondensatoren CB2 und CB1 gespeichert, d. h., die Bitleitungen bleiben auf dem Potential der halben Versorgungsspannung.

In der zeitlichen Reihenfolge beginnt anschließend der Lesezyklus: Durch kurzes Aktivieren der Wortleitung „W", siehe Abbildung 18.62c Zeit (2), werden die Kondensatoren CB2 und CB1 über die Speicherzelle X1 und die Select-Transistoren MS2 und MS1 ein klein wenig umgeladen, siehe Abbildung 18.62f Zeit (2). Es entsteht der zu Beginn schon beschriebene kleine Spannungsunterschied ΔU zwischen den beiden Bitleitungen. Geht dann der Takt „PS" auf **High** und „PS*" gleichzeitig auf **Low**, siehe Abbildung 18.62d Zeitpunkt (3), dann wird der Leseverstärker eingeschaltet. Das Latch, bestehend aus den Transistoren M1 bis M4, wird jetzt spontan im **nichtstabilen** Arbeitspunkt B betrieben, siehe hierzu Abbildung 18.52. Wegen der inneren Rückkopplung und der sehr großen Schleifenverstärkung kippt die Schaltung in einen der stabilen Arbeitspunkte A **oder** C in Abbildung 18.52b. Welcher Arbeitspunkt eingenommen wird, ist eindeutig vom Vorzeichen der Asymmetrie der Potentiale der beiden Bitleitungen abhängig: Ist die Leitung „Bit" um ΔU positiver als „Bit*", dann wird der Spannungsunterschied durch die Rückkopplung so weit vergrößert, bis das Potential von „Bit" fast komplett auf V_{DD} ansteigt und das von „Bit*" gleichzeitig gegen 0 V läuft; Beginn des Kipp-Vorganges siehe Abbildung 18.62f Zeitpunkt (3). Ist dagegen ΔU negativ, so läuft „Bit" gegen 0 V und „Bit*" gegen V_{DD}. Ganz werden die Werte V_{DD} und 0 V nicht erreicht, wenn die Einschaltzeit der Verstärkerzelle durch den Taktimpuls $V(PS)$ nur relativ kurz ist und die Kondensatoren CB2 und CB1 nicht vollständig umgeladen werden, siehe Abbildung 18.62d und Abbildung 18.62f Zeitende (4).

Exkurs

Die Speicherkapazitäten C_{B2} und C_{B1} setzen sich nur aus **parasitären Kapazitäten** zusammen. Sie werden im Wesentlichen durch die Drain- bzw. Source-Flächen der beiden Select-Transistoren MS2 und MS1 und die Anzahl der Zellen in einer Spalte der Speichermatrix bestimmt.

Aufgabe

Aufgaben zum **Auslesen einer Speicherzelle**

Um sich intensiver mit der Schaltung vertraut zu machen, wird empfohlen, mit der Simulationsdatei CMOS62read.asc zu experimentieren:

Simulation

1. Ändern der gespeicherten Information

Durch die SPICE-Anweisung „.IC V(X) = 0V" (Initial Condition) kann der Anfangszustand der Speicherzelle definiert werden. Ändern Sie diese Zeile ab in „.IC V(Y) = 0V" und beobachten sie die Signale der beiden Bitleitungen.

2. Einfluss der Lesezeit

Verändern Sie die Dauer des Lese-Impulses V_W von t_w = 0,2 ns auf z. B. 0,1 ns und dann auf 0,5 ns und beobachten Sie die Spannungsdifferenz ΔU zwischen den beiden Bitleitungen.

3. Verlängern Sie die die Dauer des Lese-Impulses V_W drastisch, z. B. von t_w = 0,2 ns auf 3 ns, und beobachten Sie die Potentiale „X" und „Y" an der Speicherzelle. Warum verändern sich diese Potentiale auch bei längerer Pulsdauer nicht wesentlich? Berücksichtigen Sie bei Ihren Überlegungen den **Body-Effekt** der Select-Transistoren.

4. Prüfen der Robustheit des Leseverstärkers

Bauen Sie eine Asymmetrie in den Leseverstärker ein, indem Sie die Kanalweite des Transistors M1 von W = 4 µm auf W = 3,5 µm ändern und beobachten sie die Signale der beiden Bitleitungen. Versuchen Sie dann die Kanalweite so weit zu ändern, bis das Ergebnis fehlerhaft wird. Wiederholen Sie das Experiment in analoger Weise mit dem P-Kanal-Transistor M2.

5. Einfluss der parasitären Speicherkapazitäten C_{B2} und C_{B1}

Verdoppeln Sie die Werte der Kondensatoren CB2 und CB1 und beobachten Sie, wie sich nach dem Einschalten des Leseverstärkers durch den Taktimpuls V_{PS} die Spannungen an den beiden Bitleitungen verändern. Verlängern Sie dann die Dauer der beiden Pulse V_{PS} und $V_{PS}*$ (dies ist die Zeit t_{PS} in der Pulsanweisung).

> **6.** Einfluss der Dimensionierung des Leseverstärkers
>
> Verdoppeln oder halbieren Sie die Kanalweiten aller Transistoren (M1 bis M6) im Leseverstärker und sehen Sie sich die Auswirkung auf das Entwickeln der Spannungen an den Bitleitungen nach dem Einschalten des Leseverstärkers durch den Taktimpuls V_{PS} an. Dies gelingt am besten durch Ändern der beiden Parameter W_N und W_P in den Parameteranweisungen „.Param WN=4u WP=10u" sowie „.Param W1=4u W2=10u". Schließen Sie dann auf die Zugriffszeit der Daten.
>
> **Aufgaben zum Beschreiben einer Speicherzelle**
>
> Experimentieren Sie in ähnlicher Weise mit der für das Schreiben vorbereiteten Simulationsdatei CMOS62write.asc.

18.12.4 Einfaches Daten-Flip-Flop (D-Flip-Flop)

Eine ganz wichtige Bedeutung kommt dem Daten-Flip-Flop, abgekürzt D-Flip-Flop, zu. Es hat einen Dateneingang „D" und einen Takteingang „Ck" und in der Regel zwei zueinander komplementäre Ausgänge „Q" und „Q*". Es ist im Prinzip ein getaktetes RS-Flip-Flop, bei dem jedoch dem Reset-Eingang stets das invertierte Set-Signal zugeführt wird. Dadurch wird der Nachteil des einfachen RS-Flip-Flops umgangen, dessen Eingänge „R" und „S" bekanntlich nicht gleichzeitig auf High liegen dürfen.

Abbildung 18.63 zeigt die Ausführung eines D-Flip-Flops mit Standardgattern. Das RS-Flip-Flop ist hier jedoch nicht wie in Abbildung 18.55 mit NOR-, sondern mit NAND-Gattern aufgebaut. Die Eingänge des RS-Flip-Flops, bestehend aus den beiden NAND-Gattern X1 und X2, erhalten deshalb nicht direkt die Reset- und Set-Signale „R" und „S" wie in Abbildung 18.55, sondern die invertierten Signale „R*" und „S*". Diese dürfen dann nicht gleichzeitig auf Low gehen. Das wird durch die beiden vorgeschalteten NAND-Gatter X3 und X4 sichergestellt: Der Knoten „S*" kann nur auf Low gehen, wenn sowohl „D" als auch „Ck" High-Potential erhalten, und ein Low am Knoten „R*" verlangt High-Potential an den Knoten „Ck" und „S*". High-Potential am Knoten „S*" ist aber nur möglich, wenn mindestens einer der Knoten „Ck" oder „D" Low ist. Wenn aber einer dieser beiden Eingänge auf Low ist, kann „S*" nicht Low sein. Damit ist die Verriegelung perfekt und undefinierte Zustände können nicht auftreten.

Ein D-Flip-Flop kann deshalb gut als Datenspeicher für eine logische Variable eingesetzt werden. Wenn das Taktsignal auf High steht, kann der Dateneingang „D" das RS-Flip-Flop setzen: Geht „D" auf High, geht „S*" auf Low und „R*" auf High und somit der Ausgang „Q" auf High. Ein Low am Dateneingang „D" zwingt das RS-Flip-Flop auf Low. Sobald aber das Taktsignal auf Low geht, bleibt die Information im RS-Flip-Flop gespeichert, siehe hierzu die Signalverläufe in Abbildung 18.63.

18.12 Latches und Flip-Flops

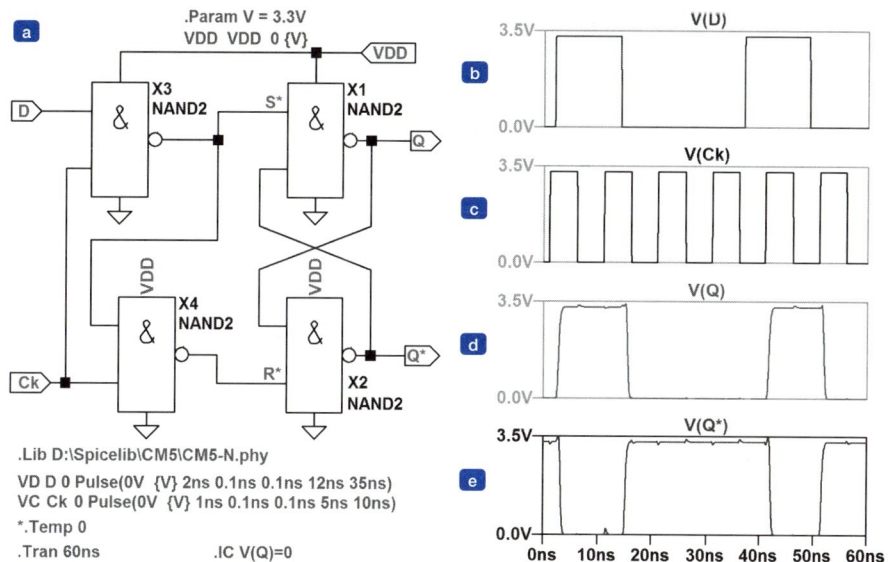

Abbildung 18.63: (CMOS63.asc) (a) Realisierung eines transparenten D-Flip-Flops mit NAND-Gattern. Die beiden Gatter X1 und X2 bilden ein RS-Flip-Flop, das die invertierten Signale „R*" und „S*" verlangt. (b) Datensignal $V(D)$. (c) Taktsignal $V(Ck)$. (d) und (e) Ausgangssignale $V(Q)$ und $V(Q*)$.

Solange der Takteingang auf **High** steht, kann der Dateneingang die Information im RS-Flip-Flop ändern. Man spricht deshalb von einem **transparenten** D-Flip-Flop.

Die Schaltung Abbildung 18.63 erfordert insgesamt 16 Transistoren. Durch Verwenden von Schaltern (Transmission-Gates) und Invertern kann der Platzbedarf etwas reduziert werden. Eine solche Schaltung ist in Abbildung 18.64 dargestellt. Zwei Transmission-Gates werden vom selben Taktsignal angesteuert, jedoch invers zueinander. Dadurch ist stets das eine leitend, während das andere gesperrt ist. Wenn der Takt auf **High** geht, wird das **Daten-Gate** M1, M2 eingeschaltet und die Daten gelangen an den Inverter X2. Durch X2 wird die Information invertiert und steht am Knoten „Q*" zur Verfügung. Der Inverter X3 invertiert erneut und führt das Signal dem Ausgang „Q" zu. Somit hat „Q" den gleichen Logik-Level wie der Dateneingang „D". Wenn der Takt auf **Low** geht, sperrt das Daten-Gate M1, M2 und das **Rückkopplungs-Gate** M3, M4 verbindet den Ausgang des Inverters X3 (Knoten „Q") mit dem Eingang des ersten Inverters X2 (Knoten „1"). Da beide Knoten den gleichen Logik-Level haben und die Verbindung zum Dateneingang unterbrochen ist, wird dieser Zustand gespeichert. Erst wenn der Takt wieder auf **High** geht, die Rückkopplung aufgehoben und die Verbindung zum Dateneingang wieder hergestellt wird, kann eine neue Information aufgenommen werden.

18 Design und Layout digitaler Gatter in CMOS

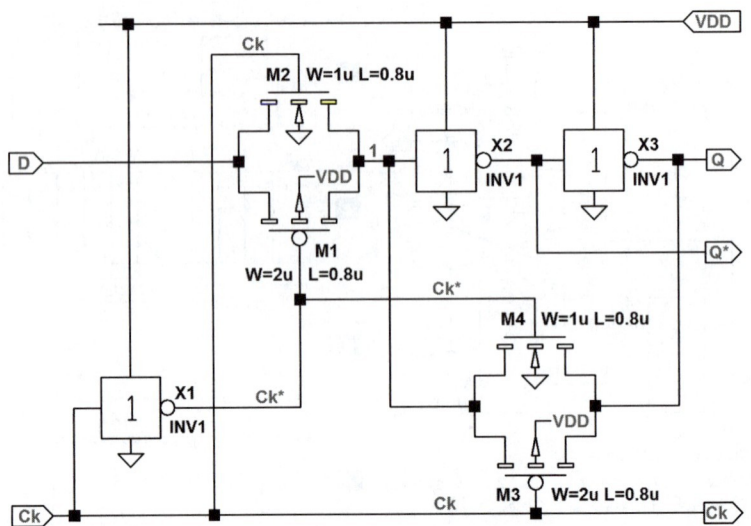

Abbildung 18.64: Realisierung eines transparenten D-Flip-Flops, Typ „D_FF1" mit Invertern und Transmission-Gates.

An sich sollte das eine Transmission-Gate erst durchschalten, wenn das andere schon gesperrt ist, um einen direkten Weg vom Eingang „D" zum Ausgang „Q" zu vermeiden. Dazu wäre die relativ aufwendige Erzeugung **nicht überlappender** Taktsignale erforderlich. Das oben beschriebene D-Flip-Flop arbeitet jedoch auch störungsfrei, wenn beide Schalter vom selben Takt „Ck" versorgt werden und zur Erzeugung des invertierten Taktes „Ck*" einfach ein Inverter eingesetzt wird. In Abbildung 18.64 übernimmt der Inverter X1 diese Aufgabe.

> **Aufgabe**
>
> Experimentieren Sie mit der Simulationsdatei D_FF1_Test.asc zu der Schaltung nach Abbildung 18.64. Probieren Sie auch andere Verhältnisse W/L der beiden Schalter.

18.12.5 Flanken-getriggertes D-Flip-Flop

Die in Abbildung 18.63 und Abbildung 18.64 vorgestellten D-Flip-Flops sind beide **transparent**, d. h., während eines **High**-Pegels am Takteingang „Ck" folgt der Ausgang „Q" dem Dateneingang „D". Dieses kann in einigen Anwendungen zu Problemen führen. Durch eine sogenannte **Master-Slave-Konfiguration** kann dieses Problem gelöst werden.

Ein solches Flip-Flop ist in Abbildung 18.65 dargestellt. Zwei Flip-Flops entsprechend Abbildung 18.64 sind hintereinandergeschaltet, doch werden beide mit gegenphasigen Taktsignalen angesteuert. Das „Eingangs-Flip-Flop" wird als **Master** und das „Ausgangs-Flip-Flop" als **Slave** bezeichnet.

18.12 Latches und Flip-Flops

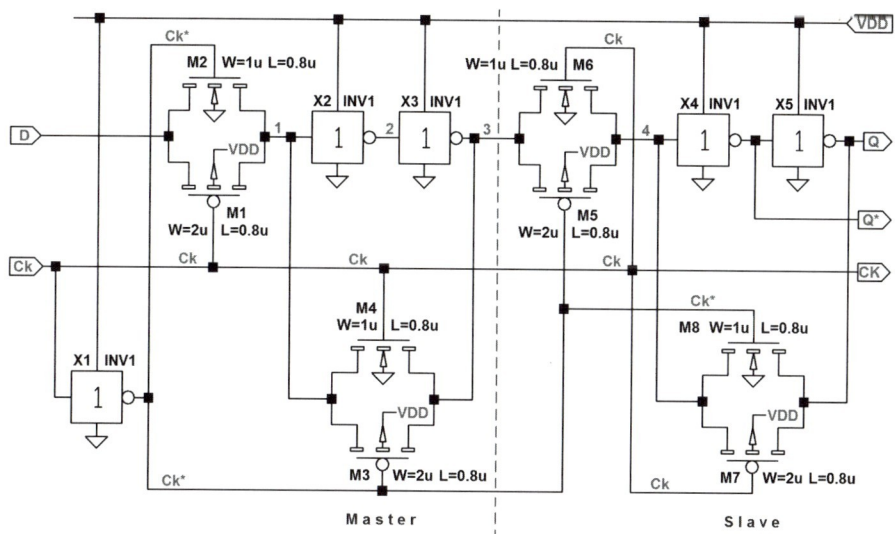

Abbildung 18.65: Realisierung eines Flanken-getriggerten D-Flip-Flops mit Invertern und Transmission-Gates, Typ „DF_FF1".

Wenn der Takt auf **Low** steht, können Daten in den Master eingelesen werden; der Slave-Teil ist dann jedoch wegen der gegenphasigen Ansteuerung verriegelt. Wegen der Rückkopplung über das Transmission-Gate M8, M7 bleibt die im Slave gespeicherte Information unberührt. Wenn das Taktsignal auf **High** geht, wird der Dateneingang „D" wegen des dann sperrenden Schalters M2, M1 abgekoppelt und der vorherige Zustand wegen des schließenden Gates M4, M3 im Master gespeichert. Diese Information gelangt über den Schalter M6, M5 zum Knoten „4" und über die beiden Inverter X4, X5 des Slave-Flip-Flops direkt zum Ausgang „Q". Wenn dann der Takt wieder auf **Low** zurückgeht, wird die in das Slave-Flip-Flop gelangte Information dort gespeichert. Gleichzeitig kann das Master-Flip-Flop wegen des wieder leitend werdenden Schalters M2, M1 neue Daten vom Eingang „D" aufnehmen.

Auch für dieses Flip-Flop wird oft empfohlen, es mit **nicht überlappenden** Taktsignalen zu betreiben, d. h., die Schalter M6, M5 und M4, M3 sollten erst dann durchschalten, wenn die Gates M2, M1 und M8, M7 schon gesperrt sind, und die Schalter M2, M1 und M8, M7 sollten erst wieder einschalten, wenn die Gates M6, M5 und M4, M3 gesperrt sind. Aber auch dieses Flip-Flop arbeitet einwandfrei, wenn statt einer aufwendigen Schaltung zur Erzeugung eines **nicht überlappenden** Taktes alle Transmission-Gates vom selben Takt versorgt werden und für den invertierten Takt einfach ein Inverter eingesetzt wird. Diese Aufgabe übernimmt in Abbildung 18.65 der Inverter X1.

Dieses Flip-Flop ist **nicht transparent**! Eine im Master aufgenommene und gespeicherte Information wird erst beim nächsten **Low-High**-Wechsel des Taktes in das Slave-Flip-Flop übertragen. Man spricht deshalb von einem „Flanken-getriggerten" D-Flip-Flop. Dies in Abbildung 18.66 dargestellt. Abbildung 18.66a zeigt die Simulationsschaltung. Durch die Startbedingung „.IC V(Q)=0" wird der Ausgang „Q" zu Beginn der Simulation auf **Low** gesetzt. Mit der ersten Taktflanke, siehe Abbildung 18.66b, ändert sich am Ausgang „Q", Abbildung 18.66d, nichts. Erst mit der durch (1) gekennzeichneten Taktflanke wird die inzwischen auf **High** gewechselte Information am Dateneingang „D", Abbildung 18.66b, am Ausgang „Q" wirksam. Mit der durch (2) markierten Flanke wird der Ausgang „Q" wieder

18 Design und Layout digitaler Gatter in CMOS

zurückgesetzt. Ähnliches wiederholt sich zu den Zeiten (3) bzw. (4). Deutlich sind auch die Gatterlaufzeiten zu erkennen. Das invertierte Ausgangssignal am Ausgang Q* steht um eine Inverter-Delay-Zeit früher zur Verfügung als die Information am Ausgang „Q".

Simulation

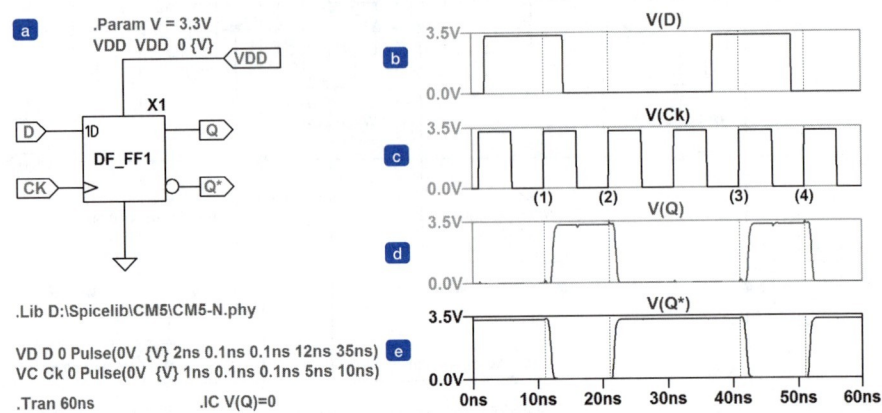

Abbildung 18.66: (CMOS66.asc) (a) Simulationsschaltung zum Flanken-getriggerten D-Flip-Flop, Typ „DF_FF1". (b) Datensignal $V(D)$. (c) Taktsignal $V(Ck)$. (d) und (e) Ausgangssignale $V(Q)$ und $V(Q*)$; zu den Taktzeiten (1), (2), (3) und (4) findet ein Wechsel statt.

Aufgabe

Experimentieren Sie mit der Simulationsdatei CMOS66.asc zur Schaltung nach Abbildung 18.66. Verwenden Sie zur Ansteuerung des Dateneinganges „D" ein realistisches Signal, indem Sie einen Inverter vorschalten (Datei: DF_FF1_Test.asc).

Layout

Das Layout des Flanken-getriggerten D-Flip-Flops „DF_FF1" ist in Abbildung 18.67 dargestellt. Es ist wieder so angelegt, dass es zu den bereits beschriebenen digitalen Gatter-Zellen passt: einheitliche Höhe von 26,4 μm, Verdrahtungs-Grid 0,6 μm und die Möglichkeit, alle Zellen aneinanderreihen zu können.

Layout

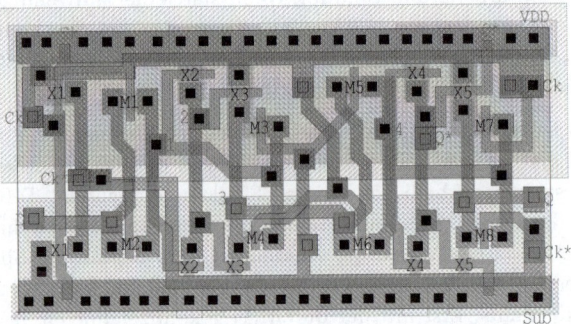

Abbildung 18.67: Layout zur Schaltung Abbildung 18.65. Flächenbedarf der Zelle DF_FF1 für die Technologie CM5: 51,6 μm × 26,4 μm. Die Zelle ist in der Tanner-Datei Flip-Flop.tdb zu finden.

Verifikation des Layouts

Da diese Zelle etwas komplexer aussieht, soll die Richtigkeit der Leitungsführung mit dem Tanner-Werkzeug „Extract" und eine anschließende Simulation überprüft werden. Die Prozedur wurde bereits im *Abschnitt 8.7.2* beschrieben, soll an diesem Beispiel aber noch einmal in groben Zügen gezeigt werden. Es wird wieder empfohlen, alles selbst nachzuvollziehen.

1. Datei Flip-Flop.tdb mit L-Edit öffnen und Aufruf der Zelle DF_FF1.
2. Design-Rule-Check; dieser sollte aus Sicherheitsgründen noch einmal durchgeführt werden.
3. Starten des Extraktwerkzeuges aus L-Edit heraus.
4. Optionen einstellen:
   a. General: Den Pfad für das **Extract-Definition-File** „CM5.ext" und das Ziel des **Output-Files** „DF_FF1.spc" (z. B. „D:\Temp\DF_FF1.spc") suchen bzw. angeben.
   b. Output: **Write node names** und **Write shorted devices** sowie **Write nodes as Names** markieren.
   c. Für alle anderen Optionen kann die Markierung herausgenommen werden.
5. Dann kann die Extraktion durch „Run" gestartet werden.
6. Das Ergebnis, d. h. die extrahierte Datei DF_FF1.spc, ist eine normale Textdatei mit etwa dem folgenden Aussehen:

```
* Circuit Extracted by Tanner Research's L-Edit V7.12/Extract;
*
* - viele Kommentare sind hier weggelassen worden -
*
* NODE NAME ALIASES
*       1 = Sub (51.5,0.1)
*       2 = VDD (51.5,26.4)
*       3 = 3 (20.2,9.5)
*       4 = D (0.6,9.8)
*       5 = Ck* (50.9,6.3)
*       6 = Q (50.9,11.4)
*       7 = Ck (4.3,25.2)
*       8 = Q* (45.1,25.2)
*       9 = 1 (14.5,16.7)
*      10 = 2 (16.7,17.2)
*      11 = 4 (36.6,18)

M1 2 1 VDD VDD MP7 L=0.8u W=2.5u
M2 1 Ck* 3 VDD MP7 L=0.8u W=2u

* - lange Liste; hier weggelassen -

M17 Q Q* Sub Sub MN7 L=0.8u W=1u
M18 4 Ck 3 Sub MN7 L=0.8u W=1u

* Total Nodes: 11
* Total Elements: 18
* Extract Elapsed Time: 0 seconds
.END
```

18 Design und Layout digitaler Gatter in CMOS

Diese Datei enthält neben etlichen Kommentarzeilen die gesuchte Netzliste zum Layout Abbildung 18.67.

Die extrahierte Netzliste ist in der vorliegenden Form noch nicht simulierbar! Es fehlt neben einer Simulationsanweisung noch die **äußere** Beschaltung. Am besten ist es, exakt die gleiche Beschaltung zu verwenden, wie sie in der Originalschaltung enthalten ist.

Zur Weiterverarbeitung der Output-Datei soll wieder der im *Abschnitt 8.7.2* aufgezeigte Weg beschritten werden, allerdings in der vereinfachten Form, wie dies in LT-SPICE möglich ist:

1. Die **Netzliste** der Output-Datei DF_FF1.spc wird als **Subcircuit-Definition** umgeschrieben. Sie kann dann als solche gespeichert und später in die Simulationsdatei als **Subcircuit-Element** eingebaut werden.

Eine **Subcircuit-Definition** muss mit dem Statement „.Subckt", dem Namen sowie den Knoten, für die später ein Simulationsergebnis interessant sein könnte, beginnen und mit „.EndS" abschließen. Alles, was nicht benötigt wird, darf gelöscht werden. Sie könnte hier dann folgendes Aussehen haben:

```
.Subckt DF_FF1 D Ck Q Q* VDD Sub
*
M1 2 1 VDD VDD MP7 L=0.8u W=2.5u
M2 1 Ck* 3 VDD MP7 L=0.8u W=2u

* - lange Liste; hier weggelassen -

M17 Q Q* Sub Sub MN7 L=0.8u W=1u
M18 4 Ck 3 Sub MN7 L=0.8u W=1u
*
.ENDS DF_FF1
```

2. Dieser Teil wird mit dem Namen DF_FF1.sub gespeichert; am einfachsten im selben Ordner, wo bereits die Output-Datei DF_FF1.spc steht.

3. Die Überprüfung erfolgt am besten aus der **Originalschaltung** heraus. Für dieses Beispiel wird dazu die LT-SPICE-Schaltung (Datei CMOS66.asc, siehe Abbildung 18.66) geöffnet. Anstatt eine Netzliste zu erstellen, wird hier die oben vorbereite Subcircuit-Definition unmittelbar im Schaltplan verwendet. Dazu werden alle Elemente gelöscht, die direkt zu der zu untersuchenden Schaltung gehören (hier das Symbol "DF_FF1"), und stattdessen wird das Flop-Flop in Form einer Subcircuit als **Netzlisten-Zeile** eingebaut. Diese hat hier die folgende Form:

```
X1 D Ck Q Q* VDD 0 DF_FF1
```

Achtung: Die **Reihenfolge** der Knoten (nicht die Namen) muss mit der der Subcircuit-Definition DF_FF1.sub übereinstimmen und der Substratknoten „Sub" muss hier mit dem Knoten „0" verbunden sein! Deshalb ist statt „Sub" der Knoten „0" einzutragen. Dies ist oben durch Fettdruck hervorgehoben.

Auch der Pfad für die Subcircuit-Datei DF_FF1.sub darf nicht fehlen:

```
.Lib D:\Temp\DF_FF1.sub
```

4. Wenn diese beiden Zeilen in den „Schaltplan" eingetragen sind, hat er schließlich das folgende Aussehen, siehe Abbildung 18.68:

18.12 Latches und Flip-Flops

Simulation

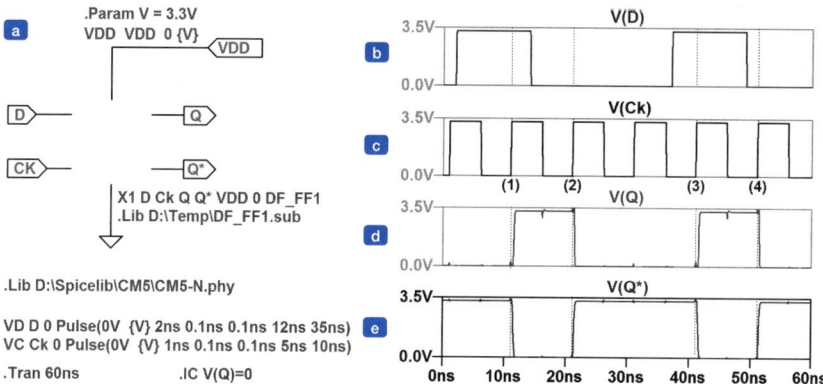

Abbildung 18.68: (CMOS68.asc) (a) Das Flip-Flop-Symbol (Typ „DF_FF1") in Abbildung 18.66a wurde gelöscht und durch die Subcircuit-Zeile und den Speicherort der Subcircuit-Definition ersetzt. Alle Anschlussknoten bleiben erhalten. (b) und (c) Daten- und Taktsignal. (d) und (e) Ausgangssignale.

Die Simulation liefert das erwartete Ergebnis. Damit ist sichergestellt, dass alle Verbindungen im Layout mit denen des Schaltbildes übereinstimmen. Da bei der Extraktion die parasitären Drain- und Source-Flächen nicht ermittelt wurden, zeigen die Abbildung 18.68d und Abbildung 18.68e etwas geringere Delay-Zeiten als die entsprechenden in Abbildung 18.66, die mit Berücksichtigung dieser Elemente entstanden sind.

18.12.6 Flanken-getriggertes D-Flip-Flop mit Set- und Reset-Eingang

Das in Abbildung 18.65 vorgestellte Flanken-getriggerte D-Flip-Flop kann einen Set- und einen Reset-Eingang erhalten, wenn die Inverter X2, X3, X4 und X5 durch logische Gatter ersetzt werden. Eine solche Ausführung mit NOR-Gattern zeigt Abbildung 18.69.

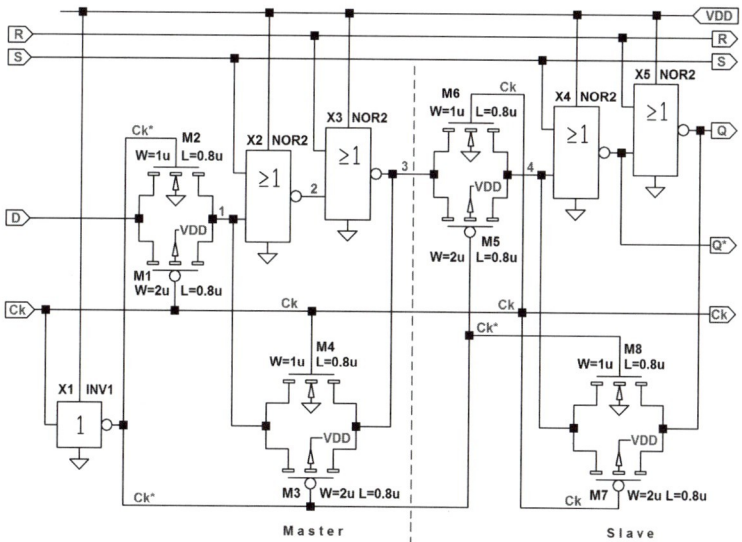

Abbildung 18.69: Flanken-getriggertes D-Flip-Flops mit Set- und Reset-Eingang: Realisierung mit NOR-Gattern und Transmission-Gates, Typ „DF_FFRS".

Dieses Flip-Flop vom Typ „DF_FFRS" braucht zwar noch etwas mehr Chipfläche als die normale Flanken-getriggerte Ausführung „DF_FF1" (69,6 µm × 26,4 µm gegenüber 51,6 µm × 26,4 µm), ist dafür aber außerordentlich vielseitig einsetzbar. Als Beispiel soll ein Frequenzteiler mit beliebig einstellbarem Teilerverhältnis vorgestellt werden.

Allgemein kann jedes Flanken-gesteuerte nicht transparente Flip-Flop, wie z. B. der Typ „DF_FF1", als Frequenzteiler 2 : 1 eingesetzt werden. Dazu wird einfach der invertierende Ausgang „Q*" mit dem Dateneingang „D" verbunden. Steht z. B. der Flip-Flop-Ausgang „Q" auf **High** und damit „Q*" auf **Low**, wird bei dem nächsten **Low-High**-Wechsel des Taktsignals der Ausgang „Q" auf **Low** gesetzt. Mit der folgenden positiv gehenden Taktflanke wird der Zustand wieder zurückgesetzt usw. Dies bedeutet eine Teilung 2 : 1. Durch eine Kette solcher Flip-Flops kann ein höheres Teilerverhältnis realisiert werden.

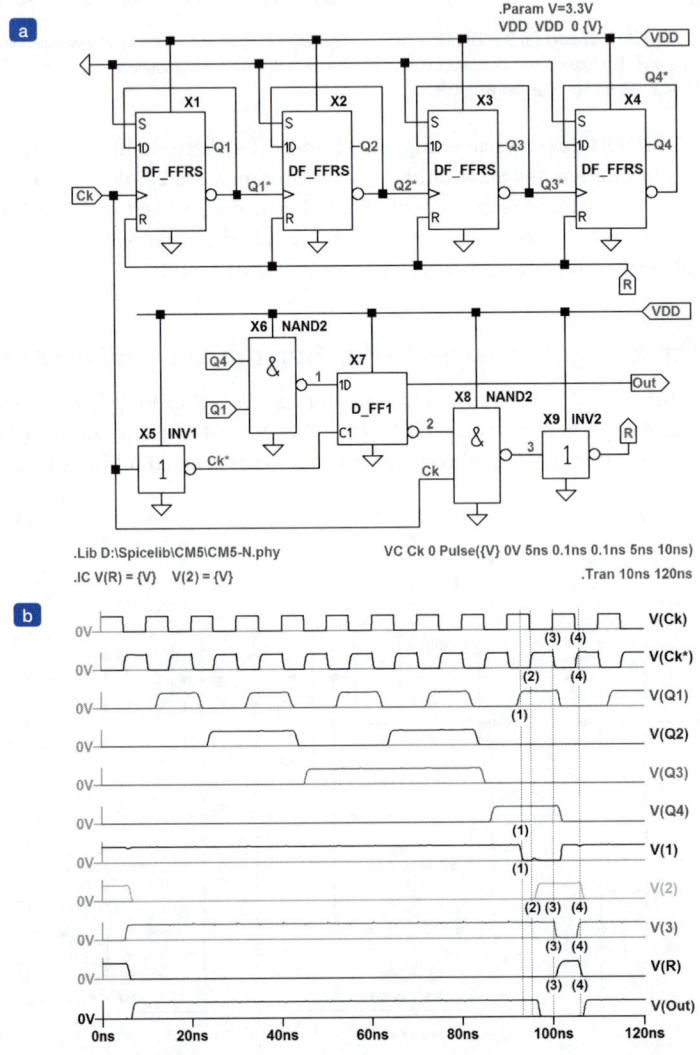

Abbildung 18.70: Frequenzteiler 10 : 1 mit zurücksetzbaren Flanken-getriggerten Flip-Flops. Hier wird der Typ „DF_FFRS" verwendet.

18.12 Latches und Flip-Flops

Ein beliebiges Teilerverhältnis ist auf diese Weise aber noch nicht möglich. Wird dagegen ein Flanken-gesteuertes Flip-Flop mit Reset-Eingang verwendet, z. B. der in Abbildung 18.69 dargestellte Typ „DF_FFRS", kann beim Erreichen des gewünschten Zählerstandes ein Reset eingeleitet werden, der alle Stufen auf Low zurücksetzt. Eine solche Schaltung zeigt Abbildung 18.70 für ein Teilerverhältnis von 10 : 1.

Beispiel

Frequenzteiler mit einstellbarem Teilerverhältnis:

Mit dem Flip-Flop vom Typ „DF_FFRS" entsprechend Abbildung 18.69 soll ein Frequenzteiler 10 : 1 aufgebaut werden.

Benötigt werden vier Frequenzteiler 2 : 1. Der Set-Eingang „S" wird nicht benötigt. Er wird fest auf Low gesetzt. Aus der folgenden Tabelle 18.3 geht hervor, dass nach zehn Schritten an den Ausgängen „Q1" und „Q4" ein High erscheint. Folglich muss aus dieser Stellung ein Reset aller Flip-Flops abgeleitet werden.

Tabelle 18.3

Zustände der einzelnen Flip-Flop-Ausgänge in Abbildung 18.70

Nummer	Dezimalzahl	Q4	Q3	Q2	Q1
1	0	0	0	0	0
2	1	0	0	0	1
3	2	0	0	1	0
4	3	0	0	1	1
5	4	0	1	0	0
6	5	0	1	0	1
7	6	0	1	1	0
8	7	0	1	1	1
9	8	1	0	0	0
10	9	1	0	0	1

Werden diese Ausgänge dem NAND-Gatter X6 zugeführt (siehe Abbildung 18.70), geht beim Erreichen des relevanten Ereignisses dessen Ausgangsknoten „1" auf Low. In Abbildung 18.70b wird dies gerade zum markierten Zeitpunkt (1) erreicht. Das Ausgangssignal $V(1)$ wird dem Dateneingang eines normalen D-Flip-Flops X7, z. B. Typ „D_FF1", zugeführt. Dieses erhält als Takt das invertierte Signal $V(Ck*)$. Geht dann zum Zeitpunkt (2) der invertierte Takt $V(Ck*)$ auf High, erscheint der Low-Level des Knotens „1" am Ausgang „Out" des Flip-Flops X7. Das invertierte Ausgangssignal $V(2)$ dieses Flip-Flops geht zu diesem Zeitpunkt auf High und gelangt an ein NAND-Gatter X8. Dem anderen Eingang des Gatters X8 wird das Taktsignal $V(Ck)$ zugeführt. Geht dann der Takt $V(Ck)$ zum Zeitpunkt (3) auf High, schaltet das Gatter X8 den Knoten „3" auf Low, da ja auch $V(2)$ auf High steht. Mit dem nächsten High-Low-Wechsel des Taktes zum Zeitpunkt (4) geht $V(3)$ wieder auf High zurück. Über den Inverter X9 wird ein positiver Reset-Impuls von der Dauer der High-Phase des Taktes gebildet. Er setzt zum Zeitpunkt (3) alle Flip-Flops auf Low zurück.

Diese Schaltung hat den Vorteil, dass während des Zurücksetzens praktisch keine Spikes im Ausgangssignal auftreten, und die Rücksetzschaltung ist relativ leicht zu gestaltet, selbst für längere Zählerketten. Es braucht nur dafür gesorgt zu werden, dass beim Erreichen des gewünschten Zählerstandes der Knoten „1" auf Low gesetzt wird. Im ungünstigsten Fall ist für jede Stufe der Zählerkette ein Eingang des NAND-Gatters X6 vorzusehen oder eine entsprechende logische Schaltung zu entwerfen. Soll die Schaltung z. B. eine Frequenzteilung von 24 bewirken, sind fünf Flip-Flops in der Zählerkette erforderlich und als Detektor ein NAND-Gate mit vier Eingängen vorzusehen. Diese wären dann mit den Flip-Flop-Ausgängen „Q1", „Q2", „Q3" und „Q5" zu verbinden.

Aufgabe

Entwerfen Sie einen Frequenzteiler 24 : 1. Verwenden Sie für die Zählerkette das Flip-Flop „DF_FFRS" und für die Zurücksetzlogik normale NAND- bzw. NOR-Gatter mit maximal drei Eingängen und Inverter (Lösungsvorschlag: CMOS71.pdf, CMOS71.asc oder CMOS71A.asc).

Zusammenfassung

Ausgehend von dem einfachsten digitalen Grundbaustein, dem CMOS-Inverter, wurden die Eigenschaften und Entwurfsmethoden digitaler CMOS-Schaltungen erklärt. Am CMOS-Inverter können sowohl die unvermeidbaren dynamischen Verlustleistungen wie auch das Zeitverhalten studiert werden. Ein Inverter mit erhöhter Treiberfähigkeit wurde für eine konkrete Anwendung dimensioniert und die Berechnungen anschließend mit SPICE überprüft.

Für weitere digitale Grundelemente wie Schmitt-Trigger, Interface-Schaltungen, Transmission-Gates, Inverter mit Tri-State-Ausgang, XOR-Gates und die Standardgatter NAND und NOR wurden konkrete Schaltungen angegeben, mit SPICE simuliert und zum Teil auch die physikalischen Layouts präsentiert.

Komplexere digitale Schaltungen mit mehreren Gattern können platzsparender durch Anwenden einer verallgemeinerten CMOS-Gate-Struktur in der sogenannten AND-OR-INVERT-Technik (AOI) realisiert werden. Durch Abstrahieren des Schaltplanes und geschickte Anordnung der Elemente kann der Platzbedarf auf dem Chip deutlich reduziert werden. Diese Methode wurde an einem Beispiel ausführlich erklärt.

Weitere Vereinfachungen sind durch die sogenannte Pseudo-NMOS-Logik zu erreichen. Da ein einziger Transistor das gesamte Pull-Up-Netzwerk (PUN) ersetzen kann, wird nicht nur Chipfläche gespart, sondern auch die wirksame Umladungskapazität verringert.

Bei der Pseudo-NMOS-Logik entsteht im statischen Betrieb Verlustleistung. Dieser Nachteil kann durch **getaktete** CMOS-Schaltungen (Clocked CMOS, C^2MOS) weitgehend vermieden werden. Auf die beim getakteten Betrieb zu erwartenden Probleme wurde hingewiesen. Einige der Nachteile können durch die sogenannte Domino-CMOS-Logik ausgeräumt werden.

Mithilfe von Latches und Flip-Flops können digitale Informationen gespeichert werden. Worauf beim Entwurf solcher Schaltungen geachtet werden muss, wurde erläutert. Sehr ausführlich wurde auch die Funktionsweise einer SRAM-Zelle behandelt und sowohl der Schreib- wie auch der Lesevorgang mittels einer nachvollziehbaren Simulation mit SPICE erklärt.

Eine wichtige Bedeutung haben die Daten-Flip-Flops (D-Flip-Flop). Sowohl einfache wie auch Flanken-getriggerte D-Flip-Flops wurden beschrieben, mit SPICE simuliert und für ein Beispiel das physikalische Layout präsentiert, einschließlich einer Verifikation des Layouts. Wie D-Flip-Flops mit Set- und Reset-Eingängen zum Aufbau von Frequenzteilern mit einstellbarem Teilerverhältnis realisiert werden können, wurde am Beispiel eines Dezimalzählers gezeigt.

Literatur

[1] Harry J. M. Veendrick: *Short-Circuit Dissipation of Static CMOS Circuitry and its Impact on the Design of Buffer Circuits*; IEEE J. Solid State Circuits, Vol. 19, 1984, 468–473.

[2] R. J. Baker, H. W. Li, D. E. Boyce: *CMOS Circuit Design, Layout, and Simulation*; IEEE Press, 1998, ISBN: 0-7803-3416-7.

[3] Adel S. Sedra, Kenneth C. Smith: *Microelectronic Circuits*; Oxford University Press, 2004, ISBN: 0-19-514252-7.

[4] T. Sakurai, A. R. Newton: *Alpha-Power Law MOSFET Model and its Applications to CMOS Inerter Delay and Other Formulas*; IEEE J. Solid State Circuits, Vol. 25, 1990, 584–594.

[5] A. M. Martnez: *Quick Estimation of Transient Currents in CMOS Integrated Circuits*; IEEE J. Solid State Circuits, Vol. 24, 1989, 520–531.

[6] Hung Chang Lin, Loren W. Linholm: *An Optimized Output Stage for MOS Integrated Circuits*; IEEE J. Solid State Circuits, Vol. 2, 1975, 106–109.

[7] D. Deschacht, M. Robert, D. Auvergne: *Explicit Formulation of Delays in CMOS Data Paths*; IEEE J. Solid State Circuits, Vol. 23, 1988, 1257–1264.

[8] C. Mead, L. Conway: *Introduction to VLSI Systems*; Addison Wesley, 1979.

[9] R. Senthinathan, J. L. Prince: *Application Specific CMOS Output Driver Circuit Design Techniques to Reduce Simultaneous Switching Noise*; IEEE J. Solid State Circuits, Vol. 28, 1993, 1383–1388.

[10] C. S. Choy, M. H. Ku, C. F. Chan: *A Low Power-Noise Output Driver with an Adaptive Characteristic Applicable to a Wide Range of Loading Conditions*; IEEE J. Solid State Circuits, Vol. 32, 1997, 913–917.

[11] M. Nogawa, Y. Othomo, M. Ino: *A Low Power and High-Speed Impulse-Transmission CMOS Interface Circuit*; IEICE Trans. Electron., E78-C, 1995, 1722–1736.

[12] M. Shoji: *Reliable Chip Design Method in High Performance CMOS VLSI*; ICCD 86 Digest, 1986, 389–392.

[13] Y. Nakase et al.: *Source-Synchronization and timing Vernier Techniques for 1,2-GB/s SLDRAM Interface*; IEEE J. Solid State Circuits, Vol. 34, 1999, 494–501.

[14] J. Kennedy et al.: *A 2-GB/s Point to Point Heterogeneous Voltage Capable DRAM Interface for Capacity-Scalable Memory Subsystems*; IEEE International Solid-State Circuits Conference, Session 11, 2004.

[15] Y. Othomo et al.: *Low Power Gb/s CMOS Interface*; Symposium on VLSI Circuits; Digest of Technical Papers, 1995, 29–30.

[16] C. Yoo, M.-K. Kim, W. Kim: *A Static Power Saving TTL-to-CMOS Input Buffer*; IEEE J. Solid State Circuits, Vol. 30, 1995, 616–620.

[17] P. Venier, A. Mortara, X. Arreguit, E. A. Vittoz: *An Integrated Cortical Layer for Orientation Enhancement*; IEEE J. Solid State Circuits, Vol. 32, 1997, 177–186.

[18] D. Radhakrishnan, S. R. Whitaker, G. K. Maki: *Formal Design Procedures for Pass Transistor Switching Circuits*; IEEE J. Solid State Circuits, Vol. 20, 1985, 531–536.

[19] T. Uehara et al.: *Optimal Layout of CMOS Functional Arrays*; IEEE Transaction on Computers, Vol. C-30, 1981, 305–312.

[20] R. H. Krambeck, C. M. Lee, H.-F. S. Law: *High-Speed Compact Circuits with CMOS*; IEEE J. Solid State Circuits, Vol. 17, 1982, 614–619.

[21] J. Childers, C. Duvry: *An insight into dynamic random access memories design and operation*; Texas Instruments Eng. J., Vol. 2, 1985, 30–40.

[22] K. Natori: *Sensitivity of Dynamic MOS Flip-Flop Sense Amplifiers*; IEEE Trans. Electron Dev. Vol. ED-33; 1986, 482–488.

[23] J. S. Yuan, J. J. Liou: *An Improved Latching Pulse Design for Dynamic Sense Amplifiers*; IEEE J. Solid State Circuits, Vol. 25, 1990, 1294–1299.

[24] R. Sarpeshkar et al.: *Mismatch Sensitivity of a Simultaneously Latched CMOS Sense Amplifier*; IEEE J. Solid State Circuits, Vol. 26, 1991, 1413–1422.

[25] W. A. M. Van Noije et al.: *Precise Final State Determination of Mismatched CMOS Latches*; IEEE J. Solid State Circuits, Vol. 30, 1995, 607–611.

[26] C. J. Nicol, A. G. Dickinson: *A Scalable Pipelined Architecture for Fast Buffer SRAM's*; IEEE J. Solid State Circuits, Vol. 31, 1996, 419–429.

[27] H. Mizuno et al.: *A Driving Source-Line Cell Architecture for Sub-1-V High-Speed Low-Power Applications*; IEEE J. Solid State Circuits, Vol. 31, 1996, 552–557.

[28] Masakazu Shoji: *FET-Scaling in Domino CMOS Gates*; IEEE J. Solid State Circuits, Vol. 20, 1985, 1067–1071.

[29] U. Tietze, Ch. Schenk: Halbleiter-Schaltungstechnik; Springer-Verlag, 1999, ISBN 3-540-64192-0.

[30] K. Hoffmann: Systemintegration; Oldenbourg Wissenschaftsverlag GmbH, München, 2006.

[31] K.-H. Cordes: *Einführung in das Simulationsprogramm SPICE*; IC.zip, Skripten\SPICE.pdf

[32] K.-H. Cordes: *Kurze Einführung in das Simulationsprogramm LT-SPICE*; IC.zip, Skripten\LT-SPICE.pdf

[33] K.-H. Cordes: *Kurze Einführung in das Layout-Programm L-Edit*; IC.zip, Skripten\L-Edit.pdf

Neue Entwicklungen

19.1 „More than Moore"............................ 812
19.2 Verspanntes Silizium............................ 815
19.3 „Low-k"- und „High-k"-Oxide als Dielektrika 816
19.4 Silizium-Photonik................................ 819
19.5 Nano-FETs 820
19.6 Tri-Gate-Transistoren............................ 821
19.7 Speichertechnologien............................ 822

19

Einleitung

》 Das Moore'sche „Gesetz" sagte über 3 Jahrzehnte den Anstieg der Leistungsfähigkeit hochintegrierter Schaltungen und insbesondere Prozessoren und Speicherbausteinen voraus. Bei Strukturgrößen von mittlerweile weniger als 30 nm kommt der Verwendung alternativer Materialien und zukunftsweisender Konzepte mittlerweile eine zunehmende Bedeutung zu. Diese Entwicklung vom „immer kleiner und immer schneller" hin zu einem „immer cleverer und immer besser" bezeichnet man auch als „More-than-Moore".

In diesem Kapitel werden sowohl moderne Entwicklungen der Silizium-Technologie als auch Konzepte beschrieben, die auf völlig neuartigen Materialien und Ansätzen beruhen (z. B. Speichertechnologien). Die weitere Entwicklung derartiger Ansätze ist ein aktuelles Forschungsgebiet der Nanotechnologie. 《

LERNZIELE

- More-than-Moore
- Verspanntes Silizium
- Low-k-Oxide als Dielektrika
- High-k-Oxide und metallische Gates
- Silizium-Photonik
- Nano-FETs
- Tri-Gate-Strukturen
- Neue Speichertechnologien: MRAMs

19.1 „More than Moore"

Das Moore'sche Gesetz begleitet die Entwicklung integrierter Schaltungen seit ihren Anfängen in den 1960er Jahren. Dabei konnte eine stetige Steigerung der Leistungsfähigkeit der Prozessoren und Speicher vor allem durch eine fortschreitende Miniaturisierung der Bauelemente erreicht werden. Die Halbleiterindustrie weltweit hatte sich seit den 60er Jahren eine Marschroute (**Road-Map**) vorgegeben und mit einem entsprechenden Aufwand in Forschung und Entwicklung auch eingehalten. Schon einmal wurde Mitte der 1990er Jahre ein Ende dieser Entwicklung vorhergesagt, da man in der Fotolithografie die beugungsbegrenzte Auflösung erreicht hatte. Ein wesentlicher Durchbruch bestand dann aber darin, die Auflösungsgrenze der Fotolithografie durch Phasenmasken in den Bereich bis herunter zu wenigen 10 nm zu verschieben, und dies obwohl die Wellenlänge des verwendeten Lichtes immer noch mit ca. 200 nm etwa 10-mal größer ist als die kleinsten definierten Abmessungen. Der Umstieg auf alternative Lithografie-Methoden wie z. B. der Röntgenlithografie konnte bisher noch vermieden werden, steht nun aber unmittelbar bevor (2010). Eine Strategie des „immer kleiner" stößt nun tatsächlich zunehmend an ihre Grenzen, da die Kosten einer weiteren Miniaturisierung exponentiell ansteigen und daneben auch harte physikalische Grenzen in Sicht sind. Mittlerweile sind nur noch wenige atomare Monolagen am Aufbau einiger Einzelschichten, z. B. des Dielektrikums in einem MOSFET, beteiligt.

Die hohe Integrationsdichte hat darüber hinaus dazu geführt, dass die Verlustleistung pro Volumen in einer integrierten Schaltung stark angestiegen ist (siehe Abbildung 19.1). Heutzutage ist oft der Hochleistungskühler genauso teuer wie der Prozessor selbst und die zur Klimatisierung eingesetzte Energie in Rechenzentren wird zu einem erheblichen Kosten- und Umweltfaktor. Die enormen Leistungsdichten stellen ein großes Problem für die weitere Miniaturisierung dar.

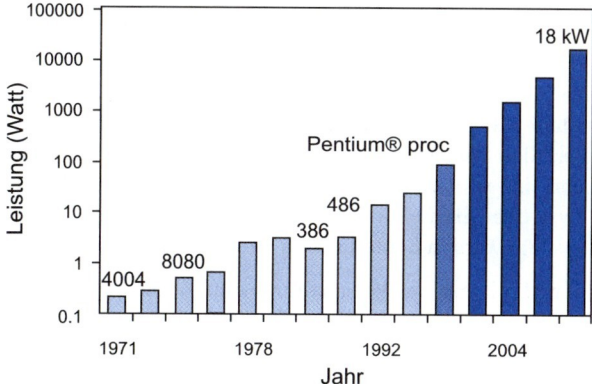

Abbildung 19.1: Stetiger Anstieg der Verlustleistung von Prozessoren seit 1970, nach [1].

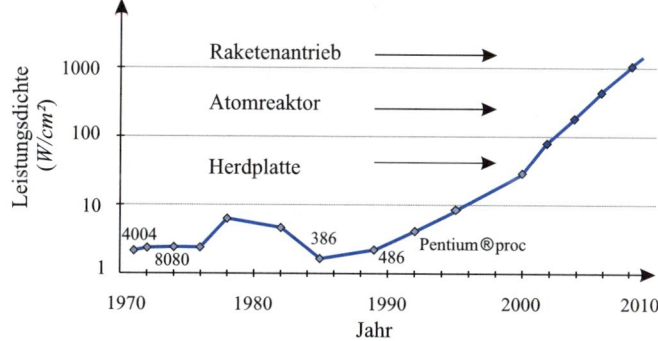

Abbildung 19.2: Entwicklung der Verlustleistungsdichte für Prozessoren seit 1970, nach [1].

Aus diesen Gründen hat sich der Trend hin zu einer weiteren Leistungssteigerung verändert. Dies ist für Firmen der Halbleiterbranche wie Intel, AMD oder andere, aber auch für Softwareschmieden wie Microsoft eine durchaus besorgniserregende Entwicklung. Der Umsatz der Halbleiterbranche steht und fällt mit der Notwendigkeit, sich nach wenigen Jahren einen leistungsfähigeren Prozessor mit mehr Speicher und leistungsfähigerer Software kaufen zu müssen. Käme die Spirale „bessere Prozessoren" benötigen „umfangreichere Software" und „umfangreichere Software" benötigt „bessere Prozessoren" zum Stillstand, so hätte dies für die betroffenen Unternehmen erhebliche Konsequenzen.

Damit kam in den letzten Jahren eine Entwicklung in Gang, die häufig als „More-than-Moore" bezeichnet wird. Die Leistungsfähigkeit von integrierten Halbleiterbauelementen wird mittlerweile nicht mehr (nur) durch eine weitere Miniaturisierung erhöht, sondern insbesondere auch durch die Verwendung völlig neuartiger Konzepte, deren Umsetzung häufig an die Verwendung alternativer Materialien beim Aufbau eines MOSFET gebunden ist. Statt der früher üblichen Fokussierung auf Silizium als Basismaterial, SiO_2 als Dielektrikum sowie Aluminium als Leiterbahn werden mittlerweile unterschiedlichste Materialien mit unterschiedlichster Funktionalität kombiniert, um die Eigenschaften der MOSFETs Schritt für Schritt zu verbessern.

Später sollen einige der „Technology-Enabler" wie z. B. metallische Gates, Silizium-Germanium-Mischkristalle (SiGe) für verspanntes Silizium (strained silicon) sowie „Low-k"- und „High-k"-Materialien vorgestellt werden. Zusammen mit anderen Maßnahmen haben diese Entwicklungen eine weitere Erhöhung der Leistungsfähigkeit der CMOS-Technologie ermöglicht, und zwar über die nun verlangsamt ablaufende weitere Miniaturisierung der Bauelemente hinaus. Sie werden heute in High-End-CMOS-Prozessen eingesetzt.

Darüber hinaus führt die komplexe Verschaltung von höchstintegrierten Bauelementgruppen zunehmend zu einem weiteren Problem. Während die MOSFETs noch in Planar-Technologie gefertigt werden, ist die Verschaltung mittlerweile längst dreidimensional. Es werden heute bis zu zehn und mehr Metallebenen übereinander aufgebracht, um die einzelnen Gatter und Module effizient miteinander zu verbinden. Insbesondere die Verbindung über Module hinweg (global interconnect) limitiert dabei aber die Datenraten auf den Leitungen, sodass mittlerweile eher die Kommunikation der Module einer integrierten Schaltung untereinander statt die Performance eines einzelnen Transistors die Leistungsfähigkeit von Prozessoren limitiert („Communication Bottleneck").

Eine elegante Umgehung des „Communication Bottleneck" ist die Verwendung optischer Kommunikationskanäle auf dem Silizium-Chip, also quasi ein „Internet-on-Chip". Hierzu müssen allerdings optoelektronische Komponenten wie Laser, Detektoren und Modulatoren auf Silizium aufgebracht werden. Hier greift man zunächst auf bewährte optoelektronische Bauelemente aus III-V-Halbleitern zurück. Durch eine präzise Mikro-Positionierung von optoelektronischen Bauelementen auf einem Silizium-Chip werden Laser und Detektoren auf den Chip aufgesetzt und mit ihm verbunden. Dies kann allerdings erst erfolgen, nachdem die Silizium-Prozessierung abgeschlossen wurde. Derartige optoelektronische Prozessoren befinden sich mittlerweile in einer Testphase.

Weitere Konzepte in der Forschungs-Pipeline der Halbleiterindustrie betreffen dreidimensionale MOSFETs oder die Kombination mit magnetischen Speichern (M-RAMs) sowie die Verwendung selbstorganisierter Nanostrukturen als mögliche Basis für zukünftige Nanotransistoren. Alle diese Konzepte sollen die Leistungsfähigkeit von Prozessoren und Speichern über die parallel dazu weiter voranschreitende Miniaturisierung hinaus erhöhen. Diese Entwicklung bezeichnet man insgesamt als „More-than-Moore".

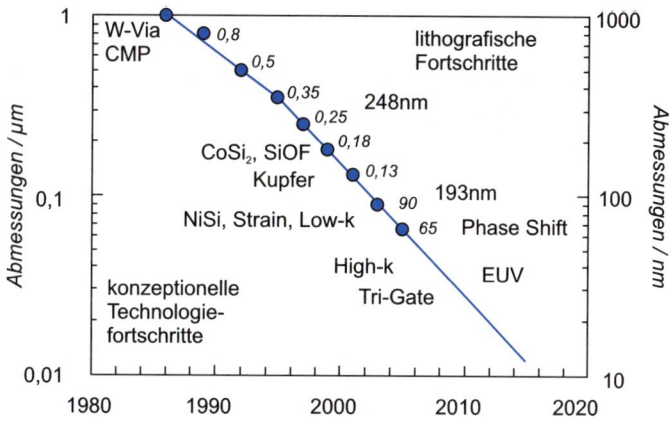
Abbildung 19.3: Technologische Maßnahmen zur Verbesserung der Performance von MOSFETs, nach [2].

19.2 Verspanntes Silizium

Werden Halbleiterschichten verspannt, so ändert sich die zugehörige Bandstruktur, damit auch die effektive Masse für Elektronen und Löcher und mit dieser auch die Ladungsträgerbeweglichkeit. Dies ist demnach ein Ansatz, um im Kanal eines MOSFET bei sonst gleichen Bedingungen einen höheren Strom und damit auch höhere Schaltgeschwindigkeiten bzw. niedrigere Verlustleistungen zu erhalten. Bei genauerer Betrachtung stellt sich heraus, dass eine uniaxiale tensile Verspannung (Zugspannung) im Kanal die Beweglichkeit von Elektronen erhöht, während zur Erhöhung der Beweglichkeit von Löchern eine uniaxiale kompressive Verspannung (Druckspannung) benötigt wird.

Bestehen die Source- und Drain-Gebiete nicht mehr nur aus Silizium, sondern aus einem Silizium-Germanium-Mischkristall, so ändert sich dort die Gitterkonstante als Funktion der Ge-Konzentration. SiGe hat ansonsten zu Silizium sehr ähnliche elektronische Eigenschaften. Die größere Gitterkonstante des SiGe führt im Kanal, der noch aus reinem Silizium besteht, zu einer inhomogenen, jedenfalls aber kompressiven Verspannung, er wird vom Source- und Drain-Gebiet aus zusammengepresst. Löcher im Silizium-P-Kanal erhalten dadurch eine höhere Beweglichkeit. SiGe als Source- und Drain-Material wird für die Optimierung von verspannten P-Kanal-MOSFETs eingesetzt. Dieses Prinzip ist in Abbildung 19.4a gezeigt.

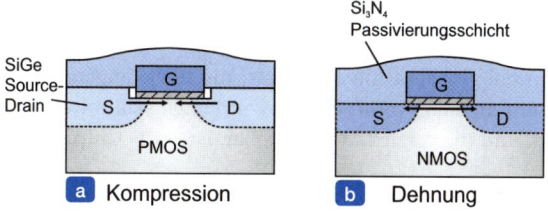
Abbildung 19.4: Verspannungseffekte in einem N-Kanal- und P-Kanal MOSFET.

Eine tensile Verspannung im Kanal kann durch den Einsatz einer speziellen Si_3N_4-Deckschicht erreicht werden, die sich im Vergleich zum Silizium durch einen niedrigeren thermischen Ausdehnungskoeffizienten auszeichnet. Durch eine Abscheidung bei hohen Temperaturen entstehen beim Abkühlen die gewünschten Zugspannungen. Si_3N_4-Deckschichten werden deshalb in N-Kanal-MOSFETs eingesetzt, um die Beweglichkeit der Elektronen und damit die Performance zu erhöhen. Im P-Kanal kann so der Strom um ca. 30 % und im N-Kanal um ca. 10 % erhöht werden.

19.3   „Low-k"- und „High-k"-Oxide als Dielektrika

Mittlerweile werden in High-End-Prozessoren zehn und mehr Metallisierungsebenen verwendet, um die komplexe On-Chip-Verschaltung hochintegrierter ICs zu realisieren (siehe *Kapitel 4*). Die Leiterbahnen sind gegeneinander durch ein Oxid isoliert. Die damit verbundenen Kapazitäten limitieren die erreichbaren Schaltgeschwindigkeiten. Die relevanten Kapazitäten können durch die Verwendung von Dielektrika mit niedrigerer Dielektrizitätskonstante reduziert werden – daher die Bezeichnung „low-k". Bei der Berechnung der Kapazität spielen sowohl die Seitenflächen („line-to-line"-Kapazität) als auch die Grundflächen („line-to-substrate"-Kapazität) der Leiterbahnen eine wichtige Rolle:

$$C_{line} = \varepsilon_r \varepsilon_0 \frac{L \cdot B}{d_{ox}} + \varepsilon_r \varepsilon_0 \frac{L \cdot H}{d_{line}} \qquad (11.1)$$

L ist die Länge der Leiterbahn, B deren Breite und H deren Höhe. d_{line} ist der Abstand zur nächsten Leiterbahn (lateral) und d_{ox} die Dicke des Oxids zwischen den Ebenen der Metallisierung. Eine genaue Bestimmung von ε_r ist schwierig, da Streukapazitäten in drei Dimensionen auftreten. Hier werden dann oft effektive ε_r als Erfahrungswerte verwendet.

Unter der Annahme, dass alle relevanten Größen H, B, d_{ox} etc. (aber nicht die Länge L !) von der Größenordnung einer minimalen Dimension F_{min} sind, die von der Technologie vorgegeben wird, so ergibt sich für das Produkt aus Widerstand $R = \rho L/A$ (mit der Querschnittsfläche der Leiterbahn $A = F_{min}^2$) und Kapazität $C = \varepsilon A/d$ (mit der Umrandungsfläche der Leiterbahn $A = 4 F_{min} L$) die RC-Zeit

$$\tau = 4 \cdot \varepsilon_r \cdot \varepsilon_0 \cdot \rho \frac{L^2}{F_{min}^2} \qquad (11.2)$$

Für lokale Interconnects skaliert die Länge der Leiterbahn L mit F_{min}. Die Verzögerungszeit τ bleibt deshalb für lokale Interconnects trotz fortschreitender Miniaturisierung in etwa konstant.

Anders ist die Situation bei globalen Interconnects, die über längere Entfernungen ganze Module auf dem Chip miteinander verbinden. Deren Länge skaliert eher mit den Abmessungen des Chips selbst, und diese wird immer größer. Ist A die Chipfläche, so gilt in etwa

$$L_{max} = \frac{\sqrt{A}}{2} \qquad (11.3)$$

19.3 „Low-k"- und „High-k"-Oxide als Dielektrika

Damit skaliert die Verzögerungszeit bei globalen Interconnect-Linien eher mit der Fläche A des Chips. Schon bei der 0,25-μm-Technologie ist die Verzögerung auf den globalen Interconnect-Linien ca. 100-mal so groß wie die Schaltzeiten des Gates, die in der Größenordnung von ca. 30–70 ps liegen (allerdings müssen natürlich nicht alle Informationen über den gesamten Chip transportiert werden). Dies demonstriert, dass mit zunehmender Miniaturisierung die Verzögerungszeiten auf dem globalen Interconnect die Performance der integrierten Schaltung stark beeinflussen können.

Eine Reduktion der relativen Dielektrizitätskonstante ε_r würde die Kapazität und damit die RC-Verzögerungszeiten insgesamt reduzieren. Deshalb werden vor allem bei Prozessoren statt dem SiO_2 heutzutage „Low-k"-Oxide, also Oxide mit kleiner relativer Dielektrizitätskonstante, eingesetzt. Eines dieser Oxide wird als Kohlenstoff-dotiertes SiO_2 bezeichnet, mit dem eine Reduktion der Kapazität um ca. 20 % relativ zu SiO_2 erreicht werden kann.

Eine weitere Maßnahme zur Reduktion der Verzögerungszeiten besteht in der Erhöhung der Leitfähigkeit des Metalls. Die ist der Grund, warum neben Low-k-Dielektrika auch Kupferleitungen im Back-End verwendet werden (siehe *Kapitel 4*).

Tabelle 19.1

Entwicklung einiger wichtiger Kenngrößen, die die Verzögerungszeiten (Interconnect Delay) beeinflussen, nach [2]

	1997	1999	2003	2003	2009	2012
Minimale Bauteilabmessung (nm)	250	180	130	100	70	50
DRAM Bits/Chip	256 M	1 G	4 G	16 G	64 G	256 G
DRAM-Chipfläche (mm^2)	280	400	560	790	1120	1580
MPU-Chipfläche (mm^2)	300	360	430	520	620	750
Verdrahtungsebenen	6	6-7	7	7-8	8-9	9
Minimale Durchmesser Metallkontakt (nm)	250	180	130	100	70	50
Minimale Durchmesser Met/Via-Kontakt (nm)	280/360	200/260	140/180	110/140	80/100	60/70
Aspektverh. Metall	1,8	1,8	2,1	2,4	2,7	3,0
Aspektverh. Kontakt (DRAM)	5,5	6,3	7,5	9	10,5	12
Spez. Widerstand Metallisierung ($\mu\Omega cm$)	3,3	2,2	2,2	2,2	< 1,8	< 1,8
ε_r des Zwischenschichten-Dielektrikum	3,0 - 4,1	2,5 - 3,0	1,5 - 2,0	1,5 - 2,0	< 1,5	< 1,5

Tabelle 19.2

Road-Map für den Einsatz neuer Technologien in Prozessoren (SIA): Verspanntes Silizium, High-k- und metallische Gates, nach [6]

Prozessbeginn	1997	2001	2003	2005	2007	2009	2011
Prozessgeneration	0,25 μm	0,13 μm	90 nm	65 nm	45 nm	32 nm	22 nm
Wafer (mm)	200	200/300	300	300	300	300	300
Metallisierungsgrundmaterial	Al	Cu	Cu	Cu	Cu	Cu	?
Kanal	Si	Si	Versp. Si	Versp. Si	Versp. Si	Versp. Si	Versp. Si
Gate-Dielektrikum	SiO$_2$	SiO$_2$	SiO$_2$	SiO$_2$	High-k	High-k	High-k
Gate-Elektrode	Poly-Si	Poly-Si	Poly-Si	Poly-Si	Metall	Metall	Metall

Wird ein MOSFET verkleinert, so müssen neben den lateralen geometrischen Abmessungen auch die Raumladungszonen reduziert werden. Dies wird durch eine höhere Dotierung erreicht. Gleichzeitig müsste eigentlich auch die Dicke des Gate-Oxids reduziert werden. Dies stößt allerdings an Grenzen, da bei zu dünnem Oxid Tunnelströme zwischen Gate und Kanal auftreten, die die Verlustleistung erhöhen würden.

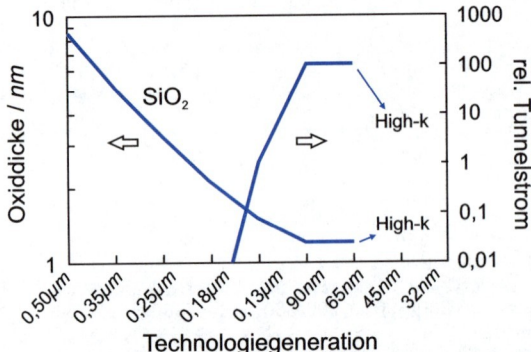

Abbildung 19.5: Oxiddicke und relativer Tunnelstrom zwischen Gate und Kanal als Funktion der Oxiddicke. Unterhalb von 1,2 nm Oxiddicke war zunächst keine weitere Reduktion möglich. Daher der Umstieg auf „High-k"-Dielektrika, nach [2].

Unterhalb von ca. 1,2 nm Oxiddicke des SiO$_2$ steigt der Tunnelstrom exponentiell stark an, wie aus Abbildung 19.5 zu ersehen ist. In der 90-nm- und 60-nm-Generation von Prozessoren ist deshalb die Dicke des Gate-Oxids nicht mehr weiter reduziert worden. Die neueste Technologie setzt mittlerweile Materialien mit im Vergleich zu SiO$_2$ höherer Dielektrizitätskonstante (High-k) als Ersatz für SiO$_2$ ein. Hierfür werden unterschiedliche Oxide, z. B. auch HfO$_2$, vewendet. Bei gleicher Gate-Kapazität kann bei größerem ε_r eine größere Gate-Dicke verwendet werden. Damit wird der Leckstrom dann bei sonst ähnlichen Bedingungen um einen Faktor ca. 100 reduziert.

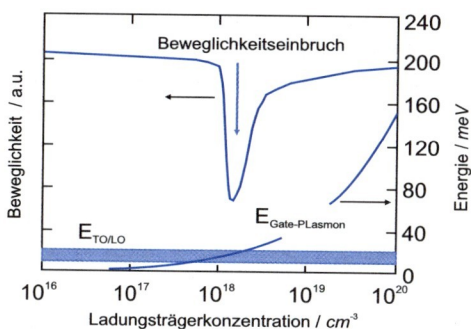

Abbildung 19.6: Absenkung der Ladungsträgerbeweglichkeit im Kanal aufgrund von Plasmon-Resonanzen, nach [7].

Werden High-k-Dielektrika zusammen mit Polysilizium-Gates kombiniert, so resultiert daraus ein unerwartetes Problem: Die Beweglichkeit im Kanal nimmt merklich ab. Dies liegt daran, dass Elektronen im Kanal einem zusätzlichen Streumechanismus unterliegen, die mit einer zufälligen Übereinstimmung der Anregungsenergien von Gitterschwingungen im Oxid und Plasmonen im Gate-Kontakt zusammenhängen. Die Phonon-Anregungen (Gitterschwingungen, longitudinal-optisch LO und transversal-optisch TO) sind im Bereich einiger 10 meV Energie und damit in Resonanz mit der Plasmon-Anregung im Polysilizium-Gate. Eine Plasmon-Anregung ist eine kollektive Schwingung des Elektronensystems und deren Resonanzfrequenz bzw. Energie ist stark von der Ladungsträgerkonzentration abhängig. Gerade bei den für Polysilizium typischen Ladungsträgerkonzentrationen von ca. 10^{18} bis 10^{19} cm^{-3} sind beide Energien in etwa gleich groß und damit in Resonanz. Dadurch findet ein effizienter Energieaustausch zwischen den Ladungsträgern im Kanal und im Polysilizium über die Anregung von Phononen im Isolator statt, was einen zusätzlichen Streumechanismus bedeutet und damit zu einer Reduktion der Beweglichkeit der Ladungsträger im Kanal führt (Mobility-Dip). Eine Möglichkeit zur Vermeidung dieses Problems ist die Verschiebung der Anregungsenergie der Plasmonen im Gate. Durch eine Erhöhung der Ladungsträgerkonzentration im Gate-Material steigt auch die Plasmon-Energie im Gate und die Resonanzsituation wird aufgehoben. Eine wesentlich höhere Dotierung im Polysilizium ist allerdings nicht möglich, sodass deshalb dann metallische Gate-Materialien verwendet werden müssen. Hier hat sich Kupfer als ein Metall mit hoher elektrischer und thermischer Leitfähigkeit durchgesetzt. Der Umstieg auf High-k-Dielektrika war deshalb grundsätzlich begleitet von einem Umstieg von Polysilizium-Gates auf Kupfer-Gates.

19.4 Silizium-Photonik

Globale Interconnects begrenzen aufgrund ihrer großen Länge und damit großen Kapazität empfindlich die maximalen Datenraten. Gerade für den Datenaustausch auf den globalen Interconnects, aber auch für die Verbindung zur Außenwelt bieten sich deshalb optische Methoden an. Ein „Internet-on-Chip" könnte die notwendigen Datenraten auch über größere Entfernungen auf dem Chip zur Verfügung stellen. Da Silizium allerdings zur Herstellung von Laserdioden untauglich ist, muss hier auf andere Materialien wie z. B. InGaAsP ausgewichen werden. Eine Integration im Front-End, d. h. innerhalb einer integrierten Folge von Prozessschritten, ist allerdings nicht möglich, da die dabei auftretenden Temperaturen und vor allem aber auch die Gitterkonstanten von Silizium und III-V-Halbleitern sehr unterschiedlich sind. Eine Möglichkeit besteht allerdings in der Integration im Back-

End, d. h., dass optoelektronische Bauelemente wie Laserdioden und Detektoren mit einem weiterentwickelten Pick-and-Place mit den Silizium-Chips verbunden werden. Die Silizium-Chips sind dabei derart vorstrukturiert, dass alle notwendigen Anschlusskontakte schon on-chip vorhanden sind. Ein Pick-and-Place hat aber natürlich Grenzen bezüglich der Minaturisierbarkeit.

Darüber hinaus wird intensiv nach Möglichkeiten gesucht, photonische Komponenten in Silizium zu realisieren. Ein Beispiel sind optische Modulatoren mit Datenraten über 40 GB/s. Während konventionelle Modulatoren auf Lithiumniobat oder III-V-Halbleitern beruhen, kann ein Wellenleiter auch aus Silizium bestehen, das in ein Oxid eingebettet ist.

Dabei muss die Energie des verwendeten Lichtes klein genug sein, um vom Silizium nicht absorbiert zu werden. Der effektive Brechnungsindex, der von der Mode gesehen wird, hängt von der Trägerkonzentration in der PN-Diode ab, und kann damit mittels einer äußeren Spannung beeinflusst werden. Beim Durchlauf durch einen der Zweige eines Interferometers ändert sich die Phase und die resultierende Ausgangswelle kann damit moduliert werden. Mit diesem Konzept konnten Datenraten von über 40 GB/s realisiert werden. Dies ist nur ein Beispiel für eine Silizium-basierte Optoelektronik. Die Entwicklung von photonischen integrierten Schaltungen (**Photonic Integrated Circuits, PICs**) wird einer der wichtigen zukünftigen Trends bei integrierten Schaltungen sein.

19.5 Nano-FETs

Häufig diskutierte alternative Ansätze für Nano-FETs beruhen z. B. auf Kohlenstoff-Nanoröhren, Halbleiter-Nanosäulen oder auch einzelnen Molekülen. Derartige Nanostrukturen können teilweise selbstorganisiert hergestellt werden, d. h., sie bilden sich automatisch während der Abscheidung der Ausgangsmaterialien aus. Selbstorganisation – immerhin auch das Grundprinzip, nach dem sich lebende Organismen entwickeln – hat natürlich den Vorteil, dass eine kostenintensive Nanostrukturierung an dieser Stelle dann nicht mehr notwendig wäre.

Jede dieser alternativen Ansätze muss jedoch den „Silizium-Benchmark" bestehen, d. h. bessere Performance im Vergleich zu Silizium-MOSFETs gleicher Größenordnung aufweisen. Dies ist nicht einfach, da die „konventionelle" Silizium-Technologie schon sehr ausgereift ist und mittlerweile (2010) laterale Abmessungen bis herunter zu 32 nm in der Produktion realisiert werden.

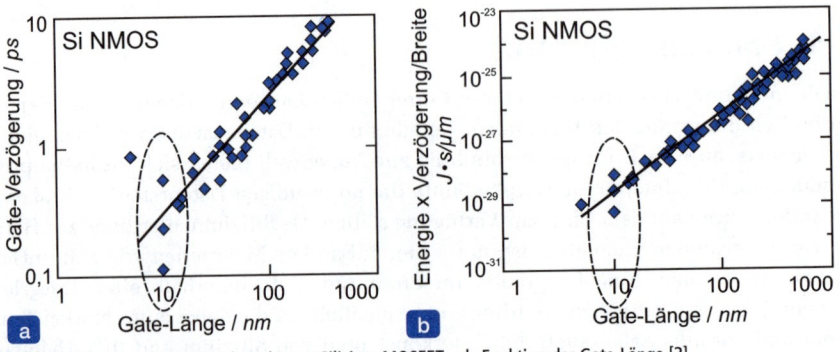

Abbildung 19.7: Geschätzte Benchmarks von Silizium-MOSFETs als Funktion der Gate-Länge [3].

Im Forschungslabor werden Silizium-MOSFETs mit Abmessungen von nur 10 nm Gatelänge und darunter hergestellt, die Gate-Schaltzeiten im *ps*-Bereich aufweisen. Zur Einschätzung der „Performance" derartiger MOSFETs kann allerdings nicht nur die Gate-Schaltzeit herangezogen werden. Diese kann durch höhere Spannungen reduziert werden, was dann allerdings den Energieverbrauch pro Schaltzyklus erhöht. Ein häufig verwendetes, ausgewogenes Maß für „Performance" ist deshalb das Energy-Delay-Product (EDP), also das Produkt aus der Energie pro Schaltzyklus und der Schaltzeit, meist noch bezogen auf die Breite des Kanals (siehe Abbildung 19.7). Hiermit können unterschiedliche Technologien einigermaßen sinnvoll verglichen werden. Völlig neue Technologien für Nano-Transistoren müssten ein besseres EDP ausweisen als die vorhandene bzw. absehbar in Zukunft verfügbare Silizium-Technologie, und dies auch noch bei niedrigeren Kosten.

Aus heutiger Sicht ist nicht absehbar, wann und ob überhaupt die bisherige Silizium-basierte Technologie durch eine alternative Technologie abgelöst wird, die z. B. auf dreidimensionalen Halbleiter-Nanosäulen beruhen könnte. Wie auch immer eine alternative Technologie aussehen wird, sie wird vermutlich schrittweise umgesetzt und aus einer Kombination von Silizium-Transistoren und neuartigen Transistoren bestehen, die die höchste Performance mit akzeptablen Herstellungskosten kombiniert. Sicher ist aber auch jetzt schon, dass zukünftige integrierte Schaltungen sowohl photonische als auch elektronische Komponenten haben werden.

19.6 Tri-Gate-Transistoren

Ein Tri-Gate-Transistor hat – wie der Name schon vermuten lässt – ein dreidimensionales Gate: Der Kanal wird von drei Seiten vom Gate umschlossen. Damit ist der Transistor von einem planaren, zweidimensionalen Bauelement zu einem dreidimensionalen Bauelement geworden. Dies hat erhebliche Vorteile für dessen Performance, insbesondere bei sehr kleinen Gate-Längen. Andererseits sind die technologischen Prozesse zur Herstellung von dreidimensionalen Strukturen wesentlich komplexer. Im Vergleich zu planaren MOSFETs zeigt der Tri-Gate-MOSFET reduzierte parasitäre Leckströme und eine reduzierte Leistungsaufnahme. Da der Kanal nun unter allen drei Gate-Flächen entsteht, kann er grundsätzlich auch höhere Kanalströme tragen. Die „Kanalbreite" wird durch 75 % des Umfangs der dreidimensionalen Gate-Geometrie bestimmt, während der Platzverbrauch auf dem Chip nur mit einer Dimension (der Breite des Kanalstegs) skaliert. Ein Tri-Gate-Transistor hat bei gleichen Leckströmen (Off-Zustand) einen etwa 30 % höheren Sättigungsstrom. Dies gilt für N-Kanal-Transistoren. Für P-Kanal-Transistoren ergibt sich eine Erhöhung um 60 %.

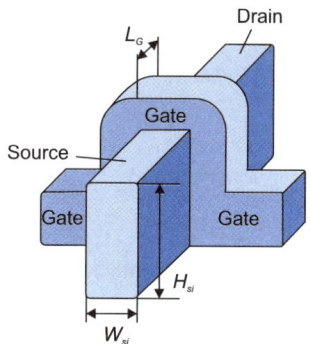

Abbildung 19.8: Prinzipieller Aufbau eines Tri-Gate-Transistors.

Aufgrund der niedrigeren Leckströme und des niedrigeren Leistungsverbrauchs werden Tri-Gate-Transistoren eine wichtige Rolle in zukünftigen Technologiegenerationen spielen.

19.7 Speichertechnologien

Zum Speichern digitaler Information kommen heutzutage unterschiedliche Speichermedien zum Einsatz. Wie schon beschrieben sind **Static Random Access Memories** (SRAM) schnell (z. B. 1 *ns* Zugriffszeit), aber teuer. Dynamische RAMs (DRAMs) sind dagegen langsamer (z. B. 60 *ns* Zugriffszeit), aber ca. um einen Faktor 20 preiswerter in der Produktion. Dies liegt an dem deutlich einfacheren Aufbau und der höheren Integrationsfähigkeit von DRAM-Speichern. Sowohl DRAMs als auch SRAMs beruhen aber auf integrierten Schaltungen und konkurrieren deshalb auch mit alternativen Speichertechnologien wie Festplatten und optischen Datenspeichern.

Festplatten beruhen bisher auf der Speicherung digitaler Information in einem magnetischen Medium. Ein Schreibkopf erzeugt magnetisierte Bereiche, die Richtung der Magnetisierung enthält die digitale Information (0 oder 1). Ein magnetoelektronischer Lesekopf detektiert die Richtung der Magnetisierung. Das Prinzip der Detektion eines Magnetfeldes, das von einem magnetisierten Bereich ausgeht, beruht auf der Erzeugung Spin-polarisierter Ströme in dünnen, ferromagnetischen Schichten. Festplatten können große Datenmengen speichern, sind preiswert und nicht flüchtig, allerdings für einen Prozessorspeicher zu langsam.

Optische Speicher wie CDs und DVDs werden vor allem für die permanente Speicherung von Musik und Filmen verwendet. Bei DVDs wird die digitale Information in die Scheibe eingebrannt, es ergibt sich eine lokale Änderung der Reflektivität. Zum Auslesen muss mit einem fokussierten Halbleiter-Laser beleuchtet werden. Je kürzer die Wellenlänge, desto höhere Fokussierung und damit höhere Speicherdichte kann erreicht werden. Nun stehen hierzu Halbleiter-Laser mit Wellenlängen von 405 *nm* zur Verfügung. Diese Wellenlänge gab der neuen Technologie den Namen: Blue-Ray-Disks (Abbildung 19.10). Optische Speicher sind sehr preiswert, ebenfalls nicht flüchtig, haben allerdings eine begrenzte Speicherdichte und sind sehr langsam.

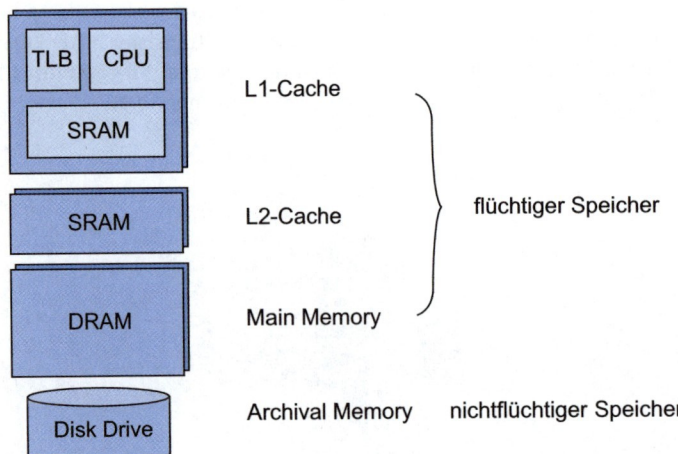

Abbildung 19.9: Unterschiedliche Speichertypen, die bisher noch parallel in PC-Systemen Verwendung finden.

19.7 Speichertechnologien

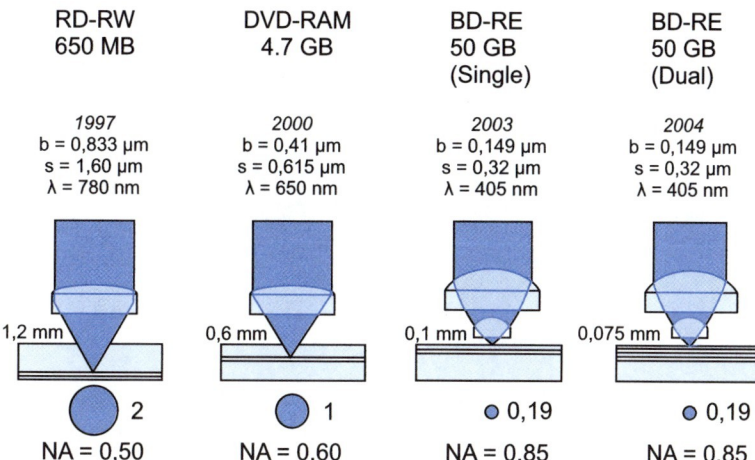

Abbildung 19.10: Entwicklung optischer Speicher. Durch die Verwendung von Halbleiter-Laserdioden mit kürzerer Wellenlänge konnten die Speicherdichten deutlich gesteigert werden. b = minimale geometrische Bitlänge, s = Spurabstand und λ = Wellenlänge. NA = numerische Apertur. Die Abmessungen des Laser-Spots sind ebenfalls angegeben nach [4].

Der optimale Allzweckspeicher sollte schnell, nicht flüchtig, hochintegrierbar und kostengünstig herstellbar sein. Keiner der heutzutage verfügbaren Speichertechniken erfüllt all diese Anforderungen.

Zur Entwicklung eines optimalen Allzweckspeichers werden heutzutage auch ganz andere Ansätze verfolgt. Ziel ist es, die unterschiedlichen Vorteile der unterschiedlichen Speichertypen miteinander zu kombinieren. An dieser Stelle sind Phase-Change-Speicher zu nennen, bei denen ein kleiner Volumenbereich eines Materials stark erhitzt wird und durch die Geschwindigkeit der anschließenden Abkühlung eine Kristallisation in zwei unterschiedlichen Phasen gesteuert werden kann, vergleiche Abbildung 19.11. Beide Phasen haben unterschiedliche elektrische und optische Eigenschaften, was letztendlich die digitale Information codiert.

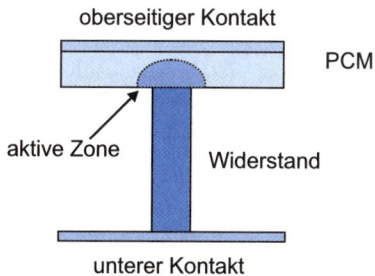

Abbildung 19.11: Phase-Change-Speicherzelle.

In ferroelektrischen RAMs dient die ferroelektrische Polarisation einer dünnen Schicht aus ferroelektrischem Material (z. B. Strontium-Wismut-Tantalat) als Codierung für digitale Information. Zum Schreiben der Information wird ein elektrisches Feld angelegt. Zum Lesen wird ein Kondensator geladen und die dazu notwendige Ladung gemessen. Diese spiegelt den Schaltzustand des ferroelektrischen Dielektrikums wieder.

Eine weitere interessante Möglichkeit zur Speicherung digitaler Information bietet die Magnetoelektronik. Tunneling-Magnetoresistance-Bauelemente (TMR) bestehen aus

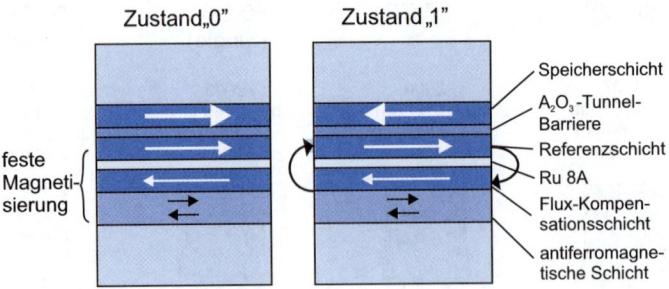

Abbildung 19.12: Prinzipieller Aufbau eines MRAM.

zwei magnetisierten dünnen Schichten, von denen nur eine frei ummagnetisierbar ist. Die zweite Schicht wird durch die Austauschwechselwirkung mit einer benachbarten antiferromagnetisch gekoppelten Schicht eingefroren und hält im Weiteren die Magnetisierungsrichtung konstant bei. Die obere, weichmagnetische Schicht kann im Gegensatz dazu relativ leicht ummagnetisiert werden. Dies geschah anfangs durch ein Magnetfeld, das von Strömen durch angrenzende Leiterbahnen verursacht wurde. Nachteil dieser Methode ist, dass Magnetfelder nur schwer lokal erzeugt werden können. Fließt ein Strom durch eine Leiterbahn, so herrscht entlang der gesamten Leiterbahn das gleiche Magnetfeld. Eine hohe Integration ist damit nicht möglich. Mittlerweile wird zur Ummagnetisierung kein Magnetfeld, sondern ein Spin-polarisierter Strom verwendet. Spin-polarisierte Ströme bestehen aus Elektronen, deren magnetisches Moment in einer Vorzugsrichtung orientiert ist. Werden diese in die weichmagnetische Schicht injiziert, so überträgt sich ein Drehimpuls auf die Schicht und die Magnetisierung wird in Richtung der Elektronenmagnetisierung kippen. Diesen Vorgang nennt man „Spin-Torque-Transfer". Derartige STT-MRAMs kombinieren in der Tat alle positiven Eigenschaften, die sonst nur an unterschiedlichen Speichertypen auftreten: schnell, nicht volatil und hochintegrierbar.

Allen beschriebenen alternativen Speichertypen ist gemeinsam, dass diese nicht auf einkristallines Halbleitermaterial angewiesen sind. MRAMs können z. B. auch auf SiO_2 abgeschieden werden und deshalb direkt auf einem Silizium-Chip oberhalb der Transistorebene integriert werden, ähnlich wie dies bei metallischen Zuleitungen heute schon der Fall ist. Zudem können MRAM-Elemente damit auch zumindest prinzipiell dreidimensional gestapelt werden, was in einer sehr hohen Speicherdichte resultieren kann.

Ein weiteres sehr interessantes Konzept ist der Racetrack-Speicher (Abbildung 19.13), bei dem in ferromagnetischen Leiterbahnen einzelne Domänen durch einen Strom mit Geschwindigkeiten von bis zu 100 m/s bewegt werden können. Kommt die Domäne an einem integrierten Lese- oder Schreibkopf vorbei, so kann diese ausgelesen oder beschrieben werden. Die Leiterbahn kann vertikal angelegt sein und damit eine fast beliebige Länge haben. Die 3-D-Integration könnte hier zu enorm großen Speicherdichten führen. Auch diese Technologie wäre wohl relativ einfach mit integrierten Silizium-Schaltungen kombinierbar.

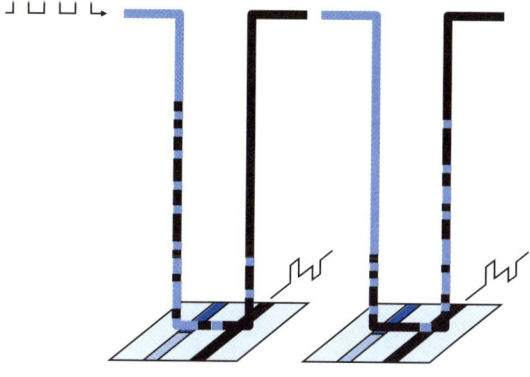

Vertical Racetrack

Abbildung 19.13: Prinzip eines Racetrack-Speichers. Die einzelnen Domänen werden durch einen Strom mit hohen Geschwindigkeiten an der Ausleseelektronik vorbei bewegt, nach [5].

MRAM-Speicher sind heute kommerziell verfügbar, werden allerding erst in Nischenprodukten eingesetzt, da ihre Speicherdichte noch nicht an die verfügbaren konventionellen Systeme heranreicht. Die Entwicklung der Spin-Torque-Transfertechnik ist allerding ein wesentlicher Fortschritt und lässt deutlich höhere Speicherdichten erwarten.

> **Zusammenfassung**
>
> In diesem Kapitel wurden die wichtigsten Ansätze von aktuellen Entwicklungs- und Forschungstätigkeiten im Bereich der hochintegrierten digitalen Schaltungen kurz dargestellt. Neben neuen Speicherkonzepten wird eine weitere Steigerung der Leistungsfähigkeit zukünftiger Mikroprozessoren vor allem durch den Einsatz neuer Materialien bestimmt werden.

Literatur

[1] Jan M. Rabaey: *Digital Integrated Circuits: A Design Perspective*; Prentice Hall; Auflage: 2nd international ed., 2003.

[2] Intel Developer Forum: *www.intel.com/idf, www.intel.com/technology, www.INTEL.com/research/silicon, download.intel.com/technology/architecture-silicon/32nm/IDF_Fall_09.pdf*.

[3] R. Chau et al.: *Integrated Nanoelectronics for the Future*; Nature Materials 6 Vol. 810, 2007.

[4] M. Wuttig, N. Yamada: *Phase Change Materials for Rewritable Data Storage*, Nature Materials 6(2007)824.

[5] S. Parkin: *Winning the Memory Race*; Materials Today 11(6), S. 17, 2008.

[6] SIA Roadmap, www.itrs.net.

[7] R. Kotlyar et al.: *Inversion mobility and gate leakage in high-k/metal gate MOSFETs*; Technical Digest - IEEE International Electron Device Meeting 2004, S. 391, 2004.

Anhang A

A.1 Frequenzgang eines einstufigen Verstärkers 828
A.2 Simulation mit SPICE 832

A.1 Frequenzgang eines einstufigen Verstärkers

Bei einem Transistor in Emitter- bzw. Source-Schaltung treten gewöhnlich drei parasitäre Kapazitäten auf, die das dynamische Verhalten der Schaltung maßgeblich bestimmen. Hier soll beispielhaft das AC-Verhalten eines einfachen Verstärkers betrachtet werden. Ein Generatorwiderstand der Signalquelle wird zusätzlich berücksichtigt. Die Kleinsignal-Ersatzschaltung der Anordnung ist in Abbildung A.1 dargestellt.

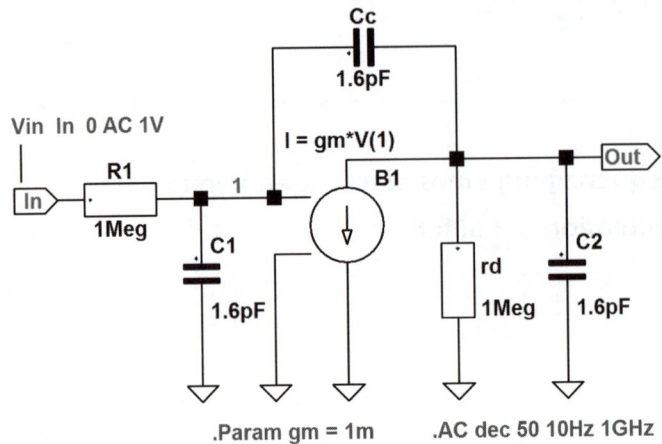

Abbildung A.1: Ersatzschaltung eines einstufigen Verstärkers.

Die Schaltung ist allgemein gehalten. Hierin kann z. B. der Knoten „1" den Basis- oder Gate-Anschluss eines Transistors bedeuten und der Knoten „Out" den Kollektor- oder Drain-Anschluss. Zwei Kondensatoren C1 und C2 stellen die entsprechenden Kapazitäten an diesen Knoten dar und der Kondensator Cc beschreibt die Rückwirkung des Ausgangs auf den Eingang. Als **aktives** Element wirkt die gesteuerte Quelle B1. Durch die Angabe I=gm*V(1) wird sie zur „Stromquelle". Mit rd wird der gesamte, am Ausgangsknoten „Out" wirksame differentielle Widerstand zusammengefasst. Der Widerstand R1 gehört nicht zum Transistor; durch R1 wird der Innenwiderstand der Signalquelle berücksichtigt. Es wird sich zeigen, dass auch dieser einen relativ großen Einfluss auf das AC-Verhalten des Verstärkers hat.

Für diese Schaltung soll nun die Übertragungsfunktion $A(s) = U_{Out}/U_{In}$ aufgestellt werden. Anschließend werden zwei Beispiele betrachtet und zugehörige Simulationsergebnisse erläutert. Es sei:

$$s =_{Df} j\omega \quad \text{(der Index } Df \text{ beim Gleichheitszeichen bedeutet „Definition")} \tag{A.1}$$

$$\underline{U}_1 = V(1), \quad \underline{U}_{Out} = V(Out) \tag{A.2}$$

Knoten „1":

$$\frac{\underline{U}_{In}-\underline{U}_1}{R_1} = \underline{U}_1 \cdot j\omega \cdot C_1 + \left(\underline{U}_1 - \underline{U}_{Out}\right) \cdot j\omega \cdot C_C = \underline{U}_1 \cdot s \cdot (C_1 + C_C) - \underline{U}_{Out} \cdot s \cdot C_C \tag{A.3}$$

A.1 Frequenzgang eines einstufigen Verstärkers

Knoten „Out":

$$(\underline{U}_1 - \underline{U}_{Out}) \cdot s \cdot C_C = g_m \cdot \underline{U}_1 + \underline{U}_{Out} \cdot \frac{1}{r_d} + \underline{U}_{Out} \cdot s \cdot C_2 \qquad (A.4)$$

Diese Gleichung wird nach U_1 aufgelöst und das Ergebnis dann in Gleichung (A.3) eingesetzt:

$$\underline{U}_1 = \underline{U}_{Out} \cdot \frac{s \cdot (C_C + C_2) + 1/r_d}{s \cdot C_C - g_m} \qquad (A.5)$$

Damit wird

$$\frac{\underline{U}_{In} - \underline{U}_{Out} \cdot \frac{s \cdot (C_C + C_2) + 1/r_d}{s \cdot C_C - g_m}}{R_1} = \underline{U}_{Out} \cdot \frac{s \cdot (C_C + C_2) + 1/r_d}{s \cdot C_C - g_m} \cdot s \cdot (C_1 + C_C) - \underline{U}_{Out} \cdot s \cdot C_C \rightarrow$$

$$\underline{U}_{In} = \underline{U}_{Out} \left[\frac{s(C_C + C_2) + 1/r_d}{s \cdot C_C - g_m} + \frac{s(C_C + C_2)R_1 + R_1/r_d}{s \cdot C_C - g_m} s(C_1 + C_C) - \frac{s \cdot C_C R_1 (s \cdot C_C - g_m)}{s \cdot C_C - g_m} \right] \qquad (A.6)$$

$$\frac{\underline{U}_{Out}}{\underline{U}_{In}} = \frac{s \cdot C_C - g_m}{1/r_d + s\left[(C_C + C_2) + (C_1 + C_C)R_1/r_d + C_C R_1 g_m\right] + s^2\left((C_C + C_2)(C_1 + C_C) - C_C^2\right)R_1}$$

$$= \frac{r_d \cdot (s \cdot C_C - g_m)}{1 + s \cdot r_d \left[(C_C + C_2) + (C_1 + C_C)R_1/r_d + C_C R_1 g_m\right] + s^2 r_d \left(C_C C_1 + C_2 C_1 + C_2 C_C\right)R_1} \qquad (A.7)$$

Die „Gleichspannungsverstärkung" $-g_m \cdot r_d$ wird separiert:

$$\frac{\underline{U}_{Out}}{\underline{U}_{In}} = \frac{-g_m \cdot r_d \cdot (1 - s \cdot C_C/g_m)}{1 + s\left[(C_C + C_2)r_d + (C_C + C_1)R_1 + g_m r_d R_1 C_C\right] + s^2\left(C_C C_1 + C_2 C_1 + C_2 C_C\right)R_1 r_d} \qquad (A.8)$$

Diese Funktion enthält für die Variable s im Nenner ein Polynom zweiten Grades. Die obige Beziehung soll deshalb auf die übliche Form

$$\frac{\underline{U}_{Out}}{\underline{U}_{In}} = \underline{A}(s) = A_0 \cdot \frac{1 - s/z_0}{(1 - s/p_1) \cdot (1 - s/p_2)} \qquad (A.9)$$

gebracht werden. Die Verstärkung A_0 für sehr tiefe Frequenzen und die „Nullstelle" z_0 des Zählers können sofort angegeben werden:

$$A_0 = -g_m \cdot r_d \qquad (A.10)$$

$$z_0 = \frac{g_m}{C_C} \qquad (A.11)$$

Die „Pole" p_1 und p_2 der Übertragungsfunktion (A.9) sind die Nullstellen des Nennerpolynoms in der Beziehung (A.8). Um sie zu finden, ist eine quadratische Gleichung zu lösen. Hierzu kann ein Algebraprogramm eingesetzt werden. Die Ausdrücke werden, wie man sich wohl denken kann, sehr lang! Wenn aber die beiden Pole weit auseinanderliegen, kann ein Näherungsansatz schneller und vor allem übersichtlicher zum Ziel führen. Deshalb soll dieser Weg gegangen werden.

Das Nennerpolynom hat die allgemeine Form:

$$\underline{P}(s) = 1 + a \cdot s + b \cdot s^2 = \left(1 - \frac{s}{p_1}\right) \cdot \left(1 - \frac{s}{p_2}\right) = 1 - \left(\frac{1}{p_1} + \frac{1}{p_2}\right) \cdot s + \frac{1}{p_1 \cdot p_2} \cdot s^2 \quad (A.12)$$

Wenn nun der Betrag des Pols p_2 sehr viel größer ist als der des Pols p_1, also

$$|p_2| \gg |p_1| \quad (A.13)$$

ist, dann kann die rechte Seite von Gleichung (A.12) vereinfacht werden:

$$\underline{P}(s) = 1 + a \cdot s + b \cdot s^2 \approx 1 - \frac{1}{p_1} \cdot s + \frac{1}{p_1 \cdot p_2} \cdot s^2 \quad (A.14)$$

Durch Koeffizientenvergleich kann sofort die Näherungslösung angegeben werden:

$$p_1 \approx -\frac{1}{a}, \quad p_2 \approx -\frac{a}{b} \quad (A.15)$$

Diese Methode wird nun auf das Nennerpolynom in (A.8) angewendet. Dann folgen für die beiden Pole die Näherungen:

$$p_1 \approx \frac{-1}{(C_C + C_2) \cdot r_d + (C_C + C_1) \cdot R_1 + g_m \cdot r_d \cdot R_1 \cdot C_C} \quad (A.16)$$

$$p_2 \approx -\frac{(C_C + C_2) \cdot r_d + (C_C + C_1) \cdot R_1 + g_m \cdot r_d \cdot R_1 \cdot C_C}{(C_C \cdot C_1 + C_2 \cdot C_1 + C_2 \cdot C_C) \cdot R_1 \cdot r_d} \quad (A.17)$$

Wird weiter angenommen, dass g_m sehr viel größer ist als $1/r_d$ und $1/R_1$, können diese beiden Beziehungen weiter vereinfacht werden:

$$\left.\begin{array}{l} p_1 \approx \dfrac{-1}{R_1 \cdot (g_m \cdot r_d \cdot C_C)}, \\[6pt] p_2 \approx \dfrac{-g_m \cdot C_C}{C_C \cdot C_1 + C_2 \cdot C_1 + C_2 \cdot C_C} \end{array}\right\} \left(\begin{array}{l} \text{für} \quad p_2 \gg p_1 \quad \text{und} \\ g_m \cdot r_d \cdot R_1 \cdot C_C \gg (C_C + C_2) \cdot r_d + (C_C + C_1) \cdot R_1 \end{array}\right) \quad (A.18)$$

Bevor dieses Ergebnis weiter gedeutet wird, werde die Schaltung Abbildung A.1 betrachtet. Am Eingang wirkt der Tiefpass R1, C1. Er hat bei isolierter Betrachtung (ohne den Rest der Schaltung) eine **Grenz**- oder **Knick**frequenz von $\omega_{01} = 1/(R_1 \cdot C_1)$, d. h., der Pol der zugehörigen Übertragungsfunktion liegt bei $s = p_{01} = -1/(R_1 \cdot C_1)$. Am Ausgangsknoten „Out" tritt eine weitere Zeitkonstante $r_d \cdot C_2$ auf. Dies bedeutet einen zweiten Pol p_{02} und damit eine zweite Knickfrequenz bei $\omega_{02} = 1/(r_d \cdot C_2)$. Ohne den Gegenkopplungskondensator Cc hätte die Übertragungsfunktion demnach die zwei Pole:

$$\left.\begin{array}{l} p_{01} = \dfrac{-1}{R_1 \cdot C_1}, \\[6pt] p_{02} = \dfrac{-1}{r_d \cdot C_2} \end{array}\right\} \text{für} \quad C_C = 0, \text{ d.h. ohne Gegenkopplung} \quad (A.19)$$

In der Verstärkerschaltung wirkt nun aber der Ausgang über den Kondensator Cc auf den Knoten „1" zurück. Die „neue" Grenzfrequenz wird im Rahmen der oben gemachten Näherung praktisch nur durch den Pol p_1 bestimmt, C_1 geht nicht ein. Ein Vergleich der beiden Pole p_{01} (Gleichung (A.19)) und p_1 (Gleichung (A.18)) zeigt deutlich das Resultat: Durch die „Gegenkopplung" wird die wirksame Kapazität, die bei R1 als Faktor steht, drastisch vergrößert, auch wenn C_C kleiner ist als C_1. Die erste Knickfrequenz wird somit zu einer sehr viel tieferen Frequenz „verschoben". Dies kann auch so gedeutet werden, dass durch die Gegenkopplung zwischen den Knoten „1" und Masse ein Kondensator der ungefähren Größe

$$C_M \approx g_m \cdot r_d \cdot C_C = |A_0| \cdot C_C \gg C_1 \tag{A.20}$$

erscheint, also ein Kondensator wirkt, dessen Wert C_C um den Faktor des **Betrags der Spannungsverstärkung** $g_m \cdot r_d$ vergrößert ist (**Miller-Effekt**) und die Kapazität C_1 praktisch „überdeckt".

Ein Vergleich der beiden Pole p_{02} (Gleichung (A.19)) und p_2 (Gleichung (A.18)) miteinander zeigt ein weiteres überraschendes Ergebnis: Ohne Gegenkopplung ist der Realteil des Verstärker-Ausgangswiderstandes identisch mit dem am Ausgangsknoten „Out" wirksamen Widerstand r_d. Mit Gegenkopplung sinkt er im Rahmen der Näherung praktisch auf den Kehrwert der Transconductance und ist damit meist wesentlich kleiner als der Widerstandswert r_d:

$$r_{Out} \approx 1/g_m \ll r_d \tag{A.21}$$

Die Folge ist, dass die zweite Knickfrequenz durch die Gegenkopplung zu einer **höheren** Frequenz verschoben wird. Die am Knoten „Out" wirksame Kapazität C_{Out} ist im Wesentlichen die „Parallelschaltung" von C_1, C_2 und $C_2 \cdot C_1/C_C$, denn aus (A.18) folgt:

$$C_{Out} = \frac{C_C \cdot C_1 + C_2 \cdot C_1 + C_2 \cdot C_C}{C_C} = C_1 + C_2 + \frac{C_2 \cdot C_1}{C_C} \tag{A.22}$$

Wenn die Kapazität C_2 am Ausgangsknoten „Out" deutlich größer ist als die Kapazität C_1 am Knoten „1", am Ausgang also z. B. eine zusätzliche Lastkapazität wirkt, so kann (A.22) vereinfacht werden:

$$C_{Out} \approx C_2 + \frac{C_2 \cdot C_1}{C_C} = C_2 \cdot \left(1 + \frac{C_1}{C_C}\right) \quad \text{für} \quad C_2 \gg C_1 \tag{A.23}$$

Zusammenfassung

1. Der Gegenkopplungskondensator Cc wirkt am Eingangsknoten „1" wie eine Kapazität C_M gegen Masse, deren Wert etwa um den Faktor der Verstärkung $g_m \cdot r_d$ größer als C_C ausfällt. Der Wert der Kapazität C_1 wird dadurch praktisch „überdeckt"; siehe Gleichung (A.20).

2. Die erste Knickfrequenz wird durch die Gegenkopplung über den Kondensator Cc zu deutlich tieferen Frequenzen verschoben; siehe Gleichung (A.18).

3. Der wirksame Ausgangswiderstand wird bei hohen Frequenzen stark reduziert. Er sinkt praktisch auf $1/g_m$ ab; siehe Gleichung (A.21).

4. Die zweite Knickfrequenz wird zu höheren Frequenzen verschoben; siehe Gleichung (A.18).

5. Insgesamt werden die zwei Pole weit auseinandergeschoben. Man spricht von „Splitting" (auch „Pol-Splitting"). Diese Methode hat eine große Bedeutung bei der Frequenzgangkorrektur.

6. Zusätzlich entsteht eine Nullstelle z_0 mit positivem Vorzeichen in der Übertragungsfunktion; siehe Gleichung (A.11).

A.2 Simulation mit SPICE

Zur Veranschaulichung mögen einige Simulationsergebnisse dienen. Es werden z. B. die folgenden Werte angenommen: $g_m = 1\ mA/V$; $R_1 = r_d = 1\ M\Omega$; $C_1 = 1{,}6\ pF$. Die Spannungsverstärkung bei sehr tiefen Frequenzen ist dann: $A_0 = -g_m \cdot r_d = -1000$ (entsprechend 60 dB).

$C_2 = C_1$ und ohne Rückkopplung, $C_C = 0$

Zunächst soll $C_2 = C_1 = 1{,}6\ pF$ gewählt werden und $C_C = 0$. **Ohne** Gegenkopplungskondensator Cc fallen für die oben angenommenen Werte die beiden Knickfrequenzen $f_{01} = 1/(2 \cdot \pi \cdot R_1 \cdot C_1) = 100\ kHz$ und $f_{02} = 1/(2 \cdot \pi \cdot r_d \cdot C_2) = 100\ kHz$ zusammen, siehe Abbildung A.2. Der Betrag der Verstärkung $|A(s)|$ fällt deshalb bei höheren Frequenzen mit $(2 \cdot 20)\ dB/$Dekade ab und die gesamte Phasendrehung wird, da nur zwei Zeitkonstanten wirksam sind, 180° nicht überschreiten.

Simulation

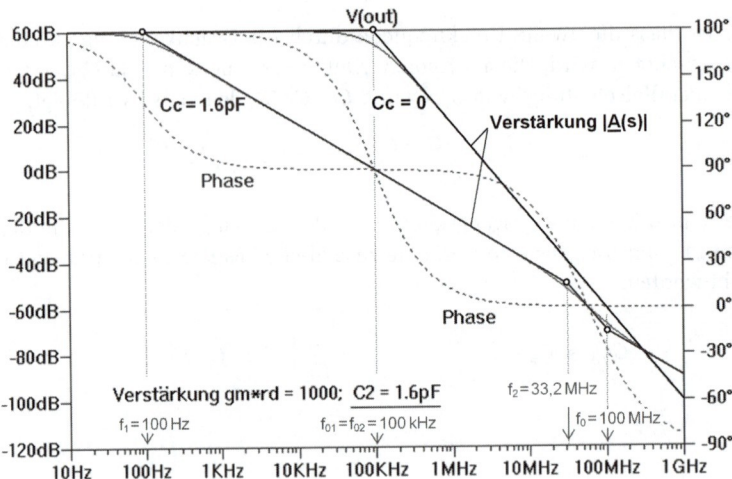

Abbildung A.2: Bode-Diagramm des Verstärkers nach Abbildung A.1: $C_1 = C_2 = 1{,}6\ pF$ (Datei: Bild A.2.asc).

$C_2 = C_1$ und mit Rückkopplung, $C_C = 1{,}6\ pF$

Durch **Einfügen** des Kondensators Cc mit der Kapazität $C_C = 1{,}6\ pF$ werden die beiden Knickfrequenzen weit auseinandergeschoben: Der Pol p_1 wird entsprechend Gleichung (A.18) um den Faktor der Verstärkung von $g_m \cdot r_d = 1000$ um drei Dekaden zu tieferen Frequenzen verschoben. Die **neue** Knickfrequenz ist somit bei $f_1 = 100\ Hz$ zu finden, siehe Abbildung A.2. Der Pol p_2 wird zu höheren Frequenzen verschoben. Entsprechend Gleichung (A.18) bzw. (A.22) kann mit den gegebenen Werten die am Ausgangsknoten „Out" resultierende Kapazität berechnet werden:

$$C_{Out} = C_1 + C_2 + \frac{C_1 \cdot C_2}{C_C} = 3 \cdot 1{,}6\ pF$$

Mit $g_m = 1\ mA/V$ folgt somit: $\omega_2 = (1\ mA/V)/(3 \cdot 1{,}6\ pF) = 206 \cdot 10^6\ s^{-1}$ ($f_2 \approx 33{,}2\ MHz$). Ab der Frequenz f_2 sollte die Verstärkung mit 40 $dB/Dekade$ abfallen. Da sich aber die Nullstelle z_0 schon auswirkt, ist der Abfall geringer. Die Nullstelle entspricht nach (A.11) einer Frequenz von $\omega_0 = (1\ mA/V)/(1{,}6\ pF) = 625 \cdot 10^6\ s^{-1}$ ($f_0 \approx 100\ MHz$). Oberhalb der Frequenz f_0 fällt die Verstärkung wieder mit 20 $dB/Dekade$. Wichtig ist die Betrachtung des

Phasenverlaufs: Wegen des **positiven** Vorzeichens der Nullstelle z_0 bewirkt sie eine Phasendrehung in gleicher Richtung wie die beiden **negativen** Pole p_1 und p_2. Die gesamte Phasendrehung wird deshalb bei sehr hohen Frequenzen nicht mehr 180° betragen, sondern 180° + 90° = 270° erreichen.

$C_2 = 100 \cdot C_1 = 160\ pF$ und ohne Rückkopplung, $C_C = 0$

Im zweiten Beispiel soll der Kondensatorwert C_2 am Ausgang z. B. um **zwei Dekaden** vergrößert werden, um den Einfluss einer größeren kapazitiven Last zu untersuchen; siehe Abbildung A.3.

Bei $C_C = 0$ verschiebt sich dann die **zweite** Knickfrequenz f_{02} um zwei Dekaden zu **tieferen** Frequenzen, also $f_{02} \approx 1\ kHz$, während die **erste** bei $f_{01} = 100\ kHz$ bleibt.

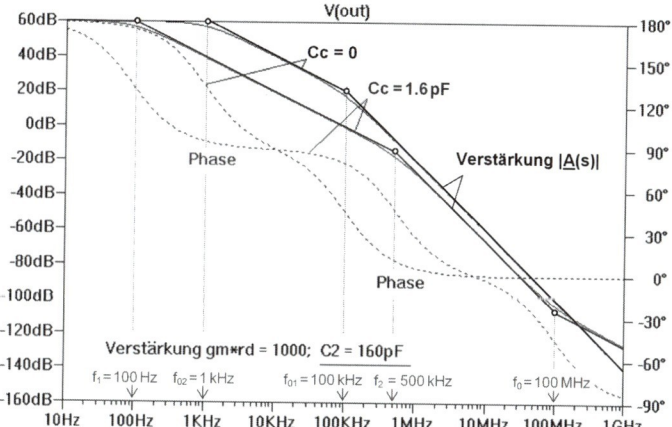

Simulation

Abbildung A.3: Bode-Diagramm des Verstärkers nach Abbildung A.1: $C_1 = 1,6\ pF$ und $C_2 = 100 \cdot C_1 = 160\ pF$ (Datei: Bild A.3.asc).

$C_2 = 100 \cdot C_1 = 160\ pF$ und mit Rückkopplung, $C_C = 1,6\ pF$

Durch $C_C = 1,6\ pF$ werden die zwei Pole p_1 und p_2 wieder auseinandergeschoben. Mit den gegebenen Werten sollen die neuen Knickfrequenzen f_1 und f_2 berechnet werden. Entsprechend der Näherung (A.18) ist f_1 **unabhängig** von C_2. Die Frequenz f_1 wird also wieder bei 100 Hz liegen. Zur Berechnung von f_2 kann wegen $C_2 \gg C_1$ die Näherungsbeziehung (A.23) verwendet werden: $C_{Out} \approx C_2 \cdot (1 + C_1/C_C)$. Wegen $C_1 = C_C$ ergibt sich $C_{Out} \approx 2 \cdot C_2 = 320\ pF$ und mit $1/g_m = 1\ k\Omega$ wird $\omega_2 \approx 3{,}13 \cdot 10^6\ s^{-1}$ ($f_2 \approx 500\ kHz$). Die Nullstelle z_0 bleibt bei $f_0 \approx 100\ MHz$ und die gesamte Phasendrehung wird wieder 270° betragen.

Auch bei stärkerer kapazitiver Belastung C_2 am Ausgang bewirkt der Kondensator C_C ein Auseinanderschieben der beiden Pole p_1 und p_2. Der Kondensator C_2 beeinflusst die erste Knickfrequenz f_1 und die Nullstelle bei f_0 fast nicht, doch die zweite Knickfrequenz f_2 ist abhängig von der Lastkapazität. Man sollte aber stets prüfen, ob die Voraussetzung für die Näherungsformeln erfüllt ist, d. h., ob die beiden Pole wirklich weit genug auseinanderliegen.

Register

Numerisch

3-D-Packaging 223

A

AB-Betrieb 577, 578
Abfallzeit 730, 738
Abgeleitete Layer 328
Abschirmung 364
Abstands-Belichtung 170
AC-Analyse 302, 303
Acrylatklebstoffe 211
Active Area 274
AKO 325, 393
Aktive Fläche 310
Akzeptor 63
Akzeptorendichte 310
AlSiCu-Leiterbahnen 190
AlSiTi-Leiterbahnen 190
Aluminium-Leiterbahnen 190
Amplitudenbedingung 589
Analoge Fehlermodelle 238
Analoge Schaltungen 421
AND 674
AND-OR-INVERT-Logik
 siehe AOI
Anisotropiefaktor 186
Anlegieren 214
Anstiegszeit 730, 738
Antenneneffekt 378, 387
AOI 766
 Abstrahieren 774
 Layout 771, 775
AOI-Logik siehe AOI
Äquivalenter Inverter 762
Arbeitspunkt 294, 296
Arrhenius-Gleichung 175
ASC-Datei 423
ASIC 27
Atmospheric Pressure CVD 181
Atomdichte 310
Atommasse
 relative 310
Ätzrate 186
Ätztechnik 186
 Nassätzen 187
 Trockenätzen 188
Aufbau integrierter
 Schaltungen 28

Aufbau- und Verbindungs-
 technik 198
Aufdampfverfahren 183
Aufenthaltswahrscheinlich-
 keit 39
Ausfallmechanismen 230
Ausfallrate 229
Ausgangskennlinienfeld 96
Ausgangsstufe 576
Auslesen (SRAM) 790, 792
Austausch-Integral 50
Austauschwechselwirkung 44
Auswerteverstärker (SRAM)
 793
Automatic Test Equipment,
 ATE 235
Avogadro-Konstante 310

B

Back-End 199
Backlapping 200
Badewannenkurve 229
Ball Grid Array, BGA 219
Ballastwiderstände 382
Ballistischer Transport 147
Ball-Wedge-Bonding 204
Bandbreite 588
Bändermodell 53
Bandgap-Referenz
 Brokaw-Schaltung 509
 Designbeispiel 514
 einfache Widlar-
  Schaltung 508
 für 0,9-V-Betrieb 524
 für 200 mV 523
 in CMOS 527
 Layout 517
 mit lateralen PNP-
  Transistoren 531
 mit unsymmetrischer
  Differenzstufe 513
 mit vertikalen PNP-
  Transistoren 520
 mit vier-Transistoren 520
 Monte-Carlo-Simulation
  512, 515, 519, 521,
  523, 526
 Prinzip 504
 Second-Order-
  Kompensation 518

 Simulationsergebnisse
  512, 514, 515, 519,
  521, 523, 526
 Spannungsbogen 507
 Strom-Mode-Schaltung 531
 Trimmen 507, 515
 zur Prozessüberwachung
  527
Bandstruktur 37, 53
 von Silizium 55
BASE over ISO 394
Base-Pinch-Widerstand 268
Basis 91
Basis-diffundierter
 Widerstand 266
Basis-Diffusion 259
Basis-Emitter-Komplex 368
Basis-Kollektor-Übergang 259
Basis-Strom 93
Basisweitenmodulation 95
B-Betrieb 577
BCD-Technologie 285
Belichtung 170
Belichtungswellenlängen 171
Besetzungswahrscheinlich-
 keit 59
Beta-Multiplier 486
 Dimensionierungs-
  beispiel 487
 Layout 490
 Monte-Carlo-Analyse 488
 schwache Inversion 486
 starke Inversion 486
 Temperaturabhängigkeit
  488
Betragsabstand 589
Beweglichkeit 56
Bias-Netzwerk 426
 praktischer Hinweis 469
Bias-Sputtern 180
Bias-Strom-Erzeugung 472
Bias-Widerstand 472
Bipolar-CMOS-Technologie,
 BiCMOS 285
Bipolar-Prozesse
 erweiterter Bipolar-
  Prozess (C14) 263
 Kondensatoren 269
 Standard-Bipolar-Prozess
  (C36) 258
 Widerstände 266

Register

Bipolar-Transistor 90
   Ausgangsleitwert 98
   Eingangswiderstand 98
   geometrische
      Abmessungen 314
   Kleinsignal-Ersatz-
      schaltbild 99
   Modellparameter 324
   Rückwirkungsleitwert 99
   Spice-Parameter 105
   Steilheit 98
Bistabiles Element 784
Bitleitung (SRAM) 790
Bode-Diagramm 587, 832
Bohr-Magneton 51
Boltzmann-Konstante 58
Bond-and-Etchback-SOI,
   BESOI 164
Bondpad 29, 201, 261
Bondprozess 202
Boole'sche Algebra 674
Bor-Phosphor-Silikat-Gläser,
   BPSG 191, 278
Bosonen 46
BPSG-Reflow 191
Breadboard 290
Bridging-Fault 236
Brokaw-Bandgap-Referenz 509
Bubbler 185
Buffer
   Gegentakt-A-Betrieb 583
Built-In-Self-Test, BIST 237
Bulk-Anschluss 127
Bumping 207
Buried-Layer 258
Buried-Layer-Schatten 363
Burn-in 235

C

C14-Prozess 263
   Zusammenfassung 265
C2MOS 777
C36-Prozess 258
   Zusammenfassung 263
C4-Methode 208
C4NP-Bumping-Prozess 208
C-Betrieb 577
Ceramic Pin Grid Array, CPGA 217
Channel-Bildung 390
Channeling 175
Channel-Stopper 274, 390, 391, 392
Chemical Vapor Deposition, CVD 179, 181

Chemisch-Mechanisches Polieren 162, 192
Chip Scale Package, CSP 220
Chipbefestigung 211
Chipmetallisierung 206
Chip-On-Board 221
Circuit-Datei 415
Clocked CMOS 777
CM5-Prozess 273
   Zusammenfassung 280
CMOS 117, 129, 680
   Bandgap-Referenz 527
   dynamische Gatter 777
   Inverter 722
   Latch-Up 400
   NAND-Gatter 760
   NOR-Gatter 760
   Schmitt-Trigger 749
   Standardzellen 384
   Stromquellen 485
CMOS-Inverter 722
   dynamische Verlust-
      leistung 727
   geometrische
      Abmessungen 739
   Kapazitäten 737
   Latch-Up 401
   Layout 740
   Schaltpunkt 723
   statischer Querstrom 724
   Transferkennlinie 723
   transiente Verlustleistung 725
   Zeitverhalten 729
CMOS-OTA
   Berechnung der Schaltung 632
   Berechnungsformeln 625
   Bias-Strom 627, 632
   Bode-Diagramm 636
   DC-Simulation 635
   Eingangsstufe 628, 632
   Kanalweiten und -längen 630, 634
   komplettes Design 625
   Layout 639
   Layout-Verifikation 641
   Miller-Kondensator 625, 632
   Monte-Carlo-Simulation 638
   Offset-Spannung 630, 633
   Schleifenverstärkung 636
   Simulationsergebnisse 635
   Slew-Rate 638
   Stromspiegel 629, 632

   zweite Verstärkerstufe 629, 632
CMOS-Prozesse 272
   CMOS-Standardprozess (CM5) 273
   fortschrittlicher CMOS-Prozess 281
   Kondensatoren 284
   Widerstände 282
CMRR 552
Code-Umsetzer 386
Common Mode 660
Common Mode Feedback 620
Common Mode Rejection Ratio 552
Common-Centroid-Methode 357, 358, 369, 379
Connect-Rules 409
Continuity-Test 246
Core 28
Co-Sputtern 181
Coulomb-Energie 50
Cratering 203
Crosspoint-Matrix 239
Cross-Talk 233, 364, 368, 380
Cross-under 267, 366
Czochralski-Verfahren 160

D

Damascene-Technik 281
Damscene-Technik 194
Darlington-Eingang 560
Daten-Flip-Flop 796
Datenspeicher 796
Defekte 228, 230
   globale Defekte 230
   lokale Defekte 230
Dehydration Bake 168
Delay-Fault 236
Delay-Zeit 730, 735, 738, 743
Depth of Focus, DOF 171
Derived Layer 328
Design for Testability, DfT 237
Design-Maße
   Abstände 329, 332
   effektive Maße 378
   exakt 333
   Extension 334
   Minimalwerte 329
   Öffnungen 333
   Surrounding 333
   Vergrößern und Verringern 335
   Weiten 329
Design-Rule-Check, DRC 33

Register

Design-Rules 255, 327
    Beispiele 340, 514, 771
    Exact Width 338
    Extension 339
    Grow-Funktion 341
    Ignore-Schalter 337
    Implementierung 336
    Minimum Width 338
    Not Exist 340
    Overlap 339
    Rule-Typen 336
    Spacing 338
    Surround (Enclosure) 339
    Toleranzbereich 338
Device Under Test, DUT 239
D-Flip-Flop 676, 796
    Layout 800
    Set- und Reset 803
Dichte
    Halbleiter 310
Dickschichttechnik 23
Die-Attachment 211
    Anlegieren 214
    Kleben 211
    Löten 214
Differentielle Kapazität 84
Differenztransistorpaar 537
    bipolar 538
    Emitter-gekoppelt 538
    MOS 542
    Source-gekoppelt 542
Differenzverstärker (SRAM) 549, 794
Diffusion 175
    Diffusionskoeffizient 175
    Diffusionslänge 177
    Diffusionsprofile 178
    Drive-In 177
    Fick'sche Gesetze 175
    laterale Diffusion 330
    Unterdiffusion 178
Diffusionsbarriere 190, 194
Diffusionskapazität 85
Diffusionskoeffizient 64
Diffusionslänge 82
Diffusionspotential 74
Diffusionsspannung 74
Diffusionsstrom 64, 81
Digitale Fehlermodelle 236
    Bridging-Fault 236
    Delay-Fault 236
    IDDQ-Fehler 236
    Stuck-At-Fault 236
    Stuck-Open 236

Digitale Gatter 674
    Verdrahtung 386
    vereinfachte Darstellung 385, 388
Digitale Schaltungen 667
Digitale Signale 672
Digitaltechnik 674
Diode 70
    Durchbruchspannung 89
    Ersatzschaltbild 89
    Layout 375
    Rekombination 89
    Z-Dioden 376
Diodenschaltung 427
Dioden-Transistor-Logik, DTL 678
Direktmontage 221
Disjunktion 674
Dispenser-Auftrag 213
DMOSFET 128
Dominanter Pol 586, 587, 603
    Dimensionierungsvorschrift 596
    durch Miller-Effekt 596
Domino-CMOS-Logik 781
Donator 63
Doppelleitung 692
Dotierstoffkonzentration 177
Dotierung 63, 159, 174
Down-Isolation 263
DPlot95 322
Drahtbonden 201
    Bondmaterialien 205
    Thermokompressionsbonden 203
    Thermosonic-Bonden 204
    Ultraschallbonden 202
    Verbindungsbildung 202
Drain 108, 277
Drain-Fläche 377
DRAM 149
DRC 327, 404
    Fehler-Report 404
    Region-Only-Check 404
Drehimpuls 51
Dreieckschaltung 540
Driftgeschwindigkeit 56
Driftstrom 64
Drive-In 177, 258
Dual-Damascene-Technik 194
Dual-Inline-Package, DIP 216
Dualsystem 672
Dual-Well-Prozess 273
Dummy-Elemente 356, 362, 368

Dummy-Gates 379, 490
Dummy-Transistoren 490
Dünnfilmwiderstände 269, 363
Dünnschichttechnik 23
Durchbruchspannung 89
Durchlassrichtung 72
Dynamische logische Schaltungen 777
Dynamische Verlustleistung 727

E

E2CL siehe EECL
Early-Effekt 95
ECL 680, 683
    Buffer 685
    Dimensionierung 686
    Emitter-Stromdichte 689
    Gatter mit reduzierter Verlustleistung 698
    Inverter 685
    Lastanschluss über Leitungen 690
    Layout 693
    Layout-Verifikation 696
    Pegelverschiebung 685
    Referenzspannung 686, 689
    Transferkennlinie 686
    typisches NOR-Gatter 684
EECL
    Layout 703
    Layout-Verifikation 704
    mit geringer Verlustleistung 700
    Transferkennlinie 703
Effektive Masse 55
Eigendrehimpuls 51
Eigenoxid 159
Eigenwertgleichung 39
Eingangskennlinienfeld 96
Eingangswiderstand 300
Einstein-Beziehung 82
Einstufiger Verstärker
    AC-Simulation 307
    Arbeitspunkt 294, 296
    Ausgangskreis 307
    Berechnung 294
    Eingangskreis 306
    Eingangsspannungsteiler 297
    Eingangswiderstand 300
    Emitter-Kreis 307
    Emitter-Potential 297
    Ersatzschaltung 828

Frequenzgang 828
Gegenkopplungs-
  widerstand 298
Gleichspannungs-
  verstärkung 829
Kleinsignalverstärkung
  298
Kollektor-Widerstand 296
Kondensatorwerte 305
mit einem Transistor 293
Simulation 301
Spannungsverstärkung
  298, 300
Temperaturabhängigkeit
  294
Übertragungsfunktion 828
untere Grenzfrequenz 305
Electrical Test Specification,
  ETS 238, 242
Electroplated Bumping 208
Elektromigration 190, 232
Elektronenstrahl-Lithografie
  172
Elektronenstrahlverdampfung
  184
Eltran-Verfahren 165
Emissionskoeffizient 90
Emitter 91
  Finger mit vergrößerter
    Weite 371
  H-Emitter 371
  kreuzförmig 371
Emitter-Basis-Übergang 260
Emitter-Coupled Logic
  siehe ECL
Emitter-diffundierter
  Widerstand 267
Emitter-Emitter-Coupled Logic
  siehe EECL
Emitter-Finger 369
Emitter-gekoppelte Logik
  siehe ECL
Emitter-Schaltung 96, 294
Emitter-Stromdichte 368
Emitter-Widerstände 369, 375
  Ballastwiderstände 370
  Spannungsabfall 296
  verteilte - 370
Enclosure 336
End-Anweisung 32
Entwurfsebenen 31
Entwurfsprozess integrierter
  Schaltungen 30
Epi-Shift 259, 347, 363
Epitaxie 182

Epi-Widerstand 269
Epoxidharzklebstoffe 212
Erdi-Stromquelle 484
Erkennungs-Layer 329, 405
ESD-Schutzdioden 29
EUROPRACTICE 256
Eutektisches Löten 214
Evaluationsphase 778
Exact Width 336
Exklusiv-ODER-Gatter 758
  Layout 760
Exponentialverteilung 229
Extension 334, 336
Extract 404
  Beispiel, CMOS-Inverter
    411
  Beispiel, NMOS-Transistor
    405
  Beispiel, NPN-Transistor
    406
Extract-Definition-File 405, 409
Extraktion siehe Extract

F

Feedthrough-Zelle 388
Fehler 228
Fehlerabdeckung 237
Fehlerfunktion 177
Feldeffekt-Transistor 107
Feldimplantation 274, 394
Feldoxid 259, 275
Feldstrom 81
Fermi-Dirac-Funktion 59
Fermi-Energie 58
Fermionen 46
Ferroelektrisches RAM 823
Fick'sche Gesetze 175
Filter
  GM-C-Filter 655
  zeitkontinuierliche Filter
    648
Fine Pitch Ball Grid Array,
  FPBGA 219
Fine Pitch Quad Flat Pack,
  FQFP 218
First-Level-Packaging 198
Flächenwiderstand 266
Flanken-getriggertes D-Flip-
  Flop 798
Flip-Chip 207
  Bumping 207
  Materialien 209
  Verfahrensablauf 208
Flip-Chip Pin Grid Array, FCP-
  GA 217

Flip-Flop 675, 784
  D-Flip-Flop 676
  Master-Slave-Flip-Flop
    677
  RS-Flip-Flop 676
Floating-Gate-Speicher 152
Float-Zone-Verfahren 160
FLOTOX 153
Fluktuation
  korreliert, nicht korreliert
    321
Flussmittel 215
Fotolithografie 25, 158, 166
  Belichtung 170
  Masken-Herstellung 168
Fotoresist 25, 158, 166, 167
  Auftrag 168
  Entwickler 167
  Negativ-Resist 166, 167
  Positiv-Resist 159, 167
Foundry 256
Fourier-Analyse 303
Frequenzgang 586
  einstufiger Verstärker 828
Frequenzgangkorrektur 585,
  591, 593, 596, 602, 604
Frequenzteiler 804
Front-End 199
Frühausfälle 229
Funktionaler Test 233

G

Gain Bandwidth 588
Gasphasenabscheidung 181
Gate 108
Gate-Elektrode 277
Gate-Kapazität 131
Gate-Oxid, CM5-Prozess 275
Gauß-Verteilung 321
GB 588
GDSII 329, 344
Gefaltete Kaskoden-Schaltung
  562, 621
Gegenkopplung 588, 830
Gegenkopplungskondensator
  830
Gegenkopplungswiderstand
  294
Gegentakt-A-Betrieb 583
Gegentaktansteuerung 551
Gelblicht 173
Generation 64
Geometrische Abmessungen
  aktive Elemente 314
  Bipolar-Transistoren 314

Register

Kondensatoren 310
MOS-Transistoren 314
passive Elemente 309
Widerstände 310
Gepaarte Transistoren 369
Geschlossener Regelkreis 585
Gesetz von Moore 812
Getaktete Schaltnetze 777
Getaktetes RS-Flip-Flop 788, 796
Gettering 192
Gleichtaktansteuerung 551
Gleichtakt-Aussteuerungsbereich 552
Gleichtaktunterdrückungsverhältnis 552
GM-C 648
   Bandpass 655
   Bandpass zweiter Ordnung 656
   Filter 655, 657
   Induktivität 650
   Oszillator 651
   Resonator 651, 655
   Tiefpass 655
   Tiefpass zweiter Ordnung 657
GM-Zellen 648
   Ausführung 659, 661, 662
   Layout 662
   Linearisierung 659
   Tranferkennlinien 664
Graben-Isolationen 281
Grenzfrequenz 830
Grid 344, 347, 348, 382, 388, 518
Grobdimensionierung 292, 294
Großsignalverhalten 602
Ground-Kontakt 280
Guard-Ring 365, 368, 379, 400, 402
   TTL-Gatter 714
Gummel-Poon 105
Gyrator 649

H

Halbleiterphysik 37
Halbleitertechnik 24
Halbleitertechnologie 158
Hamilton-Operator 39
Hard Faults 238
Hardwarebeschreibungssprachen 31
HF-Sputtern 180

Hierarchische Schaltung 592
High-k-Dielektrika 816
Histogramm 321, 322
Hochfrequenz-Bipolar-Transistor 265
Hochpass 294
Hochpass-Verhalten 305
Hybridtechnik 23
Hysterese 749

I

IDDQ-Fehler 236
Idealitätsfaktor 90
Ignore-Schalter 337
Immersionsbelichtung 172
Impedanzkonverter 649
Ingot 161
Inner Lead 209
Innere Spannung der Stromquelle 427
Integrationsgrad 28
Integrierte Schaltungen 24
Intermetallische Phasen 206
Intermodulationsprodukte 604
Interne Gatter
   TTL 714
Inverter-Kette 741, 746
   Verlustleistung 747
Ionenimplantation 174
Isolationsgebiete 259

J

Jet-Printing 208
JFET 107, 476
   Ersatzschaltbild 115
   Kleinsignalgrößen 113
   Spice-Parameter 115
   Symbole 114
   Triodenbereich 111
J-Leaded Small Outline Packages, SOJ 218

K

Kanalbildung
   Simulationsbeispiel 392
   unerwünschte 390
Kanallängenmodulation 95
Kaskoden-Schaltung 442, 483
Keil-Keil-Bonden 203
Kleben 211
   Polyadditionssklebstoffe 212

Polykondensationsklebstoffe 211
Polymerisationsklebstoffe 211
Kleinsignalansteuerung 551
Kleinsignalaussteuerung 298
Kleinsignalgrößen 97
Klirrfaktor 293, 303, 363
Knickfrequenz 588, 594, 597, 603, 830
Knickspannung 72
Knotennamen 353
Koaxialleitung 691
Kollektor 91
Kollektor-Strom 93
Kollektor-Widerstand 371
Komplementäre Ausgangsstufe 577
Komplementäre Fehlerfunktion 177
Komplexe Differenzverstärkung 586
Kondensatoren 143
   3-Sigma-Grenze 314
   Flächenfehler 359
   geometrische Abmessungen 310
   gepaarte 367
   Layout 367
   Metal-Metal-Kondensator 285
   MOS-Kondensatoren 284
   n-Sigma-Grenze 314
   POLY1-POLY2 367
   Poly-Poly-Kondensatoren 284
   Randeffekte 359, 367
   sperrschichtfreie Kondensatoren 271
   Sperrschichtkondensatoren 270, 367
   Standardabweichung 313
   statistische Streuung 313
   Streuparameter 313
Kondensatoren in Bipolar-Prozessen 269
Kondensatoren in CMOS-Prozessen 284
Konjunktion 674
Kontaktausfälle 232
Kontaktbelichtung 170
Kontakte 193
Kontaktwiderstand 310, 311
Kontinuitätsgleichung 64
Kopfwiderstand 310
Koppelkondensator 294

Korn 206
Kreuzkopplung 369, 554
Kreuzungspunkt (SRAM) 790
Kugel-Keil-Bonden 204
Kupferleiterbahnen 190
Kurzkanaleffekte 144
Kurzschluss 230

L

Ladephase 778
Ladungsträgerbeweglichkeit 56
Laplace-Operator 39
Läppen 162
Lasertrimmen 515
Lastkapazität 727, 731, 738, 741, 765, 779
Lastverteilung 370
Lastwiderstand 294
Latch 784
Latch-Up 394
   in Bipolar-Schaltungen 396
   in CMOS-Schaltungen 400
   Layout-Regel 396, 398, 399, 401, 403
   Simulationsbeispiel 396
Lateraler PNP-Transistor 433, 528
Layer 255
   abgeleitete 328, 329
   derived 329
   Erkennungs- oder Recognition- 329
   Prozess- oder Masken- 327, 329
Layout 26, 522
   AOI 775
   AOI-Schaltungen 771
   Beispiele 360
   Beta-Multiplier 490
   bipolarer OPV 612
   CMOS-Inverter 347, 740
   CMOS-NAND 764
   CMOS-NOR 764
   CMOS-OTA 639
   D-Flip-Flop 800
   Dioden 375
   ECL 693
   EECL 703
   GM-Zelle 662
   Knotennamen 353
   Kondensatoren 367
   laterale PNP-Transistoren 373
   MOS-Transistoren 377

Multi-Emitter-Transistor 711
Netzlisten-Extraktion 411
NPN-Transistor 343, 368
Regeln 355, 360
RS-Flip-Flop 789
Schmitt-Trigger 753
Standardzellen 382
Stromspiegel 431, 461
TTL 714
Widerstände 355, 360
Widlar-Bandgap-Referenz 517
XOR 760
Layout Versus Schematic, LVS 33
Layout-Erstellung 463
Layout-Rules siehe Design-Rules
Layout-Synthese 32, 342
Layout-Verifikation 33, 403
   D-Flip-Flop 801
   ECL 696
   EECL 704
Layout-Versus-Schematic 404, 416
Lead-Frame 201, 220
Leckströme 779
L-Edit 292, 341, 343, 411, 463
Leistungsanpassung 296
Leistungsbandbreite 603
Leiterbahnen 190
Leiterplatte 23
Leiterplattentechnik 22
Leitkleber 212
Leitungen
   breite Leitungen 329
   schmale Leitungen 329
Leitungstunnel 366
Leseverstärker (SRAM) 793, 795
Lightly Doped Drain, LDD 148, 276
Linearisierung
   durch Stromgegenkopplung 540, 543
Lithografie
   Elektronenstrahl-Lithografie 172
   Fotolithografie 158, 166
   Nano-Imprint-Lithografie 172
   Röntgenlithografie 172
Lithografiefehler 231
LOCal Oxidation of Silicon, LOCOS 185

Local-Interconnects 194, 281
Loch 60
Logikgatter 674
Lokale Oxidation, LOCOS 275
Loop Gain 588
Loschmidt-Konstante 310
Löten 214
   Badlöten 215
   Reflowlöten 215
   Wellenlöten 215
Low Pressure CVD 182
Low-k-Dielektrika 816
LT-SPICE 290, 321
LVS 404, 416

M

Magnetisches Moment 51
Magnetoelektronik 824
Magnetron-Sputtern 181
Masken 255
Maskenhaus 255
Masken-Herstellung 168
Maskenschritt 158
Master-Slave-Flip-Flop 677, 798
Matching 266, 355, 538
   Drain-Strom 319
   Gate-Source-Spannung 319
Matrix (SRAM) 790
Metall-Halbleiter-Übergang 77
Metallisierungsebenen 188
Metall-Jumper 378
Metal-Metal-Kondensator 285
Metalorganic CVD 182
Metal-Pitch 383
Mikrocontroller 26
Mikroelektronik 21
Mikroprozessor 26
Miller-Effekt 596, 602, 831
Miller-Kompensation 596, 598
   Design-Regel 599
   R-C-Glied 600
Miller-Kondensator 596, 598
Mindestabstand 330
Minimale Strukturbreite 170
Minoritätsladungsträgerkonzentration 71
Mixed Print 22
Modellanweisung 32
Modulwiderstand 355
Molecular Beam Epitaxy, MBE 184
Monte-Carlo-Ansatz
   Bipolar-Transistoren 323

Register

MOS-Transistoren 325
Widerstände, Kondensatoren 321
Monte-Carlo-Simulation 320, 503, 519, 521, 523, 526
  CMOS-OTA 639
  CMOS-Schmitt-Trigger 754
  OPV-Ausgang 580, 581
Moore'sches Gesetz 812
MOSFET 117
  Anreicherung 120
  Ausgangsleitwert 131
  Eingangswiderstand 131
  Ersatzschaltbild 135
  Flachbandfall 120
  Inversion 121
  Kapazität 131
  Kennlinien 122
  Kleinsignalparameter 130
  Rückwirkungsleitwert 131
  Sättigung 122
  Schaltungssymbole 128
  Spice-Parameter 135
  Steilheit 130
  Taktfrequenz 147
  Verarmung 120
MOSFET-Modell
  für digitale Anwendungen 736
MOSIS 256
MOS-Kondensator 284
MOS-Transistor
  Ausgangstransistoren 382
  Drain-Strom-Schwankung 315
  geometrische Abmessungen 314
  geringer On-Widerstand 381
  Layout 377
  Matching 315
  n-Sigma-Grenze 318
  OEC-Transistor 382
  Offset-Streuung 319
  Spannungs-Matching 378
  Streuparameter 316
  Strom-Matching 378
MRAM 824
Multi-Chip-Module
  MCM-C 223
  MCM-D 223
  MCM-L 222
Multi-Chip-Packaging 221
Multi-Emitter-Transistor 431, 709, 710
  Layout 711

N

NAND 674
NAND-Gatter
  CMOS 760
  TTL 708
Nano-FET 820
Nano-Imprint-Lithografie, NIL 172
Nassätzen 187
Negation 675
Nennerpolynom
  Übertragungsfunktion 830
Netzlistenextraktion
  aus dem Layout 405
Netzlistenzeile
  im Schaltplan 302
Noise Pickup 779
Noman's Land 29
Non-Disclosure Agreement, NDA 256
NOR 674
NOR-Gatter
  CMOS 760
Normalverteilung 229
NOT 674
Not Exist 336
NPN-Transistor 93, 258
  ESB 429
  für größere Ströme 369
  Layout 368
  Subcircuit-Modell 429
  vierpoliges Symbol 429
Nullstelle
  mit positivem Vorzeichen 599
  Übertragungsfunktion 587, 829
Numerische Apertur 170

O

Oberflächenkonzentration 177
OEC-Transistor 382
Offene Verbindungen 231
Offener Kollektor-Ausgang 709
Offset-Fehler 538, 541, 571
  bipolarer Eingang 571
  MOS-Eingang 573
  systematischer 555
Offset-Streuung 319
Offset-Trimmen 574
Ohmscher Kontakt 186
OPAMP siehe Operationsverstärker

Operational Transconductance Amplifier siehe OTA
Operationsverstärker 546
  Ankopplung der zweiten Stufe, bipolar 556
  Ankopplung der zweiten Stufe, MOS 558
  Ausgangsstufe 576
  Berechnung 607
  Blockschaltbild 548
  CMOS 616
  CMOS, OTA 618
  CMOS-OTA, komplettes Design 625
  Designbeispiele 605
  Differenzeingangsstufe 549
  dynamisches Verhalten und Stabilität 585
  Eingangs-Offset 571
  Eingangsstrom-Kompensation 564
  Eingangsstufe für hohe Gleichtaktanteile 559
  Eingangsstufe mit Stromspiegelausgang 555
  Eingangsstufe mit Widerständen 554
  Eingangsstufe, gefaltete Kaskoden-Schaltung 562
  Emitter- bzw. Source-Folgerausgang 576
  Emitter-Widerstände in der Eingangsstufe 604
  ESB, zweistufiger OPV 596
  Frequenzgang 586
  Großsignalverhalten 602
  komplementärer Ausgang 577
  Laplace-ESB 592
  Layout 612
  Monte-Carlo-Simulation 611
  PNP-Eingang 606, 614
  PNP-Eingangsstufe 560
  Präzisionseingangsschaltung 565
  Push-Pull-Ausgang 580, 582
  Rail-to-Rail-Eingang 566
  realer 548
  Simulation 608
  symmetrischer Ausgang 619
  symmetrischer CMOS-OTA 621

Register

symmetrischer OTA,
 gefaltete Kaskoden-
 Schaltung 621
 Übertragungsfunktion 586
Optionsanweisung 304
Optische Speicher 822
OPV siehe Operations-
 verstärker
OR 674
Origin 344, 347, 354, 361,
 367, 369, 373
OTA 618
Outer Lead 209
Overlap 336
Oxidation 185
 nasse 185
 trockene 185

P

P- und N-Well-Widerstand 283
Packaging 198
Padoxid 185
Pad-Ring 29
Parametertest 235, 247
Parametrische Fehler
 extrinsische 233
 Intrinsische 233
Parasitäre Effekte 389
Parasitäre Kapazitäten 795
Parasitärer MOS-Transistor
 390
Parasitärer PNP-Transistor
 429, 430
Passivierung 279
Pattern-Generator 168
Pauli-Verbot 60
PDN 767, 769, 776
Perimeter 359
 siehe Randlänge 310
Phase Margin 589
Phase-Change-Speicher 823
Phasenabstand 589, 591, 599
Phasenbedingung 589
Phasenreserve 589, 593, 597
Phasenschiebende Masken
 171
Physical Vapor Deposition,
 PVD 179
Pin Grid Array, PGA 217
Pinch-Off-Spannung 109
Pinholes 230
Pin-Transfer 213
Planarisierende Metall-
 abscheidung 191
Planarisierung 191

Planck'sches Wirkungs-
 quantum 39
Plasma Enhanced CVD 182
Plastic Pin Grid Array,
 PPGA 217
Plastic Quad Flat Package,
 PQFP 218
PNP-Transistor 613
 Emitter-Metall 374
 ESB 432, 528
 Layout 373
 Multi-Kollektor-Transistor
 433
 Subcircuit-Modell 432
 Subcircuit-Symbol 528
PN-Übergang 70
 abrupt 331
 Diffusionskapazität 85
 Kapazität 84
Poisson-Gleichung 76
Pol
 dominanter Pol 586
 Übertragungsfunktion 829
Pol-Splitting 596, 831
Polyimid-Klebstoffe 211
Poly-Poly-Kondensatoren 276,
 284
Polysilizium 190
Polywiderstand 282
Postbake 168
Potentialtopf 38
 Coulomb-Potential 43
 quadratischer 43
 rechteckiger 40
 unendlich hoher 40
Potting 220
Prebake 168
Precharge 778, 781
Precursor 181
Primärer Strom 426, 472
Probecard 239, 240
Produktionstest 235
Projektionsbelichtung 170
Proximity-Belichtung 170
Prozess 252
Prozessanbieter 256
Prozesse der IC-Fertigung 253
 Bipolar-Prozess C14 263
 Bipolar-Prozess C36 258
 Bipolar-Prozesse 257
 CMOS-Prozesse 272
 CMOS-Standard-Prozess
 CM5 273
Prozess-Layer 327
Prozessüberwachung 527
Pseudo-NMOS-Logik 776

PTAT-Spannungsreferenz 497
 Monte-Carlo-Simulation
 503
 Simulationsergebnisse
 498, 503
PTAT-Stromquelle 478
 Early-Effek-Kompensation
 481
 einfache Schaltung 478
 mit Vorwärtsregelung 482
 Vorwärtsregelung und
 Kaskode 483
PTAT-Temperatursensor 502
Pull-Down-Netzwerk siehe
 PDN
Pull-Up-Netzwerk siehe PUN
PUN 767, 776
Purpurpest 207
Push-Pull-Ausgang 580, 582

Q

Quad Flat J-Lead, QFJ 218
Quad Flat Package, QFP 218
Quadrat-Widerstand 141
Qualität 228
 Auslieferungsqualität 229
 Betriebsqualität 229
 Entwurfsqualität 228
 Fertigungsqualität 228
Quantenmechanik 38
Quantentrog 38
Quantenzahl 39
Quantisierung
 Energie 42
Quasi-Fermi-Energie 79
Quasi-Impuls 54
Quecksilberdampflampe 171
Querstrom 577
 CMOS-Inverter 723, 748
 OPV-Ausgang 580

R

Racetrack-Speicher 824
Rail-to-Rail-Eingang 566
Rampenfunktion 245
Randlänge 310
Raumladungszone 75, 77, 330
Reactive Ion Etching, RIE 188
Reaktives Sputtern 181
Recognition Layer 329, 405
Referenzinverter 762, 769,
 771
Referenzmodell 325

Referenzspannung
  ECL 689
  EECL 701
Referenzstrom 426
Refreshing 779
Region-Only-Check 404
Registration-Toleranz 332
Reinraum 173
Rekombination 64, 81
Rekombinationsrate 81
Rekombinationsstrom 89
Relaxationszeitansatz 81
Reset (Zähler) 805
Resist/SiO_2-Rückätzen 192
Retikel 168
RHEED 184
r_i-I-Produkt 427
Ritzgraben 29
Ritzrahmen 200
R-Layer 405
Röntgenlithografie 172
Routing Channel 388
RS-Flip-Flop 676, 784, 788
  getaktetes - 788
  Layout 789
Rückkopplung 736, 784
Rückseitenkontakt 200
Rücksputtern 180

S

Salicide 277
Sättigungsstromdichte 82
Schaltnetze 674
Schaltungsberechnung 292
Schaltungsfamilien 678
Schaltwerke 674
Schematic Entry 32
Schichttechnik 179
Schichtwiderstand 141, 266, 310
Schleifenverstärkung 588, 592, 597
Schleuderbeschichtung 168
Schmitt-Trigger 749, 752, 754
  Layout 753
  Monte-Carlo-Simulation 754
Schrägbeleuchtung 171
Schreiben (SRAM) 790
Schrödinger-Gleichung 38
Schwache Inversion 485
Schwellspannung 72
Schwingbedingung 589
Schwingneigung 585
Schwingquarz 184

Scribe Line 29
SC-Schaltungen 620
Second-Level-Packaging 198
Second-Order-Temperaturkompensation 518, 527
Selektivität 186
Self-Aligned-Prozess 273
Separation-by-Implantationof-Oxygen, SIMOX 164
Shockley-Gleichung 71, 82
Shrink Small Outline Package, SSOP 217
Shutter 180
Sicherheitsring 29
Side-Wall-Spacer 277
Siebdruck 23, 213
Signalkopplung 364
Silicon On Insulator, SOI 163
Silikon-Klebstoffe 211
Silizid-Kontakte 193
Silizierung 186
Silizium
  Bandstruktur 55
  Eigenschaften 65
Silizium-Photonik 819
Simulationsanweisung 32
Simulationsschaltung 301, 321
Single-Chip-Packaging, SCP 216
Single-Inline-Package, SIP 217
Sinker 259
Skalierung 144
Slew-Rate 586, 601
Slightly larger than an IC Carrier, SLICC 220
Small-Outline-Package, SOP 217
Smart-Cut 164
SMD, Surface Mounted Device 22
SMT, Surface Mount Technology 22
Soft Faults 238
SOI-Wafer 164
Source 108, 277
Source/Drain-Widerstand 282
Spacing 330, 336
Spaltendecoder (SRAM) 790
Spannungsbogen 507, 518, 519
Spannungsreferenz 495
  Bandgap 504
  einfache PTAT-Schaltung 498
  einstellbare Spannung 511

  mit Diode in Durchlassrichtung 496
  mit PTAT-Verhalten 497
  mit Z-Diode 496
  Spannungen kleiner als 1 V 522
  unsymmetrische Differenzstufe 499
Speichereffekt 784
Speichermatrix (SRAM) 790
Speichertechnologien 822
  DRAM 149
  ferroelektrisches RAM 823
  Floating-Gate-Speicher 152
  MRAM 824
  optische Speicher 822
  Phase-Change-Speicher 823
  SRAM 151
Speicherzellen 149, 784, 789
Sperrrichtung 71
Sperrschichtausdehnung 330
Sperrschichtfreie Kondensatoren 271
Sperrschichtkapazität 84
Sperrschichtkondensatoren 270
  Basis-Emitter-Sperrschichtkondensator 271
  Basis-Kollektor-Sperrschichtkondensator 271
Sperrschichttiefe 331
Spezifischer Widerstand 310
SPICE 290, 292
  BSIM-3-Parameter 291
  Level-1-Parameter 291
  Parameter 291
SPICE-Circuit-Datei 32
Spikes 193
Spin des Elektrons 51
Spin-On-Dielektrikum 278
Spin-On-Glas 192
Spin-Torque-Transfer 824
Splitting 831
Sprungantwort 591
Sputtern 179
SRAM 151, 789, 791
  Simulation 793
Stabilisierung
  Arbeitspunkt 295
Stabilität
  schwingungsfreier Betrieb 589
Stabilitätsforderung 589

Standardabweichung
    3-Sigma-Grenze 311
Standard-IC 27
Standardzellen 368, 373
    aneinanderreihen 385
    Baukastenprinzip 383
    Beispiele 383
    CMOS 384
    Layout 382
Starthilfe 481
Start-Up-Schaltung 480
Static Random Access
    Memory siehe SRAM
Statischer Querstrom 724
Steilheit 98, 298
Step-and-Repeat-Verfahren 168
Step-Anweisung 305
Sternschaltung 540
Störabstand 673
Stoßkaskade 179
Streuoxid 175
Streuparameter
    Bipolar-Transistoren 324
    Kondensatoren 313
    MOS-Transistoren 325, 326
    Widerstände 310
Streuung
    statistisch 310
Strippen 168
Stromausgang 555, 576
Stromfehler
    durch Temperaturgradient 432
Stromgegenkopplung 294, 473
Stromknoten 555
Stromquelle 471
    Beta-Multiplier 486, 487
    differentieller Widerstand 475
    einfacher Bias-Widerstand 472
    Erdi-Schaltung 484
    fast genau 492
    in CMOS 485
    mit einem JFET 475
    mit Operationsverstärker 492
    mit Vorwärtsregelung 473
    Monte-Carlo-Simulation 491
    ohne Widerstände 491
    PTAT 478
    Simulationsbeispiel 474
    Temperaturabhängigkeit 491

UBE als Referenzspannung 477
ungepolter Zweipol 476
VT als Referenzspannung 479
Stromschaltertechnik
    siehe ECL
Stromspiegel 426, 427
    bipolar 428
    dynamisches Verhalten, bipolar 463
    dynamisches Verhalten, MOS 467
    dynamisches Verhalten, Simulation 466, 468
    Fehler 429
    geregelte Kaskoden-Schaltung 454
    Kaskoden-Schaltung 442
    komplette Dimensionierung 455
    Korrektur von Fehlern 440
    Layout 431
    Layout-Erstellung 461
    Matching 458
    Mehrfach-Stromspiegel 428, 431
    mit Stromgegenkopplung 441, 448
    Monte-Carlo-Analyse 456
    MOS 434
    reduzierte Anfangsspannung 451
    Sättigungsspannung 449
    Simulationsbeispiel 436, 441, 445, 454, 456
    Wilson-Schaltung 445
Stromteiler 438
Struktureller Test 234
Stuck-At-Fault 236
Stuck-Open 236
Stufen-Ausbildung 257
Subcircuit-Definition 413
Substratanschluss 279
Surrounding 333, 336
Switched-Capacitor 620, 648
Symmetrischer Transistor TTL 711
Systementwurf 31

T

Taktflankensteuerung 677
Taktzustandssteuerung 676
Tape Ball Grid Array, TBGA 219

Tape-Automated-Bonding, TAB 209
Target 179
Temperaturabhängigkeit
    Basis-Emitter-Spannung 295
    Kollektor-Strom 294
Temperaturkoeffizient 102, 473, 496
Temperaturkompensation
    Second-Order 518
Temperaturspannung 94
TEOS-Verfahren 182
Test analoger Schaltungen 238
Test digitaler Schaltungen 235
Test Pattern Generation, TPG 236
    algorithmic 237
    exhaustive 237
    pseudo-random 237
Testabläufe 234
Testaufbauten 238
Testautomat 239
Testfreundlicher Entwurf 237
Testmustererzeugung 236
Testvektor 235
Testverfahren
    Parametertest 235
    Produktionstest 235
    Simulation 234
Thermokompressionsbonden 203
Thermosonic-Bonden 204
Thermospannungen 362
Thin Quad Flat Package, TQFP 218
Thin Shrink Small Outline Package, TSSOP 217
Thin Small Outline Package, TSOP 217
Third-Level-Packaging 199
Threshold-Spannung 109
THT, Through Hole Technology 22
Thyristor
    parasitärer Thyristor 394
Tiefenschärfe 171
Tiefpass 586, 830
Tiegel 183
TiN
    Anwendung 190
    Sputterprozess 181
$TiSi_2$-Kontakte 186, 194
Titelzeile 32
TiW 194
Toleranzbreite 322

Totem-Pole 716
Transconductance 98, 298
Transfer-Gate 755
Transferkennlinie
    CMOS-Inverter 723
    CMOS-Schmitt-Trigger 749, 754
    ECL 686
    EECL 703
    Flip-Flop 784
    OPV-Ausgang 577, 581
    Pseudo-NMOS-Logik 776
    TTL-NAND-Gatter 712, 715, 719
Transiente Verlustleistung 725
Transientenanalyse 302
Transistorfinger 377
Transistorsymbole 104
Transistor-Transistor-Logik siehe TTL
Transmission-Gate 755
Transparentes D-Flip-Flop 797, 798
Transport, elektrischer 55
Treiberfähigkeit 741
Trench-Kondensator 150
Trichlorsilan 160
Tri-Gate Transistoren 821
Trimmen 376
Trimming 220
Tri-State-Ausgang 757
Trockenätzen
    chemisch 188
    chemisch-physikalisch 188
    physikalisch 188
TTL 679, 707
    aktives Netzwerk 717
    DC-Simulation 712
    interne Gatter 714
    Layout 714
    Multi-Emitter-Transistor 709
    NAND-Gatter 708
    offener Kollektor-Ausgang 709
    verbesserte Eigenschaften 716
    vereinfachte Gatter 715
TTL-CMOS-Interface 753
Tunneling-Magnetoresistance, TMR 824
Twisted Pair Line 692

U

Übernahmeverzerrungen 577
Überschwingen 591
Übersprechen 673
Übertragungsfunktion 586, 828
UBE-Vervielfacher 522
Ultra Thin Quad Flat Package, UTQFP 218
Ultraschallbonden 202
Umkehraddierer 547
Under Bump Metallization, UBM 208
Underfill 209
Ungesättigte Logik siehe ECL
Unterdiffusion 178
Unterstützertransistor 440
Up-Isolation 263
UV-Belichtung 171

V

Varaktor 85
Verarmungszone 75
Verbindungsleitungen siehe Verdrahtung
Verdrahtung 382, 383
    digitale Gatter 386
Verdrahtungsebenen 198
Vergrabener Kollektor 258
Vergussmasse 212, 220
Versorgungsleitung 29, 389
Verspanntes Silizium-Germanium 815
Verstärker
    Emitter-Schaltung 294
    mit einem Transistor 293
Via 193, 263, 278
Vierschicht-Struktur 394
Vorbelegung 177
Vorladung (SRAM) 794
Vorwärtsregelung 482

W

Wafer Level Packaging 207
Wafer-Bonding 164
Wafer-Eigenschaften 162
Wafer-Herstellung 159
Wafer-Stepping 170
Wahrscheinlichkeitsdichte 39
Washed-Emitter-Technik 264
Wasserstoff-Atom 43
Wedge-Wedge-Bonding 203
Weibull-Verteilung 229
Wellenfunktion 39
    antisymmetrisch 47
    Symmetrieanforderung 45
    symmetrisch 47
Wellenzahl 41
Welle-Teilchen-Dualismus 40
Widerstände 140
    3-Sigma-Grenze 312
    Base-Pinch-Widerstand 268
    Basis-diffundierter Widerstand 266
    Dünnfilmwiderstände 269, 364
    Eigenerwärmung 312
    Emitter-diffundierter Widerstand 267
    Epi-Widerstand 269
    geometrische Abmessungen 310
    hochohmige Widerstände mit zusätzlichem Maskenschritt 269
    Layout 355, 360
    maximale Feldstärke 313
    maximale Spannung 313
    Modulwiderstände 355, 361
    Nichtlinearität 312
    n-Sigma-Grenze 312
    P- und N-Well-Widerstand 283
    Polywiderstand 282
    relative Genauigkeit 266
    Source/Drain-Widerstand 282
    Spannungsabhängigkeit 266
    statistische Streuung 310
    Streuparameter 310
    Temperaturabhängigkeit 266
    Temperaturerhöhung 313
Widerstände in Bipolar-Prozessen 266
Widerstände in CMOS-Prozessen 282
Widerstandspaar 355
Widerstands-Strom-Produkt 427
Widerstands-Transistor-Logik, RTL 678

Widlar-Bandgap-Referenz 508, 513
Widlar-Schaltung 436
Wilson-Stromspiegel 445
Wired-AND-Verknüpfung
TTL 713
Wortleitung (SRAM) 790

X

XOR 674, 758

Z

Z-Diode 89, 473, 496
Zeilendecoder (SRAM) 790
Zeitverhalten 765
    CMOS-Inverter 729
        Schmitt-Trigger 749, 755
Zell-Grid 384
Zener-Zap-Methode 376, 515, 574
Zonenreinigung 160
Zonenschmelzen 160
Zustandsdichte 61
Zweikomponentenklebstoffe 212, 213
Zweipol 503

informit.de, Partner von
Pearson Studium, bietet aktuelles
Fachwissen rund um die Uhr.

www.informit.de

In Zusammenarbeit mit den Top-Autoren von
Pearson Studium, absoluten Spezialisten ihres
Fachgebiets, bieten wir Ihnen ständig
hochinteressante, brandaktuelle deutsch- und
englischsprachige Bücher, Softwareprodukte,
Video-Trainings sowie eBooks.

wenn Sie mehr wissen wollen ...

www.informit.de